Moderne Röntgenbeugung

Lothar Spieß · Gerd Teichert ·
Robert Schwarzer · Herfried Behnken ·
Christoph Genzel

Moderne Röntgenbeugung

Röntgendiffraktometrie
für Materialwissenschaftler,
Physiker und Chemiker

3., überarbeitete Auflage

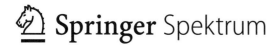

Springer Spektrum

Prof. Dr. Lothar Spieß
TU Ilmenau
Ilmenau, Deutschland

Dr. Gerd Teichert
MFPA Weimar
Weimar, Deutschland

Prof. Dr. Robert Schwarzer
TU Clausthal
Clausthal-Zellerfeld, Deutschland

Dr. Herfried Behnken
Acess e.V. Aachen
Aachen, Deutschland

Prof. Dr. Christoph Genzel
Helmholtz-Zentrum Berlin
Berlin, Deutschland

ISBN 978-3-8348-1219-3   ISBN 978-3-8348-8232-5   (eBook)
https://doi.org/10.1007/978-3-8348-8232-5

Die Deutsche Nationalbibliothek verzeichnet diese Publikation in der Deutschen Nationalbibliografie; detaillierte bibliografische Daten sind im Internet über http://dnb.d-nb.de abrufbar.

Springer Spektrum

Planung/Lektorat: Margit Maly

Springer Spektrum ist ein Imprint der eingetragenen Gesellschaft Springer Fachmedien Wiesbaden GmbH und ist ein Teil von Springer Nature
Die Anschrift der Gesellschaft ist: Abraham-Lincoln-Str. 46, 65189 Wiesbaden, Germany

Vorwort zur dritten Auflage

Nach der weiter sehr erfreulichen Resonanz, die die zweite Auflage des Buches gefunden hat, sind mit dieser dritten Auflage weitere Überarbeitungen bezüglich der Einheitlichkeit von Formeln und Bezeichnungen vorgenommen worden.

Der Begriff CAUCHY-Verteilung wurde durch LORENTZ-Verteilung ersetzt. Eindringtiefen der Strahlung wurden konsequent auf $1 - 1/e = 63\,\%$ Absorption umgestellt. Kleinere inhaltliche Fehler, Schreibfehler, Satzfehler und einige Bilder wurden korrigiert. Die Übungsaufgaben wurden erweitert.

In fast allen Kapiteln wurden kleinere Umstellungen und einige Ergänzungen mit einem Zusatzseitenumfang von ca. 70-Seiten vorgenommen. Hier wird berücksichtigt, dass den Autoren z. T. neue Geräte und Detektoren zur Verfügung stehen, die die Untersuchungen schneller und effizienter ermöglichen. Einige dieser Ergebnisse wurden eingearbeitet.

Die Aussagen zu Spezialgebieten der Röntgenbeugung aus dem Vorwort zur 2. Auflage gelten auch für diese Ausgabe weiter. Die Autoren werden deshalb einen Ergänzungsband erarbeiten, der sich mit solchen Fragestellungen ausführlicher befasst und in dem auch noch mehr Beispiele mit den neuen Geräten aufgeführt werden.

Einige neue, meist englische Gesamtwerke, wie [37], [50], [51], [72], [95], [102],[110], [177], [253] und [254] sind zwischenzeitlich erschienen.

Das neue Strahlenschutzgesetz StrSchG [18] und die neue Strahlenschutzverordnung StrlSchV [19] wurden weitgehend eingearbeitet. Das Literaturverzeichnis wurde aktualisiert.

Herrn Dr. Th. Kups wird hiermit erneut für seine kritische und finale Durchsicht des Manuskripts dieser Auflage gedankt.

In dieser Auflage wurde weitgehend bewusst auf Abbildungen konkreter Geräte, Apparaturen und Bauteile verzichtet, um eine Neutralität gegenüber den Firmen zu gewährleisten. Ebenso wurde darauf verzichtet, Internetadressen und Rechenprogramme konkret anzugeben, da hier die Aktualität im Zeitraum der Buchauflage nicht gewährleistet ist.

Wir danken allen Lesern, die uns auf Fehler und Unzulänglichkeiten aufmerksam gemacht haben. Auch diese dritte Auflage wird nicht fehlerlos sein. Die Autoren sind deshalb allen Lesern dankbar, die Hinweise auf Fehler, mangelhafte Darstellung oder notwendige sachliche Ergänzungen geben (lotharspiess@web.de).

Die erneut gute Zusammenarbeit mit dem Springer-Verlag (jetzt Springer Spektrum), der Lektorin Frau M. Maly und der Projektmanagerin Frau A. Groth sei hiermit erwähnt.

Ilmenau,
im Februar 2019

L. Spieß, G. Teichert, R. A. Schwarzer,
H. Behnken und Ch. Genzel

Vorwort zur zweiten Auflage

Nach der sehr erfreulichen Resonanz, die die erste Auflage des Buches gefunden hat, sind mit dieser zweiten Auflage einige Überarbeitungen bezüglich der Einheitlichkeit von Formeln und Bezeichnungen vorgenommen worden. Kleinere inhaltliche Fehler, Schreibfehler, Satzfehler und einige Bilder wurden korrigiert.

In den Kapiteln 2, 3, 4, 5, 6, 11 und 13 wurden kleinere Umstellungen und Ergänzungen vorgenommen. Die Übungsaufgaben wurden erweitert. Das ursprüngliche Kapitel 14 (Kleinwinkelstreuung) erhielt eine völlig neue Struktur. In diesem Kapitel werden nun mehrere Sonderverfahren der (Röntgen)beugung vorgestellt.

Es existieren natürlich weitere Anwendungen, die auch in dieser zweiten Auflage keine Erwähnung finden. Hier sei auf die dann meist englische Spezialliteratur verwiesen. Dies sind überwiegend Gebiete, die den Materialwissenschaftler nicht vorrangig tangieren bzw. eigene Erfahrungen der Autoren fehlen (z. B. Röntgenbeugung an Polymeren). Parallel zu diesem Buch ist jetzt in zweiter Auflage das englischsprachige Buch von PECHARSKY et. al. [193] erschienen. Der Schwerpunkt dieses Buches ist die Kristallstrukturanalyse.

Die Autoren haben sich das Ziel gestellt, weitestgehend nur die Methoden und Verfahren ausführlich zu beschreiben, die sie selbst aktiv vertreten.

Auf dem Gebiet der Spannungsmessung ist kurz vor Drucklegung die Norm DIN EN 15305 [14] verabschiedet worden, welche die schlechter zugängliche AWT-Anleitung [222] ablöst.

Das Literaturverzeichnis wurde um Firmenprospekte, interne Berichte und Studienarbeiten gekürzt.

In dieser Auflage wurde wiederum bewusst auf Abbildungen konkreter Geräte, Apparaturen und Bauteile verzichtet, um eine Neutralität gegenüber den Firmen zu gewährleisten. Ebenso wurde darauf verzichtet, Internetadressen und Rechenprogramme konkret anzugeben, da hier die Aktualität im Zeitraum der Buchauflage nicht gewährleistet ist.

Herrn Dr. Th. Kups wird hiermit für seine kritische und finale Durchsicht des Manuskripts dieser Auflage gedankt.

Auch diese zweite Auflage wird nicht fehlerlos sein. Die Autoren sind allen Lesern dankbar, die Hinweise auf Fehler, mangelhafte Darstellung oder notwendige sachliche Ergänzungen geben (lotharspiess@web.de).

Die erneut gute Zusammenarbeit mit dem Vieweg+Teubner-Verlag und den Lektoren Frau K. Hoffmann und Herrn U. Sandten sei hiermit erwähnt.

Ilmenau,
im Dezember 2008

L. Spieß, G. Teichert, R. A. Schwarzer,
H. Behnken und Ch. Genzel

Vorwort zur ersten Auflage

Die Röntgentechnik ist mehr als 100 Jahre alt. Sie hat sich in dieser Zeit zu einer festen Größe in der Technik entwickelt.

Seit dem Nachweis der Röntgenbeugung am Kristall durch M. VON LAUE, W. FRIEDRICH und P. KNIPPING im Jahr 1912 hat die Röntgenbeugung sehr schnell Eingang in die Natur- und Ingenieurwissenschaften gefunden. Zunächst war sie primär Hilfsmittel in der Grundlagenforschung, dann kam sehr schnell auch die praktische Anwendung in Forschung und Industrie zum Zuge. Die Strukturaufklärung mit Röntgenstrahlnutzung ist heute weltweit ein etabliertes Verfahren und Beispiel für die Synergie aus Gebieten der Physik, der Kristallographie, der Materialwissenschaft, der Ingenieurwissenschaft und zunehmend auch der Mathematik und Informatik. Heute ist die Röntgenbeugung als Untersuchungsmethode aus der modernen Materialwissenschaft und Werkstofftechnik nicht mehr wegzudenken. Die Eigenschaften der unterschiedlichen Materialien hängen immer von der Struktur, also der jeweiligen konkreten Atomanordnung, ab. Die Röntgenbeugung ist ein elegantes Verfahren zur zerstörungsfreien Aufklärung der Struktur bzw. zur Bestimmung von Abweichungen vom idealen Strukturzustand und für die Aufklärung und Untersuchung des grundlegenden Zusammenhangs:

Struktur – Gefüge – Eigenschaften

Die Aufklärung dieser einfach aussehenden, aber sehr komplexen Beziehung bildet das tägliche Arbeitsfeld der Materialwissenschaftler. Bereits aus den frühesten röntgenographischen Untersuchungen an Festkörpern ist bekannt, dass die große Mehrzahl aller uns umgebenden anorganischen Festkörper aus Kristallen aufgebaut sind. Das gilt für technisch hergestellte Werkstoffe (Metalle, Keramiken, Polymere) genauso wie für biologische Naturstoffe (Knochen, Zähne, Wolle, Holz, Muscheln, ..) und auch für die Minerale, Erze und Gesteine, welche die Erdkruste bilden. Selbst viele organische Substanzen befinden sich im kristallinen oder teilkristallinen Zustand. Die Kristalle in diesen Stoffen sind klein und haben nicht die schönen regelmäßigen Formen, wie wir sie aus der Kristallographie und Mineralogie kennen. Diese auch Kristallite oder Körner genannten Gefügebestandteile zu untersuchen ist die Aufgabe von Materialwissenschaftlern.

Das Erlernen dieser Methode erfordert eine breit angelegte Ausbildung, die es an einigen deutschen Hochschulen/Universitäten und Fachschulen gibt.

So wird bei der Ausbildung von Ingenieuren in den Studiengängen Werkstoffwissenschaft, Technische Physik, Elektrotechnik und Maschinenbau an den Technischen Universitäten der Autoren diese Technik seit vielen Jahrzehnten in unterschiedlichem Umfang und unterschiedlichen Schwerpunkten vermittelt und praktisch angewendet.

Unsere hochverehrten Lehrer, die Professoren K. NITZSCHE (Ilmenau), P. PAUFLER (Leipzig) bzw. V. HAUK (Aachen) haben die Röntgenbeugungsverfahren immer angewendet und weiterentwickelt und uns diese Techniken gelehrt.

Das Angebot an aktuellem, deutschsprachigem Lehrmaterial ist derzeit nicht befriedigend. Bücher, wie HANKE/NITZSCHE 1961 [104], NEEF 1965 [182] und GLOCKER 1985 [96] gibt es nur noch in den Antiquariaten und vereinzelt in den Universitätsbibliotheken. Die Lehrbriefe für das Hochschulstudium [101, 188] sind deutschlandweit nicht zugänglich.

Die vorhandene Spezialliteratur beschäftigt sich entweder intensiv mit der Theorie der Röntgenbeugung oder der Kristallstrukturbestimmung, dem Hauptarbeitsfeld der Kristallographen, oder mit Spezialgebieten wie der Spannungsmessung oder Texturanalyse.

Dieses Lehrbuch richtet sich in erster Linie an Studenten und Absolventen der Materialwissenschaft und Werkstofftechnik, jedoch auch an Studenten und Absolventen der Physik, Chemie, Kristallographie, Mineralogie und weiterer werkstoffwissenschaftlich orientierter Ingenieurstudiengänge.

Aus dem Inhalt mehrerer Vorlesungsreihen, Praktikumsanleitungen und durch Anwendung dieser Technik seit mehr als 23 Jahren ist das nachfolgende Buch unter Mitwirkung von Spezialisten aus anderen Einrichtungen entstanden. Ziel dieses Buches soll es sein, die Röntgenbeugung mit all ihren modernen und vielfältigen Modifizierungen aus den vergangenen 20 Jahren als Anwender aus der Ingenieurwissenschaft zu verstehen und so Praxisaufgaben besser lösen zu können.

Neue Techniken und Auswerteverfahren sollen ebenso wie schon altbekannte Methoden in diesem Buch geschlossen und mit der notwendigen Tiefe und Diskussion von Einzelergebnissen dargestellt werden. Die mathematische Durchdringung der Arbeitsgebiete ist auf das notwendige Maß beschränkt worden. Bei manchen Gegebenheiten wird auf eine ausführliche Herleitung und Begründung aus didaktischen Gründen verzichtet. Andererseits werden an einigen Stellen gerade die Dinge besprochen und Lösungen vorgestellt, die in der Praxis vorkommen.

Ziel des Buches ist es, ein »Praxislehrbuch« zur Verfügung zu stellen und eine doch bedeutende Lücke im deutschen ingenieurtechnischen Lehrbuchmarkt zu schließen. Es wird versucht, die Literaturangaben auf das Notwendigste zu beschränken. Es werden einige ältere Lehrbücher, Dissertationen und einige grundlegende Übersichts- und Spezialartikel zitiert. Das vorliegende Literaturverzeichnis ist bei weitem nicht vollständig und alle nicht aufgeführten Autoren mögen dies verzeihen.

Um den Charakter eines Lehrbuchs zu erhalten, sind verschiedene Aufgaben gestellt. Die ausführlichen Lösungen sind in einem Extrakapitel zusammengefasst. Die Aufgaben haben jedoch auch das Ziel, ab und an ausführliche und komplexe Zusammenfassungen eines Problems darzustellen.

Für die Durchführung von Beugungsaufnahmen seien J. Schawohl (Ilmenau), zahlreichen Diplomanden und Doktoranden und für die wertvollen Hinweise und Überlassung von Firmenschriften und ausgewählten Messdaten den Firmen (alphabetische Reihenfolge) AXO Dresden, Bruker AXS Karlsruhe, General Electric – ND-Testing Systems Ahrensburg, Panalytical Kassel und Stoe & CIE Darmstadt gedankt.

Die Autoren bedanken sich ebenfalls für die gute Zusammenarbeit mit dem BG-Teubner-Verlag und den Lektoren Frau K. Hoffmann und Herrn U. Sandten.

Ilmenau,
im Juli 2005

L. Spieß, G. Teichert, H. Behnken und
R. A. Schwarzer

Inhaltsverzeichnis

Hinweise auf DIN-Normen in diesem Werk entsprechen dem Stand der Normung bei Abschluss des Manuskripts. Maßgebend sind die jeweils neuesten Ausgaben der Normschriften des DIN Deutsches Institut für Normung e.V. im Format A4, die durch den Beuth-Verlag GmbH, Berlin Wien Zürich, zu beziehen sind. Sinngemäß gilt das Gleiche für alle in diesem Buche zitierten amtlichen Bestimmungen, Richtlinien, Verordnungen und Gesetze.

Über die Autoren

Prof. Dr. Lothar Spieß 1977 bis 1982 Studium „Physik und Technik Elektronische Bauelemente" an der TH Ilmenau, 1981 bis 1984 Forschungsstudium. Seit 1984 wissenschaftlicher Mitarbeiter und Laborleiter an der TU Ilmenau, Institut Werkstofftechnik bzw. Institut für Mikro- und Nanotechnologie, 1985 Promotion, 1990 Habilitation „Komplexe Festkörperanalyse", 1995 bis 2007 Privatdozent, seit 2007 außerplanmäßiger Professor, Qualitätsmanagementbeauftragter für Prüfzentrum Schicht- und Materialeigenschaften MFPA Weimar, Arbeitskreisleiter Thüringen und stellvertretender Fachausschutzvorsitzender Materialcharakterisierung der DGZfP.

Dr. Gerd Teichert 1976 bis 1981 Studium der Kristallographie an der Karl-Marx-Universität Leipzig. 1981 bis 1985 wissenschaftlicher Mitarbeiter im Bereich Chemie/Werkstoffe der TH Ilmenau. 1985 bis 1990 Gruppenleiter Werkstoffe im Thermometerwerk Geraberg. 1991 bis 1992 Leiter der Abteilung Hartstoffbeschichtung/ Vakuumhärterei der Firma Wälztechnik Saacke-Zorn GmbH & Co. KG. Seit 1994 Leiter des Prüfzentrums Schicht- und Materialeigenschaften der Materialforschungs- und -prüfanstalt Weimar an der TU Ilmenau, Institut für Werkstofftechnik. Leiter des Arbeitskreises Werkstofftechnik, Thüringer Bezirksverein e. V. des VDI.

Prof. Dr. Robert Schwarzer 1965 bis 1970 Studium der Physik, Universität Tübingen. 1974 Promotion Dr. rer. nat., 1970 bis 1979 wiss. Angestellter, Institut für Physik Universität Tübingen. 1975 bis 1976 Gastwissenschaftler, Staatsuniversität Campinas, Brasilien. 1979 bis 1981 Angestellter im Behördenbereich. 1981 Akademischer Rat, TU Clausthal. 1989 Habilitation, 1993 apl. Professor. 2002-2009 Akad. Direktor. Seit 2009 im Ruhestand. 2002 Alexander-von-Humboldt-Forschungspreis der Poln. Akademie der Wissenschaften.

Dr. Herfried Behnken 1977 bis 1987 Studium RWTH-Aachen, Physik-Diplom, Wirtschaftswissenschaften. 1987 bis 1999 wiss. Angestellter: IWK, RWTH-Aachen; IWE, Forschungszentrum Jülich; IWT, Bremen. 1992 Promotion, RWTH-Aachen, FB Maschinenbau. 2000 bis 2002 Forschungsstipendium der DFG. 2002 Habilitation, RWTH-Aachen. Seit 2002 ACCESS e.V. Aachen, Bereich Gefügesimulation, Photovoltaik.

Prof. Dr. Christoph Genzel 1979 bis 1984 Studium der Kristallographie an der Humboldt-Universität Berlin. 1986 Promotion Dr. rer. nat., 1986 bis 1990 wiss. Mitarbeiter am Bereich Kristallographie der HU Berlin. Seit 1991 wiss. Mitarbeiter am Helmholtz- Zentrum Berlin für Materialien und Energie (vormals Hahn-Meitner-Institut). 2000 Habilitation, 2001 bis 2007 Privatdozent an der TU Berlin, seit 2007 außerplanmäßiger Professor, seit 2008 stellvertr. Abteilungsleiter der Abteilung Werkstoffe am HZB.

1   Einleitung

WILHELM CONRAD RÖNTGEN hat 1895 mit seiner Entdeckung der damals so genannten X-Strahlen ein neues Zeitalter für Mediziner und Techniker aufgeschlagen. Sehr schnell wurde erkannt, welche Möglichkeiten sich aus der Nutzung dieser Strahlen ergeben. Eine Sammlung historischer Entwicklungen als auch aktueller Probleme in Medizin und Technik ist 1995 in [117] zum 100-jährigen Jubiläum der Entdeckung der Röntgenstrahlung erschienen. Die Anwendung der später nach RÖNTGEN benannten Strahlen hat vor allem in der Technik eine große Verbreitung gefunden. Dabei ist durch die Anwendung der Röntgenbeugung an Kristallen durch M. VON LAUE, W. FRIEDRICH und P. KNIPPING seit 1912 ein völlig neuer Zweig der Strukturaufklärung geschaffen worden. Man spricht vom Beginn der strukturell orientierten experimentellen Festkörperphysik. Heute werden drei grundlegende Zweige bei der Anwendung der Röntgenstrahlung in der Technik unterschieden:

- *Die Verfahren der Röntgenbeugung.* Hierbei werden die kurzen Wellenlängen, vergleichbar mit den Atomabständen im Kristall, die Wechselwirkung mit dem Kristall (eigentlich Elektronen im Kristall) und die Eindringfähigkeit der Röntgenstrahlen ausgenutzt. Dies ist der Hauptinhalt dieses Buches.
- *Die Röntgengrobstrukturprüfung als Teil der Radiographie.* Die Durchstrahlung von Werkstoffen und Bauteilen unter Ausnutzung der hohen Durchdringungsfähigkeit der Röntgenstrahlen einerseits und die unterschiedliche Absorption der Röntgenstrahlen durch Ordnungszahlunterschiede verschiedener Elemente in den Materialien bzw. Materialfehler anderseits wird angewendet. Der Einsatz von Mikrofokusröhren und die computergestützte Bildverarbeitung ermöglichen jetzt auch eine hochpräzise Computertomographie in der Technik. Die Durchleuchtung mit Röntgenstrahlen von Patienten revolutionierte die gesamte Diagnostik in der Medizin, führte aber auch zu einem weltweiten Anstieg der zivilisatorischen Strahlenexposition auf Werte, die derzeit die natürliche Strahlenexposition erreicht.
- *Die Röntgenfluoreszenzspektroskopie.* Bei der Bestrahlung von Stoffen mit energiereicher Teilchen- oder Wellenstrahlung wird in der zu untersuchenden Probe eine charakteristische Röntgenstrahlung angeregt, die es erlaubt, eine qualitative und quantitative Elementanalyse vorzunehmen. Eine Sonderanwendung ist die Schichtdickenmessung und Schichtanalyse, welche seit einigen Jahren in Verbindung mit der Fundamentalparameteranalyse (FPA) auch an Multilayersystemen realisiert werden kann.

Im vorliegenden Buch wird ein umfassender Überblick über die Grundlagen der Röntgenbeugung, ihre Methoden und die Vielzahl von Anwendungen, angefangen bei der Metallurgie über den Maschinenbau und die Elektrotechnik/Elektronik bis hin zur Mikro- und Nanotechnik gegeben. Angesichts der Themenvielfalt der Materialwissenschaft sind die dargestellten Anwendungsfälle nur eine Auswahl. Es werden die Gemeinsamkeiten der Methoden herausgestellt, sowie die jeweiligen spezifischen Anwendungsaspekte berück-

© Springer Fachmedien Wiesbaden GmbH, ein Teil von Springer Nature 2019
L. Spieß et al., *Moderne Röntgenbeugung*,
https://doi.org/10.1007/978-3-8348-8232-5_1

sichtigt. Das Buch kann nicht auf die Grundkenntnisse der Röntgenbeugung verzichten. Die derzeitigen Anwendungsgebiete und deren Spezifika sowie die modernen Hard- und Softwarevarianten werden berücksichtigt. Auf eine ausführliche Betrachtung der dynamischen Beugungstheorie wird verzichtet, da sie in den meisten Anwendungsfällen, außer bei der Untersuchung hochperfekter einkristalliner Materialien, eine untergeordnete Bedeutung besitzt und ansonsten den Umfang des Buches sprengen würde. Viele prinzipielle Techniken haben sich seit den fünziger Jahren kaum verändert. Seit 1990 ist eine verstärkte Weiterentwicklung festzustellen. Mit der breiten Verfügbarkeit von Personalcomputern wurde es möglich, die digitale Messdatenaufnahme und -verarbeitung und komplizierte Steuerungen des Diffraktometers hochgenau zu realisieren, Datenbanken von Kristallstrukturen zu erstellen und deren Nutzung direkt in die Auswertung zu integrieren. Hinzu kommen die Möglichkeiten des Internets, Daten und Programme weltweit zu lesen, zu verarbeiten und so eine Vernetzung der Röntgenstrahlanwender zu erreichen. Dies ist besonders in der quantitativen Phasenanalyse, der röntgenographischen Spannungsanalyse und der Texturbestimmung notwendig. Die digitale Integration der ICD-Daten in die PDF-Datei hat die routinemäßige Phasenanalyse von materialwissenschaftlichen Proben vereinfacht und ist jetzt effektiver durchführbar. Die leistungsfähigen Rechner sind mit entsprechender Software in der Lage, ganze Röntgenbeugungsdiagramme hochpräzise mathematisch anzufitten und die Strukturaufklärung direkt aus den gemessenen Diffraktogrammen vorzunehmen, Kapitel 8.5. Aus der Verbreiterung der Beugungsinterferenz und den Abweichungen vom idealen Röntgenbeugungsdiagramm lassen sich weitere physikalische Probeneigenschaften extrahieren, Kapitel 8 und 13. Viele der z. B. in KLUG-ALEXANDER [146], 1. Auflage 1954, aber auch von CLARK, HENRY, RAAZ und TREY [64, 116, 200, 260] angedeuteten Verfahren sind erst ab 1990 praktisch umgesetzt bzw. technisch genutzt worden. Eine neue Sammlung industrieller Anwendungen ist in [63] aufgelistet.

Gerätetechnische Neuerungen wie Röntgenoptiken, Parallelstrahlanordnungen, schnelle Detektoren und Flächenzähler ermöglichen völlig neue Einsatzgebiete und lassen einige Techniken, wie das DEBYE-SCHERRER Verfahren, modifiziert wieder aufleben, Kapitel 5. Hiermit verbunden ergibt sich die Notwendigkeit, diese »alten« Techniken, deren Aussagen und deren Einflussgrößen immer noch zu erlernen. Speziell durch den Einsatz von Röntgenoptiken und durch die Entwicklung und den Einsatz von neuen Aufnahmegeometrien müssen einige ältere Feststellungen und Aussagen in den klassischen Lehrbüchern ergänzt werden. Es wird versucht, diese neuen Zusammenhänge und Sichtweisen lehrbuchartig darzustellen und zum Teil neue Systematiken aufzustellen. Die Beschreibung der Detektion der Röntgenstrahlung erfolgt auf der Basis der räumlichen Ausdehnung, also durch Punkt-, Linien- oder Flächenzähler. Ähnlich wie in der Elektrotechnik, wo man nicht mehr von der relativen Dielektrizitätskonstante spricht sondern diese durch den Begriff Permittivität ersetzt, wird in diesem Buch der Begriff Gitterkonstante durch Zellparameter ersetzt.

Um eine geschlossene Darstellung zu erreichen, ist es notwendig, auf die Erzeugung und die Eigenschaften der Röntgenstrahlung einzugehen, Kapitel 2. Es wird dabei besonders auf die Belange der Röntgendiffraktometrie verwiesen.

Da die Röntgenbeugung eine typische Erscheinung an Kristallen ist, wurden die notwendigen kristallographischen Grundlagen der Theorie der Röntgenbeugung vorangestellt. Um den angestrebten Charakter des Buches speziell für den Ingenieur zu erhalten, wird nur die kinematische Beugungstheorie ausführlich behandelt. Soweit notwendig, werden die Unterschiede zwischen der kinematischen und dynamischen Beugungstheorie vorgestellt und dynamische Beugungseffekte an den geeigneten Stellen erläutert.

Die verschiedenen Arten von Röntgenbeugungspulverdiagrammen bei Werkstoffen aus mehreren Phasen und ihre Auswertung werden in den Kapiteln der qualitativen und der quantitativen Analyse behandelt, Kapitel 6.1 und 6.5. Hier wurde besonderer Wert darauf gelegt, möglichst alle vorkommenden Grundtypen von Pulverbeugungsdiagrammen konkret am Beispiel einer Auswertung aufzuführen, um ein Hilfsmittel in der Hand zu haben, wie in ähnlich gelagerten Fällen praktisch vorgegangen werden kann. Hier sind viele Ergebnisse aus dem eigenem Labor aufgegriffen worden.

In den altbekannten Standardlehrbüchern [128, 146, 112, 184] werden nur kurze Erklärungen und eine knappe Anwendung von meist einfachen Beugungsuntersuchungen gezeigt. Zwei Anwendungsgebiete, die Spannungsanalyse, Kapitel 10 und die Texturanalyse, Kapitel 11 stellen eine komplexe Anwendung aller vorangegangenen Kapitel dar. Im Kapitel 10, Spannungsanalyse, wird dabei schwerpunktmäßig auf den Begriff der Eigenspannung und auf die Messung mittels des $sin^2\psi$-Verfahrens eingegangen. Das $sin^2\psi$-Verfahren ist nach wie vor das am meisten eingesetzte Verfahren der röntgenographischen Spannungsmessung. Andere Methoden werden ebenfalls erwähnt. Weiterführende Arbeiten sind von NOYAN [186], HAUK [106], BEHNKEN [35], GENZEL [87] und BIRKHOLZ [40] erschienen.

Der Trend der zeitlich wechselnden Bedeutung und des Fortschritts in der Röntgenstrahlanwendung ist auch an der Verleihung von Nobelpreisen für Arbeiten auf dem Gebiet der Anwendung der Röntgenstrahlen erkennbar, wie die Tabelle 1.1 zeigt. So gab es für die Entdeckung der X-Strahlen 1901 für WILHELM CONRAD RÖNTGEN den ersten Nobelpreis für Physik überhaupt. Die Häufung in den Jahren 1914 − 1917 ist eine Anerkennung für die wenige Jahre zuvor, erst 1912 entdeckte und beschriebene Deutung der Beugungsexperimente. Danach begann die Entwicklung der Geräte und die umfassende Anwendung der Röntgenbeugung. Die erneute Häufung für Nobelpreise in den Jahren ab 1962 ist mehr der Anwendungsforschung geschuldet.

Auf dem Gerätesektor und damit bei den kommerziellen Anbietern dieser Technik ist eine Konzentration auf wenige Hersteller festzustellen. Weltweit gibt es derzeit nur noch wenige Vollanbieter und mehrere Nischenanbieter. Aufbauend auf einer Grundplattform werden durch Variation der Strahlführung mittels neuer Röntgenoptiken, der Variation und der Einführung neuer Detektoren und durch spezielle Mess- und Auswertesoftware immer neue Varianten von Beugungsgeometrien entwickelt, die zu immer besseren Aussagen und Ergebnissen der zu untersuchenden Proben führen. Um die Neutralität und Aktualität in diesem Buch zu wahren, wird bewusst auf Abbildungen von realen Anlagen und Baugruppen verzichtet.

Manche Industriezweige (z. B. Automobil- und Baustoffindustrie, pharmazeutische Industrie, geologische Erkundungsunternehmen) adaptieren an die Röntgenbeugungsgeräte zusätzliche Probenhandlingsysteme, die eine automatische Aufbereitung der zu messenden Proben, die eigentliche Messung und eine vollständige automatische Auswertung einschließlich Integration von Statistiksoftware enthalten. Damit wird eine vollautomatische Probenuntersuchungstechnologie und Produktionsüberwachung realisiert.

Als erschwerend für den Anwender und vor allem für den Neueinsteiger zeigt sich, dass für die Röntgenbeugung kaum noch systematische, allgemeine und zusammenfassende Literatur zur Verfügung steht. Die Beschreibung der hervorragenden technischen Weiterentwicklungen und Anwendungen hat auf dem Lehrbuchmarkt nicht mitgehalten. In diesem Konglomerat aus alten Beschreibungen, Verfahrensauswertungen, neuen Erkenntnissen in der Fachliteratur, Firmenschriften und den modernen Anwendungen wird es für den Neueinsteiger schwierig, sich zurechtzufinden und schnell zu eigenen Lösungen zu kommen. Hinzu kommt, dass es zunehmend schwieriger wird, selbst kostengünstig an Fachartikel heranzukommen. Die gegenwärtige, sich leider immer mehr ausbreitende, Gepflogenheit, dass ein Fachartikel in elektronischer Form genauso viel kostet wie dieses Buch, ist der Verbreitung neuesten Wissens abträglich. Diese Mängel zu überwinden, soll das vorliegende Buch dienen.

Tabelle 1.1: Nobelpreise für Arbeiten unter Anwendung der Röntgenstrahlung

Name	Jahr	Gebiet	Kurzcharakteristik der Leistung
W.C. Röntgen	1901	Physik	Entdeckung der Röntgenstrahlung
M. von LAUE	1914	Physik	Röntgenbeugung an Kristallen
W.H. Bragg, W.L. Bragg	1915	Physik	Beugung - Kristallstrukturbestimmung
C.G. Barkla	1917	Physik	Charakteristische Röntgenstrahlung
K.M.G. Siegbahn	1924	Physik	Röntgenspektroskopie
A.H. Compton	1927	Physik	Wechselwirkung Strahlung - Elektronen
P. Debye	1936	Chemie	Beugung von Röntgenstrahlen und Elektronen in Gasen
L. C. Pauling	1954	Chemie	chemische Bindung und Struktur komplexer Substanzen
M. Perutz, J. Kendrew	1962	Chemie	Strukturaufklärung des Hämoglobins
J. Watson, M. Wilkens, F. Crick	1962	Medizin	Strukturaufklärung der DNA
A.McCormamack, G.N. Hounsfield	1979	Medizin	Computertomographie
K.M. Siegbahn	1981	Physik	Hochauflösende Elektronenspektroskopie
A. Klug	1982	Chemie	Nukleinsäure-Protein-Komplexe mit kristallographischen Verfahren
H. Hauptmann, J. Karle	1985	Chemie	Direkte Strukturaufklärungsmethode
J. Deisenhofer, R. Huber, J. Michel	1988	Chemie	Strukturaufklärung von Proteinen, die entscheidend für die Fotosynthese sind
B. N. Broukhouse, C.G. Shull	1994	Physik	Neutronenbeugung und -spektroskopie
D. Shechtman	2011	Chemie	Quasikristalle

2 Erzeugung und Eigenschaften von Röntgenstrahlung

Röntgenstrahlen sind elektromagnetische Wellen. Ein zeitlich periodisches elektrisches Feld mit der Feldstärke $\vec{E}$ baut ein zeitlich variables Magnetfeld mit der magnetischen Feldstärke $\vec{B}$ auf. Das Magnetfeld baut wiederum ein veränderliches elektrisches Feld auf. $\vec{E}$ und $\vec{B}$ stehen senkrecht aufeinander, beide Felder schwingen senkrecht zur Ausbreitungsrichtung und sind um 90° phasenverschoben. Magnetisches und elektrisches Feld sind Träger der elektromagnetischen Energie. Röntgenstrahlung ist eine masselose, elektromagnetische Strahlung mit einer Wellenlänge λ von etwa 10^{-3} bis 10^1 nm, die sich mit Lichtgeschwindigkeit ausbreitet. Zu ihrer Ausbreitung benötigen elektromagnetische Wellen kein Transportmedium. Der technisch relevante Energiebereich der Strahlung liegt zwischen 3 keV und 650 keV. Derzeit werden auch verstärkt andere Quellen mit energiereicherer, aber vor allem intensitätsreicherer Strahlung wie Synchrotron- und Teilchenstrahlung (Neutronen) genutzt.

Die klassische Röntgenbeugung nutzt Strahlungsenergien bis ca. 100 keV aus. Für Durchstrahlungsanwendungen verwendet man Energien bis zu 650 keV. In Röntgenröhren erzeugte Strahlung setzt sich aus zwei Hauptbestandteilen zusammen, der charakteristischen Strahlung und der Bremsstrahlung. Beide Strahlungsarten werden für Beugungsuntersuchungen genutzt und je nach Einsatzbedingungen ist es notwendig, das gesamte Spektrum zu filtern. Dies setzt grundlegende Kenntnisse über die Entstehung der Strahlung, ihre Eigenschaften und ihre Wechselwirkungsprozessen voraus.

2.1 Erzeugung von Röntgenstrahlung

Die ersten Röntgenröhren waren Kathodenstrahlröhren, ein evakuiertes Glasgefäß mit drei eingeschmolzenen metallischen Elektroden. Eine Hochspannung, damals aus einem Funkeninduktor erzeugt, wurde zwischen zwei Anschlüsse angelegt. Die dritte Elektrode diente als Hilfsanode.

Erst 1911 entwickelte J.E. Lilienfeld die heute noch eingesetzte Technik der Glühkathodenröhren [117]. In eine Diodenanordnung eines evakuierten Gefäßes müssen Elektronen hineingebracht werden. Dies geschieht in der Kathode, die aus einer stromdurchflossenen (Röhrenheizstrom) und somit geheizten, zum Glühen gebrachten Wolframwendel besteht. Im Gegensatz zur klassischen Röhrentechnik in der Elektronik wird bei dem Kathodenmaterial auf Austrittsarbeit senkende Beschichtungen verzichtet. Das Vakuum in einer Röntgenröhre ist notwendig, um ungewollte Stoßprozesse der freien Elektronen mit dem Restgas zu verhindern. Die freien Weglängen von Elektronen im Vakuum einer Röntgenröhre bei 10^{-2} mbar betragen so einige Zentimeter. An diese Elektrodenanordnung wird ein elektrisches Gleichspannungsfeld angelegt. Die Elektronen mit ihrer Ruhemasse m_{0e} werden durch das elektrische Feld zur positiven Anode hin beschleunigt. Bild 2.1a

© Springer Fachmedien Wiesbaden GmbH, ein Teil von Springer Nature 2019
L. Spieß et al., *Moderne Röntgenbeugung*,
https://doi.org/10.1007/978-3-8348-8232-5_2

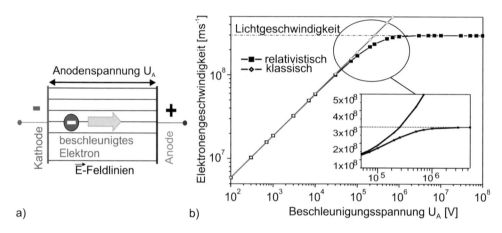

a)   b)

Bild 2.1: a) Anordnung zur Elektronenbeschleunigung b) Geschwindigkeit der Elektronen im elektrischen Feld

zeigt das Prinzip der Röntgenröhre und Bild 2.1b den Unterschied der klassischen Rechnung der Elektronengeschwindigkeit nach Gleichung 2.1 zur relativistischen Rechnung nach Gleichung 2.2. Bei der Geschwindigkeitsaufnahme der Elektronen muss für hohe Beschleunigungsspannungen (in der Radiographie) relativistisch nach Gleichung 2.2 gerechnet werden. Die Lichtgeschwindigkeit würde bei klassischer Rechnung bei $255,5\,\mathrm{kV}$ erreicht werden und darüber steigen. Das Elektron erfährt jedoch durch die Geschwindigkeitsaufnahme eine beträchtliche relativistische Massenzunahme und nähert sich der Lichtgeschwindigkeit an.

$$v_{kl} = \sqrt{\frac{2 \cdot e \cdot U_A}{m_{0e}}} \tag{2.1}$$

$$v_{rel} = \sqrt{2} \sqrt{\frac{e \cdot U_A \sqrt{c^4 \cdot m_{0e}^2 + e^2 \cdot U_A^2}}{c^2 \cdot m_{0e}^2} - \frac{e^2 \cdot U_A^2}{c^2 \cdot m_{0e}^2}} \tag{2.2}$$

Dem sich bewegenden Elektron mit dem Impuls p kann eine Wellenlänge λ_e, die deBROGLIE-Wellenlänge zugeordnet werden, Gleichung 2.3. Diese Wellenlänge wird in der Elektronenbeugung verwendet, siehe auch Kapitel 14.2. Einige Werte sind in Tabelle 2.1 als Funktion der Anodenspannung U_A beispielhaft aufgeführt.

$$\lambda_e = \frac{h}{p} = \frac{h}{\sqrt{2 \cdot m_e \cdot U_A \cdot e}} \tag{2.3}$$

Die durch das elektrische Feld sich bewegenden Elektronen werden beim Auftreffen auf die Anode abgebremst. Dabei entsteht zu $98 - 99\,\%$ Wärme in der Anode. Die verbleibenden $2 - 1\,\%$ der Elektronen treten mit dem kernnahen Feld der Anode in Wechselwirkung. Die Impulsänderung führt zu einer Bahnänderung und die Energiedifferenz wird in Form von hochfrequenter Strahlung abgegeben. Diesen Anteil am Abbremsungsprozess nennt man Bremsstrahlung. Die Erzeugung der Elektronen erfolgt über eine Glühemis-

Tabelle 2.1: Elektronengeschwindigkeiten klassisch/relativistisch, Grenzwellenlänge λ_0 des emittierten Photons nach Elektronenbeschleunigung bzw. die deBROGLIE-Wellenlänge des sich bewegenden Elektrons als Funktion der Anodenspannung U_A

U_A [V]	Geschwindigkeit [ms^{-1}]		Fehler [%]	Grenzwellen-	deBROGLIE-
	relativistisch	klassisch	rel. zu klas.	länge [nm]	Wellenlänge [pm]
1 000	18 737 031	18 755 373	0,097 90	1,239 84	38,764 03
5 000	41 733 616	41 938 290	0,490 43	0,247 97	17,302 01
9 000	55 772 826	56 266 120	0,884 47	0,137 76	12,871 11
10 000	58 732 234	59 309 699	0,983 22	0,123 98	12,204 69
30 000	99 757 431	102 727 411	2,977 20	0,041 32	6,979 08
50 000	126 298 196	132 620 518	5,005 87	0,024 79	5,355 31
100 000	170 175 769	187 553 735	10,211 77	0,012 39	3,701 44
200 000	219 121 023	265 241 035	21,047 74	0,006 19	2,507 93
255 499	235 682 254	299 792 458	27,201 96	0,004 85	2,170 16
350 000	254 756 229	350 880 909	37,732 02	0,003 54	1,789 19
1 000 000	290 978 646	593 096 986	103,828 35	0,001 23	0,871 92

sion meist aus einer geheizten Wolframwendel bzw. -spitze. Die räumliche Ausdehnung dieser Wendel bestimmt den späteren Röntgenfokus, da sich Kathode und Anode je nach Hochspannung in einem kleinen Abstand gegenüberstehen. Technische Röntgenröhren arbeiten im Hochspannungsbereich [kV] mit Röhrenströmen im [mA] Bereich. Die Multiplikation der Zahlenwerte mit diesen Einheiten ergibt sofort die Verlustleistung in Watt [W]. Bei üblichen Anlageparametern 40 kV und 50 mA treten 2 000 W Verlustleistungen bei $1 \cdot 12 \, mm^2$ Fokusfläche auf. Die hierbei erzeugten ca. 1 980 W Wärmeleistung müssen über eine leistungsfähige Kühlung sicher abgeführt werden. Nur der Rest von ca. 20 W wird in Röntgenstrahlung umgewandelt, Gleichung 2.8.

2.2 Das Röntgenspektrum

Die Röntgenstrahlung wird im Brennfleck, im weiteren Fokus genannt, auf der Anode einer Röntgenröhre erzeugt. Bild 2.2a zeigt schematisch das entstehende Spektrum. Hierbei sind die zwei Teilspektren deutlich zu unterscheiden:

- Das *Bremsspektrum*, das durch das Abbremsen der nach dem Durchlaufen der Anodenspannung U_A hoch beschleunigten Elektronen im elektrischen Feld der Atomkerne des Anodenmaterials auftritt.
- Das *charakteristische* oder *Eigenstrahlungsspektrum*. Hierfür ionisieren die auf den Brennfleck treffenden Elektronen die Atome der Anodenoberfläche in ihren innersten Schalen. Springen weiter außen liegende Bahnelektronen auf den oder die freien Plätze mit niedrigen Energieniveaus, wird jeweils die Energiedifferenz als Strahlenquant ausgesendet. Die Quantenenergiedifferenzen sind für eine Atomsorte charakteristisch und liefern in der Summe ein diskontinuierliches charakteristisches Spektrum, ein Linienspektrum gemäß Bild 2.2.

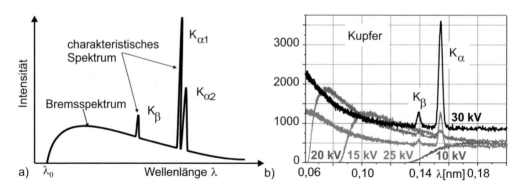

Bild 2.2: a) Röntgenspektrum b) Röntgenspektrum von Kupfer, aufgenommen mit einem SDD-Detektor, Kapitel 4.5.4

2.2.1 Das Bremsspektrum

Das Bremsspektrum ist ein kontinuierliches Spektrum mit einer kurzwelligen Grenze λ_0. Die Grenzwellenlänge λ_0 kommt zustande, wenn angenommen wird, dass ein Elektron in einem Schritt von seiner Maximalgeschwindigkeit v vollständig abgebremst wird. Die kinetische Energie E_{kin} der einfallenden Elektronen und die beim Eintritt dieser Elektronen in das Anodenmetall gewonnene Austrittsarbeit Φ werden komplett in ein Röntgenquant oder Röntgenphoton $h \cdot f_{max}$ umgewandelt. Dem Photon wird bei Anwendung der Teilchentheorie eine Masse m_{Ph} zugeordnet.

$$E_{kin} + \Phi = h \cdot f_{max} \qquad (2.4)$$

Die Austrittsarbeit Φ (allgemein $\approx 1 - 5\,\text{eV}$) ist gegenüber der kinetischen Energie der Elektronen $> 10\,000\,\text{eV}$ in der Energiebilanz im Allgemeinen zu vernachlässigen. Bei jedem Abbremsvorgang werden eine Vielzahl von Photonen unterschiedlicher, aber immer größerer Wellenlänge emittiert. Damit treten alle anderen Wellenlängen durch unvollständige Abbremsung bzw. Mehrfachabbremsung auf. Die kinetische Energie, zuvor aufgenommen aus der elektrischen Energie des Feldes, wird in ein Strahlungsquant der Energie $h \cdot f$ umgewandelt, Gleichungen 2.5 bzw. 2.4 mit Vernachlässigung der Austrittsarbeit. Dies ist das Gesetz nach DUANE-HUNT (aufgestellt um 1915).

$$E_{kin} = E_{el} = E_{Strahlung} = m_{Ph} \cdot c^2$$

$$\frac{m_{Elektron}}{2} \cdot v^2 = e \cdot U_A = h \cdot f = h \cdot \frac{c}{\lambda} = p \cdot c = m_{Ph} \cdot c^2$$

$$\lambda_0 = \frac{h \cdot c}{e \cdot U_A} = \frac{1{,}2398}{U_A\,[kV]} \quad [nm] \qquad (2.5)$$

mit
$$h = 6{,}626\,068\,76 \cdot 10^{-34}\,\text{Js} \quad \text{PLANCKsches Wirkungsquantum}$$
$$e = 1{,}602\,176\,462 \cdot 10^{-19}\,\text{As} \quad \text{elektrische Elementarladung}$$
$$c = 2{,}997\,924\,58 \cdot 10^{8}\,\text{ms}^{-1} \quad \text{Lichtgeschwindigkeit im Vakuum}$$

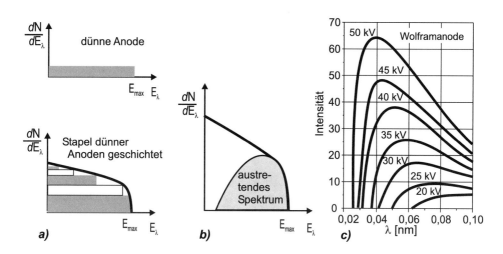

Bild 2.3: Entstehung des Bremsspektrums der Röntgenstrahlung

Die Grenzwellenlänge wiederum ist ein Maßstab für die Energie bzw. die Durchdringungsfähigkeit der Strahlung. Durch die scharfe bestimmbare Einsatzkante des Röntgenbremsspektrums lassen sich die PLANCKsche Konstante h bzw. der Quotient h/e sehr genau bestimmen. Je größer die Energie bzw. je kleiner die Wellenlänge, desto durchdringungsfähiger, oft auch härter genannt, ist die Strahlung. Die Form des Spektrums lässt sich aus der Überlegung ableiten, dass in vielen kleinen, übereinander gestapelten Anodenschichten jeweils ein kontinuierliches Spektrum angeregt wird, Bild 2.3a. Die Strahlung entsteht jedoch nicht nur in einem oberflächennahen Teil der Anode, sondern auch in tieferen Schichten. Die dort entstandene Strahlung muss den Weg bis zur Oberfläche zurücklegen, wobei sie geschwächt wird. Die bisherigen Betrachtungen gelten für das Vakuum und die dort entstehende Strahlung. Die Strahlung muss die Röntgenröhre verlassen, d. h. sie muss durch die Wandung des Vakuumgefäßes hindurchtreten. Dabei wird die Strahlung wellenlängenabhängig geschwächt. Langwelligere Anteile werden stärker geschwächt als kurzwellige. Der Strahlaustritt erfolgt heute durch spezielle dünne, in den Röhrenkolben eingelassene Fenster. Diese Fenster bestehen meist aus dünnen Berylliumfolien, die die Vakuumdichtheit der Röhre garantieren.

Verwendet man eine Wolframanode und die in der Diffraktometrie üblichen Spannungen, so ergeben sich nach [86] folgende Bremsspektrenverläufe für verschiedene Beschleunigungsspannungen, Bild 2.3c. Die in Bild 2.3c ersichtliche Verschiebung des Maximums der Bremsstrahlung wird nach dem Gesetz von DAUVILLIER (aufgestellt um 1919), Gleichung 2.6, beschrieben.

$$\lambda_{I_{max_{brems}}} \approx (1{,}3\ldots1{,}5) \cdot \lambda_o \qquad (2.6)$$

Weiterhin ist festzustellen, dass die Intensität des Bremsspektrums stark von der Ordnungszahl Z des Anodenmateriales abhängt. Integriert man über das gesamte Bremsspektrum, dann stellt man für die Gesamtintensität eine quadratische Spannungsabhängigkeit fest.

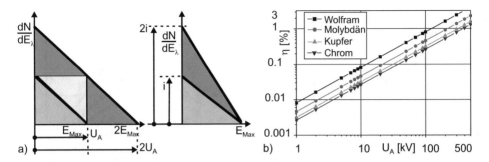

Bild 2.4: a) Schematische Darstellung der Abhängigkeit der Strahlungsleistung als Funktion
der Röhrenspannung und des -stromes b) Wirkungsgrad der Bremsstrahlungserzeu-
gung für die Anodenmaterialien W, Mo, Cu und Cr

Dies lässt sich damit begründen, dass sich bei einer Verdopplung der Spannung die Maximalenergie der Elektronen ebenso verdoppelt. Bild 2.4a verdeutlicht dies. Unter Einbeziehung der Strahlungsentstehung in einer dicken Anode, Bild 2.3a, wird durch die
Verdopplung der Spannung die in der Röhre umgesetzte Leistung verdoppelt. Da die
Auslösearbeit für ein Elektron aus der Glühkathode aber konstant bleibt, werden durch
die Spannungsverdopplung doppelt so viele Elektronen aus der Glühkathode herausge-
löst, beschleunigt und abgebremst. Die Fläche unter der Kurve der entstehenden Röntgenquanten vervierfacht sich. Bei Stromverdopplung wird nur die Zahl der Elektronen
verdoppelt, die Maximalenergie bleibt gleich. Diese Experimente kann man mit heute üblichen Hochspannungsgeneratoren nur noch schwer nachvollziehen, da hier im Allgemeinen
eine Regelung des Stromes, der Spannung bzw. der Leistung erfolgt. Die Messungen aus
Bild 2.20 bestätigen die Annahmen der quadratischen Hochspannungsabhängigkeit.

Die integrale Intensität I_B des Bremsspektrums kann nach Gleichung 2.7 abgeschätzt
werden. Die angegebene Konstante von $1{,}1 \cdot 10^{-9}\,\mathrm{V}^{-1}$ wurde experimentell ermittelt [153].

$$I_B = 1{,}1 \cdot 10^{-9} \cdot i \cdot U_A^2 \cdot Z = const. \cdot P \cdot Z \cdot U_A \qquad (2.7)$$

Damit lässt sich der Wirkungsgrad, gültig bis zu Beschleunigungsspannungen von $500\,\mathrm{kV}$,
für die Bremsstrahlung nach Gleichung 2.8 bestimmen. Der Wirkungsgrad ist in Bild 2.4b
für vier Anodenmaterialien dargestellt.

$$\eta = \frac{P_{strl}}{P_{el}} = \frac{1{,}1 \cdot 10^{-9} \cdot i \cdot U_A^2 \cdot Z}{i \cdot U_A} = const. \cdot Z \cdot U_A \qquad (2.8)$$

2.2.2 Das charakteristische Spektrum

Nach dem klassischen BOHR-SOMMERFELDschen-Atommodell (erstellt um 1913) als auch
nach dem modernen quantenmechanischen Atommodell befinden sich die Elektronen auf
unterschiedlichen, diskreten Energieniveaus. Für einige chemische Elemente sind die Emis-
sionsenergien der dem Atomkern nächsten Schalen, der K- und L-Serie, in Tabelle 2.2
aufgeführt. Die Elektronenenergieniveaus sind alles negative Energiewerte. Deshalb ist
die Energie mit dem größten Betrag die kleinste Energie, der energieärmste Zustand.

Tabelle 2.2: Röntgenstrahl-Emissionsenergien der K- und L-Spektren in [keV] nach [34, 69]

Z	$K\alpha_1$	$K\alpha_2$	$K\beta$	$L\alpha_1$	$L\alpha_2$	$L\beta_1$	$L\beta_2$	$L_{\gamma 1}$
Cr	5,414 72	5,405 51	5,946 71	0,572 8	0,572 8	0,582 8		
Mn	5,898 75	5,887 65	6,490 45	0,637 4	0,637 4	0,648 8		
Fe	6,403 84	6,390 84	7,057 98	0,705 0	0,705 0	0,718 5		
Co	6,930 32	6,915 30	7,649 43	0,776 2	0,776 2	0,791 4		
Ni	7,478 15	7,460 89	8,264 66	0,851 5	0,851 5	0,868 8		
Cu	8,047 78	8,027 83	8,905 29	0,929 7	0,929 7	0,949 8		
Ga	9,251 74	9,224 82	10,264 20	1,097 9	1,097 9	1,124 8		
Mo	17,479 34	17,374 30	19,608 30	2,293 2	2,289 9	2,394 8	2,518 3	2,623 5
Rh	20,216 10	20,073 70	22,723 60	2,696 7	2,692 0	2,834 4	3,001 3	3,143 8
Ag	22,162 92	21,990 30	24,942 40	2,984 3	2,978 2	3,150 9	3,347 8	3,519 6
In	24,209 70	24,002 00	27,275 90	3,286 9	3,279 3	3,487 2	3,713 8	3,920 8
Sn	25,271 30	25,044 00	28,486 00	3,443 9	3,435 4	3,662 8	3,904 8	4,131 1
W	59,318 24	57,981 70	67,244 30	8,397 6	8,335 2	9,672 4	9,961 5	11,285 9
Au	68,803 70	66,989 50	77,984 00	9,713 3	9,628 0	11,442 3	11,584 7	13,381 7

Energieübertragung von beschleunigten Elektronen oder energiereicher Strahlung anderer Herkunft (radioaktive Strahlen, hochenergetische Röntgenbremsstrahlung, Synchrotronstrahlung, hochenergetische Höhenstrahlung) kann eine Ionisation der inneren Schalen eines Atomes bewirken. Es wird damit von dem eingeschossenen Teilchen oder Photon mindestens soviel Energie übertragen, dass eine Ionisation der inneren Schale stattfindet. Die Absorption von Energie ist entsprechend dem Schalenaufbau der Atomhülle ein diskontinuierlicher Prozess. Ist die absorbierte Energie gerade so groß wie die Schalenenergie, kommt es zu einer starken Resonanz zwischen Quant und Elektron, in dessen Folge es zur Lösung des Elektrons aus der Schale kommt. Zurück bleibt eine unvollständig aufgefüllte Schale, d. h. eine Lücke. Die Energie wird als Absorptionskante bezeichnet. Die dazu notwendigen Energien sind von Element zu Element verschieden, Tabelle 2.2.

Auf den frei gewordenen Platz springt ein Elektron z. B. aus der nächsthöheren Schale. Die frei werdende Energie aus der Differenz der Bindungsenergien der beteiligten Schalen wird in Form eines Röntgenquants der Energie $h \cdot f = E_I - E_{II}$ abgegeben. Die Frequenz bzw. Wellenlänge dieses Quants ist eine charakteristische Größe, die nur von der Art des Anodenmateriales und den beteiligten Schalen abhängt. Die unterschiedliche Anzahl und die unterschiedliche Besetzung der Elektronen auf den einzelnen Schalen entsprechend dem PAULI-Prinzip (»Es gibt in einem Atom eines Elementes keine Elektronen, die in allen vier Quantenzahlen übereinstimmen«) führt zu den verschiedenen Besetzungen im Periodensystem der Elemente bzw. zu dem Energieniveauschema der Elemente (Elektronenkonfiguration). Bild 2.5 zeigt die konkreten Energiewerte für die chemischen Elemente Na, Cr, Cu, Mo und W. Ein in dem Bild 2.5 vermeintlich dickerer Strich im oberen Teil verdeutlicht, dass hier eine Schale in mehrere Unterniveaus aufspaltet. Neben dem PAULI-Prinzip gibt es bei der Besetzung der Elektronen noch das Energieminimierungsgebot, d. h. bei möglicher Aufspaltung in Unterniveaus wird das Niveau zuerst besetzt, welches die niedrigste Energie hat. Neben diesen beiden Prinzipien muss bei der Ermittlung der

Elektronenkonfiguration die HUNDsche Regel beachtet werden - erst Einfachbesetzung aller Unterschalen.

Für jedes Element gibt es n Hauptschalen, welche durch die Hauptquantenzahl n beschrieben werden. Auf jeder Hauptschale können sich maximal $2n^2$ Elektronen aufhalten. Die Schale mit einer möglichen Besetzung von 2 Elektronen, die Schale mit der kleinsten Energie (der Betrag der Energie ist aber am größten), wird K-Schale genannt. Es folgen die L-Schale (max. 8 Elektronen), M-Schale (max. 18 Elektronen), die N- und O-Schale. Jede Hauptschale n hat l Unterschalen mit einem Bereich von $l = 0, 1, 2, \ldots n-1$, oft auch als Nebenquantenzahl oder Bahndrehimpulsquantenzahl bezeichnet. Diese Quantenzahl beschreibt die Form der Atomorbitale. Die dritte Quantenzahl, die Magnetquantenzahl (magnetische Bahndrehimpulsquantenzahl) m, beschreibt die räumliche Orientierung der Orbitale/Aufenthaltsräume der Elektronen (Atomorbitale). Hier können für m die folgenden Zustände auftreten: $m = -l, \ldots, 0, \ldots, +l$

Des Weiteren unterscheiden sich Elektronen durch ihre Eigendrehbewegung, auch Spin genannt. Der damit verbundene unterschiedliche Impuls wird als Spinquantenzahl s bezeichnet und es gilt $s = \pm 1/2$. Die Nebenquantenzahl l und die Spinquantenzahl s fasst man oft zu der inneren Quantenzahl (magnetische Gesamtdrehimpulsquantenzahl) j mit $j = |l \pm s|$ zusammen. Damit ist verständlich, dass sich die K-Schale nicht aufspaltet, die zwei sich dort befindlichen Elektronen unterscheiden sich nur durch den Spin. Die L-Schale spaltet dreifach auf bzw. die Besetzungszustände der Elektronen sind: ($2s^2$, $2p_x^2$, $2p_y^2$, $2p_z^2$). Die M-Schale ist 5fach aufgespalten, ersichtlich in Bild 2.5. Die Differenzen der Energieunterschiede innerhalb einer Hauptschale können sehr unterschiedlich sein. Bis zum chemischen Element Zn tritt nach dieser Regel die Elektronenbesetzung auf. Danach treten z. T. Abweichungen von diesem Schema auf.

Wird ein Elektron von einer niederenergetischen Position entfernt, kann ein Elektron auf einem energetisch höher gelegenen Platz durch Sprung auf den freien Platz Energie abgeben. Dies passiert innerhalb eines Zeitraumes von etwa 10 ns. Wir finden dieses Prinzip der Energieminimierung auch bei der Kristallbildung in anderer Form wieder. Während des instabilen Zustandes, d.h. während der Zeit, wo ein solcher freier Elektronenplatz auftritt, ist die Abschirmwirkung der jeweiligen Schale nicht mehr voll gegeben. Diese so genannte Abschirmkonstante σ kann je nach Schale Werte zwischen 1 und 9 annehmen. Die Energie und Intensität der freiwerdenden charakteristischen Röntgenstrahlung ist stark von der Ordnungszahl des Anodenmaterials abhängig und kann nach Gleichung 2.9 aus dem BOHR/SOMMERFELDschen-Atommodell abgeschätzt werden.

$$h \cdot f \approx R_H \cdot h \cdot Z^2 \left(\frac{1}{n_1^2} - \frac{1}{n_2^2} \right) \tag{2.9}$$

mit R_H – RYDBERG-Frequenz ($R_H = 3{,}288 \cdot 10^{15} \, \mathrm{s}^{-1}$), n_1 und n_2 Hauptquantenzahlen der beteiligten Energieniveaus.

Das MOSELEY-Gesetz (erstellt um 1913), Gleichung 2.10, beschreibt den Zusammenhang zwischen Wellenlänge und Ordnungszahl. Hierzu wird die Element- und schalenabhängige Abschirmkonstante σ eingeführt, die die innere Abschirmung des Kernpotentials durch die Hülle der Elektronen berücksichtigt:

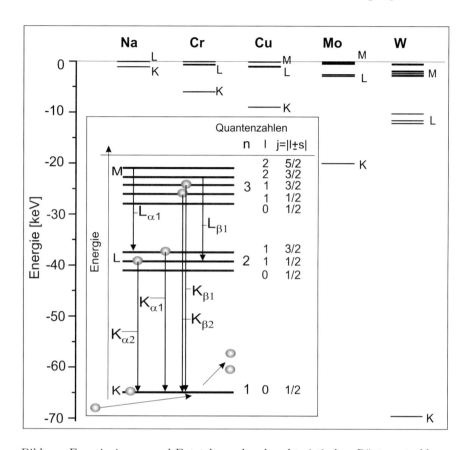

Bild 2.5: Energieniveaus und Entstehung der charakteristischen Röntgenstrahlung

$$\frac{1}{\lambda} = R_H \cdot (Z - \sigma)^2 \cdot \left(\frac{1}{n_1^2} - \frac{1}{n_2^2} \right) \tag{2.10}$$

mit $\sigma = 1$ - K-Serie und $\sigma = 3 \ldots 9$ - L-Serie je nach Element und Ordnungszahl Z. Es sind jedoch nicht alle Elektronenübergänge nach Aufspaltung der Schalen in Unterschalen möglich. Die drei optischen Auswahlregeln besagen:

- Übergänge innerhalb einer Hauptschale sind verboten, für die Hauptquantenzahlen n der beteiligten Elektronzustände muss gelten: $\Delta n \neq 0$,
- die Nebenquantenzahlen l können sich nur um ± 1 unterscheiden:
  $\Delta l = +1$ oder $\Delta l = -1$ erlaubt; $\Delta l = 0$ ist verboten.
- die Magnetquantenzahlen m dürfen sich nur um -1 oder $+1$ unterscheiden, d. h. es muss gelten: $\Delta m = \pm 1$; $\Delta m = 0$ ist wiederum verboten.
  Arbeitet man mit den inneren Quantenzahlen j, dann gilt:
  Die inneren Quantenzahlen j dürfen nur um 0 oder ± 1 verschieden sein, d. h. es muss gelten: $\Delta j = 0, -1, +1$.

In der Röntgenspektroskopie ist für die entstehenden Röntgenquanten die Bezeichnung nach der IUPAC [199] und in der Diffraktometrie nach SIEGBAHN [234] üblich:

- Wird eine Lücke in der K-Schale aufgefüllt, dann nennt man die Röntgenquanten K-Strahlung. Die $K\alpha$-Strahlung tritt immer als ein Dublett aus $K\alpha_1$ und $K\alpha_2$ auf. L- oder M- Strahlung bedeuten, dass die Ionisation bzw. der Übergang auf der L- oder der M-Schale stattfindet.
- Mit dem Index α wird die Strahlung bezeichnet, die zwischen den Schalen mit $\Delta n = 1$ stattfindet, β und weitere griechische Buchstaben stehen für Übergänge nicht nächst benachbarter Schalen ($\Delta n > 1$).
- Die zusätzlichen Ziffern 1, 2, ... werden verwendet, um Strahlung aus Sprüngen mit unterschiedlichen Neben- bzw. Magnetquantenzahlen zu bezeichnen. Diese Nomenklatur wird nur für die K-Strahlung konsequent durchgeführt, Bild 2.5. Bei L- und M-Strahlung wird dann schon inkonsequent verfahren, ebenfalls in Bild 2.5 ersichtlich.

Die K-Strahlung ist für ein chemisches Element immer die energiereichste Strahlung.

Bei der Röntgenbeugung wird die K-Strahlung der Metalle Cr, Fe, Co, Ni, Cu und Mo, neuerdings auch Ga [78] und In, genutzt. Um die charakteristische K-Strahlung anregen zu können, muss man an eine Röntgenröhre mindestens die charakteristische Anregungsspannung U_{Ch} anlegen, die sich entsprechend Gleichung 2.11 ergibt.

$$U_{Ch}\,[kV] = \frac{1{,}2398}{\lambda_K\,[nm]} \tag{2.11}$$

λ_K ist die K-Absorptionskante des Anodenmaterials.

Entsprechend der möglichen Elektronenenergieübergänge wird damit ein $K\beta$- und ein $K\alpha$-Dublett erzeugt. Auf Grund der unterschiedlichen Besetzungszustände, der unterschiedlichen Abschirmwirkungen, der Anzahl der Elektronen auf den inneren aufgespaltenen Hauptschalen und der möglichen unterschiedlichen Sprungwahrscheinlichkeiten ergeben sich für die einzelnen Röntgenquanten bei Betrachtung einer großen Zahl von Übergängen unterschiedliche Intensitäten der Einzelstrahlungsanteile, Tabelle 2.3.

Ist die an eine Röntgenröhre angelegte Spannung kleiner als die charakteristische Spannung, treten diese charakteristischen Röntgenlinien nicht auf. Ist die Spannung größer als U_{Ch}, dann treten alle Linien der betreffenden Serie auf. Damit wird auch deutlich, dass es notwendig ist, die Absorptionskante auf die energiereichere β-Strahlung zu beziehen. Die Intensität der charakteristischen Strahlung ist eine Funktion der angelegten Hochspannung U_A, Gleichung 2.12. Da in dieser Gleichung auch die charakteristische Anregungsspannung U_{Ch} enthalten ist, ergibt sich eine Anodenmaterialabhängigkeit (Ordnungszahl Z) der Intensität. Weitere Betrachtungen findet man dazu im Kapitel 2.6.

$$I_{Char} = const.\cdot i \cdot (U_A - U_{Ch})^n = const.\cdot P \cdot \frac{(U_A - U_{Ch})^{3/2}}{U_A} \qquad n \approx 1{,}5 \tag{2.12}$$

Für einige wichtige Anodenmaterialien sind die gemessenen charakteristischen Wellenlängen und die relativen Intensitäten aus [199] und nach HÖLZER [130] zusammengestellt.

Tabelle 2.3: $K\alpha$- und $K\beta$-Wellenlängen, Absorptionskanten in [nm] und notwendige Anregungsspannung U_{Ch} für charakteristische Strahlung aus [34, 78, 130, 199]

Z	$K\alpha_1$ [nm]	$K\alpha_2$ [nm]	$K\beta_1$ [nm]	$K\alpha_{mittel}$ [nm]	Absorptionskante K	U_{Ch} [kV]
24 Cr	0,228 972 63	0,229 365 13	0,208 488 814	0,229 103 463	0,207 019 3	6,0
25 Mn	0,210 185 43	0,210 582 23	0,191 021 64	0,210 317 697	0,189 645 92	6,5
26 Fe	0,193 604 13	0,193 997 33	0,175 660 44	0,193 735 197	0,174 361 70	7,1
27 Co	0,178 899 61	0,179 283 51	0,162 082 63	0,179 027 577	0,160 835 14	7,7
28 Ni	0,165 793 01	0,166 175 61	0,150 015 23	0,165 920 543	0,148 814 01	8,3
29 Cu	0,154 059 295	0,154 442 745	0,139 223 46	0,154 187 112	0,138 059 71	9,0
31 Ga	0,134 012 796	0,134 402 64	0,120 793 34	0,134 142 744	0,119 582	10,4
42 Mo	0,070 931 715	0,071 360 712	0,063 288 713	0,071 074 714	0,061 991 00	20,0
45 Rh	0,061 329 37	0,061 764 58	0,054 618 9	0,061 474 44	0,053 390 86	23,2
47 Ag	0,055 942 178 7	0,049 708 176	0,056 381 312 6	0,053 864 178	0,048 591 55	25,5
49 In	0,051 212 514	0,051 655 572	0,045 456 16	0,051 360 2	0,044 374 554	27,5
50 Sn	0,049 061 154	0,049 506 464	0,043 524 21	0,049 209 591	0,042 459 78	29,2
74 W	0,020 901 314	0,021 383 305	0,018 437 683	0,021 061 978	0,017 837 3	69,5
79 Au	0,018 019 5	0,018 507 5	0,015 898 2	0,018 182 167	0,015 359 53	80,7

relative Intensitäten der Übergänge $K_{\alpha 1}$:	$K_{\alpha 2}$:	$K\beta$
100 %	45 − 55 %	15 − 30 %

Mit Verwendung von SI-Einheiten ist es üblich, diese Wellenlängen in Nanometer [nm] oder Pikometer [pm] anzugeben. Dabei ist nicht zu beanstanden sondern gefordert, dass sechs bis zehn Nachkommastellen angegeben werden, da Zellparameter auch auf mindestens fünf Nachkommastellen genau bestimmt werden sollen.

In vielen älteren Büchern, bei Kristallographen, Mineralogen und in der angelsächsischen Literatur wird oft noch die nicht SI-Einheit Ångstrøm Å (10 Å = 1 nm) verwendet. In noch älteren Büchern und aus der »Urzeit« der Röntgentechnik wird die Einheit KX verwendet. Die (2 0 0) Netzebene des Steinsalzes sollte einen Abstand von 2,814 KX bei einer Temperatur von 18 °C haben. Fälschlicher Weise wird oft in der Literatur vor 1947 für ein Ångstrøm 1 Å = 10^{-10} m die Einheit KX gesetzt. Spätere Nachmessungen ergaben eine Abweichung vom metrischen System, so dass man um 1948 als Umrechnung angab: 1 KX = 0,100 202 nm. Um 1968/69 wurde diese Umrechnung von BEARDEN nochmals auf jetzt 1 KX = 0,100 206 nm korrigiert. In den Neuauflagen des Tabellenbuches [199] fehlt aber diese Umrechnung nach wie vor und die Angaben der Wellenlängen sind immer noch in KX. Dies wird damit begründet, dass die Emission nur mit einer Genauigkeit von maximal 10^{-5} nm und die Absorptionskante nur mit einer Genauigkeit von nicht mehr als 10^{-3} nm bestimmt werden kann.

Auf Grund der Abschirmeffekte ergeben sich auch geringe Differenzen in den Wellenlängen im 10^{-6} nm Bereich zwischen gemessenen Wellenlängen, Tabelle 2.3 und berechneten Wellenlängen entsprechend Gleichung 2.5 und unter Verwendung der Ionisationsenergie nach Tabelle 2.2. HÖLZER [130] gibt neuere Werte für die Wellenlänge an, wo auch Mehrfachübergänge berücksichtigt werden. In Tabelle 2.3 sind die Wellenlängen der Strahlung für Cr, Mn, Fe, Co, Ni und Cu dieser Arbeit entnommen. Bei vielen Untersuchungen mit charakteristischer $K\alpha$-Strahlung wird auf Grund der geringen Wellenlängenunter-

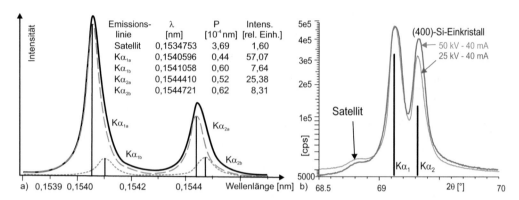

Bild 2.6: a) $K\alpha$ Emissionslinie, nachgebildet durch Summe aus 4 LORENTZ-Funktionen [38, 61, 74, 129, 130] b) $(4\,0\,0)$-Si-Einkristall Beugungsdiagramm

schiede des $K\alpha$-Dubletts mit einer gewichteten mittleren Wellenlänge $\lambda_{\alpha m}$ gearbeitet, Gleichung 2.13. Die geringen Wellenlängenunterschiede sind oft nicht deutlich ersichtlich. Es wird trotz dieser zwei Wellenlängen oft aber von monochromatischer Strahlung gesprochen.

$$\lambda_{\alpha m} = \frac{2 \cdot \lambda_{\alpha 1} + \lambda_{\alpha 2}}{3} \tag{2.13}$$

Betrachtet man die genaue Emissionsverteilung der Röntgenlinien, dann haben neuere Untersuchungen gezeigt [129, 130], dass man das $K\alpha$ Dublett als eine Summe von vier LORENTZ-Funktionen mit asymmetrischem Schwerpunkt auffassen kann, Bild 2.6a. CHEARY [60] hat mit Messungen an $(4\,0\,0)$-Si-Einkristallen einen schwachen Satellitenpeak festgestellt. Dieser Satelitenpeak ist auch an eigenen Messungen im Bild 2.6b und Bild 5.36 sichtbar. Ursache sind z. T. Mehrfach-Ionisationen und damit Verschiebungen in der Energielage der Lücken. Dies passiert, wenn neben der Vakanz $1s \rightarrow 2p$ noch eine $3d$ Vakanz auftritt. Dieser als $1s3d \rightarrow 2p3d$ bezeichnete Übergang ist zu ca. 30 % an der $K\alpha$ Emission beteiligt und führt zu den Asymmetrien im Interferenzprofil. Dieses nun genau bekannte Emissionsprofil wird in der Fundamentalparameteranalyse [139, 142], Kapitel 8.5 und 6.5.2, berücksichtigt.

2.2.3 Optimierung der Wahl der Betriebsparameter

Je nach Art des Beugungsexperimentes ist es notwendig, entweder mit kontinuierlicher Strahlung oder mit monochromatischer Strahlung zu arbeiten.

Für Einkristalluntersuchungen in der klassischen LAUE-Anordnung, Kapitel 9.2, arbeitet man mit kontinuierlicher Strahlung.

Entsprechend Bild 2.7 muss man für ein kontinuierliches Spektrum ohne charakteristische Strahlung ein Anodenmaterial mit hoher Ordnungszahl und hoher Anregungsspannung für charakteristische Strahlung auswählen. Wolfram ist hier erste Wahl, da bis zu Anodenspannungen von knapp 70 kV keine charakteristische K-Strahlung auftritt. Über

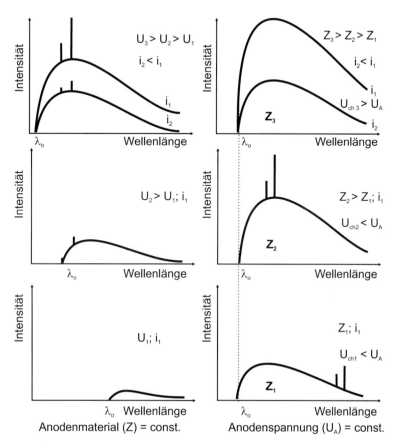

Bild 2.7: Unterschiedliche Röntgenspektren als Funktion der Anodenspannung U_A, der Ordnungszahl Z des Anodenmateriales und des Anodenstroms i. Mögliche L- oder M-Strahlungen sind hier nicht berücksichtigt.

die Eigenfilterung (Durchgang der Strahlung durch dickere Aluminium- oder Kupferplatten) wird die langwelligere L- bzw. M-Strahlung selektiv abgeschwächt. Goldanoden sind zu teuer und die niedrigere Schmelztemperatur des Goldes verlangt viel aufwändigere Kühlmaßnahmen. Setzt man Materialien mit kleinerer Ordnungszahl als Anodenmaterial ein, entsteht je nach Anregungsspannung, siehe Tabelle 2.3, ein überlagertes Spektrum. Bei gleicher Anodenspannung aber unterschiedlicher Ordnungszahl Z_1 und Z_2, Bild 2.7, kann sich das charakteristische Spektrum im Bremsstrahlungsmaximum oder im langwelligeren Ende befinden.

Bei Beugungsuntersuchungen von polykristallinem Material und viele Einkristallverfahren (z. B. Drehkristallverfahren) arbeitet man meist mit monochromatischer Strahlung. Die charakteristische Strahlungsintensität sollte möglichst groß sein bei einem vergleichsweise geringen Bremsstrahlungsanteil. Dies ist durch eine Erhöhung der Anodenspannung, die zu einer überproportionalen Erhöhung der Intensität des charakteristischen Spektrums führt, Gleichung 2.12, möglich.

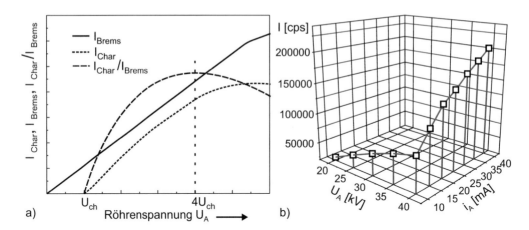

Bild 2.8: a) Prinzipieller Verlauf der Intensitäten Bremsstrahlung und charakteristische Strahlung b) gemessene Maximalintensitäten von charakteristischer Kupfer-Strahlung als
Funktion der Generatoreinstellung

$$\frac{I_{Char}}{I_{Brems}} = const. \cdot \frac{(U_A - U_{Ch.})^{3/2}}{Z \cdot U_A^2} \tag{2.14}$$

Gleichzeitig ist aber zu beachten, dass mit der Erhöhung der Anodenspannung auch die
Intensität der Bremsstrahlung steigt und eine Verschiebung des Bremsstrahlungsmaxi-
mums auftritt, Gleichung 2.6. Setzt man die Gleichungen 2.7 und Gleichung 2.12 ins
Verhältnis mit dem Ziel der Maximierung der charakteristischen Strahlungsanteile, Gleichung 2.14, dann wird deutlich, dass das Maximum für eine optimale Anodenspannung
U_A bei ca. $4 \cdot U_{Ch}$ liegt. Bei dieser Anodenspannung ist das Verhältnis aus Intensität
charakteristische Strahlung zur Intensität der Bremsstrahlung am größten, Bild 2.8a.

Charakteristische Strahlung tritt erst bei Überschreitung der charakteristischen Anregungsspannung auf, die entsprechend Tabelle 2.3 einer β-Anregung entspricht. Für die
am meisten in der Diffraktometrie verwendete Kupferstrahlung bedeutet das, dass die
Hochspannung auf 36 kV bzw. aufgerundet auf 40 kV eingestellt wird. Die Stromstärke
zur weiteren Steigerung der Intensität wird dann meist auf 85 % der maximalen Verlustleistung der Röntgenröhre bzw. auch auf eine maximal linear verarbeitbare Impulszahl,
siehe Kapitel 4.5, eingestellt.

Im Bild 2.8b sind die gemessenen Intensitäten von Nickel-gefilterter Kupferstrahlung
im Nulldurchgang durch einen 100 µm Glasspalt dargestellt. Analysiert man die normierten Flächen unterhalb der gemessenen Intensitätsverteilung jeweils von $20 - 40$ mA bzw.
kV, dann ergeben sich bei Annahme einer Polynomfunktion zweiten Grades die folgenden
Abhängigkeiten:

$$f(U_A) = -0{,}014 \cdot U_A^2 + 0{,}1919 \cdot U_A - 2{,}2978 \tag{2.15}$$

$$f(i_A) = -0{,}00008 \cdot i_A^2 + 0{,}0334 \cdot i_A + 0{,}357 \tag{2.16}$$

Bei Verdopplung der Röhrenspannung erhöht sich die gemessene Intensität der charakteristischen Kupferstrahlung um den Faktor 3,21, bei Verdopplung des Röhrenstromes ergibt sich ein Faktor von 1,56. Die Abweichungen von den theoretischen Verhältnissen sind der Messtechnik geschuldet, da es schwierig wird, die Intensitäten der Strahlung über große Bereiche linear zu messen, siehe Kapitel 4.5. Berechnet man die Faktoren bei Verdopplung des Stromes von 10 mA auf 20 mA, dann ergibt sich ein Faktor von 1,81.

2.3 Wechselwirkung mit Materie

Die Ausbreitung von Strahlung ist immer mit dem Transport von Energie verbunden und dabei an keinerlei Materie gebunden. Trifft die Strahlung mit Materie zusammen, treten Wechselwirkungseffekte auf. Die Energie und Intensität der Strahlung wird dabei geschwächt, ebenso die Ausbreitungsrichtung der Strahlung geändert. Der Schwächungsvorgang wird Absorption genannt. Streuung bezeichnet den Vorgang, wenn eine Welle oder ein Teilchenstrahl auf Materie trifft und der Strahl eine Ablenkung erfährt. Man unterscheidet folgende Streueffekte der Strahlung:

- *elastische Streuung*, bei der die Frequenz der Sekundärwelle unverändert gegenüber der einlaufenden Welle bleibt. Die Röntgenbeugung ist ein typischer elastischer Streuprozess. Dabei unterscheidet man noch die:
    - *kohärente Streuung*, wenn die Sekundärwelle in einer festen Phasenbeziehung zu der Primärwelle steht,
    - *inkohärente Streuung*, wenn keine feste Phasenbeziehung zwischen Primär- und Sekundärwelle auftritt.
  Diese Wechselwirkungsprozesse sind Gegenstand des Kapitels 3.
- *inelastische Streuung*, bei der die Frequenz von der Primärwelle zu der Sekundärwelle sich verändert. Ursache sind dabei Anregungsprozesse in der bestrahlten Materie, die meist quantenhaften Charakter haben.

Absorptionsvorgänge sind stark materialabhängig, wobei die Ordnungszahl bzw. die Dichte die entscheidende Größe ist. Zusätzlich sind die Absorptionsvorgänge stark energieabhängig. Ebenso ist zu beachten, dass durch die Wechselwirkung mit der Strahlung eine Eigenstrahlung/Fluoreszenzstrahlung entsteht, die zu Überlagerungen bei den Absorptionseigenschaften führt.

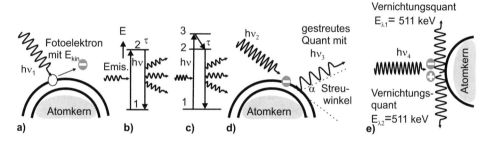

Bild 2.9: Streueffekte – a) Fotoabsorption b) Fluoreszenz bei Gasen c) Fluoreszenz bei Festkörpern d) COMPTON-Effekt e) Paarbildungseffekt

Für die Wechselwirkungsprozesse unterscheidet man die folgenden Arten der Absorption, die angefangen bei niedrigen Energien zu höheren Energie parallel ablaufen können und in den Bildern 2.9 dargestellt sind.

- *Fotoabsorption*, Bild 2.9a;
- *Fluoreszenz bei Gasen*, Bild 2.9b;
- *Fluoreszenz bei Festkörpern*, Bild 2.9c;
- *COMPTON-Elektron und COMPTON-Streuung*, Bild 2.9d;
- *Paarbildungseffekte*, Bild 2.9e

Bei niedrigen Strahlungsenergien $h \cdot f_1$ tritt eine Energieübertragung auf ein Hüllenelektron einer äußeren Schale auf. Das austretende freie Elektron besitzt kinetische Energie, das Wechselwirkungsatom wird dabei ionisiert. Dies ist der Fotoeffekt. Dieser Effekt wird u.a. bei den Detektoren für Strahlung ausgenutzt. Diese inelastischen und elastischen Streuprozesse treten in Form der Fluoreszenz auf. Atome in einer Gasphase existieren nur in definierten Atomzuständen. Fällt eine Strahlung mit einer Energie auf ein Atom im Normalzustand, kann es durch die Energieübertragung in den angeregten Zustand E_2 übergehen, Bild 2.9b. Nach einer Verweilzeit von durchschnittlich 10 ns im angeregten Zustand wird Strahlung mit der gleichen Frequenz emittiert. Es besteht keine feste Phasenbeziehung zwischen Primär und Sekundärwelle, die Strahlung ist inkohärent.

Im Festkörper wird von den dort befindlichen Atomen ebenfalls Strahlungsenergie aufgenommen, ein Atom geht vom Zustand E_1 in den Zustand E_3 über. Das Atom absorbiert die Strahlungsenergie, geht aber nach einer Verweilzeit in einen Zwischenzustand E_2. Die geringe freiwerdende Energie wird auf den Kristall übertragen - Wärme. Unter Aussendung eines Quants mit größerer Wellenlänge als die Primärwellenlänge, damit kleinerer Energie, wird der Grundzustand wieder erreicht. Dies ist ein inelastischer, inkohärenter Übergang. Die Wellenlängen sind größer als die Atomdurchmesser, Bild 2.9c.

Bei höheren Strahlungsenergien bzw. Wellenlängen der Strahlung im Größenbereich der Atomdurchmesser kommt es zur Wechselwirkung mit den freien Elektronen (Elektronen im Leitungsband). Dies wird als COMPTON-Streuung bezeichnet, Bild 2.9d. Die Streuung ist inelastisch und kohärent. Die Quantenenergie der Röntgenstrahlung ist so groß, dass hier die Bindungsenergie der Elektronen vernachlässigt werden kann. Das freiwerdende COMPTON-Elektron vermindert die Primärquantenenergie geringfügig. Der Vorgang der COMPTON-Streuung wird auch als elastischer Stoß zwischen einem Photon und einem quasi freien Elektron verstanden. Die in eine bestimmte Richtung abgelenkte Strahlung hat eine Wellenlängendifferenz $\Delta\lambda$ von:

$$\Delta\lambda = \lambda^{'} - \lambda = \frac{h}{m_o \cdot c} \cdot (1 - \cos\alpha) \tag{2.17}$$

Wenn die Energie der einfallenden Strahlung die doppelte Ruheenergie (511 keV) eines Elektrons ($2 \cdot m_o \cdot c^2$) übersteigt, kann es im elektrischen Feld eines Atomkernes zu der Bildung eines so genannten Elektron-Positron-Paares kommen, Bild 2.9e. Die einfallende Strahlung wird damit »vernichtet«. Das Paar hat noch eine entsprechende kinetische Energie und nur eine begrenzte Lebensdauer. Kommt das Paar zur »Ruhe«, dann ist die Wahrscheinlichkeit eines Zerfalles sehr groß und es bilden sich auf Grund des Im-

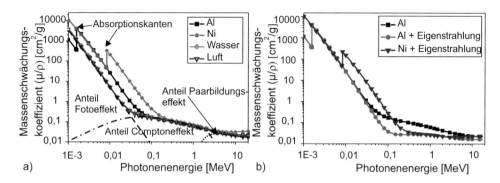

Bild 2.10: Massenschwächungskoeffizient als Funktion der Photonenenergie a) für Aluminium, Nickel, Wasser und Luft b) Berücksichtigung des Eigenstrahlanteils nach [127]

pulserhaltungssatzes zwei Vernichtungsquanten mit entgegengesetzter Richtung und mit einer Quantenenergie von jeweils 511 keV. Dieser Bildungs- und Zerfallsprozess ist der entscheidende Absorberprozess für Quantenenergien größer 2 MeV.

Die Schwächung bzw. Absorption der Intensität der Röntgenstrahlung kann nach Gleichung 2.18, auch oft als Gesetz nach LAMBERT-BEER, beschrieben werden.

$$I = I_o e^{-(\frac{\mu}{\varrho}) \cdot \varrho \cdot s} \quad \text{bzw.} \quad \mu = \frac{1}{s} \cdot \ln \frac{I_o}{I} \tag{2.18}$$

$$
\begin{aligned}
I &= \text{Intensität nach Durchgang durch Material} \\
I_o &= \text{Ausgangsintensität} \\
\text{mit} \quad s &= \text{Weglänge im Material [cm]} \\
\left(\tfrac{\mu}{\varrho}\right) &= \text{Massenschwächungskoeffizient } [\text{cm}^2 \cdot \text{g}^{-1}] \\
\mu &= \text{linearer Schwächungs- bzw. Absorptionskoeffizient } [\text{cm}^{-1}]
\end{aligned}
$$

Der Massenschwächungskoeffizient μ/ϱ ist eine Funktion des Materials (Z) und der Energie der Röntgenstrahlung [3] und enthält alle Absorptionserscheinungen als Linearkombination.

$$\left(\frac{\mu}{\varrho}\right) = \left(\frac{\mu}{\varrho}\right)_{Foto} + \left(\frac{\mu}{\varrho}\right)_{Compton} + \left(\frac{\mu}{\varrho}\right)_{Paar} \tag{2.19}$$

Bild 2.10a zeigt die Enegieabhängigkeit des Massenschwächungskoeffizienten für Aluminium, Nickel, Wasser und Luft [127]. Für Wasser sind ungefähr auch die Anteile entsprechend Gleichung 2.19 an dem Massenschwächungskoeffizient eingezeichnet. Deutlich erkennbar sind weiterhin die Absorptionskanten bei den reinen Elementen Aluminium und Nickel. Bei Bestrahlung mit diesen Energien wird das Material partiell durchlässiger für Strahlung dieser speziellen Energie. Dies ist auf Entstehung von charakteristischer Röntgenstrahlung mit diesen Wellenlängen/Energien zurückzuführen, die der Absorption entgegensteht. Diese Kanten bzw. ihre Energielagen sind elementspezifisch und treten bei den Wellenlängen bzw. Energien auf, wie sie z. B. schon in Tabelle 2.3 genannt worden sind. In Bild 2.10b sind für den Massenschwächungskoeffizienten die Anteile der

Eigenstrahlung mit berücksichtigt worden. Jedes emittierte Teilchen bei einer Photonen-wechselwirkung hat auch eine kinetische Energie, die wiederum Wechselwirkungsprozesse auslösen kann und somit auch wiederum Eigenstrahlung erzeugen kann. Hierbei ist jedoch festzustellen, dass dies erst bei der hochenergetischen Strahlung ins Gewicht fällt. Dies ist besonders dann wichtig, wenn es um Strahlenschutzmaßnahmen geht. Abschirmmaßnah-men für hochenergetische Teilchenstrahlen dürfen deshalb nicht als Primärabschirmer aus Materialien mit schweren Ordnungszahlen bestehen, da sonst dort erhöhte Eigenstrah-lung (Wellenstrahlung) erzeugt wird, die dann nur über noch dickere Abschirmungen abgeschwächt werden kann. Eine Kombination aus z. B. Kunststoffmaterialien, wo die Teilchenstrahlung erst Energie verliert bzw. schon »stecken« bleibt, und dann Maßnah-men zur Abschirmung von Wellenstrahlung ist vom Abschirmverhalten günstiger als nur »viel Blei«.

Um den Schwächungscharakter von Materialien vergleichen zu können, führt man eine *Halbwertsdicke* $d_{1/2}$ bzw. HWS ein. Nach Durchgang der Strahlung durch diese Dicke aus dem jeweiligen Material ist die Intensität der Strahlung auf die Hälfte abgefallen.

$$HWS = d_{1/2} = \frac{\ln 2}{\mu} = \frac{0{,}693}{\mu} \tag{2.20}$$

Eine zehnmal so dicke Platte lässt nur noch 0,19 % ($2^{-10} = 1/1024$) der Strahlungsinten-sität hindurch.

Zwischen dem linearen Schwächungskoeffizienten μ und dem Massenschwächungskoef-fizienten besteht nur der Unterschied, dass der Massenschwächungskoeffizient eine Dich-te bezogene Größe ist, also μ/ϱ gilt. Die Multiplikation des Massenschwächungsfaktors mit der Dichte des Materials führt zum linearen Schwächungskoeffizienten. Bei bekann-ter chemischer Zusammensetzung kann man aus den elementabhängigen Massenschwä-chungskoeffizienten und dem Gewichts- oder Atomprozentanteil den zusammengesetzten Massenschwächungskoeffizienten berechnen.

$$\left(\frac{\mu}{\varrho}\right) = \sum \left(x_i\left(\frac{\mu}{\varrho}\right)_i\right) \text{ mit } \sum x_i = 1 \tag{2.21}$$

Für monoenergetische bzw. monochromatische Röntgenstrahlung kann man zur groben Abschätzung des linearen Absorptionskoeffizienten μ die Gleichung 2.22 heranziehen.

$$\mu \approx \lambda^3 \tag{2.22}$$

Beim praktischen Einsatz ist die Schwächung der Röntgenstrahlung in Luft nicht zu ver-nachlässigen. In Diffraktometern treten Abstände von bis zu einem Meter und mehr vom Röntgenstrahlaustrittsort bis zum Detektor auf. Für drei gebräuchliche charakteristische Strahlungen aus Chrom-, Kupfer- und Molybdän-Röhren wird entsprechend der Zusam-mensetzung von Luft mittels Gleichung 2.21 der Massenschwächungskoeffizient und die Halbwertsdicke nach Gleichung 2.20 errechnet. Die Massenschwächungskoeffizienten für die einzelnen Strahlungen und Elemente sind [199] entnommen.

Bei Verwendung von Chromstrahlung, die für Eisenwerkstoffe günstiger ist, siehe Bild 2.11, ist bei einem Diffraktometer mit einem Radius von 25 cm die Strahlungsin-

Tabelle 2.4: Berechnung der Massenschwächungskoeffizienten für verschiedene charakteristische Strahlungen in Luft und Helium [127], Wellenlängen aus Tabelle 2.3

Luft	Vol%	x_i	CrKα	CuKα	MoKα	CrKα	CuKα	MoKα	Dichte
			$(\mu/\varrho)_i$ [cm^2/g]			$(\mu/\varrho)_i \cdot x_i$ [cm^2/g]			[kgm^{-3}]
N$_2$	78,11	0,7551	26,1	7,5	0,927	19,71	5,663	0,699	1,165
O$_2$	20,96	0,2315	39,8	11,6	1,350	9,22	2,692	0,313	1,332
Ar	0,928	0,0128	357,2	118,0	13,964	4,57	1,510	0,178	1,662
					$\sum \mu/\varrho$	33,49	9,865	1,191	1,205
			μ (20 °C) [$\cdot 10^{-2}$ cm^{-1}]			4,04	1,19	0,144	
			Halbwertslänge (20 °C)			17,2 cm	58,3 cm	4,82 m	
He	100	1,0				0,514	0,293	0,203	0,166
			μ (20 °C) [$\cdot 10^{-5}$ cm^{-1}]			8,54	4,88	3,37	
			Halbwertslänge (20 °C)			81 m	142 m	206 m	

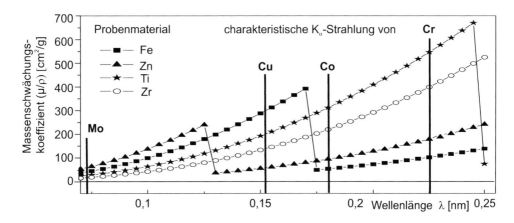

Bild 2.11: Verlauf der Absorption als Funktion der Wellenlänge und Lage der charakteristischen Strahlung

tensität am Detektor ohne Beugungs- und Streuverluste allein durch Luftabsorption nur noch 13,2 % der am Röntgenfokus abgestrahlten Intensität.

Ein weiterer Gesichtspunkt bei der Wahl der Strahlung ist, dass man immer beachten muss, wie die Wechselwirkung zwischen der zu untersuchenden Probe und der eingesetzten Röntgenstrahlung ist, da es immer zur Absorption von Röntgenstrahlung in der Probe kommt. Wie in den vorangegangenen Ausführungen ausgiebig erläutert, ist die Absorption stark von der Massezahl abhängig und damit am stärksten bei Elementen mit Ordnungszahlen unterhalb des gerade verwendeten Anodenmaterials. Ist die Absorption groß, dann ist auch die Fluoreszenstrahlung groß und hebt den Untergrund an. In dem Bild 2.11 sind für die Probenmaterialien Eisen, Zink, Titan und Zirkon die Massenschwächungskoeffizienten als Funktion der Wellenlänge der Röntgenstrahlung aufgetragen. Für die charakteristische $K\alpha$ Strahlung von Molybdän, Kupfer, Kobalt und Chrom sind die

Wellenlängen mit eingezeichnet. Hier erkennt man, dass die Absorption einer Eisenprobe, gemessen mit Kupferstrahlung, deutlich höher ist, als die Absorption mit der etwas energieärmeren und langwelligeren Strahlung von einer Kobaltanode. Die Wahl der Strahlung ist also entscheidend für das spätere Ergebnis des Beugungsexperiments. Die Strahlung und das Probenmaterial müssen so gewählt werden, dass möglichst viel Intensität auf die Probe fällt und wenig Intensität auf dem Weg in der Beugungsanordnung durch Luftstreuung verloren geht, die Absorption gering ist und damit auch wenig störende Fluoreszenzuntergrundstrahlung erzeugt wird. Man sollte sich vor einem neuen Experiment immer die Absorptionsverhältnisse und die Eindringtiefen der Röntgenstrahlung, Gleichung 3.101, je nach Beugungsanordnung berechnen. Weiter zu beachten ist, dass der Einsatz der kurzwelligen Molybdänstrahlung Nachteile hat. Die Genauigkeit der Bestimmung der Lage der Beugungsinterferenzen wird verschlechtert, alle Interferenzen werden zu kleineren Glanzwinkeln verschoben, Kapitel 3.

Aufgabe 1:   Schwächungsverhalten von Kupferfolien

Berechnen Sie die Dicke d einer Kupferfolie, die Kupfer-K_α-Strahlung mit dem Schwächungsfaktor $S_G = 10$; 100; 500; 1 000 und 10 000 schwächt. Definition S_G siehe Gleichung 2.31. Berechnen Sie den Schwächungsfaktor für Kupferfoliendicken von
50; 100; 102; 105 und 200 µm bei gleicher Strahlung.
Massenschwächungskoeffizient $\mu/\varrho = 53{,}7\,\mathrm{cm^2 g^{-1}}$;
Kupfer Dichte $\varrho = 8\,920\,\mathrm{kg m^{-3}}$ nach [199] .

2.4 Filterung von Röntgenstrahlung

Die Filterung von Röntgenstrahlung ist notwendig, um das Gesamtspektrum je nach Anwendungsfall entweder auf die charakteristische Strahlung oder das Bremsspektrum zu beschneiden. Es werden dazu Absorptionserscheinungen oder Beugungserscheinungen ausgenutzt. Die einfachste Art der Filterung ist, einen Absorber in den Strahlengang zu stellen. So reicht z. B. eine ca. 3 mm dicke Aluminiumplatte im Strahlengang, entsprechend dem Bild 2.10 aus, die langwelligen Bereiche besonders stark zu schwächen und nur die kurzwelligen Bremsstrahlanteile hindurch zu lassen. Man spricht bei dieser Methode von einer Aufhärtung der Strahlung und setzt diese Technik bei der Einkristallbeugung, der Röntgenfluoreszenzanalyse oder bei den Röntgengrobstrukturverfahren ein, Bild 2.12a.

Zur Erzeugung von weitgehend monochromatischer Strahlung verwendet man Absorptionsfilter. A.W. HULL entwickelte um 1917 in den USA diese Methode. Man nutzt dabei aus, dass dünne Folien beim Strahldurchgang genau die Energieanteile besonders stark absorbieren, in deren Nähe sie selbst emittieren würden. Die absorbierte Energie der einfallenden Strahlung führt zum Herauslösen von Elektronen aus unteren Energieniveaus, genauso wie im Prozess in Bild 2.5, nur dass jetzt im Unterschied nicht Elektronen eingeschossen werden, sondern Röntgenstrahlung absorbiert wird. Es kommt dabei zur Aussendung von charakteristischer Röntgenstrahlung (Fluoreszenzstrahlung) entsprechend der Wellenlängen des Filtermaterials. Kennzeichnend für diesen Vorgang ist die Ausbildung der Absorptionskante. Die ablaufenden Vorgänge sind ähnlich denen aus dem FRANCK-HERTZ-Versuch für höhere Energieniveaus.

Tabelle 2.5: Auswahl an selektiven Metallfiltern und Angabe von Dicken für $K\beta$ Schwächung

Anode	K-Serie U_{Ch} [kV]	emittiert $K\alpha_m$ [nm]	$K\beta$-Fil-ter	Dicken für 1 % [µm]	0,2 %	$K\alpha$ Verlust [%] 1 %	0,2 %	K-Absorp-tionskante [nm]	Fil-ter 2
Cr	5,989	0,229 103	V	11	17	37	64	0,226 92	Ti
Fe	7,111	0,193 735	Mn	11	18	38	53	0,189 65	Cr
Co	7,709	0,179 026	Fe	12	19	39	54	0,174 35	Mn
Ni	8,331	0,165 919	Co	13	20	42	57	0,160 82	Fe
Cu	8,981	0,154 184	Ni	15	23	45	60	0,144 881	Co
Mo	20,000	0,071 073	Zr	81	120	57	71	0,068 888	Y
Ag	25,500	0,056 087	Pd	62	92	60	74	0,050 92	Ru
			Rh	62	92	59	73	0,053 396	

Im Periodensystem der Elemente weisen benachbarte Elemente ähnliche Eigenschaften auf. Dies trifft auch für die Energielagen der einzelnen Elektronenschalen zu. Verwendet man als Filtermaterial ein chemisches Element, welches im Periodensystem genau ein bzw. zwei Elemente vor dem Anodenmaterial liegt, dann kommt es entsprechend Bild 2.12b zur starken Abschwächung des Bremsspektrums, der $K\beta$-Strahlung und der langwelligeren Bereiche. Die $K\alpha$-Strahlung wird selektiv durchgelassen. Entsprechend Gleichung 2.18 kann man nun die optimale Dicke für eine Filterung berechnen. Diese optimiert man dabei so, dass möglichst viel $K\alpha$-Strahlung hindurchgelassen wird, die $K\beta$-Strahlung aber auf etwa 1 % oder 0,2 % abgeschwächt wird, Tabelle 2.5. Es ist unvermeidlich, dass somit auch die $K\alpha$-Strahlung geschwächt wird. Bei Mo-Strahlung und einem angestrebten 0,2 % Zr-β-Filter schwächt man die $K\alpha$-Strahlung schon unvertretbar hoch mit 71 %. Will man die $K\beta$-Strahlung mit dieser Methode vollständig herausfiltern, dann wird die Absorption der $K\alpha$ Strahlung zu stark. Man hat zu wenig Nutzstrahlung, d. h. monochromatische Strahlung, mit genügend großer Intensität für das Beugungsexperiment.

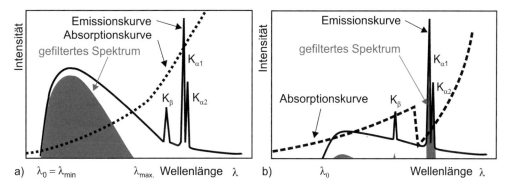

Bild 2.12: Filterung von Röntgenstrahlung a) Aufhärtung der Strahlung b) Monochromatisierung durch selektive Metallfilter

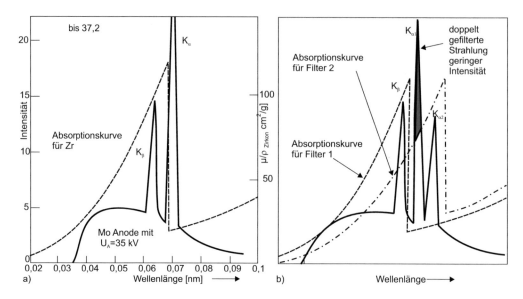

Bild 2.13: b) Filterung durch Überlagerung der Zr-Absorptionskurve mit der Mo-Emissions-
kurve b) Zwei-Filter-Methode und prinzipielle Lage der Absorptionskanten

Röntgenstrahlung kann durch Filtern nur geschwächt werden. Jeder selektive Filter
lässt damit immer noch einen gewissen Anteil der herauszufilternden Wellenlänge
durch.

Im Kapitel 5 wird auf die Erscheinungen und Auswirkungen der verbleibenden $K\beta$-Rest-
strahlung auf die Beugungsexperimente eingegangen.

In Bild 2.13a sind die Verläufe einer Röntgenemission aus einer Molybdänanode und
die Absorptionskurve eines Zirkon-Plättchens maßstabsgerecht aufgezeichnet.

Eine Zwei-Filter-Methode arbeitet mit zwei hinter einander angebrachten selektiven
Metallfiltern im Strahlengang, Bild 2.13b. Wenn man z. B. bei Cu-Strahlung den Ni-
Filter noch um einen Co-Filter ergänzt, dann liegt die Absorptionskante des Kobalts
nach der $K\alpha_1$- und der $K\alpha_2$-Wellenlänge. Bei abgestimmten Dickenverhältnissen ist so
monochromatische Strahlung auf Kosten großer Intensitätsverluste an der Nutzstrahlung
$K\alpha_1$ erhältlich.

Die Methode des selektiven Metallfilters ist die älteste, billigste und derzeit noch
weit verbreitete Filterungsmethode. Bei zu wechselnden Strahlungsquellen, Einsatz einer anderen Röhrenanode, ist hier die Monochromatisierung mit dem Auswechseln des
Filtermateriales erledigt. Neujustagen wie an einem Monochromatorkristall entfallen.

Die starke Schwächung der $K\alpha$-Strahlung, die meist verbleibende Dublettenstrahlung
und die verbleibenden nicht erwünschten Reststrahlungsanteile führten zur Entwicklung
weiterer Monochromatisierungsmethoden. Hier wird die Anwendung der Beugung an speziellen Kristallen und seit ca. 1993 die Beugung und Fokussierung an künstlich hergestellten Kristallen ausgenutzt. Diese Methoden werden im Kapitel 4 beschrieben.

Aufgabe 2:   Schwächungsverhalten von Nickel für Kupferstrahlung

Bestimmen Sie die Dicke d eines Nickelfilters für charakteristische Kupferstrahlung mit der Vorgabe, dass die $K\alpha$-Strahlung maximal um 50 % geschwächt wird. Schätzen Sie ab, um wie viel Prozent die $K\beta$-Strahlung und das Maximum der Bremsstrahlung bei einer Anodenspannung von 40 kV geschwächt werden.

Massenschwächungskoeffizient $\mu/\varrho = 279\,\text{cm}^2\text{g}^{-1}$ für Nickel für $K\beta$-Strahlung bzw. $\mu/\varrho = 46{,}4\,\text{cm}^2\text{g}^{-1}$ für $K\alpha$-Strahlung und einer Dichte von $\varrho = 8\,907\,\text{kgm}^{-3}$.

2.5 Detektion von Röntgenstrahlung

Die Detektion kann über verschiedene Möglichkeiten und Wechselwirkungsprozesse erfolgen. RÖNTGEN entdeckte die Strahlung an der Schwärzung von fotografischen Filmen.

Chemische Prozesse:

In den Filmschichten ist Silberbromid, AgBr, als Ionenkristall eingelagert. Das Bromion wird bei Bestrahlung mit der Energie $h \cdot f$ in ein Atom gewandelt. Das dabei freiwerdende Elektron rekombiniert mit dem Silberion und es entsteht atomares Silber, das als Störstelle im AgBr-Kristall eingebaut ist (latente Schwärzung). Der Prozess kann durch die folgende Reaktionsgleichungen 2.23 prinzipiell beschrieben werden.

$$h \cdot f + Br^- \rightarrow Br + e^- \quad \text{und} \quad e^- + Ag^+ \rightarrow Ag \tag{2.23}$$

Im fotochemischen Prozess wird der durch die Belichtung leicht geschädigte Kristallit zu Silber reduziert. Daraus resultiert eine sehr hohe Verstärkung. Schließlich wird nach der Belichtung das restliche, nicht entwickelte AgBr fixiert. Ein Film kann durch Veränderungen im Aufbau, Dicke und Konzentration der Silberbromidkristalle unterschiedlich empfindlich für Strahlungsenergien sein, als auch hinsichtlich des Lateralauflösungsvermögens variiert werden. Die lateralen Auflösungsgrenzen eines Filmes hängen von der Größe der eingebauten Silberbromidkristalle ab, der Körnung des Filmes. Die Schwärzung, ein logarithmischer Auftrag der Lichtdurchlässigkeit, als Funktion der Strahlenenergie bzw. der zeitlichen Dauer der Bestrahlung (Dosis) wird als Filmempfindlichkeit bezeichnet. Es gibt je nach Aufbau und Verwendungszweck verschiedene Filmempfindlichkeiten mit entsprechend unterschiedlichen Schwärzungskurven. Auf den Träger (Polyester) wird zuerst eine Haftschicht aufgebracht, welche ein durchgängiges und gleichmäßiges Benetzen, sowie eine sichere Haftung der lichtempfindlichen Schicht sichert. Die Emulsion besteht aus den winzigen Silberbromid-Kristallkörnchen in Gelatine. In Röntgenfilmen ist der Bromgehalt meist höher als beim herkömmlichen fotografischen Film. Nach außen schützt eine Schutzschicht aus gehärteter Gelatine den Film vor mechanischen Beschädigungen. Im Gegensatz zu Fotofilmen sind bei Röntgenfilmen beidseitig Emulsionsschichten aufgebracht. Die weitaus stärker durchdringende Röntgenstrahlung reagiert mit beiden Schichten und somit wird die Empfindlichkeit verdoppelt. Der Film, Schichtaufbau in Bild 2.14a, besteht aus sieben Schichten. Für die praktische Auswahl einer Filmsorte ist der Verlauf des linearen Teils der Schwärzungskurve entscheidend, denn bei kleinen Dosen tritt die

Bild 2.14: a) Schichtfolge von Röntgenfilmen b) Aufbauschema und Schichtfolge von Verstärkerfolien c) Röntgenfilmkassetten – schematischer Aufbau

dosisunabhängige Schleierschwärzung und bei großen Dosen die Sättigung auf. Die Differenz zwischen Sättigung und Schleierschwärzung ergibt den möglichen Kontrast einer späteren Aufnahme. Bei Röntgenfilmen ist diese Differenz meist im Bereich $< 10^4$.

In Filmdosimetern zur Überwachung von möglichen Personendosen werden Filme unterschiedlicher Schwärzungsgradienten eingesetzt. Bei Filmen für die Röntgenbeugung sind vor allen Feinkörnigkeit und steile Schwärzungsgradienten gefragt. Bei der Röntgengrobstruktur sollte der Schwärzungsgradient möglichst flach verlaufen, um größere Dickenunterschiede und Materialunterschiede feststellen zu können. Will man geringe Dickenunterschiede vermessen, ist ein Film mit steilen Gradienten notwendig.

Trotz sehr hoher Detailauflösung des Röntgenfilmes ist seine geringe Empfindlichkeit gegenüber der energiereichen Strahlung ein Nachteil. Es werden Verstärkerfolien vor bzw. hinter den Film gelegt, Bild 2.14c. Röntgenstrahlen erzeugen Fluoreszenzstrahlung im sichtbaren und UV-Bereich, welche die Emulsion zusätzlich schwärzt. Für das sichtbare Fluoreszenzlicht ist die fotografische Emulsion viel empfindlicher. Verstärkerfolien, Bild 2.14b, bestehen aus einem Träger (stabiles, aber wenig absorbierendes Material wie Karton oder Kunststofffolie) und einer Reflexionsschicht (weißes Pigment z. B. Titanoxid (TiO)), darauf folgt die Leuchtstoffschicht. Den Abschluss bildet eine Schutzschicht aus transparentem Lack zur Vermeidung mechanischer Beschädigungen (Kratzer). Verstärkerfolien sind einseitig beschichtet. In der Leuchtstoffschicht wird die Röntgenstrahlung mit einem Quantenwirkungsgrad von ca. $40\% - 60\%$ in sichtbares, zusätzliches Fluoreszenzlicht umgewandelt, welches den Film erheblich stärker schwärzt.

In der Medizin werden Film-Folien-Systeme angewendet. Verstärkerfolie und Röntgenfilm bilden eine lichtdicht abgepackte, einfach zu handhabende Anordnung. Ein Röntgenfilm wird in zwei, mit der Leuchtstoffschicht zum Film zeigenden Verstärkerfolien eingepackt und dann exponiert. Die fotografische Emulsion wird so zweifach belichtet, einmal und zum weitaus geringsten Anteil (nur 5 %) durch die alle Schichten durchdringenden Röntgenstrahlen, und zum zweiten und überwiegenden Anteil (95 %) durch das sichtbare, von der Röntgenstrahlung angeregte Fluoreszenzlicht der Folien. Die Verstärkerfolien auf Fluoreszenzbasis verringern die Belichtungszeiten, verschlechtern aber die Auflösung, da die Fluoreszenzstrahlung eine größere laterale Ausbreitung hat als die Filmkörnung.

In der Grobstrukturanalyse wird ein System Film-Verstärkerfolie aus zwei dünnen, ca. 50 μm dicken Bleischichten auf Papier und dem dazwischen liegenden doppelseitig beschichteten Röntgenfilm verwendet. Die Bleischicht filtert die langwelligere Strahlung heraus. Die hochenergetische Strahlung regt Blei zur Aussendung charakteristischer Strahlung, Fluoreszenzstrahlung und Photoelektronen an. Diese Strahlung und die Elektronen schwärzen den Film in dem anregenden Bereich stärker. Dies ist aber nur effektiv verwendbar, wenn die Energie der Röntgenstrahlung über der Anregungsenergie von Blei liegt. Es muss nicht nur K- sondern kann auch L-Strahlung sein. Die Kontrastierung wird wieder besser, aber ebenfalls auf Kosten der Auflösung. In der Technik sind Belichtungszeiten von Röntgenfilmen bis zu Stunden möglich. Hierbei muss man ebenso beachten, dass die immer entstehende Streustrahlung bei solch langen Belichtungszeiten den Film gleichmäßig schwärzt und damit Kontrast verloren geht. Deshalb werden bei empfindlichen Aufnahmen in der Strukturanalyse mit Filmkameras die Aufnahmekammern evakuiert, also ein Vakuum erzeugt, um die Streustrahlung in Luft zu verhindern.

Ionisation von Gasen:

Je nach Gasart sind zur einfachen Ionisation von Gasen (Herausschlagen äußerer Hüllenelektronen) $3 - 40\,\text{eV}$ Energie nötig. Trifft energiereiche Strahlung mit einer Energie $h \cdot f$ auf ein Gas mit einer mittleren Ionisationsenergie $\overline{E}_i$ in einem definierten Gasvolumen, dann werden durch die Wechselwirkung zwischen Gasatomen und Photonen eine durchschnittliche Anzahl n an Gasatomen mit vorgegebenen Wahrscheinlichkeiten ionisiert. Dies ist beschreibbar mit der Gleichung 2.24.

$$n \approx \frac{h \cdot f}{\overline{E}_i} \tag{2.24}$$

Das Gasatom wird meist durch den Fotoeffekt zum Ion und es wird ein Elektronen-Ion-Paar erzeugt. Das Elektron nimmt nahezu die gesamte Differenz zwischen Strahlungsenergie $h \cdot f$ und Ionisationsenergie $\overline{E}_i$ als kinetische Energie E_{kin} auf, Gleichung 2.25.

$$E_{kin} = h \cdot f - \overline{E}_i \tag{2.25}$$

Das schnelle Elektron tritt nun selbst in dem Gasvolumen in inelastische Wechselwirkung und kann weitere Elektronen-Ionen-Paare bilden, bis die verbleibende kinetische Energie in mehreren Stößen nacheinander abgebaut ist. Als Resultat der Wechselwirkung wird eine bestimmte Anzahl an Elektronen-Ionen-Paaren proportional zur absorbierten Strahlungsenergie erzeugt. Die Lebensdauer dieser Elektronen-Ionen-Paare ist begrenzt. Die Paare rekombinieren relativ schnell wieder zu neutralen Atomen.

Wird an das Gasvolumen eine zusätzliche Hochspannung (Gleichspannung) angelegt, dann fließt ein Entladestrom, da die Elektronen in Richtung zur positiven Elektrode (Anode) und die Ionen in Richtung zur negativen Elektrode (Kathode) wandern. Ionen und Elektronen werden getrennt. Sie können bei geringen Feldstärken nur noch teilweise rekombinieren. Diesen Bereich nennt man den Sättigungsbereich. Die auf die Elektroden auftreffenden geladenen Teilchen erzeugen einen Ladungsstoß pro Zeiteinheit (Stromstoß) der Größe $dQ = n \cdot e$. Die registrierbare Stromstärke bzw. der messbare Spannungsimpuls ist ein Maß für die Zahl der ionisierten Gasmoleküle. Dies ist prinzipiell der Aufbau eines GEIGER-MÜLLER-Zählers. Abwandlungen davon sind die Proportionalzählrohre und Geräte zur Messung der Expositionsdosis, Kapitel 2.6 und 4.5. Der Aufbau von Auslöse- oder Proportionalzählrohren wird im Kapitel 4.5.1 beschrieben.

Phosphoreszenz:

Die Erzeugung von Lichtblitzen und Ausnutzung des nachfolgenden fotoelektrischen Effekts wird im Szintillationszähler angewendet, weiteres im Kapitel 4.5 ab Seite 129.

Erzeugung von Ladungsträgern in Halbleitern:

Die Energie des Röntgenquants wird über Mehrfachumwandlungen in Ladungsträgerpaare (Elektronen-Loch-Paare) kaskadenförmig abgebaut. Es erfolgt eine wesentlich höhere Quanteneffizienz, da für übliche Röntgenquant-Energien diese fast vollständig im Halbleiter absorbiert werden. Der genauerer Aufbau und Arbeitsweise wird in Kapitel 4.5 dargelegt.

Hochenergetische Strahlung ist mit menschlichen Sinnesorganen nicht detektierbar und auch nicht quantifizierbar. Menschliche Sinnesorgane können die Strahlenwirkungen nicht erfassen. Ionisierende Strahlung kann nur indirekt über Wechselwirkungseffekte nachgewiesen werden.

2.6 Energie des Röntgenspektrums und Strahlenschutzaspekte

Schon kurz nach der Entdeckung der Röntgenstrahlung 1895 und infolge der sehr schnellen Verbreitung stellte man sowohl bei den Anwendern als auch bei Arbeitern, die Röntgenröhren herstellten, gesundheitliche Schädigungen vor allen an den Händen fest. Die Energieübertragung der Strahlung auf biologisches Gewebe ist ein komplexer Vorgang, bei dem es abhängig von der Strahlungsenergie zu allen Absorptionseffekten, analog der in Kapitel 2.3 beschriebenen Wechselwirkungen, kommen kann. Diese Strahlungsabsorptionen können zu deterministischen und stochastischen Strahlenschäden führen. Deterministische Strahlenschäden sind solche, für die man mittlerweile genau kennt, wie sich applizierte Strahlen bekannter Dosis auf biologische Objekte konkret auswirken. Kennzeichnend für solche deterministischen Schäden ist eine Schwellendosis, ab der solche Schädigungsprozesse ablaufen. Stochastische Strahlenschäden hingegen sind zufällige Einzelwirkungen der Strahlungsabsorption an Chromosomen und am Träger der Erbinformationen, der DNA, die dann über Mutationen oder die Bildung von Karzinomen zeitlich versetzt auftreten können. Hier gibt es keine Schwellendosis. Eine exakte Trennung der Wirkung von natürlicher Strahlung oder von zivilisatorischer Strahlung ist unmöglich.

2.6.1 Quantifizierung der Strahlung

Als physikalische Messgröße der Strahlung dient die Energiedosis D. Sie ist definiert als Quotient aus der auf ein Material übertragenen Strahlenenergie dW bzw. der Differenz der eintretenden Energie W_o und austretenden Energie W, bezogen auf ein Massenelement dm, Gleichung 2.26. Zu Ehren des englischen Physikers L. H. GRAY (1905 − 1965) wurde sie im SI-Einheitensystem nach ihm benannt. Als alte, nicht SI-Maßeinheit wurde früher das rad (*r*adiation *a*dsorbed *d*ose) verwendet. Die Umrechnung ist $1\,\mathrm{rd} = 0{,}01\,\mathrm{Gy}$ bzw. $1\,\mathrm{Gy} = 100\,\mathrm{rd}$.

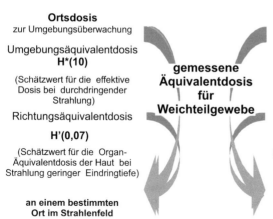

Ortsdosis
zur Umgebungsüberwachung

Umgebungsäquivalentdosis
H*(10)

(Schätzwert für die effektive Dosis bei durchdringender Strahlung)

Richtungsäquivalentdosis

H'(0,07)

(Schätzwert für die Organ-Äquivalentdosis der Haut bei Strahlung geringer Eindringtiefe)

an einem bestimmten Ort im Strahlenfeld

gemessene Äquivalentdosis für Weichteilgewebe

Personendosis
zur Personenüberwachung

Tiefenpersonendosis
H_p(10)

(individuelles Maß für die Exposition einer einzelnen Person für tiefliegende Organe und Gewebe bei durchdringender Strahlung)

Oberflächenpersonendosis

H_p(0,07)

(individuelles Maß für die Exposition einer einzelnen Person für an der Oberfläche liegende Organe und Gewebe, die mit durchdringender und/oder mit Strahlung geringer Eindringtiefe bestrahlt werden)

an der für die Strahlenexposition repräsentativen Stelle der Körperoberfläche

Bild 2.15: Übersicht über die vier Strahlenschutzdosisgrößen nach [16]

$$D = \frac{dW}{dm} = \frac{W_o - W}{dm} \quad [D] = \frac{J}{kg} = Gy \tag{2.26}$$

Die Energiedosis D ist die Fundamentalgröße der Dosimetrie, sie gilt in allen Energiebereichen und für alle Strahlungsarten. Sie ist jedoch auf Grund der geringen Energieübertragung durch ionisierende Strahlungen nicht direkt messbar. Bezogen auf eine Zeitgröße (Sekunde s; Stunde h oder Jahr a) ist als Energiedosisleistung $\dot{D}$ eine weitere Größe definiert.

Nur die absorbierte Energie innerhalb von Gewebe ist biologisch wirksam. Hochenergetische Strahlung aus der kosmischen Höhenstrahlung durchläuft unseren Körper weitgehend ohne Absorptionserscheinungen. Biologisch sind bei einer gleichen absorbierten Energiedosis bei zwei unterschiedlichen Strahlungsarten, z. B. Röntgen- und Alpha-Strahlen, starke Unterschiede erkennbar. Deshalb wird in der Strahlenschutzdosimetrie unter Berücksichtigung der Organenergiedosis $D_{T,R}$, der Strahlart R über den Strahlenwichtungsfaktor w_R und den Gewebewichtungsfaktor w_T die biologische Wirksamkeit als Organ-Äquivalentdosis H_T bzw. effektive Dosis E eingeführt [11, 19, 152, 266]. In der Strahlenschutzverordnung [19] werden noch die Personendosisleistungen $\dot{H}_P(0,07)$ bzw. $\dot{H}_P(10)$ und die Umgebungs-Äquivalentdosen $\dot{H}'(0,07)$ und $\dot{H}^*(10)$ aufgeführt. Bild 2.15 zeigt in einer Übersicht die vier Strahlenschutzgrößen. Mit den Angaben (0,07) ist eine Dosis in 70 µm Tiefe und mit (10) in 10 mm Tiefe gemeint. Zur Unterscheidung der Maßeinheiten, da beide Größen eine Energie pro Masse verkörpern, wird die Organ-Äquivalentdosis H_T bzw. effektive Dosis E mit der Maßeinheit SIEVERT [Sv], zu Ehren des schwedischen Physikers R. M. SIEVERT (1896 – 1966), eingeführt. Bei Röntgen- und Gammastrahlen ist der Strahlenwichtungsfaktor $w_R = 1$. Damit sind für Röntgenstrahlen die Zahlenwerte der Energiedosis und der effektiven Dosis gleich. Die Personendosis ist nur für kleine Dosen ($\ll 1\,$Sv) anwendbar, sie dient nur zur Beschreibung *stochastischer Strahlenschäden*. Früher wurde dies mit rem (*r*öntgen *e*quivalent *m*en) angegeben.

Wenngleich zwischen der heutigen effektiven Dosis E und der damaligen Äquivalentdosis mit der Maßeinheit rem auch noch Unterschiede in der Wirkungsweise und vor allem in der betrachteten Tiefe bestehen, so gilt auch hier näherungsweise als Umrechnung $1\,\mathrm{rem} = 0{,}01\,\mathrm{Sv}$ bzw. $1\,\mathrm{Sv} = 100\,\mathrm{rem}$.

Eine messtechnische Hilfsgröße ist die Expositionsdosis H_X. Hier wird nicht die auf das Material übertragene Strahlungsenergie gemessen, sondern die elektrische Ladung $\mathrm{d}Q$, die aus Ionisationsprozessen im Detektor erzeugt wird. Definitionsgemäß gilt:

$$H_X = \frac{\mathrm{d}Q}{\mathrm{dm}} = \frac{\mathrm{d}Q}{\rho \cdot \mathrm{dV}} \quad [\mathrm{J}] = \frac{\mathrm{As}}{\mathrm{kg}} = \frac{\mathrm{C}}{\mathrm{kg}} \tag{2.27}$$

Die SI-konforme Einheit Coulomb pro Kilogramm wurde früher durch die Einheit Röntgen R angegeben. Als Umrechnung gilt: $1\,\mathrm{R} = 2{,}58 \cdot 10^{-4}\,\mathrm{C/kg}$.

Da die mittlere Arbeit $\overline{W}$ zur Ionisation eines Luftmoleküls bei Normalbedingungen, $\overline{W} = 33{,}97\,\mathrm{eV}$, unabhängig von Strahlenart und Strahlenenergie ist, kann aus der Expositionsdosis H_X die Energiedosis $\mathrm{D_{Luft}}$ für Luft bestimmt werden, Gleichung 2.28. Die Korrektur $1 - G_a$ bestimmt den Bremsstrahlungsverlust der die Dosis bestimmenden Sekundärelektronen im Luftvolumen. Bis $400\,\mathrm{kV}$ Röhrenspannung ist G_a zu vernachlässigen [151].

$$\mathrm{D_{Luft}} = \frac{\overline{W}}{e} \cdot \frac{1}{1 - G_a} \cdot H_X \tag{2.28}$$

Für die Beschreibung von Dosisleistungen durchdringender Strahlung (Röntgen oder γ) aus Quellen wird die Energiedosis bzw. Energiedosisleistung und damit immer als Maßeinheit Gray bzw. Gray/Zeit verwendet.

2.6.2 Gefährdungspotenzial von Röntgenquellen

Um die Auswirkungen der Strahlung auf den Menschen zu minimieren, sind schon seit 1913 staatliche Maßnahmen ergriffen worden. Gesetzlich ist die Anwendung von ionisierender Strahlung im Atomenergiegesetz [15] und im Strahlenschutzgesetz [18] und der nachgelagertern Strahlenschutzverordnung StrSchv 2018 [19], welches seit dem Jahr 2018 die Röntgen- [17] und in der Strahlenschutzverordnung [16] ablöst, geregelt. Dort sind für verschiedene strahlenexponierte Beschäftigungsgruppen, für Auszubildende und die Bevölkerung Grenzwerte einer maximal zulässigen Strahlenexposition aufgeführt. Bei Einhaltung der Grenzwerte für die Organdosen werden deterministische Strahlenschäden sicher vermieden. Aus einer Minimierungsforderung von stochastischen Strahlenschäden über das so genannten Detriments (mehrdimensionales Modell zur Bestimmung stochastischer Strahlenschäden bei Auftreten eines möglichen strahleninduzierten Karzinoms) wurde der Ganzkörpergrenzwert der effektiven Dosis auf maximal $20\,\mathrm{mSv/a}$ für beruflich strahlenexponierte Personen festgelegt.

Aufgabe 3:   Zusammenstellung Grenzwerte Strahlendosen

Stellen Sie die Grenzwerte für die effektive Dosis und die Organ-Äquivalentdosen für beruflich strahlenexponierte Personen und die Bevölkerung zusammen.

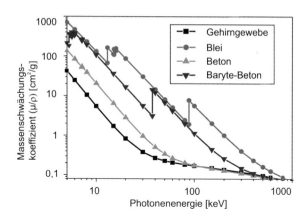

Bild 2.16: Massenschwächungskoeffizient als Funk-
tion der Photonen-
energie für Gehirn-
gewebe, Blei und
Betone

Der Grenzwert der effektiven Dosis zur Minimierung stochastischer Strahlenschäden
eines strahlenexponierten Beschäftigten beträgt 20 mSv/a. Dieser Wert ist zu unterschreiten. In Deutschland liegt die natürliche Strahlenexposition bei 2,1 mSv/a. In der
gleichen Größenordnung treten Erhöhungen durch zivilisatorische Strahlenexpositionen auf. 99 % davon entfallen auf die Anwendung von Strahlung in der Medizin.

Niederenergetische, charakteristische Strahlung und die weichere Bremsstrahlung haben
stärkere Auswirkungen auf biologische Absorbermaterialien. Dies zeigt ein Vergleich
der Energieabhängigkeit des Massenschwächungskoeffizienten für den Photonenenergie-
bereich von $1\,keV - 1\,MeV$ für menschliches Gewebe und Absorbermaterialien zum Strahlenschutz, wie Blei, Spezial-Beton (Baryte) und normaler Beton, Bild 2.16. Ab einer
Photonenenergie größer 750 keV gleichen sich die betrachteten Materialien in ihrem Absorptionsverhalten stark an. Noch einmal sei betont, biologisch wirksam ist aber nur die
Strahlungsenergie, die absorbiert wurde.

$$\dot{D}\ [\frac{Gy}{min.}] = \frac{30 \cdot U_A\ [kV]\ \cdot i_A\ [mA]}{a^2[cm]} \cdot \frac{Z}{74} \qquad (2.29)$$

Mit der zugeschnittenen Größengleichung 2.29, auch als LINDELL-Formel [165] bekannt,
kann die austretende Energiedosisleistung einer Röntgenröhre abgeschätzt werden. Es
gehen die Größen Anodenspannung U_A, Röhrenstrom i_A, Anodenmaterial mit der Ordnungszahl Z bezogen auf eine Wolframkathode, siehe Bild 2.7b und der Abstand a vom
Fokus bzw. dem Austrittsfenster der Röntgenröhre bis zum Auftreffort der Strahlung
ein. Die Schwächung durch das LINDEMANN-Fenster wird über den Faktor 30 berücksichtigt. Die quadratische Abhängigkeit der Strahlungsleistung von der Anodenspannung
wird so nicht direkt berücksichtigt. Als kleinsten Abstand a bzw. zur Ermittlung der
Energiedosisleistung direkt am Röhrenfenster sind immer 1 cm anzusetzen. Das quadratische Abstandsgesetz der Strahlungsabsorption wird dagegen berücksichtigt. Somit lässt
sich die LINDELL-Formel auch zur Abschätzung für Strahlenschutzberechnungen an z. B.
Innenwänden von Strahlenschutzkabinen nutzen. Mit dieser vielleicht zu konservativen
Ermittlung der Energiedosisleistung von Röntgenröhren lässt sich aber eindeutig zeigen,

Tabelle 2.6: Energiedosisleistung $\dot{D}$ in [Gymin^{-1}] ausgewählter Röntgenfeinstrukturröhren
bei typischen Anwendungsbedingungen, Z Ordnungszahl (Cr 24; Cu 29; Mo 42);
a Abstand zum Röhrenfenster

U_A [kV]	i_A [mA]	Cr-Anode		Cu-Anode		Mo-Anode	
a in [cm]→		5	30	5	30	5	30
20	0,1	0,78	0,02	0,94	0,03	1,36	0,04
20	20	156	4	188	5	272	8
40	30	467	13	564	16	817	23
50	0,2	3,89	0,11	4,70	0,13	6,81	0,19
50	40	778	22	941	26	1 362	38
60	35	-	-	988	27	1 430	40

dass beim Arbeiten mit Röntgenanlagen eine nicht zu unterschätzende Gefahrenquel-
le für den Bediener existiert. Mittels heutiger meist als Hochschutz-, Basisschutz- bzw.
Vollschutzgeräte verfügbaren Anlagen ist eine weitgehende Bediensicherheit als auch die
notwendige Strahlabschirmung gegeben.

Aufgabe 4:   Energieübertragung bei einer tödlichen Dosis

Wird ein Mensch mit einem durchschnittlichen Gewicht von 70 kg einer Röntgenstrahlung ganzheitlich ausgesetzt, so ist eine absorbierte Energiedosis von über 7 Gy eine
tödliche Dosis. Berechnen Sie bei einem solchen als schweren Unfall einzuschätzen-
den Ereignis die mögliche Erwärmung dieses Körpers. Zur Vereinfachung wird angenommen, dass der Körper aus Wasser besteht. Diskutieren Sie Möglichkeiten des
Nachweises der Temperaturänderung.

Eine andere, weniger konservative Darstellung der Dosisleistung von Röntgenröhren ist
der nicht mehr gültigen DIN 54113-3 aus dem Jahr 1992 entnommen, Bild 2.17. Die
Energiedosisleistung $\dot{D}$ bzw. die Umgebungs-Äqivalentdosisleistung $\dot{H}^*(10)$ wird über
die Dosisleistungskonstante Γ_R bestimmt, Parameter sind nur noch Röhrenstrom I und
Entfernung a, Gleichung 2.30.

$$\dot{D}_N(a, I) = \Gamma_R \cdot \frac{I}{a^2} \tag{2.30}$$

Γ_R ist eine charakteristische Größe für einen Röntgenstrahler, Parameter sind die Röhrenspannung U_A, das Anodenmaterial Z und die Vorfilterung. Für Röntgenfeinstrukturröhren sind einige Γ_R-Werte der DIN 54113 − 3 aus dem Jahr 1992 entnommen, Tabelle 2.7.
Es wird dabei als Anodenmaterial Wolfram und eine Filterung beim Durchgang durch
1 mm Beryllium angenommen. In der DIN 54113 − 3 aus dem Jahr 2005 sind diese Werte
und Bild 2.17 nicht mehr enthalten [13].

Bis zum Jahr 2011 war noch die Photonen-Äqivalentdosisleistung $\dot{H}_x$ mit einem Um-
rechnungsfaktor von 1,3 zwischen Photonenäquivalentdosis(leistung) H_x und der Umgebungs-Äqivalentdosisleistung für die Röhrenhochspannung 50 kV $< U_A <$ 400 kV erlaubt.

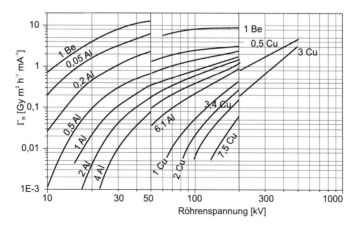

Bild 2.17: Dosisleistungskonstante Γ_R von Röntgenröhren einschließlich der notwendigen Filter bzw. Röhrenfenster; die Zahl vor dem Filtermaterial ist die Dicke in [mm]

Tabelle 2.7: Dosisleistungskonstante von Röntgenfeinstrukturröhren als Funktion der Anodenspannung U_A, Abstand 1 m vom Brennfleck, Anodenstrom 1 mA

U_A [kV]	Γ_R $[Gy \cdot m^2 \cdot mA^{-1} \cdot h^{-1}]$	U_A [kV]	Γ_R $[Gy \cdot m^2 \cdot mA^{-1} \cdot h^{-1}]$
20	1,90	30	3,20
40	4,70	50	7,61
60	8,84	70	9,88

Die Eingangsintensität I_0 von Röntgenstrahlung kann nur beim Durchgang durch Stoffe auf die Intensität I geschwächt, aber nicht vollständig absorbiert werden, Gleichung 2.18. Die Schwächungsprozesse sind dabei stark von der Energie der Strahlung abhängig. Dies wird über den reziproken Schwächungskoeffizenten $1/S_G$, manchmal auch als Durchläs-

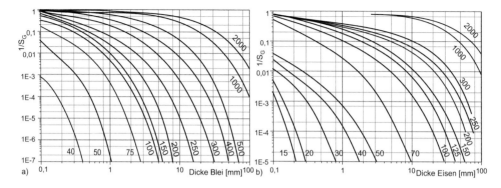

Bild 2.18: Reziproke Schwächungsfaktoren $1/S_G$ für a) Blei und b) Eisen für Röntgenstrahlung (Anodenspannung in [kV]) unterschiedlicher Energie

Tabelle 2.8: a) Relative Dosis der durchgelassenen Strahlung [%] für Nutz- und Störstrahlung bei 0,25 mm bzw. 0,50 mm Bleigleichwert b) Dicken verschiedener Baustoffe zur Realisierung eines Bleigleichwertes von 2 mm bei einer Röhrenspannung von 100 kV

		0,25 mm Bleigleichwert		0,50 mm Bleigleichwert	
	U_A [kV]	Nutzstrahlung [%]	Störstrahlung [%]	Nutzstrahlung [%]	Störstrahlung [%]
a)	60	1	1	0,3	0,2
	75	4	4	1	0,7
	90	8	7	2	1,5
	120	14	12	5	3
	150	25	16	10	5
	200	35	25	15	9

	Baustoff	Dichte [kg/m^3]	Dicke [mm]
b)	Stahl	7 860	12
	Beton	2 000 − 2 600	150
	Mauerziegel	1 500 − 2 400	200

sigkeit $1/F$ definiert, Gleichung 2.31, ausgedrückt. Gleichung 2.31 wird auch bei der Berechnung von Strahlenschutzanforderungen benutzt. Hierbei wird das Verhältnis der zulässigen Expositionsleistung zur auftretenden Energie- bzw. Äquivalentdosisleistung gebildet. Für verschiedene Materialien gibt es Kurven ähnlich Bild 2.18.

$$\frac{1}{F} = \frac{1}{S_G} = \frac{I}{I_0} = \frac{D_{zulässig}}{D_0} = \frac{\dot{D}_{zulässig}}{\dot{D}_0} \tag{2.31}$$

Das Schwächungsverhalten von verschiedenen Materialien wird durch die Einführung und Anwendung des Bleigleichwertes beurteilt. Der Bleigleichwert ist die prozentual noch durchgehende Strahlung (Nutz- oder Streustrahlung) für eine entsprechende Dicke an Blei, Tabelle 2.8a. Das gleiche Schwächungsverhalten für eine gleiche Strahlungsenergie einer x-Millimeter dicken Platte aus einem bestimmten von Blei verschiedenen Material ergibt das gleiche Durchlassverhalten/Schwächungsverhalten wie die ansonsten dünnere Bleiplatte. Die Tabelle 2.8b gibt die entsprechenden Materialdicken für Stahl, Beton und Mauerziegel im Vergleich zum entsprechenden Bleigleichwert von 2 mm an.

In Tabelle 2.9 werden zahlenmäßig die Unterschiede im Absorptionsverhalten deutlich. Hier erfolgt der Vergleich unterschiedlicher Materialien über die Halbwertsdicke (HWS) nach Gleichung 2.20. In Abwandlung zu der Gleichung 2.20 wird oftmals auch eine Dicke angegeben, die nur noch 10 % der Strahlung durchlässt, dies wird als Zehntelwertsdicke (ZWS) bezeichnet.

Die im Primärstrahl erzeugte Energiedosisleistung ist bei Röntgenfeinstrukturanlagen stark kollimiert. Die bei Betriebsbedingungen erreichbaren Energiedosisleistungen würden beim Hineinfassen in den Primärstrahl zu starken lokalen Schädigungen des Bedieners führen. Tabelle 2.6 zeigt, dass es bei Höchstauflösungsdiffraktometern mit einem

Tabelle 2.9: Werte der Halbwertsdicke (HWS) und der Zehntelwertsdicke (ZWS) für Röntgenstrahlung

U_A	Blei		Eisen		Beton	
$[kV]$	HWS/cm	ZWS/cm	HWS/cm	ZWS/cm	HWS/cm	ZWS/cm
100	0,03	0,1	0,3	0,8	1,8	5,8
150	0,03	0,1	0,5	1,8	2,3	7,6
250	0,1	0,3	0,8	2,5	2,8	9,2
450	0,2	0,8	1,0	3,6	3,3	10,9

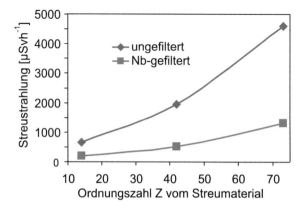

Bild 2.19: Streustrahlung innerhalb eines Vollschutzgehäuses als Funktion der Ordnungszahl des Streumateriales, $U_A = 50\,kV$; $i_A = 60\,mA$ Molybdänanode, Parameter: selektiver Metallfilter

Goniometerradius von 30 cm und Röhrenströmen im mA-Bereich selbst bei kurzzeitigen Bestrahlungen zu erheblichen Überschreitungen der Grenzwerte käme. Aber auch bei den transportablen Spannungsmessgoniometern mit einem kurzen Goniometerradius von 5 cm und Strömen im Sub-mA-Bereich treten Energiedosisleistungen auf, die nicht zu unterschätzen sind.

Die eben ausgerechneten Werte betreffen den Nutzstrahl. Trifft ein Nutzstrahl auf eine Probe oder Abschirmwand, entsteht Streustrahlung. Diese Streustrahlung bzw. die dabei messbare Energiedosisleistung und die daraus ableitbare mögliche effektive Dosis ist abhängig von der Energiedosisleistung des Primärstrahles, der Streurichtung, dem Streumaterial und letztendlich auch vom Messgerät bzw. der dort realisierten Messkammerdurchflutung. Mit einem Ionisationskammer-Messgerät (Gamma-Dosimeter) wird in 20 cm Abstand vom Goniometertisch einer dort montierten Probe aus Glas, Molybdän oder Tantal, Bild 2.19, die entstehende Streustrahlung gemessen. Als Anodenmaterial der Röntgenröhre wird Mo eingesetzt. Bei unterschiedlichen Generatoreinstellungen, Bild 2.20, wird die entstehende Streustrahlung im Vollschutzgehäuse eines Diffraktometers gemessen. Die vom Primärstrahl bestrahlte Fläche beträgt $8 \cdot 1\,mm^2$, es wird mit oder ohne selektivem Metallfilter Nb gemessen.

Bild 2.20 zeigt, dass über die Streustrahlung auch die in den Gleichungen 2.7 bzw. 2.12 aufgezeigten Abhängigkeiten, Energiedosisleistung proportional zur Hochspannung zum Quadrat bzw. Energiedosisleistung proportional zum Röhrenstrom, messtechnisch nachgewiesen werden können. Die Verdopplung der Röhrenhochspannung von 25 kV auf

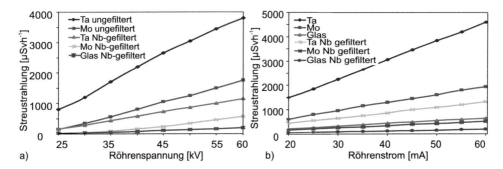

Bild 2.20: Streustrahlung einer Molybdänanode innerhalb eines Vollschutzgehäuse bei a) Änderung der Röhrenhochspannung, Röhrenstrom const. 40 mA b) bei Änderung des Röhrenstromes, Röhrenspannung const. 50 kV

50 kV führt beim Streumaterial Tantal exakt zu einer Vervierfachung der Streustrahlungsdosisleistung von $750 \, \mu\text{Svh}^{-1}$ auf $3\,000 \, \mu\text{Svh}^{-1}$. Stromverdopplung führt dagegen nur zur Verdopplung der Streustrahlung. Die Wirkung des Nb-Filters ist bei allen Abbildungen ebenfalls ersichtlich. Vom strahlenschutztechnischen Standpunkt ist weiterhin ersichtlich, dass der Innenraum eines Röntgendiffraktometers Kontrollbereich und auch Überwachungsbereich zugleich ist, Bild 2.21.

- Die Dosisleistung einer Röntgenröhre ist vom Anodenmaterial abhängig. Je größer die Ordnungszahl, desto größer ist die Energiedosisleistung bei gleichbleibenden Betriebsbedingungen.
- Die Dosisleistung einer Röntgenröhre ist proportional dem Quadrat der angelegten Hochspannung.
- Die Dosisleistung einer Röntgenröhre ist direkt proportional dem Röhrenstrom.

2.6.3 Regeln beim Umgang mit Röntgenstrahlern

Das Atomgesetz [15] bzw. das Strahlenschutzgesetz [18] verbietet erst einmal den Umgang mit Röntgenstrahlung. Die Anwendung ist zu rechtfertigen und bedarf einer Genehmigung bzw. der Anzeige. Grundlage für die Genehmigung sind die Erfüllung von Voraussetzungen personeller und materieller Art. Der Betreiber und Genehmigungsinhaber, hier Strahlenschutzverantwortlicher genannt, einer Anlage ist immer der Leiter einer Einrichtung. Er bestellt das Personal, welches die *Fachkunde im Strahlenschutz* für die jeweilige Arbeitsaufgabe besitzen muss. Bei Arbeiten mit technischen Röntgeneinrichtungen sind dies die Fachkundegruppen R1, R2, R3, R4, R5 und R10. Die Fachkunde muss von den jeweiligen Landesbehörden erteilt werden, wenn die notwendige Berufsausbildung und Sachkenntnisse durch das Personal nachgewiesen wird. Dazu müssen Strahlenschutzkurse erfolgreich besucht werden und dort entsprechende Kenntnisse im Strahlenschutz nachgewiesen werden [18, 19]. Jeder genehmigungspflichtigen Anlage wird ein Strahlenschutzbeauftragter zugewiesen (bestellt), der in seinem Zuständigkeitsbereich die organisatorischen und technischen Dinge im Strahlenschutz regelt und der dem Strahlenschutzverantwortlichen sachgerecht zuarbeiten muss. Vom Gesetzgeber werden verschiedene

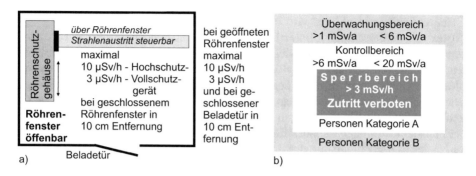

Bild 2.21: a) maximale Gehäusedurchlassstrahlung für Röntgenstrahlung b) Abgrenzung von Überwachungs-, Kontroll- und Sperrbereich und Einteilung der dort Beschäftigten, §52 und §53 [19]

Anlagentypen bezüglich der strahlenschutztechnischen Aspekte eingeteilt. Bei Röntgenfeinstrukturanlagen kommt es auf eine besondere Stabilität des Röntgenstrahls bezüglich Intensität und Brennfleck an, deshalb liegt ständig Hochspannung an. Der Röntgenstrahler muss so baulich umschlossen worden sein, dass bei maximaler Leistung des Generators eine maximal gerade noch zulässige Gehäusedurchlassstrahlung aus dem Röhrenschutzgehäuse bei geschlossenem Röhrenfenster, Bild 2.21a, auftritt. In dieser Stellung kann dann die Probe vom Bediener gefahrlos gewechselt werden. Zur Messung wird dann die Beladetür geschlossen und erst jetzt kann das Röhrenfenster meist über eine elektromechanische Vorrichtung zurückgezogen werden und der Nutzstrahl wird freigegeben. Jetzt muss die äußere Gehäusehülle die notwendige Strahlungsschwächung auf die zulässige Ortsdosisleistung gewährleisten. Dabei wird in der Technik über die Bauart und maximale Ortsdosisleistungen entsprechend des §46 Strahlenschutzgesetzes [18] bzw. §16 und §17 StrSchV [19] außerhalb des Nutzstrahles unterschieden in:

- *Röntgenstrahler für Röntgenfeinstrukturuntersuchungen* - Untersuchungsgegenstand nicht von einem Schutzgehäuse umschlossen, max. Ortsdosisleistung bei geschlossenen Strahlenaustrittsfenstern und den maximalen Betriebsbedingungen in 1 Meter Abstand vom Brennfleck $3\,\mu Sv/h$ nicht überschreiten
- bei *sonstigen Röntgenstrahlern*, die nicht von einem Schutzgehäuse umschlossen sind, max. $2,5\,mSv/h$ in $1\,m$ Entfernung bei $U_A < 200\,kV$
- *Hochschutzgeräte*, vollständiges Umschließen des Untersuchungsgegenstandes, max. Ortsdosisleistung $10\,\mu Sv/h$ in $0,1\,m$ Entfernung
- *Vollschutzgeräte*, max. Ortsdosisleistung $3\,\mu Sv/h$ in $0,1\,m$ Entfernung plus Sicherheitskreise Überwachung Röhrenfenster- und Beladetürstellung
- *Basisschutzgeräte*, das Schutzgehäuse außer dem Röntgenstrahler auch den zu untersuchenden Gegenstand so umschließt, dass ausschließlich Öffnungen zum Ein- und Ausbringen des Gegenstandes vorhanden sind, max. Ortsdosisleistung $10\,\mu Sv/h$ in $0,1\,m$ Entfernung vor den Öffnungen
- *Schulröntgeneinrichtungen*, max. $3\,\mu Sv/h$ in $0,1\,m$ Entfernung plus Begrenzung der maximalen Betriebsbedingungen
- *Störstrahler*, max. $1\,\mu Sv/h$ in $0,1\,m$ Entfernung

Die Gehäusedurchlassstrahlung wird bei maximaler Leistung des Gerätes und bei geöffnetem Nutzstrahl gemessen. Über bauliche Forderungen muss sichergestellt werden, dass der Röntgennutzstrahl nur bei vollständig geschlossenem Gehäuse eingeschaltet/freigegeben werden kann. Bei den seit 2011 eingeführrten Basisschutzgeräte liegt ein nicht vollständig geschlossenes Gehäuse vor. Es gibt permanente Öffnungen, die mit mehreren Bleigummi-Lamellenvorhängen flexibel verschlossen sind, und so die aufgeführten maximalen Gehäusedurchlass-Strahlungsdosisleistungen gewährleisten. Diese Basisschutzgeräte sind weniger bei Feinstrukturanlagen anzutreffen.

Der Nachweis der Einhaltung der notwendigen Strahlenschutzabschirmungen kann auf den Hersteller über eine Bauartzulassung §46 StrSchG [18, 12] verlagert werden. Der Hersteller garantiert damit die Einhaltung der Sicherheitsbestimmungen bei ordnungsgemäßem Betrieb der Anlage. Ansonsten muss der Betreiber über eine Sachverständigenprüfung nachweisen, dass die Anlage den Belangen des Strahlenschutzes genügt. Die Sicherheit der Anlage muss über eine Sachverständigenprüfung spätestens alle fünf Jahre, vorzeitig bei Standortwechsel, erneut nachgewiesen werden. Die Fachkunde des Personals im Strahlenschutz muss ebenfalls alle fünf Jahre aktualisiert werden.

Ebenso schreibt der Gesetzgeber bestimmte Aufenthaltsbereiche und dort tätige Personen vor. In diesen Bereichen dürfen nur die in Bild 2.21b gezeigten Strahlenexpositionen auftreten. Hieran erkennt man, dass die in den Bildern 2.19 und 2.20 gemessenen Probenstreustrahlungen (wenigstens ein Hundertstel der Nutzstrahlung) bereits rechtfertigen, dass sich *innerhalb der Strahlenschutzkabine keine Personen aufhalten dürfen*, da dieser Bereich nach Bild 2.21 alle drei Bereiche, also Sperrbereich (mit generellem Zutrittsverbot), Kontrollbereich und Überwachungsbereich einschließt.

Aufgabe 5:   Veränderung der Betriebsbedingungen und Berechnung der Dicke von Strahlenschutzwänden

An einer Röntgendiffraktometer-Vollschutzanlage, vorrangig Röntgenröhre mit Cu-Anode, die aber auch mit einer Röhre mit Wolframanode ausgerüstet werden kann, ist die Dicke der Abschirmung für den Nutzstrahl auszurechnen. Die Abschirmung des Vollschutzgehäuses soll aus einer Doppelwandung aus Blei und Stahl aufgebaut sein. Der Fokus der Röntgenröhre und die Abschirmwand sind 70 cm entfernt. Der Generator kann mit einer Hochspannung von maximal 60 kV bei einer maximalen Verlustleistung der Röntgenröhre von 3 000 W betrieben werden. Wie ist die Dicke der Wandung der Vollschutzkabine auszulegen? Rechnen Sie konservativ! Schätzen Sie ab, wie groß die »Dickenreserve der Abschirmung« ist, wenn nur mit Kupferröhre und maximal 40 kV bei 1 500 W Verlustleistung gearbeitet würde.

3 Beugung von Röntgenstrahlung

Neben den mikroskopischen Arbeitsverfahren und der thermischen Analyse haben besonders die Röntgenfeinstrukturuntersuchungsmethoden bei der Beschreibung von Werkstoffen ein weites Anwendungsfeld gefunden. Während die Metallmikroskopie den Gefügeaufbau der Werkstoffe erschließt, untersucht man mit Hilfe der Röntgenstrahlen den atomaren Aufbau der einzelnen Gefügebestandteile.

Die Wechselwirkung von Röntgenstrahlung mit den Elektronen in einem Kristall führt zu Beugungserscheinungen, also zu Ablenkungen der Strahlungsrichtung. Der Kristall mit seinem regelmäßigen Aufbau wirkt als Beugungsgitter. Beobachtet man die erhaltenen Beugungserscheinungen und wertet sie aus, dann lassen sich Rückschlüsse auf die atomare Anordnung des Kristalls ziehen.

Das Beugungsdiagramm ist für jede Substanz einzigartig und kann daher als »Fingerabdruck« für eine kristalline Substanz angesehen werden.

3.1 Grundlagen der Kristallographie und des reziproken Gitters

Ein idealer Kristall ist ein Körper, der eine dreidimensionale periodische Anordnung der Bausteine besitzt. Er ist form- und volumenbeständig, periodisch homogen und besitzt oft anisotrope Eigenschaften. Die regelmäßige Verteilung der Atomkerne und Elektronen wird als Kristallstruktur bezeichnet. Wird von den Störungen der Kristallstruktur abstrahiert, spricht man von der Idealstruktur des Kristalls (Grundvoraussetzung: unendliche Ausdehnung des Kristalls). Die uns aus Natur und Technik bekannten Kristalle stellen in der Regel eine weitgehende Annäherung an den Grenzfall des Idealkristalls dar (Ausdehnung groß gegenüber den Translationsperioden, geringe Konzentration an Gitterfehlern). Ein sehr wichtiges Kennzeichen des Idealkristalls sind seine Symmetrieeigenschaften. Jeder Idealkristall besitzt eine Translationssymmetrie, wobei weitere Symmetrieeigenschaften dazukommen können, siehe Kapitel 3.1.4. Die Invarianz gegen Translation gestattet eine relativ einfache geometrische Darstellung der idealen Kristallstruktur als Gitter.

3.1.1 Die Kristallstruktur und seine Darstellung

Wir betrachten eine beliebige ideale Kristallstruktur. In einem Mol eines Kristalls sind $6 \cdot 10^{23}$-Atome vorhanden. Eine Beschreibungsmöglichkeit aller Atomlagen zueinander aufzustellen, ist für diese riesige Zahl in einem Ortskoordinatenraum unmöglich. Wird in der Kristallstruktur ein periodisch wiederholtes Motiv, die Basis (Atome, Ionen oder Moleküle einzeln oder in Gruppenform) durch einen Punkt ersetzt, dass sich eine Anordnung mit für jeden Punkt identischer Umgebung ergibt, erhält man das Gitter der Kristallstruktur (auch Kristallgitter genannt). Unter der Kristallstruktur versteht man nun die Überlagerung von Basis und Gitter, Bild 3.1. Nach A. BRAVAIS sind alle denkbaren Strukturen bereits durch eines von 14 verschiedenen Gittern darstellbar. Man nennt

© Springer Fachmedien Wiesbaden GmbH, ein Teil von Springer Nature 2019
L. Spieß et al., *Moderne Röntgenbeugung*,
https://doi.org/10.1007/978-3-8348-8232-5_3

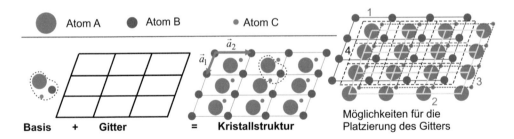

Bild 3.1: Basis und Gitter ergibt die Kristallstruktur

diese BRAVAIS-Gitter. Die grundlegende Symmetrieeigenschaft des Gitters wie auch der Struktur ist die Invarianz gegen Translation in jeder Richtung, die mindestens zwei Gitterpunkte miteinander verbindet. Man spricht daher auch von einem Translationsgitter. Die kleinste Strecke, bei der dies in einer bestimmten Richtung der Fall ist, heißt deren Translationsperiode. Zur mathematischen Beschreibung des Gitters wählt man drei nicht komplanare Vektoren $\vec{a_1}$, $\vec{a_2}$, $\vec{a_3}$, die nach Betrag und Richtung die Translation von einem Gitterpunkt zum nächsten entlang dreier verschiedener Punktreihen darstellen (Translationsperioden). Dann beschreibt der Gittervektor $\vec{r}$

$$\vec{r} = u\vec{a_1} + v\vec{a_2} + w\vec{a_3} \tag{3.1}$$

alle Gitterpunkte in Bezug auf einen willkürlich als Ursprung des Koordinatensystems ausgewählten. In der Regel wählt man die Vektoren $\vec{a_i}$ so, dass u, v und w ganzzahlig sind. Die Vektoren $\vec{a_i}$ heißen Basisvektoren. Das der Gitterbeschreibung zugrunde liegende Vektortripel $\vec{a_i}$ ($i = 1, 2, 3$), häufig auch als $\vec{a}$, $\vec{b}$ und $\vec{c}$ bezeichnet, spannt ein Parallelepiped auf, welches Elementarzelle des Gitters heißt. Aus ihm kann das gesamte Gitter durch periodische Wiederholung dargestellt werden. Besitzt die Elementarzelle nur an ihren Eckpunkten Gitterpunkte, so heißt sie primitiv. Sie enthält nur einen Gitterpunkt (jeder Eckpunkt wird nur zu einem Achtel gezählt). Die Wahl der Elementarzellen

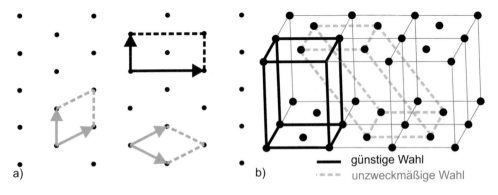

Bild 3.2: Wahl der Elementarzelle a) in einer Projektionsebene b) bei dreidimensionaler Anordnung

Tabelle 3.1: Beschreibungsgrößen für die sieben Kristallsysteme, beim monoklinen Kristallsystem werden zwei Aufstellungsvarianten verwendet

Kristallsystem	Zellparameter $\|\vec{a_1}\| \ \|\vec{a_2}\| \ \|\vec{a_3}\|$	Winkel zwischen $(\vec{a_1}, \vec{a_2})$	$(\vec{a_2}, \vec{a_3})$	$(\vec{a_3}, \vec{a_1})$	Volumen der Elementarzelle
triklin	$a_1 \ a_2 \ a_3$	γ	α	β	Gleichung 3.10
monoklin$_1$	$a_1 \ a_2 \ a_3$	γ	$90°$	$90°$	$a_1 \cdot a_2 \cdot a_3 \cdot \sin\gamma$
monoklin$_2$	$a_1 \ a_2 \ a_3$	$90°$	$90°$	β	$a_1 \cdot a_2 \cdot a_3 \cdot \sin\beta$
trigonal					
- rhomboedrisch	$a_1 \ a_1 \ a_1$	α	α	α	$a_1^3 \sqrt{1 - 3\cos^2\alpha + 2\cos^3\alpha}$
- hexagonal	$a_1 \ a_1 \ a_3$	$120°$	$90°$	$90°$	$\frac{\sqrt{3}}{2} a_1^2 \cdot a_3$
hexagonal	$a_1 \ a_2 \ a_3$	$120°$	$90°$	$90°$	$\frac{\sqrt{3}}{2} a_1^2 \cdot a_3$
orthorhombisch	$a_1 \ a_2 \ a_3$	$90°$	$90°$	$90°$	$a_1 \cdot a_2 \cdot a_3$
tetragonal	$a_1 \ a_1 \ a_3$	$90°$	$90°$	$90°$	$a_1^2 \cdot a_3$
kubisch	$a_1 \ a_1 \ a_1$	$90°$	$90°$	$90°$	a_1^3

kann nach verschiedenen Gesichtspunkten erfolgen. Nicht in jedem Fall wählt man die $\vec{a_i}$ so, dass die Elementarzelle primitiv ist, Bild 3.2a. Neben der möglichen Orthogonalität der Basisvektoren soll die Elementarzelle so gewählt werden, dass sich ein Volumenminimum ergibt. Aus Gründen der Zweckmäßigkeit und Konvention (Orthogonalität der $\vec{a_i}$, Übereinstimmung mit Symmetrieelementen usw.) wird die in Bild 3.3 für alle 14 BRAVAIS-Gitter dargestellte Auswahl bevorzugt. In den sieben Kristallsysteme existieren 14 BRAVAIS-Gitter. In Tabelle 3.1 sind die Längen a_i (die so genannten Zellparameter, man bezeichnet diese auch als Gitterkonstanten) und die Winkel zwischen den $\vec{a_i}$ für die sieben Kristallsysteme angegeben. Die systematische Einführung der Kristallklassen erfolgt im Zusammenhang mit der Einführung weiterer Symmetrieoperationen, siehe Kapitel 3.1.5. Ausführliche Beschreibungen zu den bisherigen Ausführungen sind bei KLEBER [145], PAUFLER [191] und BORCHARD-OTT [46] zu finden.

Das Volumen einer Elementarzelle wird durch das *Spatprodukt* der drei nicht komplanaren Vektoren der Einheitszelle $\vec{a_1}$, $\vec{a_2}$ und $\vec{a_3}$ über die Determinante der Matrix **G**, Gleichung 3.8, gebildet.

$$V_{EZ} = (\vec{a_1} \times \vec{a_2}) \cdot \vec{a_3} = \vec{a_1} \cdot (\vec{a_2} \times \vec{a_3}) = \det \mathbf{G} \tag{3.2}$$

Vereinbarungsgemäß sind die Basisvektoren von Kristallen nur an ein Rechtssystem gebunden. Legt man die eine Elementarzelle aufspannenden Basisvektoren $\vec{a_1}, \vec{a_2}, \vec{a_3}$ in ein rechtwinkliges Koordinatensystem entsprechend Bild 3.4, dann kann man eine Koordinatentransformation zwischen dem Basisvektorensystem und dem rechtwinkligen System vornehmen. Dies wird hier ausführlich beschrieben, da auf dieser aufgestellten allgemeinen Transformationsmatrix alle weiteren mathematischen Beschreibungen aufbauen. Die von den Basisvektoren $\vec{a_1}$ und $\vec{a_2}$ aufgespannte Ebene wird in die x-y-Ebene gelegt, der Vektor $\vec{a_1}$ vereinbarungsgemäß auf die x-Achse. Der Vektor $\vec{a_1}$ hat damit im rechtwink-

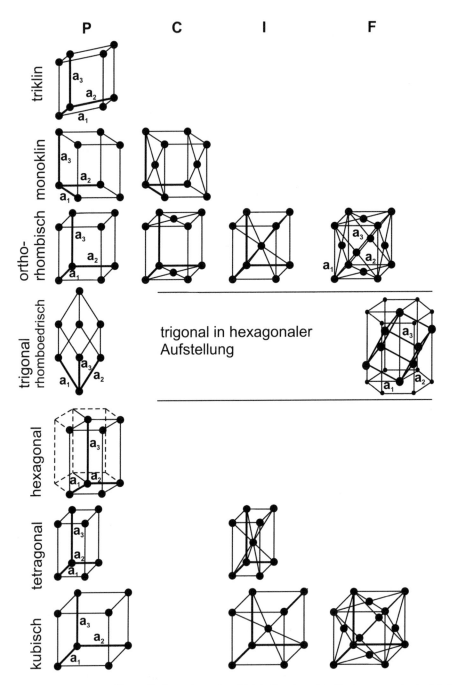

Bild 3.3: Die 14 Bravais-Gitter (beim trigonalen Kristallsystem ist die hexagonale Aufstellung kein extra Bravais-Gitter)

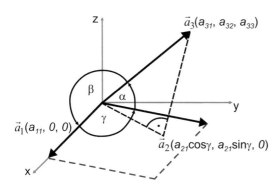

Bild 3.4: Transformation der Basisvektoren im rechtwinkligen
Koordinatensystem

ligen Koordinatensystem die drei Koordinaten $(a_1, 0, 0)$. Der Betrag des Vektors $\vec{a}_1$ ist somit gleich dem Zellparameter a_1. Der Vektor $\vec{a}_2$ ergibt sich zu $(a_2 \cos \gamma, a_2 \sin \gamma, 0)$. Die Koordinaten a_{31}, a_{32}, a_{33} des Vektors $\vec{a}_3$ sind noch zu bestimmen. Der Winkel β ist mit den Vektoren $\vec{a}_1$ und $\vec{a}_3$ verknüpft über Gleichung 3.3. Da die Komponenten a_{12} und a_{13} nach Bild 3.4 gleich Null sind, ergibt sich:

$$\cos \beta = \frac{\vec{a}_1 \cdot \vec{a}_3}{|\vec{a}_1| \cdot |\vec{a}_3|} = \frac{a_{11} \cdot a_{31}}{a_1 \cdot a_3} \tag{3.3}$$

Die Koordinate a_{31} ist, da sich a_{11} und a_1 kürzen, somit: $a_{31} = a_3 \cdot \cos \beta$

Für den Winkel α ergibt sich analog zur Gleichung 3.3 und unter Beachtung der Existenz der von Null verschiedenen Koordinaten a_{21} und a_{22} des Vektor $\vec{a}_2$:

$$\cos \alpha = \frac{\vec{a}_2 \cdot \vec{a}_3}{|\vec{a}_2| \cdot |\vec{a}_3|} = \frac{a_{21} \cdot a_{31} + a_{22} \cdot a_{32}}{a_2 \cdot a_3} \tag{3.4}$$

Ausmultipliziert und mit a_{31} ergibt sich für c_2 Gleichung 3.5.

$$a_{32} = \frac{a_3}{\sin \gamma} (\cos \alpha - \cos \beta \cdot \cos \gamma) \tag{3.5}$$

Die Koordinate a_{33} ist über die zweifache Anwendung des Satzes von PYTHAGORAS verknüpft mit a_3 bzw. a_{31} und a_{32} zu:

$$a_{33} = \sqrt{a_3^2 - a_{31}^2 - a_{32}^2} \tag{3.6}$$

In Gleichung 3.6 die schon bekannten Ausdrücke für a_{31} und a_{32} eingesetzt und mittels der bekannten Winkelfunktionsbeziehung $\sin^2 \gamma + \cos^2 \gamma = 1$ wird:

$$a_{33} = \frac{a_3}{\sin \gamma} \sqrt{1 - \cos^2 \gamma - \cos^2 \beta - \cos^2 \alpha + 2 \cos \alpha \cos \beta \cos \gamma} \tag{3.7}$$

Die für alle Kristallsysteme gültige Matrix **G** lautet nun:

$$\mathbf{G} = \begin{pmatrix} a_{11} & a_{12} & a_{13} \\ a_{21} & a_{22} & a_{23} \\ a_{31} & a_{32} & a_{33} \end{pmatrix} = \begin{pmatrix} a_1 & 0 & 0 \\ a_2 \cos\gamma & a_2 \sin\gamma & 0 \\ a_3 \cos\beta & \frac{a_3}{\sin\gamma}(\cos\alpha - \cos\beta\cos\gamma) & a_{33} \end{pmatrix} \quad (3.8)$$

$$a_{33} = \frac{a_3}{\sin\gamma}\sqrt{1 - \cos^2\gamma - \cos^2\beta - \cos^2\alpha + 2\cos\alpha\cos\beta\cos\gamma}$$

Das auszurechnende Spatprodukt 3.2 ist die Determinante der Matrix **G**, Gleichung 3.9.

$$V_{EZ} = \det \mathbf{G} = \begin{vmatrix} a_{11} & a_{12} & a_{13} \\ a_{21} & a_{22} & a_{23} \\ a_{31} & a_{32} & a_{33} \end{vmatrix} \quad (3.9)$$

$$= a_{11}a_{22}a_{33} + a_{12}a_{23}c_{31} + a_{13}a_{21}a_{32} - (a_{13}a_{22}a_{31} + a_{11}a_{23}a_{32} + a_{12}a_{21}a_{33})$$

Führt man die Determinantenbestimmung mit der Matrix **G** durch, ergibt sich für diese Determinante aus der Multiplikation der Hauptdiagonale Gleichung 3.10. Alle anderen Ausdrücke sind Null.

$$V_{EZ} = a_1 \cdot a_2 \cdot a_3 \sqrt{1 - \cos^2\alpha - \cos^2\beta - \cos^2\gamma + 2\cos\alpha\cos\beta\cos\gamma} \quad (3.10)$$

Für höhersymmetrische Kristallsysteme vereinfachen sich die Beziehungen zur Berechnung des Volumens der Elementarzelle, siehe Tabelle 3.1.

3.1.2 Bezeichnung von Punkten, Geraden und Ebenen im Kristall

Gitterpunkt *uvw*

Jeder Gitterpunkt kann durch den vom Nullpunkt ausgehenden, zu ihm führenden Vektor $\vec{r} = u\vec{a_1} + v\vec{a_2} + w\vec{a_3}$ beschrieben werden. Üblicherweise werden Gitterpunkte durch Zusammenfassen der Koeffizienten u, v und w in einem Tripel dargestellt, wobei die Schreibweise $\cdot uvw \cdot$ oder $[[u\,v\,w]]$ für eine Punktschar steht.

$$uvw \text{ oder } \cdot uvw \cdot \text{ oder } [[u\,v\,w]] \quad (3.11)$$

Gittergerade [*uvw*]

In einem Koordinatensystem legt man eine Gerade mathematisch durch die Angabe zweier Punkte fest. Der erste Punkt ist der Ursprung mit den Koordinaten 0 0 0. Der zweite Punkt sei durch den Gittervektor $\vec{r} = u\vec{a_1} + v\vec{a_2} + w\vec{a_3}$ beschrieben. Die Gittergerade ist damit eindeutig durch das Tripel $[u\,v\,w]$ beschrieben. Negative Vorzeichen werden durch Überstreichen berücksichtigt (z. B. negative Richtung von $\vec{a_2}$ $[0\,\bar{1}\,0]$). Da jede Gerade durch eine Vielzahl von Gitterpunkten beschrieben werden kann, wählt man immer das kleinste teilerfremde Zahlentripel. Das Zahlentripel $[u\,v\,w]$ beschreibt nicht nur die Gerade durch die Gitterpunkte 000 und $\cdot uvw \cdot$, sondern eine unendliche Schar zu ihr paralleler Gittergeraden. Soll die Gesamtheit kristallographisch äquivalenter Richtungen oder eine beliebige aus dieser Gesamtheit gekennzeichnet werden, verwendet man als Symbol spitze Klammern der Form $\langle u\,v\,w \rangle$. Dies wird oft auch als Richtungsschar bezeichnet. Im kubischen Kristallsystem steht die Richtungsschar $\langle 1\,0\,0 \rangle$ für alle sechs Würfelkanten. Im tetragonalen Kristallsystem gibt es zwei Richtungsscharen, die $\langle 1\,0\,0 \rangle$ für die Grundfläche mit den vier Permutationen $[1\,0\,0]$, $[0\,1\,0]$, $[\bar{1}\,0\,0]$ und $[0\,\bar{1}\,0]$. Die Schar $\langle 0\,0\,1 \rangle$ steht für die Richtung entlang der Seitenfläche, hier gibt es nur die Richtungen $[0\,0\,1]$ und $[0\,0\,\bar{1}]$.

Netzebene ($h\,k\,l$)

Eine Netzebene ist durch drei Gitterpunkte definiert. Sie schneidet die Achsen des kristallographischen Koordinatensystems wie Bild 3.5a zeigt in:

$$a_1 - \text{Achse}: m00 \quad a_2 - \text{Achse}: 0n0 \quad a_3 - \text{Achse}: 00p$$

Zur Beschreibung der Netzebene benutzt man allerdings nicht die direkten Koordinaten (Achsenabschnitte), sondern die reziproken Achsenabschnitte:

$$a_1-\text{Achse}: \ H \propto \frac{1}{m} \quad \text{bzw.} \quad a_2-\text{Achse}: K \propto \frac{1}{n} \quad \text{bzw.} \quad a_3-\text{Achse}: \ L \propto \frac{1}{p}$$

Für die so gefundenen Zahlen H, K und L sucht man den größten vorhandenen gemeinsamen Teiler q. Die verbleibenden Zahlen werden zu einem Tripel in runden

$$\frac{H}{q} = h \quad \text{und} \quad \frac{K}{q} = k \quad \text{und} \quad \frac{L}{q} = l$$

Klammern ($h\,k\,l$) zusammengefasst. Sie werden als MILLERsche Indizes bezeichnet und beschreiben die Lage der Netzebene ($h\,k\,l$) im Raum bzw. im Kristall. ($h\,k\,l$) steht nicht nur für die Lage einer Netzebene, sondern repräsentiert eine unendliche Parallelschar gleichwertiger Netzebenen. Mit dieser Rechenvorschrift erhält man aus einer beliebigen Netzebene im Raum immer die dem Koordinatenursprung am Nächsten liegende.

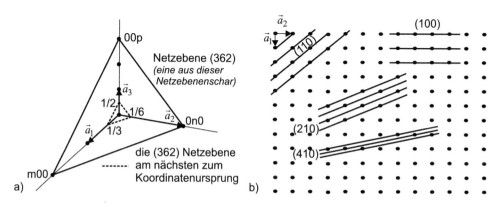

Bild 3.5: a) Ableitung der MILLERschen Indizes ($h\,k\,l$), b) Parallele Scharen verschiedener Netzebenen

Bei dem umgekehrten Weg, dem Einzeichnen einer Netzebene mit Hilfe der MILLERschen Indizes, muss man die *Kehrwerte der Zahlen innerhalb der MILLERschen Indizes* bilden. Dies sind dann die Achsenabschnitte der einzuzeichnenden Netzebene. Die Gesamtheit der kristallographisch äquivalenten Ebenen bzw. eine beliebige Ebene aus der Gesamtheit wird durch geschweifte Klammern $\{h\,k\,l\}$ bezeichnet.

Zonen und Zonenachse

Die Schnittlinie zweier nichtparalleler Netzebenen heißt Zonenachse. Die beiden Netzebenen werden als zur gleichen Zone gehörig bezeichnet.

Ausgangspunkt für Berechnungen ist die so genannte Zonengleichung 3.12, welche für eine parallel zu einer Netzebene $(h\,k\,l)$ verlaufende Gerade $[u\,v\,w]$ gilt:

$$h \cdot u + k \cdot v + l \cdot w = 0 \tag{3.12}$$

Unter Verwendung der Zonengleichung 3.12 kann man berechnen:
- welche Netzebene $(h\,k\,l)$ von den zwei Gittergeraden $[u_1, v_1, w_1]$ und $[u_2, v_2, w_2]$ aufgespannt wird
- in welcher Gittergeraden $[u\,v\,w]$ sich die Netzebenen (h_1, k_1, l_1) und (h_2, k_2, l_2) schneiden

Aufgabe 6:   Anwendung der Zonengleichung

Prüfen Sie, ob die $(2\,1\,3)$-Netzebene und die $[1\,\bar{2}\,0]$-Richtung parallel zu einander stehen. Führen Sie die gleiche Prüfung für das Paar $(1\,\bar{2}\,2)$ und $[2\,1\,1]$ durch!
Bestimmen Sie alle Netzebenen, die durch die zwei Gittergeraden $[1\,0\,1]$ und $[1\,2\,0]$ aufgespannt werden, siehe Bild 3.6a!
Berechnen Sie die Schnittgerade der zwei Netzebenen $(2\,\bar{1}\,0)$ und $(1\,1\,1)$.

3.1.3 Netzebenenabstand

Bild 3.5b zeigt, dass die am niedrigsten indizierten Netzebenen $(h\,k\,l)$ am dichtesten mit Gitterpunkten belegt sind. Es wird auch ersichtlich, dass die niedrig indizierten Netzebenen den größten Netzebenenabstand d_{hkl} aufweisen. Im Folgenden soll der Zusammenhang zwischen dem Netzebenenabstand d und den MILLERschen Indizes $(h\,k\,l)$ für ein orthorhombisches System hergeleitet werden. Der Netzebenenabstand d der Netzebene $(h\,k\,l)$ wird mit d_{hkl} bezeichnet. Entsprechend Bild 3.6b gelten folgende geometrischen Zusammenhänge:

$$\cos\varphi_a = d_{hkl} \cdot \frac{h}{a} \quad \text{bzw.} \quad \cos\varphi_b = d_{hkl} \cdot \frac{k}{b} \quad \text{bzw.} \quad \cos\varphi_c = d_{hkl} \cdot \frac{l}{c} \tag{3.13}$$

Eine Zusammenfassung der drei Gleichungen durch Quadrieren und Addition liefert:

$$\cos^2\varphi_a + \cos^2\varphi_b + \cos^2\varphi_c = d_{hkl}^2 \cdot \left(\frac{h^2}{a^2} + \frac{k^2}{b^2} + \frac{l^2}{c^2}\right) = 1 \tag{3.14}$$

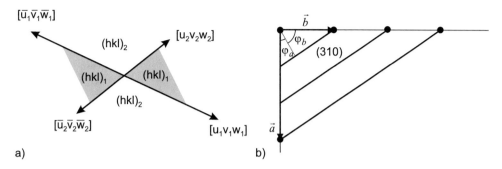

Bild 3.6: a) Zwei Gittergeraden spannen eine Netzebene auf, je nach Richtung der Gittergeraden werden unterschiedliche Ebenen aufgespannt b) Zusammenhang zwischen Netzebenenabstand d_{hkl} und Netzebene $(h\,k\,l)$ für ein orthorhombisches System

Damit ergibt sich im orthorhombischen Kristallsystem folgender Zusammenhang:

$$d_{hkl} = \frac{1}{\sqrt{\left(\dfrac{h}{a}\right)^2 + \left(\dfrac{k}{b}\right)^2 + \left(\dfrac{l}{c}\right)^2}} \tag{3.15}$$

Im tetragonalen und kubischen Kristallsystem vereinfacht sich diese Beziehung. Für Kristallsysteme niedriger Symmetrie ist es einfacher, die Gleichungen zur Berechnung der Netzebenenabstände mit Hilfe des reziproken Gitters herzuleiten. Eine vollständige Übersicht der Berechnung der Netzebenenabstände in allen sieben Kristallsystemen findet man ab Seite 61 bzw. ist durch Gleichung 3.42 möglich.

3.1.4 Symmetrieoperationen

Ein charakteristisches Kennzeichen des Idealkristalls sind seine Symmetrieeigenschaften. Man kann sie durch Angabe bestimmter Bewegungen (Abbildungen) beschreiben, nach deren Ausführung der Kristall mit sich selbst zur Deckung kommt. Diese Bewegungen werden als Symmetrieoperationen bezeichnet. Der geometrische Ort (Punkt, Gerade, Ebene), an dem die Symmetrieoperation ausgeführt wird, heißt Symmetrieelement. Neben der bisher besprochenen Translationssymmetrie, die allen Kristallen gemeinsam ist, gibt es Symmetrieeigenschaften, die nicht in jedem Gitter auftreten. Die Translationssymmetrie schränkt die Zahl der möglichen Symmetrieoperationen sehr stark ein. Für eine Analyse der möglichen Symmetrieoperationen bestimmt man die Abbildungen des dreidimensionalen Raumes, die alle Gitterpunkte in sich überführen und den Abstand zweier Punkte unverändert lassen. Jede beliebige Bewegung kann durch eine Überlagerung von Translation und Rotation dargestellt werden, Gleichung 3.16:

$$\vec{r}\,' = \Omega\vec{r} + \vec{t} \tag{3.16}$$

Die orthogonale Matrix Ω beschreibt die Drehung um den Koordinatenursprung und Vektor $\vec{t}$ die Translation um diesen Vektor $\vec{t}$. Den Transformationen gibt man anschauliche

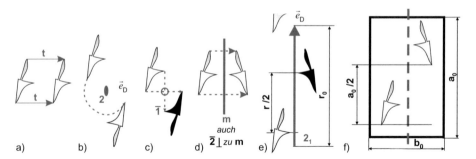

Bild 3.7: Wirkungsweise verschiedener Symmetrieelemente auf ein Motiv a) Translation,
b) zweizählige Drehachse, c) Inversionszentrum, d) zweizählige Drehinversionsachse
bzw. Spiegelebene, e) zweizählige Schraubenachse und f) Gleitspiegelebene

geometrische Interpretationen. Eine Analyse der Transformationen nach Spezialfällen der
Rotationsmatrix Ω und dem Vektor $\vec{t}$ ergibt folgende Symmetrieelemente.

- Translation – $\Omega = \mathbf{1}$ und $\vec{t} = \vec{R}$
- Drehachsen – $\|\Omega\| = 1$ und $\vec{t} = \vec{0}$
- Drehinversionsachsen – $\|\Omega\| = -1$ und $\vec{t} = \vec{0}$
- Schraubenachsen – $\|\Omega\| = 1$ und $\vec{t} = (p/n)(u\vec{a_1} + v\vec{a_2} + w\vec{a_3})$
- Gleitspiegelebenen – $\|\Omega\| = -1$ und $\vec{t} \neq 0$

Die Bilder 3.7a bis f zeigen beispielhaft die Wirkung ausgewählter Symmetrieelemente
auf ein beliebiges Motiv. Auf die Einzelheiten wird im Folgenden ausführlich eingegangen.
Die Rotation um die Achse $\vec{e}_D$ durch den Koordinatenursprung (Drehwinkel φ, positiv im
Gegenuhrzeigersinn) kann im Falle $\vec{e}_D = \vec{e_3}$ durch folgende Matrix beschrieben werden:

$$(\Omega_{ik}) = \begin{pmatrix} \cos\varphi & -\sin\varphi & 0 \\ \sin\varphi & \cos\varphi & 0 \\ 0 & 0 & 1 \end{pmatrix} \tag{3.17}$$

Eine genauere Analyse der möglichen Drehachsen zeigt (siehe z. B. Paufler [191]), dass
auf Grund der Translationssymmetrie nur folgende Drehwinkel φ möglich sind:

$$\varphi = 0; \ \frac{\pi}{3}; \ \frac{\pi}{2}; \ \frac{2\cdot\pi}{3}; \ 1\cdot\pi; \ 2\cdot\pi \qquad \varphi = 0°; \ 60°; \ 90°; \ 120°; \ 180°; \ 360° \tag{3.18}$$

Die Drehung um 0 bzw. 2π bringt das Gitter trivialerweise mit sich selbst zur Deckung.
$\vec{e}_D$ heißt eine n-zählige Drehachse, wenn das Gitter nach einer Drehung um $2\pi/n$ in
sich selbst überführt wird. Mit den angegebenen Drehwinkeln ergeben sich als mögliche
Zähligkeiten der Drehachsen $n = 1$, 2, 3, 4 und 6. Anschaulicher- ist die Aussage,
dass somit nur mit Quadraten, Rechtecken, Dreiecken und Sechsecken sich eine Fläche
ausfüllen lässt. Die Drehachsen werden nach Hermann und Mauguin anhand ihrer
Zähligkeit gekennzeichnet.

Die Drehinversion ist eine Koppelung von Drehung und Inversion. Es treten nur Drehinversionsachsen mit den Zähligkeiten der Drehachsen auf. Die Inversion wird nach
Hermann und Mauguin durch Überstreichen gekennzeichnet ($\bar{1}$, $\bar{2} = m$, $\bar{3}$, $\bar{4}$, $\bar{6}$). Die

zweizählige Drehinversionsachse ist identisch mit einer Spiegelebene senkrecht zur Drehachse. Die Drehinversion kann auch durch eine Drehspiegelung beschrieben werden. Die
Rotationsmatrix (Ω_{ik}) lautet für eine Drehinversion um die Achse $\vec{e}_{DI} = \vec{e}_3$:

$$(\Omega_{ik}) = \begin{pmatrix} -\cos\varphi & \sin\varphi & 0 \\ -\sin\varphi & -\cos\varphi & 0 \\ 0 & 0 & -1 \end{pmatrix} \tag{3.19}$$

Die bisher beschriebenen Symmetrieelemente ohne Translation werden als Punktsymmetrieelemente bezeichnet und können auf Gitter und Kristalle endlicher Ausdehnung streng
angewendet werden. So kann die Kristallmorphologie durch diese Punktsymmetrieelemente beschrieben werden. Eine anschauliche Darstellung der Punktsymmetrieelemente ist
mit Hilfe der stereographischen Projektion möglich. Das Bild 3.8a zeigt das Prinzip der
stereographischen Projektion, bei der Geraden des Raumes (Gittergeraden, Netzebenennormalen usw.) in Punkte einer Ebene abgebildet werden. Dabei wird ein Kristall von
einer Kugel umgeben. Jede Kristallfläche wird durch eine Netzebenennormale charakterisiert, die man vom Kugelmittelpunkt auf die Kristallfläche (Netzebene) errichtet. Alle
Netzebenennormalen durchstoßen die Nord- bzw. Südhalbkugel (Durchstoßpunkte, Flächenpole). Um zu dem zweidimensionalen Stereogramm zu gelangen, verbindet man die
Durchstoßpunkte mit dem gegenüberliegenden Pol der Kugel. Die Durchstoßpunkte dieser
Verbindungslinien mit der Äquatorialebene (die Projektion der Längs- und Breitenkreise
auf diese Ebene ist das WULFFsche Netz) stellen die stereographische Projektion dar. Liegen die Flächenpole (Durchstoßpunkte der Netzebenennormalen) auf der Nordhalbkugel,
so kennzeichnet man sie in der stereographischen Projektion durch Kreise, liegen sie auf
der Südhalbkugel, so werden sie durch Kreuze oder Hohlkreise gekennzeichnet.

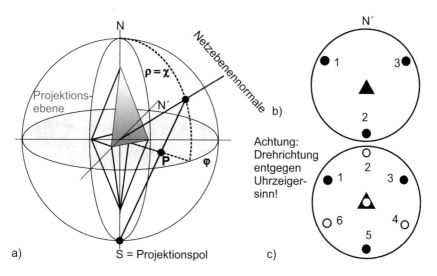

Bild 3.8: a) Prinzip der stereographischen Projektion b) Stereographische Projektion für die
Symmetrieelemente 3 und c) $\bar{3}$; (die Lage der Ebenen in ihrer Bildungsreihenfolge
sind mit eingezeichnet)

Die Wirkung der Punktsymmetrieelemente lässt sich mit Hilfe der stereographischen Projektion darstellen, indem man die Wirkung des Symmetrieelements auf einen beliebigen Flächenpol darstellt. Bild 3.8 zeigt dieses für die Symmetrieelemente 3 und $\bar{3}$.

Auch die translationsbehafteten Symmetrieelemente müssen mit der Translationssymmetrie des Gitters verträglich sein. Die Schraubenachsen werden durch das Symbol X_p gekennzeichnet. Eine genauere Analyse zeigt, dass folgende Schraubenachsen möglich sind: $2_1, 3_1, 3_2, 4_1, 4_2, 4_3, 6_1, 6_2, 6_3, 6_4, 6_5$. Die Gleitspiegelebene führt zu einer Gitterpunkttransformation, die durch eine Koppelung von Spiegelung und Gleitung parallel zur dieser Ebene beschrieben wird. Die zulässige Translationsperiode in Gleitrichtung beträgt $\vec{t} = \vec{R}/2$. Die Kennzeichnung der Gleitspiegelebenen erfolgt durch Buchstaben, welche die Richtung der Verschiebung angeben (a, b, c, n, d, e). Für weitergehende Betrachtungen sei auf PAUFLER [191], KLEBER [145], BOCHARDT-OTT [46] und [120, 102, 103] verwiesen.

3.1.5 Kombination von Symmetrieelementen

Es besteht jetzt die Aufgabe zu untersuchen, welche Symmetrieelemente unabhängig voneinander im gleichen Gitter auftreten können. Das Nebeneinander von Symmetrieelementen heißt Kombination. In einem ersten Schritt soll die Translation ausgeschlossen werden. Wir betrachten damit die Kombination von Punktsymmetrieelementen, d. h. von Drehachsen und Drehinversionsachsen, die sich in einem Punkt schneiden. Diese möglichen Kombinationen nennt man Punktgruppen. Die kristallographischen Punktgruppen berücksichtigen nur Drehachsen und Drehinversionsachsen, welche mit der Translationssymmetrie vereinbar sind. Ausgangspunkt für die Ableitung der Punktgruppen ist die Gesetzmäßigkeit, dass aus der Anwesenheit von zwei Symmetrieelementen immer ein drittes resultiert, welches mit der Translationssymmetrie des Gitters verträglich ist. Eine eingehende Analyse zeigt [102, 191], dass es 32 Kombinationsmöglichkeiten gibt, die 32 Punktgruppen (einschließlich der Punktgruppen mit nur einem Punktsymmetrieelement). Die kristallographischen Punktgruppen werden häufig als Kristallklassen bezeichnet (streng genommen ist eine Kristallklasse die Gesamtheit von Kristallen, welche die gleiche Punktgruppe haben und als Symbol wird das der Punktgruppe benutzt [93]).

- nur Drehachsen (n): 1; 2; 3; 4; 6
- Kombination von Drehachse mit Spiegelebene senkrecht zur Achse ($\frac{n}{m}$):
  $\frac{1}{m} \equiv \bar{2} \equiv m$; $\frac{2}{m}$; $\frac{3}{m} \equiv \bar{6}$; $\frac{4}{m}$; $\frac{6}{m}$
- nur Drehinversionsachsen ($\bar{n}$): $\bar{1}$; $\bar{2} \equiv m$; $\bar{3}$; $\bar{4}$; $\bar{6} \equiv \frac{3}{m}$
- Kombination von Drehachsen n mit hierzu paralleler Spiegelebene m (nm):
  1m $\equiv$ m; 2m $\equiv$ mm2; 3m; 4m $\equiv$ 4mm; 6m $\equiv$ 6mm
- Kombination von Drehinversionsachsen $\bar{n}$ mit hierzu paralleler Spiegelebene m ($\bar{n}$m):
  $\bar{1}$m $\equiv \frac{2}{m}$; $\bar{2}$m $\equiv$ mm2; $\bar{3}$m $\equiv \bar{3}$m2; $\bar{4}$m $\equiv \bar{4}$m2; $\bar{6}$m $\equiv \frac{3}{m}$m2
- Drehachsenkombination n2: 12 $\equiv$ 2; 22 $\equiv$ 222; 32; 42 $\equiv$ 422; 62 $\equiv$ 622
- Drehachsenkombination n2 mit einer Spiegelebene m:
  12m $\equiv$ mm2; mmm $\equiv \frac{2}{m}\frac{2}{m}\frac{2}{m}$; 32m $\equiv \bar{6}$m; 42m $\equiv \frac{4}{m}\frac{2}{m}\frac{2}{m}$; 62m $\equiv \frac{6}{m}\frac{2}{m}\frac{2}{m}$
- Sonderfall der Kombination von Punktsymmetrieelementen mit dreizähligen Dreh- bzw. Drehinversionsachsen parallel der [1 1 1]-Richtung:
  23; $\frac{2}{m}\bar{3} \equiv$ m3 $\equiv \bar{2}3$; 2m3 $\equiv \bar{4}3$m; 432; m3m $\equiv \frac{4}{m}\bar{3}\frac{2}{m}$

Tabelle 3.2: Lage der Symmetrieelemente zur Bildung der Kristallklassen

Kristallsystem	1. Symbol	2. Symbol	3. Symbol
triklin	beliebig		
monoklin	[010] (bei Lage parallel $\vec{a_2}$)		
	[001] (bei Lage parallel $\vec{a_3}$)		
rhombisch	[100]	[010]	[001]
tetragonal	[001]	$\left\{\begin{array}{c}[100]\\{}[010]\end{array}\right\}$	$\left\{\begin{array}{c}[1\bar{1}0]\\{}[110]\end{array}\right\}$
hexagonal	[001]	$\left\{\begin{array}{c}[100]\\{}[010]\\{}[\bar{1}10]\end{array}\right\}$	$\left\{\begin{array}{c}[1\bar{1}0]\\{}[120]\\{}[\bar{2}11]\end{array}\right\}$
trigonal (hexagonale Aufstellung)	[001]	$\left\{\begin{array}{c}[100]\\{}[010]\\{}[\bar{1}10]\end{array}\right\}$	
trigonal (rhomboedrische Aufstellung)	[111]	$\left\{\begin{array}{c}[1\bar{1}0]\\{}[01\bar{1}]\\{}[\bar{1}01]\end{array}\right\}$	
kubisch	$\left\{\begin{array}{c}[100]\\{}[010]\\{}[001]\end{array}\right\}$	$\left\{\begin{array}{c}[111]\\{}[1\bar{1}1]\\{}[\bar{1}1\bar{1}]\\{}[\bar{1}\bar{1}1]\end{array}\right\}$	$\left\{\begin{array}{cc}[1\bar{1}0] & [110]\\{}[01\bar{1}] & [011]\\{}[\bar{1}01] & [101]\end{array}\right\}$

In der Aufzählung sind sowohl die volle Bezeichnung als auch die Kurzform nach HER-MANN-MAUGIN für die Punktgruppen (Kristallklassen) angegeben. Tabelle 3.2 gibt einen Überblick über die Bezugsrichtungen der Symbole in den Kristallklassen (Bezeichnung nach HERMANN-MAUGIN). Die gleichen Bezugsrichtungen gelten für die noch einzuführenden Raumgruppen. Bild 3.9 zeigt die stereographischen Projektionen der 32 Punktgruppen. Ausführliche Beschreibungen und Aufstellungen sind in den International Tables for Crystallography, Bände A - H [102, 278, 233, 199, 27, 149, 24, 103, 95] zu finden.

Wird die Translation in die bisherigen Betrachtungen zur Kombination von Symmetrieelementen mit einbezogen, erhält man die Raumgruppentypen und Raumgruppen. Bei einer umfassenden Analyse der Kombinationsmöglichkeiten kann man so vorgehen, dass man von den kristallographischen Punktgruppen ausgeht und zu diesen schrittweise die Translationssymmetrie, die Schraubenachsen und die Gleitspiegelebenen hinzukombiniert. Es ergeben sich 230 verschiedene Raumgruppentypen [25]. Unter Berücksichtigung der Zellparameter (Metrik, Translationssymmetrie) ergeben sich jedoch unendlich viele Raumgruppen. So kristallisieren z. B. Si und Ge im gleichen Raumgruppentyp Nr. 227, jedoch in unterschiedlichen Raumgruppen. Bei den Raumgruppen muss die Metrik berücksichtigt werden (Ge: a = 0,565 75 nm, Si: a 0,543 07 nm bei 23°). Im täglichen Sprachgebrauch werden jedoch die Begriffe Raumgruppe und Raumgruppentypen synonym verwendet und werden mit den gleichen Symbolen beschrieben. Das Raumgruppensymbol ist ähnlich wie das Symbol der Punktgruppe aufgebaut. Es beginnt mit einem Buchstaben zu Kennzeichnung der Translationsgruppe (P – primitiv; A, B, C – einseitig flächenzentriert,

I – innenzentriert (auch raumzentriert), F – allseitig flächenzentriert, R – rhomboedrisch). Das Translationssymbol wird gefolgt von den Symmetrieelementen in den Bezugsrichtungen nach Tabelle 3.2. So lauten die Raumgruppensymbole z. B. Cmcm oder $P42_12$.

Aufgabe 7:   Matrizen für Symmetrieoperationen

Stellen Sie die Matrizen für die Symmetrieoperationen einfache Drehung und Inversion zusammen.

3.1.6 LAUE-Klassen

Beugungsexperimente (Beugung mit Röntgenstrahlen, Elektronenstrahlen usw.) zeigen nicht die wahre Kristallsymmetrie, sondern eine Symmetrie, die man erhalten würde, wenn zu den tatsächlich vorhandenen Symmetrieelementen ein Inversionszentrum addiert wird, d. h. die Beugungsmuster sind bei normaler Röntgenbeugung wie auch bei Elektronen- und Neutronenbeugung immer zentrosymmetrisch. Somit können kristallographische Punktgruppen, welche sich nur durch die Anwesenheit eines Inversionszentrums unterscheiden, durch diese Experimente nicht getrennt werden. Eine neue Zusammenfassung dieser kristallographischen Punktgruppen ergibt die 11 LAUE-Klassen bzw. LAUE-Gruppen [46, 93, 136, 145, 191], siehe Tabelle 3.5, Seite 83.

3.1.7 Kristallsysteme

Die Wahl der Koordinatensysteme der 14 BRAVAIS-Gitter erfolgt in der Regel mit Rücksicht auf die vorhandenen Punktsymmetrieelemente. Die Koordinatenachsen werden möglichst zu Drehachsen oder Drehinversionsachsen hoher Zähligkeit parallel gelegt (charakteristische Symmetrieelemente). Es ergeben sich sechs verschiedene Koordinatensysteme und unter Berücksichtigung der Symmetrie sieben Kristallsysteme.

- Ein Gitter, das nur die Symmetrieelemente 1 bzw. $\bar{1}$ aufweist, besitzt verschiedene Translationsbeträge der Elementarzelle (EZ) und verschiedene Winkel. Es gehört zum trigonalen Kristallsystem.
- Ist als charakteristisches Symmetrieelement nur eine zweizählige Achse vorhanden (parallel zur b-Achse), so sind die Translationsbeträge der EZ verschieden, jedoch α und γ rechte Winkel. Man spricht vom monoklinen Kristallsystem.
- Sind als charakteristische Symmetrieelemente drei orthogonale, zweizählige Achsen vorhanden (parallel zu den Achsen a, b, c), so sind die Translationsbeträge der EZ verschieden und alle drei Winkel betragen 90°. Das Gitter gehört zum orthorhombischen Kristallsystem.
- Wenn eine einzelne vierzählige Achse (parallel zur c-Achse) das charakteristische Symmetrieelement bildet, führt das zu der Einschränkung $a = b$ für die Translationsbeiträge und $\alpha = \beta = \gamma = 90°$ für die drei Winkel (Achsenwinkel, Winkel der EZ). Das Gitter gehört zum tetragonalen Kristallsystem.
- Wenn eine einzelne drei- bzw. sechszählige Achse (parallel zur c-Achse) vorhanden ist, führt dieses zu einem Achsensystem, welches durch folgende Einschränkungen der Zellparameter charakterisiert ist: $a = b \neq c$, $\alpha = \beta = 90°$, $\gamma = 120°$. Ist das charakteristische Symmetrieelement eine dreizählige Achse, gehört das Gitter zum

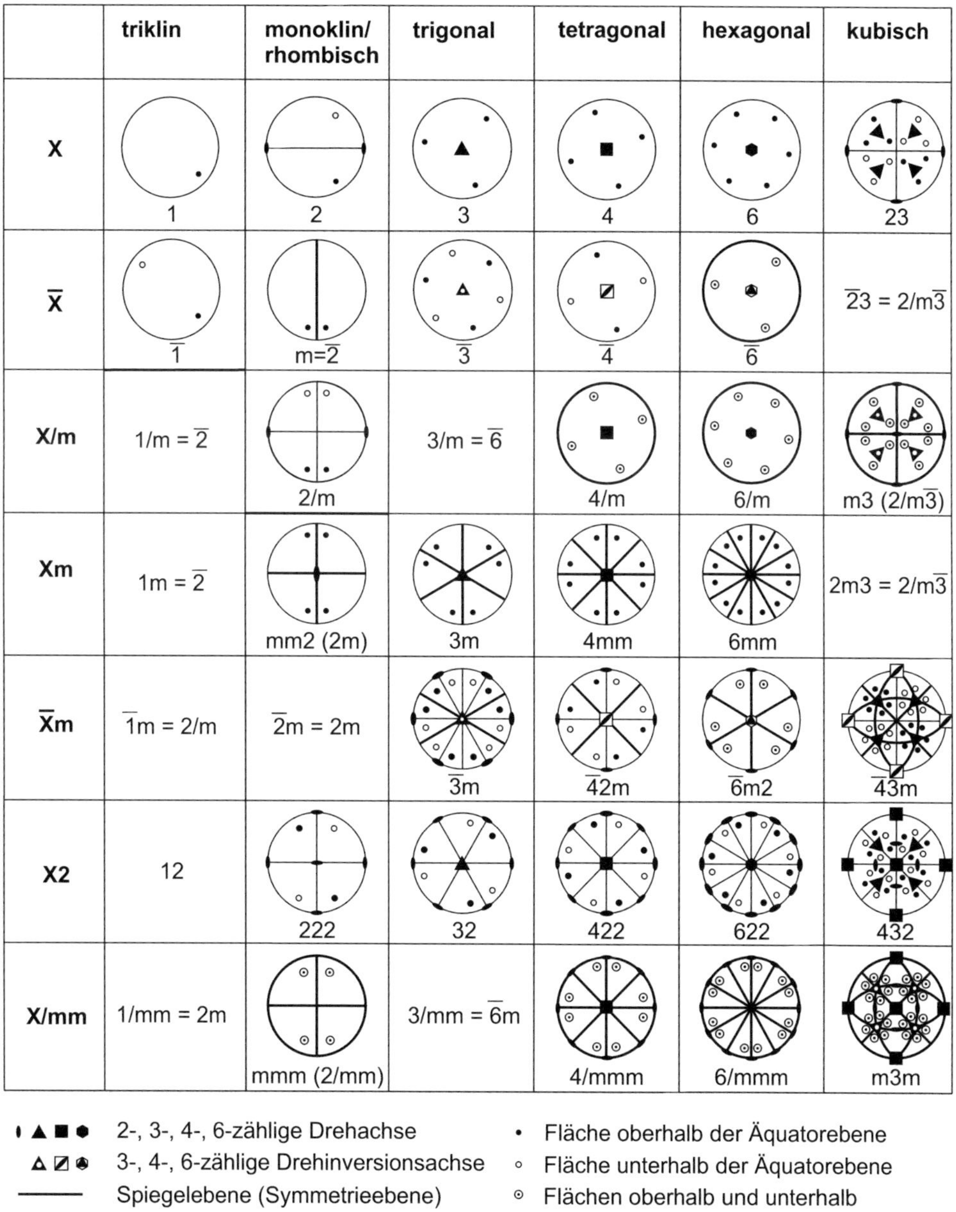

	triklin	monoklin/ rhombisch	trigonal	tetragonal	hexagonal	kubisch
X	1	2	3	4	6	23
X̄	1̄	m=2̄	3̄	4̄	6̄	23̄ = 2/m3̄
X/m	1/m = 2̄	2/m	3/m = 6̄	4/m	6/m	m3 (2/m3̄)
Xm	1m = 2̄	mm2 (2m)	3m	4mm	6mm	2m3 = 2/m3̄
X̄m	1̄m = 2/m	2̄m = 2m	3̄m	4̄2m	6̄m2	4̄3m
X2	12	222	32	422	622	432
X/mm	1/mm = 2m	mmm (2/mm)	3/mm = 6̄m	4/mmm	6/mmm	m3m

ı ▲ ■ ◆ 2-, 3-, 4-, 6-zählige Drehachse
△ ▨ ◓ 3-, 4-, 6-zählige Drehinversionsachse
——— Spiegelebene (Symmetrieebene)

• Fläche oberhalb der Äquatorebene
○ Fläche unterhalb der Äquatorebene
◉ Flächen oberhalb und unterhalb

Bild 3.9: Stereographische Projektion der 32 Punktgruppen

trigonalen Kristallsystem. Ist das charakteristische Symmetrieelement eine sechszählige Achse, gehört das Gitter zum hexagonalen Kristallsystem. Das trigonale Kristallsystem kann alternativ durch ein rhomboedrisches Achsensystem mit einer Elementarzelle $a = b = c$ und $\alpha = \beta = \gamma \neq 90°$ beschrieben werden.

Kristallsystem	Koordinatenachsen	charakteristische Symmetrieelemente	zugehörige Punktgruppen
triklin	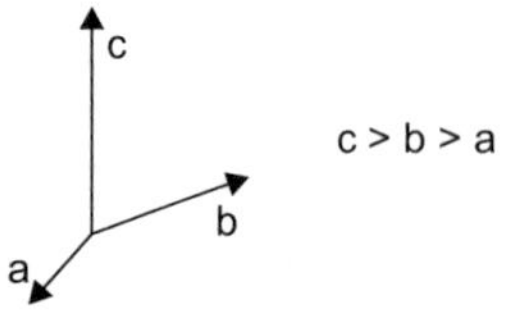 $c > b > a$	nur einzählige Achsen	1 $\overline{1}$
monoklin	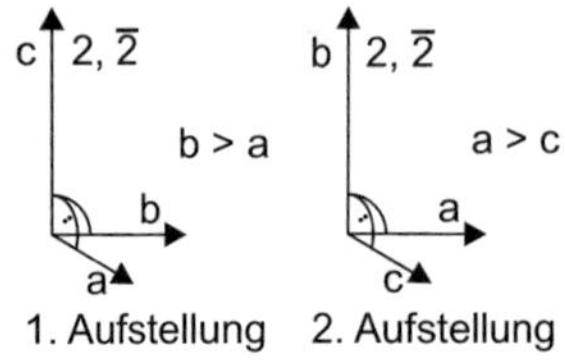 1. Aufstellung 2. Aufstellung	2-zählige Achse parallel c - 1. Aufstellung parallel b - 2. Aufstellung	2 m 2/m
rhombisch	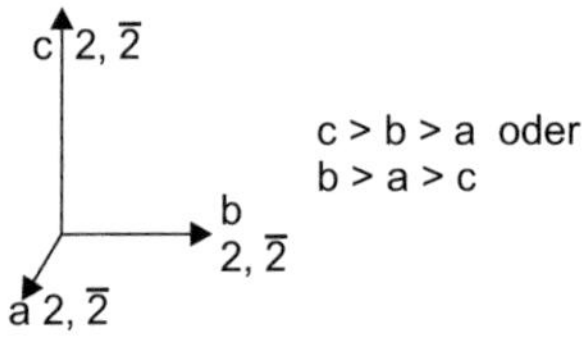 $c > b > a$ oder $b > a > c$	2-zählige Achsen parallel a, b und c	222 $\overline{2}\overline{2}\overline{2}$ = mm2 2/m 2/m 2/m
trigonal	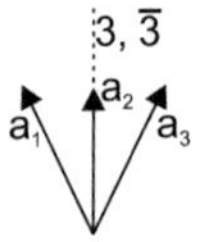	3-zählige Achse parallel [111] hexagonales Achsenkreuz: 3-zählige Achse parallel c	3 $\overline{3}$ 32 3m $\overline{3}$m
hexagonal	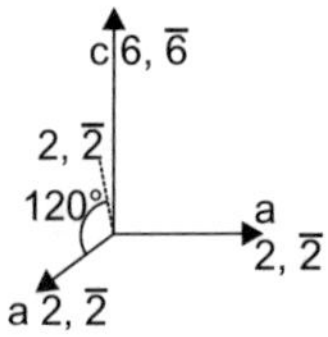	6-zählige Achse parallel c	6 $\overline{6}$ 6/m 622 6mm $\overline{6}$m2 6/m 2/m 2/m
tetragonal	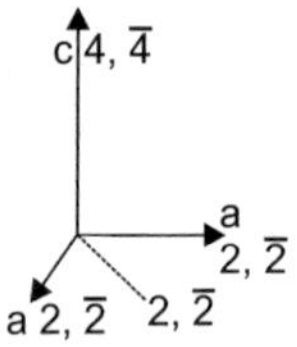	4-zählige Achse parallel c	4 $\overline{4}$ 4/m 422 4mm $\overline{4}$2m 4/m 2/m 2/m
kubisch	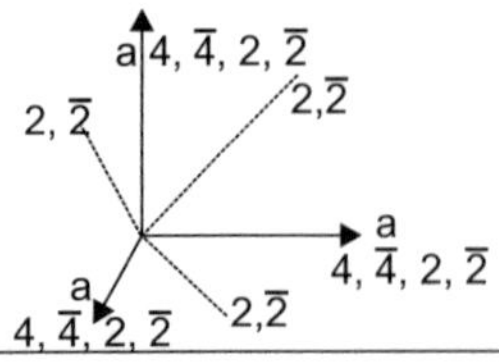	3-zählige Achse parallel <111>	23 2/m $\overline{3}$ 432 $\overline{4}$3m 4/m $\overline{3}$2/m

Bild 3.10: Die sieben Kristallsysteme und zugehörige Punktguppen

- Sind die charakteristischen Symmetrieelemente vier dreizählige Achsen, welche sich unter einem Winkel von 109°28′ bzw. 109,47° schneiden, dann führt dies zu folgenden Einschränkungen der Zellparameter: $a = b = c$ und $\alpha = \beta = \gamma = 90°$. Das Gitter gehört dann zum kubischen Kristallsystem. Die Elementarzelle ist ein Würfel.

Die Berücksichtigung der Symmetrien zeigt, dass nicht alle Gitter mit einer primitiven Elementarzelle beschrieben werden können. Soll die Elementarzelle immer die Symmetrie wiedergeben, sind zur vollständigen Beschreibung aller möglichen Gitter vierzehn verschiedene Gitter (Elementarzellen) notwendig, die so genannten BRAVAIS-Gitter. Sieben dieser Elementarzellen sind nicht primitiv, sondern zeigen eine Zentrierung der Elementarzelle (flächenzentrierte EZ, raumzentrierte EZ, basiszentrierte EZ). Für eine Ableitung der BRAVAIS-Gitter sei auf die kristallographische Fachliteratur verwiesen.

In der stereographischen Darstellung der 32 Punktgruppen sind die jeweiligen Kristallsysteme angegeben, Bild 3.9.

Die Merkmale der sieben Kristallsysteme sind in Bild 3.10 in Anlehnung an PAUFLER [191] graphisch zusammengefasst. Man beachte jedoch:

Die Kristallsysteme stellen eine Klassifizierung der kristallographischen Punktsymmetriegruppen (Kristallklassen) dar. Sie sind keine Einteilung verschiedener Metriktypen. Die Symmetrie bestimmt die metrischen Zusammenhänge, nicht aber die Metrik die Symmetrie.

3.1.8 Hexagonales Kristallsystem

Zur Beschreibung des hexagonalen Kristallsystems sind parallel zwei hexagonale Achsenkreuze im Gebrauch, das Drei-Achsen- und das Vier-Achsen-System. Der Grund für die Einführung eines Vier-Achsen-Systems liegt in der Beschreibung kristallographisch gleichwertiger Richtungen und Flächen mit Indizes. Im Drei-Achsensystem sind kristallographisch gleichwertige Richtungen mit unterschiedlichen Indizes $[U\,V\,W]$ belegt. Im Vier-Achsensystem kann man durch Einführung eines vierten Index i oder t (MILLER-BRAVAIS-Indizes) zur Beschreibung von Netzebenen bzw. Gittergeraden diese Problem umgehen.

Der Index i für Netzebenen wird nach Gleichung 3.20 gebildet.

$$i = -(h + k) \tag{3.20}$$

Bei den Richtungen $[U\,V\,W]$ bzw. [uvtw] werden die Umrechnungen nach Gleichung 3.21 bzw. 3.22 verwendet.

$$[U\,V\,W] = [u-t \quad v-t \quad w] = [2u+v \quad u+2v \quad w] \tag{3.21}$$

$$[u\,v\,t\,w] = [(2U-V)/3 \quad (2V-U)/3 \quad (-U-V)/3 \quad W] \tag{3.22}$$

Ein praktisches Beispiel für die Veranschaulichung des hexagonalen Kristallsystems bildet die hexagonal dichteste Kugelpackung. Die Punktlagen der zwei Atome in der Elementarzelle relativ zu den Gitterkonstanten in der Elementarzelle wird beschrieben durch:
Atom1 : 1/3 2/3 1/4   Atom2 : 2/3 1/3 3/4

Die dichteste Kugelpackung kann sowohl mit der hexagonalen Stapelfolge AB als auch mit der kubischen Stapelfolge ABC erreicht werden. Weitere Ausführungen dazu finden sich im Kapitel 3.1.11.

Aufgabe 8:   Indizes im hexagonalen System

Stellen Sie alle Netzebenen der Netzebenenscharen $\{1\,0\,0\}$ bzw. $\{1\,1\,0\}$ und alle dazu senkrechten Netzebenennormalen $[u\,v\,w]$ in beiden Aufstellungsformen für eine hexagonale Elementarzelle dar.

3.1.9 Trigonales Kristallsystem

Im trigonalen Kristallsystem wird das Gitter entweder mit einem rhomboedrischen Koordinatensystem oder einem hexagonalen Koordinatensystem beschrieben, siehe Bild 3.3. Die Bedingungen $k + 2h + l = 3n$ entspricht anderen Aufstellungen der Atomlagen des Rhomboeders. Die Atomlagen sind dann: 2/3 1/3 1/3 und 1/3 2/3 2/3 Das hexagonale Gitter mit seinen Zellparametern a_h und c_h und das rhomboedrische Gitter mit dem Zellparameter a_r und Winkel α_r lassen sich gegenseitig umrechnen. Für die Umrechnung zwischen diesen Zellparametern gelten folgende Gleichungen 3.23 und 3.24.

$$a_r = \sqrt{\frac{a_h^2}{3} + \frac{c_h^2}{9}} \qquad a_{hex} = 2 \cdot a_r \cdot \sin \frac{\alpha_r}{2} \qquad (3.23)$$

$$2 \sin \frac{\alpha_r}{2} = \frac{a_h}{a_r} \qquad \left(\frac{a}{c}\right)_{hex} = \sqrt{\frac{9}{4 \cdot \sin^2 \frac{\alpha_r}{2}} - 3} \qquad (3.24)$$

Die MILLERschen Indizes für das rhomboedrische System lassen sich umrechnen:

$$h_r = \frac{1}{3}(2h + k + l), \quad k_r = \frac{1}{3}(-h + k + l), \quad l_r = \frac{1}{3}(-h - 2k + l) \qquad (3.25)$$

3.1.10 Reziprokes Gitter

Definition

Besonders für die Betrachtung von Beugungserscheinungen am Kristall hat sich ein Hilfsmittel – das reziproke Gitter – bewährt. Der Vorteil, den die Verwendung des reziproken Gitters bietet, beruht auf der Abbildung von Netzebenen auf Punkte.

Zu einem Gitter sei ein primitives Vektortripel $\vec{a_i}$ bekannt – die Basisvektoren. Dann wird das zugehörige primitive reziproke Vektortripel $\vec{a_k}^*$, d. h. die Elementarzelle des reziproken Gitter, durch folgende Beziehung definiert:

$$\vec{a_i} \cdot \vec{a_k}^* = \delta_{ik} \quad \text{mit } \delta_{ik} = 1, \text{ wenn } i = k \quad \text{bzw.} \quad \delta_{ik} = 0, \text{ wenn } i \neq k \quad \text{für } i, k = 1, 2, 3 \quad (3.26)$$

Somit können die reziproken Basisvektoren aus den Basisvektoren des Kristalls wie folgt berechnet werden:

$$\vec{a_1}^* = \frac{\vec{a_2} \times \vec{a_3}}{\vec{a_1} \cdot (\vec{a_2} \times \vec{a_3})}; \quad \vec{a_2}^* = \frac{\vec{a_3} \times \vec{a_1}}{\vec{a_1} \cdot (\vec{a_2} \times \vec{a_3})}; \quad \vec{a_3}^* = \frac{\vec{a_1} \times \vec{a_2}}{\vec{a_1} \cdot (\vec{a_2} \times \vec{a_3})}; \qquad (3.27)$$

Die Komponenten der reziproken Basisvektoren $\vec{a_k}^*$ lassen sich bezüglich eines kartesischen Koordinatensystems zu einer Matrix $\mathbf{G}^*$ zusammenfassen:

$$\mathbf{G}^* = \{G_{ik}^*\} \qquad \text{bzw.} \quad \mathbf{G_{ik}^*} = a_{ki}^* \tag{3.28}$$

Die Definition des reziproken Gitters lautet dann in Matrixschreibweise:

$$\mathbf{G}\tilde{\mathbf{G}}^* = \mathbf{G}^*\tilde{\mathbf{G}} = 1 \qquad \text{bzw.} \quad \mathbf{G}^* = \tilde{\mathbf{G}}^{-1} \tag{3.29}$$

Die durch die $\vec{a_k}^*$ definierten Punkte einer Elementarzelle des reziproken Gitters sind ebenso der Forderung nach strenger Translationssymmetrie zu unterwerfen wie die Gitterpunkte des Raumgitters. Ein beliebiger Punkt des reziproken Gitters, der reziproke Gittervektor $\vec{r^*}$, wird im reziproken Gitter beschrieben durch:

$$\vec{r^*} = h\vec{a_1}^* + k\vec{a_2}^* + l\vec{a_3}^* \qquad \text{mit} \quad h, k, l - \text{ ganze Zahlen} \tag{3.30}$$

Aus der Definitionsgleichung für das reziproke Gitter ergeben sich die folgende Beziehungen zwischen dem direkten und dem reziproken Gitter:

$$a_1^* = \frac{a_2 \cdot a_3 \cdot \sin\alpha}{V} \quad a_2^* = \frac{a_1 \cdot a_3 \cdot \sin\beta}{V} \quad a_3^* = \frac{a_1 \cdot a_2 \cdot \sin\gamma}{V} \tag{3.31}$$

$$\sin\alpha^* = \frac{V}{a_1 a_2 a_3 \sin\beta \sin\gamma} \quad \sin\beta^* = \frac{V}{a_1 a_2 a_3 \sin\alpha \sin\gamma} \quad \sin\gamma^* = \frac{V}{a_1 a_2 a_3 \sin\alpha \sin\beta} \tag{3.32}$$

$$V = a_1 \cdot a_2 \cdot a_3 \cdot \sqrt{(1 - \cos^2\alpha - \cos^2\beta - \cos^2\gamma + 2\cos\alpha\cos\beta\cos\gamma)} \tag{3.33}$$

Analoge Beziehungen gelten für die Berechnung des direkten Gitters aus dem reziproken Gitter. Es sind lediglich die Größen mit Stern durch Größen ohne Stern zu ersetzen und umgekehrt.

Eigenschaften des reziproken Gitters

- Die relative Orientierung des reziproken Basisvektors $\vec{a_1}^*$ zu den realen RaumBasisvektoren $\vec{a_2}, \vec{a_3}$ sind in Bild 3.11a dargestellt und werden gekennzeichnet durch:

$$\vec{a_1}^* \perp \vec{a_2}, \vec{a_3} \tag{3.34}$$

- Jeder beliebige Gittervektor $\vec{r^*}$ steht senkrecht auf der Netzebene $(h\,k\,l)$:

$$\vec{r^*} = h\vec{a_1}^* + k\vec{a_2}^* + l\vec{a_3}^* \perp (h\,k\,l) \tag{3.35}$$

- Der Zusammenhang zwischen dem Betrag des reziproken Gittervektors $|\vec{r^*}|$ und dem Netzebenenabstand d_{hkl} der Ebene $(h\,k\,l)$ ist:

$$|\vec{r^*}| = \frac{1}{d_{hkl}} \tag{3.36}$$

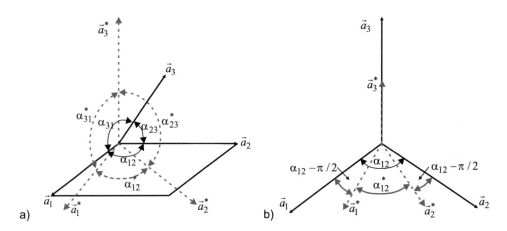

Bild 3.11: Relative Orientierung von Raumgitter und reziprokem Gitter, a) allgemein (trikline Elementarzelle) b) monokline Elementarzelle

- Die Volumina von Raumgitter und reziprokem Gitter sind zueinander reziprok:

$$V_a{}^* = \frac{1}{V_a} \tag{3.37}$$

- Das Gitter des reziproken Gitters ist gleich dem ursprünglichen Raumgitter (bei Verwendung vereinbarungsgemäß nur primitiver Elementarzellen).

Im Folgenden sollen die im Bild 3.11a dargestellte relative Orientierung zwischen Raumgitter und reziprokem Gitter sowie die Berechnungsgleichungen für die reziproken Zellparameter für die sieben Kristallsystem betrachtet werden.

triklines Gitter: wie im Bild 3.11a dargestellt

monoklines Gitter (2. Aufstellung): $\vec{a_2}^* \| \vec{a_2}$, $\vec{a_1}^*$ und $\vec{a_3}^*$ liegen in der Ebene $(\vec{a_1}, \vec{a_3})$, siehe Bild 3.11b. Weiterhin gilt:

$$a_1{}^* = \frac{1}{(a_1 \sin \beta)} \quad a_2{}^* = \frac{1}{a_2} \quad a_3{}^* = \frac{1}{(a_3 \sin \cdot \beta)} \tag{3.38}$$
$$\alpha^* = \gamma^* = \pi/2 \quad \beta^* = \pi - \beta$$

rhombisches, tetragonales und kubisches Gitter: $\vec{a_1}^* \| \vec{a_1}$, $\vec{a_2}^* \| \vec{a_2}$ und $\vec{a_3}^* \| \vec{a_3}$. Weiterhin gilt:

$$a_1{}^* = 1/a_1 \quad a_2{}^* = 1/a_2 \quad a_3{}^* = 1/a_3 \quad \alpha^* = \beta^* = \gamma^* = \pi/2 \tag{3.39}$$

trigonales und hexagonales Gitter: $\vec{a_3}^* \| \vec{a_3}$, $\vec{a_1}^*$ und $\vec{a_2}^*$ liegen in der Ebene $(\vec{a_1}, \vec{a_2})$. Weiterhin gilt:

$$a_1{}^* = a_2{}^* = 2/(a_1 \sqrt{3}) \quad a_3{}^* = 1/a_3 \quad \alpha^* = \beta^* = \pi/2 \quad \gamma^* = \pi/3 \tag{3.40}$$

rhomboedrische Basis:

$$a_1{}^* = a_2{}^* = a_3{}^* = \sin\alpha / [a_1(1 - 3\cos^2\alpha + 2\cos^3\alpha)^{1/2}] \tag{3.41}$$

$$\alpha^* = \beta^* = \gamma^* \quad \cos\alpha^* = -\cos\alpha/(1 + \cos\alpha)$$

Das reziproke Gitter wird bei geometrischen Berechnungen und auch zur Veranschaulichung von Netzebenenbeziehungen im Raumgitter angewendet. Das trifft insbesondere für niedrig symmetrische Raumgitter zu. Im Bild 7.1 ist das für ein monoklines Raumgitter gezeigt.

Der Netzebenenabstand d_{hkl}, Grundlage für die Berechnung des Netzebenenabstandes ist die Gleichung 3.36, ergibt für das trikline Kristallsystem die folgende Beziehung, Gleichung 3.42. Weitere Einzelheiten sind z. B. bei PAUFLER [191] nachzulesen.

triklines Kristallsystem; $(a \neq b \neq c; \quad \alpha \neq \beta \neq \gamma \neq 90°)$

$$\frac{1}{d_{hkl}^2} = \frac{Q}{a^2 b^2 c^2 (1 - \cos^2\alpha - \cos^2\beta - \cos^2\gamma + 2\cos\alpha\cos\beta\cos\gamma)} \tag{3.42}$$

$$Q = b^2 c^2 h^2 \sin^2\alpha + c^2 a^2 k^2 \sin^2\beta + a^2 b^2 l^2 \sin^2\gamma + 2abc^2 hk(\cos\alpha\cos\beta - cos\gamma)$$
$$+ 2ab^2 chl(\cos\alpha\cos\gamma - cos\beta) + 2a^2 bckl(\cos\beta\cos\gamma - cos\alpha)$$

Aufgabe 9:   Herleitung Netzebenenabstände

Leiten Sie für alle Kristallsysteme unter Zuhilfenahme des reziproken Gitters die Beziehungen für die Netzebenenabstände d_{hkl} her.

Bezüglich der Anwendung des reziproken Gitters bei der Interferenz am Kristall sei auf das Kapitel 3.3.3 – EWALD-Konstruktion verwiesen. Das reziproke Gitter lässt sich aber auch bei der FOURIER-Entwicklung periodischer Funktionen, wie sie im Kristall auftreten, anwenden. Betrachtet man ganz allgemein eine Funktion $f(\vec{r})$, die zur Beschreibung einer physikalischen Eigenschaft des Kristalls benutzt wird, so äußert sich die Translationssymmetrie des Gitters in einer Periodizität dieser Funktion. Es gilt:

$$f(\vec{r}) = f(\vec{r} + \vec{R}) \tag{3.43}$$

$\vec{R}$ ist ein beliebiger Gittervektor. Jede beliebige periodische Funktion lässt sich in eine FOURIER-Reihe entwickeln. Es gilt:

$$f(\vec{r}) = \sum_{\vec{k}} \tilde{f}_{\vec{k}} e^{i\vec{k}\cdot\vec{r}} \tag{3.44}$$

Wegen der Periodizität gilt weiterhin:

$$f(\vec{r} + \vec{R}) = \sum_{\vec{k}} \tilde{f}_{\vec{k}} e^{i\vec{k}\cdot\vec{r}} e^{i\vec{k}\cdot\vec{R}} = f(\vec{r}) \tag{3.45}$$

Somit gilt für beliebige $\vec{k}$ und alle Gittervektoren $\vec{R}$:

$$e^{i\vec{k}\cdot\vec{R}} = 1 \qquad \text{bzw.} \qquad \vec{k}\cdot\vec{R} = 2\pi n \tag{3.46}$$

wobei n eine beliebige ganze Zahl ist. Ausgehend von der Definition des reziproken Gitters gilt für die reziproken Gittervektoren $\vec{r^*}$:

$$\vec{r^*}\cdot\vec{R} = n \tag{3.47}$$

Somit lässt sich die obige Summe als Summe über alle Punkte des 2π-fachen reziproken Gitters $\vec{k} = \vec{K} = 2\pi\vec{r^*}$ darstellen. Die FOURIER-Koeffizienten lauten dann:

$$\tilde{f}_{\vec{k}} = \tilde{f}_{\vec{K}} = \frac{1}{V_a} \int\limits_{V_a} f(\vec{r})e^{-2\pi i \vec{r^*}\cdot\vec{r}}\mathrm{d}V \tag{3.48}$$

Das Integral ist über das Periodizitätsvolumen von f im Raumgitter, d. h. über die Elementarzelle, zu erstrecken. Wir werden diese Beziehungen bei der Herleitung der kinematischen Beugungstheorie noch oft benötigen.

3.1.11 Packungsdichte in der Elementarzelle - Das Prinzip der Kugelpackung

Viele der für die Werkstoffwissenschaft interessanten Materialien besitzen eine Metallbindung. Für die Metallbindung ist typisch, dass man den Metallatomen näherungsweise eine Kugelgestalt zuordnen kann. Die echten Metalle kristallisieren in der Regel in einer oder mehreren der folgenden Strukturen:

- kubisch dichteste Kugelpackung, Koordinationszahl 12 (kubisch-flächenzentriertes Gitter)
- hexagonal dichteste Kugelpackung, Koordinationszahl 12
- kubisch raumzentriertes Gitter, Koordinationszahl 8
- kubisch primitives Gitter, Koordinationszahl 4 – nur α-Po bisher bekannt

Jedem Gitterpunkt ist bei diesen einfachen Kristallstrukturen in der Regel ein Atom zugeordnet. In den beiden dichtesten Kugelpackungen sind die Atomkugeln so dicht wie möglich zusammengepackt. Die Packungsdichte P ist das Verhältnis der Volumina der in der Elementarzelle enthaltenen Bausteine zum Volumen der Elementarzelle. Sie beträgt sowohl für die kubisch dichteste als auch die hexagonal dichteste Kugelpackung 74 %. In der kubisch raumzentrierten Struktur und in der primitiven Struktur ist die Packungsdichte auch bei möglichst dichter Anordnung der Atome (Kugeln) unter Berücksichtigung dieser Anordnung niedriger. Die Packungsdichte wird um so größer, je größer die Zahl der nächsten Nachbarn (Koordinationszahl) ist.

$$P = \frac{V_K}{V_{EZ}} \tag{3.49}$$

V_K = Volumen der in der Elementarzelle vorhandenen Kugeln (Atome)
V_{EZ} = Volumen der Elementarzelle

Für die Berechnung der Packungsdichten sind folgende Fakten zu beachten:

- jede Elementarzelle wird an ihren acht Ecken von jeweils einem Atom besetzt
- da jedes Atom nicht nur zur betrachteten Elementarzelle, sondern zu sieben weiteren Elementarzellen gehört, ist jedes Eckatom nur zu einem Achtel der Elementarzelle zugehörig
- die kubisch primitive Elementarzelle (sc – simple cubic; p (cubic) primitive) besitzt keine weiteren Atome (Gitterpunkte)
- das kubisch raumzentrierte Gitter (krz, bcc – body centered cubic) besitzt ein zusätzliches Atom im Schnittpunkt der Raumdiagonalen
- das kubisch flächenzentrierte Gitter (kfz, fcc – face centered cubic) besitzt zusätzliche Atome im Schnittpunkt der Flächendiagonalen. Jedes dieser Atome gehört zur Hälfte zur Elementarzelle.
- in der hexagonal dichtesten Kugelpackung wird von der Belegung des Gitters an den Eckpunkten abgewichen. Die hexagonale Elementarzelle ist mit zwei Atomen ausgefüllt.

Aufgabe 10:   Packungsdichte

Leiten Sie für die kubischen BRAVAIS-Gitter und die hexagonal dichteste Kugelpackung die maximal mögliche Packungsdichte ab. Nehmen Sie dazu an, dass die Atome Kugeln sind und sich berühren.

Die dichtesten Kugelpackungen kann man sich unabhängig vom Gitter auf folgende Weise aufgebaut denken, Bild 3.12:

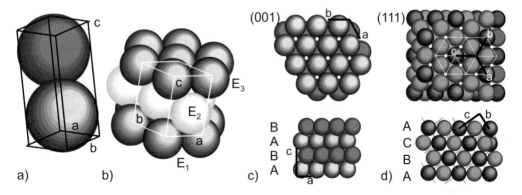

Bild 3.12: a) hexagonale Elementarzelle mit 2 Atomen pro Elementarzelle - hexagonal dichteste Kugelpackung b) oftmals auch als hexagonale Darstellung ausgewiesene Atomanordnung von 3 Atomlagen, wobei in Ebene 1 und in Ebene 3 die Atomkoordinaten gleich sind (hier werden aber 3 Elementarzellen zusammengefasst dargestellt) c) Stapelfolge AB in der hexagonalen Elementarzelle, Projektion auf (0 0 1)-Ebene (dichteste Packung) d) Stapelfolge ABC in der kubisch flächenzentrierten Elementarzelle, Projektion auf (1 1 1)-Ebene (dichteste Packung), die dunkel dargestellten Atome sind Eckatomen

- Die gleich großen Kugeln (Atome) werden so zu einer Schicht A zusammengelegt, dass jede Kugel in dieser Ebene von 6 Kugeln umgeben ist (hexagonale Schicht von Kugeln). Eine dichtere Anordnung in einer Ebene ist nicht möglich.
- Zwischen einer Kugel und den sechs Nachbarkugeln verbleiben sechs Lücken. Der Abstand von einer Lücke zur übernächsten Lücke ist genauso groß wie der Abstand von Kugelmitte zu Kugelmitte.
- Eine zweite hexagonale Schicht von Kugeln (Schicht B) wird so auf die erste gelegt, dass die Kugeln in den Lücken (Vertiefung zwischen je drei benachbarten Kugeln der A-Schicht) liegen. Dabei wird entsprechend dem Lückenabstand die Hälfte der Lücken belegt.
- Für die Anordnung der dritten Schicht ergeben sich zwei Möglichkeiten:
- Die Kugeln der dritten Schicht liegen genau über der ersten, der A-Schicht (Schichtenfolge ABABAB...). Es entsteht eine hexagonale Struktur. Die Anordnung der Kugeln (Atome) wird hexagonal dichteste Kugelpackung genannt. Die hexagonal dichteste Kugelpackung wird auch als Magnesium-Typ bezeichnet.
- Die Kugeln der dritten hexagonalen Schicht liegen über den Lücken der A- und B-Schicht (Schichtenfolge ABCABCABC...). Die Achse senkrecht zur Schichtebene ist eine dreizählige Achse. Sie ist die Raumdiagonale der Elementarzelle des kubisch flächenchenzentrierten Gitters. Die Anordnung der Kugeln (Atome) wird kubisch dichteste Kugelpackung genannt. Eine andere Bezeichnung lautet Kupfer-Typ.
- Andere beliebige Stapelfolge der hexagonalen Schicht sind möglich. Diese komplizierteren Stapelfolgen (z. B. ...ABACACBCB...) treten wesentlich seltener auf (z. B. bei einigen *Lanthanoiden*).

3.1.12 Aperiodische Kristalle

Die Mehrzahl der Festkörper sind kristallin, d. h. sie zeigen eine dreidimensionale periodische Anordnung ihrer Bausteine. Das andere Extrem bilden die amorphen Festkörper. Sie besitzen nur eine Nahordnung, jedoch keine Fernordnung. Zur Gruppe dieser Werkstoffe gehören die z. B. Gläser und viele Polymere. Neben den kristallinen Werkstoffen, den amorphen Werkstoffen und teilkristallinen Werkstoffen spielt in der modernen Materialwissenschaft eine weitere Werkstoffgruppe eine zunehmende Bedeutung, die aperiodischen Kristalle. Aperiodische Kristalle haben zwar eine Fernordnung, aber keine dreidimensionale Translationssymmetrie. Formal können die aperiodischen Kristalle mit translationssymmetrischen Gittern mathematisch im vier- oder fünfdimensionalen Raum erfasst werden. Die Symmetrie entspricht dann einer vier- oder fünfdimensionalen Superraumgruppe. Nach MÜLLER [181] unterscheidet man drei Sorten von aperiodischen Kristallen:

- Inkommensurable modulierte Strukturen
- Inkommensurable Kompositkristalle
- Quasikristalle

Inkommensurable modulierte Strukturen

Inkommensurable modulierte Strukturen können mit einer dreidimensional periodischen gemittelten Struktur (Approximante) beschrieben werden, bei der die wahren Atomlagen jedoch aus den translatorisch gleichwertigen Lagen ausgelenkt sind. Die Auslenkungen können durch eine oder mehrere Modulationsfunktionen erfasst werden. Neben einer Modulation der Atomkoordinaten können auch andere Atomparameter variieren, wie insbesondere der Besetzungsfaktor und/oder der Fehlordnungsparameter (Dichtemodulation) bzw. die Orientierung der magnetischen Momente. Bei der Durchführung von Röntgenbeugungsexperimenten geben sich modulierte Strukturen durch das Auftreten von Satellitenreflexen zu erkennen. Zwischen den intensiven Hauptreflexen (Struktur der Approximante) treten schwächere Reflexe auf, die nicht in das regelmäßige Muster der Hauptreflexe passen (Reflexe nicht rational indizierbar auf Basis der reziproken Gitter-Basisstruktur, d. h. keine Überstruktur!).

Inkommensurable Kompositkristalle

Inkommensurable Kompositkristalle kann man als zwei ineinander gestellte periodische Strukturen auffassen, deren Periodizität jedoch nicht zusammenpasst.

Quasikristalle

Quasikristalle sind seit 1984 bekannt und zeichnen sich durch das Auftreten von nicht-kristallographischen Symmetrieoperationen aus. Besonders häufig sind die axialen Quasikristalle mit einer zehnzähligen Drehachse, häufig jedoch auch mit fünf-, acht- oder zwölfzählige Drehachsen. In Achsenrichtung sind die axialen Quasikristalle periodisch. Viele Legierungen bilden derartige Quasikristalle. Das Röntgenbeugungsdiagramm eines Quasikristalls weist die nichtkristallographische Symmetrie auf. Die Zahl der beobachteten Reflexe nimmt mit der Intensität der Röntgenstrahlung bzw. der Belichtungsdauer zu. Für weitere Einzelheiten und praktische Anwendungsbeispiele sei auf MÜLLER [181] und GIACOVAZZO [93] verwiesen.

3.2 Kinematische Beugungstheorie

In diesem Kapitel sollen die Beugungsvorgänge von Röntgenstrahlen an Kristallen theoretisch behandelt werden. Dabei wird von folgenden Vereinfachungen ausgegangen:
- Der Primärstrahl erleidet keinen Intensitätsverlust.
- Die Sekundärstrahlen werden nicht weiter gebeugt.
- Mögliche Interferenzen zwischen Primärstrahl und gebeugten Strahlen bleiben unberücksichtigt.

Man spricht unter der Annahme dieser Vereinfachungen von der so genannten kinematischen Beugungstheorie. Für ideale Mosaikkristalle gilt diese Theorie sehr gut. Unter einem Mosaikkristall versteht man einen Kristall, welcher aus einer Vielzahl kleiner kohärent streuender Bereiche besteht, auch oft Mosaizität genannt. Auf die Mehrzahl der polykristallinen Werkstoffe trifft diese Annahme zu. Für perfekte Kristalle ohne Defekte können die obigen Vereinfachungen nicht angenommen werden. Die gebeugten Intensitäten sind im Allgemeinen schwächer als durch die kinematische Beugungstheorie beschrieben. Dieser Effekt wird als Extinktion bezeichnet. In diesem Fall muss mit der dynamischen Beugungstheorie gearbeitet werden, wie sie erstmals von EWALD beschrieben wurde.

Die Beschreibung der Beugung der Röntgenstrahlung am Kristall mit Hilfe der kinematischen Theorie erfolgt in sechs Teilschritten.

- Streuung der Röntgenstrahlen an einem Elektron, Kapitel 3.2.1
- Streuung der Röntgenstrahlen an Materie, Kapitel 3.2.2
- Streuung der Röntgenstrahlen an Atomen, Kapitel 3.2.3
- Berücksichtigung thermischer Schwingungen, Kapitel 3.2.4
- Streuung der Röntgenstrahlen an einer Elementarzelle, Kapitel 3.2.5
- Beugung der Röntgenstrahlen am Kristall, Kapitel 3.2.6

3.2.1 Die elastische Streuung von Röntgenstrahlen am Elektron – THOMSON-Streuung

Unter dem Einfluss der Röntgenstrahlung erfährt das an ein Gitteratom gebundene Elektron eine Beschleunigung, entfernt sich aus seiner Ruhelage und führt eine harmonische Schwingung um diese Ruhelage aus. Das schwingende Elektron ist seinerseits der Ausgangspunkt einer Streustrahlung gleicher Frequenz - HERTZscher-Dipol. Die Phasendifferenz zwischen Primärstrahlung und gestreuter Strahlung ist in der Regel π. Die geometrischen Verhältnisse sind in Bild 3.13 dargestellt. Die einfallende Röntgenstrahlung kann als ebene monochromatische elektromagnetische Welle mit dem elektrischen Feldvektor $\vec{E}_i$ beschrieben werden:

$$\vec{E}_i = \vec{E}_{0i} \cdot e^{2\pi \cdot i \cdot \nu (t - \frac{y}{c})} \tag{3.50}$$

mit $\vec{E}_{0i}$-Amplitude und $\vec{E}_i$-Wert des Feldes am Ort y zur Zeit t. Für die gestreute Welle am Punkt Q gilt:

$$\vec{E}_d = \vec{E}_{0d} \cdot e^{(s\pi \cdot i \cdot \nu (t - \frac{r}{c}) - i\alpha)} \qquad \text{mit} \qquad \vec{E}_{0d} = \frac{1}{r} \vec{E}_{0i} \left(\frac{e^2}{mc^2} \sin \varphi \right) \tag{3.51}$$

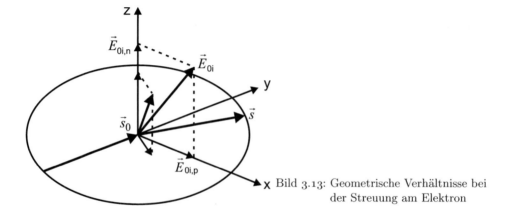

Bild 3.13: Geometrische Verhältnisse bei der Streuung am Elektron

φ ist der Winkel zwischen der Beschleunigungsrichtung des Elektrons und der Streurichtung. Für die Intensität der gestreuten Strahlung I_{eTh} gilt:

$$I_{eTh} = I_i \frac{e^4}{m^2 r^2 c^4} \sin^2 \varphi \tag{3.52}$$

Bei vollständig polarisiertem Primärstrahl ist die gestreute Intensität:

$$I_{eTh} = I_i \frac{e^4}{m^2 r^2 c^4} \quad \text{für} \quad \vec{E}_i \quad \text{parallel z} \tag{3.53}$$

$$I_{eTh} = I_i \frac{e^4 \cos^2 2\theta}{m^2 r^2 c^4} \quad \text{für} \quad \vec{E}_i \text{ parallel x} \tag{3.54}$$

Für einen beliebigen Polarisationszustand des einfallenden Röntgenstrahls kann man folgende Beziehung für die gestreute Intensität ableiten:

$$I_{eTh} = I_i \frac{e^4}{m^2 r^2 c^4} (K_1 + K_2 \cos^2 2\theta) \tag{3.55}$$

K_1, K_2 – Anteil der Röntgenstrahlung mit $\vec{E}_i$ parallel z bzw. x.
Für einen nicht polarisierten Röntgenstrahl als Primärstrahl gilt $K_1 = K_2 = 0{,}5$ und damit:

$$I_{eTh} = I_i \frac{e^4}{m^2 r^2 c^4} \cdot \frac{1 + \cos^2 2\theta}{2} = I_i \frac{e^4}{m^2 r^2 c^4} \cdot P \tag{3.56}$$

P ist der Polarisationsfaktor, für welchen gilt:

$$P = \frac{1 + \cos^2 2\theta}{2} \tag{3.57}$$

Der gestreute Strahl ist also selbst im Fall eines nicht polarisierten einfallenden Röntgenstrahls teilweise polarisiert. Der Polarisationsfaktor berücksichtigt, dass bei der Streuung einer transversalen Welle jeweils nur die Feldkomponente senkrecht zur Streurichtung wirksam ist.

3.2.2 Streuung der Röntgenstrahlen an Materie

Bevor die Streuung von Röntgenstrahlen an Atomen, Molekülen, Elementarzellen und periodischen Strukturen betracht wird, soll die Streuung an Materie ganz allgemein behandelt werden. Wie bereits dargelegt erfolgt die Streuung der Röntgenstrahlung an den Elektronen der Materie. Die Verteilung der Elektronen in der Materie, unabhängig davon ob gasförmig, flüssig, amorph oder kristallin, wird durch die Elektronendichtefunktion $\rho(\vec{r})$ beschrieben. Die Anzahl der Elektronen in einem Volumenelement ist $\rho(\vec{r}) \mathrm{d}^3 \vec{r}$. Diese Funktion gibt das Streuvermögen für Röntgenstrahlen pro Volumeneinheit an, da die Amplitude der vom Volumenelement $\mathrm{d}^3 \vec{r}$ gestreuten Strahlung proportional zur Anzahl der in ihm enthaltenen Elektronen ist.

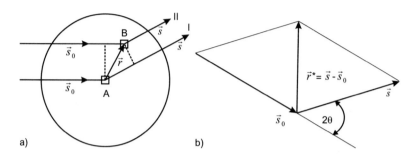

Bild 3.14: a) Streuung von Röntgenstrahlen an Materie b) Definition von $\vec{r^*}$

Es sollen zunächst, wie in Bild 3.14a dargestellt, zwei Streuzentren A und B mit dem Volumenelement $\mathrm{d}^3\vec{r}$ betrachtet werden. A liege im Ursprung. $\vec{s_0}$ ist ein Einheitsvektor in Richtung des Primärstrahls und der Streuvektor $\vec{s}$ der Einheitsvektor in Richtung der gestreuten Strahlung.

Die Phasendifferenz zwischen den an den beiden Volumenelementen A und B gestreuten Strahlen beträgt dann:

$$\varphi = \frac{2\pi}{\lambda} \cdot (\vec{s} - \vec{s_0}) \cdot \vec{r} = 2\pi(\vec{r^*} \cdot \vec{r}) \qquad \text{mit} \tag{3.58}$$

$$\vec{r^*} = \frac{1}{\lambda}(\vec{s} - \vec{s_0}) \qquad \text{und} \qquad \vec{r^*} = \frac{2\sin\theta}{\lambda} \tag{3.59}$$

Zur Definition des Vektors $\vec{r^*}$ siehe Bild 3.14b. In der Kristallographie wird der durch $\vec{r^*}$ aufgespannte Raum als reziproker Raum bezeichnet. Zunächst seien die Streuzentren als punktförmig angenommen. Die am Streuzentrum A gestreute Welle habe die Amplitude A_A (Phase sei 0). Die am Streuzentrum B gestreute Welle hat dann die Amplitude $A_B e^{2\pi \cdot i \cdot (\vec{r^*} \cdot \vec{r})}$. Im Falle von N punktförmigen Streuzentren gilt für die gestreute Welle

$$A(\vec{r^*}) = \sum_{j=1}^{N} A_j e^{2\pi \cdot i \cdot (\vec{r^*} \cdot \vec{r_j})} \tag{3.60}$$

wobei A_j die Amplitude der gestreute Welle am j-ten Streuzentrum ist.

Ausgehend von dem Fakt, dass die Amplitude der gestreuten Strahlung proportional zur Anzahl der an den Streuzentren vorhandenen Elektronenzahl ist, kann die Amplitude der insgesamt gestreuten Welle bei bekannter Elektronenzahl f_j ausgedrückt werden durch:

$$F(\vec{r^*}) = \sum_{j=1}^{n} f_j e^{\left(2\pi \cdot i \cdot \vec{r^*} \cdot \vec{r_j}\right)} \tag{3.61}$$

Werden die Streuzentren nicht mehr als kontinuierlich angenommen, so ist die gesamte gestreute Welle in Richtung $\vec{s}$ unter Verwendung der Elektronendichtefunktion gegeben durch:

$$F(\vec{r^*}) = \int\limits_V \rho(\vec{r})e^{2\pi \cdot \imath \cdot (\vec{r^*} \cdot \vec{r})}\mathrm{d}^3\vec{r} = T[\rho(\vec{r})] \qquad \text{mit} \tag{3.62}$$

T - Operator der FOURIER-Transformation.

Die Intensität der gebeugten Strahlung ist proportional zum Quadrat der Amplitude.

$$I(\vec{r^*}) \propto |F(\vec{r^*})|^2 \tag{3.63}$$

Die inverse Transformation T^{-1} erlaubt andererseits die Berechnung der Elektronendichte nach:

$$\rho(\vec{r}) = \int\limits_{V^*} F(\vec{r^*})e^{-2\pi \cdot \imath \cdot (\vec{r^*} \cdot \vec{r})}\mathrm{d}^3\vec{r^*} = T^{-1}[F(\vec{r^*})] \tag{3.64}$$

3.2.3 Streubeitrag der Elektronenhülle eines Atoms – Atomformfaktor f_a

Bisher wurde die Art der Streuzentren nicht näher definiert. In der Regel handelt es sich bei den Streuzentren um Atome. Jedes Atom ist mit einer Elektronenhülle verbunden. An diesen Elektronen erfolgt die Streuung der Röntgenstrahlung. Jede Elektronensorte (s-, p-Elektronen usw.) kann durch ihre Verteilungsfunktion

$$\rho_e(\vec{r}) \propto |\psi(\vec{r})|^2 \tag{3.65}$$

beschrieben werden. $\psi(\vec{r})$ ist die Wellenfunktion, welche man als Lösung der SCHRÖDINGER-Gleichung erhält.

Zur Berechnung des Streubeitrages der Elektronenhülle eines Atoms soll in erster Näherung von einer kugelsymmetrischen Elektronenverteilung ausgegangen werden. Bezug nehmend auf den vorhergehenden Abschnitt kann die Amplitude der durch eine Elektronensorte der Elektronenhülle gestreuten Strahlung durch folgende Gleichung beschrieben werden:

$$f_e(\vec{r}) = \int\limits_V \rho_e(\vec{r})e^{2\pi \cdot \imath \cdot (\vec{r^*} \cdot \vec{r})}\mathrm{d}^3\vec{r} \tag{3.66}$$

Zu integrieren ist über das Volumen V, in welchem die Aufenthaltswahrscheinlichkeit für die Elektronen verschieden von Null ist. Unter Beachtung der vorausgesetzten Kugelsymmetrie von $\rho_e(r)$ gilt:

$$f_e(r^*) = \int\limits_0^\infty U_e(r)\frac{\sin(2\pi \cdot r \cdot r^*)}{2\pi \cdot r \cdot r^*}\mathrm{d}r \tag{3.67}$$

$$U_e(r) = 4\pi r^2 \rho_e(r) \tag{3.68}$$

$$r^* = \frac{2\sin\theta}{\lambda} \tag{3.69}$$

$U_e(r)$ ist die radiale Elektronenverteilung. Berechnungsbeispiele finden sich bei GIACOVAZZO [93]. Für die Intensität der gestreuten Strahlung gilt:

$$I = f_e^{\,2} \cdot I_{eTh} \tag{3.70}$$

Den Streubeitrag der Elektronenhülle eines Atoms, der so genannte Atomformfaktor f_a (auch Atomformamplitude oder atomarer Streufaktor genannt), erhält man durch Integration über die gesamte Elektronenwolke:

$$f_a(\vec{r^*}) = \int\limits_V \rho_a(\vec{r}) e^{2\pi \cdot i \cdot (\vec{r^*} \cdot \vec{r})} \mathrm{d}^3 \vec{r} \tag{3.71}$$

Geeignete Umformung unter Annahme einer kugelsymmetrischen Elektronenverteilung liefert folgende Beziehungen:

$$f_a(r^*) = \int\limits_0^\infty U_a(r) \frac{\sin(2\pi \cdot r \cdot r^*)}{2\pi \cdot r \cdot r^*} \mathrm{d}r = \sum_{j=1}^z f_{ej} \tag{3.72}$$

$$U_a(r) = 4r^2\pi\rho_a(r) \tag{3.73}$$

$U_a(r)$ ist die radiale Verteilungsfunktion für das Atom mit der Ordnungszahl Z.

Der Atomformfaktor ist die FOURIER-Transformierte der atomaren Elektronendichteverteilung. Die kugelsymmetrischen Elektronendichten können mit Hilfe quantenmechanischer Näherungsverfahren wie der scf-Methode (self-consistent-field), der HARTREE-FOCK-Methode und für schwere Elemente mit der Näherung nach THOMAS und FERMI berechnet werden. Für weitere Ausführungen sei auf Lehrbücher der Quantenchemie und Quantenphysik verwiesen [223]. Im Bild 3.15 ist der Wert des Atomformfaktors f_a in Abhängigkeit von $((\sin\theta)/\lambda)$ für verschiedene Atome und Ionen dargestellt. f_a ist eine reelle Zahl. Für $((\sin\theta)/\lambda) = 0$ ist f_a gleich der Elektronenzahl des Atoms bzw. Ions. Die Atomformfaktoren sind in den International Tables for Crystallography, Vol C tabelliert [199]. In diesen Tabellen sind auch die im Falle einer Dispersion notwendigen

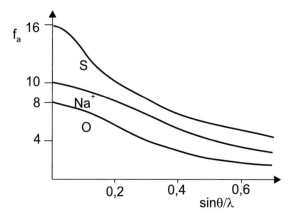

Bild 3.15: Atomformfaktor f_a

Korrekturen aufgeführt. Zu einer Dispersion kommt es, wenn die Bindungsenergie der Elektronen vergleichbar mit oder größer als die Energie der Strahlung ist. Das ist der Fall für die inneren Schalen schwerer Elemente. Dadurch wird die Amplitude und Phase der gestreuten Röntgenstrahlung modifiziert. Die Streukraft wird eine komplexe Größe:

$$f_a = f_{a0} + \Delta f_a^{\text{i}} + i \cdot \Delta f_a^{\text{ii}} \tag{3.74}$$

Die Korrekturglieder tragen der unterschiedlichen Phasendifferenz zwischen Primär- und Streustrahl für starke und schwach gebundene Elektronen Rechnung. Atome, die bei der verwendeten Strahlung relativ große Werte der Korrekturglieder haben, bezeichnet man als anomale Streuer. Die Dispersion ist besonders stark ausgeprägt, wenn die Energie der Strahlung nahe einer Absorptionskante ist.

Diese Werte sind erhältlich aus den International Tables for Crystallography [199] und liegen tabelliert für jedes Element und jede charakteristische Strahlung vor.

3.2.4 Thermische Schwingungen

Im letzten Abschnitt wurde festgestellt, dass der Atomformfaktor die FOURIER-Transformierte der atomaren Elektronendichteverteilung ist. Genauer muss man formulieren, dass der Atomformfaktor die FOURIER-Transformierte der Elektronendichte eines freien und ruhenden Atoms ist. Aufgrund thermischer Effekte oszillieren die Atome in einer realen Kristall- oder Molekülstruktur jedoch um ihre Ruhelage. Typische Schwingungsfrequenzen liegen zwischen 10^{12} und 10^{14} Hz. Die Schwingungen modifizieren die Elektronendichtefunktion der Atome und folglich ihr Streuvermögen. Zur Beschreibung der Änderung des Streuvermögens soll in erster Näherung davon ausgegangen werden, dass die Atome unabhängig voneinander schwingen. Die Frequenz der Wärmeschwingungen ist klein im Vergleich zur Frequenz der Röntgenstrahlung. Daher darf man die Atome als ruhend ansehen, muss aber berücksichtigen, dass sie sich in einem Momentbild der Atomanordnung nicht an ihren Ruhelagen befinden. Für die Berücksichtigung der thermischen Schwingungen eines Atoms reicht somit die Berechnung der zeitlich gemittelten Verteilung des Atoms in Bezug auf die Gleichgewichtslage. Die Gleichgewichtslage des Atoms sei der Koordinatenursprung. $p(\vec{r})$ sei die Wahrscheinlichkeit, das Zentrum eines Atoms an der Position $\vec{r}$ zu finden. $\rho_a(\vec{r} - \vec{r}')$ sei die Elektronendichte am Ort $\vec{r}$, wenn das Zentrum des Atoms bei $\vec{r}'$ ist. Für die gemittelte Elektronendichte $\rho_{at}(\vec{r})$ des schwingenden Atoms kann dann geschrieben werden:

$$\rho_{at}(\vec{r}) = \int_V \rho_a(\vec{r} - \vec{r}') \otimes p(\vec{r}') \mathrm{d}^3 \vec{r}' = \rho_a(\vec{r}) \otimes p(\vec{r}) \tag{3.75}$$

Das Integral ist die Faltung der Funktionen $\rho_a(\vec{r})$ und $p(\vec{r})$. Der Atomformfaktor f_{at} des gemittelten Atoms ist die FOURIER-Transformierte von $\rho_{at}(\vec{r})$. Es gilt:

$$f_{at}(\vec{r^*}) = f_a(\vec{r^*}) q(\vec{r^*}) \tag{3.76}$$

$$q(\vec{r^*}) = \int_V p(\vec{r}) e^{2\pi \cdot i \cdot (\vec{r^*} \cdot \vec{r})} \mathrm{d}^3 \vec{r} \tag{3.77}$$

Die FOURIER-Transformierte $q(\vec{r^*})$ ist als DEBYE-WALLER-Faktor bekannt. Die Funktion $p(\vec{r})$ hängt von vielen Parametern ab. Zu diesen Faktoren gehören die Atommasse, die Bindungskräfte und die Temperatur. In der Regel ist diese Funktion anisotrop. In erster Näherung kann jedoch eine isotrope Funktion angenommen werden. Dann kann $p(r')$ als GAUSS-Funktion beschrieben werden:

$$p(r') \cong (2\pi)^{-1/2} \cdot U^{-1/2} \cdot e^{(-(r'^2/2U))} \tag{3.78}$$

$< U >$ ist die mittlere quadratische Auslenkung. Für Diamant beispielsweise liegt der Wert bei $0{,}000\,2\,\text{nm}^2$. Für die FOURIER-Transformierte erhalten wir:

$$q(r^*) = e^{(-2\pi^2 U r^{*2})} = e^{\left(\frac{-8\pi^2 \cdot U \cdot \sin^2\theta}{\lambda^2}\right)} = e^{\left(\frac{-B\sin^2\theta}{\lambda^2}\right)} \quad \text{mit} \quad B = 8\pi^2 \cdot U \tag{3.79}$$

B wird als isotroper Temperaturfaktor bezeichnet.

In der Literatur wird auch für B der Begriff DEBYE-WALLER-Faktor geführt. Beachtet man, dass die Atome in der Regel nicht in alle Richtungen gleich stark schwingen, muss man einen anisotropen Temperaturfaktor einführen. Weitere entsprechende Herleitungen sind bei WÖLFEL [280], GIOCOVAZZO [93] und SCHWARZENBACH [229] zu finden.

3.2.5 Streubeitrag einer Elementarzelle

Die Elektronendichteverteilung $\rho_M(\vec{r})$ einer Elementarzelle mit A_A Atomen kann durch die folgende Gleichung beschrieben werden:

$$\rho_M(\vec{r}) = \sum_{j=1}^{A_A} \rho_j(\vec{r} - \vec{r}_j) \tag{3.80}$$

$\vec{r}_j$ ist ein Vektor innerhalb der Elementarzelle, der den Nullpunkt mit dem j-ten Atom verbindet:

$$\vec{r}_j = x_j \cdot \vec{a_1} + y_j \cdot \vec{a_2} + z_j \cdot \vec{a_3} \tag{3.81}$$

$\vec{a_1}$, $\vec{a_2}$, $\vec{a_3}$ -Basisvektoren des Gitters.
Damit ergibt sich für die Amplitude der gestreuten Welle:

$$F(\vec{r^*}) = \int_V \sum_{j=1}^{A_A} \rho_j(\vec{r} - \vec{r}_j) e^{2\pi \cdot i(\vec{r} \cdot \vec{r^*})} \mathrm{d}^3\vec{r} = \sum_{j=1}^{A_A} \int_V \rho_j(\vec{R}_j) e^{2\pi \cdot i[(\vec{r}_j + \vec{R}_j) \cdot \vec{r^*}]} \mathrm{d}^3\vec{R}_j \tag{3.82}$$

Führt man den Atomformfaktor $f_j(\vec{r^*})$ ein, welche die thermischen Schwingungen berücksichtigt, lautet die Gleichung für die Amplitude der gestreuten Welle:

$$F(\vec{r^*}) = \sum_{j=1}^{A_A} f_j(\vec{r^*}) e^{2\pi \cdot i(\vec{r^*} \cdot \vec{r}_j)} \tag{3.83}$$

Für das Skalarprodukt aus den Vektoren $\vec{r^*}$ und $\vec{r}$ gilt:

$$\vec{r^*} \cdot \vec{r} = hx + ky + lz \tag{3.84}$$

Somit können wir die Gleichung 3.83 in folgender Form schreiben:

$$F(\vec{r^*}) = F(hkl) = \sum_{j=1}^{A_A} f_j(\vec{r^*}) e^{2\pi \cdot \imath (\vec{r^*} \cdot \vec{r}_j)} = \sum_{j=1}^{A_A} f_j(\vec{r^*}) e^{2\pi \cdot \imath (hx_j + ky_j + lz_j)} \tag{3.85}$$

Die FOURIER-Transformierte der Elektronendichteverteilung $F(\vec{r^*})$ wird als Strukturfaktor bezeichnet.

Der Strukturfaktor hängt von der Art der Atome und der Lage der Atome in der Elementarzelle ab.

Weitere Ausführungen zum Strukturfaktor finden sich in den folgenden Abschnitten. Für die Streuleistung I_{EZ} der Elementarzelle folgt:

$$I_{EZ} = \left(\frac{e^2}{mc^2} \right)^2 \cdot \frac{1}{r_a{}^2} \cdot F_{hkl}^2 \cdot \left(\frac{1 + \cos^2 2\theta}{2} \right) \cdot I_0 \tag{3.86}$$

3.2.6 Beugung der Röntgenstrahlen am Kristall

Die kohärente Streuung von Strahlung durch eine periodische Struktur heißt Beugung. Da ein Kristall eine periodische Struktur aufweist, spricht man bei der Streuung der Röntgenstrahlen am Kristall von der Beugung der Röntgenstrahlen am Kristall. Die periodische Elektronendichteverteilung $\rho(\vec{r})$ eines Kristalls wird durch folgende Gleichung ausgedrückt:

$$\rho(\vec{r}) = \rho(\vec{r} + u \cdot \vec{a_1} + v \cdot \vec{a_2} + w \cdot \vec{a_3}) \tag{3.87}$$

$\vec{a_1}$, $\vec{a_2}$, $\vec{a_3}$ – Basisvektoren des Gitters; u, v, w – ganze Zahlen.

Die Amplitude der am Kristall gestreuten Welle $A(\vec{r^*})$ ergibt sich wiederum durch FOURIER-Transformation der Elektronendichte. Es gilt:

$$A(\vec{r^*}) = F(\vec{r^*}) \sum_u \sum_v \sum_w e^{2\pi \cdot \imath (u \cdot \vec{a_1} + v \cdot \vec{a_2} + w \cdot \vec{a_3}) \cdot \vec{r^*}} = F(\vec{r^*}) \cdot G(\vec{r^*}) \tag{3.88}$$

$F(\vec{r^*})$ ist der im vorigen Abschnitt eingeführte Strukturfaktor. $G(\vec{r^*})$ wird als Gitterfaktor bezeichnet. Die Exponenten seiner Summanden geben jeweils die Phasendifferenz des Streubeitrages der jeweiligen Elementarzelle gegenüber dem Streubeitrag der Ursprungselementarzelle an. Der Gitterfaktor erreicht seinen Maximalwert, wenn seine drei Summanden gleichzeitig Maxima besitzen. Das trifft für alle reziproken Gittervektoren $\vec{r^*}$ zu, welche die folgenden LAUE-Gleichungen 3.89 bzw. 3.90 erfüllen:

$$\vec{a_1} \cdot \vec{r^*} = h \quad \text{bzw.} \quad \vec{a_2} \cdot \vec{r^*} = k \quad \text{bzw.} \quad \vec{a_3} \cdot \vec{r^*} = l \tag{3.89}$$

bzw. anders umgeformt:

$$\vec{a_1} \cdot (\vec{s} - \vec{s_0}) = \vec{a_1} \cdot \vec{s} = h\lambda \tag{3.90}$$
$$\vec{a_2} \cdot (\vec{s} - \vec{s_0}) = \vec{a_2} \cdot \vec{s} = k\lambda$$
$$\vec{a_3} \cdot (\vec{s} - \vec{s_0}) = \vec{a_3} \cdot \vec{s} = l\lambda$$

Für den Gitterfaktor gilt:

$$G(\vec{r^*}) = \sum_u \sum_v \sum_w e^{2\pi \cdot \imath (u \cdot \vec{a_1} + v \cdot \vec{a_2} + w \cdot \vec{a_3}) \cdot \vec{r^*}} \tag{3.91}$$

Die drei Summenausdrücke sind geometrische Reihen. Eine mathematische Auswertung liefert für einen Kristall mit N_1 Elementarzellen entlang $\vec{a_1}$:

$$\sum_{-(N_1-1)/2}^{+(N_1-1)/2} e^{2\pi \imath \cdot u \cdot \vec{a_1} \cdot \vec{r^*}} = \frac{\sin(\pi \cdot N_1 \cdot \vec{a_1} \cdot \vec{r^*})}{\sin(\pi \cdot \vec{a_1} \cdot \vec{r^*})} = J_{N_1}(\vec{a_1} \cdot \vec{r^*}) \tag{3.92}$$

Die Ausdrücke für N_2 Zellen entlang $\vec{a_2}$ und N_3 Zellen entlang $\vec{a_3}$ berechnen sich analog Gleichung 3.92. Damit folgt für den Gitterfaktor:

$$G(\vec{r^*}) = F(\vec{r^*}) \cdot J_{N_1}(\vec{a_1} \cdot \vec{r^*}) \cdot J_{N_2}(\vec{a_2} \cdot \vec{r^*}) \cdot J_{N_3}(\vec{a_3} \cdot \vec{r^*}) \tag{3.93}$$

Für die Intensität I_{Kr} der gebeugten Welle im Kristall ergibt sich:

$$I_{Kr} = \left(\frac{e^2}{mc^2}\right)^2 \cdot \frac{1}{r_a^2} \cdot \left(\frac{1 + \cos^2 2\theta}{2}\right) \cdot I_0 \cdot |F(hkl)|^2 \cdot J_{N_1}{}^2(\vec{a_1} \cdot \vec{r^*}) \cdot J_{N_2}{}^2(\vec{a_2} \cdot \vec{r^*}) \cdot J_{N_3}{}^2(\vec{a_3} \cdot \vec{r^*})$$

$$\tag{3.94}$$

Das Produkt

$$I^* = J_{N_1}{}^2(\vec{a_1} \cdot \vec{r^*}) \cdot J_{N_2}{}^2(\vec{a_2} \cdot \vec{r^*}) \cdot J_{N_3}{}^2(\vec{a_3} \cdot \vec{r^*}) \tag{3.95}$$

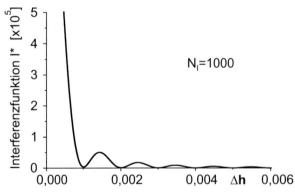

$N_i = 1000$

Bild 3.16: Verlauf der Interferenzfunktion I^*

wird als Interferenzfunktion bezeichnet. Die Interferenzfunktion I^* nimmt für den Fall der exakten Erfüllung der LAUE-Bedingungen den Wert $N_1{}^2 N_2{}^1 N_3{}^2$ an. Für eine genaue Analyse sei auf WÖLFEL [280] verwiesen. Damit ergibt sich für die Intensität der gebeugten Welle:

$$I_{Kr} = \left(\frac{e^2}{mc^2}\right)^2 \cdot \frac{1}{r_a{}^2} \cdot \left(\frac{1 + \cos^2 2\theta}{2}\right) \cdot I_0 \cdot |F(hkl)|^2 \cdot N_1{}^2 N_2{}^2 N_3{}^2 \tag{3.96}$$

3.2.7 Schärfe der Beugungsbedingungen

Wie bereits erwähnt, erreicht der Gitterfaktor $G(\vec{r^*})$ sein Maximum, wenn $\vec{r^*}$ die LAUE-Gleichungen 3.89 erfüllt. Es ist nun näher zu untersuchen, inwieweit der Gitterfaktor $G(\vec{r^*})$ auch in unmittelbarer Umgebung von $\vec{r^*}$ von Null verschiedene Werte annimmt. Dazu betrachten wir einen Punkt, welcher im Abstand $\Delta\vec{r^*}$, Gleichung 3.97, von einem reziproken Gitterpunkt $\vec{r^*}$ entfernt ist und die EWALD-Kugel durchwandert.

$$\Delta\vec{r^*} = \Delta h \cdot \vec{a_1}^* + \Delta k \cdot \vec{a_2}^* + \Delta l \cdot \vec{a_3}^* \tag{3.97}$$

Es sind damit die folgenden Quotienten für die Interferenzfunktion zu betrachten:

$$\frac{\sin^2(\pi \cdot N_1 \cdot (\vec{a_1} \cdot \Delta\vec{r^*}))}{\sin^2(\pi \cdot (\vec{a_1} \cdot \Delta\vec{r^*}))} \tag{3.98}$$

Analoge Ausdrücke gelten für $\vec{a_2}$ und $\vec{a_3}$. Eine genaue Analyse dieser Ausdrücke findet man bei WÖLFEL [280]. Den prinzipiellen Verlauf der Interferenzfunktion I^* in der Umgebung eines reziproken Gitterpunktes zeigt Bild 3.16. Für eine experimentelle Analyse der Interferenzfunktion wäre ein monochromatischer Primärstrahl mit einer Divergenz $< 0{,}02°$ erforderlich, welcher in der Regel derzeit nicht zur Verfügung steht. Die Ergebnisse der theoretischen Analyse lassen sich wie folgt zusammenfassen:

- den Hauptstreubeitrag liefert der reziproke Gitterpunkt
- der Hauptstreubeitrag ist proportional $N_1{}^2 N_2{}^2 N_3{}^2$
- für einen unendlich ausgedehnten Kristall ist der Streubeitrag nur an diesen Punkten unterschiedlich von Null (Beugungsinterferenzen sind als DIRAC-Impulse beschreibbar), Bild 3.17a
- wenn der Kristall eine endliche Ausdehnung besitzt, liefert die nächste Umgebung des reziproken Gitterpunkts ebenfalls einen Streubeitrag zum Reflex, Bild 3.17b
- je größer der Kristall ist, desto kleiner ist der Bereich, bei dem der Streubeitrag von Null verschieden ist
- die Breite des Hauptmaximums in einer bestimmten Richtung ist proportional zur Ausdehnung des Kristalls in dieser Richtung
- ein Untergrund liefert nur einen diffusen Beitrag im reziproken Gitter, Bild 3.17c
- endliche Ausdehnung der Kristallite und ein Untergrund ergeben die realen Beugungsdiagramme und deren Form im reziproken Gitter, Bild 3.17d

Die Ausdehnung der reziproken Gitterpunkte führt bei der experimentellen Registrierung der Beugungserscheinungen zu einer Verbreiterung der Beugungsinterferenzen, siehe Bild 3.17d. Die Breite des Hauptmaximums lässt sich auch so interpretieren, dass

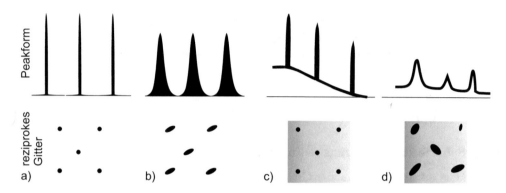

Bild 3.17: Mögliches Beugungsintensitätsprofil und schematische Form des reziproken Gitters

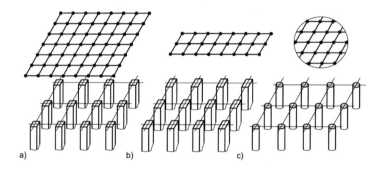

Bild 3.18: Direktes und reziprokes Gitter bei endlicher Ausdehnung a) zweidimensionales Gitter mit quadratischer Grundfläche b) zweidimensionales Gitter mit rechteckiger Grundfläche c) zweidimensionales Gitter mit kreisförmiger Grundfläche

jeder reziproke Gitterpunkt wegen der endlichen Größe eines Kristalls eine räumliche Ausdehnung mit Dimensionen proportional zu N_i^{-2} besitzt. Bild 3.18 zeigt diese Korrespondenz zwischen einem endlichen Gitter und dem zugehörigen reziproken Gitter am Beispiel dreier zweidimensionaler Gitter. Beim dreidimensionalen Gitter sind die Verhältnisse analog, jedoch sind die Ausdehnungen der reziproken Gitterpunkte in alle drei Richtungen endlich.

Neben der Kristallitgröße beeinflussen auch Kristallbaufehler und Mikroeigenspannungen die Breite und Form des Beugungsprofils, siehe Kapitel 8.

Die Beschreibung des Beugungsprofils erfolgt durch charakteristische Kenngrößen, Bild 3.19. In einem Bereich $(\theta_2 - \theta_1)$ tritt ein höherer Intensitätsverlauf als der Untergrund auf. Dieser Bereich wird häufig als Mess- oder Entwicklungsintervall L bezeichnet. Das Maximum der Intensität I_{max} wird bei einem Beugungswinkel θ_0 erreicht. Dieser Winkel wird auch als Glanzwinkel bezeichnet. Der Glanzwinkel wird zum Teil auch mit anderen Methoden, wie der Schwerpunktbestimmung, siehe Kapitel 10.6.3 bzw. Bild 5.15, bestimmt. Der Untergrundverlauf verläuft in der Regel nicht parallel zur Winkelachse und ist oft nicht linear. Approximiert man einen Untergrundverlauf, dann ist die Nettointensitätshöhe I_0 die Differenz $I_{max} - I_{U0}$. Das Verhältnis Profilmaximum zu Untergrund (PMU) ist für die Bewertung der Beugung eine weitere Kenngröße.

Die Differenz des rechtsseitigen Profilverlaufs zum linksseitigen Profilverlauf bei halber Nettointensitätshöhe wird als Halbwertsbreite HB oder HWB oder FWHM (full width at half maximum) bezeichnet und in vielen Fällen als die Breite des Beugungsprofils angenommen. Reale Beugungsinterferenzen haben oft einen asymmetrischen Verlauf und Ausläufer, in denen weitere physikalische Informationen stecken. Um diese ermitteln zu können, wird oft die Fläche unter der Kurve im Messbereich bestimmt. Aus dieser Fläche wird ein flächengleiches Rechteck mit der Höhe I_0 gebildet. Die Breite dieses Rechteckes ist die Integralbreite IB. Ein Beugungsprofil hat im Allgemeinen die Form einer Verteilungsfunktion, welche im Kapitel 8 eingeführt werden.

Eine Beugungsinterferenz ist die Faltung des Geräteprofiles mit dem physikalischen Profil und kann durch Verteilungsfunktionen nachgebildet werden. Eine Beugungsinterferenz hat charakteristische Größen, aus denen sich physikalische Eigenschaften der Probe, wie Kristallitgröße und Spannungen III. Art ableiten lassen.
Die Halbwertsbreite (HB) ist die Breite des Beugungsprofils bei halber Höhe der Nettointensität.
Die Integralbreite (IB) ist die Breite eines flächengleichen Rechtecks mit der Höhe der Nettointensität.

Das gemessene Beugungsprofil $Y(2\theta)$ zeigt eine Verbreiterung, welche einerseits auf Instrumenteneinflüsse, andererseits auf physikalische Einflüsse zurückzuführen ist. Das Geräteprofil $G(2\theta)$ erhält man, wenn man eine Probe mit einer gleichmäßigen Kristallitgröße von größer $2\,\mu m$ und völliger Spannungsfreiheit untersucht. Das physikalische Profil $S(2\theta)$, welches die profilverbreiternden physikalischen Ursachen enthält, ist mathematisch gesehen die Faltung des Geräteprofils mit dem physikalischen Profil. Das Ergebnis ist das Messprofil $Y(2\theta)$.

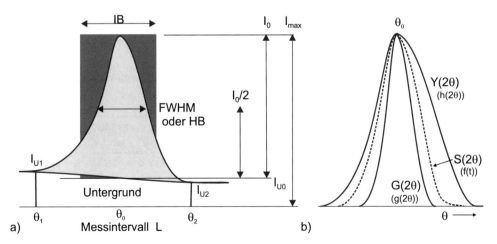

Bild 3.19: a) Kenngrößen eines Beugungsprofils I_0; I_B; H_B b) Die unterschiedlichen Profilformen von $Y(2\theta)$, $G(2\theta)$, $S(2\theta)$

$$Y(2\theta) = S(2\theta) \otimes G(2\theta) \tag{3.99}$$

Die Auflösung eines Beugungsdiagramms wird durch die Gleichung 3.100 beschrieben. Sie ist die Ableitung der später vorgestellten BRAGGschen Gleichung 3.126 nach allen variablen Größen nach Umstellung auf die Wellenlängenabhängigkeit.

$$\frac{\partial \lambda}{\lambda} = \frac{\partial d_{hkl}}{d_{hkl}} + \frac{\partial \theta \cdot \cot \theta}{2 \cdot \sin \theta} \tag{3.100}$$

Aufgabe 11:   Umrechnung verschiedener Winkelmaßeinheiten

Viele Winkelangaben beruhen auf dem Grad. Informieren Sie sich über weitere Winkelangaben, wie Bogenmaß rad; Minute ' und Sekunde ". Stellen Sie eine Tabelle auf, in der einige Umrechnungen von Bogenmaß, von Minute und von Sekunde in Grad aufgeführt sind.

3.2.8 Eindringtiefe der Röntgenstrahlung

Die energiereiche Strahlung dringt in das Untersuchungsobjekt ein und wird absorbiert, an Netzebenen reflektiert und durchläuft das Material erneut. Der tiefenabhängige Absorptionsanteil A(t) ist eine Funktion des Einstrahlwinkels ω und des Beugungswinkels θ. Er wird materialselektiv durch den linearen Absorptionskoeffizienten μ ausgedrückt. Über Gleichung 3.101 werden diese Größen verknüpft. Diese hat die gleiche Form wie später Gleichung 10.62.

$$A(t) = 1 - e^{-\mu \cdot t \left(\frac{1}{\sin \omega} + \frac{1}{\sin(2\theta - \omega)} \right)} \tag{3.101}$$

Die Eindringtiefe t wird als prozentualer Anteil $1 - 1/e = 63\%$ der Absorption definiert, siehe Kapitel 10.4.3. In Tabelle 3.3 sind für einige Materialien, verschiedene Strahlungen

Tabelle 3.3: Tiefen d in [μm] für 63 % Absorption für einen Abnahmewinkel von $\theta = 15°$, verschiedene Einfallswinkel ω und verschiedene Strahlung

	Z	ϱ [gcm^{-3}]	Co-Strahlung $\omega = 1°$	Co-Strahlung $\omega = 15°$	Cu-Strahlung $\omega = 1°$	Cu-Strahlung $\omega = 15°$	Mo-Strahlung $\omega = 1°$	Mo-Strahlung $\omega = 15°$
C	6	2,27	9,64	17,37	15,35	117,9	169,2	1 300
Al	13	2,70	0,83	6,38	1,29	9,91	12,70	97,9
Si	14	2,33	0,77	5,95	1,20	9,23	11,75	90,3
Fe	26	7,86	0,38	2,89	0,067	0,52	0,58	4,49
Cu	29	8,92	0,24	1,88	0,37	2,82	0,39	2,98
Zn	30	7,14	0,28	2,13	0,42	3,21	0,45	3,43
Zr	40	6,51	0,12	0,99	0,19	1,48	1,60	12,31
W	74	19,25	0,035	0,27	0,052	0,40	0,092	0,70

und Beugungswinkel die Eindringtiefen d zusammengefasst. Erkennbar ist, dass bei manchen Material- und Strahlungskombinationen kaum ein Strahlungseinfluss auftritt, bei anderen Materialien dagegen ein sehr deutlicher. Deshalb ist es notwendig, vor einer Untersuchung immer die möglichen Eindringtiefen abzuschätzen. Deutlich wird der Einfluss der Absorptionskante besonders beim Eisen für Kupferstrahlung. Kupferstrahlung ist zur Untersuchung von Eisen/Eisenverbindungen schlecht geeignet, siehe auch Bild 2.11. Die hohe Dichte von Wolfram ist u.a. die Ursache dafür, dass die Eindringtiefe vor allen bei flachen Winkeln nur sehr gering ist und es deshalb bei Untersuchung dieser Materialien vor allen zu Schwierigkeiten bei der Reflektometrie kommt, siehe Kapitel 13.2.

3.2.9 Integrale Intensität der gebeugten Strahlung

Gleichung 3.96 beschreibt für den Fall der BRAGGschen Reflexion die abgebeugte Intensität für einen ganz bestimmten reziproken Gitterpunkt. Für die praktische Anwendung ist jedoch die so genannte integrale Intensität eines Reflexes, d. h. die integrierte Streuleistung des Kristalls über den gesamten Bereich um den reziproken Gitterpunkt, wichtiger. Die integrale Intensität eines Reflexes erhält man, indem der Kristall durch die Reflexionsstellung nach dem BRAGG-Gesetz gedreht (von $\theta_{hkl} - \Delta\theta$ bis $\theta_{hkl} + \Delta\theta$) und über das Intensitätsprofil der reflektierten Strahlung integriert wird, Bild 3.20. Die Integration liefert den folgenden Ausdruck für die integrale Intensität I_{Kr}. Für Einzelheiten der Integration sei auf WÖLFEL [280] und SCHWARZENBACH [229] verwiesen.

$$I_{Kr} = \left(\frac{e^2}{mc^2}\right)^2 \cdot \lambda^3 \cdot \left(\frac{1 + \cos^2 2\theta}{2}\right) \cdot \frac{1}{\sin 2\theta} \cdot |F(hkl)|^2 \cdot \frac{V_{Kr}}{V_{EZ}^2} \cdot I_0 \qquad (3.102)$$

Der Quotient $1/(\sin 2\theta) = L(\theta)$ wird als LORENTZ-Faktor bezeichnet. Er beschreibt das Verhältnis der Winkelgeschwindigkeit ω, mit welcher der Kristall gedreht wird, zur Geschwindigkeit v_n des reziproken Gitterpunktes $(h\,k\,l)$, mit welcher er die EWALD-Kugel durchdringt. Der Faktor λ rührt aus der Festlegung zum Radius der EWALD-Kugel her, siehe Kapitel 3.3.3 – EWALD-Konstruktion.

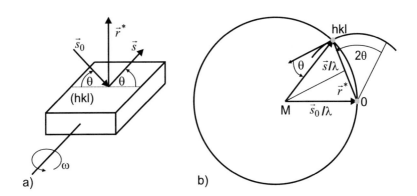

Bild 3.20: Herleitung der integralen Intensität und des LORENTZ-Faktors

$$L(\theta) = \frac{\omega}{v_n \cdot \lambda} = \frac{1}{(\sin 2\theta)^2} \tag{3.103}$$

Die integrale Intensität ist umso größer, je langsamer der reziproke Gitterpunkt $(h\,k\,l)$ durch die Oberfläche der EWALD-Kugel taucht. Der aufgeführte Ausdruck für den LORENTZ-Faktor, Gleichung 3.103, gilt nur für die hier vorgestellte Strahlengeometrie. Für das DEBYE-SCHERRER-Verfahren lautet der Ausdruck für den LORENTZ-Faktor z. B. $1/(\sin^2\theta\cos\theta)$.

Neben der integralen Intensität wird in der Röntgendiffraktometrie häufig mit dem integralen Reflexionsvermögen $(E\omega/I_0)$ des Kristalls gearbeitet. ω ist dabei die eingeführte Winkelgeschwindigkeit und E die Gesamtenergie unter der Reflexionskurve. Es gilt: $I_{Kr} = E \cdot \omega$ und damit:

$$\frac{I_{Kr}}{I_0} = \frac{E\omega}{I_0} = \left(\frac{e^2}{mc^2}\right)^2 \cdot \lambda^3 \cdot \left(\frac{1+\cos^2 2\theta}{2}\right) \cdot \frac{1}{\sin 2\theta} \cdot |F(h\,k\,l)|^2 \cdot \frac{V_{Kr}}{V_{EZ}{}^2} = K \cdot L(\theta) \cdot P(\theta) \cdot |F(h\,k\,l)|^2$$

$$\tag{3.104}$$

$L(\theta)$ ist der LORENTZ-Faktor, $P(\theta)$ ist der Polarisationsfaktor und K fasst alle konstanten Faktoren zusammen. Das Produkt aus LORENTZ-Faktor $L(\theta)$ und Polarisationsfaktor $P(\theta)$ wird häufig als Winkelfaktor $W(\theta)$ bezeichnet, Gleichung 6.2

Eine weitere Verbesserung der Anpassung zwischen der kinematischen Beugungstheorie und den praktischen Messergebnissen erhält man, wenn man den Absorptionsfaktor A einführt. Er korrigiert die Intensität hinsichtlich ihrer Absorption in der zu untersuchenden Probe. Neben dem Absorptionsfaktor A wird oft auch noch ein so genannter Extinktionsfaktor E_X eingeführt, welcher die primäre und sekundäre Extinktion korrigiert. Unter primärer Extinktion versteht man die Schwächung des Primärstahls durch Mehrfachstreuung. Dieser Effekt wird umso stärker, je größer die ideal gebauten Kristallbereiche sind. Bei einem Mosaikkristall kann die primäre Extinktion in der Regel vernachlässigt werden. Eine exakte Beschreibung gestattet nur die dynamische Beugungstheorie. Sekundäre Extinktion tritt auf, wenn in einem Kristall mehrere zueinander inkohärente Bereiche genau parallel orientiert sind. Die tiefer liegenden Bereiche erreicht ein deutlich geschwächter Primärstrahl, so dass insgesamt für den Kristall dieser Reflex geschwächt wird. Die sekundäre Extinktion kann bei einem guten Mosaikkristall ebenfalls vernachlässigt werden.

Für bestimmte Strahlgeometrien wird ein zusätzlicher geometrischer Faktor $G_f(\theta)$ eingeführt werden. Unter Berücksichtigung dieser drei Faktoren lautet die Beziehung für das integrale Reflexionsvermögen:

$$\frac{I(h\,k\,l)}{I_0} = K \cdot G_f(\theta) \cdot L(\theta) \cdot P(\theta) \cdot E_X \cdot \frac{|F(h\,k\,l)|^2}{V_{EZ}{}^2} \cdot A \tag{3.105}$$

Das ist die entscheidende Beziehung für die praktische Auswertung von Beugungsexperimenten, insbesondere für Einkristalluntersuchungen.

Im Fall von Pulveraufnahmen (DEBYE-SCHERRER-Verfahren, Zählrohrdiffraktometerverfahren ...), aber auch für das Drehkristallverfahren als Einkristallmethode, wird noch ein zusätzlicher Faktor, der so genannte Flächenhäufigkeitsfaktor H, eingeführt. Der Flächenhäufigkeitsfaktor gibt die Zahl der symmetrieäquivalenten Netzebenen an, welche ein gemeinsames Signal im Detektor erzeugen. Tabelle 3.4 gibt eine Zusammenstellung der Flächenhäufigkeitsfaktoren. Man fasst dann die vom Winkel θ abhängigen Größen zu einem Gesamtfaktor $G(\theta)$ zusammen, Gleichung 3.106.

$$\frac{I(h\,k\,l)}{I_0} = K \cdot G_f(\theta) \cdot L(\theta) \cdot P(\theta) \cdot E_X \cdot H \cdot \frac{|F(h\,k\,l)|^2}{V_{EZ}^2} \cdot A = K \cdot G(\theta) \cdot |F(h\,k\,l)|^2 \cdot A \quad (3.106)$$

Bei der Anwendung der Flächenhäufigkeitsfaktoren muss allerdings berücksichtigt werden, dass in höhersymmetrischen Systemen, insbesondere im kubischen System, auch verschiedene Reflextypen zusammenfallen können. Ein typisches Beispiel sind die $\{3\,3\,3\}$- und $\{5\,1\,1\}$-Reflexe mit all ihren Permutationen.

Aufgabe 12:   Flächenhäufigkeitsfaktor

Begründen Sie, warum der Flächenhäufigkeitsfaktor H für $(h\,0\,0)$-Reflexe im kubischen Kristallsystem sechs und im tetragonalen Kristallsystem vier beträgt.
Begründen Sie weiterhin, warum die $\{4\,3\,0\}$- und $\{5\,0\,0\}$-Reflexe bei Pulveraufnahmen im kubischen Kristallsystem zusammenfallen.

3.2.10 Strukturfaktor – Kristallsymmetrie – Auslöschungsregeln

Die entscheidende Größe in den verschiedenen Beziehungen zur Intensität der abgebeugten Strahlung ist der Strukturfaktor. Er enthält die Atompunktlagen $x_j y_j z_j$ in der Elementarzelle und stellt damit die Beziehung zur Kristallstruktur her. Daher sei der Strukturfaktor F$(h\,k\,l)$ hier noch ausführlicher betrachtet und die Einflüsse der Kristallsymmetrie auf den Strukturfaktor untersucht. Die Definition des Strukturfaktors ohne Berücksichtigung des Temperaturfaktors sei hier nochmals genannt:

$$F(hkl) = \sum_{j=1}^{A_A} f_j(\vec{r^*}) e^{2\pi \cdot \imath (\vec{r^*} \cdot \vec{r}_j)} = \sum_{j=1}^{A_A} f_j e^{2\pi \cdot \imath (hx_j + ky_j + lz_j)} \quad (3.107)$$

Diese Gleichung kann in der folgenden Form als komplexe Zahl geschrieben werden:

$$F(h\,k\,l) = \sum_{j=1}^{A_A} f_j \cos 2\pi (hx_j + ky_j + lz_j) + \imath \sum_{j=1}^{A_A} f_j \sin 2\pi (hx_j + ky_j + lz_j) = A + \imath B \quad (3.108)$$

Die Strukturamplitude ist somit gegeben durch:

$$|F(h\,k\,l)|^2 = A^2 + B^2 \quad (3.109)$$

Tabelle 3.4: Anzahl gleichwertiger Ebenen, Flächenhäufigkeitsfaktor für Pulveraufnahmen nach [154]

$\{h\,k\,l\}$	kubisch	tetragonal	hexagonal	orthorhombisch	monoklin	triklin
$\{h\,k\,l\}$	48	16	24	8	4	2
$\{h\,h\,l\}$	24	8	12	8	4	2
$\{h\,l\,h\}$	24	16	24	8	4	2
$\{l\,h\,h\}$	24	16	24	8	4	2
$\{h\,k\,0\}$	24	8	12	4	2	2
$\{h\,0\,l\}$	24	16	12	4	4	2
$\{0\,k\,l\}$	24	16	12	4	4	2
$\{h\,h\,h\}$	8	8	12	8	4	2
$\{h\,h\,0\}$	12	4	6	4	2	2
$\{h\,0\,h\}$	12	8	12	4	4	2
$\{0\,h\,h\}$	12	8	12	4	4	2
$\{h\,0\,0\}$	6	4	6	2	2	2
$\{0\,k\,0\}$	6	4	6	2	2	2
$\{0\,0\,l\}$	6	2	2	2	2	2

$$|F(h\,k\,l)|^2 = \left[\sum_{j=1}^{A_A} f_j \cos 2\pi(hx_j + ky_j + lz_y)\right]^2 + \left[\sum_{j=1}^{A_A} f_j \sin 2\pi(hx_j + ky_j + lz_y)\right]^2$$

Betrachtet man jetzt die Strukturamplitude des Reflexes $(h\,k\,l)$ und des Reflexes $(\overline{h}\,\overline{k}\,\overline{l})$, so erhält man:

$$|F(h\,k\,l)|^2 = |F(\overline{h}\,\overline{k}\,\overline{l})|^2 \tag{3.110}$$

Die Gleichung 3.110 ist die mathematische Formulierung der FRIEDELschen Regel (1913):

Die Intensitäten der Reflexe $(h\,k\,l)$ und $(\overline{h}\,\overline{k}\,\overline{l})$ sind gleich, auch wenn der Kristall nicht zentrosymmetrisch ist. Diese beiden Reflexe stammen von den beiden Seiten derselben Netzebenenschar.

Eine wichtige Konsequenz dieses Gesetzes ist, dass mit Beugungsmethoden ein Kristall nur den 11 zentrosymmetrischen kristallographischen Punktgruppen, den 11 LAUE-Klassen, jedoch nicht den 32 Kristallklassen zugeordnet werden kann. Tabelle 3.5 zeigt eine Gegenüberstellung der 11 LAUE-Klassen und der 32 Kristallklassen. Die LAUE-Klassen stellen eine Einteilung der kristallographischen Punktgruppen dar. In einer LAUE-Klasse werden alle Kristallklassen zusammengefasst, die durch Methoden (z. B. Röntgenbeugung), die unempfindlich für die Anwesenheit eines Inversionszentrums sind, nicht unterschieden werden können. Eine Zuordnung des Beugungsmusters zu den 11 LAUE-Klassen gelingt allerdings nur für Beugungsverfahren, bei denen sich symmetrieäquivalente Reflexe nicht überlagern. Somit sind die Pulververfahren zur Bestimmung der LAUE-Klasse

Tabelle 3.5: Zuordnung der Kristallklassen zu den LAUE-Klassen

Kristallsystem	LAUE-Klasse LAUE-Gruppe	zugeordnete Kristallklassen Punktgruppen
triklin	$\overline{1}$	$1;\ \overline{1}$
monoklin	$2/m$	$2;\ m;\ 2/m$
orthorhombisch	mmm	$222;\ mm2;\ mmm$
tetragonal	$4/m$ $4/mmm$	$4;\ \overline{4};\ 4/m$ $422;\ 4mm;\ 42m;\ 4/mmm$
trigonal	$\overline{3}$ $\overline{3}m$	$3;\ \overline{3}$ $32;\ 3m;\ \overline{3}m$
hexagonal	$6/m$ $6/mmm$	$6;\ \overline{6};\ 6/m$ $622;\ 6mm;\ \overline{6}2m;\ 6/mmm$
kubisch	$m\overline{3}$ $m\overline{3}m$	$23;\ m\overline{3}$ $432;\ 43m;\ m\overline{3}m$

ungeeignet. Sie gestatten nur die Bestimmung der Metrik der Elementarzelle. Auch das Drehkristallverfahren ist nur bedingt geeignet. Das LAUE-Verfahren dagegen ist sehr gut dazu geeignet, siehe Kapitel Einkristallverfahren 5.9. Betrachtet man z. B. die LAUE-Aufnahme eines Kristalls mit der LAUE-Klasse $4/m$, der mit einem einfallenden Röntgenstrahl parallel zur vierzähligen Achse aufgenommen wurde, so zeigt die Aufnahme eine vierzählige Intensitätsverteilung der Reflexe. Anders formuliert, die LAUE-Aufnahme zeigt die ebene Punktgruppe 4. Zur vollständigen Bestimmung der LAUE-Klasse ist eine weitere Aufnahme senkrecht zur vierzähligen Achse erforderlich.

Die FRIEDELsche Regel gilt allerdings nur dann streng, wenn die Atomformfaktoren f_j reell sind. Im Falle einer starken Dispersion (imaginäre Komponente im Atomformfaktor ($\imath\Delta f''$) und Dispersion des Realteils beschrieben durch ($\Delta f'$)) gilt die FRIEDELsche Regel nur, wenn die Kristallstruktur zentrosymmetrisch ist. Ist eine Kristallstruktur zentrosymmetrisch, dann ist der Strukturfaktor eine reelle Größe, falls man den Koordinatenursprung in ein Symmetriezentrum legt und die Atomformfaktoren reell sind (keine anomale Dispersion). In einer zentrosymmetrischen Struktur existiert zu jeder Atomlage x, y, z eine Atomlage $\overline{x}, \overline{y}, \overline{z}$. Somit gilt für den Strukturfaktor einer zentrosymmetrischen Kristallstruktur ohne anomale Dispersion:

$$F_{centro}(h\,k\,l) = \sum_{j=1}^{A_A} f_j \cos 2\pi(hx_j + ky_j + lz_j) = \pm|F_{centro}(h\,k\,l)| \tag{3.111}$$

Für den Fall der anomalen Dispersion gilt Gleichung 3.112 bzw. 3.113.

$$F_{centro}(h\,k\,l) = \sum_{j=1}^{A_A/2} f_j e^{2\pi\cdot\imath(hx_j+ky_j+lz_j)} + \sum_{j=1}^{A_A/2} f_j e^{-2\pi\cdot\imath(hx_j+ky_j+lz_j)} \tag{3.112}$$

$$F_{centro}(h\,k\,l) = 2 \sum_{j=1}^{A_A/2} f_j \cos 2\pi(hx_j + ky_j + lz_j) = F_{centro}(\overline{h}\,\overline{k}\,\overline{l}) \tag{3.113}$$

Diese Zusammenhänge sind für die Kristallstrukturanalyse, Kapitel 9, von besonderer Bedeutung. Die Phasenbestimmung reduziert sich auf die Bestimmung der Vorzeichen der Strukturfaktoren.

Es stellt sich jetzt die Frage, ob aus den Beugungsmustern neben der LAUE-Klasse noch weitere Symmetrieinformationen erhalten werden können. Betrachtet man die Beugungsdiagramme, dann fällt auf, dass häufig viele Reflexe fehlen. Eine genaue Analyse zeigt, dass dieses Fehlen auf die Anwesenheit von Gitterzentrierungen, Gleitspiegelebenen und Schraubenachsen zurückzuführen ist. Man spricht von systematischen Auslöschungen der betroffenen Reflexe $(h\,k\,l)$ bzw. im umgekehrten Fall von Reflexionsbedingungen für die im Allgemeinen nicht ausgelöschten Reflexe $(h\,k\,l)$. Man unterscheidet zwischen

- allgemeinen Auslöschungen (Reflexionsbedingungen), welche beliebige Reflexe $(h\,k\,l)$ betreffen
- zonale Auslöschungen (Reflexionsbedingungen), welche Reflexe zu den Punkten einer Ebene durch den Ursprung des reziproken Gitters betreffen
- serielle Auslöschungen (Reflexionsbedingungen), welche Reflexe zu den Punkten auf einer Geraden durch den Ursprung des reziproken Gitters betreffen

Die allgemeinen Auslöschungen sind auf Gitterzentrierungen zurückzuführen. Die zonalen Auslöschungen werden durch Gleitspiegelebenen verursacht und die seriellen Auslöschungen durch Schraubenachsen.

Im Folgenden sollen die einzelnen Auslöschungsregeln näher betrachtet werden: *Allgemeine Auslöschungen:* Zentrierte Elementarzellen sind dadurch gekennzeichnet, dass sie mehr als einen Gitterpunkt und damit mehr als eine Baueinheit enthalten, welche durch die Translationsvektoren $\vec{t}_z$ zur Deckung gebracht werden. Die Baueinheit bestehe aus A_A Atomen. Die Zahl der Baueinheiten pro Elementarzelle sei Z. Dann kann der Strukturfaktor F wie folgt geschrieben werden:

$$F(\vec{r^*}) = \sum_{j=1}^{A_A} f_j(\vec{r^*}) e^{2\pi \cdot \imath (\vec{r^*} \cdot \vec{r}_j)} \left[1 + \sum_{z=1}^{Z-1} e^{2\pi \cdot \imath (\vec{r^*} \cdot \vec{t}_z)} \right] \tag{3.114}$$

Der Klammerausdruck erreicht seinen Maximalwert Z, wenn für alle Translationsvektoren $\vec{t}_z$ Gleichung 3.115 erfüllt ist. Bei Nichterfüllung der Gleichung 3.115 wird der Klammerausdruck Null und damit der entsprechende Reflex ausgelöscht.

$$\vec{r^*} \cdot \vec{t}_z = n \tag{3.115}$$

Als konkrete Beispiele soll eine innenzentrierte Elementarzelle (I) und eine flächenzentrierte Elementarzelle (F) betrachtet werden.

- Innenzentrierte Elementarzelle I:
  Translationsvektor $\vec{t_1} = \frac{1}{2}(\vec{a}_1 + \vec{a}_2 + \vec{a}_3)$

$$\vec{r^*} \cdot \vec{t_1} = (h\vec{a_1}^* + k\vec{a_2}^* + l\vec{a_3}^*) \cdot \frac{1}{2}(\vec{a}_1 + \vec{a}2 + \vec{a}_3) = \frac{1}{2}(h + k + l) \qquad (3.116)$$

Bedingung für Nichtauslöschung der Reflexe $(h\,k\,l)$: $h + k + l = 2n$
bzw. verbal ausgedrückt → Summe der Indizes h, k, l *gerade*
- Flächenzentrierte Elementarzelle F:
  Translationsvektoren $\vec{t_1} = \frac{1}{2}(\vec{a}_1 + \vec{a}_2)$, $\vec{t_2} = \frac{1}{2}(\vec{a}_2 + \vec{a}_3)$, $\vec{t_3} = \frac{1}{2}(\vec{a}_1 + \vec{a}_3)$

$$\vec{r^*} \cdot \vec{t_1} = \frac{1}{2}(h + k) \quad \text{bzw.} \quad \vec{r^*} \cdot \vec{t_2} = \frac{1}{2}(k + l) \quad \text{bzw.} \quad \vec{r^*} \cdot \vec{t_3} = \frac{1}{2}(l + h)$$

Bedingungen für Nichtauslöschung der Reflexe:
$(h\,k\,l)$: $h + k = 2n$, $\quad k + l = 2n$, $\quad l + h = 2n$
bzw. verbal ausgedrückt → gleichzeitig alle h, k, l *gerade* oder alle *ungerade*.

Zonale Auslöschungen: Zonale Auslöschungen werden durch Gleitspiegelebenen hervorgerufen. Der Ursprung der zonalen Auslöschungen liegt in der Periodizität der Projektion der Kristallstruktur auf die Gleitspiegelebene. Die Projektion hat eine kleinere Periode als die Kristallstruktur. Wir betrachten dazu eine Gleitspiegelebene mit der Gleitkomponente $\vec{a}_3/2$, welche parallel zur (x,z)-Ebene liegt (c parallel $(0\,1\,0)$). Die Translationskomponente $\vec{a}_3/2$ führt dazu, dass zu jedem Atom x, y, z ein symmetrieäquivalentes Atom mit der Position x, $-y$, $1/2 + z$ existiert. Aus Bild 3.21 wird deutlich ersichtlich, dass die Elementarzelle in der Projektion die Zellparameter a_1 und $a_3/2$ hat. Im reziproken Gitter betragen die Zellparameter damit a_1^* und $2a_3^*$.

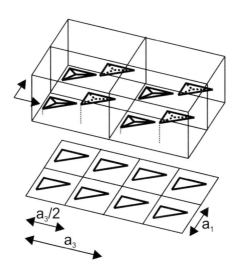

Bild 3.21: Halbierung der Elementarzelle durch a₃ in der Projektion nach JOST [136]

Tabelle 3.6: Reflexionsbedingungen, allgemein für den Reflex $(h\,k\,l)$

BRAVAIS Gitter	Reflexionsbedingung	Translationsvektoren
I	$h + k + l = 2n$	$1/2(\vec{a}_1 + \vec{a}_2 + \vec{a}_3)$
C	$h + k = 2n$	$1/2(\vec{a}_1 + \vec{a}_2)$
B	$h + l = 2n$	$1/2(\vec{a}_1 + \vec{a}_3)$
A	$k + l = 2n$	$1/2(\vec{a}_2 + \vec{a}_3)$
F	$h + k,\ k + l,\ l + h = 2n$	$1/2(\vec{a}_1 + \vec{a}_2),\ 1/2(\vec{a}_1 + \vec{a}_3),\ 1/2(\vec{a}_2 + \vec{a}_3)$
R_{obvers}	$-h + k + l = 3n$	$1/3(2\vec{a}_1 + \vec{a}_2 + \vec{a}_3),\ 1/3(\vec{a}_1 + 2\vec{a}_2 + 2\vec{a}_3)$

Diese Projektion beeinflusst nur Strukturfaktoren und damit Reflexe $(h\,0\,l)$. Für den Strukturfaktor dieser Reflexe gilt:

$$F_{(h0l)} = \sum_{j=1}^{A_A/2} f_j(e^{2\pi \cdot \imath(hx_j + lz_j)} + e^{2\pi \cdot \imath(hx_j + l(z_j + \frac{1}{2}))}) = \sum_{j=1}^{A_A/2} f_j e^{2\pi \cdot \imath(hx_j + lz_j)}(1 + e^{\pi \imath l}) \quad (3.117)$$

Der Klammerausdruck ist Null für $l = 2n + 1$. Somit sind Reflexe $(h\,0\,l)$ mit $l = 2n + 1$ ausgelöscht. Die Bedingung für Nichtauslöschung lautet für Reflexe $(h\,0\,l)$ mit $l = 2n$. Analoge Ableitungen sind für alle anderen Gleitspiegelebenen möglich.

Serielle Auslöschungen: Serielle Auslöschungen werden durch Schraubenachsen hervorgerufen. Der Ursprung der seriellen Auslöschungen liegt in der Periodizität der Projektion auf die Schraubenachse. Wir betrachten als Beispiel eine Schraubenachse 2_1 parallel der $\vec{a}_3$-Achse. Zu jedem Atom x, y, z existiert dann ein symmetrieäquivalentes Atom in $-x, -y, 1/2 + z$. Diese Projektion wirkt sich nur auf $(0\,0\,l)$-Reflexe aus. Für den Strukturfaktor dieser Reflexe gilt:

$$F(0\,0\,l) = \sum_{j=1}^{N/2} f_j(e^{2\pi \cdot \imath(lz_j)} + e^{2\pi \cdot \imath((z_j + \frac{1}{2}))}) = \sum_{j=1}^{N/2} f_j e^{2\pi \cdot \imath(lz_j)}(1 + e^{\pi \imath l}) \quad (3.118)$$

Der Klammerausdruck ist Null für $l = 2n + 1$. Die Bedingung für Nichtauslöschung der $(0\,0\,l)$-Reflexe lautet damit $l = 2n$. Analoge Ableitungen sind für alle anderen Schraubenachsen möglich. Einen Überblick über alle Reflexionsbedingungen geben die Tabellen 3.6, 3.7 und 3.8.

Im Gegensatz zu den aufgeführten Symmetrieelementen mit Translationskomponente führen Symmetrieelemente ohne Translationskomponente (Drehachsen, Drehinversionsachsen) nicht zu systematischen Auslöschungen. Das führt dazu, dass in der Regel die Raumgruppe eines Kristalls nicht allein durch Beugungsmethoden eindeutig bestimmt werden kann. Angaben zu den Reflexionsbedingungen aller Raumgruppen findet man in den International Tables of Crystallography Vol. A: Space-Group Symmetry [102]. Es ist weiterhin zu beachten, dass strukturelle Besonderheiten (Kristallzwillinge, Lagefehlordnungen usw.) zu Auslöschungen bzw. Intensitätssymmetrien führen können, zu denen sich keine Raumgruppe zuordnen lässt. Zur Verletzung von Auslöschungsregeln kann es auch durch Doppelreflexionen (RENNINGER-Effekt) kommen.

Tabelle 3.7: Reflexionsbedingungen, zonal

Reflextyp	Symmetrieelement	Reflexionsbedingungen	Translationsvektor
$(0\,k\,l)$	b parallel $(1\,0\,0)$	$k = 2n$	$1/2\vec{a}_2$
	c parallel $(1\,0\,0)$	$l = 2n$	$1/2\vec{a}_3$
	n parallel $(1\,0\,0)$	$k + l = 2n$	$1/2(\vec{a}_2 + \vec{a}_3)$
	d parallel $(1\,0\,0)$	$k + l = 4n$	$1/4(\vec{a}_2 + \vec{a}_3)$
$(h\,0\,l)$	a parallel $(0\,1\,0)$	$h = 2n$	$1/2\vec{a}_1$
	c parallel $(0\,1\,0)$	$l = 2n$	$1/2\vec{a}_3$
	n parallel $(0\,1\,0)$	$h + l = 2n$	$1/2(\vec{a}_1 + \vec{a}_3)$
	d parallel $(0\,1\,0)$	$h + l = 4n$	$1/4(\vec{a}_1 + \vec{a}_3)$
$(h\,k\,0)$	a parallel $(0\,0\,1)$	$h = 2n$	$1/2\vec{a}_1$
	b parallel $(0\,0\,1)$	$k = 2n$	$1/2\vec{a}_2$
	n parallel $(0\,0\,1)$	$h + k = 2n$	$1/2(\vec{a}_1 + \vec{a}_2)$
	d parallel $(0\,0\,1)$	$h + k = 4n$	$1/4(\vec{a}_1 + \vec{a}_2)$
$(h\,h\,l)$	c parallel $(1\,\bar{1}\,0)$	$l = 2n$	$1/2\vec{a}_3$
	n parallel $(1\,\bar{1}\,0)$	$2h + l = 2n$	$1/2(\vec{a}_1 + \vec{a}_2 + \vec{a}_3)$
	d parallel $(1\,\bar{1}\,0)$	$2h + l = 4n$	$1/4(\vec{a}_1 + \vec{a}_2 + \vec{a}_3)$

Zum Abschluss dieses Kapitels soll die Berechnung des Strukturfaktors für zwei Beispiele vorgestellt werden. Als erstes betrachten wir die Natriumchloridstruktur, Bild 3.22a. Die Natriumchloridstruktur besitzt ein kubisch flächenzentriertes BRAVAIS-Gitter. Die Punktlagen der Ionen in der Elementarzelle sind:

$$Na^+ : 0\,0\,0; \; \tfrac{1}{2}\,\tfrac{1}{2}\,0; \; \tfrac{1}{2}\,0\,\tfrac{1}{2}; 0\,\tfrac{1}{2}\,\tfrac{1}{2} \qquad Cl^- : \tfrac{1}{2}\,\tfrac{1}{2}\,\tfrac{1}{2}; \; \tfrac{1}{2}\,0\,0; 0\,\tfrac{1}{2}\,0; \; 0\,0\,\tfrac{1}{2}$$

Tabelle 3.8: Reflexionsbedingungen, seriell

Reflextyp	Symmetrieelement	Reflexionsbedingungen	Translationsvektor
$(h\,0\,0)$	2_1 parallel $[1\,0\,0]$	$h = 2n$	$1/2\vec{a}_1$
	$4_1, 4_3$ parallel $[1\,0\,0]$	$h = 4n$	$1/2\vec{a}_1$
	4_2 parallel $[0\,0\,1]$	$l = 2n$	$1/2\vec{a}_1$
$(0\,k\,0)$	2_1 parallel $[0\,1\,0]$	$k = 2n$	$1/2\vec{a}_2$
	$4_1, 4_3$ parallel $[0\,1\,0]$	$k = 4n$	$1/4\vec{a}_2$
	4_2 parallel $[0\,1\,0]$	$k = 2n$	$1/2\vec{a}_2$
$(0\,0\,l)$	2_1 parallel $[0\,0\,1]$	$l = 2n$	$1/2\vec{a}_2$
	$3_1, 3_2$ parallel $[0\,0\,1]$	$l = 3n$	$1/3\vec{a}_3$
	$4_1, 4_3$ parallel $[0\,0\,1]$	$l = 4n$	$1/4\vec{a}_3$
	4_2 parallel $[0\,0\,1]$	$l = 2n$	$1/2\vec{a}_2$
	$6_1, 6_5$ parallel $[0\,0\,1]$	$l = 6n$	$1/6\vec{a}_3$
	$6_2, 6_4$ parallel $[0\,0\,1]$	$l = 3n$	$1/3\vec{a}_3$
	6_3 parallel $[0\,0\,1]$	$l = 2n$	$1/2\vec{a}_3$
$(h\,h\,0)$	2_1 parallel $[1\,1\,0]$	$h = 2n$	$1/2\vec{a}_3$

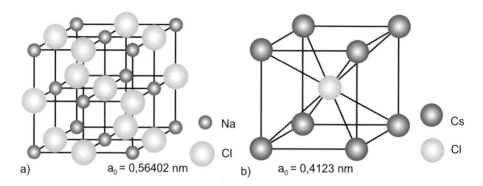

Bild 3.22: a) Natriumchloridstruktur b) Cäsiumchloridstruktur

Damit ergibt sich für den Strukturfaktor nach Gleichung 3.114:

$$F_{hkl} = f_{Na^+}(1 + e^{\pi i(h+k)} + e^{\pi i(h+l)} + e^{\pi i(k+l)}) + f_{Cl^-}(e^{\pi i(h+k+l)} + e^{\pi i h} + e^{\pi i k} + e^{\pi i}) \quad (3.119)$$

Die Analyse dieser Gleichung ergibt drei Fälle:
- hkl sind gemischt: $F_{hkl} = 0$ (kfz-Gitter!)
- alle hkl gerade: $F_{hkl} = 4(f_{Na^+} + f_{Cl^-})$
- alle hkl ungerade: $F_{hkl} = 4(f_{Na^+} - f_{Cl^-})$

Als zweites Beispiel betrachten wir die Cäsiumchloridstruktur, Bild 3.22b. Die Cäsiumchloridstruktur besitzt ein kubisch primitives BRAVAIS-Gitter. Die Punktlagen der Ionen in der Elementarzelle sind:

$$Cs^+ : 0\,0\,0 \qquad Cl^- : \tfrac{1}{2}\,\tfrac{1}{2}\,\tfrac{1}{2}$$

Damit ergibt sich für den Strukturfaktor nach Gleichung 3.114:

$$F_{hkl} = f_{Cs^+} + f_{Cl^-} \cdot (e^{\pi i(h+k+l)}) \qquad (3.120)$$

Die Analyse dieser Gleichung ergibt folgende zwei Lösungen:

- $h + k + l = 2n$ gerade: $F_{hkl} = f_{Cs} + f_{Cl}$
- $h + k + l = 2n + 1$ ungerade: $F_{hkl} = f_{Cs} - f_{Cl}$

Aufgabe 13:   Strukturfaktor

Berechnen und diskutieren sie den Strukturfaktor für die Diamantstruktur und die Zinkblendestruktur. Viele technisch interessante Halbleiter kristallisieren in diesen beiden Kristallstrukturen.

3.3 Geometrische Veranschaulichung der Beugungsbedingungen

3.3.1 LAUE-Gleichung

Im Folgenden soll eine geometrische Interpretation der LAUE-Gleichungen 3.89 bzw. 3.90 gegeben werden. Wir betrachten dazu die Röntgenbeugung als eine Beugung ebener Wellen an einem primitiven Punktgitter. Trifft die ebene Welle auf die streuenden Punktzentren, dann gehen von diesen Streuern kugelsymmetrische Teilwellen aus (HUYGHENSsches Prinzip). Es sollen jetzt die Bedingungen betrachtet werden, unter denen diese Teilwellen eine konstruktive Interferenz zeigen. Zur Berechnung dieser Bedingungen sei zunächst eine Punktkette mit dem Translationsvektor $\vec{a_1}$ betrachtet, Bild 3.23a.

Entsprechend Bild 3.23a beträgt der Gangunterschied Δ der von den Punkten P_0 und P_1 ausgehenden Sekundärwellen:

$$\Delta = a \cdot \cos \omega - a \cdot \cos \omega_0 = a_1(\cos \omega - \cos \omega_0) \tag{3.121}$$

Dieser Gangunterschied Δ muss im Falle der konstruktiven Interferenz ein ganzes Vielfaches h der Wellenlänge sein.

$$a(\cos \omega - \cos \omega_0) = h \cdot \lambda \tag{3.122}$$

Für ein dreidimensionales Gitter mit den Translationsvektoren $\vec{a}_1, \vec{a}_2, \vec{a}_3$ müssen für eine konstruktive Interferenz (Maxima der abgebeugten Strahlung) drei analoge Gleichungen gleichzeitig erfüllt sein:

$$a_1(\cos \omega_1 - \cos \omega_{1_0}) = h \cdot \lambda \tag{3.123}$$
$$a_2(\cos \omega_2 - \cos \omega_{2_0}) = k \cdot \lambda$$
$$a_3(\cos \omega_3 - \cos \omega_{3_0}) = l \cdot \lambda$$

Führt man die Streuvektoren $\vec{s}_0$ und $\vec{s}$ ein, erhält man:

$$\vec{a}_i \cdot (\vec{s} - \vec{s}_0) = m_i \tag{3.124}$$

Dieser Ausdruck entspricht den im Abschnitt 3.2.6 eingeführten LAUE-Gleichungen 3.90.

3.3.2 BRAGGsche Gleichung

Eine andere geometrische Interpretation der Röntgenbeugung lieferte 1912 W. L. BRAGG. Er führte die Röntgenbeugung auf eine selektive Reflexion an einer Netzebenenschar zurück. Hat man eine Atomanordnung in einem Kristall, bei der eine betrachtete Netzebenenschar mit ihrem Netzebenenabstand d_{hkl} parallel zur Oberfläche liegt und bestrahlt diesen Kristall mit monochromatischer Röntgenstrahlung der Wellenlänge λ, so werden Strahlungsanteile des Teilstrahles 1 reflektiert, Bild 3.23b. Die Reflexion findet immer im kernnahen Bereich der Atome statt. Nach dem Reflexionsgesetz sind dabei Einfalls- und Ausfallwinkel gleich. Da die Röntgenstrahlung eine energiereiche Strahlung ist, dringt sie auch in den Kristall ein. Der eindringende Teilstrahl 2 reflektiert in gleicher Weise wie Teilstrahl 1, aber an einer tiefer liegenden Netzebene. Dieser Teilstrahl 2 legt

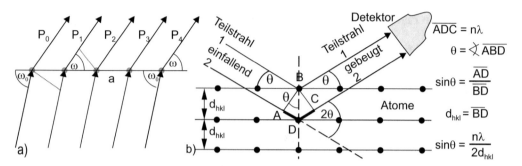

Bild 3.23: a) Interferenz an einer Punktkette b) Reflexion von Röntgenstrahlen an Netzebenen und Ableitung der BRAGGschen Gleichung 3.125

bezogen zum Teilstrahl 1 einen etwas längeren Weg, die Strecke $\overline{ADC}$, zurück. Die reflektierten Teilstrahlen 1 und 2 überlagern sich. Sie sind auf Grund des Wegunterschieds phasenverschoben. Ist die längere Wegstrecke $\overline{ADC}$ des Teilstrahles 2 ein ganzzahliges Vielfaches der Wellenlänge λ, dann interferieren beide Teilstrahlen in Form der Verstärkung. Ist der Weglängenunterschied kein ganzzahliges Vielfaches der Weglänge, dann wird die Strahlung ausgelöscht oder nur schwach verstärkt. Die konstruktiv verstärkende Interferenz findet nur dann statt, wenn der Winkel θ, der so genannte Glanzwinkel, zwischen dem einfallenden Strahl und der Netzebene d_{hkl} ganz bestimmte Werte hat, die vom Netzebenenabstand d_{hkl} des Kristalls und der Wellenlänge λ der Röntgenstrahlung abhängen. Dieser Zusammenhang wird durch die BRAGGsche Gleichung 3.125 bzw. 3.126 beschrieben.

$$2 \cdot d_{hkl} \cdot \sin \theta_{hkl} = \lambda \qquad (3.125)$$

$$2 \cdot d_{hkl} \cdot \sin \theta_{hkl} = n \cdot \lambda \qquad (3.126)$$

Die BRAGGsche Gleichung ist die grundlegende Gleichung der Röntgendiffraktometrie. Die gründliche Analyse aller variablen Größen in dieser einfachen Gleichung erlaubt die Interpretation der unterschiedlichen Beugungsanordnungen. Die Gleichungen 3.125 und 3.126 werden als BRAGGsche Gleichung bezeichnet und beschreiben den Zusammenhang zwischen dem Netzebenenabstand d_{hkl} und dem Winkel θ_{hkl}, unter dem ein Röntgenstrahl mit der Wellenlänge λ an der betreffenden Netzebenenschar reflektiert wird. Die erste Schreibweise nach Gleichung 3.125 ist die in der Literatur gebräuchlichere. Die zweite Schreibweise wird so interpretiert, dass der Faktor n die Ordnung der Interferenz (Reflexionsordnung) angibt. Die Wegdifferenz $n \cdot \lambda$ zwischen den zwei Teilstrahlen ist die an aufeinander folgenden Netzebenen bei verstärkender Interferenz. Die Beschreibung der Beugung durch selektive Reflexion mit der BRAGGschen Gleichung ist einfacher zu interpretieren als die Interpretation nach LAUE, vgl. Gleichungen 3.89 bzw. 3.90. Beide Interpretationen liefern jedoch die gleichen Ergebnisse. Die LAUE-Gleichungen lassen sich problemlos in die Vektorform der BRAGGschen Gleichung 3.130 überführen. Zur Ableitung der Vektorform schreiben wir die BRAGGsche Gleichung 3.125 in der Form:

$$\frac{2 \cdot \sin \theta}{\lambda} = \frac{1}{d_{hkl}} = |\vec{H}| \tag{3.127}$$

Wir führen jetzt in die BRAGGsche Gleichung den Vektor $\vec{S}$ ein. Aus Bild 3.24a wird ersichtlich, dass für $\vec{S}$ folgende Beziehung gilt:

$$|\vec{S}| = |\vec{s} - \vec{s_0}| = 2 \cdot \sin \theta \tag{3.128}$$

Wird dieser Zusammenhang in die Gleichung 3.127 eingesetzt, erhalten wir:

$$\frac{|\vec{S}|}{\lambda} = |\vec{H}| \tag{3.129}$$

Da sowohl der Streuvektor $\vec{S}$, siehe Bild 3.24a, als auch der reziproke Gittervektor $\vec{H}$ senkrecht zur reflektierenden Netzebene $(h\,k\,l)$ stehen, gilt die BRAGGsche Gleichung auch in der Vektorform:

$$\frac{\vec{S}}{\lambda} = \vec{H} \tag{3.130}$$

In dieser Form ist die Gleichwertigkeit der drei LAUE-Gleichungen (diese müssen gleichzeitig erfüllt sein) und der BRAGGschen Gleichung ohne Probleme zu erkennen.

3.3.3 EWALD-Konstruktion

Eine weitere geometrische Interpretation der Beugungsbedingungen ist EWALD (1921) zu verdanken. Die EWALD-Konstruktion ist bei der übersichtlichen Darstellung der konkreten experimentellen Bedingungen und der Auswertung von Röntgenbeugungsaufnahmen von größtem Nutzen. Zum Verständnis der EWALD-Konstruktion betrachte man nochmals die BRAGGsche Gleichung in ihrer Vektorform, welche wir leicht umschreiben:

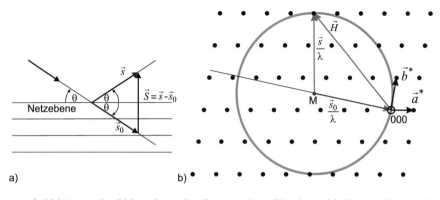

Bild 3.24: a) Ableitung der Vektorform der BRAGGschen Gleichung b) EWALD-Konstruktion, Prinzip

$$\frac{\vec{s}}{\lambda} - \frac{\vec{s_0}}{\lambda} = \vec{r^*} \qquad\qquad (3.131)$$

Die Konstruktion ist wie folgt durchzuführen, Bild 3.24b:

- Zeichnen des mit dem Kristall fest verbundenen reziproken Gitters.
- Die Richtung $\vec{s_0}$ des Primärstrahls wird durch die experimentelle Anordnung vorgegeben.
- Man zeichne den Vektor $\vec{s_0}/\lambda$ mit der Länge $1/\lambda$ ein und lege den Endpunkt des Vektors in den Ursprung des reziproken Gitters des betreffenden Kristalls, der zunächst beliebig gewählt werden darf.
- Man zeichne eine Kugel (im Zweidimensionalen einen Kreis) mit dem Radius $1/\lambda$ um den Anfangspunkt M des Vektors $\vec{s_0}/\lambda$ als Mittelpunkt. Diese Kugel heißt EWALD-Kugel (auch als Ausbreitungskugel bzw. Reflexionskugel bezeichnet).
- Liegt ein Gitterpunkt des reziproken Gitters (Endpunkt von $\vec{r^*}$) auf der EWALD-Kugel, so liefert der Vektor, der vom Kugelmittelpunkt ausgehend zum Endpunkt von $\vec{r^*}$ führt, die Wellennormalenrichtung einer möglichen konstruktiven Interferenz. Die Beugungsbedingung lässt sich somit nur für diejenigen reziproken Gittervektoren $\vec{r^*}$ erfüllen, die in der vorliegenden Orientierung des Kristalls auf der Oberfläche der EWALD-Kugel enden.

Im Interesse einer besseren Übersichtlichkeit der graphischen Darstellung der EWALD-Konstruktion ist diese in der Regel nur zweidimensional dargestellt.

Bei einer beliebigen Orientierung des Kristalls zum Primärstrahl enden höchstens zufällig einige reziproke Gittervektoren auf der Oberfläche der EWALD-Kugel, so dass bei still stehendem Kristall und monochromatischer Strahlung im Allgemeinen keine Beugungsreflexe zu erwarten sind. Verwendet man nicht monochromatische Primärstrahlung mit einem bestimmten Wellenlängenbereich (z. B. Bremsstrahlung mit einer minimalen und maximalen Wellenlänge), so ergibt sich für die EWALD-Konstruktion eine unendliche Serie von EWALD-Kugeln, die sich alle im Ursprung des reziproken Gitters berühren und deren Mittelpunkte auf der Primärstrahlrichtung liegen, Bild 3.25a. Die Kugel mit dem größten Radius entspricht der kleinsten Wellenlänge, die mit dem kleinsten Radius der größten Wellenlänge. Alle Punkte des reziproken Gitters, die zwischen diesen beiden extremen EWALD-Kugeln liegen, liefern Beugungsreflexe. Praktische Anwendung findet dieser Fall beim LAUE-Verfahren, einer Einkristallmethode. Zieht man jetzt die BRAGGsche Gleichung 3.125 mit ihren drei Parametern Beugungswinkel θ, Wellenlänge λ und Netzebenenabstand d_{hkl} heran, dann sind hier der Winkel θ konstant/fest und Paare »passender Wellenlänge λ« und »passender Netzebenenabstände d_hkl« erfüllen die Gleichung. Da hier dann noch meist ein Einkristall mit fest vorgegebenem Netzebenenstand vorliegt, sagt man auch oft in diesem Fall: »Die Netzebene sucht sich aus dem Spektrum die passende Wellenlänge zur Beugung.«

Beim Einsatz monochromatischer Strahlung erhält man Reflexe, wenn man den Kristall schwenkt bzw. dreht. Beim Schwenken bzw. Drehen des Kristalls durchstoßen eine Anzahl von reziproken Gitterpunkten die Oberfläche der EWALD-Kugel (Rotation des

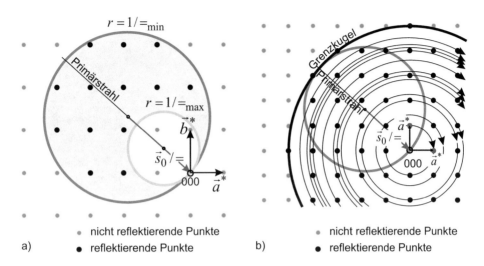

Bild 3.25: EWALD-Konstruktion für das a) LAUE-Verfahren b) Drehkristallverfahren

reziproken Gitters um seinen Ursprung) und erfüllen in diesem Moment die Beugungsbedingungen, Bild 3.24b. Bezüglich der BRAGGschen Gleichung ist jetzt die Wellenlänge
konstant. Die wenigen Netzebenen des Einkristalls werden durch Verändern des Beugungswinkels in Beugungsrichtung gedreht. Hier wird der Einkristall in »die passende
Beugungsrichtung hineingedreht«.

Beim Einsatz monochromatischer Strahlung erhält man auch Reflexe, wenn man den
Einkristall durch einen Polykristall mit regelloser Orientierungsverteilung (z. B. Pulver)
ersetzt. Die Reflexion an den unterschiedlich orientierten Kristalliten der polykristallinen
Probe entspricht in der EWALD-Konstruktion einer Drehung des reziproken Gitters um
seinen Ursprung im Punkt 0 nach allen Richtungen. Jeder reziproke Gitterpunkt hkl
beschreibt dabei die Oberfläche einer Kugel mit dem Mittelpunkt im Ursprung (reziproke Gitterkugel). Diese Kugeln schneiden die EWALD-Kugel in Kreisen. Demnach bilden die abgebeugten Strahlen die Mäntel von koaxialen Kreiskegeln. Dies wird in einer
dreidimensionalen Darstellung der EWALD-Konstruktion besser ersichtlich, Bild 3.26. Um
die Übersichtlichkeit des Bildes zu erhalten, ist nur eine reziproke Gitterkugel dargestellt.
Wendet man hier die Diskussion der BRAGGschen Gleichung an, dann liegt der Fall vor,
dass die Erfüllung der Gleichung bei konstanter Wellenlänge λ nur über geeignete Paare
von Beugungswinkel θ und Netzebenenabstand d_{hkl} erfolgt. Da der Beugungswinkel meist
durch Vorgabe der experimentellen Anordnung eingestellt wird, erfolgt die Beugung über
die »Suche der entsprechenden Netzebene« aus der Vielzahl der vorhandenen Kristallite.
Dieses Grundprinzip der Beugung wird in den nachfolgenden Kapiteln an Hand von konkreten Beugungsanordnungen und mit polykristallinen oder einkristallinen Materialien
beschrieben.

Diese drei Beispiele der Variation der drei Einflussgrößen Winkel θ, Wellenlänge λ und
Netzebenenabstand d_{hkl} sind Gegenstand der weiteren Ausführungen und bedürfen einer
ausgiebigeren Diskussion.

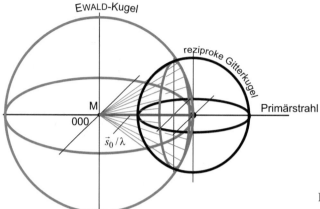

Bild 3.26: EWALD-Konstruktion
für das Pulververfahren

Neben der hier vorgestellten Variante der EWALD-Konstruktion findet man in der Literatur eine leicht abgewandelte Version. In diesem Fall wird der Radius der Ausbreitungskugel $r_A = 1$ gesetzt. Aus diesem Grund wird ein reziprokes Gitter mit dem Maßstabsfaktor λ eingeführt. Beide Varianten haben ihre Vorzüge, auf welche an dieser Stelle nicht näher eingegangen werden soll [144].

In den letzten Abschnitten wurde die Beugung an einem dreidimensionalen Gitter durch drei verschiedene Darstellungen beschrieben, die LAUE- bzw. die BRAGGsche Gleichung und durch die EWALD-Konstruktion. Diese drei Darstellungen sind gleichwertig. Sie beschreiben den gleichen Fakt:

Die Beugungsrichtungen eines Gitters werden durch sein reziprokes Gitter bestimmt.

Aufgabe 14:   Winkel zwischen zwei Netzebenen

Leiten Sie die Formel zur Bestimmung des Winkels zwischen zwei Netzebenen $(h\,k\,l)_1$ und $(h\,k\,l)_2$ ab.

Aufgabe 15:   Wellenlängenbestimmung für Texturen in Schichten

Kubisch flächenzentrierte Schichten wachsen häufig $[1\,1\,1]$-orientiert texturiert auf. Bestimmen Sie die notwendige Wellenlänge für Synchrotronstrahlung, wenn man nicht die parallel liegende Netzebene zur Oberfläche, sondern eine schräg liegende $(\bar{1}\,1\,1)$-Ebene in Durchstrahlung als Beugungsring für Kupfer bzw. Gold verwenden will.

4   Hardware für die Röntgenbeugung

Die folgenden Hauptkomponenten werden für Experimente mit der Röntgenbeugung benötigt:

- Strahlungsquelle
- Monochromatoren, Strahloptiken, Strahlformer
- Strahlungsdetektoren
- Goniometer, Probenhalter
- Komponenten zur Nachbildung von Umwelteinflüssen (Temperatur, Druck, Luftfeuchte, Umweltsimulation)

Es zeigt sich, dass es bei der Auswahl und den dann möglich werdenden Variationen nicht *eine*, sondern eine Vielzahl an Beugungsanordnungen geben wird, um die jeweils gestellte Aufgabe zu lösen. Hinzu kommt, dass Anwender und »Geldgeber« oftmals konträr zueinander stehen. Je nach Messaufgabe, ob Laboruntersuchung oder Produktionskontrolle, muss vom Anwender die konkrete Lösung gefunden werden. Die Auswahl der Goniometeranordnung für eine bestimmte immer wiederkehrende Messaufgabe in der Produktionskontrolle ist oftmals einfacher, da hier eine Diffraktometeranordnung ausreicht. Die Beugungsanordnung bzw. das Diffraktometer erfordert dabei den kleinsten Budgetanteil, die meisten Kosten entfallen für das Probenhandlingsystem (Entnahme, Vorbereitung, Chargierung, Messzuführung, Archivierung). Anders sieht das in einem Analyselabor/Forschungslabor aus. Dort ist es heute unumgänglich, mehrere Beugungsanordnungen mit jeweils verschiedenen Strahlungsarten und Beugungsgeometrien vorzuhalten. In solchen Laboratorien gibt es einen Zeitdruck, bis wann das Ergebnis zu liefern ist. Deshalb müssen parallele Messungen möglich und somit verschiedene, speziell ausgerüstete Apparaturen vorhanden sein. Ökonomen der Verwaltung und der Leitung einer Einrichtung fällt es schwer einzusehen, dass der Betrieb von zwei baugleichen Diffraktometern mit unterschiedlichen Röntgenröhrenanoden – also der Strahlungsquelle – für die Ergebnisgewinnung günstiger ist, als der ständige Wechsel der Röntgenröhre und einer ständigen Justage der Beugungsanordnung. Die Industrie baut derzeit äußerst variable und vielseitig verwendbare Geräte für die verschiedenen speziellen Anwendungsfälle. Es gibt jetzt von allen Herstellern ein mehr oder weniger stark entwickeltes Baukastensystem an Geräten und Komponenten, aus denen eine Messanordnung zusammengestellt werden kann. Ein variables Gerät sollte der Grundstock für ein Labor sein. Bei erfolgreichem Einsatz der Röntgenbeugung zur Lösung der gestellten Aufgaben ist dann aber oft eine Erweiterung des Geräteparks um weitere Geräte notwendig, die mit einer Spezialisierung, manchmal sogar einer Vereinfachung der Geräte einhergeht. Eine Doppelung der Geräte ist auch ein gangbarer Weg.

© Springer Fachmedien Wiesbaden GmbH, ein Teil von Springer Nature 2019
L. Spieß et al., *Moderne Röntgenbeugung*,
https://doi.org/10.1007/978-3-8348-8232-5_4

4.1 Strahlungsquelle bzw. Strahlerzeuger

Zur erfolgreichen Durchführung eines Beugungsexperimentes ist der Erzeuger der notwendigen Strahlung der wichtigste Teil. Eine moderne Röntgenröhre für die Feinstrukturuntersuchung hat keinerlei Ähnlichkeiten mehr mit den historischen Röntgenröhren, wie ballonförmige Glaskolben, kalte Kathoden, Regeneriereinrichtungen und schief gestellte/gefertigte Anoden.

4.1.1 Röntgenröhren und Generatoren

Röntgenröhren für Feinstrukturuntersuchungen unterliegen einer dauerhaften Belastung. Die erzeugte Röntgenstrahlung soll für viele Messungen zeitlich konstant sein. Dies erfordert stabile elektrische Strom- und Spannungsversorgungen für die Röhren. Mittels der zur Verfügung stehenden Elektronik und der heutigen Schaltungstechnik ist es möglich, eine konstante Röhrenhochspannung (Gleichspannung) von 0,1 % und kleiner zur eingestellten Sollspannung zu erreichen. Die geforderte geringe Spannungsschwankung ist auf Grund der quadratischen Intensitätsabhängigkeit der Strahlungsintensität nach Gleichung 2.12 notwendig. Es werden jetzt nur noch geregelte Gleichspannungsanlagen eingesetzt. In älteren Büchern ausgiebig beschriebene Halbwellenanlagen sind heute nicht mehr im Einsatz. Somit ist auch der Einfluss auf das Beugungsbild durch solche Halbwellenanlagen nicht mehr von Bedeutung.

Bild 4.1a zeigt einen Schnitt durch eine moderne Feinstrukturröhre. Die zu 99 % in Wärme umgesetzte elektrische Leistung (von oft 1 500 W und mehr) wird durch eine rückseitige Wasserkühlung der Anode, meist in Form von geschlossenen Kühlkreissystemen, abgeführt. Für Präzisionsmessungen wie Zellparameterbestimmungen Kapitel 7.2 und auch Spannungsmessungen Kapitel 10, ist es notwendig, dass der Röntgenstrahlfokus exakt an seinem Ort verbleibt. Ursachen für Wanderungen bzw. Sprünge sind ungleichmäßige Kühlung und Hochspannungsänderungen. Schaltungstechnisch bedingt ergibt sich, dass die Anode immer auf Masse liegen muss. Ansonsten würde die Kühlflüssigkeit auf Hochspannungspotential gelegt werden und das Bedienpersonal könnte eine gesundheitliche Schädigung erfahren. Die Kathodenhochspannung und auch die Kathodenstromheizung müssen sich dadurch zwangsläufig auf negativem Hochspannungspotential befinden.

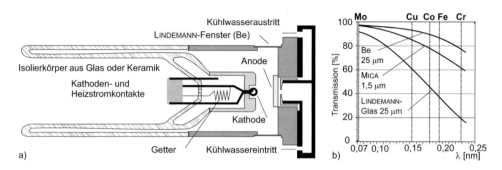

Bild 4.1: a) Schnitt durch eine moderne Feinstrukturröntgenröhre
    b) Transmissionskurven für verschiedene Fenstermaterialien

Die maximale Verlustleistung solcher Röhren ist selbst bei Verwendung einer Wolfram-
anode auf $3\,000 - 3\,500\,\text{W}$ begrenzt. Der Heizstrom von $3 - 10\,\text{A}$ muss über eine lang-
zeitstabile Kontaktierung hochspannungssicher isoliert über das Hochspannungskabel der
Röntgenröhre zugeführt werden.

Der Anodenkörper besteht meist aus Kupfer, im 90°-Winkel werden in Höhe des Anodenmaterials Strahlenaustrittfenster angeordnet. Das eigentliche Anodenmaterial wird
als dünne Platte in den Anodenkörper eingelassen. Die Isolation zwischen dem Kathoden-
und Anodenteil erfolgt über ein eingestülptes Rohrstück aus Glas bzw. zunehmend aus
Keramik. Werkstoffseitig ist es schwierig, eine geeignete vakuumdichte und wärmeausdeh-
nungstolerante Verbindung zwischen Metall- und Glas- bzw. Keramikteilen herzustellen.
Die so genannten Anglasungen sind spezielle Metall-Legierungen und spezielle Gläser mit
aufeinander angepassten ähnlichen Ausdehnungskoeffizienten. Die neuen Keramikröhren
bieten eine bessere Fertigungstoleranz, sind somit weniger justieranfällig und erlauben
den Betrieb mit einer höheren elektrischen Verlustleistung.

Die Röntgenstrahlung kann durch spezielle in den Anodenkörper eingebrachte dünne Fenster austreten. Diese Fenster sind gerade so dick ausgelegt, dass sie die Vakuumdichtheit der Röhre garantieren und gleichzeitig die Absorption der durchgehenden
Röntgenstrahlung so niedrig wie möglich halten. In Bild 4.1b sind die Transmissionskenn-
werte für drei verwendete Materialien, Beryllium, Glimmer und eine spezielle Glassorte
(LINDEMANN-Glas ist ein Borglas mit Netzwerkwandlern aus Lithium und Beryllium)
gezeigt. Beryllium mit $0{,}2\,\%$ Titanzugabe hat die besten Transmissionseigenschaften, ist
ein Metall und hat damit gute Wärmeleitungseigenschaften. Es kann so auch äußerst
dicht an die Anode/Kathode platziert werden. Die starke Toxität des Berylliums bzw.
des Berylliumoxids (Bildung in Verbindung mit Feuchtigkeit – Kühlung) führt aber mehr
und mehr zu einem Verbot des Einsatzes.

Die Maximalintensität entsteht bei fester Anode in Rückstreuung unter einem Winkel α, Bild 4.2a. Die austretende Verteilung der Röntgenstrahlintensität folgt einer GAUSS-
Kurve, schematisch in Bild 4.2b eingezeichnet. Bei Feinstrukturröntgenröhren ist weiterhin zu beachten, dass der Strahlaustritt und die Flächenverteilung des Röntgenstrahles
stark von der Richtung der Kathodenwendel abhängt. Eine mit einer Länge b $(6-18\,\text{mm})$
und einer Breite a $(0{,}05 - 2\,\text{mm})$ ausgebildete Wolframwendel bildet sich in gleicher Ausdehnung auf der Anode ab, Bild 4.2b. Es ergeben sich somit zwei Fokusarten. Dies sind ein
punktförmiger Strahl der Abmessung a · a und ein länglicher Strahl der Breite a und der
Länge b bei senkrechtem Elektronenbeschuss. Die Ausdehnung der Wolframwendelabbildung ist dennoch ein wenig größer als die reine geometrische Fläche der Wolframwendel.
Besonders an den links- und rechtsseitigen Rändern der Wolframwendelabbildung bilden
sich so genannte »tube-tails – Röhrenanodentaillen«, die die exakten realen Fokusgrößen
erhöhen. Die zwei Punktfokusfenster, meist mit einem Punkt gekennzeichnet, stehen sich
um 180° entgegengesetzt gegenüber. Man kann mit einem Generator und einer Röhre
jeweils links und rechts ein Diffraktometer/Kamera anflanschen und zwei Proben gleichzeitig messen.

Beim Längsfokus bzw. Strichfokus kommt hinzu, dass man das Maximum der Intensität entsprechend Bild 4.2a bei einem Abstrahlwinkel von ca. $5 - 8°$ erhält. Justiert man
später die Röhre zur Austrittsstrahlrichtung auf einen Winkel von z. B. 6°, dann wird
der Strahl um diesen Winkel noch mal in seiner Höhe verkürzt. Dies bezeichnet man als

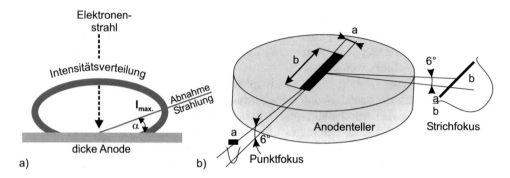

Bild 4.2: a) Intensitätsverteilung der Röntgenstrahlung über der Anode b) Ausbildung von Strich- und Punktfokus, GÖTZE-Fokus

Tabelle 4.1: Kathoden- und resultierende Fokusabmessungen bei einem Abnahmewinkel von 6°; Photonenflussdichten der unterschiedlichen Fokusarten; Strahldichte und maximale Verlustleistung P_V z. T. nach [109]

Bezeichnung	$a \cdot b$ $[mm^2]$	P_V $[kW]$	Punktfokus $[mm^2]$	Strichfokus $[mm^2]$	Strahldichte $[kW\,mm^{-2}]$
Langfeinfokus	$0{,}4 \cdot 12$	2,2	$0{,}4 \cdot 1{,}2$	$0{,}04 \cdot 12$	0,5
Feinfokus	$0{,}4 \cdot 8$	1,5	$0{,}4 \cdot 0{,}8$	$0{,}04 \cdot 8$	0,5
Normalfokus	$1{,}0 \cdot 10$	2,0	$1{,}0 \cdot 1{,}0$	$0{,}1 \cdot 10$	0,2
Breitfokus	$2{,}0 \cdot 12$			$2{,}0 \cdot 1{,}2$	$0{,}2 \cdot 12$
Photonenflussdichte [Imp·$s^{-1}mm^{-2}$]			$10^{11} - 10^{12}$	$10^{10} - 10^{11}$	
Drehanode	$0{,}5 \cdot 10$ $0{,}3 \cdot 3$ $0{,}2 \cdot 2$ $0{,}1 \cdot 1$	18 5,4 3,0 1,2			3,6 6,0 7,5 12,0
Mikrofokus	$0{,}01 - 0{,}05$	$< 0{,}05$			$5 - 50$

GÖTZE-Fokus. Auch beim Strichfokus sind bei zentraler Röntgenröhrenanordnung zwei Geräte gleichzeitig zur Beugungsuntersuchung unter gleichen Betriebsbedingungen nutzbar. In der Tabelle 4.1 sind für einige typische Fokusbezeichnungen die Abmessungen der Wendel und der entstehenden Fokusgrößen aufgelistet. Zunehmend kommen Keramik-Röntgenröhren zum Einsatz, die es erlauben, ohne Ausbau der Röhre vom Punkt- in den Strichfokus und umgekehrt zu wechseln.

Röntgenröhren altern. Dies merkt man daran, dass die Intensität der Strahlung bei gleich bleibenden Betriebsbedingungen bezüglich der Hochspannung und des Röhrenstromes um durchschnittlich 5 % alle 1 000 Betriebsstunden sinkt. Ursache sind das Abdampfen von Wolfram aus der Kathode und dessen Niederschlag auf den Röhrenfenstern und der Anode. Die Absorption an den Strahlaustrittsfenstern wird größer. Nach ca. 4 000 Be-

Tabelle 4.2: L-Wellenlängen von störender Wolframablagerung auf älteren, länger als 2 000 h genutzten Röntgenröhren

	$L\alpha_1$	$L\alpha_2$	$L\beta_1$	$L\beta_2$	$L\gamma_1$	$U_{Ch\ Anregung}$ [kV]
λ [nm]	0,147 64	0,148 75	0,123 18	0,124 46	0,109 86	9,96
rel. Intensität	100 %	11 %	50 %	20 %	9 %	

triebsstunden treten durch Ablagerung von Wolfram auf dem Anodenmaterial zusätzlich Störinterferenzen in Diffraktogrammen mit hohen Beugungsintensitäten auf. Ursache ist die simultane Röntgenemission von charakteristischer Röntgenstrahlung aus dem abgelagerten Wolfram. Es werden Wolfram L-Linien emittiert, Tabelle 4.2. Diese Störstrahlung liegt im Bereich der Wellenlängen der Cu-Anode, Tabellen 2.2 bzw. 2.3. Das Alterungsverhalten der Röntgenröhre wird durch die gewählten Betriebsbedingungen beeinflusst.

Alle 1 000 Betriebsstunden sinkt die nutzbare Strahlungsintensität einer Röntgenröhre um ca. 5 %.
Nach ca. 4 000 Betriebsstunden treten zusätzliche Strahlungsanteile, meist Wolfram L-Strahlung, auf.
Zur Erzielung einer langen Lebensdauer einer Röntgenröhre sollte diese nur mit 80 − 85 % der maximalen Verlustleistung betrieben werden.

Vermehrt werden Drehanodenröhren für Beugungsexperimente verwendet, die Verlustleistungen bis zu 15 − 25 kW zulassen. Bei Drehanodenröhren wird das Vakuum mittels einer Turbomolekularpumpe während des Betriebes erzeugt. Der Anodenteller (auswechselbar für die Anodenerneuerung oder die Wahl eines anderen Anodenmaterials) ist drehbar gelagert und rotiert mit hoher Geschwindigkeit (bis 25 000 min^{-1}) um seine Drehachse. Die Lagerung der Drehachse ist meist thermisch isoliert, d. h. die Drehachse für den Anodenteller ist mehrteilig mit zum Teil schlecht wärmeleitenden Materialien gefertigt. Die Wärmeableitung von der Anode erfolgt durch Wärmestrahlung und diese folgt einem T^4-Gesetz (STEFAN-BOLTZMANN-Gesetz). Somit wird immer nur ein Teil der Anode kurzzeitig thermisch belastet. Die Drehanodenröhre selbst ist meist in ein Ölbad getaucht, nur der Bereich des Röntgenstrahlaustrittes steht frei. Bei diesem Röhrentyp können jedoch Stabilitätsprobleme auftreten, da es im Laufe der Zeit zu Abnutzungen (teilweises Abdampfen von Anodenmaterial) und damit zu Unwuchten und zwangsläufig zu Fokuswanderungen kommt. Hier wird derzeit an weiteren Verbesserungen gearbeitet. Eine ist der Einsatz von Flüssigmetall. Gallium-Indium-Zinn ist eine Legierung, welche bei Raumtemperatur flüssig ist und Gallinstan genannt wird. Dieses Flüssigmetall findet man im Lagerbereich des Anodentellers. Das Gallinstan wirkt als Dichtung und gleichzeitig als Ableiter der thermischen Energie. Bei dieser Bauform ist der Anodenteller nicht mehr thermisch isoliert aufgebaut.

Eine andere Möglichkeit der Elektronenemission ist die Feldemission. An extrem kleinen Spitzen treten bei Anlegen hoher Spannungen Elektronenemissionen infolge der lokalen Feldstärkeüberhöhung auf. Die seit einigen Jahren stark untersuchten Kohlenstoff-Nanoröhren (CNT) finden als kalte Emitter auf Grund ihrer Spitzenform eine erste

Anwendung. Die Durchmesser solcher CNT liegen je nach Wandausbildung im Bereich 1,4 − 5 nm und haben Längen zwischen dem Mikro- bis in den Millimeterbereich. Solche Nanoröhren lassen sich als regelloses Netz, als Bündel mehrerer paralleler Röhrchen oder als Teppich herstellen. Werden Bündel von Nanoröhren auf einen Eisenträger gezielt aufgebracht und diese kalte Kathodenform mit einer Fläche von ca. $0{,}2\,cm^2$ verwendet, werden je nach angelegter Spannung Emissionsstromdichten größer $1\,Acm^{-1}$ erreicht. Solche Röhren sind für den Pulsbetrieb geeignet [283]. Diese Typen von Röhren werden vorerst als Flächenstrahler und in der Medizin/Radiographie eingesetzt [286]. Hier liefern sie z. T. brillantere Bilder als Röntgenröhren mit thermischer Anode.

4.1.2 Mikrofokusröhren

Manche Anwendungen erfordern sehr kleine und intensive Strahlquellen [131]. In einer durch eine Turbomolekularpumpe evakuierten Röhre wird durch eine geheizte punktförmige Wolframkathode eine Anodenspotgröße von $10 − 100\,\mu m$ erreicht. Der Abstand Fenster-Anode kann durch die punktförmige Kathode kleiner 10 mm realisiert werden.

Mikrofokusröhren erzeugen eine lokale Verlustleistungsdichte von $2-200\,kWmm^{-1}$ auf der Anode. Die Verlustleistungsdichte von $200\,kWmm^{-1}$ können mit einer Mikrofokusröhre mit 5 W Verlustleistung und 5 µm Spotsize erreicht werden. Diese hohe thermische Leistungsdichte führt dazu, dass die Anode als auch die Kathode nach einer gewissen Strahlzeit durchbrennt. Beide Teile sind auswechselbar und austauschbar und die Röhre ist durch den Anschluss an eine Turbomolekularvakuumpumpe wieder evakuierbar.

Es gibt auch Bauformen, die kein seitliches Fenster, sondern eine Anode aus einem mit Wolfram oder Molybdän (Schichtdicke kleiner 1 µm) beschichteten Berylliumplättchen haben. Die entstehende Röntgenstrahlung tritt direkt in Elektronenflussrichtung aus der Anode aus (Stirnfokusröhren).

Eine weitere Bauform von Mikrofokusröhren ist durch den Einsatz von Flüssigmetallen gekennzeichnet [115]. Die Helligkeit, d. h. der Photonenfluss, ist eine Funktion der Elektronenflussdichte auf der Anode. Steigerungsmöglichkeiten der Helligkeit von Röntgenröhren sind durch die thermische Belastbarkeit und entsprechende Abführung der

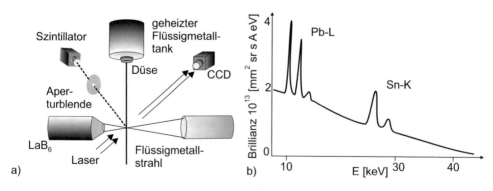

Bild 4.3: a) Prinzipieller Aufbau einer Röntgenröhre mit Flüssigmetallanode b) Röntgenspektrum der eutektischen Flüssigmetallanode mit Pb-L- und Sn-K Linien aus [115]

Kühlleistung begrenzt. Drehanoden und Mikrofokus waren schon Wege zur geringfügigen Steigerung der Helligkeit von Röntgenröhren. Ein metallischer Flüssigkeitsstrahl, der z. B. mit einer Geschwindigkeit von $\approx 60\,\mathrm{ms}^{-1}$ aus einem Vorratsgefäß über eine Düse mit einem rückseitigen Druck von 200 bar heraustritt, wird vom Elektronenstrahl getroffen und emittiert Röntgenstrahlung. Die schematische Anordnung ist in Bild 4.3a gezeigt. Als Flüssigmetallquelle ist von HEMBERG [115] eine eutektische Sn-Pb Legierung (eutektische Temperatur 183 °C, Zusammensetzung 63 % Sn und 37 % Pb bei ca. 250 °C) verwendet worden. Als Elektronenquelle wird eine Thermoemissionskathode aus LaB_6 verwendet. Über feine Blenden und eine magnetische Linsenanordnung lässt sich der Elektronenstrahl steuern. Im Bild 4.3a wird die Fokussierung über die dort angedeutete Laserbeleuchtung und die optische CCD-Kamera realisiert. Die Lage des Strahles steuert die Magnetlinse und gewährleistet, dass der Elektronenstrahl den Flüssigkeitsstrahl stationär trifft. Mit dieser Anordnung werden nach [115] 100-fach erhöhte Helligkeiten gegenüber klassischen Röntgenröhren erzeugt, Bild 4.3b. Da der Elektronenstrahl mit 50 kV Beschleunigungsspannung betrieben wird, entstehen nur die Pb-L- und die Sn-K-Linien. Würde man andere Flüssigmetalle, wie z. B. das schon bei Raumtemperatur flüssige Gemisch aus GaInSn (Gallinstan) verwenden, bräuchte man keine Heizung und hätte eine entsprechende thermische Entkopplung. Das Röntgenspektrum würde sich aber durch die andere Zusammensetzung des Flüssigkeitsstrahles ändern.

Solche Flüssigmetallanodenröhren sind auf Ga-Basis verfügbar. In der Röntgenbeugung werden mit solchen Mikrofokusröhren/Flüssigmetallanodenröhren kürzere Messzeiten bei wesentlich besserer Lateralauflösung erreicht.

4.1.3 Synchrotron- und Neutronenstrahlquellen

Röntgenröhren haben alle den Nachteil, dass von der elektrisch eingespeisten Energie nur maximal ein bis zwei Prozent in ionisierende Strahlung umgewandelt wird. Die verbleibenden 98 − 99 % der elektrischen Energie wird in Wärme umgewandelt und diese muss durch aufwändige Kühlung der Anlage entzogen werden. Die Materialforschung, die technische Physik und Zweige der Ingenieurwissenschaften benötigen für bestimmte Untersuchungen stärkere Röntgenquellen [80].

Zur Überwindung der auftretenden Ineffizienz von Röntgenröhren wurden Synchrotronquellen entwickelt und gebaut. Röntgenröhren weisen eine Brillanz (Leuchtdichte) von ca. $10^7 - 10^{11}\ N_{Phot}/(\mathrm{s}\cdot\mathrm{mrad}^2\cdot\mathrm{mm}^2\cdot 0{,}1\ \%$ Bandbreite) (üblich nur Photonen pro Sekunde) auf. Synchrotronquellen haben derzeit Flüsse von 10^{21} und geplant sind Anlagen, die 10^{26} Photonen pro Sekunde erreichen sollen [22].

1888 entdeckte H. HERTZ, dass elektrisch geladene Teilchen beim Beschleunigen und Abbremsen Energie in Form von elektromagnetischer Strahlung abgeben. Legt man eine hochfrequente elektrische Spannung an einen metallischen Leiter an, vollziehen die Elektronen eine Bewegung, die dem Hochfrequenzfeld folgt. Die rhythmische Beschleunigung zwingt die Teilchen zum Aussenden von elektromagnetischer Strahlung. Dies findet Anwendung in der Funktechnik, die Funkantennen lassen sich als HERTZscher Dipol auffassen. Der gleiche Effekt tritt in Teilchenbeschleunigern und Speicherringen auf. Hier laufen Elektronen praktisch mit Lichtgeschwindigkeit auf einer ringförmigen Bahn und werden dabei – wie die Elektronen im metallischen Leiter – beschleunigt, indem

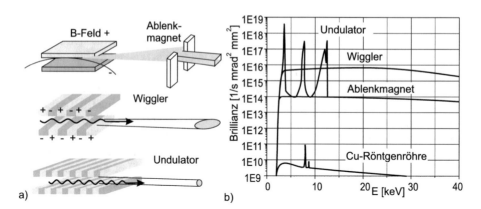

Bild 4.4: a) Strahlausbildung beim Synchrotron b) Vergleich der Brillanz von Strahlungsquellen [63]

sie durch Magnetfelder auf einer Kreisbahn gehalten und durch das Magnetfeld in Richtung Mittelpunkt gelenkt werden. Das Ergebnis dieser Radialbeschleunigung ist, dass im Kreisbogen die Elektronen einen beträchtlichen Teil ihrer Energie abgeben, indem sie intensive gebündelte Strahlung aussenden. Vorausgesagt wurde dieser Effekt bereits 1944 von den sowjetischen Theoretikern IVANENKO und POMERANCHUK. 1947 entdeckte der US-amerikanische Techniker F. HABER an einem Elektronenbeschleuniger bei der Firma General Electric einen hellen, gebündelten Lichtstrahl. Da es sich bei diesem Beschleuniger um ein so genanntes Synchrotron handelte, wurde das Licht fortan als Synchrotronstrahlung bezeichnet.

Bei Beschleunigeranlagen, die für die Teilchenphysik bestimmt sind, gilt das intensive Leuchten als überaus lästiger Störeffekt. Denn je stärker ein Elektron beschleunigt wird, umso mehr Energie strahlt es in den Kurven ab. Synchrotronstrahlung begrenzt die Energie, auf die ein Beschleuniger seine Teilchen bringen kann und führt dazu, immer größere und teurere Anlagen zu bauen.

> Je größer der Kurvenradius eines Beschleunigerringes, desto geringer die Strahlungsverluste, da dort der Vektor der Geschwindigkeit sich nur leicht, aber stetig ändert, was zu einer geringeren Aussendung von Strahlung führt.

Synchrotronstrahlung ist eine elektromagnetische Strahlung, die besonders energiereich und intensiv ist. Besonders relevant ist das für den Röntgen- und den Ultraviolettbereich. Im Gegensatz zur Laserstrahlung ist Synchrotronstrahlung nicht monochromatisch, sondern besitzt ein polychromatisches Spektrum, Bild 4.4b. Dies wird bei der energiedispersiven Beugung besonders gern benutzt.

Mittels Monochromatoren, siehe Kapitel 4.2 ist es möglich, die Wellenlänge der Strahlung auf genau die Energie der charakteristischen Strahlung herkömmlicher Röntgenquellen einzustellen oder wie in Aufgabe 15 gefordert, für bestimmte Probleme eine monochromatische Strahlung einer frei wählbaren Energie/Wellenlänge bereitzustellen.

Ein Beschleuniger in einem Synchrotron besteht aus einem Edelstahlrohr, Durchmesser ca. 20 cm, das auf einen Druck $\approx 10^{-6}$ mbar evakuiert wird. In diesem Ultrahochvakuum ist die Stoßwahrscheinlichkeit für die zu beschleunigenden Elektronen mit Restluftmolekühlen klein. Die Beschleunigung wird durch leistungsstarke Sender im Megahertzbereich durchgeführt. Die Elektronen werden in so genannte Resonatoren eingespeist. Fliegt ein Elektron in einen der zylinderförmigen Resonatoren hinein, wird es von einem Wellenmaximum der Sendewelle erfasst. Auf diesem Maximum verharrt das Teilchen und erhält ähnlich einem Surfer auf einer Wasserwelle neuen Schwung. Angetrieben von den Sendewellen erreichen die Elektronen nahezu Lichtgeschwindigkeit. In einem ca. 300 m langen Ringumfang legen die Elektronen pro Sekunde somit ca. eine Million Runden zurück. Dabei verbleiben die Teilchen viele Stunden lang im Ring, werden dort also gespeichert, deshalb die Bezeichnung *Speicherring*. Um die Elektronen auf der vorgesehenen Kreisbahn zu halten, sind in den Kurven lang gestreckte, präzise regelbare Elektromagneten aufgestellt. Sie erzeugen starke Magnetfelder, die den Teilchen ihre Richtung weisen. Der Ablenkmagnet zwingt die Elektronenbündel trotz Lichtgeschwindigkeit in eine Kurvenbahn. Hierbei verlieren die Teilchen einen Teil ihrer Energie, indem sie tangential zu ihrer Flugkurve eine elektromagnetische Welle abstrahlen, die Synchrotronstrahlung. Die Elektronen kreisen nicht als Einzelelektronen durch den Ring, sondern sind zu Paketen gebündelt. Ein solches Paket ist etwa 5 mm breit, 1 mm hoch und 50 mm lang und enthält rund 150 Milliarden Teilchen. Zwar neigen die Pakete während des Fluges zum Divergieren, aber spezielle Magnetlinsen halten sie in Bündeln zusammen.

Die Strahlung aus dem Ring ist ca. eine Million Mal stärker als das von herkömmlichen Röntgenröhren und dabei wesentlich stärker gebündelt. Speicherringe sind heute die effektivsten Röntgenquellen der Welt. Pro Meter Flugstrecke weitet sich der Strahl nur um ca. 0,2 mm auf. Das Spektrum ist in Bild 4.4b gezeigt. Es kann sich vom Infraroten bis hin zu harter Röntgen- und Gammastrahlung erstrecken. Besonders leistungsfähige Synchrotronquellen der so genannten 3. Generation sind die *Wiggler* und *Undulatoren*. Diese in den Speicherringen eingesetzten, meterlangen Spezialmagnete bestehen aus einer Folge von sich abwechselnden Nord- und Südpolen. Durchlaufen die schnellen Elektronen diese Magnetfelder, dann werden sie auf einen Slalomkurs gezwungen, Bild 4.4a. Auf Grund der vielen, hintereinander geschalteten Magnetpole senden diese Elektronen weitaus intensivere Strahlung aus als in einem einzelnen Ablenkmagneten, Bild 4.4b [63]. Beim Wiggler erhöht sich die Brillanz um mindestens eine Größenordnung gegenüber den einfachen Krümmungsmagneten. Beim Undulator werden durch die viel engeren Richtungswechsel konstruktive Interferenzen bei bestimmten Energien erreicht und damit bis zu tausendfache Intensität bei bestimmten Wellenlängen erreicht, Bild 4.4b.

Eine weitere Verbesserung der Eigenschaften der Synchrotronstrahlung lässt sich mit Quellen der 4. Generation erzielen, zu denen die *Freie-Elektronen-Laser* (FEL) zählen. Ausgangspunkt ist ein sehr langer Undulator, in dem es zu einer Wechselwirkung zwischen der emittierten Synchrotronstrahlung mit den Elektronenpaketen kommt. Diese erfahren durch den so genannten »Microbunching-Effekt« eine Mikrostrukturierung, in deren Folge sich eine wohlgeordnete Struktur dünner Scheiben senkrecht zur Flugrichtung herausbildet. Wenn deren Abstand zueinander gerade gleich der Wellenlänge ist, emittieren alle Elektronen des Paketes *kohärente*, also in Phase schwingende Wellenzüge. Die Intensität der mit einem FEL erzeugten Synchrotronstrahlung wird damit proportional zum Quadrat der Elektronenzahl in den Paketen, wodurch kohärente Strahlung mit einer sehr hohen Brillanz entsteht. Prinzipiell lässt sich die Wellenlänge der FEL-

Strahlung durch eine Veränderung der Betriebsparameter durchstimmen, in der Praxis sind die Geräte jedoch für einen bestimmten Spektralbereich optimiert, der von UV- bis zu harter Röntgenstrahlung reicht.

An einem Speichering sind so genannte Strahlrohre angebracht, d. h. Austrittsstellen für die Strahlung. An jedem Strahlrohr gibt es eine stark abgeschirmte Kabine, in deren Inneren die verschiedenen Experimente durchgeführt werden.

Durch die hohen Flussdichten sind Experimente in der Materialforschung mit z. B. sehr dicken, stark absorbierenden Materialien, wie dicken Stahlträgern und Blechen möglich. Dagegen kann die mittelharte, aber intensitätsreichere Synchrotronstrahlung aus dem Undulator problemlos selbst massive Stahlbleche durchdringen. Hier muss beachtet werden, dass z. B. am Detektor noch Flüsse von 10^2 Photonen nachgewiesen werden können, und somit können bei charakteristischer Röntgenstrahlung ca. 10^8 Photonen innerhalb der Probendicke absorbiert werden, bei Undulator-Strahlung sogar 10^{16} Photonen. Je kurzwelliger die Röntgenstrahlung ist, desto weniger wird die Strahlung vom Material absorbiert und durchdringt den Körper, siehe Bild 2.16. Die Beugung mit harter Synchrotronstrahlung verspricht zum Teil schnellere und genauere Messergebnisse. Die Vorteile der Synchrotronstrahlung sind:

- hoher Photonenfluss (Helligkeit) $\rightarrow$ kurze Messzeiten
- kleine Apertur $\rightarrow$ sehr scharfe Reflexe (nach Monochromatisierung)
- höhere Energie (Durchdringung) als charakteristische Röntgenstrahlung

Die andere Art von Strahlungsquellen für die Beugung sind Neutronenquellen. In einem Kernreaktor entstehen pro Spaltung des Isotopes U-235 ca. 3 schnelle Spaltneutronen. Zur Aufrechterhaltung der Kettenreaktion bremst man die Neutronen im Moderator ab und verringert die Zahl pro Spaltatom auf einen Wert etwas größer als 1. Durch eine Verkleinerung der Brennzone und eine modifizierte Anordnung der Brennelemente und des Moderatortanks kann man in einem Forschungsreaktor bei 20 MW Reaktorleistung eine Neutronenflussdichte von $8 \cdot 10^{14} \, \text{cm}^{-1}\text{s}^{-1}$ erreichen. Diese thermischen Neutronen werden über Strahlrohre abgeführt und stehen für Beugungsexperimente zur Verfügung. Neutronenbeugung erfolgt prinzipiell genauso wie die Röntgenbeugung. Mit Neutronenstrahlen lassen sich sehr dicke Proben bei schlechter Lateralauflösung untersuchen.

Eine weitere Variante zur Erzeugung von Neutronenstrahlen bildet die so genannte *Spallation* (»Absplitterung«). Bei diesem Verfahren beschießt man ein Schwermetalltarget (z. B. Blei, Bismut oder Quecksilber) mit Protonen, die zuvor auf nahezu Lichtgeschwindigkeit beschleunigt wurden. Durch den Aufprall werden die Atomkerne energetisch so aufgeladen, dass pro Kern etwa 20 bis 30 Neutronen »abdampfen«. Da die freigesetzten Neutronen keine weitere Spallation auslösen, kommt es zu keiner Kettenreaktion. Wird der Protonenstrahl abgeschaltet, stoppt auch der Spallationsprozess. Ein weiterer Vorteil der Neutronenerzeugung durch Spallation liegt darin, dass pro Neutron sechsmal weniger Energie aufgewendet werden muss als bei der Kernspaltung. Entsprechend geringer fällt auch die anfallende Abwärme aus. Mit Spallationsquellen lassen sich daher auch wesentlich höhere Energiedichten und Strahlintensitäten erzielen als mit Kernreaktoren. Mit der geplanten Inbetriebnahme 2023 der Europäischen Spallationsquelle ESS im schwedischen Lund wird Physikern, Chemikern und Materialforschern diesbezüglich eine der modernsten Neutronenquellen zur Verfügung stehen.

4.2 Monochromatisierung der Strahlung und ausgewählte Monochromatoren

Im Kapitel 2 wurde das aus der Röntgenröhre austretende Spektrum beschrieben. Über eine Auswahl des Anodenmaterials und geeigneter Betriebsparameter, siehe Bild 2.7 lässt sich vor allen das Bremsspektrum so bilden, dass optimale polychromatische Strahlung für z. B. LAUE-Aufnahmen, also Einkristalluntersuchungen, genutzt werden kann. Bei den meisten Diffraktometeruntersuchungen wird aber monochromatische Strahlung gefordert. Eine Möglichkeit zu ihrer Gewinnung ist die Filterung mit selektiven Metallen, Kapitel 2.4. Die relativ hohe Gesamtschwächung als auch die meist verbleibende Dublettenstrahlung erschweren/verhindern aber genauere Ergebnisse. Die ungenügende Monochromatisierung ist störend bei Profilanalysen, Spannungsmessungen, Einkristalluntersuchungen und bei der Bestimmung von Epitaxieverhältnissen. Auch bei Vielkristallen, wie das Beispiel der Quarz-Fünffingerinterferenz in Bild 4.8, Seite 109 zeigt, werden bei Nichtbeachtung des Dublettcharakters der Strahlung »mehr Interferenzen« gemessen, als nach der entsprechender Kristallstruktur auftreten dürften. Dies führt dazu, dass im Allgemeinen eine niedrigere symmetrische Kristallstruktur vorgetäuscht wird, als in Wirklichkeit vorliegt.

4.2.1 Monochromatisierung auf rechnerischem Weg – RACHINGER-Trennung

Es gibt einen relativ einfachen Weg, den $K\alpha_2$-Abzug mittels eines Rechenweges bei bekanntem Anodenmaterial durchzuführen. Die Wellenlängen der charakteristischen $K\alpha$ Strahlungen sind bekannt, ebenso die Differenz der beiden Anteile $\Delta\lambda = \lambda_{\alpha 2} - \lambda_{\alpha 1}$. Mit zunehmendem Beugungswinkel ist die Aufspaltung $\Delta\theta$ bzw. $\Delta 2\theta$ der zwei Teillinien größer, Bild 4.5. Dies wird als ausgeprägte Schulter bzw. als Doppelinterferenz oder Doppelpeak bezeichnet.

$$\Delta\theta_{K\alpha_2 - K\alpha_1} = \frac{180°}{\pi} \cdot \frac{\Delta\lambda_{K\alpha_2 - K\alpha_1}}{\lambda_{K\alpha_1}} \cdot \tan\theta \qquad (4.1)$$

Man muss beachten, welche Winkelskala gewählt wird, den Beugungswinkel θ, Bild 4.5a oder den doppelten Beugungswinkel 2θ, wie in Bild 4.5b. In Tabelle 4.3 sind die Abstände $\Delta\theta$ für die Aufspaltung nach Gleichung 4.1 aufgeführt. Einfach eine Verdopplung der Winkel bzw. Abstände bei 2θ-Auftrag vornehmen, führt zu Fehlern. Hier muss über die BRAGGsche Gleichung 3.125 unter Verwendung der Wellenlänge für die Strahlungsanteile dies über einen Netzebenenabstand ausgerechnet werden, wie es in der Tabelle 4.3 getan wurde. Man erkennt die Unterschiede im $\Delta\theta$, Spalte 2 zu Spalte 5 ab einem Beugungswinkel von $\theta > 25°$.

Die nachfolgende Rechnung ist nur für den einfachen Beugungswinkel ausgeführt. Bei einem Beugungswinkel von $\theta = 25°$ und verwendeter charakteristischer Kupferstrahlung $K\alpha$ beträgt für eine Netzebene mit $d = 0,182\,26$ nm der Winkelunterschied der beiden Teilstrahlen $K\alpha_1$ und $K\alpha_2$ $0,066\,52°$. Das Intensitätsverhältnis $c = I_{K\alpha 1}/I_{K\alpha 2} \approx 2$ der beiden Teilstrahlen ist bekannt, Tabelle 2.3. Das Beugungsmaximum der Teilstrahlung $K\alpha_2$ liegt bei $\theta_{\alpha 2} = \theta_{\alpha 1} + \Delta\theta$.

Tabelle 4.3: Berechnung der Abstände Beugungswinkel $\Delta\theta$ und $\Delta 2\theta$ für 2θ Auftrag aus der Differenz der Wellenlängen für Cu-K$_{\alpha 1}$ zur Cu-K$_{\alpha 3}$ Strahlung nach Tabelle 2.3

θ	$\Delta\theta$ nach Gl. 4.1	Netzebenenabstand für θ und K$_{\alpha 1}$	θ_2 für Netz-ebene und K$_{\alpha 2}$	$\Delta\theta$	2θ	$\Delta 2\theta$
2°	0,004 98°	2,207 185 nm	2,005 0°	0,004 98°	4°	0,010 0°
3°	0,007 47°	1,471 830 nm	3,007 5°	0,007 47°	6°	0,014 9°
4°	0,009 97°	1,104 265 nm	4,010 0°	0,009 97°	8°	0,019 9°
5°	0,012 48°	0,883 816 nm	5,012 5°	0,012 48°	10°	0,025 0°
6°	0,014 99°	0,736 925 nm	6,015 0°	0,014 99°	12°	0,030 0°
7°	0,017 51°	0,632 067 nm	7,017 5°	0,017 51°	14°	0,035 0°
8°	0,020 04°	0,553 481 nm	8,020 0°	0,020 04°	16°	0,040 1°
9°	0,022 59°	0,492 408 nm	9,022 6°	0,022 59°	18°	0,045 2°
10°	0,025 15°	0,443 596 nm	10,025 1°	0,025 15°	20°	0,050 3°
15°	0,038 21°	0,297 620 nm	15,038 2°	0,038 22°	30°	0,076 4°
20°	0,051 91°	0,225 220 nm	20,051 9°	0,051 91°	40°	0,103 8°
25°	0,066 50°	0,182 268 nm	25,066 5°	0,066 52°	50°	0,133 0°
30°	0,082 33°	0,154 059 nm	30,082 4°	0,082 37°	60°	0,164 7°
35°	0,099 86°	0,134 297 nm	35,099 9°	0,099 92°	70°	0,199 8°
40°	0,119 66°	0,119 837 nm	40,119 8°	0,119 77°	80°	0,239 5°
45°	0,142 61°	0,108 936 nm	45,142 8°	0,142 79°	90°	0,285 6°
50°	0,169 95°	0,100 555 nm	50,170 3°	0,170 26°	100°	0,340 5°
55°	0,203 67°	0,094 036 nm	55,204 2°	0,204 19°	110°	0,408 4°
60°	0,247 00°	0,088 946 nm	60,247 9°	0,247 93°	120°	0,495 9°
65°	0,305 82°	0,084 993 nm	65,307 6°	0,307 60°	130°	0,615 2°
70°	0,391 81°	0,081 973 nm	70,395 6°	0,395 57°	140°	0,791 1°
75°	0,532 22°	0,079 747 nm	75,541 8°	0,541 79°	150°	1,083 6°
80°	0,808 77°	0,078 218 nm	80,844 1°	0,844 06°	160°	1,688 1°
85°	1,630 02°	0,077 324 nm	87,049 3°	2,049 31°	170°	4,098 6°
89°	8,170 00°	0,077 041 nm	außerhalb Wertebereich – nicht lösbar			

Die Intensität I der gemessen Strahlung bei einem beliebigen Beugungswinkel θ ergibt sich damit zu Gleichung 4.2:

$$I(\theta) = I_{\alpha 1} + I_{\alpha 2} = I_{\alpha 1}(\theta) + \frac{1}{c}I_{\alpha 1}(\theta - \Delta\theta) \tag{4.2}$$

Analysiert man die Ausläufer der Beugungsprofile bei kleinem Beugungswinkel (meist linksseitig vom Maximum), dann gibt es ein Intervall von einem Anfangsbeugungswinkel θ_a bis $\theta_a + \Delta\theta$, wo die Intensität allein durch den Anteil/Intensität der $K\alpha_1$-Strahlung bestimmt wird. Innerhalb dieses Intervalls ist die Intensität bei einem Beugungswinkel θ_1 gleich der Intensität allein von dem $K\alpha_1$-Anteil. Die Intensität $I(\theta_2)$ bei einem Beugungswinkel $\theta_2 = \theta_1 + \Delta\theta$ ergibt sich entsprechend Gleichung 4.2 bzw. nach Umstellung auf $I(\theta_2)$ zu:

$$I(\theta_2) = I_{\alpha 1}(\theta_2) + \frac{1}{c}I(\theta_1) \tag{4.3}$$

Der im Intervall $[\theta_a; \theta_a + \Delta\theta]$ ermittelte Verlauf der $K\alpha_1$-Interferenz ist gleichzeitig nach Multiplikation mit $1/c$ der Verlauf der Interferenz für $K\alpha_2$ im Intervall $[\theta_a + \Delta\theta; \theta_a + 2\Delta\theta]$. Mittels Differenzbildung aus der gemessenen Intensität $I(\theta)$ und der soeben ermittelten Intensität für $K\alpha_2$ kann auch der Verlauf für $K\alpha_1$ bestimmt werden.

Praktisch geht man so vor, dass das Differenzwinkelintervall $\Delta\theta$ in 3 Teile zerlegt wird. Für den Winkel θ_1, also als Verschiebungswinkel ausgedrückt, bildet man:

$$\theta_a + \frac{1}{3}\Delta\theta; \ \theta_a + \frac{2}{3}\Delta\theta; \ \theta_a + \Delta\theta \tag{4.4}$$

Dies lässt sich relativ gut programmieren. Man muss darauf achten, dass die Verschiebungen $1/n\Delta\theta$ so genau wie möglich sind. Dies erreicht man, wenn man nicht mit den gemessenen Werten im Schrittmodus, also mit fester/konstanter Schrittweite arbeitet, sondern die Schrittweiten immer den Beugungswinkel anpasst und gegebenenfalls die Messwerte für einen nicht ermittelten/gemessenen Beugungswinkel aus zwei benachbarten Werten interpoliert. Ansonsten treten bei der RACHINGER-Trennung am Profilende Oszillationen auf, die zu physikalisch nicht erklärbaren negativen Intensitäten führen.

Bild 4.6a zeigt eine $(1\,1\,0)$-Mo-Interferenz einer Pulverprobe. Die $K\alpha_2$-Anteile sind nur bei größeren Winkeln in einer Schulter zu erkennen. Die Trennung mit dem Auswertealgorithmus ist zufriedenstellend. Im Bild 4.6b ist eine $(3\,2\,1)$-Interferenz des gleichen Mo-Pulvers gezeigt. Die schon besprochene wesentlich bessere Winkelauflösung bei hohen Beugungswinkeln ist deutlich an dem Auftreten von zwei getrennten Interferenzen zu sehen. Die Trennung der Strahlungsanteile erfolgt wieder nach dem gleichen Schema. Es treten im Ergebnis keine glatten Kurven auf und im Bereich der $K\alpha_2$-Linie sind noch Restintensitäten ersichtlich. Dies liegt daran, dass für diese Aufnahme die Gesamtimpulszahlen eigentlich zu niedrig sind, da die Bedingungen der Zählstatistik, Kapitel 4.5.6 nicht erfüllt sind. Im Teilbild 4.6c ist dagegen eine fast perfekte monochromatische $(1\,1\,1)$-Si-Interferenz nach der RACHINGER-Trennung dargestellt. Vom Aussehen der Beugungs-

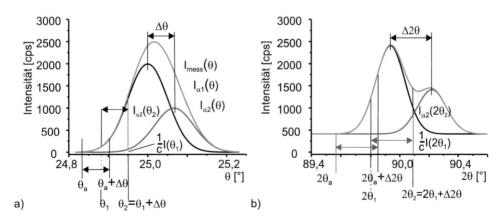

Bild 4.5: Überlagerung von jeweils zwei GAUSS-Profilen für $K\alpha_1$ bzw. $K\alpha_2$ Strahlung bei a) Beugungswinkel $\theta = 25°$ und b) bei Beugungswinkel $2\theta = 90°$

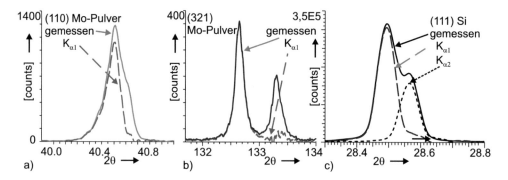

Bild 4.6: Veranschaulichung der rechentechnischen Monochromatisierung an den Beugungsinterferenzen von a) $(1\,1\,0)$-Mo-Pulver, b) $(3\,2\,1)$-Mo-Pulver und c) $(1\,1\,1)$-Si-Einkristall

profile sind die Unterschiede zwischen Einkristall, Bild 4.6c und Pulverprobe, Bilder 4.6a
und b, ebenso deutlich. Der Beugungswinkel des $(1\,1\,1)$-Siliziums ist deutlich geringer als
der des $(1\,1\,0)$-Mo, aber die Ausbildung der $K\alpha_2$-Schulter ist beim Einkristall deutlich
besser.

Ein anderer Aspekt bei der RACHINGER-Trennung wird im Bild 4.7 deutlich. Hier sind
$(4\,0\,0)$-Si-Interferenzen eines $(1\,0\,0)$-Si-Einkristalls bei unterschiedlichen Primärstrahlintensitäten vermessen worden. Bei der Röhrenleistung von $2\,000\,\mathrm{W}$ sind die abgebeugten
Intensitäten so groß, dass der Szintillationsdetektor in die Sättigung geht, siehe Seite
134. Diese Begrenzung der maximalen verarbeitbaren Impulszahl ist auch im Bild 2.6b
ersichtlich. Bei $50\,\mathrm{kV}$ Generatorspannung laufen von der $(4\,0\,0)$-Si-Einkristallebene zu
viele Impulse in den Detektor ein, die nicht mehr linear verarbeitet werden können.

Führt man die RACHINGER-Trennung durch, dann sind die Fehler bzw. die unvollständige Abtrennung des $K\alpha_2$-Anteiles im Bild 4.7a ersichtlich. Im Bild 4.7b bei nur
einem Viertel der Röhrenleistung ist die fehlerfreie Trennung gezeigt. Zur Vergleichbarkeit beider Strahlungsleistungen sind beide Beugungsergebnisse im gleichen Diagramm,

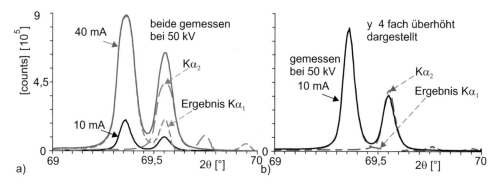

Bild 4.7: Grenzen und Fehler der RACHINGER-Trennung bei verfälschter bzw. zu großer Impulszahl und daraus sich ergebendem falschen Verhältnis $K\alpha_1/K\alpha_2$ am Beispiel der
$(4\,0\,0)$-Si-Einkristallinterferenz

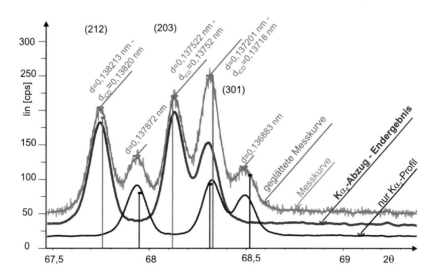

Bild 4.8: Veranschaulichung der rechentechnischen Monochromatisierung am Beispiel des Quarz-Fünffingerprofils

Bild 4.7a eingezeichnet und für die niedrigere Strahlungsleistung das Bild 4.7b um den Faktor 4 gestreckt worden. Im Vergleich zu Bild 4.6c erkennt man bei höherem Beugungswinkel die deutlich bessere Interferenzaufspaltung.

Im Bild 4.8 ist die Trennung für die $K\alpha_1$- und $K\alpha_2$-Anteile für Quarz an den eng auftretenden $(2\,1\,2)$-, $(2\,0\,3)$- und $(3\,0\,1)$-Interferenzen gezeigt. Die Überlagerung der Beugungsinterferenzen an diesen drei Netzebenen mit den zwei Strahlungsarten bewirkt ein gemessenes Beugungsprofil mit 5 ersichtlichen Interferenzen. Zwei Interferenzen entstammen nur dem Dublettencharakter der charakteristischen Strahlung. Die Intensität der $(3\,0\,1)$-Interferenz ist überhöht. Dieses oft auch als »Fünffingerinterferenz« bezeichnete Beugungsprofil des Quarz wird häufig verwendet, um die Qualität eines Diffraktometers bezüglich des Auflösungsvermögens, der Trennbarkeit der Einzelinterferenzen und aller vor- bzw. nachgeschalteten Objekte im Strahlengang zu beurteilen. Die im Bild 4.8 aufgenommene Messkurve wurde vor der Trennung erst mit einem Algorithmus zur Messwertglättung bearbeitet. Verwendet man keine Monochromatoren wie in den nachfolgenden Kapiteln beschrieben zur Unterdrückung der $K\alpha_2$-Anteile, dann sollte vor einer weiteren Bearbeitung für die Phasenanalyse oder für die Gemengeanalyse immer dieser mathematische Schritt der Trennung des Strahlungsdubletts eingeführt werden. Möglich wird dies aber erst, wenn man die Messkurve mit möglichst kleiner Schrittweite und mit relativ sicherer, vertrauenswürdiger Impulszahl aufgenommen hat.

Die störenden Oszillationen des RACHINGER-Verfahrens sind von DONG [74] zum Anlass genommen worden, einen verbesserten mathematischen Algorithmus einzusetzen. Es werden hier in Vorgriff auf Kapitel 8 die LORENTZ-Profilfunktionen von CHEARY und COELHO [59] bzw. das Profil aus Bild 2.6 anstatt des individuellen linksseitig gemessenen Profilverlaufs verwendet. Der $K\alpha_2$-Anteil $u_2(\lambda)$ kann als Faltung der $K\alpha_1$-Linie mit $u_1(\lambda)$ mittels einer Funktion $h(\lambda)$ aufgefasst werden. Im FOURIER-Raum ergibt sich die gesuchte FOURIER-Transformierte $H(f) = U_2(f)/U_1(f)$. Eine LORENTZ-Funktion als FOURIER-Transformation $F[L(f)]$ ergibt sich unter Verwendung der Parameter nach Bild 2.6 zu:

$$F[L(f)] = \exp(-2\pi\iota\lambda_0 f)\exp(-\pi P|f|) \tag{4.5}$$

Unter Verwendung der Summe der LORENTZ-Anteile ($u_1(\lambda) = u_{1a}(\lambda) + u_{1b}(\lambda)$ bzw. $u_2(\lambda) = u_{2a}(\lambda) + u_{2b}(\lambda)$) der Emissionsprofile und mit Gleichung 4.5 ergibt sich für

$$U_1(f) = \exp(-2\pi\iota\lambda_{1a}f)\{[I_{1a}\exp(\pi P_{1a}|f|) + I_{1b}\exp(\pi P_{1b}|f|)\exp(-2\pi\iota\delta_1 f)]\}$$
$$U_2(f) = \exp(-2\pi\iota\lambda_{2a}f)\{[I_{2a}\exp(\pi P_{2a}|f|) + I_{2b}\exp(\pi P_{2b}|f|)\exp(-2\pi\iota\delta_2 f)]\}$$

mit

$$\delta_1 = \lambda_{1b} - \lambda_{1a} \quad \text{bzw.} \quad \delta_2 = \lambda_{2b} - \lambda_{2a}$$

Die gesuchte Funktion $h(\lambda)$ ist die inverse FOURIER-Transformation $F^{-1}[H(f)]$. Dieser Algorithmus ist derzeit im Programm POWDERX integriert und verbessert nach [74] die rechnerische $K_{\alpha 2}$ Separation.

Fünffingerprofile des Quarz, teilweise korrekt nur ein Dreifingerprofil, sind in den Bildern 5.19, 5.35, 5.38, 5.39 und 5.58 unter Hinzuziehung unterschiedlicher Monochromatoren aufgenommen worden und dargestellt. Hier erfolgt die Trennung der $K_{\alpha 2}$-Anteile über Einkristall-Monochromatoren unterschiedlicher Bauformen.

Symmetrisierung der $K\alpha_1/K\alpha_2$ - Linien

Nach Durchführung der RACHINGER-Trennung liegt ein Summenprofil vor, wie es z. B. im linken Teil von Bild 4.9 gezeigt ist.

Die meisten Verfahren der Linienlagebestimmung erfordern aber ein symmetrisches Profil. Dies kann durch Verfahren der Trennung und der Symmetrisierung erreicht werden. Durch sukzessive Subtraktion der $K\alpha_2$ Intensität lässt sich die $K\alpha_1$ Interferenz separieren. Man erhält damit die in der Mitte von Bild 4.9 gezeigte $K\alpha_1$ Interferenz. Ein symmetrisches Profil, wie es im rechten Teilbild dargestellt ist, wird mit der Vorschrift

$$I_{symm}(2\theta) = I(2\theta) + \frac{1}{2}\,I(2\theta + 2\Delta\theta_{K\alpha_2 - K\alpha_1}) \tag{4.6}$$

erhalten. Die Symmetrisierung wurde anfangs nicht rechnerisch erzielt, sondern durch die Anwendung von Doppelspaltblenden statt eines Einzelspaltes vor dem Detektor. Die beiden Spalte haben die gleiche Breite und einen Abstand, der auf dem Diffraktometerkreis dem Winkelabstand $2\Delta\theta_{K\alpha_2 - K\alpha_1}$ entspricht. Die Höhe der Spalte haben das Verhältnis 2 : 1. Beim Abfahren der $K\alpha_1/K\alpha_2$ Interferenzlinie trifft dann zunächst der kleine Spalt auf die größere $K\alpha_1$-Interferenz, danach kommen die $K\alpha_1$-Interferenz mit dem großen Spalt und gleichzeitig die kleinere $K\alpha_2$-Interferenz mit dem kleinen Spalt zur Deckung, und schließlich trifft dann noch der große Spalt auf die $K\alpha_2$-Interferenz. Diese Doppelspalte mussten für jeden Diffraktometerradius, jede Strahlung und jeden 2θ-Bereich angefertigt werden. Heute wird dieses Verfahren nur noch rechnerisch durchgeführt.

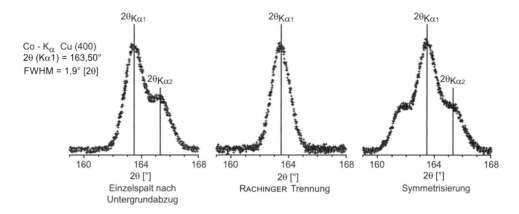

Bild 4.9: Trennung oder Symmetrisierung des $K\alpha_1/K\alpha_2$ Dubletts [106]

4.2.2 Einkristall-Monochromatoren

Fällt polychromatische Strahlung auf einen Einkristall unter einem Winkel θ auf eine Netzebene mit einem Netzebenenabstand d, dann werden unter dem gleichem Winkel θ nur die Strahlenanteile mit der Wellenlänge λ_m reflektiert, für die die BRAGGsche Gleichung 3.125 erfüllt ist. Bei Einkristallen und der hierbei immer zu beobachtenden großen Intensität der Beugungsreflexe ist zu beachten, dass die in der BRAGGschen Gleichung auftretende Beugungsordnung nicht wie in der Vielkristallbeugung gleich eins gesetzt wird, sondern als ganze Zahl wirklich auftreten kann. Somit werden neben der Wellenlänge λ_m im Strahlenbündel auch die Wellenlängen der Quotienten $\lambda_m/2$, $\lambda_m/3$ ... usw. mit auftreten. Für die Einkristall-Monochromatoren gibt es zwei prinzipielle Bauformen, die *gebogene* und die *ebene* Form. Bei Nutzung von gebogenen Kristallen spricht man fokussierenden oder auch symmetrischen Monochromatoren, Bild 4.10. Der Kristall wird parallel zu den gewünschten, reflektierenden atomaren Netzebenen konkav zylindrisch

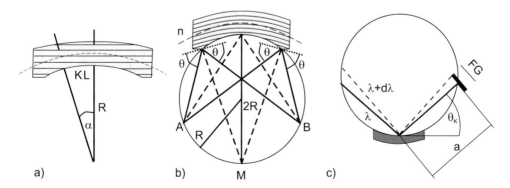

Bild 4.10: a) Anschliff eines Kristalls (JOHANN-Geometrie) b) Symmetrischer Kristallmonochromator nach JOHANNSON c) Einfluss der Fokusabmessungen auf die Wellenlängenselektivität des Monochromators

mit dem Radius R angeschliffen und anschließend elastisch oder plastisch auf den Krümmungsradius $2R$ gebogen. Für den Winkel α gilt annähernd $\alpha = K \cdot L/R$. Gehen nach dem Biegen alle Netzebenennormalen durch den Punkt M, so werden alle Röntgenstrahlen unter dem BRAGG-Winkel θ von Punkt A eingestrahlt auf einen Punkt B unter dem Winkel θ reflektiert. Dies ist das Prinzip des als JOHANNSON-Monochromators bezeichneten Monochromators, Bild 4.10b. Durch diese Anordnung wird erreicht, dass sich nahezu alle Netzebenennormalen im Punkt M schneiden. Wird von Punkt A ein divergentes Strahlenbündel unter dem Glanzwinkel θ der Kristallnetzebene eingestrahlt, dann werden die reflektierenden Strahlen im Punkt B gebündelt. Durch Einstrahlung und Abnahme unter dem Glanzwinkel θ ist für diese Kombination mit dem Netzebenenabstand d_{hkl} die BRAGGsche Gleichung erfüllt. Dies ist eine ideale Erfüllung der Beugungsanordnung nach Bild 3.23. Durch die Fokussierungsanordnung ist die erhaltene monochromatische Intensität größer als bei ebener Anordnung. Der Schleifprozess zur Erzielung der Radien kann zu amorphen Randschichten führen bzw. eine mechanische Verbiegung verändert die Netzebenenabstände bzw. die Verteilung ihres Abstandes. Diese Schäden beeinträchtigen die Qualität der Monochromatoren. Da die Radien R für einen Monochromator feststehen, erfordert jede geometrische Änderung einen neuen Monochromator, ebenso der Einsatz anderer Wellenlängen der zu monochromatisierenden Strahlung. Der relativ große Abstand zwischen Brennfleck und dem Monochromator vermindert die Eingangsintensität, deshalb strebt man eine Verkürzung des Abstandes an. Erreichbar wird dies, wenn man den Kristall unter einem Fehlorientierungswinkel τ asymmetrisch anschleift. Da auch am Monochromatorkristall die resultierende Linienbreite nach Gleichung 5.1 gilt, ist mit einer Erhöhung des Fehlorientierungswinkels eine Verkleinerung der Fokussierungsbreite und eine Verkürzung des Abstandes Röhrenfokus zu Mittelpunkt des Monochromators erzielbar. Diese Gleichung liefert die Begründung dafür, dass die Monochromatisierung bei hohen Streuwinkeln besser abläuft und sich somit die (4 4 0)-Ge Netzebene anbietet. An die Kristalle für Monochromatoren werden damit folgende Anforderungen gestellt:

- hohes Reflexionsvermögen, d.h. die erreichbare Intensität hängt von Materialkonstanten und Wahl der Netzebene ab, siehe Gleichung 6.1 aus Kapitel 6.5,
- perfekte Kristallqualität über große Ausdehnungen zur Erzielung von Interferenzen mit geringer Halbwertsbreite,
- entsprechendes mechanisches Verhalten zur Erzielung der Verbiegung oder Bearbeitung ohne Schädigung der Kristallqualität an der Oberfläche,
- Langzeitstabilität der Kristallperfektion an der Oberfläche, geringe Oxidationsneigung und kaum hygroskopisches Oberflächenverhalten. Resistenz gegenüber Ozon, da dies bei Bestrahlung von Luft mit Strahlung hoher Intensität und hoher Energie zwangsläufig entsteht. Deshalb werden Monochromatoren und Multilayeranordnungen meist ständig mit Stickstoff durchflutet.

Als Materialien wurden/werden eingesetzt:
Quarz (SiO_2), Graphit (HOPG), $CaCO_3$, LiF und heutzutage vor allen Halbleitermaterialien wie Silizium und Germanium, Tabelle 4.4a. In Tabelle 4.4b sind für einen Quarzmonochromator die Reflexionswinkel θ_K, der Anschliffwinkel τ und der Krümmungsradius r für verschiedene charakteristische Strahlungen zusammengefasst. Mit der Entwicklung der Halbleitertechnik ist es möglich, perfektere Kristalle großer Ausdehnung herzustellen,

Tabelle 4.4: a) Zusammenstellung möglicher und verwendeter Materialien für Einkristallmo-
nochromatoren und Auflistung ihrer Daten für die Eignung als Monochromator,
verwendete Strahlung Kupfer $K\alpha$, 2θ-Beugunswinkel; D_X-röntgenographische
Dichte, $t(63\%)$ ist die Eindringtiefe, d. h. das Absorptionsvermögen b) typische
Daten für einen $(11\bar{1}1)$-Quarz-Monochromator mit asymmetrischen Anschliff für
verschiedene Strahlungen, Abmessungen $40 \times 30 \times 0{,}4\,\mathrm{mm}^3$, r Krümmungsradius

	Kristall	PDF-Nr.	$(h\,k\,l)$	d_{hkl} [nm]	2θ [°]	$\|F^2\|$	D_x [gcm^{-3}]	$d(63\%)$ [µm]
	Graphit	00-041-1487	$(0\,0\,0\,2)$	0,337 56	26,382	299,5	2,281	117,7
	Quarz	00-046-1045	$(1\,0\,\bar{1}\,1)$	0,334 35	26,640	874,8	2,649	12,6
	LiF	00-004-0857	$(2\,0\,0)$	0,201 30	44,997	927,1	2,638	61,9
a)	CaCO$_3$	00-005-0586	$(1\,1\,0)$	0,249 40	35,966	4854	2,711	8,12
	NaCl	00-005-0628	$(2\,0\,0)$	0,282 10	31,613	7197	2,163	8,29
	Si	00-027-1402	$(1\,1\,1)$	0,313 55	28,443	3551	2,329	8,76
	Si	00-027-1402	$(4\,0\,0)$	0,135 77	20,2	3611	2,329	61,00
	Ge	00-004-0545	$(1\,1\,1)$	0,326 6	27,284	23 966	5,325	3,22
	Ge	00-004-0545	$(2\,2\,0)$	0,200 0	45,306	36 246	5,325	5,27
	Ge	00-004-0545	$(4\,4\,0)$	0,100 0	100,761	16 831	5,325	10,5

	Strahlung	θ_K [°]	τ [°]	r [mm]
	Mo	6,08°	1,88°	1 228 mm
b)	Cu	13,29°	4,16°	284 mm
	Co	15,48°	4,87°	245 mm
	Fe	16,79°	5,30°	226 mm
	Cr	19,97°	6,38°	192 mm

die die Fehler der Mosaizität des Quarzes nicht mehr enthalten. Die prinzipielle Verwendung von Kristallen aus LiF, CaCO$_3$, NaCl ist [101] entliehen und zur allgemeinen
Vergleichbarkeit mit in die Tabelle 4.4a aufgenommen. Für einen Monochromator sind
die Größen des Bereiches der Totalreflektivität $2s$, die erzielbare Halbwertsbreite FWHM,
das Auflösungsvermögen $\Delta\lambda/\lambda$, Gleichung 3.100 wird modifiziert zu 4.9, und die Dicke
der Absorption (Primärextinktion) $d(95\%)$, Gleichung 3.101 mit aufgeführt. Nach [284]
wird für den Bereich der Totalreflektivität die Gleichung 4.7 angegeben:

$$2s = \frac{\lambda^2 \cdot N \cdot |F| \cdot P}{\pi \cdot \sin 2\theta} \sqrt{\frac{|\gamma_H|}{\gamma_0}} \tag{4.7}$$

$$FWHM\,[rad] = \frac{4 \cdot s}{\sqrt{3}} = \frac{4}{3}\sqrt{3} \cdot s \tag{4.8}$$

$$\frac{\Delta\lambda}{\lambda} = \cot\theta \cdot \Delta\theta = \cot\theta \cdot FWHM \tag{4.9}$$

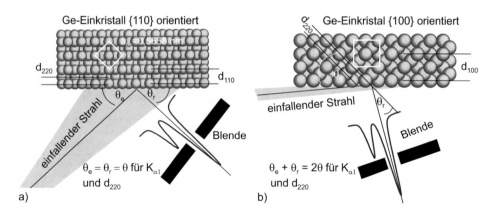

Bild 4.11: Prinzipdarstellung des ebenen Kristallmonochromators und Verdeutlichung
der Trennungsmöglichkeit der $K\alpha$-Dublette am Beispiel einer $(2\,2\,0)$-Netzebene
a) symmetrische Beugungsanordnung b) asymmetrische Beugungsanordnung

mit

N	Anzahl der Elementarzellen pro cm^3
P	Polarisationsfaktor $P = \frac{1+|\cos 3\theta|}{2}$
$\gamma_0; \gamma_H$	Richtungskosinus des einfallenden und des gebeugten Strahles
$|F|^2$	Strukturfaktor, siehe Kapitel 3.2.5

Eine weitere Forderung ergibt sich an die Größe des Brennfleckes der bestrahlten Fläche
des Monochromators. Nach der BRAGGschen Gleichung 3.125 entspricht ein Winkelbereich einem gebeugten Wellenlängenbereich. Damit können zwei Wellenlängen wie z. B.
$K\alpha_1$ und $K\alpha_2$ nur dann getrennt werden, wenn die Fokusgröße FG aus Sicht des monochromatisierenden Kristalls kleiner ist als die entsprechende Winkeldifferenz, Bild 4.10b.
Die Fokusgröße FG kann nach Gleichung 4.10 berechnet werden.

$$FG \leq a \cdot \tan\theta_K \cdot \frac{\lambda_{K\alpha2} - \lambda_{K\alpha1}}{\lambda_{K\alpha}} \tag{4.10}$$

Die zweite Monochromatorart und derzeit die Art, die zunehmend eingesetzt wird, ist der
ebene Kristallmonochromator. Dabei wird in symmetrische und asymmetrische Betriebs-
weise, siehe Bild 4.11, unterschieden. Als Vierfachkombination spricht man von einem
BARTELS-Monochromator [32]. Bestrahlt man den Einkristall mit einem Primärstrahl
geringer Divergenz, Bild 4.11, und wählt einen hohen Beugungswinkel θ, dann wird der
im gleichen Winkel θ reflektierte Strahl als Dublettenstrahl auftreten. Bringt man jetzt in
den reflektierenden Strahlengang eine Schlitzblende geringer Öffnungsbreite in exakt dem
Beugungswinkel θ für die $K\alpha_1$-Strahlung, dann lässt sich die $K\alpha_2$ Strahlung ausblenden,
siehe Bild 4.11a. Die Blende kann man einsparen, wenn man die Kristallabmessungen
und die Anordnung so wählt, dass der Teilstrahl der $K\alpha_2$-Strahlung ins »Leere« geht. Besteht der Kristall z. B. Germanium, welches ein hohes Streuvermögen auf Grund seiner
hohen Ordnungszahl besitzt, Tabelle 4.4, dann ist dies ein idealer Kristall für einen ebenen Monochromator. Schneidet man z. B. Kristalle senkrecht zu der kristallographischen
Richtung [1 1 0], dann liegen hier die (1 1 0)-Netzebenen als auch die (2 2 0)-Netzebenen
parallel zur Oberfläche. Dies wird auch als symmetrischer Fall bezeichnet, Bild 4.11a.

Aus Sicht der Kristallzüchtung ist es einfacher, Kristalle mit [1 0 0] Orientierung herzustellen. Wie schon im Kapitel 3.2.10 aufgeführt, tritt bei manchen Beugungsebenen eine Auslöschung auf, so z. B. für die {1 0 0}-Netzebene im Germanium. Bei Verwendung eines Parallelstrahls ist es möglich, die schief zur (1 0 0)-Oberflächenebene liegende (2 2 0)-Netzebene für die Beugung zu nutzen, siehe Bild 4.11b. Wenn die Summe $\theta_e + \theta_r$ gleich dem Beugungswinkel 2θ der (2 2 0)-Netzebene ist, dann ist die BRAGGsche Gleichung ebenfalls erfüllt, Bild 4.11b.

Ordnet man nun die Kristalle so an wie in Bild 4.12a gezeigt, dass der erste Kristall und dessen Reflexion als Einstrahlung zum zweiten Kristall dient usw., dann lässt sich mit dieser Anordnung eine extrem gute monochromatische Strahlung mit noch beachtlicher Ausgangsintensität erzielen. Über die Beugung 2. Ordnung steht bei noch höherem Winkel auch die (4 4 0)-Netzebene zur Verfügung. Die Umstellung auf einen höheren Einstrahlwinkel bzw. Nutzung der (4 4 0)-Netzebene wird durch Drehungen der zwei Kristallblöcke 1 und 2 im Bild 4.12a erreicht. Die hier vorgestellte Doppelkristallbeugung wird als parallele oder (+ -) Beugung bezeichnet.

Durch die Herausnahme des Kristallpaares 2 liegt ein Zweifach-Monochromator vor. Die Strahlung tritt bei A2 aus. Der Versatz des Strahlaustrittes bedingt eine Neujustage des Goniometers. Nimmt man Kristallpaar 1 heraus und lenkt die Strahlung bei E2 ein, liegt ebenfalls ein Zweifach-Monochomator bei Austritt in A4 vor, aber wieder mit Strahlengangversatz. In Tabelle 4.5 sind die erreichbaren Charakteristika von Zweifach- und Vierfach-Monochromatoren aufgeführt. Die Halbwertsbreite FWHM eines 4-fach (4 4 0)-Ge-Monochromators von nur 5″ ist kleiner als die natürliche Breite der $Cu-K_{\alpha 1}$-Strahlung in Emission.

Auf der Analysatorseite wird oftmals ein eng geschlitzter Kristall gleicher Netzebenenausrichtung genutzt, Bild 4.12b, meist als Channel-Cut-Kristall bezeichnet. Die Dispersion der Wellenlänge $\Delta\lambda/\lambda$ wird damit bei jeder Seitenwandreflektion verringert, wenn gering absorbierende Materialien wie Germanium verwendet werden.

In Kombination mit den in Kapitel 4.2.3 zu besprechenden Multilayerschichtsystemen sind die BARTELS-Monochromatoren die derzeit effektivsten Monochromatorsysteme.

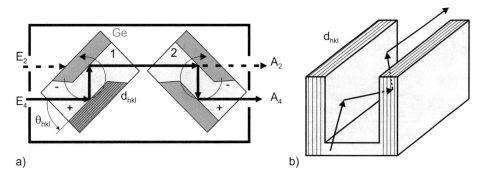

Bild 4.12: a) Aufbau eines Vierfach- BARTELS-Monochromators aus z. B. Germanium in
(+ - - +) Anordnung b) Channel-Cut-Kristall (CCC), hier mit dreimaliger Beugung
gezeichnet

Tabelle 4.5: Erzielbare charakteristische Werte für Zweifach- und Vierfach-Monochromatoren aus Germanium, Einstrahlung vom Punktfokus

Arbeitsweise	(hkl)	Halbwertsbreite	Relative Intensität bezogen auf 100
Vierfach	(2 2 0)	12''	1
Vierfach	(4 4 0)	5''	0,08
Zweifach	(2 2 0)	600''	3
Zweifach	(4 4 0)	250''	0,3

4.2.3 Multilayer-Sandwichschichtsysteme

Im Kapitel 2.4 wurde eine Methode der Monochromatisierung durch Abtrennung der $K\beta$-Strahlung und des Bremsspektrums vorgestellt. Nachteilig war, dass die Nutzstrahlung mehr als 50 % geschwächt wird. Künstliche Kristalle, z. B. Multilayerschichten aus einem starken und einem schwachen Streuer in spezieller Schichtanordnung sind neuartige Monochromatoren, die darüber hinaus auch noch eine Parallelstrahlanordnung ermöglichen. Diese Anordnung wird auch häufig als GÖBEL-Spiegel bezeichnet [100].

Ein parabolischer Spiegel reflektiert einen divergenten Strahl, der vom Fokus F ausgeht, als einen parallelen Strahl [62, 100, 227]. Verwendet wird eine schematische Anordnung nach Bild 4.13a aus [71, 227] und ein Abschnitt einer Parabelfunktion y (y-Werte nur positive und bis zur Mitte der Parabel), Gleichung 4.11 mit dem Radius im Scheitel p_0. Der Winkel θ_p ermittelt sich aus dem Strahl vom Punkt F nach A gleich Strecke f_1 an

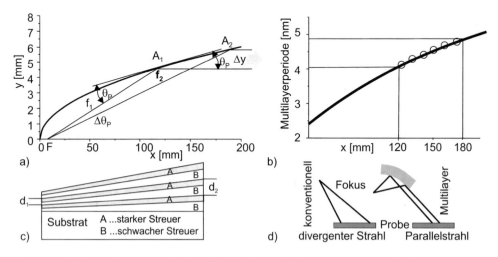

Bild 4.13: a) Schema der parabolischen Strahlführung b) Realisierung des Aufbaus und notwendige Netzebenenvariation c) Einzelschichtaufbauschema der Multilayerschicht d) Vergleich Strahlführung klassische BRAGG-BRENTANO-Anordnung und Parallelstrahlanordnung

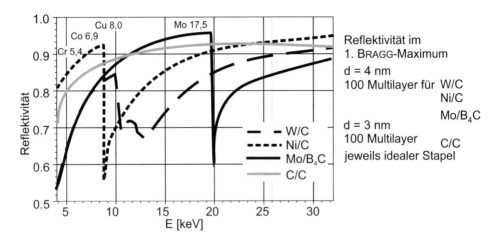

Bild 4.14: Reflektivität typischer Materialkombinationen von Multilayerschichten für den Spektralbereich der klassischen charakteristischen Röntgenemissionslinien, die Energie in [keV] für die $K\alpha$-Emission ist mit eingetragen

der Tangente von A nach Gleichung 4.12. Für jeweils andere Strecken f ergibt sich ein leicht variierter Winkel nach derselben Gleichung 4.12.

$$y = \sqrt{2 \cdot p \cdot x} \tag{4.11}$$

$$\theta_p(f) = \sqrt{\operatorname{arccot}\left(\frac{2f}{p} - 1\right)} \tag{4.12}$$

Nimmt man diesen Winkel $\theta_p(f)$ als Einstrahlwinkel auf einen Kristall an, dann wird der Strahl nach der BRAGGschen Gleichung 3.125 unter demselben Winkel bei Erfüllung der BRAGGschen Gleichung reflektiert. Durch die elliptische Oberflächenform nach Bild 4.13 wird aus dem divergenten polychromatischen Eingangsstrahl ein reflektierter monochromatischer Parallelstrahl. Soll die BRAGGsche Bedingung für jeden Auftreffpunkt des Strahles auf dem Parabelabschnitt erfüllt sein, so muss der Netzebenenabstand über die Länge der Parabel variieren und es ergibt sich die Gleichung 4.13 für die ortsabhängige Größe des Netzebenenabstandes.

$$d(f) = \frac{\lambda}{2\sin\theta} = \frac{\lambda}{2\sin\sqrt{\operatorname{arccot}\left(\frac{2f}{p} - 1\right)}} \tag{4.13}$$

Für eine parabolische Anordnung mit einem Scheitelradius von $p = 0{,}09\,\mathrm{mm}$, einem gewählten Zentrum bei 150 mm und einem Spiegellängenbereich von 120 mm bis 180 mm sind die notwendigen Schichtdickenvariationen im Bild 4.13b nach [227] ausgerechnet. Natürliche Kristalle mit solchen Netzebenenvariationen gibt es nicht. Es ist jedoch denkbar, »künstliche Kristalle« herzustellen, indem man dünne Schichtenfolgen aus nur wenigen

Tabelle 4.6: Spezifika von Multilayerspiegeln innerhalb der verschiedenen Generationen [135]

Generation	1.	2.	2.	3.	2a
Jahr	1994	1996	1998	2000	ab 2003
für Strahlung	Cu	Cu	Co, Cr, Mo	Cu, Mo	Cu, Mo
Substrat	Silizium	Silizium	Silizium	CERODUR	Silizium
Material-kombination	W/Si	W/B$_4$C	Ni/C; WSi$_2$/C; Cr/C	Ni/B$_4$C	Ni/C WSi$_2$/C
Δd Schichtabstand	±5 %	±3 %	±3 % − 1 %	±3 %	< ±1 %
Δd Gradient	unbestimmt	±5 %	±5 %	±5 %	±5 %
Spiegelform		—— gebogen ——		geschliffen	gebogen
Strahldivergenz || zum Strahl ⊥ zum Strahl	60'' nicht spezifiziert	< 30''	< 18'' < 25''	< 5'' < 5''	< 5'' < 5''

Atomlagen aus unterschiedlichen Materilien hergestellt. Im Bild 4.13c ist eine solche Anordnung schematisch dargestellt. Die Dicke der Doppelschicht auf der linken Seite des Spiegels sei d_1 und auf der rechten Seite d_2, d. h. auf einer Länge von ca. 60 − 80 mm unterscheiden sich die Doppelschichten auf der rechten Seite um eine zusätzliche »Dicke von ca. 2 − 4 Atomen« mehr. Aus dem Atomlagenaufbau von Schichten ist natürlich bekannt, dass es keine »halben oder viertel Atome« gibt und somit die Schichtdickenvariation nur als atomare Treppenstufe ausgeführt werden kann. Über eine geringe Variation des Ortes der Stufe kann in den einzelnen Schichten eine bessere Anpassung an die gewünschte Gesamtform nach Bild 4.13c erfolgen. Für die Materilien der Schichtenfolge A kommen in Frage/werden genutzt: Nickel, Wolfram, Molybdän und weitere schwere Elemente. Für das Material B wurden/werden Silizium und Kohlenstoff bzw. leichte Elemente/Verbindungen eingesetzt. Auf Grund des unterschiedlichen Absorptionsverhaltens der Einzelmaterilien für den typischen Energiebereich von 4 keV bis 32 keV ergibt sich weiterhin eine Spektralabhängigkeit der Reflektivität von solchen Multilayerschichten, Bild 4.14. Dies ist auch der Grund, dass mit der jetzigen zweiten und dritten Generation von Multilayerschichten für die Monochromatisierung von Kupferstrahlung vorrangig WSi$_2$/C oder Ni/C-Schichten anstatt W/Si (erste Generation) eingesetzt werden, siehe Tabelle 4.6. Die mögliche Reflektivität ist bei Ni/C größer als bei W/Si.

Die Abscheidung der zwei beteiligten Materialpartner muss mit einem äußerst scharfen Interface erreicht werden. Die Doppelschicht muss sich mindestens 40 − 80 mal wiederholen, deshalb ist bei der Abscheidung der Schichten die thermische Diffusion der zwei Materilien untereinander unbedingt zu vermeiden. Als Herstellungsverfahren für solche Schichtenfolgen werden die Molekularstrahlepitaxie, Laser-unterstützte Abscheidung und spezielle niederenergetische Magnetronsputtertechniken eingesetzt. Die ersten Generationen von Multilayerschichten waren auf elastischen Substraten wie z. B. Siliziumwafern aufgebracht. Die Parabelform wurde durch gezielte mechanische Verformung des Wafers während der Justage am Diffraktometer erzielt. Es traten dabei verstärkt Stabilitätspro-

Tabelle 4.7: Geforderte und erreichte Schichtdickenvariationen über der Länge eines Multi-layerspiegels für Monochromatisierung von Kupferstrahlung auf der Basis von Nickel/Kohlenstoff-Multilayern

Abstand f_2	erreichte Schichtdicke	geforderte Schichtdicke	Differenz
$[mm]$	$[nm]$	$[nm]$	$[nm]$
125	4,423	$4,423 \pm 0,060$	0,038
110	4,121	$4,157 \pm 0,051$	0,036
90	3,744	$3,727 \pm 0,039$	−0,017
75	3,427	$3,381 \pm 0,030$	−0,046

bleme mechanischer wie auch thermischer Art auf. Die axiale Divergenz wird größer, da beim »Biegen« des dünnen Siliziumsubstrats die Ebenheit quer zur späteren Strahlrichtung sich ausbeult und somit der Strahl senkrecht zur Strahlrichtung recht große Divergenzen aufweist. Es gibt Glas-Keramik-Verbundwerkstoffe, wie das Material CERODUR, welches über äußerst geringe, nahezu verschwindende thermische Ausdehnung verfügt. Schleift man in solche Materialien die gewünschte Parabelform, poliert diese Form mit Rauheiten $R_A < 1\,\text{nm}$ und beschichtet dann dieses Substrat mit der Multilayerschicht mit der geforderten Schichtdickenvariation, so hat man eine künstliche Kristallanordnung, die aus einem divergenten aus der Röntgenröhre austretenden polychromatischen Strahlenbündel einen weitgehend monochromatischen (hier wieder Beschränkung monochromatisch auf nur $K\alpha$ Strahlung) Parallelstrahl nach der Reflexion formt, Bild 4.13d. Die Politur der Oberfläche ist jedoch bei diesen Glas-Keramik-Werkstoffen in ihrer Rauheit nicht so gut, wie sie auf Silizium-Substraten erreicht werden kann. Deshalb werden derzeit verstärkt wieder als Generation 2a bezeichnete Multilayerspiegel auf dünnen, ebenen Siliziumsubstraten hergestellt. Das beschichtete Siliziumsubstrat wird aber jetzt auf einen parabolisch geschliffenen CERODUR-Träger aufgeklebt. Damit wird bei gleichmäßiger Klebung die Ausbeulung und somit die schlechtere axiale Divergenz vermieden. Es wird für einen Spiegel eine Differenz von Soll- zu Ist-Wert der jeweiligen ortsabhängigen Schichtdicke von $\Delta d < \pm 0,03 \ldots \pm 0,06\,\text{nm}$ gefordert. Tabelle 4.7 zeigt die geforderten und realisierten Schichtdicken für eine Monochromatisierung von Kupferstrahlung und die realisierten Abweichungen. Variiert man den Fokusabstand f_2, Bild 4.13a, zu kleineren Werten und berücksichtigt, dass der Fokus F im Nullpunkt auftritt, kann ein stärker divergenter Röntgenstrahl parallelisiert werden. Die geforderten Schichtdicken der Multilayeranordnung werden dann kleiner, der Gradient größer.

Die Reflektivität des Spiegels kann bis zu 92 % betragen. Der selektive Metallfilter hatte eine Transparenz von nur 50 %. Durch die künstlich nachgebildeten, treppenförmigen Netzebenen kommt es zu einer geringen Verformung des Beugungsprofils. In Bild 5.36 wird der Unterschied sichtbar. Nachteilig ist, dass für jede Strahlungsart aus unterschiedlichen Röntgenröhrenanoden jeweils eine neue Multilayeranordnung entworfen und hergestellt werden muss. Der Monochromator ist nicht auf unterschiedliche Wellenlängen nach der Herstellung abstimmbar. Bei der Hochauflösung von Beugungsinterferenzen, wie beim Quarz-Fünffingerprofil ersichtlich, ist die Verwendung der Kα-Dublettstrahlung hinderlich. Ein für monochromatische Coβ-Strahlung entwickeltes Doppelspiegelsystem für Primär- und Sekundärseite bringt mehr Intensität als die Verwendung von zwei Spiegel für Dublettstrahlung Kupfer-Kα und ein nachfolgender Kristallmonochromator.

Die gesamte aus der Röntgenröhre austretende Strahlungsintensität wird auf eine vom Eingangswinkel unabhängige Breite von ca. $1{,}0 - 0{,}5$ mm komprimiert, die Länge des Strahles ist die Fokuslänge der Röhre. Mit dem Multilayerspiegel steht auf Grund der Bündelung – anders als bei Einsatz von Blenden – die gesamte Fläche der Röntgenröhrenemission dem Beugungsexperiment, vermindert um die Reflexionsverluste, zur Verfügung. Die bestrahlte Fläche der Probe ist meist kleiner als in klassischer BRAGG-BRENTANO-Anordnung. Für viele Anwendungen bringt die Multilayeranordnung aber die entscheidenden Vorteile. Der verstärkte Einsatz immer neuer Variationen von Multilayerspiegeln ist auch der Grund für die derzeitige Ausweitung der Zahl der verschiedenen Diffraktometeranordnungen, siehe Kapitel 5.

Der nach Reflexion am Spiegel erhaltene Parallelstrahl ist nur in horizontaler Richtung parallel, in vertikaler Richtung bleibt die Röhrendivergenz erhalten. Kombiniert man zwei Spiegel und ordnet ihre Parabelflächen senkrecht zueinander an, dann erhält man nach dem zweiten Spiegel einen punktförmigen Strahl. Dies wird auch als MONTEL-Optik bezeichnet. Diese als gekreuzte Spiegel bezeichneten Monochromatoren werden vor allem in der Spannungs- und Texturanalyse eingesetzt. Hier liegt eine wahre Bündelung des ehemaligen Strichstrahles zu einem Punktstrahl vor. Der hier erzielbare Punktfokus hat eine wesentlich höhere Brillanz als der Punktfokus einer einfachen Röhre [276].

Künstliche Kristalle mit einer geringen Variation der Schichtabstände über die Länge des Kristall und einer parabelförmigen Oberfläche wirken wie Spiegel auf einen divergenten Eingangsstrahl und dienen zur Erzeugung eines parallelen, monochromatischen Ausgangsstrahles. Die Reflektivität einer solcher Anordnung liegt bei bis zu 92 %. Für jede zu monochromatisierende Strahlungsart muss eine neue Schichtdicken- und Materialanordnung verwendet werden.

Bisher wurde vor allem auf Monochromatisierung des Primärstrahles eingegangen. Auch auf der Detektorseite wird der Multilayer-Spiegel eingesetzt, nämlich um den Parallelstrahl auf den Detektorspalt eines Punkt- bzw. Liniendetektors zu fokussieren. Weitere Kombinationen, Anordnungen und Ergebnisse sind in Kapitel 5 zu finden.

Die erreichte Perfektion von Multilayerschichten und die bei geeigneter Wahl der Streupartner erreichbaren Reflektivitäten erlauben es, ebene Spiegel als Monochromatoren einzusetzen. Mittels solcher ebener Spiegel wird dann eine klassische BRAGG-BRENTANO-Anordnung realisiert. Der Kα Peak wird jetzt nicht verzerrt. Somit sind in dieser Anordnung die RIETVELD-Methoden noch anwendbar, Kapitel 6.5.2, aber die Eingangsintensität der monochromatischen Strahlung ist nicht mehr um 50 % wie beim Metall-Absorptionsfilter, sondern nur um 8 % vermindert.

4.3 Strahlformer

4.3.1 Blenden und SOLLER-Kollimatoren

Ähnlich wie in der Optik kann man die aus der Röntgenröhre emittierte Strahlform bzw. Strahlausbreitung durch Blenden in ihrer Form verändern. Eine Schlitzblende, bestehend aus stark absorbierenden Metallplättchen, lassen im metallfreien Teil den Strahl unvermindert hindurch. Über eine einfache geometrische Beziehung, wie in Bild 4.15 gezeigt, lassen sich die nach Durchgang durch die Blende(n) verbleibenden Divergenzen γ ausrechnen, Gleichungen 4.14 bzw. 4.15.

$$\gamma = 2 \cdot \arctan \frac{b}{2 \cdot e} \qquad (4.14)$$

$$\gamma = 2 \cdot \arctan \frac{b_2}{2 \cdot e(1 - \frac{b_1}{b_1+b_2})} \qquad (4.15)$$

Der Divergenzwinkel wird immer auf der Seite des größten Abstands ermittelt. Oft wird aber in der Blende der Brennpunkt angenommen. Neben den Schlitzblenden werden auch doppelte bzw. mehrfache kreisförmige Blenden innerhalb eines Rohres eingesetzt. Durch die doppelte/mehrfache Anordnung der zwei/mehrfachen Blenden in der Entfernung e wird eine sehr viel geringere Divergenz gegenüber den Schlitzblenden erreicht, Gleichung 4.15. Solche Punktblenden, oft Parallelstrahlkollimatoren genannt, enden in manchen Fällen erst unmittelbar vor der Probe und haben somit auch eine viel größere Länge e. Die in Röhren verlaufende Strahlführung ist aus Strahlenschutzgründen vorteilhaft. Es sollte immer auf eine soweit wie möglich umschlossene Strahlführung geachtet werden. Der große Nachteil von Blenden ist, dass die Fläche nach der Blende nur noch ein Bruchteil der vor der Blende zur Verfügung stehenden Fläche ist. Dies überträgt sich auf die Intensität der Strahlung. Wird für eine Anordnung ein punktförmiger Strahl benötigt, dann kann man z. B. bei Verwendung eines Strichfokus der Fläche $b \cdot l$ in den Strahlengang eine punktförmige Blende der Größe $b \cdot b$ einbringen. Dann stehen für das Beugungsexperiment nur der b/l te Teil der Röhrenintensität zur Verfügung. Deshalb ist es günstiger, bei der Notwendigkeit des Einsatzes eines punktförmigen Strahles mit einem Durchmesser kleiner 300 µm unmittelbar auf den Punktfokus der Röntgenröhre

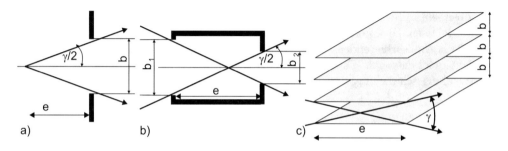

Bild 4.15: Veranschaulichung der geometrischen Beziehungen für die Bestimmung der Divergenz von a) Schlitzblenden b) doppelten Lochblenden c) SOLLER-Kollimatoren

Tabelle 4.8: Divergenzwinkel γ je nach Blendenweite und Einsatz als Apertur- oder Detektorblende für verschiedene Goniometerradien

Blende	als Aperturblende			als Detektorblende		
0,05 mm	0,025°	0,014°	0,008°	0,015°	0,010°	0,007°
0,1 mm	0,050°	0,028°	0,016°	0,030°	0,021°	0,015°
0,2 mm	0,101°	0,057°	0,033°	0,060°	0,041°	0,029°
0,6 mm	0,302°	0,170°	0,098°	0,181°	0,124°	0,088°
1 mm	0,503°	0,284°	0,164°	0,302°	0,206°	0,147°
2 mm	1,005°	0,567°	0,327°	0,603°	0,412°	0,294°
6 mm	3,015°	1,702°	0,982°	1,809°	1,237°	0,881°
Goniometerradius	212 mm	300 mm	420 mm	212 mm	300 mm	420 mm
e (Probe-Blende)	114 mm	202 mm	350 mm	190 mm	278 mm	390 mm

auszuweichen, da dieser mehr Intensität liefert, als der b/l te Teil des Strichfokus (Maximum der GAUSS-Verteilung, siehe Bild 4.2b). Jetzt wird auch verständlich, warum ein doppelt gekreuzter Multilayer-Spiegel mehr Intensität liefert als der Punktfokus einer Röhre.

Blenden begrenzen bei vollständiger »Strahlungsumspülung« immer die Strahlungsintensität auf das Verhältnis Blendendurchgangsfläche zu Strahlenemissionsfläche vor der Blende.

Tabelle 4.8 fasst einige Geometrien und Größen zusammen. Je nach Ort der Anordnung der Blende, ob als Begrenzung der »Beleuchtung« der Probe, Aperturblende genannt, oder als Detektorblende, ergeben sich unterschiedliche Divergenzwinkel bei gleicher Blendenweite, Tabelle 4.8. Von Aperturblende spricht man, wenn der Raumwinkel der Beleuchtung begrenzt wird. Unter einer Feldblende versteht man, wenn der betrachtete Bereich auf der Probe von Interesse ist.

Eine andere Art der Strahlführung sind so genannte SOLLER-Kollimatoren. Werden dünne ebene Metallplättchen, ca. 20 − 40 Stück mit der Länge e über Abstandsstücke mit der Dicke b als Stapel übereinander angeordnet, Bild 4.15c, dann werden alle parallelen bzw. divergenten Strahlungsanteile kleiner als der Divergenzwinkel γ, Gleichung 4.16, hindurchgelassen. Divergente Strahlungsanteile mit einem Winkel größer als γ werden an den meist hochabsorbierenden Metallblättchen (Material Mo, Ta, W) absorbiert und dem Strahlenbündel entzogen. Es tritt also auch bei Verwendung von SOLLER-Kollimatoren eine Strahlungsschwächung der divergenten Anteile auf.

$$\gamma = 2 \cdot \arctan \frac{b}{e} \tag{4.16}$$

Der Unterschied zwischen SOLLER-Kollimator und Blende ist der, dass die Fläche des Strahles nicht durch SOLLER-Kollimatoren eingeschränkt wird. Vom Strahl werden nur die divergenten Anteile und die Strahlenanteile, die auf die Oberfläche der Metallblätt-

Tabelle 4.9: Abmessungen von einigen typischen SOLLER-Kollimatoren

Bezeichnung	Abstand b	Länge e	Divergenzwinkel γ
0,3/25	0,3 mm	25 mm	1,375°
0,5/25	0,5 mm	25 mm	2,291°
0,5/50	0,5 mm	50 mm	1,146°
1,0/25	1,0 mm	25 mm	4,581°
1,0/50	1,0 mm	50 mm	2,291°
0,5/150	0,5 mm	150 mm	0,382°
langer SOLLER-Kollimator für Dünnschichtanwendung			

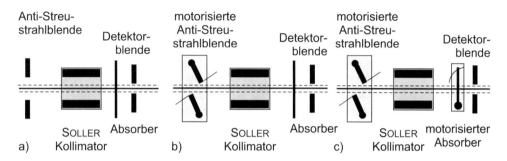

Bild 4.16: Prinzip der a) Festblendenoptik b) Variable Blendenoptik c) Variable Blendenoptik
mit automatischen Absorbern

chen treffen, in einer Ausbreitungsrichtung entfernt. Für einige übliche SOLLER-Kollimatoren sind in Tabelle 4.9 die technischen Daten aufgeführt.

Blenden und SOLLER-Kollimatoren werden in Kombination in den Primär- als auch
in den Sekundärstrahlengang eingesetzt und *Festblendenoptik* genannt, siehe Bild 4.16a.
Die zur Probe am nächsten stehende Blende mit meist größerer Öffnungsweite wird hier
Anti-Streustrahlblende genannt. Die Blenden selbst sind fest auf einem Träger montiert.
Sie werden in Fassungen eingesteckt und mit Schrauben arretiert oder der Träger wird
von Magneten in der Aufnahmevorrichtung für die Blenden gehalten. Die schmalere Detektorblende begrenzt die Divergenz der Strahlung, die auf die aktive Detektorfläche
fällt. Wegen der strichförmigen Detektorspalte werden die nachgeschalteten Detektoren
deshalb oft nur als Punktdetektoren bezeichnet, Kapitel 4.5.1. Die Detektorblende sitzt
meist unmittelbar vor dieser Fläche. Dadurch, dass der Abstand Probe-Detektorblende
meist größer ist als der Abstand Aperturblende-Probe, ist nach Tabelle 4.8 der Divergenzwinkel der Detektorblende kleiner als der Aperturblende. Wie später im Kapitel 5.1.1
noch ausführlich erläutert, ändert sich je nach Beugungswinkel θ die bestrahlte Probenfläche. Hat man Blenden mit einstellbarem Divergenzwinkel, d. h. die Blendenspaltbreite
kann motorisiert geändert werden, dann lassen sich als Funktion des Beugungswinkels
immer gleiche Probenflächen bestrahlen. Im Bild 4.16b ist eine Anordnung schematisch

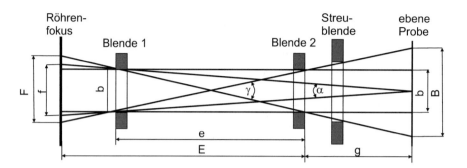

Bild 4.17: Strahlparallelisierer aus einer Dreifachlochblendenanordnung

gezeigt, wo durch eine entgegengesetzte Blendenteildrehung sich der Spalt unterschiedlich groß gestaltet.

In Kombination mit Multilayerspiegel und 2D-Detektoren werden oft Strahlparallelisierer auf der Basis von Doppellochblenden entsprechend Bild 4.17 eingesetzt. Der maximale Divergenzwinkel γ errechnet sich entsprechend Gleichung 4.16. Bei kleinen Winkeln kann der Tangens durch den Quotienten b/e direkt ersetzt werden. Der maximale Konvergenzwinkel α ergibt sich bei dieser Anordnung nach Gleichung 4.17. Der Durchmesser B der maximal beleuchteten Fläche errechnet sich nach Gleichung 4.18:

$$\alpha = \frac{b}{e+g} \tag{4.17}$$

$$B = b\left(1 + \frac{2g}{e}\right) \tag{4.18}$$

Aus dieser Gleichung lassen sich die folgenden Aussagen ableiten:

- je kürzer der Abstand der Blende 2 von der Probe oder je größer der Abstand zwischen der Blende 1 und der Blende 2 ist, umso kleiner ist der beleuchtete Probendurchmesser B
- die effektive Fokusgröße f ist durch den Abstand e der Blenden bestimmt
- f wird auch durch den Abstand $E - e$ vom Röhrenfokus zu den Blenden nach Gleichung 4.19 bestimmt

$$f = b\left(\frac{2E}{e} - 1\right) \tag{4.19}$$

- ist die Baulänge F des Röhrenfokus größer als der effektive Fokusabstand f, dann ist die Differenz $F - f$ der ungenutzte Strahlungsanteil
- eine Vergrößerung der Generatorleistung und eine Verlängerung der Fokuslänge bringt keine Verbesserung der Brillanz
- der Einsatz von Mikrofokusröhren oder Drehanodenröhren ist hier vorteilhafter, siehe Tabelle 4.1

Durch den Einsatz von gekreuzten Multilayerspiegeln erhält man einen punktförmigen Parallelstrahl mit geringerer Divergenz als nach Gleichung 4.16. Die Verkleinerung der beleuchteten Fläche verschlechtert die Kristallitstatistik, siehe Kapitel 5.3. Die geringere Divergenz wirkt sich dagegen positiv auf die erzielbare Winkelauflösung aus.

Im Kapitel 4.5 wird festgestellt, dass die Detektoren je nach Bauform und Detektionsart nur eine bestimmte maximale Strahlungsintensität verarbeiten können. Bei manchen Beugungsexperimenten treten äußerst starke Intensitätsunterschiede auf. Um die hohen Intensitäten genauso gut wie die niedrigen Intensitäten messen zu können, kann man sich der Schwächungseigenschaften von dünnen Metallplättchen bedienen, Gleichung 2.18 aus Kapitel 2.3. Bringt man vor dem Detektor eine dünne Folie aus z. B. Kupfer in den Strahlengang, siehe Aufgabe 1, dann schwächen 96 µm Kupfer die Intensität auf ein Hunderstel. Das Einbringen verschieden dicker Folien unterschiedlicher Materialien kann aus einem Magazin oder Revolverdrehkopf erfolgen. Durch Einsatz dieser Anordnung, in Bild 4.16c schematisch gezeigt, erhält man eine äußerst flexible Optik, die einen großen Dynamikbereich der Intensität überbrücken kann.

4.3.2 Strahlformer unter Einsatz von Kristallen

Der divergent aus der Röntgenröhre austretende Strahl kann, wie in den vorangegangenen Kapiteln gezeigt, mittels ebenen oder gekrümmten Monochromatoren bzw. Multilayerspiegeln parallelisiert werden. Der vom Multilayer-Spiegel reflektierte Strahl hat je nach Ellipsenradius eine horizontale Breite von meist 1 mm. Für die Reflektometrie, Kapitel 13.2, werden bei den dort geforderten und auftretenden flachen Einstrahlwinkeln kleinere Strahlbreiten benötigt. Wandelt man das Prinzip des ebenen Zweifach-Monochromators mittels Germanium-Einkristallen ab, indem man die zwei Kristalle V-Nut förmig wie in Bild 4.18a dargestellt anordnet, dann wird der Strahl bei Erfüllung der BRAGGschen Gleichung komprimiert. Es ergibt sich ein Strahl mit einer Horizontaldivergenz von kleiner 0,1 mm mit hoher Brillanz. Solche hoch kollimierten Strahlen werden vor allen für die Reflektometrie, Kapitel 13.2, Einkristalluntersuchungen, Kapitel 13.5 und für Schichtuntersuchungen unter streifendem Einfall, Kapitel 13.1 benötigt.

Kehrt man das Prinzip der V-Nut-Kristalle um, Bild 4.18b, dann wird mit dieser Anordnung aus einem schmalen Parallelstrahl ein ca. 5 mm breiter Parallelstrahl geringer Divergenz. Beim Einsatz solcher Strahlformer muss aber immer beachtet werden, dass man am Ausgang nur noch 3 % der Eingangsstrahlung zur Verfügung hat, also ähnliche Reflektivitäten wie beim Zweifach-Monochromator, Tabelle 4.12.

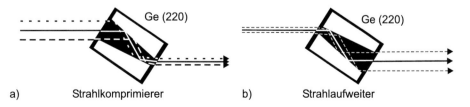

Bild 4.18: Prinzipanordnung von (2 2 0)-Germanium-Einkristallen als a) Strahlkomprimierer und b) Strahlaufweiter

4.4 Glasfaseroptiken

Bringt man in den Strahlengang einer Punktfokusröhre mit einer Fokusgröße $1 \cdot 1\,\text{mm}^2$ eine Lochblende mit $b = 100\,\mu\text{m}$ Durchmesser ein, so wird die Fokusfläche nach Blendendurchgang auf nur noch 0,7 % der Vorblendenfläche verkleinert. Es gehen also mehr als 99 % der Intensität der Strahlung durch Einsatz einer solchen Lochblende verloren. Je nach Abstand Probe-Blende treten aber immer noch Divergenzwinkel von 72 " bis 180 " auf, Tabelle 4.8. Führt man die Strahlung aber durch ein Glasrohr mit der Länge e_K und mit dem Durchmesser b, dann besitzt der Strahl einen Divergenzwinkel γ gleich dem des SOLLER-Kollimators, Gleichung 4.16. Dieser Divergenzwinkel ist der maximale Winkel, mit denen Teilstrahlen auf die Wandung auftreffen können. Luft, das Medium im Inneren der Glasröhre, hat eine höhere Brechzahl n als das Glas n_G. Auch für Röntgenstrahlen gilt das Brechungsgesetz, wenngleich sich die Brechzahlunterschiede im Wellenlängenbereich von Röntgenstrahlen nicht so stark unterscheiden wie bei sichtbarem Licht, siehe Kapitel 13.2. Aus dem Gebiet der Optik ist das Phänomen der Totalreflexion bei flachen Einstrahlwinkeln bekannt. Werden Röntgenstrahlen mit geringen Winkeln auf eine Glasoberfläche eingestrahlt, dann kommt es unterhalb des Totalreflexionswinkels θ_C zur Totalreflexion. An optisch dünneren Medien wird die Röntgenstrahlung bei Unterschreiten des Totalreflexionswinkels fast vollständig reflektiert. Dies bedeutet, einige divergente Strahlenanteile »gehen nicht verloren« sondern werden den parallelen Strahlenanteilen wieder zugeführt. Zur Bestimmung des Totalreflexionswinkel θ_C muss noch die Strahlenenergie beachtet werden. Für Borsilikatglas gilt überschlägig Gleichung 4.20:

$$\theta_C\,[mrad] \cong \frac{30}{E_\lambda\,[keV]} \qquad (4.20)$$

Für die Mo- und Cu-$K\alpha$-Strahlung betragen die Totalreflexionswinkel 0,10° bzw. 0,22°. Ordnet man die Probe wie in Bild 4.19a gezeigt an, also genau im Fokus $e_K + e_{FK}$ der divergenten Teilstrahlreflexion, dann erhält man einen parallelen Strahl mit einer Öffnungsapertur vom Durchmesser S, mit einer mindestens doppelt bis zehnfach höheren Intensität gegenüber einer Lochblende vom gleichen Durchmesser. Die notwendige Länge e_{FK} zur Bestimmung der Fokuslänge solcher Glaskapillaren, der Abstand zwischen Glasfaserende und Probe, ist von der geforderten Ausgangsspotgröße S abhängig. Es gilt Gleichung 4.21 nach [219]:

$$S \approx 2 \cdot e_{FK} \cdot \theta_C + b_{out} \qquad (4.21)$$

Vernachlässigt man den Ausgangsdurchmesser b_{out} und kombiniert die Gleichungen 4.20 und 4.21 so erhält man:

$$S\,[\mu m] \approx \frac{60 \cdot e_{FK}\,[mm]}{E_\lambda\,[keV]} \qquad (4.22)$$

Für Kupferstrahlung beträgt nach Gleichung 4.22 die optimale Fokuslänge e_{FK} für 100 µm Ausgangsspotgröße 13,3 mm. Diese geringen Abstände schränken die Bewegungsfreiheit der Probe ein. Die Vorteile der Parallelisierung mit gleichzeitiger Verstärkung

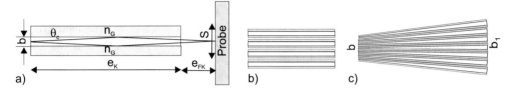

Bild 4.19: Prinzipanordnung von Glasfaseroptiken a) Monokapillare b) parallele Polykapillare
        und c) gebogene Polykapillare

gelten nur, wenn die Glaskapillare exakt gerade gefertigt ist, die inneren Oberflächen
sehr glatt sind und in der Kapillare sich keine Ablagerungen befinden. Die Kapillare
muss dauerhaft linear gelagert/umhüllt werden. Diese mechanischen Anforderungen an
die Aufbauten sind gelöst. Solche Kapillaren werden als *Monokapillaren* bezeichnet. Bei
mit Helium gefüllten und an den Enden mit einer dünnen Beryllium- oder gering absorbierenden Leichtelementfolie verschlossenen Kapillaren soll das Eindringen von Staub und
Fremdpartikeln verhindert werden. Durch die Heliumfüllung wird eine Degradation der
Oberfläche durch den vom Röntgenstrahl induzierten Ozoneinfluss minimiert. Da vielfach
auch Bleiglas als Material verwendet wird, ist mit der Heliumfüllung von einer verringer-
ten Glaskorrossion auszugehen. Eine gewisse Modifikation einer Glaskapillare stellt der
Justierspalt für die Nullpunktjustage, siehe Kapitel 5.1.3, dar. Der in den Bildern 5.16b
bzw. 5.18a gemessene Intensitätsverlauf ist auf partielle Totalreflektionsanteile zurück zu
führen.

In [219] sind Beispiele gezeigt, dass die Intensität von Beugungsdiagrammen mit einer
$20\,\mu m$ Monokapillare ca. $3{,}3 - 9{,}9$ mal stärker ist, als mit einer Doppellochblende von
$50\,\mu m$. Ein Beugungsdiagramm von Mo-Pulver mit Glaskapillare aufgenommen, zeigt
Bild 7.7.

Aufgabe 16:   Schwächungsverhalten in einer Monokapillare

Schätzen Sie die Schwächung von charakteristischer Kupferstrahlung für eine $15\,cm$
lange, unverschlossene Glaskapillare und eine beidseitig mit je einer $100\,\mu m$ dicken
Berylliumfolie verschlossenen und mit Helium gefüllten Glaskapillare ab.

Eine weitere Anordnung ist in Bild 4.19b zu sehen. Hier werden je nach gewünschter
Anordnung $20 - 100\,000$ Glaskapillaren gebündelt. Jede Kapillare verdoppelt mindestens
die Intensität gegenüber einer Lochblende. Mit der anfangs manuellen Bündelung von
Einzelfasern als Herstellungstechnologie ist nur eine geringe Anzahl an Kapillaren möglich. Ebenso sind derzeit nicht die Kapillarlängen erreichbar, die für Monokapillaren bei
entsprechender manueller Selektionen und Einzellagerung möglich sind [164, 168].

Wenn man dickwandigere Glasröhren mit größerem Durchmesser bündelt, erhitzt und
dabei dieses Bündel in die Länge zieht, dann bleiben die Ausgangsformen dabei erhalten,
die Abmessungen der Wandung und des Hohldurchmessers werden aber linear gemeinsam verkleinert. Bei intelligenter Steuerung des Ziehprozesses sind auch Variationen in
den Hohlkapillardurchmessern über der Länge der *Polykapillare* möglich. Dadurch kann
erreicht werden, dass mittels einer sich insgesamt verjüngenden Polykapillare aus einer
Fokusfläche ein gebündelter Strahl entstehen kann. Hergestellt werden solche Bündel mit

aus der Glasfasertechnik bekannten Technologien. Eingestellte Gradienten z. B. des Brechungsindex im großen Maßstab werden durch das Ziehen auf kleine Dimensionen, also kleinere Glasdurchmesser, übertragen. Probleme gibt es in der Bearbeitung der Enden und in der wirksamen Verhinderung des zufälligen Verschließens einzelner Kapillaren. Die Zahl der Kapillaren ist hier variabel. So bündelt man nach dem ersten Ziehprozess das schon verkleinerte erste Bündel mehrfach und potenziert so die spätere Faserzahl. In [219] werden Beispiele aufgeführt, wo man bis zu $10^4 - 10^6$ Hohlglasfasern einsetzt. Typische Faserbündel haben $2\,000 - 10\,000$ Fasern, die Lochdurchmesser variieren zwischen $5 - 10\,\mu m$ bei einem Abstand der Fasern von wenigstens $500\,\mu m$.

Eine weitere Polykapillaranordnung unter Verwendung von Bündeln nicht paralleler Kapillaren, also kleinerer Eintrittsfläche und größerer Austrittsfläche bei Parallelstrahl, ist in Bild 4.19c dargestellt. Neben manueller Herstellung werden solche Kapillaren derzeit zunehmend durch maschinelle Ziehprozesse hergestellt. Bei den gebogenen Kapillaren ist die Totalreflexion die vorherrschende Art der Strahlführung. Der maximale Radius R der Verbiegung hängt vom Totalreflexionswinkel θ_C und dem Öffnungsdurchmesser b ab. R ist damit von der Strahlungsenergie abhängig und es gilt nach [218]:

$$R \leq \frac{b \cdot \theta_C^2}{2} \qquad [mrad] \qquad\qquad (4.23)$$

Man erreicht so eine Aufweitung des Punktfokus von $1 \cdot 1\,mm^2$ auf $2 \cdot 2\,mm^2$ als Parallelstrahl. Mit solchen Anordnungen lassen sich durch die Intensitätssteigerung gegenüber einer Lochblende Messzeitverkürzungen erreichen, die z. B. in Kapitel 5.8.1 bzw. 11 gezeigt werden [273]. Man kann mit Polykapillaren einen divergenten Strahl von bis zu $20°$ in einen fast parallelen Strahl mit einem Divergenzwinkel zwischen $0{,}06° - 0{,}23°$ umwandeln.

Glaskapillaren ermöglichen Parallelstrahlen mit mindestens Verdopplung der Intensität pro Einzelkapillare bei Verwendung von parallelen geraden Kapillaren. Gebogene Glaskapillaren nutzen die Totalreflexion. Sie ermöglichen eine Strahlaufweitung und den Erhalt von Parallelstrahlung. Der finanzielle Aufwand ist aber vielfach höher als für Lochblenden.

4.5 Detektoren

Einige Wechselwirkungsmechanismen und Detektionsmöglichkeiten für Röntgenstrahlung wurden schon in Kapitel 2.5 aufgeführt. Detektoren werden beurteilt nach ihrer:

- *Quantenausbeute*, d.h. welcher Anteil der Photonenenergie bzw. wie viele Photonen ergeben ein messbares Signal. Die Quantenausbeute ist plausibel betrachtet der Anteil der Strahlung der ohne Wechselwirkung durch den Detektorwechselwirkungsraum geht und nicht im Detektor absorbiert wird. Die größten Unterschiede ergeben sich deshalb zwischen den gasgefüllten und den Festkörperdetektoren.
- *Linearität*, d.h. wird beurteilt nach der Anzahl der im Detektor ausgelösten Spannungsimpulse proportional zur Menge der auftreffenden Quanten. Zur Beschreibung der Linearität wird die so genannte *Totzeit* des Detektors eingeführt.
- *Proportionalität*, ist bei Detektoren der gewünschte lineare Zusammenhang zwischen der Quantenenergie und der Höhe des im Detektor ausgelösten Spannungsimpulses.

In den nachfolgenden Abschnitten sollen die derzeit eingesetzten Detektoren ausführlicher beschrieben werden. Es wird eine neue Einteilung vorgestellt, die sich vorrangig nach der Art der *flächenmäßigen Detektion* richtet. Damit soll die Einheit von Beugungsexperiment, Probenart, Diffraktometeranordnung und Detektor betont werden. Bisher gängige Praxis war es, nach dem Detektionsmechanismus zu unterscheiden.

Der im Kapitel 2.5 aufgeführte Spannungsimpuls dU an der Kondensatoranordnung, siehe Bild 4.21a, mit der Kapazität C der Elektroden einer Zählrohranordnung kann quantifiziert werden, Gleichung 4.24:

$$\mathrm{d}U = \frac{n \cdot e}{C} \approx \frac{h \cdot f}{\overline{E}_i} \cdot \frac{e}{C} \tag{4.24}$$

Für charakteristische Kupferstrahlung $E = 8\,\mathrm{keV}$ und Argon, mittlere Ionisationsenergie $\overline{E}_i = 29\,\mathrm{eV}$ und eine Kapazität der Anordnung $C \approx 10 - 50\,\mathrm{pF}$ ergeben sich Spannungsimpulse von $7 - 35\,\mathrm{\mu V}$. Mittels einer Gasverstärkung, also Nutzung der Sekundärionisation [101, 224], werden diese kleinen Spannungsimpulse verstärkt. In dem im Bild 4.21a gezeigten Rohr mit innerem Zähldraht wird durch den hermetischen Abschluss durch das Eintrittsfenster eine Gasfüllung mit einem bestimmten Druck aufrecht erhalten. Die Strahlungsquanten können nur durch das wenig absorbierende Eintrittsfenster (bestehend aus Mylarfolie, Glimmer oder Beryllium) eindringen. Die Rohrwandung absorbiert alle anderen Strahlungsquanten. Ein im Zählrohr absorbiertes Quant ionisiert längs der Bahn Atome der Gasfüllung. Die entstehenden Ladungen werden durch die angelegte Hochspannung (Gleichspannung) getrennt und fließen zu den entsprechenden Elektroden ab. Um den Zähldraht bildet sich ein Feld mit sehr hoher Feldstärke ($1/r$ Gesetz, Gleichung 4.26) aus. Die primär bei der Quantenwechselwirkung gebildeten Elektronen werden zum Zähldraht weiter beschleunigt und ionisieren das Füllgas. Der einsetzende Stromfluss kommt erst dann zum Erliegen, wenn die beweglicheren Elektronen den Zähldraht erreicht haben und die langsameren positiven Ionen die elektrische Feldstärke an der Zählrohrwandung so weit herabsetzen, dass eine Sekundärionisation nicht mehr möglich wird.

Unberücksichtigt ist bisher die Abhängigkeit der auftretenden Zahl der im Zählrohr entstehenden Elementarladungen von der an das Zählrohr angelegten Spannung U_D.

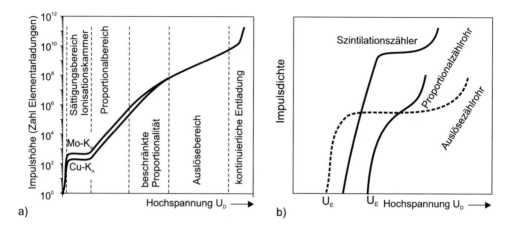

Bild 4.20: a) Abhängigkeit der Impulshöhe von der Zählrohrspannung für $Mo\,K\alpha$ und $Cu\,K\alpha$ Quanten bei konstanter Einstrahlintensität b) Zählercharakteristiken als Funktion der Zählerspannung U_D bei konstanter Einstrahlintensität

Die prinzipielle Abhängigkeit ist in Bild 4.20a dargestellt [184]. Bei kleinen Spannungen erreicht die Impulshöhe ein Plateau. Dies entspricht dem Sättigungsbereich einer Ionisationskammer. Der Spannungsimpuls ist die Folge des Ladungsstoßes der primären Wechselwirkung, also die Zahl der entstehenden Ionen-Elektronen-Paare. Die Größe des Impulse im Plateau ist proportional zur Quantenenergie. Bei der Arbeitsweise eines Detektors in diesem Plateaubereich kann die Strahlungsart bestimmt werden – man spricht von *energiedispersiver Detektion*. Bei Erhöhung der Spannung U_D tritt der Gasverstärkungseffekt ein, es bilden sich sekundäre Ladungsträger. Der Gasverstärkungsfaktor A wird als Zahl der entstehenden mittleren sekundären Ladungsträger aus einem primären Ladungsträgerpaar bezeichnet. Gleichung 4.24 wird jetzt verändert zu:

$$dU = \frac{A \cdot n \cdot e}{C} \approx \frac{h \cdot f}{\overline{E}_i} \cdot \frac{A \cdot e}{C} \tag{4.25}$$

Dieser als *Proportionalbereich* bezeichnete Spannungsbereich U_D ist dadurch gekennzeichnet, dass die Impulshöhe immer noch proportional zur Energie der einfallenden Strahlung ist. Es schließt sich ein Bereich beschränkter Proportionalität an. Im so genannten Auslösebereich bei weiter erhöhter Spannung U_D hat jeder Impuls etwa die gleiche Höhe unabhängig von der Quantenenergie. A ist nicht mehr für alle $h \cdot f$ konstant, sondern der Gasverstärkungsfaktor $A \cdot n$ wird abhängig von der Quantenenergie. Wird die Spannung weiter erhöht, wird das Zählrohr zur Entladungsröhre. Ein Nachweis von Strahlenquanten wird dann unmöglich.

Die Bauform ist entscheidend für die Nutzung als Punktdetektor, d. h. die Bestimmung der reflektierten Strahlungsintensität in Abhängigkeit vom Beugungswinkel. Beim Liniendetektor wird die gebeugte Intensität als Funktion eines zeitgleich detektierten Winkelbereiches ausgegeben und beim Flächendetektor die gebeugte Intensität als Funktion des aufgenommenen Raumwinkelbereichs.

4.5.1 Punktdetektoren

Gasgefüllte Zählrohre unterscheidet man nach Auslöse- und Proportionalzählrohre. Auslösezählrohre (Geiger-Müller-Zählrohre) werden kaum noch genutzt, da sie zwar hohe Spannungsimpulse liefern und ein Betriebsplateau besitzen, aber die linear maximal zählbare Quantenzahl nur $\approx 100 - 1\,000$ Impulse s^{-1} beträgt und eine zu lange Totzeit von $t_T \approx 10^{-4}$ s aufweisen, bis das Zählrohr wieder für neue Zählungen einsatzbereit ist. Sie haben eine geringe Lebensdauer, da maximal 10^9 Impulse zählbar sind.

Proportionalzählrohr

Das Proportionalzählrohr ist das heute vorherrschende gasgefüllte Zählrohr. Die Gasfüllung besteht aus Edelgasen (Argon, Krypton, Xenon mit Stabilisierungszusätzen aus verschiedenen organischen Dämpfen und Halogenen). Im Zählrohr beträgt der Druck ca. 100 mbar. Es zeichnet sich durch einen konstanten Gasverstärkungsfaktor von 10^3 bis 10^4 für alle Quantenenergien aus.

Mit den typischen Durchmessern der zylinderförmigen Kathoden von 1 cm, des mittig eingespannten Zähldrahtes mit einem Durchmesser von $10\,\mu$m und einer angelegten Spannung $U_D = 1\,000$ V ergibt sich unmittelbar an der Drahtanode eine Feldstärke $\phi(r)$ von 10^5 V/cm, Gleichung 4.26.

$$\varphi(r) = \frac{U_D}{r \cdot \ln\left(\frac{R_{Anode}}{R_{Kathode}}\right)} \tag{4.26}$$

Durch diese hohe Feldstärke werden die Elektronen einer starken Wechselwirkung mit dem Gas um die Anode unterzogen und in dieser kurzen Wegstrecke findet die Gasverstärkung durch Restgasionisation statt.

Charakteristische Größen eines Proportionalzählrohres sind:

- die *Quantenausbeute:* Quotient der Zahl der registrierten Quanten zu der Zahl der einfallenden Quanten in Prozent. Üblich sind 50 bis 80 %. Diese relativ hohe Zahl

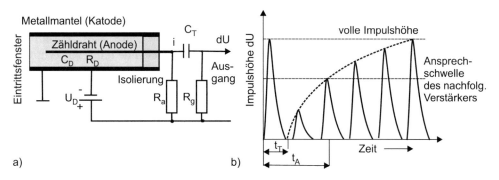

Bild 4.21: Prinzipieller Aufbau eines gasgefüllten Zählrohres a) Prinzipaufbau und -schaltung
b) Impulshöhen-Zeitdiagramm beim Proportionalzähler

an detektierbaren Quanten kommt nicht allein von der Strahlungsabsorption im Gasvolumen, sondern auch daher, dass Quanten, die die Zählrohrwandung treffen, ebenfalls primäre Fotoelektronen herausschießen und gemessen werden.

- die *Totzeit* t_T: Wenn die im Gasvolumen vom Zähldrahtpotential angezogenen Elektronen den Zähldraht erreichen, erfolgt infolge des hohen Vorwiderstandes ein Spannungsabfall an der Elektrodenanordnung. Innerhalb dieser als Totzeit t_T bezeichneten Zeitdauer können jetzt einfallende Quanten nicht detektiert werden, Bild 4.21b. Die Spannung liegt dann zwar am Proportionalzählrohr relativ schnell wieder an, aber es existieren noch positive schwere Ionen im Gasraum, die sich langsamer zur Kathode bewegen bzw. zuvor noch um den Zähldraht eine Raumladungswolke ausbilden, die dort die Feldstärke herabsetzen. Erst wenn diese Ionen vollständig abwandern, wird die volle Feldstärke am Proportionalzählrohr erreicht und damit auch wieder der gesamte Gasverstärkungsfaktor. In dieser Erholungsphase sind die Impulshöhen kleiner. Berücksichtigt man für den Verstärker eine Ansprechschwelle, ab der Impulse real gezählt werden können, so ist dies die Auflösungszeit t_A, in der auf Grund der Totzeit und der Erholungszeit keine Impulse gezählt werden. Die Auflösungzeit t_A ist charakteristisch für die Bauform des Proportionalzählrohres einschließlich den eingestellten Parametern des nachfolgenden Verstärkers. Bis zum Verstreichen der Zeit t_A können also keine einfallenden Quanten gezählt werden. Ist N die Zahl der gezählten Impulse und N_o die wahre Impulszahl, dann werden in der Zeit $t = t_A \cdot N$ keine Impulse registriert. Es ergibt sich daraus Gleichung 4.27.

$$N_o = \frac{N}{1 - t_A \cdot N} \tag{4.27}$$

Nimmt man weiterhin an, dass die Zählverluste kleiner als $1\,\%$ sein sollen, dann ist bei einer angenommenen Auflösungszeit von typischerweise $10^{-6}\,\mathrm{s}$ eine verarbeitbare lineare Impulsdichtezahl von 10^4 Impulse/s möglich.

- die *Wirkung des Löschgases*: Die Löschgaszusätze (Alkohol, Methan) absorbieren UV-Licht und rufen Molekülrotation hervor, die die Gasentladung löscht. Durch das Löschgas wird die Totzeit stark verkürzt.

- die *Lebensdauer:* Die Vakuumdichtheit, die Haltbarkeit der Stabilisierungszusätze und die Haltbarkeit (Diffusionsvermögen, Rekombinationsvermögen) der Gasfüllung bestimmen die Lebensdauer. Mit einem Proportionalzähler lassen sich 10^{11} bis 10^{12} Impulse zählen, dann ist ein Proportionalzählrohr »verbraucht«. Der Zählrohrdraht wird als Anode geschaltet, um Sputtereffekte durch auftreffende Ionen zu verhindern. Trotzdem kann es auch zu einem Bruch des Drahtes kommen.

- die *Stabilität gegenüber Abweichungen in der Versorgungsspannung:* Die Abhängigkeit der erreichbaren Impulsdichte von der an das Proportionalzählrohr angelegten Spannung bei konstanter eingestrahlter Intensität ist in Bild 4.20b gezeigt. Unterhalb der Einsatzspannung, auch Ansprechschwelle U_E genannt, werden keine Impulse gemessen. Es erfolgt ein starkes Ansteigen der messbaren Impulse oberhalb U_E bis zu einem kleinem Plateau bzw. Wendepunkt. Dieses Plateau ist der Arbeitspunkt für das Zählrohr. Die das Zählrohr versorgende Hochspannung sollte auf den »Plateauwert« eingestellt werden, zulässige Schwankungen sollten kleiner $0{,}1\,\%$ sein.

- der *Nulleffekt:* Ein mit Hochspannung betriebenes Zählrohr misst auch bei ausgeschalteter Strahlungsquelle immer eine gewisse Anzahl an Quanten. Dieser Nulleffekt ist die Folge der Detektion der kosmischen Strahlung, der Emission radioaktiver Strahlung aus Baumaterialien und eventueller weiterer Störstrahlungsquellen. Beim Proportionalzähler ergeben sich ca. 15 bis 20 Impulse/min. als Nulleffekt.

Szintillationszähler

Werden Kristalle wie NaJ, CsJ oder ZnS mit Röntgenstrahlen bestrahlt, so senden sie einen Bruchteil der absorbierten Energie als sichtbares Licht aus, Tabelle 4.10. Man spricht hierbei von Lumineszenz, d. h. diese Stoffe absorbieren einen Teil der hohen Quantenenergie der Strahlung und wandeln diese in niedrige emittierte Quantenenergie um [183]. Hier spricht man auch von Fluoreszenz oder Phosphoreszenz. Szintillation ist die Abfolge von Absorption eines Röntgenquants unter Aussendung eines sichtbaren Lichtblitzes. Ein im Bild 4.22 gezeigter Szintillationszähler besteht aus einem Szintillatorkristall, wobei nicht hygroskopisches Material wegen der höheren Beständigkeit verwendet wird. Das Licht des Szintillators wird über einen Lichtleiter aus durchsichtigem Kunststoff (Glas wird vermieden, da Glas beim Bestrahlen mittels energiereicher Strahlung Farbzentren bildet, die die Lichtleitung zeitabhängig schwächen) angekoppelt und weiter geleitet. Der Lichtleiter ist in seiner Dicke so bemessen, dass die Energie der Strahlung vollständig absorbiert wird. Der Szintillatorkristall ist bis auf die Eintrittsstelle an allen anderen Flächen verspiegelt. Der entstehende Lichtblitz ist nicht monochromatisch. Die spektrale Verteilung der Lichtblitzintensität ist weitgehend unabhängig von der Quantenenergie der Röntgenstrahlung. Die Intensität der Lichtblitze ist quantenenergieabhängig, die Fluoreszenzeffizienz ist ebenfalls materialabhängig und nicht sehr hoch. Die maximale Wellenlänge der Lichtblitze ist in Tabelle 4.10 angegeben. Das vom Szintillator emittierte Licht gelangt vom Lichtleiter auf einen Fotodetektor und erzeugt dort Fotoelektronen. Der Fotodetektor ist auf den Lichtleiter meist direkt aufgedampft und bildet eine innere Schicht in dem evakuierten Detektor. Als Fotodetektor-Schichten finden meist Cäsium-Antimon-Verbindungen Anwendung. Über einen Sekundärelektronenvervielfacher (SEV) werden die Fotoelektronen verstärkt. Jede Dynode wird kaskadenförmig mit einer Spannungsdifferenz um 100 V versorgt. Ein auf die Dynode auftreffendes Elektron erzeugt in

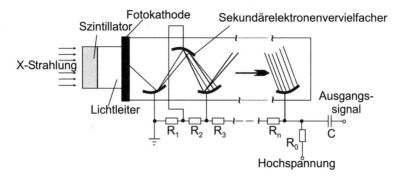

Bild 4.22: Prinzipieller Aufbau des Szintillationsdetektors mit Sekundärelektronenvervielfacher

Tabelle 4.10: Eigenschaften von Szintillationskristallen aus [146, 184, 271]

Material	Fluoreszenz-effizienz	Maximum Emission [nm]	Abklingzeit [μs]	Kristallart	Hygroskopie
NaJ(Tl)	0,08	415	0,25	Einkristall	sehr stark
CsJ(Tl)	0,04	420-570		Einkristall	nein
CaJ$_2$(Tl)	0,16	470		Einkristall	sehr stark
ZnS(Ag)	0,28	450	> 5	Polykristall	nein

der Regel $3 - 5$ Sekundärelektronen. Da die Verstärkung kaskadenförmig verläuft, kann aus der Höhe des Spannungsimpulses an der letzten Dynode auf die Energie und die Wellenlänge der einfallenden Quantenstrahlung geschlossen werden. Der Spannungsimpuls ΔU der letzten Dynode wird weiter verstärkt und in einer üblichen Detektorsschaltung als Spannungsstoß abgenommen. Den Szintillationszähler zeichnen folgende Eigenschaften aus:

- die *Quantenausbeute:* Durch die nahezu vollständige Absorption der Röntgenstrahlung liegt die Quantenausbeute bei 100 %. Zwischen Absorption der Röntgenstrahlung und des Strahlungsverlustes des sichtbaren Lichtes ist ein Optimum für die Dicke des Szintillatorkristalls (bei NaJ(Tl) bei ca. 1 mm) zu suchen.
- die *Totzeit:* Die Abklingzeit des Lichtblitzes im Szintillator (typischer weise im NaJ(Tl)-Kristall bei 0,25 μs) bestimmt die Auflösungszeit. Der nachgeschaltete Sekundärelektronenvervielfacher hat eine kleinere Auflösungszeit. Dadurch sind mit einem Szintillationszähler bis zu $5 \cdot 10^5$ Impulse $\cdot$ s^{-1} zählverlustfrei messbar.
- die *Lebensdauer:* Das Vakuum und die Langzeitstabilität im Sekundärelektronenvervielfacher sind bestimmend. Man geht davon aus, das man $> 10^{12}$ Impulse mit einem SEV zählen kann. Der Szintillatorkristall ist bei Vermeidung von Wasserdampf nahezu unbegrenzt einsatzfähig. Es gibt hier keine Lebensdauer beschneidende Effekte.
- die *Stabilität gegenüber Abweichungen in der Versorgungsspannung:* Das Verstärkungsverhalten des SEV hängt entscheidend von der Stabilität der Hochspannungsversorgung an den Dynoden ab. Es bildet sich ein ausgeprägteres Plateau als beim Proportionalzählrohr, Bild 4.20b. Die Eingangsempfindlichkeit des nachfolgenden Verstärkers ist für die Zählcharakteristik entscheidend. Die Hochspannungsstabilität muss besser als 0,1 % für qualitativ hochwertige Ergebnisse sein.
- der *Nulleffekt:* Beim Szintillationszählrohr ist das thermische Rauschen zu beachten. Es hat seine Ursache in dem Fotodetektor im SEV. Ohne Impulshöhendiskriminator könnten ansonsten Nulleffekte bis 10^4 Impulse $\cdot$ s^{-1} auftreten. Zu beachten ist jedoch, dass auch beim Szintillator natürliche radioaktive Gammastrahlung immer mit gezählt wird und somit der Nulleffekt nicht unter 60 Impulse/s liegt.
Durch Kühlung der Fotokathode auf dem Eintrittsfenster oder durch Einstellen einer Schwelle für die Höhe der Zählimpulse (Diskriminator) lässt sich der Nulleffekt erheblich reduzieren.

Halbleiterdetektoren

Im Prinzip ist ein Halbleiterdetektor ein in Sperrrichtung gepolter $p-n$-Übergang, an dem sich eine von freien Ladungsträgern verarmte Zone ausbildet (»Raumladungs- oder Verarmungszone«). Sie ist das strahlungsempfindliche »sensitive« Volumen des Detektors.

Halbleiterdetektoren weisen gegenüber Gasproportionalzählern und Szintillationszählern eine Reihe von Vorteilen auf. Wird ein Röntgenphoton im sensitiven Bereich des Detektors absorbiert, so wird ein Atom des Halbleiters ionisiert, indem ein Elektron aus inneren Schalen ins Grenzkontinuum angehoben wird. Bei der Rückkehr in den Grundzustand kann das Atom die gespeicherte Energie entweder in Form eines charakteristischen Röntgenquants oder durch inneren Fotoeffekt an ein Elektron im Kristall abgeben. Dieses energiereiche Elektron löst ebenso wie das bei der Ionisation freigesetzte Elektron eine inelastische Stoßkaskade aus. Wenn diese vollständig im Raumladungsgebiet abläuft, werden so viele Elektronen-Loch-Paare erzeugt, bis die absorbierte Energie aufgebraucht ist. Auch das charakteristische Röntgenquant kann im sensitiven Detektorbereich absorbiert und seine Energie zur Erzeugung von Elektronen-Lochpaaren umgesetzt werden. Das bedeutet, dass die Anzahl der Elektronen-Lochpaare proportional zur Energie des in den Detektor eingetretenen Photons und umgekehrt proportional zur Elektronen-Loch-Paarbildungsenergie ist. Die Dichte von Festkörpern ist mehr als 1000 mal höher als die von Gasen bei Normaldruck (Silizium $\rho = 2,33\,\mathrm{g\,cm^{-3}}$, Germanium $\rho = 5,33\,\mathrm{g\,cm^{-3}}$, Luft $\rho = 0,001\,3\,\mathrm{g\,cm^{-3}}$). Entsprechend hoch ist das Absorptionsvermögen von Halbleiterdetektoren für Röntgenstrahlen. Nach [224] steigt ferner die Wahrscheinlichkeit für die Absorption eines Strahlungsquants mittels Fotoeffekts mit der vierten Potenz der Ordnungszahl Z. Zusammen mit der um eine Größenordnung geringeren Ionisierungsenergie (Erzeugung eines Elektronen-Lochpaares in Silizium $3,8\,\mathrm{eV}$, in Germanium $2,8\,\mathrm{eV}$; Ionisierungsenergie von Luft $34\,\mathrm{eV}$) ergibt sich ein Empfindlichkeitsgewinn von mehr als $1:20000$ für Silizium- bzw. $1:40000$ für Germanium-Detektoren im Vergleich zu gleich großen, mit Normaldruck gasgefüllten Ionisationskammern. Die Dimension von Halbleiterdetektoren fällt daher im Vergleich zu gasgefüllten Detektoren deutlich kleiner aus. Szintillationszähler verwenden zwar ebenfalls einen Festkörper als Nachweismedium, ihre Energieauflösung ist jedoch deutlich schlechter als die von Halbleiterdetektoren. Die noch geringere Energieauflösung von gasgefüllten Detektoren reicht nur zu einer groben Energiedifferenzierung aus.

Die kleinere Bandlücke des Germaniums von $0,67\,\mathrm{eV}$ gegenüber der des Siliziums von $1,12\,\mathrm{eV}$ bei $0\,^\circ\mathrm{C}$ vergrößert aber die Anfälligkeit gegenüber dem Auslösen von thermisch generierten Elektronen-Lochpaaren. Das hat ein höheres thermisches Rauschen des Signals zur Folge. Halbleiter-Detektoren müssen folglich im Betrieb tief gekühlt werden. Halbleiter mit großer Bandlücke, wie Siliziumkarbid oder Diamant sind vielversprechende Kandidaten für einen Einsatz, aber derzeit noch nicht über das Versuchsstadium hinausgekommen.

Man unterscheidet zwischen intrinsischen und dotierten extrinsischen Halbleitern. Ideale intrinsische (»Eigen«-)Halbleiter weisen keine Störstellen oder Verunreinigungen auf. Sie werden nur selten für Detektoren eingesetzt, weil es schwierig und teuer ist, diese Materialien mit einer ausreichend hohen Reinheit herzustellen. Stattdessen verändert man für extrinsische Halbleiter absichtlich die Materialeigenschaft von technisch reinen Halb-

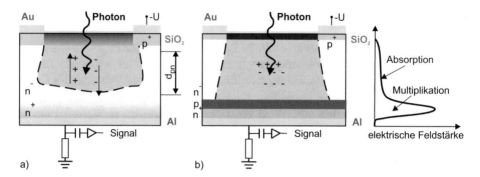

Bild 4.23: Prinzipieller Aufbau eines Halbleiterdetektors auf a) Si(Li) PIN-Diodenbasis b) Avalanche-Fotodiode (APD)

leitern, indem man durch Diffusion oder Ionenimplantation geeignete Verunreinigungen hinzufügt (»dotiert«). In die spätere Raumladungszone eindiffundiertes Lithium kann die Wirkung von Störstellen und Verunreinigungen kompensieren und es diffundiert im elektrischen Feld und bei höheren Temperaturen leicht in Silizium und Germanium ein. Man nutzt dies aus, um einen großen, bei tiefer Temperatur isolierenden Volumenbereich zu erzeugen. Das Lithium würde in dem elektrischen Feld ohne Kühlung weiter diffundieren und den pn-Übergang zerstören. Damit nur geringe Leckströme auftreten und die thermische Generation von Ladungsträgern vermieden wird, erfolgt der Betrieb bei tiefen Temperaturen, meist bei ca. 77 K, also der Temperatur des flüssigen Stickstoffes. Auch mittels Peltierelementen kann man den Halbleiterdetektor bis ca. 250 K kühlen, jedoch tritt hier noch erhöhtes Rauschen auf.

Weil n-Silizium in höherer Reinheit als p^+-Silizium erhältlich ist, geht man von n^--Material aus, das auf der einen Seite p^+, auf der anderen n^+ dotiert wird. Zur Kontaktierung sind beide Seiten mit Aluminium beschichtet. In der Regel wählt man die Sperrspannung am p^+-Kontakt so hoch, dass die Raumladungszone sich über die gesamte Dicke d_{pn} zwischen den Kontaktierungen ausbildet. Dadurch erhält man ein großes strahlungsempfindliches Volumen bei minimaler Kapazität. Das an freien Ladungsträgern verarmte n^--Substrat in der Raumladungszone verhält sich wie intrinsisches Silizium, das bei tiefen Temperaturen nichtleitend ist. Erst bei der Absorption eines Röntgenquants wird es kurzzeitig leitfähig, bis die gebildeten Elektronen-Loch-Paare an die Elektroden abgeflossen sind.

Im elektrischen Feld der Raumladungszone werden die Ladungsträger getrennt. Sie driften an die Diodenkontakte. Die gesammelte Ladung wird mit einem Vorverstärker in einen Spannungsimpuls von ca. 100 ns Dauer umgewandelt, Bild 4.23a, der somit proportional zur Anzahl der erzeugten Elektronen-Loch-Paare und demnach ein Maß für die Energie des einfallenden Röntgenquants ist. Ein meist direkt im Halbleitermaterial (nur bei Si-Detektoren möglich) integrierter MOS-Transistor stellt gleichzeitig einen hochohmigen Verstärker dar. Durch die Kühlung und diesen MOS-Transistor wird das thermische Rauschen vermindert. Die Effizienz der Anordnung steigt.

Der große Vorteil der Halbleiterdetektoren ist die wesentlich bessere Energieauflösung als die gasverstärkender Detektoren, siehe Bild 4.32c Seite 150.

Im Avalanche-Foto-Dioden-Detektor (APD- oder Lawinen-Detektor genannt) wird durch ein besonderes Dotierungsprofil die elektrische Feldstärkenverteilung so gestaltet, Bild 4.23b, dass sich bei Anlegen einer hohen Sperrspannung am $p - n^+$-Übergang ein schmaler Bereich sehr hoher Feldstärke ausbildet, die so genannte Multiplikationszone. Die Röntgenquanten werden im intrinsischen Bereich absorbiert. Die erzeugten Ladungsträgerpaare werden getrennt, die freien Elektronen driften in die Multiplikationszone, werden dort durch die hohe elektrische Feldstärke beschleunigt und lösen durch Stoßionisation eine Ladungslawine aus. Bei Sperrspannungen nahe der Durchbruchspannung von einigen 100 V erreicht man mit APD eine mehr als hundertfache Verstärkung des Signals. APD haben sich in der Röntgenbeugung jedoch nicht durchgesetzt. Die Nachteile sind ein hoher Rauschpegel sowie eine starke Abhängigkeit des (nichtlinearen) Signals von der Temperatur und der Stabilität der Sperrspannung. Die Kühlung mit flüssigem Stickstoff ist kostenintensiv.

4.5.2 Lineare Detektoren

Die bisher besprochenen Detektoren sind nicht ortsempfindlich. Da diesen Detektoren meist eine Eingangsblende, die Detektorblende, vorgeschaltet wird, sind sie nur sensitiv unter dem Braggwinkel, auf dem der Detektor mit dem Eintrittsspalt gerade steht, deshalb der Begriff des Punktdetektors. Winkelbereiche können nur sequentiell nacheinander abgetastet werden. In den nachfolgenden Kapiteln werden Modifikationen vorgestellt, die eine linienhafte oder flächenmäßige Detektion erlauben.

Will man gleichzeitig einen ganzen Winkelbereich abtasten, muss die Bauform des Detektors um eine Ortslokalisierung längs einer Linie erweitert werden. Der Ort der Strahlungswechselwirkung im Detektor muss exakt lokalisiert werden können, um daraus den Braggwinkel in der Beugungsanordnung ermitteln zu können. Wie kann eine solche Ortskodierung in einen Detektor integriert werden?

Setzt man im Proportionalzählrohr einen hochohmigen Zähldraht ein und nimmt den entstehenden Ladungsimpuls bei Quantendetektion an beiden Enden des Zähldrahtes ab, dann treten unterschiedliche Zeitverzögerungen entsprechend $\tau = R \cdot C$ auf. Der Widerstand R (Zähldrahtwiderstand) und die lokal sich ausbildende Kapazität C

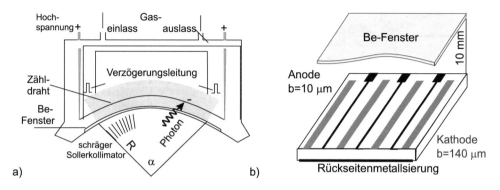

Bild 4.24: a) Prinzipieller Aufbau eines ortsempfindlichen Detektors auf Zähldrahtbasis (gasgefüllter PSD) b) Prinzipieller Aufbau eines Mikrostreifendetektors

des Proportionalzählrohres sind abhängig von der Bauform. Trifft ein Strahlungsquant an einem bestimmten Ort am Zähldraht auf, dann ergeben sich aus dem Gesamtwiderstand R des Zähldrahtes zwei Teilwiderstände R_1 und R_2 und damit zwei Laufzeiten/Zeitverzögerungen τ_1 und τ_2, die der Ladungsimpuls braucht, um an die jeweiligen Enden zu gelangen. Dann lassen sich mittels Zeitdiskriminierung Ortsauflösungen von 50 µm bei Zähldrahtlängen um 5 cm erreichen. Die hochohmigen Zähldrähte sind Quarzglasfasern, beschichtet mit Kohlenstoff oder Metallsiliziden. Die hohe Ladungsträgerdichte um den Zähldraht beschleunigt dessen Alterung und kann zur Zerstörung führen. Kalibrierungen zum Erhalt der Ortslagen sind regelmäßig notwendig. Diese Instabilitäten können umgangen werden, wenn man die Ortsdetektion über die Kathode des Zählrohres realisiert. Dies kann durch eine geometrisch parallel zum Zähldraht angeordnete, als Kathode geschaltete Verzögerungsleitung erfolgen, Bild 4.24a. Das Röntgenquant X erzeugt an einer bestimmten Stelle entlang des Zähldrahtes Ladungsträger, die Gasverstärkung erfolgt lokal und am Auftreffort bildet sich durch die Ladung am Zähldraht ein lokaler Kondensator zwischen Zähldraht und Verzögerungsleitung. Werden an den Enden der Verzögerungsleitung Impulse in entgegengesetzte Richtung eingespeist und »gewartet« bis diese an der entgegengesetzten Seite ankommen, ergeben sich je nach Ort des Kondensators unterschiedliche Verzögerungszeiten τ_1 und τ_2. Aus der messbaren Zeitdifferenz ist die Ortslagenbestimmung möglich. Solche als *ortsempfindliche Detektoren (PSD)* bezeichnete Detektoren haben oft keine ständige Gasfüllung. Über einen Strömungswächter wird ein Gasgemisch aus Argon und meist 5 % Methan in die Anordnung eingelassen und dient der Gasverstärkung. Mit diesen Anordnungen lassen sich je nach Bauform $2 - 12°$ eines Beugungsbereiches simultan mit einer Ortsauflösung von bis zu $2\theta \approx 0{,}02°$ messen. Die bogenförmige Anordnung des Zählrohres wird entsprechend gängiger Goniometerradien R gefertigt. Die Länge des Bogens bestimmt den maximal erreichbaren Öffnungswinkel α, Bild 4.24a. Zur Verbesserung der Ortsauflösung und Verminderung von Verschmierungen kann man vor das Eintrittsfenster einen SOLLER-Kollimator vorschalten. Hier werden aber nicht parallele Metallplättchen verwendet, sondern Plättchen entlang des Goniometerradius, siehe Bild 4.24a.

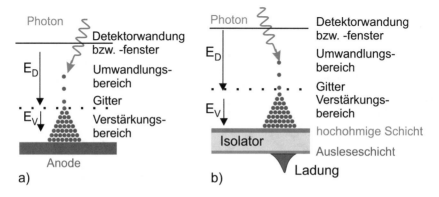

Bild 4.25: a) Konventionelle Anordnung und Wirkungsweise des PPAC-Detektors
        b) verbesserte Anordnung des PPAC-Detektors zur Erzielung höherer Impulsraten

Eine Synergie von Proportionalzählrohrprinzip und Mikrotechnik sind die Mikrostreifendetektoren, derzeit als MWPC (*multiwire proportional counter*), Bild 4.24b bezeichnet. Auf ein elektronenleitendes Glassubstrat (dient nur zur Potentialübertragung) werden breitere Kathodenstreifen und wesentlich schmalere Anodenstreifen, wie im Bild 4.24b angedeutet, eng benachbart angeordnet. Bei der hier dargestellten Anordnung mit 200 μm Gesamtbreite einer Anoden-Kathodenanordnung können so auf einer Länge von 25 mm 100 lokale Proportionalzählrohre angeordnet werden. Zwischen der Rückseitenmetallisierung und den einzelnen Anodenstreifen wird an deren Kontaktstelle die Hochspannung angelegt. Über diese Anordnung wird ein Detektorfenster in ca. 10 mm Abstand angebracht und der Zwischenraum mit Gas gefüllt. Trifft ein Strahlenquant an einem Ort auf, generiert es Ladungsträger im Gas. Durch die schmalere Anode gibt es wieder Feldstärkeüberhöhungen und an den einzelnen Anodenstreifen kann das Signal wie beim Proportionalzählrohr entnommen werden. Die einzelnen Anoden kann man auch über Widerstandsschichten miteinander verbinden und erhält somit quer zu den Anoden eine Verzögerungsleitung. Der Ausleseprozess kann dann genauso wie beim ortsempfindlichen Detektor erfolgen. Der hier beschriebene konventionelle MWPC-Detektor hat seine Begrenzungen in Entladungserscheinungen und in Nichtlinearitäten der Gasverstärkung bei hoher Strahlungsdichte [36]. Bringt man in den Gasraum dicht über der Anode $(0,1 - 4\,mm)$ noch ein Gitter auf wesentlich niedrigerem Potential als die Anode an, dann erfolgt die eigentliche Gasverstärkung zwischen Gitter und Anode. Solche Anordnungen werden als *Micro-Gap-Detektoren* bezeichnet. Bei einem festgelegten Gasdruck im Detektorraum steigt die Verstärkung exponentiell mit der angelegten Spannung bis zum Durchbruch. Es gibt hier keinen Sättigungsbereich wie beim konventionellen Proportionalzählrohr. Diese Anordnung wird *PPAC-Detektor* (*parallel plate avalanche chamber*) genannt, Bild 4.25a. Typisch für diesen Detektor ist, dass hier die Verstärkung von 10^4 bei einer Impulsdichteleistung von 10^5 Impulse $\cdot\,mm^{-2} \cdot s^{-1}$ und auf 10^3 bei Anstieg der einfallenden Strahlung auf 10^7 Impulse $\cdot\,mm^{-2} \cdot s^{-1}$, wie es bei Reflexionsmessungen oder Einkristalluntersuchungen vorkommen kann, sinkt [75]. Die Anodenkonfiguration wird durch Einfügen einer Widerstandsschicht (Indium-Zinn-Oxid – ITO) mit einem Flächenwiderstand von ca. $10^6\,\Omega$ auf einem Isolator und Anbringen der Ausleseschicht auf der Rückseite des Isolators so verändert, wie in Bild 4.25b dargestellt. Die Widerstandsschicht stabilisiert die Detektoranordnung und erlaubt eine Erhöhung der Ladungsverstärkung ohne Durchbrüche. Die auf die Widerstandsschicht auftreffende Ladung bildet über den Isolator einen Kondensator, dessen Ladung ortsaufgelöst ausgelesen werden kann [75, 137]. Mit solchen Anordnungen lassen sich Impulsraten bis zu $5 \cdot 10^7$ Impulse $\cdot\,s^{-1}$ mit einer lateralen Auflösung von $130 - 150\,\mu m$ detektieren [75].

Wesentlich mehr Ladungsträger pro Strahlenquant werden in Halbleitern generiert, siehe Seite 135. Im Bild 4.26a ist eine Anordnung dargestellt, die aus einem zylindrischen Halbleiter mit innerer Elektrode besteht. Durch diese Bauform erfolgt im Halbleiter eine innere Verstärkung der generierten Ladungsträgerpaare, man spricht bei Verwendung von Germanium als Halbleiter von einem Germanium-Detektor mit innerer Verstärkung (GDA). Vorteilhaft ist, dass keine pin-Dioden hergestellt werden müssen, sondern nur ein gleichmäßig dotierter Halbleiter von p- oder meist n-Typ notwendig ist. In einem dotierten n-Halbleiter mit Donatorkonzentration N_D und einer koaxialen Anordnung ähnlich dem Proportionalzählrohr ergibt sich eine Feldstärke $\varphi(r)$, Gleichung 4.28. Die Permiti-

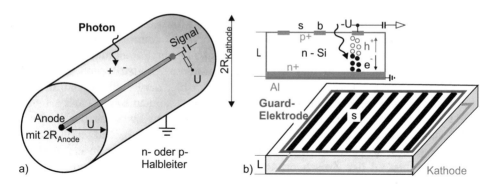

Bild 4.26: a) Prinzipieller Aufbau eines Halbleiterdedektors mit interner Verstärkung (GDA)
b) Prinzipieller Aufbau eines linearen Mikrostreifenhalbleiters

vität ϵ_r des Halbleiters geht als eine Materialkonstante ein. Halbleiterdetektoren weisen eine extrem hohe Dynamik (16 bit Digitalisierungstiefe, d. h. 1 zu 2^{16}) und Linearität auf, so dass man mit hohen Primärstrahlintensitäten arbeiten kann.

$$\varphi(r) = \frac{e \cdot N_D}{2\epsilon} - \frac{[U + (\frac{e \cdot N_D}{4\epsilon})(R_{Anode}^2 - R_{Kathode}^2)]}{r \cdot \ln(\frac{R_{Anode}}{R_{Kathode}})} \tag{4.28}$$

In der Halbleitertechnik wird anstelle der Feldstärke E_D eine Spannung U_{De} eingeführt, die so genannte Verarmungsspannung U_{De}. Sie bewirkt, dass sich der Halbleiter im Volumen neutralisiert, also alle Ladungen, die sich durch Fehler im Halbleiter ausbilden, neutralisiert werden. Diese Verarmungsspannung kann aus Gleichung 4.28 bei Annahme, dass $R_{Kathode} \gg R_{Anode}$ ist, abgeschätzt werden.

$$U_{De} \approx -\frac{e \cdot N_D}{4\epsilon} R_{Anode}^2 \tag{4.29}$$

Damit wird Gleichung 4.28 letztlich zu:

$$\varphi(r) = -\frac{2 \cdot U_{De}}{R_{Anode}^2} r - \frac{U - U_{De}}{r \ln\left(\frac{R_{Anode}}{R_{Kathode}}\right)} \tag{4.30}$$

Die hier auftretenden Feldstärken sind extrem hoch. Ein Problem ist die koaxiale Anordnung technologisch zu realisieren, d. h. eine in Halbleitermitte eingebettete dünne metallische Elektrode ohne Schädigung des Halbleiters herzustellen. Einfacher ist es, auf den Halbleiter mit der Dicke L ebene Elektroden der Breite b und dem Abstand s auf lokal dotierten Gebieten aufzubringen, Bild 4.26b. Die Gleichung 4.30 wird damit zu:

$$\varphi(0, y) = -\frac{2 \cdot U_{De}}{L^2} y - \frac{\pi(U - U_{De})}{s[\frac{\pi L}{s} - \ln\frac{\pi b}{s}]} \coth\frac{\pi y}{s} \tag{4.31}$$

Jeder einzelne Streifen ist damit ein ortsaufgelöster, kleiner Halbleiterdetektor. Über entsprechende Beschaltungen wie schon beim gasgefüllten Streifenleiter vorgestellt, ist die lineare Ortsdekodierung möglich. Mit diesen Anordnungen könne mehr als 10^8 Impulse $\cdot$ s^{-1} verarbeitet werden. Pro Strahlungsquant liefert der Detektor mehr Signal. Die Messgeschwindigkeit lässt sich dabei um den Faktor 400 steigern [67].

Fertigungsbedingt treten jedoch im großflächig ausgedehnten Halbleiter manchmal Materialfehler/Defekte auf, so dass diese Streifenbereiche keine Ladungsträger detektieren können. Man blendet diese Streifen elektronisch aus. Das hat beim späteren kontinuierlichen Betrieb kaum einen Einfluss auf den detektierbaren Winkelbereich. Solche Detektoren müssen über eine intelligente Korrekturelektronik verfügen, wenn sie als »schnelle stationäre Schnappschussdetektoren« eingesetzt werden sollen [67], siehe weitere Bemerkungen im Kapitel 5.8.1 und auch Bild 5.58.

Das Auslesen der erzeugten Ladungen kann auch über CCD-Technologie (*charge-coupled-devices*) erfolgen. Ein CCD-Bauelement ist eine hochohmige Fotozelle (Größe um $20 \cdot 20 \, \mu m^2$), die den entstehenden Fotostrom in einer Kapazität speichert. Dieser Vorgang erfolgt besonders effizient mit sichtbarem Licht. Energiereichere Röntgenstrahlung durchdringt die Fotoschichten fast verlustlos, d. h. es werden nur wenige Ladungsträger generiert. Deshalb werden in der Röntgentechnik dem Detektor großflächige Phosphorschirme (bis zu $100 \, cm^2$) als Bildwandler vorgeschaltet. Die darin entstehenden Lichtblitze werden über Lichtleiter flächenmäßig verkleinert oder linsenoptisch auf den CCD-Chip (Fläche um $2 \, cm^2$) abgebildet. Die einzelnen Zellen sind miteinander in Form von Schieberegistern verkettet. Die in einer Zelle gespeicherten Ladungen werden solange weiter geschoben, bis sie ein Register erreichen und dort weiter verstärkt werden. Da bekannt ist, wie oft man bis zum Register die Ladung verschoben hat, ist somit der Ort bekannt.

4.5.3 Flächendetektoren

Der erste Detektor für Röntgenstrahlung war ein Flächendetektor – nämlich der fotografische Film. Der Fotoprozess [43] ist schon im Kapitel 2.5 behandelt worden. Die laterale Auflösung von gängigen speziellen Röntgenfilmen ist bis heute unerreicht. Die Hardwarekosten sind gering, die Kosten für Verbrauchsmaterial dagegen hoch. Der Nachteil des Films ist seine Empfindlichkeit gegenüber normalem Licht, was immer die Verarbeitung im Dunkeln erfordert. Dazu kommt die zeitliche Verzögerung, erst Experiment und Belichtung des Filmes, dann Entwicklung und danach liegt erst das Ergebnis vor. Eine Echtzeitverarbeitung ist mit Filmen nicht möglich.

Die im Kapitel 4.5.2 dargelegten Prinzipien werden in modernen Flächendetektoren zweidimensional angewendet. Ein GADS-Detector (*gaseous area detector system*) besteht aus einer Matrix von horizontal und vertikal in einer Ebene gespannten Zähldrähten in einem quadratischen, gasgefüllten Rahmen. Als Zählgas wird eine Xenon-Kohlendioxidmischung verwendet. Um die Ortsauflösung zu verbessern, wird hier nicht mit Unterdruck, sondern mit einer Überdruckgasfüllung von bis zu 4 bar gearbeitet. Wegen der Drahtanordnung wird diese Ausführung auch als MWPC (*multi wire proportional counter*) bezeichnet. Horizontal und vertikal am Rand sind Verzögerungsleitungen angeordnet. Durch diese Kombination kann man den Einstrahlort aus dem Kreuzungspunkt des horizontalen und vertikalen Zähldrahtes ermitteln. Solche Detektoren überspannen Flächen von 110 mm Durchmesser. Es werden dabei horizontal und vertikal je 1 024 Zähldrähte

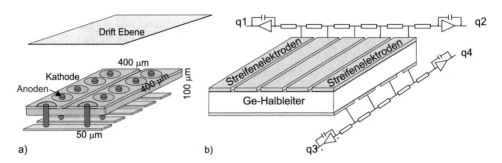

Bild 4.27: a) Prinzipdarstellung für einen GEM-Detektor b) Zweidimensionaler Halbleiterstreifendetektor auf Ge-Halbleiterbasis, auch in Si-Ausführung möglich

gespannt, das ergibt eine Auflösung von $1\,024 \cdot 1\,024$ Bildpunkten. Mit solchen Detektoren lassen sich aber nur Photonenflüsse bis zu 10^4 Photonen $\cdot$ s^{-1} verarbeiten [71], Bild 4.33a. Das Anordnen und Aufspannen der Drähte ist durch den kleinsten handhabbaren Drahtdurchmesser (ca. 25 µm bei Golddrähten) in der Zeilen-/Spaltenzahlzahl begrenzt.

Vorteilhafter sind direkt hergestellte Mikrostrukturen in Matrixform ähnlicher Anordnung, Bild 4.27a. Die Lokalisierung der Ladungsträgerentstehung und die detektierbaren Photonenflussdichte wird durch die punktförmigen Anoden verbessert.

Eine weitere Variante von Flächendetektoren sind so genannte GEM-Detektoren (*gaseous electron multiplier*). In eine doppelseitig mit Kupfer beschichtete, 50 µm dicke Polyimidfolie werden nasschemisch 75 µm große Löcher mit einem Rastermaß von 140 µm geätzt. Eine Spannung von 500 V erzeugt bei Ionisation in Lochnähe Gasverstärkungen um den Faktor von 10^4. Die höhere lithographische Fertigungsgenauigkeit der Strukturen ergibt damit weniger Schwankungen in der Homogenität der Gasverstärkung. Da die Feldstärkeverteilung beim GEM linear, beim Drahtdetektor dagegen radial um den Draht ist, ist der Raum für die Gasverstärkung völlig verschieden, 4.28a.

Von KHAZINS u.a. [143] wird das Prinzip der Mikrogaptechnologie für eine zweidimensionale Anordnung vorgestellt. Es wird hier eine Anordnung ähnlich Bild 4.25b für eine Detektorfläche von $14 \cdot 14\,\text{cm}^2$ vorgestellt. Das für die Gasverstärkung notwendige Gitter wird aus einer $50 - 100\,\text{µm}$ dicken, selbsttragenden Edelstahlfolie hergestellt. In diese Folie wird ein Lochmuster mit einem Mittelpunktsabstand von 350 µm bei einem Lochdurchmesser von 250 µm durch Lithographie hineingeätzt. Die Lochmaske hat damit eine optische Transparenz von 46 %. Durch Erhöhung des Gasinnendruckes auf 2 bar und Verwendung von Xenon/CO_2 (90/10-Anteilsverteilung) und nachfolgende hohe lokale Gasverstärkungen können laterale Auflösungen von 54 µm erreicht werden.

Ebenso ist die Gasverstärkung beim GEM auf einen engeren Raum begrenzt, wie Bild 4.28a gegenüber dem GADS-Detektor mit Drahtanordnung zeigt. Der Abstand Löcherschicht-Anode ist ebenfalls viel kleiner als der Abstand Draht-Anode. Diese Detektoren haben die derzeit höchste Bandbreite von verarbeitbaren Impulsen, Bild 4.33b. Dieser Detektor wird bei den Aufnahmen in den Bildern 5.58, 5.56 und 10.40 verwendet.

Auch Halbleiterdetektoren mit gekreuzten Elektroden, wie in Bild 4.27b dargestellt, eignen sich zur flächenhaften Detektion. Durch Anwendung von Verfahren aus der Mi-

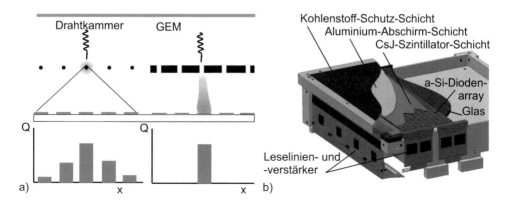

Bild 4.28: a) Vergleich der Ortsauflösung von GEM- und GADS-Detektoren
        b) 2D-Flächendetektor mit CsJ-Stengelkristallit Szintillatorschicht und amorphem
        Si-Fotodiodenarray

krosystemtechnik sind Steigerungen in der Zeilenzahl möglich. Durch Veränderungen im Design des Mikrostreifenleiters (MSHL), Bild 4.24b im Kathodenbereich, durch Aufbringen der Kathoden an der Rückseite und gleichzeitiges Drehen um 90° wird der Streifendetektor zum Flächendetektor.

Eine Bauform des flächenhaften Halbleiterdetektors besteht aus einer Kombination aus Szintillator und einer Fotozellenmatrix. Fotozellenarrays mit $1\,024 \cdot 1\,024$ Zellen und Abmessungen der Einzelzelle von $\approx 40\,\mu m$ bis $\approx 200\,\mu m$ sind verfügbar. Jede Fotozelle ist mit einem Verstärkertransistor versehen. Die Fotomatrix kann aus einkristallinem oder polykristallinem Silizium, Bild 4.28b bestehen. Damit ergeben sich Gesamtabmessungen von $6 \cdot 6\,cm^2$ bis $20 \cdot 20\,cm^2$ für den Detektor. Ordnet man jetzt über dieses Fotozellenarray eine flächige Szintillatorschicht einschließlich Lichtleiter an bzw. verwendet CsJ-Stengelkristallite, dann lassen sich mit diesem flachen, zweidimensionalen Festkörperdetektor ortsaufgelöste Untersuchungen durchführen.

Eine Zwischenstellung zwischen Szintillationszähler und Halbleiterdetektoren nehmen die CCD-Detektoren ein. In mikrolithographisch erzeugten Halbleitergebieten wird durch Lichtstrahlung eine Ladungsträgerzahl erzeugt und über eine Schieberegister ähnliche Auslesefunktion ist der Ort der Ladungsentstehung, über die »Menge der Ladungen« die Intensität der Lichtstrahlung auslesbar. Bei Röntgenstrahlung ist der Wechselwirkungsraum für die Ladungsträgergeneration zu groß. Ursache sind wieder die höhere Energie, die schwache Absorption der Röntgenstrahlung und die hohe Reichweite. Für Röntgenstrahlung ist es somit nicht uneingeschränkt möglich, die Prinzipien der derzeit boomenden lichtempfindlichen CCD-Kameras zu übernehmen. Die CCD-Matrix darf nicht intensiver Röntgenstrahlung ausgesetzt werden. Sie würde die Ladungsträgerbilanz empfindlich stören. Um dennoch genügend »Röntgensignal« zu bekommen, nimmt man eine röntgenstrahlempfindliche Szintillatorschicht als Bildwandler und ordnet zwischen Szintillatorschichtrückseite und der fotoelektrischen Schicht zur weiteren Absorption der Röntgenstrahlung einen Lichtleiter an. Die Ortsauflösung geht jedoch in einem kompakten Lichtleiter verloren. Deshalb wird das Licht über Glasfasern bzw. Glasfaserbündel zum Fotodetektor weitergeleitet.

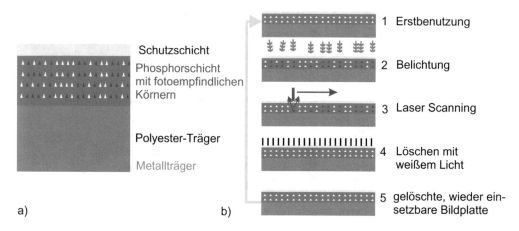

Bild 4.29: a) Prinzipieller Aufbau einer Bildplatte b) Zyklus der Gewinnung von Bildern, Ausleseprozess und Wiederverwendbarkeit von Bildplatten

Mehrfach »verwendbarer Film« sind Bildplatten (Image Plates (IP) bzw. Speicherfolien). Je nach Herstellerangaben sind zwischen 1 000 bis 100 000 Belichtungs- und Löschzyklen möglich. Der Aufbau ist in Bild 4.29a gezeigt. Auf einen dünnen metallenen Träger wird eine Polyester-Schicht aufgebracht. In einer Lackschicht von $100 - 300\,\mu m$ Dicke werden kleinste Speicherkristalle aus Europium (Eu^{2+}) dotierten Barium-Fluor-Brom-Verbindungen eingebracht. Die Pixelgröße variiert derzeit zwischen $50 - 15\,\mu m$. Die Strahlung überführt den Kristall in seinem Leuchtzentrum in einen metastabilen Zustand, Bild 4.29b. Das latente Bild in Gestalt angeregter, in Haftstellen festsitzender Hüllenelektronen wird damit »zwischengespeichert«. Dieser Zustand ist Stunden bis Tage stabil. Wird die belichtete Platte mit einem rotem Laserstrahl zeilenweise abgetastet, werden die Kristalle im metastabilen Zustand zur Aussendung von blauem Fluoreszenzlicht angeregt. Dieses blaue Licht wird quantitativ Pixel für Pixel erfasst. Die Intensität ist damit ein Maß für die dort zwischengespeicherte Strahlungsintensität. Dieser physikalische Prozess ist voll reversibel. Wird die Platte nach dem Auslesen mit weißem Licht ca. $10 - 20\,min$ gleichmäßig bestrahlt, so ist die Platte wieder »gelöscht« und für neue Aufnahmen bereit.

Die Bildplatte kann im Austausch mit der Film-Folien-Kassette bei sonst technisch unveränderter Röntgeneinrichtung eingesetzt werden. Das Auslesen dauert aber immer noch genauso lange wie der Filmentwicklungsprozess. Dynamische Prozesse lassen sich daher mit einer Bildplatte nicht aufnehmen. Mittlerweile ist die Zahl der Bildpunkte auf $1\,800 \cdot 1\,600\,cm^{-2}$ gestiegen und erreicht damit fast Filmqualität. Zum Vergleich hat der GADS-Detektor eine Bildpunktezahl von $93 \cdot 93\,cm^{-2}$. Der Vorteil der Bildplatten gegenüber dem Film liegt in dem um zwei bis drei Größenordnungen gesteigerten Kontrast. Hell-Dunkel-Unterschiede, also detektierbare Schwärzungsunterschiede sind beim Film bis zu 10^4 nachweisbar, linear nur bis zu zwei Größenordnungen. Mit Bildplatten erreicht man Werte bis zu 10^6 und dies sogar linear. Die Verwendung von Bleiverstärkerfolien ist bei den Speicherfolien ebenfalls möglich. Es gibt Speicherfolien mit Abmessungen von $204 \cdot 254\,mm^2$ bzw. $204 \cdot 432\,mm^2$.

4.5.4 Energiedispersive Detektoren

Halbleiterdetektoren haben in der Materialanalyse ein breites Anwendungsfeld als energie-dispersive Detektoren in Raster- und Transmissions-Elektronenmikroskopen (EDS) und in der Röntgenfluoreszenzanalyse (RFA) gefunden. Sie eignen sich auch sehr gut für die energiedispersive Röntgenbeugung.

Der PIN-Dioden-Detektor ist die im Bild 4.23a beschriebene, in Sperrrichtung betriebe-ne pin-Diode. Um einen höchstmöglichen Wirkungsquerschnitt für die Röntgenabsorption zu erreichen, muss das Volumen der Raumladungszone möglichst groß ausgelegt werden. Diese Lithium diffundierte Schicht verhält sich wie ein intrinsischer Halbleiter und ist in der Sperrschicht der Diode die für Röntgenstrahlung empfindliche Zone, siehe Bild 4.30a, dort ist das intrinsische, aktive Volumen grau hinterlegt. Ein Nachteil von Lithium diffun-dierten Detektoren, kurz Si(Li)-Detektor genannt, ist, dass sie im Betrieb mit flüssigem Stickstoff gekühlt werden müssen, da sonst das Lithium im hohen elektrischen Feld aus der Sperrschicht herausdiffundiert.

Die intrinsische Schicht kann durch kontrollierte Diffusion recht dick und homogen hergestellt werden. Die Dicke reicht bei planaren Detektoren bis zu etwa 25 mm, bei koaxialen Bauformen erreicht man durch den Strahleneintritt von der Stirnseite her sogar Strahlwege im sensitiven intrinsischen Volumen von 50 mm und mehr.

Die Betriebsspannung U beträgt $U \approx 500 - 1\,000\,V$ und wird zwischen dem dünnen Gold-Frontkontakt und dem dickeren Aluminium-Rückseitenkontakt angelegt. Im Detek-torkristall baut sich dadurch ein auf mehrere Millimeter ausgedehnter Bereich auf, der weitgehend frei an beweglichen Ladungsträgern ist. In einem idealen Messkristall fließt trotz angelegter Betriebsspannung kein Sperrstrom, da der Detektorkristall und der in-tegrierte MOS-Feldeffekttransistor (FET-als Erstverstärker) über einen Kupfersteg mit flüssigem Stickstoff (ca. 77 K) oder mit einem Peltierelement gekühlt werden.

Durch Schneiden und Polieren im Fertigungsprozess des Kristalls und durch die dünne Kontaktierung mit Gold wird an der Oberfläche eine gestörte Kristallzone erzeugt, die als Totschicht bezeichnet wird und in der keine auswertbare Röntgenabsorption stattfindet.

Lithium gedriftete Germaniumdetektoren (Ge(Li)) wurden seit Ende der 1970-Jahre von intrinsischen Germaniumdetektoren abgelöst, nachdem es gelungen war, Germani-umkristalle in höchster Reinheit herzustellen. Die leichte Diffusion von Lithium in Ger-manium erforderte die Lagerung von Ge(Li)-Detektoren bei tiefen Temperaturen, hoch-reine Ge-Detektoren (HPGe) müssen nicht permanent gekühlt werden. Wegen der klei-nen Bandlücke in Germanium müssen Ge-Detektoren grundsätzlich bei Flüssig-Stickstoff-Temperatur betrieben werden, um das thermische Rauschen zu unterdrücken. Bei Küh-lung des Sensors und des Vorverstärkers auf die Temperatur von flüssigem Stickstoff, kleinen Sensorkapazitäten und extrem rauscharmen Verstärkern erreicht man eine Ener-gieauflösung nahe an der theoretischen Grenze, welche die der anderen Ausführungsfor-men von Halbleiterdetektoren übertrifft. Reinkristalldetektoren haben intrinsische Dicken von bis zu 10 mm. Planare »High-Purity« Germanium-Detektoren (»HPGe-Detektoren«) eignen sich wegen der guten Energieauflösung und Nachweisempfindlichkeit für die Rönt-genbeugung bis über 120 keV Photonenenergie. Ein Halbleiterdetektor kann mit Hil-fe eines Pulsprozessors und eines Vielkanalanalysors energiedispersiv betrieben werden. Bild 4.30a zeigt schematisch den Detektoraufbau. Die Energieauflösung der Kristalle ist abhängig vom Material, der Bauform und von der nachgeschalteten Elektronik. Durch Störungen sind die Ausgangssignale des Detektors nicht immer genau energieproportional. Deshalb ist eine Signalbearbeitung zur Verringerung der Störsignale erforderlich.

Das Detektorsystem stellt mehrere durch Software umschaltbare Filter zur Verfügung. Filter mit den größten Zeiten haben die geringste verarbeitbare Impulshöhe, dafür aber die beste Energieauflösung. Durch die Verwendung des Rauschfilters wird auch die Energieauflösung beeinflusst. Die Energieauflösung bestimmt das Peak/Untergrund-Intensitätsverhältnis.

Der *Escape-Peak* entsteht durch Röntgenfluoreszenz an einem Atom in der oberflächennahen Schicht des Detektorkristalls. Ein von der Probe kommendes primäres Röntgenquant löst in dem Detektorkristall ein sekundäres K-Röntgenquant des Detektormaterials aus (Silizium Anregungsenergie für $K\alpha$-Strahlung 1,74 keV, bzw. Germanium 9,88 keV). Dieses kann mit einer geringen Wahrscheinlichkeit den Detektorkristall ohne Wechselwirkungsprozess verlassen. In diesem Fall wird nur der verbleibende Rest der Energie des primären Röntgenquants absorbiert. Es entsteht eine Ladung im Kristall, die um den Betrag der Anregungsenergie des austretenden sekundären Röntgenquants geringer (Si − 1,74 keV; Ge − 9,876 keV) ist als die ursprünglich auf den Detektor treffende Energie. Ein Beispiel ist im Bild 14.8b, Seite 526 gezeigt. Escape-Linien werden heute von der Detektorsoftware automatisch aus dem Spektrum ausgeblendet. Die verminderte Empfindlichkeit des Detektors infolge der Fluoreszenzanregung ist jedoch oberhalb der K-Absorptionskante (Si 1,4 keV; Ge 11,10 keV) deutlich zu erkennen, Bild 4.33b. Die Wahrscheinlichkeit für die Fluoreszenzanregung ist generell gering und hier nur für niederenergetische Röntgenquanten von Bedeutung.

Wenn zwei oder mehrere Röntgenquanten praktisch gleichzeitig in den Detektor gelangen und absorbiert werden, werden die Ladungswolken der einzelnen Quanten nicht mehr getrennt, sondern zu einem Impuls aufsummiert. Man erhält einen Summationspeak, dem eine zu hohe Energie zugeordnet wird, die der Überlagerung der Ladungswolken in der Raumladungszone entspricht. Summationspeaks treten bei sehr starker Röntgenintensität auf. Sie werden bis zu einem gewissen Grad von der Detektorelektronik ausgetas-

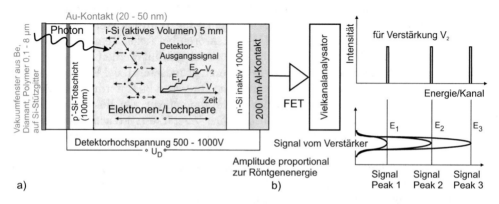

Bild 4.30: a) Aufbau des energiedispersiven Detektors und Darstellung der Ladungsträgergeneration b) Pulsprozessoraufbereitung und schematische Darstellung der Detektion

tet (»Pile-Up-Rejector«) indem mit einer schnellen Diskriminatorschaltung die zeitliche Aufeinanderfolge von Absorptionsereignissen gemessen wird. Wenn die Impulse zu dicht aufeinander folgen, wird der Detektor für diese Ereignisse totgeschaltet und als Ausgleich die effektive Messzeit entsprechend verlängert - (»Totzeitkorrektur«). Die Totzeit sollte zwischen $30 - 60\,\%$ eingestellt werden, indem die Intensität des Primärstrahls gegebenenfalls entsprechend verringert wird. In dieser Zeit kann der Detektor keine einfallenden Quanten detektieren.

Silizium-Drift-Detektoren (SDD)

Ein Detektorsystem mit einer hohen Zählrate setzt eine niedrige Kapazität des Detektors und eine kleine Zeitkonstante der Elektronik voraus. Der Detektor besteht nicht aus einem dicken Siliziumkristall, sondern aus einer etwa $0{,}3 - 0{,}5\,\text{mm}$ dünnen, n-dotierten Siliziumscheibe. Das strahlungsempfindliche Volumen ist wesentlich dünner als bei anderen Halbleiterdetektoren, was das Absorptionsvermögen für höherenergetische Röntgenstrahlung (oberhalb ca. $20\,\text{keV}$) stark reduziert. Ein spezieller Vorteil dünner Detektoren ist, dass die volumenabhängigen Leckströme in der Raumladungszone deutlich geringer sind, was das Rauschen des Ausgangssignals verkleinert. Deshalb genügt es, sie im Betrieb mit einem kleinen Peltier-Kühler auf etwa $-20\,^{\circ}\text{C}$ zu halten.

Beide Detektoroberflächen des SDD sind p-dotiert. Die Rückseite ist mit konzentrischen Metallisierungsringen bedeckt, die Vorderseite ist homogen mit einer $50 - 100\,\text{nm}$ dicken Aluminiumschicht metallisiert und dient als Strahlungs-Eintrittsfenster, Bild 4.31. Liegt an den Kontakten an der Vorder- und Rückseite keine äußere Spannung an, so bilden sich an den beiden pn-Übergängen zwischen dem p^+ und n^- dotierten Bereich je eine dünne intrinsische Raumladungszone aus. Das Innere des Detektors ist weiterhin n-leitend. Wird eine ausreichend hohe positive Sperrspannung ($< \approx 100\,\text{V}$) an die Elektroden der Vorder- und Rückseite angelegt, so wird der n-leitende Bereich über die gesamte Dicke des Halbleiters vollständig von der intrinsischen Verarmungszone verdrängt. Der Detektor befindet sich im Sperrbereich der Halbleiterdiode.

Das Zentrum der konzentrischen Ringe wird als Anode geschaltet, das heißt auf positives Potential gegenüber dem Eintrittsfenster und den Metallisierungsringen gelegt. Ferner wird ein Potentialgradient vom äußersten Ring, der sich wie das Eintrittsfenster auf einem

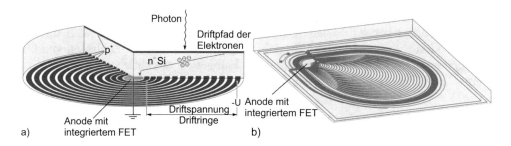

Bild 4.31: Silizium-Drift-Detektoren mit ringförmigen (a) und tropfenförmigen (b) Driftringen (nach PN Sensor GmbH, München)

negativen Potential befindet, bis zum innersten Ring und der Anode gelegt (»Seitwärts-depletion« in radialer Richtung). Da das intrinsische Silizium nicht leitet, baut sich ein starkes elektrisches Feld vom Randbereich des Detektors zur Anode hin auf. Wenn nun ein Röntgenquant der Energie $h \cdot f$ im intrinsischen Bereich absorbiert wird, so werden $h \cdot f/3{,}8\,\text{eV}$ Elektronen-Loch-Paare gebildet und im elektrischen Feld voneinander getrennt. Die Elektronen driften zur Anode und ergeben einen Stromimpuls, dessen Stärke im Idealfall proportional zur Photonenenergie des Röntgenquants ist.

In der technischen Realisierung wird unmittelbar auf der Anode im Zentrum des Sensors ein Sperrschicht-Feldeffekttransistor (FET) als Impedanzwandler integriert. Daher sind diese Detektoren unempfindlich gegen Vibrationen (Mikrophonie) und elektromagnetische Störfelder. Je kleiner die Kapazität eines Halbleiterdetektors ist, desto höher ist die erreichte Zählrate, desto geringer das Rauschen, das sich durch Temperaturabsenkung nicht weiter verringern lässt, und desto besser die Energieauflösung.

Die Kapazität von PIN- und Si(Li)-Detektoren ergibt sich - wie bei einem Plattenkondensator - aus Sensorfläche durch Sensordicke. Um die Kapazität zu minimieren, muss bei einem Mindestvolumen die Sensordicke groß und die Sensorfläche klein sein. PIN- und Si(Li)-Detektoren haben ein Eintrittsfenster von wenigen Millimetern Durchmesser bei einer Sensordicke von typischerweise $3 - 5\,\text{mm}$. Die Kapazität von PIN- und Si(Li)-Detektoren liegt daher im Bereich von $\approx 1\,\text{pF}$. Silizium-Drift-Detektoren sind dagegen etwa eine Größenordnung dünner. Für ein ausreichend großes sensitives Volumen muss man daher in die Breite gehen. Da die Anode mit $< 100\,\mu\text{m}$ fast punktförmig klein dimensioniert ist, darf das Detektorfenster großflächig dimensioniert werden, ohne dass die Kapazität wesentlich zunimmt. Sie ist mit typischerweise $0{,}2\,\text{pF}$ sehr klein. Dies ermöglicht eine um über eine Größenordnung schnellere Messgeschwindigkeit als mit PIN- oder Si(Li)-Detektoren. Die Kapazität von SDD-Detektoren kann aber nicht beliebig verkleinert werden, indem man das sensitive Volumen (Dicke des Detektors) immer weiter verkleinert. Es muss groß genug sein, um Röntgenquanten effizient zu absorbieren.

Neuere SDD-Versionen weisen statt der ringförmigen eine tropfenförmige Auslesestruktur auf, das heißt die Anode mit integriertem FET sitzt nicht mehr in der Mitte, sondern am Rand der Sensorfläche, Bild 4.31b. Die Ausleseelektronik kann dort mit einem Kollimator gegen harte Röntgenstrahlung abgeschirmt werden, welche den Sensor durchdringt und zu einem störenden Rauschsignal im FET führen würde. Die Drift-Elektroden auf der Rückseite sind bogenförmig ausgeführt, so dass die bei der Röntgenabsorption freigesetzten Elektronen seitlich zur Anode driften. Der Vorteil dieser Geometrie ist eine Verdopplung des Signal-zu-Untergrund-Verhältnisses und eine Halbierung der Detektorkapazität gegenüber konzentrischen SDD. Die Energieauflösung verbessert sich auf unter $124\,\text{eV}$ bei $5{,}9\,\text{keV}$ keV und $-20\,°\text{C}$ Betriebstemperatur. Es werden Zählraten von über $100\,000\,\text{cps}$ erreicht, ohne dass die Energieauflösung sich merklich verschlechtert. Der peltiergekühlte SDD-Detektor hat den Si(Li)-Detektor abgelöst.

Energiedispersiver Betrieb von Halbleiterdetektoren

Die Signalstärke des Detektors, Zahl der Impulse ist gleich der Anzahl der absorbierten Röntgenquanten. Die pro Röntgenquant im Detektor akkumulierte Ladung und somit die Impulshöhe I ist proportional zur Energie des Röntgenquants $h \cdot f$ und umgekehrt proportional zur mittleren Elektronen-Loch-Bildungsenergie W_{eh} des verwendeten Halbleitermaterials:

$$I \propto \frac{h \cdot f}{W_{eh}} \qquad (4.32)$$

Mittels einer Pulshöhenanalyse kann zusätzlich zur Anzahl auch die Energie der absorbierten Röntgenquanten ermittelt werden. Auf der x-Achse wird die Energie in diskreten kleinen Intervallen, den Kanälen, und in y-Richtung die Anzahl der gemessenen Impulse pro Energiekanal aufgetragen. Die Elektronen-Loch-Paarbildung in der Stoßkaskade ist ein statistischer Prozess. Die Registrierung und Verstärkung des Impulssignals wird durch Leckströme und statistisches Rauschen beeinträchtigt. Man erhält keine Linien mit der natürlichen Energiebreite der charakteristischen Röntgenstrahlung beziehungsweise der gewählten Breite der Energiekanäle, sondern misst erheblich verbreiterte GAUSSförmige Profile im Spektrum, siehe z. B. Bild 4.34a. Die volle Breite in halber Profilhöhe (FWHM) beträgt:

$$E_{1/2} = 2{,}355 \cdot \sqrt{W^2 \cdot n^2 + W \cdot F \cdot E_{h \cdot f}} \qquad (4.33)$$

Dabei ist n die äquivalente Rauschladung (equivalent noise charge), die im Wesentlichen das $1/f$-Rauschen durch elektrisch aktive Traps und das zum Messsignal parallele Rauschen durch Leckströme im Detektor sowie das thermische Rauschen der Vorverstärkerstufe enthält. n hängt nicht von der Energie des Röntgenquants, sondern von der Qualität des Detektors, der Verstärkerkette und von der Temperatur, bei der der Detektor betrieben wird, ab. n ist damit eine Apparateeigenschaft des Spektrometersystems. F ist der FANO-Faktor, der das Verhältnis der beobachteten Varianz der Ladungsträgerverteilung zur Varianz angibt, wie sie bei einer reinen POISSON-Verteilung auftritt. Er ist eine spezifische Größe des verwendeten Detektormaterials, für Silizium $\approx 0{,}115$, für Germanium $\approx 0{,}13$ und für Gase (Luft) ≈ 1. Der Beitrag des FANO-Faktors zur Energiebreite hängt von der Röntgenenergie ab und gibt eine theoretische Untergrenze für die Detektorauflösung an. Daraus folgt, dass gasgefüllte Detektoren wegen der hohen Ionisationsenergie W und dem höheren FANO-Faktor nur eine um mehr als eine Größenordnung schlechtere Energieauflösung als Halbleiterdetektoren erreichen können.

Die Energieauflösung wird für die Energie von $5{,}9\,\text{keV}$ der Mangan-$K\alpha$-Strahlung spezifiziert. Radioaktives Fe-55 zerfällt zu Mn-55 und dieses emittiert dabei die Mn-K-Strahlung. Die gekühlten Detektoren werden mit einem dünnen Strahleintrittsfenster aus Beryllium oder Kunststoff gegen die Atmosphäre und Luftfeuchtigkeit geschützt. Je dicker das Vakuumfenster ist, desto robuster ist der Detektor. Besonders die weiche Röntgenstrahlung wird jedoch im Folienfenster absorbiert. Es ist üblich, dass Si(Li) und SSD-Detektoren mit extrem dünnen Vakuumfenstern oder ganz ohne Fenster unter Vakuum (wie beispielsweise im REM und im TEM) betrieben werden. Germaniumdetektoren werden oft - wegen ihrer bevorzugten Verwendung zum Nachweis hochenergetischer Röntgenstrahlung, Bild 4.33b - mit sehr dicken Be-Fenstern von $50-500\,\mu\text{m}$ hergestellt. Dies führt zu einer entsprechend verminderten Empfindlichkeit im niederenergetischen Energiebereich. Weiche Röntgenstrahlen werden zudem an Luft stark absorbiert. Ein Goniometer

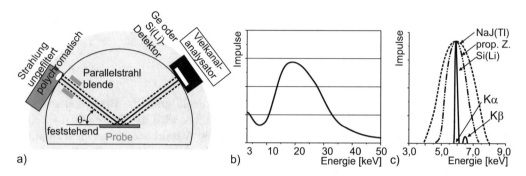

Bild 4.32: a) Schematische Darstellung einer energiedispersiven Anordnung b) nichtlinearen Ansprechverhalten bei einer polychromatischen Eisenstrahlung bei 45 kV Beschleunigungsspannung nach [146] c) Energieauflösung verschiedener Detektoren (NaJ(Tl)-Szintillator (3 070 eV); Proportionalzählrohr (1 000 eV) und Si(Li)-
Halbleiterdetektor (160 eV)) für die Mangan Kα-Linie des Mangan (5,9 keV) [146]

mit Halbleiter-Detektoren ist daher für die Detektion niederenergetische Röntgenstrahlung unterhalb von 2,5 keV nicht geeignet. Eine Erweiterung in den niederenergetischen
Bereich würde den Betrieb des Goniometers im Vakuum oder unter He-Schutzgas erfordern. Die Einschränkung durch Absorption im Detektorfenster und an Luft ist für die
(energiedispersive) Röntgenbeugung jedoch ohne praktische Bedeutung, Aufgabe 17.

In der energiedispersiven Beugung [198] erfasst der Halbleiterdetektor wie ein Punktdetektor nur einen sehr schmalen Raumwinkelbereich der abgebeugten Strahlung, er liefert
aber ein Beugungsspektrum ähnlich wie ein ortsempfindlicher Detektor. Der wesentliche
Unterschied ist, dass mit energiedispersiven Halbleiterdetektoren alle Beugungsinterferenzen des Spektrums unter derselben Beugungsgeometrie, das heißt unter demselben θ_1, θ_2
und Streuvektor $\vec{S}$, siehe Bild 3.24a, gemessen werden. Dies ist speziell in der Polfigurmessung vorteilhaft, Kapitel 11.4.6. Mit ortsempfindlichen Detektoren hängt der abgebeugte
Winkel θ_2 und damit der Laufweg des abgebeugten Strahls in der Probe von der Position
des Beugungsinterferenz ab. Bei der Quantifizierung muss daher die Absorptionskorrektur bei ortsempfindlichen Detektoren Laufweg abhängig erfolgen, bei energiedispersiven
Halbleiterdetektoren Energie abhängig. Allerdings ist das Energiefenster des erfassten
Spektrums in der energiedispersiven Beugung relativ schmal, siehe Aufgabe 17. Man
muss darauf achten, dass keine charakteristische Linie der Primärstrahlung auf eine Beugungsinterferenz fällt oder nahe liegt, und dass in der Probe keine Fluoreszenzstrahlung
in der Nähe einer Beugungsinterferenz angeregt wird.

Eine Begrenzung des Einsatzes von Detektoren in der quantitativen Röntgenbeugung
liegt an dem nichtlinearen Ansprechverhalten des Detektors $I_R(E)$ infolge der Absorption
im Detektorfenster, der spektralen Absorptionskurve des Detektormaterials und der Abhängigkeit von der Dicke der sensitiven Raumladungszone des Detektors. Hinzu kommt in
der energiedispersiven Beugung bei Verwendung von polychromatischer Bremsstrahlung
als Primärstrahl dessen spektraler Intensitätsverlauf, wie in Bild 4.32b dargestellt. Das
Ansprechverhalten wird dann von zwei Faktoren, dem Intensitätsverlauf der Bremsstrahlung $I_{Brems}(E)$ und der energieabhängigen Fotoabsorption $A_{Ph}(E)$ der Röntgenquanten

bestimmt. Das Ansprechverhalten kann durch die Gleichung 4.34 ausgedrückt werden:

$$I_R(E) = I_{Brems}(E) \cdot A_{Ph}(E) \tag{4.34}$$

Wegen der gleichmäßigeren Intensitätsverteilung über die Energie werden quantitative (energiedispersive) Beugungsexperimente bevorzugt mit Synchrotronstrahlung durchgeführt. Als Detektormaterial werden dafür heute meist Germanium-Detektoren eingesetzt. SDD-Detektoren arbeiten bis zu Strahlungsenergien von 20 keV erffektiv. Der Si-Li Detektor war bis 30 keV und der Ge-Detektor ist bis zu 80 keV einsetzbar.

Aufgabe 17:   Energiebereich für energiedispersive Beugung

Bei einem Goniometer kann aus apparativen Gründen der doppelte Braggwinkel nur zwischen $40° < 2\theta < 140°$ eingestellt werden. Der Zellparameter einer Probe (kfz) betrage 0,4 nm, es sollen die Interferenzen von $(1\,1\,1)$ bis $(3\,1\,1)$ registriert werden. Welcher Energiebereich des Bremsspektrums wird für den Primärstrahl in der energiedispersiven Beugung benötigt, siehe Gleichung 14.1?
Welche Röntgenröhre und welche Röhrenspannung würden Sie einsetzen?
Wie müsste man 2θ variieren, damit ein schwacher Reflex auf eine charakteristische Linie der Röntgenröhre fällt und so mit höherer Empfindlichkeit gemessen werden kann?

1. im Fall der Rückstrahlbeugung ($2\theta \approx 40°$, z. B. für Eigenspannungsmessungen)

2. im Fall der symmetrischen Beugung ($\theta_1 \approx \theta_2 \approx 45°$, z. B. für gute Ortsauflösung)

3. in der Vorwärtsbeugung mit möglichst flachem Einfallswinkel, $2\theta \approx 140°$ (z. B. für Oberflächenuntersuchungen).

4.5.5 Vergleich der Detektoren zur Monochromatisierung

Wegen der hohen Dynamik und Nachweisempfindlichkeit, der guten Ortsauflösung, der Wartungsfreiheit und der relativ niedrigen Kosten werden heute in der Röntgendiffraktometrie vermehrt Linear- und Flächendetektoren eingesetzt, die auf einem lichtempfindlichen Zeilen- beziehungsweise Flächenarray-Sensor basieren. Auf der Eintrittseite der Röntgenstrahlen befindet sich eine Leuchtschirm-Verstärkungsschicht als Bildwandler. Sie wird über eine faseroptische Platte an den CCD- oder CMOS-Sensor angekoppelt, so dass der Sensor nicht direkt bestrahlt wird. Er ist so vor harter Röntgenstrahlung geschützt. Da die Lichtausbeute des Leuchtschirms nur schwach von der Photonenenergie abhängt, arbeiten diese Detektoren nicht energiedispersiv.

Mit 2D-Mikrogap-Detektoren können derzeit $5 \cdot 10^8$ Impulse $\cdot$ s$^{-1} \cdot$ mm^{-2} linear detektiert werden. Dies ist gegenüber dem GADS-Detektor deutlich höher bei ca. doppelter Auflösung, Bilder 4.28a und 4.33a. Durch den hohen Gasdruck wird eine Lebensdauer von bis zu zehn Jahren ohne Gaswechsel gegenüber zwei Jahren beim GADS-Detektor erreicht. Tabelle 4.11 stellt einem Vergleich der zweidimensionalen Detektoren dar. Nachteil der Bildplatten ist die generell schlechtere Quantenausbeute, Bild 4.33a. Ursache ist hier wieder, dass zu wenig Raum für Wechselwirkungen vorliegt. Erhöht man die Wechselwirkungsschichtdicke, verschlechtert man die Auflösung.

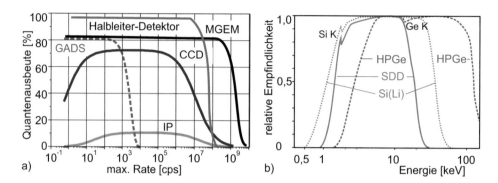

Bild 4.33: a) Quantenausbeute und verarbeitbare Impulszahl verschiedener Flächendetektoren
b) Messtechnisch erfassbarer Energiebereich von Halbleiter-Detektoren

Bei Halbleiterdetektoren gilt, je besser die Energieauflösung ist, desto geringere Profilintensitäten lassen sich noch nachweisen. Die Bauform und das Halbleitermaterial entscheiden über den messbaren Energiebereich, Bild 4.33b und Tabelle 4.12. Hohe Zählrate, wie beim SSD-Detektor verschlechtern den messbaren Energiebereich. Dies wurde auch schon im Bild 2.2b deutlich. Die Vorteile von Silizium-Drift-Detektoren sind:
- hohe Zählrate $> 10^5$ cps ohne wesentliche Verschlechterung der Energieauflösung
- keine Flüssig-Stickstoffkühlung erforderlich, daher kein Dewar-Gefäß
- kompakte Bauform, keine Vibrationen, niedrige Betriebskosten

In Bild 4.34a sind die charakteristischen Energien der Kα- und Kβ-Strahlung mit einer Energiebreite von 120 eV für zu messende Kupferstrahlung bei gleichzeitiger entstehender Fluoreszenzstrahlung Eisen- oder Kobalthaltiger Proben aufgetragen. Verwendet man einen Szintillationsdetektor bzw. einen Halbleiterstreifendetektor der ersten Generation, Bild 4.26b, mit einer Energieauflösung von 1 600 eV, dann wird deutlich, dass man bei diesen Proben die erhöhte Fluoreszenzstrahlung gemeinsam detektiert. Im Diffraktogramm wird dies an erhöhtem, aber störenden Untergrund sichtbar. Bei PESCHARSKY [193] wird gezeigt, dass bei hohen Interferenzintensitäten der Kβ-Metallfilter die linksseite Profilform beschneidet. Solche Profile lassen sich nur schwer fitten, Kapitel 8.5. Ursache ist die nachträgliche Veränderung des Emissionsprofils der Strahlung durch die Monochromatisierung, dies wurde auch an eigenen Messungen bestätigt, siehe Bild 5.59 und die

Tabelle 4.11: Vergleich der Eigenschaften von zweidimensionalen Detektoren

	Film	IP	MWPC	GEM	ST-HL	CCD
Empfindlichkeit	-	+	+	++	++	+
Energieauflösung	-	-	+	+	++	o
Dynamik Zählrate	-	++	+	++	++	+
Auflösung	++	+	+	++	++	+
Echtzeitverarbeitung	-	-	++	++	+	o
aktive Fläche	++	++	+	+	+	+

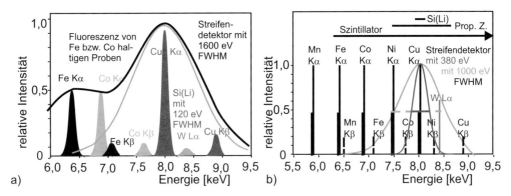

Bild 4.34: a) Energie der charakteristischen Strahlung von Fe, Co, Cu und Detektionsbereich bei einer Energie mit Halbwertsbreite von 1 600 eV b) Vergleich der Halbwertsbreite Energieauflösung verschiedener Detektoren und damit mögliche Messung von Fluoreszenzstrahlung

Tabelle 4.12: Vergleich von Halbleiterdetektoren für die Röntgenbeugung mit 10 mm² aktiver Fläche (LN - flüssig Stickstoffkühlung; RT - Raumtemperatur)

Detektor	Si-PIN	Si(Li)	SDD	HPGe
Dichte		$2,33\,\mathrm{gcm^{-3}}$		$5,33\,\mathrm{gcm^{-3}}$
Bandlücke		$1,12\,\mathrm{eV}$		$0,67\,\mathrm{eV}$
Paarbildungsenergie		$3,76\,\mathrm{eV}$		$2,96\,\mathrm{eV}$
Sensordicke	$0,5-5\,\mathrm{mm}$	$5\,\mathrm{mm}$	$0,5\,\mathrm{mm}$	$0,5-10\,\mathrm{mm}$
Einsatzbereich	$< 30\,\mathrm{kV}$	$< 30\,\mathrm{kV}$	$< 15\,\mathrm{kV}$	$> 150\,\mathrm{kV}$
Energieauflö-sung (MnKα)	$> 145-300\,\mathrm{eV}$	$> 127\,\mathrm{eV}$	$> 123\,\mathrm{eV}$	$> 115\,\mathrm{eV}$
Zählrate [cps]	10^4-10^5	10^4	$> 10^5$	10^5
Kühlung	LN, $-60\,^{\circ}\mathrm{C}$ Peltier, (RT)	LN	$-60\,^{\circ}\mathrm{C}$ Peltier	LN
Anwendungen	Röntgenstrahl Monitore und Detektoren	EDS, XFA, ED-Röntgenbeugung	EDS, XFA, ED-Röntgenbeugung	γ-Spektroskopie, Hochenergie-Röntgenbeugung

Erklärungen. Basierend auf Arbeiten von DABROWSKI [67] sind Streifenhalbleiter ST-HL, siehe Bild 4.26b, dahingegen optimiert worden, dass über einen angepassten Linienabstand s, eine vergrößerte Dicke L [111], optimierte Linienbreite und eine modifizierte Ausleseelektronik, siehe Bild 4.34 die Halbwertsbreite der Energieauflösung der Halbleiterstreifendetektoren auf jetzt 380 eV gesenkt wurde. Damit erübrigt sich der Kβ-Filter zur Monochromatisierung der Strahlung. Ebenso führt die Fluoreszenzstrahlung von Eisen oder Kobalt nicht mehr zu einem erhöhten Untergrund und man kann die kurzwelligere

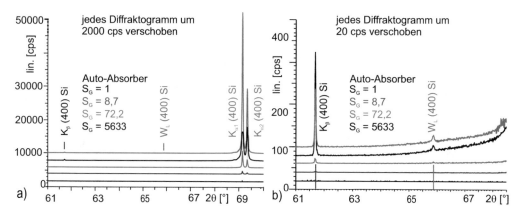

Bild 4.35: (4 0 0)-Si Einkristallinterferenz mit vier Absorbern und mit Halbleiterstreifendetektor mit bester Energieauflösung 380 eV gemessen a) linearer Auftrag, Diffraktogramme um 20 000 cps verschoben, Indizierung der Störstrahlung b) Störstrahlbereich vergrößert dargestellt, daraus weitere quantitative Ergebnisse in Tabelle 4.13

Kupferstrahlung auch zur Untersuchung von Stahlproben nutzen, Bild 5.61. Gegenüber dem Szintillationszähler erreicht man wegen der höheren Quantenausbeute beim Halbleiter mindestens eine Verdopplung der nachweisbaren Impulse. Da meist diese Detektoren als Streifendetektoren eingesetzt werden, ist jeder Streifen ein »Einzeldetektor« und damit wird im positionsempfindlichen Messbetrieb jeder Winkel von jeden Streifen überfahren und es ergibt sich eine Verkürzung der Messzeit $t_{Mess-kürzer}$ um

$$t_{Mess-kürzer} = \text{Quantenausbeute} \cdot N_{Streifen} \approx 2 \cdot 192 \text{ Streifen} \cdot \text{kein Filter} \approx 400$$

Das Zusammenspiel mit Absorbern mit einen Schwächungskoeffizienten S_G im Primärstrahlengang und die Analyse noch verbleibender Störstrahlung für einen energiedispersiven Halbleiterstreifendetektor ist in den Bildern 4.35, linearer Auftrag und 4.40, logarithmischer Auftrag dargestellt. Hier wird ersichtlich, dass bei Absorber $S_G = 1$ noch ein gewisser Anteil an K_β Strahlung und auch noch W_L-Strahlung, nachzuweisen ist, siehe auch Tabelle 4.13. Die Entstehung der nachgewiesenen Wolfram-Störstrahlung ist schon auf Seite 99 erklärt.

Tabelle 4.13: Ermittelte quantitative Werte aus den Diffraktogrammen von Bild 4.35

Absorber mit $S_G =$	Max. Imp. [cps]	$K\alpha_2$ / $K\alpha_1$ Nettohöhen	PMU	$K\beta$ Rest	W_L Rest	FWHM (4 0 0) Si $K\alpha_1$[°]
»Auto-Absorber«	42296	43,9%	115,9	0,36%	0,03%	0,039
5633	8,65	38,3%	107,9	2,20%	0,93%	0,037
72,2	684	42,0%	138,8	0,26%	0,16%	0,037
8,7	4974	47,0%	112,3	0,25%	0,06%	0,038
kein (1)	8523	121,7%	23,3	3,81%	0,18%	0,089

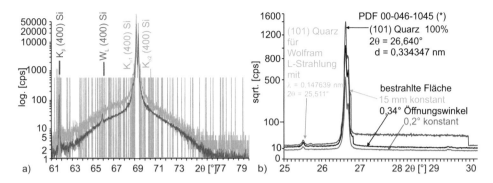

Bild 4.36: a) (4 0 0)-Si Einkristallinterferenz mit Modus »Auto-Absorber« gemessen und nachträglich mit Absorber $S_G = 5633$ gemessenes Diffraktogramm mit 5635 multipliziert
b) (1 0 1)-Quarz-Interferenz, 100 %, Modus »Auto-Absorber« und konstante bestrahlte Probenlänge sind Verursacher für die abnormale Interferenzform

Bei Absorber $S_G = 1$ kommt es auch beim Halbleiterdetektor zur Sättigung, ähnlich im Bild 4.7 für den Szintillationsdetektor gezeigt. Dies wird daran ersichtlich, dass jetzt für den Bereich der Einkristallinterferenz das Verhältnis $K_{\alpha 2}$ zu $K_{\alpha 1}$ nicht mit dem Intensitätsverhältnis 1 : 2 oder 50 % festgestellt wird. Bei den Absorbern $S_G = 72,2$ und $S_G = 5633$ sind keine Störungen im linearen Auftrag mehr direkt sichtbar. Rechnerisch ergeben sich Werte, die aber wegen der z. T. großen Rundungsdifferenz dann zu einem sehr schlechten Verhältnis $K_{\alpha 2}$ / $K_{\alpha 1}$ führen. Ebenso wird hier die Kβ- und Wolfram (W_L)-Störstrahlung zu hoch ausgegeben. Dies wird im nachfolgenden Kapitel nochmal genauer begründet, dass Messungen mit zu kleiner gemessenen Impulszahl fehlerbehafteter sind.

Die Dynamikerhöhung wird in dem Diffraktogramm, gemessen mit dem Modus »Auto-Absorber«, sichtbar. In diesem Modus wird zuerst mit Absorber $S_G = 1$ gemessen. Wird am ersten Streifen bei einer gemessenen Impulszahl oder Impulsdichte eine eingestellte Schwelle überschritten, wird die Messung unterbrochen, ein Absorber mit höheren S_G in den Strahlengang eingefahren, der Detektor um seinen Öffnungswinkel zurückgefahren und weiter gemessen. Die dann ausgegebene Impulszahl ist die gemessene multipliziert mit S_G. Dies geschieht hier am Beispiel in Bild 4.35 und 4.40 noch mit den zwei weiteren Absorbern $S_G = 72,2$ und $S_G = 5633$. Wird die gemessene Intensität dann am letzten Streifen wieder kleiner, wird der Absorber wieder herausgefahren, der PSD erneut um seinen Öffnungswinkel zurückgefahren und weiter gemessen. Das Interferenzprofil ist im Modus »Auto-Absorber« ein Diffraktogramm, das sowohl niedrige Impulsdichten als auch hohe Impulsdichten gut wiedergibt. Im Bild 4.36a ist die aufgenommene Impulsdichte nachträglich mit $S_G = 5633$ multipliziert worden und führt zu einem extrem verrauschten Diffraktogramm links- und rechtsseitig von der Einkristallinterferenz.

Deshalb ist der Modus »Auto-Absorber« wenn in einer Anlage installiert, die günstigere Aufnahmetechnik. Zu beachten ist, dass die Messzeit aber erheblich ansteigt, da bei jedem Absorberwechsel jeweils ein Winkelbereich Detektoröffnungswinkel beim Ein- und Ausfahren doppelt vermessen werden muss.

Es gibt in diesem Modus eine Hysterese. Bei größer werdender Intensität ist zuerst der am weitesten rechts liegende Streifen der, der das Signal zum Einfahren eines höheren

Absorbers gibt. Beim Ausfahren ist es der am weitesten links liegende Streifen, der das Signal zum Ausfahren des höheren Absorbers gibt. Damit sind z. B. bei konstanter, relativ großer 15 mm bestrahlter Probenlänge und stärkster (1 0 1) Interferenz beim Quarz die scheinbare Kante in den Bildern 4.36b und 5.6 bei größeren Beugungswinkeln erklärbar.

4.5.6 Zählstatistik

Je nach Anforderung an die Messaufgabe, Bestimmung von Phasen oder Profilparametern müssen bei jeder Messung die Zählstatistiken beachtet werden. Die Quantenemission als auch die nachfolgende Registrierung ist ein statistischer Vorgang, der der POISSON-Verteilung unterliegt. Betrachtet man die Wahrscheinlichkeit $w(N_i)$ um einen Wert N_i zu messen,

$$w(N_i) = \frac{\overline{N}^{N_i}}{N_i!} e^{(-\overline{N})} \tag{4.35}$$

dann ist $\overline{N}$ der Mittelwert aus unendlich vielen Messungen. Für große N_i geht die POISSON-Verteilung in eine GAUSS-Verteilung über und man kann umformen:

$$w(N_i) = \frac{1}{\sqrt{2\pi\overline{N}}} e^{\left[-\frac{(N_i-\overline{N})^2}{2\overline{N}}\right]} \tag{4.36}$$

Die Standardabweichung σ ist hierbei eine wichtige Kenngröße und errechnet sich nach:

$$\sigma = \sqrt{\overline{N}} \approx \sqrt{N_i} \tag{4.37}$$

Ein wahrscheinlicher Fehler ΔN_{50}, d. h. eine 50 % Wahrscheinlichkeit dafür, dass der Messwert innerhalb $\overline{N} \pm \Delta N_{50}$ liegt ergibt sich damit zu:

$$\Delta N_{50} = 0{,}6745\sigma \approx 0{,}6745\sqrt{N_i} \tag{4.38}$$

Berechnet man den relativen Fehler ϵ für diese Wahrscheinlichkeit, dann ergibt sich:

$$\epsilon_{50} = \frac{\Delta N_{50}}{\overline{N}} = 0{,}6745\frac{1}{\sqrt{\overline{N}}} \approx 0{,}6745\frac{1}{\sqrt{N_i}} \tag{4.39}$$

Wählt man strengere Genauigkeitsanforderungen, möchte man z. B. mit 90 % Wahrscheinlichkeit ($\overline{N}\pm\Delta N_{90}$) oder mit 99 % Wahrscheinlichkeit ($\overline{N}\pm\Delta N_{99}$) den Messwert erhalten, dann ergeben sich entsprechend den Gleichungen 4.38 und 4.39 für die 90 % bzw. 99 % Wahrscheinlichkeit die nachfolgenden Beziehungen.

$$\Delta N_{90} = 1{,}64\sqrt{N_i} \quad \epsilon_{90} = \frac{1{,}64}{\sqrt{N_i}} \tag{4.40}$$

$$\Delta N_{99} = 2{,}58\sqrt{N_i} \quad \epsilon_{99} = \frac{2{,}58}{\sqrt{N_i}} \tag{4.41}$$

Daraus kann man eine notwendige Zahl $N_{\epsilon 50}$ der mindestens zu messenden Impulse für ΔN_{50} errechnen:

$$N_{\epsilon 50} = \left(\frac{0{,}6745}{\epsilon_{50}}\right)^2 \tag{4.42}$$

Zum Beispiel ergeben sich für $\epsilon_{50} = 1\,\%$ mindestens $4\,500$ Impulse, die gezählt werden müssen, um sichere Messwerte zu erhalten. Bei den erhöhten Wahrscheinlichkeitsforderungen sind dann noch höhere Impulszahlen notwendig. Für $\epsilon_{90} = 1\,\%$ müssen $26\,900$ Impulse, bei $\epsilon_{90} = 2\,\%$ müssen mindestens $6\,700$ und für $\epsilon_{99} = 2\,\%$ müssen wenigstens $16\,600$ Impulse gezählt werden.

Der soeben berechnete Wert der notwendigerweise zu zählenden Impulszahl N_ϵ setzt sich aus den Werten für das eigentliche Beugungsprofil N_I und dem immer vorhandenen spezifischen Untergrund N_U des jeweiligen Detektors zusammen.

$$N = N_I + N_U \tag{4.43}$$

Wegen der Addition der Einzelfehler ist

$$\sigma_N = \sqrt{\sigma_{N_I}^2 + \sigma_{N_U}^2} \tag{4.44}$$

und es folgt für den Fehler der Impulszahl ϵ_i:

$$\epsilon_i = 0{,}6745 \cdot \sqrt{\frac{N + N_U}{N - N_U}} \tag{4.45}$$

Wenn das Verhältnis der Zählraten des Profils zum Untergrund $m = N_I/N_U$ bekannt ist und ein bestimmter Fehler für das Profil ϵ_I gefordert wird, hier $50\,\%$, dann ist die notwendige Zahl der zu zählenden Impulse:

$$N = \left(\frac{0{,}6745}{\epsilon_I}\right)^2 \cdot (1 + \frac{3}{m} + \frac{2}{m^2}) \quad \text{mit } m \in \mathbb{N} \quad \text{und da gilt :} \tag{4.46}$$

$$N_I = \frac{N \cdot m}{(1 + m)} \quad \text{und} \quad N_U = \frac{N}{(1 + m)} \tag{4.47}$$

Eine Probe wurde in BRAGG-BRENTANO-Anordnung mit einer kontinuierlichen Geschwindigkeit von $10\,°\text{min}^{-1}$ mit einer Schrittweite von $0{,}01°$ gemessen. Das Beugungsdiagramm ist im Bild 4.37 unterste Kurve ersichtlich. Es treten Schwankungen in der Intensität der registrierten Interferenzen von $2 - 300\,\text{cps}$ bei der Einzelmessung auf. Oberflächlich betrachtet würde man vermuten, in der Probe treten keine Beugungsinterferenzen auf. Andeutungsweise können jedoch nach einer mathematischen Glättung des Diagramms Beugungsinterferenzen vermutet werden. Die Probe wurde weitere 13 Stunden untersucht und dabei die Messungen ≈ 800 mal wiederholt. Die Zählrate bei jedem Winkelschritt wurden aufsummiert und im Bild 4.37 mit einer y-Verschiebung dargestellt. Das erhaltene Beugungsdiagramm zeigt jetzt eindeutig drei vom Untergrund abgehobene, äußerst breite

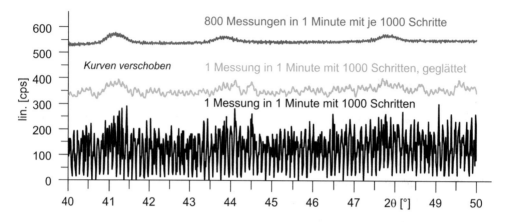

Bild 4.37: Beugungsdiagramme mit einer Messzeit von 0,06 s pro Messschritt und mit einer aufsummierten Messzeit von 48 s pro Schritt

und damit gering kristalline Bereiche. Die durchschnittliche Impulsdichte pegelte sich bei $80\,\text{Impulse} \cdot \text{s}^{-1}$ bei der Mehrfachmessung ein. Mit einer Zählzeit von 48 Sekunden pro Messschritt sind bei jedem Schritt ca. $48 \cdot 80 = 3\,840$ Impulse gezählt worden, ein Wert der noch etwas unter den nach Gleichung 4.42 geforderten 4 500 Impulsen liegt. Ohne mathematischen Glättungen ist jetzt ein deutliches Beugungsdiagramm gemessen worden. Es ist natürlich nicht immer möglich, eine Probe mehr als 13 Stunden zu vermessen.

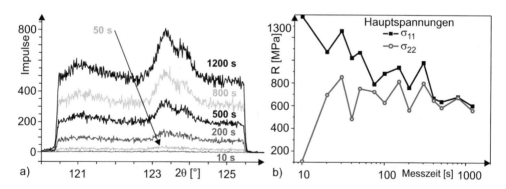

Bild 4.38: (4 2 2)-Netzebene von einer Ti(C,N)-Schicht, a) aufgenommen mit PSD-Detektor als Funktion der Gesamtmesszeit, b) aus Bild a ausgerechnete Eigenspannungswerte

Die Zählzeitstatistik gilt auch für mehrdimensionale Detektoren. Im Bild 4.38a ist der Beugungsbereich für eine (4 2 2)-Netzebene einer Titan-Carbonitrid-Schicht Ti(C,N), ein Mischkristall aus TiN und TiC, gezeigt. Die (4 2 2)-Beugungsinterferenz wurde mit einem ortsempfindlichen Detektor entsprechend Bild 4.24a über einen Winkelbereich von 6° simultan aufgenommen. Bei Wahl einer Schrittweite bzw. Auflösung von 0,012° und simultaner Detektion mit einer Gesamtzählzeit zwischen 10 s und 1 200 s ergeben sich die unterschiedlichen Diffraktogramme in Bild 4.38a. Man erkennt, dass mindestens 200 s

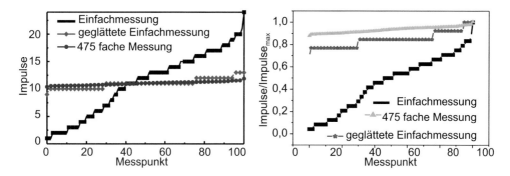

Bild 4.39: Statistische Verteilung von 100 Messwerten des Untergrundes nach einer und nach 475 Messungen

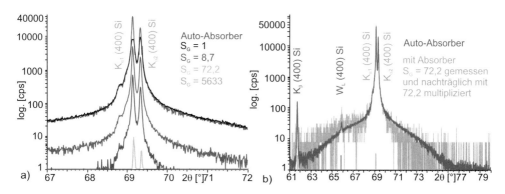

Bild 4.40: (400)-Si Einkristallinterferenz A) mit Autoabsorber und vier konstanten Absorbern gemessen, logaritmischer Auftrag b) Vergleich Autoabsorber und mit Absorber $S_G = 72{,}2$ gemessenes Diffraktogramm mit S_G nachträglich multipliziert

lang gezählt werden muss, damit ein statistisch gesichertes Diffraktogramm erhalten wird. Die Auswirkungen von unzureichend aufgenommenen Beugungsprofilen erkennt man an Bild 4.38b. Für die (422)-Netzebene einer Ti(C,N)-Schicht wurden die Haupteigenspannungen σ_1 und σ_2 in der Ebene errechnet, siehe Kapitel 10, und über der Messzeit aufgetragen. Man erkennt, dass die Eigenspannungswerte erst ab einer Messzeit von 400 s sicher ermittelbar sind. Die bei kleineren Messzeiten bestimmten Eigenspannungswerte sind somit zu unsicher. Aber selbst bei 1 200 s Messzeit pro Schritt werden nur maximal 800 Impulse im Maximum gezählt und damit noch nicht die geforderten 4 500 Impulse erreicht. Die Auswirkungen dieser statistisch nicht gesicherten Profilaufnahmen auf die Bestimmung der Eigenspannungswerte sind somit nicht zu vernachlässigen.

Um ein Beugungsdiagramm für quantitative Analysen mit einer geforderten statistischen Sicherheit zu erhalten, sollte die Zählzeit immer so lang gewählt werden, dass mindestens 4 500 Impulse pro Schritt gezählt werden.

Automatisch einfahrende Absorberfolien helfen, die Zählstatistik zu verbessern bzw. auch den Zähldynamikbereich zu vergrößern. Wird eine im Justageprozess festgelegte Impulsdichte überschritten, dann wird die Messung unterbrochen, eine Absorberfolie mit einem bekannten Schwächungsgrad S_G in den Strahlengang eingefahren, das Goniometer bei Verwendung von PSD´s um den Winkelbereich zurückgefahren und die jetzt gemessen Impulse mit dem Schwächungsfaktor multipliziert. In einem automatischen Absorber werden oft drei unterschiedliche Absorberfolien mit unterschiedlichen Schwächungsgraden eingebaut. Im Bild 4.40 ist dies im logarithmischen dargestellt. Eine (4 0 0)-Si-Einkristallinterferenz, Kristall nicht ausgerichtet, ist zusätzlich vier mal mit konstanter Schwächung (1; 8,7; 72,2 und 5633 vermessen worden. Die eigentliche Einkristallinterferenz wird sichtbar. Bei Impulsdichten kleiner 10 cps tritt starkes Rauschen auf. Impulsdichten kleiner 1 cps werden in dieser Darstellung gar nicht dargestellt. Die ungenügende gemessene Einkristallinterferenz mit Absorber 1 wird der Sättigung des Detektors bzw. Übergang in den nichtlinearen Detektionsbereich zugeschrieben. In Bild 4.40a ist die sehr gute Übereinstimmung links- und rechtsseitig von der Einkristallinterferenz ersichtlich, die Störbereiche werden gleich dargestellt, siehe linearer Auftrag Bild 4.35 und teilweise auch Bild 4.40b. In diesem Teilbild sind das mit Auto-Absorber aufgenommene Diffraktogramm und das mit Absorber 72,2 aufgenommen und nachträglich mit dieser Zahl multipliziert dargestellt. Die mit höheren Absorber aufgenommenen Interferenzrandbereiche unterliegen der schlechteren Messstatistik, es werden zu wenig, aber stark schwankende Impulsdichten aufgenommen und die nachträgliche Multiplikation führt zu dem höheren Rauschen. Der Kβ Störbereich und der eigentliche Bereich der Einkristallinterferenz wird in beiden Darstellungen gleich dargestellt, da auch mit Absorber 72,2 in diesen Bereichen noch genügend Impulsdichte detektiert wird. Im Direktmessmodusbetrieb wird immer wieder festgestellt, dass ab ca. 2000 gemessenen Impulse pro Messschritt »glatte Diffraktogrammabschnitte« auftreten und wie hier im Bild 4.40b gleiche Abschnitte auftreten. Der Autoabsorber sorgt für besser auswertbare Diffraktogramme, die über einen höheren Dynamikbereich verfügen. Dies nutzt man neben der Einkristalldiffraktometrie auch in der Reflektometrie.

Zusammenfassend kann festgehalten werden, dass mangelnde Beugungsintensität durch eine schlecht streuende Probe unter der Voraussetzung der Konstanz der Röhrenspannung, des Röhrenstromes, der Zählerspannung und auch der mechanischen Genauigkeit und Wiederholbarkeit des Goniometers durch lange Zählzeiten wettgemacht werden können. Ist man sich also nach einer Erstmessung bei Vorliegen von stark schwankendem Untergrundverlauf und kaum erkennbaren Beugungsinterferenzen nicht sicher, ob doch in der Probe kristalline Anteile vorliegen, so kann man durch eine extreme Verlängerung der Messzeit unter Voraussetzung der Konstanz der gesamten Beugungsapparatur eine eindeutigere Aussage erhalten. Es muss aber hier betont werden, dass nicht immer das Fehlen von Beugungslinien nur auf zu kurze Messzeiten zurückzuführen ist. Es gibt weitere Ursachen, wie sehr feinkörniges Material, sehr starke Texturierung oder schräg zur Oberfläche orientierte Netzebenen bei Einkristallen, die in BRAGG-BRENTANO-Diffraktometeranordnung eine röntgenamorphe Probe vortäuschen können. Ein Test der gemessenen Impulsdichteverteilung im Untergrund lässt jedoch eine schnell ermittelbare Aussage, ob die gewählte Messzeit ausreichend hoch war oder nicht, zu. Die Dichteverteilung der unbearbeiteten Messwerte sollte $> 0{,}75$ sein, Bild 4.39b. Damit ist eine Fehlerursache, die zu Fehlinterpretationen führen kann, eliminiert. Die Zählstatistik und auch die Einhaltung der Bedingungen, im gesamten Profilverlauf wenigstens 4 500 Impulse pro gemessenem Schritt zu detektieren, ist bei der Profilanalyse, Kapitel 8, bei der Fundamentalparameteranalyse, Kapitel 8.5, und bei der Spannungsmessung, Kapitel 10, von entscheidender Bedeutung zur Erzielung korrekter Ergebnisse.

Die neuen Detektoren, wie die Mikrogap- und die Halbleiter-Detektoren und Autoabsorber und automatische Blendenöffnungen, helfen dabei, die Messzeiten zu verkürzen.

4.6 Goniometer

Goniometer sind Geräte, die Probe und Detektor definiert zueinander bewegen lassen. Sie werden seit ca. 1940 eingesetzt und immer weiter entwickelt. Die Anzahl der Bewegungsmöglichkeiten der Probe zum Detektor bestimmt den Namen. Von einem *Zweikreis-Goniometer* spricht man bei zwei Bewegungen, von einem *Vier-Kreis-Goniometer* bei vier Bewegungsmöglichkeiten der Probe. Die am meisten verwendete Form der Bewegung sind Bewegungen auf Kreisbahnen bzw. Drehungen um eine Achse. Der Vorteil der Goniometer gegenüber den Filmkameras ist die wesentlich höhere erreichbare Winkelauflösung und die Möglichkeit der Echtzeitbeobachtung des Beugungsexperimentes. Die Bewegungen wurden in der Anfangszeit ausschließlich über mechanisch gekoppelte Zahnräder bzw. über elektromagnetische Kupplungen von Zahnradpaaren realisiert. Die Bewegungen sollten über mehr als 180° erfolgen können und eine Vor- bzw. Rückwärtsbewegung realisieren. Um einen Winkelbereich $2 \cdot \theta \approx 180°$ zu erreichen, muss die Bauform des Röhrenfokus und des Detektors sehr schmal gehalten werden. So ist derzeit die maximale Bewegung auf $2 \cdot \theta \approx 170°$ beschränkt. Konstante Winkelgeschwindigkeiten zwischen $(0,001 - 40°\,\mathrm{min}^{-1})$ über den gesamten Winkelbereich sind gefordert. Eine weitere Anforderung ist die Reproduzierbarkeit und Langzeitstabilität der Bewegung. Durch das ständige gegenläufige Bewegen verschleißen die Zahnradflanken. Die ausschließlich mechanische Bewegungsart ist somit spielbehaftet. Mit der Laufzeit des Goniometers wird das Spiel größer und man erreichte letztlich nur eine Wiederholgenauigkeit in der Winkelauflösung von bestenfalls 0,01°. Mit dem Aufkommen von Schrittmotorsteuerungen und paralleler optischer Winkeldekodierung um 1975 und verbesserter Ansteuerbarkeit der Schrittmotoren mit hochauflösenden Digital/Analog-Wandlern gelang es, die Winkelansteuerung auf 0,000 1° und kleiner bei gleicher Reproduziergenauigkeit zu steigern. Das Spiel der immer noch verwendeten Zahnräder (Schneckenradantrieb) wird durch die zusätzliche Schrittmotorensteuerung und die gleichzeitige optische Ortsdekodierung ausgeglichen. Die Norm EN 13925-3 [9] beschreibt die Charakterisierung und Prüfung der Funktionstüchtigkeit von Geräten zur Beugungsanalyse.

Bei den Goniometern gibt es zwei prinzipielle Bauformen. Man spricht von einem *Theta-Theta-Goniometer*, wenn die Probe feststeht und sich die Röhre und der Detektor um die feststehende waagerechte Probe mit der Geschwindigkeit ω bewegen, Bild 4.41a. Da die Röntgenröhre, das Röhrengehäuse sowie das dort angebrachte Hochspannungskabel und die Schläuche für die Wasserkühlung hochpräzise bewegt werden müssen, erfordert diese Anordnung erhöhte Anforderungen an die Lagerung und den Antrieb der Achsen. Die Verwendung von Gegengewichten vermindert dabei einseitige Belastungen. Dies schränkt die Probengröße und den Bewegungsspielraum zum Teil aber ein und macht diese Bauform damit teuer. Allerdings lassen sich so auch lose Pulver bzw. Flüssigkeiten untersuchen wobei die Probenbestandteile keinen Schutz vor dem Herausfallen bzw. Herauslaufen benötigen.

Die andere Bauform, als *Omega - 2 Theta*-Goniometer (meist als *Theta - 2 Theta*) bezeichnet, ist dadurch gekennzeichnet, dass die Röhreneinheit fest steht, die Probe sich um eine Achse mit einer Winkelgeschwindigkeit ω und der Detektor auf einem zweiten Kreis mit einer eigenen Geschwindigkeit, aber meist mit $2 \cdot \omega$, bewegt, Bild 4.41b.

Um den gesamten reziproken Raum einer Beugungsaufnahme vermessen zu können, werden Bewegungen nicht nur in einer Ebene, sondern auch senkrecht dazu benötigt. Die Probe selbst darf bei dieser Kippbewegung nicht aus der Fokusebene herauslaufen. Die Drehachse der Verkippung muss exakt in der Oberfläche der Probe liegen. Man spricht von einer *euzentrischen Verkippung/Bewegung* der Probe, denn nur so wird gewährleistet, dass der in senkrechter Stellung der Probe ausgeleuchtete Fleck auch bei Verkippung derselbe bleibt. Trotz euzentrischer Bewegung gibt es je nach Primärblendenform unter-

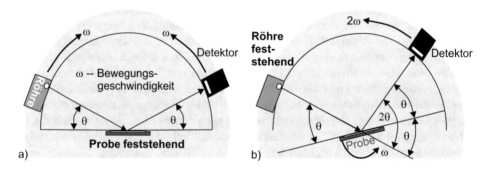

Bild 4.41: Prinzipdarstellung a) Theta-Theta-Goniometer b) Theta-2 Theta-Goniometer
(Omega-2 Theta)

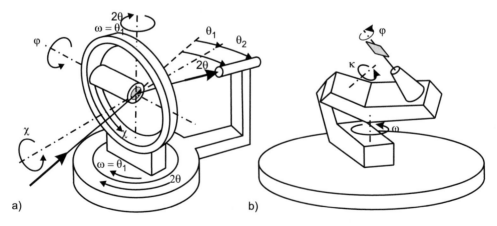

Bild 4.42: a) Vierachsen-Goniometer mit EULER-Wiege und den Drehkreisen $\omega = \theta_1$,
$2\theta = \theta_1 + \theta_2 \; \chi$ und φ. b) Das κ-Goniometer mit variablem κ-Winkel

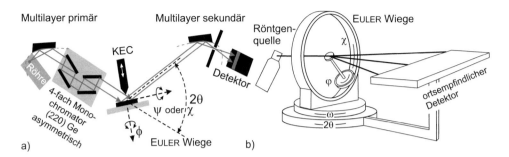

Bild 4.43: a) ψ Diffraktometer für Spannungsmessungen und heute als Allzweckdiffraktometer bezeichnet. Besteht die Möglichkeit, die Probe um eine Achse parallel zur Diffraktometerebene zu drehen, spricht man von einem ψ-Diffraktometer b) Röntgen-Texturmessanlage mit EULER-Wiege und ortsempfindlichem Detektor

schiedliche Ausleuchtungsflächen bei der Verkippung, siehe Bild 11.10, Seite 426. Eine solche Drehbewegung kann mit einer EULER-Wiege realisiert werden. Kann jetzt noch die Probe um ihre eigene Achse gedreht, die Probe auf dem Aufnahmetisch in x- und y-Richtung bewegt und können in z-Richtung unterschiedliche Höhen ausgeglichen werden, dann liegt eine Vier-Kreis-Goniometer-Anordnung mit drei zusätzlichen linearen Bewegungsmöglichkeiten vor. Es wird manchmal auch Siebenkreis-Goniometer genannt, obwohl die drei Bewegungsrichtungen keine Kreisbögen fahren, siehe Bild 4.42a. Bei der Diskussion von speziellen Anwendungen wie der Einkristalluntersuchung, Kapitel 5.9.3, und den Spannungs- und Texturmessungen, Kapitel 10.4 bzw. 11.4.2, wird nochmals speziell auf die Goniometer eingegangen werden. Die Motorenansteuerung wird über eine zentrale Rechnereinheit abgewickelt und ermöglicht zu jedem Zeitpunkt exakt die Lage jedes Kreises hochgenau zu kennen.

Wird ein solches Vier-Kreis-Gonimeter mit weiteren Röntgenoptiken, wie Primärmultilayerspiegel, Vierfach-Monochromator, Schneidblende (KEC *k*nife *e*dge *c*ollimator) oder Sekundärmultilayerspiegel ausgerüstet, spricht man von einem modernen *Allzweckdiffraktometer*, Bild 4.43a. Vier-Kreis-Goniometer können auch mit positionsempfindlichen oder Flächendetektoren, Bild 4.43b, ausgerüstet sein.

4.7 Probenhalter

Ein wichtiges, oftmals leider vernachlässigtes Bauteil ist der Probenhalter. Der Probenhalter soll die Probe sicher fixieren, exakt die Fokusebene einhalten, dabei die Probe aber nicht zusätzlich mechanisch verspannen und selbst keine Beugungsinterferenzen zum Diffraktogramm bei kleinen Probenabmessungen liefern. Deshalb werden für Probenhalter häufig Hohlzylinderteile einer bestimmten Tiefe eingesetzt. Der Rand des Zylinders ist dann die Fokusebene und die Probe darf diesen Rand nicht überragen, Bild 4.44a. Als »Abstandshalter« eignet sich z. B. Knetmasse, die in den Halter im Mittelpunkt eingebracht wird. Die Probe wird dann mittels einer ebenen Platte in die Knetmasse eingedrückt. Damit erreicht man, dass die Probenoberfläche auf die Fokusebene justiert wird. Man muss jedoch darauf achten, dass die Knetmasse nicht die Probenfläche über-

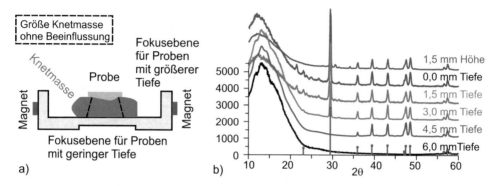

Bild 4.44: a) Prinzipdarstellung eines Probenträgers mit aufgebrachter Probe mit Fixierung in Knetmasse b) Beugungsdiagramme für Knetmasse im Probenträger und Ausformung der Oberfläche in verschiedenen Höhen/Tiefen. Es wurde ein Goniometer nach Bild 5.43 verwendet.

ragt. Sonst treten Interferenzen der Knetmasse auf, die im Bild 4.44b für verschiedene Höhen aufgenommen wurden. Metalle sollte man nicht als Probenträger für kleine Proben einsetzen. Metall ist selbst immer kristallin und ruft somit zusätzliche, störende Beugungsinterferenzen hervor, die im ungünstigsten Fall die eigentlich zu erwartenden Beugungsinterferenzen überdecken können. Nimmt man folgende Aufgabenstellung an, bei der eine Probe bestehend aus einer Aluminiumschicht auf einem Siliziumchip (Abmessung $3 \cdot 3\,mm^2$) in BRAGG-BRENTANO-Anordnung untersucht werden soll, und klebt die Probe auf einen Aluminiumprobenträger auf, dann kann wegen der Überstrahlung der Probenfläche keine Trennung der Beugungsanteile der Aluminiumschicht von dem Probentellers vorgenommen werden, siehe weitere Ausführungen auch ab Seite 173.

Ansonsten eignen sich als Probenträger röntgenamorphe Kunststoffe oder auch Gläser. Pulver kann man in topfförmige Probenträger relativ gut einfüllen oder vorher definiert als Tablette pressen. Der Vorteil eines Theta-Theta-Diffraktometers mit einer waagerechten Probenlage wird nun deutlich, da hier keine Schutzfolie benötigt wird, um z. B. zu verhindern, dass bei einer Pulverprobe das Pulver nicht mehr im Probenhalter fixiert bleibt. Als Schutzfolie kommen dünne Polyethylen-, Polyimid- (Kapton-) oder auch Glimmerfolien zum Einsatz, die über die Probe gespannt werden. Die Folien selbst sollen wegen eines möglichst geringen Verlustes an Strahlungsintensität dünn und gleichzeitig aber auch röntgenamorph sein. Kann man die Probe mit einer Probenfläche größer als die bestrahlte Fläche frei aufbringen und durch Verfahren in z-Richtung am Probenhalter die Fokusebene exakt einstellen, ist dies der beste Weg. Jedoch muss bei solcher Vorgehensweise beachtet werden, dass die für das Goniometer zulässige Probenmasse nicht überschritten wird. Die bewegte Masse der Probe und des Probenträgers ist u.a. verantwortlich für die erreichte Geschwindigkeit und auch die Genauigkeit des Goniometers. Es gibt vereinzelt Spezialgoniometer, mit denen große Bauteile wie z. B. ganze Turbinenschaufeln untersucht werden können. Für Untersuchungen an Unikaten oder sehr großen Bauteilen und bei der Textur- und Spannungsmessung wird die Probe vor Ort selbst wie ein Goniometerträger benutzt. Das speziell konstruierte Goniometer wird an die »Probe angeflanscht«. Von der Probenoberfläche ausgehend werden Röhre und Detektor auf den entsprechenden Kreisen bewegt. In solchen Spezialgoniometern werden die Goniometerkreise (Bewegung der Röhre und des Detektors) über gekoppelte Steuerungen zwischen zwei bis drei Raumrichtungen nachgebildet.

Es gibt auch Spezialgoniometer mit Probenbühnen, die z. B. eine ganze Bremsscheibe aufnehmen können und dann über Drehbewegung und x-y Verfahrwege dann mit mehreren Messungen die gesamte Probenoberfläche abscannen können.

Bei Wafern haben sich ebene Träger mit einem Lochkanalsystem (Chuck) durchgesetzt. An das Kanalsystem wird ein Vorvakuum angelegt und der Wafer angesaugt. Problematisch ist dieser Träger jedoch bei Spannungsmessungen, da durch das Ansaugen an den Tisch der Wafer mechanisch verspannt wird.

Eine Renaissance erleben Kapillaren als Probenträger. Um Pulver analysieren zu können, wird es in dünne, einseitig verschlossene amorphe Hohlglasröhren eingefüllt und in das Zentrum einer DEBYE-SCHERRER-Kammer eingebracht, Kapitel 5.4.1. Die Wandstärke dieser Kapillaren muss kleiner 20 µm sein, damit die Röntgenstrahlung nicht zu stark geschwächt wird. Beim Einfüllen »verstopfen« die Kapillaren sehr schnell. Man variiert hier die Probenpräparation, indem mit amorphen Klebern Pulverbestandteile auf das Äußere eines dünnen Glasstabes gibt. Diese Proben haben jedoch dann keine gleichmäßige Bedeckung mit Untersuchungsmaterial und sind nur schwer für quantitative Verfahren nutzbar. Solche Kapillaren werden auch in das Zentrum von Goniometern eingebracht und es sind damit DEBYE-SCHERRER-Aufnahmen machbar, siehe Seite 193.

Aufgabe 18:   Auswertung Beugungsdiagramme Probenträger

Bild 4.44b zeigt Beugungsdiagramme von Knetmasse in verschiedenen Tiefen, die mit einem Goniometer nach Bild 5.43 aufgenommen wurden. Identifizieren Sie die Beugungsinterferenzen mittels der PDF-Datei. Erklären Sie die unterschiedliche Ausbildung von »Glashügeln« und Beugungsinterferenzen bei kleineren Beugungswinkeln. Treffen Sie Aussagen zu der Höhenabhängigkeit eines Goniometers nach Bild 5.43.
Hinweis: Lösen Sie diese Aufgabe erst, wenn Sie das Kapitel 5 durchgearbeitet haben.

4.8 Besonderes Zubehör

In der Materialwissenschaft werden Legierungsbildungen, Phasenumwandlungen und Veränderungen im Aufbau von Werkstoffen oftmals durch Hochtemperaturschritte hervorgerufen. Umformen und Herstellung von Bauteilen und die Kristallisation aus der Schmelze erfolgen ebenfalls bei hohen Temperaturen. Es wird häufig gefragt, bei welcher Temperatur Phasenumwandlungen entstehen. Man kann dann die Probe auf ein Platinband legen und es durch Stromfluss erwärmen und hohe Temperaturen erzielen. Das Platinband selbst ist in der Höhe verstellbar und wird an den Enden beim Erhitzen nachgespannt, um die geheizte Probe in der geforderten Fokusebene zu behalten. Platin als edles Material reagiert nur schwer/selten mit den Proben. Platinsilizide entstehen jedoch beim Heizen von Siliziumproben. Deshalb muss bei solchen Siliziumproben der direkte Kontakt zwischen Heizband und Silizium verhindert werden. Dies kann durch rückseitiges

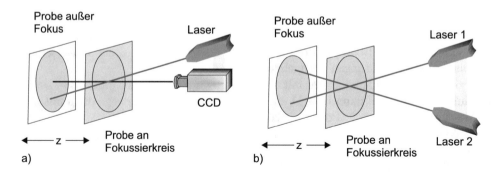

Bild 4.45: a) Probenjustage mit CCD-Kamera und Laser b) Probenjustage mit zwei Lasern

Beschichten der Probe mit SiO_2 oder Si_3N_4 erfolgreich realisiert werden. Um Oxidationen und weitere nicht erwünschte Probenreaktionen zu verhindern, wird um die Probe eine Kammer gebaut und die Probe unter einer Schutzgasatmosphäre gehalten. Um die Röntgenstrahlung in das Innere der Kammer und auf die Probe zu fokussieren und die abgebeugte Strahlung möglichst ohne extreme Schwächung zum Detektor zu leiten, wird an die Wandung im Bereich Strahlein- und -austritt eine dünne, wenig absorbierende Fensterfolie angebracht [175]. Dieser hermetische Abschluss der Kammer erlaubt sogar das Betreiben im Grobvakuum. Hinzu kommen Baugruppen zum Messen und Regeln der Temperatur, der Atmosphäre und des Druckes. Die Hochtemperaturkammer kann auch abgewandelt werden, um sie als Testkammer zur Prüfung des Einflusses von Umweltbedingungen (Feuchte, korrosive Gase, Salznebel) auf die Probe zu nutzen. Im Bild 13.8 sind Diffraktogramme einer Phasenumwandlung in der Hochtemperaturkammer gezeigt. Als Detektor kommt bei solchen Untersuchungen meistens ein ortsempfindlicher Detektor zum Einsatz, um zeitaufgelöst bei einem in der Kammer zu fahrenden Temperaturprofil über einen Winkelbereich den Wechsel in den Interferenzlagen und Intensitäten im Beugungsdiagramm detektieren zu können.

In der Forensik, in der Materialwissenschaft und in technologischen Entwicklungslaboren, aber auch bei bestimmten Produktionsüberwachungen ist ein Abrastern der Probenoberfläche mittels Mappingverfahren notwendig. Zur Dokumentation, welche Probenstelle angefahren wurde, werden die Goniometer heute oftmals mit optischen CCD-Kameras ausgestattet. Das Goniometer ist zusätzlich mit einem Laser ausgerüstet. In die optische CCD-Kamera wird eine Messskala eingeblendet und das Zentrum auf die Fokusstelle des Goniometers justiert. Wie in Bild 4.45a gezeigt, wird der Laser parallel zur optischen Achse der CCD-Kamera angeordnet, aber in einer Richtung zur Kamera verkippt. Kreuzen sich Laser und optische Achse genau auf der Probenoberfläche, ist die Probe am Fokuskreis korrekt angeordnet. Ist der Laser nicht im Mittelpunkt der Kamera sichtbar, kann die Justage durch z-Verstellung des Probenträgertisches erfolgen. Mittels CCD-Kamera kann die gemessene Probenstelle gut dokumentiert werden.

Verwendet man zwei schräg zueinander fest justierte Laser und hat man den Kreuzungspunkt auf die Fokusebene justiert, dann liegt der Kreuzungspunkt beider Laser bei richtiger Justage genau auf dem von der Röntgenstrahlung beleuchteten Messfleck in der Fokusebene, Bild 4.45b.

5   Methoden der Röntgenbeugung

Führt man ein Beugungsexperiment durch, dann ist damit immer das Ziel verbunden, mehr über die Feinstruktur der Probe zu erfahren. Aus dem Beugungsexperiment kann man die im Bild 5.1 aufgezeigten Zusammenhänge und Informationen erhalten. Daraus wird ersichtlich, dass mit einer Untersuchung nicht alle Ergebnisse gleichzeitig, mit höchster Genauigkeit und dazu noch produktiv, d. h. sehr schnell vorliegen. Aus dem Kapitel 4.5.6 ist schon bekannt, dass Genauigkeit und Zeit sich oft diametral gegenüber stehen. Es ist also äußerst wichtig und notwendig, erst hinterfragen, welche Informationen gewünscht werden und danach sowohl die Messanordnung als auch die Messstrategie auszuwählen.

Dabei ist es erforderlich bei neuen Aufgabenstellungen mehrere unterschiedliche Messungen mit unterschiedlichen Messprogrammen auszuführen. Nach Auswertung der Ergebnisse kann man dann bestimmen, welches (welche) Experiment(e)/Messprogramm(e) die meisten Informationen mit einem optimalen bzw. vertretbaren Zeitaufwand liefern. Die heute häufigste Vorgehensweise in der Werkstoffwissenschaft ist die, dass man von einer unbekannten Probe zuerst eine so genannte Übersichtsaufnahme in Bragg-Brentano-Anordnung oder vergleichbaren Anordnung über einen großen Winkelbereich anfertigt. Treten z. B. überhaupt Interferenzen auf, dann liegt eine kristalline Probe vor, das

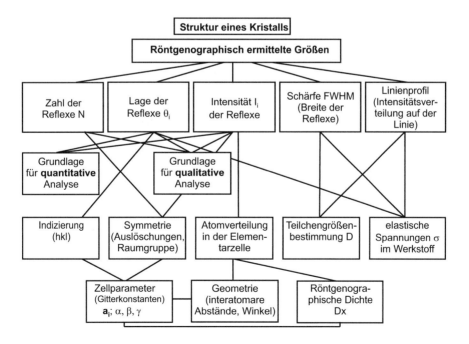

Bild 5.1: Aus Beugungsexperimenten erhaltbare und ableitbare Informationen

© Springer Fachmedien Wiesbaden GmbH, ein Teil von Springer Nature 2019
L. Spieß et al., *Moderne Röntgenbeugung*,
https://doi.org/10.1007/978-3-8348-8232-5_5

Kristallsystem bzw. die Kristallstruktur ist bestimmbar. Das Beugungsdiagramm wird analysiert nach

- der Zahl,
- der Lage,
- der Intensität und
- der Form der Beugungsinterferenzen.

Treten nur einzelne und sehr scharfe Beugungsinterferenzen auf, kann ein Einkristall vorliegen. Treten sehr viele Beugungsinterferenzen auf, kann eine niedrigsymmetrische Kristallstruktur oder ein Kristallgemisch aus vielen Phasen vorliegen. Treten keine Beugungsinterferenzen auf, gibt es innerhalb des Eindringbereiches der Strahlung keine beugenden Netzebenen und es kann eine röntgenamorphe Probe vorliegen. Von einer röntgenamorphen Probe im klassischen Fall spricht man, wenn die Kristallitausdehnungen senkrecht zur Oberfläche kleiner als $50 - 20$ nm sind. Dabei ist zu beachten, dass die größere Zahl für leichte und die kleinere Zahl für schwerere Elemente gilt. Durch Anwendung moderner Strahloptiken, anderer Diffraktometergeometrien und verbesserter Detektoren ist die Röntgenamorphität heute auf Werte zwischen $15 - 2$ nm Kristallitgröße abgesunken. Die Röntgenbeugungsverfahren sind damit wesentlich empfindlicher geworden. Bei dieser Betrachtungsweise soll auf Möglichkeiten schwerwiegender Fehlinterpretation hingewiesen werden. Mit einer eindimensionalen Beugungsanordnung kann von einer stark fehlorientierten Einkristallprobe ebenfalls ein Beugungsdiagramm erhalten werden, welches einer amorphen Probe gleicht. Dies ist dann der schwerst anzunehmende Fehler eines Anwenders, eine einkristalline Probe als amorph einzustufen. Deshalb ist der sichere Nachweis, dass eine Probe amorph ist, nicht mit einer Messung einer unbekannten Probe erledigt.

Die Bestimmung der Art der vorkommenden kristallinen Phase in einer Probe wird als *qualitative Phasenanalyse* bezeichnet. Dies wird auf Grund der unterschiedlichen Kristallstrukturen aller Elemente und Verbindungen und der damit verbundenen charakteristischen Beugungsdiagramme als Fingerprint-Methode bezeichnet. Jede einzelne Beugungsinterferenz kann – mehr oder weniger schwierig – eine Netzebenenschar $\{h\,k\,l\}$ zugeordnet werden, dann spricht man von der Indizierung der Beugungsdiagramme.

Hat man eine neue, unbekannte und kristalline Substanz synthetisiert, dann möchte man mehr über den Kristallaufbau herausfinden. Die Bestimmung der Zellparameter, der Atomverteilung und der Symmetrien in der Atomanordnung wird als Kristallstrukturanalyse bezeichnet.

Hat man mehrere kristalline Phasen in einer Probe gefunden und versucht, deren Volumen- bzw. Mengenanteil zu bestimmen, dann wird dies als *quantitative Phasenanalyse* bezeichnet. Die Bestimmung von Teilchengrößen gehört ebenfalls zur quantitativen Analyse. Treten in einer Probe mechanische Spannungen auf, so führt das zu Abweichungen der Gitterparameter vom spannungsfreien Zustand. Die Bestimmung und Auswertung dieser Abweichungen wird als röntgenographische Spannungsanalyse bezeichnet. Die Bestimmung der Abweichungen der Körner von der regellosen Orientierungsverteilung wird als Texturanalyse bezeichnet. Diese Verfahren werden oftmals mit zur quantitativen Analyse gezählt. Die Mehrzahl der Autoren behandelt diese Verfahrensgruppen eigenständig. Der letzteren Auffassung wird sich hier angeschlossen.

5.1 Fokussierende Geometrie

Die bisher besprochenen Aspekte zur Röntgenstrahlerzeugung, -detektion und -fortleitung sind im Wesentlichen dadurch geprägt, dass der aus der Röntgenröhre austretende Röntgenstrahl ein divergenter Strahl ist. Es liegt also nahe, die Strahlführung so zu gestalten, dass Teilstrahlen fokussierend bzw. nicht divergierend (konvergierend) auftreten. Nur mit einer Fokussierung können schwache und mit geringer Intensität auftretende Beugungserscheinungen auch zuverlässig beobachtet werden. Die Detektion erfolgt noch zur Hälfte der Anwendungen mit Punktdetektoren, siehe Kapitel 4.5.1. Alle fokussierenden Verfahren beruhen auf dem Gesetz, dass in allen Dreiecken, die über einer gemeinsamen Sekante einem Kreis einbeschrieben sind, der Scheitelwinkel gleich groß ist (Satz des THALES), Bild 5.2a. Der Winkel an den Positionen 1, 2 und 3 ist in der Fokussierungsstellung F_1 gleich. Ändert sich der Fokussierungsort auf F_2 bzw. F_2', Positionen 4 bis 7, dann ist auch dieser Winkel gleich. Der Winkel zwischen F_1-Fokusstellung und F_2-Fokusstellung ist dabei unterschiedlich.

An dieser Stelle wird entgegen der geschichtlichen Entwicklung der Beugungsverfahren mit dem von FRIEDMANN und von PARRISH um 1945 bei Philips (USA) entwickelten Pulverdiffraktometern begonnen. Das von ihnen als BRAGG-BRENTANO-Geometrie bezeichnete Fokussierungsprinzip wird nachfolgend beschrieben. Literaturstellen und eine gewisse Normierung sind [146, 6, 7, 9] entnommen.

5.1.1 BRAGG-BRENTANO-Anordnung

Eine polykristalline Probe besteht immer aus kleinen Kristalliten, den Körnern. Ein Kristallit ist ein kleiner Einkristall und durch seine Orientierung zur Oberfläche und Probenkante gekennzeichnet. Zur Beschreibung der Kristallitorientierung werden in der Regel die

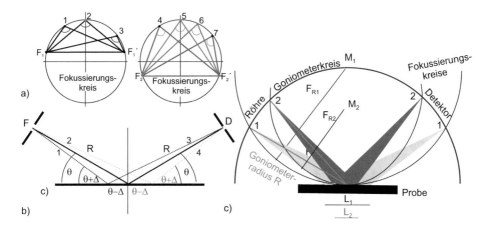

Bild 5.2: a) Fokussierungsbedingung nach JOST [136] b) Strahlengang für einen divergenten Primärstrahl als auch Detektorstrahl in einem Goniometer mit dem Radius R
c) Ausbildung von Fokussierungskreisen bei zwei unterschiedlichen Beugungswinkeln beim BRAGG-BRENTANO-Goniometer

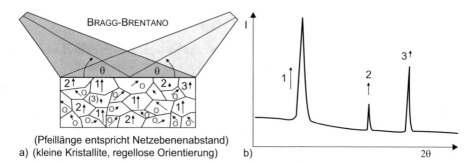

(Pfeillänge entspricht Netzebenenabstand)
a) (kleine Kristallite, regellose Orientierung)   b)

Bild 5.3: Schematische Darstellung der Kristallitstruktur eines polykristallinen Werkstoffs und seiner Kristallitorientierung und mögliches Diffraktogramm in schematischer Darstellung

Netzebenennormalen, welche mit den Richtungen der reziproken Gittervektoren zusammenfallen, benutzt. Im ideal polykristallinen Material sind alle Orientierungen statistisch regellos verteilt. Somit sind nur jeweils wenige der möglichen Netzebenennormalen (Orientierungen) senkrecht zur Werkstoffoberfläche ausgerichtet, Bild 5.3. In diesem Beispiel sollen drei »unterschiedliche Kristallite« mit drei unterschiedlichen Netzebenenabständen zur Erklärung der Beugung herangezogen werde. Ein divergenter Röntgenstrahl wird mit seinem Mittelpunktsstrahl in einer Entfernung R auf eine ebene Probe unter dem Winkel θ gelenkt, Bild 5.3 bzw. 5.2a. Der an der Netzebene reflektierte Mittelpunktsstrahl gelangt unter dem gleichen Winkel θ auf den Detektor, so ist die Beugungsbedingung und damit die BRAGGsche Gleichung 3.125 für eine Netzebene parallel zur Oberfläche für diesen Winkel θ erfüllt und es tritt ein messbares Intensitätsmaximum auf. In dem beleuchteten Teil der Probe entsprechend Bild 5.3a bzw. Bild 3.23b sind nur wenige niedrig indizierte Netzebenen d_{hkl} parallel zur Oberfläche vorhanden. In Bild 5.3a wird eine Netzebene durch die senkrecht auf ihr stehende Oberflächennormale symbolisiert. Bei einem Winkel θ_1 erfüllen die vier Körner, gekennzeichnet mit 1, die Beugungsbedingungen und rufen die Beugungsinterferenz 1 hervor, Bild 5.3b. Die mit o gekennzeichneten drei Körner mit dem gleichen Netzebenenabstand tragen nicht zur Beugungsinterferenz bei. Wird der Beugungswinkel θ weiter vergrößert, dann erfüllen bei einem Winkel θ_2 die mit 2 gekennzeichneten vier Körner die Beugungsbedingungen ebenfalls. Aber auf Grund anderer Verhältnisse in dem Strukturfaktor, in der Flächenhäufigkeit etc., siehe Gleichung 6.1 kann die Intensität jetzt kleiner sein. Ersichtlich ist im Bild 5.3a, dass auch hier Körner mit diesem Netzebenenabstand nicht zur Beugungsinterferenz 2 beitragen, da deren Oberflächennormale nicht senkrecht zur Oberfläche steht. Im Bild 5.3a ist nur ein Kristallit 3 in Beugungsrichtung, der mit (3) gekennzeichnete Kristallit kann gerade noch so durch seine geringe Fehlorientierung zur Beugungsinterferenz 3 beitragen.

Betrachtet man jetzt die divergenten Teilrandstrahlen der einfallenden Strahlung vom Punkt F, Bild 5.2a, dann tritt der linksseitige Strahl 1 mit einem um den Wert Δ größeren Einfallswinkel auf. Der Winkel des rechtsseitigen Teilstrahl 2 ist um Δ kleiner. Ist die Divergenz des Detektors genauso groß wie die von der Quelle, dann werden die Randstrahlen 3 mit einem um Δ kleineren Winkel und der Randstrahl 4 mit einem um Δ größeren Winkel beobachtet. Die Reflexion des Randstrahles 1 zum Detektorstrahl 3, als auch die Reflexion des Randstrahles 2 zum Detektorstrahl 4 sind somit in der Summe genau $2 \cdot \theta$ und damit genauso groß wie die Summe der Beugungswinkel des Mittelpunktstrahles. Somit trägt die gesamte bestrahlte Fläche zur Beugungsinterferenz unter dem Winkel $2 \cdot \theta$ bei.

Die Beugung findet real nicht nur an den ersten zwei Netzebenen statt, wie bei der Herleitung des BRAGG-Gesetzes suggeriert, sondern im Bereich der Eindringtiefe der Röntgenstrahlung. Die vom Beugungswinkel abhängige Eindringtiefe τ ist durch Absorption und Extinktion bestimmt, siehe Kapitel 10.4.3. Die bei der Beugung erzielbare Linienbreite L_B kann nach Gleichung 5.1 mit dem Fehlorientierungswinkel χ (χ maximal 3°) für die Netzebene $(h\,k\,l)$ überschlägig bestimmt werden.

$$L_B = \tau \cdot \cos\theta_{hkl} + \chi \tag{5.1}$$

Der Röntgenröhrenfokus und Detektorfokus befinden sich in einer konstanten, gleichen Entfernung zur Probe. Wie schon im Kapitel 4.6 festgestellt, bewegen sich Detektor und Röhre auf einem Kreisbogen und man spricht von einer Bewegung auf einem Goniometerkreis mit dem Goniometerradius R. Röhrenfokus, Tangente der Probenoberfläche und Detektorfokus befinden sich zu jedem Zeitpunkt auf diesem Kreisbogen, Bild 5.2c. Zu einem Zeitpunkt t_1 der gemeinsamen Bewegung von Röhre und Detektor sei dieser Kreisbogenradius F_{R1}. Dieser Kreis wird Fokussierungskreis genannt. Zum Zeitpunkt t_1 wird eine Probenfläche der Länge L_1 bestrahlt. Bewegen sich Röhre und Detektor gleichmäßig zu höheren Winkel und verbleibt die Probe an ihrem Ort, dann lässt sich in dieser Stellung zum Zeitpunkt t_2 erneut ein Fokussierungskreis, aber diesmal mit einem kleinerem Radius F_{R2} finden. Die Randwinkelunterschiede gleichen sich wiederum aus, wie in Bild 5.2a schon erwähnt. Durch den kleineren Radius des Fokussierungskreises in Stellung 2 wird bei unveränderten Divergenzblenden eine kleinere Fläche der Probe bestrahlt. Der Randausgleich der Beugungswinkel wird aber auch in dieser Stellung erfolgen, der Winkelunterschied Δ wird aber mit größerem Beugungswinkel kleiner. Mit einer Eintrittsblende EB und einem damit verbundenen Divergenzwinkel γ wird die

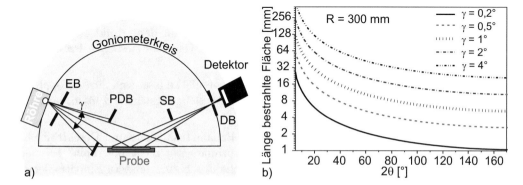

Bild 5.4: a) Anordnung und Wirkung von Blenden im BRAGG-BRENTANO-Diffraktometer b) Länge der bestrahlten Fläche bei einem Goniometer mit $R = 300\,\text{mm}$ und verschiedenen Divergenzwinkeln γ

maximal bestrahlte Probenlänge L und -fläche festgelegt, Bild 5.4a. Bringt man in die
Diffraktometeranordnung noch weitere Blenden entsprechend Bild 5.4a ein, dann wird
die Strahlgeometrie wiederum verändert. Da bei kleinen Beugungswinkeln θ sehr große
Werte für die bestrahlte Probenlänge L auftreten können, wird im Allgemeinen noch eine
probennahe Divergenzblende PDB eingebracht, Bild 5.4b. Diese verkleinert die bestrahl-
bare Probenfläche. Die Detektordivergenz wird durch die Detektorblende DB festgelegt.

Dadurch wird gewährleistet, dass der Detektor ausschließlich auf eine mit Röntgenstrahlung beleuchtete Probenfläche »schaut«. Diese Fläche wird bei kleinen Beugungswinkeln aber von der Detektorseite noch durch eine Streustrahlenblende SB eingeschränkt.
Die Streustrahlenblende hat auf der Detektorseite die gleiche Funktion wie die probennahe Divergenzblende. In Bild 5.4b wird die Länge der bestrahlten Probenoberfläche als
eine Funktion des Einstrahlwinkels für ein Diffraktometer mit Radius $R = 300\,\text{mm}$ ohne
probennahe Divergenzblende für verschiedene Divergenzwinkel γ der Eintrittsblende angegeben. Diese Länge lässt sich ansonsten nach Gleichung 5.2 berechnen. Von KRÜGER
[159] wird eine Korrektur für kreisförmige Proben angegeben.

$$L(\theta, R, \gamma) = \frac{R \cdot \tan \gamma}{\sin \theta} \tag{5.2}$$

Als Auswirkung dieser ungleichmäßigen Beleuchtung zeigt sich, dass im Beugungsdiagramm der gemessene Untergrund bei kleinen Beugungswinkeln höher ist als bei großen
Beugungswinkeln. Die bestrahlte Fläche wird kleiner. Dass der Unterschied im Untergrund nicht ganz so stark ausgeprägt ist wie die Änderung der Fläche lässt sich daran
erklären, dass die Beugung im Volumen, d. h. bis zur jeweiligen Eindringtiefe der Strahlung in die Probe, stattfindet. Das Volumen wird prozentual betrachtet nicht in dem Maß
verkleinert wie die Fläche. Nach Gleichung 3.101 nimmt mit steigendem Beugungswinkel
die Eindringtiefe zu. Damit wird das Volumen je nach Ordnungszahl des Probenmaterials nicht proportional mit dem Beugungswinkel kleiner. Bei einer BRAGG-BRENTANO-
Anordnung sind mit geeigneter Blendenwahl diese zwei gegenläufigen Prozesse nicht zu
unterschiedlich. Zur Erzielung höherer Intensitäten wird bewusst ein höherer Öffnungswinkel der Eintrittsblende zugelassen. Die Probe wird damit bei kleinen Beugungswinkeln bewusst überstrahlt. Die Fokussierungsbedingung ist nur dann exakt erfüllt, wenn
die Probenoberfläche auf dem Fokussierungskreis liegt. Das ist bei ebenen Proben nur
für kleine beleuchtete Flächen näherungsweise erfüllt.

Das Problem der ungleichmäßig beleuchteten Probenfläche lässt sich durch Kopplung
stetig veränderbarer Eintrittsaperturblenden mit dem Beugungswinkel θ lösen. Schematisch wird dies in Bild 5.5 gezeigt.

Zur Vermeidung von Justagefehlern zwischen Primärstrahlfläche und Detektorfläche
und um zu verhindern, dass der Detektor auf primärseitig nicht bestrahlte Flächen
»schaut«, wird im Allgemeinen eine größere Fläche durch eine breitere Eintrittsblende
bestrahlt. Das Verhältnis der Divergenzen zwischen Primär- und Detektorstrahl sollte
in BRAGG-BRENTANO-Geometrie zwischen $2 - 10$ betragen, die Eintrittsblende sollte
$2 - 10$ mal größer sein als die Detektorblende. Je kleiner der Divergenzwinkel des Detektor umso besser ist die Auflösung, aber umso weniger Intensität ist detektierbar, dies

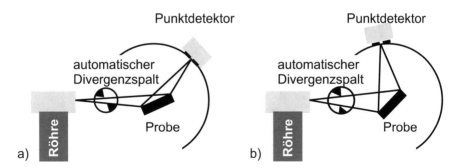

Bild 5.5: BRAGG-BRENTANO-Diffraktometer bei zwei unterschiedlichen Beugungswinkeln, a) kleinere Aperturblende bei kleinem Beugungswinkel b) größere und motorisierte Aperturblenden zur Erzielung gleicher Probenausleuchtung

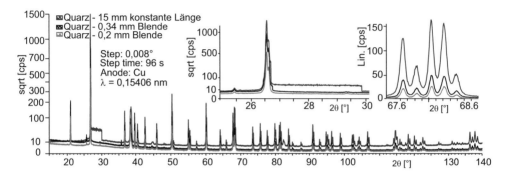

Bild 5.6: Diffraktometeraufnahmen von Quarz mit unterschiedlichen Primärstrahlblenden und damit unterschiedlichen Probenbeleuchtung und Messung mit Autoabsorber

wird in Bild 5.6 ersichtlich. Bei Messung mit konstanter bestrahlten Fläche werden die Intensitäten bei großen Winkelbereichen höher, da wegen der größeren Eindringtiefe jetzt das bestrahlte Volumen zunimmt. Damit die Bedingungen der Zählwahrscheinlichkeiten eingehalten werden, muss bei kleineren Blenden länger gemessen werden. Die Ursache für den Impulsdichteverlauf bei 15 mm konstanter bestrahlter Probenlänge im unteren Winkelbereich ist schon im Bild 4.36b erklärt worden.

Hat man Detektoren mit einem großen Öffnungswinkel, dann kann das BRAGG-BREN-TANO-Prinzip umgekehrt werden, in dem die bestrahlte Fläche kleiner gehalten wird. Dies wird durch Einsatz von einem Punktfokus oder sehr kleinen Primärstrahleintrittsblenden. In Bild 5.6 sind drei Gesamtdiffraktogramme und einzelne Ausschnitte vergrößert dargestellt und hier werden nochmal die Aussagen der vorangegangenen Kapitel zusammengefasst.

Die Wahl der axialen und horizontalen Primärstrahldivergenz richtet sich nach der Probengröße. Bei kleinen Beugungswinkeln sollte die Probe größer sein als die bestrahlte Fläche, eine Überstrahlung sollte vermieden werden, insbesondere dann, wenn man quantitative Aussagen und Vergleiche liefern muss. Ansonsten kann es dazu führen, dass In-

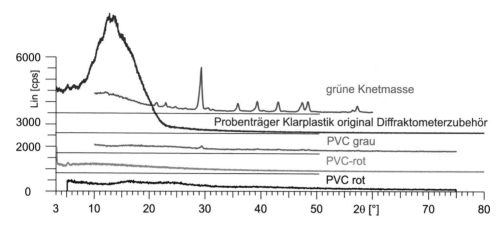

Bild 5.7: Diffraktogramme von verschiedenen Probeträgermaterialien zur Beachtung möglicher Störinterferenzen bei sehr kleinen, vom Röntgenstrahl überstrahlten Proben

terferenzen vom kristallinem Probenhalter dem eigentlichen Diffraktogramm überlagert werden. In Bild 5.7 sind verschiedene leere Probenträger auf ihr kristallines Verhalten untersucht worden. Man erkennt, dass trotz einer nach Herstellerangaben gleicher Kunststoffsorte durch unterschiedliche Füll- und Farbstoffzugaben zum Teil unterschiedliche »kristalline Bereiche« in den zu erwartenden amorphen Kunststoffen auftreten. Ebenso können zum Teil erhebliche Zählraten besonders bei kleinen Beugungswinkeln auftreten. Bei einem Originalprobenträger wird durch die als »Glashügel« bezeichnete sehr breite Beugungsinterferenz zwischen 8 − 23° bei sehr kleinen und überstrahlten Proben von unerfahrenen Nutzern oftmals eine »beginnende Kristallisation« in die konkret zu untersuchende Probe hinein interpretiert, die gar nicht vorhanden ist. Die häufig benutzte Knetmasse zum Ausgleich von Höhenunterschieden für die Probenbefestigung zeigt ebenfalls ein kristallines Verhalten. Deshalb muss man hier immer sorgsam darauf achten, dass die zum Höhenausgleich verwendete Knetmasse niemals größere Ausdehnungen hat als die zu untersuchende Probe, Bild 4.44.

Bei der BRAGG-BRENTANO-Geometrie befinden sich Röhrenfokus, Probe und Detektorspalt auf einem Fokussierkreis, dessen Radius mit zunehmendem Beugungswinkel kleiner wird. Nur die Kristallite, deren Netzebenen parallel zur Oberfläche liegen, erfüllen die Beugungsbedingung. Die Probe sollte immer größer sein als die bestrahlte Fläche. Bei kleinen Proben ist die Kristallinität des Probenträgers zu beachten. Überlagerungen von Interferenzen der Probe und des Probenträgers können zu Fehlinterpretationen führen.

Die Darstellung von Beugungsdiagrammen erfolgt heute meist als Funktion des doppelten Beugungswinkels $2 \cdot \theta$. Im Zeitalter der digitalen Verarbeitung der gemessenen Beugungsdiagramme wird der Beugungswinkelauftrag von links von kleineren Beugungswinkeln nach rechts zu größeren Beugungswinkeln vorgenommen. Im Kapitel 10, Bild 10.1, ist dieser Auftrag beispielsweise seitenverkehrt und stammt aus der Zeit, als das Beugungsdiagramm noch mit einem Papierrollenschreiber (X-Y-Schreiber) aufgenommen wurde.

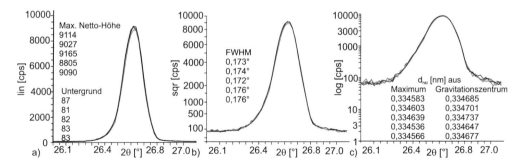

Bild 5.8: Darstellungsmöglichkeiten eines Beugungsdiagrammes (fünf Beugungsdiagramme
   gleichzeitig aufgetragen) und Angaben von Untergrundwerten, maximaler Nettohöhe,
   Halbwertsbreite (FWHM) und vom ableitbaren Netzebenenabstand bei a) linearem
   Auftrag b) exponentiellem Auftrag c) logarithmischem Auftrag

Deshalb ist beim Vergleich der Diffraktogramme immer auf die Richtung des Winkelauf-
trages zu achten. Auf der Ordinate wird die Zahl der gezählten Impulse (Counts) pro
Winkelschritt aufgetragen. Beugungsdiagramme sind nur dann direkt vergleichbar, wenn
mit gleicher Zeit pro Winkelschritt gemessen wurde. Werden diese Bedingungen nicht
erfüllt, dann kann die Vergleichbarkeit durch Angabe der Intensität mittels Impulse/Zeit
(counts per second – cps) erzielt werden. Je nach Wahl der Ordinatenachsenunterteilung,
linearem Auftrag (Lin [cps]), exponentiellem Auftrag (aber als Quadratwurzel) (Sqr [cps])
oder logarithmischem Auftrag (Basis(10)) (Log [cps]) werden unterschiedliche Abschnitte
eines Beugungsdiagrammes und mögliche Änderungen hervorgehoben.

Im Bild 5.8 sind für die drei Auftragungsarten jeweils fünf Messungen der $(1\,0\,1)$-Quarz-
Interferenz (PDF-Datei 00-046-1045) dargestellt, aufgenommen mit einer Schrittweite
von 0,02° und einer Zählzeit von 3 s pro Schritt. Beim linearen Auftrag werden die Unterschiede in der Maximalintensität sichtbar, beim logarithmischen Auftrag treten besonders Unterschiede bei niedrigen Intensitäten hervor. Im Bild 5.8a, mit linearem Auftrag
sind die Unterschiede in der Maximalintensität auch als Zahlenwerte angegeben. In dieser Darstellungsweise sind die Unterschiede im Maximum sichtbar. Beim quadratischen
Auftrag sind kaum Unterschiede ersichtlich. Die in den Profilbreiten bei halber Maximal-
höhe (FWHM) auftretenden Unterschiede von 0,004° in der $2 \cdot \theta$-Skala sind visuell nicht
sichtbar. Im Bild 5.8c sind bei logarithmischem Auftrag die Unterschiede im Untergrund
ersichtlich. Die Schwankungen ergeben sich, da in 3 s Zählzeit nur weniger als 90 Counts
gezählt werden. Die Differenz von den in Kapitel 4.5.6 geforderten 4 500 Counts für eine
statistisch gesicherte Messung ist sehr groß. Im Bild 5.8c sind die ermittelten Netzebenenabstände aus dem Wert des Beugungswinkel θ aus der Maximalintensität und aus dem
Schwerpunkt (Gravitationszentrum) angegeben. Die Unterschiede in der Bestimmung des
Netzebenenabstandes von $(|0{,}000\,103\,\text{nm}|$ mit der Maximalintensität bzw. $|0{,}000\,09\,\text{nm}|$
bei Verwendung des Schwerpunkts sind somit im Bereich der Fehler der Wellenlängenbe-
stimmung der Strahlung. Der hier schon an dem Beispiel ersichtliche Trend des kleineren
Fehlers bei Verwendung des Schwerpunktes ist verallgemeinerungsfähig. Die genaue Beu-
gungsinterferenzlage sollte also immer nach dieser Methode bestimmt werden. Die im
Kapitel 8.5 dann später festgestellte generelle Verschiebung der Maximalintensität von

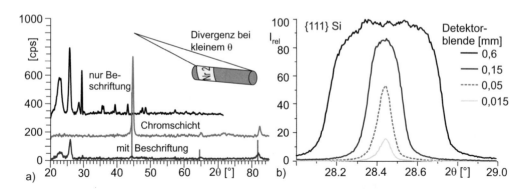

Bild 5.9: BRAGG-BRENTANO-Diffraktogramme a) Chrom-Beschichtungen auf Stahl mit/ohne Bestrahlung der Probenbeschriftung b) {1 1 1}-Si-Interferenz als Funktion der Detektorblendenweite

der erwarteten Winkelposition ist mit systematischen Fehlern bei der Durchführung der Messung erklärbar. Deshalb sollten bei der Zellparameterbestimmung immer mehrere Netzebenen oder noch besser das gesamte Beugungsdiagramm verwendet und eine Ausgleichsrechnung/Regression auf $\theta = 90°$ durchgeführt werden, Kapitel 5.2.

Die hier vorgestellte Variante der gleichzeitigen Bewegung der Röhre und des Detektors erfordert die Verwendung eines Theta-Theta-Goniometers, siehe Bild 4.41a. Das Verständnis für diese Geometrie und Bewegungsform ist einfacher, war aber entwicklungsgeschichtlich gesehen der letzte Schritt.

Mit einem Theta-2 Theta Diffraktometer nach Bild 4.41b ist ebenso eine BRAGG-BRENTANO-Anordnung möglich. Die Probe befindet sich in der Mitte des Diffraktometers und wird von der hier feststehenden Röntgenröhre bestrahlt. Der Detektor lässt sich auf dem Detektorkreis verfahren, so dass die gebeugte Intensität über den ganzen Winkelbereich $2 \cdot \theta$ aufgenommen werden kann. Dabei ist die Probe in dieser Stellung um den Winkel θ gegenüber dem Primärstrahl gedreht. Einfallender und reflektierter Strahl haben dann den gleichen Winkel zur Probenoberfläche. Da die Messrichtung immer parallel zur Winkelhalbierenden zwischen Primär- und Sekundärstrahl liegt, werden in dieser Stellung ausschließlich Netzebenenscharen parallel zur Oberfläche vermessen. Wird beim Bewegen des Detektors mit der Winkelgeschwindigkeit $2 \cdot \omega$ um den Winkel $\Delta(2\theta)$ auch die Probe um den halben Winkel $\Delta\theta$ mit der Winkelgeschwindigkeit ω bewegt, bleibt die Messrichtung erhalten. Die BRAGG-BRENTANO-Bedingung wird durch die zwei unterschiedlichen Geschwindigkeiten ω für die Probe und $2 \cdot \omega$ für den Detektor eingehalten. Durch Abfahren eines größeren 2θ Bereiches erhält man dann ein Diffraktogramm des Werkstoffes, wie es z. B. in Bild 5.36 dargestellt ist. Diese Anordnung benötigt also zwei parallele Drehachsen für den Detektor und die Probe. Bei der beschriebenen Kopplung der Drehungen um beide Achsen spricht man von einer $\theta - 2\theta$ oder auch $\omega - 2\theta$ Anordnung, siehe auch Seite 423.

Die unzureichende Beachtung der bestrahlten Probenlänge bei kleinen Beugungswinkeln ist im Bild 5.9a zu erkennen. An mit Chrom beschichteten Rundproben aus Stahl sollten röntgenographische Spannungsmessungen bei großen Beugungswinkeln durchgeführt werden, Kapitel 10. Für eine Charakterisierung einer Probe sollte immer eine Beugungsaufnahme über den gesamten Winkelbereich gemessen werden. Die im Bild 5.9a gezeigte Beugungsaufnahme (Probenlänge $\approx 35\,\text{mm}$) »mit Beschriftung« wies im Winkelbereich $20 - 30°$ zunächst unerklärliche, teils scharfe Beugungsinterferenzen auf, die dem Probenmaterial nicht zugeordnet werden konnten. Die Proben waren zur Kennzeichnung mit bedrucktem Papier (Toner enthält Graphit) und mittels eines Klebestreifens beklebt. Nach Entfernen der Probenkennzeichnung traten diese Beugungsinterferenzen nicht mehr auf. Ursache für die zusätzlichen Beugungsinterferenzen war, dass bei Verwendung einer $1\,\text{mm}$ Lochblende bei einem Beugungswinkel von $\theta = 5°$ mindestens $30\,\text{mm}$ Probenlänge bestrahlt werden, siehe Bild 5.9a. Der Röntgenstrahl traf die Beschriftung Graphit und dessen kristalline Anteile trugen ebenfalls zum Diffraktogramm bei.

Eine weitere Abhängigkeit beim BRAGG-BRENTANO-Verfahren ist im Bild 5.9b gezeigt. Bei dieser Darstellungsart werden alle Maximalintensitäten der Beugungsinterferenzen auf die stärkste Intensität normiert. Die Breite, die Intensität und das Beugungsprofil wird entscheidend von der Detektorblendenweite bestimmt. Sehr breite, aber intensitätsreiche Beugungsprofile werden bei breiten Detektorblenden erreicht, sehr scharfe und schmale Beugungsprofile bei sehr kleinen Detektorblenden. Das Profilmaximum-zu-Untergrund-Verhältnis bleibt aber bei allen Messungen weitgehend gleich. Es verschlechtert sich nur bei sehr starken Maximalintensitäten, wenn der Detektor aus dem linearen Zählbereich in die Sättigung läuft. Ersichtlich ist jedoch bei $0,6\,\text{mm}$ Detektorblendenbreite der linkseitige (d. h. kleinerer Einstrahlwinkel) höhere Untergrund gegenüber auf der rechten Seite, d. h. die bestrahlte Fläche wird kleiner. An dieser Profilform ist aber auch zu erkennen, dass hier der Detektor beim Maximum in die Sättigung gefahren wurde. Eine Profilanalyse, Kapitel 8, würde hier zu völlig falschen Ergebnissen führen. Auch ist hier das Profil links- wie rechtsseitig zu stark beschnitten und der Untergrundverlauf könnte falsch bestimmt sein.

Ein Diffraktogramm wird über einen Beugungswinkelbereich von θ_1 bis θ_2 abgefahren. Für ein unbekanntes Material fährt man zunächst von $\theta = 5° - 70°$ ab. Dieser $65°$ Winkelunterschied wird mit geeigneten Bewegungsgeschwindigkeiten des Detektors und der Probe bzw. der Röhre abgefahren. Die höchsten Geschwindigkeiten an Diffraktometern sind dabei derzeit $30\,°\text{min.}^{-1}$. Dies bedeutet bei einer Schrittweite von $0,05°$ eine »Verweildauer« des Detektors von gerade $0,1\,\text{s}$ pro Messschritt. In dieser Zehntelsekunde muss der Detektor aber noch genügend Impulse registrieren, damit seine in Kapitel 4.5.6 beschriebene Zählstatistik erreicht wird. Dies wird meist nur bei Einkristallen erreicht. Deshalb werden die Diffraktogramme mit einer langsameren Bewegungsgeschwindigkeit der Komponenten abgefahren, um pro Zählschritt länger am Ort bleiben und die Statistikbedingungen des Detektors einhalten zu können. Im Bild 5.10 ist von Mo-Pulver die $(1\,1\,0)$-Netzebene mit einer Schrittweite von $0,002°$ bei unterschiedlichen Zeiten pro Schritt aufgenommen und als Impulse pro Zeit, Bild 5.10a, und nur gezählte Impulse pro Schritt aufgetragen worden, Bild 5.10b. An diesem Beispiel wird die Forderung aus Kapitel 4.5.6 nochmals experimentell bestätigt. Das Beugungsprofil mit $8\,\text{s}$ Messzeit zeigt einen weitgehend »glatten Verlauf« im Bereich des Maximums. Die notwendige Zahl der Impulse für eine ausreichende statistische Sicherheit werden erreicht. Bei einer Zählzeit von $0,5\,\text{s}$ ist der prinzipielle Verlauf erkennbar, die Parameter des Beugungsprofils weichen jedoch voneinander ab.

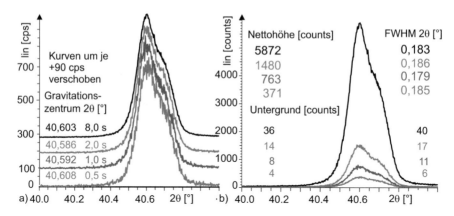

Bild 5.10: BRAGG-BRENTANO-Diffraktogramme der (1 1 0)-Interferenz von Molybdänpulver,
aufgenommen im Schrittbetrieb mit einer Schrittweite von 0,002° mit unterschiedlichen Zählzeiten und Ermittlung charakteristischer Größen des Beugungsprofils für
Kupfer-$K_{\alpha 1}$ Strahlung a) Auftrag als Lin [cps] b) Lin [counts]

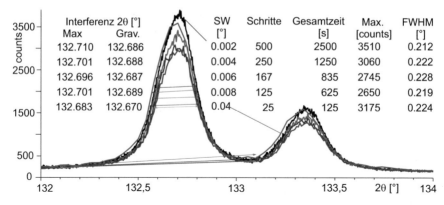

Bild 5.11: BRAGG-BRENTANO-Diffraktogramme der (3 2 1)-Netzebene von Molybdänpulver,
aufgenommen im kontinuierlichen Betrieb mit einer Zählzeit pro Schritt von 5 s und
Ermittlung charakteristischer Größen des Beugungsprofils für Kupfer-$K\alpha_1$

Ein Diffraktometer kann in zwei verschiedenen Bewegungsarten messen, im kontinuierlichen Betrieb und im reinen Schrittbetrieb. Im kontinuierlichen Betrieb wird das Goniometer von einem Anfangswinkel bis zum nächsten Winkel entsprechend der Schrittweite
innerhalb der Zeit pro Schrittweite kontinuierlich bewegt. Bei Erreichen des zweiten Winkels wird nur die bis dahin aufintegrierte Zählrate bzw. Impulszahl ausgegeben. In Bild
5.11 ist dies an einem Beispiel für eine Mo-Pulverprobe und der {3 2 1}-Netzebene gezeigt.
Innerhalb der fünf dargestellten Kurven wurde die Schrittweite zwischen 0,002 − 0,04° variiert. Das Maximum der Countzahl wird mit der kleinsten Schrittweite erreicht. Man
erkennt aber auch, dass mit dieser Schrittweite noch keine »glatte Kurve« erreicht wird.
Größere Schrittweiten als 0,04° messen einen größeren Bereich bis zur Ausgabe eines Stütz-

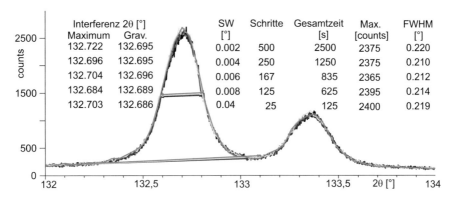

| Interferenz 2θ [°] | | SW | Schritte | Gesamtzeit | Max. | FWHM |
Maximum	Grav.	[°]		[s]	[counts]	[°]
132.722	132.695	0.002	500	2500	2375	0.220
132.696	132.695	0.004	250	1250	2375	0.210
132.704	132.696	0.006	167	835	2365	0.212
132.684	132.689	0.008	125	625	2395	0.214
132.703	132.686	0.04	25	125	2400	0.219

Bild 5.12: BRAGG-BRENTANO-Diffraktogramme der (3 2 1)-Netzebene von Molybdänpulver, aufgenommen im Schrittmodus mit einer Zählzeit pro Schritt von 5 s und Ermittlung charakteristischer Größen des Beugungsprofils für Kupfer-$K\alpha_1$

punktes für das Beugungsprofil aus. Dadurch ergeben sich glattere, aber eckigere Kurven. Der relativen Fehler aus den gemessenen Netzebenenabständen $SW_{0,002} = 0{,}084\,087$ nm und $SW_{0,04} = 0{,}084\,096$ nm beträgt für den kontinuierlichen Betrieb hier noch 0,01 %. Dies ist der Grund, warum man bei der Bestimmung der Winkellage des Beugungsprofils nicht das Maximum, sondern den Schwerpunkt heranziehen sollte. Bei gleicher Vorgehensweise ist der Schrittweitenfehler dann nur noch 0,006 %. Das Maximum kann somit immer nur mit der Genauigkeit ermittelt werden, wie die Schrittweite gewählt wurde. Bei diesem Vergleich ist aber zu beachten, dass das hier vorliegende Profil mit Schrittweite 0,002° ca. 42 min. Messzeit benötigt, das mit Schrittweite 0,04° nur 2,1 min. Messzeit.

Die gleiche Vorgehensweise und Vermessung der Mo-Pulverprobe im reinen Schrittbetrieb zeigt Bild 5.12. Die erhaltenen Verteilungen der Beugungsintensität sind nicht so unterschiedlich, da die relativen Fehler in der Netzebenenabstandbestimmung hier 0,008 % für das Maximum bzw. 0,004 % für den Schwerpunkt betragen.

Das Beugungsdiagramm sollte so vermessen werden, dass in möglichst vielen Winkelsegmenten die geforderten 4 500 Counts gemessen werden. Erreichbar ist dies mit einer größeren Schrittweite und längerer Zählzeit. Der Beugungswinkel sollte aus dem Schwerpunkt des digitalisierten Beugungsprofils bestimmt werden.

Bild 5.13 zeigt den Vergleich einer BRAGG-BRENTANO-Aufnahme für Al_2O_3, aufgenommen mit einem punktförmigen Szintillatordetektor und dem ortsempfindlichen linearen Microgap-Detektor, siehe Kapitel 4.5, welcher eine viel höhere Impulsrate an Röntgenquanten messen kann. Die Gesamtmesszeit konnte so von konventionell 45 min. auf jetzt 41 s verkürzt werden. Die maximale Impulszahl von 5 800 counts für die (1 1 6)-Netzebene ist dabei noch ca. doppelt so groß wie die mit dem konventionellen Detektor. Analysiert man das Beugungsprofil genauer, dann sind beim Punktdetektor derzeit noch höhere Auflösungen im Winkelbereich festzustellen. Im Bild 5.14 sind an einem weiteren Beispiel die Auswirkungen des Einsatzes von neuen Detektoren zur wesentlichen Messzeitverkürzung an Zement gezeigt. Hier wird deutlich, dass der Einsatz der Mikrotechnik im Detektorbau, Bild 4.24b bzw. Bild 4.25b, nochmals gegenüber dem PSD-Detektor, Bild 4.24a eine beträchtliche Zeitverkürzung realisiert. Die Messzeiten von Mikrostreifendetektor (Dicke L = 350 µm) zu PSD-Detektor zu Szintillationsdetektor verhalten sich wie 1 : 2,4 : 19,3. Im Kapitel 4.5.2 war ausgeführt worden, dass mit den linearen Detektoren simultan ein ganzer Winkelbereich von bis zu 12° aufgenommen werden kann. In den Bildern 5.13 und 5.14 sind größere Winkelbereiche vermessen worden, dabei sind keine Unstetigkeitsstellen bzw. Sprünge in den Intensitätsverläufen der Messkurven erkennbar. Dies liegt daran, dass es möglich ist, den linearen Detektor von seinem Mittelpunkt im Winkeldetektionsbereich kontinuierlich über den gesamten interessierenden Winkelbereich zu verschieben, BRAGG-BRENTANO-Kopplung, dabei aber immer den gesamten aufnehmbaren Winkelbereich zu vermessen und das Diffraktogramm im Bewegen aufzuintegrieren. Dies ist der PSD-fast-Mode.

Mit linearen Halbleiterstreifendetektoren erreicht man eine Geschwindigkeitssteigerung in der Messung um den Faktor 100 − 400. Hier ist die kontinuierliche Bewegung des Detektors besonders wichtig, um die schon erwähnten eventuellen »funktionsunfähigen Zeilen des Halbleiterstreifendetektors« auszublenden. Halbleiterstreifendetektoren können wegen der Kleinheit der Chips nicht so große Winkelbereiche überdecken, wie PSD´s auf Zählrohrbasis. Zur Vergrößerung des Winkelbereichs werden deshalb mehrere Chips zusammen geschaltet. Dabei tritt an den zusammenstoßenden Chipkanten eine weitere Unstetigkeitstelle im Streifenbereich auf. Dies ist im Bild 5.58b im Diffraktogramm PSD-still eindeutig im Winkelbereich 68,1° zu sehen.

Aufgabe 19:   Auswirkungen Dickenerhöhung Mikrostreifendetektor

Begründen Sie, warum die Erhöhung der Dicke eines Si-Halbleiterstreifendetektors von 350 µm auf 500 µm zu einer Verbesserung der Energieauflösung von 600 eV auf 380 eV führen kann. Rechnen Sie dies für Cu-K_α- und Mo-K_α-Strahlung nach.

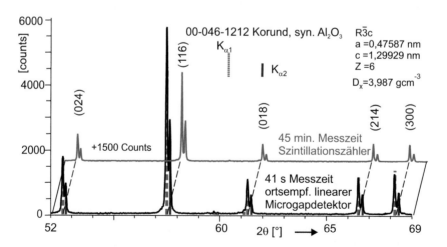

Bild 5.13: BRAGG-BRENTANO-Diffraktogramme von Al_2O_3, mit verschiedenen Detektoren aufgenommen

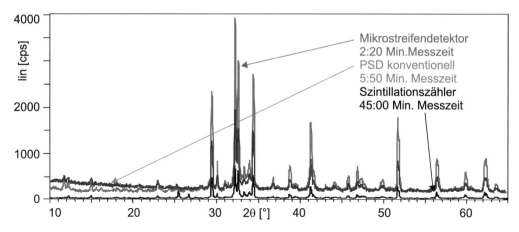

Bild 5.14: BRAGG-BRENTANO-Diffraktogramme von Zement, aufgenommen mit Szintillationszähler, PSD-Detektor Bild 4.24a und Mikrostreifendetektors Bild 4.25b

5.1.2 Linienlagebestimmung

Für die Bestimmung der Lage einer gemessenen Interferenzlinie gibt es eine Reihe von
Auswerteverfahren, von denen einige in Bild 5.15 skizziert sind. Diese Verfahren sind
derzeit in die Auswerteprogramme integriert. Je nach Programm ist eine Methode fest
implementiert oder die Methoden können frei ausgewählt werden.

Die Mitte der Linie auf halber Höhe der Interferenz als Linienlage zu nehmen, ist
gegenüber Streuungen sehr anfällig. Eine Verbesserung wird erzielt, wenn die Mitten
bei verschiedenen Höhen bestimmt werden und der Durchstoßpunkt ihrer Verbindung
durch das Interferenzmaximum genommen wird. Dies war eine geeignete Methode, als
die Linien noch graphisch aufgezeichnet und ausgewertet wurden. Mit der digitalen Aufzeichnung hat man die Möglichkeit einer Anpassung an Funktionen oder der Berechnung
von Linienschwerpunkten. Die Anpassung der Spitze an eine Parabel ist wiederum sehr

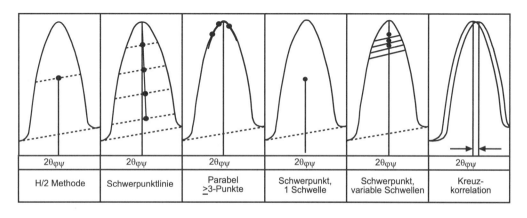

Bild 5.15: Verschiedene Methoden der Linienlagenbestimmung [106]

anfällig gegenüber Streuungen. Die Verwendung der Schwerpunktmethode, insbesondere bei variabler unterer Schwelle, ist eine geeignete Methode, die auch bei den unvermeidlichen Streuungen eine bessere Reproduzierbarkeit hat. Nach der Schwerpunktmethode berechnet sich die Linienlage mit:

$$2\theta_{\phi,\psi} = \frac{\int\limits_{2\theta_1}^{2\theta_2} I(2\theta)\, 2\theta\, d(2\theta)}{\int\limits_{2\theta_1}^{2\theta_2} I(2\theta)\, d(2\theta)} \tag{5.3}$$

Die Intensitäten an den Integrationsgrenzen sind jeweils gleich der unteren Schwelle I_u der Schwerpunktsberechnung:

$$I(2\theta_1) = I(2\theta_2) = I_u \tag{5.4}$$

Bei einer getrennten $K\alpha_1$–Interferenz kann die untere Schwelle zwischen $0{,}2 \cdot I_{Max}$ und $0{,}8 \cdot I_{Max}$ variieren und die Ergebnisse gemittelt werden. Bei symmetrisierten Linien dürfen die Schwellen nur zwischen $0{,}55 \cdot I_{Max}$ und $0{,}8 \cdot I_{Max}$ liegen, da man ansonsten die beiden Schultern der Linie erfasst. Ist die Linie trotz erfolgter Korrekturen nicht symmetrisch, so wird man eine systematische Abhängigkeit der Schwerpunkte von der unteren Schwelle finden. Dies kann z. B. durch eine Überlagerung der Interferenzlinie mit Linien weiterer Werkstoffphasen hervorgerufen werden oder auch auf starke Spannungsgradienten im Bereich der Eindringtiefe hindeuten. Zuerst ist aber zu prüfen, ob alle Intensitätskorrekturen richtig durchgeführt wurden.

Die Kreuzkorrelationsmethode bestimmt die Lage des Profils relativ zu einem Referenzprofil, z. B. zu dem Profil bei $\psi = 0°$. Man sucht das Maximum der Korrelationsfunktion:

$$K(\Delta 2\theta) = \int\limits_{i=1}^{n} I_R(2\theta)\, I(2\theta + \Delta 2\theta)\, \mathrm{d}2\theta \tag{5.5}$$

Es werden hiermit also nur relative Verschiebungen der Linienlage bestimmt. Das Profil braucht nicht notwendigerweise symmetrisch zu sein. Die wesentliche Voraussetzung ist, dass sich die Form der Interferenzprofile bei verschiedenen Messrichtungen nicht ändern. Dies ist aber nur selten erfüllt, was dann zu fehlerhaften Ergebnissen führen kann.

Bei allen Anpassungen ist es wichtig, dass die Ausläufer beiderseits der Interferenz mit vermessen werden. Die Anpassung erfolgt an die korrigierte und vom Untergrund befreite Interferenzlinie. Prinzipiell kann man sie auch an einer Summe mehrerer Profilfunktionen durchführen. Dies ist z. B. bei überlagerten Interferenzlinien notwendig, oder wenn keine $K\alpha_1/K\alpha_2$ Trennung durchgeführt wurde. Der Abstand der $K\alpha_1$ und $K\alpha_2$ Interferenzen und das Intensitätsverhältnis m von 2 : 1 ist bekannt. Bei ähnlicher Form sind die Parameter m und Halbwertsbreite $FWHM$ jeweils gleich, dann brauchen nur noch so viele Parameter wie auch bei der Anpassung an eine Einzellinie bestimmt zu werden.

5.1.3 Justage des BRAGG-BRENTANO-Goniometers

Nur ein korrekt justiertes Goniometer liefert präzise und quantifizierbare Ergebnisse. Ebenso ist es notwendig, die von vornherein nur geringe Röntgenstrahlausbeute auch korrekt auf die Probe zu fokussieren. Die wichtigste Einstellung an einem Goniometer ist die Justage der Nullstellung. Röhrenfokus, Probenoberfläche und Detektorspalt müssen auf einer Linie verlaufen. Da der Detektor im Nullstrahl nicht den vollen Photonenfluss verarbeiten kann, muss der Primärfluss so abgeschwächt werden, dass man detektieren kann, aber dennoch den ortsabhängigen Röhrenfokus in seinem Maximum trifft. Als Probe verwendet man deshalb einen langen, parallelen Glasspalt von z. B. 100 µm Öffnungsbreite, Bild 5.16a. Der Glasspalt ist aus zwei unterschiedlich großen Glasteilen, aber jeweils mit der gleichen Spaltvertiefung, gefertigt. Beide Glasteile werden verklebt und sind dann so gefertigt, dass der Spaltmittelpunkt die spätere Probenoberfläche (Höhe der Fokusebene) darstellt, Bild 5.16a. Dieser Glasspalt wird in den Probenhalter eingebracht. Vor den Detektor wird meist noch eine 0,1 mm Cu-Folie mit $S_{\approx}100$ gestellt und der Detektor auf seine physische Nullstellung gefahren. Die Röhre wird jetzt beim Theta-Theta Goniometer um einen kleinen Winkelbereich verfahren und jeweils das Maximum der Intensitätsverteilung bestimmt. Der Winkelwert des Maximums wird dem Goniometer als Nullstellung Röhre zugewiesen. In einem zweiten Schritt wird dann bei nicht bewegter Probe und Röhre der Detektor um einen kleinen Winkelbereich gefahren und ebenfalls das Maximum als Null zugewiesen. Diese beiden Schritte werden meist wechselseitig durchgeführt. Bei exakter Justierung sollte sich eine Spaltintensitätsverteilung nach Bild 5.16b ergeben. Die hier nur geringen Maximalwerte sind einer Schwächung um ca. 10^4 zuzuschreiben (2-Cu-Absorberfolien), um Nichtlinearitäten des Zählers bei hohen Impulsraten zu vermeiden. Diese Justage ist bei genügend lange »warm gelaufener Röhre« (mindestens 30 min.) und bei der am meisten verwendeten Generatoreinstellung vorzunehmen. Änderungen in der Betriebsspannung U_A und dem Röhrenstrom i_A bewirken oft minimale Verschiebungen in der Lage des Röhrenfokus auf der Anode.

Die gleiche Vorgehensweise ist auch bei einem Omega-2 Theta Goniometer möglich. Hier werden wechselseitig der Probenträgerkreis und der Detektorkreis solange bewegt, bis die Glasspaltintensitätsverteilung nach Bild 5.16b erreicht wird.

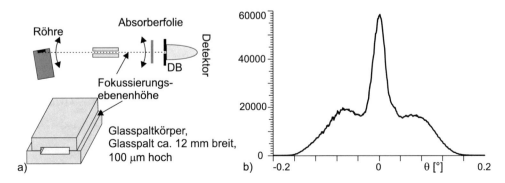

Bild 5.16: a) Prinzip der Nullpunktjustage mit einem Glasspalt b) Intensitätsverteilung des Nullpunktstrahles bei Detektorbewegung, Strahl mit 2 Cu-Plättchen abgeschwächt

Aufgabe 20:   Bestimmung der Strahldivergenz eines Justierspaltes

Bestimmen Sie die verbleibende Divergenz des Nullstrahls, wenn ein Glasspalt von 100 µm Öffnungsweite und 4,5 cm Länge verwendet wird.

Nach dieser Justage wird dann nur noch der Winkelmessbereich überprüft. Hierzu werden verschiedene Proben wie Quarzpulver, Al_2O_3-Pulver-NIST SRM 1976b, LaB_6-Pulver-NIST SRM 660b oder Si-Einkristalle verwendet. So ist bei Verwendung eines $\{1\,1\,1\}$-Si-Einkristalls und Kupferstrahlung die Justage und die Probenlage exakt, wenn das Maximum bei $\theta = 14{,}22°$ bzw. $2\theta = 28{,}44°$ auftritt. Durch die heutige Verwendung der Schrittmotorensteuerung in den Goniometern treten außer bei Störungen in der Elektronik zusätzlich kaum noch Winkelfehler auf. Bild 5.17 zeigt die Aufnahme der kubisch primitiven Verbindung LaB_6 als Messwerte, nach dem Abzug des Untergrunds und der $K\alpha_2$-Anteile mittels der RACHINGER-Trennung. Die Intensitäten und Winkel der Beugungslinien sind die Messdaten für Aufgabe 23.

Ein nicht zu vernachlässigender Effekt ist in Bild 5.18b gezeigt. Hier ist von einer einkristallinen InN-Probe mittels Multilayer-Primärstrahloptik und extrem kleiner Primärblende von 50 µm Öffnungsweite eine Beugungsinterferenz vermessen worden. Die zwei lokalen Maxima für $K\alpha_1$ und $K\alpha_2$ haben ihre Ursache in Beugungserscheinungen an Kanten von eng benachbarten Objekten, hier den Blendenkanten. Diese Doppelinterferenz tritt auch schon bei der Justage der optischen Achse Fokus-Probenoberfläche-Detektorspalt auf, wenn man als Probenoberfläche den Glasspalt und als Detektorblende eine sehr kleine Detektorblende einsetzt und einen Detektorscan durchführt, Bild 5.18a. Diese Intensitätsverteilung wird dann auch bei der Beugung mit abgebildet, Bild 5.18b.

Eine weitere Fehlerquelle existiert da man auf die kleinste einzustellende Schrittweite für welchen Kreis die Eingabe gilt, achten muss. So sind bei einer kleinsten physischen Schrittweite von 0,001° am Goniometer und der Eingabe der Schrittweite für den Detektor bei der 2 : 1 Kopplung Detektor : Probe nur als kleinste Schrittweite 0,002° zugelassen.

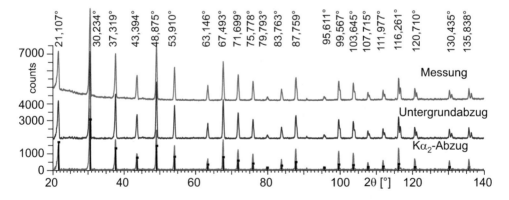

Bild 5.17: Pulverdiffraktometrieaufnahme und Messwertebehandlung – Untergrundabzug und $K\alpha_2$ Abzug und Winkellagenbestimmung (Schwerpunkt) für die Verbindung LaB_6 zur Überprüfung der Winkellagengenauigkeit nach der Justage, Diffraktogramm auch für Aufgabe 23 von Seite 287

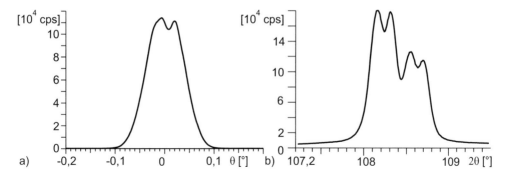

Bild 5.18: a) Intensitätsverlauf des Nulldurchgangs durch Glasspalt beim Detektorscan mit
sehr kleiner Detektorblende von 50 µm b) Einkristallinterferenz einer InN-Probe mit
Multilayermonochromator und Primärblende 50 µm im $\theta - 2\theta$-Scan aufgenommen

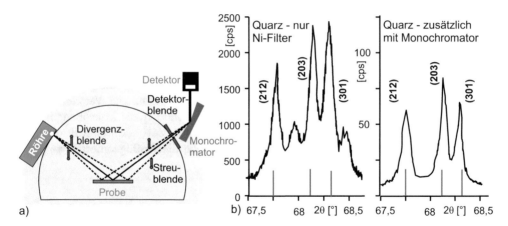

Bild 5.19: a) BRAGG-BRENTANO-Diffraktometeranordnung mit nachgeschaltetem Monochromator für hohe Auflösung und Reduzierung der $K\alpha_2$ Strahlung b) Quarz-
Fünffingerprofil vermessen ohne und mit Monochromator

In einer solchen Konfiguration sind im Tausendstel-Grad-Bereich immer nur gerade ganzzahlige Vielfache von 0,002° Schrittweiten möglich, ansonsten ist die 2 : 1 Kopplung
gestört.

Bei der BRAGG-BRENTANO-Anordnung wird mit dem selektiven Metallfilter die Strahlung teilweise durch Herausfilterung der β-Strahlung monochromatisiert. Eine Aufspaltung in die zwei noch vorhandenen Strahlungskomponenten $K\alpha_1$ und $K\alpha_2$ wird bei hohen
Beugungswinkeln und kleiner Detektorblende an der Beugungsinterferenz ersichtlich, Bilder 5.11, 5.12 und 5.13. Wird im Detektorstrahlengang ein Quarz-Kristallmonochromator
nachgeschaltet, können die störenden $K\alpha_2$-Anteile eliminiert werden. Dies erfolgt aber
unter erheblichem Intensitätsverlust. Im Bild 5.19b ist die Abtrennung der $K\alpha_2$ Linie
unter erheblichem Intensitätsverlust, mehr als eine Zehnerpotenz, bei gleichzeitig stark
gemindertem Untergrund ersichtlich.

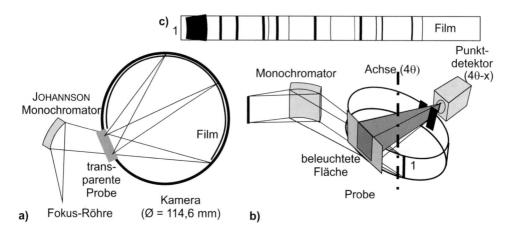

Bild 5.20: a) Prinzip der GUINIER-Kamera b) Prinzip des GUINIER-Diffraktometers c) schematische Darstellung Beugungsdiagramm in GUINIER-Anordnung

Der große Vorteil des BRAGG-BRENTANO-Prinzips ist die Möglichkeit der Untersuchung großer Proben in ihrem Oberflächenbereich durch die Rückstreutechnik. Hat man nur wenig Material zur Analyse zur Verfügung, wird es schwierig, daraus eine geeignete Probe für die klassische BRAGG-BRENTANO-Untersuchung zu fertigen. Die Verwendung von Flächenzählern und die im Kapitel 5.8 beschriebenen Methoden zur Mikrobeugung sind hier die bessere Wahl. Eine schon relativ lange bekannte Methode der Mikrobeugung arbeitet mit der GANDOLFI-Kamera, welche bei der Parallelstrahlgeometrie vorgestellt wird, Kapitel 5.4.1.

5.1.4 Weitere fokussierende Anordnungen

Die Ziele fokussierender Anordnungen sind die Erhöhung der registrierten Intensitäten, unabhängig ob mit Kameras oder Diffraktometern gearbeitet wird, und die Verbesserung der Auflösung der Beugungsdiagramme. Die wichtigsten weiteren fokussierenden Strahlgeometrien, neben der BRAGG-BRENTANTO-Anordnung, welche die heute am meisten eingesetzte fokussierende Strahlengeometrie darstellt, seien im Folgenden vorgestellt.

SEEMANN-BOHLIN-Verfahren: Hier wird das Präparat flächenförmig auf einem Teil der Innenseite eines Zylinders aufgetragen und auf dem anderen Teil der Film angebracht. Ein divergenter Primärstrahl tritt durch einen achsenparallelen Spalt auf die zu untersuchende Probe. Aufgrund der bereits erläuterten Fokussierungsbedingung, Bild 5.2a, werden die von beliebigen Punkten der Probe unter jeweils konstanten BRAGG-Winkeln reflektierten Strahlen auf den Film fokussiert.

GUINIER-Verfahren (divergente und konvergente Strahlgeometrie): Dieses Verfahren ist mit dem SEEMANN-BOHLIN-Verfahren eng verwandt. Es benutzt jedoch als Primärstrahl einen divergenten Strahl aus einem fokussierenden Monochromator. Für die Transmissionstechnik hat GUINIER 1937 diese fokussierende Filmkamera entwickelt. Allerdings ist in dieser Anordnung der Strahlengang umgekehrt gegenüber dem beim SEEMANN-BOHLIN-Verfahren gerichtet. Auf diesem Kameraprinzip wie in Bild 5.20 dargestellt, sind auch Diffraktometer erhältlich. Mit solchen Kameras/Diffraktometern lassen sich Beugungswinkelbereiche bis $2\theta \approx 130°$ erfassen. Verwendet man hier einseitig beschichtete Filme (die Strahlen fallen asymmetrisch auf den Film auf und würden bei doppelseitiger Beschichtung größere Unschärfen erzeugen), dann lassen sich aufgrund des größeren Radius der Kamera, hier meist $360/\pi = 114{,}6$ mm, noch Linien, die einen Abstand von 0,1 mm aufweisen, erkennen. Nach [21] lassen sich so viermal bessere Auflösungen als beim DEBYE-SCHERRER-Verfahren, siehe Kapitel 5.4.1, erreichen. Die absolute Winkelbestimmung (Bestimmung des korrekten Wertes) ist aber problematischer. Deshalb wird der zu untersuchenden Probe meist eine Standard-Substanz mit bekannten Winkellagen zugemischt und so eine Relativmessung ermöglicht. Neben der asymmetrischen Druchstrahlanordnung existiert noch die symmetrische Rückstrahlanordnung.

Der Einsatz derartiger Kameras und Diffraktometer erfolgt jedoch selten. Ausführlichere Angaben zu diesen Methoden sind in [146, 21] zu finden.

5.2 Systematische Fehler der BRAGG-BRENTANO-Anordnung

Für die BRAGG-BRENTANO-Anordnung sind die systematischen Fehler bei der Zellparameterbestimmung ausführlich untersucht worden und weitgehend mathematisch beschreibbar [21, 96, 101, 128, 146, 182]. Die nachfolgenden Ausführungen sollen die einzelnen Fehler und mögliche Maßnahmen zur Vermeidung bzw. Minimierung beschreiben. Zu beachten ist jedoch, dass diese hier einzeln aufgeführten Fehler immer in Kombination auftreten und sich so z. T. kleinere bzw. auch größere Auswirkungen auf das Gesamtsystem ergeben können. Durch eine gezielte Analyse der Fehlereinflüsse lassen sich auch Empfehlungen für die Diffraktometergeometrie je nach Aufgabenstellung ableiten.

5.2.1 Einfluss der Ebenheit der Probeoberfläche und der Horizontaldivergenz

In der BRAGG-BRENTANO-Anordnung geht man davon aus, dass die Oberfläche der Probe sich als Tangente an den Fokussierungskreis annähert. Eine ebene Probe berührt aber den Fokussierkreis nur an einer Stelle. Links und rechts von dieser Stelle nimmt der Abstand zum Fokussierkreis zu. Eine reale Probe hat i. A. keine gekrümmte Oberfläche entsprechend dem Fokussierkreisradius, da dieser sich bei einer Messung ständig ändert. Gekrümmte Kristalloberflächen benutzt man beim Kristallmonochromator, der Beugungswinkel bleibt aber hier konstant. Je größer die bestrahlte Fläche der Probe ist, umso größer werden an den Rändern die Abweichungen vom Fokussierkreis. Voraussetzung für die Fehlerbetrachtung ist, dass das Präparat so groß ist, dass es bei kleinen Winkeln vollständig vom Röntgenstrahl bestrahlt wird. Die bestrahlte Fläche in BRAGG-BRENTANO-Anordnung variiert aber mit dem Einstrahl- bzw. Beugungswinkel. Für einen konkreten Beugungswinkel kann diese Fläche durch eine Eingangsblende mit einer bestimmten Horizontaldivergenz γ eingestellt werden. Daraus lässt sich der erste Fehler der Winkelabweichung entsprechend Gleichung 5.6a bzw. ein daraus resultierender Fehler der

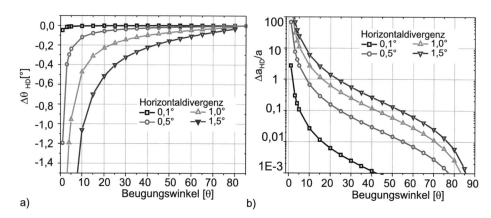

a)   b)

Bild 5.21: a) Abweichung des Beugungswinkels θ als Funktion der Horizontaldivergenz
b) Fehler in der Zellparameterbestimmung als Funktion der Horizontaldivergenz

Bestimmung der Zellparameter entsprechend Gleichung 5.6b berechnen. Graphisch für verschiedene Horizontaldivergenzen aufgetragen, ergeben sich die Bilder 5.21a und 5.21b.

$$\Delta\theta_{HD} = -\frac{\gamma^2}{12}\cot\theta \qquad \text{bzw.} \qquad \frac{\Delta a_{HD}}{a} = \frac{\gamma^2}{12}\cot^2\theta \qquad (5.6)$$

Abhilfe/Fehlerverkleinerung schafft eine Extrapolation der Werte gegen $\theta \to 90°$. Hier kommt aber schon zum Ausdruck, dass die »beleuchtete« Fläche der Probe nicht zu groß sein sollte. Die Eingangsblende für den kleinsten Beugungswinkel sollte gerade die Probenoberfläche ausleuchten. Bei größeren Beugungswinkeln sollte die Eingangsblende vergrößert werden, damit die beleuchtete Probenoberfläche gleich bleibt und die Probenstatistik nicht negativ beeinflusst wird.

5.2.2 Endliche Eindringtiefe in das Probeninnere – Absorptionseinfluss

Die endliche Eindringtiefe des Röntgenstrahles in die Probe entsprechend dem linearen Schwächungskoeffizienten μ des Probenmaterials als auch die unterschiedliche Schwächung des Röntgenstrahles beim Durchlaufen des Weges vom Röhrenaustritt bis zum Detektor als Funktion des Diffraktometerkreisradius R ergeben wiederum Fehler für die Winkelbestimmung als auch daraus resultierende Zellparameterabweichungen, Gleichung 5.7. Graphisch ist dies für verschiedene Beugungswinkel und Diffraktometerradien in Bild 5.22a aufgetragen.

$$\Delta\theta_{mu} = -\frac{\sin 2\theta}{4\mu R} \qquad \text{bzw.} \qquad \frac{\Delta a_{mu}}{a} = \frac{2\cos^2\theta}{4\mu R} \qquad (5.7)$$

5.2.3 Endliche Höhe des Fokus und der Zählerblende – axiale Divergenz

Die Breite der bestrahlten Probenoberfläche wird durch die Länge des Fokus in der Röntgenröhre beschränkt. Mit der Annahme, dass die Zählerblende die gleiche Höhe hat wie die durch die Länge der Glühwendel in der Röntgenröhre bedingte Fokuslänge, ergeben sich wiederum Abweichungen im Beugungswinkel bzw. in den Zellparametern nach Gleichung 5.8. Je größer der Radius des Diffraktometers ist, umso größer ist die mögliche Unbestimmtheit der Zellparameter, Bild 5.22b. Ebenso ist ersichtlich, dass je größer man die Fokuslänge wählt, umso größer die Fehler sind. Deshalb gibt es den Trend zu einer immer kleineren Fokuslänge und Konzentration der Röntgenstrahlung auf immer kleinere Flächen, wie im Kapitel 4 schon beschrieben. Diesem Trend steht aber die Probenstatistik entgegen, denn je kleiner die bestrahlte Fläche ist, umso weniger Kristallite erfüllen die Beugungsbedingung, d. h. umso weniger Kristallite weisen eine Netzebene auf, die parallel zur Oberfläche steht.

$$\Delta\theta_{Ax} = -\frac{h^2}{24R^2}\left(2\cot 2\theta + \frac{1}{\sin 2\theta}\right) \quad \text{bzw.} \quad \frac{\Delta a_{Ax}}{a} = \frac{h^2}{48R^2}(3\cot^2\theta - 1) \qquad (5.8)$$

Dieser Fehler kann durch Soller-Blenden minimiert werden, indem der in axialer Richtung divergierende Strahl durch Zwangsführung durch längere planparallele Plättchen im Abstand a parallelisiert wird, siehe Kapitel 4.3.1 bzw. Bild 8.8. Dies geht aber mit einem Intensitätsverlust einher, da in einem solchen Soller-Kollimator bekanntlich die divergenten Strahlungsanteile absorbiert werden.

5.2.4 Exzentrische Probenpositionierung

Im Kapitel 5.2.1 ist die Notwendigkeit der tangentialen Probenanordnung an den Fokussierungskreis schon besprochen worden. Nicht immer hat man ebene Proben zu untersuchen oder man kann die Probe nicht exakt an den Fokussierungskreis justieren. Dies trifft für sehr große und zylindrische Proben zu. Durch die exzentrische Probenpositionierung werden die gemessenen Beugungswinkel nach Gleichung 5.9 verfälscht. Der relative Fehler in den Zellparametern ist im Bild 5.23a in Abhängigkeit vom Beugungswinkel mit der Verschiebung S der Probenoberfläche in Richtung der Oberflächennormalen dargestellt. Bild 5.23a zeigt den relativen Fehler der Zellparameterbestimmung durch exzentrischen

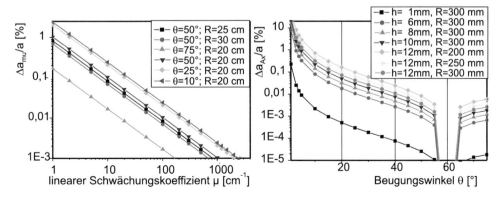

Bild 5.22: Fehler in der Zellparameterbestimmung a) durch die endliche Eindringtiefe in das Probeninnere und b) in Abhängigkeit von der Fokuslänge h (axiale Divergenz)

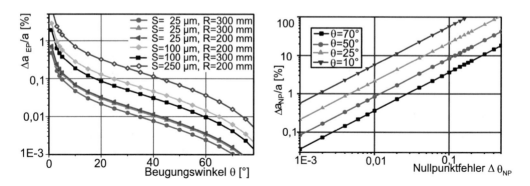

Bild 5.23: Fehler in der Zellparameterbestimmung a) durch exzentrischen Präparatesitz
b) durch falsche Nullpunktjustierung

Präparatesitz mit dem BRAGG-Winkel als Parameter. Eine Minimierung des Fehlers wird durch die Messung bei hohen Beugungswinkeln bzw. durch Extrapolation der gemessenen Winkel auf $\theta \to 90°$ erreicht.

$$\Delta\theta_{EP} = \frac{S}{R}\cos\theta \qquad \text{bzw.} \qquad \frac{\Delta a_{EP}}{a} = \frac{S}{R}(\cos\theta \cot\theta) \qquad (5.9)$$

5.2.5 Falsche Nullpunktjustierung

Das Entscheidende bei der Bestimmung der Zellparameter ist die Gerätebeschaffenheit und letztendlich auch die Sorgfalt des Bedieners, da das Gerät ordnungsgemäß justiert sein muss. Strahlaustritt, Probenoberfläche und Detektorspalt müssen exakt zentrisch auf einer Linie sein, siehe Kapitel 5.1.3. Das Maximum des Röntgenfokus muss dabei genau die Mitte der Eintrittsblende durchlaufen und der Detektorspalt das Maximum mittig detektieren. Dieser Strahl muss dann aber genau die Probenoberfläche mit seinem Maximum streifen. Die mittels des Glasspaltes gefundene Höhe am Präparateträger ist dann die Fokussierkreishöhe für die Probe und die Detektorstellung ist der Nullpunkt. Ein konstanter Fehler $\Delta\theta_N$ in dieser Nullpunktbestimmung wirkt sich auf die Zellparameter nach Gleichung 5.10 aus. Graphisch ist dies in Bild 5.23b dargestellt.

Der Fehler wird bei großen Winkeln minimal, er läuft aber nicht einem Grenzwert zu, sondern ist immer vorhanden.

$$\frac{\Delta a_{NP}}{a} = -(\cot\theta)\Delta\theta_N \qquad (5.10)$$

5.2.6 Zusammenfassung der Fehlereinflüsse und Vorschläge für Messstrategien

- Je kleiner die Divergenzwinkel der Blenden sind (sowohl in horizontaler als auch in axialer Richtung), umso kleiner werden die Fehler, die Auflösung steigt. Die erzielbare Intensität nimmt jedoch ab. Man muss dann wieder länger messen.

- Ein großer Diffraktometerradius erhöht ebenfalls die Auflösung. Der damit verbundene längere Strahlweg schwächt jedoch die erzielbare Intensität. Auch hier muss entsprechend länger gemessen werden.
- Der absolute Fehler der Zellparameterbestimmung ist bei Materialien mit hohem Absorptionsvermögen geringer.
- Aus dem Fehler der axialen Divergenz ergibt sich die Forderung nach Verwendung eines Punktfokus und einer kleinen Messfläche für Spannungsmessungen, Bild 5.22b für Fokuslänge $h = 1\,\mathrm{mm}$.
- Aus dem Fehler der axialen Divergenz ergibt sich die Forderung nach Verwendung eines SOLLER-Spaltes zur Reduzierung der vertikalen Divergenz.
- Die Fehler infolge einer exzentrischen Probenpositionierung und einer Horizontaldivergenz sprechen für nicht fokussierende Verfahren, wie der Parallelstrahlgeometrie.
- Die genaue Analyse der Fehlereinflüsse ist die Grundlage der Profilanalyse, siehe Kapitel 8, und dort speziell der Fundamentalparameteranalyse.

Bei großen Beugungswinkeln treten tendenziell geringere systematische Fehler in quantitativen Messungen auf als in Messungen bei kleinen Beugungswinkeln. Wenn es sich anbietet und vergleichbare quantitative Ergebnisse über Laborgrenzen hinaus gefordert sind, sollte man eine Extrapolation der Werte gegen einen Beugungswinkel von $\theta = 90°$ vornehmen.

5.3 Kristallitverteilung und Zahl der beugenden Kristallite

Die nachfolgende Aussage, die in den vorangegangenen Kapiteln festgestellt wurde, ist für das Verständnis der Beugungserscheinungen und -interpretation sehr wichtig:

In der BRAGG-BRENTANO-Fokussierung tragen nur die Kristallitnetzebenen zur Beugungsintensität bei, die parallel zur Oberfläche liegen, bzw. deren Netzebenennormale senkrecht zur Probenoberfläche stehen.

Die Kristallitstatistik ist entscheidend für die Genauigkeit der quantitativen röntgenographischen Phasenanalyse und der Kristallstrukturanalyse aus Pulverdaten. In beiden Messaufgaben sind die abgebeugten Intensitäten mit einer Genauigkeit von besser 2 % zu bestimmen. Von SMITH [236] wird die Reproduzierbarkeit der Intensität für die (1 1 3)-Quarz-Interferenz mit Cu-$K\alpha$-Strahlung untersucht und als Funktion der Kristallitgröße des Quarz angegeben, vgl. Tabelle 5.1a. Nur bei einer kleinen Kristallitgröße und gleichzeitiger enger Kristallitgrößenverteilung sind die geforderten Genauigkeiten der Intensitätsbestimmung und Intensitätsreproduzierbarkeit erreichbar.

In dieser Arbeit wird weiter gefragt: »Wie viele Kristallite tragen zur Beugung bei? Existiert eine starke Kristallidurchmesserabhängigkeit?« Diese Antworten sind der Tabelle 5.1b zu entnehmen. Es ist deshalb vorteilhaft, wenn man sich für die im Labor verwendeten Strahlgeometrien und Blenden und Werkstoffen mit seinen Absorptionsverhalten das untersuchte Probenvolumen ausrechnet und mit einer Kristallitgröße abschätzt, wieviel Kristallite stehen in Beugungsrichtung.

Tabelle 5.1: a) Erzielbare Genauigkeit der Intensitätsbestimmung für unterschiedliche Kristallitgrößenverteilungen b) Zahl der beugenden Kristallite als Funktion der Kristallitgröße [236]

	Kristallitgrößenverteilung in [µm]			
	$10 - 20\,\mu\text{m}$	$5 - 50\,\mu\text{m}$	$5 - 15\,\mu\text{m}$	$< 5\,\mu\text{m}$
	$18{,}2\,\%$	$10{,}1\,\%$	$2{,}1\,\%$	$1{,}2\,\%$
Durchmesser		$40\,\mu\text{m}$	$10\,\mu\text{m}$	$1\,\mu\text{m}$
Kristallite pro $20\,\text{mm}^3$		$597\,000$	$38\,000\,000$	$3\,820\,000\,000$
Zahl der beugenden Kristallite		12	760	$38\,000$
Anteil		$2 \cdot 10^{-5}$	$2 \cdot 10^{-5}$	$1 \cdot 10^{-5}$

Bei Untersuchungen muss immer berücksichtigt werden, dass in BRAGG-BRENTANO-Anordnung von $50\,000 - 100\,000$ Kristalliten durchschnittlich nur ein einziges Kristallit zur Beugungsintensität der in Frage kommenden Netzebene einen Beitrag beisteuert.

5.4 Die Parallelstrahlgeometrie

Die aus der Röhre divergent austretenden Strahlen zu parallelisieren und so einheitlichere Beugungsverhältnisse zu schaffen, ist mit verschiedenen Techniken möglich. Bringt man Mehrfachblenden sehr probennah an und nimmt die Beugungserscheinungen unter geringen Abständen ab, kann man die Divergenzen auf Kosten der Auflösung minimieren. Durch den Einsatz von Multilayerspiegeln ist in den letzten Jahren ein gewaltiger Fortschritt in den Diffraktometrieverfahren gelungen. Die nachfolgenden Ausführungen gehen auf diese neuen Anordnungen ein.

5.4.1 Das DEBYE-SCHERRER Verfahren

Das von DEBYE und SCHERRER um 1916 entwickelte Verfahren ist eine Filmmethode. Eine Parallelentwicklung gab es von HULL 1917 in den USA.

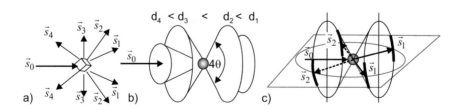

Bild 5.24: Prinzip der Beugung als räumliche Darstellung mit a) verschiedenen Streuvektoren an einem Kristallit b) Ausbildung der Beugungskegel c) auf dem Film nachweisbaren Beugungsringe als Teile des Beugungskegels

Der polychromatische Röntgenstrahl verlässt die Anode, durchstrahlt einen selektiven Metallfilter, siehe Kapitel 2.4, und wird bei richtiger Kombination von Anodenmaterial der Röntgenröhre und dem selektiven Filter, siehe Tabelle 2.5 weitgehend monochromatisiert. Damit kann ihm jetzt eine konstante Wellenlänge (Betrag) zugeordnet werden. Die Einstrahlrichtung und Wellenlänge definieren den Einstrahlvektor, wobei $|\vec{s_0}| = 2\pi/\lambda$ ist. Eine ca. 5 cm längsgestreckte, zweifache Lochblendenanordnung erzeugt einen nahezu parallelen Strahl entsprechend dem Durchmesser der ersten Blendenöffnung (übliche Werte sind 0,2 mm − 2 mm, aber auch rechteckige Ausschnitte sind möglich). Der so monochromatisierte und kollimierte Strahl trifft auf das Präparat. An den Netzebenen der polykristallinen Probe treten Beugungserscheinungen entsprechend Bild 3.25b auf. In Bild 5.24a sind verschiedene Beugungsvektoren $\vec{s_1} \dots \vec{s_5}$ eingezeichnet. Wenn gilt: $|\vec{s_i}| = |\vec{s_0}|$ dann ist die Wegstrecke des eindringenden Strahls ein ganzzahliges Vielfaches der Weglänge des Netzebenenabstandes des bestrahlten Kristallits unter Berücksichtigung des Einfallswinkels θ. Es treten dann konstruktive Interferenzen zwischen dem »Oberflächenanteil« des Strahls und dem penetrierenden Strahlenanteil entsprechend Gleichung 3.125 auf. Es liegt dann für dieses Kristallit die BRAGG-Bedingung vor. In polykristallinen Proben ist die BRAGG-Bedingung für eine bestimmte Netzebenenschar in unterschiedlich orientierten Kristalliten (in der Materialwissenschaft auch oft Korn oder Körner genannt) erfüllt, siehe Bild 5.25 rechter Teil. Es bilden sich Beugungskegel mit einem Öffnungswinkel 4θ aus, Bild 5.24b. Das gleiche Ergebnis erhält man, wenn man die Betrachtungen im reziproken Gitter vornimmt und dort die EWALD-Konstruktion zu Hilfe nimmt, wie sie in Bild 3.26 schon dargestellt wurde. Somit entstehen für die hier angenommenen beiden Körner zwei Beugungspunkte, die 4θ entfernt liegen. Die Normalenvektoren einer bestimmten Netzebene der Kristallite in einem idealen Vielkristall sind nach allen Richtungen gleichverteilt, Bild 5.3 bzw. Bild 5.24a. Deshalb wird es statistisch gesehen wiederum zwei Körner geben, die den gleichen Netzebenenabstand wie die eben gezeigten haben, aber eine davon abweichende Ausrichtung des Normalenvektors. Die entstehenden Beugungspunkte liegen damit wiederum um 4θ auseinander, aber in einer anderen Raumrichtung ψ. Summiert man jetzt alle möglichen Richtungen dieser Netzebene auf, dann liegen sie auf einem Kegel mit dem Öffnungswinkel 4θ, ebenso im reziproken Gitter – vergleiche EWALD-Konstruktion Seite 91 und dort Bild 3.26.

Der einfallende Strahl wird in verschiedene Richtungen entsprechend der BRAGGschen-Gleichung reflektiert und trifft auf einen zylindrisch um die Probe gelegten Film. Die Reflexe einer bestimmten Netzebene $(h\,k\,l)$ der gesamten vom Primärstrahl erfassten Teilchen liegen auf einem Kegelmantel mit der Spitze im Präparat und einem Öffnungswinkel von 4θ, Bild 5.24c für einen Beugungsring in Durch- bzw. einen in Rückstrahlung. Nur in der räumlichen Darstellung werden die gebeugten Vektoren $|\vec{s_1}|$ bzw. $|\vec{s_2}|$ unterschiedlich lang gezeichnet. Der zylindrisch um die Probe gelegte Film schneidet aus den Kegeln zwei Teilabschnitte heraus. Sie sind in Bild 5.24c dick eingezeichnet. Der Abstand der auf dem Film registrierten Ringabschnitte entspricht 4θ. Das Zustandekommen dieses Winkels ist nochmals im Bild 5.25 erklärt. Die Interferenzkegel aller möglichen Netzebenen, entsprechend den Auswahlregeln für die Beugung, schneiden den Filmzylinder, wie es in Bild 5.26a dargestellt ist. Die Filmenden werden in der so genannten STRAUMANIS-Einlage um 90° seitlich zur Einstrahlrichtung versetzt angeordnet.

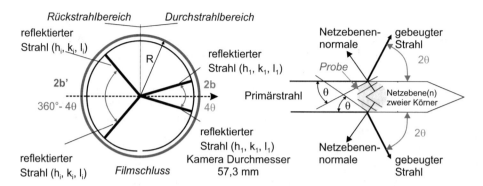

Bild 5.25: Prinzip der Anordnung in einer DEBYE-SCHERRER-Kamera und Verdeutlichung der Beugungsbedingungen an den Netzebenen für einen bestimmten Netzebenenabstand

Die Probe selbst kann aus einem feinen Pulver bestehen, das sich entweder in einem sehr dünnen, hohlen Glasröhrchen befindet (Kapillare) oder mit Zaponlack auf einen dünnen Glasstab aufgeklebt sein (beide Teile – Lack und Glasstab, sind amorph und liefern selbst keine Beugungsreflexe). Die Probe kann auch kompakt sein und z. B. aus einem Draht bestehen. Es ist zu beachten, dass die Probenabmessung (Durchmesser) kleiner sein muss als der Durchmesser der gewählten Eintrittsblende (Lochblende). Die Röntgenstrahlung muss die Probe umspülen. Mittels an der Kamera angebrachten Justierschrauben kann die Probe exakt zentrisch im Mittelpunkt der Kamera justiert werden. Die Probe wird während der Bestrahlung gedreht, mit ca. zwei Umdrehungen/min. Damit wird eine größere Lagenvielfalt der Kristallite und somit eine gleichmäßigere Schwärzung der Interferenzlinien erreicht, siehe auch Bild 5.50. Eine Aufnahme erhält man nach einer Belichtungszeit von 5 − 40 min. Die Dauer der Belichtung richtet sich nach dem Probenmaterial, Röhrenstrom und -spannung. Der belichtetet Röntgenfilm wird entwickelt. Es laufen dabei dieselben Vorgänge ab, wie schon bei den Detektionsmöglichkeiten besprochen. Unter günstigsten Bedingungen dauert es mindestens zwei Stunden, bis man eine DEBYE-SCHERRER-Aufnahme auswerten kann.

Die in der Kammer befindliche Luft streut ebenfalls die Röntgenstrahlung und ruft im Film eine Schleierschwärzung hervor. Inelastische, ordnungszahlabhängige Streuprozesse an der Probe tragen ebenfalls zur Schleierschwärzung bei. Deshalb werden zur Verringerung der Schleierschwärzung die großen Filmkameras manchmal evakuiert. Bei der Filmentwicklung sind eventuell auftretende Schrumpfungserscheinungen des Filmes zu beachten. Die Filmschrumpfung kann bei Verwendung der asymmetrischen STRAUMANIS-Einlage (symmetrisch zu $\theta = 90°$) korrigiert werden. Ein weiterer Grund, warum diese Filmeinlage bevorzugt wird, ist die Möglichkeit der genauen Vermessung von Beugungslinien bei kleinen und großen Beugungswinkeln. Kleine Beugungswinkel werden für Identifizierungszwecke verwendet – z. B. in der Forensik, große Beugungswinkel sind für die Zellparameterbestimmung vorteilhaft. Weitere Filmeinlagen sind die symmetrischen Filmeinlagen nach BRADLAY-JAY und nach VAN ARKEL sowie die asymmetrische Filmeinlage nach WILSON. Die Einlage nach BRADLAY-JAY kommt vereinzelt bei Vergleichsbestimmungen zum Einsatz, teilweise ergänzt durch die Einlage nach WILSON.

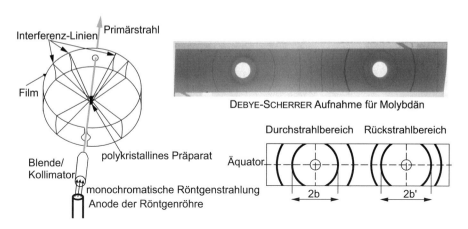

Bild 5.26: Schematischer Strahlengang beim DEBYE-SCHERRER- Verfahren und eine Beispiel-aufnahme für Molybdän (krz), Kennzeichnung der Bereiche

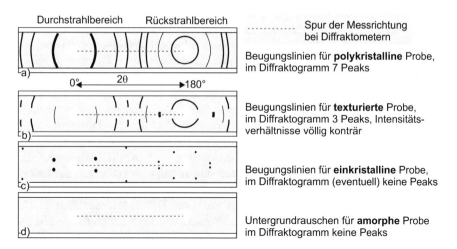

Bild 5.27: Verschiedene Formen von DEBYE-SCHERRER-Aufnahmen für ein Material, aber mit unterschiedlichen Kristallisationsstufen

Die Einlage nach VAN ARKEL wurde für die Bestimmung der $K\alpha$-Aufspaltung genutzt. Die Filmschrumpfung (soweit nicht korrigierbar) und die schlechtere Auflösung der Beugungslinien sind die Ursachen für die etwas ungenauere Zellparameterbestimmung beim DEBYE-SCHERRER-Verfahren, siehe Kapitel 7.

Entsprechend Bild 5.27 können auf dem entwickelten Film die möglichen Beugungsmuster beobachtet werden. Durch die Probenanordnung und den die Probe umschließenden Film ergibt sich die Möglichkeit, dass *alle Kristallite anteilig zur Beugung* beitragen. Auf einem Beugungsring bilden sich alle Kristallitorientierungen einer Netzebene ab. Ist ein solcher Beugungsring gleichmäßig geschwärzt, dann ist das der Beweis für einen

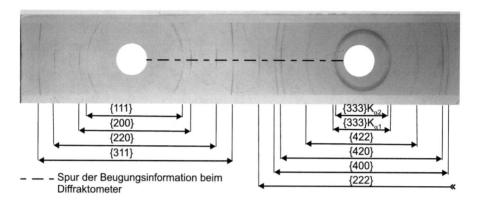

Bild 5.28: DEBYE-SCHERRER-Aufnahme einer stark texturierten Probe, hier (kfz)-Gold

idealen Polykristall, Bild 5.27a. In dieses Bild sind auch die Spuren der Messrichtung beim BRAGG-BRENTANO-Verfahren mit eingezeichnet. Aufgrund der dort eingeschränkten Möglichkeit der Probenbewegung werden beim BRAGG-BRENTANO-Verfahren nur wesentlich weniger Lagenmöglichkeiten der Netzebenennormalen erfasst. Dies kann beim Diffraktometerverfahren zu Fehlinterpretationen führen, Kapitel 5.1.1. Treten im untersuchten Material z. B. durch das Walzen oder das Drahtziehen Umverteilungen in den Kristallitorientierungen auf, dann spricht man von der Ausbildung einer Vorzugsorientierung bzw. Textur. Dies wird an der Einschränkung der Lagevielfalt der Körner sichtbar. Aus den Beugungskreisen werden Häufungsbereiche. Im Film ist dies als sichelförmige Beugungslinien erkennbar, Bild 5.27b bzw. im realen Bild für eine Drahtprobe aus Gold, Bild 5.28. Bei Beugung an Einkristallen wird das Beugungsmuster auf wenige oder gar keine Punkte (bei ungünstiger Einkristallausrichtung zum Strahl) reduziert, Bild 5.27c. Amorphe Stoffe haben keine Fernordnung und damit keine Netzebenen. Sie liefern somit keine Beugungserscheinungen, Bild 5.27d. Die möglichen Probleme bei der Untersuchung von texturierten und einkristallinen Stoffen mit dem Diffraktometer sind in Bild 5.27 aufgezeigt. Weitere Ausführungen zu dieser Problematik findet man im Kapitel 5.8.

Beim DEBYE-SCHERRER-Verfahren erhält man neben der Lage der Beugungswinkel noch zusätzliche Informationen zur Gefügeausbildung durch die Form bzw. das Aussehen der Beugungsringe. Es tragen alle in der Probe vorkommenden kristallinen Bereiche innerhalb der Eindringtiefe der Röntgenstrahlung zur Beugung bei und werden registriert. Beim BRAGG-BRENTANO-Verfahren registriert man dagegen nur entlang der Äquatorlinie die Beugungsinformationen und damit Informationen von einer wesentlich geringeren Anzahl von Körnern.

Um in der Auswertung die Zellparameter der Probe bestimmen zu können, müssen die Glanzwinkel θ_i und die Indizierung (Bestimmung der MILLERschen Indizes $(h\,k\,l)_i$ ermittelt werden. Aus dem Abstand korrespondierender Interferenzlinien auf dem Äquator des ausgebreiteten DEBYE-SCHERRER-Films können die θ_i auf Grund symmetrischer Verhältnisse bestimmt werden. Die DEBYE-SCHERRER-Kamera hat einen Innendurchmesser von

$D_k = 57{,}3\,\text{mm}$ (kleine Kammer) oder $D_g = 114{,}6\,\text{mm}$ (große Kammer). Der Abstand der Beugungsringe im Durchstrahlbereich beträgt $2b$. Dieser Abstand entspricht einem Beugungswinkel von 4θ. Die DEBYE-SCHERRER-Kamera ist eine Vollkreiskamera, d. h. sie überstreicht einen Winkelbereich von $360°$. Das Verhältnis nach dem Beugungswinkel aufgelöst, ergibt mittels des Durchmessers für die kleine DEBYE-SCHERRER-Kamera die zugeschnittenen Größengleichungen für den Durchstrahl- und Rückstrahlbereich, siehe Bild 5.25.

$$\frac{2\pi R}{360°} = \frac{2b}{4\theta} \quad \text{siehe Bild 5.25} \tag{5.11}$$

$$\text{a) } \theta[°] = b\,[\text{mm}] \qquad \text{b) } 90° - \theta[°] = b^{\mathsf{l}}\,[\text{mm}] \tag{5.12}$$

Nach der Zuordnung von Durchstrahl- und Rückstrahlbereich misst man so genau wie möglich den Abstand der korrespondierenden Beugungsringsegmente $2b$ bzw. $2b^{\mathsf{l}}$ an der Äquatorlinie und ermittelt mittels der Gleichungen 5.12a bzw. 5.12b die Beugungswinkel θ_i. Das Ausmessen erfolgt mit üblichen Messmitteln (Lineal, Positioniersystemen) oder mit einem so genannten Abbe-Komparator. Hierzu wird der Film auf einen verschiebbaren Schlitten befestigt, der Film auf der Äquatorlinie rückseitig beleuchtet und mit einem Messokular die Ringposition z. B. der linken Seite vermessen. Anschließend erfolgt die Verschiebung zum zweiten Ringteil in der rechten Position erfolgt anschließend und die Messposition wird erneut gemessen. Aus der Differenz von Position 1 zu Position 2 ist der Abstand mit diesem Gerät auf 0,01 mm messbar. Die Messunsicherheit vergrößert sich aber, da mit dem vergrößernden Messokular die Mittenposition des geschwärzten Bereiches bestimmt werden muss. Die Schwärzungsbreite schwankt je nach Beugungslinie, Belichtungszeit und Probe zwischen $0{,}1 - 1\,\text{mm}$. Um aus den gefundenen Beugungswinkeln die konkreten Netzebenen zu finden - *Indizierung*, werden die Winkel logarithmisch mit einem gewähltem Maßstabfaktor entsprechend Bild 5.29 aufgezeichnet. Für eine bestimmte Strahlungsart und z. B. das kubische Kristallsystem und die BRAVAIS-Gitter (kfz oder krz) trägt man auf einem zweiten Streifen alle möglichen MILLERschen Indizes mit dem gleichen Maßstab auf. Danach verschiebt man beide Streifen solange, bis beide Teilstreifen zur Deckung gebracht werden. Daraus liest man für die gemessenen Beugungswinkel die entsprechenden MILLERschen Indizes ab. An der Stelle, wo die Deckung beider Teilstreifen erfolgt, ist der Abstand zwischen den beiden Nullpunkten der dekadische Logarithmus (Maßstab beachten!) der Zellparameter für ein kubisches Material. Mittels der BRAGGschen Gleichung und der Gleichungen für den Netzebenenabstand und die Zellparameter kann man nun für jede Beugungslinie aus den gefundenen MILLERschen Indizes unter Verwendung der eingesetzten monochromatischen Strahlung einen provisorischen Zellparameter berechnen. Im Rückstrahlbereich treten des öfteren Doppelringe auf. Hier wird die Aufspaltung in $K\alpha_1$ und $K\alpha_2$-Strahlung sichtbar und dem Doppelring kann dann nur eine MILLERsche Indizierung zugeordnet werden. Der äußere Ring wird dann $K\alpha_1$, der innere der Doppelringe $K\alpha_2$ zugeordnet. Für die sonstige Auswertung der Beugungslinien wird beim DEBYE-SCHERRER-Verfahren mit der gewichteten mittleren Wellenlänge nach Gleichung 5.13 gerechnet.

$$\lambda_{K\alpha} = (2 \cdot \lambda_{K\alpha 1} + \lambda_{K\alpha 2})/3 \tag{5.13}$$

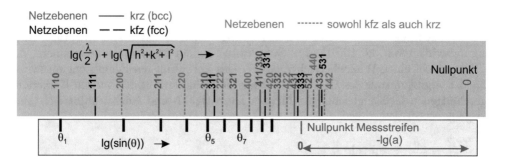

Bild 5.29: Schiebestreifen zur Indizierung von kubischen Materialien mit krz oder kfz BRAVAIS-Gitter und Beispiel der Indizierung eines Messstreifens

Die wesentlich schlechtere Winkelauflösung und die schlechtere Genauigkeit der Winkelbestimmung von bestenfalls $\Delta\theta \approx 0,05°$ im Vergleich zu den Diffraktometerverfahren wird hier deutlich.

Die Schwärzung der Beugungslinien ist ein Maß für die Intensität. Für den Erhalt quantitativer Aussagen misst man die Schwärzungen der Linien photometrisch. Die so möglichen quantitativen Ergebnisse werden aber immer mehr durch die zweidimensionalen Diffraktometeruntersuchungen (2D-XRD) zurückgedrängt. Hier liegen die Intensitäten digital vor. Mittels der Pulverdiffraktometrie und der Fundamentalparameteranalyse sind die Ergebnisse wesentlich genauer und viel schneller erhältlich.

Die DEBYE-SCHERRER-Kamera ist eine optische Kamera für die kurzwellige Röntgenstrahlung. Jede optische Abbildung weist immer Abbildungsfehler auf, die bei Kenntnis der Fehlerursachen korrigiert werden können. Ähnlich den Fehlern in der Winkellagenbestimmung beim BRAGG-BRENTANO-Verfahren gibt es auch beim DEBYE-SCHERRER-Verfahren systematische Winkelverschiebungen.

Die Bestimmung der Zellparameter muss mit sehr hoher Genauigkeit erfolgen, da ihre Änderungen auf einen veränderten Werkstoffzustand schließen lassen. Um eine Präzisionszellparameterbestimmung durchzuführen, ist es notwendig, die Auswirkungen eines fehlerhaft gemessenen Beugungswinkels θ auf die Bestimmung der Zellparameter weitestgehend zu eliminieren, Begründungen und weiterführende Bemerkungen sind im Kapitel 7.2 zu finden. Differenziert man die BRAGGsche Gleichung, Gleichung 3.125, partiell nach allen Variablen – Fehlerrechnung Gleichung 3.100, dann stellt man fest, dass der bei einem Glanzwinkel von 90° bestimmte Zellparameter keinen Fehlerbeitrag mehr durch falsche Winkelbestimmung enthält, da $\lim_{\theta\to 90°} \cot\theta = 0$ gilt. Diese Fehlerelimination wird in der Praxis über eine lineare Regression durchgeführt, Kapitel 7.2.1. Ebenso trifft zu, dass die kleinsten Fehler in der Zellparameterbestimmung bei großen Beugungswinkeln, also $\theta \approx 90°$ auftreten. Für das DEBYE-SCHERRER-Verfahren hat sich die so genannte NELSON-RILEY-Funktion, Tabelle 7.2, als die günstigste Approximationsfunktion herausgestellt, siehe Kapitel 7.2.1. Werden die mit der NELSON-RILEY-Funktion (NR) umgerechneten Beugungswinkel θ_i und der errechnete Zellparameter a_i für jeden gemessenen Beugungswinkel θ_i in ein Diagramm mit der größtmöglichen Ordinatenstreckung eingezeichnet, Bild 7.4b, und die Punkte mittels linearer Regression ausgeglichen, dann ist der Schnittpunkt mit der Ordinate der gesuchte Zellparameter (Gitterkonstante).

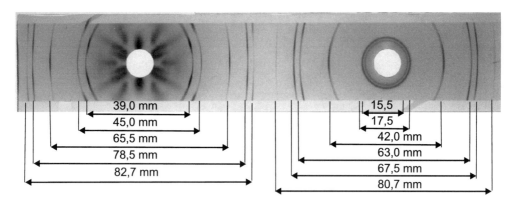

Bild 5.30: DEBYE-SCHERRER-Aufnahme zur Identifizierung und Zellparameterbestimmung für
          Aufgabe 21, die Zahlenangaben sind die Abstände der Beugungsringe in mm

Zur Indizierung nicht-kubischer Stoffe werden die Schiebestreifenmethode für tetragonale und hexagonale Substanzen, Nutzung von Nomogrammen (die HULL-DAVEY-Kurven
[215, 21]) und jetzt zunehmend Computerprogramme benutzt.

Angewendet wird das DEBYE-SCHERRER-Verfahren vorrangig dann, wenn sehr wenig
Material vorliegt, wie z.T. in der Mineralogie, Forensik und bei manchen Werkstoffent-
wicklungen. An Hand von wenigen Körnern ist ein Kristallinitätsnachweis, eine grobe
Abschätzung über die Gefügeausbildung und eine qualitative Phasenanalyse möglich.
Dies sind eindeutige Vorteile des DEBYE-SCHERRER-Verfahrens. Die Gerätekosten betragen ebenfalls nur einen Bruchteil eines Diffraktometers (eine DEBYE-SCHERRER-Kamera
verschleißt nicht). Es fallen aber höhere Kosten für Verbrauchsmaterial an. Neben der
hier vorgestellten klassischen Variante des DEBYE-SCHERRER-Verfahrens, welches vor allem in der studentischen Ausbildung nach wie vor wichtig ist, existiert eine Variante,
welche mit einem ortsempfindlichen Detektor (PSD) arbeitet, Bild 5.31. Damit werden
die Nachteile der Filmtechnik vermieden. Allerdings werden die Beugungsreflexe nur in
der Äquatorebene registriert, so dass Informationen, die durch Auswertung der DEBYE-
SCHERRER-Ringe in der Umgebung des Äquators gewonnen werden (z.B. Aussagen zu
Texturen, Kristallitstatistik), verloren gehen. Dies ist auch bei weiteren Varianten der
DEBYE-SCHERRER-Methode, welche im Kapitel 5.7 vorgestellt werden, der Fall.

Aufgabe 21:   Auswertung einer Debye-Scherrer-Aufnahme

Erstellen Sie ein Schema für die Auswertung einer DEBYE-SCHERRER-Aufnahme, z.B.
aus Bild 5.30. Es ist eine Aufnahme eines kristallinen Elementes mit kubischem System. Bestimmen Sie das vorliegende BRAVAIS-Gitter. Indizieren Sie alle Linien und
bestimmen Sie aus dem Zellparameter das chemische Element.

Einen Sonderfall der DEBYE-SCHERRER-Geometrie stellen die GANDOLFI-Kamera und
ihre Modifikationen dar. Bei der GANDOLFI-Kamera handelt es sich um ein Verfahren
der Mikrobeugung, welches die Anfertigung von Pulveraufnahmen von einzelnen, sehr
kleinen Kristallen gestattet. In dieser Kamera ist der Film wie in einer DEBYE-SCHERRER-
Kamera angeordnet. Die Probe (der Kristall) wird auf eine um 45° gegen die Kameraachse

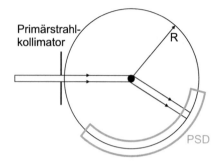

Bild 5.31: DEBYE-SCHERRER-Geometrie mit PSD

geneigte Spindel befestigt und um beide Achsen mit unterschiedlicher Winkelgeschwindigkeit gedreht. Durch diese Drehbewegung werden zufällige Kristallorientierungen realisiert. Man erhält so eine Filmaufnahme, welche einer DEBYE-SCHERRER-Aufnahme sehr nahe kommt. Im Falle niedrigsymmetrischer Kristalle müssen diese in mehreren Orientierungen auf der Spindel befestigt werden. Weitere Informationen findet man bei JOST [136].

5.4.2 Parallelstrahl-Anordnungen (PS) mit Multilayerspiegel

Wird anstelle des selektiven Metallfilters ein Multilayerspiegel zur Monochromatisierung nach Kapitel 4.2.3 eingesetzt, dann formt man den aus der Röntgenröhre austretenden divergenten Strahl zu einem Parallelstrahl. Die Breite des Strahls wird durch eine Eintrittsblende EB nochmals begrenzt. Damit wird auch der nicht monochromatisierte Primärstrahl des Multilayerspiegels ausgeblendet. Arbeitet man dann auf der Detektorseite ebenfalls mit einem Parallelstrahl, indem man z. B. ähnliche Blendenweiten für die probennahe Streustrahlblende und die Detektorblende einsetzt, oder indem man einen langen SOLLER-Spalt verwendet, dann ändern sich die geometrischen Beugungsbedingungen von Bild 5.2 dahin, dass es keinen anderen links- bzw. rechtsseitigen Beugungswinkel mehr gibt. So wie der Mittelpunktstrahl fällt auch der rechtsseitige und der linkseitige Teilstrahl unter dem Winkel θ auf die Probe. Die Konzentration der Intensität des Primärstrahles auf eine konstante kleinere Fläche bewirkt weiterhin, dass die »Probenbeleuchtung« unabhängiger vom Beugungswinkel θ wird. Gleichung 5.2 ändert sich zu:

$$L(\theta, EB) = \frac{EB}{\sin \theta} \tag{5.14}$$

Für drei Eintrittsblenden und zum Vergleich für die BRAGG-BRENTANO-Anordnung ist im Bild 5.32a die bestrahlte Probenlänge als Funktion des Beugungswinkels aufgetragen. Die gesamte und wegen der höheren Reflektivität des Spiegels höhere Intensität des monochromatisierten Röntgenstrahles wird auf eine wesentlich kleinere Probenfläche gestrahlt. Der Vergleich zur bestrahlten Fläche für eine 12 mm Langfeinfokusröhre ist in Bild 5.32b dargestellt. Bild 5.33a zeigt die einfachste Anordnung für die Parallelstrahlgeometrie. Im Bild 5.33b ist die (1 1 0)-Interferenz von Mo-Pulver mit zwei Anordnungen, BRAGG-BRENTANO- und Multilayerspiegel-Anordnung, vermessen worden. Der Vorteil eines wesentlich besseren Profilmaximum-zu-Untergrund-Verhältnisses durch Einsatz der Parallelstrahloptik wird deutlich. Nachteilig ist die etwas schlechtere Profilauflösung. Die Schulter der $K_{\alpha 2}$-Anteile sind bei der Parallelstrahlgeometrie etwas schlechter ausgebildet als in der BRAGG-BRENTANO-Geometrie. Dieses Diffraktogramm ist aber noch mit einem Multilayerspiegel der 1. Generation ausgeführt worden. Die damals größeren Divergenzen und die schlechtere Reflektivität sind in Tabelle 4.6 aufgelistet.

Zur Beurteilung eines Diffraktogrammes ist von JENKINS und SCHREINER ein Gütekriterium G empirisch eingeführt worden [134], Gleichung 5.15:

$$G = I_{max.} \sqrt{\frac{FWHM}{I_{max.} + 4 \cdot I_{Untergrund}}} \tag{5.15}$$

Wendet man dies auf die Diffraktogramme aus Bild 5.33b an, ergibt sich für die BRAGG-BRENTANO-Anordnung (BB) ein Wert von $G_{BB} = 9$ und für die Parallelstrahlgeometrie (PS) ein Wert von $G_{PS} = 18$.

Im Bild 5.34 sind die Profilmaximum-zu-Untergrund-Verhältnisse (PMU) und das Gütekriterium G als Funktion der Röhrenspannung U_A, des Röhrenstromes i_A und der Monochromatisierungsart ermittelt worden. Die starken Verbesserungen dieses Verhältnisses durch den Einsatz der Multilayerspiegel wird deutlich. Bild 5.34 zeigt jedoch, dass in der Diffraktometrie materialspezifisch gearbeitet werden muss, und die Anregungsbedingungen der Röntgenstrahlung beachtet werden müssen. Die Aussagen von Bild 2.8 sind prinzipiell und berücksichtigen nicht die materialspezifischen Streuprozesse bei den Beugungserscheinungen. Will man nur gute Profilmaximum-zu-Untergrund-Verhältnisse für Molybdänproben, dann suggeriert Bild 5.34 eine Röhrenspannung von $20 - 25\,kV$ als günstig. Man darf nicht die erhaltbare Zählrate außer acht lassen, die im Maximum bei Multilayereinsatz bei 8 200 cps für 40 kV/40 mA liegt. Wertet man die 60 unterschiedlichen PMU-Verhältnisse aus, dann gibt es keine einheitliche Generatoreinstellung mit Minimal- bzw. Maximalwerten. Bestimmt man dagegen mittels Gleichung 5.15 das Gütekriterium, so ergeben sich für die drei Anordnungen die Werte in Tabelle 5.2. Für verschiedene Metalle sind in Bild 6.11 weitere Profilmaximum-zu-Untergrund-Verhältnisse dargestellt.

Mit der wesentlich besseren Strahlparallelität der Multilayerspiegel der 2a Generation sind die Diffraktogramme für dan Quarz-Fünffingerprofil in Bild 5.35 angefertigt

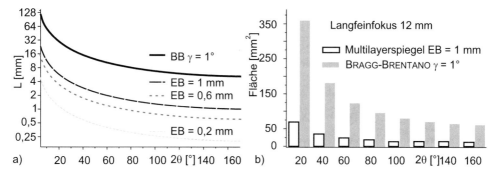

Bild 5.32: a) Länge der bestrahlten Probenfläche als Funktion des Beugungswinkels
b) bestrahlte Probenfläche im Vergleich BRAGG-BRENTANO-Diffraktometer und Parallelstrahloptik für eine Langfeinfokus-Röntgenröhre

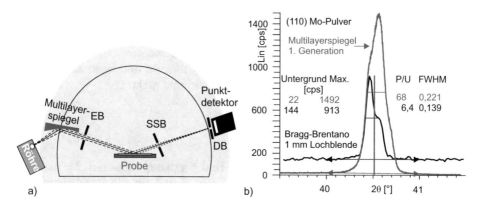

a)   b)

Bild 5.33: a) Diffraktometer mit primärseitigem Multilayerspiegel und Punktdetektor
b) Vergleich der (1 1 0)-Interferenz von Mo-Pulver mit BRAGG-BRENTANO- (BB)
und Multilayerspiegel-Anordnung (EB – Eintrittsblende; SSB – Streustrahlblende;
DB – Detektorblende)

worden. Variiert man hier die Eintrittsblendenweite, dann sind bei 0,2 mm Eintrittsblende und gleicher Detektorblende die gleichen Auflösungen wie beim BRAGG-BRENTANO-
Diffraktometer erreichbar, siehe Bild 4.8. Die erreichbaren Impulse steigen von 250 cps
bei BRAGG-BRENTANO-Anordnung auf 6 000 cps mit Multilayereinsatz bei sichtlich geringerem Untergrund an. Es muss hier aber angemerkt werden, dass die Untersuchungen
für Bild 5.35 mit einer neuen Keramikröntgenröhre erfolgten. Die Untersuchungen für
Bild 4.8 wurden dagegen mit einer Glasröntgenröhre mit einer nicht mehr zuordbaren
Laufzeit und geringerer Verlustleistung durchgeführt. Die Detektorblendenweite betrug
hier 0,1 mm.

In der Auflösung verbesserte Diffraktogramme lassen sich auch mit veränderten Blendenweiten am Detektor erzielen, Bild 5.35b. Die Veränderungen in den Intensitäten der
Beugungsinterferenzen bei einer Blendenweite von 0,05 mm sind auf die dann zu geringe

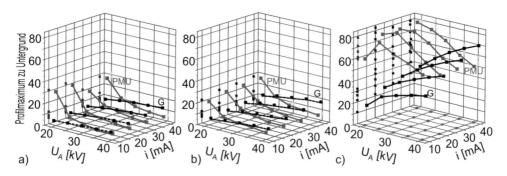

a)   b)   c)

Bild 5.34: Verhältnis der (1 1 0)-Mo-Interferenz zum Untergrund und Gütekriterium G in Diffraktometern mit Kupferstrahlung bei unterschiedlichen Betriebsparametern der
Röntgenröhre a) BRAGG-BRENTANO-Diffraktometer mit Nickel-Filter als Monochromator b) wie a aber ohne Filter c) mit Multilayer-Spiegel der Generation 2a

Tabelle 5.2: Gütekriterium für drei Diffraktometeranordnungen und zwei Betriebseinstellungen
Röntgengenerator, Cu-$K\alpha$-Strahlung

	BB mit Ni-Filter	BB ohne Ni-Filter	PS mit Multilayerspiegel
20 kV/10 mA	4	5	10
40 kV/40 mA	13	17	62

beobachtete Fläche und den beginnenden Einfluss der Kristallitstatistik, siehe Kapitel 5.3, zurückzuführen.

Höhere Güten eines Diffraktogrammes erreicht man bei Einkristallen, Bild 5.36a. So ergeben sich hier Güten nach Gleichung 5.15 von $G_{BB} = 60$ und $G_{PS} = 230$.

Die Erhöhung der Intensität und des Profilmaximum-zu-Untergrund-Verhältnisses ist nicht der einzige Vorteil der Anordnung mit Multilayerspiegel. Durch den Parallelstrahl

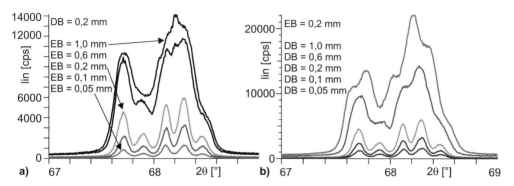

Bild 5.35: Profilform des Quarz-Fünffingerprofils mit Multilayer-Monochromator bei Variationen a) der Eintrittsblende EB b) der Detektorblende DB

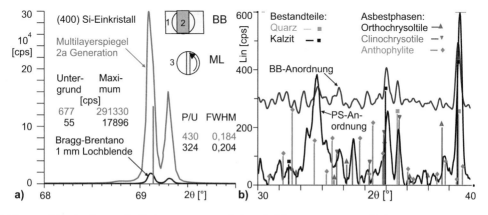

Bild 5.36: Vergleich von Diffraktogrammen a) (400)-Silizium-Einkristall b) Probe von Bauschutt mit Bragg-Brentano-Diffraktometer (BB) (Punktfokus) und Theta-Theta-Diffraktometer mit Multilayermonochromator (ML)

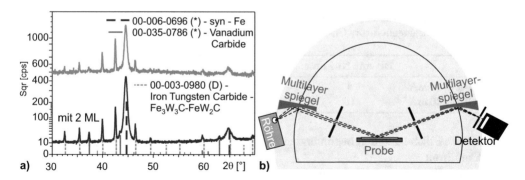

Bild 5.37: Pulverdiffraktometer mit zwei Multilayerspiegeln auf Eingangs- und Detektorseite, es werden optimale Profilmaximum-zu-Untergrund Verhältnisse erreicht a) Beispiel-diagramm für eine legierte Stahlproben b) Prinzip der Diffraktometeranordnung

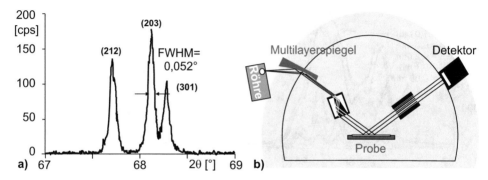

Bild 5.38: Pulverdiffraktometer mit einem Multilayerspiegel, einem $(2\,2\,0)$-Ge-Strahlaufweiter und einem 0,07° Kollimator mit dem Ziel höchster Auflösung a) Beispieldiagramm für Quarz-Fünffingerprofil (wegen der Monochromatisierung treten nur noch drei Interferenzen auf) b) Prinzip der Diffraktometeranordnung

wird die Forderung der exakten Probenjustage an den Fokussierkreis hinfällig. Damit muss die Oberfläche der zu untersuchenden Probe nicht mehr exakt eben sein, es können reale Proben ohne große Vorbehandlung in die Fokusebene eingebracht werden. Im Bild 5.36b ist dies an einer Bauschuttprobe gezeigt. Hier sollte das Material auf mögliche Asbestbelastung untersucht werden. Die Messung in BRAGG-BRENTANO-Anordnung ergab nur den Nachweis der Hauptbestandteile Quarz und Calcit. Bei Messung der gleichen Probe mittels der Parallelstrahlgeometrie konnten wiederum wesentlich höhere Profilmaximum-zu-Untergrund-Verhältnisse bei verringertem Untergrund erreicht werden (in Bild 5.36b ist keine Verschiebung und kein Untergrundabzug vorgenommen worden). Jetzt treten Beugungsinterferenzen für die Asbestphasen deutlich auf.

An dieser Stelle sei bemerkt, dass die Probe in beiden Messanordnungen noch senkrecht zur Oberflächennormalen gedreht wurde. Diese Drehbewegung in BRAGG-BRENTANO-Anordnung verbessert die Kristallitstatistik nur wenig. Es gelangen so ebenfalls Körner in die Beugungslage, die sonst außerhalb des rechteckigen Strahles 1 liegen. Bei größeren Beugungswinkeln θ, im Bild 5.36 mit Nummer 2 gekennzeichnet, werden so wieder Körner flächenmäßig erfasst, die bei kleinerem Beugungswinkel schon überstrahlt werden. Bei der Parallelstrahlgeometrie wird durch die Drehbewegung nur die erfassbare Fläche vergrößert. Es werden bei einer Langfeinfokusröhre anstatt $35\,\mathrm{mm^2}$ durch die Drehung $\pi \cdot 6^2 = 113\,\mathrm{mm^2}$ Probenoberfläche erfasst. Die Drehung der Probe um die eigene Achse erhöht nur die Wahrscheinlichkeit, auf Körner zu treffen, die sich in Beugungslage befinden. Durch diese Drehbewegung gelangen keine Körner zusätzlich in Beugungslage. Körner mit Netzebenennormalen, die nicht senkrecht zur Oberfläche liegen, werden nicht in Beugungslage gedreht.

Durch den Einsatz von Multilayerspiegeln als Primär-Monochromatoren sind wesentlich höhere Beugungsintensitäten bei erhöhtem Profilmaximum-zu-Untergrund-Verhältnis erreichbar. Der Parallelstrahl führt dazu, dass unebene und nicht an den Fokussierungskreis anliegende Proben mit verbesserter Auflösung untersucht werden können. Durch den Multilayerspiegel werden aber nicht mehr Körner in Beugungsstellung gebracht. Eine Probendrehung um die Achse φ erhöht nur die durchschnittlich bestrahlte Fläche.

Wie im Bild 5.35 gezeigt, kann die Eintrittsblende und die Detektorblende verkleinert werden, um die Winkelauflösung weiter zu verbessern. Die Verkleinerung der Detektorblende geht aber zu Lasten der Kristallitstatistik. Blenden auf der Detektorseite parallelisieren den Strahl nicht vollständig. Wird auf der Detektorseite ein weiterer Multilayerspiegel angeordnet und danach erst der Detektor, dann wird aus dem Parallelstrahl auf der Sekundärseite ein divergent fokussierter Strahl. Bei Anordnung im Fokus des Spiegels des Punktdetektors erhält man damit eine Anordnung, die ein wesentlich besseres Profilmaximum-zu-Untergrund-Verhältnis aufweist, was Bild 5.37 zeigt. An den Diffraktogrammen im Bild 5.37a sind keinerlei Manipulationen vorgenommen worden. Durch den zweiten Monochromator wird z. B. die Fluoreszenzstrahlung von Eisen bei Einsatz von Kupferstrahlung erheblich reduziert. Die Anordnung mit zwei Multilayerspiegeln ist sehr kostenintensiv in der Anschaffung. Die zur Erzielung der hohen Auflösung nötigen kleinen Eintrittsblenden für den Primärstrahl, siehe Bild 5.35a, verkleinern die bestrahlte Probenoberfläche. Setzt man jetzt in den Primärstrahlengang einen Strahlaufweiter ein, wird die Strahlung an dem zweifachen $(2\,2\,0)$-Germanium-Kristall weiter monochromatisiert und vor allem aufgeweitet, Bild 5.38. Die Parallelität wird verbessert bzw. die Divergenz weiter verkleinert. Auf der Sekundärseite kann man jetzt einen langen SOLLER-Spalt dem Detektor vorschalten, der die gesamte beleuchtete Probenfläche erfasst. Dieser SOLLER-Spalt erfüllt bei verminderten Hardwarekosten im Wesentlichen die gleichen Aufgaben wie der zweite Multilayerspiegel aus Bild 5.37b. Ein SOLLER-Spalt wird auch bei der Methode des streifenden Einfalls, Kapitel 5.5, verwendet.

Die Auflösung kann man ungeachtet der Kosten für das Diffraktometer weiter steigern, indem man wieder zwei Multilayerspiegel einsetzt und zusätzlich in den Strahlengang einen asymmetrischen zweifachen $(2\,2\,0)$-Ge Monochromator einsetzt, Bild 5.39b. Mit einer solchen Anordnung erreicht man die im Bild 5.39a am α-Quarz gezeigte Auflösung.

Diese Anordnung lässt sich noch weiter verbessern, Bild 5.40b, indem auf der Detektorseite unter Verzicht des zweiten Multilayerspiegels ein Strahlaufweiter eingesetzt wird,

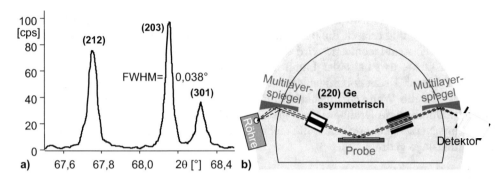

Bild 5.39: Pulverdiffraktometer mit zwei Multilayerspiegeln und einem asymmetrischen (2 2 0)-
Ge zweifach Doppel-Monochromator (Channel-Cut) und einem 0,07° Kollimator
mit dem Ziel höchster Auflösung a) Beispieldiagramm für Quarz-Fünffingerprofil
(wegen der Monochromatisierung treten nur noch drei Profile auf) b) Prinzip der
Diffraktometeranordnung

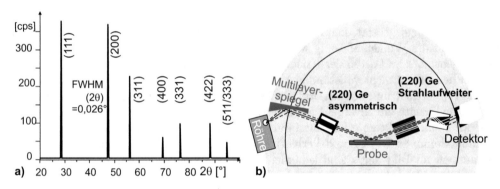

Bild 5.40: a) Diffraktogramm von Silizium b) Diffraktometeranordnung für die
Höchstauflösung

um den Punktdetektor (Szintillator) besser auszuleuchten ohne an Auflösung zu verlieren.
Die erzielbare Profilbreite ist am polykristallinen Si-Standardpräparat NIST-SRM 640e
in Bild 5.40a gezeigt. Sie ist besser als in der Anordnung im Bild 5.39a. Trotz der hier
festzustellenden fünf Beugungen an den verschiedenen Monochromatoren und der einen
Beugung an der Probe wird gegenüber Bild 5.39a mit vier (fünf) Beugungen mehr Intensität erreicht. Mit dieser Anordnung lassen sich Winkelauflösungen erreichen, wie es
ansonsten nur mit Synchrotronstrahlung mit kleiner Divergenz möglich ist.

Als Gütekriterium für das Beugungsexperiment wird dabei die erreichbare Auflösung
am (1 1 1) Si-Einkristall angesehen, siehe Tabelle 5.3. Als Zusammenfassung und Vergleich
einzelner Diffraktometeranordnungen sind in Tabelle 5.4 für das Quarz-Fünffingerprofil
die mittlere (2 0 3)-Interferenz bezüglich der Halbwertsbreite (in θ-Skala) und der erreichbaren Maximalintensität für Kupferstrahlung aufgeführt. Bei den BRAGG-BRENTANO-
Anordnungen und dem einfachen Einsatz von Multilayerspiegeln wird keine $K\alpha_2$-Abtren-

Tabelle 5.3: Zusammenstellung möglicher Diffraktometeranordnungen und erreichbare Auflösungen (Halbwertsbreiten) am (1 1 1) Si-Einkristall

Diffraktometer	FWHM
Multilayerspiegel und SOLLER-Kollimator, Bild 5.38	0,07°
Multilayerspiegel und Schneidkante wie im Bild 13.15a	0,03°
Multilayerspiegel und (2 2 0) Ge-Strahlkomprimierer	0,006°
Multilayerspiegel + 4× asymmetrischer (2 2 0) Ge-Monochromator	0,008°
Primär-Multilayerspiegel und 2 × (2 2 0) Ge-Monochromator und Sekundär-Multilayerspiegel, Bild 5.39b	0,003 5°
Multilayerspiegel und 2× (2 2 0) Ge-Monochromator und (2 2 0) Ge-Strahlaufweiter, Bild 5.40b	0,003 5°
Multilayerspiegel und 4 × (2 2 0) symmetrischer Ge-Monochromator	0,003 5°
Multilayerspiegel und 4 × (4 4 0) Ge-Monochromator	0,001 5°

Tabelle 5.4: Vergleich der charakteristischen Werte der (2 0 3)-Quarz-Interferenz aus dem Fünffingerprofil für verschiedene Diffraktometeranordnungen. Im Vergleich die Breite der (2 0 0)-Interferenz von einer Si-Polykristallprobe

Anordnung	EB/DB [mm]	FWHM $[\theta°]$ (2 0 3)-SiO$_2$	FWHM ["] (2 0 0)-Si	[cps]
ohne Monochromator	1,75 / 0,22	0,054	194	1 950
Quarzmonochromator Bild 5.19	1,75 / 0,22	0,046	165	210
Multilayerspiegel	0,05 / 0,1	0,040	144	161
Bild 5.35a	0,1 / 0,1	0,047	167	369
	0,2 / 0,1	0,055	196	641
Bild 5.35a	0,6 / 0,1	0,203	731	1 298
keine Trennung K$\alpha_{1,2}$ + (3 0 1)-Interferenz	1,0 / 0,1	0,201	724	1 700
Bild 5.38		0,036	128	175
Bild 5.39		0,021	76	100
Bild 5.40		0,013	47	375

nung erreicht. Die erzielbaren Auflösungen hängen stark von den Eintrittsblenden ab, wie aus Tabelle 5.4 ersichtlich ist.

Die bessere Auflösung geht zu Lasten der Intensität, d. h. je besser die erzielbare Auflösung ist, desto länger muss gezählt werden, um eine statistisch gesicherte Intensität der Beugungsinterferenz zu bekommen. Je größer die erzielbare Intensität = Impulse pro Zeit ist, umso schlechter ist die Auflösung.

Die relativ konstante Breite der Strahlform der Parallelstrahlanordnung bei Einsatz eines Multilayerspiegels gestattet es, lateral über Proben besser aufgelöst zu messen. In der Zeit der Mikroelektronik und Mikrotechnik kommt es darauf an, über große Bereiche

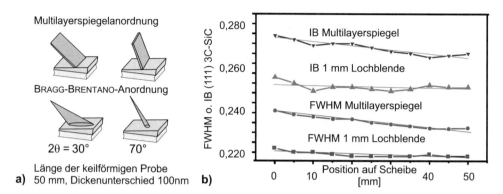

Bild 5.41: a) Schematischer Vergleich der »beleuchteten Fläche« einer keilförmigen 3C-SiC Schicht (Dickengradient ca. 100 nm) mit Multilayerspiegel und in BRAGG-BRENTANO-Anordnung b) Gemessene Profilbreiten an verschiedenen Stellen der Probe

eines Wafers homogene Verhältnisse in der Schichtdicke, der Phasenausbildung, der Kristallitgröße und der mechanischen Spannung zu erreichen. Diese Homogenität muss aber geprüft und nachgewiesen werden können [184]. In der Beschichtungstechnologie findet man immer wieder Schichtdickeninhomogenitäten und unterschiedliche Temperaturfelder bei Nachbehandlungsprozessen [241]. Mit der Parallelstrahlführung ist es jetzt möglich, auch solche Inhomogenitäten einer ungleichmäßigen Schichtdickenausbildung gezielter zu analysieren. In Bild 5.41a wird noch einmal schematisch der Vergleich der sich ausbildenden beleuchteten Fläche auf einer keilförmigen Schichtprobe gezeigt. Wird die Probe lateral verschoben und jeweils die interessierende Beugungsinterferenz gemessen und ausgewertet, dann ist die Halbwertsbreite (FWHM) des untersuchten Beugungsprofils u. a. auch ein Maß für die Schichtdicke, siehe Kapitel 8 bzw. 13. Werden die Profilbreiten als Funktion des Messortes auf der Probe aufgetragen, Bild 5.41b, dann wird deutlich, dass bei Verwendung der Parallelstrahlgeometrie deutliche Abhängigkeiten der Halbwertsbreite vom Ort erkennbar sind, die mit dem Verlauf der Schichtdicke auf der Probe korrelieren. Kleine Halbwertsbreiten sind an Orten großer Schichtdicke und große Halbwertsbreiten an Orten kleiner Schichtdicken feststellbar. Bei der BRAGG-BRENTANO-Anordnung wird die Beugungsinterferenz über eine Fläche mit einem zu großen Schichtdickengradienten aufgenommen. Damit werden auch die Halbwertsbreiten gemittelt und die Abhängigkeit von der Beschichtungsgeometrie geht verloren. Der Vorteil der Multilayerspiegelnutzung ist damit an einem weiteren Beispiel gezeigt.

Unter Verwendung von zwei sehr fein ausgeblendeten Multilayerspiegeln und exakter Justage zueinander kann eine Tiefenauflösung der Beugungsinformationen in der Probe erreicht werden. Der Schnittbereich beider Parallelstrahlen ergibt ein Parallelogramm, Bild 5.42a. Durch gezieltes Bewegen der Probe in z-Richtung, also in die Fokusebene hinein, kann man dann unterschiedliche Tiefenbereiche auflösen. Die maximal erreichbare Tiefe wird von der Eindringtiefe der Strahlung in die zu untersuchende Probe bestimmt. Deshalb wurde diese Technik auch für die Neutronenstrahlung und die hochenergetische Synchrotronstrahlung unter Verwendung geeigneter Blenden entwickelt. Die weitaus ge-

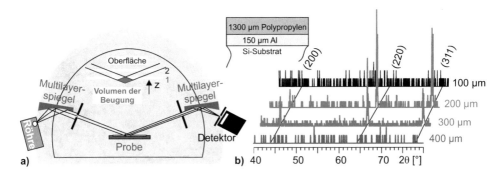

Bild 5.42: a) Schematische Darstellung zum gezielten Erhalt von tiefenaufgelösten Diffraktogrammen durch Einsatz von zwei Multilayerspiegeln b) Beispiel für diese Technik

ringere Absorption energiereicherer Strahlung bewirkt gegenüber der Röntgentechnik viel
größere Eindringtiefen. Unter Verwendung charakteristischer Röntgenstrahlung ist ein
Einsatz der zwei Multilayerspiegel nur bei Materialien mit kleiner Ordnungszahl, mit
relativ großer Eindringtiefe der Strahlung, sinnvoll. Diese Technik einen höchst präzisen
z-Probentisch-Vortrieb voraus. Im Bild 5.42b ist ein Beispiel für eine vergrabene Aluminiumschicht unter Polypropylen gezeigt. Wird der Probentisch wie im Bild 5.42b rechts
angegeben verschoben, so erkennt man eine deutliche Veränderung der Diffraktogramme.
Die Beugungsinterferenzen können dem Aluminium zugeordnet werden. Es sei angemerkt,
dass diese Methode nur bei höheren Beugungswinkeln sinnvoll ist, da hier erstens die Eindringtiefe größer ist und zweitens das sich überlappende Analysevolumen lateral kleiner
wird und damit auch die Tiefenauflösung sich verbessert.

5.5 Beugung bei streifenden Einfall – GID

Bisher ist bei allen besprochenen Verfahren immer mit einer symmetrischen Anordnung
gearbeitet worden, d. h. die Eingangsstrahlseite wird spiegelverkehrt durch die Detektorseite wiedergegeben. Sowohl in reiner BRAGG-BRENTANO-Anordnung als auch bei
symmetrischer Anordnung mittels Multilayerspiegel hängt die bestrahlte Fläche und die
Eindringtiefe des Primärstrahles in die Probe vom Beugungswinkel ab. Besonders schwierig ist somit die Untersuchung dünner Schichten auf kristallinen Substraten. Unter steilen
Einstrahlwinkeln durchdringt der Primärstrahl die Schicht ohne ausreichend Beugungsintensität zu liefern. Man erhält überwiegend Beugungsinformationen vom Substrat. Von
dem Schichtmaterial liegen »zu wenige Körner« in der Beugungsrichtung vor.

Verwendet man einen asymmetrische Strahlengang und wird der Primärstrahl unter einem konstanten, flachen Winkel ω eingestrahlt, Bild 5.43, dann sind in dieser Anordnung
Diffraktogramme messbar. Dazu muss auf der Detektorseite ein langer SOLLER-Spalt, bei
dem die Lamellen senkrecht zur hier dargestellten Zeichenebene stehen, angewendet werden. Diese Methode wird GID (grazing incidence diffraction – Beugung durch streifenden
Einfall) genannt.

Beim Bewegen des Detektors erhält man ein Diffraktogramm der Probe, welches sich
von den Winkellagen von herkömmlichen BRAGG-BRENTANO-Aufnahmen bei einer ideal

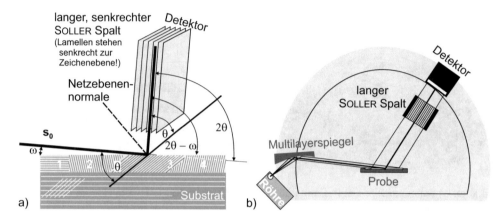

Bild 5.43: a) Prinzip der Beugung bei streifenden Einfall (GID) b) Diffraktometer mit primärseitigem Multilayerspiegel und langem SOLLER-Kolimator auf der Detektorseite für
GID

polykristallinen Probe nicht unterscheidet. In Bild 5.43a ist schematisch eine polykristalline Schicht auf einem Einkristallsubstrat dargestellt. Bei einem Einstrahlwinkel ω soll
die bestrahlte Schichtfläche die hier vier dargestellten Körner mit jeweils dem gleichen
Netzebenenabstand erfassen. Die vier Körner unterscheiden sich lediglich durch ihre Netzebenennormalenrichtung. Verlängert man die Netzebenen von Kristallit 3 über die Probe
hinaus, dann ergeben sich Verhältnisse wie in Bild 3.23, nur die ganze Anordnung ist
gedreht. Der unter dem Winkel ω zur Probenoberfläche auftreffende Strahl fällt auf die
betrachtete Netzebene im Kristallit 3 unter dem Winkel θ ein. Zwischen der Netzebene
im Kristallit 3, Richtung ausgedrückt durch die gestrichelt dargestellte Netzebenennormale, bildet sich der Einstrahlwinkel θ aus. Wird der Detektor so eingestellt, dass sich
zwischen Detektorstrahl und Netzebenenverlängerung auch ein Winkel θ ausbildet, dann
hat man exakt die BRAGGsche Beugungsbedingung für Kristallit 3 vorliegen. Der Detektor steht zur Oberfläche dann in einem Winkel $2\theta - \omega$. Erfüllt der Winkel θ und
der Netzebenenabstand d_{hkl} für Kristallit 3 die BRAGGsche Gleichung 3.125, so wird in
dieser Detektorstellung ein Maximum der reflektierten Röntgenstrahlung registriert. Die
Körner 1, 2 und 4 erfüllen für den Einstrahlwinkel ω nicht die BRAGG-Bedingung und
tragen so nicht zur Profilintensität bei.

Liegt eine ideal polykristalline Probe vor und wird bei fest eingestelltem Winkel ω der
Detektor um die Probe abgefahren, dann ist in Bezug zur Probenoberfläche die aktuelle
Winkelstellung des Detektors immer $2\theta - \omega$. Für andere Netzebenenabstände gibt es nun
auch Kristallite, wo eine ähnliche Netzebenennormalenrichtung wie ursprünglich für Kristallit 3 vorliegt. Im gesamten abgefahrenen Detektorwinkelbereich sind solche Beugungserscheinungen für alle in der Kristallstruktur vorkommenden Netzebenen gleichermaßen
erfüllt und man erhält ein repräsentatives Diffraktogramm der Probe. Die Subtraktion der
Detektorwinkelstellung um den Einstrahlwinkel lässt sich bei der digitalen Registrierung
sofort rückgängig machen, und man erhält das gesamte Diffraktogramm als 2θ-Auftrag.
Würde man die Probe aus Bild 5.43 in BRAGG-BRENTANO-Anordnung abfahren, wäre

anstatt Kristallit 3 Kristallit 1 in Beugungsrichtung und würde zur Beugungsintensität beitragen. Variiert man den Einfallswinkel ω, dann gibt es andere Kristallite, die mit ihren Netzebenennormalen die Beugungsbedingungen erfüllen.

Nimmt man an, dass das einkristalline Substrat und der Kristallit 1 einen vergleichbaren Netzebenenabstand parallel zur Oberfläche haben, dann misst man eine sehr starke, intensitätsreiche Substratinterferenz in BRAGG-BRENTANO-Anordnung. Die geringe Intensität von Kristallit 1 wird von der Substratinterferenz vollständig überlagert, so dass in BRAGG-BRENTANO-Anordnung keine Information von dem Schichtmaterial erhältlich ist. Diese Substratinterferenz wird in GID-Anordnung eliminiert. Es kann sich aber als Störgröße ein Zustand einstellen, wie ebenfalls in Bild 5.43a im Substrat links angedeutet. Die Atome des einkristallinen Substrats bilden Netzebenen in der schräg angedeuteten Weise aus. Diese »schief liegenden Netzebenen« können bei Erfüllen der Beugungsbedingung zur Beugung beitragen und sich den Schichtinformationen überlagern. Ändert man den Einstrahlwinkel ω leicht ab, sind solche Störinterferenzen vom einkristallinen Substrat als leicht »wandernde Interferenzen« auszumachen, siehe z. B. in Bild 13.7 die Interferenz für das Silizium-Substrat.

Für Standardpulver (SRM660b - LaB_6) sind für vier unterschiedliche Einstrahlwinkel ω und für die BRAGG-BRENTANO-Anordnung die erhaltenen Diffraktogramme in Bild 5.44 gezeigt. Die theoretischen Eindringtiefenbereiche der Röntgenstrahlung nach Gleichung 3.101 in die Probe sind mit angegeben. Die wesentlich größere Konstanz der Eindringtiefe bei streifendem Einfall sind erkennbar. Ab $\omega > 0{,}4°$ sind die Beugungsintensitäten bei den Diffraktogrammen größer als in der BRAGG-BRENTANO-Geometrie.

In Bild 5.45 wird die Steigerung des Informationsgehalts einer Beugungsaufnahme bei streifendem Einfall deutlich. Das Beugungsdiagramm in BRAGG-BRENTANO-Anordnung einer 150 nm dünnen In_2O_3-Schicht auf einem einkristallinen Si-Substrat zeigt die starke Substratinterferenz und nur vier Interferenzen von der Indiumoxidschicht. Bei Untersuchung mit streifendem Einfall treten die störenden Interferenzen des Substrats nicht mehr auf. In viel größerer Anzahl, hier 23, sind dagegen die Beugungsinterferenzen der In_2O_3-Schicht nachweisbar. Die Leistungsfähigkeit von Schichtuntersuchungen mit der Methode des streifenden Einfalls wird damit deutlich.

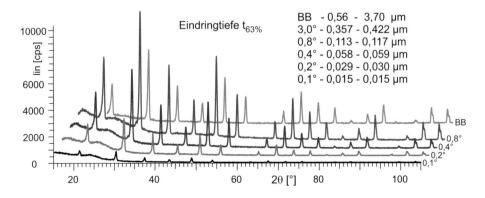

Bild 5.44: Vergleich streifender Einfall und BRAGG-BRENTANO-Anordnung beim Pulver LaB_6

In Bild 5.46 ist ein Beispiel für eine stark texturierte Bi-Schicht auf einkristallinen Silizium dargestellt. Die BRAGG-BRENTANO-Untersuchung ergibt drei Interferenzen von der Schicht, die ein »Vielfaches« der (0 0 1)-Deckfläche des hexagonalen Wismuts sind. Die Intensitäten dieser Beugungsinterferenzen sind sehr groß, in der gesamten bestrahlten Fläche liegen alle (0 0 1)-Netzebenen parallel zur Oberfläche. Nicht jede Untersuchung an Schichten mit streifenden Einfall erhöht dann die Intensität. Die jetzt auftretenden Beugungsinterferenzen sind nur schräg sich ausbildende Netzebenen zur (0 0 1)-Textur. Die Fläche an Netzebenen, die die Beugungsbedingung erfüllen verkleinert sich dramatisch und dadurch ergeben sich geringere Beugungsintensitäten. Deutlich wird beim streifenden Einfall, dass es keine verkippten (0 0 1)-Netzebene bzw. Kristallite in dieser Richtung wegen der Textur gibt. Diese Beugungsinterferenzen verschwinden fast vollständig. Der Unterschied im Einstrahlwinkel ω von drei Grad und die deutlich unterschiedlichen Diffraktogramme ergeben nochmals den Beweis, dass bei dieser Probe eine ausgeprägte Textur vorliegt.

Bei der Methode des streifenden Einfalles erhält man von polykristallinen Schichten wesentlich besser auswertbare und intensitätsreichere Diffraktogramme. Die Winkellagen unterscheiden sich nicht. Es ist nun möglich, Beugungsinterferenzen von einkristallinen Substraten vollständig zu eliminieren.

Aufgabe 22:   Bestimmung des Wechselwirkungsvolumens

Schätzen Sie das Volumen für die BRAGG-BRENTANO- und für die Anordnung mit streifenden Einfall für die LaB$_6$-Pulverprobe bei $\omega = 0{,}8°$ für die Beugungswinkel $2\theta = 15°$ und $2\theta = 120°$ ab. Es wurde mit einer Langfeinfokusröhre von 12 mm Strichfokuslänge und Kupferstrahlung gearbeitet. Verwenden Sie die angegebenen Eindringtiefen der Röntgenstrahlung aus Bild 5.44.

Wie würden sich die Volumenverhältnisse verändern, wenn angenommen wird, dass das LaB$_6$ als eine Schicht mit 120 nm Dicke vorliegt?

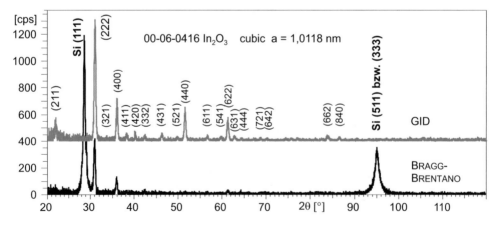

Bild 5.45: Vergleich streifender Einfall und BRAGG-BRENTANO-Anordnung einer In$_2$O$_3$-Schicht auf einem (1 1 1)-Si-Substrat

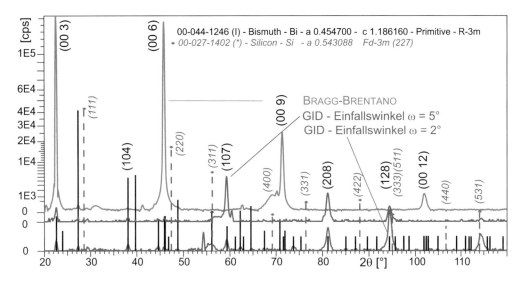

Bild 5.46: Vergleich streifender Einfall und BRAGG-BRENTANO-Anordnung bei einer stark texturierten Bi-Schicht

5.6 Höhenabhängigkeit der Probenlage in Diffraktogrammen

An einer ebenen Probe aus einem Kristallgemisch Wolfram-Kupfer wurden bewusst die
Oberflächen aus dem Fokussierkreis verschoben und jeweils die Beugungswinkellagen bestimmt. In Bild 5.47a ist dies für ein BRAGG-BRENTANO-Diffraktometer mit Punktfokus
und 300 mm Radius aufgenommen. Die Winkellagen der (110)-W-Interferenz und der
(111)-Cu-Interferenz wurden bestimmt. Die Abweichungen und Fehler der Winkellagenbestimmung sind in Tabelle 5.5 aufgeführt. In Bild 5.47b sind an einem Theta-Theta
Diffraktometer (Radius 220 mm) mit primärseitigem Multilayerspiegel und einem Paral-

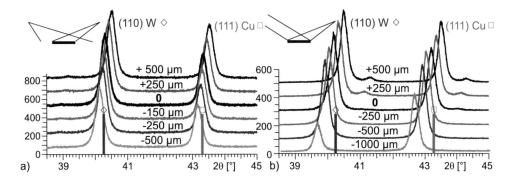

Bild 5.47: Diffraktogramme von Wolfram-Kupfer Kristallgemischen bei bewusster Verschiebung der Oberfläche im Fokussierkreis bei zwei Diffraktometeranordnungen
a) $\omega - 2\theta$ Diffraktometer mit Punktfokus und 1 mm Lochblende b) $\theta - \theta$ Diffraktometer mit primärseitigem Multilayerspiegel, Detektorseite mit 0,2 mm Detektorblende

Tabelle 5.5: Gemessene Winkelverschiebungen 2θ in [°] von (1 1 0)-Wolfram und (1 1 1)-Kupfer bei Verschiebung der Probenoberfläche wie in Bild 5.47

Ver-schiebung [µm]	BRAGG-BRENTANO-Diffraktometer				mod. Theta-Theta-Diffraktometer			
	(1 1 0) W	Fehler [%]	(1 1 1) Cu	Fehler [%]	(1 1 0) W	Fehler [%]	(1 1 1) Cu	Fehler [%]
500	0,228	0,566	0,198	0,457	0,312	0,777	0,300	0,694
250	0,112	0,278	0,091	0,210	0,136	0,339	0,168	0,389
−150	−0,048	−0,119	−0,049	−0,113				
−250	−0,060	−0,149	−0,057	−0,132	−0,144	−0,358	−0,168	−0,389
−500	−0,175	−0,434	−0,169	−0,390	−0,252	−0,627	−0,284	−0,657
−1 000					−0,528	−1,314	−0,570	−1,319

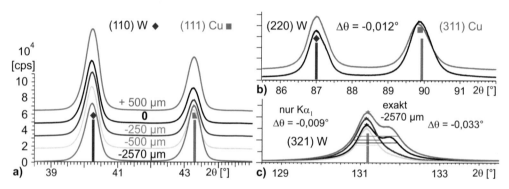

Bild 5.48: Diffraktogramme von Wolfram-Kupfer Kristallgemischen bei bewusster Verschiebung der Oberfläche im Fokussierkreis und Parallelstrahldiffraktometrie a) kleiner Winkelbereich θ, b) und c) großer Winkelbereich θ

lelstrahl von 1 mm Breite, aber einem divergenten Detektorstrahl und einer -schlitzblende mit 0,2 mm Öffnung die gleichen Messungen ausgeführt worden. Die Ergebnisse der Abweichungen sind in Tabelle 5.5 aufgeführt. Die größeren Abweichungen des Beugungswinkels gegenüber der reinen BRAGG-BRENTANO-Geometrie sind darauf zurückzuführen, dass mit zunehmender Defokussierung sich »beide Strahlenbündel nicht mehr sehen«, erkennbar an dem starken Abfall der Intensitäten bei −1 000 µm Defokussierung, Bild 5.47b. Beim Einsatz von wirklicher Parallelstrahlgeometrie sowohl auf der Primär- als auch auf der Detektorseite wird die durch falsche Probenhöhe bedingte Winkelverschiebung beseitigt, wie Messungen an derselben Probe (Wolfram-Kupfer Kristallgemisch) zeigen. Die Ergebnisse sind in Tabelle 5.6 bzw. Bild 5.48 wiedergegeben. Selbst bei Abweichungen aus dem Fokus von −2 570 µm sind die Profilverschiebungen um eine Größenordnung geringer als in reiner BRAGG-BRENTANO-Anordnung, Tabelle 5.5. Wertet man die Verschiebungen der Calcitinterferennzen im Bild 4.44b aus, dann ergeben sich maximal Winkelverschiebungen von 0,029° bis 0,014° bei ±1 500 µm Probenverschiebung.

Die Auswirkungen einer unebenen Probenoberfläche ist im Bild 5.49 gezeigt. Die in der Abbildung gezeigten Werkzeugteile aus gesintertem Hartmetall (hexagonales Wolf-

Tabelle 5.6: Winkellagenabweichung bei Probenanordnung außerhalb des Fokussierkreises und bei Arbeiten im Parallelstrahldiffraktometer an den Proben aus Bild 5.48a

Verschiebung [µm]	(1 1 0) W	Fehler[%]	(1 1 1) Cu	Fehler[%]
500	0,023	0,057	0,010	0,023
−250	0,011	0,027	0,002	0,005
−500	0,002	0,005	−0,005	−0,012
−2 570	0,010	0,025	0,000	0,000

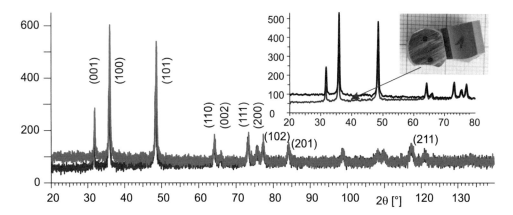

Bild 5.49: Veränderungen im Beugungsdiagramm bei BRAGG-BRENTANO-Geometrie und bei Verletzung der exakten Fokussierungsbedingungen am Beispiel eines Hartmetallwerkzeuges aus Wolframkarbid

ramkarbid, PDF-00-025-1047) weisen eine plane und eine konkave (Abweichung $460\,\mu$m an der tiefsten Stelle – mit 1 bezeichnet) Fläche auf. Die Probe wurde in einem BRAGG-BRENTANO-Goniometer mit EULER-Wiege und justierbarem x-z-Probenhalter exakt mit einer Messuhr auf die Fokusebene eingestellt, bei der konkaven Stelle auf deren tiefster Stelle. Das Goniometer ist auf Punktfokus (Spannungsmessungen) und Kupfer $K\alpha$-Strahlung eingestellt. In Bild 5.49 sind die zwei erhaltenen Diffraktogramme ohne Untergrundabzug dargestellt. Im kleinen Bildausschnitt sind beide Kurven geglättet worden. Die niedrigeren Intensitäten von der konkaven Fläche vor allem in den kleinen Winkelbereichen sind ersichtlich, Tabelle 5.7. Quantifiziert man die Winkellagendifferenzen $\Delta\theta$ zwischen der planen Probenstelle 2 und der konkaven Fläche 1 und errechnet daraus die Netzebenenunterschiede, dann erkennt man die Fehler durch falsche Probenjustierung bzw. durch nicht geeignete Probengeometrien. Man sieht, dass trotz fast gleichbleibender Winkeländerungen die Veränderungen im Netzebenenabstand wegen der BRAGGschen Gleichung bei hohen Beugungswinkeln kleiner ausfallen. Ebenso minimieren sich bei hohen Winkeln die Unterschiede in den Intensitäten und in den Netzebenenabständen. Die systematischen Fehler werden dann generell kleiner. Dies ist ein weiterer Hinweis für die Notwendigkeit der Messung der Röntgeninterferenzen bei hohen Beugungswinkeln.

Tabelle 5.7: Quantifizierung der Unterschiede aus den zwei Diffraktogrammen aus Bild 5.49

(hkl)	$\Delta\theta$ [°]	$\Delta d_{hkl}[nm]$	Intensität Fläche 2/$\Delta Intensitäten$
001	0,189	−0,001 655	242/98
100	0,201	−0,001 365	531/215
101	0,194	−0,000 708	485/141
200	0,161	−0,000 217	152/17
211	0,124	−0,000 059	137/6

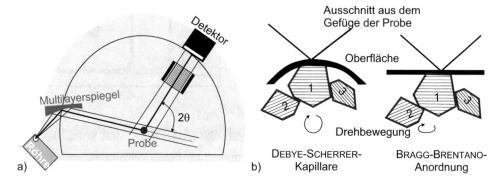

Bild 5.50: a) Anordnung im Diffraktometer für die Kapillaranordnung b) schematische Verdeutlichung der möglichen Körner, die zur Beugung beitragen können

5.7 Kapillaranordnung

Der Multilayerspiegel liefert einen Parallelstrahl. Hat man wenig Probenmaterial zur Verfügung oder möchte man eine Probe aus der DEBYE-SCHERRER-Kamera mit einer erhöhten Winkelgenauigkeit vermessen, so wird die dünne Probe am Ort der Fokusebene drehbar um die eigenen Achse angebracht. Als Proben verwendet man dünne Drähte oder feines Pulver, das in eine Kapillarglasröhre (daher kommt auch der Name *Kapillaranordnung*) eingefüllt oder auf einen Glasfaden aufgestäubt wird. Fährt man nur mit dem Detektor bei festem Einstrahlwinkel einen Winkelbereich ab, dann sind die Beugungsbedingungen nacheinander für viele Netzebenen erfüllt und erhält ein Diffraktogramm. Durch die Drehbewegung um die eigene Längsachse der Probe gelangen so auch die in Bild 5.50b gekennzeichneten Körner 2 und 3 in Beugungsstellung und tragen zur Beugungsintensität bei. Im Vergleich ist auch die Drehbewegung bei Probenrotation in BRAGG-BRENTANO-Anordnung gezeigt. Die Körner 2 und 3 haben eine Netzebenennormalenrichtung, die durch diese Drehbewegung nicht in Beugungsanordnung gelangen. In BRAGG-BRENTANO-Anordnung tragen diese Körner für die eingezeichnete Netzebene niemals zur Beugungsintensität bei. Mit der Kapillaranordnung erreicht man hohe Beugungsintensitäten mit wenig Probenmaterial. Die Probenstatistik wird durch die Kapillaranordnung entscheidend verbessert, da wesentlich mehr Körner der Probe im Eindringbereich der Strahlung zur Beugung beitragen. Die Aussagen von Kapitel 5.3 bzw. Tabelle 5.1b treffen hier nicht zu, allerdings erhält man in dieser Anordnung im Vergleich zur klassischen Debye-Scherrer-Anordnung keinen kompakten Beugungsring. Es wird hier entsprechend Bild 5.27 auf der Äquatorlinie gemessen. Körner, die zur Detektionslinie um den Winkel $\psi > 0$ ausgerichtet sind, also aus der Zeichenebene in Bild 5.50 herauskippen, werden nicht registriert. Statt einen Punktdetektor um die Probe zu schwenken, wird heute ein ortsempfindlicher Detektor mit vorgesetztem Kapillarkollimator verwendet. Damit kann ein ganzer Winkelbereich sehr schnell untersucht werden. Dies ist dann eine Anordnung, die sich z. B. für eine Produktionskontrolle eignet.

Die Justage dieser Probenanordnung ist kompliziert und störanfällig. Quantitative Aussagen sind auf Grund der winkelabhängigen Absorptionskorrektur nur sehr ungenau zu erhalten.

5.8 Diffraktometer mit Flächendetektor

Ein Diffraktometer, welches mit einem 2D-Flächen-Detektor ausgerüstet ist, erfordert eine erweiterte (und gelegentlich abweichende) Betrachtungsweise der Beugungserscheinungen. Ebenso sind Erweiterungen in der Beugungstheorie notwendig, die mit den bisherigen Betrachtungen zu den Beugungsanordnungen konform sein müssen. Im Bild 5.51a-c sind die sich unterschiedlich ausbildenden Beugungskegel für polykristalline, einkristalline und texturierte Materialien dargestellt. Der Einkristall liefert nur wenige diskrete Reflexe, im Allgemeinen keine Punkte bei monochromatischer Strahlung, der großflächig ausgebildete Polykristall besitzt viele unterschiedlich ausgerichtete Körner, die jeder für sich einen kleinen Einkristall mit Einzelpunkten als Beugungserscheinung ausbilden. Die Überlagerung *aller* Kristallite (Körner) führt zu den gleichmäßigen Beugungsringen. Ist das Material texturiert, gibt es Vorzugsorientierungen der Körner und der Beugungsring erscheint sichelförmig, Bild 5.51c.

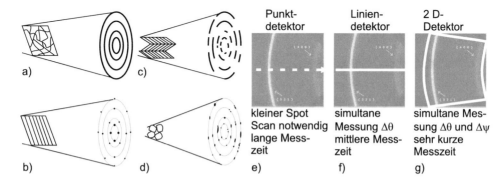

Bild 5.51: Beugungskegel für a) polykristallines Material b) einkristallines Material c) texturiertem Material d) Mikrodiffraktion; Ausschnitte aus dem Beugungskegel und Informationsbereich bei Bragg-Brentano-Anordnung mit e) Punktdetektor f) Liniendetektor g) 2D-Detektor; Linien in den Teilbildern e-g sind (2 2 0)- und (4 0 0)-Interferenzen von W-Pulver

Im Teilbild d sind nur wenige Körner und ein mögliches unregelmäßiges Punktmuster auf den Kreisen für eine Mikrobeugung dargestellt. Ein mit Punkt- bzw. eindimensionalem Detektor aufgenommenes Diffraktogramm ist eine Funktion der Streuintensitäten über dem Beugungswinkel 2θ. In BRAGG-BRENTANO-Anordnung tragen nur die Kristallitnetzebenen zur Beugung bei, die eine parallele Ausrichtung zur Probenoberfläche aufweisen. Bei ebenen Proben ist damit die Zahl der Kristallite, die die Beugungsbedingung erfüllen, extrem beschränkt, siehe Tabelle 5.1b. Bei der konventionellen Diffraktometrie mit Punktdetektor wird über einen sequentiellen Scan der Beugungswinkelbereich 2θ bei nur *einem, nicht veränderbaren ψ-Winkel* abgetastet. Die Messzeit ist entsprechend lang, das Diffraktogramm kann aber trotzdem unvollständig ausgebildet sein. Sind auf der in Bild 5.51e dargestellten Scanrichtung (gestrichelte Linie) keine Körner parallel zur Oberfläche ausgerichtet, dann ergeben sich hier keine Beugungsprofile.

Setzt man eine linearen Detektor (PSD) ein, der je nach Bauform einen $\Delta\theta$ Bereich überstreicht, erhält man das Diffraktogramm simultan bzw. bei Scanbewegung des Detektors wesentlich schneller, Bild 5.51f. Sind aber die Körner ebenfalls nicht in Abtastrichtung parallel zur Oberfläche ausgerichtet, erhält man wie mit dem Punktdetektor keine Beugungsinterferenzen, Bild 5.52a.

Die Parallelausrichtung der Körner kann jedoch auch in der Raumrichtung ψ auftreten und führt, wie schon im Bild 5.24c beim DEBYE-SCHERRER-Verfahren gezeigt, zur Ausbildung der Beugungskegel. Mit den 2D-Detektoren können nun *mehrere einzelne Körner* einer nur aus wenigen Körnern bestehenden Probe detektiert werden. Die geringe Anzahl der Körner und damit der Beugungsrichtungen reicht nicht aus, geschlossenen gleichmäßige Ringe auszubilden. Durch die Möglichkeit der Integration aller gemessenen Beugungserscheinungen zu einem Diffraktogramm werden alle in Frage kommenden Körner vermessen, man spricht hier von Mikrodiffraktion.

Durch Einsatz der 2D-Detektoren ist es möglich, den Beugungsring (Gesamt- oder Teilbereiche) bzw. mehrere Beugungsringe simultan und digital in $\Delta\theta$ als auch über einen größeren $\Delta\psi$-Bereich zu detektieren. In Bild 5.51g ist dies der hell umrandet eingezeichnete Bereich. Ähnlich dem DEBYE-SCHERRER-Verfahren sind jetzt Ausschnitte aus dem gesamten Beugungsraum detektierbar, Bild 5.52b. Der Unterschied zum Filmverfahren besteht darin, dass ebene Detektoren eingesetzt werden und die Beugungsinformatio-

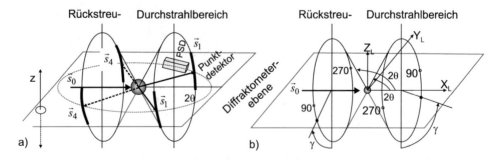

Bild 5.52: a) Beugung im 3D-Raum unter Einbeziehung konventioneller Beugungsanordnung mit Punkt- oder Liniendetektoren (PSD) b) Beugungsanordnung 2D-Detektor und Definition des Laborsystems

nen digital vorliegen. Durch die Ebenheit der Detektorfläche kommt es zu Verletzungen der Beugungsgeometrie. *Nur an einem Punkt* auf der Detektorfläche ist die BRAGG-BRENTANO-Fokussierung erfüllt. Beim nachfolgend als 2D-Röntgenbeugung bezeichneten zweidimensionalem Beugungsverfahren ist der Einsatz von punktförmigen, parallelen Strahlenquellen vorteilhaft. Damit werden die Verletzungen der Beugungsbedingungen nicht weiter vergrößert. Doppelt gekreuzte Multilayerspiegel oder Röhren mit Punktfokus und Parallelstrahlfokussierer sind die häufigsten Primärstrahlquellen. Damit wird eine gleichmäßigere »Ausleuchtung« in alle Richtungen erreicht und die Möglichkeit der Intensitätsbeurteilung entlang der DEBYE-SCHERRER-Ringe entscheidend verbessert.

Damit eine Integration und Quantifizierung der DEBYE-SCHERRER-Ringe auf der ebenen Detektorfläche erfolgen kann, ist eine genaue Analyse der Vektorräume für Probe und Goniometer und eine gegenseitige Umrechnung notwendig. Grundlegende Überlegungen zu dieser Analyse sind von HE [108, 109] durchgeführt worden, die im nachfolgenden überblicksartig zusammengestellt werden.

Die Probe befindet sich im Diffraktometer im Laborvektorsystem mit den drei rechtwinklig zueinander stehenden Vektoren $\vec{X_L}$; $\vec{Y_L}$; $\vec{Z_L}$, Bild 5.52b. Der einfallende Röntgenstrahl verläuft dabei vereinbarungsgemäß parallel zu $\vec{X_L}$. Man beachte bei dieser Darstellung die gemeinsame Ursprungslage für den Winkel 2θ im Durchstrahlbereich als auch im Rückstrahlbereich im Gegensatz zu $2\theta^{\text{I}}$ für den Rückstrahlbereich bei der STRAUMANIS-Einlage beim DEBYE-SCHERRER-Verfahren. Vereinfachter kann dies am Kugelmodell von Bild 5.53a verdeutlicht werden. Ein solcher kugelförmiger Detektor (kein Film) existiert derzeit jedoch nicht. Der Einheitsvektor $\vec{h_L}$ beschreibt im Laborsystem mit dem Beugungswinkel θ und dem Raumrichtungswinkel γ nach Gleichung 5.16 einen Kegel und dort speziell alle Lagepunkte für $0 \leq \gamma \leq 360°$ auf dem die Messrichtungen (Netzebenennormalen) liegen. Bei dieser Definition sei auf die negativen Werte des Beugungswinkels hingewiesen:

$$\vec{h_L} = \begin{bmatrix} h_x \\ h_y \\ h_z \end{bmatrix} = \begin{bmatrix} -\sin\theta \\ -\cos\theta\sin\gamma \\ \cos\theta\cos\gamma \end{bmatrix} \tag{5.16}$$

Ein ebener Detektor schneidet den mit dem Winkel 4θ geöffneten Beugungskegel entsprechend Bild 5.53b. Der sich normalerweise am Ende des Beugungskegels ausbildende Ring verformt sich zu einer nicht regelmäßigen Beugungslinie, die je nach Winkellage 2θ und auch α und Abstand e von Kreisen über Ellipsen bis zu Hyperbelabschnitten übergeht. Der Winkel α beschreibt den Winkel zwischen dem Proben- und dem Detektorzentrum. Nach Bild 5.54a ist für Position 1 der Winkel $\alpha = 0°$ und damit auf dem Detektor die Ausbildung des gesamten Beugungsringes sichtbar. Bei einem Winkel $\alpha_2 < 0°$ oder $\alpha_3 < 0°$ je nach Größe ergeben sich schematisch Beugungslinien nach Teilbild 2 und 3. Für den Mittelpunkt des Detektors ist dies aber die Stellung des Detektors $2\theta_D$ und hier mit negativem Vorzeichen. Mit Gleichung 5.16 ergibt sich damit wieder ein »physikalisch korrekter« positiver Beugungswinkel 2θ. Bild 5.54b und c definiert die Drehachsen und das Laborsystem für ein Vier-Kreis-Diffraktometer mit 2D-Detektor. Hierbei ist ω die Drehung der Probe im Rechtsdrehsinn und liegt mit α in einer Ebene. Zu beachten ist, dass der Winkel der Verkippung der Probe zum Strahl mit zwei entgegengesetzt verlau-

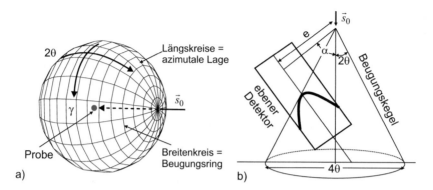

Bild 5.53: a) ideale Detektorfläche mit allseitigem 4π-Öffnungswinkel (Breitenkreis) und Darstellung des Beugungswinkels 2θ und dem Raumrichtungswinkel γ b) Beugungskegel und beliebiger Schnitt im Kegel mit einem ebenen 2D-Detektor

fenden Winkeln ψ und χ_g bzw. mit unterschiedlichen Startpunkten definiert wird. χ_G ist die Verkippung der Probe zur horizontalen Achse bei linksseitiger Drehachse. Es gilt hier: $\chi_G = 90° - \psi$. Das Probensystem $\vec{P}$ und das Laborsystem stehen im Allgemeinen verdreht zueinander und lassen sich durch die Drehmatrix $\mathbf{A}$ ineinander überführen:

$$\begin{array}{c|ccc} & X_L & Y_L & Z_L \\ \hline P_1 & a_{11} & a_{12} & a_{13} \\ P_2 & a_{21} & a_{22} & a_{23} \\ P_3 & a_{31} & a_{32} & a_{33} \end{array} \qquad (5.17)$$

Für die Transformationsmatrix $\mathbf{A}$, also den Zusammenhang zwischen EULER-Geometrie, Labor- und Probensystem, gilt:

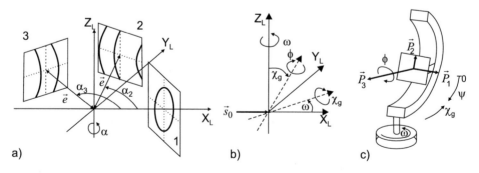

Bild 5.54: a) 2D-Detektorposition für drei verschiedene Stellungen α mit Teilringbeugungsabbildungen b) Probendrehung – Definitionen der Achsen c) Definition des Labor- und Probensystems

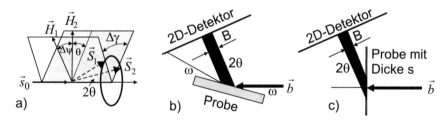

Bild 5.55: a) Virtuelle Oszillation b) Beugungsprofilbreiten bei Rückstreuanordnung c) bei Durchstrahlanordnung

$$\mathbf{A} = \begin{bmatrix} a_{11} & a_{12} & a_{13} \\ a_{21} & a_{22} & a_{23} \\ a_{31} & a_{32} & a_{33} \end{bmatrix} = \begin{bmatrix} -\sin\omega\sin\psi\sin\phi & \cos\omega\sin\psi\sin\phi & -\cos\psi\sin\phi \\ -\cos\omega\cos\phi & -\sin\omega\cos\phi & \\ \sin\omega\sin\psi\cos\phi & -\cos\omega\sin\psi\cos\phi & \cos\psi\cos\phi \\ -\cos\omega\sin\phi & -\sin\omega\sin\phi & \\ -\sin\omega\cos\psi & \cos\omega\cos\psi & \sin\psi \end{bmatrix}$$

Der Beugungsvektor $\vec{h_s}$ im Probenkoordinatensystem $P_1 P_2 P_3$ ist gegeben durch:

$$\vec{h_s} = \mathbf{A} \cdot \vec{h_L} \tag{5.18}$$

$$\begin{bmatrix} h_1 \\ h_2 \\ h_3 \end{bmatrix} = \begin{bmatrix} a_{11} & a_{12} & a_{13} \\ a_{21} & a_{22} & a_{23} \\ a_{31} & a_{32} & a_{33} \end{bmatrix} \begin{bmatrix} h_x \\ h_y \\ h_z \end{bmatrix} \tag{5.19}$$

$$= \begin{bmatrix} -\sin\omega\sin\psi\sin\phi & \cos\omega\sin\psi\sin\phi & -\cos\psi\sin\phi \\ -\cos\omega\cos\phi & -\sin\omega\cos\phi & \\ \sin\omega\sin\psi\cos\phi & -\cos\omega\sin\psi\cos\phi & \cos\psi\cos\phi \\ -\cos\omega\sin\phi & -\sin\omega\sin\phi & \\ -\sin\omega\cos\psi & \cos\omega\cos\psi & \sin\psi \end{bmatrix} \begin{bmatrix} -\sin\theta \\ -\cos\theta\sin\gamma \\ -\cos\theta\cos\gamma \end{bmatrix}$$

Achsenaufgelöst kann man auch schreiben:

$$\begin{aligned}
h_1 = {} & \sin\theta(\sin\phi\sin\psi\sin\omega + \cos\phi\cos\omega) + \cos\theta\cos\gamma\sin\phi\cos\psi \\
& - \cos\theta\sin\gamma(\sin\phi\sin\psi\cos\omega - \cos\phi\sin\omega) \\
h_2 = {} & \sin\theta(\cos\phi\sin\psi\sin\omega - \sin\phi\cos\omega) - \cos\theta\cos\gamma\cos\phi\cos\psi \\
& + \cos\theta\sin\gamma(\cos\phi\sin\psi\cos\omega + \sin\phi\sin\omega) \\
h_3 = {} & \sin\theta\cos\psi\sin\omega - \cos\theta\sin\gamma\cos\psi\cos\omega - \cos\theta\cos\gamma\sin\psi
\end{aligned} \tag{5.20}$$

Mit dem mathematischen Apparat aus Gleichung 5.18 kann jetzt in jeder Diffraktometer-stellung der Verlauf der Beugungslinie berechnet werden. Dies wird ausgenutzt, um auf dem Detektor gemessene Beugungserscheinungen für einen Beugungswinkel θ über den detektierten Bereich ψ aufzuintegrieren. Bei diesem Vorgang spricht man oft von *virtueller Oszillation*. Wie schon mehrfach bei den Punktdetektionsverfahren erwähnt, versucht man zur Verbesserung der Probenstatistik die Probe um die Achse ϕ zu rotieren oder

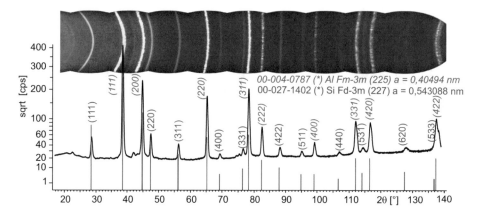

Bild 5.56: 2D-Beugungsdiagramm einer Al-Si Recyclinglegierung und Aufintegration zu einem auswertbaren Diffraktogramm mit Indizierung [248]

die Probe um ihre Lage in ΔX bzw. ΔY zu oszillieren. Damit wird nur eine scheinbar größere Probenoberfläche abgescannt und damit die Wahrscheinlichkeit, mehr Körner in Beugungsrichtung zu messen, größer. Bei der 2D-Beugung stehen zwei Beugungsvektoren auf einem Ring im Abstand $\Delta\gamma$ zueinander, siehe Bild 5.55a. Mit einem ebenen Flächendetektor wird der Bereich $\Delta\gamma$ simultan erfasst. Zwischen dem erfassten Bereich $\Delta\gamma$ und dem Bereich der Beugungswinkel $\Delta\psi$ existiert entsprechend dem Beugungswinkel θ der Zusammenhang:

$$\Delta\psi = 2\arcsin[\cos\theta\sin(\frac{\Delta\gamma}{2})] \qquad (5.21)$$

Der hier beschriebene Bereich wird *ohne mechanische Probenbewegung* simultan erfasst. Diese virtuelle Oszillation ist wesentlich effektiver und weniger fehlerbehaftet.

In der 2D-Röntgenbeugung gibt es keine Schlitzblenden auf der Detektorseite. Über die geometrischen Verhältnisse nach Bild 5.55b bzw. c lassen sich die gerätebedingten Verbreiterungen der Beugungsringe bestimmen. Für den Rückstrahlbereich ergibt sich für die Breite B des Beugungsprofils:

$$\frac{B}{b} = \frac{\sin(2\theta - \omega)}{\sin\omega} \qquad (5.22)$$

Im Durchstrahlbereich ist die Breite B mit der Dicke s der Probe:

$$\frac{B}{b} = \cos 2\theta + \frac{s}{b}\sin 2\theta \qquad (5.23)$$

Man erhält mit dieser Integration des digitalen 2D-Beugungsbildes für ein Kristallgemisch, Bild 5.56 ein vollwertiges Diffraktogramme, welches entsprechend den Ausführungen der nachfolgenden Kapitel in gleicher Weise ausgewertet werden können [257]. Hier wurden 10 Beugungsbilder a 200 s aufgenommen. Man erhält hierbei ein sehr gut aus-

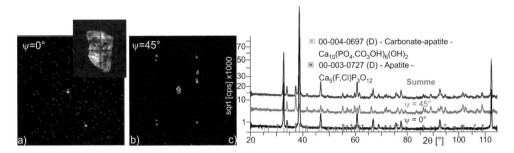

Bild 5.57: 2D-Beugungsdiagramme (GADS-Detektor) von einem Apatitkristall bei unterschiedlichen Verkippungen a) $\psi = 0°$ und b) $\psi = 45°$ und c) über die Beugungsspots aufintegrierte Diffraktogramme und Identifizierung mittels der PDF-Datei

wertbares Diffraktogramm in ca. 30 min. Neben den Phasen Al und Si sind noch weitere Phasen enthalten [248]. Im 2D-Beugungsbild treten die (2 2 2), (4 0 0) und (4 2 0) DEBYE-SCHERRER-Ringe teilweise punktförmig auf. Hier wird der Spotiness-Effekt sichtbar, d. h. es liegen im Al relativ große Kristallite vor, die bei der Spannungsmessung dann zu Texturerscheinungen und damit zu unbrauchbaren Spannungsmessungen führen können.

In der Spurenanalyse erhält man nur teilweise ausgeprägte Beugungsringe, da man zwangsläufig nur wenig Material zur Verfügung hat. Es sind so mit dieser 2D-Beugungsuntersuchung neue Nachweismethoden möglich [160].

Die Ergebnisse der Untersuchungen an einen Apatitkristall sind im Bild 5.57 gezeigt. Der relativ große Kristall liefert nur wenige punktförmige Reflexe. Verkippt man die Probe in verschiedene ψ-Richtungen und integriert die wenigen erhaltenen Reflexe über dem theoretischen Verlauf der Beugungslinien auf, dann sind aus der Mikrobeugung und der geringen Zahl an Beugungspunkten »reale polykristalline« auswertbare Diffraktogramme möglich. Die Vorteile der zwei-dimensionalen Röntgenbeugung (2D-XRD) sind:

- Die Phasenidentifikation kann über den gemessenen 2θ- und γ-Bereich (entspricht ψ-Bereich) durch Integration erfolgen. Die aufintegrierten Intensitäten liefern vor allem bei texturierten Proben, bei schlechter Kristallitstatistik (große kohärent streuende Bereiche) und bei geringsten Mengen (Spurenanalyse) zuverlässigere Werte.
- Bei vollständigen Polfigurmessungen, siehe Bild 15.4, müssen in der Regel nur zwei χ-Winkel gemessen werden. Die ϕ-Winkel werden entsprechend Bild 11.13 gescannt.
- Bei Vorliegen von Eigenspannungen ist eine direkte Messung des verformten Beugungskegels möglich. Durch die direkte Messung des Beugungskegels ist die direkte Anwendung der 2D-Spannungsgleichung und damit die Bestimmung des Spannungstensors möglich. Sehr schnelle und präzise Spannungsmessungen sind so möglich, siehe Kapitel 10.12.
- Die Texturmessung ist extrem schnell. Hier werden gleichzeitig der Untergrund und das Beugungsprofil gemessen. Durch die schnelle Messung wird eine feinere Schrittweite in χ-Richtung möglich. Bei Proben mit extrem scharfer Textur ist diese Vorgehensweise von großem Vorteil.

Der 2D-Detektor erlaubt sehr schnelle Messungen innerhalb weniger Sekunden bzw. Minuten pro Bild bei einer hohen Ortsauflösung. Jedes Diffraktionsbild des 2D-Detektors

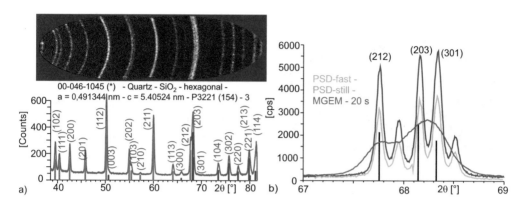

Bild 5.58: a) Diffraktogramm Quarzprobe mit Fünffinger-Profil, Aufnahmezeit 7 Frames a 30 s
b) Quarz-Fünffinger-Profil - Detektorvergleich und Vergleich Betriebsmodusarten

beinhaltet die Information über einen großen Winkelbereich $\Delta\theta \approx 10 - 40°$ je nach Detektorradius. Deshalb sind mehr Interferenzen simultan erfassbar als mit ortsempfindlichen Detektoren.

5.8.1 Parallelstrahl-Anordnungen mit Polykapillare und Detektorvergleich

Die Nutzung von neuen Kombinationen z. B. Polykapillare und MGEM-Flächendetektor bringt viele Vorteile, wie die Untersuchungsmöglichkeit von Nanopartikeln, Aussagen über einen größeren Beugungsvektorraum oder sehr schnelle Messungen. In Bild 5.58a sind 7 Frames von einer Quarzprobe NIST SRM 1878b mit einer Gesamtmesszeit von 210 s und die Aufintegration über den DEBYE-SCHERRER-Ringen, im Teilbild b ist ein Ausschnitt von dem »Quarz-Fünffinger« Profil, gezeigt. Hier erkennt man die schlechtere Auflösung gegenüber den Halbleiterstreifendetektor aber auch gegenüber der klassischen BRAGG-BRENTANO-Anordnung, Bilder 5.35. Dies ist dem großen simultanen Öffnungswinkel des Flächendetektors von $\Delta 2\theta = 30°$ gegenüber dem Halbleiterdetektor im Hochauflösungsmodus von $\Delta 2\theta = 2°$ bzw. beim Szintillationsdetektor und den entsprechenden Detektorblenden geschuldet. Weiterhin ist zu beachten, dass für den Flächenzähler ein selektiver Metallfilter zur Monochromatisierung benötigt wird. Dieser Filter schwächt die Eingangsintensität und verändert geringfügig das Emissionsprofil.

Mit einem Halbleiterstreifendetektor ist es möglich, dessen Energieauflösung quasi abzuschalten und ihn nur als Punktdetektor - High Count Rate Modus - zu nutzen. Im Bild 5.59a-linearer Auftrag und b-Wurzelauftrag sind Messungen um eine $(4\,0\,0)$-Si-Einkristallinterferenz gezeigt. Der Verlust an Winkelauflösung wird deutlich, $K\alpha_1$ und $K\alpha_2$ werden nicht mehr getrennt im Vergleich zu Bild 4.40. Die Messungen wurden zur Vermeidung von Nichtlinearitäten im Detektor und zur Vermeidung von Sättigungseffekten mit einem konstanten Absorber 72,2x durchgeführt. Eine Messung erfolgt jeweils mit und ohne Ni-Filter. In dem Diffraktogramm ohne Filter sind deutlich die Einflüsse der $K\beta$- und der W_L-Strahlung ersichtlich. Die festgestellten Anteile bzw. Verhältnisse der Intensitäten der Störinterferenzen sind in Tabelle 5.8 zusammen gestellt. Sie bestätigen punktuell die in Kapitel 2 zusammengestellten Eigenschaften zum Strahlungsspektrum

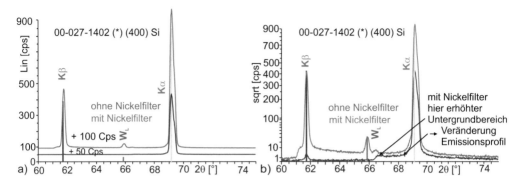

Bild 5.59: Diffraktogramm (4 0 0)-Si-Einkristallinterferenz, aufgenommen mit Halbleiterstreifendetektor ohne Enegiediskriminierung a) linearer Auftrag b) Wurzelauftrag, hier
mit Ni-Filter, die Absorptionskante bei $2\theta \approx 66{,}5°$, die das Profil verändert, ist ähnlich [193] erkennbar

Tabelle 5.8: Quantitative Ergebnisse der Diffraktogrammauswertung aus Bild 5.59, »mit« bedeutet mit selektivem Ni-Metallfilter

Verhältnis	Max. Int.	Netto	NetArea	FWHM [°]		Untergrund mit/ohne	
$K\alpha_{Ni}/K\alpha$	43,4 %	43,3 %	43,4 %	0,212	$K\beta$ ohne	64,2°	2,4 %
$K\beta/K\alpha$	42,7 %	42,4 %	30,1 %	0,168	$K\beta$ mit	67,4°	43,7 %
$K\beta_{Ni}/K\alpha$	0,65 %	0,6 %	0,17 %	0,232	W_L ohne	71,2°	36,4 %
$W_L/K\alpha$	3,2 %	2,7 %	2,0 %	–	W_L mit		
$W_{L\ Ni}/K\alpha$	0,1 %	0,07 %	0,003 %	0,329	$K\alpha$ ohne		
				0,328	$K\alpha$ mit		

und zur selektiven Filterung. Ebenso tritt mit Nickel-Filter deutlich eine Anhebung des
Untergrundes ab einem Beugungswinkel $2\theta \approx 66{,}5°$ auf. Das Ni-gefilterte verwendete
Röntgenspektrum kann die Ursache für festgestellte Störungen und Diskrepanzen bei
der Aufnahme von Einkristallen mit Flächenzählern und Halbleiterdetektoren sein. Hier
stehen aber noch Untersuchungen aus, mehr dazu im Ergänzungsband.

Im Bild 5.60 ist das Diffraktogramm der Quarzprobe NIST SRM 1878b, Durchmesser 25 mm in einem Aluminiumhalter mit BRAGG-BRENTANO-Messung mit Strichfokus
und sehr kleiner, aber konstanter vertikaler Primärstrahl Divergenzblendenöffnung von
0,2° mit Halbleiterstreifendetektor und eingeschalteter Energiediskriminierung - High-
Resolution-Mode - gezeigt. Diese Divergenzblendenöffnung realisiert eine maximale bestrahlte Probenlänge von kleiner 16 mm beim Startwinkel, siehe Bild 15.7a. Die Probe
wurde ohne Ni-Filter, aber im Autoabsorbermodus gemessen. Die cps-Zahl bezieht sich
auf einen Streifen im Detektor. Im Winkelbereich $2\theta \approx 38°$ und $2\theta \approx 44{,}8°$ treten nicht
zum Quarz gehörende Interferenzen, ersichtlich auch an der anderen Profilform, auf. Bei
den sehr intensitätsreichen Beugungsinterferenzen wie (1 0 0) und (1 0 1) vom Quarz zeigen sich linksseitig zusätzliche Interferenzen, hervorgerufen von der W_L-Störstrahlung
nach einer Röhrenbetriebsdauer von größer 8 000 h. Die Energiefilterung im Halbleiterde-

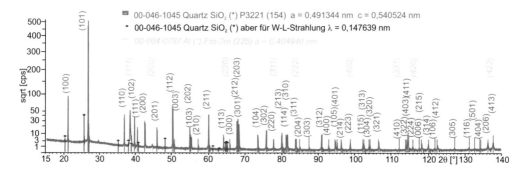

Bild 5.60: a) Diffraktogramm Quarzprobe, 0,2° vertikale Divergenzblendenöffnung, mit Störinterferenzen vom Al-Probenträger und von der W_L-Störstrahlung

tektor ist hier nicht vollständig. Die Beta-Strahlung liegt energetisch weiter weg, diese wird vollständig weggefiltert. Da aus dem Strichfokus auch eine horizontale Divergenz auftritt, werden Teile des Probenhalters bestrahlt. Dies ist die Ursache für das zusätzliche Auftreten der Interferenzen $(111) - (422)$ vom Aluminium, die alle, wenn auch mit sehr geringer Intensität, auftreten. Deshalb sind primärseitig bei Strichfokusverwendung auch Probennahe horizontale Blenden besonders bei Nutzung von Goniometern mit großen Radien notwendig. In Bild 5.6 treten bei den anderen Primärstrahl-Blendenöffnungen auch die Störinterferenzen von Wolfram auf. Das Fünffingerprofil wird aber wesentlich besser winkelaufgelöst vermessen als mit dem Flächenzähler. Dort sind bei Anwendung der Ni-Filterung keinerlei Störungen aufgetreten. Der gleichmäßige Verlauf der Beugungsringe in γ bzw. ψ Richtung zeigt die perfekte Polykristallininität. Die um ca. 50 % verminderte Primärstrahlintensität wird bei Aufintegrieren der DEBYE-SCHERRER-Ringe durch die ca. 30mal größere Zahl an beugungsfähigen Kristallen kompensiert.

In Bild 5.58b tritt im Mode »PSD-still« bei einem Beugungswinkel von $2\theta \approx 68{,}1°$ eine kleine Zacke oder Unstetigkeit auf. Dies ist ein inaktiver (mehrere) Streifen, da der Detektor aus zwei Halbleiterchips aufgebaut ist und an den Chiprändern inaktiv ist. Im Mode »PSD-fast« wird dieser Fehler auf Kosten der Messzeit und der Notwendigkeit der erweiterten Verfahrbarkeit des Detektors $\pm\Delta$Öffnungswinkel-PSD umgangen.

In Bild 5.61 wird die hohe Energieauflösung des Halbleiterdetektor gezeigt. Die Unterdrückung der Eisenfluoreszenzstrahlung ermöglicht es, effektiv auch eisenhaltige Proben zu untersuchen. Das Interferenz-zu-Untergrund-Verhältnis steigt um das Zwanzigfache, bzw. es werden wie im Bild 5.61 die in der Probe enthaltenen Eisenkarbidphase eindeutig nachweisbar. Damit können nun eisenhaltige Proben bzw. Proben mit hoher Fluoreszenzstrahlung sehr gut oberflächennah, Eindringtiefe der Cu-Strahlung in Eisen kleiner 1 µm, untersucht werden. Weicht man auf Mo-Strahlung auf, verschieben sich die Beugungswinkel zu kleineren Werten und die Genauigkeit sinkt. Der Flächenzähler ist für Mo-Strahlung nicht geeignet, ist aber für Cr-Strahlung verwendbar. Der Halbleiter-Detektor ist für die niederenergetische Cr- oder Co-Strahlung ineffizient. Beim Flächenzähler und Cr-Strahlung ist auf Grund der Größe des Detektors die (211)-Interferenz von Eisen - siehe Spannungsmessung, nicht im Detektorzentrum messbar.

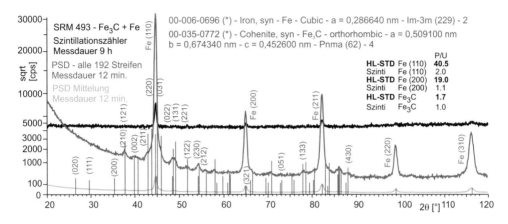

Bild 5.61: Standardprobe SRM493-Fe₃C-Fe mit Kupferstrahlung und Detektorvergleich

5.9 Einkristallverfahren

Bild 5.62 zeigt im Vergleich die Beugungsdiagramme von polykristallinem Kupfer(II)-sulfat und unterschiedlich orientiertem, einkristallinem Kupfer(II)-sulfat. Die Diagramme wurden mit einem BRAGG-BRENTANO-Diffraktometer aufgenommen. Das Pulverdiffraktogramm zeigt auf Grund der niedrigen Symmetrie von Kupfer(II)-sulfat (Kupfervitriol) sehr viele Reflexe. Die Diagramme der Einkristalle zeichnen sich dagegen dadurch aus, dass nur die Reflexe der jeweiligen Oberfläche auftreten. Zusatzreflexe sind darauf zurückzuführen, dass es sich um keinen sauberen Einkristall handelt oder dass die Oberfläche nicht exakt orientiert war. Mit derart wenigen Reflexen können Einkristalle

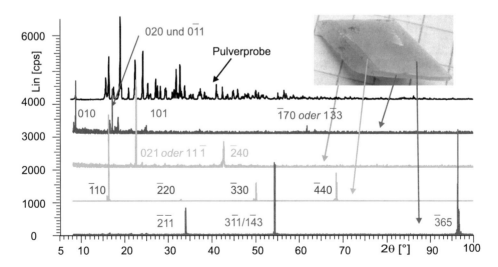

Bild 5.62: Gegenüberstellung eines Pulverdiffraktogramm und von Diffraktogrammen an verschiedenen Seiten eines Einkristalls

nicht ausreichend röntgenographisch charakterisiert werden. Es kommen daher spezielle Einkristallverfahren zum Einsatz, welche sich durch möglichst viele Reflexe auszeichnen. Die Reflexanzahl dieser Einkristallmethoden ist deutlich höher als die von Pulveraufnahmen. Daher sind Einkristallmethoden für die Kristallstrukturanalyse besser geeignet als Pulvermethoden.

Es existiert eine Reihe von Einkristallverfahren. In Tabelle 5.9 sind einige wichtige Verfahren aufgelistet, die in den nachfolgenden Kapiteln bis auf die Röntgentopographie eingehender erläutert werden.

5.9.1 LAUE-Verfahren

Im Jahr 1912 wurden erstmals Röntgenbeugungsexperimente durchgeführt. Bei diesem Verfahren wird ein fest stehender Einkristall mit einem polychromatischen Röntgenstrahl (Bremskontinuum) untersucht. Man unterscheidet das LAUE-Durchstrahlverfahren und das LAUE-Rückstrahlverfahren, Bild 5.63. In beiden Fällen wird die gebeugte Strahlung auf einem planen photographischen Film bzw. einem 2D-Detektor registriert.

Durch den Einsatz polychromatischer Strahlung erfüllen immer eine Vielzahl von Netzebenen die Reflexionsbedingungen. Am besten wird das mit Hilfe der EWALD-Konstruktion, Bild 3.25, ersichtlich. Betrachtet man die LAUE-Aufnahmen in Bild 5.65, so sieht man eine

Tabelle 5.9: Vorstellung möglicher Verfahren für Einkristalle

Bezeichnung des Verfahrens			
Variable	Strahlung	Probe bzw. -nbewegung	Bestimmung von
LAUE-Verfahren			
Wellenlänge	parallel polychromatisch	feststehender, ausgerichteter Einkristall von mindestens 100 µm Durchmesser	Kristallsymmetrie, Orientierung, Kristallbaufehler
Drehkristall-, WEISSENBERG-, Präzessions- und Einkristallgoniometerverfahren			
Lage des Kristall	parallel monochromatisch	stabförmiger rotierender und translatorisch bewegter Einkristall (Durchm. $\approx 1\,mm$)	Zellparameter, Orientierung und Kristallbaufehler
KOSSEL- und Weitwinkelverfahren (siehe Kapitel 14.3)			
Strahlungs- richtung	divergent monochromatisch	feststehende kleine Einkristalle (5 bis 100 µm Durchmesser - Mikrokristallite)	Zellparameter, Kristallsymmetrie, Kristallbaufehler im mikroskopischen Bereich
Röntgentopographie			
(Probenort)	parallel monochromatisch	feststehender oder translatorisch bewegter Einkristall (sehr große Abmessungen möglich, z. B. Wafer)	Bestimmung von Kristallbaufehlern (Versetzungen, Großwinkelkorngrenzen)

charakteristische Anordnung der Reflexe. Sie liegen auf Ellipsen bzw. Parabeln (Durchstrahlverfahren) oder Hyperbeln (Rückstrahlverfahren). Reflexe, welche auf einer Ellipse, Parabel bzw. Hyperbel liegen, gehören einer kristallographischen Zone $[u\,v\,w]$ an. Somit erfüllen alle Reflexe $(h\,k\,l)$ die Zonengleichung, Gleichung 3.12. In Bild 5.64a ist schematisch eine LAUE-Aufnahme bei einem ausgerichteten und perfekten Einkristall gezeigt. Liegen in dem Kristall Zwillinge vor oder ist der Kristall aus zum Teil zueinander fehlorientierten Einkristallen aufgebaut, so überlagern sich alle Teilkristallaufnahmen. Eine Indizierung ist dann an solchen überlagerten Aufnahmen ohne Kenntnis des Kristallsystems der zu untersuchenden Probe fast unmöglich.

Alle Reflexe, die zu tautozonalen Netzebenen gehören, werden auf einem Kegelschnitt in der Filmebene abgebildet, der Kegelschnitt geht durch den Primärfleck.

Für LAUE-Aufnahmen ist weiterhin charakteristisch, dass sie die Kristallsymmetrie in Richtung des Primärstrahles wiedergeben, Bild 5.65. Durchstrahlt man einen kubischen Kristall in $[0\,0\,1]$-Richtung, so zeigt sich in Bezug auf die Primärstrahlrichtung eine vierzählige Symmetrie, Bild 5.65a für das kubische Silizium. Durchstrahlt man den kubischen Kristall dagegen in $[1\,1\,1]$-Richtung, so zeigt die Aufnahme bezüglich der Primärstrahlrichtung eine dreizählige Symmetrie. In Bild 5.65b ist die sechszählige Symmetrie des hexagonalem Siliziumkarbidkristalls eindeutig ersichtlich. Somit gestattet das LAUE-Verfahren über Aufnahmen in mehreren kristallographischen Richtungen die Bestimmung der Punktsymmetrie. Auf Grund der FRIEDELschen Regel kann jedoch nur zwischen den 11 LAUE-Gruppen, d. h. den 11 zentrosymmetrischen Punktgruppen, unterschieden werden. Trotz der Fortschritte in der Einkristalldiffraktometrie mit Vier-Kreis-Diffraktometern erfolgt die Bestimmung der LAUE-Gruppen noch heute gelegentlich mit dem LAUE-Verfahren. Den häufigsten Einsatz des LAUE-Verfahrens, welcher auch für die Materialwissenschaften von besonderer Bedeutung ist, bildet jedoch die Orientierungs- bzw. Fehlorientierungsbestimmung von großen Einkristallen. Dabei kommt in der Regel das Rückstrahlverfahren zum Einsatz [4]. Bild 5.66 zeigt die theoretischen LAUE-Muster für die Diamantstruktur bei exakter $\langle001\rangle$-, $\langle111\rangle$- und $\langle110\rangle$-Orientierung. Für andere einkristalline Materialien mit anderen Symmetrien kann man ähnlich vorgehen.

In jüngster Zeit spielt das LAUE-Verfahren mit dem Einsatz von Synchrotronstrahlung und 2D-Detektoren eine wichtige Rolle in der Kristallstrukturanalyse von Makromolekü-

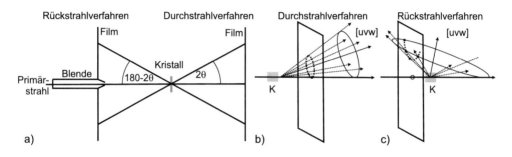

Bild 5.63: Prinzipdarstellung LAUE-Verfahren

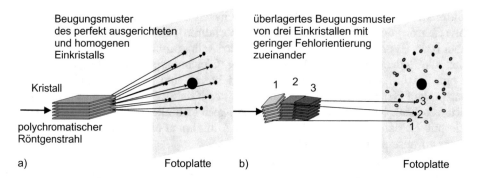

Bild 5.64: a) Durchstrahlungs-LAUE-Aufnahme an einem perfekt ausgerichteten und homogenen Einkristall b) Überlagerung von drei LAUE-Aufnahmen bei Durchstrahlung eines inhomogen, nicht perfekten Einkristalls

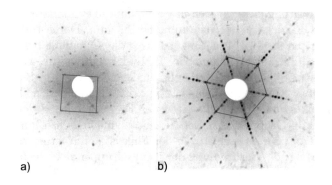

Bild 5.65: LAUE-Durchstrahlaufnahmen a) einer nicht ideal orientierten kubischen Si-Einkristallprobe in [1 0 0]-Richtung b) einer hexagonalen Siliziumkarbidprobe in [0 0 1]-Richtung

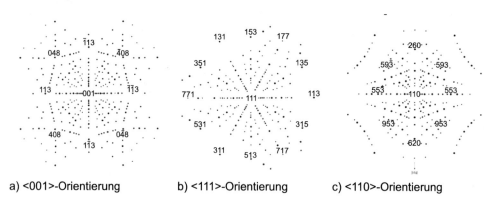

a) <001>-Orientierung   b) <111>-Orientierung   c) <110>-Orientierung

Bild 5.66: Theoretische LAUE-Muster nach DIN 50433-3

len. Insbesondere bei zeitlich schnell ablaufenden Prozessen wird die Methode häufig verwendet. Weitere Einzelheiten können bei z. B. ASLANOV [26] nachgelesen werden.

Das LAUE-Verfahren kommt neuerdings in Form eines LAUE-Scanners auch bei der Bestimmung der Orientierungsverteilung in sehr grobkörnigen Materialien zum Einsatz, so bei multikristallinen Silizium-Wafern für die Photovoltaik, mit Kristallitgrößen im Bereich mm^2 bis cm^2. Nach vorheriger optischer Aufnahme der Kornstruktur werden die einzelnen Kristallite mittels eines Verschiebetisches nacheinander in den Strahl gefahren [173]. Dieses Verfahren verspricht mit Aufnahmezeiten von etwa einer Stunde pro Wafer wesentlich schneller zu sein als winkeldispersive Messungen oder die EBSD-Methode, siehe Kapitel 11 bzw. Kapitel 14.2.1.

5.9.2 Drehkristall-, Schwenk- und WEISSENBERG-Verfahren

Würde man beim LAUE-Verfahren an Stelle der polychromatischen Strahlung eine monochromatische Strahlung verwenden, so würde entsprechend der EWALD-Konstruktion, Bild 3.25, bei feststehendem Kristall in der Regel keine Beugung auftreten. Dreht man jedoch den Kristall, so gelangen verschiedene Netzebenen in Reflexionsstellung. In der Regel wird bei diesem Verfahren der Kristall so orientiert, dass eine kristallographische Richtung $[u\,v\,w]$ parallel zur Drehrichtung liegt. Die Ebenen des reziproken Gitters, deren Gitterpunkte die Gleichung

$$hu + kv + lw = n, \quad \text{n ganzzahlig} \tag{5.24}$$

erfüllen, stehen senkrecht auf $[u\,v\,w]$. Ist $[u\,v\,w]$ die c-Achse, so sind das die Ebenen $hk0$, $hk1$, $hk\overline{1}$, $hk2$ usw. Die Abstände dieser reziproken Netzebenen sind $1/c$. Die praktische Anordnung zur Aufnahme von Drehkristallaufnahmen zeigt Bild 5.67. Die Beugungsreflexe werden auf einem zylindrischen Film, welcher koaxial zur Rotationsachse des Kristalls angeordnet ist, aufgenommen. Der Kristall wird um 360° um die ausgewählte Achse gedreht. Stimmt die Drehachse mit einer kristallographischen Achse überein, liegen die Reflexe auf den so genannten Schichtlinien. Im Bild 5.68b ist eine Drehkristall-Aufnahme für Harnstoff gezeigt. Betrachten wir jetzt einen Kristall mit der Drehachse $[u\,v\,w] = [0\,0\,1]$, so gilt für den Abstand H_1 der Schichtlinien mit $l = 0$ und $l = 1$.

$$H_1 = R \cdot \tan\left(90° - \gamma_1\right) = R \cdot \cot\gamma_1 \tag{5.25}$$

R ist der Radius des Filmzylinders und $(90° - \gamma_1)$ der halbe Öffnungswinkel des Beugungskegels.

Allgemein gilt für den halben Öffnungswinkel der Beugungskegel γ_l unter Verwendung der LAUE-Gleichung 3.90.

$$\cos\gamma_l = \lambda \cdot \frac{l}{c} \tag{5.26}$$

Somit kann mit Hilfe dieser beiden Gleichung sehr leicht der Zellparameter c ermittelt werden. Gleiches gilt bei entsprechender Kristallorientierung für die anderen Zellpara-

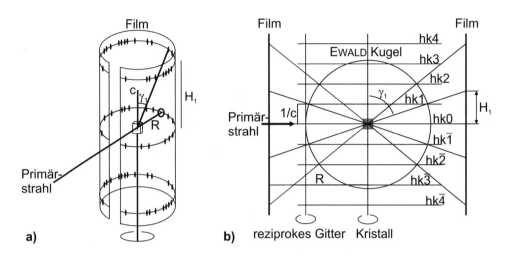

Bild 5.67: Prinzipdarstellung des Drehkristall-Verfahrens a) Kameraanordnung b) Prinzip der Beugungsentstehung und Indizierung der erhaltenen Beugungsreflexe

meter. Bezüglich der Indizierung der Drehkristallaufnahmen sei auf JOST [136] verwiesen. Der praktische Aufbau der Drehkristallkamera unterscheidet sich nur unwesentlich von der DEBYE-SCHERRER-Kamera. Der Filmdurchmesser beträgt in der Regel 57,3 mm. Somit gelten in der Äquatorebene bezüglich des Glanzwinkels 2θ die gleichen Zusammenhänge wie beim DEBYE-SCHERRER-Verfahren. Bei der Anfertigung der Aufnahmen sollte sichergestellt werden, dass der untersuchte Kristall allseitig vom Primärstrahl umhüllt/umspült wird. Dreht man den Kristall um einen kleineren Winkel als 360° so spricht man vom Schwenkverfahren. Insbesondere bei großen Zellparametern sollte der Schwenkwinkel relativ klein gewählt werden (in der Regel 30° bis 60°). Damit erreicht man, dass die Zahl der Interferenzen übersichtlich bleibt. Weiterhin wird verhindert, dass Interferenzen von ungleichwertigen Ebenen zusammenfallen (wichtig für die Kristallstrukturanalyse). Trotzdem kann die Überlagerung von Reflexen nicht vollständig verhindert werden. Einen Ausweg bildet die Verbindung der Kristalldrehung mit einer synchronen Bewegung des Films. Dadurch wird erreicht, dass jeder Reflex einer bestimmten Netzebene zugeordnet werden kann. Das WEISSENBERG-Verfahren ähnelt sehr stark dem Drehkristallverfahren. Im Gegensatz zum Drehkristallverfahren wird der zu untersuchende Kristall von einem Metallzylinder umgeben. Dieser Metallzylinder enthält einen schmalen Spalt, welcher verschoben werden kann. Der Spalt wird so angeordnet, dass nur der Beugungskegel einer einzigen reziproken Gitterebene auf dem Film registriert werden kann. Somit wird nur eine Schichtlinie der Drehkristallaufnahme registriert. Gleichzeitig mit der Kristalldrehung wird der Filmzylinder parallel zur Drehachse synchron bewegt. Somit ist eine Überlagerung von Reflexen unmöglich. Weitere Verfahren mit kombinierter Kristall- und Filmbewegung sind das Verfahren nach DE JONG und BOUMAN sowie das BUERGERsche Präzessionsverfahren. Beide Verfahren gestatten eine unverzerrte Abbildung des reziproken Gitters. Das WEISSENBERG- und das DE JONG-BOUMAN-Verfahren gestatten die Registrierung von Reflexen auf den reziproken Gitterebenen senkrecht zur Drehachse des Kristalls. Das BUERGERsche-Präzessionsverfahren gestattet die Registrierung von rezi-

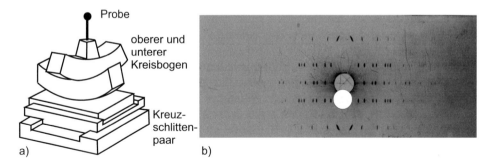

Bild 5.68: a) Probenhalter bzw. auch oft Probengoniometer genannte Vorrichtung zur Justage
der Probe für Einkristalluntersuchungen b) Drehkristall-Aufnahme von Harnstoff

proken Gitterpunkten parallel oder nahezu parallel zur Drehachse des Kristalls. Damit
liefern die Verfahren sich ergänzende Aussagen zur Raumgruppenbestimmung. Bezüglich
der Einzelheiten sei auf JOST [136], WÖLFEL [280] und GIACOVAZZO [93] verwiesen.

Bei allen Einkristalluntersuchungen ist es notwendig, die Probe exakt auszurichten.
Dazu wird ein Probenhalter, wie in Bild 5.68a dargestellt, verwendet. Mit dem Kreuz-
tisch kann die exakte Position des Einkristalls eingestellt werden. Über die zwei Kreise lässt sich die Probe zur Einstrahlrichtung verkippen und justieren. Verwendet man
einen Röntgenfilm, dann ist dieser Justierprozess sehr langwierig wegen der sequentiellen
Schrittfolge Belichten-Entwickeln-Auswerten-Nachjustieren. Der Einsatz von Flächendetektoren ist hier eine moderne Alternative. Generell muss jedoch bemerkt werden, dass
diese Methoden von Materialwissenschaftlern seltener angewendet werden.

5.9.3 Vier-Kreis-Einkristalldiffraktometer

Die bisher besprochenen Einkristallverfahren werden vor allem zur Punkt- und Raumgruppenbestimmung eingesetzt. Zum Teil wird damit auch die Gittermetrik ermittelt. Für
die Datensammlung zur Kristallstrukturanalyse (Intensitätsdaten möglichst vieler Reflexe) finden diese Verfahren nur noch relativ selten Anwendung. In der Regel werden vollautomatische Vier-Kreis-Diffraktometer eingesetzt. Die Einkristall-Vier-Kreis-Diffraktometer
unterscheiden sich von den Pulverdiffraktometern für Spannungs- und Texturmessung
durch den Probenhalter. Für die Aufnahme großer Proben gibt es spezielle Konstruktio-
nen. Die Einkristalle werden auf einem Goniometerkopf montiert. Nach der Montage des
Kristalls auf dem Goniometerkopf können die Kristalle mit Hilfe eines optischen Zweikreis-
Goniometers bezüglich ihrer kristallographischen Achsen orientiert werden. Nach der optischen Vorjustierung wird der Goniometerkopf auf dem Diffraktometer befestigt. Automatische Vier-Kreis-Diffraktometer ermöglichen eine vollständige Vermessung des integralen
Reflexionsvermögens aller Reflexe eines Kristalls. Voraussetzung ist, dass die zugehörigen reziproken Gitterpunkte innerhalb der EWALDschen-Kugel liegen. Typisch sind in
der Einkristalldiffraktometrie ca. 3 000 Reflexe. Entsprechend ihrem Namen besitzen die
Einkristalldiffraktometer vier Kreise zur Kristall- und Detektorbewegung, die beliebige
Kristallorientierungen zulassen. Bei den Vier-Kreis-Diffraktometern werden zwei Geometrien unterschieden, Bild 4.42:

- die EULER-Wiegengeometrie
- die Kappa-Geometrie bzw. κ-Kreis-Geometrie

Bei der am häufigsten verwendeten Vollkreis-EULER-Wiegengeometrie sind vier voneinander unabhängige Kreise vorhanden, siehe Bild 4.42a. Der φ-Kreis und der χ-Kreis bestimmen die Orientierung des Kristalls gegenüber dem Goniometerkoordinatensystem. Der ω-Kreis verändert die Orientierung des Kristalls zum Röntgenstrahl. Mit dem 2θ-Kreis wird der Detektor eingestellt. ω-Kreis und 2θ-Kreis sind koaxial.

Die EULER-Wiegengeometrie beruht darauf, dass ein reziproker Gittervektor $\vec{r^*}$ in beliebiger räumlicher Lage mit Hilfe der beiden Kreise φ und χ in die Äquatorebene des Diffraktometers gebracht wird. Danach muss der Kristall mit der ω-Achse in die richtige Lage zum Primärstrahl gebracht werden (Winkel θ Netzebene mit Primärstrahl). Abschließend wird der Detektor in die Winkelposition 2θ gebracht.

Bei der Kappa-Kreis-Geometrie wird der χ-Kreis durch die κ-Achse ersetzt. Die κ-Achse ist auf der ω-Achse angebracht und gegen sie um einen festen Winkel geneigt (oft 50°). φ- und κ-Achse schließen ebenfalls einen festen Winkel ein, siehe Bild 4.42b.

Der erste Schritt in der Arbeit mit den Einkristall-Vier-Kreis-Diffraktometern ist nach der Kristallmontage die Bestimmung der Orientierungsmatrix aus einer beschränkten Anzahl an Reflexen. Sind die Zellparameter noch nicht bekannt, wird dazu der reziproke Raum mit einem automatischen Programm nach Reflexen abgesucht. Die Orientierungsmatrix beschreibt die Orientierung der Elementarzelle bezüglich der Goniometerachsen. Sie ist eine 3x3-Matrix und gibt die Komponenten der drei reziproken Achsen in den drei Richtungen des Goniometer-Achsensystems an. Mit der Bestimmung der Orientierungsmatrix erfolgt auch die Zellparameterbestimmung, falls diese nicht bereits mit Filmmethoden erfolgte. Im Anschluss daran erfolgt die Bestimmung der LAUE-Gruppe und des BRAVAIS-Typs. Dazu werden gegebenenfalls weitere Reflexe vermessen. Im Anschluss daran werden Intensitäten der symmetrieunabhängigen Reflexe vermessen. Diese Daten müssen zur Berechnung der integralen Intensitäten und der $|F(hkl)|^2$-Werte hinsichtlich verschiedener Störeffekte korrigiert werden (Untergrundkorrektur, LP-Korrektur – LORENTZ-Faktor und Polarisationsfaktor, Absorptionskorrektur, Volumenkorrektur). Man spricht von der so genannten Datenreduktion. Gegebenenfalls sind diese Korrekturen durch die Extinktionskorrektur, die Korrektur der Umweganregung und die Korrektur der inelastischen thermisch-diffusiven Streustrahlung (TDS) zu ergänzen. Mit diesen Daten beginnt dann die eigentliche Kristallstrukturanalyse, wie in Kapitel 9 beschrieben.

6 Phasenanalyse

6.1 Qualitative Phasenanalyse

Im Kapitel 5 wurde aufgezeigt, wie das Beugungsdiagramm oder Diffraktogramm einer polykristallinen Probe zustande kommt. Das Diffraktogramm einer untersuchten Probe sollte als erstes qualitativ ausgewertet werden. Bei dieser Auswertung soll festgestellt werden, welche kristallinen Phasen dem Diffraktogramm zugeordnet werden können. Man spricht dabei von der *qualitativen Phasenanalyse*.

Werkstoffe unterscheidet man in [133, 279, 226]:

- einphasige Werkstoffe
- mehrphasige Werkstoffe

Unter dem Begriff *Phase* versteht man im Sinne der Thermodynamik die Gesamtheit aller jener Bereiche eines stofflichen Systems, die eine gleiche bzw. gleichartige Struktur haben. Somit sind auch die thermodynamischen Eigenschaften, die chemische Zusammensetzung und letztlich die physikalisch-chemischen Eigenschaften gleich. Als Phasen können auftreten:

- reine Elemente
- Mischkristalle
- chemische Verbindungen

Phasen können kristallin oder amorph auftreten, unabhängig davon, ob sie in einem einphasigen oder mehrphasigen Werkstoff enthalten sind. Unter einem *Mischkristall* versteht man eine homogene kristalline Mischung, die gebildet wird, wenn in die Kristallstruktur eines Stoffes A bestimmte Mengen eines anderen Stoffes B regellos eingebaut werden, ohne dass sich die Kristallstruktur des ersten Stoffes ändert. Man unterscheidet zwischen Substitutionsmischkristallen und Einlagerungsmischkristallen. Bilden die Komponenten bei bestimmten Zusammensetzungsverhältnissen eine chemische Verbindung, dann unterscheidet sich ihre Kristallstruktur in der Regel von der der beteiligten Elemente/Komponenten.

Einphasige Werkstoffe sind z. B. Elektrolytkupfer, Reineisen und α-Messing als metallische Werkstoffe, Si und GaAs als Halbleiterwerkstoffe und Quarzglas aus dem Bereich der Gläser. Einphasige Werkstoffe können einkristallin, polykristallin oder amorph sein.

Typische mehrphasige Werkstoffe sind Stähle, Messinglegierungen aus α- und β-Messing, Aluminiumlegierungen, viele Keramiken usw. Die Phasen können kristallin oder amorph auftreten. Sind alle Phasen kristallin, spricht man von einem Kristallgemisch. *Eutektika* sind typische Kristallgemische, welche sich durch eine extrem feine Verteilung der Phasen auszeichnen.

Ausgehend von der Klassifizierung der Werkstoffe sind im Bild 6.1 die prinzipiell möglichen Diffraktogrammformen aufgezeigt. Die eigentliche Bestimmung, welche Phasen wirklich auftreten, ist noch nicht mit vollautomatischen Verfahren möglich. Dies ist nach

© Springer Fachmedien Wiesbaden GmbH, ein Teil von Springer Nature 2019
L. Spieß et al., *Moderne Röntgenbeugung*,
https://doi.org/10.1007/978-3-8348-8232-5_6

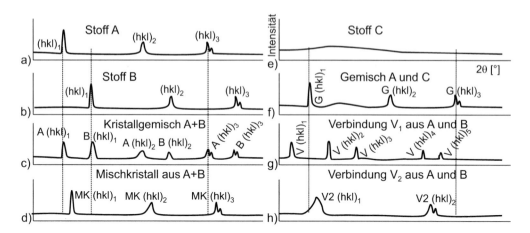

Bild 6.1: Schematische Darstellung verschiedener Diffraktogrammarten a, b) Einstoffsysteme
mit gleicher Kristallstruktur c) Kristallgemisch d) Mischkristall e) amorpher Stoff f)
Gemisch aus Stoff A und amorphen Stoff C   g) und h) unterschiedliche Verbindungen aus A und B

wie vor die Domäne des Nutzers. An dieser Stelle muss auf die äußerst kritische Bewertung von Vorschlägen einer automatischen Phasenidentifikation hingewiesen werden. So sind nach wie vor die Erfahrungen und die jahrelange Praxis des Nutzers eine wichtige Komponente für den Erfolg einer Analyse. Eine Hilfe in der Phasenbestimmung sind Datenbanken über Röntgenbeugungsdiagramme bzw. Kristallstrukturdaten. Ebenso notwendig für eine sichere Phasenanalyse sind Zusatzinformationen, wie die chemische Zusammensetzung bzw. vermutete chemische Zusammensetzung. Ansonsten können sehr schnell Fehlinterpretationen auftreten. Ein Beispiel für solch eine »Fehlleistung« ist im Bild 6.5 bzw. Tabelle 6.3 aufgeführt.

Jedes Einstoffsystem hat sein entsprechendes Beugungsmuster, d. h. die Beugungsinterferenzlagen und auch die Intensitäten von Stoff A und Stoff B unterscheiden sich, siehe Bild 6.1a und b. Werden beide Einstoffsysteme gemischt/legiert und liegt ein System der Unmischbarkeit im festen wie auch flüssigen Zustand (»Leiterdiagramm« als Zustandsschaubild) bzw. ein System vollständiger Mischbarkeit im flüssigen Zustand und Unmischbarkeit im festen Zustand (»V-Diagramm« als Zustandsschaubild) vor, dann kommt es zur Superposition der Einzeldiagramme der Stoffe A und B. Die Winkellagen bleiben bei den Werten der Stoffe A bzw. B. Wie im Bild 6.1c schematisch gezeigt, treten jetzt sechs Beugungsinterferenzen auf, je drei von A und B. Über die Intensitätsverhältnisse der Beugungsinterferenzen $A(h\,k\,l)_1$ und $B(h\,k\,l)_1$ lassen sich dann die Volumenanteile im Kristallgemisch A+B bestimmen, siehe Kapitel 6.5. Es muss hier aber betont werden, dass bei dieser Art der Diffraktogramme z. B. nicht unterschieden werden kann, ob es sich bei dem Kristallgemisch um eine Zusammensetzung aus Eutektikum und einem Reststoff oder nur aus dem Eutektikum handelt. Werden unmischbare Komponenten im Schmelzzustand abgekühlt und die Schmelzen technisch »gerührt abgekühlt«, dann hat das Diffraktogramm einen Verlauf wie ein Kristallgemisch. Hier sind werkstoffwissenschaftliche Zusatzkenntnisse gefragt.

Kristallisieren die beiden Stoffe A und B aber in der gleichen Kristallstruktur und haben beide Einzelkomponenten auch nur um maximal 15 % unterschiedliche Zellparameter, dann liegen die Voraussetzungen für eine Mischkristallbildung vor. Sind die beiden Komponenten aus werkstoffwissenschaftlicher Sicht sowohl im flüssigen, als auch im festen Zustand vollständig mischbar (»Linsendiagramm«), dann liegt nach Legierungsbildung ein Mischkristall vor. Die gleiche Kristallstruktur der Einzelkomponenten ergibt sich dann auch beim entstehenden Mischkristall. Es treten nur so viele Beugungsinterferenzen auf, wie bei den Einzelkomponenten. Die Lage der Beugungsinterferenzen des Mischkristalls liegen dann allerdings zwischen denen der Einzelkomponenten, Bild 6.1d. Mittels der genauen Lagebestimmung der Beugungswinkel lassen sich über die VEGARDsche Regel die Atomkonzentrationen der Einzelbestandteile bestimmen, siehe Kapitel 7.2.2.

Kommt es zur Mischung einer amorphen Phase, Stoff C im Bild 6.1e, mit einer kristallinen Phase, z. B. Stoff A, als Superposition auf atomarer Ebene oder im makroskopischen Bereich bei der Bildung von Verbundwerkstoffen, dann gibt das Beugungsdiagramm der Mischung nahezu unverändert nur die kristalline Phase A wieder. Gegebenenfalls sind die Intensitäten etwas kleiner. Der bei amorphen Stoffen auftretende »Glashügel« tritt dann auch im Gemisch wieder auf.

Als letzte Möglichkeit der einfachen Diffraktogramme bei Mischung aus zwei Stoffen A und B kann es zur kristallinen Verbindungsbildung kommen. In dem Legierungsprozess bildet sich aus den Einzelkomponenten A und B bei entsprechender stöchiometrischer Zusammensetzung eine völlig neue Kristallstruktur der neu entstandenen Verbindung V, Bild 6.1g. Die Zahl der auftretenden Beugungsinterferenzen und die Winkellagen kann völlig anders sein als die der Einzelkomponenten.

Tritt eine Phase in einem Übergangsstadium amorph-kristallin auf, dann sind die sich ausbildenden Kristallite noch sehr klein in ihren Abmessungen. Die Ausdehnung der Kristallite in die Tiefe wird auch vielfach als *kohärent streuende Bereiche* oder im weiteren als Domänengröße bezeichnet. Sind diese Abmessungen klein, treten nur sehr kleine und vor allem sehr breite Beugungsprofile auf. In der Breite der Beugungsprofile sind weitere physikalische Informationen enthalten, die z. B. mit den Methoden aus Kapitel 8 zugänglich werden.

Erschwerend kommt hinzu, dass infolge von Herstellungseinflüssen sich Abweichungen in dem gleichverteilten Orientierungsverhalten der Körner ergeben können und manche Körner damit vorzugsorientiert auftreten. Je nach Ausprägung und Grad der Vorzugsorientierung spricht man dann von einer *schwachen oder starken Textur*. Die Bestimmung des Texturgrades, Einflüsse auf die Beschreibung, Interpretation und Messmöglichkeit werden in Kapitel 11 beschrieben. Schwierigkeiten in der Auswertung ergeben sich immer dann, wie in Bild 6.1h angedeutet, wenn bei der Verbindungsbildung keine ausgeprägten kristallinen Phasen oder stark texturierte Phasen entstehen.

Ein modernes und zertifiziertes Labor sollte für Kalibrierzwecke geeignete Referenzmaterialien von Zeit zu Zeit analysieren und so den Zustand der Geräte und auch der Verfahrensabläufe überprüfen. Die Norm EN 13925-4 beschreibt die dazu geeigneten Referenzmaterialien [10].

Die nachfolgenden Abschnitte sollen den Prozess der Aufklärung der entstandenen Phasen je nach Auswertestrategie verdeutlichen.

6.2 PDF-Datei der ICDD

1941 wurde in den USA das »Joint Committee for Chemical Analysis by Powder Diffrac-
tion Methods« gegründet. Ziel dieser Organisation war es, die bis dahin gesammelten
Beugungsdiagramme zu systematisieren und die Daten als Referenzdaten einer breiten
wissenschaftlich-technischen Nutzergemeinschaft zugänglich zu machen. Die PDF-Datei
(Powder Diffraction File) entstand. Gefördert wurden die Arbeiten anfänglich von der
ASTM-Organisation (American Society for Testing Materials). 1969 gründete sich die
JCPDS Organisation (Joint Committee on Powder Diffraction Standards), deren Hauptaufgabe die Pflege und Veröffentlichung der PDF-Datei war. 1978 erfolgte eine Namens-
änderung in ICDD (International Centre for Diffraction Data) und die Internationalität
wurde hervorgehoben. Ca. 300 aktive Mitglieder weltweit arbeiten derzeit in der ICDD
mit. Das Ziel dieser »Non-Profit Organisation« sollte sein, die von Wissenschaftlern be-
reitgestellten Daten zu katalogisieren, eine Datenbank aufzubauen, die eine elektronische
Auswertung von Beugungsdiagrammen zulässt und sie zu vertreiben. Ursprünglich wurde die PDF-Datei als regelrechte Kartei mit den Ordnungsmerkmalen eines Karteikas-
tensystems aufgebaut. Jedes Jahr kam ein neuer Kasten hinzu, der die Hauptnummer
repräsentiert. Eine Beispielkarte aus den früheren Ausgaben ist im Bild 6.2 gezeigt.

Die im Bild 6.2 gezeigten Ziffergruppen beinhalten die in Tabelle 6.1 aufgelisteten
Einzeldaten.

Um aus den bis 1990 vorhandenen damals ca. 47 000 Karteikarten die der Probe entsprechende Karteikarte herauszufinden, gab es verschiedene Indexbücher, nach dem die
Kartei geordnet ist.

1. HANAWALT-*Index*:   Hierbei sind die Substanzen nach den d_{hkl}-Werten ihrer stärksten Linien in Gruppen – den so genannten HANAWALT-Gruppen – eingeteilt. Innerhalb einer HANAWALT-Gruppe sind die Substanzen nach den d_{hkl} Werten der
   zweitstärksten Interferenz gereiht. In neueren Ausgaben sind noch zusätzlich die
   acht stärksten Linien jeder Substanz angegeben.

2. FINK-*Index*:   In diesem Index sind die Substanzen ebenfalls nach den d_{hkl}-Werten
   in HANAWALT-Gruppen eingeteilt. Als erste Linie wird aber nicht die stärkste Linie

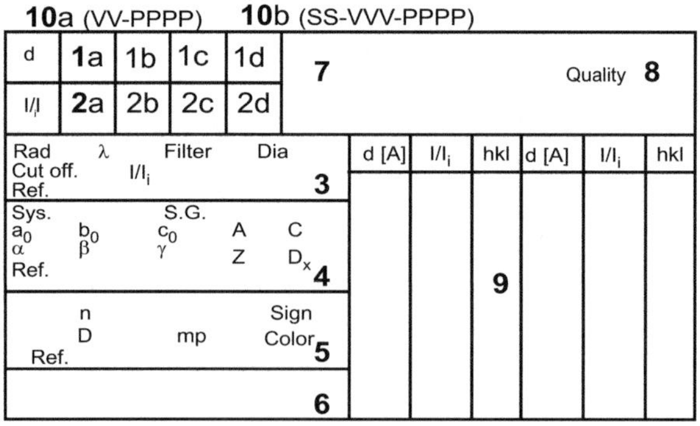

Bild 6.2: Leere Beispielkarte der PDF-Datei

angegeben, sondern die bei dem kleinsten Beugungswinkel auftretende. Die anderen Linien sind mit steigendem Beugungswinkel registriert.

3. KWIC-*Index* (key word in context):   Alphabetische Auflistung der registrierten Verbindungen (englische Namensgebung) und dahinter die drei d_{hkl}-Werte der stärksten Interferenzen.

Tabelle 6.1: Erklärungen zu der PDF-Kartei entsprechend Bild 6.2

1	1a, 1b, 1c	Netzebenenabstände der drei stärksten Linien
	1d	größter gefundener Netzebenenabstand
2	2a, 2b, 2c, 2d	Relative Intensitäten der Netzebenen aus 1
3	Rad	Röntgenstrahlungsart (Cu, Ni, Mo …)
	λ	Wellenlänge in ÅNGSTRØM
	Filter	Filterart (Ni, Fe, ohne …)
	Dia.	Durchmesser der zylindrischen Kamera bei Filmaufnahmen
	Cut off	größter erfasster Netzebenenabstand
	I/I_i	Methode der Intensitätsmessung
	Ref	Literaturangabe
4	Sys	Kristallsystem
	SG	Raumgruppe
	a_o, b_o, c_o	Zellparameter - Längen
	A, C	a_o/b_o bzw. c_o/b_o
	α, β, γ	Zellparameter - kristallographische Winkel
	Z	Anzahl der Formeleinheiten in der Elementarzelle
	D_x	röntgenographische Dichte
5		physikalische Kenngrößen der Substanz, z. B.
	n	Brechungsindex
	D	Gemessene Dichte - sonst ϱ
	mp	Schmelzpunkt - sonst T_S oder T_M …
	Ref	Literaturstelle
6		Bemerkungen, Herkunft, Vorbehandlungen
7		Chemische Formel und Name der Substanz
8		Qualität der Karte, siehe Tabelle 6.2
9		Netzebenenabstände, relative Intensitäten, MILLERsche Indizes
10a	Identifizierungsnummer der Karteikarte bis zum Jahr 2003 in der Form (VV-PPPP) VV- dabei Hauptkartenummer (fortlaufend, beginnend mit 01 für das Jahr 1950) PPPP- Nummer im Jahr	
10b	Identifizierungsnummer seit 2003 in der Form (SS-VVV-PPPP) mit SS = 00 experimentelle Werte (alte ab 1950), VVV von 001 − 069 SS = 01 ICSD-Datei, VVV von 070 − 089 SS = 02 CSD (Cambridge Structure Database) nur für Teil PDF4 Organics SS = 03 NIST-Datei (Metalle und Legierungen (M&A)), VVV = 065	

Tabelle 6.2: Symbole und Erläuterung der Bedeutung der Qualitätsmerkmale der PDF-Datei

Symbol	$\Delta 2\theta$	Erläuterung
*	< 0,03°	hohe Qualität, Messung an meist synthetisch hergestellten Kristalliten, sehr verlässliche Werte, Beugungsmuster haben sehr hohe Qualität, Interferenzen vollständig indiziert
I	< 0,06°	die meisten Interferenzen indiziert, Kristallstruktur und Einheitszellenabmaße bekannt, gemessenes Diagramm hat gute Qualität
0		fragliche Qualität »zero quality«, Daten erfüllen nicht die Bedingungen für I
N	> 0,06°	kein Symbol (»blank«) oder N für (non), nicht indiziert, Beugungsmuster erfüllt nicht die Qualität 0
R		R steht für Berechnungen mit RIETVELD-Programmen aus gemessenen Daten, Verwendung nur ausnahmsweise
C		aus Einkristalldaten berechnete Netzebenenabstände mit hoher Genauigkeit und Intensität (meist nicht übereinstimmend mit Messdaten). Sehr oft wurde das Programm POWDD12 + + verwendet, welches jedoch in der Intensitätsberechnung fehlerhaft ist. Die Programme »POWDERCELL« [185] oder »CARINE« [47] liefern da verlässlichere Werte.
D		als gelöscht markierte Daten, da diese oft durch neuere, genauere Werte ersetzt wurden, aber noch abrufbar

Die Einführung der elektronischen Datenbank hat aber auch einige Umstrukturierungen in den Datenbankdateien und den Einschluss der ICSD-Datei (Inorganic Crystal Structure Database-Karlsruhe) angestoßen. Aus den damals dort ca. 38 000 enthaltenen Kristallstrukturdaten, jetzt 203 830, wurden theoretische Diffraktogramme berechnet und in die Datenbank eingeschlossen.

Die im Jahr 2004 eingestellte PDF-1 Datei enthielt nur die Netzebenenabstände und den Namen der Substanz.

Die PDF-2 Datei ist die elektronische Umsetzung der Karteikarten in derzeit 69-Hauptgruppen mit experimentellen Daten und in die berechneten Gruppen von Hauptgruppe 70 − 92 untergliedert. Sie enthält in der Version 2019 304 114 Einträge, davon ca. 118 024 experimentelle Diffraktogramme und gegenüber 2013 38 907 neue Einträge. Im Jahr 2003 wurde die Datennummerierung von 6-Digit auf 9-Digit umgestellt, siehe Tabelle 6.1, Erläuterungspunkt 10. Die Konvertierung der alten Nummern für z. B. Silizium 27-1402 in 00-027-1402 ist eindeutig, ebenso 75-0589 in neu 01-075-0589. Gegenüber der Ausgabe 2004 wurden in der Ausgabe 2018 135 422 Einträge neu aufgenommen. Diese hohe Zahl an Neueintragungen führt dazu, dass die Datenbank jedes Jahr ein Update erfahren sollte. Derzeit wird diese Datenbank als Fünf-Jahreslizenz angeboten.

Im Jahr 2002 ist eine neue Form, die PDF-4+ Datei, eingeführt worden, wobei eine Unterteilung in anorganische und organische Materialien vorgenommen wird. Verschiedene Datenbanken wie die NIST (National Institute of Standard and Technology, Gaithersburg USA), MPDS (Material Phases Data Systems, Schweiz), CCDC (Cambridge Crystallographic Data Centre, England) und FIZ (Fachinformationszentrum Karlsruhe, Deutschland) sind zusätzlich aufgenommen worden. Die PDF-4+ Datei, Version 2019, enthält 412 083 Datensätze mit digitalisierten Diffraktogrammen. Enthalten sind zusätzlich auch von 311 225 Datensätzen die Atompositionen für die RIETVELD-Analyse. Bei 312 395 Datensätzen werden die Intensitätsverhältnisse RIR, siehe Seite 266, für eine quantitative Analyse mit angegeben. Hinzu kommen noch eine PDF-4 Organics (2019) mit derzeit 535 600 Datensätzen und eine PDF-4 Minerals mit derzeit 46 101 Datensätzen. Verbesserte Suchalgorithmen und einige zusätzlich kostenpflichtige Programme sind in das Datenbanksystem implementiert worden.

Die Lizenzierungspolitik der Datenbank seit dem Jahr 2005 steht der Arbeit eines Universitätslabors oder vieler öffentlicher Einrichtungen und Privatlaboren konträr entgegen. Wird nicht jährlich die PDF-4 oder fünfjährig die PDF-2 Datenbank kostenpflichtig aktualisiert, ist eine Nutzung der gesamten teuer erkauften Datenbank im Folgejahr gänzlich nicht mehr möglich. Die käuflichen Lizenzen sind ausschließlich nur Einzelplatzlizenzen. Seit 2007 wird eine WEB-Lizenz angeboten. Durch die ab dem Jahr 2005 eingeführte Lizenzierungspflicht für die teurere PDF-2 Datenbank ist diese eigentlich jetzt hinfällig.

In den Versionen der PDF-2 Datenbank bis zum Jahr 2002 war es möglich, aus dem Fundus der gesamten PDF-2 Datenbank sich selbst eine Datenbank mit immer wieder verwendeten Materialien zu erstellen und somit, ohne die Informationen zu indizierten Netzebenen und Intensitäten abzurufen, separat Diffraktogramme auszuwerten und zu dokumentieren. Ebenso konnten fehlerhafte Dateien selbst korrigiert werden. Diese Vorgehensweise wurde den Softwareanbietern in neueren Versionen von der ICDD untersagt.

Von GRAZULIS [98, 99] wird eine freie Datenbank mit derzeit 403 728 (02/2019) Einträgen angeboten. Die Dynamik dieser Datenbank ist ersichtlich, im August 2012 waren 226 532 Datensätze eingetragen. Alle Datensätze enthalten die Atompositionen. Auch diese Datenbank ist in die gängigen Suchprogramme einbindbar und ist mittlerweile eine Alternative zur PDF-4 Datenbank. Die Zuverlässigkeit mancher Daten, wie z. B. Temperaturfaktoren, ist nicht immer gegeben.

6.3 Identifizierung von Beugungsdiagrammen mit der PDF-Datei

Wie kommt man aus dem gemessenen Beugungsdiagramm zu einer kompletten Auswertung? Neben der Kennzeichnung der Qualität der Daten durch die Markierungen, siehe Tabelle 6.2, ist die PDF-Datei in diverse Unterdateien unterteilt. Dadurch wird die Datei in die Bereiche anorganischer und organischer Stoffe, anorganischer Mineralien und organisch-anorganischer Stoffe eingeteilt. Die Nutzung dieser Einteilung ist vor allem dann sinnvoll, wenn von vornherein bekannt ist, in welche Kategorie die zu suchende Substanz fällt. Damit reduziert sich deutlich die Zahl der möglich vorkommenden Stoffe, was sowohl die benötigte Zeit für die Suche verkürzt, als auch das Ergebnis eindeutiger macht. Allerdings können Redundanzen auftreten, da dieselbe Substanzdatei in unterschiedlichen Qualitäten vorliegen kann.

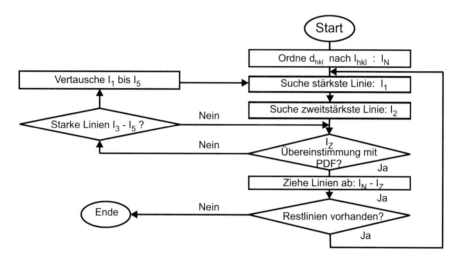

Bild 6.3: Vereinfachter Suchalgorithmus zur automatischen Identifizierung von
Beugungsdiagrammen

Die rechnergestützte Auswertung unter Einbeziehung der gesamten PDF-Datei auf der
Basis von Personalcomputern hat um 1988 begonnen und entwickelt sich weiter. Derzeit
gibt es viele durch Computer gestützte Auswertesysteme. Ihnen ist mehr oder weniger gemeinsam, dass sie nur *unterstützend* für den Operator arbeiten. Diese Programme geben
Vorschläge für eine Auswertung, können aber meist keine komplexen Zusammenhänge
verarbeiten. Der Operator mit seiner Erfahrung und seinem Wissen ist für die korrekte
Auswertung des Experimentes nach wie vor verantwortlich.

6.3.1 Arbeit mit dem Diffraktogramm

Das Diagramm liegt in digitaler Form als Intensitätswerteauflistung beginnend beim
Anfangswinkel θ_A mit einer Schrittweite Δs vor. Die Intensitätswerte können linear, quadratisch oder logarithmisch aufgetragen werden, wobei man noch zwischen Impulsauftrag
oder Impulsrate (in [cps] – Impulse geteilt durch Zeit pro Schritt), siehe Kapitel 5.1.1,
wählen kann. Spannungsspitzen im elektrischen Netz bei Aufnahme können Fehler in
der Auswerteelektronik hervorrufen und Impulsspitzen können entstehen. In [21] wird
deshalb als erstes eine Behandlungsprozedur zur Beseitigung vorgeschlagen. Die hier vorgeschlagene Methode ist aber in den aktuellen kommerziellen Auswerteprogrammen nicht
enthalten. Die eigenen Erfahrungen zeigen, dass diese Prozedur zur Beseitigung von Impulsspitzen nicht mehr notwendig ist.

Untergrundabzug

Der Untergrund in Diffraktogrammen kommt zustande durch:
- Nulleffekt und natürliche Strahlungsmessung (Fremdstrahlung) im Detektor
- Elastische Streuung an Luft, Probenträger – siehe Bild 4.44, amorphen Anteilen der
  Probe

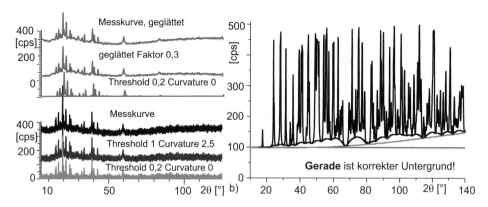

Bild 6.4: a) Gemessenes Diffraktogramm einer Pulverprobe, Bestimmung des Untergrundes
b) Bestimmung des Untergrundes von Kalium-Cyclo-Pentadienyl (KCP) nach [141]

- Fluoreszenzstrahlung der Probe, siehe z. B. Bild 6.12
- inelastische Streuung – hier treten Änderungen der Wellenlängen auf.

Der Untergrund muss beseitigt werden, damit bei der nachfolgenden Identifikation keine schwachen Interferenzen im Untergrund untergehen. Ebenso sind für die quantitative Analyse immer Nettoimpulshöhen notwendig. Die einfachste Art des Untergrundabzuges ist das Anlegen von Geraden bzw. Geradenabschnitten oder Parabeln bzw. Parabelabschnitten. Der Untergrundabzug wird derzeit meist interaktiv vorgenommen, indem der Verlauf des Untergrundes vom Auswerteprogramm vorgeschlagen wird, Parameteränderungen können sofort auf den Verlauf geprüft werden, Bild 6.4a. Hier ist am Beispiel von $CuSO_4$-Pulver der Untergrundabzug mit Parabeln und mit Geraden gezeigt. Zum Vergleich sind die Untergrundabzüge auch an einer geglätteten Kurve vollzogen. Relativ unkritisch ist dieses Vorgehen bei Beugungsdiagrammen mit wenigen Interferenzen. Treten jedoch Überlagerungen von Beugungsinterferenzen bei niedrigsymmetrischen Kristallstrukturen auf, täuscht die Überlagerung der Interferenzen einen erhöhten Untergrund vor. Nachfolgende quantitative Auswertungen aus den Nettohöhen resultieren in fehlerhaften Auswertungen, wie Bild 6.4b von [141] zeigt. Hier hat sich mit der Fundamentalparameteranalyse gezeigt, dass bei Verwendung des nicht linearen Untergrundes erhebliche Differenzen zwischen Fit und Messkurve auftreten. Die Auswirkungen eines nicht abgezogenen Untergrundes sind in Bild 6.5 Punkt 1 gezeigt.

Glättung

Im Kapitel 4.5.6 wurde darauf hingewiesen, dass es notwendig ist, relativ lange zu zählen, mindestens 4 500 Impulse pro Schritt, um glatte, gut auswertbare Kurven zu bekommen. Diese Vorgabe kann jedoch nicht immer befolgt werden. Manche Diffraktogramme würden dann erst nach Messzeiten von mehr als 20 h vorliegen, was nicht akzeptabel ist. Deshalb wurden verschiedene Glättungsroutinen für das nicht optimal aufgenommene Diffraktogramm entwickelt. In Nähe des Maximums erschweren die gewünschten relativ großen »Sprünge in der Zählrate« die Verwendung der Methode der Interpolation zwischen den nächsten Nachbarn. Folgende Routinen werden eingesetzt [21]:

- *gleitende Polynomglättung*: Das aus der Spektroskopie stammende Verfahren setzt eine ungefähre Kenntnis der Messwertverläufe voraus. Voraussetzung sind äquidistante Messwertabstände, die bei Nutzung des Diffraktometers im Schrittbetrieb vorliegen. Die Messwerte werden durch wechselnde Polynome n-ten Grades angenähert, um das Profilmaximum herum als Parabel, im Untergrundverlauf als Polynom dritten Grades.

- *Tiefpassfilter*: Üblicherweise ergeben Signal und Rauschen das Messsignal. Die FOURIER-Transformierte dieses Messsignales ist somit die Addition der FOURIER-Transformierten des Signales plus der FOURIER-Transformierten des Rauschens.

Die Glättung und ihre Auswirkungen sind heute meist interaktiv am Monitor zu verfolgen. Die günstig erscheinenden Parameter müssen aber bei *allen weiteren Proben* der zu untersuchenden Probenserie mit gleichen Faktoren und Methoden angewendet werden.

Benötigt man gesicherte quantitative Informationen, dann sollte die Glättung so wenig wie möglich eingesetzt und mehr Zeit für die Messung eingeplant werden.

K $_{\alpha 2}$-Abtrennung

Arbeitet man ohne einen Kristallmonochromator, so ist die RACHINGER-Trennung, Kapitel 4.2.1, anzuwenden. Für die anschließende Interferenzsuche ist es günstig, die Zahl der Interferenzen zu verringern und somit wenigstens rechnerisch vollständig monochromatisch zu arbeiten.

Interferenzsuche

Zuerst wird das Diffraktogramm auf Beugungsinterferenzen untersucht. Hier können die folgenden Methoden/Verfahren/Vorgehensweisen zum Einsatz kommen:

- *manuelle Markierung*: Der Operator entscheidet, was er für eine Interferenz hält oder nicht, setzt an dem betreffenden Beugungswinkel eine Markierung und erzeugt daraus eine Tabelle mit Beugungswinkeln – DIF-File.

- *Schwellenmethode*: Dies geschieht durch Untersuchung von Abweichungen konkreter Impulszahlen pro Schritt zum Untergrund. Liegen je nach einer eingestellten Schwelle signifikante Abweichungen vor, wird eine Interferenz identifiziert. Man muss hier oft mehrere Stützpunkte zusammenfassen und gemeinsam behandeln. Erst wenn alle zusammengefassten Punkte eine eingestellte Schwelle überschreiten, wird der Bereich als Interferenz gezählt. Schließlich wird der Netzebenenabstand (d-Wert) und die zugehörende Intensität ermittelt.

- *Bestimmung über die 1. Ableitung*: Ein Diffraktogramm wird Punkt für Punkt untersucht. Wenn z. B. drei zusammenhängende Messwerte signifikant über dem Untergrundniveau liegen, dann ist dies ein erster Hinweis für das Vorliegen einer Anstiegsflanke einer Beugungsinterferenz. Die Messwertreihe wird bis zum Auftreten eines lokalen Maximums weiter untersucht. Zur Verfeinerung der Interferenzlage wird eine Parabel um das lokale Maximum eingepasst. Das Maximum der Parabel sei dann die gesuchte lokale Winkellage. Diese Bestimmung erfolgt über die Nullstellenberechnung der ersten Ableitung der gefundenen Parabelfunktion. Als zusätzliches Kriterium sollte die Höhe der Interferenz wenigstens 0,5 % der größten gemessenen

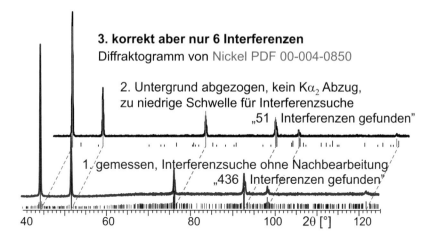

Bild 6.5: Gemessenes Diffraktogramm einer Pulverprobe, Bestimmung der Winkellagen ohne Filterung und nach Untergrundabzug, (ohne $K\alpha_2$ Eliminierung)

Interferenzintensität von allen bestimmten Interferenzen betragen, um Schwankungen des Untergrundes auszuschließen. Als drittes Kriterium ist dann noch die Halbwertsbreite des Beugungsprofils zu bestimmen. Dieser Wert muss größer sein als die Divergenz der Detektorblende, um »Störinterferenzen« auszuschließen.

- *Bestimmung über die 2. Ableitung*: Beim Vorliegen von großen Nettoimpulshöhen ($> 10^3$) und nicht horizontalen Untergrundverläufen ist zur Interferenzsuche auch die Bildung der zweiten Ableitung des Diffraktogrammes vorteilhaft. Der Winkel des Minimums der zweiten Ableitung markiert die gesuchte Winkellage (Suche nach Lage der Wendepunkte der Funktion). Der Abstand der zwei Nullstellen der zweiten Ableitung ist etwas kleiner als die Halbwertsbreite des Beugungsprofils. Mit dieser Methode werden auch überlagerte Beugungsinterferenzen, erkennbar an dem Auftreten von »Schultern«, besser erkannt als mit den vorangegangenen Methoden. Diese Methode sollte aber nicht bei stark verrauschten Diffraktogrammen angewendet werden, da bei der Bildung der 2. Ableitung das Rauschen verstärkt wird.

- *Profilformvorgabe*: Bei Pulverdiffraktogrammen haben alle auftretenden Beugungsinterferenzen nahezu die gleiche Profilform, siehe Kapitel 8. Man nimmt eine bestimmte Profilform an und schiebt drei Punkte mit einem Abstand von etwa der Halbwertsbreite über das Diffraktogramm. Liegen von den drei Punkten der mittlere auf einem lokalen Maximum und die links bzw. rechtsseitigen Punkte auf den Flanken der Beugungsinterferenz, dann ist die Lage des mittleren Punktes die gesuchte Winkellage der Beugungsinterferenz. Weiter führende Betrachtungen sind bei [21] zu finden.

Die Interferenzsuche sollte mit einer angemessenen Ansprechschwelle erfolgen, ansonsten wird das Rauschen im Untergrund ebenso als Interferenz vorgeschlagen. Im Bild 6.5 werden ohne Ansprechschwelle »436 Interferenzen« gefunden, mit Untergrundabzug aber ohne $K\alpha_2$-Abzug werden immer noch »51 Interferenzen« gefunden. Korrekt sind aber nur sechs Beugungsinterferenzen.

Tabelle 6.3: Vorschlagsliste möglicher Substanzen für das gemessene Diffraktogramm aus Bild 6.5 ohne Nachbearbeitung. Alle Vorschläge sind falsch, ebenso die vorgeschlagenen Kristallstrukturen

SS-PPPP	Compound Name	Formula	System	a [Å]
79-2333 (C)	Aluminum Phosphate	$Al(PO_4)$	Hexagonal	18.6005
71-0357 (C)	Cobalt Titanium Sulfide	$Co_{0.25}TiS_2$	Monoclinic	11.78
73-40847 (C)	Barium Zirconium Sulfide	$BaZrS_3$	Orthorhombic	7.0599
80-0900 (D)	Lead Vanadium Sulfide	$Pb_{1.12}VS_{3.12}$	Monoclinic	5.7279
78-1178 (C)	Lithium Boron Fluoride Hydrate	$LiBF_4(H_2O)$	Orthorhombic	5.126
73-0835 (D)	Barium Iodate	$Ba(IO_3)_2$	Monoclinic	13.638
81-0581 (C)	Barium Hafnium Sulfide	$Ba_6Hf_5S_{16}$	Orthorhombic	7.002
81-1281 (C)	Barium Zirconium Sulfide	$Ba_4Zr_3S_{10}$	Orthorhombic	7.0314
73-0458 (C)	Potassium Manganese Oxide	$KMnO_4$	Orthorhombic	9.105
84-1661 (C)	Manganese Zinc Niobium Oxide	$MnZn_2Nb_2O_8$	Monoclinic	19.267
46-1498 (N)	Lead Magnesium Tungsten Oxide	Pb_2MgWO_6	Orthorhombic	7.9444
84-2370 (C)	Gustavite	$PbAgBi_3S_6$	Orthorhombic	4.0771
41-1156 (C)	Plutonium Selenide	$PuSe_{2-x}$	Tetragonal	8.198
88-0733 (C)	Manganese Zinc Tantalum Oxide	$MnZn_2Ta_2O_8$	Monoclinic	19.286
81-1953 (C)	Lithium Manganese Oxide	Li_2MnO_3	Monoclinic	4.921
44-1300 (C)	Silver Tin	Ag_3Sn	Orthorhombic	5.968
...	...	...	...	...
82-0326 (C)	Indium Titanium Oxide	$In_2(TiO_5)$	Orthorhombic	7.2418
48-0314 (N)	Calcium Strontium Lead Oxide	$SrCa_3Pb_2O_8$	Orthorhombic	5.92349
71-0260 (C)	Lanthanum Sulfide	LaS_2	Orthorhombic	8.131
41-1191 (C)	Lead Plutonium	Pu_5Pb_4	Hexagonal	9.523

Ohne Nachbehandlung der Schwelle für die Interferenz ist mit den in Bild 6.5 Punkt 2 die Suche mit 51 Interferenzen in der PDF-Datei gestartet worden. Es kommen »Ergebnisse« heraus, wie in Tabelle 6.3 aufgelistet. Alle Substanzen haben nichts mit der korrekten Substanz Nickel gemeinsam, ebenso sind alle vorgeschlagenen Kristallstrukturen falsch. Dieses Beispiel soll verdeutlichen, dass es in den meisten Fällen nicht ausreicht, eine Messung durchzuführen und sich vom »Computer das Ergebnis« ausgeben zu lassen.

Eine Abbildung aus einem erfolgreichen Suchvorgang zeigt Bild 6.6. Der Untergrund des gemessenen Diffraktogramms wird korrigiert und bei Messung mit nicht vollständig monochromatischer Strahlung die RACHINGER-Trennung durchgeführt.

Nach der Identifikation einer Interferenz wird zuerst eine Fehlergrenze Δd_{hkl} festgelegt, innerhalb der das Suchprogramm arbeiten soll, d. h. eine Toleranzgrenze für eine experimentell gefundene Interferenz. Aus der PDF-2 Datei wird eine neue Indexdatei (DIF-Datei – d-Werte und Intensitäten) erzeugt, die Daten ähnlich der Indexbücher enthält. Die gefundenen Winkellagen und die ermittelten relativen Intensitäten der Beugungsinterferenzen werden meist in dem experimentellen DIF-File zwischengespeichert und dann dem Suchalgorithmus entsprechend dem Schema nach Bild 6.3 unterworfen. Damit wird eine Liste, Bild 6.6b von in Frage kommenden Substanzen vorgeschlagen. Als Übereinstimmungskriterien werden Bewertungskoeffizienten für den Indexversuch ausgegeben, die FOM-Werte (figure of merit). Hiermit wird verglichen, wie viele Beugungsinterferenzen im Intervall gemessen wurden und wie viele Beugungsinterferenzen für die

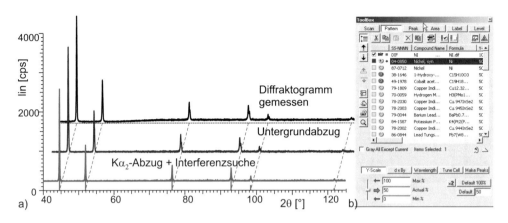

Bild 6.6: a) Diffraktogramm einer Pulverprobe zur Bestimmung der Winkellagen und Überga-
be zum Suchen der Phase b) Ergebnis eines Suchvorganges

Tabelle 6.4: Richtiges Ergebnis der Identifizierung des Diffraktogramms nach Bild 6.6a und
Ausgabe der Daten aus der PDF-Datei

SS-VVV-PPPP	Compound	System/BRAVAIS	a [nm]	Space Group	Z	Volumen [Å³]
01-087-0712 (C)	Nickel/Ni	Cubic/fcc	0,352 38	Fm-3m (225)	4	43,755 6
00-004-0850 (*)	Nickel, syn	Cubic/fcc	0,352 38	Fm3m (225)	4	43,755 6
04-002-6906 (I)	Nickel, syn	Cubic/fcc	0,352 39	Fm-3m (225)	4	43,76

vorgeschlagene Substanz im gleichen Intervall liegen bzw. nicht zugeordnet werden konnten. Es wird weiter verglichen, wie die gemessenen Winkellagen mit den theoretischen
Winkellagen (hier geht die oben schon erwähnte Toleranz Δd_{hkl} ein) übereinstimmen und
wie letztlich die Intensitätsverhältnisse korrelieren.

Bei jeder unbekannten Probe sollte man Zusatzinformationen einholen, wie z. B. die
chemische Zusammensetzung. Dadurch kann man nicht vorkommende chemische Elemente ausschließen. Dies ist besonders dann wichtig, wenn zwei Substanzen in der gleichen
Kristallstruktur und auch zufälligerweise mit fast den gleichen Zellparametern kristallisieren. Dies kommt sehr häufig bei den niedrig symmetrischen Kristallen vor. Aber
auch bei hochsymmetrischen Kristallen wie z. B. Kupfer, PDF-Datei 00-004-0836, Zellparameter $a_{Cu} = 0{,}3615\,\mathrm{nm}$, Raumgruppe $Fm\bar{3}m$ bzw. Nr. 225 und die Verbindung
BN (Borazon), PDF-Datei 00-035-1365, Zellparameter $a_{BN} = 0{,}3615\,\mathrm{nm}$, Raumgruppe
$F\bar{4}3m$ bzw. Nr. 216, lassen sich keine Unterscheidungen aus den Beugungswinkellagen
treffen. Bei Untersuchungen an BN-Proben, die mittels eines funkenerrosiven Verfahrens mit Kupferdraht geschnitten wurden, können so keine Aussagen getroffen werden,
ob BN durch den Schneidvorgang degradiert, da sich auf der Oberfläche eine Kupferschicht niederschlägt. Die Beugungsinterferenzen beider Materialien überlagern sich de-
ckungsgleich. Hinzu kommt, dass Schichten texturiert aufwachsen und so auch die Intensitätsverhältnisse gestört werden, siehe Kapitel 11.4.8. Nur aus der intensitätsreichsten
(1 1 1)-Beugungsinterferenz bei gleicher Lage kann auf keine Mengenverteilung geschlossen werden.

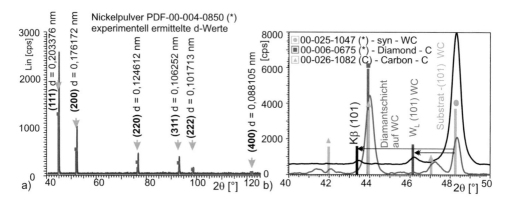

Bild 6.7: a) Ergebnis der Auswertung und Identifizierung des Diffraktogrammes, einschließlich der Übertragung der Netzebenen aus der PDF-Datei 00-004-0850 b) Einfluss von Cu-Kβ- und Wolfram-L-Störstrahlung auf die Diffraktogramme und die Auswertung am Beispiel von Wolframkarbid und Diamantschichten

Das Ergebnis der Identifizierung einschließlich der notwendigen Dokumentation für ein einphasiges Material ist in Bild 6.7a gezeigt. Es sollte immer versucht werden, die gemessene Beugungsinterferenz je eine Netzebene zuzuordnen und auch die gemessenen Netzebenenabstände für Vergleichszwecke mit anzugeben.

6.3.2 Vorgehensweise bei der Phasenbestimmung

Sind für die untersuchten Proben Informationen über das mögliche Kristallsystem bekannt, dann ist folgende Verfahrensweise möglich.

Man bestimmt die Winkellagen und vergleicht diese mit möglichen Winkellagen aus der PDF-Datei. Im Bild 6.7b sind zwei Ausschnitte aus Diffraktogrammen für ein Wolframkarbidsubstrat und für ein mit Diamant/Kohlenstoff beschichtetes Wolframkarbidsubstrat gezeigt. Die Winkellage für die (1 0 1)-WC-Interferenz ist eingezeichnet. Die gemessene Winkellage stimmt gut mit der PDF-Datei überein. Im Diffraktogramm des Substrats werden aber noch weitere Beugungsinterferenzen gefunden, die nicht dem Wolframkarbid zugeordnet werden können. Treten hochintensive, sicher identifizierte Beugungsinterferenzen auf, sollte man bei Einsatz von älteren Röntgenröhren das Diffraktogramm für die gefundene Substanz zusätzlich mit der Strahlung der Wolfram-L-Linie, siehe Tabelle 4.2 und der Kβ-Strahlung, siehe Kapitel 2.4, untersuchen, Bild 6.7b.

Im Bild 6.8 ist das Diffraktogramm für ein Kristallgemisch bzw. eine Schicht auf einem Nickelsubstrat gezeigt. Aus einer Paralleluntersuchung an Querschliffen mittels energiedispersiver Röntgenanalyse (EDX) im Elektronenmikroskop konnten die Elemente Ni, Zr, Y und O nachgewiesen werden. Auf diese Elemente wurde dann die Suche in der PDF-Datei beschränkt. Gegenüber dem Diffraktogramm aus Bild 6.7a sind weitere Beugungsinterferenzen überlagert. Die verbleibenden, nicht identifizierten Beugungsinterferenzen können dem Yttrium stabilisierten Zirkonoxid zugeordnet werden. Die aus der PDF-Datei 00-030-1468 entnommenen Netzebenenidentifizierungen sind in das Diffraktogramm Bild 6.8 übernommen worden. Es konnte allen vorkommenden Beugungsinter-

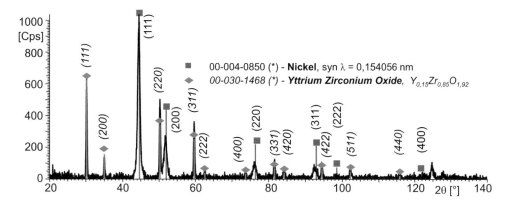

Bild 6.8: Identifizierung eines Kristallgemischs aus Nickel und Yttrium-Zirkonoxid

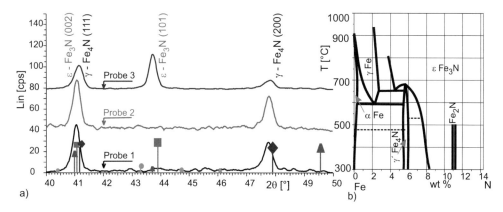

Bild 6.9: Identifizierung von Eisennitridphasen auf nitrierten Proben a) Röntgenbeugungsdiagramm und zugeordnete Beugungsinterferenzen b) Ausschnitt aus dem Phasendiagramm Eisen-Stickstoff

ferenzen eine konkrete Netzebene zugeordnet werden. Die qualitative Phasenanalyse ist damit für dieses Diffraktogramm abgeschlossen.

Im Bild 6.9 sind drei Beugungsdiagramme und ein Ausschnitt aus dem Phasendiagramm von Eisen und Stickstoff (Fe-N Zustandsschaubild) gezeigt. Die Proben sind Zahnradflanken aus einem Getriebe, die mit dem Ziel der Verbesserung des Verschleißverhaltens, der Dauerfestigkeit und der Korrosionsbeständigkeit oberflächennah gasnitriert wurden. Das Nitrieren ist eine thermochemische Behandlung von technischen Oberflächen zum Anreichern der Randschicht mit Stickstoff. Zunehmend wird das Gasnitrieren mit Ammoniak (NH_3) als Stickstoffquelle angewendet. Die Bauteile werden in einem Temperaturbereich zwischen $510 - 590\,°C$ für eine Zeitdauer zwischen $4 - 100\,h$ dem Stickstoff ausgesetzt. Dabei bilden sich verschiedene Eisennitridphasen.

Die Phasenbildung erfolgt beim Nitrieren über die Bildung einer Diffusionsschicht (maximal 0,1 % Stickstofflöslichkeit auf Zwischengitterplätzen im α-Ferrit) und einer erzeugten Verbindungsschicht mit einer Dicke zwischen $20 - 1\,000\,\mu m$. In der darunter liegenden Diffusionsschicht kann ein Phasengemisch aus Fe-Nitriden und den so genannten Sondernitriden der Legierungselemente auftreten [277]. In der PDF-Datei (Version 2003) findet man 55-Eisennitridphasen, davon 21 experimentelle und 34 errechnete Phasen. Als einzige Phase ist die Fe_2N-Phase (PDF-Nr. 00-050-0958) mit der Qualität (*) aufgeführt. Ansonsten findet man drei mal die Qualität (I); 24 mal (C); drei mal (N); zehn mal (A) und 14 mal (D). Für Fe_4N findet man acht-, für Fe_3N 14-, für Fe_2N 13-Einträge. Der Rest wird der FeN_x-Phase zugeordnet. Aus werkstoffwissenschaftlicher Sicht ist die Aufnahme nicht stöchiometrischer Phasen, wie $FeN_{0,0334}$ bis $FeN_{0,0950}$ problematisch. Die Unterscheidung zwischen stöchiometrischen Phasen Fe-N und eventuell auftretenden Mischkristallen mit unterschiedlichem Stickstoffgehalt ist so nicht eindeutig. In der Zusammensetzung unterscheiden sich die $FeN_{0,0334}$ bis $FeN_{0,0950}$-Phasen nur gering von der reinen kubischen Ferrit-Phase. In Bild 6.9 wurden die Fe-N-Phasen dem Fe_3N (PDF-Nr. 00-003-0925 (D)) bzw. Fe_4N (PDF-Nr. 00-006-0627 Roaldite (I)) zugeordnet. Zusätzliche Untersuchungen zum Stöchiometrieverhältnis mittels EDX am Elektronenmikroskop zeigen, dass hier Fe_3N als einzig passende Phase auftrat. Die gemessenen Beugungsinterferenzen in Bild 6.9 können nur der hexagonalen Phase Fe_3N mit den Zellparametern $a = 0,2695\,nm$ und $c = 0,4362\,nm$ zugeordnet werden (PDF-Nr. 00-003-0925 (D)), die als »Deleted« in der PDF-Datei markiert ist. Die Phasen, die in der PDF-Datei die Nr. 00-003-0925 ersetzen, haben alle ganz andere Zellparameter und ein völlig anderes Beugungsmuster. Die als Ersatz für den PDF-File 00-003-0925 aufgeführten »neueren Phasen« können der Probe nicht zugeordnet werden. Hier erweist sich die Praxis des Beibehaltens der älteren Ergebnisse in der PDF-Datei als günstig.

Die Eisennitrid-Bildung in der Verbindungsschicht erfolgt zunächst über die kubisch flächenzentriert γ'-Phase-Fe_4N. Die Zähigkeit dieser Phase ist ihre bevorzugte Eigenschaft. Danach kann es zur Ausbildung der ϵ-Phase-$Fe_{2-3}N$ mit hexagonaler Kristallstruktur kommen. Die ϵ-Phase ist härter und spröder als die γ'-Phase, dafür aber auch korrosionsbeständiger. Die Kenntnis des strukturellen Aufbaus der erzeugten Schichten sowie ihre Dicke ist entscheidend für die erzielbaren Eigenschaften. Werden zum Beispiel hohe Anforderungen an die Dauerfestigkeit und den Verschleiß gestellt, dann ist eine einphasige Schicht mit der γ'-Phase bevorzugt (gut realisierbar beim Plasmanitrieren durch schwach dosiertes Stickstoffangebot). Werden dagegen hohe Anforderungen an die Korrosionsbeständigkeit gestellt, werden einphasige Schichten mit der ϵ-Phase bevorzugt (gut realisierbar beim Plasmanitrieren durch zusätzliches Eindiffundieren von Kohlenstoff (Nitrocarburieren)). Die Charakterisierung der Schichten kann durch zerstörende metallographische Untersuchungsmethoden oder durch Röntgendiffraktometrie erfolgen.

An einem weiterem Beispiel sollen die möglichen Unterschiede in der Bestimmung eines Kristallgemisches bzw. eines Mischkristalls gezeigt werden. Hartmetallwerkzeuge, meist gesintertes Wolframkarbid, werden zur Erhöhung der Standzeit mit zusätzlichen Funktional-Schichtsystemen, hier mittels chemischer Dampfablagerung (CVD), versehen. Im Bild 6.10 sind die Difraktogramme zweier unterschiedlich hergestellten Schichtsysteme aus Aluminiumnitrid (AlN) und Titannitrid (TiN) auf Hartmetallwendeschneidplatten gezeigt. Eine ca. $4\,\mu m$ dicke Schicht wird durchstrahlt. Im Bild 6.10a treten noch eindeutig zuordenbare Interferenzen für das Wolfframkarbid-Substrat auf. Für das kubische TiN können die Interferenzen der $(1\,1\,1)$; $(2\,0\,0)$ und der $(2\,2\,0)$ Netzebene ebenso zugeordnet

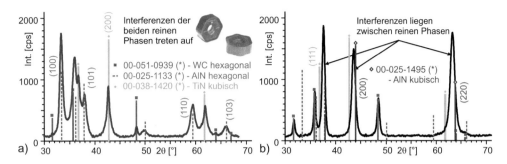

Bild 6.10: TiAlN-Schichten auf Wolframcarbid a) als Kristallgemisch hexagonales AlN und kubisches TiN b) als Mischkristall von kubischen AlN und TiN

werden wie auch die z. B. (1 0 0); (1 0 1); (1 1 0) und (1 0 3) Interferenzen der hexagonalen Phase AlN. Die Interferenzwinkel und die gemessenen Intensitäten stimmen relativ gut mit den Intensitäten aus den jeweiligen PDF-Dateien überein. Bei der Herstellung der Schichten wurde eine Schichtenfolge TiN und dann erst AlN gewählt. Beide Schichten liegen getrennt vor. Das Diagramm bei der Probe aus Bild 6.10a kann aber auch als ein Kristallgemische aus kubischen TiN und hexagonalen AlN als Schicht(stapel) auf dem Wolframkarbidsubstrat interpretiert werden.

Mit anderen Herstellungsparametern, gleichzeitiges Al- und Ti- Angebot als metallorganischen Verbindungen und veränderter Temperaturführung, wird jetzt eine einheitliche, dünnere Schicht abgeschieden. Die dünnere Schicht wird ersichtlich, da die Wolframcarbid-Interferenzen mit höherer Intensität auftreten. Die vier Interferenzen des hexagonalen AlN treten nicht mehr auf. Ebenso sind die TiN-Interferenzen alle zu größeren Winkeln verschoben. Die Interferenzlagen für eine weitere AlN-Modifikation, eine kubische Phase, sind im Bild 6.10b mit eingezeichnet. Die gemessenen Interferenzlagen liegen genau zwischen den reinen kubischen TiN und AlN. Tritt ein solcher Fall auf, ist dies ein typisches Anzeichen für einen Mischkristall, gebildet aus beiden Phasen. Die Konzentration innerhalb des Mischkristalls kann aus der genauen Zellparameterbestimmung nach der VERGARDschen Regel erfolgen, siehe Kapitel 7.2.2. Der Schichtstapel AlN/TiN hatte schlechtere Schneideigenschaften als der Mischkristall TiAlN.

6.4 Einflüsse Probe – Strahlung – Diffraktometeranordnung

Aus den Intensitäten und den Profilparametern können weitere Informationen dem Beugungsdiagramm entnommen werden.

An verschiedenen reinen Elementen wie Kohlenstoff, Aluminium, Eisen, Kupfer, Molybdän und Tantal sind an intensitätsreichen Beugungsinterferenzen bei ähnlichen Beugungswinkeln die maximal erhaltbaren Zählraten durch Verwendung einer Multilayerspiegelanordnung der 2a Generation (Nickel/Silizium-Multilayer) bestimmt worden, Bild 6.11a. Bei Verdopplung der Röhrenspannung werden hier nicht direkt quadratisch erhöhte Beugungsintensitäten gemessen. Bildet man jedoch das Verhältnis zwischen den Maximalwerten bei 40 kV und 20 kV sowie des Gütekriteriums, siehe Seite 201, dann

Tabelle 6.5: Zählrate und Gütefaktor an verschiedenen reinen Elementen bei unterschiedlichen Generatoreinstellungen von intensitätsreichen Beugungsinterferenzen (Profilmaximum/Untergrund = PMU)

Element	C	Al	Fe	Cu	Mo	Ta
Zählrate [cps] für 20 kV; 40 mA	146	18 449	226	954	1 819	1 924
Zählrate [cps] für 40 kV; 40 mA	835	116 202	1 373	5 140	8 201	10 714
Verhältnis 40 kV/20 kV	5,8	6,3	5,8	4,9	4,5	5,5
PMU	3,8	156,6	1,9	36,1	51,2	95,6
Gütefaktor Gleichung 5.15	36,8	207,8	11,5	43,3	62,1	73,4
Raumgruppe	$P6_3/mmc$	Fm3m	Im3m	Fm3m	Im3m	Im3m
Nr.	(194)	(225)	(229)	(225)	(229)	(229)
(hkl)	(0 0 2)	(1 1 1)	(1 1 0)	(1 1 1)	(1 1 0)	(2 0 0)
F_{hkl}^2	26,89	1 283	1 365	7 798	4 067	11 948
Dichte ρ [gcm^{-3}]	2,25	2,7	7,88	8,94	10,22	16,63
Eindringtiefe t [µm]	103,3	12,6	0,76	4,03	1,09	0,62

ergeben sich die Werte in Tabelle 6.5. Diese Auflistung spiegelt die wesentlichen Eigenschaften der Röntgenstrahlung bei Wechselwirkung mit Materie wider. So ist die Verwendung von Kupferstrahlung zur Untersuchung von Eisenwerkstoffen wegen eines schlechteren Profilmaximum-zu-Untergrund-Verhältnis infolge der hohen Fluoreszenzstrahlung des Eisens ungeeignet. Die gemessenen Unterschiede in den Intensitäten werden relativiert, wenn man die um Größenordnungen unterschiedlichen Eindringtiefe der Strahlung und damit der verschiedenen Volumina, in denen die Beugung stattfindet und der unterschiedlichen Strukturamplituden F_{hkl} berücksichtigt. Diese Überlegungen sollte man immer voranstellen, wenn man Beugungsexperimente mit neuen Materialien für das Labor durchführt. Dies ist besonders dann wichtig, wenn Gemische untersucht werden, die aus leichten und schweren Elementen bestehen. »Schirmt« das schwere Material das leichte ab, wird durch das schwere hochabsorbierende Material die Eindringfähigkeit der Strahlung behindert und folglich nur geringe Intensitäten in Beugungsreflexen des leichteren Materials gemessen. Daraus darf aber nicht pauschal geschlossen werden, dass das leichtere Material in geringerer Konzentration vorliegt. Dieser Tatsache muss besonders bei geschichteten Verbundwerkstoffen Rechnung getragen werden.

Bei der Untersuchung von Eisen- bzw. Stahlproben und Einsatz von Szintillationsdetektoren wurde schon mehrfach auf die Problematik der hohen Fluoreszenzanteile im gemessenen Beugungsdiagramm für Eisenwerkstoffe mit Kupferstrahlung hingewiesen. In Bild 6.12 sind die Diffraktogramme einer Reineisenprobe mit vier verschiedenen Strahlungen gezeigt. Bei allen Darstellungen wurden die Rohdaten ohne Untergrundabzüge oder RACHINGER-Trennung übernommen. In den Diffraktogrammen sind für die Chrom- und Kobalt-Strahlungen nur zur besseren Darstellungsmöglichkeit die im Bild angegebenen Werte pro Schritt aufaddiert worden. Um Diffraktogramme, aufgenommen mit verschiedenen Strahlungen, gemeinsam darstellen und vergleichen zu können, wird ein Auftrag über

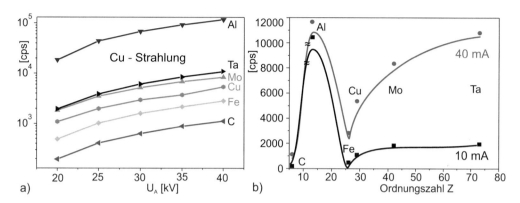

Bild 6.11: a) Gemessene Intensität an intensitätsreichen Beugungsinterferenzen von Kohlenstoff, Aluminium, Eisen, Kupfer, Molybdän und Tantal als Funktion der Röntgenröhrenspannung, Röhrenstrom 40 mA, an einem Theta-Theta Goniometer mit Multilayerspiegel b) Auftrag als Funktion der Ordnungszahl, 10 mA/40 kV bzw. 40 mA/40 kV

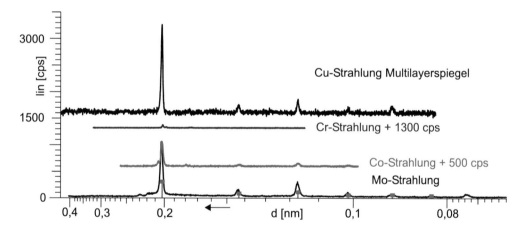

Bild 6.12: Eisenprobe, aufgenommen mit verschiedenen Wellenlängen. Darstellung als Funktion des Netzebenenabstandes, gemessen mit Szintillationsdetektor

den Netzebenenabstand bzw. reziproken Netzebenenabstand vorgenommen. Damit liegen alle Beugungsinterferenzen bei dem gleichen Abszissenwert. In dem Bild 6.12 wird der sehr hohe Untergrund für Kupferstrahlung deutlich. Das Profilmaximum-zu-Untergrund-Verhältnis ist das Schlechteste und wäre ohne Multilayerspiegeleinsatz noch schlechter.

Dieser hohe Untergrund ist äußerst ungünstig, wenn man Untersuchungen vornehmen muss, wo noch Beugungsinterferenzen von anderen Materialien zu erwarten sind. Diese Beugungsinterferenzen verschwinden dann sozusagen im Untergrund, siehe Bild 5.61. Die charakteristisch errechenbaren Werte sind in Tabelle 6.6 nochmals zum besseren Vergleich aus den Diffraktogrammen zusammengefasst worden. Es wird aber auch deutlich, dass

Tabelle 6.6: Vergleich einiger charakteristischer Werte für die (1 1 0)-Fe-Interferenz bei der Untersuchung mit verschiedenen Strahlungen entsprechend Bild 6.12; Profilmaximum zu Untergrund = PMU

Strahlung	2θ [°]	Untergrund	Nettohöhe	PMU	FWHM [°]	Güte [134]
Cr	66,994	43,4	51,3	1,18	0,704	2,87
Co	52,282	97,7	451	4,62	0,757	13,52
Cu	44,602	1 621	1 645	1,01	0,474	12,56
Mo	20,094	79,1	987	12,48	0,319	15,44

mit der sehr weichen, energiearmen Chromstrahlung nur geringste Intensitäten messbar sind. Die Beugungswinkel werden alle zu hohen Werten hin verschoben und steigern somit die Genauigkeit. Mit Chromstrahlung kann bei einem Beugungswinkel $2\theta = 156,10°$ die $\{2\,1\,1\}$-Netzebene gemessen werden. Diese hat eine theoretische Intensität von 30 %. Die Winkelverschiebung zu kleinen Werten hin bei Einsatz der Molybdänstrahlung ist nachteilig. Um dort eine akzeptable Winkelauflösung zu haben, müsste man mit der (3 2 1)-Interferenz bei $2\theta = 55,15°$ arbeiten. Diese Netzebene liefert aber nur eine theoretische Intensität von 5,2 %. Höher indizierte Netzebenen mit noch höheren Beugungswinkeln wie die (4 1 1)- und (3 3 0)-Netzebene weisen nur 1,8 % Intensität bei $2\theta = 63,32°$ oder die (5 1 0)- und (4 3 1)-Netzebene nur 1,1 % Intensität bei $2\theta = 78,23°$ auf. Dies ist u. a. die Ursache dafür, dass Molybdänstrahlung insgesamt in der Röntgendiffraktometrie nur eine Außenseiterrolle einnimmt.

Es ist schon mehrfach gezeigt worden, dass durch den Einsatz der Multilayerspiegel die Untergrundstrahlung herabgesetzt werden kann. Setzt man für Eisenwerkstoffe eine Anordnung mit zwei Multilayerspiegeln ein, siehe Bild 5.37, dann wird durch das Monochromatisierungsverhalten des zweiten Spiegels der Untergrund bzw. die Fluoreszenzstrahlung weiter herabgesetzt und damit das Profilmaximum-zu-Untergrund-Verhältnis für Kupferstrahlung wesentlich verbessert. Diese Aussage steht der bisherigen Lehrmeinung in den Büchern [96, 182, 146] konträr gegenüber. Die neuen Entwicklungen zeigen, dass mit Multilayerspiegeln oder energiediskriminierenden Detektoren mit Kupferstrahlung an Eisenproben ebenso sichere und wegen der höheren Intensität schnellere Untersuchungen durchgeführt werden können, Bild 6.13.

Mit energiediskriminierenden Detektoren wie bei den Mikrogap- als auch bei den Halbleiterdetektoren ist es möglich, uneingeschränkt mit der Kupferstrahlung Eisenwerkstoffe zu untersuchen. Das Beispiel der Messbarkeit der zwei unterschiedlichen Eisenphasen, Ferrit (bcc-Kristallstruktur) und der Ungleichgewichtsphase Austenit (fcc-Kristallstruktur) sowie der Quantifizierbarkeit beider Phasen zeigt das hohe Potenzial der Röntgendiffraktometrie. Man kann das selbe chemische Element, nur »anders atomar angeordnet«, zerstörungsfrei nachweisen und quantifizieren, mehr dazu ab Seite 565. Dies ist mit elementanalytischen Verfahren, wie der Augerelektronenspektroskopie (AES), der Elektronenenergieverlustspektroskopie (EELS), der energiedispersiven Röntgenanalyse (EDX), der Fluoreszenzspektroskopie (XRF) und der Glimmentladungsspektroskopie (GDOS) nicht möglich. Einzig über metallographische Schliffanalyse und mittels der Elektronenstrahl induzierten Rückstreubeugung (EBSD), Kapitel 14.2.1, lassen sich ansonsten zerstörend diese beiden Phasen quantitativ nachweisen. Die Molybdänstrahlung wird wegen der größeren Eindringtiefe und damit der größeren statistischen Sicherheit noch favorisiert. Bei Kupferstrahlung dringt man nur ca. 1 μm ein und hat damit nur ein Fünftel an beugenden Kristalliten gegenüber der Molybdänstrahlung zur Verfügung. In einem anderen Beispiel soll gezeigt werden, wie gemessene Diffraktogramme aussehen, wenn Einkristalle oder Pulver als Untersuchungsobjekt verwendet werden und wie sich die Diffraktogramme ändern, wenn man die Beugungsanordnung variiert.

An einem quaderförmigen Einkristall aus Halit (NaCl) sind Untersuchungen in BRAGG-BRENTANO-Anordnung und mit streifendem Einfall durchgeführt worden, Bild 6.14. Da-

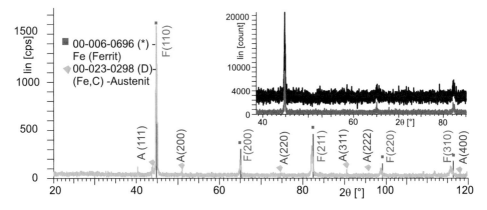

Bild 6.13: Eisenprobe mit Restaustenit (NIST SRM 486a), Kupferstrahlung und Halbleiter-streifendetektor, im Teilbild Vergleich mit Szintillationszähler

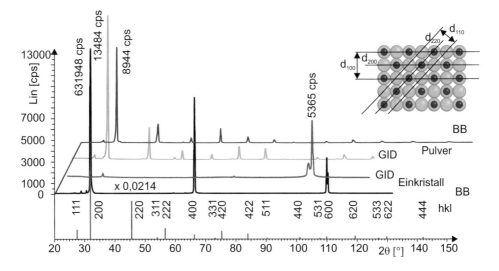

Bild 6.14: Vergleich von Einkristall und Pulveraufnahmen in BRAGG-BRENTANO-Anordnung und mit streifenden Einfall am Beispiel von Halit (NaCl), Cu-Strahlung

nach ist der Kristall zerkleinert und pulverisiert und das Pulver mittels der beiden Anordnungen erneut untersucht worden. In BRAGG-BRENTANO-Anordnung sind nur drei sehr intensitätsreiche Beugungsinterferenzen beim Einkristall festzustellen. Indiziert man die Aufnahmen, so werden die Beugungsinterferenzen der Vielfachen der (100)-Netzebene (die (100)-Netzebene wird ausgelöscht, Kapitel 3.2.10) zugeordnet. Die Aufspaltung in $K\alpha_1$ und $K\alpha_2$ ist bei hohen Beugungswinkeln nachweisbar, was für eine fast perfekte Ausrichtung des Kristalls mit seiner [100]-Richtung senkrecht zur Oberfläche spricht. Die zwei kleinen Interferenzen vor der (200)-Interferenz sind der β-Reststrahlung und der W-L Strahlung der verwendeten älteren Röntgenröhre zuzuordnen. Die im Diagramm angegebene maximale Impulsdichte ist die für Sättigung des Szintillationszählers und wird real noch höherliegen. Die im Diagramm eingezeichneten relativen Intensitäten durch die unterschiedlich hohen Balken bei den MILLERschen Indizes sind für diese Einkristalluntersuchungen unzutreffend. Bei der Untersuchung in mit streifenden Einfall tritt die (200)-Netzebenen nur minimal auf. Die auftretende Interferenz kann der (110)-Netzebene bzw. seinen Vielfachen, der (440)-Netzebene zugeordnet werden. Der hier gefundene Beugungswinkel von $\theta = 50,5°$ ist bei einem Einstrahlwinkel von $\omega = 5°$ der Winkel zwischen der (100)- und der (110)-Ebene im kubischen Kristallsystem. Man kann durch Mehrfachanwendung so von einem unbekannten Kristall Informationen von weiteren Netzebenen und Beiträge für eine Strukturaufklärung erhalten. Diese Diffraktometeranordnung wird oft als asymmetrische Beugungsanordnung bezeichnet.

Die Pulverproben vom Halit zeigen sowohl in streifender als auch in BRAGG-BRENTANO-Anordnung das gleiche zu erwartende Beugungsmuster. Die noch feststellbaren Schwankungen der Intensitätsverhältnisse zu denen aus der PDF-Datei und zwischen BRAGG-BRENTANO- und streifenden Einfall verdeutlichen, dass die Pulverisierung noch nicht ausreichend homogen erfolgt ist. Hier kommen dann die Aussagen aus Kapitel 5.3 zur Anwendung. Die Vorteile des streifenden Einfalls mit den höheren Intensitäten sind ersichtlich. Erwähnenswert ist, dass die jetzt auftretenden Maximalintensitäten der Pulverproben um Größenordnungen kleiner sind als im Einkristall.

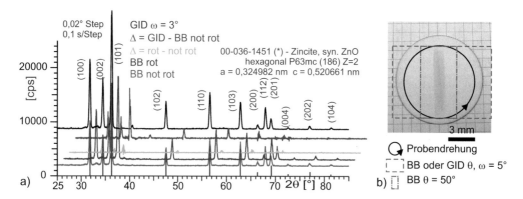

Bild 6.15: a) Vergleich ZnO-Pulver, gemessen in BRAGG-BRENTANO-Anordnung und mit streifenden Einfall (GID) und Rotation Probe b) Probenfokus mit Kupfer-Parallelstrahlengang und mögliche Analyseflächen

Bei Verwendung der Parallelstrahlanordnung ist die beleuchtete Fläche schmaler. Die bei BRAGG-BRENTANO-Anordnung viel größer beleuchtete Fläche, Bild 6.15b, wird in Parallelstrahlanordnung mit einem intensitätsreicheren, konzentrierteren Strahl beleuchtet und ergibt deshalb höhere Beugungsintensitäten. Bei Verwendung der Parallelstrahlanordnung ist die beleuchtete Probenoberfläche über den Winkelbereich 2θ weitgehend konstant, siehe Bilder 5.32 und 6.15b bzw. Gleichung 5.14. Lässt man die Probe um die eigene Achse rotieren, ϕ-Achse, werden andere Probenbereiche, aber auch nur die mit Netzebenen parallel zur Oberfläche, in Beugungsstellung gebracht. Bei einer homogenen Pulverprobe, wie im Fall aus Bild 6.15, sind keine Unterschiede zwischen rotierender Probe, BB rot und nicht rotierender Probe BB not rot, ersichtlich in Kurve $\Delta = \text{rot} - \text{not rot}$. Unterschiede in den Intensitäten treten nur auf, wenn man anstatt BRAGG-BRENTANO die GID-Anordnung verwendet. Ursache sind die unterschiedlichen wechselwirkenden Probenvolumina. Bei $\omega = 3°$ ist im ZnO mit einer Eindringtiefe t der Kupferstrahlung von $\approx 1,8\,\mu m$ bei einer um den Faktor ≈ 50 größeren Fläche zu rechnen. In BRAGG-BRENTANO-Anordnung wiegt die größere Eindringtiefe $t = 6,3\,\mu m$ das kleinere wechselwirkende Volumen nicht auf.

Wegen der kleineren Fläche lassen sich mit Multilayerspiegel Werkstoffgradienten innerhalb einer Probe im Bereich des Probenfokus untersuchen. Die Probe darf dann nicht gedreht werden, sondern muss translatorisch bewegt werden, wie in Bild 5.41 gezeigt.

Untersucht man Schichten auf Einkristallsubstraten, z.B. Siliziumsubstrate, stört oft die intensitätsreiche, einkristalline Substratinterferenz. Im Bild 6.16a sind für ein 3° fehlorientiertes (100)-Siliziumsubstrat die Vermessung der (400)-Interferenz bei verschiedenen Messstrategien gezeigt. Der 3° verkippte [100]-Netzebenevektor steht in Richtung Röhre und parallel zum Einfallstrahl, die Probe wird nicht rotiert. In Bild 6.16a ergibt sich eine gut trennbare Dublettinterferenz. Wird die Probe in GID-Anordnung, nicht rotierend untersucht, ergibt sich keine Interferenz - im Bild 6.16a 0,1 s ohne Rotation - zur besseren Sichtbarkeit um $10 \cdot 10^4$ cps erhöht dargestellt. Rotiert man dagegen die Probe mit unterschiedlichen Geschwindigkeiten, oszilliert die Intensität, es entstehen in beiden Anordnungen schwer interpretierbare Interferenzen, Bild 6.16b.

Im Bild 6.17a sind für BRAGG-BRENTANO-Anordnung Intensitätsverteilungen bei Rotation der Probe um die eigenen Achse, ϕ-Scanns, gezeigt. Stellt man sich auf den Glanz-

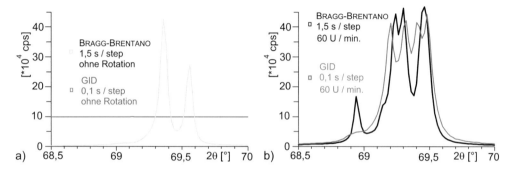

Bild 6.16: (100)-Si Einkristall und gemessen im Bereich (400)-Interferenz in BRAGG-BRENTANO- und GID-Anordnung a) ohne Probenrotation b) mit Probenrotation

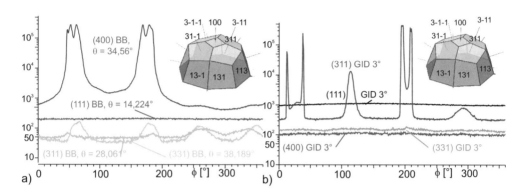

Bild 6.17: a) ϕ-Scanns am fehlorientierten (100)-Si Einkristall bei verschiedenen Glanzwinkeln
a) in Bragg-Brentano-Anordnung b) in GID-Anordnung

winkel der (400)-Ebene, erscheinen bei der fehlorientierten Probe zwei Hauptmaxima. Dies sind die Stellungen, wo der Netzebenenvektor parallel in Richtung Röhre zeigt.

Ist man in GID-Stellung, ergeben sich keine Interferenzmaxima, Messung (400)-GID-3°, Bild 6.17b. Hier ist die Absolutintensität sogar noch kleiner als bei Einstrahl-/Detektorwinkel auf den (111)-Glanzwinkel. Die zur (400) verkippt liegende (311) Ebene hat einen Verkippungswinkel von 25,24°. Stellt man sich auf den Glanzwinkel 28,061° für diese Ebene dann ergeben sich für Bragg-Brentano-Anordnung nur relativ niedrige, leicht schwankende Intensitäten. In GID-Anordnung wird die Beugungsbedingung erfüllt und es ergeben sich erhebliche Intensitätsunterschiede. Deshalb sollte man bei der Untersuchung von Schichten auf einkristallinen Substraten zusätzlich solche Messungen immer mit ausführen, um keine Fehlinterpretationen in seine Messung hineinzubringen. Die Substratinterferenz läßt sich bei fehlorientierten Einkristallsubstraten oft »herausdrehen«. Abschätzungen zur beleuchteten Fläche, zum Substrat und zu den Beugungsanordnungen müssen im Vorfeld einer effektiven Untersuchung immer sorgfältig durchgeführt werden.

6.5 Quantitative Phasenanalyse

Mit Hilfe der qualitativen Phasenanalyse wird bestimmt, aus welchen Phasen ein Kristallgemisch zusammengesetzt ist. Es stellt sich jetzt die Aufgabe, aus den Intensitäten im Röntgenbeugungsdiagramm auch die Mengenanteile der einzelnen Phasen zu bestimmen. Man spricht dann von der *quantitativen Phasenanalyse*. Die Auswertung der Intensitäten bzw. Intensitätsverhältnisse der Linien der einzelnen Phasen bildet eine große Gruppe der Methoden der quantitativen Phasenanalyse. Eine weitere Methode nutzt die Informationen des gesamten Beugungsdiagramms aus. Am wichtigsten ist derzeit das Rietveld-Verfahren. Ursprünglich wurde das Rietveld-Verfahren für die Kristallstrukturanalyse bzw. die Verfeinerung von Kristallstrukturdaten entwickelt. In jüngster Zeit wird es aber auch häufig zur quantitativen röntgenographischen Phasenanalyse eingesetzt.

Die Genauigkeit der quantitativen Phasenanalyse hängt unabhängig von der Methode sehr stark von der Probenpräparation ab. Folgende Grundvoraussetzungen müssen erfüllt werden:

- die zu analysierenden Phasen (einschließlich eventuell notwendiger Standards) müssen in der Probe gleichmäßig verteilt sein – z. B. sorgfältige Pulverisierung und Homogenisierung der Probe
- Vermeidung der Ausbildung von Texturen bei der Präparation
- die Kristallitgrößen müssen für eine gute Kornstatistik bei den Intensitätsmessungen ausreichend klein sein. Es sollte jedoch noch keine Kristallit größenbedingten Linienverbreiterungen auftreten.

Unter den angegebenen Voraussetzungen können Genauigkeiten von $1 - 2\,\%$ in der quantitativen röntgenographischen Phasenanalyse der Hauptbestandteile erreicht werden. Für die Nebenbestandteile hängt die Genauigkeit von vielen Faktoren ab. In der zunächst vorzustellenden Methodengruppe ist es für diese Phasen sehr wichtig, dass mit den intensitätsstärksten Linien gearbeitet werden kann.

6.5.1 Auswertung der Intensität ausgewählter Beugungslinien

Entsprechend den Ausführungen im Kapitel 3.2 gilt Gleichung 6.1 für die integrale Intensität einer Beugungslinie. In den Faktor K wird hier oft die Primärstrahlintensität mit einbezogen:

$$I(hkl) = K \cdot L(\theta) \cdot P(\theta) \cdot E_X \cdot H \cdot |F_{(hkl)}|^2 \cdot A \cdot \frac{V}{(V_{EZ})^2} \qquad \text{mit} \qquad (6.1)$$

P	: Polarisationsfaktor	L	: Lorentz-Faktor - $P(\theta) \cdot L(\theta) = W(\theta)$	
K	: Konstante	A	: Absorptionsfaktor	
E_X	: Extinktionsfaktor	F	: Strukturfaktor, siehe Kapitel 3.2.5	
H	: Flächenhäufigkeitsfaktor, Werte siehe Tabelle 3.4			
V	: bestrahltes Volumen	V_{EZ}	: Volumen der Elementarzelle	

Bemerkung: für die quantitative Analyse ist der Term $(V/(V_{EZ})^2)$ wichtig, daher hier nicht in K aufgenommen

Bei der Ableitung von Intensitätsformeln werden in der Regel stillschweigend Annahmen gemacht, deren Einhaltung im Experiment erst geprüft werden muss. Solche Annahmen sind zum Beispiel:

- homogenes Material in Volumen (θ-abhängige Laufwege, daher Homogenitätt in der Tiefe wichtig)
- kugelförmige Kristallite
- regellose Orientierungsverteilung (regellose Textur) oder Einkristall, der Beugungsvektor zeigt nur auf einen einzigen Punkt auf den Lagekugeln der Reflexe vor allem beim $\theta - 2\theta$-scan
- keine Eigenspannungen
- Messung weit weg von den Absorptionskanten
- an den Beugungswinkel θ dynamisch angepasstes »Polfigurfenster«, Kapitel 11, (Defokussierung im Experiment korrigiert), wichtig bei Nutzung von Flächendetektoren

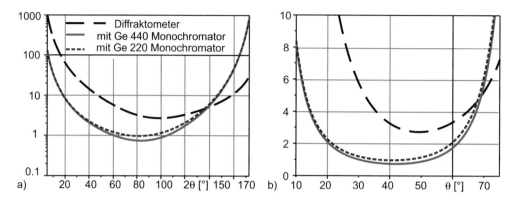

Bild 6.18: Winkelfaktor für ein BRAGG-BRENTANO-Diffraktometer und zusätzlich mit Ge-Sekundärmonochromator, $(2\,0\,0)$-Netzebene mit $\alpha = 22{,}653°$ bzw. $(4\,4\,0)$-Netzebene mit $\alpha = 50{,}380\,5°$ a) Auftrag über 2θ b) Auftrag über kleineren θ-Bereich

Für ein Diffraktometer ohne Monochromator gibt GÜNTER [101] für den Winkelfaktor an:

$$W(\theta) = \frac{1 + \cos^2 2\theta}{\cos \theta \cdot \sin^2 \theta} \tag{6.2}$$

Wird ein Sekundärmonochromator mit einem Monochromatisierungswinkel α verwendet, verändert sich der Winkelfaktor entsprechend Gleichung 6.3. Die Verläufe für ein einfaches Diffraktometer ohne Monochromator und ein Diffraktometer mit einem zusätzlichen Sekundärmonochromator aus Germanium unter Nutzung der $(2\,2\,0)$- bzw. $(4\,4\,0)$-Netzebene sind im Bild 6.18 gezeigt.

$$W(\theta) = \frac{1 + \cos^2 2\alpha \cdot \cos^2 2\theta}{(1 + \cos^2 2\alpha) \cdot \cos \theta \cdot \sin^2 \theta} \tag{6.3}$$

Für ein Kristallgemisch muss die Gleichung für die Intensität der Phase i mit der Volumenkonzentration v_i korrigiert werden. Der in die Gleichung 6.1 einzusetzende Absorptionsfaktor A ist der des Kristallgemisches A_{i*}. Dieser ist leider unbekannt, da die Zusammensetzung unbekannt ist.

$$I_i(hkl) = K \cdot L_i(\theta) \cdot P_i(\theta) \cdot E_{Xi} \cdot H_i \cdot |F_{i(hkl)}|^2 \cdot \frac{v_i}{(V_{EZ})^2} \cdot A_{i*} \cdot v_i = K \cdot G_i(hkl) \cdot A_{i*} \cdot v_i$$

$$\text{mit} \quad G = L \cdot P \cdot E \cdot H \cdot |F^2| \cdot (V_{EZ})^{-2} \tag{6.4}$$

Da der Absorptionsfaktor A_{i*} von der Zusammensetzung des Kristallgemisches abhängt, ist der Zusammenhang zwischen der Linienintensität und der Volumenkonzentration in der Regel nicht linear. Somit ist eine direkte Bestimmung der Volumen- bzw. Massenkonzentration aus der Linienintensität nicht möglich.

In der BRAGG-BRENTANO-Anordnung wird bei unendlicher Probendicke der Absorptionsfaktor $A = 1/(2 \cdot \mu)$ und ist unabhängig vom Glanzwinkel. μ ist der lineare Schwächungskoeffizient für die Probe bei der entsprechenden Wellenlänge. Für die integrale Beugungsintensität folgt:

$$I_i(hkl) = K^\top \cdot G_i(hkl) \cdot \frac{1}{\mu} \cdot v_i \tag{6.5}$$

Für den linearen Schwächungskoeffizient μ gilt:

$$\mu = \rho \cdot \frac{\mu}{\varrho} = (1/\sum_i \frac{x_i}{\varrho_i}) \cdot \sum_i x_i \cdot \frac{\mu_i}{\varrho_i} \tag{6.6}$$

Ersetzt man in Gleichung 6.5 die Volumenkonzentration v_i durch die Massenkonzentration x_i so erhält man für die Intensität des $(h\,k\,l)$-Reflexes der Phase i:

$$v_i = \frac{\frac{x_i}{\varrho_i}}{\sum_i \frac{x_i}{\varrho_i}} \tag{6.7}$$

$$I_i(hkl) = K^\top \cdot G_i(hkl) \cdot \frac{\frac{x_i}{\varrho_i}}{\sum_i \frac{x_i \mu_i}{\varrho_i}} \tag{6.8}$$

Ersetzt man in Gleichung 6.5 den linearen Schwächungskoeffizienten μ durch den Massenschwächungskoeffizienten $\mu_m = \mu/\varrho$ und die Volumenkonzentration v_i durch die Massenkonzentration x_i, dann ergibt sich für die integrale Beugungsintensität:

$$I_i(hkl) = K^\top \cdot G_i(hkl) \cdot \frac{1}{\varrho_i} \cdot \frac{1}{\mu_m} \cdot x_i \tag{6.9}$$

Im Falle eines zweiphasigen Systems gilt nach Gleichung 6.8:

$$I_1(hkl) = K^\top \cdot G_1(hkl) \cdot \frac{x_1}{\varrho_1} \left[\frac{1}{x_1(\frac{\mu_1}{\varrho_1} - \frac{\mu_2}{\varrho_2}) + \frac{\mu_2}{\varrho_2}} \right] \quad \text{und} \tag{6.10}$$

$$I_2(hkl) = K^\top \cdot G_2(hkl) \cdot \frac{x_2}{\varrho_2} \left[\frac{1}{x_2(\frac{\mu_2}{\varrho_2} - \frac{\mu_1}{\varrho_1}) + \frac{\mu_1}{\varrho_1}} \right] \tag{6.11}$$

Führt man den Massenschwächungskoeffizienten $\mu_m = \mu/\varrho$ ein, so lautet die obige Gleichung für die Phase 1:

$$I_1(hkl) = K^\top \cdot G_1(hkl) \cdot \frac{x_1}{\varrho_1[x_1(\mu_{m1} - \mu_{m2}) + \mu_{m2}]} \tag{6.12}$$

Aus den obigen Gleichungen wird leicht ersichtlich, dass nur unter der Voraussetzung, Gleichung 6.13, die Intensität $I_i(hkl)$ proportional zur Massenkonzentration x_i ist. An-

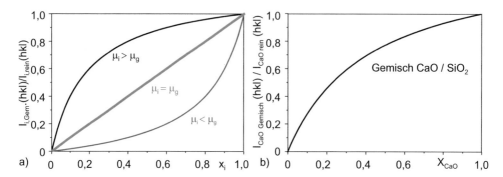

Bild 6.19: a) Abhängigkeit der relativen Integralintensität $I(x_1)$ von der Massenkonzentration x_1 der Phase 1 b) Methode mit äußerem Standard

dernfalls ergeben sich Abweichungen, wie sie schematisch im Bild 6.19a dargestellt sind.

$$\frac{\mu_1}{\varrho_1} = \frac{\mu_2}{\varrho_2} \quad \text{bzw.} \quad \mu_{m1} = \mu_{m2} \tag{6.13}$$

Somit ist im Regelfall eine direkte Bestimmung der quantitativen Zusammensetzung aus den Linienintensitäten nicht möglich. Durch den Einsatz von Standards bzw. die Bildung von Intensitätsverhältnissen kann man das Problem lösen. Die wichtigsten Methoden, welche hier vorgestellt werden sollen, sind:

- Methode mit äußerem Standard
- Methoden mit innerem Standard
- Methode der Intensitätsverhältnisse

Bezüglich umfassender Betrachtungen zu den oben angegebenen und zu weiteren Methoden unter Nutzung der Intensität einzelner Linien sei auf die ausführliche Monographie von ZEVIN und KIMMEL [285] hingewiesen.

Methode mit äußerem Standard

Das Grundprinzip dieser Methode zur Bestimmung der Konzentration der Phase i besteht darin, neben den Integralintensitäten dieser Phase im Kristallgemisch auch die Integralintensitäten der reinen Phase i unter den gleichen experimentellen Bedingungen zu bestimmen. Für die Intensitätsverhältnisse einer Phase i im Kristallgemisch und der reinen Phase gelten:

$$\frac{I_i(hkl)}{I_i^0(hkl)} = v_i \cdot \frac{\mu_i}{\mu} \quad \text{mit} \tag{6.14}$$

$I_i(hkl)$: integrale Intensität des $(h\,k\,l)$-Reflexes der Probe
$I_i^0(hkl)$: integrale Intensität des $(h\,k\,l)$-Reflexes der reinen Probe
μ : Absorptionskoeffizient Kristallgemisch (Probe)
μ_i : Absorptionskoeffizient reine Probe
μ bzw. μ_i sind für die Wellenlänge des Reflexes $(h\,k\,l)$ zu bestimmen

Eine Berechnung der Volumenkonzentration v_i aus den bestimmten Intensitätsverhältnissen ist wegen der unbekannten Phasenzusammensetzung nur dann möglich, wenn man den Absorptionskoeffizienten μ des Kristallgemischs experimentell bestimmt. Der Hauptvorteil dieser Methode besteht darin, dass eine absolute Bestimmung der Volumenkonzentrationen v_i möglich ist. Somit kann über die Gleichung 6.15 auf nicht erfasste kristalline bzw. röntgenamorphe Phasen geschlossen werden.

$$\Delta v = 1 - \sum_j v_i \tag{6.15}$$

Sind alle Phasen richtig erfasst und keine röntgenamorphen Phasen vorhanden, so ist diese Differenz Null bzw. nahe bei Null. Für ein zweiphasiges Gemisch können wir entsprechend Gleichung 6.12 unter Verwendung der Massenkonzentration anstelle der Volumenkonzentration für das Intensitätsverhältnis der Probe zum Standard schreiben:

$$\frac{I_i(hkl)}{I_i^0(hkl)} = \frac{x_1 \cdot \mu_{m1}}{x_1(\mu_{m1} - \mu_{m2}) + \mu_{m2}} \tag{6.16}$$

Auch in diesem Fall besteht kein linearer Zusammenhang zwischen der Intensität $I_i(hkl)$ und x_i. Man kann jedoch für ein derartiges Zweiphasengemisch Kalibrierkurven aufnehmen, indem man das Verhältnis $(I_i(hkl))/(I_i^0(hkl))$ als Funktion von x_1 experimentell aufnimmt oder unter der Verwendung tabellierter Werte für μ_{m1} und μ_{m2} berechnet.

Als Beispiel sei ein Gemisch aus Quarz (SiO_2) und Kalk (CaO) betrachtet. Der Massenschwächungskoeffizient der beiden Phasen kann aus den tabellierten Massenschwächungskoeffizienten (siehe International Tables for Crystallography [199]) der Elemente berechnet werden. Es gilt:

$$\left(\frac{\mu}{\varrho}\right)_{Phase} = \mu_{m,Phase} = \sum_i x_i \cdot \mu_{m,i} \tag{6.17}$$

x_i ist der Atomanteil der jeweiligen Elemente in der Phase und $\mu_{m,i}$ der Massenschwächungskoeffizient des jeweiligen Elements.

Für die Cu-Kα-Strahlung erhält man für CaO $\mu_{m,CaO} = 119{,}11\,\mathrm{cm^2/g}$ und für SiO_2 $\mu_{m,SiO_2} = 34{,}43\,\mathrm{cm^2/g}$. Die mit diesen Werten berechnete Kurve ist in Bild 6.19b dargestellt. Die Abweichung von der Linearität ist sehr gut zu erkennen.

Methoden mit innerem Standard

Besteht das Kristallgemisch aus mehr als zwei Phasen, so sind die Methoden mit innerem Standard für die quantitative Phasenanalyse besser geeignet. Bei diesen Methoden wird dem zu quantifizierenden Kristallgemisch eine Standardprobe in einem konstanten Volumen V_S bzw. einer konstanten Masse m_S zugefügt.

In einer ersten Variante dieser Methode wird das Intensitätsverhältnis der Interferenzen von Probe und Standard bestimmt. Die allgemeine Beziehung für die Intensitätsverhältnisse soll im Folgenden abgeleitet werden. Für die Intensität I_i der zu analysierenden

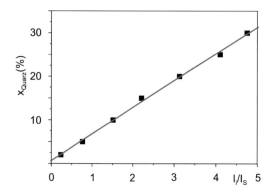

Bild 6.20: Quantitative Analyse von Quarz in einem keramischen Pulver

Phase und die Intensität des inneren Standards I_S in der zu analysierenden Probe gelten die Gleichungen 6.5 bzw. 6.9. Aus den Intensitätsverhältnissen von Probe und innerem Standard in der Probe ergeben sich folgende Beziehungen für die Volumenkonzentration v_i bzw. Massenkonzentration x_i der zu analysierenden Phase.

$$v_i^| = \frac{G_i}{G_S} \cdot v_S \cdot \frac{I_i}{I_S} = K_{VS} \cdot \frac{I_i}{I_S} \quad x_i^| = \frac{G_S \cdot \varrho_i}{G_i \cdot \varrho_S} \cdot x_S \frac{I_i}{I_S} = K_{xS} \cdot \frac{I_i}{I_S} \quad (6.18)$$

Die Werte $v_i^|$ und $x_i^|$ beschreiben die Konzentrationen in der mit dem inneren Standard versetzten Probe. Die tatsächlichen Konzentrationen der zu analysierenden Phase x_i bzw. v_i erhält man mit Hilfe folgender Gleichungen:

$$v_i^| = v_i(1 - v_S) \qquad x_i^| = x_i(1 - x_S) \quad (6.19)$$

v_S und x_S sind die Volumen- bzw. Massenkonzentration des inneren Standards in der Probe. So erhält man für den Massenanteil x_i folgende Beziehung:

$$x_i = \frac{K_{xS}}{1 - x_S} \cdot \frac{I_i}{I_S} = K_{xS}^| \cdot \frac{I_i}{I_S} = K_{xS}^| \cdot S_{iS} \quad (6.20)$$

Die Beziehung für den Volumenanteil sieht analog aus. Aus Gleichung 6.20 wird ersichtlich, dass der Massenanteil x_i eine lineare Funktion des Intensitätsverhältnisses ist. Dabei ist das Intensitätsverhältnis unabhängig vom Massenschwächungskoeffizienten der mit dem inneren Standard versetzten Probe. Gleichung 6.20 ist die Grundgleichung der Methode mit innerem Standard. Die Konstanten $K_{xS}^|$ bzw. $K_{VS}^|$ können experimentell bestimmt werden, indem man mehrere Mischungen bekannter Zusammensetzung des zu analysierenden Systems mit einer bekannten Menge des internen Standards versetzt, so dass x_s jeweils gleich ist und die Intensitätsverhältnisse misst. Dies ist die Methode nach CHUNG [285]. Durch lineare Regression ermittelt man eine Gerade der Form:

$$x_i = B + K_{xS}^| \cdot \frac{I_i}{I_S} = B + K_{xS}^| \cdot S_{iS} \quad (6.21)$$

Bild 6.20 zeigt als Beispiel die quantitative Bestimmung von Quarz in einem keramischen Pulver. Die in Bild 6.20 dargestellte Regressionsgerade lautet (Konzentrationsangabe in Prozent):

$$x_i = 0{,}68 + 6{,}12 \cdot \frac{I_i}{I_S} \qquad (6.22)$$

Theoretisch gilt für sich nicht überlappende Interferenzen, dass $B = 0$ ist. Abweichungen ergeben sich, wenn die Untergrundbestimmung nicht sorgfältig durchgeführt wurde. Für die Betrachtung der Genauigkeit dieser Methode berechnen wir ausgehend von Gleichung 6.20 die Standardabweichung zu:

$$\sigma(c_i) = \sqrt{[K_{xS}^{\shortmid}\sigma(S_{iS})]^2 + [S_{iS}\sigma(K_{xS}^{\shortmid})]^2} \qquad (6.23)$$

$\sigma(S_{iS})$ und $\sigma(K_{xS})$ sind die Standardabweichungen von S_{iS} und K_{xS}. Die Standardabweichung der Intensitätsverhältnisse $\sigma(S_{iS})$ beschreibt die Reproduzierbarkeit der Messung an derselben Probe. Zur Bestimmung wird die Probe N-mal aus dem Probenhalter entnommen, wieder eingesetzt und die Intensitätsverhältnisse gemessen. Es gilt:

$$\sigma(S_{iS}) = \frac{1}{N-1} \cdot \sum_{k=1}^{N}[(S_{iS})_k - <S_{iS}>]^2 \quad \text{mit} \quad N \in \mathbb{N} \qquad (6.24)$$

$<S_{iS}>$ ist der Mittelwert. Die Standardabweichung der Steigung der Regressionsgerade kann nach folgender Gleichung berechnet werden:

$$\sigma(K_{xS}^{\shortmid}) = \sigma_0 \sqrt{\frac{1}{\sum_{k=1}^{N}[(S_{iS})_k - <S_{iS}>]^2}} \qquad (6.25)$$

mit der Standardabweichung σ_0 der gemessenen Datenpunkte $S_{iS,obs}$ von den korrespondierenden Werten S_{iS} auf der Regressionsgeraden.

$$\sigma_0 = \frac{1}{N-2} \cdot \sum_{k=1}^{N}[(S_{iS,obs})_k - (S_{iS})_k]^2 \qquad (6.26)$$

Im oben aufgeführten Beispiel beträgt die Standardabweichung des Anstiegs der Regressionsgeraden $\sigma(K_{xS}^{\shortmid}) \approx 0{,}13\,\%$. Für die Genauigkeit der Quarzanalyse ergibt sich ein Wert $\sigma(x_{Quarz}) \approx 0{,}8\,\%$ bei einem Quarzgehalt von $20\,\%$.

Neben der experimentellen Bestimmung der Konstanten $K_{xS}^{\shortmid}$ bzw. $K_{VS}^{\shortmid}$ ist auch eine theoretische Berechnung unter Verwendung der bekannten Beziehungen möglich.

Die Methode des inneren Standards gestattet die Absolutbestimmung der Konzentrationen und damit einen Rückschluss auf nicht identifizierte bzw. röntgenamorphe Phasen in Mehrphasensystemen. Ein besonderer Vorteil dieser Methode ist, dass in einem Mehrphasengemisch eine einzelne Phase quantitativ bestimmt werden kann, ohne dass die anderen Phasen analysiert werden müssen. Bei nicht pulverförmigen Proben kann diese Methode nur dann angewendet werden, wenn eine der Phasen des Kristallgemischs mit Hilfe anderer Verfahren quantifiziert werden kann (z. B. Röntgenfluoreszenzanalyse).

Eine weitere Variante dieser Methoden wird als Methode der Referenzintensitätsverhältnisse (RIR = Reference Intensity Ratio) bezeichnet. Sie nutzt Korund ($\alpha - Al_2O_3$) als Referenzsubstanz. Zunächst ermittelt man das Intensitätsverhältnis der stärksten Linie der zu analysierenden Phase und der (1 1 3)-Korund-Interferenz in einem Phase-Korundgemisch im Gewichtsverhältnis 1:1 (I/I_C-Wert – RIR-Wert). Für viele Phasen ist dieser Wert in der PDF-Datei angegeben. Man kann ihn bei bekannter Kristallstruktur der Phase auch berechnen. Im Falle von Linienüberlagerungen mit der stärksten Korundlinie muss auf andere Linien des Korunds bzw. andere Referenzsubstanzen (ZnO, TiO_2, Cr_2O_3, CeO_2) ausgewichen werden. Vom NIST wird ein geeigneter Satz von Eichsubstanzen (SRM 674) angeboten. Für alle zu bestimmenden Phasen des Kristallgemischs müssen die I/I_C-Werte bekannt sein.

Werden dem zu untersuchenden Kristallgemisch ein bestimmter Anteil x_C Korundpulver zugesetzt, eine homogene Mischung hergestellt, auf dem Pulverdiffraktometer vermessen und die integralen Beugungsintensitäten ermittelt, dann kann man die stärksten Linien der zu quantifizierenden Phase und des Korunds auswerten. Für die Massenkonzentration der zu analysierenden Phase x_i gilt:

$$x_i = (I_{i,100}/I_{C,100}) \cdot x_C/(I/I_C)_i \tag{6.27}$$

Kann man nicht mit den stärksten Linien arbeiten, ist Gleichung 6.27 zu modifizieren:

$$x_i = (I_{ij}/I_{Ck}) \cdot (I_{ij,rel}/I_{Ck,rel}) \cdot x_C/(I/I_C)_i \tag{6.28}$$

I_{ij} und I_{Ck} sind die Intensitäten der j-ten Linie der Phase i bzw. der k-ten Linie des Korunds in der Mischung. $I_{ij,rel}$ und $I_{Ck,rel}$ sind die relativen Intensitäten der j-ten Linie der reinen Phase und der k-ten Linie des reinen Korunds. Auch bei dieser Methode kann über die Abweichung der Summe der x_i von eins auf das Vorhandensein nicht identifizierter bzw. röntgenamorpher Phasen geschlossen werden.

Methode der Intensitätsverhältnisse

Bei dieser Methode werden die Intensitätsverhältnisse der Interferenzen der verschiedenen Phasen des Kristallgemischs zur qualitativen Phasenanalyse ausgenutzt. Durch die Bildung von Intensitätsverhältnissen soll der unbekannte Massenschwächungskoeffizient μ bzw. μ_m eliminiert werden. Für das Intensitätsverhältnis der k-ten Interferenzlinie der Phase i und der l-ten Interferenzlinie der Phase j gilt:

$$\frac{I_{ik}}{I_{jl}} = \frac{G_{ik}}{G_{jl}} \cdot \frac{v_i}{v_j} \quad \text{bzw.} \quad \frac{I_{ik}}{I_{jl}} = \frac{G_{ik} \cdot \varrho_j}{G_{jl} \cdot \varrho_i} \cdot \frac{x_i}{x_j} \tag{6.29}$$

Die experimentell bestimmten Intensitätsverhältnisse liefern die Verhältnisse der Volumen- bzw. Massenkonzentrationen (G-Werte werden berechnet bzw. experimentell bestimmt). Enthält das Kristallgemisch n Phasen, dann erhält man $n - 1$ unabhängige Intensitätsverhältnisse. Für die direkte Bestimmung der Massen- bzw. Volumenkonzentrationen der einzelnen Phasen muss zusätzlich die Normierungsbedingung verwendet werden:

$$\sum_i v_i = 1 \quad \text{bzw.} \quad \sum_i x_i = 1 \tag{6.30}$$

$$v_i = \left(\sum_j \frac{G_{ik}}{G_{jl}} \cdot \frac{I_{jl}}{I_{ik}} \right)^{-1} \quad \text{bzw.} \quad v_i = \left(\sum_j \frac{G_{ik} \cdot \varrho_j}{G_{jl} \cdot \varrho_i} \cdot \frac{I_{jl}}{I_{ik}} \right)^{-1} \tag{6.31}$$

Der Vorteil der Methode der Intensitätsverhältnisse besteht darin, dass ohne zusätzlichen Standard gearbeitet werden kann. Der Nachteil der Methode besteht darin, dass man durch Verwendung der o. g. Normierungsbedingungen nicht erkennt, ob nicht identifizierte Phasen bzw. röntgenamorphe Phasen im Kristallgemisch vorliegen. Problematisch sind Absorptionskanten bei benachbarten chemischen Elementen.

Zwei weitere häufig eingesetzte Methoden nach ZEVIN und KIMMEL sind [285]:

- die Dotierungsmethode nach COPELAND und BRAGG – bei dieser Methode wird die zu untersuchende Probe mit einer bekannten Menge der zu analysierenden Phase versetzt (dotiert)
- die Verdünnungsmethode – bei dieser Methode wird die zu untersuchende Probe mit einer bestimmten Menge eines inerten Materials mit möglichst bekanntem Massenschwächungskoeffizienten verdünnt, wobei die Beugungsinterferenzen dieses Materials nicht gemessen werden (d. h. das Material kann auch amorph sein)

Neben den hier vorgestellten Methoden existiert noch eine Vielzahl weiterer Varianten, welche sich jedoch nicht durchgesetzt haben bzw. Sonderfällen vorbehalten sind. Erwähnt sei die Methode nach FILA [285], welche er 1972 für Kristallgemische mit sehr vielen Linienüberlagerungen entwickelte. Diese Methode findet jedoch heute kaum noch Anwendung, da in diesen Fällen die RIETVELD-Methode zu besseren Resultaten führt. Die bisher vorgestellten Methoden benötigen für jede quantitativ zu bestimmende Phase mindestens einen aufgelösten Beugungsreflex. Für die meisten Mehrphasengemische treten in der Regel mehr oder weniger starke Überlappungen der Beugungsreflexe auf. Dieses Problem kann gelöst werden, indem man die Überlappung mittels Profilanpassung, Kapitel 8, in die jeweiligen Intensitätsanteile der Einzelkomponenten zerlegt und diese anschließend nach einer der vorgestellten Methoden auswertet. Alternativ kann das gesamte Beugungsdiagramm ausgewertet werden. Am weitesten verbreitet ist dabei das RIETVELD-Verfahren, welches im nächsten Abschnitt ausführlich vorgestellt wird.

6.5.2 RIETVELD-Verfahren zur quantitativen Phasenanalyse

Das RIETVELD-Verfahren [205, 206] ist ein Profilanpassungsverfahren für das gesamte Beugungsdiagramm. Es wurde zunächst für die Kristallstrukturanalyse bzw. die Verfeinerung von Kristallstrukturen entwickelt. Später fand es auch in der quantitativen röntgenographischen Phasenanalyse Einsatz, für welche es in der Regel ein standardloses Verfahren ist. Das RIETVELD-Verfahren benötigt zur Anpassungen des gesamten Beugungsdiagramms für alle zu analysierenden Phasen ein Strukturmodell. Dadurch unterscheidet es sich von anderen Profilanpassungsverfahren für das gesamte Beugungsdiagramm (LE BAIL-Methode, PAWLEY-Methode usw. - WPPF (Whole Powder Pattern Fit)). Mögliche Texturen können bei der Profilanpassung berücksichtigt werden. Nach YOUNG [282] bieten die Methoden der Anpassung des gesamten Beugungsdiagrammes folgende Vorteile.

- Kalibrierungskonstanten können aus Literaturdaten berechnet werden.
- Alle Beugungsreflexe werden in die Auswertung unter Berücksichtigung von Überlappungen eingeschlossen.
- Der Untergrund wird besser definiert, da eine kontinuierliche Funktion an das gesamte Beugungsdiagramm angefittet wird.
- Der Einfluss bevorzugter Orientierungen (Textur) und der Extinktion wird durch die Berücksichtigung aller Reflextypen verringert bzw. entsprechende Parameter werden verfeinert.
- Die Kristallstruktur und Beugungsprofil-Parameter können als Teil der gleichen Analyse verfeinert werden.

Das Grundprinzip der RIETVELD-Methode besteht darin, alle Messpunkte i eines Pulverbeugungsdiagramms (gemessene Intensität y_{io}) mit analytischen Funktionen zu beschreiben (berechnete Intensität y_{ic}). Die Funktionsparameter werden im Verfeinerungsprozess mit Hilfe der Methode der kleinsten Quadrate simultan angepasst, YOUNG [282]:

$$S_y = \sum w_i |y_{io} - y_{ic}|^2 \rightarrow \text{Minimum} \tag{6.32}$$

Als Wichtungsfaktor w_i wird in der Regel die reziproke Varianz des i-ten Messpunktes benutzt, andere Wichtungsfaktoren sind jedoch auch möglich. Die theoretische Berechnung der Messpunkte i erfolgt mit Gleichung 6.34:

$$w_i = \frac{1}{\sigma_i{}^2} = \frac{1}{y_{io}} = Z \cdot t \tag{6.33}$$

$$y_{ic} = S \sum_K H_K \cdot L_K \cdot P_K \cdot A \cdot S_r \cdot E_X \cdot |F_K|^2 \cdot \Phi(2\theta_i - 2\theta_K) + y_{ib} \quad \text{mit} \tag{6.34}$$

S	: Skalierungsfaktor	K	: h,k,l eines BRAGG-Reflexes
L_K	: LORENTZ- und Polarisationsfaktor	H_K	: Flächenhäufigkeitsfaktor
P_K	: Texturfaktor	S_r	: Faktor für Oberflächenrauhigkeit
A	: Absorptionsfaktor	Φ	: Reflexprofilfunktion
E_X	: Extinktionsfaktor	F_K	: Strukturfaktor
$2\theta_K$	: berechnete Position BRAGG-Interferenz (mit Korrektur Nullpunktverschiebung Detektor)		
$2\theta_i$	: Glanzwinkel am i-ten Messpunkt		
y_{ib}	: Untergrundintensität am i-ten Messpunkt		

Für eine polykristalline Probe mit p Phasen muss die Gleichung 6.34 modifiziert werden:

$$y_{ic} = \sum_p S_p \sum_K H_K \cdot L_K \cdot P_K \cdot A \cdot S_r \cdot E_X \cdot |F_K|^2 \cdot \Phi(2\theta_i - 2\theta_K) + y_{ib} \tag{6.35}$$

mit S_p als Skalierungsfaktor der Phase p.

Die Anwendung der Methode der kleinsten Quadrate führt zu einem Satz von Normalgleichungen, welche die Ableitungen aller berechneten Intensitäten y_{ic} in Bezug zu jedem verfeinerbaren Parameter enthalten. Dieser Satz von Normalgleichungen kann durch Inversion der Normalmatrix $\boldsymbol{M_{jk}}$ gelöst werden, wobei x_j und x_k der Satz der verfeinerbaren Parameter sind.

$$\mathbf{M_{jk}} = -\sum_i 2 \cdot w_i \cdot [(y_{io} - y_{ic}) \cdot \frac{\partial^2 y_{ic}}{\partial x_j \partial x_k} - \frac{\partial y_{ic}}{\partial x_j} \cdot \frac{\partial y_{ic}}{\partial x_k}] \tag{6.36}$$

Der Extinktionsfaktor kann für die meisten Pulverpräparate vernachlässigt werden. Bezüglich der Reflexprofile sei auf das Kapitel 8 verwiesen. Es kommt sowohl die Beschreibung durch analytische Profilfunktionen (GAUSS, LORENTZ usw.) in Betracht als auch der Fundamentalparameteransatz. Benutzt man zur Beschreibung analytische Profilfunktionen, muss die Abhängigkeit der Halbwertsbreite FWHM vom Beugungswinkel beachtet werden. Für die GAUSS-Verteilung bzw. die LORENTZ-Verteilung gilt [93]:

$$(FWHM)_G = (U \tan^2 \theta + V \tan \theta + W)^{\frac{1}{2}} \tag{6.37}$$

$$(FWHM)_L = X \tan \theta + \frac{Y}{\cos \theta} \tag{6.38}$$

mit U, V, W bzw. X, Y als variable Parameter in der Profilverfeinerung.

Die Verwendung analytischer Profilfunktionen ist mit Vor- und Nachteilen verbunden:

- Profilfunktionen (peak shape functions - PSFs) mit einer expliziten und relativ einfachen mathematischen Form
- analytische Differenzierbarkeit dieser Funktionen mit Bezug auf jeden der verfeinerten Parameter
- einfach nutzbar, aber keine physikalische Bedeutung
- die große Anzahl von Parametern, welche für eine gute Anpassung des gesamten Beugungsdiagramms erforderlich ist, führt zu:
  Korrelationsproblemen; Verlust der Eindeutigkeit und Instabilität der Verfeinerungsprozedur

Dem gegenüber stehen folgende Vorteile der Anwendung der Fundamentalparameteransatzes in der RIETVELD-Methode.

- gestattet die Auswertung von Beugungsdiagrammen mit einem hohen Grad der Reflexüberlappung
- Verwendung einer minimalen Anzahl an Profilparametern und damit verbunden eine stabile Verfeinerung
- die verfeinerten Profilparameter haben eine physikalische Bedeutung (Kristallitgröße, innere Spannungen usw.)

Der Untergrund sollte durch eine Untergrundfunktion beschrieben werden, deren Parameter mitverfeinert werden können. Man unterscheidet zwischen phänomenologischen Funktionen und Funktionen, welche auf der physikalischen Realität beruhen. Über diese Funktionen können weitere Informationen zur Probe erhalten werden, insbesondere zu den amorphen Anteilen in der Probe. Eine häufig verwendete Untergrundfunktion stellt ein Polynom vom Grade n dar:

$$y_{ib} = \sum_n b_n (2\theta_i)^n \tag{6.39}$$

Häufig wird mit einem Polynom vom Grade 5 gearbeitet. Nach RIELLO [204] wird der Untergrund auf physikalischer Grundlage bestimmt:

$$Y_i^{bk} = K^{inc} \cdot I_i^{inc} + K^{dis} \cdot [1 - exp(-k s_i^2)] \cdot I_i^{coh} + Y_i^{air} \qquad \text{mit} \tag{6.40}$$

$s_i = 2\sin\vartheta_i/\lambda$ -   Variable im reziproken Raum
K^{inc} -   Skalierungsfaktor für inkohärente Streuung
K^{dis} -   Skalierungsfaktor für diffuse Streuung
       (z. B. diffuse thermische Streuung)
I_i^{inc} -   unabhängige inkohärente Streuung beim i-ten Iterationsschritt
       (korrigiert mit Polarisationsfaktor usw.)
I_i^{coh} -   unabhängige kohärente Streuung beim i-ten Iterationsschritt
k -   Fehlordnungsparameter, beschreibt diffuse thermische Streuung
       und die diffuse Streuung durch Fehlordnungen
Y_i^{air} -   Streubeitrag der Luft zum Untergrund

Treten in der Probe Texturen auf, führt dies, insbesondere bei BRAGG-BRENTANO-Geometrie, zu Änderungen in der Beugungsintensitäten. Nach YOUNG [282] kommen zur Korrektur für Fasertexturen vor allem folgende Funktionen zum Einsatz:

$$P_K = e^{(-G_1 \alpha_K^2)} \quad \text{und} \quad P_K = G_2 + (1 - G_2) \cdot e^{(-G_1 \alpha_K^2)} \tag{6.41}$$

G_1 und G_2 sind die verfeinerbaren Parameter. α_K ist der Winkel zwischen dem Beugungsvektor und der durch die Textur bedingten bevorzugten Achse. DOLLASE zeigte, dass für stark texturierte Proben die MARCH-Funktion sehr gut geeignet ist. Sie wird daher auch als MARCH-DOLLASE-Funktion bezeichnet [170, 73]:

$$P_K = (G_1^2 \cos^2 \alpha + (1/G_1) \cdot \sin^2 \alpha)^{-3/2} \tag{6.42}$$

Liegen keine Sonderfälle der Textur vor, muss man von der allgemeinen Definition der Orientierungsdichtefunktion $f(g)$ ausgehen, siehe Kapitel 11.7.1. Den Lösungsansatz liefert die harmonische Methode, Kapitel 11.7.5. Der mathematische Aufwand wird etwas geringer, wenn die ODF als Funktion der beiden Richtungswinkel ϑ und φ beschrieben werden kann. Es gilt dann nach JÄRVINEN [237]:

$$W(\theta, \varphi) = \sum_{ij} C_{ij} Y ij(\theta, \varphi) \tag{6.43}$$

Die C_{ij} sind Entwicklungskoeffizienten, die Y_{ij} symmetrisierte Kugelfunktionen. Für weiterführende Betrachtungen sei auf das Kapitel 11 und auf die Ausführungen von JÄRVINEN in [237] verwiesen.

Die bisher aufgeführten Funktionen (MARCH-DOLLASE usw.) [170, 73] sind Spezialfälle dieser allgemeinen Beziehung.

Enthält die untersuchte Probe mehrere Phasen, so werden diese simultan verfeinert. Die simultan verfeinerbaren Parameter für jede Phase sind nach YOUNG [282]:

x_j, y_j, z_j	-	Atomkoordinaten für alle j Atome in der Elementarzelle
B_j	-	Temperaturfaktor (DEBYE-WALLER-Faktor)
N_j	-	Besetzungsfaktor
S_p	-	Skalierungsfaktor der Phase p

Weitere Parameter sind: probenbedingte Profilbreite, Zellparameter, Textur und Extinktion, mittlerer Temperaturfaktor der Probe; Domänengröße und Mikrodehnungen (aus Profilparametern bzw. dem Fundmentalparameteransatz).

Neben diesen Parametern, welche für jede Phase verfeinert werden müssen, sind nach YOUNG [282] mehrere globale Parameter zu verfeinern:

- 2θ – Nullpunkt – Nullpunktverschiebung
- instrumentelles Profil
- Profilasymmetrie
- Untergrund
- Wellenlänge
- Probenjustage
- Absorption

Der Fortgang und die Güte der RIETVELD-Verfeinerung, d. h. der Minimierung von S_y, kann mit verschiedenen Kennwerten beurteilt werden. Am häufigsten werden die so genannten R-Werte (Residuen) als Übereinstimmungskriterium betrachtet [282, 21]. Man unterscheidet den Strukturfaktor-R-Wert R_F und den BRAGG-R-Wert R_B, welche analog in der Kristallstrukturanalyse zum Einsatz kommen, und die Profilübereinstimmungsindizes R_p und R_{wp}. Ein weiterer R-Wert ist der so genannte Erwartungswert R_{exp}, welcher dem theoretischen Minimalwert von R_{wp} entspricht. R_F und R_B benutzen die integralen Intensitäten:

- R_F – Wert :
$$R_F = \frac{\sum_k |\sqrt{I_{ko}} - \sqrt{I_{kc}}|}{\sum_k \sqrt{I_{ko}}} \tag{6.44}$$

- R_B – Wert :
$$R_B = \frac{\sum_k |I_{ko} - I_{kc}|}{\sum_k I_{ko}} \tag{6.45}$$

- Die I_k – Werte sind integrale Intensitäten.

Die Profilübereinstimmungsindizes R_p, R_{wp} und R_E benutzen die gemessenen bzw. berechneten Intensitäten am Messpunkt i. Beide Parameter werden mit und ohne Untergrundkorrektur verwendet:

- R_p-Wert ohne Untergrundkorrektur:

$$R_p = \frac{\sum_i |y_{io} - y_{ic}|}{\sum_i y_{io}} \tag{6.46}$$

- R_p-Wert mit Untergrundkorrektur:

$$R_p = \frac{\sum_i |y_{io} - y_{ic}|}{\sum_i |y_{io} - y_{ib}|} \qquad (6.47)$$

- R_{wp}-Wert ohne Untergrundkorrektur:

$$R_p = \sqrt{\frac{\sum_i w_i (y_{io} - y_{ic})^2}{\sum_i w_i (y_{io})^2}} \qquad (6.48)$$

- R_{wp}-Wert mit Untergrundkorrektur:

$$R_p = \sqrt{\frac{\sum_i w_i (y_{io} - y_{ic})^2}{\sum_i w_i (y_{io} - y_{ib})^2}} \qquad (6.49)$$

- R_E-Wert, N und P sind die Anzahl der Messpunkte bzw. die Anzahl der verfeinerten Parameter:

$$R_E = \sqrt{\frac{(N - P)}{\sum_i w_i (y_{io})^2}} \qquad (6.50)$$

Ein weiteres Gütekriterium ist der Übereinstimmungsfaktor GOF (goodness of fit):

$$GOF = \frac{R_{wp}}{R_E} = \sqrt{\frac{\sum_k w_i (y_{io} - y_{ic})^2}{(N - P)}} \qquad (6.51)$$

R_{wp} und GOF sind die wichtigsten Werte zur Beurteilung der Verfeinerung. Beide Größen enthalten im Zähler die zu minimierende gewichtete Fehlerquadratsumme S_y. Ergänzt werden die o. g. Werte durch die berechnete Standardabweichungen σ_j der verfeinerten Parameter:

$$\sigma_j = \sqrt{M_{jj}^{-1} \frac{\sum -i w_i (y_{io} - y_{ic})^2}{N - P}} \qquad (6.52)$$

M_{jj} ist das Diagonalelement der inversen Normalmatrix, siehe Gleichung 6.36.

Neben den vorgestellten numerischen Werten benutzt man zur Charakterisierung des Fortgangs und der Güte der RIETVELD-Verfeinerung auch die so genannte Differenzkurve. Dabei handelt es sich um eine graphische Darstellung der Differenz von berechneter und gemessener Kurve. Daneben werden die gemessene und berechnete Kurve selbst betrachtet. Insbesondere am Anfang der Verfeinerung können Fehler im Startmodell erkannt werden (zusätzliche Phasen, falsche Strukturmodelle usw.). Aber auch bei der Freigabe weiterer Parameter in der Verfeinerung ist die graphische Darstellung sehr hilfreich.Bild 6.21 zeigt beispielhaft, wie der Einfluss falsche Parameter (Profilform, Zellparameter) während des Verfeinerungsprozesses an Hand der Differenzkurve erkennbar werden.

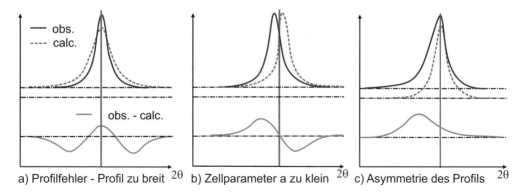

Bild 6.21: Verläufe der Differenzkurve bei falscher Parameterwahl während der RIETVELD Verfeinerung

Für eine endgültige Aussage, dass eine Verfeinerung sehr gut ist, müssen nach ALLMANN [21] mehrere Dinge betrachtet werden:

- alle R-Werte deuten eine gute Verfeinerung an
- die Differenzkurve zeigt eine gute Verfeinerung an
- es wurden niedrige, physikalisch sinnvolle Standardabweichungen ermittelt
- die verfeinerten Parameter liefern physikalisch sinnvolle Ergebnisse.

Verfeinert man das Beugungsdiagramm eines Vielphasensystems, dann existiert nach HILL, HOWARD und BISH ein enger Zusammenhang zwischen dem Skalierungsfaktor S_p und dem Gewichtsanteil x_p der Phase p in einer Probe mit j Phasen [119, 41].

$$x_p = \frac{s_p(ZMV)_p}{\sum_j s_j(ZMV)_j} \quad \text{bzw.} \quad x_p = \frac{s_p\rho_p}{\sum_j s_j\rho_j} \quad \text{mit} \quad \sum_j x_j = 1 \tag{6.53}$$

ρ_p bzw. ρ_j sind die Dichten der jeweiligen Phasen und V_p bzw. V_j die Volumina der Elementarzellen dieser Phasen. Bei einer sorgfältigen Durchführung der RIETVELD-Analyse können auch Phasen mit einem Massenanteil unter einen Masseprozent sicher analysiert werden. Die Anwendung der RIETVELD-Analyse in der quantitativen Phasenanalyse erfordert die Erfüllung folgender Bedingungen:

- bekannte Kristallstruktur aller Phasen im Kristallgemisch
- kristallographisch korrekte Besetzungszahlen
- feinkristalline Proben (wegen der Kristallitstatistik), jedoch möglichst keine Profilverbreiterung durch die Kristallitgröße
- keine Texturen, andernfalls Arbeit mit Korrekturfaktoren
- keine amorphe Phase.

Die notwendigen Strukturdaten erhält man aus folgenden Quellen: Literatur und Zeitschriften (z. B. Acty Cryst., Z. Krist.), Datenbanken (CSD - Cambridge Structural Database, ICSD - Inorganic Crystal Structure Database, PDF-4, PDB -Protein Data Bank usw.) sowie aus eigenen bzw. von Mitarbeitern durchgeführten Kristallstrukturbestimmungen bzw. Kristallstrukturverfeinerungen.

Mehrere Beispiele zur RIETVELD-Analyse befinden sich im Kapitel 15. Eine ausführliche Fehlerdiskussion des RIETVELD-Verfahrens am Beispiel der Bestimmung von Restaustenit ist im Kapitel 15.4.1 zu finden.

Ist in der zu analysierenden Probe eine amorphe Phase vorhanden, kann man das RIETVELD-Verfahren verwenden, wenn man mit einem inneren Standard (z. B. Korund) arbeitet, welcher der Probe mit einer bekannten Menge zugesetzt wird. Den Anteil der amorphen Phasen x_a im originalen Phasengemisch erhält man nach Gleichung 6.54 [176].

$$x_a = \frac{100}{(100 - x_s)}(1 - \frac{x_s}{x_{s,c}}) \tag{6.54}$$

Mikroabsorptionseffekte können die Genauigkeit dieser Methode beeinträchtigen und erfordern den Einsatz entsprechender Korrekturen. Bei Fehlern durch Mikroabsorption werden Intensitätsschwankungen durch starke Unterschiede der Massenabsorptionskoeffizienten und/oder Domänengrößen verursacht. TAYLOR[249] modifizierte für die Korrektur die Gleichung 6.53.

$$x_i = \frac{S_i \rho_i}{\sum_p S_p \rho_p \cdot \frac{\tau_i}{\tau_p}} \tag{6.55}$$

τ ist der Partikelabsorptionsfaktor, definiert durch die Theorie nach BRINDLEY. Für Einzelheiten sei auf MITTEMEIJER [176] verwiesen.

Neue Ansätze gestatten den Einsatz der RIETVELD-Methode zur Bestimmung des amorphen Anteils ohne Einsatz eines inneren Standards. Ausführliche Betrachtungen findet man ebenfalls bei MITTEMEIJER [176] und DINNEBIER [72].

Problematisch ist der Einsatz der RIETVELD-Methode nach wie vor bei der Bestimmung von Tonmineralen und anderen fehlgeordneten Kristallen (OD-Strukturen). Lösungsansätze bieten alternative Profilanpassungsverfahren für das gesamte Beugungsdiagramm, wie sie von SMITH [235] und CRESSEY [66] vorgestellt wurden. Während das Verfahren von SMITH die Messung von RIR-Werten für das gesamte Beugungsdiagramm erfordert, arbeitet die Methode von CRESSEY mit reinen Standards.

7   Zellparameterbestimmung

Die regelmäßige Anordnung von Atomen und damit die Kristallbildung erfolgt aus Gründen der Energieminimierung des Gesamtsystems. Für ganz bestimmte Atomabstände – Bindungsabstände ergeben sich lokale Minima der Energie, die äußerst stabil sind. Der räumliche Abstand dieser Minima in einem Kristall ist ein »Fingerabdruck« der Atomanordnung. Die dabei möglichen Kristallsysteme, die sich ausbildenden Elementarzellen mit einer Atombelegung abweichend von primitiven Elementarzellen können äußerst exakt mit der Röntgenbeugung ermittelt werden. Diesen Vorgang nennt man Strukturbestimmung. Bestimmt man dagegen vorwiegend nur die Abstände der Atome und die Längen der Elementarzellenabschnitte, dann wird dieser Vorgang *Präzisionszellparameterbestimmung (früher Präzisionsgitterkonstantenbestimmung)* genannt. Da die Abstände zwischen den Atomen abhängig von der Temperatur, dem Legierungsgehalt und auch von inneren mechanischen Spannungen gering variieren können, wird anstatt des Begriffes Gitterkonstantenbestimmung im Folgenden immer der Begriff Zellparameterbestimmung verwendet.

Die Präzisionszellparameterbestimmung hat möglichst an einem Pulverdiffraktogramm mit kleinster vertretbarer Schrittweite, langer Zählzeit und über einen großen Winkelbereich zu erfolgen. Besonders Beugungsinterferenzen bei hohen Beugungswinkeln θ sind vorteilhaft und erhöhen die Genauigkeit der Bestimmung der Zellparameter, Kapitel 5.2.

Als erster Schritt ist das Diffraktogramm zu indizieren, also jeder Beugungsinterferenz die entsprechenden MILLERschen Indizes $(h\,k\,l)$ zuzuordnen. Dies kann bei bekannter Phase mittels der PDF-Datei erfolgen, siehe Kapitel 6.3. Bei Proben aus hochsymmetrischen Kristallen, erkennbar an einer relativ geringen Zahl an Beugungsinterferenzen, kann die Indizierung auch auf rechnerischem Weg erfolgen. Neue Software gestattet auch die Indizierung von Beugungsaufnahmen niedrigsymmetrischer Kristalle.

7.1 Indizierung auf rechnerischem Weg

Indizierung unter Kenntnis der Elementarzellenabmessungen

Die Gleichungen 3.35 und 3.36 stellten den Zusammenhang zwischen Abstand der reziproken Gitterpunkte und dem Netzebenenabstand d_{hkl} dar. Jeder Punkt im reziproken Raum repräsentiert eine Netzebene mit dem Netzebenenabstand d_{hkl} im Realraum. Quadriert man Gleichung 3.35 unter Verwendung der Beträge der reziproken Basisvektoren $\vec{a_i^*}$, dann ergibt sich folgender Ausdruck für einen Parameter P_{hkl}:

$$P_{hkl} = r^{*\,2} = \frac{1}{d_{hkl}^2} = \frac{4 \cdot \sin^2\theta}{\lambda^2} = h^2 \cdot a_1^{*\,2} + k^2 \cdot a_2^{*\,2} + l^2 \cdot a_3^{*\,2} + \tag{7.1}$$
$$2hk \cdot a_1^* \cdot a_2^* \cos\gamma^* + 2hl \cdot a_1^* \cdot a_3^* \cos\beta^* + 2kl \cdot a_2^* \cdot a_3^* \cos\alpha^*$$

© Springer Fachmedien Wiesbaden GmbH, ein Teil von Springer Nature 2019
L. Spieß et al., *Moderne Röntgenbeugung*,
https://doi.org/10.1007/978-3-8348-8232-5_7

Gleichung 7.1 kann unter Zuhilfenahme von sechs Konstanten mit den nachfolgenden Vereinfachungen umgeschrieben werden.

$$P_{hkl} = h^2 \cdot A + k^2 \cdot B + l^2 \cdot C + hk \cdot D + hl \cdot E + kl \cdot F \tag{7.2}$$

Gleichung 7.2 stellt die allgemeine Form dar und ist so gültig für alle Kristallsysteme. Die Größen $A - F$ stehen für:

$$
\begin{aligned}
A &= (a_1^*)^2 & D &= 2 \cdot a_1^* \cdot a_2^* \cdot \cos \gamma^* \\
B &= (a_2^*)^2 & E &= 2 \cdot a_1^* \cdot a_3^* \cdot \cos \beta^* \\
C &= (a_3^*)^2 & F &= 2 \cdot a_2^* \cdot a_3^* \cdot \cos \alpha^*
\end{aligned}
$$

Verkörpern die Proben höher-symmetrische Kristallsysteme, dann vereinfacht sich die Gleichung 7.2 entsprechend:

$$
\begin{aligned}
\text{monoklin} \quad & P_{hkl} = h^2 \cdot A + k^2 \cdot B + l^2 \cdot C + hk \cdot D + hl \cdot E \\
\text{rhomboedrisch} \quad & P_{hkl} = (h^2 + k^2 + l^2) \cdot A + (hk + hl + kl) \cdot D \\
\text{trigonal und hexagonal} \quad & P_{hkl} = (h^2 + k^2 + h \cdot k) \cdot A + l^2 \cdot C \\
\text{orthorhombisch} \quad & P_{hkl} = h^2 \cdot A + k^2 \cdot B + l^2 \cdot C \\
\text{tetragonal} \quad & P_{hkl} = (h^2 + k^2) \cdot A + l^2 \cdot C \\
\text{kubisch} \quad & P_{hkl} = (h^2 + k^2 + l^2) \cdot A
\end{aligned}
$$

Mit vorläufig bekannten Zellparametern lassen sich die Werte $A - F$ berechnen und damit alle Netzebenenabstände d_{hkl} bzw. die Beugungswinkel θ_{hkl}. Mit den gemessenen Beugungsinterferenzen und der Methode der kleinsten Fehlerquadrate lassen sich dann die Zellparameter verfeinern.

Eine Netzebene wird auf einen einzigen Punkt im reziproken Raum/Gitter reduziert. Im Bild 7.1a sind Atome in primitiver monokliner Anordnung dargestellt. Man projiziert die Elementarzelle z. B. auf die (0 1 0)-Netzebene. Mit einem konstanten Maßstabs-

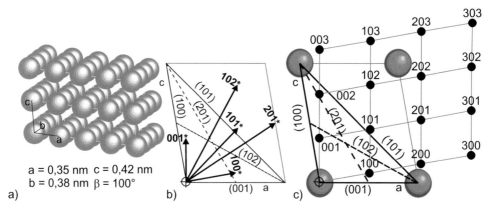

a) a = 0,35 nm　c = 0,42 nm
b = 0,38 nm　β = 100°

Bild 7.1: a) primitiv monokline Atomanordnung von vier, drei und zwei Elementarzellen in a, b bzw. c Richtung b) Projektion einer Elementarzelle auf die (0 1 0)-Ebene und Einzeichnung von reziproken Netzebenennormalen hkl* c) Konstruktion des reziproken Gitters und Indizierung der Netzebenen

faktor K errechnet man von jeder Netzebene den reziproken Netzebenenabstand d^*_{hkl} entsprechend Gleichung 17.19:

$$d^*_{hkl} = \frac{K}{d_{hkl}} \tag{7.3}$$

Zeichnet man nun zu jeder Netzebene die Netzebenennormale mit der Länge d^*_{hkl} ein und verschiebt alle Normalenvektoren in den Ursprung, dann stellen die Enden der jeweiligen Vektoren die ersten reziproken Gitterpunkte dar, Bild 7.1b. Verdoppelt man die Längen der Normalenvektoren, so hat man die Lage einer Netzebene mit höherer Beugungsordnung, Bild 7.1c. Diese Vorgehensweise wird später beim ITO-Verfahren verwendet.

Eine Fehlermöglichkeit besteht bei der Untersuchung von Mischkristallen. Dort verschieben sich die Zellparameter mit der Variation der Zusammensetzung. Die gemessenen Winkellagen resultieren aus Interferenzverschiebungen und es ergeben sich andere P_{hkl_i}. Bestehen die Mischkristalle aus höher-symmetrischen Kristallsystemen, sind meist isolierte Inteferenzen vorhanden und man kann die Indizierung übernehmen. Bei niedrigsymmetrischen Kristallsystemen und der damit verbundenen hohen Anzahl an Beugungsinterferenzen kommt es schnell zu Interferenzüberlappungen. Damit ist bei der Fehlbestimmung von P_{hkl} das Auftreten von Fehlindizierungen eher wahrscheinlich. In jedem Fall muss dann nach einer Indizierung mit all den gefundenen $(h\,k\,l)$ eine Rückrechnung der Zellparameter erfolgen. Nur wenn weitgehend gleiche Zellparameter erhalten werden, wie sie in das Modell hineingesteckt wurden, kann davon ausgegangen werden, dass eine korrekte Indizierung vorliegt. Die Verwendung dieser Methode ist deshalb nur anzuraten, wenn die Kristallstruktur der untersuchten Probe weitgehend bekannt ist.

Die Beugungswinkelbestimmung ist immer nach Merksatz auf Seite 179 vorzunehmen. An dieser Stelle wird darauf hingewiesen, dass die Indizierung mehrdeutig sein und es verschiedene Lösungsvorschläge geben kann. Dies passiert immer dann, wenn über einen zu kleinen Winkelbereich gemessen wurde und die ersten Beugungsinterferenzen bei niedrigem θ nicht im Diffraktogramm erfasst wurden. Auch bei Elementarzellenabmessungen mit abwechselnd »kleinen« und »großen« Abmessungen, wie z. B. den Tonmineralen treten oft solche Fehler auf.

Sind die Indizierungen dagegen sicher bekannt, lassen sich die Zellparameter unabhängig von den Startwerten mittels der Methode der kleinsten Fehlerquadrate verfeinern. Gleichung 7.2 ist eine lineare Gleichung für alle sechs Parameter $A - F$. Die bei der Methode der kleinsten Fehlerquadrate zu bildenden partiellen Ableitungen von z. B. $\partial P_{hkl}/\partial A = h^2$ sind nur von den MILLERschen Indizes abhängig und damit auch immer ganze Zahlen.

Indizierungen bei unbekannten Proben

Geht man davon aus, dass die untersuchte Probe kein Kristallgemisch sondern eine einphasige Substanz ist, dann kann vor allem bei kubischen Stoffen das BRAVAIS-Gitter und der Zellparameter allein aus der Lage der Beugungsinterferenzen mittels der Indizierung ermittelt werden. Schreibt man Gleichung 7.2 unter Zuhilfenahme der Definition des reziproken Gitters und der Eigenschaften der Elementarzelle für ein kubisches Kristallsystem um, so erhält man:

$$\sin^2 \theta_i = \frac{\lambda^2 \cdot P_{hkl_i}}{4} = \frac{\lambda^2 \cdot (h_i^2 + k_i^2 + l_i^2) \cdot a^{*\,2}}{4} = \frac{\lambda^2 \cdot (h_i^2 + k_i^2 + l_i^2)}{4 \cdot a^2} \qquad (7.4)$$

Für eine $(1\,0\,0)$-Netzebene vereinfacht sich Gleichung 7.4 zu:

$$\sin^2 \theta_{(100)} = \frac{\lambda^2 \cdot P_{(100)}}{4} = \frac{\lambda^2 \cdot a^{*\,2}}{4} = \frac{\lambda^2}{4 \cdot a^2} \qquad (7.5)$$

Bildet man den Quotienten aller $\sin^2 \theta_i / \sin^2 \theta_{(100)}$ eines Diffraktogramms, dann ist dies die Summe der Quadrate der MILLERschen Indizes. Dies kann auch noch anders interpretiert werden, wenn man die Beziehung $P_{hkl} = (h^2 + k^2 + l^2) \cdot A$ heranzieht. Nur ganzzahlige Vielfache von A treten im kubischen Kristallsystem auf. Einige Werte wie $A = 7$ bzw. weiterhin alle $A = 8 \cdot n - 1$ sind nicht möglich. Zieht man noch die Auswahlregeln für die verschiedenen BRAVAIS-Gitter hinzu, Kapitel 3.2.10, dann sind für kubisch raumzentrierte Kristalle nur geradzahlige Vielfache von A erlaubt, d. h. der größte gemeinsame Teiler aller P_{hkl_i} ist $2 \cdot A$. Die Bedingung für kubisch flächenzentrierte Kristalle, dass alle $(h\,k\,l)$ nur geradzahlig oder alle nur ungeradzahlig sind führt zu einer möglichen Reihe erlaubter Netzebenen von 3, 4, 8, 11, 12, 16, 19, 20, 24, 27 und 32 mal A.

Die Tabelle 7.1 fasst die möglichen Netzebenen als Funktion der Summe der quadratischen MILLERschen Indizes zusammen. Bei den kubischen Kristallsystemen ist uneingeschränkt ein Vertauschen der Indizes erlaubt. Werden keine Indizes angegeben, ist dies eine »verbotene Interferenz«. Beispielgebend für die häufig vorkommende tetragonale Kristallklasse $4/m\ 2/m\ 2/m$ und die insbesondere bei Mineralien oft auftretende hexagonale Kristallklasse $6/m\ 2/m\ 2/m$ sind die möglichen Werte für die Indizes mit aufgeführt. Bei diesen Auflistungen ist zu beachten, dass hier ein Vertauschen der Indizes hk zu l zu anderen Netzebenenabständen führt, abhängig vom Verhältnis der Zellparameter a_1/a_3. Beispielsweise sind $(1\,0\,3)$ oder $(0\,3\,1)$ und $(3\,0\,1)$ erlaubte Netzebenen, aber ihre Netzebenenabstände sind verschieden. Die Netzebene $(4\,1\,1)$ ist erlaubt, aber $(1\,1\,4)$ ist verboten. Mit steigender Summe ist nicht mehr generell wie im kubischen Kristallsystem ein kleinerer Netzebenenabstand verbunden.

Die Indizierung führt man tabellarisch aus. Aus den bestimmten Beugungswinkeln werden die $\sin^2 \theta_i$-Werte gebildet. Eine höhere Genauigkeit liefert die Verwendung des Schwerpunktes des Beugungsprofils. Aus den ersten $\sin^2 \theta$-Werten werden Quotienten durch natürliche Zahlen gebildet. Der größte gemeinsame Wert jeder Spalte wird gesucht und dieser Wert repräsentiert die $(1\,0\,0)$-Netzebene bzw. den $\sin^2 \theta_{(100)} = h^2 + k^2 + l^2$. Da außer beim primitiven Gitter immer ein Faktor $A > 1$ existiert, ist für nicht primitive Gitter die größte gemeinsame Zahl aus der Quotientenbildung größer eins zu suchen. Die Quotientenbildung $(\sin^2 \theta)/(\sin^2 \theta_{(100)})$ liefert den Wert der Summe der Quadrate der MILLERschen Indizes. Aus diesem Wert bzw. aus Tabelle 7.1 lassen sich die MILLERschen Indizes und damit auch das BRAVAIS-Gitter bestimmen.

Tabelle 7.1: Quadratische Form der MILLERschen Indizes für kubische, tetragonale und hexagonale Kristallsysteme

$h^2 + k^2 + l^2$	prim. hkl	kfz hkl	krz hkl	Diamant hkl	I4₁/amd hkl	P6₃/mmc hkl
			kubisch		tetragonal	hexagonal
1	100					100/010
2	110		110		101	110/011
3	111	111		111		
4	200	200	200		200	200/002
5	210					210/012/021
6	211		211		211/112	211/112
8	220	220	220	220	220/202	220/202
9	300					300
9	221					122
10	310		310		103/301	310/013/031
11	311	311		311		311
12	222	222	222			222
13	320					320/302/203
14	321		321		213/321	123/132/231
16	400	400	400	400	400/004	400/004
17	410					014/041/140
17	322					322
18	411		411		411	114/141
18	330		330		303	
19	331	331		331		
20	420	420	420		420/024	
21	421					
22	332		332		323	
24	422	422	422	422	224/422	
25	500/403					
26	510/413		510		105/413	
27	511/333	511/333		511/333		
29	520/432					
30	521		521		215/521	
32	440	440	440	440	440/404	
33	522/441					
34	530/433		530/433		433	
35	531	531		531		

Indizierung mittels graphischer Verfahren

Bei zwei Freiheitsgraden der Zellparameter, also bei tetragonalen oder hexagonalen Kristallstrukturen lassen sich die Indizierungen auch auf graphischem Weg bestimmen. Ähnlich der Lösung bei der Auswertung kubischer Substanzen beim DEBYE-SCHERRER-Verfahren werden mit dem Schiebestreifen die c/a-Verhältnisse und die Indizierung mittels so genannter HULL-DAVEY- Nomogrammen bestimmt [215, 21].

Formt man den Ausdruck $P_{(h\,k\,l)}$ für das hexagonale Kristallsystem um und logarithmiert beide Seiten, dann erhält man Gleichung 7.6:

$$\log P_{(h\,k\,l)} = \log A + \log(h^2 + k^2 + hk + l^2) \tag{7.6}$$

Für verschiedene c/a-Verhältnisse sind die Kurven verschiedener MILLERschen Indizes in ein Diagramm eingetragen. Die Konstante $\log A$ bewirkt eine Verschiebung der über $\log \sin^2 \theta$ aufgetragenen gemessenen Beugungswinkel. Diese Verschiebung repräsentiert über $A = 1/a^2$ den erste Zellparameter. Eine vertikale Verschiebung liefert das Verhältnis c/a. Auf der Winkelskala ist gleichzeitig noch die Wellenlänge λ mit aufgetragen, Bild 7.2. Praktisch geht man so vor, dass auf der Winkelskala die gefundenen Beugungswinkel aufgetragen werden. Diesen Papierstreifen verschiebt man innerhalb des Nomogramms solange nach links-rechts/oben-unten, bis alle Beugungswinkel eine Kurve für ein MILLERsches Indextripel schneiden. Über die vertikale Ausrichtung dieser Lage kann das Verhältnis c/a abgelesen werden. Bei dem Punkt der verwendeten Wellenlänge der Untersuchung wird auf die a^2 Achse gelotet. Unter Verwendung von Gleichung 17.21 muss nun überprüft werden, ob die gefundenen Indizierungen und bestimmten Zellparameter a und c eine Übereinstimmung von errechneten und gemessenen Netzebenenabständen ergeben. Es kann auftreten, dass mehrere passende c/a-Verhältnisse eine Übereinstimmung vortäuschen. Es gibt aber nur ein c/a-Verhältnis, das die Gleichung 17.21 erfüllt.

Die gleiche Vorgehensweise führt mit einem anderem Nomogramm zur Indizierung von tetragonalen Proben. Diese Auswertung ist auch mittels Computerprogrammen durchführbar und ein Spezialfall des ITO-Verfahrens.

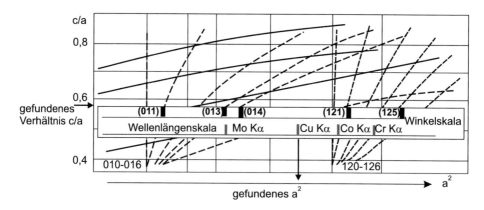

Bild 7.2: HULL-DAVY-Nomogramm aus [215], schematische Darstellung und Vorgehensweise der Indizierung

Ito-Verfahren

Sind mehr als zwei Zellparameter zu bestimmen, dann ist dies mit Nomogrammen nicht mehr möglich. Man geht davon aus, dass die untersuchte Probe eine trikline Kristallstruktur besitzt und damit alle Konstanten A, B, C, D, E und F aus Gleichung 7.2 über das gemessene Beugungsdiagramm bestimmt werden müssen. Stellt sich im Laufe der Rechnungen heraus, dass die Glieder D, E und F den Wert Null annehmen, dann liegt eine monokline oder orthorhombische Kristallstruktur vor.

Ito hat dieses Verfahren um 1950 vorgeschlagen, Literaturquellen und ausführliche Beispiele sind in [21, 154, 193] zu finden.

Der kleinste gefundene Messwert P_1 wird gleich A gesetzt. Existieren P_i-Werte höherer Ordnung, also $h^2 = 4A$ oder $h^2 = 9A$, dann könnten es die Interferenzen der $(2\,0\,0)$- und $(3\,0\,0)$-Netzebene sein. Der zweite gefundene Messwert P_2 wird als B gesetzt und die höheren Ordnungen werden gesucht. Es wird überprüft, ob diese $(0\,k\,0)$-Ebenen auftreten. Nach diesem Schritt wird geprüft, ob mögliche $(h\,k\,0)$-Interferenzen existieren, indem ein D ermittelt wird, was möglichst viele weitere gemessene P_i-Werte erfüllt, Gleichung 7.7.

$$P_{(h \pm k 0)_i} = h^2 A + k^2 B \pm hkD \qquad\qquad (7.7)$$

Eine Zwischenprüfung sollte ergeben, dass die $P_{(h \pm k 0)_i}$ symmetrisch um die berechenbaren Werte $(h^2 A + k^2 B)$ liegen. Falls $D \approx 0$ ist, dann ist der reziproke Winkel $\gamma^* \approx 90°$ und für einige P_i muss Übereinstimmung zu $(h^2 A + k^2 B)$ existieren.

Der dritte gemessene P_3-Wert wird als C angenommen. Mit dem Wert für A wird in Abwandlung zu Gleichung 7.7 über die $(h\,0\,l)$-Ebenen der mögliche Wert für E bestimmt. Analog wird über die $(0\,k\,l)$-Ebenen F ermittelt. Somit sind alle sechs Unbekannten bestimmt und die noch nicht indizierten P-Werte müssen jetzt $(h\,k\,l)$ erfüllen. Wenn dies nicht möglich ist, ist der Ansatz falsch und man beginnt mit dem Ansatz $4 \cdot A$ für die erste gemessene Linie. Dadurch verdoppelt man den Zellparameter unter der Annahme, dass die $(0\,0\,1)$-Ebene ausgelöscht sein kann. Hat man eine Lösung und treten Vielfache wie $D \approx A$, $F \approx 2 \cdot B$ bzw. $E \approx 0$ auf, dann ist dies das Anzeichen für höhersymmetrische Kristallsysteme.

Bei nicht triklinen Kristallsystemen führt dieses Verfahren meist zum Erfolg, d. h. es gibt innerhalb von Toleranzen eine Lösung. Trikline Elementarzellen mit Volumina größer $1\,\mathrm{nm}^3$ sind auch mit Rechnerunterstützung nur äußerst schwierig lösbar.

Fließen Erfahrungen aus der Kristallographie und der systematischen Analyse der Auslöschungsregeln in die Analyse ein, dann sind bei nicht primitiven monoklinen Kristallsystemen die Reflexe $(1\,0\,0)$, $(0\,1\,0)$ und oft $(0\,0\,1)$ ausgelöscht. Durch das Vorhandensein der zwei rechten Winkel α und γ lassen sich auch Ebenen $(0\,2\,0)$ testen. Es gilt im monoklinen Kristallsystem $2P_{(020)} + P_{(h10)} = P_{(h30)}$ und $3P_{(020)} + P_{(h20)} = P_{(h40)}$. Kommen solche Summen $2P_j + P_i$ bzw. $3P_j + P_i$ häufig vor, dann steht P_i mit großer Sicherheit für eine $(0\,2\,0)$-Netzebene. Damit lassen sich die zwei Zellparameter a^* und b^* bestimmen. Somit ist die ganze $\{h\,k\,0\}$-Zone bestimmbar.

Das Ito-Verfahren liefert eine primitive Elementarzelle. Dem Indizierungsverfahren schließt sich ein Verfahren zur Reduktion der Elementarzellengröße (Zellreduktionsverfahren) an. Auch die reduzierte Zelle ist primitiv. Größere Zellen bilden hingegen oftmals die gewünschten rechten Winkel, deshalb gibt es eine weitere Transformation zu reziproken Standardzellen [21].

Das Ergebnis für eine Transformation des triklinen indizierten Gitters nach der Ito-Methode in ein höher symmetrisches tetragonales Kristallsystem ist nachfolgend angegeben, Einzelheiten sind in [21] nachzulesen. Die Transformationsmatrix $\boldsymbol{T}$, Gleichung 7.8, gilt für die reziproken Basisvektoren, die Atomkoordinaten xyz und die Koordinaten der Gitterpunkte uvw. Für die Gittervektoren und die $(h\,k\,l)$-Netzebenen gilt die transponierte inverse Matrix $\overline{\boldsymbol{T}}^{-1}$, Gleichung 7.9.

$$\boldsymbol{T} = \begin{pmatrix} a^* \\ b^* \\ c^* \end{pmatrix}_{tetragonal} = \begin{pmatrix} 0 & -1 & 1 \\ 1 & -1 & 1 \\ -1 & 2 & -1 \end{pmatrix} \cdot \begin{pmatrix} a^* \\ b^* \\ c^* \end{pmatrix}_{triklin} \tag{7.8}$$

$$(\boldsymbol{T}^{-1})^{\boldsymbol{T}} = \overline{\boldsymbol{T}}^{-1} = \begin{pmatrix} h \\ h \\ l \end{pmatrix}_{tetragonal} = \begin{pmatrix} -1 & 0 & 1 \\ 1 & 1 & 1 \\ 0 & 1 & 1 \end{pmatrix} \cdot \begin{pmatrix} h \\ k \\ l \end{pmatrix}_{triklin} \tag{7.9}$$

7.2 Präzisionszellparameterverfeinerung

7.2.1 Lineare Regression

Im Kapitel 3.3 und durch Ableitung der BRAGGschen Gleichung nach allen Variablen wird eine Möglichkeit gezeigt, gezielt die Fehler in der Zellparameterbestimmung abzuschätzen. Stellt man Gleichung 3.125 nach dem Netzebenenabstand $d_{(h\,k\,l)}$ um und bildet das totale Differential zur Größenfehlerabschätzung, dann ergibt sich Gleichung 7.11:

$$\Delta d_{hkl} = \left| \frac{n}{2 \cdot \sin\theta} \right| \Delta\lambda + \left| \frac{n \cdot \lambda}{2} \frac{(-\cot\theta)}{\sin\theta} \right| \Delta\theta \qquad \text{teilen durch} \qquad d_{hkl} = \frac{n \cdot \lambda}{2 \cdot \sin\theta} \tag{7.10}$$

$$\frac{\Delta d_{hkl}}{d_{hkl}} = \left| \frac{1}{\lambda} \right| \Delta\lambda + \left| (-\cot\theta) \right| \Delta\theta \tag{7.11}$$

Es bietet sich nun eine einfache Möglichkeit der Fehlereliminierung an, indem man den Zellparameter bestimmt, der bei einem Winkel von $\theta = 90°$ gemessen werden würde.

Tabelle 7.2: Interpolationsfunktionen zur Verfeinerung der Zellparameter

	DEBYE-SCHERRER	Diffraktometerausgleichs-funktion (DAF)	
1	$\cos^2\theta$	$\cot\theta \cdot \cos\theta$	D1
2	$\cot\theta$	$\frac{1}{2}[\cot\theta + \cot\theta \cdot \cos\theta]$	D2
3	$\frac{1}{2}\left[\frac{\cos^2\theta}{\theta} + \frac{\cos^2\theta}{\sin\theta}\right]$ NELSON-RILEY-Funktion	$\frac{1}{2}[\cot^2\theta + \cot\theta \cdot \cos\theta]$	D3

Dann hängt der Fehler der Netzebenenbestimmung wegen des Wegfalls des zweiten Summanden nur noch von der Fehlbestimmung der Wellenlänge ab. Dazu extrapoliert man die aus den einzelnen Interferenzen errechneten Zellparameter gegen $\theta = 90°$. Zur Berücksichtigung von weiteren Einflussgrößen, wie winkelabhängige Röntgenstrahlabsorption und Kameraverzerrungen, werden je nach der verwendeten Methode, DEBYE-SCHERRER oder Diffraktometer nichtlineare Extrapolationsfunktionen verwendet. Diesen Funktionen ist eigen, dass sie bei einem Beugungswinkel von $\theta = 90°$ den Wert Null annehmen. Der Zellparameter wird dann als Ordinatenschnittpunkt der Regressionsgerade bestimmt, siehe Bild 7.3a. Ein weiterer Grund für diese Vorgehensweise entspringt den Forderungen/Vereinbarungen in der Mathematik. Eine Regression ist nur für den Wertebereich vom kleinsten bis zum größten Messwertepaar definiert. Bei Extrapolationen über den Bereich der Messwertpaare hinaus muss man annehmen, dass sich die Funktion nicht ändert. Trägt man die Zellparameter linear über den Beugungswinkel θ auf, dann ist der Abstand zwischen dem letzten gemessenen Winkel θ_{Mess} und 90° im Bereich $\Delta\theta \approx 20°$, Bild 7.5a. Bei der direkten Interpolation auf 90° laufen die Linien für das Konfidenzintervall gerade bei 90° am weitesten auseinander und sind deshalb abzulehnen.

Geeignete Extrapolationsfunktionen erfüllen alle die Forderung, dass sie bei $\theta = 90°$ den Wert Null annehmen. Der Abstand zwischen größtem Beugungswinkelmesswert θ_{Mess} und Wert 0, entspricht hier $\theta = 90°$, ist meist kleiner als $\Delta \approx 0{,}1$. Bei Benutzung der Extrapolationsfunktion ist der Bereich, wo die Regressionsgerade eigentlich nicht »sicher definiert« ist, wesentlich kleiner, wie Bild 7.5b zeigt. Die Verläufe sind aber unterschiedlich, wie in Bild 7.4 zu sehen ist.

Beim DEBYE-SCHERRER-Verfahren erfüllt die NELSON-RILEY-Funktion den Einfluss der beschriebenen Fehlereinflüsse am besten. Der Funktionswert der NELSON-RILEY-Funktion von 0 entspricht damit einem Glanzwinkel von 90°.

Die erhaltenen Zellparameter werden auf Minimum und Maximum untersucht, und diese Differenz mit dem größtmöglichen Ordinatenmaßstab dargestellt. Dann werden die erhaltenen Wertepaare (Extrapolationsfunktionswert; Zellparameter$_i$) in das Diagramm

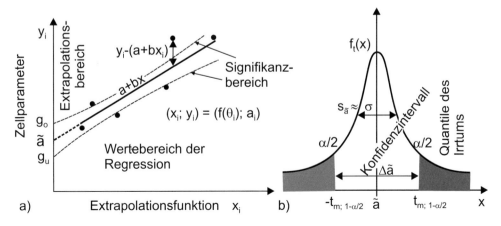

Bild 7.3: a) Prinzip der linearen Regression und der zugehörenden Werte b) Verdeutlichung der Bedeutung der Quantilen-Werte

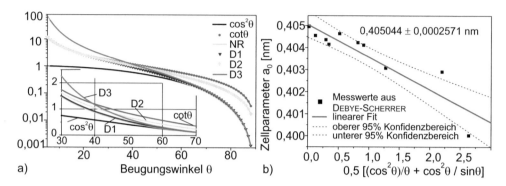

Bild 7.4: a) Interpolationsfunktionen aus Tabelle 7.2 als graphische Darstellung b) Zellparameterbestimmung nach Extrapolation für kfz(fcc)-Al aus einer DEBYE-SCHERRER-Aufnahme

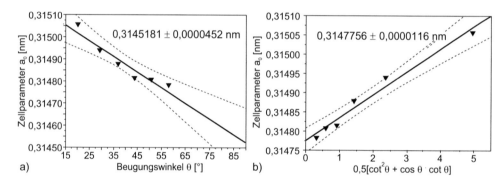

Bild 7.5: Zellparameterbestimmung nach Extrapolation für krz-Mo aus Diffraktometerdaten a) nicht übliche und abzulehnende Extrapolation direkt auf 90° b) Extrapolation durch Verwendung der Diffraktometerausgleichskurve

eingezeichnet und die Regressionsgerade ermittelt. Der Schnittpunkt (0, Ordinatenwert) der Regressionsgerade repräsentiert den auf 90° extrapolierten Zellparameter. Bild 7.4b zeigt die Extrapolation für Aluminium (kfz) nach der DEBYE-SCHERRER-Methode und Bild 7.5b für Molybdän (krz) nach dem Diffraktometerverfahren. Es wird hier deutlich, dass bei beiden Methoden unterschiedliche Anstiege in den Funktionen und auch unterschiedliche Größenordnungen im Fehler auftreten.

Die Zahl der gemessenen Beugungslinien geht in die Standardabweichung, Gleichung 7.14, des bestimmten Zellparameters, Gleichung 7.13, ein. Diese Standardabweichung ist ein erstes Kennzeichen für die Glaubwürdigkeit des erhaltenen Zellparameters aus der Geradengleichung [246].

$$\tilde{y} = \tilde{a} + \tilde{b} \cdot x = \overline{y} + \tilde{b} \cdot (x - \overline{x}) \tag{7.12}$$

Der zu erwartende Zellparameter $\tilde{a}$ ergibt sich aus den Einzelmesswerten zu:

$$\tilde{a} = \frac{1}{n}\sum y_i - \frac{\sum(x_i - \overline{x})(y_i - \overline{y})}{\sum(x_i - \overline{x})^2} \cdot \frac{1}{n}\sum x_i \tag{7.13}$$

Die Streuung des Zellparameters ist:

$$s_{\tilde{a}} = \tilde{s}\sqrt{\frac{1}{n} + \frac{\overline{x}^2}{(n-1) \cdot s_x^2}} \tag{7.14}$$

$$\tilde{s}^2 = \frac{1}{n-2}\sum_{i=1}^{n}(y_i - \tilde{y}_i)^2 \qquad s_x^2 = \frac{1}{n-1}\sum_{i=1}^{n}(x_i - \overline{x})^2 \tag{7.15}$$

Das Konfidenzintervall ($\epsilon = 1 - \alpha$), also ein mit ϵ-prozentiger Sicherheit zu erwartender Wertebereich für den Zellparameter a, ergibt sich nach Formel 7.16. Meistens wird mit einem 90 %igen, 95 %igen oder 99 %igen Konfidenzintervall gerechnet, schematisch im Bild 7.3 eingezeichnet. Man zieht dazu die STUDENT-t-Verteilung [246] für zweiseitige Fragestellungen mit einer Irrtumswahrscheinlichkeit α zu Rate. Die Quantilen-Werte $t_{m;1-\alpha/2}$ der Irrtumswahrscheinlichkeit sind der Tabelle 7.3 für die zweiseitige Fragestellung zu entnehmen. Dabei ist $m = n - 2$ der Freiheitsgrad der Auswertung mit n Anzahl der Beugungsinterferenzen.

$$g_u = \tilde{a} - s_{\tilde{a}} \cdot t_{m;1-\alpha/2} < a < \tilde{a} + s_{\tilde{a}} \cdot t_{m;1-\alpha/2} = g_o \tag{7.16}$$

Tabelle 7.3: Quantile-Werte $t_{m;1-\alpha/2}$-Werte der Irrtumswahrscheinlichkeit für Signifikanzniveaus 90 %, 95 % und 99 % und Freiheitsgrade F von $1 - 30$ ($1 - 32$ Messwerte)

F	0,05 (90 %)	0,025 (95 %)	0,005 (99 %)	F	0,05 (90 %)	0,025 (95 %)	0,005 (99 %)
1	6,313 7	12,706 2	63,656 7	2	2,919 9	4,430 2	9,924 8
3	2,353 3	3,182 4	5,840 9	4	2,131 8	2,776 4	4,604 0
5	2,015 0	2,570 5	4,032 1	6	1,943 1	2,446 9	3,707 4
7	1,894 5	2,364 6	3,499 4	8	1,859 5	2,306 0	3,355 3
9	1,833 1	2,262 1	3,249 8	10	1,812 4	2,228 1	3,169 2
11	1,795 9	2,201 0	3,105 8	12	1,782 3	2,178 8	3,054 5
13	1,770 9	2,160 4	3,012 3	14	1,761 3	2,144 8	2,976 8
15	1,753 1	2,131 5	2,946 7	16	1,745 9	2,119 9	2,920 8
17	1,739 6	2,109 8	2,898 2	18	1,734 1	2,100 9	2,878 4
19	1,729 1	2,093 0	2,860 9	20	1,724 7	2,086 0	2,845 3
21	1,720 7	2,079 6	2,831 4	22	1,717 1	2,073 9	2,818 8
23	1,713 9	2,068 7	2,807 3	24	1,710 9	2,063 9	2,796 9
25	1,708 1	2,059 5	2,787 4	26	1,705 6	2,055 5	2,778 7
27	1,703 3	2,051 8	2,770 7	28	1,701 1	2,048 4	2,763 3
29	1,699 1	2,045 2	2,756 4	30	1,697 3	2,042 3	2,750 0

Nutzt man Programme und führt damit die Regression aus, werden weitere Größen wie die Standardabweichung der Konstante $s_{\tilde{a}}$, der Korrelationskoeffizient R der Regression und der t-Wert der STUDENT-t-Verteilung ausgegeben. Daraus lässt sich bestimmen, wie gut die Qualität der Messwerte ist und welche Genauigkeiten die jeweiligen Verfahren zulassen. Berechnet man für die erhaltenen Werte des Zellparameters ein Konfidenzintervall, Gleichung 7.16, für z. B. 95 %ige Wahrscheinlichkeit und bestimmt daraus den prozentualen Fehler für die Zellparameterbestimmung, so erhält man Gleichung 7.17:

$$\text{Fehler}[\%] = \frac{g_o - g_u}{\tilde{a}} \cdot 100 = \frac{2 \cdot s_{\tilde{a}} \cdot t_{m;1-\alpha/2}}{\tilde{a}} \cdot 100 \qquad (7.17)$$

Bild 7.7 zeigt Diffraktogramme für Mo-Pulver und Cu-Kα-Strahlung, aufgenommen mit verschiedenen Verfahren. Bei Nutzung der Anordnung mit Multilayerspiegel der Generation 2a ergibt sich ein Zellparameter von $a_{Mo} = 0{,}314\,802 \pm 1{,}889\,99 \cdot 10^{-5}$ nm. An der gleichen Probe ergibt die Messung mittels einer Monokapillare von 100 μm Durchmesser einen Zellparameter von $a_{Mo} = 0{,}314\,808 \pm 8{,}951\,2 \cdot 10^{-5}$ nm. Die Winkellagenbestimmung »leidet« hier an der schlechten Kristallitstatistik und den damit verbundenen geringen Intensitäten. Der Messfleck bei dieser Anordnung ist zu klein. Mittels Linienanalyse von rasterelektronenmikroskopischen Aufnahmen wurde ein durchschnittlicher Durchmesser der Mo-Kristallite von 586 nm bestimmt. Damit lässt sich eine bestrahlte Kristallitzahl zwischen $152\,000 - 183\,000$ ermitteln. Mit den Werten aus Tabelle 5.1b ergibt sich somit eine Zahl von beugungsfähigen Kristalliten weit unter 10. Die PDF-Datei 00-004-0809 liefert für Molybdän einen Zellparameter von $a_{Mo} = 0{,}314\,7$ nm.

Die Regression der DEBYE-SCHERRER-Aufnahmewerte ergibt für Aluminium einen Zellparameter von $a_{Al} = 0{,}405\,05 \pm 2{,}57 \cdot 10^{-4}$ nm. Die PDF-Datei 00-004-0787 führt einen Zellparameter von $a_{Al} = 0{,}404\,9$ nm auf. Mit den Ergebnissen aus der Bestimmung des Zellparameters für Aluminium mittels des DEBYE-SCHERRER-Verfahrens ergibt sich ein Fehler von 0,287 %. Dagegen ist der Fehler beim Molybdän mittels Diffraktometerverfahrens bei 0,030 8 %. Damit wird deutlich, dass Eigenspannungsmessungen, mit denen man Zellparameteränderungen im Bereich $0{,}01 - 0{,}15$ % bestimmen will, siehe Kapitel 10, mit dem DEBYE-SCHERRER-Verfahren nicht durchführbar sind.

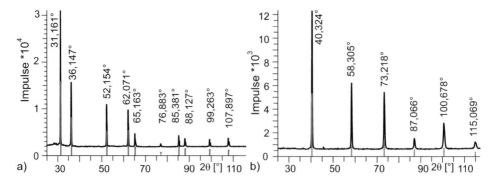

Bild 7.6: Diffraktogramme von zwei kubischen Proben mit Angabe der Winkellagen bestimmt aus dem Schwerpunkt. Auswertungen sind in Aufgabe 23 vorzunehmen

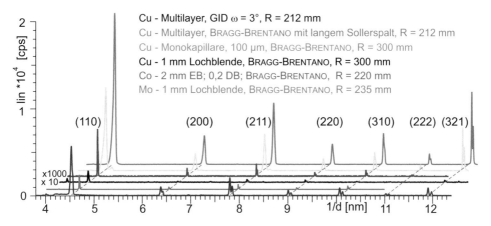

Bild 7.7: Beugungsdiagramm von Mo-Pulver, aufgenommen mit verschiedenen Diffraktometeranordnungen und Strahlungen, BRAGG-BRENTANO-Anordnung, Einsatz einer Monokapillare mit 100 μm Durchmesser und 190 mm Länge

Aufgabe 23:   Indizierung und Zellparameterbestimmung

Indizieren Sie die Diffraktogramme der Bilder 7.6 und 5.17. Bestimmen Sie die Zellparameter und verfeinern Sie diese.

7.2.2 Ermittlung der Konzentration von Mischkristallen

In binären Phasensystemen mit vollständiger Mischbarkeit im festen und flüssigen Zustand gilt in erster Näherung ein linearer Zusammenhang zwischen der Zusammensetzung
und des Zellparameters des Mischkristalls. Dies wird als VEGARDsche-Regel bezeichnet.
Vollständige Mischkristallbildung tritt nur auf, wenn beide Phasen in der gleichen Kristallstruktur kristallisieren und sich die Zellparameter um nicht mehr als 15 % unterscheiden.
Ein praktisches Beispiel aus dem Bereich der Hartstoffe ist das binäre System TiN – TiC.
Beschichtungen aus dem Mischkristall werden Titankarbonitride Ti(C,N) genannt. Ein
Mischkristall aus beiden Phasen hat entsprechend der Volumenanteile der reinen Phasen einen resultierenden Zellparameter gemäß Bild 7.8b. Nach Gleichung 7.18 kann aus
einem gemessenen Diffraktogramm und den daraus bestimmten Netzebenenabständen
die Atomkonzentration unter Verwendung der Netzebenenabstände der reinen Phasen
($d_{Phase2} < d_{Phase1}$) berechnet werden.

$$c_{Phase1} \ [\text{at\%}] \ = \frac{d_{Phase2} - d_{gemessen}}{d_{Phase2} - d_{Phase1}} \tag{7.18}$$

Gleichung 7.18 liefert »winkelabhängige« Konzentrationswerte, da sich, wie in den Tabellen zur Zellparameterbestimmung 17.8 bzw. 17.9 schon gezeigt, kein konstanter Wert des
Zellparameters ergibt. Erst die Regression auf $\theta = 90°$ liefert den Endwert. Sie muss auch
bei der Konzentrationsbestimmung durchgeführt werden. Gleichung 7.18 wird dann zu:

$$c_{Phase1} \ [\text{at\%}] \ = \frac{a_{Phase2} - a_{gemessen}}{a_{Phase2} - a_{Phase1}} \tag{7.19}$$

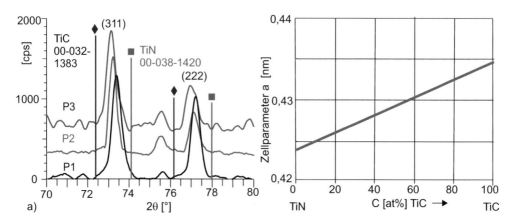

Bild 7.8: a) Beugungsdiagramm von Ti(C,N)-Mischkristallen mit eingezeichneten theoretischen Winkellagen und Profilintensitäten der reinen beteiligten Phasen b) Bestimmung der Konzentration nach der VEGARDschen Regel

Im Bild 7.8a sind drei Diffraktogramme von Ti(C,N)-Schichten, hergestellt bei unterschiedlichen Abscheidebedingungen in einem CVD-Reaktor (Chemische Dampfablagerung – gasförmige Bestandteile werden in heißen Reaktorzonen zersetzt und lagern sich auf den heißen Substraten ab; die Konzentration der Gasbestandteile bestimmt die Konzentration) dargestellt. Die Winkellagen der reinen Phasen TiN (PDF 00-038-1420) und TiC (PDF 00-032-1382) sind für die $(3\,1\,1)$- und $(2\,2\,2)$-Netzebenen eingezeichnet. Die Winkellagen der drei Proben sind unterschiedlich und damit die Konzentrationen.

Für Probe 1 sind für alle messbaren Beugungsinterferenzen des Mischkristalls die Konzentrationen aus den einzelnen Netzebenenabständen und aus dem auf $\theta = 90°$ interpolierten Zellparameter berechnet worden, Tabelle 7.4. Man erkennt, dass die Angaben der Konzentration zwischen den Netzebenen einer Probe relativ stark schwanken. Erfolgt die Konzentrationsbestimmung nur an einer Netzebene einer Probenserie, dann sind nur relative Aussagen über Konzentrationsänderungen zwischen den Proben möglich. Die Absolutkonzentrationsangaben sind nur über die Bestimmung der Zellparameter zuverlässig.

Am Beispiel des Systems Si-Ge sollen die möglichen Fehler in der Konzentrationsbestimmung verdeutlicht werden. Beide Stoffe kristallisieren in der Diamantstruktur mit einem Zellparameter von $a_{Si} = 0,543\,0$ nm bzw. $a_{Ge} = 0,565\,7$ nm. Mit $Cu - K\alpha$-Strahlung liegen die Beugungswinkel für die $(1\,1\,1)$-Netzebene um $\Delta 2\theta_{111} = 1,172°$ auseinander. Bei einer Genauigkeit der Winkelbestimmung von $0,01°$ sind somit nur 117 Stöchiometrievariationen ermittelbar, d. h. eine Genauigkeit von ca. 1 %. Für die $(4\,0\,0)$-Netzebene ergeben sich Winkelunterschiede von $\Delta 2\theta_{400} = 3,143°$. Damit sind in diesem Bereich bei gleicher Genauigkeit der Winkelbestimmung 314 Stöchiometrievariationen, also bestenfalls 0,3 % Konzentrationsunterschiede messbar. Die Charakterisierung von epitaktischen Si-Ge-Schichten erfordert daher den Einsatz hochauflösender Röntgenbeugungsverfahren, Kapitel 13.5.

Tabelle 7.4: Errechnete Konzentrationen aus den Netzebenenlagen der Probe 1 von Bild 7.8 und die Konzentrationen für Probe 2 und 3 aus den Zellparameterbestimmungen

$(h\,k\,l)$	$2\theta_{mess}$ [°]	d_{hkl} [nm]	c_{TiC} [at%]	d_{TiN} [nm]	d_{TiC} [nm]
$(1\,1\,1)$	36,328	0,247 30	47,75 %	0,244 92	0,249 90
$(2\,0\,0)$	42,208	0,214 11	47,40 %	0,212 07	0,216 37
$(2\,2\,0)$	61,239	0,151 36	45,52 %	0,149 97	0,153 02
$(3\,1\,1)$	73,350	0,129 07	45,32 %	0,127 89	0,130 50
$(2\,2\,2)$	77,209	0,123 56	45,16 %	0,122 45	0,124 90
Probe 1	Durchschnitt		46,23 %	TiC	TiN
Zellparameter a	0,427 626 nm		41,00 %	0,424 1 nm	0,432 7 nm
Probe 2	Durchschnitt		55,53 %	TiC	TiN
Zellparameter a	0,428 150 nm		47,10 %	0,424 1 nm	0,432 7 nm
Probe 3	Durchschnitt		57,87 %	TiC	TIN
Zellparameter a	0,428 584 nm		52,13 %	0,424 1 nm	0,432 7 nm

7.3 Anwendungsbeispiel NiO-Schichten

Viele Metalloxide weisen z. T. halbleitende Eigenschaften auf, die u. a. beim Einsatz als Sensormaterialien Verwendung finden. Röntgenbeugungsexperimente zur Ermittlung der Eigenschaften sollen hier am Beispiel von NiO-Schichten gezeigt werden [123]. NiO-Schichten wurden in einer Magnetronsputteranlage von einem Ni- bzw. NiO-Sputtertarget mit Hilfe eines zusätzlichen Sauerstoffflusses reaktiv abgeschieden. Innerhalb des Gasraumes verbinden sich Nickelpartikel mit Sauerstoff und werden als Ni-O-Mischphase abgeschieden. Es ist typisch für Sputterprozesse, dass bei Verwendung von stöchiometrischen Sputtertargets infolge präferentieller Sputterraten der Einzelelemente sich in der Schicht nichtstöchiometrische Zusammensetzungen abscheiden. Nur bei Einhaltung der Stöchiometrie im Rahmen des Existenzbereiches der Phase ergeben sich stöchiometrische NiO-Phasen nach entsprechenden Temperaturnachbehandlungen – Temperung genannt. Solche abgeschiedenen und nachbehandelten Schichten sind mit Kupferstrahlung und Verwendung eines Multilayerspiegels zur Monochromatisierung im streifenden Einfall prozessabhängig untersucht worden.

In Bild 7.9a ist deutlich die Amorphität von Diffraktogramm 1 ersichtlich. Der Sauerstoffeinbau bewirkt das Verschwinden der metallischen Ni-Phase, reicht aber noch nicht zur Bildung von kristallinem NiO aus. Für mittlere Sauerstoffflüsse und damit erhöhtem aber noch nicht stöchiometrischem Sauerstoffeinbau wurden erhebliche Profilverschiebungen und niedrige Intensitäten der Beugungsinterferenz gefunden.

In der PDF-Datei werden für Nickeloxid zwei mögliche Kristallsysteme angeben, kubisch (PDF 00-047-1049 mit $a = 0,417\,7$ nm) bzw. trigonal (rhomboedrisch) in hexagonaler Aufstellung (PDF 00-044-1159 mit $a = 0,295\,5$ nm und $c = 0,722\,7$ nm), Tabelle 7.5. Das Anfitten der gemessenen Diffraktogramme ist bei Verwendung der kubischen Phase nicht möglich. Durch Ändern der Zellparameter können sich nur *alle* Beugungsinterferenzen verschieben. Sind aber die Abweichungen der gemessenen Beugungswinkellagen ungleichmäßig, dann müssen sich zwei Zellparameter ändern. Mit hexagonaler Aufstel-

Tabelle 7.5: Winkellage für kubisches und trigonales NiO

kfz Fm3m (225) PDF-Nr.: 00-047-1049				trigonal R-3m (166) PDF-Nr.: 00-044-1159			
$d_{(hkl)}$ [nm]	2θ [°]	I	$(h\,k\,l)$	$d_{(hkl)}$ [nm]	2θ [°]	I	$(h\,k\,l)$
0,241 20	37,249	61	(1 1 1)	0,241 19	37,249	60	(1 0 1)
0,208 90	43,276	100	(2 0 0)	0,208 84	43,287	100	(0 1 2)
0,146 78	62,879	35	(2 2 0)	0,147 73	62,854	30	(1 1 0)
				0,147 60	62,914	25	(1 0 4)

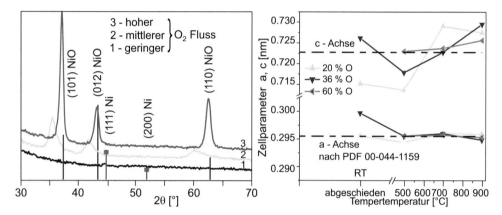

Bild 7.9: a) Dünne NiO-Schichten untersucht mit streifendem Einfall als Funktion des Sauer-
stoffflauss b) Bestimmung der Zellparameter von trigonalem (rhomboedrischen) NiO
in hexagonaler Aufstellung als Funktion der Tempertemperatur und des Sauerstoffgehaltes im Sputterraum

lung ist jedoch ein Anfitten möglich. Die Ergebnisse der so bestimmten Zellparameter als
Funktionen einer Tempernachbehandlung und der Herstellungsparameter zeigt Bild 7.9b
[123]. Besonders die Änderungen der c-Achsenlänge als Funktion des Sauerstoffgehaltes
wird deutlich.

Diese Untersuchungen waren nur mit Multilayerspiegel und mit der Methode des streifenden Einfalles möglich. Selbst die Probe nach Diffraktogramm 3 in Bild 7.9a zeigte
in BRAGG-BRENTANO-Anordnung kaum messbare Beugungsinterferenzen. Die Domänengrößen der nur 50 nm dicken Schichten sind am Transmissionselektronenmikroskop
(TEM) mit 3 − 5 nm bestimmt worden. Es liegt nahe, die mit Röntgenbeugung nachgewiesenen Beugungserscheinungen der gleichen Größenordnung zuzuordnen.

Die Verwendung des Multilayerspiegels und der streifenden Beugungsanordnung senkt
die Nachweisgrenze der kohärent streuenden Bereiche bzw. Domänengröße von ca.
20 nm bei BRAGG-BRENTANO-Anordnung auf nun kleiner 5 nm.

8 Mathematische Beschreibung von Röntgenbeugungsdiagrammen

Seit der Durchführung der ersten Beugungsexperimente zeigte sich, dass das Aussehen der einzelnen Beugungsinterferenzen, also die Intensitätsverteilung des lokalen Beugungsprofils in Form, Profiltyp und Intensität unterschiedlich sind. Man spricht vom Linienprofil der Beugungsinterferenz. Sehr früh erkannte man, dass das Linienprofil durch die Größe und Form der Domänen, Mikroeigenspannungen und Kristallstrukturdefekte (Fehlordnungen, Versetzungen, Stapelfehler usw.) beeinflusst wird. Somit bildet die Röntgenprofilanalyse (Linienprofilanalyse von Röntgenbeugungsdiagrammen) ein wichtiges Werkzeug der Materialwissenschaftler, Festkörperphysiker und -chemiker.

8.1 Röntgenprofilanalyse

Ein $K\alpha_2$ korrigiertes Röntgenprofil hat folgende mathematisch bestimmbaren Größen:
- einen Untergrund (z. B. geradlinig, asymmetrisch, sonstig),
- eine Breite, beschreibbar durch die Halbwertsbreite HB oder FWHM oder durch die Integralbreite IB, Erläuterung dieser Kenngrößen siehe Bild 3.19
- eine Asymmetrie.

Diese Größen führen bei Nichtberücksichtigung unweigerlich zu Fehlern bei der Bestimmung der in dem Profil enthaltenen physikalischen Eigenschaften. Meist kommt es zur Überlagerung von mehreren Beugungsinterferenzen mit unterschiedlichen Schwerpunktlagen. Schaut man sich die Profile eines monochromatisierten $K\alpha_2$ getrennten Röntgenbeugungsprofils an, so sind in erster Näherung glockenförmige Verteilungen denkbar. Die sich ausbildende Profilform einer Röntgenbeugungsinterferenz kann nach verschiedenen mathematischen Funktionen und mittels verschiedener Verfahren beschrieben werden:
- einparametrige analytische Funktionen nach GAUSS oder LORENTZ,
- zusammengesetzte bzw. mehrparametrische Funktionen (VOIGT, Pseudo-VOIGT oder PEARSON-VII-(PVII)).

Die CAUCHY-LORENTZ-Verteilung ist eine stetige GAUSS-förmig ähnlich verlaufende Wahrscheinlichkeitsverteilung. In der Stochastik wird sie als CAUCHY-Verteilung bezeichnet, in der Physik und nachfolgend hier als LORENTZ-Verteilung.

Die Verläufe dieser Profilfunktionen sind in Bild 8.1 und charakteristische Werte wie Halbwertsbreite und Integralbreite in Tabelle 8.1 aufgeführt.

Es gibt je nach mathematischer Funktion »schmalere« und »breitere« Beugungsprofile, Bild 8.1, ebenso ist der Ausläuferbereich zum Untergrund verschieden.

Das VOIGT-Profil $V(x)$ ist eine Faltung einer GAUSS-Kurve $G(x)$ mit einer LORENTZ-Verteilung $L(x)$. Beim Pseudo-VOIGT-Profil wird diese Faltung durch eine Näherungsfunktion in Form einer Linearkombination aus einer GAUSS-Verteilung und einer

© Springer Fachmedien Wiesbaden GmbH, ein Teil von Springer Nature 2019
L. Spieß et al., *Moderne Röntgenbeugung*,
https://doi.org/10.1007/978-3-8348-8232-5_8

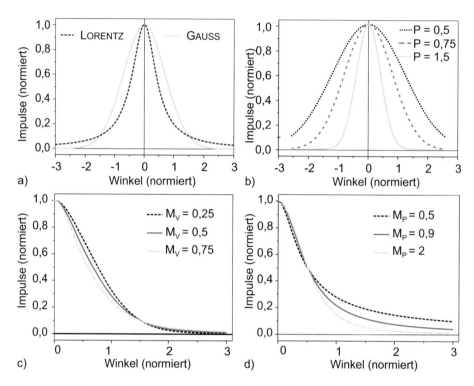

Bild 8.1: a) Verteilungsfunktionen von analytischen Funktionen für $P = 1$ nach Tabelle 8.1;
b) Verlauf einer GAUSS-Funktion für verschiedene Parameterwerte P c) Beugungsinterferenzapproximation durch Pseudo- VOIGT-Funktionen mit unterschiedlichem
LORENTZAnteil M_V d) Beugungsinterferenzapproximation durch PEARSON-VII-
Funktionen mit unterschiedlicher PEARSON-Breite M_{PVII}; Verbreiterungsfaktor jeweils $P = 1$

LORENTZ-Verteilung, Gleichung 8.1, ersetzt. Der Faktor M_V gibt den Grad des LOR-
ENTZ-Anteiles an. Mittels des Faktors M_V kann somit der Profilanteil und nur gering der
Ausläuferanteil einer Beugungsinterferenz approximiert werden, Bild 8.1c.

$$S(x) = (1 - M_V) \cdot S_{Gauss} + M_V \cdot S_{Lorentz} \tag{8.1}$$

Tabelle 8.1: Verteilungsfunktionen und charakteristische Werte, P Verbreiterungsfaktor

Verteilung	$Y(x)$	FWHM bzw. HB	IB	$\dfrac{HB}{IB}$
LORENTZ	$\dfrac{2}{P \cdot \pi}\left(1 + 4 \cdot \dfrac{x^2}{P^2}\right)^{-1}$	P	$\dfrac{P \cdot \pi}{2}$	0,637
GAUSS	$\dfrac{1}{P\sqrt{2\pi}} \cdot \exp\left(-\dfrac{x^2}{2P^2}\right)$	$2P\sqrt{2\ln 2}$	$\sqrt{2\pi} \cdot P$	0,943

Mittels der Anteile an einer Pseudo-VOIGT-Funktion lassen sich physikalische Profilver-breiterungseinflüsse $S(x)$, hervorgerufen durch endliche Kristallitgrößen bzw. durch vor-handene Spannungen, im Kristallit trennen.

Verläuft das Beugungsprofil breitgezogen aus dem Untergrund heraus, dann eignet sich noch besser die so genannte PEARSON-VII-Funktion, Gleichung 8.2 bzw. Bild 8.1d mit den zwei Parametern P und M_{PVII}.

$$S(x) = \frac{1}{\left[1 + \left(\frac{2 \cdot x \sqrt{2^{(1/M_{PVII})} - 1}}{P}\right)^2\right]^{M_{PVII}}} \tag{8.2}$$

Wird $M_{PVII} = 1$, geht die PEARSON-VII-Funktion in eine LORENTZ-Funktion über, wird $M_{PVII} \to \infty$ liegt eine GAUSS-Funktion vor. Bei großem M_{PVII} wird die Fläche unter der Kurve ebenfalls sehr groß. Sie ist damit flexibler als die beiden anderen, allerdings ist oft die Konvergenz der iterativen Anpassung schlechter. Im Gegensatz zur Pseudo-VOIGT-Funktion ist dem Verbreiterungsfaktor M_{PVII} bei der PEARSON-VII-Funktion kein eindeutiger physikalischer Hintergrund zugeordnet.

Der Realkristall ist einerseits durch endliche Grenzen in der Ausdehnung – wie Kör-ner und Korngrenzen, eindimensionale (Versetzungen) und durch Null-dimensionale Kris-tallbaufehler (Punktdefekte) und dadurch durch lokale Variationen der Netzebenenab-stände, gekennzeichnet. Auf Grund der endlichen Ausdehnung der Kristallite kommt es zu einer Verbreiterung des Beugungsprofils, siehe Kapitel 3.3. Die Profilbreite ist eine Funktion der Gefügestruktur des Realkristalls. Die kohärent streuenden Bereiche ergeben somit ein Maß für die »Domänengröße«. Manchmal wird dies auch als »Korngröße D_{hkl}« angegeben. Dies ist aber auf keinen Fall die im Mikroskop an der Oberfläche ersichtliche laterale Korngröße, sondern die Ausdehnung in die Tiefe - die Domänengröße der Kris-tallite. WARREN [268] beschreibt einen Kristallit aus der Summe von m_1, m_2 und m_3 Elementarzellen in den drei Raumrichtungen x, y und z. Die Einzelorientierung dieser Elementarzellen kann in kleinen Grenzen variieren. Weiterhin können die Längen der Ein-zelzellen aufgrund der Spannungen III. Art variieren. Die endliche Ausdehnung D_{hkl} der zum Beugungsprofil beitragenden Kristallitbereiche ist die Summe der Einzelelementar-zellen - die Domänengröße. Dies wurde schon 1918 von SCHERRER [217] und vervollstän-digt 1939 von PATTERSON [190] beschrieben. Der Zusammenhang Domänengröße mit der Linienbreite B^D ist als SCHERRER-Gleichung 8.3 bekannt.

$$D_{hkl} = \frac{K \cdot \lambda}{B^D \cdot \cos\theta_{hkl}} \tag{8.3}$$

Der Faktor K berücksichtigt die Art der Linienbestimmung (FWHM oder IB, siehe Sei-te 79) und die Ausbildung der Kristallite (Mosaizität oder globulare Kristallformen)[268]. λ ist die verwendete Wellenlänge der monochromatischen Strahlung und θ_{hkl} der Beu-gungswinkel. Die Breite B^D muss immer im Bogenmaß verwendet werden.

Asymmetrische Funktionen werden durch Überlagerung von mehreren Funktionen mit unterschiedlichen Schwerpunktlagen und Profilformen nachgebildet. Beispielgebend ist die Nachbildung des Emissionsprofils durch vier LORENTZ-Funktionen im Bild 2.6 gezeigt. Die iterative nichtlineare Anpassung gemessener Profile an eine geeignete Profilfunktion erfolgt mit Rechenprogrammen. Sie enthalten die Profilparameter, die durch eine geeignete Anpassungsroutine festgelegt/ermittelt werden müssen. Die Funktionen werden nachfolgend in der häufig verwendeten 2θ-Form mit den Parametern I_{max} = Intensität im Maximum; $2\theta_{\phi,\psi}$ = erwartete oder theoretische Linienlage mit den in Kapitel 10 verwendeten zusätzlichen Verdrehungswinkel ϕ und dem Verkippungswinkel ψ und dem Formfaktor der PEARSON-VII -Funktion M_{PVII} aufgelistet.

$$\text{GAUSS}: \quad I(2\theta) = \frac{I_{max}}{\exp\left(4 \ln 2 \left(\frac{2\theta - 2\theta_{\phi,\psi}}{HB}\right)^2\right)} \tag{8.4}$$

$$\text{LORENTZ}: \quad I(2\theta) = \frac{I_{max}}{1 + (2\theta - 2\theta_{\phi,\psi})^2 \, HB^2} \tag{8.5}$$

$$\text{PEARSON VII}: \quad I(2\theta) = \frac{I_{max}}{\left(1 + 4\left(2^{\frac{1}{M_{PVII}}} - 1\right)\left(\frac{2\theta - 2\theta_{\phi,\psi}}{HB}\right)^2\right)^{M_{PVII}}} \tag{8.6}$$

Variiert man mögliche Profilbreiten von 0,005° bis zu 1° in Gleichung 8.3 und errechnet für die monoenergetische Mo-, Cu- und Cr-Röntgenstrahlung jeweils bei einem Beugungswinkel $\theta = 10°$ bzw. $\theta = 40°$ die Domänengröße, Bild 8.2a, dann variiert die Domänengröße von größer 2 μm bis kleiner 5 nm. In Bild 8.2b ist für Cu-Strahlung gleichzeitig noch ein Fehler der Profilbreitenbestimmung von +0,002°(0,005°) (negativer Fehlerbalken) bis −0,001°(0,003°) (positiver Fehlerbalken) berücksichtigt. Diese Unbestimmtheiten bzw. Fehler sind durch falsche Schrittweitenwahl, zu kurze Messzeit, zu schlechte Zählstatistik, exzentrische Präparatsitze und unebene/raue Proben sehr schnell in den Messdaten enthalten. Treten dazu noch in einer Probe Variationen in der Domänengröße auf, dann

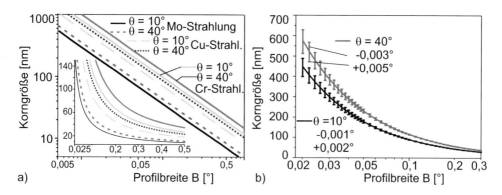

Bild 8.2: a) Domänengröße (kohärent streuende Bereiche) als Funktion der Beugungsprofilbreite, Parameter Strahlungsart bzw. Beugungswinkel b) Fehler in der Größenbestimmung von Domänengrößen bei Profilbreitenunbestimmtheit von −0,001° bzw. −0,003° (positiver Fehlerbalken) und +0,002° bzw. +0,005° (negativer Fehlerbalken)

Tabelle 8.2: Domänengröße und korrigierte Domänengrößegröße bei Profilbreitenfehler nach der SCHERRER-Gleichung 8.3, $\theta = 25°$

B[°]		$-0{,}002\,5°$	$+0{,}002\,5°$		$-0{,}002\,5°$	$+0{,}002\,5°$
0,006	1 623,2	2 782,7	1 145,8	2 412,6	4 135,8	1 703,0
0,01	973,9	1 298,6	779,2	1 447,5	1 930,1	1 158,0
0,02	487,0	556,5	432,9	723,8	827,2	643,4
0,04	243,5	259,7	229,2	361,9	386,0	340,6
0,08	121,7	125,7	118,1	180,9	186,8	175,5
0,2	48,7	49,3	48,1	62,1	62,8	61,5
0,5	19,5	19,6	19,4	29,0	29,1	28,8
1	9,7	9,8	9,7	14,5	14,5	14,4
	D_{hkl} [nm] für Cu-Strahlung			D_{hkl} [nm] für Cr-Strahlung		

ist in den meisten Fällen von einer einfachen Profilanalyse abzuraten. Verbesserungen sind mittels der Fundamentalparameteranalyse erreicht worden. Die dort auf den ersten Blick unscheinbaren Verbesserungen im Profilfit sind jedoch bei der Analyse der konkreten Werte von Bild 8.2 bzw. in Tabelle 8.2 notwendig und bestätigen die Notwendigkeit der Fundamentalparameteranalyse, weiteres in Kapitel 8.5.

Die *Verzerrung* oder *Mikrodehnung* ϵ (*strain*) der Netzebenenabstände, auch als Spannung »Dritter Art« bezeichnet, $< \sigma^{III} > \overset{\triangle}{=} E \cdot < \epsilon >$, wird durch die Gleichung 8.7 beschrieben.

$$\epsilon_{hkl} = \frac{B^{\epsilon}}{4 \cdot \tan \theta_{hkl}} \tag{8.7}$$

Praktisch gibt es keine DIRAC-Impulse, wie in Bild 3.17a bzw. c gezeigt. Die Komplexität und zusätzliche Schwierigkeiten ergeben sich daraus, dass der gemessene Profilverlauf der Beugungsinterferenz, im weiteren mit $Y(\theta)$ bzw. $Y(x)$ bezeichnet, immer eine Faltung des Röntgenröhrenspektrums $W(x)$ und der verwendeten Geräteanordnung, im weiteren als Geräteprofil $G(\theta)$ bzw. $G(x)$ bezeichnet und den eigentlichen profilverbreiternden Faktoren, im nachfolgenden als physikalisches Profil $S(\theta)$ bzw. $S(x)$ bezeichnet, ist. Diese Faltung ist gut ersichtlich im Bild 5.18. Der extrem kleine Strahl hat einen gemessenen Intensitätsverlauf mit zwei Maxima, dieser wird bei der Beugung am InN-Einkristall beibehalten und das Dublett K_α wird als »Peakquartett« gefaltet gemessen. Die Faltung beschreibt einen mathematischen Operator $\circledast$, der für zwei Funktionen S und G eine dritte Funktion Y liefert. Anschaulich kann die Faltung dadurch beschrieben werden, dass jeder Wert von S durch das mit G gewichtete Mittel der ihn umgebenden Werte ersetzt wird. Die daraus resultierende »Überlagerung« zwischen S und einer gespiegelten und verschobenen Version von G oder »Verschmierung« von S kann z. B. verwendet werden, um einen gleitenden Durchschnitt zu bilden. Die LORENTZ-Verteilung ist invariant gegenüber Faltung, das heißt, die Faltung einer LORENTZ-Kurve der Halbwertsbreite HB_S und einem Maximum bei θ_a mit einer LORENTZ-Kurve der Halbwertsbreite HB_G und einem Maximum bei θ_b ergibt wieder eine LORENTZ-Kurve mit der Halbwertsbreite $HB_Y = HB_S + HB_G$ und einem Maximum bei $\theta_Y = \theta_S + \theta_G$. Die Integralgleichung 8.8 ist dabei nach $S(x)$ aufzulösen. Aus dem Verlauf von $S(x)$ ist die Breite zu bestimmen und die gesuchten Realstrukturgrößen Domänengröße D_{hkl} bzw. Mikrodehnung ϵ_{hkl} sind dann errechenbar.

$$Y(x) = \int\limits_{-\infty}^{\infty} S(x) \cdot G(x-y)\mathrm{d}y = S \circledast G \tag{8.8}$$

Das Geräteprofil $G(x)$ ist selbst ein überlagertes Profil aus den verbreiternden Faktoren des Gerätes, wie Strahlung, Blendeneinsatz, Probengeometrie und aus dem Absorptionsverhalten der Probe. Das Geräteprofil $G(x)$ muss mit höchstmöglicher Sorgfalt gemessen werden, d. h. die Ebenheit und die Einjustage auf den Fokussierkreis muss so exakt wie möglich erfolgen. Die Probe für das Geräteprofil sollte mit der zu untersuchenden Probe ein möglichst ähnliches Absorptionsverhalten aufweisen und die Beugungswinkellagen der Probe für das Geräteprofil und der Messprobe gleich, bzw. maximal um einen Beugungswinkel $\Delta\theta \leq 2{,}5°$ verschoben sein. Die Probe für das Geräteprofil soll/darf zudem selbst keine Verbreiterung im Profil hervorrufen. Nach Tabelle 8.2 sollten hier Domänengrößen $> 2\,\mu\mathrm{m}$ ohne Verspannung vorliegen. Daran erkennt man, dass für viele Materialuntersuchungen es gar nicht möglich sein wird, eine Probe zur Aufnahme für das Geräteprofil herzustellen. Gelingt es von einem Material gleichzeitig Pulver und z. B. Schichten herzustellen, dann können die Schichteigenschaften mittels dieser Methode gut analysiert werden. Die schwierige Herstellung einer Probe für das Geräteprofil ist ein Grund dafür, dass die Fundamentalparameteranalyse, Kapitel 8.5 der klassischen Profilanalyse mehr und mehr den Rang abläuft.

Die Entfaltung kann über die folgenden Wege durchgeführt werden.

- Approximationsmethoden
- FOURIER-Analyse, auch Methode nach STOKES genannt (entwickelt um 1948)
- LAGRANGE-Methode
- Fundamentalparameteranalyse.

Der Rechenaufwand und die spätere Genauigkeit ist dabei von Methode zu Methode unterschiedlich.

Ebenso konnte durch vielfältige Vergleichsuntersuchungen festgestellt werden, dass sich bei manchen Probensystemen mit bestimmten Materialien gute Ergebnisse bestimmen lassen. Die gleiche Methode auf ein anderes Materialsystem angewendet, lieferte hingegen unter Umständen unbrauchbare und offensichtlich falsche Werte.

Die nachfolgenden Methoden konnten meist erfolgreich bei dünnen Schichten eingesetzt werden. Bei Schichten lassen sich die erhaltenen Ergebnisse einfach verifizieren. Ermittelt man eine Domänengröße D_{hkl} größer der Schichtdicke, so war die Entfaltung und die Bestimmung der physikalischen Parameter fehlerhaft. Die Umkehrung gilt allerdings nicht. Das Beispiel im Kapitel 15.5 verdeutlicht dies nochmal. Die Domänengröße kann nicht größer als die Schichtdicke sein. Dann sind die Ergebnisse zu verwerfen und eine andere Methode muss verwendet werden [240].

8.2 Approximationsmethoden

Liegt in einer Probe eine vermutete Domänengröße von $D < 150\,\text{nm}$ vor, dann kann sie aus der Verbreiterung der Reflexe mittels der SCHERRER-Gleichung 8.3 ermittelt werden. Der Faktor K in der SCHERRER-Gleichung nimmt die Werte:

- $K = 1$ bei Verwendung der Integralbreite I_B,
- $K = 0{,}89$ bei Verwendung der Halbwertsbreite FWHM an.

Die Verläufe der analytischen Funktionen aus Tabelle 8.1 sind in Bild 8.1 dargestellt. Aus diesen Verteilungsfunktionen lassen sich sowohl die Integralbreiten als auch die Halbwertsbreiten direkt angeben. Interessant ist das Verhältnis von Halbwerts- zu Integralbreite, welches aus dem gemessenen Profil errechnet werden kann. Je näher dieses Verhältnis einer der zwei Funktionen kommt, umso sicherer kann man sein, dass bei der untersuchten Probe der entsprechende Profilverteilungstyp vorliegt. Aus dem Profilverteilungstyp lässt sich abschätzen, welcher Anteil zur physikalischen Profilverbreiterung führt.

Bei einem LORENTZ-Profil ist die Ursache der Verbreiterung eine mögliche Änderung der Ausdehnungen der Domäne - der kohärent streuende Bereiche.
Liegt dagegen ein GAUSS-Profil vor, dann sind überwiegend Verzerrungen (Mikrodehnungen - strain) die Ursachen für die Verbreiterung des Beugungsprofiles [146].

In der Praxis treten jedoch beide Verbreiterungseinflüsse auf, so dass beide Komponenten in Betracht gezogen werden müssen. Ein oft gangbarer Weg diese Komponenten zu trennen ist der Ansatz der Röntgenprofilapproximation durch eine multiplikative Verknüpfung von entsprechenden GAUSS- und LORENTZ-Anteilen im physikalischen Profil. Werden mehrere Beugungslinien mit unterschiedlichen Maxima überlagert, ergibt sich schnell ein großer Parameterraum, der bestimmt werden muss.

$$S(x) = S_{Gauss}(x) \circledast S_{Lorentz}(x) \tag{8.9}$$

Die GAUSS-Funktion $S_{Gauss}(x)$ wird definiert nach:

$$S_{Gauss}(x) = S_G(x) = \exp\left(-\frac{1}{2P^2}x^2\right) \tag{8.10}$$

Die LORENTZ-Funktion $S_{Lorentz}(x)$ wird definiert nach:

$$S_{Lorentz}(x) = S_L(x) = \frac{2}{P \cdot \pi}\left(1 + 4\frac{x^2}{P^2}\right)^{-1} \tag{8.11}$$

Die zu lösende Faltung von Mess-, Geräte- und physikalischen Profil kann auf die jeweiligen Anteile nach LORENTZ, Gleichung 8.12, bzw. GAUSS, Gleichung 8.13, übertragen werden:

$$Y_{Lorentz}(x) = G_{Lorentz}(x) \circledast S_{Lorentz}(x) \tag{8.12}$$

$$Y_{Gauss}(x) = G_{Gauss}(x) \circledast S_{Gauss}(x) \tag{8.13}$$

Die Integralbreiten zweier gefalteter LORENTZ-Funktionen addieren sich linear, diejenigen zweier gefalteter GAUSS-Funktionen addieren sich quadratisch.

$$IB^Y_{Lorentz} = IB^G_{Lorentz} + IB^S_{Lorentz} \quad (IB^Y_{Gauss})^2 = (IB^G_{Gauss})^2 + (IB^S_{Gauss})^2 \quad (8.14)$$

Das Verhältnis des LORENTZ-Anteils $IB_{Lorentz}$ zur gemessenen Integralbreite IB des gemessenen Profiles $Y(x)$ sei:

$$\frac{IB_{Lorentz}}{IB} = \frac{IB_L}{IB} = p_0 + p_1\varphi + p_2\varphi^2 \quad (8.15)$$

Das Verhältnis des GAUSS-Anteils IB_{Gauss} zur gemessenen Integralbreite IB des gemessenen Profiles $Y(x)$ sei:

$$\frac{IB_{Gauss}}{IB} = \frac{IB_G}{IB} = q_0 + q_{1/2}\sqrt{(\varphi - \frac{2}{\pi}) + q_1\varphi + q_2\varphi^2} \quad (8.16)$$

Der Parameter φ in den Gleichungen 8.15 und 8.16 ist das Verhältnis der messbaren Halbwerts- und Integralbreite des Messprofiles $Y(x)$ nach Gleichung 8.17:

$$\varphi = \frac{HB}{IB} \quad (8.17)$$

In [138] sind die dazugehörenden Koeffizienten mit:
$p_0 = 2{,}020\,7$; $p_1 = -0{,}480\,3$; $p_2 = -1{,}775\,6$ und
$q_0 = 0{,}420$; $q_{1/2} = 1{,}418\,7$; $q_1 = -2{,}204\,3$; $q_2 = 1{,}870\,6$ bestimmt worden.
Nach Auftragen beider Gleichungen als Funktionen des Quotienten von Halbwerts- zu Integralbreite können die Breiten der jeweiligen Anteile im Bild 8.3a abgelesen werden.

Aus den Integralbreiten für die LORENTZ- und GAUSS-Anteile können die Domänengrö-ße D_{hkl} und die Mikrodehnungen ϵ_{hkl} nach der Approximationsmethode in Abwandlung

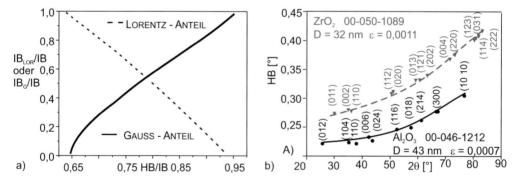

Bild 8.3: a) Bestimmungsfunktion für die Ermittlung des Verbreiterungsanteiles nach einer
LORENTZ- bzw. GAUSS-Verteilung [138] b) Domänengröße und Mikrodehnung an
einem Phasengemisch

zu den Gleichungen 8.3 und 8.7 bestimmt werden. Zunächst wird die Domänengröße aus dem LORENTZ-Anteil berechnet:

$$D_{hkl} = \frac{\lambda}{IB^S_{Lorentz} \cdot \cos\theta_{hkl}} = \frac{\lambda}{IB^S_L \cdot \cos\theta_{hkl}} \qquad (8.18)$$

Die Mikrodehnung ϵ_{hkl} aus dem GAUSS-Anteil beträgt dann:

$$\epsilon_{hkl} = \frac{IB^S_{Gauss}}{4 \cdot \tan\theta_{hkl}} = \frac{IB^S_G}{4 \cdot \tan\theta_{hkl}} \qquad (8.19)$$

Die Berücksichtigung von Domänengröße, Mikrodehnung und instrumenteller Verbreiterung kann nach Gleichung 8.20 über die Gesamthalbwertsbreite erfolgen [146, 178, 268]. Trägt man die gemessenen Halbwertsbreiten $HB_{t\ hkl}$ als Funktion des Beugungswinkels auf, erhält man durch Fittung der Kurve die gesuchten Größen. Erfolgt der Auftrag der $(HB - HB_0) \cdot \cos^2\theta$ über $4\sin^2\theta$, dann entspricht der Anstieg ϵ und bei dem Abszissenwert gleich Null ist der Ordinatenwert $= 1/D$.

An einer gesinterten Probe eines Kristallgemischs aus Al_2O_3 und ZrO_2 aus vormals nanoskaligen Pulver sind diese Größen für jede Phase bestimmt worden, Bild 8.3b. Die instrumentelle Breite wurde für jeden Braggwinkel an einem Standardpulver LaB_6 gemessen.

$$HB^2_{t\ hkl} = \left(\frac{K \cdot \lambda}{D_{hkl} \cdot \cos\theta_{hkl}}\right)^2 + (4 \cdot \epsilon_{hkl} \cdot \tan\theta_{hkl})^2 + HB^2_0 \qquad (8.20)$$

Es existieren weitere Variationen dieser Methode. So werden von SCARDI [216] alle integralen Breitenmethoden zusammengefasst. Der Hauptansatz ist die Gleichung 8.21:

$$IB(d^*) = IB_D + IB_S = \frac{1}{<L>_v} + 2 \cdot e \cdot d^* \qquad (8.21)$$

Die Größen IB_D unf IB_S sind die integralen Breitenanteile hervorgerufen durch die Domänengröße D und durch die Mikrodehnungen ϵ. Die Größe $<L>_v$ ist die gewichtete, mittlere Domänenvolumenlänge, siehe Bild 8.4b. Entlang der Beugungsrichtung wird eine Domäne in Säulen der Längen L eingeteilt. $<L>_v$ ist dann die Längenverteilung über einer Domäne [216].

8.3 FOURIER-Analyse

Zur Lösung von Gleichung 8.8 wird angenommen, dass die Profile $Y(x)$, $G(x)$ und $S(x)$ sich aus Linearkombinationen von Kosinus- und Sinusfunktionen zusammensetzen. Da $Y(x)$ und $G(x)$ gemessen werden können, lassen sie sich nach einer Normierung des Beugungsintervalls von θ_1 bis θ_2 auf den Entwicklungsintervallbereich x von -1 bis $+1$ und einer Normierung auf die Maximalintensität zu Eins jeweils als eine Summe darstellen.

$$Y(x) = \frac{A_0}{2} + \sum_{n=1}^{\infty} \left(A_n \cos(2\pi n \frac{x}{x_0}) + B_n \sin(2\pi n \frac{x}{x_0}) \right) \quad \text{bzw. für } G(x) \tag{8.22}$$

$$G(x) = \frac{a_0}{2} + \sum_{n=1}^{\infty} \left(a_n \cos(2\pi n \frac{x}{x_0}) + b_n \sin(2\pi n \frac{x}{x_0}) \right) \quad \text{mit} \tag{8.23}$$

A_n bzw. a_n Kosinuskoeffizienten (Realteil der komplexen Koeffizienten)
B_n bzw. b_n Sinuskoeffizienten (Imaginärteil der komplexen Koeffizienten)   Die Be-
x_0 Intervall der FOURIER-Analyse $(\theta_2 - \theta_1)$
rechnung der Koeffizienten A_n bzw. B_n erfolgt mit $n = 0, 1, 2 \ldots \in \mathbb{N}$ über:

$$A_n = \frac{1}{x_0} \int_{-\frac{x_0}{2}}^{\frac{x_0}{2}} Y(x) \cos(2\pi n \frac{x}{x_0}) \mathrm{d}x \qquad B_n = \frac{1}{x_0} \int_{-\frac{x_0}{2}}^{\frac{x_0}{2}} Y(x) \sin(2\pi n \frac{x}{x_0}) \mathrm{d}x \tag{8.24}$$

Die Koeffizienten a_n und b_n für das Geräteprofil $G(x)$ werden analog berechnet. Praktisch erfolgt statt der Integration eine Summation der jeweiligen Profildaten, da das Profil meistens im Step-Scan-Modus gemessen wird. $\Delta x = x_0/p$ ist die verwendete Schrittweite bei der Profilmesswertaufnahme und p die Anzahl der Stützstellen im Intervall x_0. Gleichung 8.24 wird damit zu:

$$A_n = \frac{1}{x_0} \sum_{-\frac{x_0}{2}}^{\frac{x_0}{2}} Y(x) \cos(2\pi n \frac{x}{x_0}) \Delta x \qquad B_n = \frac{1}{x_0} \sum_{-\frac{x_0}{2}}^{\frac{x_0}{2}} Y(x) \sin(2\pi n \frac{x}{x_0}) \Delta x \tag{8.25}$$

Die transformierten Funktionen $Y(x)$, $G(x)$ und $S(x)$ lassen sich über die soeben ermittelten FOURIER-Koeffizienten darstellen:

$$Y_n = A_n + iB_n \qquad G_n = a_n + ib_n \qquad S_n = \alpha_n + i\beta_n \tag{8.26}$$

Die unbekannten FOURIER-Koeffizienten α_n bzw. β_n für das physikalische Profil und die FOURIER-Transformierte S_n lassen sich errechnen nach:

$$S_n = \frac{1}{x_0} \frac{Y_n}{G_n} \tag{8.27}$$

$$\alpha_n = \frac{1}{x_0} \cdot \frac{A_n a_n + B_n b_n}{a_n^2 + b_n^2} \qquad \beta_n = \frac{1}{x_0} \cdot \frac{a_n B_n - A_n b_n}{a_n^2 + b_n^2} \tag{8.28}$$

Mit den FOURIER-Koeffizienten α_n und β_n lässt sich die Rücktransformation durchführen und das gesuchte physikalische Profil $S(x)$ berechnen:

$$S(x) = \frac{\alpha_0}{2} + \sum_{n=1}^{\infty} \left(\alpha_n \cos(2\pi n \frac{x}{x_0}) + \beta_n \sin(2\pi n \frac{x}{x_0}) \right) \tag{8.29}$$

Die Integralbreite I_b^S des physikalischen Profiles lässt sich bei symmetrischen Profilen direkt aus den FOURIER-Koeffizienten berechnen:

$$I_b^S = \frac{x_0 \cdot \alpha_0}{\alpha_0 + 2 \cdot \sum_{n=1}^{\infty} \alpha_n} \tag{8.30}$$

Für Überschlagsrechnungen lassen sich mit dieser Integralbreite die Domänengröße D_{Four} und die Mikrodehnung ϵ_{Four} (Spannung) analog zu den Gleichungen 8.3 und 8.7 bestimmen:

$$D_{Four} = \frac{\lambda}{I_b^S \cdot \cos\theta_{hkl}} \qquad \epsilon_{Four} = \frac{I_b^S}{4\tan\theta_{hkl}} \tag{8.31}$$

Da die Integralbreite I_b^S die zwei Informationen zur Domänengröße und zu den Mikrodehnungen enthält, ist es bei genauer Profilanalyse notwendig, beide Einflußgrößen D_{hkl} und ϵ_{hkl} zu trennen. Bei der Methode nach WILLIAMSON-HALL [263] wird die Trennung entsprechend Gleichung 8.32, quadratische GAUSS-Addition, Gleichung 8.14 bzw. 8.33, lineare LORENTZ-Addition vorgenommen.

$$\left(I_b^S \cdot \frac{\cos\theta}{\lambda}\right)^2 = \frac{1}{D_{Four}^2} + 16\epsilon_{Four}^2 \left(\frac{\sin\theta}{\lambda}\right)^2 \tag{8.32}$$

$$I_b^S \cdot \frac{\cos\theta}{\lambda} = \frac{1}{D_{Four}} + 4\epsilon_{Four} \cdot \frac{\sin\theta}{\lambda} \tag{8.33}$$

Die Trennung kann nach der Methode nach WARREN-AVERBACH [268] erfolgen, indem angenommen wird, dass die Kosinus-Fourierkoeffizienten $\alpha_n = \alpha_n^D \cdot \alpha_n^\epsilon$ bzw. nachfolgend $F_n = F_n^D \cdot F_n^\epsilon$ multiplikativ über Domänengröße und Mikrodehnung verknüpft sind. Ausgehend von der Annahme eines orthorhombischen reziproken Gitters werden Beugungsinterferenzen an den Ebenen senkrecht zur z-Achse betrachtet. Es werden $(0\,0\,l)$-Ebenen vermessen, Bild 8.4a. Die zu vermessende Domäne setzt sich dann aus einer Anzahl gestapelter und im Raum gleichmäßig verteilter Elementarzellen zusammen, Bild 8.4b. Wenn mehrere Ordnungen von Netzebenen $(0\,0\,l)$ gemessen werden können, z.B. $(h\,k\,1)$; $(h\,k\,2)$ und $(h\,k\,3)$ bzw. dann mit $h = k = 0$ und es liegen die entsprechenden Kosinus-Fourierkoeffizienten FK_n vor, dann lassen sich die zwei Komponenten Domänengröße und Mikrodehnung durch Auftrag über l^2 mit Parameter n für $l = 0$ extrapolieren und aus den Anstieg der Linien ergibt sich die Mikrodehnung, Bild 8.4c [268]. Dies ist deshalb möglich, da der Kosinus-Koeffizient das Produkt der Größen N_n/N_3, also die Zahl der Ebenen/Domänen in z-Richtung und die Mikrodehnung $\cos 2\pi/z_n$ darstellt. Der aus der Messung bestimmte Forierkoeffizient F_n ist somit das gesuchte Produkt aus Domänengröße und Mikrodehnung $F_n^D \cdot F_n^\epsilon$.

In Bild 8.5a sind für zwei unterschiedliche physikalische Profile $S_n(x)$ drei Verläufe der FOURIER-Koeffizienten F_n über dem Entwicklungsintervall $n \cdot L$, Gleichung 8.34 aufgetragen. Dabei kann man feststellen, je schneller die FOURIER-Koeffizienten sich Null annähern, umso breiter ist das physikalische Profil. $S_1(x)$ hat einen breiteren Profilverlauf als $S_2(x)$. Der Verlauf von $F_3(x)$ zeigt hingegen, dass Informationen des gemessenen

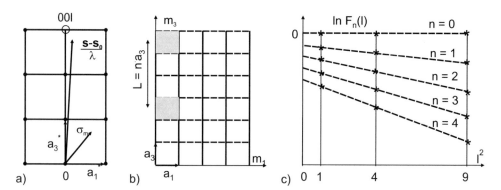

Bild 8.4: a) reziprokes Gitter bei Vermessung einer $(0\,0\,l)$-Ebene   b) Modellkristall als Stapel
von orthorhombischen Elementarzellen mit Ausrichtung z-Achse senkrecht zur gemessenen Oberfläche   c) logarithmischer Plot zur Separation von Domänengröße D_{hkl}
und Mikrodehnung ϵ_{hkl} aus dem Fourierkoeffizientenauftrag

Profiles $S_2(x)$ durch falschen Untergrundabzug weggeschnitten wurden. Wird ein Entwicklungsintervall im Untergrund links und rechts vom Beugungslinienmaximum zu weit
gewählt, so führt dies auch zu falschen Verläufen der FOURIER-Koeffizienten. Ein richtiger Untergrundabzug vom Profil wird am Verlauf der FOURIER-Koeffizienten über $n \cdot L$
ersichtlich. Der größte Anstieg im Funktionsverlauf muss immer beim Wertepaar (0,1)
sein [268].

$$L = \frac{n \cdot \lambda}{2(\sin\theta_2 - \sin\theta_1)} \tag{8.34}$$

Die Bestimmung der Domänengröße und der Mikrodehnung kann durch eine zweite Variante erfolgen. Die Kosinus-FOURIER-Koeffizienten $F(n)$ des physikalischen Profiles werden über dem Entwicklungsintervall $n \cdot L$ aufgetragen. Wird im Punkt (0,1) der Anstieg
bestimmt dann ist die ermittelte Domänengröße D_M der Wert des Schnittpunkts mit der
Geraden $n \cdot L$.

$$\lim_{n \to 0} F(n) \approx 1 - \frac{n \cdot L}{D_M} \tag{8.35}$$

Aus den FOURIER-Koeffizienten werden renormierte FOURIER-Koeffizienten mittels des
neuen Wertes D_M gebildet.

$$F^s(n) = \exp\left(\frac{-nL}{D_M}\right) \tag{8.36}$$

Die Mikrodehnung ϵ_{hkl} (strain) ergibt sich mit dem renormierten FOURIER-Koeffizient
$F^D_{0,5D_M}$ bei $n \cdot L = 0,5 \cdot D_M$ nach Gleichung 8.37 mit m Beugungsordnung, meist $m = 1$
für erste Beugungsordnung, und d_o gleich unverzerrter Netzebenenabstand [268].

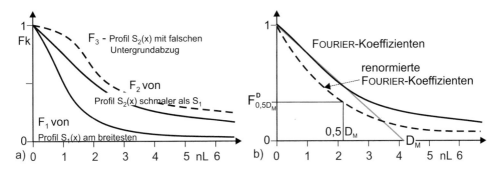

Bild 8.5: FOURIER-Koeffizienten als Funktion des Entwicklungsintervalles L

$$< \epsilon >^2_{0,5 D_M} = \frac{(1 - F^D_{0,5 D_M}) 2 d_o^2}{\pi^2 D_M^2 m^2} \qquad (8.37)$$

Schwierigkeiten ergeben sich immer dann, wenn kein Standardprofil als Referenz zur Verfügung steht, siehe Seite 296. Zur Bestimmung der Domänengröße an Schichten kann als Methode die Profilanalyse angewendet werden. Mittels der FOURIER-Analyse von Standardprofilen, gewonnen aus Messungen an Mo-Pulver und von Messprofilen an Mo-Schichten unterschiedlicher Dicke und unterschiedlicher Tempernachbehandlung, konnte die Domänengröße zu Zeiten, als die Rasterkraftmikroskope noch nicht zur Verfügung standen, relativ genau bestimmt werden. Im Bild 8.6a sind die normierten Profile der (1 1 0)-Netzebene von Mo-Pulver (Standardprofil) mit einer durchschnittlichen Domänengröße von 580 nm und einer 50 nm dicken Mo-Schicht, die 30 min. bei $T_T = 800\,^\circ\mathrm{C}$ getempert wurde, dargestellt. Man erkennt deutlich die Unterschiede in der Profilform dieser zwei Mo-Proben. Für die Schicht wurde eine Domänengröße von 41 nm bestimmt.

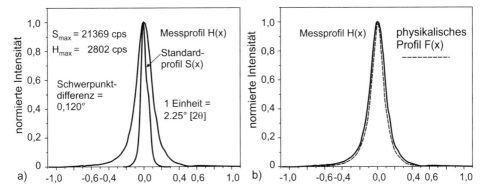

Bild 8.6: a) Normierte Darstellung einer {1 1 0}-Netzebene von Mo-Pulver als Standardprobe und einer 50 nm dicken Mo-Schicht, $T_T = 800\,^\circ\mathrm{C}$ b) FOURIER-Entfaltung der getemperten Mo-Schicht

Als Ergebnis erhält man meist nur die Domänengröße und die Mikrodehnungen, nicht aber das entfaltete Profil in unnormierter Form. Bild 8.6 zeigt aus ca. einhundert Auswertungen eine gelungene Analyse, wo das aus der FOURIER-Analyse bestimmte physikalische Profil auch wirklich eine Profilform besitzt. Ebenso konnte bei dieser Probe über die Rücktransformation entsprechend Gleichung 8.29 ein physikalisches Profil erhalten werden, Bild 8.6b, als die Fundamentalparameteranalyse noch nicht breit verfügbar war [240]. Die geringen ermittelten Unterschiede zwischen gemessenem und physikalischem Profil sind somit ähnlich zu Bild 8.11, das Ergebnisse einer zweiten unabhängigen Methode zeigt. Die Entfaltung mittels FOURIER-Koeffizienten ist sehr von der exakten Untergrundbestimmung des Messprofils und von der Gleichheit des Entwicklungsintervalles von Standard- und Messprofil abhängig. Liegt ein FOURIER-Koeffizientenverlauf wie Fk_3 aus Bild 8.5a vor, so ist dies der Hinweis auf falsche Entwicklungsintervalle bzw. fehlerhafte Untergrundabzüge.

8.4 LAGRANGE-Analyse

Beim LAGRANGE-Verfahren soll wiederum die Gleichung 8.8 gelöst werden [275, 208]. Hier nimmt man an, dass das gemessene Diffraktogramm $Z(x)$ aus dem eigentlichem Messprofil $Y(x)$ und einem Fehler $\gamma(x)$ besteht. Es gilt die Gleichung 8.38.

$$Z(x) = Y(x) + \gamma(x) \tag{8.38}$$

Mittels der Gleichungen 8.8 und 8.38 lässt sich dann schreiben:

$$\gamma^2(x) = (Z(x) - G(x) \circledast S(x))^2 \tag{8.39}$$

Es wird eine zweite Gleichung aufgestellt, die eine Funktion φ enthält, die im gesamten Definitionsbereich gleich dem bzw. größer als der Untergrund des gemessenen Profiles $Z(x)$ sein soll. Die Abweichung vom Untergrund sei eine Funktion r_b.

Die Röntgenprofile sind stetige Funktionen, die idealerweise nur *ein* Maximum und damit *zwei* Wendepunkte aufweisen. Zum Erhalt von »stetigen« Kurven müssen deshalb die 2. Ableitungen des gesuchten physikalischen Profiles $S(x)$ möglichst klein sein. Die eingeführte Abweichung r_s von der noch zu suchenden glatten Profilfunktion $S(x)$ ergibt durch Addition Gleichung 8.40:

$$L(2\theta, S(x), S(x)^{(n)}, S(x)^{(m)}) = \gamma(x)^2 + K_b r_b^2 + K_s r_s^2 \tag{8.40}$$

Das LAGRANGE-Integral E, Gleichung 8.41, hat für jedes $S(x)$ eine eindeutige Lösung:

$$E = \int\limits_{-\infty}^{\infty} L(2\theta, S(x), S(x)^{(n)}, S(x)^{(m)}) \mathrm{d}(2\theta) \tag{8.41}$$

Das optimale Entfaltungsergebnis ist die gesuchte physikalische Profilfunktion $S(x)$, für die E minimal wird.

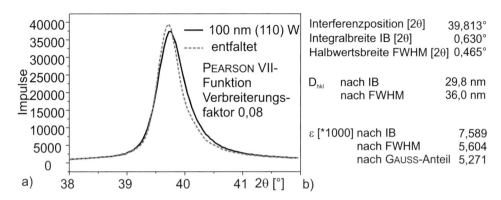

Bild 8.7: Entfaltung einer (1 1 0)-W-Interferenz einer 100 nm dicken Schicht nach der Abscheidung und b) Auflistung der Ergebnisse der Profilentfaltung

Die verwendeten Rechenmethoden und Transformationen sind in [275, 208] ausführlich beschrieben und werden hier nicht dargestellt. Im Bild 8.7a ist das Ergebnis einer Entfaltung gezeigt. Da kein geeignetes Gerätemessprofil bzw. rekristallisiertes, spannungsarm geglühtes Wolframpulver mit einer Domänengröße $D \approx 2\,\mu m$ zur Verfügung stand, wurde die PEARSON-VII-Funktion als Gerätefunktion benutzt. Der verwendete Verbreiterungsfaktor ist der für diese Goniometergeometrie am günstigsten erscheinende und wurde aus Vergleichsmessungen an Mo-Pulver ermittelt, welches die Anforderungen an das Standardpulver weitgehend erfüllt. Aus dem entfalteten Profil sind die Ergebnisse, aufgelistet in Bild 8.7b, entsprechend der Ausführungen und Gleichungen 8.3, 8.7 und 8.19 berechnet worden. Die Werte der ermittelten Domänengröße sind realistisch und entsprechen Untersuchungen im Transmissionselektronenmikroskop.

Mit der hier vorgestellten Art der Entfaltung mittels der LAGRANGE-Methoden können folgende Probleme vorteilhaft gelöst werden:

- die Untergrundbestimmung erfolgt automatisch,
- das entfaltete Profil liegt in unnormierter Form vor, Beugungslinienlage und Intensitäten ergeben sich als direkt verwertbare Funktion,
- neben einem gemessenen Standardprofil können auch errechnete Profile, wie eine GAUSS-, eine LORENTZ- und eine PEARSON-VII-Funktionen mit einem frei wählbaren Verbreiterungsfaktor P_i verwendet werden.

8.5 Fundamentalparameteranalyse

Mit einem relativ alten Ansatz, vorgeschlagen im Jahr 1954 von KLUG und ALEXANDER [146], der Verknüpfung mit neuen mathematischen Algorithmen zur Fittung von CHEARY und COELHO [59] und der Verfügbarkeit immer leistungsfähigerer Rechner gelang es, aus der Faltung des Emissionsprofiles W und der geometrischen Strahlengangeinflüsse G die gesuchten physikalischen Parameter S einer Probe, also die Verbreiterung des Beugungsprofiles in Abhängigkeit von der Domänengröße und inneren mechanischen Spannungen dritter Art/Mikrodehnungen zu erhalten. Gleichung 8.8 schreibt man dann in der Form:

$$Y(2\theta) = (W \circledast G) \circledast S \qquad\qquad (8.42)$$

Die Arbeiten von HÖLZER [130] zur Neubestimmung der Emissionsprofile der Röntgenstrahlung, Bild 2.6 sind dabei der Ausgangspunkt und die Grundlage für die Abbildung des Emissionsprofiles über die Beugung. Das Emissionsprofil wird mit den Gerätefunktionen gefaltet. Entsprechend Bild 8.8 gehen alle strahlverbreiternden Faktoren, wie die Fokuslänge und -breite, die so genannten Röhrenfüße (Vergrößerung der Fläche der Strahlungsentstehung in der Anode der Röntgenröhre besonders am Rand der Glühkathodenabbildung), der Abstand Fokus-Probenmittelpunkt, die Probengröße bzw. Probenfläche und die Detektorschlitzblendengrößen ein [146]. Das sich ausbildende Beugungsprofil beeinflussen n (acht bis zehn) Fundamentalparameter F. Gleichung 8.42 wird dann zu:

$$Y(2\theta) = W \circledast F_1(2\theta) \circledast F_2(2\theta) \circledast \dots F_i(2\theta) \circledast \dots \circledast F_n(2\theta) \qquad (8.43)$$

Alle diese Funktionen F_i sind analytisch als Kombinationen von Funktionen der Winkellage und/oder der Intensität/Profilparameter beschreibbar, siehe Tabelle 8.3. Diese Funktionen sind in den Bildern 8.9 und 8.10 für die einzelnen Einflüsse ebenfalls schematisch aufgeführt [146, 21, 141]. Aus den jeweils für das Diffraktometer zutreffenden Größen und geeigneter Auswahl der Funktion F_i lassen sich unter Annahme von Strahldivergenzen in die »jeweils andere Richtung« maximale Divergenzwinkel ausrechnen. Entsprechend Kapitel 5.2 wirken sich Abweichungen vom Mittelpunktstrahl auf die Beugungswinkellage und auf die Breite der Profile aus.

Die aus einem Pulverdiagramm ermittelte Intensität an einem Datenpunkt ist die Summe aus den Beiträgen benachbarter BRAGG-Reflexe plus dem Untergrund. Die errechnete Intensität am gleichen Datenpunkt ist dagegen die Mehrfachsumme aus dem Strukturmodell, dem Probenmodell, dem Diffraktometermodell und dem Untergrundmodell. Es gibt derzeit kommerzielle Programme, wie BGM [5] oder TOPAS [140], die es gestatten, nach einer exakten Beschreibung der Geometrie des Diffraktometers und der

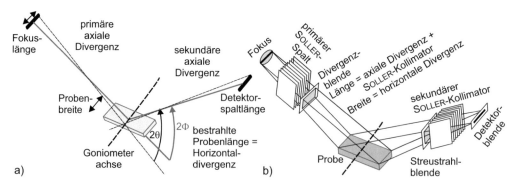

Bild 8.8: Geometrische Verhältnisse beim BRAGG-BRENTANO-Goniometer a) horizontale und axiale Divergenzverhältnisse b) horizontale und axiale Divergenzverhältnisse mit SOLLER-Kollimatoren nach [146, 21]

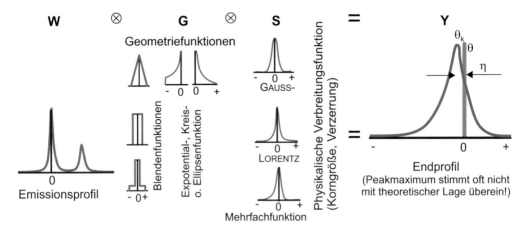

Bild 8.9: Notwendige mathematische Funktionen für eine exakte Anfittung des gemessenen Profiles nach [146, 21]

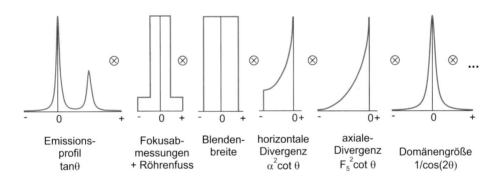

Bild 8.10: Beispiel für die Beachtung aller Fitfunktionen und prinzipielle Beugungswinkelabhängigkeit für eine exakte Anfittung des gemessenen Profiles nach [21]

physikalischen Eigenschaften der Probe ein gemessenes Profil soweit anzufitten, dass eine weitestgehende Deckung auftritt, erkennbar an sehr kleinen R_p-Werten (Differenz von gemessenen und errechnetem Profil). Die Bewertungsgrößen zur Bestimmung der Fitergebnisse sind die gleichen wie auf Seite 271, Gleichungen 6.44 bis 6.51. Am Beispiel der $(1\,0\,0)$-Beugungsinterferenz für LaB$_6$ (NIST-Standard SRM66ob) sind in Bild 8.11 die Ergebnisse der schrittweisen Anfittung nach KERN [141] dargestellt. Im Bild 8.11a ist das Messprofil und das Emissionsprofil W für Kupfer-Kα-Strahlung nach HÖLZER [130] dargestellt. Wird jetzt dem Emissionsprofil W eine Funktion für die Horizontaldivergenz aus Tabelle 8.3, entweder F_1 oder F_2, durch Faltung hinzugefügt, so entsteht ein synthetisches Profil nach Bild 8.11b. Eine bessere Anfittung an das Messprofil wird erreicht, wenn auch noch die axiale Divergenz F_5 hinzugefügt wird, Bild 8.11c. Man erkennt, dass jetzt zwischen Messprofil und synthetisiertem Profil nur noch geringe Differenzen bestehen. Wendet man jetzt noch physikalische Funktionen z. B. wie $F_{11} \ldots F_{18}$ zur weiteren

Tabelle 8.3: Zusammenstellung der Fundamentalparameterfunktionen nach [141], R_s-Diffraktometerradius, $2\theta_k$ – gemessene Beugungslinienlage, Abweichung von der theoretischen zur gemessenen Lage $\eta = 2\theta - 2\theta_k$ (Anmerkung: programmtechnisch werden die Funktionen F_{11} bis F_{18} z. B. nach der Breite umgestellt eingesetzt)

Name	F_i	Funktion	Wertebereich η
geometrische Strahlfunktionen			
Horizontaldivergenz Festblende	F_1 [°]	$1/\sqrt{4\eta_m\eta}$	$0 \leq \eta \leq \eta_m$ $\eta_m = -\frac{\pi}{360}\cot(\theta_k)F_1^2$
Horizontaldivergenz variable Blende	F_2 [mm]	$1/\sqrt{4\eta_m\eta}$	$0 \leq \eta \leq \eta_m$ $\eta_m = -F_2^2\sin(\theta_k)\cdot\frac{180/\pi}{4R_s^2}$
Quellengröße axial	F_3 [mm]	Rechteckfunktion	$-\eta_m/2 < \eta < \eta_m/2$ $\eta_m = \frac{(180/\pi)}{F_3/R_s}$
Probenkippung	F_4 [mm]	Rechteckfunktion	$-\eta_m/2 < \eta < \eta_m/2$ $\eta_m = (180/\pi)\cos(\theta_k)F_4/R_s$
Detektorblendenlänge in axialer Ebene	F_5 [mm]	$(1/\eta_m)(1 - \sqrt{\eta_m/\eta})$	$0 \leq \eta \leq \eta_m$ $\eta_m = -(90/\pi)(F_5/R_s)^2\cot(2\theta_k)$
Detektorblendenbreite in horizontaler Ebene	F_6 [mm]	Rechteckfunktion	$-\eta_m/2 < \eta < \eta_m/2$ $\eta_m = -(180/\pi)(F_6/R_s)$
Röhrenfüße	F_7	Rechteckfunktion	...
...	F_9	...	...
physikalische Funktionen der Probe			
Linearer Absorptionskoeffizient	F_{10} $[cm^{-1}]$	$(1/\sigma)\exp(-\eta/\sigma)$	$\eta \leq 0$ $\sigma =$ $900\cdot\sin(2\theta_k)/(\pi\cdot F_{10}\cdot R_s)$
Domänengröße	F_{11} [nm]	$(180/\pi\cdot\lambda/(B\cos\theta_k)$	FWHM-LORENTZ-Profil
Domänengröße	F_{12} [nm]	$(180/\pi\cdot\lambda/(B\cos\theta_k)$	FWHM-GAUSS-Profil
Domänengröße	F_{12} [nm]	$(180/\pi\cdot\lambda/(B\cos\theta_k)$	IB- LORENTZ-Profil
Domänengröße	F_{13} [nm]	$(180/\pi\cdot\lambda/(B\cos\theta_k)$	IB- GAUSS-Profil
Mikrodehnung	F_{14} [%]	$B/\tan\theta_k$	FWHM-GAUSS-Profil
Mikrodehnung	F_{15} [%]	$B/\tan\theta_k$	FWHM-LORENTZ-Profil
Mikrodehnung	F_{16} [%]	$B/\tan\theta_k$	IB-GAUSS-Profil
Mikrodehnung	F_{17} [%]	$B/\tan\theta_k$	IB-LORENTZ-Profil
nach Volumen gewichtete Domänengröße	F_{18} [nm]	gewichtete Breite einer VOIGT-Funktion (GAUSS ⊛ LORENTZ)	

Faltung an, werden die physikalischen Parameter der Probe (Domänengröße und Mikrodehnung) zugänglich. In den Bildausschnitten 8.11e oder f sind Vergrößerungen von Teilbereichen des Profiles und Teilstadien der Faltungsprozedur eingezeichnet.

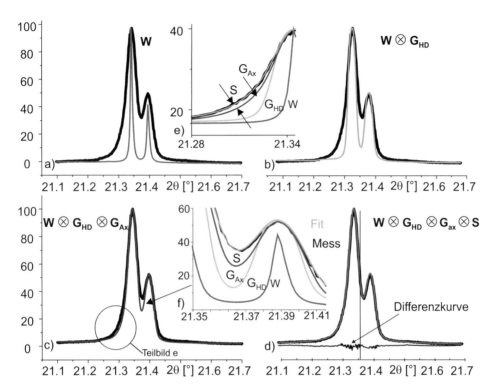

Bild 8.11: Ausschnitte aus dem Fittprozess an (1 0 0)-LaB$_6$-Pulver, NIST SRM 660b nach Einbindung a) des Emissionsprofils b) der horizontalen Divergenzen c) der axialen Divergenzen – Abschluss Faltung mit Gerätefunktion d) der Ermittlung der physikalischen Größen; Rohdatenverwendung mit Genehmigung Dr. A. Kern, Bruker AXS Karlsruhe [141]

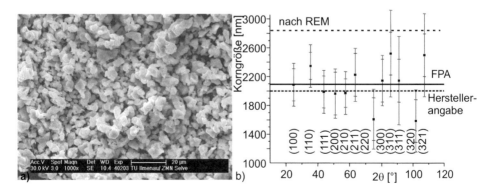

Bild 8.12: a) Rasterelektronenmikroskopie an LaB$_6$-Pulver b) bestimmte Domänengrößen für verschiedene Beugungsinterferenzen, Fehlerbalken als Standardabweichung und als Fehler aus dem Fundamentalparameterprogramm (FPA) für die bestimmten Größen

Das LaB_6-Pulver NIST SRM 660b soll laut Herstellerangaben eine relativ gut abgesicherte, standardisierte Pulvergröße von zwei Mikrometer Durchmesser aufweisen. Das Pulver ist spannungsarm, Verbreiterungen der Beugungsprofile durch Mikrodehnungen treten fast nicht auf. Mit der Fundamentalparameteranalyse ist es bei exakter Beschreibung der Diffraktometergeometrie möglich, vertrauenswürdige Messergebnisse zur Domänengröße und Mikrodehnung zu erhalten. Untersuchungen der Kristallitgrößenverteilung mittels Rasterelektronenmikroskopie am LaB_6-Pulver ergeben eine mittlere, flächengewichtete Kristallitgröße von $2{,}84\,\mu m$. Im Bild 8.12a sind aber auch Partikelgrößen von $0{,}6 - 10{,}2\,\mu m$ festgestellt worden. Manche große Partikel können aus mehreren kleinen Partikeln bestehen. Mit einer reinen BRAGG-BRENTANO-Anordnung, Strichfokus und unter Einbeziehung der so genannten Röhrenfüße (Fokusabmessungen am Rand sind größer als die realen Fokusabmessungen), wurde das LaB_6-Pulver mit Kobalt-Kα-Strahlung vermessen. Mittels der Fundamentalparameteranalyse unter Verwendung der Funktion F_{11} wurde die volumengewichtete Kristallitgröße für die verschiedenen Beugungsinterferenzen, Bild 8.12b bestimmt. Die Probe wurde fünfmal gemessen und aus den Einzelergebnissen eine Standardabweichung bestimmt. Man sieht, dass bei kleinen Beugungswinkeln Fehler im Bereich von $\approx 10\,\%$ auftreten, die bei größeren Winkeln auf bis zu $\approx 25\,\%$ anwachsen. Dies resultiert aus dem relativ hohen Rauschlevel der gemessenen Beugungsinterferenzen (Schrittweite $\Delta\theta = 0{,}04°$, Messzeit pro Schritt $5\,s$ ergeben nur noch im Maximum der $(3\,2\,1)$-Interferenz $300\,counts$). Die für die Kristallitgrößenbestimmung wichtige Ermittlung des LORENTZ-Anteiles der Interferenz ist für Beugungsinterferenzen mit hohem Rauschen nicht mehr eindeutig möglich und führt zu steigenden Fehlerwerten. Man muss beachten, dass physikalische Verbreiterungen für diese Kristallitgrößen im Bereich von $0{,}01 - 0{,}003°$ auftreten, siehe Tabelle 8.2.

Die Messungen wurden auch an einem Spannungs- und Texturgoniometer mit Punktfokus und mit kreisförmiger Primärblende durchgeführt. Die geometrische Beschreibung des Diffraktometers und damit die Fundamentalparameter sind mit den Funktionen aus Tabelle 8.3 nicht mit ausreichender Genauigkeit beschreibbar. Mit diesem Diffraktometer konnten nur mittlere Kristallitgrößen von $106\,nm$ ermittelt werden. Diese Werte sind eindeutig falsch.

> Kann das Diffraktometer nicht eindeutig geometrisch beschrieben werden, treten erhebliche Fehler in der Bestimmung der physikalischen Größen D_{hkl} und ϵ_{hkl} auf.

Es ist aber auch möglich, bei bekannten physikalischen Probenparametern die geometrischen Größen des Diffraktometers im Rahmen der vertretbaren Abweichungen zu verfeinern. Bei einer Blendenweite von $0{,}2\,mm$ sind dann Verfeinerungen im Bereich $0{,}190\,mm$ bis $0{,}210\,mm$ sinnvoll. Kommt aber ein Wert von z. B. $0{,}298\,mm$ heraus, ist das Diffraktometer falsch beschrieben. Mit den richtig verfeinerten Werten ist eine bessere Beschreibung des Diffraktometers möglich und damit an neuen Proben eine Verbesserung der Genauigkeit der Bestimmung der physikalischen Parameter erzielbar. Nach Umbauarbeiten, Röhrenwechsel und Justagen sind alle Verfeinerungen mittels Kontrollmessungen zu überprüfen.

Die Tabelle 8.4 zeigt den Vergleich der Fundamentalparameteranalyse (FPA) zur reinen analytischen Beschreibung (APF) der Beugungsprofile bezüglich der Zahl der anzu-

Tabelle 8.4: Auflistung der Zahl und der Parameter für die Fundamentalparameteranalyse (FPA) und für die analytische Profilanalyse (APF)

Einlinienmethoden		Gesamtes Diffraktogramm	
FPA	APF	FPA	APF
$Y(2\theta)\ Y_{max}$	$Y(2\theta)\ Y_{max}$	Domänengröße	$Y(2\theta)$, V, W
Domänengröße	IB_L; IB_{Gauss}	(Mikrodehnung)	na; nb
(Mikrodehnung)	IB; $FWHM$		Asymmetrie
3 (4)	6	1 (2)	mindestens 6

fittenden Parameter. Je weniger freie Parameter auftreten, umso eher und sicherer wird ein Prozess konvergieren. Die Fundamentalparameteranalyse hat zudem den Vorteil, dass man hier im Gegensatz zu den anderen bisher beschriebenen Verfahren keine Normierungen vornehmen muss, sondern mit den Messwerten »direkt rechnen« kann.

Derzeit wird die Fundamentalparameteranalyse hauptsächlich bei Diffraktometern in reiner BRAGG-BRENTANO-Anordnung angewendet. Verwendet man zusätzliche Strahloptiken, wie Monochromatoren, Multilayerspiegel und ortsempfindliche Detektoren auf 1D- oder 2D-Basis, dann gelingt es nicht mehr, in ausreichender Weise das Emissionsprofil der Strahlung über die Optiken fehlerfrei abzubilden bzw. zu übernehmen. Das »Emissionsprofil« einer Anordnung unter Verwendung eines Multilayerspiegels ist zur Zeit nicht analytisch konstant beschreibbar. Es treten hier von der Spiegelbauart und selbst von der Seriennummer abhängige Abweichungen auf. Für jeden Multilayerspiegel, Detektor oder Monochromator müsste das Röhrenemissionsprofil individuell vermessen werden. Die auftretenden Abweichungen in der Abbildung des Emissionsprofils können ansonsten die physikalischen Verbreiterungen vom synthetisierten Profil zum Messprofil übersteigen.

Derzeit kann nur die Fundamentalparameteranalyse in klassischer BRAGG-BRENTANO-Anordnung als »Black Box« verwendet werden. Zusätzliche Röntgenoptiken und veränderte Geometrien sind zur Zeit noch nicht ausreichend beschrieben bzw. erfordern die individuelle Bestimmung des Röhrenemessionsprofils der Einzelanordnung.

Eine ähnliche Bestimmungsmethode zum Erhalt der Gerätefunktion ist von IDA [132] vorgeschlagen worden. Hierbei wird eine Dateninterpolation, Längen- und eine schnelle FOURIER-Transformation zur Bestimmung der Gerätefunktion herangezogen. Durch diese Drei-Schritt-Methode sollen die axialen Divergenzen, die Ebenheit der Probe, die Absorption der Röntgenstrahlung und das Emissionsprofil der Quelle berücksichtigt werden.

Die Fundamentalparameteranalyse wird nicht nur zur Einzelprofilanalyse genutzt, sondern zunehmend in Verbindung mit dem RIETVELD-Verfahren zur quantitativen Phasenanalyse von Kristallgemischen eingesetzt.

Durch Mehrfachfaltung von Emissionsprofilen mit eindeutig definierten Gerätefunktionen lassen sich die physikalischen Verbreiterungen des Beugungsprofils und damit die Eigenschaften einer Probe bestimmen. Durch die eindeutige Beschreibung der Geräteparameter mit analytischen Funktionen treten weniger Parameter auf, die Konvergenz der Fittung wird besser.

8.6 Rockingkurven und Versetzungsdichten

Wenn man die gekoppelte Bewegung zwischen Detektor und Probe beim Diffraktometer ausschaltet, spricht man von asymmetrischen Beugungsuntersuchungen. Wird der Detektor auf die Position des doppelten BRAGG-Winkels (2θ) einer Netzebene fixiert und die Probe ausgehend vom einfachen BRAGG-Winkel um ein Intervall $\Delta\theta$ bewegt, dann spricht man bei der Aufzeichnung der abgebeugten Intensitäten von einer *Rockingkurve*, Bild 8.13a. Als Beispiel ist dort eine Probe mit drei Kristalliten 1, 2 und 3 dargestellt. Wird der Detektor auf den Winkel θ_{hkl} fest eingestellt und die Probe zum Strahl gedreht, dann wird als erstes der Kristallit 3 die Beugungsbedingung erreichen. Die Probe ist jetzt um $\Delta\theta$ zur herkömmlichen BRAGG-BRENTANO-Anordnung verkippt. Bei Weiterdrehung der Probe kommt dann Kristallit 2 und später Kristallit 1 in Beugungsanordnung. Die Selektivität dieser Winkelverkippung hängt von der Breite/Divergenz des einfallenden Röntgenstrahles ab. Für präzise Messungen versucht man, diese Breite so klein wie möglich bei minimaler Divergenz des Strahles zu halten. Diese Forderung kann erst richtig mit der hochauflösenden Röntgendiffraktometrie (HRXRD) erfüllt werden, siehe Kapitel 13. Die Intensität und Halbwertsbreite der Kurve ist ein Maß für die Gleichmäßigkeit der Netzebenenausrichtung senkrecht zur Probenoberfläche. Mittels einer Rockingkurve und deren Breite lässt sich die *kristalline Qualität* des untersuchten Materials beschreiben. Nach [135] sind in Bild 8.13b die unterschiedlichen Breiten einer polykristallinen bzw. einer Multilayer-Probe und eines (1 1 1)-Si-Einkristalls gezeigt. Rockingkurven werden meistens zur Beschreibung der Einkristallperfektion, der Texturschärfe bzw. zur Bestimmung von Epitaxieverhältnissen benutzt. Wie im Bild 8.13a ersichtlich, werden in den Flanken dieser Kurve die »Fehlausrichtungen« der Netzebene repräsentiert. Wie später in Kapitel 12 gezeigt, können über Rockingkurven Fehlorientierungen der Netzebene des Einkristalls zur Oberfläche sehr genau bestimmt werden.

In den vorangegangenen Kapiteln wurde die röntgenographische Domänengröße D_{hkl} über verschiedene Methoden bestimmt. Nach AYERS [28] ist die Breite β_D der Rockingkurve indirekt proportional zur Domänengröße. AYERS hat den Versuch unternommen, aus der messbaren Halbwertsbreite FWHM der Rockingkurve, hier mit β_{rock} bezeichnet, Versetzungsdichten in einkristallinen Materialien bzw. epitaktischen Schichten abzuschätzen. Versetzungen in Kristallen können aus Stufen-, Schrauben- als auch gemischten Charakter tragenden Versetzungen bestehen. Versetzungen verbreitern die Rockingkurven auf drei Wegen:

- Die Versetzung führt zu einer Rotation/Verdrehung der Netzebene. Diese Verkippung ist die schon bekannte Mosaizität und führt ebenso zu einer Verbreiterung β_M der Rockingkurve entlang einer Kreislinie um den Ursprung. Versetzung können nen weiterhin zur Bildung von Kleinwinkelkorngrenzen führen. Dadurch werden die

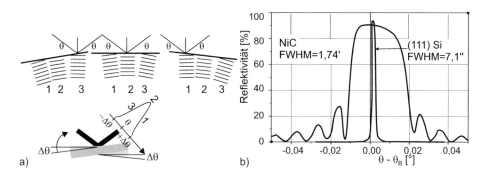

Bild 8.13: a) Prinzip der Rockingkurve und Erklärung der Mosaizität b) Rockingkurve für
NiC Multilayer und (1 1 1)-Si-Einkristall nach [135]

benachbarten Kristallite geringförmig gegeneinander verkippt. Wächst ein Material
säulenförmig auf, dann lässt sich dieser Verbreiterungseinfluss nicht von der gleichzeitig auftretenden Verkippung unterscheiden.

- Versetzungen verzerren das Gitter lokal. Das damit verbundene Verzerrungsfeld
  führt zu einer Verteilung der Mikrodehnungen und diese zu einer Verbreiterung
  β_ϵ der Rockingkurve.

- Kleine Domänengrößen verbreitern die Beugungsinterferenz, der Einflussparameter
  auf die Breite der Rockingkurve wird β_D genannt.

Mittels der Röntgenbeugung ist es möglich, Versetzungsdichten zwischen 10^6 und $10^{10}\,\mathrm{cm}^{-2}$
zu bestimmen. Im Gegensatz zu Untersuchungen im TEM sind die Röntgenbeugungsuntersuchungen zerstörungsfrei. Fasst man diese Einflüsse der Verbreiterung der Rockingkurve zusammen, dann kann unter Annahme einer GAUSSförmigen Überlagerung der
Verbreiterungseffekte die Gleichung 8.44 erstellt werden:

$$\beta_{rock}^2 = \beta_{int}^2 + \beta_G^2 + \beta_M^2 + \beta_\epsilon^2 + \beta_D^2 + \beta_r^2 \qquad (8.44)$$

β_{int} ist die *intrinsische Halbwertsbreite* und weist für perfekte Einkristalle (Halbleiter-
kristalle) Werte kleiner $10''$ auf.

Bei dem in Bild 5.40 dargestellten Messaufbau ist die *Verbreiterung* bei einer einkristallinen Probe unter $8''$ und damit auch vernachlässigbar. β_G wird auch als resultierende Breite des Primärstrahles bei einem BARTELS-Monochromator, siehe Tabelle 4.5,
aufgefasst. Durch die quadratische Form von Gleichung 8.44 ist dieser Wert bei Verset-
zungsdichtenbestimmung oft vernachlässigbar. Wird eine Verteilung nach GAUSS für die
Orientierungsverteilung an den Kleinwinkelkorngrenzen angenommen, berechnet sich unter Einbeziehung des BURGERS-Vektors $\vec{b}$ die Versetzungsdichte ϱ_V nach Gleichung 8.45:

$$\beta_M^2 = 2\pi \ln 2 \cdot |\vec{b}|^2 \cdot \varrho_V = K_M \qquad (8.45)$$

Die Mikrodehnungen im Kristall durch Versetzungen kann ebenfalls durch eine GAUSS-Verteilung der lokalen Verspannung und damit bezüglich der Verbreiterung β_ϵ beschrieben werden, Gleichung 8.46:

$$\beta_\epsilon^2 = (8 \cdot \ln 2 \cdot < \epsilon_N^2 >) \cdot \tan^2 \theta = K_\epsilon \cdot \tan^2 \theta \tag{8.46}$$

$< \epsilon_N^2 >$ ist die mittlere quadratische Verzerrung in Richtung der Normalen $\vec{N}$ der Beugungsebene. Ist Δ der Winkel zwischen der Normalen der Versetzungsebene und der Normalen der betrachteten Beugungsebene, Ψ der Winkel zwischen dem BURGERS-Vektor und der Normalen der Beugungsebene und r bzw. r_0 die Integrationsgrenzen für das betrachtete Spannungsfeld und mit einer POISSON-Zahl von 1/3, dann kann $< \epsilon_N^2 >$ nach Gleichung 8.47 bestimmt werden.

$$< \epsilon_N^2 >= \left(\frac{5 \cdot b^2}{64 \cdot \pi^2 \cdot r^2} \right) \cdot \ln \left(\frac{r}{r_0} \right) \cdot (2,45 \cos^2 \Delta + 0,45 \cos^2 \Psi) \tag{8.47}$$

Die Verbreiterung β_D^2 durch den Kristallitgrößeneinfluss D_{hkl} wird bei Schichten durch die Schichtdicke d beeinflusst, Gleichung 8.48

$$\beta_D^2 = \left[\frac{4 \ln 2}{\pi d^2} \right] \left(\frac{\lambda^2}{\cos^2 \theta} \right) \tag{8.48}$$

Die Verbreiterung β_r^2 durch die Verkrümmung der Probe wird durch Gleichung 8.49 beschrieben. Hier ist B die Breites des einfallenden Strahls und r der Radius der Verbiegung.

$$\beta_r^2 = \frac{B^2}{r^2 \sin^2 \theta} = \frac{K_r}{\sin^2 \theta} \tag{8.49}$$

Gleichung 8.44 kann jetzt wie folgt aufgeschrieben werden:

$$\beta_{rock}^2 = \beta_{int}^2(hkl) + \beta_G^2(hkl) + K_M + K_\epsilon \tan^2 \theta + \left[\frac{4 \ln 2}{\pi d^2} \right] \left(\frac{\lambda^2}{\cos^2 \theta} \right) + \frac{K_r}{\sin^2 \theta} \tag{8.50}$$

Über die Messung von drei Rockingkurven eines Materials bei unterschiedlichen Beugungswinkeln θ_i lassen sich die Konstanten K_i und so die Einzelverbreiterungseinflüsse bestimmen.

9   Kristallstrukturanalyse

Die Aufgabe der Kristallstrukturanalyse besteht in der Bestimmung der Atomlagen in der Elementarzelle. In der Regel erfolgt dies aus den aus Elektronen-, Neutronen- oder Röntgenbeugung bestimmten Strukturfaktoren. Die Bestimmung der Strukturfaktoren kann über die Auswertung der Intensität von Einkristallbeugungsaufnahmen oder von Pulverbeugungsdiagrammen erfolgen. Die Atomkoordinaten können leider nicht direkt aus den Strukturfaktoren ermittelt werden, da aus den gemessenen Beugungsintensitäten nur die $|F_{hkl}|^2$-Werte bestimmt werden.

$$I_{hkl} = k \cdot |F_{hkl}|^2 \qquad F_{hkl} = |F_{hkl}| e^{i \cdot \varphi_{hkl}} \tag{9.1}$$

Die Phase φ_{hkl} ist also in Beugungsexperimenten nicht direkt zugänglich. Man spricht daher auch vom Phasenproblem der Kristallstrukturanalyse.

Der prinzipielle Ablauf einer Kristallstrukturanalyse besteht aus den nachfolgenden Schritten. Ausführliche Beschreibungen finden sich bei MASSA [171].

- Züchtung und Auswahl geeigneter Einkristalle und Montage auf dem Goniometerkopf
- Kristalljustierung und Zentrierung durch Justieraufnahmen (Röntgenfilmaufnahmen bzw. Flächendetektorsystem) bzw. Zentrierung des Einkristalls auf dem Vier-Kreis-Diffraktometer (EULER- bzw. κ-Geometrie) und Reflexsuche (Basissatz von ca. 20 gut im reziproken Raum verteilten Reflexen)
- Bestimmung der Orientierungsmatrix und der Gittermetrik
- Bestimmung der Anzahl der Formeleinheiten in der Elementarzelle
- Klärung des Vorhandenseins eines Inversionszentrums
- Bestimmung der Punkt- bzw. LAUE-Gruppe, der Raumgruppe und des BRAVAIS-Typs
- Intensitätsmessung und Datenreduktion (LP-Korrektur, Absorptionskorrektur)
- Bestimmung der $|F(hkl)|$ aus den gemessenen Intensitäten
- Überprüfung der Raumgruppe
- Bestimmung der Phase (Lösung des Phasenproblems) und Lösung der Struktur (Berechnung der Elektronendichte)
- Verfeinerung des Strukturmodells
- kritische Prüfung des Strukturmodells

Dieser prinzipielle Ablauf muss gegebenenfalls leicht modifiziert bzw. ergänzt werden (z. B. Einführung anisotroper Temperaturfaktoren). Eine ähnliche Vorgehensweise gilt für die Verfeinerung von Kristallstrukturen, welche häufig als eigenständige Aufgabe durchgeführt wird. Die Mehrzahl der Kristallstrukturbestimmungen erfolgt nach wie vor aus Daten von Einkristalluntersuchungen (Einkristalldiffraktometer bzw. Einkristallfilmaufnahmen). Die Anzahl gelöster Kristallstrukturen aus Pulverdaten hat jedoch mit der rasanten Entwicklung der Rechnertechnik deutlich zugenommen. Die Verfeinerung von

© Springer Fachmedien Wiesbaden GmbH, ein Teil von Springer Nature 2019
L. Spieß et al., *Moderne Röntgenbeugung*,
https://doi.org/10.1007/978-3-8348-8232-5_9

Kristallstrukturen erfolgt immer häufiger über Pulverdaten, insbesondere unter Nutzung der RIETVELD-Methode. Obwohl eine Vielzahl sehr guter Programme zur Kristallstrukturanalyse und -verfeinerung existiert, erfordert die erfolgreiche Kristallstrukturanalyse nach wie vor sehr viel Erfahrung und umfassendes kristallographisches Wissen. Ein Materialwissenschaftler wird daher selten allein eine Kristallstrukturanalyse durchführen. Er sollte jedoch die Grundlagen kennen. Insbesondere bei der Verfeinerung von Kristallstrukturen wird der Materialwissenschaftler immer häufiger auf sich allein gestellt sein. Im Folgenden soll vorausgesetzt werden, dass die Gittermetrik, die Zahl der Formeleinheiten in der Elementarzelle und die LAUE-Symmetrie bekannt sind.

9.1 Nachweis der Existenz eines Inversionszentrums

Wegen der Zentrosymmetrie des reziproken Raumes besteht keine Möglichkeit, das Inversionszentrum (Symmetriezentrum) auf direktem Wege röntgenographisch nachzuweisen. Mit röntgenographischen Methoden kann ein Inversionszentrum nur auf indirektem Wege nachgewiesen werden:

- indirekter Nachweis über gesetzmäßige Auslöschungen – z. B. sei über gesetzmäßige Auslöschungen die Symmetrieelementekombination $2_1/c$ nachgewiesen. Diese Symmetrieelementekombination bedingt ein Symmetriezentrum, somit ist dieses auf indirektem Wege nachgewiesen
- indirekter Nachweis auf Grund statistischer Aussagen über die Verteilung von Strukturamplituden (Intensitätsstatistik)

Neben diesen indirekten röntgenographischen Methoden kann ein Inversionszentrum mit physikalischen Verfahren nachgewiesen werden. Die wichtigsten Methoden sind:

- lichtoptische Vermessung der Kristallflächen mit einem 2-Kreis-Goniometer und Darstellung in stereographischer Projektion – Flächen in allgemeiner Lage besitzen bei Anwesenheit eines Inversionszentrums Fläche und Gegenfläche
- Auswertung der Symmetrie von Ätzfiguren auf verschiedenen Flächen – Aussage nicht immer eindeutig
- Untersuchung der optischen Aktivität – optische Aktivität tritt bei 15 der 21 nicht zentrosymmetrischen Kristallklassen auf
- Untersuchung der Pyroelektrizität
- Nachweis der Piezoelektrizität.

Der Nachweis der An- bzw. Abwesenheit eines Inversionszentrums mit physikalischen Methoden erfordert sehr viel Erfahrung und ist nicht immer eindeutig.

Der indirekte Nachweis eines Inversionszentrums mit Hilfe der Intensitätsstatistik sei im Folgenden vorgestellt. WILSON zeigte 1949 erstmals, dass für zentrosymmetrische und nicht zentrosymmetrische Strukturen unterschiedliche Verteilungen der Messinformationen $|F(hkl)|$ auftreten. Für die Entscheidung, ob eine Kristallstruktur zentrosymmetrisch ist oder nicht, kann man den $N(z)-$ Test nach HOWELLS, PHILLIPS und ROGERS (1950 vorgeschlagen) nutzen.

$N(z)$ gibt den Bruchteil der Reflexe mit Intensitäten kleiner oder gleich der z-fachen mittleren Intensität an.

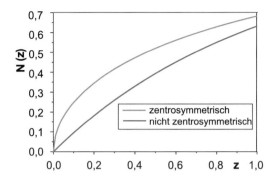

Bild 9.1: Intensitätsstatistik zentrosymmetrische und nicht zentrosymmetrische
          Kristallstrukturen

Für zentrosymmetrische bzw. nicht zentrosymmetrische Strukturen gelten folgende Beziehungen für $N(z)$:

- nicht zentrosymmetrische Kristallstruktur: $N(z) = 1 - e^z$
- zentrosymmetrische Kristallstruktur: $N(z) = \mathrm{erf}(\sqrt{z/2})$

Bild 9.1 zeigt die Verteilungen. Es ist jedoch zu beachten, dass es zu Abweichungen von dieser Intensitätsstatistik kommen kann:

- Bei der Kristallstruktur handelt es sich um eine hyperzentrische Struktur. Das ist eine zentrosymmetrische Struktur, bei der zusätzlich zentrosymmetrische Baugruppen auf einer allgemeinen Lage sitzen. In diesem Fall wird der $N(z)-$ Kurvenverlauf angehoben.
- Schwere Atome nehmen spezielle Lagen ein. In diesem Fall wird der Kurvenverlauf nach unten gedrückt.
- Es treten systematische Intensitätsverteilungen im reziproken Raum auf. Das ist u. a. der Fall, wenn schwere Atome eine höhere Symmetrie als die Raumgruppensymmetrie haben (z. B. Schweratom auf der Schraubenachse in Richtung [0 0 1]). In diesem Fall wird der Kurvenverlauf angehoben.

Ausführlich Betrachtungen zur Intensitätsstatistik und Herleitungen der Verteilungsgleichungen finden sich bei WÖLFEL [280]. Die Intensitätsstatistik erfordert immer Einkristalldaten.

9.2 Kristallstrukturanalyse aus Einkristalldaten

Die im Folgenden beschriebenen Methoden wurden für die Auswertung von Einkristalldaten entwickelt. Sie sind prinzipiell jedoch auch für die Kristallstrukturbestimmung aus Pulverdaten einsetzbar. Bei der Benutzung von Pulverdaten sind jedoch einige Besonderheiten zu berücksichtigen, auf welche im nächsten Abschnitt kurz eingegangen wird.

Für die Kristallstrukturbestimmung aus Einkristalldaten kommen folgende grundlegenden Verfahren zum Einsatz:

Trial-and-Error-Verfahren

Bei diesem Verfahren versucht man durch Variation eines Strukturvorschlages eine gute Übereinstimmung zwischen beobachteten und berechneten Strukturfaktoren zu erreichen. Der Grad der Übereinstimmung wird durch den R-Faktor, Gleichung 9.2, beschrieben. Je kleiner dieser Wert ist, umso wahrscheinlicher ist die Richtigkeit des Strukturmodells.

$$R = \frac{\sum ||F(hkl)|_{exp} - |F(hkl)|_{theor}|}{\sum |F(hkl)|_{exp}} \tag{9.2}$$

Der wichtigste Schritt dieser Methode ist dabei die Erstellung des Strukturvorschlages. Die Erstellung des Strukturvorschlags erfordert umfassende kristallchemische Kenntnisse. Aus diesem Strukturvorschlag können dann die benötigten Phasen berechnet und die Kristallstruktur iterativ verbessert werden. Der Einsatz des Trail-and-Error-Verfahrens war bis in jüngste Zeit auf einfache Kristallstrukturen begrenzt. Mit der Entwicklung immer schnellerer Rechentechnik kommt das Verfahren jedoch wieder des öfteren zum Einsatz. Bei relativ einfachen Strukturen kann sogar auf einen Strukturvorschlag verzichtet werden.

FOURIER-Synthesen

Eine Kristallstruktur kann sehr gut durch die periodische Elektronendichteverteilung $\rho(xyz)$ beschrieben werden. Die Maxima der Elektronendichteverteilung entsprechen den Atompositionen. Nach den Ausführungen im Kapitel 3.2 ist die Elektronendichteverteilung die FOURIER-Transformierte des Strukturfaktors:

$$\rho(\vec{r}) = \int_{S^*} F(\vec{r^*})exp(-2\pi\imath \vec{r^*} \cdot \vec{r})\mathrm{d}\vec{r^*} \tag{9.3}$$

bzw. kann als folgende FOURIER-Synthese berechnet werden:

$$\rho(xyz) = \frac{1}{V} \sum_{h,k,l=-\infty}^{+\infty} F(hkl)exp[-2\pi\imath(hx + ky + lz)] \tag{9.4}$$

Könnte man aus den gemessenen Intensitäten direkt die Strukturfaktoren bestimmen, so wäre die Elektronendichteverteilung und damit die Kristallstruktur direkt zugänglich, denn man könnte für jeden Punkt xyz in der Elementarzelle die Elektronendichte $\rho(xyz)$ berechnen. Wegen des bekannten Zusammenhangs $I \propto |F(hkl)|^2$ ist jedoch nur der Betrag des Strukturfaktors $|F(hkl)|$ zugänglich (Phasenproblem der Strukturanalyse) und die Elektronendichteverteilung kann nicht direkt berechnet werden. Man kann jedoch auch von der direkt zugänglichen Größe $|F(hkl)|^2$ eine FOURIER-Transformierte bestimmen und somit eine modifizierte FOURIER-Reihe aufstellen. Man erhält die so genannte PATTERSON-Funktion bzw. PATTERSON-Reihe $P(\vec{u})$:

$$P(\vec{u}) = \int\limits_{V^*} |F(\vec{r^*})|^2 exp(-2\pi \imath \vec{r^*} \cdot \vec{u}) \mathrm{d}\vec{r^*} \qquad (9.5)$$

bzw. die folgende FOURIER-Synthese:

$$P(uvw) = \frac{1}{V} \sum_{h,k,l=-\infty}^{+\infty} |F(hkl)|^2 exp[2\pi \imath (hu + kv + lw)] \qquad (9.6)$$

Man kann zeigen, dass für die PATTERSON-Funktion folgender Zusammenhang gilt:

$$P(\vec{u}) = \int\limits_{V} \rho(\vec{r})\rho(\vec{r} + \vec{u}) \mathrm{d}\vec{r} \qquad (9.7)$$

Zur Unterscheidung von der Elektronendichte verwendet man für die PATTERSON-Funktion die Symbole $\vec{u}$ bzw. uvw für die Koordinaten im PATTERSON-Raum. Diese beziehen sich auch auf die Achsen der Elementarzelle, die auftretenden Maxima sind jedoch nicht direkt mit den Atomkoordinaten xyz korreliert.

Die PATTERSON-Funktion zeichnet sich durch folgende Eigenschaften aus:

- Die PATTERSON-Funktion hat ihre Maxima im Nullpunkt und an den Stellen der interatomaren Abstandsvektoren.
- Alle interatomaren Abstandsvektoren werden von einem Punkt aus aufgetragen.
- $P(\vec{u})$ hat die gleiche Elementarzelle wie $\rho(\vec{r})$.
- Die Symmetrie von $P(\vec{u})$ wird durch die Symmetrie von $|F(hkl)|^2$ bestimmt, sie ist damit immer zentrosymmetrisch.
- Zentrierte Elementarzellen bleiben erhalten, womit sich insgesamt 24 verschiedene Symmetrien des PATTERSON-Raumes ergeben.
- Bei N Atomen in der Elementarzelle gehen von jedem Atom $N - 1$ Abstandsvektoren (interatomare Vektoren) aus. Damit ergeben sich in der Elementarzelle des PATTERSON-Raumes $N(N - 1)$ Maxima und das Maximum im Nullpunkt.
- Die relativen Intensitäten I_P der PATTERSON-Maxima sind proportional dem Produkt der Ordnungszahlen Z_i bzw. Z_j der beiden Atome an den Enden des jeweiligen interatomaren Abstandsvektors.

$$I_P = Z_i \cdot Z_j \qquad (9.8)$$

  Die Entstehung der PATTERSON-Maxima zeigt Bild 9.2. PATTERSON-Maxima, die von schweren Atomen (Ordnungszahl > 20) herrühren, sind somit besonders leicht erkennbar.
- Der Nullpunkt hat die höchste relative Intensität, da jedes Atom zu sich selbst den Abstand Null hat.

Auf der leichten Erkennbarkeit der Maxima von Schweratomen beruht die so genannte Schweratommethode zur Lösung des Phasenproblems. In der Regel wird ein Schweratom

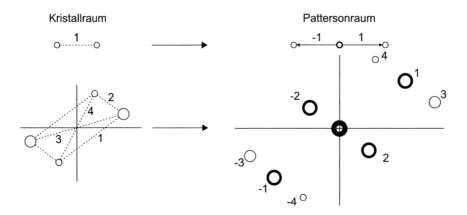

Bild 9.2: Entstehung der Maxima in der PATTERSON-Synthese

aus der PATTERSON-Synthese lokalisiert. Dieser Weg führt sehr leicht zum Ziel, wenn nur wenige schwere Atome neben leichten Atomen vorhanden sind. Die Methode des isomorphen Ersatzes beruht auf demselben Prinzip. Bei dieser Methode werden gezielt schwere Atome (Br, I usw.) während der Kristallzüchtung in die Kristallstruktur eingebaut, ohne dass sich merkliche Änderungen in der Gittermetrik und den Atomlagen ergeben. Sind in der Struktur keine bzw. viele Schweratome vorhanden, dann kann man mit so genannten Bildsuchmethoden Erfolg haben. Bei zu vielen ähnlich schweren Atomen kommt jedoch auch diese Methode trotz modernster Rechentechnik an ihre Grenzen, so dass andere Methoden eingesetzt werden müssen.

Direkte Methoden der Phasenbestimmung:

Bei diesen Verfahren wird versucht, die unbekannte Phase bzw. die Atomkoordinaten direkt aus den Messgrößen $|F(hkl)|^2$ zu bestimmen. Die direkten Methoden beruhen

- auf mathematischen Beziehungen, welche zwischen den Strukturamplituden und den Phasen bestehen – diese Aussagen können innerhalb berechenbarer Wahrscheinlichkeiten getroffen werden,
- darauf, dass die Elektronendichte keine beliebigen Werte annehmen kann, sondern physikalisch sinnvoll sein muss (keine negativen Elektronendichten, annähernd punktförmige Maxima der Elektronendichte, jedoch keine extreme Anhäufung von Elektronen).

Auf den erwähnten mathematischen Beziehungen beruht die bereits vorgestellte Intensitätsstatistik zur Entscheidung, ob ein Inversionszentrum vorhanden ist. Der Ursprung der direkten Methoden liegt in den Arbeiten von HARKER und KASPER. Diese fanden 1948, dass beim Vorhandensein von Symmetrieelementen Zusammenhänge zwischen den Strukturamplituden bestimmter Reflexpaare bestehen. Anstelle der Strukturfaktoren arbeitet man mit den so genannten unitären Strukturamplituden U:

$$U(\vec{r^*}) = F(\vec{r^*}) / \sum_{j=1}^{N} f_j = \sum_{j=1}^{N} n_j e^{2\pi \imath (\vec{r^*} \vec{r}_j)} \quad \text{mit} \tag{9.9}$$

$$n_j = f_j / \sum_{j=1}^{N} f_j \tag{9.10}$$

Die unitäre Strukturamplitude besitzt denselben Phasenfaktor und damit dasselbe Vorzeichen wie der Strukturfaktor. Für die unitären Strukturamplituden entwickelten HARKER und KASPER eine Methode, um ihr Vorzeichen zu bestimmen. Auf der Grundlage der aus der Mathematik gut bekannten CAUCHY-SCHWARZschen Ungleichung führten sie die nach ihnen benannten HARKER-KASPER-Ungleichungen ein. So gilt für ein Symmetriezentrum $\bar{1}$:

$$|U(hkl)|^2 \leq \frac{1}{2}(1 + U(2h,2k,2l)) \tag{9.11}$$

Eine eindeutige Entscheidung des Vorzeichens erfordert jedoch, dass beide U-Werte groß sind, was häufig nicht der Fall ist. Für jede Raumgruppe kann man derartige Ungleichungen herleiten. Man findet sie in den International Tables of Crystallography. In der Regel wird man aus diesen Ungleichungen das Vorzeichen der unitären Strukturamplituden nur mit einer gewissen Wahrscheinlichkeit erhalten. Neben der bereits aufgeführten mathematischen Beziehung gibt es ein Reihe weiterer Gleichungen. Dazu gehören die SAYRE-Gleichungen und die darauf beruhenden Triplett-Beziehungen. Bezüglich der Einzelheiten dazu sei auf die Fachliteratur zur Kristallstrukturanalyse verwiesen [171, 280].

Methode der anomalen Dispersion

Bei diesem Verfahren handelt es sich um eine Methode der experimentellen Phasenbestimmung. Die Methode beruht auf Beugungseffekten, welche auftreten, wenn die Frequenz der benutzten Röntgenstrahlung in der Nähe der Absorptionskante eines Atoms bzw. einer Anzahl von Atomen liegt. In diesem Fall treten zwei Effekte auf:

- Wenn die Energie der Röntgenstrahlung etwas größer ist als die Ionisierungsenergie für die inneren Elektronenschalen dieser Atome (z. B. K-Schale), dann löst ein Teil der auftreffenden Quanten die Ionisation dieser Schale aus. Das führt zu einer ungerichteten Emission von Röntgenstrahlung (z. B. $K\alpha$-Strahlung) und diese wiederum zu einer erhöhten Untergrundstrahlung.
- Die Röntgenstrahlung erfährt in Folge der starken Wechselwirkung an diesen Atomen eine kleine Änderung in Amplitude und Phase. Diesen Vorgang nennt man anomale Streuung bzw. anomale Dispersion. Dieser Streubeitrag wird im Atomformfaktor f, Gleichung 9.12, durch zwei Zusatzterme beschrieben, den Realteil $\Delta f'$ und den Imaginärteil $\Delta f''$.

$$f = f_0 + \Delta f' + \imath \Delta f'' \tag{9.12}$$

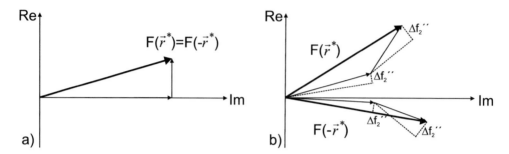

Bild 9.3: $F(\vec{r^*})$ im Falle anomaler Streuer a) zentrosymmetrische Struktur b) azentrische Struktur

Der Realteil kann positiv oder negativ sein. Der Imaginärteil ist immer positiv. Das bedeutet, dass die anomale Streuung immer einen kleinen Phasenwinkel addiert. Es stellt sich jetzt die Frage, welche Auswirkung die anomale Dispersion auf die FRIEDELsche Regel hat. Wir betrachten dazu zunächst einen zentrosymmetrischen Kristall. Der Strukturfaktor lautet in diesem Fall:

$$F(\vec{r^*}) = \sum_{J=1}^{N} f_j e^{2\pi i (\vec{r^*} \cdot \vec{r}_j)} = \sum_{j=1}^{N/2} f_j (e^{2\pi i (\vec{r^*} \cdot \vec{r}_j)} + e^{-2\pi i (\vec{r^*} \cdot \vec{r}_j)}) \tag{9.13}$$

Durch Einsetzen von Gleichung 9.12 und Umformen erhält man:

$$F(\vec{r^*}) = 2[\sum_{j=1}^{N/2} (f_0 + \Delta f_j{}') \cos 2\pi (\vec{r^*} \cdot \vec{r}_j) + i \sum_{j=1}^{N/2} \Delta f_j{}'' \cos 2\pi (\vec{r^*} \cdot \vec{r}_j)] \tag{9.14}$$

Es wird eindeutig ersichtlich, dass $F(\vec{r^*})$ und $F(-\vec{r^*})$ gleich sind und somit die FRIEDELsche Regel gültig ist. Für den Fall eines Kristalls ohne Symmetriezentrum gilt:

$$F(\vec{r^*}) = \sum_{j=1}^{N} (f_{0j} + \Delta f_j{}') e^{2\pi i (\vec{r^*} \cdot \vec{r}_j)} + i \sum_{j=1}^{N} \Delta f_j{}'' e^{2\pi i (\vec{r^*} \cdot \vec{r}_j)} \tag{9.15}$$

Stellt man $F(\vec{r^*})$ in der GAUSSschen Zahlenebene, Bild 9.3, dar (hier für eine zweiatomige Struktur), erkennt man, dass $|F(\vec{r^*})| \neq |F(-\vec{r^*})|$. Die Unterschiede der Strukturfaktoren der FRIEDEL-Paare

$$D(\vec{r^*}) = |F(\vec{r^*})|^2 - |F(-\vec{r^*})|^2 \tag{9.16}$$

werden als BIJVOET-Differenzen bezeichnet. Aus diesen Differenzen lassen sich die gesuchten Phasenwinkel ermitteln. Für genauere Ausführungen zur Bestimmung der Phasenwinkel sei auf WÖLFEL [280] verwiesen.

9.3 Strukturverfeinerung

Nachdem mit den bisher beschriebenen Methoden ein Strukturmodell erhalten wurde, wird in der Regel eine so genannten Strukturverfeinerung angeschlossen. Ziel der Strukturverfeinerung ist es, die Lagen der Atome mit hoher Genauigkeit festzulegen und die thermische Bewegung der Atome durch anisotrope Temperaturfaktoren zu beschreiben. Ein Kriterium für die Güte der Strukturbestimmung ist der R-Faktor, Gleichung 9.2.

Zwei Methoden sind besonders wichtig:
- die Methode der kleinsten Fehlerquadrate
- die Differenz-FOURIER-Synthese

Die Differenz-FOURIER-Synthese mit $F(hkl)_{exp} - F(hkl)_{theor}$ als Koeffizienten, wird in der Regel im fortgeschrittenen Stadium der Strukturanalyse eingesetzt. Ziel sind Erkenntnisse über Einzelheiten der Elektronendichteverteilung. So kann man u. a. recht gut die Lage von Wasserstoffatomen bestimmen. Aber auch bei der Bestimmung der anisotropen Schwingungen von Atomen bzw. Atomgruppen wird diese Methode eingesetzt. Bezüglich der Einzelheiten der Strukturverfeinerung sei wiederum auf die Fachliteratur zur Kristallstrukturanalyse verwiesen [171].

9.4 Kristallstrukturanalyse aus Polykristalldaten

Bisher wurde für die Kristallstrukturanalyse die Auswertung von Einkristalldaten betrachtet. Einkristalluntersuchungen haben den Vorteil, dass in der Regel ca. 50 bis 100 mal mehr Reflexintensitäten als zu bestimmende Atomlagen zur Auswertung zur Verfügung stehen. Pulverdiagramme enthalten dagegen sehr viel weniger Reflexe, womit eine Kristallstrukturanalyse zunächst als kaum möglich erscheint. Durch RIETVELD wurde in den Jahren 1966 und 1969 ein Ausweg aus diesem Problem vorgestellt [205, 206]. RIETVELD verwendete als Messwerte nicht die Reflexintensitäten, sondern die Zählraten der einzelnen Messpunkte des Pulverdiagramms (bis zu einigen 1 000 Beugungsinterferenzen bei niedrigsymmetrischen Kristallklassen). In der Pulveraufnahme sind die räumlichen Informationen der Beugungsreflexe verloren gegangen. Die Folge sind Überlagerungen einzelner Reflexe, die eine Trennung einzelner Netzebenen z. T. unmöglich machen.

Die RIETVELD-Methode ist eigentlich eine Strukturverfeinerung, d. h. es ist notwendig, mit einem dem Ergebnis schon sehr nahe kommenden Startmodell der Struktur eines Kristalls zu beginnen. Mittels der Rechnungen werden lediglich die Atomlagen so in ihren Positionen verändert, bis eine weitgehende Übereinstimmung zwischen dem errechneten und dem gemessenen Diffraktogramm erreicht ist. Die Intensitäten der Einzelreflexe aus den individuellen Strukturfaktoren F_{hkl} werden zu zusammenfallenden Beiträgen von Reflexgruppen zusammengefasst. Die in den zu untersuchenden Proben auftretenden Textureffekte, die Realstrukturfehler und die Eigenspannungen (besonders bei Pulvern Spannungen III. Art) führen zu Intensitätsverschiebungen. Dies wird z. T. mit zusätzlichen verfeinernden Orientierungsparametern korrigiert.

Die im Kapitel 8 aufgeführten Probleme der mathematischen Beschreibung der Einzelprofile verlagert sich auf alle Beugungsreflexe und können zu einem zu lösenden Parameterfeld von mehr als 100 Parametern führen. Die Konvergenz der Anfittung ist damit

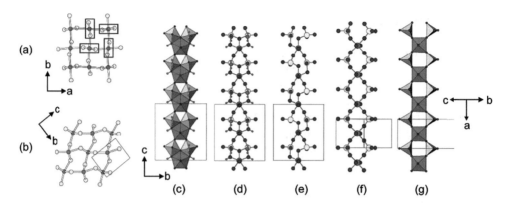

Bild 9.4: Ergebnis der Strukturanalyse und Darstellung der Phasentransformation
$ZrMo_2O_7(OH)_2 \cdot 2H_2O$ in LT − $ZrMo_2O_8$ nach [20] - Erklärungen im Text

gefährdet. Die Fundamentalparameteranalyse [140] und die neuen mathematischen Fit-methoden [59] haben die Strukturverfeinerung mit der RIETVELD-Methode ermöglicht. An kubischem $ZrMo_2O_8$, einem interessanten Material mit stark negativem Tempera-turkoeffizienten, sollen Vorgehensweise und Ergebnisse der Strukturanalyse von weiteren Zwischenphasen nach ALLEN [20] im Überblick dargestellt werden. Die technisch inter-essante kubische Phase ist eine metastabile Phase, die erst ab 750 K auftritt. Die stabile Phase bei Raumtemperatur ist trigonal.

Als Ursache für das Temperaturverhalten wird bei dem kubischen Material die Ge-rüststruktur von ZrO_6- und MoO_4-Anteilen angesehen. Die Herstellung solcher meta-stabilen Substanzen kann neben der Synthese aus den binären Oxiden und Abschrec-kung auch über den Zerfall von $ZrMo_2O_7(OH)_2 \cdot 2H_2O$ erfolgen. Die beim Zerfall auf-tretende Zwischenphase LT − $ZrMo_2O_8$ wurde an einem Diffraktometer, ausgerüstet mit (1 1 1)-Ge-Monochromator, Hochtemperaturkammer und linearem PSD-Detektor, nach-gewiesen. Die Fundamentalparameteranalyse wurde zur Auswertung der temperaturab-hängigen Röntgendiffraktogramme genutzt. Es sind neun Parameter für den Untergrund, die drei Parameter für die Zellparameter, sechs Beugungsprofilparameter für die verwen-dete VOIGT-Funktion und ein Parameter für die Probenhöhe verfeinert worden. Bei der Kristallstruktur sind 19 Atomkoordinaten innerhalb der Elementarzelle und sechs Tempe-raturfaktoren in die Analyse eingeflossen. Durch Auswertung der Pulverdiffraktogramme ergeben sich Kristallstrukturen, die das Ausdehnungsverhalten erklären können [20].

Im Bild 9.4 sind im Teilbild a und b die Draufsichten der Zr-Mo Brücken für die $ZrMo_2O_7(OH)_2 \cdot 2H_2O$- und LT − $ZrMo_2O_8$-Phase unter Weglassen der Sauerstoffato-me, in Teilbild c ist die Ausgangsphase in der bc-Ebene gezeigt. Mit Verminderung der Temperatur wird in den Teilbildern d-f die Eliminierung des Wassers und das Aufbrechen einer Mo-O Bindung gezeigt. Teilbild g zeigt dann die entstandene LT − $ZrMo_2O_8$-Phase. Der Existenzbereich der orthorhombischen Zwischenphase (RG $Pmn2_1$) konnte in einem Temperaturbereich zwischen 350 − 920 K mittels Hochtemperaturkammer am Diffrakto-meter unter Anwendung der Fundamentalparameteranalyse nachgewiesen werden [20]. Diese Zwischenphase begünstigt das Wachstum der gewünschten kubischen Phase.

10 Röntgenographische Spannungsanalyse

Schon in den 20er Jahren des letzten Jahrhunderts wurde erkannt, dass die Röntgenbeugung Informationen über den Dehnungszustand eines Materials liefern kann. Hieraus entwickelten sich eine Reihe von Verfahren, die es erlauben, mit Hilfe der Röntgenbeugung den Dehnungs- und Spannungszustand eines Materials zu bestimmen. Sie werden unter dem Begriff der »Röntgenographischen Spannungsermittlung« (RSE) zusammengefasst. Begleitet von vielen Fortschritten der apparativen Messtechnik wurde die RSE in den letzten Jahrzehnten wesentlich durch die Arbeiten von E. MACHERAUCH und V. HAUK gefördert. Sie initiierten u.a. die heute alle vier Jahre stattfindenden europäischen (ECRS) und internationalen (ICRS) Tagungen über Eigenspannungen. Umfassende Darstellungen der Entwicklung und Anwendung geben u. a. die Bücher [106, 186]. In den folgenden Kapiteln sind die wesentlichen Grundlagen des Verfahrens zusammengestellt. Manche der besprochenen Herleitungen sind in ausführlicherer Form in [35] enthalten. Die Darstellungen und Beispiele stammen größtenteils aus [106, 35], wo auch jeweils die genauen Zitate angeführt sind. Die EN-Norm 15305 aus dem Jahr 2008 [14] beschreibt ebenfalls das Vorgehen bei der röntgeographischen Spanungsermittlung.

10.1 Spannungsempfindliche Materialeigenschaften und Messgrößen

Mechanische Spannungen sind über die elastischen Materialeigenschaften mit den elastischen Dehnungen verknüpft, d. h. es ändern sich die Abstände und relativen Positionen der Gitterpunkte eines Kristalls oder der Teilvolumina eines Bauteils. Hierdurch erfahren eine Reihe von Messgrößen und Materialeigenschaften messbare Änderungen [121, 214]. So vergrößern oder verkleinern sich die Abstände der Netzebenenscharen, wenn auf einen Kristall eine Kraft ausgeübt wird und dadurch Spannungen im Material induziert werden. Da man mit der Röntgenbeugung Netzebenenabstände äußerst genau bestimmen kann, siehe Kapitel 7.2, ist dies ein mögliches Verfahren der Dehnungsbestimmung und Spannungsanalyse. Es gibt eine Reihe weiterer Messgrößen, die aufgrund des Auftretens von Spannungen Änderungen erfahren. Obwohl sich dieses Kapitel mit der röntgenographischen Spannungsanalyse beschäftigt, werden aber auch diese Verfahren kurz angerissen, da es für manche Aufgabenstellungen notwendig sein kann, die Ergebnisse unterschiedlicher Messverfahren zu kombinieren. Neben der Röntgenbeugung werden hauptsächlich mechanische, Ultraschall- und magnetische Spannungsmessverfahren angewandt. Die Messgrößen und Messverfahren sind im Folgenden kurz beschrieben. Hierbei soll nicht auf die Messtechnik der einzelnen Verfahren eingegangen werden, dies ist ausführlich z. B. in [106, 211] geschehen, sondern auf die prinzipiellen Zusammenhänge der Spannungen mit den physikalischen Materialeigenschaften.

© Springer Fachmedien Wiesbaden GmbH, ein Teil von Springer Nature 2019
L. Spieß et al., *Moderne Röntgenbeugung*,
https://doi.org/10.1007/978-3-8348-8232-5_10

10.1.1 Netzebenenabstände, Beugungswinkel, Halbwertsbreiten

Durch mechanische Spannungen werden kleine relative Verschiebungen der Atompositionen innerhalb des Kristalls hervorgerufen. Damit ändern sich im Allgemeinen auch die mittleren Abstände der Netzebenenscharen d_{hkl}, die üblicherweise durch ihre MILLERschen Indizes $(h\,k\,l)$ beschrieben werden. Gemäß der BRAGGschen Gleichung 3.125 ist der Reflexionswinkel 2θ eindeutig mit dem Netzebenenabstand d_{hkl} der reflektierenden Ebenenschar verknüpft. Jede Interferenz eines Diffraktogramms entspricht genau einer Netzebenenschar. Anhand der Struktur der auftretenden Interferenzen und deren Intensitäten kann die Kristallstruktur des Werkstoffes bestimmt werden. Wenn sich ein Netzebenenabstand aufgrund von mechanischen Spannungen vergrößert oder verkleinert, führt dies zu einer entsprechenden Verschiebung der Interferenzlinie. Kleine Änderungen der Netzebenenabstände ($< 0,1\,\%$!) aufgrund von mechanischen Spannungen führen zu kleinen Verschiebungen der Interferenzlinien im Bereich von $0,01° - 0,5°$. Die Struktur des Diffraktogramms wird dadurch nicht geändert, aber die kleinen Verschiebungen der Interferenzlinien lassen sich sehr genau bestimmen. Damit ergibt sich die grundsätzliche Möglichkeit, Spannungen und Dehnungen über die Beugung von Röntgen- und Neutronenstrahlen an den Kristallen experimentell zu ermitteln. Da sich die Netzebenenabstände in den verschiedenen Phasen unterscheiden, lassen sich diese wie in Bild 10.1 anhand der Struktur der auftretenden Interferenzlinien identifizieren und somit separat untersuchen.

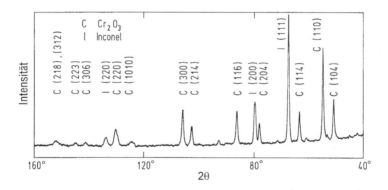

Bild 10.1: Diffraktogramm einer Chromoxidschicht auf einem Inconel-Substratwerkstoff, aufgenommen mit Cr-Kα-Strahlung

10.1.2 Makroskopische Oberflächendehnung

Makroskopische Oberflächendehnungen lassen sich mit Hilfe von Dehnungsaufnehmern und optischen Methoden an der Oberfläche eines Körpers oder durch Vermessung der Form bzw. des Verzuges einer Probe bestimmen [194]. Das Prinzip der mechanischen Methoden der Eigenspannungsbestimmung ist, den vorhandenen Spannungszustand lokal aufzulösen, indem Schnitte oder Bohrungen in das Bauteil eingebracht werden. Die mit der Spannungsrelaxation verbundenen Dehnungen und Verschiebungen werden an der Oberfläche erfasst. Dies sind zunächst nur Änderungen gegenüber dem Ausgangszustand. Der absolute Wert der ursprünglich vorhandenen Dehnungen ergibt sich erst, wenn angenommen werden kann, dass der dehnungsfreie Zustand erreicht ist. Die bekannten Methoden sind Bohrlochverfahren, Ringkernverfahren und Zerlegeverfahren. Die Dehnungen werden über Dehnungsmessstreifen (DMS) bzw. Bohrlochrosetten aufgenommen. Bei der großflächigen Bestimmung von Dehnungsverteilungen bieten sich optische Methoden wie das MOIRÉE-Verfahren an. Bei schichtweisem Abtrag kann auch die Krümmung der Probe als Maß verwendet werden. Die Umrechnung der Dehnungen in makroskopische Spannungen erfolgt mit Hilfe der makroskopischen Elastizitätskonstanten und muss die Geometrie der Probe wie auch die der auslösenden Eingriffe (z. B. Bohrungen, Schnitte) berücksichtigen.

10.1.3 Ultraschallgeschwindigkeit

Die Geschwindigkeit von Ultraschallwellen in Festkörpern ist durch deren Dichte und Elastizitätskonstanten bestimmt. Für makroskopisch isotrope Festkörper sind die Geschwindigkeiten v_L und v_T der Longitudinal- bzw. der Transversalwellen durch die LAMÉ-Konstanten λ und μ sowie die Dichte ρ bestimmt:

$$\rho\, v_L^2 = \lambda + 2\mu \qquad ; \qquad \rho\, v_T^2 = \mu \tag{10.1}$$

In diesen Beziehungen sind die elastischen Konstanten bis zur 2. Ordnung berücksichtigt. Eine Abhängigkeit vom Dehnungs- oder dem Spannungszustand liegt insoweit nicht vor. Diese tritt erst auf, wenn Konstanten dritter Ordnung mit einbezogen werden:

$$\sigma_{ij} = c_{ijkl}\,\epsilon_{kl} + c_{ijklmn}\,\epsilon_{kl}\,\epsilon_{mn} + \dots \tag{10.2}$$

Die in Gleichung 10.2 auftretenden Konstanten 2. Ordnung c_{ijkl} werden im Kapitel 10.2.2 behandelt. Für elastisch isotrope Körper gibt es damit nur zwei unabhängige Moduln, die entsprechend Tabelle 10.2 gewählt werden können. Von den Moduln 3. Ordnung c_{ijklmn} sind maximal 56 Werte unabhängig, bei isotroper Symmetrie verbleiben nur 3 unabhängige Konstanten, die mit m, n, l bezeichnet werden. Mit der Berücksichtigung der Konstanten dritter Ordnung werden die Schallgeschwindigkeiten der verschiedenen Wel-

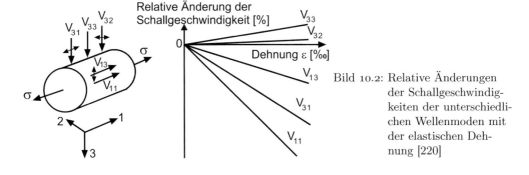

Bild 10.2: Relative Änderungen der Schallgeschwindigkeiten der unterschiedlichen Wellenmoden mit der elastischen Dehnung [220]

lenmoden abhängig von den Spannungen. In den Richtungen der Hauptachsen des Spannungssystems ergeben sich die Schallgeschwindigkeiten der verschiedenen Wellenmoden zu [220]:

$$\rho\, v_{ii}^2 = \lambda + 2\mu + (2l + \lambda)(\epsilon_{ii} + \epsilon_{jj} + \epsilon_{kk}) + (4m + 4\lambda + 10\mu)\,\epsilon_{ii}$$
$$\rho\, v_{ij}^2 = \mu + (\lambda + m)(\epsilon_{ii} + \epsilon_{jj} + \epsilon_{kk}) + 4\mu\,\epsilon_{ii} + 2\mu\,\epsilon_{jj} - 0{,}5n\,\epsilon_{kk}$$
$$\rho\, v_{ik}^2 = \mu + (\lambda + m)(\epsilon_{ii} + \epsilon_{jj} + \epsilon_{kk}) + 4\mu\,\epsilon_{ii} - 0{,}5n\,\epsilon_{jj} + 2\mu\,\epsilon_{kk} \qquad (10.3)$$

Der erste Index der Schallgeschwindigkeit v_{ij} kennzeichnet die Ausbreitungsrichtung, der zweite Index die Schwingungsrichtung. Somit ist v_{ii} die Geschwindigkeit der Longitudinalwelle, und v_{ij}, v_{ik} sind diejenigen der beiden Transversalwellen unterschiedlicher Polarisation, jeweils mit Ausbreitungsrichtung i. Bild 10.2 zeigt die prinzipielle Empfindlichkeit der Schallgeschwindigkeiten gegenüber dem Dehnungszustand. Bei der Anwendung des Verfahrens ist unbedingt zu beachten, dass die Gefügestruktur und die Textur des Materials sich in ähnlicher Größenordnung auf die Schallgeschwindigkeit auswirken wie die Spannungen. Eine sorgfältige Trennung dieser verschiedenen Einflüsse ist also in jedem Fall notwendig [220].

10.1.4 Magnetische Kenngrößen

Ferromagnetische Werkstoffe zeichnen sich durch spontane Magnetisierung und hohe Permeabilität aus. Die Kristallite unterteilen sich spontan in so genannte WEISSsche Bezirke, innerhalb derer die Dipolmomente parallel ausgerichtet sind. Die Größe dieser Bezirke liegt im Bereich von $5 - 10\,\mu$m. Bezirke unterschiedlicher Polarisierung werden durch BLOCH-Wände mit einer Dicke von $100 - 1\,000$ Atomlagen getrennt, in denen sich die Polarisierung kontinuierlich in der Ebene der BLOCH-Wand ändert. Beim Anlegen einer magnetischen Feldstärke verschieben sich die BLOCH-Wände zugunsten derjenigen Bezirke, die energetisch günstig zur Richtung der Feldstärke polarisiert sind. Bei höheren Feldstärken im Bereich der Sättigungsmagnetisierung kommt es dann auch zu Drehungen der Polarisation in Richtung der Feldstärke. Die Änderung der lokalen Polarisation und die Verschiebung von BLOCH-Wänden sind mit einem Energieaufwand verbunden und werden durch jede Art von Gitterfehlern erschwert. Dies äußert sich in der Fläche der Hystereseschleife. Die Verschiebung der BLOCH-Wände und die Änderung der Polarisationsrichtung geschieht nicht kontinuierlich, sondern in kleinen Sprüngen, womit sich auch die magnetische Induktion diskontinuierlich erhöht, wie dies in Bild 10.3a angedeutet ist. Diese Sprünge lassen sich mit einer Induktionsspule als so genanntes BARKHAUSEN-Rauschen erfassen.

Die eigentliche Ursache dafür, dass mikromagnetische Kenngrößen des Materials mit dem vorliegenden Spannungszustand korreliert werden können, ist das magnetostriktive Verhalten der Kristalle. Änderungen der Polarisationsrichtung sind mit Längenänderungen, also Dehnungen verknüpft. BLOCH-Wandverschiebungen und Polarisationsdrehungen werden erleichtert, wenn die damit verbundenen Dehnungen dasselbe Vorzeichen wie die vorliegenden elastischen Spannungen haben, im anderen Fall werden sie erschwert. Bild 10.3b zeigt den Einfluss von elastischen Spannungen auf die Hystereseschleife eines

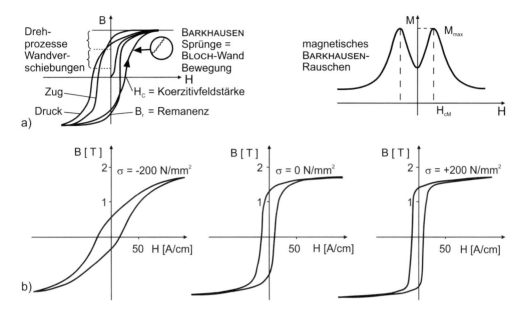

Bild 10.3: a) Aus der Hystereseschleife abgeleitete Kenngrößen b) Formen der Hystereseschleifen von Stahl bei verschiedenen mechanischen Spannungszuständen σ [255]

Stahls [255]. Einige weitere magnetische Kenngrößen sind ebenfalls empfindlich gegenüber elastischen Spannungen. Für die Spannungsanalyse werden u. a. die BARKHAUSEN-Rauschamplitude M_{Max} und die Koerzitivfeldstärke H_{CM} genutzt. Die Zusammenhänge mit den Spannungen sind nicht linear. Auch muss beachtet werden, dass alle magnetischen Kenngrößen stark von der Mikrostruktur des Werkstoffs abhängen.

10.1.5 Übersicht der Messgrößen und Verfahren

Mechanische, Ultraschall- und magnetische Kenngrößen können im Wesentlichen mit makroskopischen Spannungszuständen korreliert werden. Die bei Beugungsuntersuchungen erfassten Gitterdehnungen werden dagegen sowohl von Makrospannungen als auch von den verschiedenen Arten der Mikrospannungen beeinflusst. Für die Trennung der unterschiedlichen Spannungen ist teilweise eine unabhängige Bestimmung der Makrospannungen mit einem der anderen Verfahren notwendig, vgl. Kapitel 10.11. Tabelle 10.1 fasst die wichtigsten spannungsempfindlichen Materialeigenschaften, deren physikalische Grundlagen sowie die Messgrößen zusammen.

Neben den aufgeführten Größen sind auch andere Messgrößen prinzipiell empfindlich gegenüber Spannungen und Dehnungen. Für Halbleitermaterialien wie Silizium wurde in den letzten Jahren zunehmend die Verschiebung des RAMAN-Spektrums für die Spannungsanalyse genutzt. Weitere Effekte, wie die Änderung des elektrischen Widerstands mit der mechanischen Spannung, die Verschiebung und Verbreiterung von Fluoreszenzspektren und die Verschiebung der Kern-Quadrupol-Resonanzen haben bislang keine praktische Bedeutung für die Spannungsermittlung an technischen Werkstoffen erlangt.

Tabelle 10.1: Wirkungen von Spannungen auf verschiedene Kenngrößen, Messgrößen der Verfahren und Art der zu bestimmenden Eigenspannung, siehe Tabelle 10.5

Ursächliche Auswirkungen mechanischer Spannungen	direkte Messgröße	notwendige Daten für die Spannungsauswertung	ausgenutzte Materialeigenschaft	Spannung
mechanische Verfahren, optische Verfahren				
Änderung des makroskopischen Dehnungszustandes	Formänderung beim Aufbringen von Spannungen, Dehnungsrelaxation beim Auslösen von Eigenspannungen	Oberflächendehnung, Verzug	Einstellung des Spannungs- und Momentengleichgewichtes	σ^I
Ultraschallverfahren				
Änderung des mittleren Atomabstandes	Ultraschallgeschwindigkeit	Messung der Geschwindigkeitsunterschiede verschiedener Wellenmoden	Potentialverlauf über dem Atomabstand ist nicht parabelförmig	σ^I
magnetische Verfahren				
Behinderung der magnetostriktiven Dehnungen	Koerzitivfeldstärke, BARKHAUSEN-Rauschamplitude, dynamische Magnetostriktion	je nach Werkstoffzustand geeignete Kombination verschiedener Kenngrößen	spontane Magnetisierung, BLOCH-Wandverschiebung durch äußere Magnetfelder	σ^I $<\sigma^{II}>$
Beugungsverfahren mit Röntgenstrahlen oder Neutronen				
Änderung der mittleren Netzebenenabstände	Beugungswinkel von Röntgen- oder Neutronenstrahlen	Beugungslinienlagenverschiebungen in unterschiedlichen Messrichtungen	Streuung an Atomhüllen bzw. -kernen. Lage der konstruktiven Interferenz ist abhängig vom mittleren Atomabstand	σ^I $<\sigma^{II}>$ $<\sigma^{III}>$
Änderung der Verteilung der Netzebenenabstände	Profil und Breite der Interferenzlinien	Linienprofil mehrerer Netzebenen, Trennung des Geräte- und des Kristallitgrößeneinflusses	die Breiten der Linien werden u.a. durch die Streuung der Netzebenenabstände um ihre Mittelwerte bestimmt	$\overline{\Delta\sigma}$

10.2 Elastizitätstheoretische Grundlagen

Die Auswertung und Interpretation der Ergebnisse röntgenographischer Dehnungs- und Spannungsbestimmungen erfordern einige grundlegende Definitionen und Zusammenhänge der Elastizitätstheorie. In den dargestellten Gleichungen wird dabei durchgängig die Summationskonvention verwendet, d. h. tritt innerhalb eines Terms ein Index i doppelt auf, so wird der Term für $i = 1,2,3$ summiert: $a_i\, b_i = \sum_{i=1}^{3} a_i\, b_i$

10.2.1 Spannung und Dehnung

Innerhalb eines Materials üben benachbarte Materialgebiete im Allgemeinen Kräfte aufeinander aus, da sie sich bei Erwärmung, Phasenumwandlung oder Verformung unterschiedlich ausdehnen und somit gegenseitig behindern. Um dann die Kontinuität des Materials zu erhalten, ohne dass die unterschiedlichen Ausdehnungen durch Risse oder plastische Verformungen ausgeglichen werden, sind Kräfte notwendig, die diese Dehnungsinkompatibilitäten kompensieren. Die Stärke dieser elastischen Wechselwirkung zwischen benachbarten Gebieten wird durch den Begriff der Spannungen beschrieben.

Zur Definition der Spannungen betrachtet man ein kleines Volumen innerhalb oder am Rand eines Materials. Die direkte Umgebung übt Kräfte auf die Oberfläche dieses Volumens aus. Die Oberfläche sei nun in Flächenelemente aufgeteilt, deren Lagen jeweils durch die nach außen gerichteten Normaleneinheitsvektoren beschrieben sind. Eine Fläche mit Normalenvektor $\vec{m}$ grenzt an eine Fläche des benachbarten Volumenelementes. Diese Fläche hat den Normalenvektor $-\vec{m}$. Aus dem Reaktionsprinzip folgt, dass auf die Fläche des Nachbarvolumens die Kraft $-\vec{F}$ wirken muss. Liegt das Flächenelement am Rand des Materials, so kann $\vec{F}$ die von außen aufgebrachte Kraft sein.

Die Kraft $\vec{F}$ auf eine Fläche ist proportional zum Flächeninhalt A und hängt von der Flächenlage, also vom Normalenvektor ab sowie natürlich vom Belastungszustand des Materials. Die Kraft auf ein Flächenelement soll nun neben dem Normalenvektor, der die Lage beschreibt, durch Größen ausgedrückt werden, die nicht mehr von der Lage des Flächenelementes abhängen, sondern nur noch vom Belastungszustand des Materials. Diese Größen werden die Komponenten σ_{jk} des Spannungstensors sein. Die Kraft $\vec{F}$ und der Vektor $\vec{m}$ werden dazu durch ihre Komponenten bezüglich eines festen Koordinatensystems beschrieben: $\vec{F} = (F_1, F_2, F_3)$, $\vec{m} = (m_1, m_2, m_3)$. Die Spannungskomponenten σ_{jk} sind dann definiert durch:

$$\sigma_{jk}\, m_k = \frac{F_j}{A} \tag{10.4}$$

Die Bedeutung der Spannungskomponenten lässt sich an dem in Bild 10.4a skizzierten würfelförmigen Volumenelement veranschaulichen, das an den Achsen eines Koordinatensystems ausgerichtet ist. Das Koordinatensystem werde von den Einheitsvektoren $\vec{n}^1$, $\vec{n}^2$, $\vec{n}^3$ aufgespannt. Die Fläche mit Normalenvektor $\vec{n}^k$ wird als k-Fläche bezeichnet. Die Spannungskomponente σ_{jk} ist dann gleich der Kraft, die auf die k-Fläche in j-Richtung wirkt, dividiert durch den Flächeninhalt A. Zum Beispiel ist σ_{11} die Kraft, die pro Flächeneinheit auf die 1-Fläche in 1-Richtung angreift, σ_{23} ist die Kraft pro Fläche, die auf die 3-Fläche in 2-Richtung wirkt. Die Komponenten σ_{kk} wirken senkrecht auf die entsprechenden Flächen und werden als Normalspannungen bezeichnet, σ_{jk} $(j \neq k)$ sind Schubspannungen und wirken parallel zu den Flächen.

Die Indizes der Spannungen σ_{jk} sind jeweils bestimmten Raumrichtungen zugeordnet und verhalten sich bei Drehungen wie die Indizes eines Vektors. Sie bilden einen Tensor 2. Stufe. Aus der Forderung, dass an einem ruhenden Volumenelement kein resultierendes Drehmoment angreifen kann, folgt für die Symmetrie des Spannungstensors [187]:

$$\sigma_{jk} = \sigma_{kj} \tag{10.5}$$

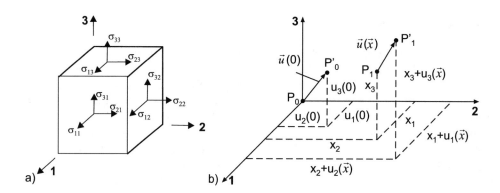

Bild 10.4: a) Zur Definition der Spannungskomponenten b) Zur Definition der Dehnungen

Durch das Auftreten von Kräften bzw. Spannungen wird ein Raumpunkt x eine Verschiebung $u(x)$ und das Material eine Dehnung erfahren. Beide werden im Folgenden als klein angenommen. Im eindimensionalen Fall einer Saite mit der Länge L_0 ist die Dehnung definiert als $\epsilon(x) = \mathrm{d}u/\mathrm{d}x$. Wenn ϵ homogen ist, also nicht vom Ort x abhängt, gilt:

$$u(x) = \epsilon\,x \qquad \text{mit} \quad \epsilon = \frac{L - L_0}{L_0} = \frac{\Delta L}{L_0} \tag{10.6}$$

Bei räumlichen Körpern wird die Verschiebung eines Punktes x durch den Verschiebungsvektor $\vec{u}(\vec{x}) = (u_1, u_2, u_3)$ beschrieben, Bild 10.4b. In der Umgebung eines festen Punktes $\vec{x}_0$ können die Verschiebungen in eine TAYLOR-Reihe entwickelt werden, die man nach der ersten Ordnung abbrechen darf, wenn man sich auf kleine Entfernungen $\Delta\vec{x} = \vec{x} - \vec{x}_0$ beschränkt:

$$u_i(\vec{x}_0 + \Delta\vec{x}) = u_i(\vec{x}_0) + \frac{\partial u_i}{\partial x_1}\Delta x_1 + \frac{\partial u_i}{\partial x_2}\Delta x_2 + \frac{\partial u_i}{\partial x_3}\Delta x_3 \;\; ; \;\; i = 1, 2, 3 \tag{10.7}$$

Die räumlichen Änderungen der Verschiebungen $e_{ij} = \partial u_i/\partial x_j$ bilden die Komponenten des Verzerrungstensors 2. Stufe e. Der symmetrische Anteil von e wird als Dehnungstensor ϵ bezeichnet. Er beschreibt die Änderung der Form und des Volumens eines Volumenelementes. Der antisymmetrische Anteil von e gibt dagegen eine reine Rotation wieder. Die Komponenten des Dehnungstensors ϵ_{ij} sind also definiert als

$$\epsilon_{ij} = \frac{1}{2}(e_{ij} + e_{ji}) = \frac{1}{2}\left(\frac{\partial u_i}{\partial x_j} + \frac{\partial u_j}{\partial x_i}\right) \tag{10.8}$$

Mit den Dehnungen ändern sich die Abstände und die relativen Positionen der Raumpunkte. Die Diagonalelemente oder Normaldehnungen ϵ_{11}, ϵ_{22} und ϵ_{33} stehen für die Dehnungen in den jeweiligen Richtungen, genauso wie im eindimensionalen Fall, z. B. $\epsilon_{22} = \partial u_2/\partial x_2$. Wenn nur Normaldehnungen vorliegen, wird aus einem Quader mit den ursprünglichen Abmessungen d_1, d_2, d_3 ein solcher mit den Abmessungen $d_1(1 + \epsilon_{11})$,

$d_2(1 + \epsilon_{22})$, $d_3(1 + \epsilon_{33})$. Die Dehnungskomponenten ϵ_{ij} mit $i \neq j$ stehen für die Scherungen. Die geometrische Bedeutung z. B. von ϵ_{13} ist die Änderung des Winkels zweier Linien, die ursprünglich parallel der 1- bzw. der 3-Achse lagen. Die Scherung ϵ_{13} ändert den Winkel von $0,5 \cdot \pi$ nach $0,5 \cdot \pi - \epsilon_{13}$.

Spannungen und Dehnungen bilden symmetrische Tensoren 2. Stufe mit jeweils $3^2 = 9$ Komponenten σ_{ij} bzw. ϵ_{ij}. Diese werden üblicherweise als Matrix angeordnet:

$$\sigma = \begin{pmatrix} \sigma_{11} & \sigma_{12} & \sigma_{13} \\ \sigma_{21} & \sigma_{22} & \sigma_{23} \\ \sigma_{31} & \sigma_{32} & \sigma_{33} \end{pmatrix} \tag{10.9}$$

$$\epsilon = \begin{pmatrix} \epsilon_{11} & \epsilon_{12} & \epsilon_{13} \\ \epsilon_{21} & \epsilon_{22} & \epsilon_{23} \\ \epsilon_{31} & \epsilon_{32} & \epsilon_{33} \end{pmatrix} \tag{10.10}$$

Die Beträge und Vorzeichen der einzelnen Komponenten hängen im Allgemeinen von der Wahl des Koordinatensystems ab, bezüglich dessen sie dargestellt werden. Wegen der Symmetrie $\sigma_{ij} = \sigma_{ji}$ und $\epsilon_{ij} = \epsilon_{ji}$ sind jeweils nur 6 der 9 Komponenten unabhängig, und sie sind ausreichend zur Beschreibung des Spannungs- bzw. des Dehnungszustandes. Bei bekanntem Spannungstensor lassen sich die Spannungen in jede durch einen Einheitsnormalenvektor $\vec{n}$ beschriebene Richtung angeben. Die Rechenvorschrift entspricht der Berechnung der Projektion eines Vektors $\vec{a}$ auf einen Richtungsvektor $\vec{n}$ durch das Skalarprodukt $\vec{a} \cdot \vec{n} = a_i\, n_i$. Die Spannung in eine bestimmte Richtung $\vec{n}$ erhält man durch Projektion des Spannungstensors auf $\vec{n}$ [187]:

$$\sigma_{\vec{n}} = \sigma_{ij}\, n_i n_j$$
$$= \sigma_{11}\, n_1{}^2 + \sigma_{22}\, n_2{}^2 + \sigma_{33}\, n_3{}^2 + 2\sigma_{12}\, n_1 n_2 + 2\sigma_{13}\, n_1 n_3 + 2\sigma_{23}\, n_2 n_3 \tag{10.11}$$

Analog dazu erhält man auch die Dehnung in Richtung $\vec{n}$:

$$\epsilon_{\vec{n}} = \epsilon_{ij}\, n_i n_j$$
$$= \epsilon_{11}\, n_1{}^2 + \epsilon_{22}\, n_2{}^2 + \epsilon_{33}\, n_3{}^2 + 2\epsilon_{12}\, n_1 n_2 + 2\epsilon_{13}\, n_1 n_3 + 2\epsilon_{23}\, n_2 n_3 \tag{10.12}$$

Beschreibt man noch den Vektor $\vec{n}$ durch seinen Azimut φ und Polwinkel ψ

$$\vec{n} = (\cos\varphi\, \sin\psi,\ \sin\varphi\, \sin\psi,\ \cos\psi) \tag{10.13}$$

so folgt:

$$\epsilon_{\vec{n}} = \epsilon_{11}\, \cos^2\varphi\, \sin^2\psi + \epsilon_{22}\, \sin^2\varphi\, \sin^2\psi + \epsilon_{33}\, \cos^2\psi + 2\epsilon_{12}\, \sin\varphi\, \cos\varphi\, \sin^2\psi +$$
$$2\epsilon_{13}\, \cos\varphi\, \sin\psi\, \cos\psi + 2\epsilon_{23}\, \sin\varphi\, \sin\psi\, \cos\psi \tag{10.14}$$

10.2.2 Elastische Materialeigenschaften

Sobald die Spannungen, denen ein Material unterworfen ist, entfernt werden, relaxiert ein Teil der durch sie hervorgerufenen Dehnungen. Dieser Anteil wird als *elastischer Deh-*

nungsanteil bezeichnet, der verbleibende Anteil als *plastische Dehnung*. Die Dehnungen als Antwort des Materials auf mechanische Belastungen werden also in elastische und in plastische Dehnungen unterteilt:

$$\epsilon = \epsilon^{elastisch} + \epsilon^{plastisch} = \epsilon^{el.} + \epsilon^{pl.} \tag{10.15}$$

Solange die Spannungen nicht die Elastizitätsgrenze überschreiten, sind die mit ihnen verbundenen Dehnungen rein elastischer Art, und wenn diese klein sind, kann ihr Zusammenhang mit den Spannungen als linear angenommen werden:

$$\epsilon^{el.} \sim \sigma \tag{10.16}$$

Der Zusammenhang zwischen Spannungen und Dehnungen hängt von den mechanischen Eigenschaften des Materials ab und wird durch Materialgleichungen beschrieben. Mit dem materialspezifischen Elastizitätsmodul E als Proportionalitätskonstante ist dies das bekannte HOOKEsche Gesetz, für den eindimensionalen Fall:

$$\sigma = E \, \epsilon \tag{10.17}$$

Die allgemeine lineare Beziehung zwischen dem Spannungs- und dem Dehnungstensor ist gegeben, wenn jede Spannungskomponente von jeder der neun Dehnungskomponenten abhängt und umgekehrt, was 9 Gleichungen mit 9 unabhängigen Variablen entspricht:

$$\sigma_{ij} = c_{ijkl} \, \epsilon_{kl} \tag{10.18}$$

Hierdurch wird der Tensor 4. Stufe **c** der Elastizitätsmoduln definiert, mit den $3^4 = 81$ Komponenten c_{ijkl}. Die Gleichung 10.18 kann man auch als Rechenvorschrift für ein Tensorprodukt ansehen. Der Spannungstensor $\boldsymbol{\sigma}$ ist das Produkt des Tensors der Elastizitätsmoduln **c** und des Dehnungstensor $\boldsymbol{\epsilon}$:

$$\boldsymbol{\sigma} = \mathbf{c} \cdot \boldsymbol{\epsilon} \tag{10.19}$$

Die Gleichungen 10.18 und 10.19 werden als verallgemeinertes HOOKEsches Gesetz bezeichnet. Da der Spannungs- wie auch der Dehnungstensor symmetrisch sind, lässt sich auch der Tensor der Elastizitätsmoduln **c** symmetrisch schreiben:

$$c_{ijkl} = c_{jikl} = c_{jilk} \tag{10.20}$$

Damit reduziert sich die Anzahl der unabhängigen Komponenten auf 36. Zur einfacheren Schreibweise werden häufig die Notierungen nach VOIGT benutzt [267]. Jedes Indexpaar ij wird durch einen VOIGTschen Index m gemäß folgendem Schema ersetzt ($ij \to m$):

$$\begin{array}{lll} 11 \to 1; & 22 \to 2; & 33 \to 3 \\ 23 \to 4; & 13 \to 5; & 12 \to 6 \\ 32 \to 4; & 31 \to 5; & 21 \to 6 \end{array} \tag{10.21}$$

Mit der zusätzlichen Vereinbarung

$$\epsilon_m = \left\{ \begin{array}{ll} \epsilon_{ij} & \text{für} \quad i = j \\ 2\epsilon_{ij} & \text{für} \quad i \neq j \end{array} \right\} \tag{10.22}$$

lässt sich Gleichung 10.18 durch 6 Gleichungen ausdrücken,

$$\sigma_1 = c_{11}\,\epsilon_1 + c_{12}\,\epsilon_2 + c_{13}\,\epsilon_3 + c_{14}\,\epsilon_4 + c_{15}\,\epsilon_5 + c_{16}\,\epsilon_6$$

$$\sigma_2 = c_{21}\,\epsilon_1 + c_{22}\,\epsilon_2 + c_{23}\,\epsilon_3 + c_{24}\,\epsilon_4 + c_{25}\,\epsilon_5 + c_{26}\,\epsilon_6$$

$$\sigma_3 = c_{31}\,\epsilon_1 + c_{32}\,\epsilon_2 + c_{33}\,\epsilon_3 + c_{34}\,\epsilon_4 + c_{35}\,\epsilon_5 + c_{36}\,\epsilon_6$$

$$\sigma_4 = c_{41}\,\epsilon_1 + c_{42}\,\epsilon_2 + c_{43}\,\epsilon_3 + c_{44}\,\epsilon_4 + c_{45}\,\epsilon_5 + c_{46}\,\epsilon_6$$

$$\sigma_5 = c_{51}\,\epsilon_1 + c_{52}\,\epsilon_2 + c_{53}\,\epsilon_3 + c_{54}\,\epsilon_4 + c_{55}\,\epsilon_5 + c_{56}\,\epsilon_6$$

$$\sigma_6 = c_{61}\,\epsilon_1 + c_{62}\,\epsilon_2 + c_{63}\,\epsilon_3 + c_{64}\,\epsilon_4 + c_{65}\,\epsilon_5 + c_{66}\,\epsilon_6 \tag{10.23}$$

und die Komponenten c_{mn} können als 6×6 Matrix dargestellt werden. Man muss allerdings beachten, dass die c_{mn} keine Komponenten eines Tensors sind. Bei Berechnungen mit Tensorprodukten oder Tensortransformationen sollte die Tensorschreibweise nach Gleichung 10.18 benutzt werden.

Zusätzlich zu den Symmetrieeigenschaften in Gleichung 10.20 ergibt die Betrachtung der mit den Dehnungen und Spannungen verbundenen elastischen Energie [187] die Beziehung $c_{ijkl} = c_{klij}$, oder in VOIGTscher Schreibweise $c_{mn} = c_{nm}$. Damit wird die Matrix der c_{mn} symmetrisch und die maximale Anzahl der unabhängigen Komponenten reduziert sich auf 21.

Die Umkehrung der Beziehung 10.19 ergibt das verallgemeinerte HOOKEsche Gesetz in der Form:

$$\boldsymbol{\epsilon} = \mathbf{s} \cdot \boldsymbol{\sigma} \quad \text{bzw.} \quad \epsilon_{ij} = s_{ijkl} \cdot \sigma_{kl} \quad \text{mit} \quad \mathbf{s} = \mathbf{c}^{-1} \tag{10.24}$$

Der Tensor $\mathbf{s}$ der Elastizitätskoeffizienten s_{ijmn} ist der inverse Tensor zu $\mathbf{c}$. Bei der VOIGTschen Schreibweise der Komponenten von $\mathbf{s}$ sind die folgenden Vereinbarungen üblich:

$$s_{mn} = s_{ijkl} \quad \text{für } (m \leq 3 \text{ und } n \leq 3)$$

$$s_{mn} = 2s_{ijkl} \quad \text{für } (m \leq 3 \text{ und } n > 3) \quad \text{oder umgekehrt}$$

$$s_{mn} = 4s_{ijkl} \quad \text{für } (m > 3 \text{ und } n > 3) \tag{10.25}$$

Sie gelten allerdings nur für die Elastizitätskoeffizienten. Für alle anderen Tensoren 4. Stufe gilt das oben beschriebene Schema:

$$c_{mn} = c_{ijkl} \tag{10.26}$$

Die Anzahl der unabhängigen Komponenten wird durch die Symmetrieeigenschaften des Kristalls weiter reduziert [187]. Zum Beispiel haben die Tensoren $\mathbf{s}$ und $\mathbf{c}$ orthorhombischer Kristalle, wenn man das Koordinatensystem an deren Symmetrieachsen ausrichtet, die folgende Struktur mit nur 9 unabhängigen Komponenten:

$$
\mathbf{c} = \begin{bmatrix}
c_{11} & c_{12} & c_{13} & c_{14} & c_{15} & c_{16} \\
\bullet & c_{22} & c_{23} & c_{24} & c_{25} & c_{26} \\
\bullet & \bullet & c_{33} & c_{34} & c_{35} & c_{36} \\
\bullet & \bullet & \bullet & c_{44} & c_{45} & c_{46} \\
\bullet & \bullet & \bullet & \bullet & c_{55} & c_{56} \\
\bullet & \bullet & \bullet & \bullet & \bullet & c_{66}
\end{bmatrix} \tag{10.27}
$$

Die Matrix ist symmetrisch, deshalb ist nur die obere Dreiecksmatrix ausgeschrieben. Mit zunehmender Symmetrie des Kristalls erhält man weitere Vereinfachungen, z. B. bei hexagonaler Symmetrie:

$$
\begin{array}{llll}
s_{11} = s_{22} & s_{13} = s_{23} & c_{11} = c_{22} & c_{13} = c_{23} \\
s_{44} = s_{55} & s_{66} = 2(s_{11} - s_{12}) & c_{44} = c_{55} & c_{66} = \frac{1}{2}(c_{11} - c_{12})
\end{array}
$$

Die Struktur der Elastizitätstensoren hexagonaler Kristalle zeichnet sich auch dadurch aus, dass die resultierenden elastischen Eigenschaften rotationssymmetrisch um die sechs zählige Symmetrieachse sind. Bei kubischer Symmetrie gilt

$$
\begin{array}{llll}
s_{11} = s_{22} = s_{33} & \quad & c_{11} = c_{22} = c_{33} & \\
s_{44} = s_{55} = s_{66} & \quad & c_{44} = c_{55} = c_{66} & \\
s_{12} = s_{13} = s_{23} & \quad & c_{12} = c_{13} = c_{23} &
\end{array} \tag{10.28}
$$

Ist das Material elastisch isotrop, so erhält man zusätzlich zu Gleichung 10.28 noch:

$$
s_{44} = 2(s_{11} - s_{12}) \qquad c_{44} = 1/2(c_{11} - c_{12})
$$

In diesem Fall gibt es nur noch zwei unabhängige Komponenten. Das elastische Verhalten isotroper Körper kann z. B. durch den E-Modul und die Querkontraktionszahl ν beschrieben werden: $s_{11} = 1/E$ und $s_{12} = -\nu/E$. Aber auch andere Konstanten sind gebräuchlich, z. B. der Schubmodul G und der Kompressionsmodul K oder die LAMÉ-Konstanten λ und μ. In jedem Fall genügen zwei dieser Konstanten, um das elastische Verhalten eines isotropen Materials vollständig zu charakterisieren. Die Beziehungen zwischen den verschiedenen Elastizitätskonstanten sind in Tabelle 10.2 zusammengestellt. Drückt man in 10.24 die Elastizitätskoeffizienten gemäß Tabelle 10.2 durch E und ν aus, erhält man nach einigen Umformungen das HOOKEsche Gesetz isotroper Körper in der Form.

$$
\epsilon_{ij} = \frac{1 + \nu}{E}\, \sigma_{ij} - \frac{\nu}{E}\, \delta_{ij}\, (\sigma_{11} + \sigma_{22} + \sigma_{33}) \tag{10.29}
$$

Aus Gleichung 10.18 ergibt sich unter Verwendung der LAMÉ-Konstanten λ und μ

$$
\sigma_{ij} = 2\mu\, \epsilon_{ij} + \lambda\, \delta_{ij}\, (\epsilon_{11} + \epsilon_{22} + \epsilon_{33}) \tag{10.30}
$$

Die Elastizitätsmoduln c_{ijkl} haben als Einheiten MPa oder N/mm^2, die Elastizitätskoeffizienten s_{ijkl} die Einheiten MPa^{-1} oder mm^2/N. Beziehen sie sich auf ein einkristallines

Tabelle 10.2: Beziehungen zwischen den Elastizitätskonstanten isotroper Körper [174, 35]

	E, ν	E, G	λ, μ	K, G	μ, ν	c_{11}, c_{12}	s_{11}, s_{12}
E	E	E	$\frac{(3\lambda+2\mu)\mu}{\lambda+\mu}$	$\frac{9KG}{3K+G}$	$2(1+\nu)\mu$	$\frac{(c_{11}-c_{12})(c_{11}+2c_{12})}{c_{11}+c_{12}}$	$\frac{1}{s_{11}}$
ν	ν	$\frac{E-2G}{2G}$	$\frac{\lambda}{2(\lambda+\mu)}$	$\frac{3K-2G}{6K+2G}$	ν	$\frac{c_{12}}{c_{11}+c_{12}}$	$\frac{-s_{12}}{s_{11}}$
K	$\frac{E}{3(1-2\nu)}$	$\frac{EG}{3(3G-E)}$	$\frac{3\lambda+2\mu}{3}$	K	$\frac{2\mu(1+\nu)}{3(1-2\nu)}$	$\frac{c_{11}+2c_{12}}{3}$	$\frac{1}{3(s_{11}+2s_{12})}$
G, μ	$\frac{E}{2(1+\nu)}$	G	μ	G	μ	$\frac{c_{11}-c_{12}}{2}$	$\frac{1}{2(s_{11}-s_{12})}$
λ	$\frac{\nu E}{(1-2\nu)(1+\nu)}$	$\frac{G(E-2G)}{3G-E}$	λ	$\frac{3K-2G}{3}$	$\frac{2\mu\nu}{1-2\nu}$	c_{12}	$\frac{-s_{12}}{(s_{11}-s_{12})(s_{11}+2s_{12})}$
c_{11}	$\frac{(1-\nu)E}{(1-2\nu)(1+\nu)}$	$\frac{G(4G-E)}{3G-E}$	$\lambda+2\mu$	$\frac{3K+4G}{3}$	$\frac{2\mu(1-\nu)}{1-2\nu}$	c_{11}	$\frac{s_{11}+s_{12}}{(s_{11}-s_{12})(s_{11}+2s_{12})}$
c_{12}	$\frac{\nu E}{(1-2\nu)(1+\nu)}$	$\frac{G(E-2G)}{3G-E}$	λ	$\frac{3K-2G}{3}$	$\frac{2\mu\nu}{1-2\nu}$	c_{12}	$\frac{-s_{12}}{(s_{11}-s_{12})(s_{11}+2s_{12})}$
s_{11}	$\frac{1}{E}$	$\frac{1}{E}$	$\frac{\lambda+\mu}{\mu(3\lambda+2\mu)}$	$\frac{2G+6K}{18KG}$	$\frac{1}{2\mu(1+\nu)}$	$\frac{(c_{11}+c_{12})}{(c_{11}-c_{12})(c_{11}+2c_{12})}$	s_{11}
s_{12}	$\frac{-\nu}{E}$	$\frac{2G-E}{2EG}$	$\frac{-\lambda}{2\mu(3\lambda+2\mu)}$	$\frac{2G-3K}{18KG}$	$\frac{-\nu}{2\mu(1+\nu)}$	$\frac{-c_{12}}{(c_{11}-c_{12})(c_{11}+2c_{12})}$	s_{12}
s_1^m	$\frac{-\nu}{E}$	$\frac{2G-E}{2EG}$	$\frac{-\lambda}{2\mu(3\lambda+2\mu)}$	$\frac{2G-3K}{18KG}$	$\frac{-\nu}{2\mu(1+\nu)}$	$\frac{-c_{12}}{(c_{11}-c_{12})(c_{11}+2c_{12})}$	s_{12}
$\frac{1}{2}s_2^m$	$\frac{1+\nu}{E}$	$\frac{1}{2G}$	$\frac{1}{2\mu}$	$\frac{1}{2G}$	$\frac{1+\nu}{2\mu(1+\nu)}$	$\frac{1}{c_{11}-c_{12}}$	$s_{11}-s_{12}$

Material, werden sie als Einkristallmoduln bzw. als Einkristallkoeffizienten bezeichnet. Beide beschreiben in gleicher Weise das einkristalline elastische Verhalten. Ohne Festlegung, welcher der beiden Datensätze gemeint ist, wird von Einkristalldaten oder auch von Einkristallkonstanten gesprochen. Die Anordnung der Einkristalldaten in VOIGTscher Notation als 6×6 Matrix ist für die unterschiedlichen Kristallsymmetrien in Tabelle 10.3 zusammengestellt. Kristalle sind im Allgemeinen elastisch anisotrop, d. h. ihre physikalischen Eigenschaften sind richtungsabhängig. So ist auch die Dehnung davon abhängig, in welcher Richtung eine Spannung anliegt. Es gibt verschiedene Möglichkeiten, das Maß der elastischen Anisotropie zu beschreiben. Für kubische Kristalle wird oft die Kombination 10.31 genommen, die für elastisch isotrope Materialien Null wird. Der richtungsabhängige E-Modul sei analog zu 10.17 durch die Dehnung, die bei einachsiger Belastung auftritt, definiert, wobei die Messrichtung mit der Belastungsrichtung übereinstimmen soll:

$$a = c_{11} - c_{12} - 2c_{44} \tag{10.31}$$

$$\sigma_{\vec{n}} = E_{\vec{n}}\,\epsilon_{\vec{n}} \tag{10.32}$$

mit $\epsilon_{\vec{n}}$ und $\sigma_{\vec{n}}$ aus 10.11 bzw. 10.14. Dann gibt es für jedes Gitter eine Richtung mit maximalem und minimalem E-Modul, E^{Max} und E^{Min}, sowie den Mittelwert über alle Richtungen, $\overline{E}$. Als Maß für die relative Anisotropie kann dann auch der Ausdruck 10.33 genommen werden. Die großen Unterschiede zwischen den elastischen Anisotropien der verschiedenen Werkstoffe macht Bild 10.5 deutlich. Wolfram ist nahezu isotrop, auch Aluminium hat eine nur sehr geringe Anisotropie. Bei Eisenwerkstoffen ist die Austenit-Phase anisotroper als die Ferrit-Phase. Die β-Phase des Messings gehört bei

Tabelle 10.3: Matrixdarstellung der elastischen Einkristallmoduln und der Einkristallkoeffizienten in VOIGTscher Notierung. Anordnung der Komponenten für die verschiedenen Kristallklassen; nur die jeweils obere Dreiecksmatrix der symmetrischen Matrizen ist dargestellt [272]

Kristallsystem	Kristallklasse	Form der C_{ij} - Matrix bzw. S_{ij} - Matrix	Zahl der unabhängigen Komponenten	Kristallsystem	Kristallklasse	Form der C_{ij} - Matrix bzw S_{ij} - Matrix	Zahl der unabhängigen Komponenten
triklin	alle Klassen		21	tetragonal	4 (C_4) $\bar{4}$ (S_4) 4/m (C_{4h})		7
monoklin	alle Klassen		13		4mm (C_{4v}) $\bar{4}$2m (D_{2d}) 422 (D_4) $\frac{4}{m}$mm (D_{4h})		6
rhombisch	alle Klassen		9	hexagonal	alle Klassen		5
trigonal	3 (C_3) $\bar{3}$ (C_{3i})		7	kubisch	alle Klassen		3
	32 (D_3) 3m (C_{3v}) 3m (D_{3d})		6	isotrop			2

Legende:

$\bullet$	$\bullet$	$\bullet\!-\!\bullet$	$\circ\!-\!\bullet$	$\ominus$	$\bullet\!-\!\bullet$
$S_{ij} = 0$	$S_{ij} \neq 0$	$S_{ij} = S_{kl}$	$S_{kl} = -S_{ij}$	$S_{ij} = 2\,(\,S_{11} - S_{12}\,)$	$S_{kl} = 2\,S_{ij}$
$C_{ij} = 0$	$C_{ij} \neq 0$	$C_{ij} = C_{kl}$	$C_{kl} = -C_{ij}$	$C_{ij} = \frac{1}{2}(\,C_{11} - C_{12}\,)$	$C_{kl} = C_{ij}$

den Metall-Legierungen zu den Werkstoffen mit den höchsten Anisotropiewerten. Teilkristalline Polymere wie Polypropylen (PP) und Polyethylen (PE) haben in Richtung ihrer Molekülketten kovalente Bindungen, während zwischen den Ketten nur schwache VAN DER WAALS-Bindungen vorliegen. Entsprechend hoch ist ihre Anisotropie.

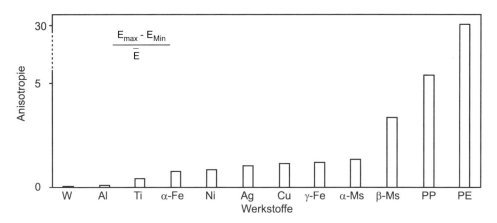

Bild 10.5: Relative elastische Anisotropie der Gitter verschiedener Werkstoffe; Ms Messing, PP Polypropylen, PE Polyethylen [35]

$$a = \frac{E^{Max} - E^{Min}}{\overline{E}} \qquad (10.33)$$

10.2.3 Bezugssysteme und Tensortransformation

Die Darstellung der Tensorkomponenten ist gekoppelt an ein Koordinatensystem. Der selbe Tensor hat andere Komponenten, wenn man ihn bezüglich eines anderen Koordinatensystems beschreibt. Das gilt für Vektoren (Tensor 1. Ordnung), wie auch für Tensoren 2. und 4. Ordnung. Ein Vektor $\vec{m}$ transformiert sich bekanntlich von einem orthogonalen, durch die Einheitsvektoren $\vec{x}^1, \vec{x}^2, \vec{x}^3$ aufgespannten Koordinatensystem in ein zweites System $\vec{x}^{1'}, \vec{x}^{2'}, \vec{x}^{3'}$ mit Hilfe der entsprechenden Transformationsmatrix ω_{ij}:

$$m'_i = \omega_{ij} \cdot m_j \qquad (10.34)$$

Eine Komponente ω_{ij} der Transformationsmatrix ist durch das Skalarprodukt der Richtungseinheitsvektoren gegeben bzw. durch den Kosinus des Winkels zwischen der i-Achse des alten Koordinatensystem und der j-Achse des neuen Systems. Die Matrix ergibt sich nach dem folgenden Schema:

$$
\begin{array}{c c c c c}
 & & \text{alt} & & \\
 & \vec{x}^1 & \vec{x}^2 & \vec{x}^3 & \\
\vec{x}^{1'} & \omega_{11} & \omega_{12} & \omega_{13} & \\
\text{neu} \quad \vec{x}^{2'} & \omega_{21} & \omega_{22} & \omega_{23} & ; \quad \omega_{ij} = \cos(\angle\, \vec{x}^{i'}, \vec{x}^j) \\
\vec{x}^{3'} & \omega_{31} & \omega_{32} & \omega_{33} &
\end{array}
\qquad (10.35)
$$

Die Spaltenvektoren jeder Transformationsmatrix haben die Länge 1 und stehen senkrecht aufeinander. Dasselbe gilt für die Zeilenvektoren. Die inverse Matrix ist gleich der transponierten Matrix:

$$(\omega_{ij})^{-1} = (\omega_{ij})^T = (\omega_{ji})$$

Somit werden die Komponenten eines Vektors $\vec{m}'$ von dem System X' in das System X durch Anwendung der transponierten Matrix $(\omega_{ji}) = (\omega_{ij})^T$ transformiert:

$$m_j = \omega_{ji}\, m'_j \tag{10.36}$$

Die Komponenten der Tensoren 2. und 4. Stufe transformieren sich entsprechend:

$$\sigma'_{ij} = \omega_{im}\, \omega_{jn}\, \sigma_{mn} \quad , \quad \sigma_{ij} = \omega_{mi}\, \omega_{nj}\, \sigma'_{mn} \tag{10.37}$$

$$c'_{ijkl} = \omega_{im}\, \omega_{jn}\, \omega_{ko}\, \omega_{lp}\, c_{mnop} \quad , \quad c_{ijkl} = \omega_{mi}\, \omega_{nj}\, \omega_{ok}\, \omega_{pl}\, c'_{mnop} \tag{10.38}$$

Folgende orthogonale Koordinatensysteme zeichnen sich durch ihre besondere Lage zur Probe, zum Kristall, zu den Hauptspannungen oder zur Messrichtung aus:

Kristallsystem (Einheitsvektoren $\vec{C}^i$)	C	Die Achsen des Kristallsystems sind an den Symmetrieachsen des Gitters ausgerichtet. Das Koordinatensystem wird durch die Einheitsvektoren $\vec{C}^i$, ($i = 1,2,3$) aufgespannt. Bezüglich dieser Achsen haben die Komponenten des Tensors der Einkristallmoduln die in Tabelle 10.3 gezeigte Anordnung.
Hauptspannungssystem	P	Im Hauptspannungssystem sind alle Schubspannungen gleich Null. Zu jedem symmetrischen Tensor 2. Stufe kann ein solches Koordinatensystem mit dem Verfahren der Hauptachsentransformation gefunden werden. Die entsprechenden Diagonalkomponenten des Spannungstensors werden Hauptspannungen genannt.
Probensystem (Einheitsvektoren $\vec{S}^i$)	S	Die 3-Achse liegt in Richtung der Probennormale (NR), die 1- und 2-Achse sind mit den Symmetrierichtungen parallel zur Oberfläche verknüpft, im Falle von Blechen z. B. der Walzrichtung (WR) und der Querrichtung (QR). Messdaten werden immer bezogen auf das Probensystem aufgetragen
Laborsystem (Einheitsvektoren $\vec{L}^i$)	L	Das Laborsystem bzw. Messsystem ist mit der Messrichtung verbunden. Wird eine physikalische Größe in Richtung von $\vec{m}$ bestimmt, so legt man die 3-Achse des Messsystems parallel zu $\vec{m}$. Die 2-Achse liegt parallel zur Probenoberfläche. Damit ist auch der Vektor $\vec{L}^1$ als Kreuzprodukt $\vec{L}^2 \times \vec{L}^3$ festgelegt.

Im Probensystem wird die Messrichtung $\vec{m}$ ($= \vec{L}^3$) durch ihre Polarkoordinaten, den Azimutwinkel φ und den Polwinkel ψ beschrieben, $0° \leq \varphi \leq 360°$, $0° \leq \psi \leq 90°$. Es ist aber auch üblich, die Richtungen ($\varphi + 180°$, ψ) als (φ, $-\psi$) zu bezeichnen, die Winkel laufen dann in den Intervallen $0° \leq \varphi \leq 180°$ und $-90° \leq \psi \leq 90°$, Bild 10.6a. Der Winkel λ beschreibt die Drehung eines Kristalliten oder der Kristallorientierung um die Messrichtung $\vec{m}$. Bild 10.6b zeigt die relative Orientierung zwischen dem Probensystem und dem Messsystem. Die Transformationsmatrix ω_{ij} zwischen diesen Systemen kann durch φ und ψ ausgedrückt werden:

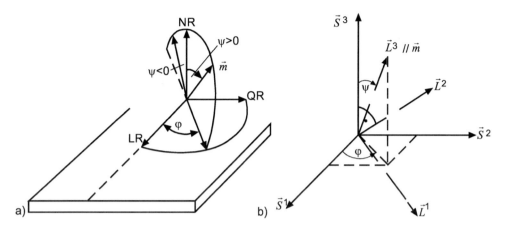

Bild 10.6: a) Beschreibung der Messrichtung durch ihre Polarkoordinaten φ und ψ b) Orientierung des Messsystems in Bezug auf das Probensystem

$$(\omega_{ij}) = \begin{pmatrix} \cos\varphi\,\cos\psi & \sin\varphi\,\cos\psi & -\sin\psi \\ -\sin\varphi & \cos\varphi & 0 \\ \cos\varphi\,\sin\psi & \sin\varphi\,\sin\psi & \cos\psi \end{pmatrix} \tag{10.39}$$

Der dritte Reihenvektor ist im Probensystem die Messrichtung $\vec{m}$. Gleichzeitig definiert er die 3. Richtung des Messsystems.

Der Dehnungswert ϵ'_{33} entspricht im Probensystem der Projektion des Dehnungstensors ϵ auf die Messrichtung $\vec{m}$, siehe Gleichung 10.14. ϵ'_{33} erhält man auch durch Transformation des Tensors ϵ vom Probensystem in das Messsystem:

$$\epsilon'_{ij} = \omega_{ik}\,\omega_{jl}\,\epsilon_{kl} \tag{10.40}$$

$$\begin{aligned} \epsilon_{\vec{m}} &= \epsilon_{kl}\,m_k\,m_l \\ &= \epsilon'_{33} = \omega_{3k}\,\omega_{3l}\,\epsilon_{kl} \\ &= \epsilon_{11}\cos^2\varphi\,\sin^2\psi + \epsilon_{22}\sin^2\varphi\,\sin^2\psi + \epsilon_{33}\cos^2\psi \\ &\quad + \epsilon_{12}\sin 2\varphi\,\sin^2\psi + \epsilon_{13}\cos\varphi\,\sin 2\psi + \epsilon_{23}\sin\varphi\,\sin 2\psi \end{aligned} \tag{10.41}$$

was wieder der Gleichung 10.14 entspricht.

10.3 Einteilung der Spannungen innerhalb vielkristalliner Werkstoffe

10.3.1 Der Eigenspannungsbegriff

Mechanische Spannungen sind über die elastischen Materialeigenschaften mit den elastischen Dehnungen verknüpft. Somit liegen Spannungen in einem Material, einer Probe oder einem Bauteil vor, wenn die Abstände zwischen den Bestandteilen des Materials nicht ihren Gleichgewichtsabständen entsprechen. Unter *Eigenspannungen* versteht man mechanische Spannungen in einem Material frei von äußeren Kräften und Temperaturgradienten. *Lastspannungen* hingegen werden durch Kräfte verursacht, die von außen an der Probe oder dem Bauteil angreifen. Bei der Beschreibung von Eigenspannungen ist immer anzugeben, auf welcher Abmessungsskala dies geschieht, z. B. auf der Skala einer einzelnen Netzebene im Kristall, auf der Skala der Kristallite innerhalb eines vielkristallinen Materials, oder auf makroskopischer Skala des Vielkristalls, Bild 10.7. Man muss festlegen, mit welcher Auflösung der Spannungszustand betrachtet wird, oder über welche Volumenbereiche man ihn mittelt. Dies ist insbesondere im Hinblick auf die verschiedenen Messmethoden zur Spannungsermittlung wichtig.

Auf der Ebene des Realkristalls werden Eigenspannungen durch Defekte wie Fehlstellen, Zwischengitteratome, Fremdatome, Versetzungen, Stapelfehler oder Zwillingsbildungen verursacht, Bild 10.8. Da sich durch Fehlstellen und Zwischengitteratome der Entropieanteil der freien Energie erhöht, sind sie mit Wahrscheinlichkeiten, die von ihren Bildungsenergien und der Temperatur abhängen, immer vorhanden. Die durch einen Punktdefekt hervorgerufenen Verschiebungen innerhalb des umgebenden Kristalls sind aber gering und auf die nächsten Nachbarn beschränkt, Tabelle 10.4.

Die wesentliche Quelle der Eigenspannungen innerhalb des Kristalls/Kristallits stellen Versetzungen dar. Durch eine Versetzung wird die weitere Umgebung elastisch verformt. Die hierzu nötige Energie bildet den Großteil der Selbstenergie der Versetzung, d. h. den zu ihrer Erzeugung in einem ursprünglich fehlerfreien Kristall notwendigen Energieaufwand. Da der Entropiegewinn durch Versetzungen klein ist, sind sie im Gegensatz zu Punktdefekten thermodynamisch instabil. Sie werden durch thermisch bedingte Spannungen während des Kristallwachstums oder durch mechanische Verformungen des Kristalls erzeugt. Die Versetzungsdichten, also die Anzahl der durch eine Fläche hindurch tretenden Versetzungslinien, liegen in guten Halbleiterkristallen bei $10^3\,\mathrm{cm}^{-2}$, in Metallen bei $10^7 - 10^9\,\mathrm{cm}^{-2}$ und in stark verformten Metallen bei $10^{11} - 10^{12}\,\mathrm{cm}^{-2}$.

Tabelle 10.4: Durch Punktdefekte in Kupfer hervorgerufene Volumen- und Abstandsänderungen der Nachbaratome. Die Relaxation ist in % des Abstandes der Normallagen der Atome vom Defektzentrum angegeben [272]

Punktdefekt	Leerstelle	Zwischengitteratom
Relaxation nächster Nachbarn in %	−2,00	+21,70
Relaxation übernächster Nachbarn in %	+0,15	+0,75
Volumenänderung in Bruchteilen des Atomvolumens	−0,29	+1,39

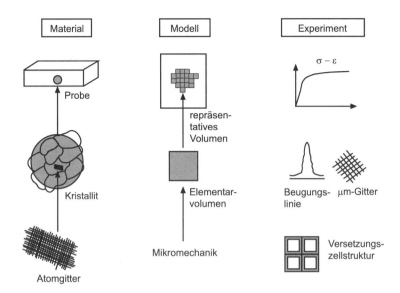

Bild 10.7: Verschiedene Betrachtungsebenen bei der Beschreibung von Werkstoffzuständen [163]

Die Versetzungslinien können räumlich homogen über das Kristallvolumen verteilt vorliegen oder in Versetzungszellstrukturen auftreten. Letztere werden nach Verformungen oder zyklischen Belastungen gefunden. Der Kristall ist dann aufgeteilt in versetzungsarme Zellen, die von versetzungsreichen Zellwänden umgeben sind, Bild 10.9a. Aufgrund des lokalen Aufstauens der Versetzungen in den Zellwänden ist der Dehnungs- und Spannungszustand innerhalb der Zellen ein anderer als innerhalb der Zellwände. Wenn keine Kräfte auf die Oberfläche des Kristalls einwirken, kompensieren sich die Spannungen in den Wänden und den Zellen gegenseitig.

Eine andere räumliche Aufteilung des Kristalls einer Legierung kann durch die Bildung von kohärenten oder inkohärenten Ausscheidungen erfolgen, die zu Eigenspannungen führen, wenn sie mit Volumenänderungen verbunden sind. Bei kohärenten Ausscheidungen entstehen Eigenspannungen schon durch die unterschiedlichen Zellparameter der Matrix und der Ausscheidung. Die γ'-Ausscheidungen in Nickelbasislegierungen sind ein Beispiel hierfür, Bild 10.9b. Es handelt sich aber hier um die Bildung einer zusätzlichen Phase.

Geht man von der Einzelnetzebene im Gitter zu den Kristalliten innerhalb eines Vielkristalls über, so gelten die obigen Überlegungen weiterhin für jeden einzelnen Kristalliten. Hinzu kommt aber, dass ein Kristallit von einer Reihe Nachbarkristallite umgeben ist, die Kräfte auf ihn ausüben können. Die physikalischen Eigenschaften der Kristallite sind anisotrop. Hier zu nennen sind die Elastizitätseigenschaften, das anisotrope plastische Verhalten sowie, bei nichtkubischen Kristallen, die anisotrope Wärmeausdehnung. Auch sind anisotrope Volumenänderungen bei Phasentransformationen möglich. Viele technisch wichtige Werkstoffe bestehen weiterhin aus mehreren Phasen, deren Kristallite sich durch ihre Kristallstruktur und ihre geometrische Ausbildung, d. h. ihre Kornform, unterscheiden können.

Aufgrund der unterschiedlichen Orientierungen oder Phasenzugehörigkeiten der Kristallite behindern sich diese beim Abkühlen oder bei mechanischer oder thermischer Beanspruchung gegenseitig, d. h. sie üben Kräfte aufeinander aus. Die hierdurch hervorgerufenen Spannungen in den Kristalliten hängen von ihrer eigenen Orientierung, Kornform und Phasenzugehörigkeit sowie von den sie umgebenden Kristalliten ab. Die Spannungen zwischen den Kristalliten und ihrer jeweiligen Umgebung werden als intergranulare Spannungen bezeichnet. Nach Entlastung der Probe und thermischem Ausgleich sind es entsprechend intergranulare Eigenspannungen.

Neben den kristallinen Bereichen innerhalb der Kristallite existieren in Vielkristallen Korngrenzbereiche und Phasengrenzen, die den Übergang zwischen den Kristalliten gleicher bzw. unterschiedlicher Phasen herstellen. Der kristalline Aufbau dieser Bereiche ist stark gestört, so dass sich ihre Eigenschaften von denen der Kristallite unterscheiden können und sich insbesondere bei plastischer Verformung Eigenspannungen zwischen den Korngrenzen und den Kristalliten ausbilden.

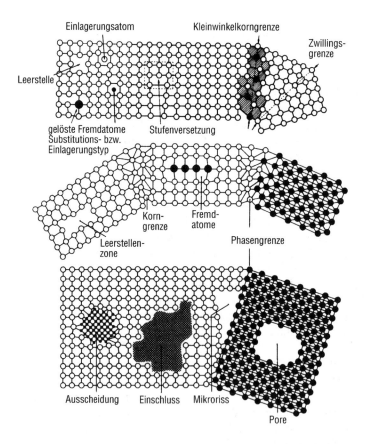

Bild 10.8: Gitterfehler als Quellen von Eigenspannungen innerhalb der Kristallite [169]

Der Spannungszustand in vielkristallinen Werkstoffen ist also grundsätzlich ortsabhängig. Er variiert zwischen den einzelnen Kristalliten aufgrund der jeweiligen Umgebung, der Orientierung und der Vorgeschichte des betreffenden Werkstoffzustandes, aber auch zwischen wenig gestörten kristallinen Bereichen und den Korn- und Phasengrenzen sowie innerhalb der Kristallite aufgrund der Verteilung der Versetzungen, Stapelfehler, Ausscheidungen usw. Diese im mikroskopischen Sinne ortsabhängigen Spannungen sind messtechnisch nicht direkt zugänglich. Um den Zustand eines Werkstoffs zu beschreiben, ist es aber auch nicht notwendig, anzugeben, wo sich innerhalb eines Kristallits eine Versetzung befindet, wie eine bestimmte Versetzungsanhäufung gegenüber dem benachbarten versetzungsarmen Zellbereich verspannt ist, welche Dehnungen eine bestimmte Ausscheidung in ihrer Umgebung hervorruft, oder welche Kräfteverteilung auf einen bestimmten Kristalliten von seiner Umgebung einwirkt. Vielmehr sind die jeweiligen statistischen Verteilungen innerhalb makroskopischer Volumenbereiche von technischem Interesse, ausgedrückt durch Mittelwerte und mittlere Abweichungen, also solche Daten, die für den Werkstoff bzw. die betrachtete Probe repräsentativ sind.

10.3.2 Eigenspannungen I., II. und III. Art

Unter dem Begriff Eigenspannungen I. Art versteht man den Mittelwert der Spannungen in einem Volumen, das genügend viele Kristallite aller vorhandenen Werkstoffphasen enthält, um als repräsentativ für das Material gelten zu können, Bild 10.10. Die notwendige Größe des Volumens hängt demnach von der mittleren Kristallitgröße ab, hat in der Regel aber makroskopische Ausdehnungen, d. h. > 0,5 mm. Eigenspannungen I. Art werden als Makroeigenspannungen bezeichnet. Alle Abweichungen von dem vorliegenden makro-

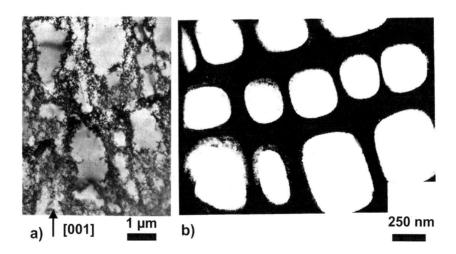

a) $\uparrow$ [001]   1 µm   b)   250 nm

Bild 10.9: a) TEM-Aufnahme der Versetzungszellstruktur innerhalb eines verformten Cu-Einkristalls, Ansicht parallel zur Verformungsrichtung [264] b) Kohärente aluminiumreiche Ausscheidungen (γ'-Phase, hell) innerhalb der Kristallite hochtemperaturfester Nickelbasislegierungen (γ-Phase) [180]

skopischen Mittelwert werden als Mikrospannungen bezeichnet. Wenn Mikrospannungen betrachtet werden, ist jeweils zu definieren, welche dieser Abweichungen gemeint sind.

Die Differenz der mittleren Spannung eines Kristallits zur Eigenspannung I. Art gilt als Eigenspannung II. Art, und die ortsabhängigen Abweichungen der Spannungen innerhalb des Kristallits von der Summe aus I. und II. Art heißen Eigenspannungen III. Art:

$$\sigma^I = \frac{1}{V_{makro}} \int\limits_{V_{makro}} \sigma(x)\, \mathrm{d}V \tag{10.42}$$

$$\sigma^{II} = \frac{1}{V_{Kristallit}} \int\limits_{Kristallit} (\sigma(x) - \sigma^I)\, \mathrm{d}V \tag{10.43}$$

$$\sigma^{III}(x) = \sigma(x) - \sigma^I - \sigma^{II} \tag{10.44}$$

Die so definierten Eigenspannungen II. und III. Art beziehen sich auf einen Kristallit und sind demnach nicht repräsentativ für das gesamte Material. Experimentell sind sie nur in sehr grobkörnigen Werkstoffen zugänglich, die eine ortsaufgelöste Spannungsmessung innerhalb eines Kristallits erlauben.

10.3.3 Mittelwerte und Streuungen von Eigenspannungen

Während der Begriff der Eigenspannungen I. Art oder Makroeigenspannungen unabhängig von der gewählten Methode der Eigenspannungsbestimmung angewandt werden kann, charakterisieren die Begriffe der Eigenspannungen II. Art und III. Art die Messergebnisse z. T. nur unzureichend. So haben sich in der Literatur weitere, für die Beschreibung der experimentellen Ergebnisse geeignetere Definitionen herausgebildet. Sie sind in Tabelle 10.5 zusammengestellt.

Unter einer Kristallitgruppe werden alle Kristallite innerhalb des Messvolumens verstanden, deren Gitter bezüglich der Probe gleich orientiert sind. Die Beschreibung der Orientierung eines Kristallits wird in Kapitel 11 behandelt. Wie weit die Orientierungen der Kristallite voneinander abweichen dürfen, um noch als gleich angesehen zu werden,

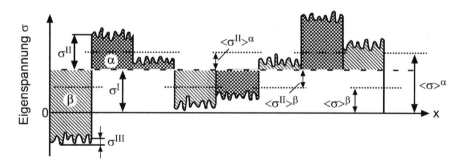

Bild 10.10: Zur Definition der Eigenspannungen I., II. und III. Art, Werkstoff mit den Phasen α und β [107]

hängt davon ab, in wie feine Schritte Δg der Orientierungsraum aufgeteilt wird. Alle Kristallite, deren Orientierungen g innerhalb des Intervalls $g^{\shortmid} \leq g < g^{\shortmid} + \Delta g$ liegen, werden dann der Kristallitgruppe $g^{\shortmid}$ zugeordnet und als identisch angesehen.

Tabelle 10.5: Definitionen, Einteilungen und Bezeichnungen der Spannungen in vielkristallinen Werkstoffen. Die spitzen Klammern $< \cdots >$ stehen für Mittelungen, siehe Gleichung 10.45, wobei der Bereich der Mittelung als oberer Index angedeutet ist. ES Eigenspannung, L Lastspannung, α Werkstoffphase, K Kristallit, KG Kristallitgruppe, mit * sind jeweils die versetzungsarmen Bereiche gekennzeichnet

Name	Bedeutung	Bezeichnung	Bestimmung
	Makro- und Mikroanteile		
lokale Spannung	vom Ort x abhängige Spannung innerhalb eines Kristallits	$\sigma(x)$	/
Kristallitspannung	Mittelwert über einen Kristallit	σ^K	$< \sigma(x) >^{Kristallit}$
Spannung der Versetzungszellen	Mittelwert der Spannungen des versetzungsarmen Anteils des Kristallvolumens	σ^{K*}	$< \sigma(x) >^{Versetzungszellen}$
Kristallitgruppen-spannung	Mittelwert über alle Kristallite derselben Orientierung g	$\sigma(g)$	$< \sigma >^g$
Phasenspannung	Mittelwert über die Kristallite einer Werkstoffphase α	$\overline{\sigma}^\alpha$, $\overline{\sigma}$	$< \sigma^I + \sigma^{II} >^\alpha$
mittlere Spannungen der Versetzungszellen	Mittelwert der Spannungen des versetzungsarmen Anteils α^* des Volumens einer Phase α	$\overline{\sigma}^{\alpha*}$	$< \sigma(x) >^{\alpha*}=$ $< \sigma(x) >^{\alpha,Zellinneres}$
	Makrospannung		
Makrospannung	Mittelwert über ein makroskopisches Volumen	σ^M	$\sigma^I + \sigma^L$
Lastspannung	Anteil der Makrospannung, der von außen anliegenden Kräften hervorgerufen wird	σ^L	Gleichgewicht mit äußeren Kräften
ES I. Art, Makro-ES	Eigenspannungsanteil von σ^M	σ^I	$\sigma^M - \sigma^L$
	inhomogene Mikroeigenspannungen		
orientierte lokale Mikro-ES	ortsabhängige Abweichung von der Makrospannung	$\sigma(x) - \sigma^M$	$\sigma^{II} + \sigma III$
orientierte ES II. Art	Abweichung der Kristallitspannung von der Makrospannung	σ^{II}	$\sigma^K - \sigma^M$
orientierte ES III. Art	ortsabhängige Abweichung von der Kristallitspannung	σ^{III}	$\sigma(x) - \sigma^I - \sigma^{II}$
orientierte intragranulare Mikro-ES	Mittelwert der ES III. Art über die versetzungsarmen Anteile des Volumens eines Kristall	$\sigma^{III,K*}$	$< \sigma^{III} >^{K*} = \sigma^{K*} - \sigma^K$

Name	Bedeutung	Bezeichnung	Bestimmung
	homogene Mikroeigenspannungen		
orientierte intragranulare Mikro-ES	Mittelwert der ES III. Art über die versetzungsarmen Anteile α^* des Volumens einer Phase α	$\sigma^{III,\alpha*}$	$<\sigma^{III}>^{\alpha*}=\overline{\sigma}^{\alpha*}-\overline{\sigma}^{\alpha}$
orientierte intergranulare Mikro-ES	Differenz zwischen Kristallitgruppenspannung und Phasenspannung	$\sigma^{int.}(g)$	$\sigma(g)-\overline{\sigma}^{\alpha}$
orientierte Phasen-Mikro-ES	Differenz zwischen Phasenspannung und Makrospannung	$\sigma^{II,\alpha}$	$<\sigma^{II}>^{\alpha}=\overline{\sigma}^{\alpha}-\sigma^{I}-\sigma^{L}$
nicht-orientierte Mikro-ES	mittlere Abweichung der lokalen Spannung von ihrem Mittelwert innerhalb der Kristallite	$\overline{\Delta\sigma}^{K}$	$\sqrt{<(\sigma(x)-\sigma^{K})^2>^{Kristallit}}$
	innerhalb der Kristallitgruppe	$\overline{\Delta\sigma}^{KG}$	$\sqrt{<(\sigma(x)-\sigma^{KG})^2>^{Kristallitgr.}}$
	innerhalb der Phase α	$\overline{\Delta\sigma}^{\alpha}$	$\sqrt{<(\sigma(x)-\overline{\sigma}^{\alpha})^2>^{\alpha}}$

Spannungsmittelwerte sind durch Volumenmittelungen zu berechnen. Wenn man annehmen darf, dass die mittleren Kornformen und Kornorientierungen der Kristallitgruppen nicht von deren Kristallorientierungen abhängen, d. h. für alle Kristallitgruppen dieselben sind, können Volumenmittelwerte auch durch Mittelungen über die Orientierungen ersetzt werden. Mittelungen werden allgemein durch spitze Klammern symbolisiert, wobei das Volumen, über das gemittelt wird, als oberer Index angefügt wird, z. B. die Mittelung über eine Werkstoffphase α:

$$<\sigma>^{\alpha}=\frac{1}{V^{\alpha}}\int\limits_{V^{\alpha}}\sigma(x)\,\mathrm{d}x \qquad (10.45)$$

Mikrospannungen sind diejenigen Spannungsanteile, die sich in jedem makroskopischen Volumen gegenseitig kompensieren. Im Gegensatz zu Makrospannungen tragen sie nicht zur Verformung oder zum Verzug eines Bauteils bei. Mittelwerte der Mikrospannungen über gleichartige räumlich getrennte Gefügebestandteile werden *homogene Mikrospannungen* genannt, ihr Wert hängt im Allgemeinen nicht von der genauen Messposition ab. Homogene Mikrospannungen sind z. B. die Mittelwerte der lokalen Mikrospannungen über die Kristallite einer Phase, einer Kristallitgruppe oder die Mittelwerte über die versetzungsarmen Anteile einer Phase oder eines Kristalls. Inhomogene Mikrospannungen sind dagegen im mikroskopischen Sinne ortsabhängig.

Der Zustand eines Materials wird nicht allein durch die Mittelwerte der lokalen Spannungen und der entsprechenden Dehnungen charakterisiert, sondern zusätzlich durch deren Verteilung um die Mittelwerte. Als Maß für die Breite einer Verteilung um den Mittelwert dient die mittlere quadratische Abweichung der Verteilung $\overline{\Delta\sigma}^{\alpha}$:

$$\overline{\Delta\sigma}^{\alpha} = \sqrt{Var(\sigma)} = \sqrt{\frac{1}{V} \int\limits_{V} (\sigma(x) - <\sigma>^{\alpha})^2 \, \mathrm{d}x} \qquad (10.46)$$

Während Spannungen mit Raumrichtungen verknüpft sind, d. h. ihre Darstellung von der Orientierung des gewählten Koordinatensystems abhängt, ist die Varianz der Spannungsverteilung hiervon unabhängig. Die den Breiten der Spannungsverteilungen zugeordneten Werte $\overline{\Delta\sigma}$ werden deshalb als nicht-orientierte Mikrospannungen bezeichnet.

10.3.4 Ursachen und Kompensation der Eigenspannungsarten

Mit den meisten mechanischen Bearbeitungen und Wärmebehandlungen ist eine Ausbildung von Eigenspannungen verbunden, sobald die auftretenden plastischen Verformungen oder die Phasentransformationen inhomogen über das Bauteil bzw. innerhalb des Gefüges verteilt sind. Makroeigenspannungen werden verursacht durch räumlich inhomogene plastische Verformungen, Phasentransformationen oder Abkühlungsverläufe. Temperaturgradienten während der Wärmebehandlung können zu inhomogenen plastischen Verformungen oder zu zeitlich und räumlich inhomogen ablaufenden Phasentransformationen führen, die, wenn sie mit Volumenänderungen verknüpft sind, Makroeigenspannungen und/oder plastische Verformungen hervorrufen. Auf einer mikroskopischen Skala sind es die elastische und die plastische Anisotropie der Kristallite sowie die Unterschiede in den elastischen, plastischen und thermischen Eigenschaften der Phasen, die in Verbindung mit mechanischen oder thermischen Belastungen des Materials Mikroeigenspannungen zwischen den Gefügebestandteilen verursachen. Tabelle 10.6 fasst die verschiedenen Spannungsarten und deren Ursachen und Kompensationen zusammen. Mikrospannungen müssen sich definitionsgemäß zwischen den Gefügebestandteilen kompensieren. Die Kompensation geschieht auf gleicher Stufe, d. h. Phasenmikrospannungen der verschiedenen Phasen kompensieren sich untereinander, intergranulare Mikroeigenspannungen kompensieren sich zwischen den verschieden orientierten Kristallitgruppen und intragranulare Mikroeigenspannungen zwischen den versetzungsreichen und versetzungsarmen Gefügebestandteilen. Hierbei sind jeweils die Volumenanteile p der einzelnen Gefügebestandteile zu berücksichtigen. Für Phasenmikrospannungen gilt Gleichung 10.47 und für die Makrospannung ergibt sich als gewichteter Mittelwert der Phasenspannungen Gleichung 10.48:

$$\sum_{\alpha=1}^{n} p^{\alpha} <\sigma^{II}>^{\alpha} = 0 \qquad (10.47)$$

$$\sum_{\alpha=1}^{n} p^{\alpha} \sigma^{\alpha} = \sigma^{L} + \sigma^{I} = \sigma^{M} \qquad (10.48)$$

Die Gleichungen 10.47 und 10.48 sind Grundlage der Trennung von Mikro- und Makrospannungen in mehrphasigen Werkstoffen, vgl. Kapitel 10.11.

Tabelle 10.6: Unterteilung der homogenen orientierten Mikrospannungen nach ihren Ursachen, den Materialeigenschaften und den Bereichen der Kompensation. (REK: röntgenographische Elastizitätskonstanten)

Gefügebereiche der Kompensation von Phasenmikrospannungen		
Kristallitgruppen	Zellwände und Zellinneres von Versetzungsstrukturen	Phasen

Werkstoffbehandlung: elastische Verformung → Mikrospannung elastisch induziert		
Elastische Anisotropie der Kristallite, verbunden mit Makrospannungen; entsprechen bei den Berechnungen der REK den verschiedenen Modellannahmen zur Kristallitkopplung.	Die elastischen Eigenschaften von Zellwänden und -innerem können sich aufgrund der unterschiedlichen mittleren Atomabstände unterscheiden. Dies wurde experimentell bisher aber nicht nachgewiesen.	Unterschiedliche elastische Eigenschaften der Phasen; diese Mikrospannungen entsprechen den Unterschieden zwischen den Phasen-REK und den Verbund-REK.

Werkstoffbehandlung: plastische Verformung → Mikrospannung plastisch induziert		
Plastische Anisotropie der Kristalle, orientierungsabhängige Streckgrenzen. Hierdurch können nichtlineare $d(\sin^2 \psi)$-Verteilungen verursacht werden	Ausbildung von Versetzungszellstrukturen mit unterschiedlichen plastischen Eigenschaften von Zellwänden und Zellinnerem.	Unterschied der Streckgrenzen und des Verfestigungsverhaltens der Phasen

Werkstoffbehandlung: Glühen/Abkühlen → Mikrospannung thermisch induziert		
Anisotropie der thermischen Ausdehnung der Kristallite in nichtkubisch kristallisierenden Werkstoffen	./.	Unterschiede in den makroskopischen thermischen Ausdehnungskoeffizienten der Phasen
Anisotrope Volumenänderung der Kristallitbereiche bei Phasentransformationen	./.	Mittlere Volumenänderung bei Phasentransformation

10.3.5 Übertragungsfaktoren

Die verschiedenen Arten der Spannungen sind nicht unabhängig voneinander. So ist die Aufteilung äußerer Kräfte auf die Phasen des Werkstoffs i.A. ungleichmäßig. In faserverstärkten Werkstoffen werden z. B. die Fasern mehr belastet als die Matrix, es entstehen damit Mikrospannungen zwischen den beiden Phasen, die von den Makrospannungen abhängig sind. Jede Änderung des makroskopischen Spannungszustandes führt auch zu Änderungen der Phasenspannungen. Das Ausmaß der Änderungen hängt von dem Verhältnis der elastischen Eigenschaften der Phasen ab, wie es schematisch in Bild 10.11 dargestellt ist. Die mikroskopische Wirkung von Lastspannungen und von Makroeigenspannungen ist gleich, insofern braucht hier nicht zwischen beiden unterschieden zu werden. Auch wenn keine Makrospannungen vorliegen, sind die Phasen im Allgemeinen nicht spannungsfrei. Zum Beispiel entwickeln sich Mikroeigenspannungen während der Abkühlung nach dem Herstellungsprozess aufgrund der unterschiedlichen thermische Ausdeh-

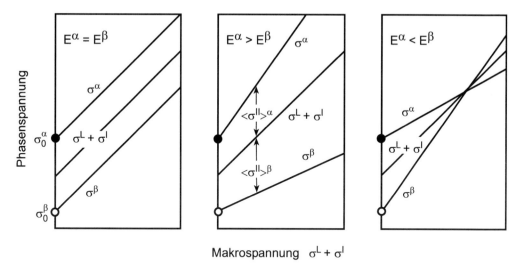

Bild 10.11: Spannungen in den Phasen eines zweiphasigen Materials in Abhängigkeit von der Makrospannung für verschiedene Verhältnisse der Elastizitätsmoduln der beiden Phasen [35]

nungskoeffizienten. Die Phasenspannungen setzen sich also aus einem unabhängigen und einem von den Makrospannungen abhängigen Anteil zusammen. Der unabhängige Anteil wird jeweils durch einen unteren Index $_0$ gekennzeichnet:

$$\sigma^\alpha = \sigma_0^\alpha + \mathbf{f}^\alpha \left[\sigma^L + \sigma^I \right] \tag{10.49}$$

Hierdurch ist der Tensor $\mathbf{f}^\alpha$ der Übertragungsfaktoren f_{ijkl} der Phase α definiert:

$$\mathbf{f}_{ijkl}^\alpha = \frac{\partial(\sigma^\alpha)_{ij}}{\partial(\sigma^L + \sigma^I)_{kl}} \tag{10.50}$$

Er beschreibt die lineare Abhängigkeit der Phasenspannungen von den Komponenten des Makrospannungstensors. Die mit den Phasenanteilen p^α der n Phasen gewichtet gemittelten Faktoren müssen sich zu eins ergänzen:

$$\sum_{\alpha=1}^{n} p^\alpha \mathbf{f}^\alpha = \mathbf{I} \tag{10.51}$$

$\mathbf{I}$ ist hierin der Einheitstensor 4. Stufe. Für den unabhängigen Anteil gilt

$$\sigma_0^\alpha = \sigma^\alpha \quad \text{wenn} \ (\sigma^L + \sigma^I = 0) \tag{10.52}$$

$$\sum_{\alpha=1}^{n} p^\alpha \sigma_0^\alpha = 0 \tag{10.53}$$

Gemäß der Definition der mittleren Mikroeigenspannung $< \sigma^{II} >^\alpha$ in Tabelle 10.5 setzt sich die Phasenspannung aus den Anteilen der Makro- und Mikrospannungen zusammen:

$$\sigma^\alpha = \sigma^L + \sigma^I + < \sigma^{II} >^\alpha \tag{10.54}$$

Schreibt man 10.49 folgendermaßen um,

$$\sigma^\alpha = \sigma_0^\alpha + \mathbf{f}^\alpha \left[\sigma^L + \sigma^I \right] = \sigma^L + \sigma^I + \sigma_0^\alpha + \left[\mathbf{f}^\alpha - \mathbf{I} \right] \left[\sigma^L + \sigma^I \right] \tag{10.55}$$

so ergibt sich durch Vergleich mit Gleichung 10.54 die Mikrospannung der Phase zu

$$< \sigma^{II} >^\alpha = \sigma_0^\alpha + \left[\mathbf{f}^\alpha - \mathbf{I} \right] \left[\sigma^L + \sigma^I \right] \tag{10.56}$$

Der Tensor $[\mathbf{f}^\alpha - \mathbf{I}]$ ist ein Maß für die Unterschiede zwischen den elastischen Eigenschaften der Phasen. Der Term $[\mathbf{f}^\alpha - \mathbf{I}]\, [\sigma^L + \sigma^I]$ stellt den abhängigen Anteil der Mikrospannungen dar und wird als elastisch induzierter Anteil der Phasen-Mikrospannungen bezeichnet. Die Übertragungsfaktoren können auch in VOIGTscher Notierung dargestellt werden:

$$\mathbf{f}_{mn}^\alpha = \frac{\partial (\sigma^\alpha)_m}{\partial (\sigma^L + \sigma^I)_n} \tag{10.57}$$

In makroskopisch homogenen Werkstoffen ist der Tensor $\mathbf{f}$ isotrop, sofern Einflüsse der Oberfläche vernachlässigt werden dürfen. Er kann ortsabhängig werden, wenn die Verteilung der Phasen in dem Material makroskopisch heterogen ist, z. B. in Schichtverbundwerkstoffen. In diesem Fall muss zwischen den Übertragungsfaktoren der Lastspannungen und der Makroeigenspannungen unterschieden werden.

10.4 Röntgenographische Ermittlung von Eigenspannungen

10.4.1 Dehnung in Messrichtung

Beugungsverfahren mit Röntgen- oder Neutronenstrahlen ermöglichen sowohl die Bestimmung makroskopischer Spannungszustände, wie auch die Untersuchung von Mikrospannungen zwischen den verschiedenen Werkstoffphasen und zwischen Kristallgruppen innerhalb der Phasen. Die einzelnen Werkstoffphasen und auch Teile des Phasenvolumens sind jeweils separat zugänglich. Röntgenstrahlen werden an den Atomhüllen, Neutronenstrahlen an den Atomkernen gestreut. In beiden Fällen überlagern sich die von den einzelnen Atomen ausgehenden Streuwellen, vgl. Kapitel 3.3.2. Bei einem Kristall liegt eine feste Phasenbeziehungen zwischen den an den Atomen oder Molekülen des Gitters gestreuten Wellen vor. Nur unter bestimmten Richtungen, die durch die Gittervektoren des reziproken Gitters gegeben sind, tritt konstruktive Interferenz auf. Die Beugung am Kristall wurde in Kapitel 3.3.2 als Reflexion an den Netzebenenscharen beschrieben, wie es in Bild 10.12 angedeutet ist. Dabei steht die Winkelhalbierende zwischen einfallenden und gestreuten Strahlen senkrecht auf der reflektierenden Ebenenschar. Die Bedingung für konstruktive Interferenz ist durch die BRAGGsche Gleichung 3.125 gegeben.

Die Ordnung n der Interferenz wird üblicherweise mit den MILLERschen Indizes zusammengezogen, d. h. zum Beispiel, die 2. Ordnung der Interferenz an der $(1\,1\,1)$-Ebene wird als $(2\,2\,2)$-Interferenz bezeichnet. Bei Verwendung monochromatischer Strahlung ergibt sich durch die Messung des BRAGG-Winkels einer Interferenz der Ebenenabstand der reflektierenden Netzebenenschar. Jede Interferenzlinie eines Diffraktogrammes, wie in Bild 10.1, kann somit einer Netzebenenschar und einem Netzebenenabstand zugeordnet werden. Die Messrichtung $\vec{m}$, in deren Richtung der Netzebenenabstand bestimmt wird, steht jeweils senkrecht auf der Ebenenschar. Durch mechanische Spannungen werden die Netzebenenabstände d_{hkl} verändert und damit auch der Beugungswinkel 2θ, so dass sich die Interferenzlinien verschieben. In Bild 10.12 ist dies durch die gestrichelte Darstellung angedeutet. Die Änderungen von 2θ sind klein. Sie liegen je nach Spannungszustand im Bereich von $0{,}01° - 0{,}5°$, sind aber Grundlage der Spannungsermittlung mittels Beugungsverfahren. Wir bezeichnen nun mit θ_0 und mit d_0 den BRAGG-Winkel einer Interferenz bzw. den Netzebenenabstand im spannungsfreien Zustand und mit $\Delta\theta$ und Δd die jeweiligen Änderungen aufgrund von vorliegenden Spannungen. Durch Differenzieren der BRAGGschen Gleichung 3.125 erhält man den Zusammenhang zwischen Linienverschiebung und Ebenenabstandsänderung, wobei berücksichtigt ist, dass die jeweiligen Verschiebungen klein sind:

$$\frac{\Delta\theta}{\Delta d} = \frac{180°}{\pi} \cdot -\frac{1}{d} \cdot \tan\theta \qquad \Delta\theta = \frac{180°}{\pi} \cdot -\epsilon \cdot \tan\theta \qquad (10.58)$$

$(\Delta d)/d = (d - d_0)/d_0)$ ist aber die Dehnung in Richtung der Ebenenscharnormalen.

Aus dem Beugungswinkel einer Interferenz lässt sich also bei gegebener Wellenlänge der Netzebenenabstand der reflektierenden Ebenenschar mittels der BRAGGschen Gleichung ermitteln. Wenn man den Ausgangswert d_0 kennt, ergibt sich auch die Veränderung aufgrund vorliegender Spannungen und damit die Dehnung in Richtung der Ebenenscharnormalen. Gleichung 10.58 beschreibt das Auflösungsvermögen, also die Stärke der Linienverschiebung $\Delta\theta$ bei gegebener Veränderung des Netzebenenabstandes. Dieses Auflösungsvermögen steigt mit dem Beugungswinkel der Interferenzlinie gemäß dem Faktor $\tan\theta$. Genaue Messungen des Netzebenenabstandes erfordern also Interferenzlinien bei großen Beugungswinkeln θ. Im Unterschied zu dieser winkeldispersiven Messung wird bei energiedispersiven Messungen, Kapitel 14.1, die Energie der reflektierten Strahlung bei gegebenem Beugungswinkel bestimmt, wobei die einfallende Strahlung polychromatisch ist. Mit der Beziehung $E = (h \cdot c)/\lambda$ lässt sich die BRAGGsche Gleichung 3.125 in die ent-

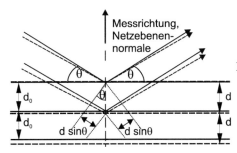

Bild 10.12: Reflexion von Röntgen- oder Neutronenstrahlen an einer Netzebenenschar des Kristalls mit BRAGG-Winkel θ, verspannter Netzebenenabstand d_{hkl}, unverspannter Netzebenenabstand $d_{hkl,0}$ und Messrichtung $\vec{m}$

sprechende energiedispersive Gleichung 14.1 umschreiben, mit deren Hilfe die gemessene Energie in den Netzebenenabstand umgerechnet werden kann.

10.4.2 Röntgenographische Mittelung über Kristallorientierungen

Zu einer Interferenzlinie trägt immer nur ein kleiner Teil der Kristallite eines Vielkristalls bei. Sie sind festgelegt durch die Wahl der Strahlung, der Messrichtung und der zu untersuchenden Ebenenschar. Bei feinkörnigen Vielkristallen sind es dennoch eine sehr große Anzahl, Tabelle 5.1a. Ihre Orientierungen bezüglich des Probensystems unterscheiden sich um eine Drehung um die Messrichtung. Für elastisch anisotrope Kristalle hängt bei gegebenem Spannungszustand die Dehnung eines Kristallits in eine bestimmte Richtung aber von seiner Orientierung ab. Eine experimentell beobachtete Interferenzlinie setzt sich also aus den Interferenzlinien vieler einzelner Kristallite zusammen. Der Netzebenenabstand, den man aus der Linienlage der Summeninterferenz erhält, ist aber im Allgemeinen nicht repräsentativ für die Gesamtheit aller Kristallite, sondern charakterisiert nur die an der Interferenz beteiligten Kristallite. So ist es für die Interpretation von Messergebnissen immer wichtig, zu berücksichtigen, wie der bestimmte Messwert erhalten wurde und welche Kristallite mit welcher Wichtung Beiträge zum Ergebnis lieferten.

Bei Bestrahlung eines Kristalls mit Strahlung der Wellenlänge λ liefert eine Ebenenschar $(h\,k\,l)$ genau dann eine Interferenzlinie, wenn der BRAGG-Winkel θ, unter dem die Strahlung die Ebenenschar trifft, und der Ebenenabstand d die BRAGGsche Interferenzbedingung 3.125 erfüllen. Bei einem Einkristall ist dies im Allgemeinen nicht der Fall, so dass man, um Interferenzen zu erzeugen, mit polychromatischer Strahlung arbeiten muss (LAUE-Verfahren). Zu jeder Ebenenschar mit Abstand d_{hkl} und jedem Einstrahlwinkel θ_{hkl} gibt es dann genau eine Wellenlänge aus dem Spektrum, mit der Gleichung 3.125 erfüllt wird. In einem Vielkristall dagegen liegen innerhalb des Messvolumens genügend viele unterschiedlich orientierte Kristallite vor, so dass bei fester Wellenlänge zu jeder Ebenenschar Kristallite vorhanden sind, die gerade so orientiert sind, dass sie ihre Ebe-

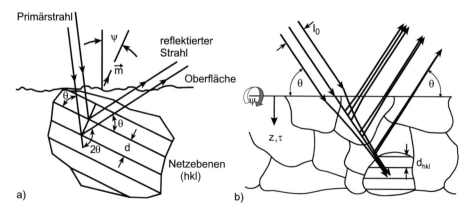

Bild 10.13: a) Kristallit in reflexionsfähiger Lage b) Schwächung der einfallenden und reflektierten Röntgenstrahlen, schematisch

nenschar gegenüber der Einstrahlrichtung unter dem richtigen Winkel θ liegen haben. Ein derart günstig orientierter Kristallit ist in Bild 10.13a skizziert. Die Messrichtung bzw. die Winkelhalbierende zwischen ein- und ausfallendem Strahl wird bezüglich des Probensystems durch ihren Azimut-Winkel φ und Polwinkel ψ beschrieben. Wenn der gezeigte Kristallit also gerade so orientiert ist, dass er bei der Messrichtung $\vec{m}$ zur Interferenzlinie der Ebenenschar $(h\,k\,l)$ beiträgt, so würde sich an dieser Situation nichts ändern, wenn man ihn um die Messrichtung um einen beliebigen Winkel drehen würde. Kristallite, deren Orientierung sich nur um eine Drehung um die Messrichtung unterscheiden, tragen also ebenfalls zu der beobachteten Interferenz bei.

Da sich die Orientierungen dieser Kristallite unterscheiden, sind im Allgemeinen auch ihre Dehnungen als Antwort auf einen vorliegenden Spannungszustand verschieden, d. h. ihre Netzebenenabstände d_{hkl} haben unterschiedliche Abweichungen von dem Abstand, der in einem spannungsfreien Zustand vorläge. Die Interferenzlinien der einzelnen Kristallite überlagern sich dann zu einer Summenlinie, deren Linienlage wiederum durch Gleichung 3.125 mit dem Mittelwert ihrer Netzebenenabstände verknüpft ist. Der beobachtete Ebenenabstand und die daraus resultierende Dehnung sind also Mittelwerte über alle an der Interferenz beteiligten Kristallite.

10.4.3 Mittelung über die Eindringtiefe

Aufgrund von Streuung und Absorption erfahren Röntgen- wie Neutronenstrahlen auf ihrem Weg durch das Material eine Schwächung, die durch das exponentielle Schwächungsgesetz, Gesetz von LAMBERT-BEER, Gleichung 2.18, beschrieben wird. Der Schwächungskoeffizient μ und der zurückgelegte Weg s sind hierbei die maßgeblichen Größen. Bei Beugungsexperimenten an Vielkristallen tragen also die weiter von der Oberfläche entfernt liegenden Kristallite zu einem geringeren Maße zu der beobachteten Interferenzlinie bei als diejenigen, die nahe der Oberfläche liegen, was in Bild 10.13b schematisch dargestellt ist. Wird der Strahl in der Tiefe z' von einer Netzebenenschar $(h\,k\,l)$ reflektiert, gelangt zur Oberfläche zurück und tritt aus dem Material wieder heraus, so ist sein Weg im Material im Fall einer Ψ-Diffraktometergeometrie, siehe Kapitel 10.6,

$$s = \frac{2z'}{\sin\theta\,\cos\psi} \tag{10.59}$$

Die reflektierte Intensität hängt vom Reflexionsvermögen der Ebenenschar und dem Volumenanteil der Kristallite in reflexionsfähiger Lage, also von der Textur ab. Beschreibt man diese Einflüsse durch Konstanten K^{hkl} und T^{hkl}, so hat der reflektierte Strahl nach Austritt aus der Oberfläche die Intensität

$$I_{z'} = I_0\,K^{hkl}\,T^{hkl}\,\exp\left(-\frac{z'}{\tau}\right) \quad \text{mit} \quad \tau = \frac{\sin\theta\,\cos\psi}{2\mu} \tag{10.60}$$

und aus dem Tiefenbereich $z' = 0 \cdots z$ erhält man insgesamt die Intensität

$$I_{0 \cdots z} = I_0 \, K^{hkl} \, T^{hkl} \int\limits_0^z \exp\left(\frac{z'}{\tau}\right) dz' = I_0 \, K^{hkl} \, T^{hkl} \, \tau \, \left(1 - \exp\left(-\frac{z}{\tau}\right)\right) \quad (10.61)$$

Der Anteil $\hat{I}(z)$ der aus dem Bereich $0 \cdots z$ stammenden Intensität an der insgesamt von einem Material der Dicke s reflektierten Intensität lautet:

$$\hat{I}(z) = \frac{I_{0 \cdots z}}{I_{0 \cdots s}} = \frac{1 - \exp\left(-\frac{z}{\tau}\right)}{1 - \exp\left(-\frac{s}{\tau}\right)} \quad (10.62)$$

Ist die Probendicke s sehr groß gegenüber τ, dann geht Gleichung 10.62 über in

$$\hat{I}(z) = 1 - \exp\left(-\frac{z}{\tau}\right) \quad (10.63)$$

Aus dem Tiefenbereich $0 \cdots \tau$ erhält man $(1 - 1/e) \approx 63\,\%$ der Information. Da auch die Intensität I_0 des Primärstrahls in der Tiefe τ auf den Wert I_0/e abgefallen ist, wird τ als Eindringtiefe bezeichnet. Die Schwächung der Strahlung ist für das Ergebnis dann von Bedeutung, wenn der Spannungszustand, der Gefügezustand oder die chemische Zusammensetzung des Materials sich innerhalb des Tiefenbereiches der Eindringtiefe wesentlich ändern, also Funktionen der Tiefe z sind.

Der ermittelte Netzebenenabstand d und der entsprechende Dehnungswert ergeben sich dann als Mittelwerte über das Volumen V^c der zur Interferenz beitragenden Kristallite, gewichtet mit der exponentiellen Schwächung:

$$d(\vec{m}, hkl) = \frac{\int\limits_{V^c} d(\vec{m}, hkl, z) \, \exp(-z/\tau) \, \mathrm{d}z}{\int\limits_{V^c} \exp(-z/\tau) \, \mathrm{d}z} \quad (10.64)$$

$(d\vec{m}, hkl, z)$ sind die für eine feste Tiefe z über die beitragenden Kristallite gemittelten Werte. Mit dem Netzebenenabstand des spannungsfreien Zustandes d_0 erhält man die entsprechenden Dehnungswerte, wobei vorausgesetzt werden muss, dass d_0 nicht von z abhängt, d. h. die chemische Zusammensetzung über der Tiefe z konstant ist.

10.4.4 $d(\sin^2 \psi)$-Verteilungen

Netzebenenabstände d werden selten über den gesamten Bereich möglicher Messrichtungen φ, ψ bestimmt, sondern bei konstantem φ für eine Reihe von ψ-Winkeln, meist in äquidistanten $\sin^2 \psi$-Schritten. Ein Beispiel zeigt Bild 10.14. Der Grund hierfür liegt in der Begrenzung des experimentellen Aufwands und darin, dass diese Messwerte in den meisten Fällen ausreichen, den mittleren Spannungszustand vollständig zu bestimmen. Für kubische Werkstoffe lassen sich die gemessenen Ebenenabstände $d_{\{hkl\}}$ mit Hilfe der

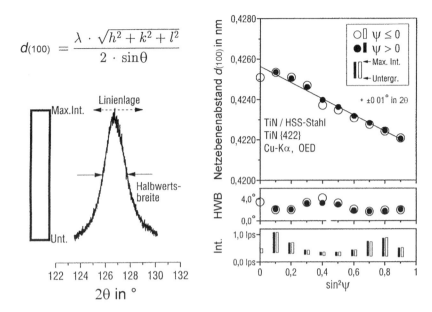

Bild 10.14: Beispiel für die Darstellung der aus den Beugungsinterferenzen ermittelten Netzebenenabstände d, Halbwertsbreiten (HB) und Linienintensitäten. Zusätzlich ist
die Regressionsgerade durch die d-Werte eingezeichnet sowie der Fehler, welcher
der Justiergenauigkeit von $\pm 0{,}01°$ in 2θ entspricht

MILLERschen Indizes direkt in d_{100}-Werte umrechnen, so dass die Ergebnisse verschiedener Ebenenscharen in demselben Diagramm erscheinen können.

Bei gegebenem mittleren Spannungszustand hängt der genaue Netzebenenabstand einer Netzebenenschar von deren Orientierung in der betrachteten Probe ab. So sind z. B.
bei Druckspannungen parallel der Oberfläche eines Körpers die Ebenen senkrecht zu dieser Richtung gestaucht, während diejenigen, die parallel zur Oberfläche liegen, aufgrund
der Querdehnung gedehnt sind. Das ist in Bild 10.15a angedeutet, ebenso der lineare
Verlauf über $\sin^2\psi$.

Nicht-texturierte Werkstoffe liefern in der Regel annähernd lineare Abhängigkeiten
der d-Werte über $\sin^2\psi$, aus deren Steigungen und Achsenabschnitten sich die mittleren
Spannungen ableiten lassen. Das Verfahren, die Netzebenenabstände d für konstant ge-
haltenen φ-Winkel über $\sin^2\psi$ aufzutragen und die Spannungen nach linearer Regression
aus den Steigungen und Achsenabschnitten zu bestimmen, wird als Auswertung nach
dem so genannten »$\sin^2\psi$-Gesetz« bezeichnet.

Obwohl die $d(\sin^2\psi)$-Verteilungen in vielen praktischen Anwendungen recht linear
sind, ist dies ein Spezialfall, der für Werkstoffe aus elastisch isotropen Kristalliten oder
für nicht-texturierte Werkstoffe mit homogenen Spannungszuständen gilt. Aber wenn diese Voraussetzungen nicht ganz erfüllt sind, erweisen sich die Abweichungen vom linearen
Verlauf häufig als so klein, dass sie vernachlässigt werden können. Weitere prinzipielle
Verläufe der $d(\sin^2\psi)$-Verteilungen sind in Bild 10.15b zusammengestellt. Sie zeigen die

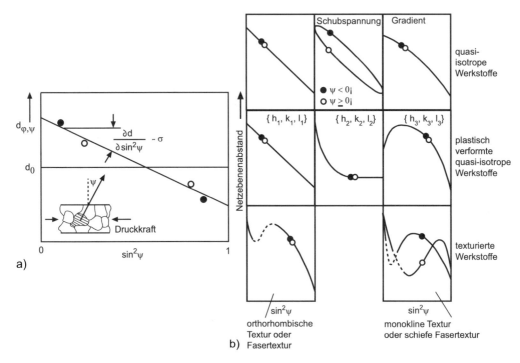

Bild 10.15: a) Abhängigkeit der Netzebenenabstände von der Messrichtung in einem spannungsbehafteten Werkstoff b) Typische Verläufe der $d(\sin^2 \psi)$ Verteilungen, hervorgerufen durch verschiedene Spannungs- und Gefügezustände [35]

mögliche Einflüsse einer Textur, von plastischer Verformung, von Schubspannungskomponenten und von Spannungsgradienten in Normalen-Richtung. Während der Effekt von Spannungsgradienten daher rührt, dass die Eindringtiefe der Strahlung von der Messrichtung abhängt und deshalb auf Röntgenmessungen beschränkt ist, lassen sich alle anderen Effekte auch mit Neutronenstrahlen erfassen. Ausgangspunkte für die Bestimmung von Dehnungen und Spannungen in vielkristallinen Werkstoffen sind immer eine oder mehrere $d(\sin^2 \psi)$-Verteilungen. Aus deren Verläufen, ihren Steigungen und Achsenabschnitten muss der elastische Beanspruchungszustand des Werkstoffs abgeleitet werden.

Jeder Messwert $d(\vec{m}, hkl)$ ergibt sich aus einer kombinierten Mittelwertbildung über die Orientierungen und die Tiefe. Bei der Auswertung von Spannungen und Dehnungen ist man auf vereinfachende Annahmen angewiesen, weil nie die vollständigen $d(\sin^2 \psi)$-Verteilungen aller Ebenenscharen, sondern immer nur eine begrenzte Anzahl an Messwerten zur Verfügung stehen. Die Vereinfachungen betreffen den Dehnungs- oder Spannungszustand und ihre Gradienten im Bereich des Messvolumens sowie den Einfluss der Textur. Die für die Praxis wichtigsten und am häufigsten auftretenden Zusammenhänge zwischen den messbaren d-Werten und den Spannungen, insbesondere für homogene Spannungszustände in polykristallinen, texturfreien Werkstoffen, werden in den folgenden Abschnitten behandelt. In Bild 10.15b entsprechen diese Fälle dem linken und mittleren Bild der obersten Reihe.

10.4.5 Elastisch isotrope Werkstoffe

In Kapitel 10.2.1 wurde mit Gleichung 10.14 der Zusammenhang der Dehnung in einer bestimmten Richtung mit den Komponenten des Dehnungstensors abgeleitet. Stellt man diese Gleichung etwas um und berücksichtigt die geometrischen Identitäten

$$2 \sin \alpha \, \cos \alpha = \sin 2\alpha \qquad \text{und} \qquad \cos^2 \alpha = 1 - \sin^2 \alpha \qquad (10.65)$$

so bekommt man:

$$\epsilon_{\vec{m}} = \epsilon_{ij} \, m_i \, m_j = \frac{\Delta d}{d_0} = \frac{d - d_0}{d_0}$$

$$= (\epsilon_{11} - \epsilon_{33}) \, \cos^2 \varphi \, \sin^2 \psi + (\epsilon_{22} - \epsilon_{33}) \, \sin^2 \varphi \, \sin^2 \psi + \epsilon_{33}$$

$$+ \epsilon_{12} \, \sin 2\varphi \, \sin^2 \psi + \epsilon_{13} \, \cos \varphi \, \sin 2\psi + \epsilon_{23} \, \sin \varphi \, \sin 2\psi \qquad (10.66)$$

Die Dehnung in eine beliebige Richtung ϕ, ψ hängt also mit den 6 Komponenten des Dehnungstensors zusammen. Durch Messung der Dehnungen in mindestens 6 verschiedenen Richtungen könnte man also im Prinzip den gesamten Dehnungstensor bestimmen. Wenn dann der Dehnungstensor bekannt ist, kann der Spannungstensor mit Hilfe des HOOKEschen Gesetzes 10.19 berechnet werden. Dieser Weg ist allerdings anfällig gegenüber Messfehlern, und er erfordert die genaue Kenntnis des spannungsfreien Ebenenabstandes d_0, der in der Praxis nicht immer mit genügender Genauigkeit bekannt ist. Als Messergebnisse hat man zunächst immer die Linienlagen 2θ einer Interferenz, bzw. die Ebenenabstände d, die über die BRAGG-Gleichung eindeutig miteinander verknüpft sind. Dehnungen ergeben sich erst mit der Kenntnis des genauen d_0-Wertes. Für Spannungsauswertungen sollte dieser Wert auf mindestens $1 \cdot 10^{-5}$ nm bekannt sein.

Es reicht nicht aus, einen ungefähren d_0 Wert für den untersuchten Werkstoff etwa aus Tabellenwerken zu entnehmen, da Schwankungen in den Legierungsanteilen den d_0 Wert schon um einige 10^{-5} nm beeinflussen können.

Wie im Kapitel 10.4.7 ausgeführt wird, können aber eine Reihe von Spannungsergebnissen schon ohne die genaue Kenntnis von d_0 erhalten werden. Um den direkten Zusammenhang der messbaren d-Werte mit den Komponenten des Spannungstensors zu erhalten, werden die Dehnungskomponenten in Gleichung 10.66 mittels des HOOKEsche Gesetzes durch die Spannungskomponenten ausgedrückt. Wir gehen zunächst davon aus, dass das Material elastisch isotrop ist, so dass Gleichung 10.29 benutzt werden darf. Man erhält hiermit:

$$\epsilon(\varphi, \psi) = -\frac{\nu}{E} \left(\sigma_{11} + \sigma_{22} + \sigma_{33} \right) + \frac{1+\nu}{E} \, \sigma_{33}$$

$$+ \frac{1+\nu}{E} \left[(\sigma_{11} - \sigma_{33}) \, \cos^2 \varphi \, \sin^2 \psi + (\sigma_{22} - \sigma_{33}) \, \sin^2 \varphi \, \sin^2 \psi \right]$$

$$+ \frac{1+\nu}{E} \left[\sigma_{12} \, \sin 2\varphi \, \sin^2 \psi + \sigma_{13} \, \cos \varphi \, \sin 2\psi + \sigma_{23} \, \sin \varphi \, \sin 2\psi \right] \qquad (10.67)$$

10.4.6 Die Grundgleichung der röntgenographischen Spannungsanalyse

Die beiden Konstanten $-\nu/E$ und $(1+\nu)/E$ in Gleichung 10.67 setzen sich aus dem makroskopischen E-Modul und der Querkontraktionszahl ν zusammen. Bei der Ableitung wurde vorausgesetzt, dass die Kristallite des Werkstoffs mechanisch isotrop sind und sich mechanisch genauso verhalten wie der makroskopische Werkstoff. Kristallite sind im Allgemeinen mechanisch anisotrop. Die Verformung eines Kristallits hängt davon ab, wie sein Gitter gegenüber den wirkenden Spannungen orientiert ist. Werkstoffe, die auf einer mikroskopischen Skala zwar anisotrop sind, makroskopisch aber isotrop erscheinen, bezeichnet man als quasiisotrop. Zu einer Röntgeninterferenzlinie tragen, siehe Kapitel 10.4.2, Kristallite unterschiedlicher Orientierung bei. Sind die elastischen Eigenschaften anisotrop, unterscheiden sich auch die Netzebenenabstände und die Dehnungen in Messrichtung. Eine Röntgeninterferenz ist die Summe aus einer Vielzahl von Einzelinterferenzen mit etwas unterschiedlichen Linienlagen. Aus der Summenlinie wird mittels der BRAGG-Gleichung ein mittlerer Netzebenenabstand ermittelt. Es stellt sich die Frage, wie der Zusammenhang dieser mittleren Netzebenenabstände mit den Komponenten des Spannungstensors aussieht. Hierzu sind bei gegebenem Spannungszustand die Dehnungen aller zum Reflex beitragenden Kristallite zu mitteln. Die Auswahl der beteiligten Kristallite hängt von der Messrichtung und der untersuchten Ebenenschar ab. Um die Anisotropie der Kristalle bei der röntgenographischen Spannungsbestimmung zu berücksichtigen, werden die in Gleichung 10.67 auftretenden Konstanten durch ebenenabhängige, die *röntgenographischen Elastizitätskonstanten (REK)* $s_1(hkl)$ und $\frac{1}{2}s_2$ ersetzt:

$$\frac{-\nu}{E} \to s_1(hkl) \qquad \text{und} \qquad \frac{1+\nu}{E} \to \frac{1}{2}s_2(hkl) \tag{10.68}$$

Dieses Vorgehen erfolgte zunächst empirisch und zeigte sich in Übereinstimmung mit experimentellen Beobachtungen. Die ebenenabhängigen Konstanten können experimentell bei vorgegebenen Spannungen bestimmt werden, oder sie lassen sich für einige Modelle über die mechanische Wechselwirkung zwischen den Kristalliten berechnen. Später wurde in [245] gezeigt, dass dieses Vorgehen korrekt ist und die Form der Gleichung 10.67 beim Übergang zu anisotropen Kristalliten erhalten bleibt, solange nur der Werkstoff makroskopisch isotrop ist. Es gilt also:

$$
\begin{aligned}
\epsilon(\varphi, \psi) &= \frac{d(\varphi, \psi) - d_0}{d_0} \\
&= s_1(hkl)\,(\sigma_{11} + \sigma_{22} + \sigma_{33}\,) + \frac{1}{2}s_2(hkl)\,\sigma_{33} \\
&\quad + \frac{1}{2}s_2(hkl)\,[(\sigma_{11} - \sigma_{33})\,\cos^2\varphi\,\sin^2\psi + (\sigma_{22} - \sigma_{33})\,\sin^2\varphi\,\sin^2\psi\,] \\
&\quad + \frac{1}{2}s_2(hkl)\,[\sigma_{12}\,\sin 2\varphi\,\sin^2\psi + \sigma_{13}\,\cos\varphi\,\sin 2\psi + \sigma_{23}\,\sin\varphi\,\sin 2\psi]
\end{aligned}
\tag{10.69}
$$

Gleichung 10.69 wird auch als »Grundgleichung der röntgenographischen Spannungsanalyse« bezeichnet, da sie Ausgangspunkt für die dreiachsige Auswertung mittlerer Spannungen in quasiisotropen Werkstoffen ist [106].

Mittelt man die REK über alle möglichen Ebenenscharen $(h\,k\,l)$, erhält man die makroskopischen Werte, die das makroskopische Dehnungsverhalten des Materials beschreiben. Dieses wird durch den E-Modul und die Querkontraktionszahl beschrieben. Die Materialkonstanten $\frac{-\nu}{E}$ und $\frac{1+\nu}{E}$ werden deshalb auch als makroskopische REK bezeichnet und mit einem Index m versehen.

$$\frac{-\nu}{E} = s_1^m \qquad ; \qquad \frac{1+\nu}{E} = \frac{1}{2}s_2^m \tag{10.70}$$

Bei konstantem Azimutwinkel φ verbleiben in Gleichung 10.69 neben einigen konstanten Termen solche mit $\sin^2\psi$ und $\sin 2\psi$, z. B. für $\varphi = 0°$

$$\epsilon(\varphi,\psi) = s_1(hkl)\,(\sigma_{11} + \sigma_{22} + \sigma_{33}\,) + \frac{1}{2}s_2(hkl)\,\sigma_{33}$$

$$+ \frac{1}{2}s_2(hkl)\,(\sigma_{11} - \sigma_{33})\,\sin^2\psi + \sigma_{13}\,\sin 2\psi \tag{10.71}$$

Der Ausdruck $\sin 2\psi$ beschreibt über $\sin^2\psi$ eine Ellipse mit den Halbachsen 1 und $\frac{1}{2}$ und dem Mittelpunkt bei $(\sin^2\psi = \frac{1}{2},\ \sin 2\psi = 0)$, denn die Identität $2\sin\alpha \cdot \cos\alpha = \sin 2\alpha$, lässt sich umformen in die Ellipsengleichung 10.72:

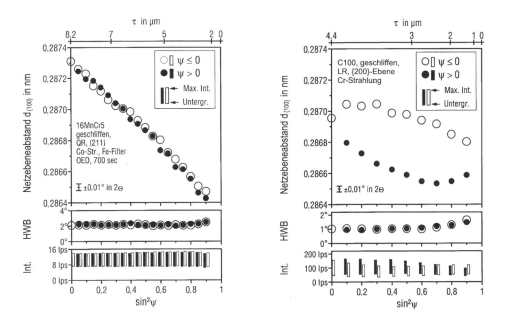

Bild 10.16: Beispiele einer linearen Gitterdehnungsverteilung und einer Verteilung mit ψ-Aufspaltung, Ergebnisse in Querrichtung eines gehärteten und geschliffenen 16MnCr5-Stahls (links) und in Schleifrichtung eines perlitischen C100-Stahls (rechts). Eindringtiefe τ, Netzebenenabstände d, Halbwertsbreiten sowie Maximalintensitäten der Interferenzlinien über $\sin^2\psi$ [35]

$$4\,(\sin^2\psi - \frac{1}{2})^2 + (\sin 2\psi)^2 = 1 \qquad\qquad (10.72)$$

Werden also die Dehnungen oder die Ebenenabstände in ein Diagramm über $\sin^2\psi$ aufgetragen, ergibt sich eine Verteilung, die sich durch die Überlagerung einer Geraden mit einer Ellipse beschreiben lässt. Wenn Schubkomponenten σ_{i3} vorliegen, unterscheiden sich die Werte für Messrichtungen $\psi > 0°$ und $\psi \leq 0°$. Sie bilden den oberen bzw. den unteren Teil der Ellipse, oder umgekehrt, je nach Vorzeichen der Schubkomponenten. Dieser Effekt wird als ψ-Aufspaltung bezeichnet. Bild 10.16 zeigt eine lineare $d(\sin^2\psi)$-Verteilung und eine Verteilung mit ψ-Aufspaltung.

Die Grundgleichung gilt für makroskopisch isotrope Materialien mit einem innerhalb des Messvolumens homogenen Spannungszustand. In der Praxis lässt sie sich auch auf schwach texturierte Werkstoffe anwenden und auf Spannungszustände, die sich innerhalb des Messvolumens nicht sehr stark ändern, nur schwache Spannungsgradienten aufweisen.

10.4.7 Auswerteverfahren für quasiisotrope Materialien

Bei der Auswertung experimenteller Ergebnisse anhand der Grundgleichung können in vielen Fällen Vereinfachungen bezüglich des Spannungszustandes angenommen werden. Wenn man die Vorgeschichte des Materials kennt, z. B. die Richtungen der bisherigen Bearbeitung durch Walzen oder Schleifen, kann man das Probenkoordinatensystem so festlegen, dass es mit dem Hauptspannungssystem übereinstimmt. Der Spannungstensor hat hierin nur Hauptspannungen, aber keine Schubspannungen. Weiterhin darf aufgrund der geringen Eindringtiefe der Röntgenstrahlen oft die Spannungskomponente in Normalenrichtung der Probe vernachlässigt werden. Wegen der Gleichgewichtsbedingungen ist diese Komponente an der direkten Oberfläche grundsätzlich Null. Diese Annahmen vereinfachen dann die Auswertung der Ergebnisse. Allgemein muss aber davon ausgegangen werden, dass alle Spannungskomponenten vorliegen. Dabei ist zu erwähnen, dass die Grundgleichung nicht nur auf röntgenographische Ergebnisse, sondern auch auf solche Anwendung findet, die mit Neutronenstrahlen erzielt werden. Bei diesen ist die Eindringtiefe dann so groß, dass immer mit einem dreiachsigen Spannungstensor gerechnet werden muss. Im Folgenden wird zunächst der allgemeine dreiachsige Spannungszustand behandelt, die anschließenden Kapitel gehen dann auf die verschiedenen Vereinfachungen ein.

Allgemeiner dreiachsiger Spannungszustand

In der Praxis lassen sich die meisten Messergebnisse durch Gleichung 10.69 bzw. mit Umstellungen nach Gleichung 10.73 beschreiben. Diese Gleichung gilt für texturfreie Werkstoffe, wenn ausschließlich elastisch induzierte Mikrospannungen Einfluss auf die Messwerte haben. In vielen Fällen, in denen diese Voraussetzungen nicht streng erfüllt sind, benutzt man wegen der Einfachheit zur Spannungsauswertung trotzdem Gleichung 10.73 und man erhält insbesondere bei schwach texturierten Werkstoffen recht gute Näherungen. Die Polarkoordinaten φ und ψ legen die Messrichtung im Probensystem fest, wobei, wie in Kapitel 10.2.3 beschrieben, die Richtungen $(\varphi+180°, \psi)$ als $(\varphi, -\psi)$ bezeichnet werden. Für eine vollständige Spannungsauswertung werden die $d(\sin^2 \psi)$-Verteilungen für mindesten 3 Azimutebenen $\varphi = $ const. benötigt, wobei jeweils Messungen in Richtungen (φ, ψ) und $(\varphi, -\psi)$ erforderlich sind.

$$\epsilon(\varphi, \psi) = \frac{d(\varphi, \psi) - d_0}{d_0}$$

$$= s_1(h\,k\,l)\left((\sigma_{11} - \sigma_{33}) + (\sigma_{22} - \sigma_{33})\right) + (3s_1(h\,k\,l) + \frac{1}{2}s_2(h\,k\,l))\,\sigma_{33}$$

$$+ \frac{1}{2}s_2(h\,k\,l)\left((\sigma_{11} - \sigma_{33})\,\cos^2\varphi + (\sigma_{22} - \sigma_{33})\,\sin^2\varphi + \sigma_{12}\,\sin 2\varphi\right)\sin^2\psi$$

$$+ \frac{1}{2}s_2(h\,k\,l)\left(\sigma_{13}\,\cos\varphi + \sigma_{23}\,\sin\varphi\right)\sin 2\psi \tag{10.73}$$

Eine vorteilhafte Wahl der Azimutebenen ist $\varphi = 0°$, $45°$ und $90°$. Liegen die Messwerte für diese Richtungen vor, so bildet man die Kombinationen

$$d^+ = \frac{d(\varphi, \psi) + d(\varphi, -\psi)}{2} \quad , \quad d^- = \frac{d(\varphi, \psi) - d(\varphi, -\psi)}{2} \tag{10.74}$$

aus den Messungen in Richtungen $(\varphi, +\psi)$ und $(\varphi, -\psi)$. Man erhält:

$$\frac{d^+ - d_0}{d_0} = s_1(h\,k\,l)\left((\sigma_{11} - \sigma_{33}) + (\sigma_{22} - \sigma_{33})\right) + (3s_1(h\,k\,l) + \frac{1}{2}s_2(h\,k\,l))\,\sigma_{33}$$

$$+ \frac{1}{2}s_2(h\,k\,l)\left((\sigma_{11} - \sigma_{33})\,\cos^2\varphi + (\sigma_{22} - \sigma_{33})\,\sin^2\varphi + \sigma_{12}\,\sin 2\varphi\right)\sin^2\psi$$

$$\frac{d^- - d_0}{d_0} = \frac{1}{2}s_2(hkl) \cdot (\sigma_{13}\,\cos\varphi + \sigma_{23}\,\sin\varphi)\,\sin 2\psi \tag{10.75}$$

Die Größe d^+ hängt dann linear von $\sin^2\psi$ und die Größe d^- linear von $\sin 2\psi$ ab. Die so aufgetragenen Messdaten müssen also lineare Abhängigkeiten liefern. Die Spannungskomponenten erhält man aus den Steigungen und den Achsenabschnitten dieser Beziehungen:

$$\sigma_{11} - \sigma_{33} = \frac{1}{d_0}\frac{1}{\frac{1}{2}s_2}\frac{\partial d^+(\varphi = 0°, \psi)}{\partial \sin^2\psi}$$

$$\sigma_{22} - \sigma_{33} = \frac{1}{d_0}\frac{1}{\frac{1}{2}s_2}\frac{\partial d^+(\varphi = 90°, \psi)}{\partial \sin^2\psi}$$

$$\sigma_{33} = \frac{1}{3s_1 + \frac{1}{2}s_2}\left[\frac{d^+(\varphi, \psi = 0°) - d_0}{d_0} - s_1(\sigma_{11} - \sigma_{33}) - s_1(\sigma_{22} - \sigma_{33})\right]$$

$$\sigma_{13} = \frac{1}{d_0}\frac{1}{\frac{1}{2}s_2}\frac{\partial d^-(\varphi = 0°, \psi)}{\partial \sin 2\psi}$$

$$\sigma_{23} = \frac{1}{d_0}\frac{1}{\frac{1}{2}s_2}\frac{\partial d^-(\varphi = 90°, \psi)}{\partial \sin 2\psi}$$

$$\sigma_{12} = \frac{1}{d_0} \frac{1}{\frac{1}{2}s_2} \left[\frac{\partial d^+(\varphi = 45°, \psi)}{\partial \sin^2 \psi} \right] - \frac{(\sigma_{11} - \sigma_{33}) + (\sigma_{22} - \sigma_{33})}{2} \qquad (10.76)$$

In Gleichung 10.76 sollte für $d^+(\psi = 0°)$ der Mittelwert der Achsenabschnitte der Regressionsgeraden für $\varphi = 0°$ und $90°$ eingesetzt werden. Die Anwendung der Gleichung für σ_{33} erfordert im Gegensatz zu den übrigen Beziehungen die genaue Kenntnis des Netzebenenabstands d_0 des spannungsfreien Zustands, denn hier taucht dieser Wert in der Differenz auf. Die Problematik der Bestimmung dieses Wertes wird genauer in [106] behandelt. Mit Kenntnis von σ_{33} folgen die anderen Hauptspannungen aus Gleichung 10.76. Ein Fehler von $1 \cdot 10^{-4}$ nm in d_0 führt bei Stählen zu einem Fehler von etwa 170 MPa in den Hauptspannungen. Die Differenzen der Hauptspannungen sowie auch die Schubspannungen sind dagegen unempfindlich gegenüber d_0, d. h. für die Berechnung dieser Werte darf man näherungsweise auch ein d_0 aus Tabellenwerken oder den Mittelwert aller Messdaten benutzen. Die Auswertung des vollständigen Spannungstensors ist als DÖLLE-HAUK-Methode bekannt. Die Auswertung von Gleichung 10.75 allein durch li-

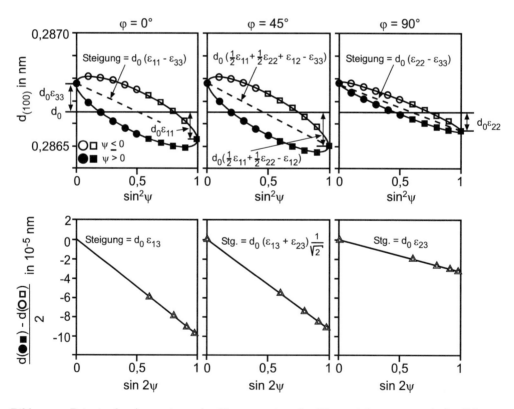

Bild 10.17: Prinzip der Auswertung der Komponenten der Phasendehnungen nach der DÖLLE-HAUK-Methode, Beispiel für einen ferritischen Stahl [106] Achtung: Zur Vermeidung von Fehlinterpretationen bitte die unterschiedlichen x-Achsen zwischen den drei oberen und den drei unteren Teilbildern beachten!

neare Regression der über $\sin^2 \psi$ aufgetragenen Messwerte wird als »$\sin^2 \psi$ -Verfahren« bezeichnet. Mit den Gleichungen 10.66 und 10.76 erhält man die Beziehungen zwischen den Komponenten des Spannungs- und Dehnungstensors:

$$\epsilon_{11} - \epsilon_{33} = \frac{1}{2}s_2\,(\sigma_{11} - \sigma_{33}) \quad ; \quad \epsilon_{22} - \epsilon_{33} = \frac{1}{2}s_2\,(\sigma_{22} - \sigma_{33}) \tag{10.77}$$

$$\epsilon_{33} = \frac{d^+(\varphi, \psi = 0°) - d_0}{d_0}$$

$$\epsilon_{13} = \frac{1}{2}s_2\,\sigma_{13} \quad ; \quad \epsilon_{23} = \frac{1}{2}s_2\,\sigma_{23} \quad ; \quad \epsilon_{12} = \frac{1}{2}s_2\,\sigma_{12}$$

In Bild 10.17 sind die Dehnungskomponenten angegeben, die jeweils aus den Steigungen und Achsenabschnitten der $d(\sin^2 \psi)$ bzw. $d(\sin 2 \cdot \psi)$-Verteilungen in den Azimutebenen $\varphi = 0°$, $45°$ und $90°$ ableitbar sind. Ein Beispiel soll den Einfluss des d_0-Wertes auf das Ergebnis aufzeigen: Wertet man die in Bild 10.17 gezeigten $d(\sin^2 \psi)$-Verteilungen nach obigen Gleichungen für zwei unterschiedliche d_0-Werte aus, so erhält man folgende Spannungstensoren, mit $d_0 = 0{,}286\,650\,$nm und   mit $d_0 = 0{,}286\,679\,$nm:

$$\sigma_{ij} = \begin{pmatrix} -100 & -30 & -60 \\ -30 & -75 & -20 \\ -60 & -20 & +50 \end{pmatrix} \text{MPa} \qquad \sigma_{ij} = \begin{pmatrix} -150 & -30 & -60 \\ -30 & -125 & -20 \\ -60 & -20 & 0 \end{pmatrix} \text{MPa}$$

Die Werte der Normalkomponenten hängen stark von dem verwendeten d_0-Wert ab, die Schubkomponenten sind dagegen davon weitgehend unbeeinflusst, solange der Wert im richtigen Bereich liegt.

Ein wesentlicher Vorteil der Auftragungen über $\sin^2 \psi$ bzw. $\sin 2\psi$ ist, dass die dann entstehenden Verteilungen linear sein sollten. Die Dehnungs- und Spannungskomponenten ergeben sich aus den Steigungen und Achsenabschnitten. Diese können aus den so aufgetragenen Messwerten durch einfache Regressionsanalyse bestimmt werden.

Aufgabe 24:   Spannungsauswertung

Im rechten Diagramm von Bild 10.16 ist die gemessene $d(\sin^2 \psi)$-Verteilung in Schleifrichtung eines perlitischen C100-Stahls dargestellt. Das Probensystem ist so gewählt, dass die Schleifrichtung in 1-Richtung und die Probennormale in 3-Richtung liegt. Welche Spannungswerte lassen sich aus den Messergebnissen ableiten? Berechnen Sie diese Spannungen unter Verwendung der Materialdaten $d_0 = 0{,}286\,8\,$nm und $\frac{1}{2}s_2(2\,0\,0) = 7{,}7 \cdot 10^{-6}\,\text{MPa}^{-1}$.

Dreiachsiger Zustand mit $\sigma_{33} = 0$

Mit der Annahme, dass die Normalspannung σ_{33} im Bereich der Eindringtiefe der Röntgenstrahlen Null ist, entfällt die Notwendigkeit, für die Spannungsauswertung den genauen d_0-Wert zu kennen. Für alle verbliebenen Spannungskomponenten reicht es, in den

Gleichungen 10.76 den d_0-Wert auf etwa 10^{-3} nm genau zu kennen. Er taucht nur als Quotient auf und die Ungenauigkeit würde dann relative Fehler der ermittelten Spannungswerte im Bereich von Promille nach sich ziehen. Andersherum kann man aus den Messdaten mit der Annahme von $\sigma_{33} = 0$ den dazugehörigen d_0-Wert ableiten. Für die Ermittlung des d_0-Wertes im Falle $\sigma_{33} = 0$ ist es vorteilhaft, folgende Kombination der Messdaten zu bilden. Aus den schon gemittelten Verteilungen $d^+(\varphi = 0°, \psi)$ und $d^+(\varphi = 90°, \psi)$ für die Azimute $\varphi = 0°$ und $\varphi = 90°$ wird nochmals die Mittelung gebildet:

$$\frac{\frac{d^+(\varphi=0°,\psi)+d^+(\varphi=90°,\psi)}{2} - d_0}{d_0} = [2\,s_1(hkl) + \frac{1}{2}s_2(hkl)\,\sin^2\psi]\,(\sigma_{11} + \sigma_{22}) \qquad (10.78)$$

Aus 10.78 ist zu erkennen, dass die rechte Seite Null wird, wenn gilt:

$$\sin^2\psi = \sin^2\psi^* = \frac{-2\,s_1(hkl)}{\frac{1}{2}s_2(hkl)} \qquad (10.79)$$

Dann muss auch die linke Seite von 10.78 Null werden, d. h. es gilt

$$d_0 = \frac{d^+(\varphi = 0°, \psi^*) + d^+(\varphi = 90°, \psi^*)}{2} \qquad (10.80)$$

Der Winkel ψ^* gibt also die Messrichtung an, unter der aus der gemittelten Verteilung $(d^+(\varphi = 0°, \psi) + d^+(\varphi = 90°, \psi))/2$ der d_0-Wert abgelesen werden kann. Er wird deshalb als dehnungsfreie Richtung bezeichnet.

Auch eine graphische Auswertung ist einfach möglich. Insbesondere kann das Auge sehr gut den Einfluss von Streuungen abschätzen und prinzipielle Abweichungen von einem linearen Verlauf erkennen. Mögliche Ursachen solcher Abweichungen sind Einflüsse der Textur, siehe Kapitel 10.7, Spannungsgradienten, siehe Kapitel 10.9 oder plastische Verformungen, siehe Kapitel 10.8. Auch eine Dejustierung des Diffraktometers kann zu nichtlinearen Verteilungen der Messwerte führen.

Dreiachsiger Hauptspannungszustand

Kennt man aufgrund der Symmetrie der Bearbeitung und der aktuellen Belastung durch äußere Kräfte die Lage des Hauptspannungssystems und richtet sein Probensystem hiernach aus, so vereinfacht sich Gleichung 10.73 zu

$$\epsilon(\varphi, \psi) = \frac{d(\varphi, \psi) - d_0}{d_0}$$

$$= s_1(hkl)\,[(\sigma_{11} - \sigma_{33}) + (\sigma_{22} - \sigma_{33})] + \left(3s_1(hkl) + \frac{1}{2}s_2(hkl)\right)\sigma_{33}$$

$$+ \frac{1}{2}s_2(hkl)\,[(\sigma_{11} - \sigma_{33})\,\cos^2\varphi + (\sigma_{22} - \sigma_{33})\,\sin^2\varphi]\,\sin^2\psi \qquad (10.81)$$

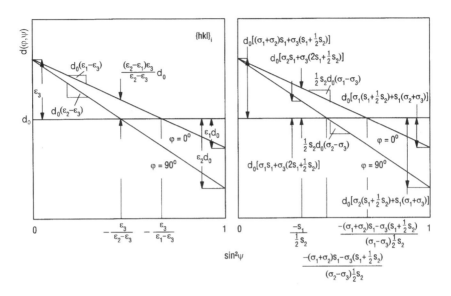

Bild 10.18: $d(\sin^2\psi)$-Verteilungen für die Azimut-Ebenen $\varphi = 0°$ und $\varphi = 90°$ für einen dreiachsigen Hauptspannungszustand. Eingetragen sind die Kombinationen der Dehnungs- und Spannungskomponenten, die aus den Achsenabschnitten und Steigungen ableitbar sind [106]

In allen Azimutebenen liegen lineare Verteilungen über $\sin^2\psi$ vor. Die Spannungskomponenten folgen aus den Steigungen und den Achsenabschnitten analog Gleichung 10.76. Da keine ψ-Aufspaltung vorliegt, sind die Messrichtungen (φ, ψ) und $(\varphi, -\psi)$ gleichwertig.

$$d^+(\varphi, \psi) = d(\varphi, +\psi) = d(\varphi, -\psi) \tag{10.82}$$

Trotzdem kann die Mittelung dieser Richtungen gemäß Gleichung 10.74 gebildet werden, um Messstreuungen auszumitteln. In Bild 10.18 sind alle Größen zusammengefasst, die sich aus den Steigungen und Achsenabschnitten der linearen $d(\sin^2\psi)$-Verteilungen für die Azimut-Ebenen $\varphi = 0°$ und $\varphi = 90°$ auswerten lassen. Im Fall einer nicht verschwindenden Spannungskomponente σ_{33} gilt für d_0 und ψ^* folgender Zusammenhang:

$$\frac{d^+(\varphi = 0°, \psi^*) + d^+(\varphi = 90°, \psi^*)}{2} = d_0 \left[1 + \sigma_{33}\left(3s_1(hkl) + \frac{1}{2}s_2(hkl)\right)\right] \tag{10.83}$$

Die Ermittlung des d_0-Wertes bei der Richtung ψ^* ist in Bild 10.19 für verschiedene dreiachsige und zweiachsige Hauptspannungszustände zusammengefasst.

Vollständiger zweiachsiger Spannungszustand

Da die Eindringtiefe der Röntgenstrahlen klein ist, darf man in vielen Fällen, und dies gilt insbesondere für einphasige Werkstoffe, näherungsweise von einem ebenen, d. h. zweiachsigen Spannungszustand ausgehen. Dann reduziert sich Gleichung 10.73 zu:

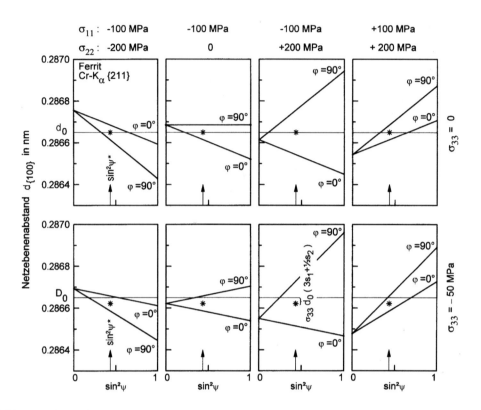

Bild 10.19: Lage der spannungsfreien Richtung und Ermittlung des d_0-Wertes für unterschiedliche Hauptspannungszustände [106]

$$\epsilon(\varphi, \psi) = \frac{d(\varphi, \psi) - d_0}{d_0}$$

$$= s_1(hkl)\,[\sigma_{11} + \sigma_{22}]$$

$$+ \frac{1}{2}s_2(hkl)\,[\sigma_{11}\,\cos^2\varphi + \sigma_{22}\,\sin^2\varphi + \sigma_{12}\,\sin 2\varphi]\,\sin^2\psi \qquad (10.84)$$

Da $\sigma_{33} = 0$ vorausgesetzt ist, kann man mit Gleichung 10.80 den d_0-Wert ermitteln. Die Größe

$$\sigma_\varphi = \sigma_{11}\,\cos^2\varphi + \sigma_{22}\,\sin^2\varphi + \sigma_{12}\,\sin 2\varphi \qquad (10.85)$$

ist die Spannung in Richtung $(\varphi, \psi = 90°)$ und folgt direkt aus der Steigung der $d(\sin^2\psi)$-Verteilung

$$\sigma_\varphi = \frac{1}{\frac{1}{2}s_2(hkl)}\,\frac{\partial d(\varphi, \psi)}{\partial \sin^2\psi} \qquad (10.86)$$

Das Auftreten der Scherspannung σ_{12} bedeutet, dass das gewählte Probenkoordinaten-system gegenüber dem Hauptspannungssystem um den Winkel

$$\Delta\varphi = \frac{1}{2}\arctan\left(\frac{2\sigma_{12}}{\sigma_{11} - \sigma_{22}}\right) \tag{10.87}$$

gedreht ist. Den Hauptspannungstensor σ^S erhält man dann mittels der Transformationsmatrix, s. Kapitel 10.2.3.

$$(\omega_{ij}) = \begin{pmatrix} \cos\varphi & \sin\varphi & 0 \\ -\sin\varphi & \cos\varphi & 0 \\ 0 & 0 & 1 \end{pmatrix} \tag{10.88}$$

$$\sigma_{ij}^S = \omega_{im}\,\omega_{jn}\,\sigma_{mn} \tag{10.89}$$

$$\sigma_{11}^S = \sigma_{11}\,\cos^2\varphi + \sigma_{22}\,\sin^2\varphi + \sigma_{12}\,2\sin\varphi\,\cos\varphi$$
$$\sigma_{22}^S = \sigma_{11}\,\sin^2\varphi + \sigma_{22}\,\cos^2\varphi - \sigma_{12}\,2\sin\varphi\,\cos\varphi$$
$$\sigma_{12}^S = 0 \tag{10.90}$$

Im allgemeinen Fall eines dreiachsigen Spannungszustandes treten mehrerer Scherkomponenten auf. Dann werden das Hauptspannungssystem und die Hauptspannungen mittels des Verfahrens der Hauptachsentransformation berechnet. Die Achsen des Hauptspannungssystems liegen in den Richtungen der Eigenvektoren des Spannungstensors und die Hauptspannungen sind dessen Eigenwerte λ_σ, d. h. die Lösungen der charakteristischen Gleichung:

$$Det\left[\begin{pmatrix} \sigma_{11} & \sigma_{12} & \sigma_{13} \\ \sigma_{12} & \sigma_{22} & \sigma_{23} \\ \sigma_{13} & \sigma_{23} & \sigma_{33} \end{pmatrix} - \lambda_\sigma \begin{pmatrix} 1 & 0 & 0 \\ 0 & 1 & 0 \\ 0 & 0 & 1 \end{pmatrix}\right] = 0 \tag{10.91}$$

10.5 Röntgenographische Elastizitätskonstanten (REK)

In der Grundgleichung 10.69, die den Beitrag der mittleren Phasenspannungen auf die Dehnung in Messrichtung beschreibt, stehen als Proportionalitätskonstanten die röntgenographischen Elastizitätskonstanten (REK) $s_1(hkl)$ und $\frac{1}{2}s_2(hkl)$. Sie hängen von den elastischen Eigenschaften des Materials ab, unterscheiden sich aber von den makroskopischen Konstanten, weil in der jeweiligen Messrichtung nicht alle, sondern nur eine Auswahl der Kristallorientierungen an dem Beugungsreflex beteiligt sind. Diese Auswahl wird bestimmt von der Wahl der Messrichtung und der betrachteten Ebenenschar. Die röntgenographischen Elastizitätskonstanten wurden zuerst für die Beschreibung der Ergebnisse von Messungen unter Verwendung von Röntgenstrahlung definiert und deshalb auch so bezeichnet. Die Konstanten sind in gleicher Weise natürlich auch für die Ergebnisse von Messungen mit Neutronenstrahlen zu verwenden. In diesem Zusammenhang werden sie auch als Beugungselastizitätskonstanten oder Neutronen-Elastizitätskonstanten bezeichnet. Die REK können experimentell im Zug- oder Biegeversuch bestimmt oder aus den Einkristalldaten berechnet werden. Beide Wege werden im Folgenden besprochen.

10.5.1 Experimentelle Bestimmung der REK

Aus Gleichung 10.69 erhält man die REK z. B. als Ableitungen der Dehnungen nach der Spannung in 1-Richtung und nach $\sin^2 \psi$:

$$s_1(hkl) = \frac{1}{d_0} \frac{\partial}{\partial \sigma_{11}} d(\psi = 0°, hkl) \tag{10.92}$$

$$\frac{1}{2} s_2(hkl) = \frac{1}{d_0} \frac{\partial}{\partial \sigma_{11}} \frac{\partial}{\partial \sin^2 \psi} d(\varphi = 0°, \psi, hkl) \tag{10.93}$$

Bei der experimentellen Bestimmung werden im Zug- oder Biegeversuch äußere einachsige Lastspannungen σ^L den vorhandenen Eigenspannungen überlagert. Dadurch ändern sich die $d(\sin^2 \psi)$-Verteilungen, die bei texturfreien Werkstoffen gewöhnlich Geraden sind, wie dies in Bild 10.20 dargestellt ist. Zur Ermittlung der REK trägt man die Steigungen und die Achsenabschnitte über der Lastspannung auf. Die Konstanten ergeben sich dann aus den Steigungen dieser Abhängigkeiten gemäß Bild 10.21. Um sicherzustellen, dass die elastische Reaktion des Werkstoffs auf die Änderung der Lastspannung nicht durch plastische Verformungen überlagert wird, müssen die $d(\sin^2 \psi)$-Verteilungen, ausgehend von der maximalen Last, bei fallenden Laststufen gemessen werden. Der Schnittpunkt der Regressionsgeraden definiert die spannungsunabhängige Richtung ψ':

$$\sin^2 \psi' = \frac{-s_1}{\frac{1}{2} s_2} \tag{10.94}$$

Nun können sich die Lastspannungen bei mehrphasigen Werkstoffen ungleichmäßig auf die vorhandenen Phasen verteilen. Auch können einachsige Lastspannungen mehrachsige Spannungszustände in den Phasen verursachen. Aus den Änderungen der d-Werte, Achsenabschnitte und Steigungen der $d(\sin^2 \psi)$-Verteilungen erhält man in diesem Fall zunächst die Verbund-REK. Sie beschreiben die Reaktion der Werkstoffphase auf Änderungen der Lastspannungen (hier in 1-Richtung) bzw. der Makroeigenspannungen:

$$s_1^V(hkl) = \frac{1}{d_0} \frac{\partial}{\partial \sigma_{11}^L} d(\psi = 0°) \tag{10.95}$$

$$\frac{1}{2} s_2^V(hkl) = \frac{1}{d_0} \frac{\partial}{\partial \sigma_{11}^L} \frac{\partial}{\partial \sin^2 \psi} d(\varphi = 0°, \psi) \tag{10.96}$$

Verbund-REK und die REK der Phase sind nur dann identisch, wenn die Änderung der Lastspannung und der Phasenspannung gleich sind. Betrachtet man nur Hauptspannungen, so heißt das

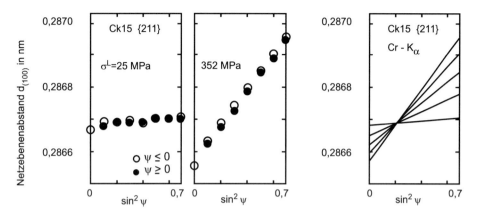

Bild 10.20: Änderungen der $d(\sin^2 \psi)$-Geraden bei fallenden Laststufen am Beispiel der (211)-Ebene des Stahls Ck15. Die linken beiden Diagramme zeigen die $d(\sin^2 \psi)$-Verteilungen bei minimaler und maximaler Last. Im rechten Diagramm sind die Regressionsgeraden für alle Laststufen eingezeichnet [106]

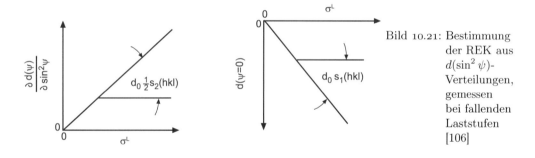

Bild 10.21: Bestimmung der REK aus $d(\sin^2 \psi)$-Verteilungen, gemessen bei fallenden Laststufen [106]

$$f_{iikk} = \frac{\partial \sigma_{ii}}{\partial \sigma_{kk}^L} = \delta_{ik} \tag{10.97}$$

Die f_{iikk} sind die in Gleichung 10.50 definierten Übertragungsfaktoren, die ausdrücken, wie sich Makrospannungen auf die Spannung einer Phase innerhalb des Materials auswirken, δ_{ik} ist das KRONECKER-Symbol. Gleichung 10.97 gilt für einphasige Werkstoffe, näherungsweise aber auch dann, wenn der Volumenanteil weiterer Phasen gering ist, z. B. < 5 %. Der Zusammenhang zwischen den Konstanten der Phase und den Verbund-Konstanten wird allgemein von den Übertragungsfaktoren bestimmt, denn die Ableitung nach σ^L kann durch die partiellen Ableitungen nach den Phasenspannungen ausgedrückt werden:

$$\frac{\partial}{\partial \sigma_{ij}^L} = \sum_{k,l} \frac{\partial \sigma_{kl}}{\partial \sigma_{ij}^L} \frac{\partial}{\partial \sigma_{kl}} = \sum_{k,l} f_{klij} \frac{\partial}{\partial \sigma_{kl}} \tag{10.98}$$

Wirken die Lastspannungen nur in 1-Richtung und werden keine Schubspannungen im Werkstoff induziert, gilt:

$$s_1^V = s_1 \left(f_{1111} + f_{2211} \right) + \left(s_1 + \frac{1}{2} s_2 \right) f_{3311} \tag{10.99}$$

$$\frac{1}{2} s_2^V = \frac{1}{2} s_2 \left(f_{1111} - f_{3311} \right) \tag{10.100}$$

Um den Einfluss der Mikrospannungen zu verdeutlichen, können die Phasenspannungen als Summe

$$\sigma_{ij} = \sigma_{ij}^I + \sigma_{ij}^L + < \sigma_{ij}^{II} > \tag{10.101}$$

ausgedrückt werden, wobei $< \sigma_{ij}^{II} >$ hier die elastisch induzierten mittleren Mikrospannungen der Phase sind. Die Übertragungsfaktoren lauten dann (σ^I ist konstant)

$$f_{iikk} = \delta_{ik} + \frac{\partial < \sigma_{ii}^{II} >}{\partial \sigma_{kk}^L} \tag{10.102}$$

und Gleichung 10.99 und Gleichung 10.100 werden zu:

$$s_1^V = s_1 \left(1 + \frac{\partial (< \sigma_{11}^{II} > + < \sigma_{22}^{II} > + < \sigma_{33}^{II} >)}{\partial \sigma_{11}^L} \right) + \frac{1}{2} s_2 \frac{\partial < \sigma_{33}^{II} >}{\partial \sigma_{11}^L} \tag{10.103}$$

$$\frac{1}{2} s_2^V = \frac{1}{2} s_2 \left(1 + \frac{\partial (< \sigma_{11}^{II} > - < \sigma_{33}^{II} >)}{\partial \sigma_{11}^L} \right) \tag{10.104}$$

Um aus den experimentell bestimmten Verbund-REK die REK der untersuchten Werkstoffphase abzuleiten, benötigt man die Kenntnis der Übertragungsfaktoren. Dürfen die Änderungen der elastisch induzierten Mikrospannungen vernachlässigt werden, wie dies bei weitgehend einphasigen Werkstoffen der Fall ist, können die experimentell bestimmten Verbund-Werte auch als solche der Phase betrachtet werden. Dies zu bewerten erfordert allerdings Kenntnisse über den Gefügeaufbau und die Phasenzusammensetzung des Materials.

Aufgabe 25:   REK-Auswertung

In Bild 10.20 sind für einen Ck15 Stahl die $d(\sin^2 \psi)$-Verteilungen bzw. deren Regressionsgeraden für unterschiedliche Laststufen dargestellt. Die Zugprobe mit dem Querschnitt $12\,\mathrm{mm}^2$ wurde hierbei mit den Kräften $4\,228\,\mathrm{N}$, $3\,335\,\mathrm{N}$, $2\,354\,\mathrm{N}$, $1\,270\,\mathrm{N}$ und $294\,\mathrm{N}$ belastet. Bestimmen Sie die REK $s_1(211)$ und $\frac{1}{2} s_2(211)$. Verwenden sie hierbei den d_0-Wert $0{,}286\,7\,\mathrm{nm}$.

10.5.2 Berechnung der REK aus den Einkristalldaten

Die Berechnungen der REK erfolgen überwiegend für die drei Modelle homogener Dehnung der Kristallite gemäß VOIGT [267], homogener Spannung gemäß REUSS [203] oder für kugelförmige Kristallite in einer homogenen Matrix gemäß ESHELBY/KRÖNER [156]. Diese Modelle und die Berechnungen der elastischen Daten sind in [35] beschrieben.

Die Annahmen gleicher Spannung in allen Kristalliten bedeutet, dass die anisotropen Kristallite je nach Orientierung unterschiedliche Dehnungen haben, die nicht mit einem kontinuierlich zusammenhängenden Material vereinbar wären. Die Annahme gleicher Dehnungen dagegen ist zwar mit den Bedingungen für die Dehnungen vereinbar, erfüllt dann aber an den Grenzflächen nicht die Gleichgewichtsbedingung der Kräfte. Dennoch werden diese beiden Modelle häufig benutzt, da sie Grenzwerte für die elastischen Materialdaten liefern. Nach HILL [119] müssen die realen makroskopischen Materialdaten grundsätzlich zwischen den beiden Grenzwerten liegen. In dem Modell nach ESHELBY/KRÖNER werden die Kristallite als kugelförmig oder ellipsoidförmig betrachtet. Die Umgebung des Kristallits wird ersetzt durch eine homogene Matrix, die die elastischen Eigenschaften des makroskopischen Materials haben soll. Die Berechnungen nutzen ESHELBYs Lösung des Einschlussproblems, womit die Grenzflächenbedingungen der Spannungen und der Dehnungen erfüllt werden. Die Ergebnisse liegen zwischen denen der beiden Grenzannahmen und zeigen oft recht gute Übereinstimmung mit experimentellen Werten.

Die REK hängen von der Messrichtung bezüglich des Kristallsystems ab, d. h. von der untersuchten Ebenenschar $(h\,k\,l)$, deren Normale die Messrichtung ist. Damit reichen zur Darstellung zwei Parameter, z. B. die Polarkoordinaten (η, ρ) im Kristallsystem, aus. Im Falle kubischer und hexagonaler Symmetrie reicht sogar jeweils nur ein Parameter, 3Γ bzw. H^2, zur Darstellung der REK aus. Sie können durch die MILLERschen Indizes ausgedrückt werden und sind in Tabelle 10.7 aufgelistet. Das Modell homogener Dehnungen nach VOIGT liefert grundsätzlich von der Ebenenschar unabhängige REK. Ihre Berechnung aus den Einkristallmoduln c_{ik} erfolgt für alle Kristallsymmetrien nach folgenden Gleichungen.

$$\text{VOIGT:} \quad s_1 = -\frac{3}{2}\,\frac{x + 4y - 2z}{(x - y + 3z)(x + 2y)} \quad , \quad 1/2 \cdot s_2 = \frac{15}{2x - 2y + 6z} \quad (10.105)$$

$$\text{mit} \qquad x = c_{11} + c_{22} + c_{33} \qquad y = c_{12} + c_{23} + c_{13} \qquad z = c_{44} + c_{55} + c_{66}$$

Die REK kubischer Werkstoffe erweisen sich für die Modelle nach REUSS und ESHELBY/KRÖNER als linear über dem Parameter 3Γ, der zwischen 0 und 1 variiert. Die REK

Tabelle 10.7: Orientierungsparameter für kubische und hexagonale Kristallsymmetrie

Kristallsymmetrie	Orientierungsparameter	$(h\,k\,l)$
kubisch	3Γ	$3\,\dfrac{h^2\,k^2 + k^2\,l^2 + l^2\,h^2}{(h^2 + k^2 + l^2)^2}$
hexagonal	H^2	$\dfrac{l^2}{\frac{4}{3}\left(\frac{c}{a}\right)^2 (h^2 + k^2 + h\,k) + l^2}$

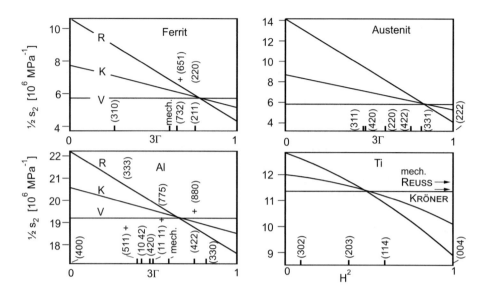

Bild 10.22: Aus den Einkristalldaten nach den Modellen homogener Dehnung (VOIGT), homogener Spannung (REUSS) und kugelförmiger Einschlüsse in einer homogenen Matrix (ESHELBY/ KRÖNER) berechnete REK $\frac{1}{2}s_2$ über dem Orientierungsparameter 3Γ bzw. H^2 [35], mech. - über die Kristallorientierungen gemittelten, mechanischen Werte sind zusätzlich markiert

nach REUSS lassen sich mit Hilfe der Einkristallkoeffizienten folgendermaßen schreiben:

$$\text{REUSS:} \quad s_1 = s_{12} + \Gamma \cdot s_0 \quad , \quad 1/2 \cdot s_2 = s_{11} - s_{12} - 3\Gamma \cdot s_0 \qquad (10.106)$$

$$\text{mit} \qquad s_0 = s_{11} - s_{12} - 1/2 \cdot s_{44}$$

Bei hexagonaler Symmetrie erhält man einen Parabelausschnitt über H^2. Bild 10.22 zeigt die graphische Darstellung der REK $\frac{1}{2}s_2$ einiger kubischer Metalle sowie des hexagonalen Titans. Die Lagen einiger Ebenenscharen sind hierin eingetragen.

Der Einfluss weiterer Werkstoffphasen kann in die Modellberechnungen nach ESHELBY/KRÖNER einbezogen werden, auf das hier aber nicht im Einzelnen eingegangen werden soll [35]. Man erhält die Verbund-REK als Maß für die Reaktion der betrachteten Phase auf makroskopische Last- oder Eigenspannungen. Zwei Beispiele solcher Berechnungen sind in den Bildern 10.23 dargestellt. Man erkennt deutlich den Effekt der unterschiedlichen Phasenanteile auf die Verbund-REK.

10.5.3 Zur Verwendung der REK

Die REK $s_1(h\,k\,l)$ und $\frac{1}{2}s_2(h\,k\,l)$ verknüpfen die messbaren Dehnungen mit den Spannungen in der untersuchten Phase, egal, ob es sich um einen einphasigen, mehrphasigen Werkstoff oder einen Verbundwerkstoff handelt. Die Phasenspannungen setzen sich aus den Makrospannungen und den mittleren Mikrospannungen zusammen. Bei allen σ-Angaben

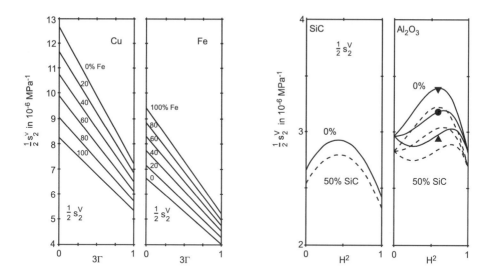

Bild 10.23: Verbund-REK der Phasen eines Fe/Cu- und eines SiC/Al$_2$O$_3$-Verbundwerkstoffes [106, 35] für verschiedene Zusammensetzungen; Angaben in Vol.-%

in den folgenden Gleichungen handelt es sich jeweils um die Differenz der 11- und der 33-Komponente. Die Indizes sind der Übersichtlichkeit halber weggelassen. Wird an der Phase α gemessen, folgt für $\varphi = 0°$ mit 10.71:

$$\frac{1}{d_0} \frac{1}{\frac{1}{2}s_2} \frac{\partial d(\varphi, \psi)}{\partial \sin^2 \psi} = \sigma^\alpha$$

$$= \sigma^I + <\sigma^{II}>^\alpha$$

$$= \sigma^I + \sigma_0^\alpha + (f^\alpha - 1)\,\sigma^I$$

$$= f^\alpha\,\sigma^I + \sigma_0^\alpha \tag{10.107}$$

mit der Abkürzung, siehe Gleichung 10.100:

$$f^\alpha = f_{1111} - f_{3311} = \frac{\frac{1}{2}s_2^V}{\frac{1}{2}s_2} \tag{10.108}$$

Es wird nun manchmal behauptet, die an mehrphasigen Werkstoffen ermittelten Verbund-REK wären geeignet, die Makrospannung in diesen Werkstoffen aus den Gitterdehnungsverteilungen einer der Phasen zu bestimmen. Das ist im Allgemeinen falsch. Die Verbund-REK verknüpfen ausschließlich die Makrospannungen mit den durch sie verursachten Dehnungen. Aus den beobachteten Dehnungsänderungen kann somit auf Änderungen der Makrospannungen geschlossen werden, nicht aber auf die absolute Höhe der Spannungen.

Wertet man die experimentell bestimmten $d(\sin^2 \psi)$-Geraden mit der Verbund-REK aus, so erhält man

$$\frac{1}{d_0} \frac{1}{\frac{1}{2}s_2^V} \frac{\partial d(\varphi, \psi)}{\partial \sin^2 \psi} = \sigma^I + \frac{1}{f^\alpha} \sigma_0^\alpha \qquad (10.109)$$

σ_0^α sind die von den Makrospannungen unabhängigen Mikrospannungen der Phase α. Sie werden von den Unterschieden im plastischen oder thermischen Verhalten der Phasen hervorgerufen. Nur wenn dieser Teil der Mikrospannungen nicht vorhanden ist, werden mittels der Verbund-REK die Makrospannungen bestimmt. Dies darf im Allgemeinen aber nicht vorausgesetzt werden. Prüfen lässt sich dies durch Vergleich mit Ergebnissen mechanischer Messverfahren, die σ^I allein liefern. Stimmen die mechanischen Messergebnisse mit den nach 10.109 ausgewerteten Ergebnissen überein, ist σ_0^α offensichtlich vernachlässigbar. Dies konnte z. B. für die α-Phase des teilkristallinen Polypropylens nachgewiesen werden. Es existieren keine nennenswerten thermisch oder plastisch induzierten Mikrospannungen zwischen der α-Phase und den beiden anderen Phasen (β-Phase und amorpher Anteil) des Polypropylens. Der Nutzen der Verbund-REK für die Spannungsauswertung ist deshalb relativ klein. Kennt man allerdings die REK der vermessenen Phase nicht, können die Verbund-REK zumindest als Anhaltswert benutzt werden, denn sie unterscheiden sich quantitativ oft nicht sehr von den REK der Phase. Wird an einer Phase gemessen, die den überwiegenden Volumenanteil am Werkstoff hat, etwa $> 95\,\%$, oder sind die elastischen Eigenschaften der Phasen ähnlich, dann ist $f^\alpha \approx 1$. Die Gleichungen 10.107 und 10.109 gehen dann ineinander über. Für die Trennung der Mikrospannungen in den thermisch bzw. plastisch induzierten Anteil und den von den Makrospannungen abhängigen elastisch induzierten Anteil sind die Verbund-REK der Phasen allerdings notwendig.

Gleichung 10.69 gilt für nicht-texturierte Werkstoffe. Somit sind die REK auch nur für solche definiert. Sie gelten dann jeweils für eine Ebenenschar, sind aber unabhängig von der Messrichtung. Die $d(\sin^2 \psi)$-Verteilungen sind linear, wenn nur Hauptspannungen vorliegen und φ konstant gehalten wird. Diese Beschreibung der Dehnungen ist bei texturierten Werkstoffen nicht mehr möglich, da die $d(\sin^2 \psi)$-Verteilungen nichtlinear werden. Bei nicht sehr ausgeprägten Texturen oder bei geringer Anisotropie der Kristallite sind diese Nichtlinearitäten aber gering. Für die praktische Spannungsanalyse werden deshalb häufig Textureffekte vernachlässigt und die Spannungen näherungsweise nach Gleichung 10.76 ausgewertet, mit den REK des isotropen Vielkristalls.

10.5.4 Vergleich experimenteller Ergebnisse mit REK-Berechnungen

Den experimentellen Werten haftet immer eine Messunsicherheit von einigen Prozent an. Die berechneten Werte stützen sich auf experimentell bestimmte Einkristalldaten sowie eine der beschriebenen Modellannahmen. Ein Vergleich der auf verschiedene Weise und mit unterschiedlichen Modellen bestimmten Resultate ist für eine Bewertung des Werkstoffverhaltens und für die Auswahl der für die Spannungsanalyse zu verwendenden Konstanten notwendig. Bild 10.24 zeigt an Stählen in verschiedenen Gefügezuständen bestimmte Werte im Vergleich mit Berechnungen. Das Modell nach ESHELBY/KRÖNER

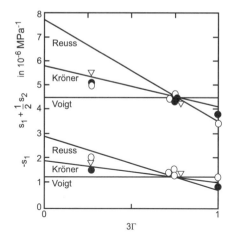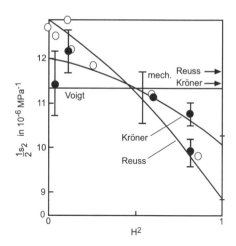

Bild 10.24: Vergleich experimenteller REK-Werte mit Berechnungen nach verschiedenen Modellen [35]. Links: verschiedene Stähle. Rechts: Titanlegierung TiAl6V4

zeigt die bessere Übereinstimmung mit den gemessenen Werten. Weniger deutlich ist dies beim Titan. Die Streuung der experimentellen Ergebnisse ist ähnlich groß wie der Bereich, der von den drei behandelten Modellannahmen abgedeckt wird.

Die experimentellen Erfahrungen zeigen, dass bei isotropen Vielkristallen Berechnungen mit der Modellannahme kugelförmiger Einschlüsse in einer homogenen Matrix nach ESHELBY/KRÖNER die beste Übereinstimmung mit experimentellen Ergebnissen haben. Diese Daten sollten also für die Spannungsanalyse benutzt werden. Näherungsweise können aber auch die Mittelwerte nach VOIGT- und REUSS benutzt werden, die recht einfach zu berechnen sind, siehe Gleichungen 10.105 und 10.106. Bei texturierten Werkstoffen wird häufig eine Tendenz in Richtung der Modellannahme homogener Spannungen nach REUSS festgestellt. Eine mögliche Begründung hierfür ist, dass sich bei starken Texturen die Kristallite gegenseitig weniger behindern, da sie alle ähnlich orientiert sind. Dies würde einer ungehinderten Dehnung näher kommen.

10.6 Experimentelles Vorgehen bei der Spannungsbestimmung

Für die Durchführung von Eigenspannungsuntersuchungen sind eine Reihe von Vorbereitungen zu treffen und Bedingungen einzuhalten, um zuverlässige Ergebnisse zu erzielen. Dies betrifft die Probenvorbereitung und -präparation, die Justierung des Diffraktometers, die Auswahl der Strahlung, der Blenden und Filter, die Auswertung der Interferenzen, die Angabe von Fehlern und die Dokumentation. Die DIN-EN 15305 [14] enthält hierzu die verbindlichen Angaben. Im Folgenden werden nur einige wesentliche Daten und Vorgehensweisen besprochen.

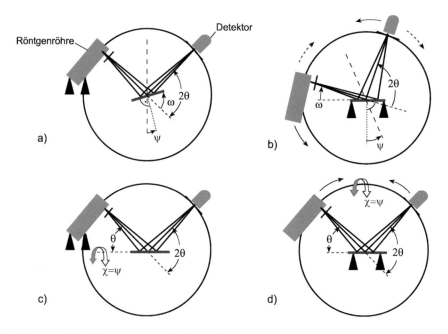

Bild 10.25: Mögliche geometrische Anordnungen für ψ- bzw. ω-Diffraktometer [222]

10.6.1 Messanordnungen

Für die röntgenographische Spannungsbestimmung benutzt man Spannungsdiffraktometer, siehe Bild 4.43 oder Bild 10.25, mit der in Kapitel 5.1.1 beschriebenen BRAGG-BRENTANO Fokussierung. Bei einer $\theta - 2\theta$ Kopplung der Drehachsen von Detektor und Probe gemäß Bild 4.41 liegt die Messrichtung senkrecht zur Probenoberfläche ($\psi = 0°$). Dies ist die typische Vorgehensweise bei der Pulveranalyse. Durch Abfahren eines größeren 2θ-Bereiches erhält man dann ein Diffraktogramm des Materials, wie es z. B. in Bild 10.1 dargestellt ist.

Zur Spannungbestimmung reicht es nun nicht aus, die Dehnung bzw. den Netzebenenabstand nur in Richtung der Probennormale zu kennen. Wie im Kapitel 10.4.7 beschrieben, benötigt man für die Auswertung die Messwerte in verschiedenen Richtungen (φ, ψ). Um eine Messrichtung (φ, ψ) bezüglich des Probensystems einzustellen, muss die Probe im Diffraktometer so orientiert werden, dass die Richtung (φ, ψ) parallel zur Winkelhalbierenden zwischen ein- und ausfallendem Röntgenstrahl liegt. Hierzu wird die Probe entweder um die zur Goniometerebene parallel liegende χ-Achse oder um die senkrechte zu dieser Ebene stehende ω-Achse verkippt. Bei einer Drehung um die χ-Achse stellt man direkt den Winkel ψ ein, es gilt $\psi = \chi$. Deshalb spricht man bei dieser Messanordnung vom ψ-Modus oder von einem ψ-Diffraktometer. Um den Reflexionswinkel 2θ einzustellen, werden Detektor und Probe gemäß der $\theta - 2\theta$ Anordnung gekoppelt verfahren. Bei Messungen im ψ-Modus liegt immer ein symmetrischer Strahlengang vor, d. h. der einfallende und der ausfallende Röntgenstrahl haben die gleichen Winkel bzgl. der Probenoberfläche. Der Azimutwinkel φ der Messrichtung wird über die Drehung um die Probennormale

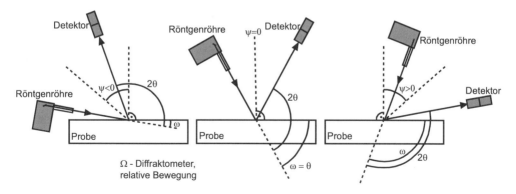

Bild 10.26: ω-Diffraktometergeometrie: Einstellung der Messrichtung durch relatives Drehen der Probe gegenüber dem Diffraktometer um eine Achse, die vertikal zur Diffraktometerebene steht. Hier ist die Probe fixiert, Detektor und Röhre bewegen sich relativ zu ihr [106]

eingestellt. Zeigt die 1-Richtung der Probe bei Ausgangsstellung $\psi = 0°$ zur Goniometerebene, so werden bei Probenkippung die Messrichtungen $(\varphi = 0°, \psi)$ eingestellt.

Bei einem ω-Diffraktometer wird der ψ-Winkel über eine Probendrehung um die ω-Achse eingestellt. Man spricht hier von Messungen im ω-Modus. Detektorposition 2θ und Probendrehung ω werden also unabhängig um dieselbe Achsenrichtung gedreht. ψ ergibt sich aus:

$$\psi = \omega - \frac{2\theta}{2} \qquad (10.110)$$

Der Azimutwinkel $\varphi = 0°$ ist dann eingestellt, wenn bei der Stellung $\omega = 0°$ die Probe mit ihrer 1-Richtung parallel zum einfallenden Strahl eingespannt wird. Während des Abtastens einer Interferenzlinie werden Detektor und Probe gekoppelt verfahren, so dass der ψ-Winkel konstant bleibt. Der Strahlengang im ω-Modus ist asymmetrisch. Bild 10.26 veranschaulicht die Winkeleinstellung. ψ kann nur in einem Bereich $-\theta < \psi < \theta$ eingestellt werden, da sonst der einfallende oder der ausfallende Strahl von der Probe abgeschattet wird bzw. es zum streifenden Ein- oder Ausfall kommt. Spannungsbestimmungen im ω-Modus sind deshalb auf Interferenzen im Rückstrahlbereich ($2\theta > 90°$) beschränkt und im Vorstrahlbereich ($2\theta < 90°$) praktisch nicht möglich.

Statt die Probe um die θ bzw. die ω-Achse zu drehen, kann man sie auch fixieren und dafür Röhre und Detektor entsprechend verfahren. Demnach gibt es unterschiedliche Ausführungsformen der Diffraktometer, vgl. Bild 10.25. In modernen Spannungsdiffraktometern lassen sich meist sowohl der ψ-Modus als auch der ω-Modus realisieren.

Je nachdem, welche Messaufgaben anstehen, gibt es Vor- und Nachteile der einzelnen Diffraktometergeometrien. So ist es bei schweren und oder großen Proben besser, diese zu fixieren und die anderen Komponenten zu bewegen. Dies wird insbesondere bei transportablen Röntgendiffraktometern genutzt. Im ψ-Modus kann man Messungen bis zu hohen ψ-Winkeln durchführen, dagegen kommt es im ω-Modus dann zu Abschattungen. Da im ω-Modus alle Komponenten um dieselbe Achse gedreht werden, kann der Röntgenstrahl

Tabelle 10.8: Diffraktometeranordnungen - Eigenschaften und Messmöglichkeiten

Größe	ω-Diffraktometer	ψ-Diffraktometer
Achse für die ψ-Verkippung	senkrecht zur Diffraktometerebene	parallel zur Diffraktometerebene
Probenstrahlgeometrie	asymmetrisch	symmetrisch
Apertur um Defokussierungsfehler zu begrenzen	Strichfokus senkrecht zur Diffraktometerebene	Punktfokus
bestrahlte Probenoberfläche	Strich, stetige Verkleinerung der Strichbreite von $\psi < 0$ nach $\psi > 0$	Punkt, wird ellipsenförmig und vergrößert mit $|\psi|$
Probenpositionierung	Exzentrizität $\pm 0{,}01$ mm	etwas weniger empfindlich
Polarisations-; LORENTZ- und Absorptionskorrektur	notwendig, insbes. bei breiten Interferenzlinien	nicht notwendig wenn nur der Anstieg von d über $\sin^2 \psi$ ausgewertet wird
Messzeiten	klein für Routinemessung, da Strichfokus hohe Intensität liefert	größer
Spannungsmessung	beschränkt auf Reflexionen im Rückstrahlbereich und $\sin^2 \psi \leq 0{,}8$; $\psi < \theta$	keine Beschränkung in 2θ; $\sin^2 \psi \leq 0{,}9$ im Rückstrahlbereich
Texturanalyse	nicht möglich	uneingeschränkt möglich

eine größere Ausdehnung parallel zu dieser Achse haben, also als Strich ausgeführt sein. Das bringt höhere Intensität und damit schnellere Messungen gegenüber dem ψ-Modus, bei dem ein punktförmiger Strahl verwendet werden muss. Die Abhängigkeit der Eindringtiefe von der Messrichtung sind aufgrund der unterschiedlichen Strahlengänge bei den Diffraktometertypen verschieden, siehe Kapitel 10.6.3. Ebenso sind die Messungen möglichst bei hohen Beugungswinkeln und unter Beachtung der Eindringtiefe der Strahlung in die Probe durch zuführen. Tabelle 10.9 aus der DIN 15305 stellt eine Handlungsanweisung zur Messung von Spannungen dar. Für Untersuchungen von steilen Spannungsgradienten kann es deshalb sinnvoll sein, Messungen in beiden Modi zu kombinieren, um für jede Messrichtung jeweils Informationen aus zwei unterschiedlichen Tiefenbereichen zu erhalten. Die charakteristischen Unterschiede zwischen beiden Diffraktometerarten und deren Vor- und Nachteile sind in Tabelle 10.8 zusammengefasst.

10.6.2 Justierung

Mit einer sorgfältigen Justierung des Diffraktometers muss sichergestellt werden, dass sich alle Drehachsen in einem Punkt schneiden, dass die Messstelle auf der Probe genau in diesem Punkt liegt und dass dies bei den notwendigen Drehungen der Achsen stabil ist, siehe hierzu Kapitel 5.6 und [14]. Die korrekte Justierung des Diffraktometers

Tabelle 10.9: Beugungsbedingungen für gebräuchliche Werkstoffe [14]; H ... Flächenhäufigkeits-faktor, τ ... Eindringtiefe $t_{63\%}$

Legierung	Kristallsyst.	Anode	K_β-F.	$\{h\,k\,l\}$	2θ [°]	H	τ [µm]
Nickel	kubisch	Mn	Cr	$\{3\,1\,1\}$	$152-162$	24	4,9
Ferritische Stähle Gusseisen (Matrix)	kubisch	Cr	V	$\{2\,1\,1\}$	156	24	5,8
Austenitische Stähle	kubisch	Mn	Cr	$\{3\,1\,1\}$	152	24	7,2
Aluminiumlegierung	kubisch	Cr	V	$\{3\,1\,1\}$	140	24	11,5
Aluminiumlegierung	kubisch	Cu	Ni	$\{4\,2\,2\}$	137	24	35,5
Cobaltlegierung	kubisch	Mn	Cr	$\{3\,1\,1\}$	$153-159$	24	5,6
Kupferlegierung	kubisch	Mn	Cr	$\{3\,1\,1\}$	149	24	4,2
Titanlegierung	hexagonal	Cu	Ni	$\{2\,1\,3\}$	142	24	5,0
Molybdänlegierung	kubisch	Fe	Mn	$\{3\,1\,0\}$	153	24	1,6
Zirkoniumlegierung	hexagonal	Fe	Mn	$\{2\,1\,3\}$	147	24	2,8
Wolframlegierung	kubisch	Co	Fe	$\{2\,2\,2\}$	156	8	1,0
α-Aluminiumoxid	rhomboedr.	Cu	Ni	$\{1\,4\,6\}$	136	12	37,4
		Cu	Ni	$\{40\,10\}$	145	6	38,5
		Fe	Mn	$\{21\,10\}$	152	12	20,0
γ-Aluminiumoxid	kubisch	Cu	Ni	$\{8\,4\,4\}$	146	24	38,5
		V	Ti	$\{4\,4\,0\}$	128	12	8,8

Tabelle 10.10: Geeignete Strahlungen und Netzebenen für eine Spannungsbestimmung an Ferrit sowie mögliche Kalibrierpulver (Wegen der Fluoreszenzanregung bei Cu-Strahlung sollte hierbei ein Sekundärmonochromator oder Halbleiterdetektor verwendet werden.) Die mittleren Eindringtiefen sind für die Messrichtung $\sin^2\psi = 0$ angegeben

Strahlung		Ferrit				Kalibrierpulver	
	$\{h\,k\,l\}$	2θ	$K\alpha_2 - K\alpha_1$	$\tau(\psi = 0°)$ [µm]		$\{h\,k\,l\}$	2θ
Ti-Kα	$\{2\,0\,0\}$	146,99°	0,52°	3,3	Al	$\{2\,2\,0\}$	147,45°
Cr-Kα	$\{2\,1\,1\}$	156,07°	0,93°	5,6	Cr	$\{2\,1\,1\}$	152,92°
Fe-Kα	$\{2\,2\,0\}$	145,54°	0,76°	8,6	Au	$\{4\,0\,0\}$	143,37°
Co-Kα	$\{2\,1\,1\}$	99,69°	0,30°	8,6	Au	$\{2\,2\,2\}$	98,87°
	$\{3\,1\,0\}$	161,32°	1,59°	11,1	Au	$\{4\,2\,0\}$	157,48°
Cu-Kα	$\{2\,2\,2\}$	137,13°	0,73°	1,9	Au	$\{4\,2\,2\}$	135,39°
					Si	$\{5\,3\,3\}$	136,89°
Mo-Kα	$\{7\,3\,2\}$	153,88°	3,17°	16,9	Cr	$\{7\,3\,2\}$	150,97°
	$\{6\,5\,1\}$					$\{6\,5\,1\}$	

wird durch eine vollständige Messung an einem spannungsfreien Pulver überprüft. Die Interferenzlinie des Pulvermaterials sollte nur wenige Grad neben der gewählten Werkstoffinterferenz liegen. Linienlagen der Pulverinterferenz müssen für alle Messrichtung innerhalb von ±0,01° übereinstimmen, denn eine Steigung über $\sin^2\psi$ darf bei einem spannungsfreien Material nicht auftreten. Eine Abweichung des Mittelwertes vom theoretischen Wert kann bei der späteren Auswertung als Korrektur berücksichtigt werden. Die geeigneten Justierpulver sind in Tabelle 10.10 mit aufgelistet.

10.6.3 Mess- und Auswerteparameter

Strahlung und Interferenz

Die Wahl der Röntgeninterferenz und der verwendeten Strahlung richten sich nach der Intensität der Interferenz, ihrer Lage in 2θ und nach der Eindringtiefe. Moderne Diffraktometer erlauben Messungen im Bereich von $30° - 170°$, so dass fast der gesamte Bereich zur Verfügung steht. Für die Spannungsermittlung müssen aber kleine Änderungen der Netzebenenabstände durch die genaue Vermessung der Verschiebungen der Interferenzlinie erfasst werden. Hierfür muss die Auflösung, also die Verschiebung der Interferenz bei Änderung des d-Wertes, möglichst groß sein. Mit Gleichung 10.58 sind Messungen demnach vorzugsweise bei großen 2θ-Winkeln durchzuführen.

Die Strahlung sollte den Werkstoff nicht zur Fluoreszenz anregen, da dann das Verhältnis von Linienintensität zu Untergrund sehr schlecht wird. Durch die Verwendung von Filtern, die in den primären Strahlengang gestellt werden, kann die Kβ Strahlung unterdrückt werden. Dies ist insbesondere dann notwendig, wenn es sonst zu Linienüberlagerungen kommt. Bei der Auswahl der Interferenzlinie muss darauf geachtet werden, dass sie nicht durch Interferenzen der vermessenen Werkstoffphase oder anderer im Material vorhandenen Phasen überlagert wird. Tabelle 10.10 zeigt für ferritische Eisenwerkstoffe geeignete Interferenzen, die jeweiligen Eindringtiefen und mögliche Kalibrierpulver-Interferenzen.

$\sin^2 \psi$-Bereich

Die Messrichtungen werden meist so gelegt, dass sie gleichmäßig über einen $\sin\psi$-Bereich verteilt sind, wie es in den Bildern 10.14 und 10.16 gezeigt ist. Die Genauigkeit der späteren Auswertung erhöht sich mit der Anzahl der Werte und der Größe des erfassten ψ-Bereiches. Ausreichend ist in der Regel ein Bereich bis $\sin^2 \psi \geq 0{,}6$, der in Schritten von $0{,}1$ in $\sin^2 \psi$ vermessen wird. Auf jeden Fall sollten dabei Messrichtungen für $+\psi$ und $-\psi$ eingestellt werden, um einerseits eine mögliche ψ-Aufspaltung erfassen zu können, andererseits auch die Justierung zu kontrollieren, denn einige Justierfehler führen auch zu einer Aufspaltung der Messwerte.

Eindringtiefe

Die Eindringtiefe der Strahlung wird von dem Schwächungskoeffizienten, der Messrichtung und der Messanordnung bestimmt. Für die beiden Diffraktometeranordnungen lässt sie sich nach den Gleichungen 10.111 und 10.112 berechnen. Bild 10.27 zeigt einige Verläufe über $\sin^2 \psi$. Bei der Auswertung der Messwerte nach Kapitel 10.4.7 wird vorausgesetzt, dass für jede Messrichtung derselbe Spannungszustand erfasst wird. Da nun die Eindringtiefe von der Messrichtung abhängt, müssen die Spannungen streng genommen unabhängig von der Tiefe im Material sein. Es ist aber in der Praxis ausreichend, wenn man annehmen kann, dass sich die Spannungen innerhalb des Eindringtiefenbereiches nicht wesentlich ändern. Die Auswertung liefert dann einen Mittelwert für diesen Bereich.

$$\tau_\psi = \frac{\sin\theta \, \cos\psi}{2\mu} \tag{10.111}$$

$$\tau_\omega = \frac{\sin^2\theta - \sin^2\psi}{2\mu \, \sin\theta \, \cos\psi} \tag{10.112}$$

Aufnahme der Interferenzlinie

Für die Ermittlung von Spannungen müssen die Linienlagen der Interferenzen auf etwa 0,01° genau bestimmt werden. Die Interferenzlinie ergibt sich als Intensitätsverteilung über 2θ. Wie bereits in Bild 10.14 angedeutet, wird sie charakterisiert durch ihre Maximalintensität, ihre Halbwertsbreite und ihre Linienlage, aus der sich mit dem BRAGGschen Gesetz und der verwendeten Wellenlänge direkt der Netzebenenabstand oder die Dehnung in Messrichtung ergibt. Um den Untergrund geeignet anpassen und von der Interferenz subtrahieren zu können, muss er auf beiden Seiten erfasst werden. Der vermessene 2θ-Bereich sollte mindestens 2-3 mal der Halbwertsbreite entsprechen. Eine noch ausreichende Impulsstatistik wird erreicht, wenn im Maximum > 1 000 Impulse über dem Untergrund gezählt werden. Dies hängt aber von der Höhe des Untergrundes ab. Durch den Einsatz von Filtern und Monochromatoren kann das Intensitätsverhältnis von Profilmaxiumu zu Untergrund wesentlich verbessert werden.

Intensitätskorrekturen

Vor der Bestimmung der Linienlage sind einige Intensitätskorrekturen durchzuführen. Wie in Kapitel 3 beschrieben, hängt die Intensität der Röntgeninterferenz von der Kristall-

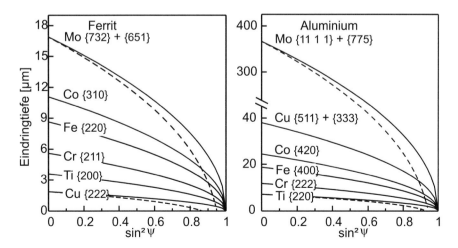

Bild 10.27: Abhängigkeit der Eindringtiefe von der Strahlung, Messrichtung $\langle h\,k\,l\rangle$ und der Diffraktometeranordnung für a) Ferrit b) Aluminium (Linien: ψ–Modus, gestrichelte Linien: ω–Modus) [106]

struktur und den sich daraus ergebenden Atompositionen innerhalb der Elementarzelle ab. Daneben gibt es aber noch einige Faktoren, die von den Aufnahmebedingungen bestimmt werden, d. h. der Diffraktometergeometrie, dem 2θ-Winkel der Detektorposition oder dem ψ-Winkel der Messrichtung. Dies sind der Absorptionsfaktor A, der Polarisationsfaktor P und der LORENTZ-Faktor L.

Der Absorptionsfaktor, Gleichung 10.113, berücksichtigt die unterschiedlichen Wege des Röntgenstrahles innerhalb des zu untersuchenden Materials. Er führt dazu, dass sich bei Messungen im ω–Modus die Linienintensitäten für die Messrichtungen $-\psi$ und $+\psi$ unterscheiden. Bei einer Messung im Ψ-Modus ist er konstant.

$$A^{\omega}(2\theta) = \frac{1 - \tan\psi \, \cot\theta}{2\mu} \quad \text{oder } \Psi-\text{Modus} \quad A^{\Psi}(2\theta) = \frac{1}{2\mu} \tag{10.113}$$

Die Gleichungen 10.113 gelten für den Fall, dass die Eindringtiefe τ_0 bei $\psi = 0°$ viel kleiner als die Materialdicke s ist ($\tau_0 \leq 3D$). Dünne Oberflächenschichten müssen deshalb gesondert betrachtet werden.

Der Polarisationsfaktor $P(2\theta) = (1 + \cos^2 2\theta)/2$ berücksichtigt, dass der reflektierte Röntgenstrahl teilweise polarisiert ist, auch wenn im primären Strahl alle Polarisationsrichtungen vorhanden sind. Die im Material an den Streuzentren angeregte Strahlung lässt sich jeweils als Dipolstrahlung auffassen, mit ihrer bekannten Ausbreitungscharakteristik. Durch Überlagerung der durch alle Polarisationsrichtungen angeregten Dipolstrahlungen in Richtung des reflektierten Strahles erhält man den oben angegebenen Polarisationsfaktor.

Mit dem auch bereits im Kapitel 3 besprochenen LORENTZ-Faktor berücksichtigt man die Tatsache, dass die integrale Intensität einer Interferenz davon abhängt, wie lange sich die Kristallite bei einem Scan über 2θ in reflexionsfähiger Lage befinden. Dies hängt von der Linienlage der Interferenz und auch von der Aufnahmegeometrie ab. Für den Fall des schrittweisen Abtastens der Interferenz in dem beschriebenen ω- oder dem Ψ-Modus lautet der LORENTZ-Faktor:

$$L(2\theta) = \frac{1}{\sin^2\theta} \tag{10.114}$$

Fasst man die Korrekturen zusammen, spricht man von der PLA-Korrektur. Für die Auswertung der Linienlage genügt es, nur die winkelabhängigen Terme zu berücksichtigen:

$$I(2\theta)^{korr} = \frac{I(2\theta)}{PLA(2\theta)} \tag{10.115}$$

mit dem PLA Faktor für die Ω–Diffraktometergeometrie

$$PLA^{\Omega}(2\theta) = \frac{1 + \cos^2 2\theta}{\sin^2\theta}(1 - \tan\psi \, \cot\theta) \tag{10.116}$$

bzw. mit dem PLA Faktor für die Ψ–Diffraktometergeometrie.

$$PLA^{\Psi}(2\theta) = \frac{1 + \cos^2 2\theta}{\sin^2\theta} \tag{10.117}$$

Die gemessene Intensität setzt sich immer aus der Intensität der Interferenzlinie und der Untergrundintensität zusammen. Häufig ist das Verhältnis Profilmaximum zu Untergrund ungünstig klein. Hat dann der Untergrund einen Verlauf über 2θ, kann dieser die Bestimmung der Linienlage verfälschen. Deshalb sollte grundsätzlich eine Untergrundkorrektur durchgeführt werden. Um den Untergrund durch eine lineare Funktion oder ein Polynom anpassen zu können, sind die Ausläufer beiderseits der Interferenz ausreichend weit mit zu vermessen, siehe hierzu Kapitel 5 und 8.5.

Während der Absorptions- und der Polarisationsfaktor sowohl für die Intensität der Interferenzlinie als auch des Untergrundes gilt, ist der LORENTZ-Faktor nur für die Linienintensität gültig. Die Korrekturen sollten deshalb in der folgenden Reihenfolge angewendet werden:

- Absorptions- und Polarisationskorrektur
- Untergrundabzug
- LORENTZ-Korrektur.

Häufig wird aber auch zuerst der Untergrund abgezogen und anschließend eine *PLA*-Korrektur durchgeführt, was bei nicht zu hohem Untergrund kaum Auswirkungen hat.

Linienlagenbesimmung

Für die Spannungsauswertung muss den Interferenzlinien jeweils d-Wert bzw. eine Linienlage zugeordnet werden. Dies erfolgt mittels einer der in Kapitel 5.1.2 beschriebenen Methoden. Bei Verwendung der $K\alpha$-Strahlung sollte zuvor eine RACHINGER-Trennung nach Kapitel 4.2.1 oder eine Symmetrisierung nach Kapitel 4.2.1 durchgeführt werden.

10.6.4 Fehlerangaben

Bei der Spannungsermittlung treten verschiedene Quellen systematischer und statistischer Fehler auf. Ihre Zusammenhänge und ihre Auswirkungen auf die Spannungsergebnisse sind ausführlich in [157] behandelt. Wesentliche systematische Fehler sind:

- Justierfehler bei der Ausrichtung der Diffraktometerachsen
- Nicht-linearer Verlauf der $d(\sin^2 \psi)$-Verteilung, hervorgerufen durch Textur, Gradienten oder plastische Verformung
- Ungenaue Kenntnis der Materialdaten (REK).

Fehler bei der Positionierung der Probe im Diffraktometer und Justierfehler können durch sorgfältiges Einrichten und Justierung mit spannungsfreiem Pulver vermieden werden, für die Positionierung der Probe stehen sehr genaue mechanische oder optische Hilfen zur Verfügung.

Die REK haben immer eine Unsicherheit von mehr als 5 %. Glücklicherweise hängt das elastische Verhalten von Materialien nur wenig von dem aktuellen Gefügezustand ab, so dass diese Werte nur selten zu bestimmen sind, siehe hierzu auch Kapitel 10.5.3.

Abweichungen von einem linearen Verlauf der d-Werte über $\sin^2 \psi$ lassen sich sehr leicht bei graphischer Darstellung erkennen. Deshalb ist es unbedingt notwendig, solche Auftragungen darzustellen und zu dokumentieren.

Unsystematische Fehlerquellen resultieren aus der Zählstatistik und der Gefügestatistik. Werden an einer Detektorposition N Impulse gezählt, so kann der statistische Fehler mit $\sqrt{N}$ angegeben werden. Durch Fehlerfortpflanzungsrechnung ließe sich daraus der resultierende statistische Fehler der Linienlage bestimmen. Für einige Methoden existieren Näherungsformeln, mit denen dieser Fehler abgeschätzt werden kann, so für die Schwerpunktmethode [157] und die Anpassung der PEARSON-VII-Funktion [14]:

$$\Delta 2\theta_{\phi,\psi} = \frac{3}{4}\sqrt{\frac{IB \cdot SW_{2\theta}}{I_{Max}}}\sqrt{\frac{1 + U_V^2}{1 - U_V^2}} \tag{10.118}$$

mit der integralen Breite IB, der Intensität im Maximum I_{Max}, der Schrittweite beim Abtasten der Interferenz $SW_{2\theta}$ und dem Untergrund-Verhältnis U_V. Für die Anpassung an andere Profilfunktionen und auch für die Schwerpunktmethode liegen die Fehler in der gleichen Größenordnung.

Der weniger gut zu beschreibende statistische Fehler liegt in der räumlichen Inhomogenität des Gefüges und des Spannungszustandes, wenn das Messvolumen nicht groß genug ist, um das Material und den makroskopischen Spannungszustand zu repräsentieren.

Da es praktisch nicht möglich ist, alle auftretenden Fehler mit einer konsequenten Fehlerfortpflanzung bis zum letztendlich gefragten Fehler des Spannungswertes zu verfolgen, hat sich folgendes Vorgehen bewährt: Aus den n Messwerten $d(\sin^2 \psi)$ wird der Achsenabschnitt AA und die Steigung Stg der Regressionsgeraden bestimmt. Sie ist diejenige Gerade, für welche die Summe der quadratischen Abweichungen

$$S_q = \sum_n \left(d(\sin^2 \psi) - AA - Stg \, \sin^2 \psi\right)^2 \tag{10.119}$$

der Messwerte von der Geraden minimal wird. Fasst man diese Abweichungen als statistische Streuungen auf, dann kann man die Standardabweichung v_d für die Einzelmessungen angeben.

$$v_d = \sqrt{\frac{S_q}{n - 2}} \tag{10.120}$$

Durch Fehlerfortpflanzungsrechnung erhält man damit für den Achsenabschnitt und die Steigung der Regressionsgeraden die jeweiligen einfachen Vertrauensbereiche v_{AA} und v_{Stg}, die man als Fehlerangaben nutzen kann. Für den Fall, dass die n Messdaten in äquidistanten Schritten über $\sin^2 \psi$ vorliegen, gelten die Gleichungen 10.121 und 10.122, ansonsten sind die entsprechenden Beziehungen z. B. in [157] angegeben.

$$v_{AA} = v_d \sqrt{\frac{12}{n \cdot (n^2 - 1)}} \tag{10.121}$$

$$v_{Stg} = v_d \sqrt{\frac{2 \cdot (2 \cdot n + 1)}{n \cdot (n - 1)}} \tag{10.122}$$

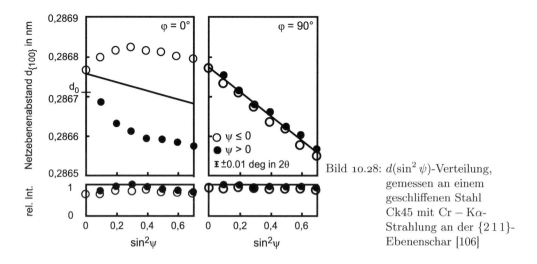

Bild 10.28: $d(\sin^2 \psi)$-Verteilung, gemessen an einem geschliffenen Stahl Ck45 mit $Cr - K\alpha$-Strahlung an der $\{2\,1\,1\}$-Ebenenschar [106]

Da die Spannungen nun nach Gleichung 10.76 aus dem Achsenabschnitt und der Steigung berechnet werden, ergeben sich aus den Fehlern dieser Größen entsprechende Fehlerangaben für die Spannungen. Sie können als Maß für die durch Zähl- und Gefügestatistik hervorgerufene Messungenauigkeit angesehen werden.

Grundsätzlich sollte bei Fehlerangaben von Messergebnissen vermerkt sein, um welche Fehler es sich handelt oder wie sie berechnet wurden.

10.6.5 Beispiel einer Spannungsauswertung

Bei einer Oberflächenbearbeitung durch Schleifen ist die Schleifrichtung gegenüber allen anderen Richtungen ausgezeichnet. Das Material an der Oberfläche wird in dieser Richtung stark verformt, aber es tritt auch eine Verformung in Normalenrichtung auf. Der nach der Bearbeitung vorliegende Spannungszustand ist mit seinem Hauptspannungssystem gegenüber dem Probensystem verkippt. Man beobachtet nach einer Schleifbearbeitung deshalb in der Regel eine $d(\sin^2 \psi)$-Verteilungen mit ψ-Aufspaltung in Schleifrichtung ($\varphi = 0°$). Die beiden Richtungen senkrecht dazu sind dagegen gleichwertig, so dass für die Messrichtungen ($\pm\psi, \varphi = 90°$) bis auf Streuungen gleiche Werte gemessen werden. In Bild 10.28 ist als Beispiel ein Messergebnis mit recht ausgeprägter ψ-Aufspaltung in Schleifrichtung und linearer Verteilung in Querrichtung gezeigt. Es wurde an einem geschliffenen Stahl Ck45 mit $Cr - K\alpha$ Strahlung an der $\{2\,1\,1\}$-Netzebenenschar erzielt. Für die Spannungsauswertung benötigt man den Netzebenenabstand des spannungsfreien Zustandes d_0 sowie die röntgenographischen Elastizitätskonstanten des Materials s_1 und $\frac{1}{2}s_2$. Der Spannungstensor lässt sich dann mit den Gleichungen 10.76 aus Kapitel 10.4.7 bestimmen. Mit den Werten $d_0 = 0{,}286\,71\,\text{nm}$, $s_1 = -1{,}25 \cdot 10^{-6}\,\text{MPa}^{-1}$ und $\frac{1}{2}s_2 = 5{,}76 \cdot 10^{-6}\,\text{MPa}^{-1}$ erhält man als Ergebnis:

$$\sigma_{ij} = \begin{pmatrix} -123 & 0 & -71 \\ 0 & -242 & 4 \\ -71 & 4 & -58 \end{pmatrix} \pm \begin{pmatrix} 10 & 0 & 4 \\ 0 & 7 & 3 \\ 4 & 3 & 7 \end{pmatrix} \text{ MPa}$$

Die Fehlerangaben folgen aus den berechneten Fehlern der Achsenabschnitte und Steigungen der jeweiligen Regressionsgeraden über $\sin^2 \psi$ bzw. $\sin 2\psi$.

10.7 Einfluss der kristallographischen Textur

Zu Gleichung 10.69, die den Zusammenhang zwischen der Dehnung in Messrichtung und den Spannungskomponenten beschreibt, gelangt man, wenn bei der Mittelung über alle zur Interferenz beitragenden Kristallite die Häufigkeit der Kristallorientierungen gleich verteilt ist, also keine Vorzugsorientierungen vorliegen. Andernfalls muss die Orientierungs-Dichte-Funktion (ODF) $f(g)$, siehe Kapitel 11, bei den Mittelungen als Wichtungsfaktor auftreten. Die zu Gleichung 10.69 entsprechenden Gleichung lautet dann mit den Spannungsfaktoren F_{ij}, die die Abhängigkeit der messbaren Dehnungen bzw. der d-Werte von den mittleren Spannungen beschreiben:

$$\epsilon(\varphi, \psi) = \frac{d(\varphi, \psi) - d_0}{d_0} = \sum_{i,j} F_{ij}(\varphi, \psi, hkl)\, \sigma_{ij} \tag{10.123}$$

Sie können experimentell in Zug- oder Biegeversuchen bestimmt werden, bei denen die mittlere Spannung durch äußere Lastspannungen eingestellt wird. Man kann die Spannungsfaktoren wie die *REK* auch direkt aus den Einkristalldaten berechnen, wenn man ein Modell für die Kopplung der Kristallite untereinander ansetzt. Die Berechnungen sind im einzelnen in [35] behandelt. $F_{ij}(\varphi, \psi, hkl)$ entspricht der Dehnung der Ebenenschar $(h\,k\,l)$ in Richtung φ, ψ, wenn die Spannungskomponente σ_{ij} gleich 1 MPa ist. Die Spannungsfaktoren geben also die prinzipiellen Verläufe der Dehnungen über $\sin^2 \psi$ an. Beim Übergang zu einem isotropen Material gehen die F_{ij} in Kombinationen der beiden *REK* s_1 und $\frac{1}{2}s_2$ über:

$$F_{ij} \to \begin{pmatrix} s_1 + \frac{1}{2}s_2 \cos^2\varphi \, \sin^2\psi & 0.5\,\frac{1}{2}s_2 \, \sin 2\varphi \, \sin^2\psi & 0.5\,\frac{1}{2}s_2 \, \cos\varphi \, \sin 2\psi \\ 0.5\,\frac{1}{2}s_2 \, \sin 2\varphi \, \sin^2\psi & s_1 + \frac{1}{2}s_2 \, \sin^2\varphi \, \sin^2\psi & 0.5\,\frac{1}{2}s_2 \, \sin\varphi \, \sin 2\psi \\ 0.5\,\frac{1}{2}s_2 \, \cos\varphi \, \sin 2\psi & 0.5\,\frac{1}{2}s_2 \, \sin\varphi \, \sin 2\psi & s_1 + \frac{1}{2}s_2 \, \cos^2\psi \end{pmatrix}$$

Die Spannungsfaktoren hängen von der aktuellen Textur ab. Nach ihrer Berechnung können die Spannungskomponenten durch Anpassung von Gleichung 10.123 an die gemessenen $d(\sin^2\psi)$-Verteilungen bestimmt werden. Solange die Texturen nicht sehr stark ausgeprägt sind und noch keine wesentlichen systematischen Abweichungen von einem linearen Verlauf der d-Werte über $\sin^2\psi$ auftreten, werden in der Praxis die Spannungen aber meistens mit der für quasiisotrope Materialien in Kapitel 10.4.7 beschriebenen Methode ausgewertet. Bild 10.29 zeigt röntgenographische Messungen an einem kalt ge-

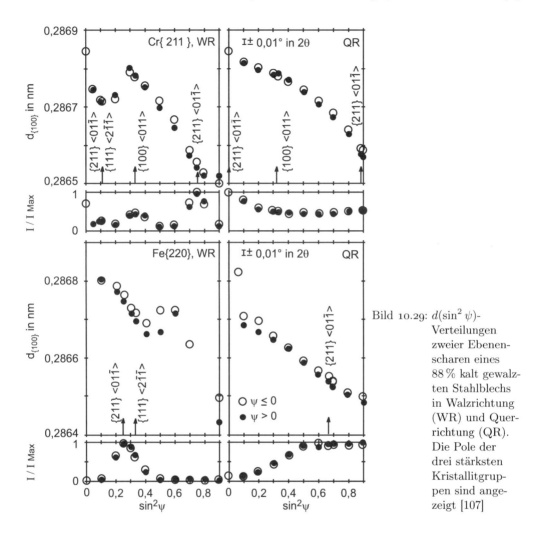

Bild 10.29: $d(\sin^2 \psi)$-Verteilungen zweier Ebenen-scharen eines 88 % kalt gewalzten Stahlblechs in Walzrichtung (WR) und Querrichtung (QR). Die Pole der drei stärksten Kristallitgruppen sind angezeigt [107]

walzten Stahlband mit einer recht ausgeprägten Textur, die sich dadurch bemerkbar macht, dass die Intensität sehr von der Messrichtung abhängt. Unter einigen Richtungen ist sie zu gering, um eine Interferenz auswerten zu können. Die nichtlinearen Verläufe sind hier texturbedingt, man muss in solchen Fällen aber immer auch mit einem zusätzlichen Einfluss der erfolgten plastischen Verformung rechnen, siehe Kapitel 10.8.

Sehr stark texturierte Werkstoffe lassen sich näherungsweise durch wenige Kristallitgruppen charakterisieren. Diese werden als ideale Lagen bezeichnet und durch ihre Ebenenschar $(m\,n\,r)$ parallel zur Probenoberfläche sowie ihre Gitterrichtung $[u\,v\,w]$ in 1-Richtung des Probensystems bezeichnet. Wesentliche Intensität haben die Interferenzen einer Ebenenschar dann nur unter denjenigen Messrichtungen, die den Polen der hauptsächlichen Kristallitgruppen entsprechen. In den Messrichtungen, die mit einem Pol einer idealen Lage $(m\,n\,r)[u\,v\,w]$ zusammenfallen, wird die Winkellage der Interferenzlinie und damit der ermittelte d-Wert überwiegend von dieser idealen Lage bzw. von der entsprechenden Kristallitgruppe dominiert. Natürlich tragen auch alle anderen Kristallitgruppen in interferenzfähiger Orientierung zum Reflex bei, aber wegen ihrer geringen Volumenanteile in untergeordnetem Maße. Bei der Kristallitgruppenmethode werden folgende Voraussetzungen gemacht:

- Stimmt die Messrichtung mit einem Pol einer idealen Lage des texturierten Werkstoffs überein, so bestimmt die Kristallitgruppe dieser idealen Lage die Linienlage der Beugungsinterferenz. Der hieraus ermittelte Dehnungswert entspricht der Dehnung dieser Kristallitgruppe. Die Beiträge aller anderen Kristallitgruppen zu der Interferenz werden vernachlässigt. Außerhalb der Pole der idealen Lagen sollten die Interferenzintensitäten klein sein.

$$
\epsilon(\varphi = 0°, \psi) = (s_{12} + \frac{1}{6}s_0)\sigma_{11} + (s_{12} + \frac{1}{3}s_0)\sigma_{22} + (s_{12} + \frac{1}{2}s_{44} + \frac{1}{2}s_0)\sigma_{33} +
$$
$$
\frac{1}{2}(s_{44} + \frac{2}{3}s_0)(\sigma_{11} - \sigma_{33})\sin^2\psi
$$
$$
\epsilon(\varphi = 90°, \psi) = (s_{12} + \frac{1}{6}s_0)\sigma_{11} + (s_{12} + \frac{1}{3}s_0)\sigma_{22} + (s_{12} + \frac{1}{2}s_{44} + \frac{1}{2}s_0)\sigma_{33} +
$$
$$
\frac{1}{2}\left((\frac{1}{3}s_0\,\sigma_{11} + s_{44}\,\sigma_{22} - (s_{44} + \frac{1}{3}s_0)\sigma_{33}\right)\sin^2\psi +
$$
$$
\frac{1}{6}\sqrt{2}\,s_0\,(\sigma_{11} - \sigma_{33})\sin 2\psi
$$
$$
\text{mit } s_0 = s_{11} - s_{12} - \frac{1}{2}s_{44} \tag{10.124}
$$

- Bei der Auswertung wird jede Kristallitgruppe, d. h. die Kristallite mit jeweils derselben Orientierung, als ein Kristall behandelt, dessen Dehnung gleich dem Mittelwert der Kristallitgruppe ist. Die verschiedenen Kristallitgruppen können unterschiedliche Dehnungen und Spannungen haben. Aus den in verschiedenen Polen der Kristallitgruppe bestimmten Dehnungswerten lässt sich ihr Dehnungstensor ableiten. Er ist über die Einkristallkoeffizienten s_{ij} des Kristalls mit dem Spannungstensor verknüpft. Ebenso kann die Dehnung der Kristallitgruppe in Messrichtung mit Hilfe der Spannungskomponenten ausgedrückt werden. Gleichung 10.124 gibt als Beispiel diesen Zusammenhang für die Kristallitgruppe $(211)[01\bar{1}]$ an. Sie gilt für den Fall, dass in der Kristallitgruppe bezüglich des Probensystems nur Hauptspannungen vorliegen.

In Bild 10.29 sind die Lagen der Pole einiger Kristallitgruppen eingezeichnet. Aus den Dehnungen in Richtung der Pole einer Kristallitgruppe können ihre Spannungskomponenten mit Hilfe einer Ausgleichsrechnung oder aus der Steigung über $\sin^2\psi$ bestimmt werden. Diese als Kristallitgruppenmethode bekannte Auswertung ist allerdings nur für sehr starke Texturen sinnvoll.

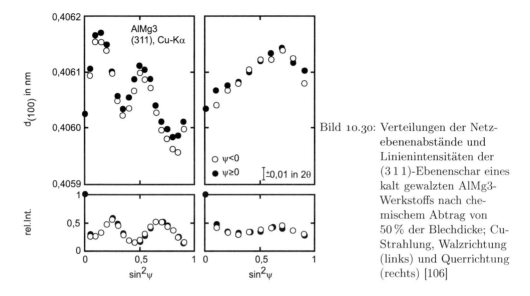

Bild 10.30: Verteilungen der Netzebenenabstände und
Linienintensitäten der
(3 1 1)-Ebenenschar eines
kalt gewalzten AlMg3-
Werkstoffs nach che-
mischem Abtrag von
50 % der Blechdicke; Cu-
Strahlung, Walzrichtung
(links) und Querrichtung
(rechts) [106]

10.8 Effekte plastisch induzierter Mikroeigenspannungen

Plastisch induzierte Mikrospannungen können zusätzliche Nichtlinearitäten der $d(\sin^2 \psi)$-Kurven hervorrufen, deren Art und Ausmaß von der plastischen Anisotropie und dem bisherigen Verformungsweg bestimmt werden. Ein allgemeiner Zusammenhang zur Beschreibung der Auswirkungen auf die $d(\sin^2 \psi)$-Verteilungen lässt sich aber nicht angeben. Deutlich werden diese Einflüsse an Werkstoffen, deren Kristallite elastisch nahezu isotrop sind. Dann ist der Verlauf der Spannungsfaktoren über $\sin^2 \psi$ linear, und es treten keine Nichtlinearitäten aufgrund einer Textur auf. Solche Werkstoffe sind Wolfram und in guter Näherung auch Aluminium und dessen Legierungen. An gewalzten W-Blechen wurden deutliche Abweichungen vom linearen Verlauf gefunden. Auch kalt gewalztes AlMg3 zeigt je nach Ebenenschar Nichtlinearitäten, die ausschließlich dem plastisch induzierten Anteil der orientierungsabhängigen Mikroeigenspannungen zuzuordnen sind. In Bild 10.30 sind Ergebnisse für die (3 1 1)-Ebene abgebildet.

Selbst wenn die Kristallite elastisch anisotrop sind und die Textur nur schwach ausgeprägt ist, sollten die d-Werte etwa linear über $\sin^2 \psi$ verlaufen. An einem geschliffenen und anschließend 12 % einachsig verformten ferritisch-austenitischen Duplexstahl wurden die in Bild 10.31 gezeigten Verläufe beobachtet, jeweils für $\varphi = 0°$ (Verformungs- und Schleifrichtung) und zwei Ebenenscharen. Es fällt auf, dass die $d(\sin^2 \psi)$-Verläufe der Ebenenscharen derselben Phase vollkommen unterschiedlich sind, sowohl in ihren Formen, als auch in ihren mittleren Steigungen. Eine Auswertung durch lineare Regression nach Kapitel 10.4.7 wäre falsch und würde für verschiedene Ebenenscharen derselben Werkstoffphase völlig unterschiedliche Spannungen ergeben. Mittelt man allerdings die $d(\sin^2 \psi)$-Verläufe mehrerer Ebenenscharen, so sollte sich eine lineare Verteilung ergeben, wie sie für das makroskopische Verhalten erwartet wird. Die Mittelung muss die verschiedenen Flächenhäufigkeiten berücksichtigen. Eine detaillierte Analyse der orientierungsabhängigen Mikroeigenspannungen ist durch Entfaltung der Dehnungsverteilungen und

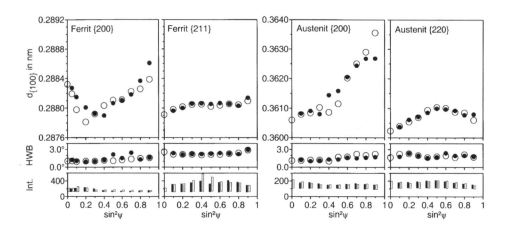

Bild 10.31: $d(\sin^2 \psi)$-Verteilungen verschiedener Ebenenscharen der Ferrit- und der Austenit-
phase in einer geschliffenen und anschließend 12 % zugverformten Probe aus dem
Duplexstahl X2CrNiMoN22-5; Längsrichtung ($\varphi = 0°$), Cr-Strahlung [35]

Bestimmung der *Spannungs-Orientierungs-Funktionen* (SOF) möglich. Die SOF beschreiben die Spannungskomponenten der Kristallite in Abhängigkeit von der Orientierung des
Kristalls im Probensystem. Eine ausführliche Darstellung ist in [35] gegeben.

10.9 Einfluss und Ermittlung oberflächennaher Spannungsprofile

Wie in Kapitel 10.4.2 beschrieben, tragen zu einer Interferenz alle Kristallite bei, die sich
in reflexionsfähiger Lage befinden. Man erhält durch Auswertung der Linienlage dann
den über diese Kristallite gemittelten Netzebenenabstand. Sein Zusammenhang mit den
vorliegenden Spannungen ist in Gleichung 10.69 gegeben, wobei angenommen wurde, dass
die Spannungen sich nicht mit der Tiefe unter der Oberfläche ändern, also ein homogener
Spannungszustand vorliegt. Liegt ein tiefenabhängigen Eigenspannungsverlauf innerhalb
der Eindringtiefe vor, spricht man auch von Spannungsgradienten. Gleichung 10.69 zwischen der Dehnung bzw. dem d-Wert und den Spannungen gilt dann immer nur für eine
feste Tiefe z. Die röntgenographische Messung liefert aber eine gewichtete Mittelung
über die jeweilige Eindringtiefe der Strahlung, siehe Gleichung 10.64 in Kapitel 10.4.3.
Entsprechend müssen auch die Spannungen über die Eindringtiefe gemittelt werden.

$$\hat{\sigma}_{ij}(\tau) = \frac{\int\limits_{V^c} \sigma_{ij}(z) \, \exp(-z/\tau) \, \mathrm{d}z}{\int\limits_{V^c} \exp(-z/\tau) \, \mathrm{d}z} \tag{10.125}$$

In den Gleichungen 10.69 oder 10.71 sind die Spannungen σ_{ij} durch die über die Tiefe
z gewichtet gemittelten Werte $\hat{\sigma}_{ij}(\tau)$ zu ersetzen. Analog zu Gleichung 10.71 erhält man
für $\varphi = 0°$ z. B.

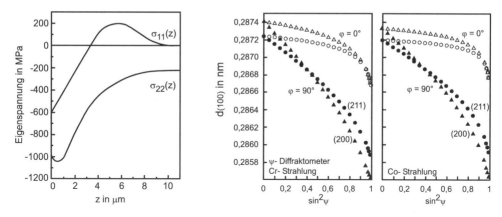

Bild 10.32: Spannungsprofile und die daraus resultierenden $d(\sin^2 \psi)$-Verteilungen eines nicht-texturierten ferritischen Stahls für zwei Ebenenscharen und zwei Strahlungen [35]

$$\epsilon(\varphi, \psi) = s_{1(hkl)} \cdot [\hat{\sigma}_{11}(\tau) + \hat{\sigma}_{22}(\tau) + \hat{\sigma}_{33}(\tau) \,] +$$
$$\frac{1}{2}s_{2(hkl)} \cdot [\hat{\sigma}_{11}(\tau) - \hat{\sigma}_{33}(\tau))] \sin^2 \psi + \frac{1}{2}s_{2(hkl)} \cdot \hat{\sigma}_{13}(\tau) \sin 2\psi \qquad (10.126)$$

Liegen also Tiefenverläufe der Spannungskomponenten vor, so ist zwischen den Spannungen $\sigma_{ij}(z)$ und $\hat{\sigma}_{ij}(\tau)$ zu unterscheiden. Man spricht auch von den Spannungen im z-Raum und denen im τ-Raum. Zwischen ihnen vermittelt Gleichung 10.125, die einer LAPLACE-Transformation entspricht. Während die Messergebnisse im τ-Raum erzielt werden, muss man die Spannungen im z-Raum durch inverse LAPLACE-Transformationen aus den Tiefenprofilen $\hat{\sigma}_{ij}(\tau)$ berechnen. Da die Eindringtiefe τ selbst von der Messrichtung, d. h. von $\sin^2 \psi$ abhängt, liefert Gleichung 10.126 im Allgemeinen auch bei Abwesenheit von Schubspannungen keine lineare Verteilung mehr, sondern eine mehr oder weniger gekrümmte Kurve. Die genauen Spannungsverläufe können also nicht mittels Regressionsanalyse bestimmt werden. Nur für die Schubkomponenten ergibt sich aus Gleichung 10.126 die Möglichkeit, ihren Verlauf direkt zu bestimmen:

$$\hat{\sigma}_{13}(\tau) = \frac{\epsilon_{\varphi=0,+\psi} - \epsilon_{\varphi=0,-\psi}}{2\,\frac{1}{2}s_2 \sin(2\psi, \tau)} = \frac{d_{\varphi=0,+\psi} - d_{\varphi=0,-\psi}}{2d_0\,\frac{1}{2}s_2 \sin(2\psi, \tau)} \qquad (10.127)$$

Bild 10.32 zeigt im rechten Teil die $d(\sin^2 \psi)$-Verteilungen zweier Ebenenscharen, die in einem nicht-texturierten Stahl von den Spannungsprofilen im linken Teilbild hervorgerufen werden, berechnet nach Gleichungen 10.125 und 10.126. Derartige Spannungsprofile können z. B. durch Schleifbearbeitungen erzeugt werden.

Die Auswertung solch gekrümmter $d(\sin^2 \psi)$-Verteilungen durch lineare Regression gemäß den in Kapitel 10.4.7 angegebenen Gleichungen kann nur als eine erste Näherung für die mittlere Spannung innerhalb einer mittleren Eindringtiefe betrachtet werden. Da der erfasste Eindringtiefenbereich von der untersuchten Netzebenenschar, von der verwendeten Strahlung, wie auch von der Messanordnung abhängt, Kapitel 10.6.3, ist der ermittelte Spannungswert von diesen Parametern abhängig. Variiert man also einen oder mehrere dieser Messparameter, so erhält man Informationen aus unterschiedlichen Eindringtiefenbereichen.

Für die Untersuchung von oberflächennahen Spannungsgradienten eignet sich besonders die energiedispersive Beugung, da hierbei mit einer einzigen Messanordnung eine Vielzahl unterschiedlicher Netzebenen gleichzeitig vermessen werden kann, Kapitel 14.1. Die Bilder 10.33 bis 10.35 zeigen am Beispiel einer geschliffenen 100Cr6 Stahlprobe die prinzipiellen Möglichkeiten dieser Methode für eine tiefenaufgelöste Analyse randschichtnaher Eigenspannungsverteilungen. Unter einem Diffraktionswinkel $2\theta = 16°$ wurden in insgesamt vier Azimuten parallel ($\varphi = 0°, 180°$) und senkrecht ($\varphi = 90°, 270°$) zur Schleifrichtung $\sin^2\psi$-Verteilungen bis hin zu hohen ψ-Kippwinkeln von 88° gemessenen. Die entsprechenden Beugungsspektren besitzen im Energiebereich zwischen 20 keV und 70 keV zehn Ferrit-Interferenzlinien, siehe Bild 10.33 (oben). Bereits die Form der $E_{hkl}\left(\sin^2\psi\right)$-Verläufe lässt auf eine komplexe, tiefenabhängige Eigenspannungsverteilung im erfassten Randschichtbereich schließen (die hier aufgetragenen Energien können mittels Gleichung 14.1 direkt in Netzebenenabstände umgerechnet werden). So weisen die Verläufe der höherenergetischen $(3\,2\,1)$-Linie im Vergleich zur $(2\,0\,0)$-Interferenz eine deutlich stärkere Krümmung für hohe ψ-Winkel auf, während andererseits die ψ-Äste für die $(2\,0\,0)$-Linie in Schleifrichtung eine schubspannungsbedingte Aufspaltung zeigen.

Eine einfache Methode, um zu einer brauchbaren ersten Näherung für die Eigenspannungstiefenprofile zu gelangen, ergibt sich aus den in Kapitel 10.4.7 angegebenen Beziehungen zur Berechnung der Normal- und Schubspannungskomponenten aus den Steigungen der $d\left(\sin^2\psi\right)$ bzw. $d_{hkl}\left(\sin 2\psi\right)$ Verteilungen. Dazu wendet man den in den Gleichungen 10.73 bis 10.76 beschriebenen Formalismus auf jede einzelne Interferenz E_{hkl} an (die Energie E_{hkl} und der Netzebenenabstand d_{hkl} lassen sich mittels der energiedispersiven BRAGGschen Gleichung 14.1 ineinander umrechnen)und trägt die erhaltenen Spannungswerte über einer jeweils mittleren Informationstiefe $\langle\tau\,(hkl)\rangle$ auf. Nichtlinearitäten in den Gitterdehnungsverteilungen werden in dieser Näherung nicht berücksichtigt. Als Maß für die energiespezifischen mittleren Eindringtiefen wählt man zweckmäßigerweise das arithmetische Mittel aus minimaler und maximaler Eindringtiefe der $\sin^2\psi$-Messung, also $\langle\tau\,(hkl)\rangle = \left(\tau_{\psi_{min}} + \tau_{\psi_{max}}\right)/2$. Für das hier betrachtete Beispiel zeigt Bild 10.34 die sich so ergebenden Spannungstiefenverläufe. Quer zur Schleifrichtung liegen deutlich höhere Druckeigenspannungen vor als in Längsrichtung, in der zusätzlich Schubspannungen σ_{13} auftreten, die in der Tiefe rasch auf Null abfallen. Es ist darauf hinzuweisen, dass die beschriebene Vorgehensweise zunächst nur die *Differenzbeträge* aus den oberflächenparallelen Normalkomponenten σ_{ii} ($i = 1,2$) und der Normalkomponente in Dickenrichtung σ_{33} liefert. Für eine getrennte (also dreiachsige) Auswertung von σ_{33} müssen die Netzebenenabstände $d_0(h\,k\,l)$ des dehnungsfreien Zustandes mit hoher Genauigkeit bekannt sein, siehe Kapitel 10.4.7.

Liegen $E_{hkl}\left(\sin^2\psi\right)$-Verteilungen in hoher Qualität, das heißt mit nur geringen Streuungen, vor, so lassen sich mit der Universalplot-Methode nach [213] aus den $\sin^2\psi$-Daten wesentlich detailliertere Informationen zu den Eigenspannungstiefenverläufen gewinnen. Der Formalismus basiert auf folgenden Ausdrücken, die für jede gemessene Interferenz E_{hkl} zu berechnen sind:

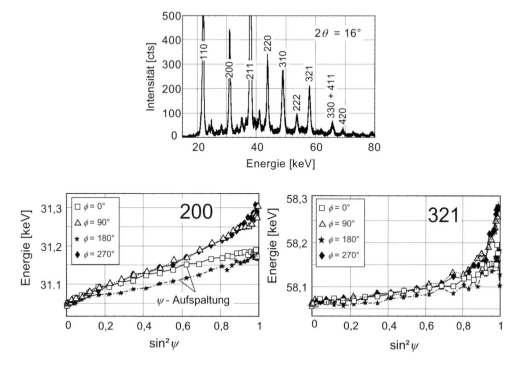

Bild 10.33: Oben: Energiedispersives Beugungsspektrum einer geschliffenen 100Cr6 Stahlprobe aufgenommen unter $2\theta = 16°$, Integrationszeit $100\,\mathrm{s}$. Unten: $E_{hkl}\left(\sin^2\psi\right)$-Verteilungen für die Interferenzen $(2\,0\,0)$ und $(3\,2\,1)$, ermittelt in den Azimuten $\phi = 0°$ und $180°$ (Schleifrichtung) sowie $\phi = 90°$ und $270°$ (Querrichtung) [89].

$$f^+(\tau) = \frac{\frac{1}{4}\left[\epsilon_{0\psi}(h\,k\,l\,,\tau) + \epsilon_{90\psi}(h\,k\,l\,,\tau) + \epsilon_{180\psi}(h\,k\,l\,,\tau) + \epsilon_{270\psi}(h\,k\,l\,,\tau)\right]}{\frac{1}{2}s_2(h\,k\,l)\sin^2\psi + 2s_1(h\,k\,l)}$$

$$f^-(\tau) = \frac{\frac{1}{4}\left\{\left[\epsilon_{0\psi}(h\,k\,l\,,\tau) + \epsilon_{180\psi}(h\,k\,l\,,\tau)\right] - \left[\epsilon_{90\psi}(h\,k\,l\,,\tau) + \epsilon_{270\psi}(h\,k\,l\,,\tau)\right]\right\}}{\frac{1}{2}s_2(h\,k\,l)\sin^2\psi}$$

$$f_{13}(\tau) = \frac{\frac{1}{2}\left[\epsilon_{0\psi}(h\,k\,l\,,\tau) - \epsilon_{180\psi}(h\,k\,l\,,\tau)\right]}{\frac{1}{2}s_2(h\,k\,l)\sin|2\psi|}$$

$$f_{23}(\tau) = \frac{\frac{1}{2}\left[\epsilon_{90\psi}(h\,k\,l\,,\tau) - \epsilon_{270\psi}(h\,k\,l\,,\tau)\right]}{\frac{1}{2}s_2(h\,k\,l)\sin|2\psi|} \tag{10.128}$$

Unter der Voraussetzung, dass im gesamten erfassten Tiefenbereich $\sigma_{33} \equiv 0$ näherungsweise gilt, lassen sich aus den Beziehungen 10.128 mit Hilfe der Grundgleichung der röntgenographischen Spannungsanalyse 10.69 in ihrer tiefenabhängigen Form 10.125 die Tiefenverläufe der Spannungskomponenten im Probensystem ermitteln:

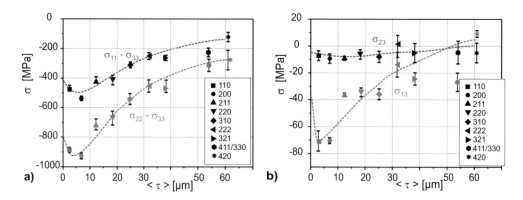

Bild 10.34: Tiefenverläufe der oberflächenparallelen Normalspannungen (links) und der Schubspannungen (rechts), ermittelt nach der $\sin^2 \psi$-Methode für die einzelnen Interferenzen E_{hkl}, aufgetragen über der mittleren Eindringtiefe $\langle \tau(hkl) \rangle$ [89]

$$\hat{\sigma}_{11}(\tau) = f^+(\tau) + f^-(\tau)$$
$$\hat{\sigma}_{22}(\tau) = f^+(\tau) - f^-(\tau)$$
$$\hat{\sigma}_{13}(\tau) = f_{13}(\tau)$$
$$\hat{\sigma}_{23}(\tau) = f_{23}(\tau) \tag{10.129}$$

Bei den Spannungen $\hat{\sigma}_{ij}(\tau)$ handelt es sich um die über die Tiefe z gewichteten Mittelwerte der tatsächlichen Verläufe $\sigma_{ij}(z)$ im z- bzw. Ortsraum, siehe Kapitel 10.9. Da die der
Wichtung zugrundeliegende Beziehung 10.125 die Form einer LAPLACE-Transformation
der $\sigma_{ij}(z)$-Verteilungen bezüglich der reziproken Eindringtiefe $1/\tau$ hat, bezeichnet man
die $\hat{\sigma}_{ij}(\tau)$-Profile häufig auch als »Laplace-Spannungen«. Die in 10.128 angegebenen Gleichungen besitzen »universellen«Charakter, da die jeweils linken Seiten ausschließlich In-

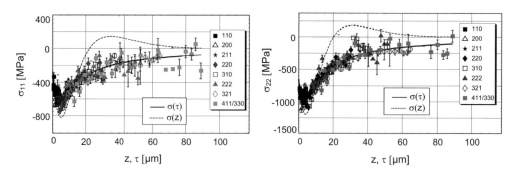

Bild 10.35: Universalplot-Auftragung der $\sin^2 \psi$-Daten aus Bild 10.33. Die Spannungstiefen-
profile im z-Raum wurden durch exponentiell gedämpfte Polynome ersten Grades
beschrieben, Bild entnommen aus [89]

formationen über die Spannungstiefenverteilungen enthalten, während die rechten Seiten die experimentell ermittelten Gitterdehnungen zusammenfassen. Damit wird es aber gerade möglich, die für diskrete Informationstiefen τ_k erhaltenen Spannungswerte $\hat{\sigma}_{ij}(\tau_k)$ *unabhängig* von der eingesetzen Strahlungsart bzw. Wellenlänge, der Energie und/oder der vermessenen Interferenz $(h\,k\,l)$ in einem einzigen »Universalplot« [213] über der jeweiligen Tiefe τ aufzutragen.

Bild 10.35 zeigt am Beispiel der in den Diagrammen 10.33 abgebildeten $\sin^2 \psi$ Verteilungen die Universalplot-Auftragung für die Normalspannungskomponenten σ_{11} und σ_{22}. Deutlicher als in Bild 10.34 ist zu erkennen, dass sowohl in Schleif- als auch in Querrichtung ein Druckspannungsmaximum dicht unter der Oberfläche existiert. Ein Vorteil der Universalplot-Auftragung besteht ferner in der Möglichkeit, aus den $\hat{\sigma}_{ij}(\tau_k)$-Verteilungen auf die entsprechenden Spannungsverläufe im Ortsraum zu schließen. Dazu beschreibt man die $\sigma_{ij}(z)$-Verläufe durch Funktionen, die sich nach 10.125 leicht transformieren lassen, häufig werden exponentiell gedämpfte Polynome der Form

$$\left(a_0 + a_1 z + a_2 z^2 + \ldots \right) e^{-a_n z} \tag{10.130}$$

verwendet. Deren LAPLACE-Transformierte werden dann mittels Fehlerquadratmethode an die experimentellen Verteilungen angepasst, um daraus die gesuchten Koeffizienten a_i zu berechnen.

Mit der zunehmenden Verfügbarkeit moderner Synchrotronquellen hat die energiedispersive (ED) Beugungsmethode an Bedeutung gewonnen und stellt heute auf vielen Gebieten der Materialforschung eine echte Alternative bzw. Ergänzung zu den etablierten winkeldispersiven Diffraktionsverfahren dar. Unter feststehenden Beugungsbedingungen (Probe, Detektor) werden bei der ED-Methode vollständige Beugungsspektren mit einer Vielzahl von Interferenzlinien registriert. Photonenenergien von 100 keV und mehr ermöglichen in Verbindung mit den hohen Synchrotronstrahlflussdichten sowohl zeit- als auch ortsaufgelöste Experimente in Reflexions- und Transmissionsgeometrie.

Gradienten der chemischen Zusammensetzung nahe der Oberfläche können einen ähnlichen Effekt wie Spannungsgradienten haben. Wenn sich der Zellparameter d_0 des spannungsfreien Zustandes mit der Zusammensetzung ändert, verursacht der Gradient ebenfalls eine Krümmung der $d(\sin^2 \psi)$-Verteilungen. Eine Methode zur Trennung dieser beiden Einflüsse liegt bislang nicht vor.

10.10 Ermittlung von Tiefenverteilungen

Für die Beurteilung von Oberflächenbearbeitungen oder Wärmebehandlungen ist nicht nur der Spannungswert an der Oberfläche (bzw. innerhalb der Eindringtiefe) von Interesse, sondern auch der Verlauf in größerer Tiefe unter der Oberfläche. Die Randschichtbearbeitung verursacht Spannungszustände und einen Einfluss auf das Einsatzverhalten von Bauteilen. Die Einflussbereiche von Oberflächenbehandlungen können sich über mehrere hundert Mikrometer erstrecken, sind dann also weit größer als die Eindringtiefe der Röntgenstrahlung.

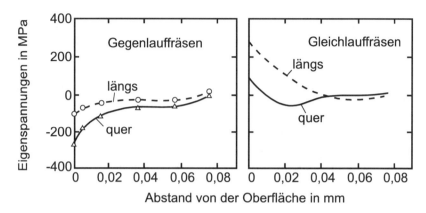

Bild 10.36: Eigenspannungstiefenverteilungen beim Fräsen von Ck45 im Gegenlauf (links) und im Gleichlauf (rechts), jeweils längs und quer zur Fräsrichtung [221]

Bild 10.36 zeigt Tiefenverläufe der Spannungen, die durch Fräsen der Oberfläche hervorgerufen wurden. Dabei wird durch das Fräswerkzeug eine Schicht des Materials abgetragen, was mit thermischer Beanspruchung und plastischer Verformung verbunden ist. Je nach Art der Bearbeitung kann es zu sehr unterschiedlichen Spannungszuständen kommen. Der Spannungsverlauf im linken Teilbild wird durch Gegenlauffräsen erzeugt, das Fräswerkzeug dreht sich hierbei entgegen der Vorschubrichtung des Werkstücks, die Verläufe im rechten Teilbild gehören zu einer Bearbeitung durch Gleichlauffräsen, bei der sich der Fräser in Vorschubrichtung dreht. Zugeigenspannungen sind im Oberflächenbereich zu vermeiden, da sie die Initiierung und die Ausbreitung von Rissen begünstigen.

Spannungsverläufe über größere Tiefen sind nur zugänglich, wenn die Oberfläche in mehreren Schritten chemisch oder elektrolytisch abgetragen wird. Nach jedem Abtragsschritt können die Spannungen an der aktuellen Oberfläche gemessen werden. Innerhalb der Eindringtiefe der Strahlung sind die Änderungen dann meist vernachlässigbar. Bei der Bestimmung von Tiefenverläufen durch Abtragen der Oberfläche ist folgendes zu beachten:

Durch das Abtragen der Oberfläche dürfen keine neuen Eigenspannungen induziert werden. Dies gelingt durch chemisches Abtragen oder elektrolytisches Polieren. Mechanische Bearbeitung induziert neue Eigenspannungen und ist deshalb ungeeignet.
Bei tieferen Abtragsschritten wird die Oberfläche oft uneben. Dies erschwert die Zuordnung der Ergebnisse zu einer bestimmten Tiefe. Beim chemischen Abtrag kann die Oberfläche rau werden. Die Rauheit darf nicht in die Größenordnung der Eindringtiefe kommen.
Der Abtrag der Oberfläche ist ein Eingriff in die Geometrie der untersuchten Probe. Vorhandene Eigenspannungen können dabei relaxieren, so dass an der aktuellen Oberfläche dann nicht mehr der Spannungszustand untersucht wird, der vor dem Abtrag an dieser Stelle vorlag. Für einfache Geometrien und ganzflächigem Abtrag lässt sich der ursprüngliche Tiefenverlauf aber aus den Messwerten durch Abtragskorrektur rekonstruieren [194].

10.11 Trennung experimentell bestimmter Spannungen

Beugungsverfahren sind sowohl gegenüber Makrospannungen als auch Mikrospannungen empfindlich. Die aus den gemessenen Dehnungswerten ermittelten Ergebnisse enthalten somit immer beide Anteile. Die Auswertung der Messdaten kann nach den Methoden aus Kapitel 10.4.7 erfolgen. Die zunächst vorliegenden Ergebnisse sind dann die mittleren Phasenspannungen σ^α, wenn mit dem Index α die vermessene Phase gekennzeichnet ist. Zunächst sei angenommen, dass bei den Messungen mit Röntgen- oder Neutronenstrahlen jeweils das gesamte Volumen der Phase erfasst wird. Gemäß den Definitionen in Kapitel 10.3.1 gelten folgende Beziehungen der Makro- und Mikrospannungen:

$$\sigma^\alpha = \sigma^L + \sigma^I + <\sigma^{II}> \tag{10.131}$$

Eine rechnerische Trennung der Makro- und Mikrospannungen ist möglich, wenn einer der beiden Anteile separat bestimmbar oder aus weiteren Messergebnissen ableitbar ist. Die Makrospannung allein lässt sich mit mechanischen Messverfahren oder Ultraschallverfahren bestimmen. Mechanische Verfahren sind allerdings immer mit Eingriffen in die Probengeometrie verbunden, d. h. nie ganz zerstörungsfrei. Zu berücksichtigen ist auch, dass die Messvolumina der Verfahren sehr unterschiedlich sein können. Röntgenstrahlen haben Eindringtiefen von einigen Mikrometern, während obige Verfahren eine Messtiefe $> 0,2\,\text{mm}$ haben. Nun können auch Makrospannungen ortsabhängig sein. Bei der Kombination der Ergebnisse der verschiedenen Messverfahren muss also vorausgesetzt werden, dass die Makrospannungen in den verschiedenen Messvolumina gleich sind. Ein anderer Weg, die Makrospannung zu bestimmen, ist durch Gleichung 10.48 gegeben. Da die Mikrospannungen sich zwischen den Phasen kompensieren, siehe Gleichung 10.47, ergibt die Mittelung der Phasenspannungen den makroskopischen Wert. Dafür müssen aber alle Phasen des Werkstoffs röntgenographisch bzw. mit Neutronen messbar sein, d. h. auswertbare Interferenzen liefern. Bei Phasen mit geringen Volumenanteilen ist dies oft nicht der Fall. Dennoch kann dann Gleichung 10.48 als Näherung herangezogen werden. Weiterhin muss man voraussetzen, dass die Mikrospannungen $<\sigma^{III}>^{\alpha*}$ innerhalb der Phasen vernachlässigt werden dürfen.

Für die separate Bestimmung der Mikrospannungen gibt es folgende Wege. Zum einen kann man ausnutzen, das sich die Makroeigenspannungen über den Querschnitt einer Probe kompensieren müssen:

$$\frac{1}{Q} \int\limits_{Querschnitt} \sigma^I \, \mathrm{d}Q = 0 \tag{10.132}$$

Folglich wird die Mittelung der Phasenspannung über die Querschnittsfläche Q allein von den Mikrospannungen beeinflusst:

$$\frac{1}{Q} \int\limits_{Querschnitt} \sigma^\alpha \, \mathrm{d}Q = \frac{1}{Q} \int\limits_{Querschnitt} <\sigma^{II}>^\alpha \, \mathrm{d}Q \tag{10.133}$$

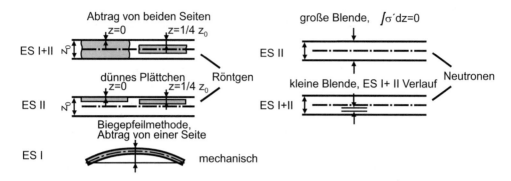

Bild 10.37: Ermittlung des Verlaufes der Makro- und Mikrospannungen in einem Blech [107]

Wählt man das Messvolumen so groß, dass der gesamte Querschnitt einer Probe enthalten ist, werden also die Mikrospannungen alleine erfasst. Dies ist bei Neutronenmessungen mit Messvolumina im mm^3-Bereich möglich. Die Kombination dieses Ergebnisses mit denjenigen, die mit kleinem Messvolumen erzielt wurden, setzt aber voraus, dass die Mikrospannungen über dem Querschnitt konstant sind. Das kann angenommen werden, wenn die vorausgegangenen Probenbearbeitungen und Wärmebehandlungen homogenen über den Querschnitt erfolgten.

Die zweite Möglichkeit, die Mikrospannungen separat zu bestimmen, ist allerdings mit der Zerstörung der Probe verbunden. Durch Eingriffe in die Probengeometrie werden Makrospannungen ausgelöst, dies ist gerade die Grundlage aller mechanischen Messverfahren. Auch die elastisch induzierten Mikrospannungen $(f^\alpha - I)(\sigma^L + \sigma^I)$ nach Gleichung 10.56 werden ausgelöst, die plastisch oder thermisch induzierten Anteile σ_0^α dagegen nicht beeinflusst. Sorgt man nun dafür, dass Makrospannungen vollständig ausgelöst werden, sind die verbleibenden Mikrospannungen direkt bestimmbar. An ebenen Probengeometrien kann z. B. nach Messung der Phasenspannung an der kompakten Probe ein dünnes Plättchen aus dem Oberflächenbereich herausgetrennt und dieselbe Messstelle nochmals untersucht werden. Innerhalb des Messvolumens sind dann nur noch Mikrospannungen vorhanden. Die herausgetrennte Probe muss dünn genug sein, um annehmen zu dürfen, dass die ursprünglichen Makrospannungen innerhalb der Plättchendicke näherungsweise linear waren. Durch das Auslösen eventuell vorhandener Makrospannungen und wiederholte Röntgenmessungen lässt sich z. B. nachweisen, dass nach Verformung erhebliche Mikrospannungen vorliegen. Bild 10.37 zeigt die Probengeometrien und Messstellen zur Ermittlung des Verlaufes der Mikro- und Makrospannungen über den Querschnitt eines gewalztes Bandes oder Bleches, bei dem ein symmetrischer Verlauf über der Probendicke vorliegt. Tabelle 10.11 fasst noch einmal zusammen, welche Spannungen mit den verschiedenen Vorgehensweisen ermittelt werden, wobei die im Text erwähnten Einschränkungen zu beachten sind.

Ist entweder die Makrospannung oder die Mikrospannung auf einem der beschriebenen Wege separat bestimmt worden, lässt sich mit Gleichung 10.131 der jeweils andere Anteil aus den Phasenspannungen berechnen.

Tabelle 10.11: Methoden zur Bestimmung der Makro- und Mikrospannungen

Messverfahren	σ^I		$<\sigma^{II} + \sigma^{III}>$
mechanisch	$\times$		
Ultraschall	$\times$		
mikromagnetisch	$\times$	und	$\times$
Röntgen- oder Neutronenbeugung	$\times$	und	$\times$
Beugungsuntersuchungen an allen Phasen	$\times$		$\times$
Röntgenbeugung an dünnen Schichten			$\times$
Neutronenbeugung mit dem Querschnitt innerhalb des Messvolumens			$\times$

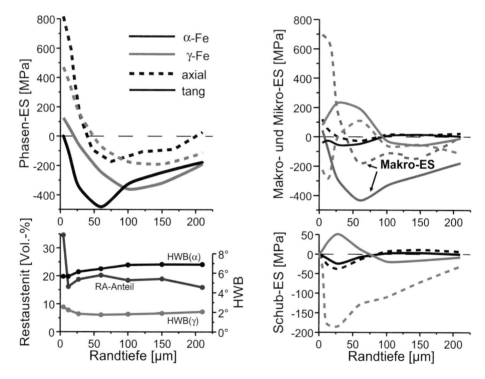

Bild 10.38: Tiefenverläufe von Phaseneigenspannungen, Makro- und Mikro-Eigenspannung, Halbwertsbreiten und Restaustenitgehalt im Oberflächenbereich eines einsatzgehärteten und sehr grob gefrästen 16MnCr5E Stahles [158]

Bild 10.36 zeigte bereits Beispiele von Spannungstiefenverteilungen nach unterschiedlichen Fräsbearbeitungen. Bei mehrphasigen Werkstoffen können die Phasen separat untersucht werden und eine Trennung in Makro- und Mikrospannungen erfolgen. Durch Wärmebehandlungen und Bearbeitungen der Oberfläche eines Bauteils werden neben den Spannungen auch das Gefüge und die Volumenanteile der Werkstoffphasen verändert. Aus den Intensitäten der Interferenzen lassen sich die Phasenanteile ermitteln, Kapitel 6.5, die Halbwertsbreiten geben Aufschluss über die Mikrodehnung des Gefüges, siehe Kapitel 8. Als Beispiel einer vollständigen Auswertung sind in Bild 10.38 die Tiefenverläufe im Bereich der Oberfläche eines Stahls aufgetragen. Die Oberfläche des Materials wurde nach dem Einsatzhärten zu Versuchszwecken durch sehr grobes Fräsen bearbeitet, was zu den ungewöhnlich hohen Zugspannungen an der Oberfläche führt. Das Gefüge besteht aus Ferrit/Martensit und Restaustenit. Beide Phasen können unabhängig vermessen werden und zeigen recht unterschiedliche Tiefenverläufe der Spannungen, der Halbwertsbreiten und der Volumenanteile. Die in den Phasen bestimmten Spannungen lassen sich nach den in Kapitel 10.11 beschriebenen Methoden in Makro- und Mikrospannungen trennen.

10.12 Spannungsmessung mit 2D-Detektoren

Der Beugungskegel beinhaltet alle Informationen zum Netzebenenabstand in verschiedene Raumrichtungen. Treten im Material mechanische Spannungen auf, wird der Beugungskegel lokal gering verformt, wie Bild 10.39a und b schematisch zeigt. Mit dem ebenen Flächendetektor können je nach Abstand zwischen Detektorzentrum und Probe Ausschnitte des bzw. der ganze Beugungsring aufgenommen werden. Wird der Ring gestaucht, Bild 10.39a, ergeben sich Normalspannungen, bei einer Ringverformung ergeben sich noch zusätzlich die Scherspannungen, Bild 10.39b. Die Gleichung 5.18 ermöglicht je nach Detektorstellung im Diffraktometer die Beschreibung des unverspannten Beugungsringes. HE [108] beschreibt eine erweiterte Grundgleichung 10.134 der Spannungsanalyse für den zweidimensionalen Detektor, die die Grundgleichung der Spannungsanalyse 10.69 enthält:

$$s_1(hkl)[\sigma_{11} + \sigma_{22} + \sigma_{33}] + \frac{1}{2}s_2(hkl)[\sigma_{11}h_1^2 + \sigma_{22}h_2^2 + \sigma_{33}h_3^2 \qquad (10.134)$$

$$+2\sigma_{12}h_1h_2 + 2\sigma_{13}h_1h_3 + 2\sigma_{23}h_2h_3] = \ln\left(\frac{\sin\theta_0}{\sin\theta}\right) \qquad \text{mit}$$

$$h_1 = a\cos\varphi - b\cos\psi\sin\varphi + c\sin\psi\sin\varphi$$
$$h_2 = a\sin\varphi + b\cos\psi\cos\varphi - c\sin\psi\cos\varphi$$
$$h_3 = b\sin\psi + c\cos\psi$$
$$a = \sin\theta\cos\omega + \sin\gamma\cos\theta\sin\omega$$
$$b = -\cos\gamma\cos\theta$$
$$c = \sin\theta\sin\omega - \sin\gamma\cos\theta\cos\omega$$

Der gemessene Beugungsring beinhaltet bei verschiedenen Winkeln γ jeweils einen Satz der Netzebenenorientierung (ω, ψ, φ). Um genügend Verkippungswinkel ψ zu bekommen, ist es notwendig, die Probe in drei ψ-Richtung (z.B. $\psi = 30°$; $\psi = 0°$ und $\psi = -30°$) zu verkippen, wenn der Detektor z. B. einen γ-Öffnungsbereich von 30° aufweist. Für die Bestimmung des vollständigen Spannungstensor müssen dann aber weiterhin Beugungsringabschnitte bei verschiedenen ϕ-Richtungen aufgenommen werden.

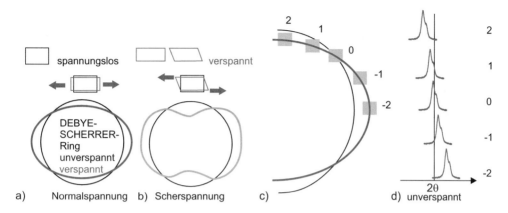

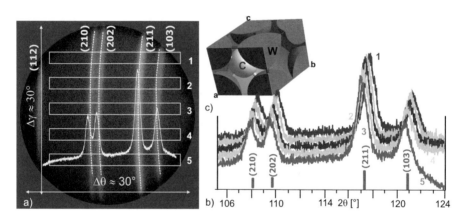

Bild 10.39: DEBYE-SCHERRER-Ringe von verspannten kristallinen Bereichen und Schema der Messung mit 2D-Detektors

Bild 10.40: a) (2 1 1) Beugungsring von Hartmetall und schematische Einzeichnung von Integrationsbereichen für verschiedene γ bzw. ψ Bereiche b) Integration und Indizierung der Diffraktogramme

Für die Spannungsbestimmung werden jetzt von einem Beugungsring kleine Bereiche entnommen, siehe Bild 10.39 bzw. Bild 10.41b und die dort experimentell ermittelten Winkellagen θ bzw. ω, ψ, φ mit Gleichung 10.134 nach der Methode der kleinsten Fehlerquadrate gefittet. Der Auftrag dieser Teilbereiche der Beugungsinterferenz ergibt sofort die Aussage, liegen Spannungen vor, wenn es untereinander zu Abweichungen von der theoretischen Interferenzlage kommt. In Bild 10.39c repräsentiert Teilbereich 0 den spannungsfreien Wert und die Teilbereiche 2, 1, -1 und -2 repräsentieren die spannungsinduzierten Winkellagenverschiebungen der Beugungsinterferenz. Die Spannungskomponenten σ_{ij} ergeben sich aus den Resultaten des Fitprozesses. Im Bild 10.40a ist von einem gesinterten Hartmetall Wolframcarbid WC, Elementarzelle in Teilbild c, der Ausschnitt der Beugungsringe der Netzebenen (1 1 2) - (1 0 3), gemessen mit einer Doppellochblende

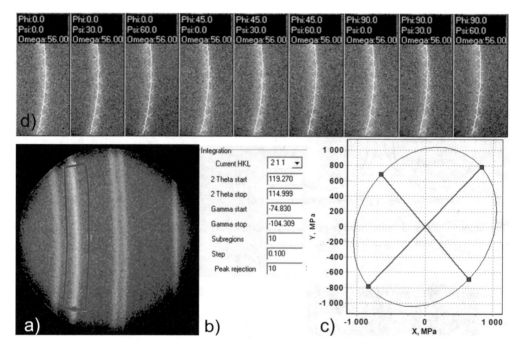

Bild 10.41: a) Keilcursor für (2 1 1) Netzebene b) Definition der Intergrationsbereiche c) Ergebnis der Spannungsbestimmung in den zwei Spannungshauptachsen d) Stützstellen x zur Bestimmung der Winkellagen an der (2 1 1)-Interferenz für die
Spannungsbestimmung

von 1 mm und Nickel-Filterung sichtbar. Die Gesamtintegration ist im Teilbild 10.40a
den Ringen überlagert. Im Bild 10.40a sind die spannungsfreien Beugungsringverläufe
als gestrichelte Linie eingezeichnet.

In Bild 10.41d sind die mit x bezeichneten Punkte die Lagen und Mittelpunkte für
die ausgewählten kleineren Bereiche zur Bestimmung der Beugungsinterferenzen bei verschiedenen γ Winkeln. Der Gesamtintegrationsbereich wurde mit dem Keilcursor in Bild
10.41a, die konkreten Werte der Einzelverläufe beispielhaft in Teilbild 10.41b, aufgeführt.
Deutlich erkennbar sind die Verschiebungen des Profilparameters $2\theta_0$ der Einzelscans 1−5.
Zur Auswertung und Protokollierung der nachfolgenden Werte wurde das Auswerteprogrammen LEPTOS der Fa. BRUKER verwendet. Mit den einzelnen Beugungsinterferenzen
und deren charakteristischen Größen wird der Fitprozess zur Bestimmung der Spannung
in dem Wolframcarbid durchgeführt.

Für Wolframcarbid wurde die PDF2-Datei 00-051-0939, die nur bis zur (2 1 1) Netzebene Werte aufgelistet hat, mit der Raumgruppennummer 187 bzw. dem Raumgrup-
pensymbold P-6m2, mit einer röntgenografischen Dichte $D_x = 15{,}669\,\mathrm{gcm}^{-3}$ und die
Zellparametern a = 0,290 631 nm und c = 0,283 754 nm verwendet, um z. B. auch eine
RIETVELD Untersuchung durchzuführen. Dabei werden die weiteren Netzebenen indiziert,
hier die (1 0 3) Netzebene.

Tabelle 10.12: Röntgenografische Spannungskonstanten nach KRÖNER für die Netzebenen von Wolframkarbid aus Bild 10.40

$(h\,k\,l)$	2θ [°]	Poisson	Young [MPa]	s_1 [MPa^{-1}]	$1/2\,s_2$ [MPa^{-1}]
$(2\,1\,0)$	108.138	0.236	646969	$-3{,}65 \cdot 10^{-7}$	$1{,}911 \cdot 10^{-6}$
$(2\,0\,2)$	109.809	0.232	723369	$-3{,}32 \cdot 10^{-7}$	$1{,}170 \cdot 10^{-6}$
$(2\,1\,1)$	117,303	0,234	665897	$-3{,}51 \cdot 10^{-7}$	$1{,}853 \cdot 10^{-6}$
$(1\,0\,3)$	120.920	0.246	761180	$-3{,}23 \cdot 10^{-7}$	$1{,}636 \cdot 10^{-6}$

Tabelle 10.13: Ermittlung Spannungstensor $\sigma_{ij\ hkl}$, Orientierungsvektor $O\sigma_{ij}$ und Profilmaximum zu Untergrund PMU von WC an z. T. unterschiedlichen Netzebenen mit unterschiedlichen Detektoren (2D - MGEM-Flächendetektor; PSD - Halbleiterstreifendetektor mit 192 Linien; Szinti - Szintillationsdetektor); mit/ohne Nickelfilter; DLB - Doppellochblende Durchmesser; R - Diffraktometerradius (Detektorradius); t - Zählzeit pro Step; SW - Schrittweite, Ges. - Gesamtmesszeit

2D; mit; DLB = 1 mm;, R = 420 (200) mm; 100 s pro Frame; Ges. 15 min

$(h\,k\,l)$	$\sigma_{ij\ hkl}$ [MPa]	± Fehler	$O\sigma_{ij\ 211}$	PMU
$\{2\,1\,0\}$	$\begin{pmatrix} -1246 & -74 \\ -74 & -1110 \end{pmatrix}$	$\begin{pmatrix} 258 & 263 \\ 263 & 245 \end{pmatrix}$	$\begin{pmatrix} 23{,}7° & 113{,}7° \\ 66{,}3° & 23{,}7° \end{pmatrix}$	1,55
$\{2\,0\,2\}$	$\begin{pmatrix} -1248 & -127 \\ -127 & -1187 \end{pmatrix}$	$\begin{pmatrix} 361 & 372 \\ 372 & 353 \end{pmatrix}$	$\begin{pmatrix} 38{,}4° & 128{,}4° \\ 51{,}6° & 38{,}4° \end{pmatrix}$	1,56
$\{2\,1\,1\}$	$\begin{pmatrix} -1051 & -98 \\ -98 & -1040 \end{pmatrix}$	$\begin{pmatrix} 252 & 271 \\ 271 & 276 \end{pmatrix}$	$\begin{pmatrix} 43{,}3° & 133{,}3° \\ 46{,}7° & 46{,}3° \end{pmatrix}$	2,2
$\{1\,0\,3\}$	$\begin{pmatrix} -988 & -65 \\ -65 & -952 \end{pmatrix}$	$\begin{pmatrix} 235 & 254 \\ 254 & 269 \end{pmatrix}$	$\begin{pmatrix} 37{,}2° & 127{,}2° \\ 52{,}8° & 37{,}2° \end{pmatrix}$	1,56

PSD, ohne, DLB = 1 mm; R = 420; t = 96 s; SW = 0,02°; Ges. 75 min

$(h\,k\,l)$	$\sigma_{ij\ hkl}$ [MPa]	± Fehler	$O\sigma_{ij\ 211}$	PMU
$\{2\,1\,1\}$	$\begin{pmatrix} -1379 & -30 \\ -30 & -1550 \end{pmatrix}$	$\begin{pmatrix} 21 & 20 \\ 20 & 21 \end{pmatrix}$	$\begin{pmatrix} 80{,}3° & 9{,}7° \\ 9{,}7° & 99{,}7° \end{pmatrix}$	12

Szinti, ohne, DLB = 2 mm, R = 300; t = 10 s; SW = 0,04°; Ges. 13 h

$(h\,k\,l)$	$\sigma_{ij\ hkl}$ [MPa]	± Fehler	$O\sigma_{ij\ 211}$	PMU
$\{2\,1\,1\}$	$\begin{pmatrix} -1225 & 23 \\ 23 & -1206 \end{pmatrix}$	$\begin{pmatrix} 76 & 71 \\ 71 & 76 \end{pmatrix}$	$\begin{pmatrix} 33{,}8° & 123{,}8° \\ 56{,}2° & 33{,}8° \end{pmatrix}$	1,47

Beim Flächenzähler können eng benachbarte Netzebenen in einer Aufnahme vermessen werden. Zur Bestimmung des vollständigen Spannungstensor werden auch hier Aufnahmen von drei Ψ-Verkippungen und drei ϕ-Verdrehungen benötigt. Jede Aufnahme hatte 100 s Integrations- bzw. Messzeit. Mit 15 min Gesamtmesszeit sind somit für vier unterschiedliche Netzebenen der Spannungstensor σ_{ij} und der Orientierungsvektor $O\sigma_{ij}$ der Haupt-Spannungsachsen σ_I und σ_{II} ermittelbar, Tabelle 10.13. Im Bild 10.41c sind die ermittelten Hauptspannungskomponenten für die $(2\,1\,1)$ Netzebene des WC grafisch aufgeführt. Die für diese Auswertungen verwendeten elastischen Spannungskonstanten von Wolframkarbid sind für Kupfer Kα1 Strahlung in Tabelle 10.12 aufgeführt.

Der Vergleich der Messung des Spannungstensors mit Flächenzähler und Halbleiterstreifendetektor zeigt, dass der Fehler der Spannungsbestimmung beim Halbleiterdetektor und beim Szintillationsdetektor kleiner ist. Der Halbleiterstreifendetektor benötigt keinen Ni-Filter und die Integration der 192 Einzelstreifendetektoren liefert eher die für sichere Messungen notwendige Countzahl von 4500 pro Messpunkt . Das PMU ist wesentlich besser. Die Messung dauerte aber fünfmal länger und liefert hier nur einen Spannungstensor, der Flächenzähler dagegen vier Tensoren, die in der Spannungsmessung noch üblichen großen Toleranz weitgehend übereinstimmen.

Diese Art der Spannungsanalyse wird wegen der enormen Zeitersparnis und gleichzeitig der Möglichkeit der vollständigen Ermittlung des Spannungstensors in Zukunft weiter an Bedeutung gewinnen und nach Überwindung von noch bestehenden kleineren Problemen mehr in die Praxis eindringen [242, 248].

11 Röntgenographische Texturanalyse

11.1 Einführung in die Begriffswelt der Textur

Die Beugungsdiagramme der Vielkristalle weisen in der Regel weder eine gleichmäßige Intensitätsbelegung der Ringe auf, wie man sie von feinkörnigen Pulverproben in der DEBYE-SCHERRER-Anordnung erwarten würde, vgl. auch Bilder 5.27, 5.28 und 5.30, noch erhält man scharfe Beugungspunkte oder LAUE-Diagramme, die auf einen Einkristall hinweisen würden. Bereits HUPKA (1913) und KNIPPING (1913) fanden ungleichmäßige Intensitätsverteilungen, so genannte Texturdiagramme, und schlossen auf eine mehr oder weniger regellose Verteilung der Orientierungen kleiner, aber in sich homogener kristalliner Bereiche im Material.

Wir sprechen heute von *kristallographischen Vorzugsorientierungen, kristallographischer Textur* oder *Kristalltextur*, im Folgenden kurz von der *Textur* des Festkörpers. Darunter versteht man die statistische Gesamtheit der Kristallitorientierungen in einem Vielkristall. Im engeren Sinne meint man jedoch oft die Abweichungen von der statistischen Regellosigkeit, oder anders ausgedrückt, das Auftreten von Vorzugsorientierungen. In massiven vielkristallinen Materialien sind Vorzugsorientierungen im Allgemeinen gesetzmäßig mit dem Prozess der Gefügebildung verknüpft, wie z. B. der Erstarrung, der Keimbildung, dem Kornwachstum, der Rekristallisation, der Phasenumwandlung, dem Sintern, der plastischen Verformung. Bei Pulvern, keramischen Grünlingen, Presslingen und Sedimenten entstehen Vorzugsorientierungen häufig als Folge der Formanisotropie der (nadel- oder plättchenförmigen) Kristallite im Ausgangsmaterial.

Die Spannweite der Textur reicht tatsächlich über den gesamten Bereich der Regelung von Festkörpern, deren Kristallite fast dieselbe Orientierung aufweisen (*Mosaizität*, scharfe Textur) und deren Beugungsdiagramme sich praktisch nicht von denen eines Einkristalls unterscheiden, bis hin zu regellosen Orientierungsverteilungen. Allerdings sind perfekte Einkristalle in der Natur ebenso selten wie völlig regellos texturierte Proben. Dies gilt sowohl für technisch hergestellte Werkstoffe, als auch für natürliche Werkstoffe und Naturstoffe in der belebten und unbelebten Natur. Aus diesen Untersuchungen hat man schon früh gelernt, dass die Natur den kristallinen Zustand dem amorphen und den texturierten sowohl dem hochgeregelten Einkristall als auch dem völlig regellos texturierten Zustand bevorzugt.

11.2 Übersicht über die Bedeutung der Kristalltextur

Die Bedeutung der Textur in den Materialwissenschaften und in zunehmendem Maße auch in den Geowissenschaften hat mehrere Gründe:

Eine Reihe von wichtigen Materialeigenschaften der Einkristalle sind anisotrop, d. h. der Eigenschaftswert hängt davon ab, in welcher Richtung zum Kristall und dessen Ausrichtung man die Messung vornimmt. Beispiele sind:

© Springer Fachmedien Wiesbaden GmbH, ein Teil von Springer Nature 2019
L. Spieß et al., *Moderne Röntgenbeugung*,
https://doi.org/10.1007/978-3-8348-8232-5_11

mechanische Eigenschaften: Elastizitätsmodul, Verformbarkeit, Härte. Sie sind wichtig beim Walzen, Tiefziehen von Blechen, Festigkeit von Drähten, Elektromigration in höchstintegrierten Schaltkreisen,

Magnetisierbarkeit: Trafobleche möglichst mit Würfel- oder Goss-Textur; Elektrobleche mit erwünschter Fasertextur; Abschirmungen mit regelloser Orientierungsverteilung,

Wachstumsgeschwindigkeit: Züchten von Einkristallen, Epitaxie, Gießen, Rekristallisation, Kornwachstum,

Bindung und chemische Reaktionsfähigkeit: Katalyse, Chemi- und Physisorption an Oberflächen, Ätzen, Korrosion,

Diffusionsgeschwindigkeit: diffusionsgesteuerte (zivile) Umwandlungen, Kriechen, Korngrenzendiffusion, Dotierung von Halbleiterbauelementen,

Austrittsarbeit und Kontaktpotential: Fotoelemente, Elektronenemitter, Energiekonverter, Korrosion,

Reichweite hochenergetischer Ionen im Kristall: Dotierung von Halbleitern durch Implantation.

Besonderes Interesse kommt den *Missorientierungen* zwischen den Kristalliten, d. h. insbesondere der Art der *Korngrenzen* (grain boundary character), in einem Werkstoff zu. An Korngrenzen treten unstetige Eigenschaftsänderungen auf. Beispiele sind Kontaktpotentiale (Gefahr der Korngrenzenkorrosion), erhöhte anisotrope Korngrenzendiffusion und -gleitung bei der plastischen Verformung und interkristalline Rissbildung. Da in nanokristallinen Werkstoffen der Volumenanteil der Korngrenzen in der Größenordnung des Volumenanteils der Körner liegt, sind in diesen Stoffen die Missorientierungen an Korngrenzen besonders wichtig. Die Missorientierungen zwischen Körnern erhält man unmittelbar aus den entsprechenden Einzelorientierungen der Körner.

Kennt man die anisotropen Kenngrößen des Einkristalls und die Textur des Werkstücks, so kann man prinzipiell auch die entsprechenden Kenngrößen des vielkristallinen Werkstücks berechnen. Daher ist die Kenntnis der Orientierungsverteilung der Körner von erheblicher Bedeutung sowohl in der Grundlagenforschung als auch in der industriellen Praxis. In der Forschung muss man Einkristalle präzise orientieren, um zunächst einmal die anisotropen Kenngrößen durch orientierungsabhängige Messungen ermitteln und ihren Einfluss auf das Experiment berücksichtigen zu können, siehe auch Kapitel 12.

Die Textur kann wichtige Hinweise auf die Beziehung zwischen der Gefügeentwicklung und dem Prozessablauf in Abhängigkeit von technologischen, aber auch geologischen Vorgängen geben. Die Textur eines Materials ist keine stationäre Größe, sondern kann sich unter dem Einfluss von Temperatur, Druck, mechanischer Spannung oder Diffusion verändern. Technisch wichtige Beispiele von texturverändernden Prozessen sind die plastische Kalt- oder Warmumformung verbunden mit Gitterrotation, Gleitung und/oder Zwillingsbildung sowie Wärmebehandlungen, die zu Rekristallisation, Kornwachstum und/oder Phasenumwandlungen führen. Somit kann man die Textur als »Fingerabdruck« verwenden, um auf die Entstehungsgeschichte etwa in geologischen Zeiträumen zu schließen, oder um das Herstellungsverfahren, die Herstellungsschritte und den Einsatz eines Werkstoffes verfolgen zu können. In der Schadensfallanalyse kann die Textur wertvolle Hinweise auf eine unsachgemäße Beanspruchung geben.

Die Textur wird in der industriellen Technik gezielt eingesetzt, um Werkstoffeigenschaften maßgeschneidert für den gedachten Einsatzzweck zu optimieren. So kann es wesentlich kostengünstiger sein, die Festigkeit eines Werkstückes durch eine geeignete Orientierungsverteilung vorzugsweise in Richtung der Beanspruchung zu erhöhen, statt durch Zugabe teurer Legierungselemente eine hohe Festigkeit in allen Richtungen zu erreichen, also auch in denen, die nicht so hoch beansprucht werden.

Da die gemessenen Beugungsintensitäten unmittelbar von der Textur der Probe abhängen, ist die Kenntnis der Textur eine Grundvoraussetzung für Verfahren, die auf gemessenen Beugungsintensitäten aufbauen. Dies trifft insbesondere zu auf die:

- Bestimmung des Restaustenitgehalts in Stahl aus relativen Intensitäten von Beugungsinterferenzen des Ferrits zu denen des Austenits. Gleiches gilt grundsätzlich für alle ähnlich gelagerten Verfahren zur Bestimmung von Phasenanteilen aus relativen Intensitäten von Beugungsinterferenzen, siehe Kapitel 6.5.
- röntgenographische Bestimmung von Eigenspannungen, siehe Kapitel 10
- röntgenographische Feinstrukturanalyse, siehe Kapitel 5 bzw. 6.1.

Die Texturanalyse hat sich zu einem sehr breiten, interdisziplinären Arbeitsgebiet entwickelt. Einen Überblick über experimentelle und theoretische Methoden, Anwendungen und die Literatur geben die Monographien von WASSERMANN und GREWEN 1962 [269], BUNGE 1982 [53] und KOCKS et al. 1998 [147]. Einige der Abbildungen dieses Kapitels wurden nach Vorlagen der Monographien gestaltet.

Die kristallographische Orientierung von frei stehenden Einkristallen und von Kristalliten im Gefügeverbund kann mit verschiedenen Verfahren ermittelt oder abgeschätzt werden. Sie sind in [269] ausführlich dargestellt:

- Aus der Gestalt frei gewachsener Kristalle (Habitus; Dendriten im Gefüge) oder der Lage von Spaltflächen kann häufig bereits auf die kristallographische Orientierung geschlossen werden. Ein Gefüge*bild* ist jedoch im Allgemeinen für die Orientierungsbestimmung ungeeignet, da sich die Kornform bei einer Rekristallisation oder Phasenumwandlung nicht immer merklich ändert. In der Metallographie sind optische Methoden zur Orientierungsbestimmung noch weit verbreitet, weil sie sich einfach anwenden lassen.
- Optisch anisotrope Werkstoffe können mit dem *optischen Polarisationsmikroskop* unmittelbar auf ihre Orientierung hin untersucht werden.
- Da die Gleitebenen kristallographisch vorgegeben sind, kann nach einer Verformung aus der Lage der *Gleitlinien* an der Oberfläche auf die Orientierung geschlossen werden.
- Deckschicht bildende Ätzmittel können das spektrale Reflexionsvermögen des Schliffes so verändern, dass die Körner je nach Orientierung unterschiedliche Helligkeit oder Farbe zeigen (*Farbätzung*). Dies wird durch die Abhängigkeit der Dicke des Niederschlags von der Kristallitorientierung hervorgerufen. Durch Bedampfen im Vakuum mit hochbrechenden Dielektrika in definierter Schichtdicke erreicht man gut reproduzierbare, quantifizierbare Ergebnisse [57].

- Wie das Kristallwachstum so ist auch der Kristallabbau orientierungsabhängig. In geeigneten Ätzmitteln werden bestimmte Netzebenen langsamer als andere abgebaut und bleiben beim chemischen Angriff in Form von feinen Terrassen stehen (*Kornflächenätzung*). Bei der Drehung einer durch Kornflächenätzung aufgerauten Probe erreicht das Reflexionsvermögen jedes Kristalls für bestimmte Einfallswinkel des Lichts zu seinen Achsen einen Höchst- und Niedrigstwert, aus dem auf die Orientierung geschlossen werden kann (*maximaler Schimmer*). Auch das thermische Abdampfen im Vakuum kann zu einer markanten Kornflächenätzung führen.
- Der Ätzangriff setzt bevorzugt an Störstellen an der Oberfläche (z. B. an den Durchstoßpunkten von Versetzungen) ein und kann hier zu einem orientierungsabhängigen Abbau führen. Es entstehen *Ätzgrübchen*, aus deren Form die Orientierung mit hoher Genauigkeit ermittelt werden kann. Daneben kann aus der Zahl der Ätzgrübchen je Flächeneinheit auf die Versetzungsdichte geschlossen werden.

In der Praxis wurden auch andere anisotrope Werkstoffeigenschaften zur Orientierungs- und Texturabschätzung herangezogen, wie z. B. die

- magnetische Anisotropie
- Risslängenprüfung oder das Näpfchenziehen in der Fertigungskontrolle; Klang- und Druckfiguren
- Schallgeschwindigkeit (Ultraschall).

Die genauesten Ergebnisse liefern Beugungsuntersuchungen mit Röntgen-, Elektronen- oder Neutronenstrahlen. Die Wellenlängen von thermischen Neutronenstrahlen sind meist in der gleichen Größenordnung ($\lambda \approx 0,2$ nm), die von Elektronenstrahlen wesentlich kleiner, (siehe de BROGLIE-Beziehung, Gleichung 2.3, $\lambda_e \approx 5,35$ pm nach Durchlaufen von 50 kV Beschleunigungsspannung) als die Wellenlängen charakteristischer Röntgenstrahlung, siehe Tabelle 2.3. Sie zeigen grundsätzlich die gleichen Interferenzerscheinungen am Kristall. Wesentliche Unterschiede treten jedoch in den Beugungsintensitäten auf.

Für Präzisionsmessungen werden charakteristische Röntgenstrahlen wegen ihrer hervorragenden Monochromasie verwendet. Die Elektronenbeugung wird zur Untersuchung extrem kleiner Probenmengen, besonders feinkörniger Gefüge oder in den Fällen eingesetzt, wo neben der Beugung auch eine hochauflösende Abbildung derselben Probenstelle benötigt wird. Die Neutronenbeugung eignet sich besonders gut zur Untersuchung dicker Proben, geordneter magnetischer Strukturen und zur Untersuchung von Isotopen.

Eine besonders hohe Genauigkeit erreicht man in der Röntgenographie mit KOSSEL-*Diagrammen*, siehe Kapitel 14.3. Die entsprechenden Diagramme in der Elektronenbeugung heißen KIKUCHI-*Diagramme*, siehe Kapitel 14.2. Insbesondere zur Untersuchung der Orientierungsverteilung an Festkörperoberflächen wurden vollautomatische Verfahren für das Raster-Elektronenmikroskop entwickelt. Sie ermöglichen das Abrastern der Probe, die vollautomatische Aufnahme von *Rückstreu-KIKUCHI-Diagrammen* (BKD (Backscattering Kikuchi Diagram), Automatic EBSD (Electron BackScattering Diffraction)) an jedem Rasterpunkt, die digitale Auswertung der Diagramme (Pattern Recognition) einschließlich Indizierung und Orientierungsberechnung und schließlich die Kartographie der Gefügestruktur mit Hilfe von Orientierungs- sowie Missorientierungs-Verteilungsbildern (COM – Crystal Orientation Maps). Die Orientierungsgenauigkeit liegt bei $< 0,5°$, die Ortsauflösung < 50 nm [230] und die Messgeschwindigkeit mittlerweile bei über 1 000 Orientierungen pro Sekunde.

11.3 Der Anfang der Texturanalyse: Polfiguren

Während die Orientierung eines Einkristalls oder die Orientierungen weniger Kristallite noch unmittelbar durch die Lage der Elementarzellen in einem Bezugssystem angegeben werden können, so wäre eine Auflistung der Orientierungen bei der sehr großen Zahl von Kristalliten in einem polykristallinen Gefüge nicht mehr überschaubar. Man greift daher bei Vielkristallen auf graphische Darstellungen der Textur zurück.

Kennt man nach Einzelorientierungsmessungen durch Abrastern der Probenoberfläche die Kristallorientierungen in jedem Messpunkt, so kann man *Orientierungsverteilungsbilder* (COM) konstruieren. Dazu ordnet man jedem Messpunkt eine orientierungsspezifische Farbe zu und trägt sie in ein x-y Raster ein. Man erhält so ein Farb*bild* der analysierten Probenstelle mit ortsaufgelöster, quantitativer Wiedergabe der Textur, Bild 11.1. Einzelorientierungen können im Fall eines grobkristallinen Materials aus LAUE-Aufnahmen ermittelt werden. Sind die Körner feiner verteilt, so erhält man mit dem Raster- oder Transmissionselektronenmikroskop die Kristallorientierung ohne großen Aufwand aus KI-KUCHI-Diagrammen.

Feinkörniges Material erfordert für die Einzelorientierungsmessung eine so starke Verkleinerung der Röntgensonde, dass die dann geringe Intensität in der Sonde angesichts der ohnehin schon recht ineffektiven BRAGGschen Röntgenbeugung zu stark verrausch-

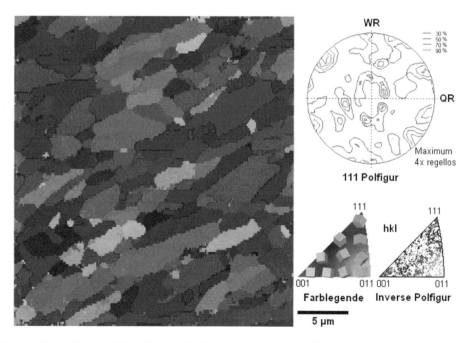

Bild 11.1: Orientierungs-Verteilungsbild einer kreuzgewalzten Kupferprobe, sowie die (1 1 1)-Polfigur und die inverse Polfigur für die Blechnormalen-Richtung. Sie wurden aus dem Datensatz von Einzelorientierungen konstruiert, die im Raster-Elektronenmikroskop mittels Rückstreu-Kikuchi-Diagrammen gemessen wurden

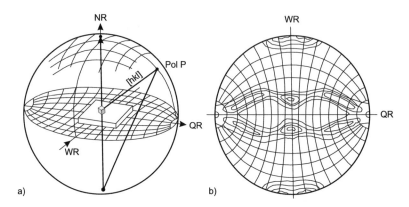

Bild 11.2: Die stereographische Projektion der Lagenkugel (auch Einheitskugel) der $[h\,k\,l]$-Pole
a) ergibt die $(h\,k\,l)$-Polfigur b)

ten Signalen und impraktikabel langen Messzeiten führen würde. Zudem werden die Orientierungen und gleichzeitig die Orte der einzelnen Kristalliten nicht immer benötigt. Dann kann man sich auf eine *integrale Messung* über eine weit ausgeleuchtete Probenstelle beschränken. Dies ist das Feld der *klassischen* Texturmessung mit einem Röntgen-Texturgoniometer, Kapitel 11.4.

Die auch heute noch gebräuchlichste Art der Darstellung der Kristalltextur in Form von Polfiguren geht auf WEVER [274] zurück. Die $(h\,k\,l)$-Polfigur gibt die räumliche Verteilung der Netzebenennormalen $\{h\,k\,l\}$, d. h. der $\{h\,k\,l\}$-Flächenpole, aller Körner des untersuchten Probenvolumens in winkeltreuer stereographischer oder flächentreuer LAMBERT-Projektion wieder, siehe Kapitel 3.1 bzw. Bild 3.8. Die Lage einer kristallographischen Richtung im Raum kann durch zwei Polarwinkel beschrieben werden, ganz ähnlich wie man den geographischen Ort auf der Erdkugel durch die geographische Länge und Breite angibt. Man denkt sich also eine Einheitskugel (Lagenkugel) um die Probe als Mittelpunkt gelegt, Bild 11.2a. Die Normalen auf den $\{h\,k\,l\}$-Netzebenen der Kristallite schneiden die Lagenkugel in den Flächenpolen. Sie bilden bei einer ausreichend großen Zahl von Kristalliten unterschiedlicher Orientierung Punktwolken auf der Kugeloberfläche, die für die jeweilige Textur und die gewählte Netzebenenart $\{h\,k\,l\}$ charakteristisch sind.

Als Bezugskoordinatensystem wählt man ein Achsenkreuz, das an der Probe selbst fixiert und möglichst durch die Entstehungsgeschichte oder die vorgesehene Verwendung der Probe ausgezeichnet ist. Bei Blechen wird in der Regel die Walzrichtung (WR, RD (rolling direction)) nach oben und die Querrichtung (QR, TD (transverse direction)) nach rechts weisend in die Projektionsebene gelegt. Die Blechnormalenrichtung (NR, ND (normal direction)) steht senkrecht auf der Projektionsebene, Bild 11.2 und 11.3.

Für das Verständnis ist wichtig zu betonen, dass die Fläche, auf die die Lagenkugel winkel- oder flächentreu projiziert wird, nicht kristallographisch definiert ist. Sie ist vielmehr eine äußere Bezugsfläche des untersuchten Materials. Die Punkte WR und QR auf dem Äquatorkreis und der zentrale Punkt NR markieren beim Blech drei durch den Walzvorgang ausgezeichnete Richtungen in der Probe. Auch jeder andere Punkt in der

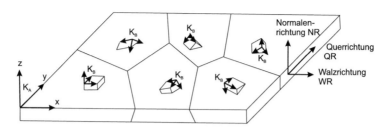

Bild 11.3: Kristallfeste Koordinatensysteme K_B im probenfesten Koordinatensystem K_A eines
Blechs mit den Bezugsrichtungen WR = Walzrichtung, QR = Querrichtung und
NR = Blechnormalenrichtung

Polfigur repräsentiert eine Richtung im Blech, die einer bestimmten Ausrichtung der dargestellten Netzebenenschar $\{h\,k\,l\}$ entspricht. Im Kristall existiert eine Ausrichtung zur Blechebene und den Bezugsrichtungen WR und QR. Man kann sich die Bildung der $(h\,k\,l)$-Polfigur einer Probe anschaulich so vorstellen, dass man zunächst in üblicher Weise die stereographischen oder flächentreuen Projektionen für jeden Kristalliten und dasselbe Bezugssystem, aber nur für die ausgewählten Netzebenen $\{h\,k\,l\}$ konstruiert und diese dann – gewichtet nach dem Volumenanteil der einzelnen Kristallite – additiv überlagert. In einer Polfigur wird also immer nur eine einzige Art von Kristallebenen dargestellt, so dass jede interessierende Art von Kristallebenen die Konstruktion einer eigenen Polfigur erfordert. In der Regel reicht es aus, die Textur eines Materials durch die Angabe von zwei oder drei Polfiguren für die niedrigst indizierten Netzebenen zu beschreiben.

So anschaulich die Polfigurdarstellung auch ist, so weist sie doch zwei erhebliche Mängel auf: Wegen der additiven Zusammenfassung der Projektionen der vielen Kristallite kann man weder eine Aussage über die kristallographische Orientierung noch über den Ort oder die räumliche Verteilung der einzelnen Kristallite machen. In der stereographischen Projektion von drei Flächenpolen $\{h\,k\,l\}$ eines Einkristalls liegt auch dessen Orientierung eindeutig fest, da drei nicht komplanare Raumrichtungen eine Orientierung eindeutig definieren. Indem man die Winkel zwischen $\{h\,k\,l\}$-Netzebenen berücksichtigt, die für das betrachtete Kristallsystem charakteristisch sind, mag es bei der Überlagerung der stereographischen $\{h\,k\,l\}$-Projektionen von einigen wenigen Kristalliten noch gelingen, die Pole der einzelnen Kristallite in einer Polfigur voneinander zu separieren und so die Einzelorientierungen zu ermitteln. Bei einer größeren Anzahl von Kristalliten ist dies jedoch nicht mehr *eindeutig* möglich, selbst wenn man mehrere Polfiguren gleichzeitig auswerten würde. Der Verlust der Ortsinformation kann gleichwohl schwerwiegender sein. Es spielt für die Polfigur keine Rolle, wie die Kristallite zueinander angeordnet sind, noch wie die Anteile der Kristallvolumina für die einzelnen Raumrichtungen auf die Kristallite verteilt sind.

Eine regellose Orientierungsverteilung wird zwar auf der Lagenkugel, nicht jedoch in der stereographisch projizierten Polfigur durch eine völlig gleichmäßige Belegung mit Flächenpolen wiedergegeben. Die Dichte nimmt vielmehr zum Mittelpunkt hin etwas zu, da die stereographische Projektion winkeltreu, aber nicht flächentreu ist. Wird die Lagenkugel flächentreu projiziert, so erhält man eine gleichmäßig belegte Polfigur. Dies ist der Grund, warum in den Geowissenschaften flächentreu projizierte Polfiguren den sonst üblichen stereographisch projizierten Polfiguren vorgezogen werden. In der flächentreu projizierten Polfigur kann man dagegen kristallographische Winkel nur schwer erkennen.

Um die Textur quantitativ zu beschreiben, normiert man daher die Belegung auf der gesamten Lagenkugel als gleich Eins und gibt die Dichten der Flächenpole in den Polfiguren als Vielfache der Flächenpole einer regellosen Orientierungsverteilung an. Auf diese Weise hat man in der stereographisch projizierten Polfigur unmittelbar Zugriff auf die so wichtigen kristallographischen Winkel, ohne den Nachteil der verzerrten Belegungsdichte in Kauf nehmen zu müssen.

Durch den Bezug auf die regellose Orientierungsverteilung können verschiedene Netzebenenarten $\{h\,k\,l\}$ derselben Probe oder gleiche Netzebenenarten $\{h\,k\,l\}$ verschiedener Proben unmittelbar miteinander verglichen werden. Bei wenigen Kristalliten kann man die Flächenpole noch als Punktwolken wiedergeben. Üblich ist jedoch die Darstellung der Poldichten durch Angabe von Linien gleicher Belegungsdichte (*Höhenlinien* ähnlich wie in einer topographischen Landkarte). Daneben kommen auch Darstellungen vor, bei denen Farben oder Grauwerte abgestuften Intervallen in der Belegungsdichte zugeordnet werden. Auch dreidimensionale graphische Darstellungen können zur Veranschaulichung der Polfiguren beitragen.

Die Darstellung der Textur in Form von *inversen Polfiguren* geht auf Barrett [31], zurück. Sie gibt die Häufigkeit von allen *Kristallrichtungen* $\langle u\,v\,w\rangle$ bezüglich einer *probenfesten Raumrichtung* an. Die Häufigkeitsverteilung wird üblicherweise wieder in Form von Linien gleicher Dichte oder Farbabstufungen im stereographischen Standarddreieck des Kristallsystems des Probenmaterials graphisch dargestellt, Bild 11.4. Wenn die Mehrzahl der Kristallite einer Probe derart orientiert sind, dass sie mit einer gemeinsamen kristallographischen Richtung $\langle u\,v\,w\rangle$ (fast) parallel zu *einer* äußeren Richtung liegen, so spricht man von einer *Fasertextur*. Mit inversen Polfiguren lassen sich Fasertexturen besonders anschaulich und sehr effizient graphisch darstellen. Die kristallographische Richtung mit hoher Belegungsdichte zeigt die Faserachse an.

Fasertexturen treten häufig in gezogenen Metalldrähten und in elektrolytisch abgeschiedenen oder im Hochvakuum aufgedampften Schichten auf. Kubisch flächenzentrierte Metalle sind in diesen Materialien mehr oder weniger scharf mit der $\langle 1\,1\,1\rangle$-, seltener mit der $\langle 1\,0\,0\rangle$-Richtung parallel zur Drahtachse bzw. der Aufdampfrichtung orientiert. Die inverse Polfigur bezüglich der Drahtachse bzw. der Oberflächennormale der Schicht bei senkrechter Bedampfung weist dann im $\langle 1\,1\,1\rangle$- bzw. im $\langle 1\,0\,0\rangle$-Eckpunkt eine hohe Belegungsdichte auf. Eine zweite inverse Polfigur mit Bezug auf eine dazu senkrechte Richtung kann ein gleichmäßig belegtes Band von $\langle 0\,1\,1\rangle$ bis etwa $\langle 1\,1\,2\rangle$ aufweisen. Nur dann sind die Kristallite tatsächlich regellos um die $\langle 1\,1\,1\rangle$-Richtung verteilt. Es können aber auch Häufungen in dem Band auftreten, wenn – etwa durch den Einfluss des Substrats – die Kristallite mit der Raumdiagonalen der Elementarzellen senkrecht zur Schichtnormalen weisen und zusätzlich beispielsweise mit den Diagonalen $\langle 0\,1\,1\rangle$ der Würfelflächen der Elementarzellen ebenfalls bevorzugt ausgerichtet sind. Für kubisch raumzentrierte Metalle sind $\langle 0\,1\,1\rangle$-Fasertexturen typisch.

Die Zahl der messbaren Beugungsreflexe ist durch die Wellenlänge der benutzten Strahlung begrenzt und damit auch die Zahl der direkt messbaren Punkte in der inversen Polfigur. Es ist daher zweckmäßig, möglichst kurzwellige Strahlung wie Mo-Kα oder Ag-Kα zu verwenden. Aber auch dann ist grundsätzlich die inverse Polfigur nur in

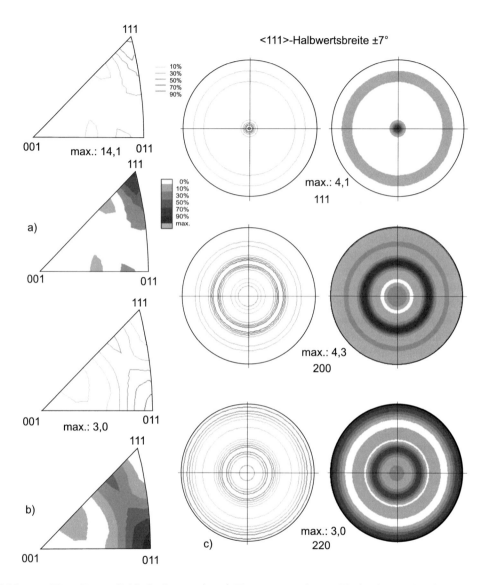

Bild 11.4: Eine dünne Goldschicht mit ⟨1 1 1⟩-Fasertextur, die im Hochvakuum durch Ionen-
zerstäubung auf ein Siliziumsubstrat abgeschieden wurde. Die Polfiguren sind zum
Vergleich mit Linien gleicher Belegungsdichte und durch Grauwerte in abgestuften
Dichteintervallen dargestellt. a) Inverse Polfigur für die Normalenrichtung b) Inverse Polfigur für eine Referenzrichtung in der Schichtebene c) Gewöhnliche Polfiguren
für die Beugungsreflexe (1 1 1), (2 0 0) und (2 2 0)

wenigen diskreten Punkten ⟨h k l⟩ röntgenographisch direkt bestimmbar. Inverse Polfiguren werden daher nicht direkt gemessen, sondern aus gewöhnlichen Polfiguren nach einer Orientierungs-Verteilungsfunktions-Analyse (ODF) rückgerechnet, siehe Kapitel 11.7.

Für die quantitative Darstellung ist es am zweckmäßigsten, die gemessenen Intensitäten der Versuchsprobe auf die Intensitäten der Beugungsreflexe einer regellosen Probe desselben Materials zu beziehen.

Ein symmetrischer $\theta - 2\theta$-Scan mit einem Pulverdiffraktometer kann bereits einen groben Hinweis auf die Belegung der inversen Polfigur in Probennormalenrichtung vermitteln. Die Intensitäten der Reflexe $(h\,k\,l)$, d. h. der Flächenpole, im Beugungsspektrum sind ein Maß für die Häufigkeit der kristallographischen Richtungen senkrecht zur Probenoberfläche. Für nichtkubische Kristalle unterscheiden sich die Indizierungen der Flächen allerdings von den Indizierungen der kristallographischen Richtungen ihrer Normalen und müssen erst in letztere umgerechnet werden.

Ein $\theta - 2\theta$-Scan oder ein darauf basierender *Texturindex*, etwa als Quotient der Intensität eines Reflexes $\{h\,k\,l\}$ der interessierenden Probe zu der einer regellosen Vergleichsprobe, sind ungeeignet, die Ausbildung und Schärfe einer Fasertextur zu beurteilen. Selbst wenn eine Fasertextur vorliegt, so könnte ihre Achse doch etwas gegen die Messrichtung (z. B. die Oberflächennormale) verkippt sein. In diesem Fall sind die ermittelten Reflexintensitäten und somit Texturindizes eher zufälliger Natur. Sie hängen vom Verkippungswinkel ab, ohne dass dieser erkannt werden würde. Zudem wird die Streubreite der Textur mit einem $\theta - 2\theta$-Scan nicht erfasst.

Die Beschränkung auf wenige diskrete $\langle h\,k\,l\rangle$-Werte tritt bei der Einzelorientierungsmessung nicht auf. Die Lage einer äußeren Bezugsrichtung, beispielsweise der Senkrechten auf der Probenoberfläche, bezüglich der Elementarzelle eines jeden einzelnen Kristalliten der Probe kann aus der Einzelorientierung über einen kontinuierlichen Wertebereich berechnet und der zugehörige $\langle h\,k\,l\rangle$-Wert als Punkt in das (stereographisch projizierte) Standarddreieck des Kristallsystems eingetragen werden. Im Falle von sehr vielen Kristalliten sind die Richtungspole in den entstehenden Punktwolken nicht mehr klar zu erkennen. Man fasst wiederum die Belegungsdichte in kondensierter Form durch Linien gleicher Dichte oder zu farblich kodierten Dichteintervallen zusammen. Auch hier wird für eine quantitative Texturdarstellung die Belegungsdichte als Vielfaches der Belegungsdichte einer regellosen Orientierungsverteilung angegeben.

11.4 Die röntgenographische Polfigurmessung

11.4.1 Grundlagen

Die röntgenographische Messung der Textur einer vielkristallinen Probe beruht darauf, dass jeder Kristallit im beugenden Probenvolumen einen Beitrag zu den Reflexen im Beugungsspektrum liefert, der charakteristisch sowohl für die Orientierung als auch proportional zum Volumenanteil des Kristalliten ist. Für die Intensität, die aus einem monochromatischen Röntgenstrahl abgebeugt und über einen Beugungsreflex integrierend gemessen wurde, folgt aus der kinematischen Beugungstheorie entsprechend Gleichung 3.105 eine für die Textur modifizierte Gleichung 11.1.

$$I_{hkl}(\alpha, \beta) = K \cdot I_0 \cdot A \cdot l_i \cdot L_\theta \cdot |F_{hkl}|^2 \cdot H_{hkl} \cdot e^{-2M(T)} \cdot e^{-l \cdot \mu} \cdot P_{hkl}(\alpha, \beta) \qquad (11.1)$$

Darin bedeuten:

K	eine von der Probe abhängige Konstante
I_0	Intensität des Primärstrahls im Wellenlängenbereich $(\lambda, \lambda + \Delta\lambda)$
A	Querschnittsfläche des Primärstrahlbündels auf der Probe
l_i	Informationstiefe
l	Wegstrecke des Strahls in der Probe
L_θ	der vom BRAGG-Winkel θ abhängige Polarisations- und LORENTZ-Faktor
H_{hkl}	Flächenhäufigkeitsfaktor
$e^{-2M(T)}$	der Temperaturfaktor (DEBYE-WALLER-Faktor)
$M(T) = 2\pi^2 \overline{\mu_{hkl}}^2 \sin^2\theta/\lambda^2$	$\overline{\mu_{hkl}}^2$ ist das mittlere Verrückungsquadrat der thermischen Schwingung senkrecht zur Netzebene $(h\,k\,l)$
μ	linearer Schwächungskoeffizient
P_{hkl}	Volumenanteil der Kristallite, die eine Flächennormale $\langle h\,k\,l\rangle$ in der Bezugsrichtung $\vec{h} = (\alpha, \beta)$ der untersuchten Probe haben
$|F_{hkl}|$	Strukturamplitude

Für eine feste Wellenlänge λ können in der Gleichung 11.1 die Faktoren K, I_0, L_θ, H_{hkl}, M und $e^{2M(T)}$ als Konstanten betrachtet werden. Der Geometriefaktor $G(\alpha, \beta)$ berücksichtigt das beugende Probenvolumen $A \cdot l_i$ sowie die Defokussierung und die Änderung des Polfigurfensters, Kapitel 11.4.7, in Abhängigkeit von den Probenkippwinkeln (α, β). Somit erhält man als Beziehung zwischen gemessener Intensität und Poldichte $P_{hkl}(\alpha, \beta)$

$$I_{hkl}(\alpha, \beta) = K \cdot G(\alpha, \beta) \cdot e^{-l/\mu} \cdot P_{hkl}(\alpha, \beta) \tag{11.2}$$

Wenn ein fein kollimierter, monochromatischer Röntgenstrahl mit der Wellenlänge $\lambda < d_{hkl}$ auf eine Pulverprobe mit regelloser Orientierungsverteilung fällt, so finden sich stets Kristallite, die so orientiert sind, dass sie die BRAGGsche Gleichung 3.126 erfüllen und beugen. Dies ist bei stark texturierten Proben und insbesondere bei Einkristallen eher die Ausnahme. Die BRAGGsche Gleichung macht keine Aussage über die Azimutwinkel, unter dem der Primärstrahl auf die Netzebenenscharen fällt. Kristalle können beliebig um $\vec{h}_{hkl}$ gedreht werden, ohne dass sich die Beugungsintensität ändern würde. Die Röntgenwellenlänge liegt in der Größenordnung der Netzebenenabstände. Daher deckt die Ausbreitungskugel nur einen relativ kleinen Bereich des reziproken Gitters ab, in dem die BRAGGsche Beugungsbedingung erfüllt werden kann. Die Beugungsreflexe liegen auf Kegelmänteln mit den halben Öffnungswinkeln $2\theta_{hkl}$. Die Beugungsvektoren $\vec{s}_{hkl}$ liegen somit auf Kegelmänteln mit halben Öffnungswinkeln $90° - \theta_{hkl}$ um die Primärstrahlrichtung. Die Normalenvektoren $\vec{h}_{hkl}$ auf den beugenden Netzebenen fallen mit den Beugungsvektoren zusammen. Bei der Messung von Polfiguren kommt also zur BRAGGschen Gleichung noch die notwendige Spiegelbedingung hinzu. Anders orientierte Kristallite können unter dieser geometrischen Anordnung zum Primärstrahl nicht beugen.

$$\vec{s}_{hkl} || \vec{h}_{hkl} \perp (hkl) \tag{11.3}$$

Die Normalenvektoren $\vec{h}_{hkl}$ schneiden die Lagenkugel in konzentrischen Kreisen um den Primärstrahl, Reflexionskreise genannt. Die Durchstoßpunkte der einzelnen Normalenvek-

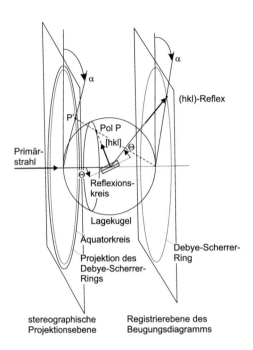

Bild 11.5: Lage eines Beugungsreflexes $(h\,k\,l)$ auf der Registrierebene und des zugehörigen Pols P auf dem Reflexionskreis sowie seine stereographische Projektion für eine Schar $(h\,k\,l)$-Netzebenen in BRAGGstellung (nach [262])

toren nennt man (Flächen-)Pole. Auf einer Registrierebene senkrecht zum Primärstrahl liegen die Beugungsreflexe ebenfalls auf konzentrischen Kreisen um den Primärstrahl, die man DEBYE-SCHERRER-Ring nennt. Den Zusammenhang zwischen einer beugenden Netzebene $(h\,k\,l)$, ihrem Flächenpol, seiner stereographischen Projektion und dem Beugungsreflex auf dem $(h\,k\,l)$-DEBYE-SCHERRER-Ring zeigt das Bild 11.5.

Die Einstellung der BRAGGschen Bedingung reicht also noch nicht aus, damit ein Beugungsreflex auftritt, denn es muss vor allem erst ein Kristallit mit der passenden Orientierung vorhanden sein, oder anders ausgedrückt, der Reflexionskreis muss auf der Lagenkugel ein Gebiet abdecken, das von Flächenpolen belegt ist. Wenn die Belegung unter dem Reflexionskreis gleichmäßig ist, weist auch der zugehörige DEBYE-SCHERRER-Ring gleichmäßig verteilte Intensität auf. Demzufolge sind die beugenden Kristallite so angeordnet, dass sie eine gemeinsame kristallographische Richtung parallel zur Primärstrahlrichtung haben. Sie ist um θ gegen die $(h\,k\,l)$-Netzebenen geneigt und um diese liegen die Kristallite statistisch regellos gedreht. Wenn also die DEBYE-SCHERRER-Ringe für eine Einfallsrichtung des Primärstrahls gleichmäßig mit Intensität belegt sind, so sagt das zunächst nur, dass um diese Richtung auch Kristallite regellos gedreht liegen. Es bedeutet allerdings noch lange nicht, dass auch *alle Kristallite* der Probe so angeordnet sind, denn es brauchen ja nicht alle Kristallite die BRAGG-Bedingung für diese Einstrahlrichtung zu erfüllen und zur Intensität der betrachteten DEBYE-SCHERRER-Ringen beitragen. Über diese Kristallite macht die Beugungsaufnahme keinerlei Aussage. Es bedeutet vor allem auch nicht, dass die beugenden Kristallite insgesamt regellos verteilt sind. Um dies zu verifizieren, müssten alle möglichen Einstrahlrichtungen auf gleichmäßige Intensitätsverteilung der DEBYE-SCHERRER-Ringe überprüft werden. Sind Kristallite nur um eine probenfeste Richtung regellos verteilt, so spricht man von einer Fasertextur.

Nach der Definition ist eine $(h\,k\,l)$-Polfigur eine *zwei*dimensionale Dichtefunktion, die nur von den i Lagen einer ausgewählten Netzebenenart $\{h\,k\,l\}$ der betrachteten i-Kristallite in einem probenfesten Koordinatensystem abhängt. Die Lage nur einer Netzebene legt aber nicht die Orientierung des Kristalliten, sondern nur die Richtung der Senkrechten $\vec{s}$ auf dieser Netzebene im Raum fest. Sie ändert sich nicht, wenn der Kristallit um diese Richtung gedreht würde. Erst wenn die Richtung von mindestens einer weiteren Netzebene des Kristalliten bekannt ist, sei es eine zur selben oder zu einer anderen $\{h\,k\,l\}$-Familie gehörende Netzebene, so liegt auch die Orientierung des Kristalliten fest. Die Durchstoßpunkte der Netzebenennormalen auf der Lagenkugel heißen *Flächenpole*. Sie liegen für alle Netzebenen einer $\{h\,k\,l\}$-Familie in derselben Polfigur, unterschiedliche $\{h\,k\,l\}$-Familien werden durch verschiedene $(h\,k\,l)$-Polfiguren dargestellt.

Da der Reflexionskreis mit zunehmendem BRAGG-Winkel immer weiter von der Äquatorlinie der Lagenkugel zum Durchstoßpunkt des Primärstrahls (Rückstrahlfall) wandert und kleiner wird, nimmt auch der Informationsgehalt für die Orientierungsverteilung der Kristallite ab, da in einem sehr kleinen Bereich der Lagenkugel zufällig eine statistisch regellose, eine viel zu geringe oder eine zu hohe Belegung auftreten könnte.

Hinweis: Während also der Rückstrahlfall wegen der hohen Dispersion für die Präzisionsbestimmung der Parameter der Elementarzelle oder von Gitterdehnungen besonders günstig ist, sollte er für Texturmessungen möglichst vermieden werden.

Eine einzelne DEBYE-SCHERRER-Aufnahme, und noch viel weniger der Intensitätsmesswert für einen einzelnen Polfigurpunkt, sagt recht wenig über die Textur aus, weil nur ein sehr kleiner Bereich der Lagenkugel wiedergegeben wird. Daher ist, wie schon oben diskutiert wurde, ein $\theta - 2\theta$-Scan wenig informativ über die Textur eines Materials. Generell sollte für die quantitative Texturanalyse ein möglichst großer Bereich der Lagenkugel bekannt sein. Daher ist es nötig, sukzessive die Lage des Reflexionskreises auf der Lagenkugel zu verändern, die Beugungsintensitäten zu messen und so möglichst große Bereiche der Lagenkugel auf ihre Belegungsdichte hin abzutasten. In der röntgenographischen Polfigurmessung geschieht dies durch kontrolliertes Drehen der Probe in möglichst alle Raumrichtungen (α, β) relativ zum Primärstrahl. Der Beugungsvektor $\vec{s}_{hkl}$ liegt durch den Primär- und den abgebeugten Strahl fest und es werden nacheinander die Bezugsrichtungen $\vec{y} = (\alpha, \beta)$ im probenfesten Koordinatensystem zur Auswertung in Reflexionsstellung gebracht:

$$\vec{h}_{hkl} \| \vec{y} = (\alpha, \beta) \tag{11.4}$$

Man erhält so die $(h\,k\,l)$-Poldichtefunktion P_{hkl}, die auch *(gewöhnliche) $(h\,k\,l)$-Polfigur* genannt wird:

$$\frac{\mathrm{d}V}{V} = P_{hkl}(y) \cdot \mathrm{d}y \qquad \text{mit} \quad \mathrm{d}y = \sin\alpha \cdot \mathrm{d}\alpha \cdot \mathrm{d}\beta \tag{11.5}$$

Auf der Lagenkugel werden so Polarwinkel definiert, dass der Probenkippwinkel mit $\alpha = 0°$ für die Probennormale beginnt. Der Azimutwinkel β läuft von $0°$ bis $360°$. Sein Nullpunkt weist in eine zur Probennormale senkrechten Referenzrichtung, beispielsweise in die Walzrichtung. Man zählt auf der Lagenkugel die Breitenkreise vom *Nordpol* aus, während man in der Geographie mit dem Äquator als Breitenkreis mit $0°$ beginnt.

Bei der Filmmethode wurde die Schwärzung von DEBYE-SCHERRER-Diagrammen, die in Transmission oder auch Reflexion aufgenommen wurden, als Maß für die Beugungsintensität und somit für die Belegungsdichte abgeschätzt. Da der Reflexionskreis aus einer DEBYE-SCHERRER-Aufnahme bereits ein großes Winkelintervall in β auf der Lagenkugel abdecken kann, genügt es, die Probe schrittweise um eine Achse senkrecht zur Beugungsebene zu kippen und Aufnahmen als Funktion von α zu machen. Dabei wird die Lagenkugel unter dem Reflexionskreis durchgedreht und abgetastet. Wegen der endlichen Breite des ebenen oder zylindrisch gebogenen Röntgenfilms werden die Polkappen der Lagenkugel ab einem α_{max} nicht mehr erfasst.

Die abgebeugte Intensität wird in der röntgenographischen Polfigurmessung mittels Proportionalzählrohren, Ortsempfindlichen- oder Flächen-Detektoren registriert, dabei werden die Verfahren nach der Art der Probe unterteilt:

- Rückstreuung von massiven Proben
- Transmission durch dünne, durchstrahlbare Proben

nach der Fokussierungsbedingung:

- fokussierender Strahlengang
- Verbreiterung der Beugungsinterferenzen durch Defokussierung

sowie nach der Art des Goniometers:

- EULER-Wiege mit χ-Kippung
  - Vollkreis-Goniometer
  - offene EULER-Wiege
  - exzentrische EULER-Wiege
- κ-Geometrie mit
  - festem κ-Winkel
  - variablen κ-Winkeln
- ω-Kippung
  - BRAGG-BRENTANO-Geometrie
  - SEEMANN-BOHLIN-Geometrie
- $\theta_1 - \theta_2$-Goniometer

11.4.2 Die apparative Realisierung von Texturgoniometern

Vier-Kreis-Goniometer mit EULER-Wiege

Um die Winkel θ_{hkl}, α und β einstellen zu können, sind die schon vorgestellten rechnergesteuerten Vierkreis-Goniometer mit EULER-Wiege am weitesten verbreitet, Bild 4.42a. Die EULER-Wiege befindet sich auf dem θ-Kreis eines $\theta - 2\theta$-Goniometers. Die θ-Drehachse wird in der Texturmessung üblicherweise ω-Achse genannt. Der Detektor befindet sich auf dem 2θ-Kreis. Die beiden anderen Goniometerkreise sind χ (Rotation um die Achse der EULER-Wiege) und φ (Drehung senkrecht zur χ-Achse).

Die Drehwinkel $G = (\omega, \chi, \varphi)$ legen die Orientierung der Probe bezüglich des ortsfesten Koordinatensystems des Goniometers fest. Ein Goniometer mit EULER-Wiege kann für die Polfigurmessung in Rückstreuung als auch in Durchstrahlung eingesetzt werden.

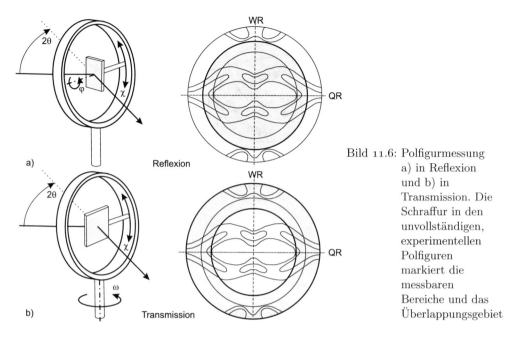

Bild 11.6: Polfigurmessung
a) in Reflexion
und b) in
Transmission. Die
Schraffur in den
unvollständigen,
experimentellen
Polfiguren
markiert die
messbaren
Bereiche und das
Überlappungsgebiet

Rückstreubeugung

Die Rückstreuanordnung ist heute das Standardverfahren, insbesondere wenn ein ortsempfindlicher Detektor oder ein Flächendetektor zur Verfügung steht. Die Winkelbezeichnungen, die bei Texturgoniometern mit EULER-Wiegen üblich sind, stehen im Fall des symmetrischen Strahlenganges $\theta_1 = \theta_2$ mit den Polarwinkeln des Beugungsvektors $\vec{s}_{hkl} = (\alpha, \beta)$ in folgender Beziehung:

$$\omega = \theta, \qquad \chi = \alpha, \qquad \varphi = \beta \tag{11.6}$$

In der Stellung $\chi = 0°$ befindet sich die Probe in der symmetrischen BRAGG-BRENTANO-Stellung und hält die Fokussierungsbedingung ein. Bei Ausblendung des Primärstrahls zu einem ausreichend kurzen Strich auf der Probenoberfläche, derart dass die Abweichung der planen Probenoberfläche vom Fokussierungskreis gering ist, können die Beugungsreflexe sehr scharf eingestellt werden. Ist die Probe dick im Vergleich zur Eindringtiefe, so gilt dies auch bei Kippung der Probe um χ, Bild 11.7. Der Kippwinkel reicht von $\chi = 0° \leq \chi_{max} < 90°$ (streifender Einfall in der Ebene der Probenoberfläche). Nutzbar sind nur Winkel bis $\chi_{max} \approx 70°$, weil für größere Winkel die Absorptionskorrektur unsicher wird und es zu geometriebedingten Abschattungen kommen kann.

Durchstrahlungs-Beugung

Die durchstrahlbare Probe wird in der Ebene der EULER-Wiege angeordnet. Die Probe wird nicht geschwenkt ($\varphi = 0°$), sondern die EULER-Wiege dreht sich schrittweise aus der symmetrischen Stellung, $\omega = \theta_1$, Bild 11.6. Damit gilt für die Polarwinkel (α, β) auf der Lagenkugel

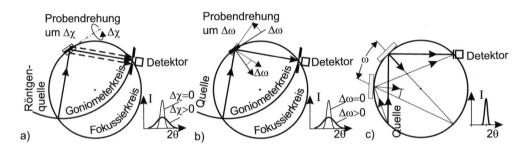

Bild 11.7: Profilverbreiterung bei der Polfigurmessung mit der BRAGG-BRENTANO-Geometrie in Reflexion infolge a) der χ-Verkippung und b) der ω-Verkippung. Mit der SEEMANN-BOHLING- Geometrie c) tritt bei einer Drehung um ω keine Profilverbreiterung ein

$$\omega - \theta_1 = 90° - \alpha, \quad \chi = \beta, \quad \varphi = 0° \tag{11.7}$$

Bereits in der symmetrischen Stellung der EULER-Wiege ($\omega = \varphi$, das heißt $\alpha = 90°$) steht die Probenfläche senkrecht zum Fokussierkreis, so dass die Fokussierungsbedingung verletzt und die Reflexe verbreitert sind. Beim Schwenken der EULER-Wiege ($\alpha <$ 90°) nimmt mit zunehmender Probenkippung die Reflexverbreiterung durch Defokussierung weiter zu. Ferner wächst der Laufweg der Strahlen in der Probe und somit steigt die Absorption, so dass die Intensitäten über den gesamten gemessenen Bereich der Durchstrahlungs-Polfigur auf Absorption korrigiert werden müssen. Wegen dieser Schwierigkeiten, insbesondere wenn das Material eine hohe Absorption bzw. Dichte aufweist, und da es nicht immer einfach ist, durchstrahlbare Proben konstanter Dicke herzustellen, wird die röntgenographische Polfigurmessung in Durchstrahlung nur noch selten eingesetzt. Sie eignet sich sehr gut für die Untersuchung bereits freitragender dünner Aufdampf- oder Sputterschichten.

Die Omega-(ω)-Kippung

Sie kann in der Rückstreubeugung zum Einsatz kommen, wenn das Goniometer die Entkopplung der $\theta - 2\theta$-Bewegung und einen unsymmetrischen Strahlengang durch unabhängige Einstellung von θ_1 und θ_2 ermöglicht. Die Probenoberfläche wird nicht gegen die Achse des Fokussierungskreises gekippt. Zwei Varianten werden realisiert:

- der nicht fokussierende Strahlengang in BRAGG-BRENTANO-Geometrie
- der fokussierende Strahlengang in SEEMAN-BOHLIN-Geometrie

Der Vorteil der SEEMAN-BOHLIN-Geometrie liegt im Vermeiden der Reflexverbreiterung in Abhängigkeit von $\omega = \alpha$, was besonders bei reflexreichen Spektren im Fall von niedriger Kristallsymmetrie oder mehrphasigen Werkstoffen zum Tragen kommt. Der Polarwinkel reicht maximal von $0 \leq \alpha = \omega \leq \alpha_{max} < \theta$. Der Nachteil liegt in einer wesentlich aufwändigeren Absorptionskorrektur.

Das Kappa-(κ)-Goniometer

Um besonders große Winkelbereiche abdecken zu können, wurden für die Kristallstrukturanalyse von kleinen Kristalliten κ-Goniometer entwickelt, Bild 4.42b. Sie sind auch für die röntgenographische Polfigurmessung geeignet. Die Vorteile sind ein einfacherer mechanischer Aufbau, niedrigere Kosten und nur geringe Abschattungen des Strahlenverlaufs durch Bauteile des Goniometers. Der Zusammenhang zwischen den am Goniometer eingestellten Drehwinkeln und den Polarwinkeln (α, β) sind jedoch komplex. Dies ist kein schwerwiegender Nachteil, weil die Steuerung ohnehin mit dem Rechner erfolgen muss. In der Regel sind der Einfallswinkel θ_1 und die Austrittswinkel θ_2 zur Probenoberfläche verschieden (unsymmetrischer Strahlengang). Ferner wird die Fokussierungsbedingung nicht eingehalten. Dies erfordert eine aufwändigere Korrektur der Belegungsdichten auf Absorption und Reflexverbreiterung als für Polfigurdaten, die mit einer EULER-Wiege gemessen wurden.

Das $\theta_1 - \theta_2$-Goniometer

Eine besondere Bauform ist das $\theta_1 - \theta_2$-Goniometer, das ursprünglich für die Beugung an Pulverproben oder Flüssigkeiten entwickelt wurde. Die Probe wird auf einen horizontalen, drehbaren Tisch $(\varphi = \beta)$ aufgelegt, der sich im Zentrum eines aus der Senkrechten $(\alpha = 0°)$ bis fast zur Horizontalen $(\alpha_{max} \approx 90°)$ schwenkbaren Goniometerkreises befindet. Auf dem Goniometerkreis werden unabhängig voneinander die Röntgenquelle und der Detektor positioniert, so dass der Primärstrahl unter θ_1 zur Probenoberfläche einfällt. Der abgebeugte Strahl tritt unter θ_2 aus der Probe aus und gelangt in den Detektor. Damit liegt der BRAGG-Winkel $2\theta = \theta_1 + \theta_2$ fest.

Die wesentlichen Vorteile sind die einfache Montage und gute Zugänglichkeit der Probe auf dem feststehenden Drehtisch. Er muss nur zu Beginn der Messung so in der Höhe verstellt werden, dass die Probenoberfläche den Fokussierungskreis berührt. Es können sehr große und schwere Proben untersucht werden. Die einfache Probenanordnung kommt dynamischen Untersuchungen sehr entgegen (Zugversuche, Heizversuche bis zum Phasenübergang fest-flüssig). Im Vergleich dazu zeigt das Bild 11.8b und c zwei weitere Beugungsgeometrien, die in modernen Röntgen-Texturgoniometern realisiert werden.

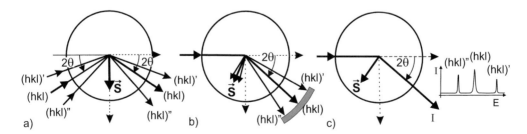

Bild 11.8: Beugungsgeometrie für die Polfigurmessung mit dem a) $\theta - \theta$-Goniometer (ein feststehender Beugungsvektor $\vec{s_{hkl}}$) b) $\theta - 2\theta$-Goniometer und ortsempfindlichem Detektor c) $\theta - 2\theta$-Goniometer und energiedispersivem Detektor (der gemeinsame Beugungsvektor $\vec{s_{hkl}}$ wird durch die Einstellung von 2θ festgelegt

11.4.3 Vollautomatische Texturmessanlagen

Die Drehung der Probe um die drei Goniometerachsen erfolgte bis ca. 1990 nach einer durch die mechanischen Getriebe fest vorgegebenen Messstrategie. Moderne automatische Texturmessanlagen sind mit hochauflösenden Schrittmotoren an den Drehachsen ausgerüstet, die über Mikrocontroller angesteuert werden. Die Steuersoftware ermöglicht eine flexible Anpassung der Genauigkeit und Art der Winkelabrasterung. Die Schrittweite zwischen den einzelnen Punkten auf dem Polfigurraster (α, β) kann in weiten Grenzen zwischen 0,01° und einigen Grad frei vorgegeben werden.

Die einfachste Messstrategie sind diskrete, äquidistante Winkelschritte $(\Delta\alpha, \Delta\beta)$ von beispielsweise je 3° oder 5°, Bild 11.9a. Die dazwischen liegenden Orientierungen werden dabei übersprungen und tragen nur zum Teil zu den Belegungen in den Stützstellen (α, β) bei, indem die Primärstrahl- und Detektoraperturen so weit vergrößert werden, dass auch die etwas schräg einfallenden Randstrahlen des Beleuchtungskegels noch an den um (α, β) gestreuten Kristalliten Beugungsintensität liefern. Wesentlich besser ist eine kontinuierliche Winkelrasterung. Dabei wird die Probe von Stützstelle zu Stützstelle in vielen kleinen Winkelschritten $\Delta\beta$ weiter gedreht, die abgebeugte Intensität integriert und dem Ort (α, β) auf der Lagenkugel zugewiesen. In Kipprichtung α wird ebenfalls in kleinen Schritten vorgerückt. Benachbarte Kleinkreise auf der Lagenkugel können anschließend durch Summation mit der Software zu größeren Intervallen zusammengefasst werden, um die Datensätze klein zu halten.

Die Messung auf einer Kugel in konstanten Winkelintervallen ist nicht ökonomisch. Die Messpunkte in der Mitte der Polfigur liegen wesentlich dichter als am Rand. Dadurch werden zentrale Bereiche in der Polfigur ohne Grund stärker betont. Ihre Messstatistik ist unnötig hoch. Beispielsweise braucht der Punkt auf dem Nordpol ($\alpha = 0°$) nur einmal gemessen zu werden, so wie jeder einzelne Punkt β auf dem Äquatorkreis ($\alpha = 90°$). Man konstruiert sich daher Rastermuster auf der Kugel, deren Nachbarpunkte möglichst gleiche Flächenelemente begrenzen und zudem aus messtechnischen Gründen auf Kleinkreisen liegen. Mit einem derartigen *flächengleichen* Raster kann etwa 1/3 der Messzeit eingespart werden, ohne dass man Kompromisse in der Messstatistik eingehen muss,

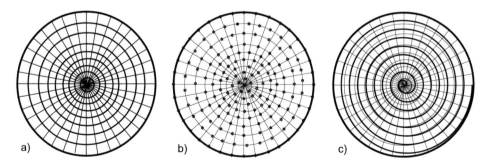

a)   b)   c)

Bild 11.9: Messstrategien bei der Polfigurrasterung a) gleiche Winkelschritte in α und in β (z. B. in 5° Schritten bei 2,5° Apertur) b) ausgedünntes Raster mit angenähert gleichen Flächensegmenten c) kontinuierliche Abtastung mit konstanter Geschwindigkeit auf spiralförmiger Bahn

Bild 11.9b. Eine weitere Alternative ist eine *spiralförmige* Rasterung mit konstanter Bogengeschwindigkeit, Bild 11.9c. Die Reflexintensitäten werden kontinuierlich gemessen, aber zwischen *flächengleichen* Messpunkten integriert und in diskreten Schritten gespeichert.

11.4.4 Probentranslation und Messstatistik

Die röntgenographische Texturanalyse zielt auf eine statistisch signifikante Ermittlung der Orientierungsverteilung ab. Sie setzt also die Messung der Orientierung einer möglichst großen und für die Probe repräsentativen Anzahl von Kristalliten voraus. Der Probenbereich, der vom Primärstrahl ausgeleuchtet wird, kann nicht beliebig groß gemacht werden, allein schon deshalb nicht, weil die Fokussierungsbedingung für eine plane Probe weitestgehend eingehalten werden muss. Bei Sondendurchmessern in der Größenordnung von wenigen Quadratmillimetern und der geringen Eindringtiefe der Röntgenstrahlen von $1 - 100 \,\mu$mm ist das analysierte Probenvolumen relativ klein. Bei einigen $10 \,\mu$m mittlerem Korndurchmesser ist unter diesen Bedingungen die Anzahl der beugenden Kristallite bereits statistisch zu klein. Man gelangt in den Bereich der *Grobkorntextur*, in der keine kontinuierlich verlaufende Belegungsdichte, sondern eine ungeordnete Anhäufung von Reflexen in den Polfiguren zu erkennen ist, die von vereinzelten in BRAGG-Position befindlichen Kristalliten stammen. Die gemessene Textur schwankt dann statistisch von Probenstelle zu Probenstelle.

Das analysierte Probenvolumen kann durch eine Translation der Probe parallel zu seiner Oberfläche vergrößert werden, wenn die Orientierungsverteilung in der Messfläche gleichmäßig ist, also insbesondere wenn keine Texturgradienten vorliegen. Davon kann bei Texturmessungen in der Blechebene ausgegangen werden. Im Gegensatz zum Elektronenstrahl im Elektronenmikroskop ist mit Röntgenstrahlen die Möglichkeit durch Ablenkung des Primärstrahls die Probe abzurastern nicht gegeben. Das Abrastern muss daher durch Translation der Probe in einem mechanisch bewegten Tisch unter dem feststehenden Primärstrahl erfolgen. Zwei Varianten der Probentranslation sind in Gebrauch, der »Rot-Trans-Tisch« und der »Trans-Rot-Tisch«. In beiden Fällen wird die interessierende Probenstelle in das Drehzentrum des Tisches justiert.

Im »Rot-Trans-Tisch« erfolgt zuerst die Probendrehung um den φ-Winkel und dann darauf aufgesetzt die schwingende Hin- und Herbewegung der Probe, siehe Bild 11.10a. In diesem Fall wird unabhängig von der Stellung des Drehwinkels φ immer dieselbe Probenstelle unter der stehenden Röntgensonde vorbeigeführt. Wenn der Primärstrahl einen punktförmigen Fleck auf der Oberfläche ausleuchtet, so wird das Messfeld zu einer geraden Linie gestreckt. Sie hat die Länge des Hubs des Probentisches und nimmt für alle Drehwinkel φ dieselbe Position auf der Probe ein, Bild 11.10c oben. So kann bei entsprechender Ausrichtung der Probe ein schmaler Streifen definiert werden, von dem die Polfigurdaten flächenintegrierend aufgenommen werden. Dies ist beispielsweise notwendig, wenn in einem Längsschliff eines Blechs, in dem die Richtung der Blechnormalen und der Walzrichtung liegen, die Textur der Mittelebene ermittelt werden soll. Wenn der Primärstrahlfleck nicht punkt- sondern strichförmig ist, so variiert bei der linearen Probenoszillation das Messfeld mit dem Winkel φ, Bild 11.10c oder 11.10d. Die gemessenen Belegungsdichten in verschiedenen Bereichen der Polfiguren stammen damit von unter-

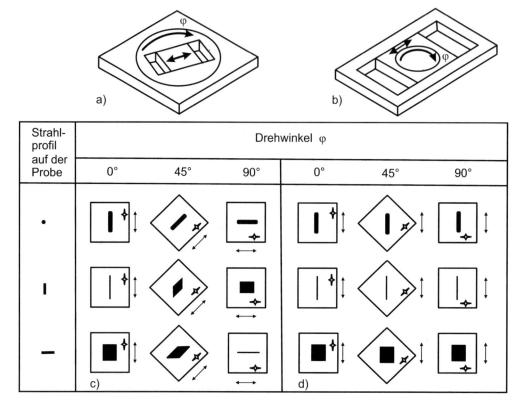

Bild 11.10: Vergrößerung des Messfeldes durch Translation der Probe unter dem stationären
Primärstrahl. a) Der Translationsschlitten wird zusammen mit der Probe um φ
gedreht (»Rot-Trans-Tisch«) b) Die Probe wird im Translationsschlitten um φ
gedreht (»Trans-Rot-Tisch«) c) Messfelder als Funktion der Sondenform und des
Drehwinkels für den Rot-Trans-Probentisch d) Messfelder als Funktion der Sondenform und des Drehwinkels für den Trans-Rot-Probentisch

schiedlichen Gruppen von Kristalliten. Die Polfiguren passen nicht mehr zusammen, sie
sind inkonsistent. Nur wenn die Zahl der erfassten Kristallite im statistischen Sinne sehr
groß und die Textur aller Messflächen gleich ist, erhält man noch zuverlässige Ergebnisse.

Im »Trans-Rot-Tisch« dreht sich die Probe im oszillierenden Tisch, Bild 11.10b. Mit
der Drehung der Probe behält das Messfeld zwar seine Form bei, es ändert aber seine Lage
auf der Probe, Bild 11.10d. Wenn jedoch ein strichförmiger Primärstrahl senkrecht zur
Translationsbewegung auf der Probe liegt und so lang ist wie der Tischhub, dann wird das
Messfeld zu einem Quadrat gestreckt, unter dem sich die Probe in Winkelschritten um
φ weiterdreht. Es wird also in guter Näherung stets derselbe ausgedehnte Probenbereich
beleuchtet und gemessen, Bild 11.10d unten. Die Belegungsdichten in den verschiedenen
Bereichen der Polfiguren stammen dann praktisch vom selben Kristallitenverbund und
man erhält konsistente Polfiguren von einem ausgedehnten Probenbereich.

11.4.5 Vollständige Polfiguren

Bei in Rückstreuung gemessenen Polfiguren nimmt die Genauigkeit wegen der Defokussierung mit zunehmender Probenkippung ab. Für Kippwinkel $\chi > 75°$ kommen noch Abschattungen oder mechanische Begrenzungen des Kippbereichs hinzu, so dass der äußere Rand der Polfigur nicht erfasst werden kann. Auch in Durchstrahlung kann die Lagenkugel nicht vollständig gemessen werden, da es aus apparativen Gründen zu Abschattungen kommt. Für große Kippwinkel wird die Absorptionskorrektur unsicher, denn die effektive Probendicke nimmt extrem zu. Man erhält sowohl in Rückstreuung als auch in Durchstrahlung nur *unvollständige* Polfiguren mit nicht gemessenen Bereichen am Rand bzw. im Zentrum. Über diese Bereiche liegen zunächst keine Texturinformationen vor. Die Normierung der Belegungsdichten auf Eins bezüglich der vollen Lagenkugel kann daher nicht vorgenommen werden.

Misst man zwei unvollständige Polfiguren in Transmission bis zu einem Kippwinkel $\chi \approx 65°$ und dreht zwischen den beiden Messungen die Probe um 90°, so lässt sich durch Überlagerung dieser beiden Teile der nicht erfasste Bereich wesentlich reduzieren. Von dieser Möglichkeit wird speziell bei der Polfigurmessung in der Feinbereichsbeugung mit dem Transmissionselektronenmikroskop Gebrauch gemacht. Früher wurden häufig sich ergänzende Rückstreu- und Durchstrahlungspolfiguren desselben Materials kombiniert, so dass sie sich zu vollständigen Polfiguren überlagerten. Die Anpassung der Intensitäten ist schwierig, da der Überlappungsbereich relativ schmal ist, Bild 11.6 rechts.

Die Kombination von Transmissions- mit Reflexionspolfiguren ist heute nicht mehr erforderlich. Bereits aus wenigen unvollständigen, experimentellen Polfiguren kann die dreidimensionale Orientierungs-Dichte-Funktion (ODF) berechnet werden, siehe Kapitel 11.7. Aus ihr lassen sich beliebige, auch nicht messbare und vollständige Polfiguren mit hoher Genauigkeit berechnen.

Vollständige Polfiguren, welche die gesamte Lagenkugel abdecken, können dennoch röntgenographisch gemessen werden, Bild 11.11. Um sie in einem einzigen Messvorgang zu erhalten liegt es nahe, aus der Probe eine kleine Kugel, Durchmesser $100 - 500\,\mu\mathrm{m}$, entsprechend der Breite des Primärstrahls, herauszutrennen. Sie muss bei der Messung vollständig in den primären Röntgenstrahl eintauchen, Bild 11.11. Durch Drehung um zwei Achsen kann dann die Lagenkugel vollständig abgetastet werden. Da sich die Absorption bei einer kugelförmigen Probe nicht mit den Drehwinkeln ändert, braucht keine

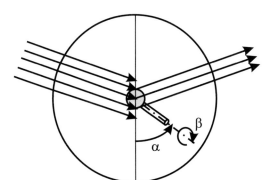

Bild 11.11: Die Messung vollständiger Polfiguren mit einer kugelförmigen Probe, die ganz in den Primärstrahl eintaucht

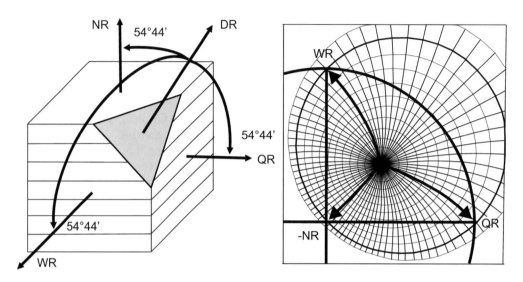

Bild 11.12: Eine Schrägschnittprobe ermöglicht die Messung eines vollständigen Polfigurquadranten in Reflexion (nach [76])

weitere Korrektur vorgenommen zu werden. Die Normierung der Belegungsdichte auf Eins für die gesamte Lagenkugel genügt. Die Herstellung von sehr kleinen kugelförmigen Proben ist jedoch schwierig und problematisch, weil bei der Präparation die Textur verändert werden könnte. Kugelförmige Proben von größerer Dimension sind für neutronographische Texturmessungen gut geeignet und werden dort gerne verwendet.

Handelt es sich um ein kubisch kristallines Material, so kann eine spezielle Probenpräparation angewandt werden. Die erste Möglichkeit besteht in der Herstellung einer würfelförmigen Probe und Messung der (unvollständigen) Polfiguren in Reflexion nacheinander auf drei zueinander senkrecht stehenden Seitenflächen. Diese können dann zu einer vollständigen Polfigur zusammengesetzt werden.

Kann eine orthorhombische Probensymmetrie, siehe Kapitel 11.7.2, wie beispielsweise im Fall eines dünnen Walzblechs, vorausgesetzt werden, so genügt es, nur einen Quadranten der Polfigur zu messen und es kann ein weniger aufwändiges Messverfahren angewandt werden. Zunächst werden quadratische Abschnitte des Blechs zu einem Würfel seitenrichtig so aufeinander gestapelt und verklebt, dass die Walzrichtung und Blechnormale der Blechstücke parallel zueinander verlaufen. Man erhält so eine ausreichend dicke Ausgangsprobe. Dann wird eine Ecke des Würfels zu einer Fläche abgeschrägt, so dass die Flächennormale in der Würfeldiagonalen liegt und zu den Achsen NR, WR und QR des Blechs den Winkel von 54°44' bildet, so genannte Schrägschnittprobe, siehe Bild 11.12. Die in Reflexion aufgenommene röntgenographische Polfigur mit einem Kippwinkel α von 0° bis 65° deckt bereits einen ganzen Quadranten in der stereographischen Projektion ab. Für diese Kippwinkel ist in Reflexion die Absorptionskorrektur nicht unbedingt erforderlich.

11.4.6 Detektoren für die Texturmessung

In der Texturmessung kommen die schon in Kapitel 4.5 aufgeführten Detektoren zur Anwendung. Auch hier werden die null-, ein- und zweidimensionalen Detektoren eingesetzt.

Ein Standarddetektor in der röntgenographischen Polfigurmessung ist das *Proportionalzählrohr*, siehe Seite 131, mit horizontal und vertikal angeordneten Detektor- bzw. Eingangsschlitzblenden. Die horizontale Schlitzblende begrenzt den Sehwinkel $\Delta 2\theta$ und legt damit die Winkelauflösung in 2θ fest. Damit das gesamte Profil des betrachteten $(h\,k\,l)$-Beugungsreflexes vom Detektor registriert wird, auch wenn der Reflex bei großen Kippwinkeln der Probe durch Defokussierung verbreitert ist, arbeitet man in der Texturanalyse meist mit sehr weiten Schlitzblenden und Aperturen zwischen 1° und 5°. Diese Vorgehensweise funktioniert nur zufriedenstellend, wenn das Beugungsdiagramm nur wenige und gut getrennte DEBYE-SCHERRER-Ringe aufweist, also für Materialien mit einfachem Kristallsystem (z. B. kubische, einphasige Metalle). Aber auch dann wird für kleine Kippwinkel ein unnötig breiter Untergrundbereich erfasst, während es für große Kippwinkel zu einem Beschneiden des Profils und damit zu einem Verlust an gemessener Intensität kommt. Dieser Nachteil wird nur unzureichend mit motorgesteuerten Schlitzblenden korrigiert, deren Breite mit zunehmender Probenkippung automatisch vergrößert wird, Bild 5.5. Das Beschneiden des Profils wird in der Defokussierungskorrektur analytisch berücksichtigt.

Der Untergrund muss an Stellen, die außerhalb, aber dennoch möglichst dicht neben den DEBYE-SCHERRER-Ringen liegen, separat unter denselben experimentellen Bedingungen gemessen und von den Beugungsintensitäten abgezogen werden. Es genügt meist, den Untergrund nur einmal pro Kleinkreis auf der Lagenkugel zu ermitteln. Die Untergrundintensität stammt von inkohärenter Streuung und Fluoreszenzstrahlung, die von der Probe oder den Blenden ausgeht, sowie von der Streuwechselwirkung des Strahls mit der umgebenden Atmosphäre. Die Fluoreszenzstrahlung muss durch Wahl einer geeigneten Röntgenröhre möglichst niedrig gehalten werden, so dass die charakteristische Wellenlänge der Primärstrahlung das Probenmaterial nur wenig zur Fluoreszenz anregt, Bild 2.11. Der Bremsstrahlungsuntergrund und andere charakteristische Linien in der primären Röntgenstrahlung können durch einen Filter nach der Röntgenröhre und die Fluoreszenzstrahlung der Probe durch einen selektiven Metallfilter, siehe Kapitel 2.4, vor dem Detektor zusätzlich reduziert werden. Der Streuuntergrund aus der Luft wird verringert, indem der Primärstrahlkollimator dicht an der Probe angeordnet und eventuell zusätzlich eine Streuscheibenblende in den Sekundärstrahlengang gesetzt wird.

Szintillationszähler, siehe Seite 133, stellen eine Verbesserung des Proportionalzählrohrs dar, da sie eine energiedispersive Darstellung des registrierten Reflexes ermöglichen. Zwar reicht die Energieauflösung von etwa $\Delta E/E = 500 - 1\,000\,\mathrm{eV}$ nicht für eine Profilformanalyse aus. Es können aber benachbarte Beugungsinterferenzen von wenigen $100\,\mathrm{eV}$ Abstand, die von Kα und Kβ-Primärstrahlung oder von einer zweiten Phase stammen, entfaltet werden. Da bekanntlich für Kupfer die gemittelte Kα-Linie bei $8{,}04\,\mathrm{keV}$ und Kβ bei $8{,}91\,\mathrm{keV}$ liegen, wird kein Ni-Kβ-Filter im Primärstrahl verwendet. Man gewinnt daher an Primärstrahlintensität und kann die Messzeit um ca. 1/3 verkürzen.

Ortsempfindliche-, siehe ab Seite 137, und *Flächendetektoren*, siehe ab Seite 141 bzw. 217, setzen sich trotz der erheblich höheren Anschaffungskosten für die röntgenographi-

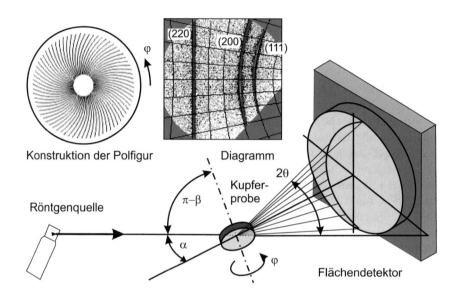

Bild 11.13: Röntgen-Texturgoniometer mit Flächendetektor für die Polfigurmessung

sche Polfigurmessung immer mehr durch. In den Bildern 11.13 bzw. 4.43b werden Texturgoniometer mit ortsempfindlichem Detektor gezeigt. Als unmittelbarer Vorteil wird die Messzeit um die Anzahl der gleichzeitig registrierten Beugungsreflexe und somit Polfiguren reduziert.

Der wichtigste Vorteil der Halbleiterdetektoren ist neben der hohen Dynamik die Wiedergabe der Reflexprofile im kontinuierlich erfassten Spektrum, siehe Bild 14.4. Dies ermöglicht die Profilanalyse im 2θ-Winkel und bei Flächendetektoren zusätzlich im β-Winkel. Die Entfaltung benachbarter Beugungsinterferenzen bei reflexreichen Beugungsdiagrammen, die kontinuierliche Untergrundmessung und -korrektur, die Messung der Reflexverbreiterung durch Defokussierung und ihre Korrektur sowie die Messung der Reflexverschiebung und Ermittlung der Gitterdehnung als Funktion von (α, β) können in der Software simultan vorgenommen werden. Da man in der Texturanalyse mit relativ großen Strahlaperturen arbeitet, ist die Profilform der Interferenz ohne Bedeutung. Man kann in sehr guter Näherung mit GAUSSförmigen Reflexprofilen rechnen. Daher vereinfachen sich die Algorithmen in der Profilanalyse wesentlich. Die Profilanalyse ermöglicht eine sehr zuverlässige Auswertung der Reflexintensitäten auch bei komplexen und reflexreichen Beugungsspektren und mit Goniometern, deren Messstrategien zu komplizierten Reflexverbreiterungen führen, wie bei der χ- oder ω-Kippung.

Mit einem Flächendetektor lässt sich eine besonders einfache Anlage für Polfigurmessungen realisieren. Da der Detektor einen großen Ausschnitt der Lagenkugel abdeckt, braucht die Probe nicht in einer EULER-Wiege montiert zu werden. Es genügt, sie mit der Oberflächennormale schräg zur Beugungsebene unter etwa 45° zu stellen, schrittweise um die Oberflächennormale zu drehen und dabei die einzelnen Beugungsdiagramme zu registrieren. Die abgebeugten Intensitäten der ($h\,k\,l$)-Reflexe, die in den Beugungsdiagrammen simultan registriert wurden, werden mit der Software in experimentelle Polfiguren umgerechnet. Da der Primärstrahl unter einem konstanten Winkel auf die Probe trifft, bleiben die Absorption und Defokussierung für die ausgewerteten Bildpunkte ebenfalls konstant, so dass die Korrekturen relativ einfach ausfallen, Gleichung 5.18.

Mit Bildplatten, siehe Seite 144, digital auslesbaren Flächendetektoren und Matrix-Kameras erlebt die klassische Registrierung von Beugungsdiagrammen auf Röntgenfilm eine moderne Renaissance. Die Vorteile der neuen Techniken sind das unmittelbare Auslesen der abgebeugten Intensitäten in digitaler Form und in zwei Dimensionen, ohne dass man die Nachteile des Fotomaterials in Kauf nehmen muss: Chemiefreies Arbeiten, sofortige Verfügbarkeit der Messdaten, große Dynamik im Vergleich zur steilen, oft nichtlinearen Schwärzungskurve von Fotomaterial, keine Ausfälle durch Fehlbelichtungen oder Entwicklungsfehler. Die sehr hohe Bildpunktzahl von Bildplatten wird in der Polfigurmessung nicht voll ausgenutzt. Es wurden für Bildplatten Kamerazusätze entwickelt, die ein schnelles Auslesen der Daten ermöglichen sollen. Sie stellen trotzdem nur eine Übergangslösung dar. Die Zukunft gehört den rein elektronisch arbeitenden Flächendetektoren auf Halbleiterbasis (CMOS, CCD etc. mit direkt angekoppeltem Leuchtschirm als Bildwandler). Sie sind sehr robust, kompakt, leicht, weisen eine extrem hohe Quantenausbeute (Nachweisempfindlichkeit), sehr hohe Zählraten, hohe Dynamik und Linearität auf. Sie sind kostengünstig im Unterhalt, da kein Verbrauchsmaterial wie Zählrohrgas oder Bildplatten benötigt wird.

Zukünftig werden ein- und zweidimensionale energiedispersive Detektoren zum Einsatz kommen. Sie werden die Vorteile der energiedispersiven Detektoren (weiße Primärstrahlung mit hoher Intensität, Registrierung mehrerer Röntgenreflexe in derselben Bezugsrichtung (α, β) mit Profilanalyse) kombinieren mit den Vorteilen der ortsempfindlichen bzw. Flächendetektoren (großer, gleichzeitig erfasster Bereich auf der Lagenkugel, kurze Messzeiten, Profilanalyse in α- und β-Richtung). Das Potenzial der energiedispersiven Röntgenbeugung in der Texturanalyse wird anhand der Röntgen-Rasterapparatur (RRA) im Kapitel 11.6 demonstriert.

11.4.7 Das Polfigurfenster und die Intensitätskorrektur von Polfigurdaten

Die Belegungsdichte P wird in der Polfigurmessung als Funktion der Polarwinkel (α, β) ermittelt. Die Größe des *Fensters* durch das die Polfigur gemessen wird, d.h. das Flächenelement auf der Polfigur ($\Delta\alpha$, $\Delta\beta$) in einer festen Probenrichtung (ω, χ, φ), heißt *Polfigurfenster*. Es ist nicht konstant, sondern hängt unter anderem von den Winkelstellungen des Goniometers, der Apertur des Primärstrahls und des registrierten, abgebeugten Strahls sowie der Größe des ausgeleuchteten Probenbereichs ab. Man beschreibt das Polfigurfenster mathematisch mit der Transparenzfunktion $W(\alpha,\ \beta,\ \alpha_0,\ \beta_0)$, wobei α_0 und β_0 den Schwerpunkt des Fensters markieren. Was man in der Messung tatsächlich erhält, ist nicht die wahre Belegungsdichte $P_{hkl}(\alpha,\ \beta)$ der Polfigur, sondern ihre Faltung mit der Transparenzfunktion:

$$P_{hkl}^*(\alpha_0,\ \beta_0) = \int \int P_{hkl}(\alpha,\ \beta) \otimes W(\alpha,\ \beta, \alpha_0,\ \beta_0) \mathrm{d}\alpha\ \mathrm{d}\beta \qquad (11.8)$$

Polfigurfenster sind meist in einer der beiden Winkelrichtungen sehr langgestreckt. In der konventionellen Polfigurmessung mit einem nulldimensionalen Detektor geht man von einem runden Polfigurfenster von $1° - 5°$ Durchmesser aus. Dies ist etwa die Größe der Strahlapertur. Da die Textur selbst nur in wenigen Fällen schärfer ist, wird diese Messungenauigkeit selten bemerkt.

Bevor Polfiguren interpretiert oder in der späteren ODF-Berechnung verwendet werden können, sind mehrere Korrekturen an den im Experiment erhaltenen Messdaten erforderlich. Am wichtigsten sind die Korrekturen der Messfehler, die durch die Defokussierung, den Untergrund, die Absorption und die Zählstatistik hervorgerufen werden.

1. Der Defokussierungsfehler wird hauptsächlich durch die Probenposition in Bezug auf den Kippwinkel α und den Bragg-Winkel θ bestimmt. Für die Rückstreubeugung mit einem Vierkreis-Goniometer an massiven Proben in einer Eulerwiege werden in der Literatur analytische Korrekturkurven $D(\alpha)$ angegeben [252], die bis zu etwa 70° Probenkippwinkel ausreichen. Voraussetzung ist, dass die Probe sowohl in der Oberfläche, die vom Detektor mit den sich verändernden Polfigurfenstern gesehen wird, als auch bis zur Eindringtiefe der Röntgenstrahlen homogen ist. Andernfalls sind die Polfigurbereiche, die mit den unterschiedlichen Kippwinkeln $\alpha = \chi$ und Rotationswinkeln $\beta = \phi$ gemessenen werden, in sich selbst inkonsistent.

2. Die Untergrundintensität resultiert aus inkohärenter Streuung, der Fluoreszenz in der Probe und der Wechselwirkung des Röntgenstrahls mit einem beliebigen Material im Pfad der Röntgenstrahlen - Kollimator, Strahlblende und Luftmoleküle - sowie aus dem elektronischen Rauschuntergrund. Fluoreszenzstrahlung aus der Probe verhindert man durch Wahl einer geeigneten Röntgenröhre und »Monochromatisieren« mit einem $K\beta$-Absorptionsfilter. Allerdings kann der kurzwellige Anteil des kontinuierlichen Spektrums noch Fluoreszenz anregen. So können Legierungselemente – selbst in niedriger Konzentration – durch Fluoreszenzanregung den Untergrund verstärken. Strahlung mit Wellenlängen, die von der zu messenden Beugungsinterferenz abweichen, kann bei herkömmlichen Proportionalzählern durch die Wahl eines kleinen Fensters des Pulshöhenanalysators ausgeblendet werden. Sehr effektiv lässt sich dieser unerwünschte Spektralanteil aber erst mit einem Monochromator im abgebeugten Strahlengang oder mit einem energiedispersiven Detektor reduzieren. Streuung in der Atmosphäre kann durch einen Kollimator zwischen Probe und Detektor reduziert werden. Ein kleiner Detektorschlitz verringert ebenfalls den Untergrund, dies würde aber den »Defokussierungsfehler« vergrößern. Obwohl man Untergrundintensitäten durch solche Maßnahmen reduzieren kann - und tunlichst auch sollte – so können sie trotzdem nicht vollständig in der Praxis eliminiert werden.

Wenn ein ortsempfindlicher oder ein Flächendetektor zur Verfügung steht, misst man in jedem Polfigurpunkt den Untergrund an beiden Seiten der Interferenz und interpoliert anschließend über die Spanne der BRAGG-Interferenz. Natürlich ist darauf zu achten, dass die Abstände von der Interferenz groß genug sind, um die Profilverbreiterung mit zunehmender Probenkippung α zu berücksichtigen, aber klein genug, so dass benachbarte Interferenzen nicht mitgemessen werden. Nach Subtraktion des so ermittelten Untergrunds von der Interferenzintensität erhält man bereits während der Messung die auf Untergrund korrigierten Netto-Intensitäten. Mit einem Punktdetektor (Proportionalzählrohr) müssten für eine entsprechende Untergrundkorrektur separat zwei komplette »Untergrund-Polfiguren« weit entfernt von der Beugungsinterferenz gemessen werden.

3. Die Absorption muss für sehr dünne Proben korrigiert werden, weil beim Kippen die Weglänge der Röntgenstrahlen in der Probe viel stärker zunimmt als das beugende Volumen anwächst. Dies führt zu einer Abnahme der gebeugten Intensität. Das Verhältnis zwischen den reflektierten Intensitäten aus einer Probe der Dicke t und einer »unendlichen dicken« Probe beträgt, [225]:

$$F(\alpha, t) = 1 - \exp\left(-\frac{2 \cdot \mu}{\sin\theta \cdot \cos\alpha}\right) \tag{11.9}$$

μ ist der lineare Absorptionskoeffizient der verwendeten Röntgenstrahlung in diesem Material. Für Proben, die dicker sind als die Absorptionslänge $\mu \cdot t$, wird die Zunahme der Absorption durch die Zunahme des beugenden Volumens kompensiert, so dass keine Absorptionskorrektur erforderlich ist.

4. Die Zählstatistik führt zu einer Unsicherheit der Nettointensitäten der einzelnen Messwerte entsprechend der Standardabweichung. Der Untergrund und die Interferenzintensitäten sollten mit den gleichen, ausreichend langen Messzeiten registriert werden, um statistisch signifikante Daten zu erhalten.

Der Intensitätsabfall in Abhängigkeit vom Kippwinkel α und vom Rotationswinkel β hängt auch empfindlich von der Justierung der Probe auf der Eulerwiege, dem Goniometer, sowie von der Größe des Kollimators und des Detektorschlitzes ab. Je kleiner der Kollimator und je größer der Detektorschlitz sind, desto kleiner ist der Defokussierungsfehler. Allerdings verringern große Aufnahmeschlitze die Winkelauflösung.

Empirische Korrekturkurven $E(\alpha)$, die aus Messungen an einer Probe mit *regelloser Textur* unter sonst gleichen Einstellungen des aktuellen Texturgoniometers erhalten wurden, liefern in der Regel bessere Ergebnisse als analytische Intensitätskorrekturen. Zu diesem Zweck wird eine Polfigur von einer Referenzprobe mit regelloser Textur unter derselben BRAGG-Interferenz gemessen. Die Einzelwerte werden über den Drehwinkel β integriert und auf den Wert für $a = 0°$ normiert. Die Herstellung einer Referenzprobe mit einer völlig regellosen Textur, gleicher Dichte und gleicher Kristallstruktur ist nicht trivial! In den meisten Fällen werden Pulverpresslinge verwendet, die leicht verdichtet oder mit Plastik (Epoxydharz) imprägniert sind. Gepresste oder sedimentierte Pulver können deutliche Texturen zeigen, wenn die Kristallite eine Formanisotropie aufweisen. Es ist jedoch nicht unbedingt notwendig, Pulverproben für alle Materialien herzustellen und zu messen. Da die Korrekturkurve für die Defokussierung $D(\alpha)$ nur wenig vom Bragg-Winkel θ abhängt, können auch Korrekturkurven von anderen Materialien mit ähnlichem Bragg-Winkel verwendet werden.

11.4.8 Phasendiskriminierung

Anfänger neigen dazu, die in einer Probe vermuteten Phasen mit folgenden Schritten zu verifizieren:

- einen $\theta - 2\theta$-Scan durchführen
- aus der Winkelposition intensitätsstarker Interferenzen und unter Anwendung der Auswahlregeln die Raumgruppe bzw. Kristallklasse und die Zentrierung bestimmen
- diese Interferenzen indizieren
- durch Vergleich der Intensitätsverhältnisse der gemessenen Interferenzen mit Tabellenwerten das Vorhandensein einer vermuteten Phase bestätigen oder ausschließen.

Nur wenn die Phasen des Materials eine weitgehend regellose Orientierungsverteilung aufweisen, hat diese Vorgehensweise Aussicht auf Erfolg. Der wesentliche systematische Fehler liegt darin, dass mit einem $\theta - 2\theta$-Scan die abgebeugten Intensitäten lediglich in einem einzigen Polfigurpunkt auf den $(h\,k\,l)$-Lagekugeln, das heißt alle in einer festen Richtung in Bezug auf das Probenkoordinatensystem, registriert werden. Dies ist im üblichen Fall der symmetrischen Beugungsgeometrie sowohl bei winkeldispersiver als auch bei energiedispersiver Messung mit einem Punktdetektor die Normalenrichtung auf der Probe. Ist die Probe texturiert, so weichen die abgebeugten Intensitäten zum Teil erheblich von den Werten in den Datenbanken ab. Im Extremfall brauchen einige der an sich mit hoher Intensität erwartete Interferenzen überhaupt nicht im Diffraktogramm des $\theta - 2\theta$-Scans aufzutauchen, weil der ausgelotete Polfigurpunkt auf der Lagekugel nicht belegt ist.

Es empfielt sich daher, zunächst noch mehrere $\theta - 2\theta$-Scans durchzuführen, für welche die Probe aus der Vertikalen in asymmetrische Beugungsgeometrien gekippt wird. Damit wächst die Chance, möglichst viele Beugungsinterferenzen zu erfassen, mit deren Hilfe die Kristallstruktur der möglichen Phasen bestimmt werden kann. Die Zuordnung und die Indizierung der Interferenzen wird in diesem Vorversuch nicht immer eindeutig gelingen.

Für die quantitative Auswertung werden dann zu jeder vermuteten Phase mindestens drei Polfiguren gemessen, indem die θ-Werte eingestellt werden, die den stärksten Interferenzen dieser Phase zugeordnet wurden. Die Intensitäten werden auf apparative Fehler korrigiert. Aus den Polfigurmessdaten wird für jede Phase die Orientierungsverteilung unter Annahme der Indizierung aus dem Vorversuch berechnet. Wenn der Vorversuch nicht eindeutig war, sind die Orientierungsverteilungen für die weiteren Optionen ebenfalls zu berechnen. Falsche Annahmen zur Kristallstruktur oder Fehlindizierungen führen zu seltsam merkwürdig aussehenden Orientierungsverteilungen, so dass falsche Lösungen mit etwas Erfahrung leicht erkannt werden. Die rückgerechneten Polfiguren weisen eventuell darauf hin, dass weitere Polfigurmessungen mit Interferenzen höherer Belegungsdichte die Auswertung optimieren könnten.

Jede rückgerechnete Polfigur aus der ODF ist für sich auf eine regellose Orientierungsverteilung normiert, so dass die Gesamtsumme ihrer Polfigurwerte = 1 (oder = 100%) ist. Aus den rückgerechneten Polfiguren können daher die Intensitätswerte der zugehörigen Beugungsinterferenzen nicht mehr direkt entnommen werden. Für jeden Polfigurpunkt ist aber bekannt, um wieviel seine Intensität von der einer regellos texturierten Probe abweicht. Dies gilt vor allem auch für Interferenzen des $\theta - 2\theta$-Scans. Man muss also nur noch die Intensität einer jeden $(h\,k\,l)$-Interferenz der betrachteten Phase im Diffraktogramm integrieren und durch den »n-mal regellosen« Wert des zugehörenden Polfigurpunktes in der $\{h\,k\,l\}$-Polfigur der Phase dividieren, um die auf regellose Textur korrigierten Messwerte der Intensitäten der $(h\,k\,l)$-Beugungsinterferenzen zu erhalten. Diese können schließlich mit Datenbanken verglichen werden, um das Vorliegen oder den Ausschluss einer vermuteten Phase zu bestätigen.

Wenn mehrere Phasen zugleich im Material vorliegen und eventuell von niedriger Kristallsymmetrie sind, ist die röntgenographische Phasendiskriminierung mit einem Punktdetektor sehr aufwändig. Hier zeigt sich der große Gewinn eines Flächendetektors. Es wird nicht nur enorm an Messzeit eingespart, sondern durch die Darstellung eines großen Bereichs der Lagekugel sofort auf hoch belegte Polfigurpunkte hingewiesen.

Es ist wert zu erwähnen, dass sich die Phasen einer Probe erheblich in ihren Orientierungsverteilungen unterscheiden können. Beispielsweise kann während der Wärmebehandlung bei einer Phase bereits die Rekristallisation eingesetzt haben, während die andere noch wie ursprünglich verformt vorliegt. Die Phasen können auch stark unterschiedliche Härte aufweisen, so dass eine Phase sich verformt und eine Verformungstextur annimmt, während die Kristallite der härteren Phase »mitschwimmen«, sich dabei drehen und eventuell verformen (»COSSERAT-Kontinuum«) [265]. Weitere Beispiele sind Proben, in denen Phasenumwandlungen ablaufen. In Sinterproben weist die Matrix oft einen völlig anderen Texturtyp auf als zweite Phasen, deren Körner je nach Härte und geometrischer Form spezifische, scharfe Texturen bis hin zu einer regellosen Verteilung annehmen können.

11.5 Tiefenaufgelöste Polfigurmessung

11.5.1 Inhomogene Texturen und Gradientenwerkstoffe

Nicht immer kann vorausgesetzt werden, dass die Textur im Probeninneren homogen und gleich ist wie in der Oberfläche. Inhomogene Texturen treten in der Praxis recht häufig auf, etwa bei oberflächengehärteten Werkstücken, Oberflächenbeschichtungen, nach dem Kugelstrahlen oder nach Reibverschleiß. Gewalzte Bleche weisen stets einen deutlichen Texturgradienten von der Oberfläche bis zur so genannten Walztextur in der Blechmitte auf. In elektrolytisch abgeschiedenen oder im Hochvakuum aufgedampften dünnen Schichten findet man häufig eine globuläre Struktur in der Kristallisationszone auf dem Substrat. Sie geht in dickeren Schichten in eine Stängelkristallisationszone mit Fasertextur über. Um unterschiedliche, von der Gefügestruktur abhängige Materialeigenschaften nutzen und miteinander kombinieren zu können, werden auch gezielt die Korngrößen, die Ausrichtung der Körner und die Kristalltextur in Schichten parallel zur Oberfläche variiert. Man nennt diese Materialien Gradientenwerkstoffe. In allen diesen Fällen ist es zweckmäßig, die Textur tiefenaufgelöst zu messen.

Bei der Polfigurmessung wird die Probe in der EULER-Wiege schrittweise um den Winkel α gekippt und um die Oberflächennormale um den Winkel β gedreht. Damit dabei die gemessenen Beugungsreflexe nicht verbreitert werden, achtet man üblicherweise darauf, dass die Fokussierungsbedingung nach Bragg-Brentano eingehalten wird, d. h. die Probe wird auf den Fokussierungskreis justiert, eine Kollimatorblende eingesetzt, die den Ort der Röntgenquelle auf dem Justierkreis definiert und ein symmetrischer Strahlengang eingestellt, Bild 11.7. Wenn die Probe plan, aber nicht zu ausgedehnt ist, werden die

Beugungsreflexe als »Bilder« der Kollimatorblende scharf auf die Detektorblende auf dem Fokussierungskreis »gespiegelt«. Die Senkrechte auf der beugenden Netzebenenschar $(h\,k\,l)$ ist die Winkelhalbierende zwischen dem Primär- und dem abgebeugten Strahl. Sie gibt die Richtung des Beugungsvektors $\vec{s}_{hkl}$ an. Während der Messung überstreicht er beim Kippen und Drehen der Proben um die Polarwinkel (α, β) einen möglichst großen Bereich der Lagenkugel. An seinen Durchstoßpunkten wird die abgebeugte Intensität nach Korrekturen als Poldichte aufgetragen und man erhält die Polfigur.

Das Problem des symmetrischen Strahlengangs nach BRAGG-BRENTANO besteht nun darin, dass mit zunehmendem Kippwinkel α der Primärstrahl immer flacher auf die Probe trifft und weniger tief eindringt. Die Dicke der Oberflächenschicht, aus der die Beugungsinformation stammt, die so genannte *Informationstiefe*, nimmt mit $1/\cos\alpha$ ab. Wenn man voraussetzen darf, dass das Mikrogefüge und die Textur in der Tiefe unter der Oberfläche homogen ist, spielt es für die statistische Textur keine Rolle, dass für die äußeren Zonen flachere und andere Probenvolumina ausgemessen werden als im zentralen Bereich der Polfigur. Ganz anders ist die Situation jedoch, wenn das Material inhomogen ist, aus Schichten besteht oder einen Texturgradienten in die Tiefe aufweist. Dann ist die Polfigur nach der Messung in sich selbst inkonsistent und sagt nur wenig über das tatsächliche Gefüge aus.

Man kann nun die Probe schrittweise abtragen und nacheinander Polfigurmessungen auf den freigelegten Oberflächen durchführen, um die Inhomogenität der Textur zu ermitteln. Dies setzt aber voraus, dass sich die Textur nur langsam mit der Tiefe ändert, so dass die einzelnen Schichten im Dickenbereich der Eindringtiefe der Röntgenstrahlung einigermaßen homogen sind. Diese Vorgehensweise ist gängige Praxis bei der Texturmessung an Blechen, indem man das Blech um z. B. 25 % oder 50 % seiner Dicke abträgt. Dieses Verfahren ist nur bei dicken Proben ausreichend genau. Leicht schiefes Abschleifen lässt sich nie ganz vermeiden und führt zu einer Mittelung der Messwerte über einen nicht definierten Dickenbereich der Probe. Zumindest beseitigt man mit der Schliffherstellung die durch Friktion stark gescherte Kontaktfläche des Blechs mit den Walzen. Andererseits reicht die Ortsauflösung der meisten röntgenographischen Texturmessanlagen nicht aus, um in der präparierten Längsebene eines dünnen Blechs die Mittenebene durch Ausblenden eines feinen Strahls messtechnisch herausgreifen zu können.

Durch das Abtragen wird allerdings auch der Gefügezustand gegenüber dem massiven Material geändert, weil den Körnern an der freigelegten Oberfläche ihre Gegenstücke fehlen. Das Gefüge kann relaxieren, d. h. sich entspannen, wobei sich die Gitter einzelner Kristallite mehr oder weniger drehen, sich Versetzungen und Eigenspannungen abbauen und sich eventuell Zwillinge bilden können. Unter der Annahme eines schichtweise homogenen Gefüges könnte man zwar versuchen, die durch das Abtragen verursachten Texturänderungen bei der Auswertung zu korrigieren. Die Theorie ist allerdings noch nicht ausgereift, vor allem da die gleichzeitig auftretenden Änderungen der Eigenspannungen nicht ausreichend genau bekannt sind.

11.5.2 Messung von Polfiguren mit konstanter Informationstiefe

In sich konsistente Polfiguren lassen sich auch ohne Abtragen bis in definierte Tiefen unter der Oberfläche direkt messen. Man muss nur dafür sorgen, dass die Laufwege der Röntgenstrahlen und damit die Absorption im Material für alle Polfigurpunkte möglichst gleich bleiben. Die abgebeugte Intensität wird dann über Volumenbereiche mit gleicher Schichtdicke, ausgehend von der Oberfläche bis zur Informationstiefe, integriert. Die Variation der Informationstiefe in einer Polfigur ist im symmetrischen Strahlengang nach BRAGG-BRENTANO relativ gering, wenn man sich auf nicht zu große Kippwinkel α der Probe beschränkt. Für Kippwinkel unter 35° ist die Streuung kleiner als 20 %. Die fehlenden Außenbereiche in den unvollständigen Polfiguren können in der ODF-Analyse durch die Verwendung mehrerer Polfiguren kompensiert werden.

Um Polfiguren mit definierter Informationstiefe zu messen, muss der symmetrische Strahlengang nach BRAGG-BRENTANO aufgegeben werden. Die Probe wird dabei um den Offset-Winkel ω um eine Achse senkrecht zur Beugungsebene gekippt montiert, Bild 11.7b. Für eine Umdrehung der Probe um ihre Normale übertragen sich die Poldichten, d. h. die Reflexintensitäten nach erfolgter Absorptionskorrektur, auf einen Kleinkreis mit dem polaren Breitenwinkel

$$\alpha = \mathrm{arc}(\cos \chi \cdot \cos \omega) \tag{11.10}$$

auf der Polfigur. Dabei ist χ der Kippwinkel der Probe um die Schnittlinie der Beugungsebene mit der Probenoberfläche. Die Achsen von ω und χ stehen also senkrecht aufeinander. $\chi = 0°$ bezieht sich auf die nicht gekippte Probe, d. h. wenn die Probennormale in der Beugungsebene liegt. Daraus folgt, dass die Polfigur zwei nicht gemessene Bereiche aufweist: Im ringförmigen Randsegment sind Messungen für Kippwinkel von $\alpha_{max} \approx 70 - 90°$ infolge der starken Absorption nicht möglich. Zusätzlich liegt im Zentrum bis $\alpha \leq \omega$ eine nicht messbare Polkappe, die selbst bei nicht gekippter Probe

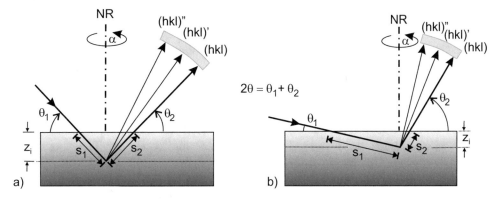

Bild 11.14: Die Informationstiefe T_i bei a) symmetrischer Beugungsgeometrie ($\theta_1 = \theta_2$) und b) unsymmetrischer Beugungsgeometrie mit streifend eintretendem Primärstrahl ($\theta_1 \ll \theta_2$)

($\chi = 0°$) abgeschattet wird. Für die Berechnung der ODF steht somit nur eine unvollständige Polfigur mit Messwerten auf der Kugelschicht zwischen den Kleinkreisen ω und α_{max} zur Verfügung.

Die in Richtung des Polfigurpunktes (α, β) abgebeugte Intensität erhält man durch Integration über die Tiefe z der Oberflächenschicht:

$$I_{hkl}(\alpha, \beta) = H \cdot F \cdot \int_{0}^{\infty} P_{hkl}(\alpha, \beta) \cdot e^{-\mu \rho z} \mathrm{d}z \qquad (11.11)$$

Dabei ist H der Flächenhäufigkeitsfaktor, $F = F_0/[\sin(\theta - \omega) \cdot \cos\chi]$ die ausgeleuchtete Probenfläche, $P_{hkl}(\alpha, \beta)$ die Poldichte, μ der lineare Schwächungskoeffizient und

$$\rho(\theta, \omega, \chi) = \left(\frac{1}{\sin(\theta + \omega)} + \frac{1}{\sin(\theta - \omega)} \cdot \frac{1}{\cos\chi} \right) \qquad (11.12)$$

der Geometriefaktor in Abhängigkeit vom Offset-Winkel ω, BRAGG-Winkel θ und Probenkippwinkel χ. Die Informationstiefe ist für alle Messpunkte auf der Polfigur gleich, wenn $\rho(\theta, \omega, \chi)$ konstant gehalten wird. ρ hängt nicht vom Drehwinkel der Probe um ihre Oberflächennormale ab, ist also unabhängig von β. Ferner wird für die Messung einer $(h\,k\,l)$-Polfigur der BRAGG-Winkel $\theta = \theta_{hkl}$ fest gehalten. Zur Messung der Poldichte in einem Punkt (α, β) auf dem Kleinkreis α stehen also für die Einstellung der einen Variablen α die zwei Variablen ω und χ des Goniometers zur Verfügung. Man braucht also nur mittels Gleichung 11.10 und 11.12 für jeden Kleinkreis α jeweils eine solche Kombination von (ω, χ) zu wählen, so dass ρ konstant bleibt [45]. Dazu wird eine rechnergesteuerte EULER-Wiege benötigt. Da man jedoch die BRAGG-BRENTANO-Bedingung nicht einhalten kann, werden die Reflexe mit zunehmender Probenkippung durch Defokussierung verbreitert. Es müssen daher die Beugungsinterferenzen gemessen und eventuell sich überlagernde Interferenzen entfaltet werden. Mit einem punktförmigen Detektor, z. B. mit einem Proportionalzählrohr, wäre die erforderliche Messzeit zu lang. Es ist daher die Verwendung eines ortsempfindlichen Detektors angezeigt. Optimal eignet sich der Flächendetektor für tiefenaufgelöste Texturmessungen.

Die konstante Probenkippung und Rotation der Probe um die Oberflächennormale ermöglicht mit dem Flächendetektor ein besonders einfaches Messverfahren, um die Textur tiefenaufgelöst abzuschätzen. Unter *flachem Einfallswinkel* des Primärstrahls ($\theta_1 < 30°$) und *großem Austrittswinkel* (θ_2) des betrachteten Reflexes setzt sich der Laufweg der Röntgenstrahlen in der Probe im Wesentlichen aus dem konstanten Laufweg des Primärstrahls s_1 und dem fast vernachlässigbar kleinen Anteil des Laufwegs der abgebeugten Strahlen s_2 zusammen, Bild 11.14. Die Eindringtiefe und somit der Tiefenbereich unter der Oberfläche, aus der die Information stammt, ist für alle Polfigurpunkte einer Messung praktisch gleich, wenn man sich ferner auf steile Austrittswinkel, d. h. nicht zu große Segmente der KOSSEL-Kegel, entsprechend einem χ bis zu etwa 35°, beschränkt. Der Flächendetektor erfasst in einer Messung bereits mehrere $(h\,k\,l)$-KOSSEL-Kegel, so dass ausreichend viele unvollständige Polfiguren für die ODF-Analyse zur Verfügung stehen, um die fehlenden Bereiche im Zentrum und am Rand der Polfiguren zu kompensieren.

11.5.3 Messung der Textur in verdeckten Schichten unter der Oberfläche

Aus zwei Serien von Polfigurmessungen, die sich in der Informationstiefe unterscheiden, kann die Textur im sich nicht überlappenden Tiefenbereich durch Differenzbildung ermittelt werden. Dazu werden die beiden Orientierungs-Dichte-Funktion (ODF) berechnet und ihre Reihenentwicklungskoeffizienten C_l^{mn} komponentenweise voneinander abgezogen. Man erhält die ODF der verdeckt liegenden Schicht unter der Oberfläche. Diese Vorgehensweise ist auch mathematisch korrekt, da die ODF als Dichtefunktion auf insgesamt Eins normiert und eine endliche Reihe ist.

Die beiden Messserien können durch Anpassung von (ω, χ) entweder für zwei Informationstiefen bei gleicher Wellenlänge oder für zwei Messungen mit gleicher Beugungsanordnung aber unterschiedlichen Röntgenwellenlängen, für die sich die Absorptionskonstanten des Materials wesentlich unterscheiden, vorgenommen werden. Ein Texturgoniometer an einem Synchrotron wäre im letzten Fall besonders gut geeignet, weil sich die Synchrotron-Wellenlänge kontinuierlich variieren lässt und so z. B. die erste Messung etwas unterhalb und die zweite Messung oberhalb der Absorptionskante des Werkstoffes durchgeführt werden kann.

Mit dem Flächendetektor lässt sich das Messverfahren weiter vereinfachen. Misst man nacheinander unter zwei flachen Einfallswinkeln θ_1, so erhält man die integrale Texturinformation aus zwei Tiefenbereichen, Bild 11.14. Durch Differenzbildung kann man daraus die Textur in der Oberfläche und die in einer tiefer liegenden Schicht abschätzen. Die verwendete Röntgenwellenlänge wählt man passend zu den Parametern der Elementarzelle so, dass bei flachem θ_1 der Austrittswinkel $\theta_2 = 2\theta - \theta_1$ möglichst nahe bei 90° liegt. Die tiefenaufgelöste Texturmessung mit dem Flächendetektor unter flachem Einfallswinkel ist für die Untersuchung von dünnen Schichten auf einem stark texturierten Substrat, dessen Reflexe sich mit denen der Schicht überlagern, besonders nützlich.

11.6 Ortsaufgelöste Texturanalyse

Nicht nur die Kenntnis der *globalen Textur*, die über große Probenbereiche gemittelt bestimmt wird, sondern auch die Kenntnis der *lokalen* Textur im *Mikrobereich* ist wichtig, da Natur- und Werkstoffe oftmals einen inhomogenen Gefügeaufbau aufweisen. Die Materialeigenschaften hängen in der Regel nicht nur von der *Beanspruchungsrichtung*, sondern auch vom *Probenort* ab. So haben Schadensfälle meist lokale Ursachen. Beispielsweise unterscheidet sich die Textur an den Blechoberflächen von der Textur in der Blechmitte, oder die Textur variiert mit der Kontur des Werkstücks nach dem Tiefziehen. Lokale Texturunterschiede findet man auch zwischen der Matrix und Oberflächenbeschichtungen, Reaktionsschichten und Reibverschleißschichten, sowie zwischen der Matrix, der Wärmeeinflusszone und der Schweißnaht beim konventionellen wie beim Laser- oder Elektronenstrahlschweißen. Ein weiteres Anwendungsfeld für die Untersuchung der Textur kleiner Bereiche ist durch die fortschreitende Miniaturisierung in der Mikroelektronik und in der Mikromechanik aktuell geworden. Immer dann, wenn die Abmessungen des Werkstückes in den Bereich der Korngröße gelangen, beeinflussen die kristallographischen Orientierungen der einzelnen Körner die Werkstückeigenschaften im besonderen Maße, z. B. in

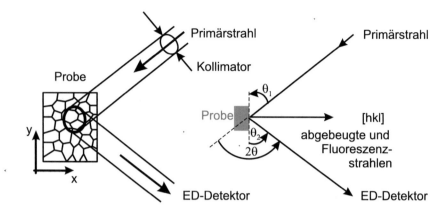

Bild 11.15: Prinzip der Texturtopographie mittels energiedispersiver Röntgenbeugung

dünnen Schichten, Leiterbahnen oder in Mikrobauteilen. Besonders informativ sind Untersuchungsverfahren, welche es ermöglichen, die Morphologie, die Textur und die Elementkonzentrationen als sich ergänzende Materialparameter von derselben Probenstelle und eventuell sogar simultan zu ermitteln. Eine röntgenographische Realisierung einer universellen Messanlage ist die Röntgen-Rasterapparatur.

Das Funktionsprinzip der Röntgen-Rasterapparatur (RRA) und die energiedispersive Röntgenbeugung

Die so genannte Röntgen-Rasterapparatur basiert auf einer kommerziellen Röntgen-Texturmessanlage [231]. Sie besteht aus einer Röntgenquelle ohne Primärstrahlmonochromator, einem Kollimatorsystem zur Erzeugung einer feinen Primärstrahlsonde, einem Zweikreis-Goniometer und einer offenen EULER-Wiege mit motorgesteuertem x-y-Probentisch. Die Signalerfassung erfolgt mit einem energiedispersiven Spektrometersystem, siehe Kapitel 14.1 oder auch konventionell mit einem Proportionalzählrohr.

Für die Aufnahme von Verteilungsbildern (Kartographie, Mapping) wird die Probe durch mechanisches Verschieben mit dem x-y-Tisch gegenüber der feststehenden Primärstrahlsonde punktweise in einem vom Anwender frei vorgegebenen Rasternetz abgetastet. In jedem Messpunkt wird mit dem energiedispersiven Detektor ein Energiespektrum der abgebeugten, gestreuten sowie der durch Fluoreszenz in der Probe angeregten Strahlung aufgenommen. Die Intensitäten, die in ausgewählte Fenster des Energiespektrums fallen, werden online gemessen und punktweise in ein geometrisch ähnliches, vergrößertes Rasterfeld in Form von Falschfarben eingetragen. Auf diese Weise erhält man farbige Verteilungsbilder der Textur oder der Elementverteilung. So kann auch die Lage und die Breite der Beugungsinterferenzen ausgewertet werden, wobei man dann Verteilungsbilder der lokalen Gitterdehnung erhält.

Für die *Textur- und Gitterdehnungs-Kartographie* muss die globale Textur mit ihren Vorzugsorientierungen bereits im Voraus bekannt sein. Daher führt man Polfigurmessungen vor der Texturmessung für die Kartographie durch [84, 85]. Ein Umsetzen der Probe ist dazu nicht erforderlich. In der Regel werden die Polfiguren bei etwa $0{,}2 - 4\,\mathrm{mm}$

großen Probenbereichen gemessen. Man gewinnt so einen Überblick über die wichtigsten Vorzugsorientierungen. Einzelne interessierende Polfigurpunkte werden dann für die Kartographie ausgewählt. Meist sind dies signifikante Maxima in der Polfigur, die eine Vorzugsorientierung in der Probe markieren. Entsprechend diesen Polfigurpunkten werden die Dreh- und Kippwinkel der Probe in der EULER-Wiege eingestellt und die Verteilung der gewählten Poldichten als Funktion des Ortes durch Abrastern gemessen. Die Ortsauflösung hängt in der Texturkartographie vom Durchmesser der verwendeten Kollimatorblenden ab und reicht zur Zeit von $50 - 100\,\mu$m. Noch kleinere Sondendurchmesser sind mit einer Feinfokusröhre und Kapillaroptik möglich. Die Schrittweite des Messrasters wird passend zum Sondendurchmesser auf der Probenoberfläche gewählt.

Mit den Polfigurmessdaten kann eine lokale Texturanalyse durchgeführt werden. Zur Berechnung der ODF kleiner Bereiche sind grundsätzlich dieselben Programme geeignet, wie sie für die Auswertung konventionell gemessener Polfiguren von [52, 53, 232] entwickelt wurden. Das Steuerprogramm der Röntgen-Rasterapparatur ermöglicht eine besonders flexible Anpassung der Messstrategie an den Anwendungsfall in Form von flächengleichen, ausgedünnten oder partiellen Messrastern. Sie dürfen sich auf den Lagekugeln der einzelnen Polfiguren voneinander unterscheiden und unterliegen keinen Einschränkungen. Es müssen lediglich ausreichend große Bereiche auf den Lagekugeln abgedeckt werden, um die ODF berechnen zu können. Durch Kombination der rechnergesteuerten Probenkippung mit der Probentranslation lassen sich Polfiguren von ausgewählten, linien- oder streifenförmigen Probenstellen ermitteln. Die Verwendung der triklinen Probensymmetrie ist bei der Polfigur- und ODF-Darstellung für kleine Probenbereiche angezeigt, da eine in großen Probenbereichen durch den Herstellungsprozess bedingte höhere Symmetrie a-priori nicht mehr vorausgesetzt werden darf.

Trotz der schnellen Weiterentwicklung elektronenmikroskopischer Texturmessverfahren [230] können lokale Texturen in einigen Anwendungsfällen nur mit einer Röntgen-Rasterapparatur ermittelt werden. Beispiele sind stark verformte, sehr feinkörnige oder für die Elektronenmikroskopie ungeeignete Proben. Insgesamt ist das auf der energiedispersiven Spektroskopie basierende Röntgen-Raster-Verfahren eine sehr vielseitige und probenschonende Methode. Die Messung erfolgt an Luft, nicht unter Vakuum. Auch nichtleitende oder nicht vakuumfeste Proben sind geeignet. Die große Schärfentiefe gestattet die Untersuchung unebener Proben über mehrere Quadratzentimeter Durchmesser.

Beispiele: Chinesische 1-Fen-Aluminium-Münze und Nietschaft

Bild 11.16b zeigt das Prägebild einer chinesischen 1-Fen-Münze [84]. Vor der Texturkartographie wurde das Prägebild durch Polieren entfernt, so dass die Schliffoberfläche spiegelglatt war. Um die globale Textur zu ermitteln, wurden im ersten Schritt Polfiguren, Bild 11.16a, integral über die gesamte Probenoberfläche aufgenommen.

Die Polfiguren, vor der Texturkartographie integrierend über die 1-Fen-Münze aufgenommen, zeigen eine Walztextur, die bei der Herstellung des Münzenrohlings erzeugt wurde. Im (1 1 1)-Texturverteilungsbild, Bild 11.16c kommt das Prägemuster der Münze als Negativ wieder deutlich zum Vorschein. Hohe Intensitäten bzw. Poldichten der für die Kaltumformung typischen Texturkomponente werden dabei durch Schwarz repräsentiert. Die ursprüngliche Walztextur der Kristallite ist durch plastische Verformung an den

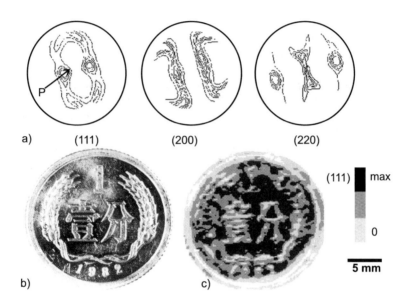

a)   (111)   (200)   (220)

(111) max

0

5 mm

b)   c)

Bild 11.16: Texturtopographie eines Prägemusters a) Die Polfiguren der 1-Fen-Münze zeigen
die Walztextur der Münzronde aus Aluminium. b) Prägebild einer 1-Fen-Münze
(Photographische Aufnahme) c) Texturverteilung der polierten 1-Fen-Münze »im
Licht« des [1 1 1]-Poles unter der Referenzrichtung P ($\alpha = 30°$, $\beta = 198{,}5°$)

Rändern und an Prägelinien, wo der Prägestempel das Material zum Fließen brachte, in
eine Verformungstextur transformiert worden. Ähnliche Verteilungsbilder erhält man mit
anderen Beugungsreflexen ($h\,k\,l$) und für andere Polfigurmaxima (α, β).

Aufgabe 26:   Gitterdehnung in einem Niet

   Interpretieren Sie die Bilder 11.17 und 11.18. Beachten Sie die Texturinhomogenitäten
   und die lokale Gitterdehnung nach starker plastischer Verformung im Al-Niet.

11.7 Die quantitative Texturanalyse

11.7.1 Die Orientierungs-Dichte-Funktion (ODF)

Die Kristalltextur eines vielkristallinen, einphasigen Materials wird durch die Orientierungs-Dichte-Funktion (ODF) der den Festkörper bildenden Kristallite vollständig
mathematisch beschrieben [53]. Die ODF wurde früher auch Orientierungs-Verteilungs-
Funktion OVF genannt. Die ODF $f(g)$ gibt ganz allgemein den Volumenanteil $dV(g)$
derjenigen Kristallite am gemessenen Probenvolumen V an, welche innerhalb eines Intervalls dg die kristallographische Orientierung g bezüglich eines probenfesten (kartesischen)
Koordinatensystems K_A haben:

$$f(g)dg = dV(g)/V \tag{11.13}$$

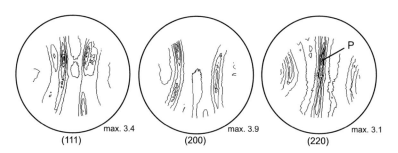

Bild 11.17: Polfiguren vom Nietschaft. Die Textur- und Gitterdehnungs-Verteilungsbilder wurden mit dem $(2\,2\,0)$-Reflex im Polfigurpunkt P($\alpha = 35°$, $\beta = 83°$) gemessen

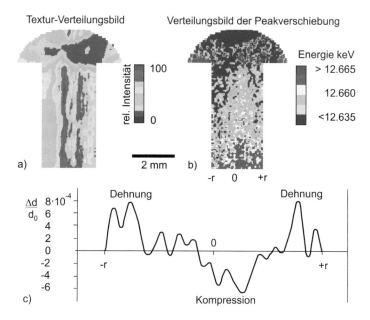

Bild 11.18: Längsschnitt durch einen Al-Niet a) Verteilungsbilder der Textur b) Lageverschiebung aus dem Pol P($\alpha = 35°$, $\beta = 83°$) des $(2\,2\,0)$-Reflexes c) Gitterdehnungsverteilung $\Delta d/d$ radial über dem Nietschaft

Diese Definition macht weder eine Aussage über die Orte, Größe, Form und gegenseitige Anordnung der Kristallite, noch werden möglicherweise vorhandene Kristallbaufehler oder Spannungen in den Körnern berücksichtigt. Da die Dichte trivialerweise nicht negativ sein kann, muss für alle Orientierungsintervalle $\mathrm{d}g$ die Bedingung $f(g) \gtrless 0$ erfüllt sein. Im Idealfall einer statistisch völlig regellosen Orientierungsverteilung ist überall $f(g) = $ const. Ferner ist die Dichtefunktion endlich. Deshalb kann sie normiert werden:

$$\int_g f(g) \, \mathrm{d}g = 1 \tag{11.14}$$

Regellose Orientierungsverteilungen oder nicht texturierte Proben sind äußerst selten und, etwa für Normierungszwecke, sehr schwierig herzustellen.

Um die kristallographische Orientierung der Kristallite in einem Festkörper angeben zu können, muss in jedem Kristalliten ein eigenes, kristallfestes Koordinatensystem K_B festgelegt werden. Dazu kann man willkürlich ein kartesischen Koordinatensystem wählen, das allerdings auf dieselbe Weise an die Elementarzelle eines jeden Kristalliten fixiert werden muss. Bei kubisch kristallisierten Materialien sind dies üblicherweise die drei kubischen Achsen der Elementarzelle selbst, die K_B aufspannen. Für das probenfeste Bezugssystem K_A wählt man sinnvoller Weise drei orthogonale Probenrichtungen, die sich durch den Herstellungsprozess, die Anwendung oder die Eigenschaften des Materials auszeichnen. Bei einem Blech beispielsweise sind dies die Walzrichtung WR, die Querrichtung QR und die Blechnormalenrichtung NR. Die Kristallorientierung g wird dann durch die Drehung des Probenkoordinatensystems K_A in das Kristallkoordinatensystem K_B mathematisch beschrieben, Bild 11.3.

11.7.2 Symmetrien in der Texturanalyse

Entsprechend der *Kristallsymmetrie* gibt es mehrere gleichwertige Möglichkeiten, die Lage des Kristallkoordinatensystem in der Elementarzelle zu wählen. Beispielsweise kann in einem kubischen Kristall die x-Achse in 6 verschiedene Richtungen an die Würfelkanten $[1\,0\,0]$, $[0\,1\,0]$, $[0\,0\,1]$, $[\bar{1}\,0\,0]$, $[0\,\bar{1}\,0]$, $[0\,0\,\bar{1}]$ der Elementarzelle gelegt werden. Die anderen Würfelkanten sind dazu parallel. Für die y-Achse bleiben dann unter der Voraussetzung, dass das Koordinatensystem rechtshändig sein soll, jeweils noch 4 Würfelkanten zur Wahl übrig. Die z-Achsen liegen durch Bildung des Kreuzproduktes aus x- und y-Richtung fest. Insgesamt kann also die Orientierung desselben Kristalliten durch 24 verschiedene Lagen des Koordinatensystems K_B angegeben werden. Sie sind im allgemeinen Fall durch die Symmetrieelemente g_K^i der Drehgruppe der Kristallsymmetrie miteinander verknüpft:

$$K_B^i = g_K^i \cdot K_B \tag{11.15}$$

Man erhält so wegen der Kristallsymmetrie verschiedene, aber völlig gleichwertige Orientierungsangaben für denselben Kristall:

$$g^i = g_K^i \cdot g \tag{11.16}$$

Der Herstellungsprozess oder der Einsatz des Materials kann in der Probe selbst eine weitere Symmetrie hervorrufen, die man *Probensymmetrie* nennt. Sie soll durch die Symmetrieelemente g_P^j beschrieben werden. Die Probensymmetrie braucht keine kristallographische Symmetrie zu sein, sondern kann Symmetrieachsen mit beliebiger Zähligkeit aufweisen, wie z. B. eine axiale Symmetrie in Drähten, Aufdampf- und Sputterschichten oder eine völlig regellose Symmetrie. Sie ist allerdings statistischer Natur, d. h. nur wenn die Probe aus sehr vielen Kristalliten besteht, so findet man zu allen Kristalliten mit der Orientierung g auch praktisch gleich viele, die symmetrisch dazu liegen:

$$g^j = g \cdot g_P^j \tag{11.17}$$

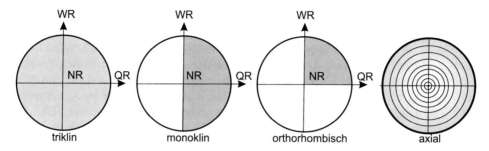

Bild 11.19: Die grauen Bereiche geben die asymmetrischen Einheiten in den Polfiguren für trikline, monokline, orthorhombische und axiale Probensymmetrie an

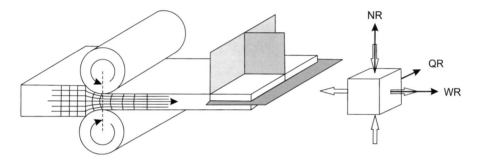

Bild 11.20: Orthorhombische Probensymmetrie mit drei Spiegelebenen (grau) in Walz- (WR), Quer- (QR) und Blechnormalenrichtung (NR) beim Walzen unter der Annahme einer idealen Plain-Strain-Umformung

Alle zu g gleichwertigen Orientierungen werden also durch die Verknüpfung der Kristall- und der Probensymmetrie erhalten:

$$g^{ij} = g_K^i \cdot g \cdot g_P^j \qquad (11.18)$$

Die Orientierungsdichtefunktion muss für alle gleichwertigen Orientierungen denselben Wert haben. Es gilt daher:

$$f(g^{ij}) = f(g_K^i \cdot g \cdot g_P^i) = f(g) \qquad (11.19)$$

Ein besonderer Vorteil von Polfiguren besteht darin, dass sie deutlich eine in der Probe möglicherweise vorhandene statistische Symmetrie der Textur erkennen lassen, Bild 11.19. So weist dickes Blech von kubisch kristallisierten Metallen nach symmetrischem Walzen (d. h. wenn die beiden Walzen wie üblich denselben, großen Durchmesser haben und mit derselben Geschwindigkeit rotieren) in der Mittenebene meist eine orthorhombische Probensymmetrie auf, Bild 11.20. Die Polfiguren sind dann zur Walzrichtung und zur Querrichtung näherungsweise spiegelsymmetrisch. Im Idealfall der *Plain-Strain-* Verformung fließt das Metall fast ausschließlich in der Walzrichtung, aber nur sehr wenig quer dazu in der Breite. Dabei nimmt die Dicke entsprechend ab, so dass das Volumen konstant bleibt. Wenn man beispielsweise das Blech um 180° um die Walzrichtung dreht, so bleiben alle seine Eigenschaften gleich. Ebenso ändern sich seine Eigenschaften nicht, wenn man es um die Querrichtung oder die Normalenrichtung um 180° dreht. Es müssen also praktisch gleich viele Orientierungen in der Ausgangs- und in den gedrehten Lagen vorkommen. Dünne Bleche, Bleche nach unsymmetrischem Walzen und Bleche nach Walzen mit kleinen Walzen weichen von der orthorhombischen Probensymmetrie ab. Die Verformung im engen Walzspalt ist hier erkennbar unsymmetrisch. Der *Plain-Strain*-Verformungsvorgang ist überlagert durch Scherung an der Oberfläche infolge der Reibung des Blechs an den Walzen.

11.7.3 Parameterdarstellungen der Kristallorientierung

Eine Drehung und somit eine Kristallorientierung g kann auf verschiedene Weisen ausgedrückt werden. Im Folgenden soll nur auf die häufigsten Parameterdarstellungen eingegangen werden.

Drehmatrix

Eine Drehmatrix im dreidimensionalen kartesischen Raum enthält als Elemente die neun Richtungscosinus g_{ij} der Achsen x_i des Kristallkoordinatensystems K_B bezogen auf die Achsen x'_j des Probenkoordinatensystems K_A:

$$g = g_{ij} = \begin{matrix} & \textit{Probenachsen} \\ & \begin{matrix} x_1 & x_2 & x_3 \end{matrix} \\ \begin{bmatrix} g_{11} & g_{21} & g_{31} \\ g_{12} & g_{22} & g_{32} \\ g_{13} & g_{23} & g_{33} \end{bmatrix} & \begin{matrix} x'_1 \\ x'_2 \\ x'_3 \end{matrix} \end{matrix} \quad \text{Kristallachsen mit} \quad g_{ij} = \cos \sphericalangle(x_i,\, x'_j) \quad (11.20)$$

Eine Richtung $\vec{h} = [h_1,\, h_2,\, h_3]$ im Kristall kann durch eine zu ihr parallele Richtung $\vec{y} = [y_1,\, y_2,\, y_3]$ in der Probe ausgedrückt werden durch:

$$h_1 = g_{11}y_1 + g_{12}y_2 + g_{13}y_3$$
$$h_2 = g_{21}y_1 + g_{22}y_2 + g_{23}y_3$$
$$h_3 = g_{31}y_1 + g_{32}y_2 + g_{33}y_3 \qquad \text{und umgekehrt entsprechend :}$$
$$y_1 = g_{11}h_1 + g_{21}h_2 + g_{31}h_3$$
$$y_2 = g_{12}h_1 + g_{22}h_2 + g_{32}h_3$$
$$y_3 = g_{13}h_1 + g_{23}h_2 + g_{33}h_3$$

Die inverse Matrix einer Orientierung ist gleich ihrer transponierten Matrix:

$$[g_{ij}]^{-1} = [g_{ji}]^T \tag{11.21}$$

Die neun Matrixelemente sind nicht voneinander linear unabhängig. Als Winkelcosinus im kartesischen Raum müssen sie die Orthonormierungsbedingung erfüllen:

$$g_{ij} \cdot g_{ik} = \delta_{jk} \quad \text{und} \quad g_{ij} \cdot g_{kj} = \delta_{ik} \qquad (11.22)$$

Dabei ist das KRONECKER-Symbol eine Kurzschreibweise für $\delta_{ik} = 1$ für $i = k$ und $\delta_{ik} = 0$ für $i \neq k$. Die Orthonormierungsbedingung besagt, dass die Spalten und Reihen der Orientierungsmatrix Einheitsvektoren darstellen, die aufeinander senkrecht stehen. Die Matrixdarstellung ist für Rechenoperationen sehr vorteilhaft. Für die meisten Compiler stehen sehr effiziente Bibliotheksprogramme zur Verfügung. Die Resultierende g^R von aufeinander folgenden Drehungen g_1 und g_2 wird einfach durch Multiplikation der Matrizen von rechts (Man beachte die Reihenfolge!) berechnet:

$$g^R = g_2 \cdot g_1 = \begin{bmatrix} g_{11}^R & g_{21}^R & g_{31}^R \\ g_{12}^R & g_{22}^R & g_{32}^R \\ g_{13}^R & g_{23}^R & g_{33}^R \end{bmatrix} = \begin{bmatrix} g_{11}^2 & g_{21}^2 & g_{31}^2 \\ g_{12}^2 & g_{22}^2 & g_{32}^2 \\ g_{13}^2 & g_{23}^2 & g_{33}^2 \end{bmatrix} \cdot \begin{bmatrix} g_{11}^1 & g_{21}^1 & g_{31}^1 \\ g_{12}^1 & g_{22}^1 & g_{32}^1 \\ g_{13}^1 & g_{23}^1 & g_{33}^1 \end{bmatrix} \qquad (11.23)$$

Für den Abstand ϖ, d. h. die Differenz zweier Orientierungen

$$g^{\mathrm{I}} = \left(\varphi_1^{\mathrm{I}}, \Phi^{\mathrm{I}}, \varphi_2^{\mathrm{I}}\right) \quad \text{und} \quad g^{\mathrm{II}} = \left(\varphi_1^{\mathrm{II}}, \Phi^{\mathrm{II}}, \varphi_2^{\mathrm{II}}\right) \quad \text{gilt:}$$

$$\cos \frac{\varpi}{2} = \cos \frac{\varphi_1^{\mathrm{I}} - \varphi_1^{\mathrm{II}}}{2} \cos \frac{\varphi_2^{\mathrm{I}} - \varphi_2^{\mathrm{II}}}{2} \cos \frac{\Phi^{\mathrm{I}} - \Phi^{\mathrm{II}}}{2} - \sin \frac{\varphi_1^{\mathrm{I}} - \varphi_1^{\mathrm{II}}}{2} \sin \frac{\varphi_2^{\mathrm{I}} - \varphi_2^{\mathrm{II}}}{2} \cos \frac{\Phi^{\mathrm{I}} + \Phi^{\mathrm{II}}}{2}$$

Die $(h\,k\,l)$-$[u\,v\,w]$-Darstellung

Die in der Materialkunde weit verbreitete Darstellung der Orientierung durch zwei aufeinander senkrecht stehende Referenzrichtungen $(h\,k\,l)$ und $[u\,v\,w]$ in der Probe

$$g = (hkl) \perp [uvw] \qquad (11.24)$$

steht in enger Beziehung mit der Matrixdarstellung. $(h\,k\,l)$ ist die erste und $[u\,v\,w]$ die dritte teilerfremd gemachte Spalte der Orientierungsmatrix. Die zweite Spalte gibt die dritte Bezugsrichtung an. Sie liegt implizit durch die Forderung eines rechtshändigen Probenkoordinatensystems bereits fest.

In Blechen aus kubisch kristallisierten Metallen bezeichnet $(h\,k\,l)$ üblicherweise die Normale auf der Blechebene und $[u\,v\,w]$ eine dazu senkrechte Referenzrichtung, meistens die Walzrichtung. Beide werden durch die teilerfremd gemachten Indizes der Richtungen im Kristallkoordinatensystem ausgedrückt.

Da im kubischen System die MILLERschen Indizes einer Netzebene gleich den Richtungsindizes der Normalen auf der Netzebene sind, werden für $(h\,k\,l)$ die MILLERschen Indizes der Netzebene genommen, die parallel zur Walzebene liegt. Für nicht kubisch kristallisierte Materialien sind die MILLERschen Indizes im Allgemeinen aber nicht gleich den Richtungsindizes der Normalenrichtung auf der Netzebene $(h\,k\,l)$. Man nimmt dann üblicherweise auch hier statt der Richtungsindizes der Normalen auf $(h\,k\,l)$ die MILLERschen Indizes $(h\,k\,l)$ der Netzebene selbst und muss sie gegebenenfalls aus den Werten (g_{11}, g_{21}, g_{31}) der Matrixdarstellung umrechnen.

Drehachse-Drehwinkel und RODRIGUES-Vektoren

Für die eindeutige Darstellung einer Orientierung oder Drehung im dreidimensionalen Raum reichen drei voneinander unabhängige Variable aus. Daher ist die Matrixdarstellung mit *neun* und die $(h\,k\,l)[u\,v\,w]$-Darstellung mit ihren *sechs* voneinander abhängigen Variablen redundant. Eine anschauliche Möglichkeit mit nur drei Parametern bietet die Angabe der Drehachse durch die sphärischen Polarkoordinaten ϑ und Ψ und durch den Drehwinkel ϖ um diese Achse:

$$g = (\vartheta,\ \Psi,\ \varpi) \tag{11.25}$$

Trägt man die Koordinaten dieses Drehvektors in einem dreidimensionalen Raum, z. B. mit ϑ, Ψ in einer stereographischen Projektion und senkrecht darauf stehend den Drehwinkel ϖ auf, so hat dieser zylinderförmige Raum eine sehr stark verzerrte Metrik. Normiert man die Länge des Drehvektors zu $\tan(\varpi/2)$, so gelangt man zum RODRIGUES-Vektor der Drehung:

$$R = g(\vartheta,\ \psi,\ \varpi) = \vec{n} \cdot \tan(\varpi/2) \tag{11.26}$$

RODRIGUES-Vektoren sind allerdings keine gewöhnlichen Drehoperatoren. Werden zwei Drehungen, die durch R_a und R_b repräsentiert werden sollen, nacheinander ausgeführt, so lautet der RODRIGUES-Vektor der resultierenden Drehung:

$$R_{ab} = \frac{R_a + R_b - R_a \times R_b}{1 - R_a \cdot R_b} \tag{11.27}$$

Der dreidimensionale RODRIGUES-Raum, in dem die drei Komponenten des RODRIGUES-Einheitsvektors als Basisvektoren eines kartesischen Raumes gewählt werden, zeichnet sich durch eine nur wenig verzerrte Metrik aus. Die Begrenzungsflächen das kleinsten asymmetrischen Teilraums sind Ebenen. Fasertexturen werden für alle Kristallsymmetrien durch Geraden im RODRIGUES-Raum wiedergegeben.

Der RODRIGUES-Raum wird bisher nur selten für die Darstellung von Orientierungsverteilungen, jedoch häufiger bei der Untersuchung von Orientierungsdifferenzen zwischen benachbarten Körnern (Missorientierungen) verwendet.

EULER-Winkel

Weit verbreitet ist die Beschreibung mit Hilfe von EULER-Winkeln, Bild 11.21. Das Probenkoordinatensystem K_A wird durch drei aufeinander folgende Drehungen in das Kristallkoordinatensystem K_B in der Orientierung g übergeführt, und zwar durch eine Drehung
- um die z'-Achse um den Winkel φ_1, dann
- um die x'-Achse um den Winkel Φ und schließlich
- um die neue z'-Achse um den Winkel φ_2.

Die Orientierung lautet in der so genannten BUNGE-Notation

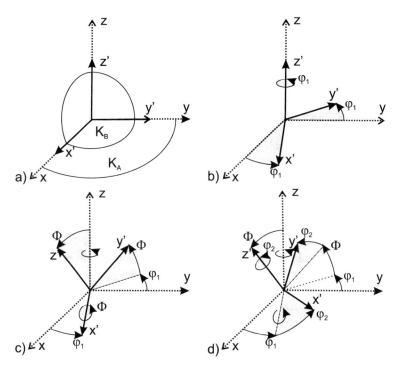

Bild 11.21: Die Definition der EULER-Winkel ($\varphi_1, \Phi, \varphi_2$) nach BUNGE [52]. a) Ausgangslage: Das Kristallkoordinatensystem K_B liegt achsenparallel zum Probenkoordinatensystem K_A. b) Das K_B wird zuerst um den Winkel φ_1 um die z'-Achse gedreht. c) Das gedrehte K_B wird dann um den Winkel Φ um die x'-Achse weiter gedreht. d) Das gedrehte K_B wird schließlich durch Drehung um den Winkel φ_2 um die z'-Achse in die Endlage gebracht

$$g = (\varphi_1, \ \Phi, \ \varphi_2) \tag{11.28}$$

und die inverse Drehung (Rückdrehung) ist:

$$g^{-1} = (\pi - \varphi_2, \ \Phi, \ \pi - \varphi_1) \tag{11.29}$$

Da Drehungen mit 360° zyklisch sind, liegen alle möglichen Orientierungen in den Intervallen:

$$0 \leq \varphi_1 \leq 2\pi; \qquad 0 \leq \Phi \leq \pi; \qquad 0 \leq \varphi_2 \leq 2\pi \tag{11.30}$$

Hinweis: Daneben wird, besonders in den USA, die so genannte ROE-Notation der EULER-Winkel verwendet, bei der die zweite Drehung nicht um die x- sondern um die y-Achse erfolgt. Zur Unterscheidung der beiden Notationen bezeichnet man die Winkel nach ROE mit den Buchstaben:

$$g = (\Psi, \ \theta_R, \ \Phi_R) \tag{11.31}$$

Die Beziehung zwischen den beiden EULER-Notationen lautet:

$$\varphi_1 = \Psi - \pi/2; \quad \Phi = \theta_R; \quad \varphi_2 = \Phi_R - \pi/2 \tag{11.32}$$

Mit dieser Beziehung lassen sich Ergebnisse aus der Literatur ineinander umrechnen.
In der quantitativen Texturanalyse werden verschiedene Darstellungen nebeneinander
verwendet. Der Anwender muss daher mit ihnen vertraut sein. In der Literatur werden
Beziehungen zur Umrechnung der Orientierungen von einer Darstellung in die andere
angegeben. Am wichtigsten ist der Zusammenhang zwischen den EULER-Winkeln und
der Drehmatrix:

$$g(\varphi_1, \Phi, \varphi_2) = \begin{bmatrix} \cos\varphi_1 \cos\varphi_2 - \sin\varphi_1 \sin\varphi_2 \cos\varphi & \sin\varphi_1 \cos\varphi_2 + \cos\varphi_1 \sin\varphi_2 \cos\varphi & \sin\varphi_2 \sin\varphi \\ -\cos\varphi_1 \sin\varphi_2 - \sin\varphi_1 \cos\varphi_2 \cos\varphi & -\sin\varphi_1 \sin\varphi_2 + \cos\varphi_1 \cos\varphi_2 \cos\varphi & \cos\varphi_2 \sin\varphi \\ \sin\varphi_1 \sin\varphi & -\cos\varphi_1 \sin\varphi & \cos\varphi \end{bmatrix}$$

Jede der Darstellungsmethoden hat ihre spezifischen Vor- und Nachteile. So gilt die
$(h\,k\,l)[u\,v\,w]$-Darstellung als die Anschaulichste, während die Matrixdarstellung aus mathematischer Sicht besonders zweckmäßig ist. Beide haben jedoch den Mangel, mit sechs
bzw. neun linear voneinander abhängigen Variablen redundant zu sein. Obwohl die Angabe einer Orientierung in EULER-Winkeln recht unanschaulich ist, so hat sie sich in der
quantitativen Texturanalyse dennoch durchgesetzt. Gründe dafür sind die mathematisch
elegante und effiziente Darstellung der ODF beliebiger Texturen durch Reihenentwicklung in verallgemeinerten Kugelflächenfunktionen mit nur wenigen Entwicklungskoeffizienten, die relativ einfache Berechnung der ODF aus experimentellen Polfiguren nach
der harmonischen Methode und die einfache Ermittlung von (gemittelten) anisotropen
Materialeigenschaften mit Hilfe der C-Koeffizienten, Gleichung 11.51, Seite 462.
Die ODF als Funktion von drei unabhängigen Variablen lautet in EULER-Winkeln:

$$\frac{\mathrm{d}V}{V} = f(g)\mathrm{d}g = f(\varphi_1, \Phi, \varphi_2) \cdot \frac{\sin\Phi}{8\pi^2} \cdot \mathrm{d}\Phi \, \mathrm{d}\varphi_1 \, \mathrm{d}\varphi_2 \tag{11.33}$$

Der Faktor $\sin\Phi$ berücksichtigt die Größe des Volumenelements im Orientierungsraum
und der Faktor $8\pi^2$ folgt aus der übliche Normierung der Texturfunktion:

$$\int_g f(g) \, \mathrm{d}g = 1 \tag{11.34}$$

Die regellose Orientierungsverteilung wird durch die ODF mit konstantem Wert $f(g) = 1$
im gesamten Orientierungsraum repräsentiert.

11.7.4 Der Orientierungsraum – EULER -Raum

Es liegt nahe, drei linear unabhängige Orientierungsparameter als die drei kartesischen
Koordinaten eines dreidimensionalen Raumes zu verwenden. Man nennt einen derartigen
Raum Orientierungsraum, und wenn im speziellen Fall die drei EULER-Winkel gewählt
wurden, kurz EULER-Raum. Jede mögliche Orientierung $g = g(\varphi_1, \Phi, \varphi_2)$ des Kristallkoordinatensystems K_B bezüglich eines probenfesten Koordinatensystems K_A wird

dann eindeutig durch einen Punkt (φ_1, Φ, φ_2) oder durch den Endpunkt eines Vektors (φ_1, Φ, φ_2) vom Ursprung des EULER-Raums wiedergegeben, Bild 11.22a. Umgekehrt gibt das Vektortripel (φ_1, Φ, φ_2) eindeutig die Lage des Kristallkoordinatensystems an. Verschiedene Kristallitorientierungen einer Probe, etwa aus Einzelorientierungsmessungen, häufen sich mit wachsender Anzahl zu Wolken aus diskreten Punkten im dreidimensionalen Raum, aus deren Lage und Dichte die Textur des Materials abgelesen werden kann, Bild 11.22b.

Da Punktwolken bei einer großen Zahl von Einzelorientierungen ineinander verlaufen, zieht man die Darstellung mittels Linien gleicher Dichte vor, Bild 11.22c. Dies ist speziell angebracht, wenn die Orientierungs-Dichte-Funktion als kontinuierliche Funktion aus röntgenographisch gemessenen Polfiguren berechnet wurde.

Hinweis: Obwohl die Orientierung als dreidimensionaler Vektor im Orientierungsraum oder als 3×3-Drehmatrix aufgefasst werden kann, wird sie in der Texturanalyse meistens nicht als Vektor oder Matrix markiert, sondern wie ein einfacher Skalar g geschrieben.

Ein dreidimensionaler Raum lässt sich nur sehr unvollkommen als ebene Figur wiedergeben. Es ist üblich, den Orientierungsraum in eine kleine Zahl von Schnitten parallel zur φ_1- oder zur φ_2-Koordinatenachse mit konstanten Intervallen in φ_1 bzw. φ_2 zu zerlegen, die Dichtewerte dazwischen auf den folgenden Schnitt zu projizieren und die Schnitte als ODF-Verteilungsbild zusammenzustellen, Bild 11.22c und d. Die Linien gleicher Dichte werden in Vielfachen einer regellosen Orientierungsverteilung angegeben.

Um häufig vorkommende Ideallagen leichter im EULER-Raum und in der ODF identifizieren zu können, wurden sie in Tabellen aufgelistet sowie graphisch in EULER-Schnitte eingetragen. Bild 11.22 zeigt ein ausgewähltes Beispiel. Für kubische Kristall- und orthorhombische Probensymmetrie sind in BUNGE 1993 [53] die übrigen EULER-Schnitte mit $\varphi_2 = $ const. sowie mit $\varphi_1 = $ const. ausführlich dargestellt.

Der kartesische EULER-Raum ist stark verzerrt. So hängen nach der Definition der EULER-Winkel für $\Phi = 0°$ die Orientierungen g nur von der Summe $\varphi_1 + \varphi_2$ ab. In der

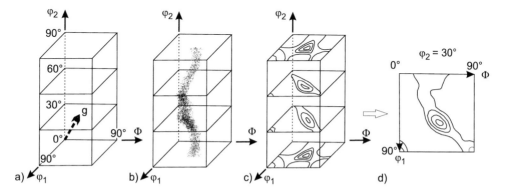

Bild 11.22: Die Darstellung von Einzelorientierungen und der Textur im EULER-Raum. a) Die Orientierung g eines Einkristalls ergibt einen Punkt. b) »Orientierungswolke« aus noch unterscheidbar vielen Einzelorientierungen eines Vielkristalls. c) Kontinuierliche Orientierungs-Dichte-Funktion für einen Einkristall, projiziert auf zweidimensionale Schnitte mit $\varphi_2 = $ const. d) Als Beispiel der Schnitt mit $\varphi_2 = 30°$

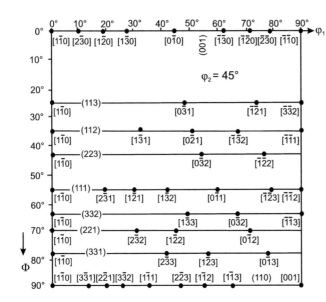

Bild 11.23: Ideale Orientierungen für kubische Kristall- und orthorhombische Probensymmetrie im EULER-Schnitt mit $\varphi_2 = 45°$

Ebene $\varPhi = 0°$ gehören also alle Punkte mit gleichem $\varphi_1 + \varphi_2$ zur selben Orientierung. Die verzerrte Metrik des EULER-Raums wird am Volumenelement ersichtlich:

$$dg = \frac{1}{8\pi^2} \cdot \sin\varPhi \cdot d\varPhi \cdot d\varphi_1 \cdot d\varphi_2 \tag{11.35}$$

Es besagt, dass im Falle einer regellosen Orientierungsverteilung mit ausreichend hoher Dichte dieselbe Anzahl von Orientierungen in jedes Volumenelement dg fällt. Die Verzerrung des EULER-Raums muss bei der visuellen Interpretation von ODF-Verteilungsbildern berücksichtigt werden. Man würde eine gleichmäßige Dichteverteilung bei regellosen Orientierungen in einem kartesischen EULER-Raum erhalten, wenn man die zweite Koordinate nach $\eta = \cos\varPhi$ transformieren würde. Das Volumenelement wäre dann:

$$dg = \frac{1}{8\pi^2} \cdot d\varphi_1 \cdot d\eta \cdot d\varphi_2 \tag{11.36}$$

Diese Darstellung hat sich bisher jedoch nicht durchgesetzt.

Wegen der Kristallsymmetrie kann eine Kristallorientierung auf verschiedene Weise völlig gleichwertig angegeben werden. Die Probensymmetrie fordert zusätzlich die annähernd gleiche Anzahl von Kristalliten in ihren symmetrischen Lagen. Daher muss die Orientierungs-Dichte-Funktion invariant sein sowohl gegen die Drehoperationen der Kristall- als auch gegen die Drehoperationen der Probensymmetrie, Gleichung 11.19. Es genügt daher, sie nur im kleinsten symmetrieinvarianten Bereich des Orientierungsraumes, der asymmetrischen Einheit, zu betrachten, siehe Tabelle 11.1. Die Bereiche, die aus der asymmetrischen Einheit durch Anwendung der Drehoperationen der Kristall- und Probensymmetrie hervorgehen und dazu völlig äquivalent sind, können weggelassen werden. Dies verringert den Rechenaufwand für hochsymmetrische Proben erheblich. Für Materialien mit kubischer Kristallsymmetrie wird in der Regel dennoch statt der asymmetrischen

Tabelle 11.1: Die kleinsten symmetrieinvarianten Bereiche des EULER-Raums in $(\varphi_1, \Phi, \varphi_2)$

Kristallsystem	Probensymmetrie		
	triklin	monoklin	orthorhombisch
triklin	$(2\pi,\ \pi,\ 2\pi)$	$(2\pi,\ \pi,\ \pi)$	$(\pi,\ \pi,\ \pi)$
monoklin	$(\pi,\ \pi,\ 2\pi)$	$(\pi,\ \pi,\ \pi)$	$(\pi,\ \pi/2,\ \pi)$
orthorhombisch	$(\pi,\ \pi,\ \pi)$	$(\pi,\ \pi/2,\ \pi)$	$(\pi/2,\ \pi/2,\ \pi)$
trigonal	$(\pi,\ \pi,\ 2\pi/3)$	$(\pi/2,\ \pi/2,\ 2\pi/3)$	$(\pi/2,\ \pi/2,\ 2\pi/3)$
tetragonal	$(\pi,\ \pi,\ \pi/2)$	$(\pi,\ \pi/2,\ \pi/2)$	$(\pi/2,\ \pi/2,\ \pi/2)$
hexagonal	$(\pi,\ \pi,\ \pi/3)$	$(\pi,\ \pi/2,\ \pi/3)$	$(\pi/2,\ \pi/2,\ \pi/3)$
kubisch	$(\pi,\ \pi,\ \pi/2)$	$(\pi,\ \pi/2,\ \pi/2)$	$(\pi/2,\ \pi/2,\ \pi/2)$

eine dreimal größere, dafür aber orthorhombische Einheit verwendet. Jede Orientierung wird daher in dieser üblichen Darstellung für kubische Materialien durch drei Punkte im EULER-Raum repräsentiert. Wenn zusätzlich zur kubischen Kristall- auch die orthorhombische Probensymmetrie vorliegt, umfasst diese erweiterte Einheit den Winkelbereich von $0 \le \varphi_1$, Φ, $\varphi_2 \le \frac{\pi}{2}$. Die kleinere asymmetrische Einheit ist durch schräge Flächen begrenzt, so dass sie schwerer zu zeichnen ist.

11.7.5 Polfigurinversion und Berechnung der Orientierungs-Dichte-Funktion

Während gewöhnliche Polfiguren durch integrale Verfahren der Röntgenbeugung direkt gemessen werden können, ist dies weder für die Orientierungs-Dichte-Funktion noch für inverse Polfiguren möglich. Sie müssen entweder aus statistisch ausreichend vielen, einzeln gemessenen Kristallitorientierungen konstruiert oder aus gewöhnlichen Polfiguren berechnet werden. Am einfachsten ist es, die Einzelorientierungen g_i als Punkte in den Orientierungsraum einzutragen. Man erhält eine graphische Darstellung der Orientierungs-Dichte-Funktion. Für inverse Polfiguren zeichnet man die aus den g_i berechneten MILLERschen Indizes $(h\,k\,l)_i$ der Netzebenen, auf denen die betrachtete probenfeste Referenzrichtung senkrecht steht, als Punkte in das Standarddreieck. Die Punktwolken lassen die Dichten der Orientierungen bzw. der Richtungen erkennen. Sie können bei einer ausreichend großen Zahl von Messwerten durch Linien gleicher Dichte zusammengefasst werden, Bilder 11.1 und 11.4.

Einzelorientierungsmessungen sind mit röntgenographischen Methoden sehr zeitaufwändig. Auch reicht die geringe Ortsauflösung in der Regel nicht aus, um technische Vielkristalle zuverlässig röntgenographisch auf Einzelorientierungen untersuchen zu können. Die Einzelorientierungsmessung bleibt daher der Elektronenbeugung und eventuell der Synchrotronbeugung vorbehalten [55, 270, 54]. Darauf wird hier nicht näher eingegangen.

Nach der Definition ist eine Polfigur eine *zwei*dimensionale Dichtefunktion der Flächenpole, die nur von den Lagen einer ausgewählten Netzebenenart $\{h\,k\,l\}$ der betrachteten i Kristallite in einem probenfesten Koordinatensystem abhängt. Wenn viele Kristallite betrachtet werden, können die einzelnen Flächenpole weder in derselben noch in verschiedenen Polfiguren den einzelnen Kristalliten zugeordnet werden. Die Flächenpole sind ja nicht etwa nach den einzelnen Kristalliten durchnummeriert oder markiert, sondern – auch wenn die Daten aus einer Einzelorientierungsmessung stammten – zu einer statistischen Verteilung zusammengefasst worden. Eine Polfigur gibt also nur die Dichteverteilung von kristallographischen Richtungen für das gesamte Ensemble an. Sie reicht insbesondere nicht aus, um die Dichteverteilung der dreidimensionalen Kristallorientierungen zu beschreiben. Wie kann also die dreidimensionale ODF $f(g)$ aus einer oder mehreren zweidimensionalen Polfiguren P_{hkl} ermittelt werden?

Die Poldichte $P_{hkl}(\vec{y})$ in einer Richtung $\vec{y} = (\alpha,\ \beta)$ im Probenraum summiert sich aus den Volumina – d. h. messtechnisch nach geeigneten Intensitätskorrekturen aus der Beugungsintensität – aller Kristallite, deren Beugungsvektor $\vec{h}_{hkl}$ parallel zu $\vec{y}$ gerichtet ist. Eine mögliche Drehung von i Kristalliten um ihre Netzebenennormalen $\vec{h}_{hkl}^i$ wirkt sich nicht aus. Diese Volumina kann man der ODF $f(g)$ entnehmen, wenn man diejenigen Orientierungen g aussortiert, für die $\vec{h}_{hkl} \| \vec{y}$ ist. Die Poldichte $P_{hkl}(\vec{y})$ ist also ein Integral der ODF $f(g)$ entlang eines Pfads im Orientierungsraum, der durch die Bedingung $\vec{h}_{hkl} \| \vec{y}$ festgelegt ist:

$$P_{hkl}(\vec{y}) = \frac{1}{2\pi} \int\limits_{h\|y} f(g)\, d\zeta \quad \text{mit} \qquad \vec{y} = (\alpha,\ \beta) \quad \text{und} \qquad g = (\varphi_1, \Phi, \varphi_2) \quad (11.37)$$

ζ umfasst die Orientierungen g mit $\vec{h}_{hkl} \| \vec{y}$, die durch Drehungen um $\vec{h}_{hkl}$ auseinander hervorgehen. Die Beziehung 11.37 nennt man *Fundamentalgleichung der Texturanalyse*. Die Ermittlung der ODF aus Polfiguren heißt *Polfigurinversion*. Sie läuft mathematisch auf die Umkehrung der Integralgleichung 11.37 hinaus.

Da eine einzige Polfigur als zweidimensionale Projektion der dreidimensionalen ODF die Orientierungsverteilung nicht komplett wiedergeben kann, muss die fehlende Information von weiteren Polfiguren, die zum selben Probenvolumen gehören, beigesteuert werden. Sie sind ihrerseits Integrale der ODF, jedoch entlang anderer Pfade im Orientierungsraum. Um die Orientierungsverteilung vollständig und eindeutig aus Polfiguren rückprojizieren zu können, wären die Polfiguren für alle Kristallrichtungen $\vec{h}_{hkl}$, d. h. unendlich viele Polfiguren $P_{hkl}(\vec{y})$ erforderlich. Dies ist grundsätzlich nicht möglich, schon weil die Anzahl der messbaren BRAGG-Reflexe $(h\,k\,l)$ diskret und endlich ist. Es wurden bisher drei verschiedene Wege beschritten, die Polfigurinversion als Grundaufgabe der quantitativen Texturanalyse zumindest in guter Näherung zu lösen.

Die Komponentenmethode

Wenn eine reale Textur aus wenigen, sich mehr oder weniger stark überlagernden Vorzugsorientierungen besteht, so kann sie durch Zerlegung in Texturkomponenten interpretiert werden. Die Form der Texturkomponenten im Orientierungsraum kann sehr verschieden sein. Mit Modellfunktionen werden sphärische oder elliptische Dichteverteilungen um einzelne $(h\,k\,l)$-$[u\,v\,w]$-Vorzugsorientierungen, GAUSS- oder LORENTZförmig abfallende Verteilungen sowie komplizierte schlauchförmige Verteilungen simuliert.

Dieser Ansatz wurde in einem interaktiven Rechenprogramm, »MulTex« von HELMING [113, 114], realisiert. Die Komponentenparameter werden interaktiv und sukzessive durch Einblenden in die experimentellen Polfiguren auf dem Monitorschirm des Personalcomputers abgeschätzt und so angepasst, dass die stärksten Dichtemaxima in den experimentellen Polfiguren durch die gewählten Komponenten möglichst gut erfasst werden. Dabei zeigen Differenzpolfiguren die Poldichten an, die in den einzelnen Iterationsschritten noch nicht berücksichtigten wurden. Anschließend werden die Lagen und Volumenanteile der ermittelten Texturkomponenten mittels nichtlinearer Optimierung verbessert.

Die Komponentenmethode eignet sich besonders gut für den Neuling auf dem Texturgebiet, da sie einen tiefen Einblick in die Zusammenhänge der Texturanalyse ermöglicht und anschaulich sehr gut interpretierbare Ergebnisse liefert. Die Texturdaten werden auf die wenigen Parameter reduziert, die zur Beschreibung der Vorzugsorientierungen $(h\,k\,l)[u\,v\,w]$ bzw. der Faserkomponenten $\langle u\,v\,w \rangle$ mit ihren Streubreiten und Volumenanteilen sowie eines regellosen Untergrunds ($=$ *Phon*) notwendig sind. Mit dieser auf das Wesentliche konzentrierten Information können Finite Elementerechnungen besonders effizient durchgeführt werden. Die Komponentenmethode eignet sich gut für die Analyse scharfer Texturen, Texturen von dünnen Schichten auf einkristallinen Substraten und Texturen von mehrphasigen Materialien. Sie ist allerdings kein automatisch arbeitendes Verfahren und baut wesentlich auf der Erfahrung des Anwenders auf. Die Interpretation wird mit zunehmender Zahl von Komponenten schwieriger und weniger eindeutig.

Die direkten Methoden

In den direkten Methoden werden sowohl die Polfiguren als auch die Orientierungs-Dichte-Funktion diskretisiert, indem sie in kleine Zellen unterteilt und diesen diskrete Belegungswerte zugeteilt werden. Die Zelleinteilung erfolgt meist in festen, äquidistanten Winkelschritten von wenigen Grad in $y = (\alpha,\ \beta)$ und in $g = (\varphi_1,\ \Phi,\ \varphi_2)$, um ein für die Numerik einfaches Winkelraster zu erhalten. Sinnvoller wäre eine Unterteilung der Polfiguren in möglichst flächengleiche, kleine Segmente und eine Unterteilung des Orientierungsraumes in Elementarvolumina,

$$\Delta g = \frac{\sin \Phi}{8\pi^2} \cdot \Delta\varphi_1 \cdot \Delta\Phi \cdot \Delta\varphi_2 \tag{11.38}$$

deren Größe der verzerrten Metrik des EULER-Raums Rechnung trägt. Geht man von kontinuierlichen Messwerten aus, so wird über die Poldichten, die in eine Zelle $y + \Delta y$ fallen, gemittelt und ihr dieser Mittelwert $P_h(y)$ zugeordnet. Ebenso erhält jedes Elementarvolumen $g + \Delta g$ im Orientierungsraum einen Mittelwert $f(g)$ zugewiesen. Die Poldichte einer Zelle erhält man durch Projektion der ODF entlang eines bestimmten Pfades im Orientierungsraum, welcher die Rotation der Probe um die Flächennormale $\vec{h}$ während der Polfigurmessung wiedergibt. In diskreter Schreibweise wird dies ausgedrückt durch:

$$P_h(y) = \frac{1}{N} \sum_{i=1}^{N} f(g_i) \quad \text{mit} \quad g_i \to y \quad \text{auf dem Pfad} \tag{11.39}$$

Der Pfad hängt von der Kristallstruktur und dem Gittertyp, dem Beugungsreflex $(h\,k\,l)$ und den Polarwinkeln $y = (\alpha, \ \beta)$ auf der $(h\,k\,l)$-Polfigur ab. Er kann als Datentabelle (Look-up Tabelle) für jede Zelle der betrachteten Polfiguren und den zugeordneten Elementarvolumina der ODF sowohl für die Hin- als auch für die Rücktransformation aus geometrischen Überlegungen berechnet und abgespeichert werden. Gleichung 11.39 stellt somit ein lineares Gleichungssystem dar, dessen Lösung die ODF $f(g)$ liefert. Dazu ist die Inversion einer sehr großen Matrix nötig. Das Gleichungssystem ist unterbestimmt, weil die experimentell verfügbaren Polfigurdaten begrenzt sind. Hinzu kommen ungenaue oder zum Teil widersprüchliche experimentelle Daten. Es müssen also Zusatzannahmen gemacht werden. Die direkte Inversion des Gleichungssystems ist grundsätzlich möglich, wenn man sich auf Kosten einer gewünschten Genauigkeit auf ein grobes Winkelraster im Orientierungsraum beschränkt, dies ist die so genannte Vektormethode.

An Gleichung 11.39 sieht man, dass weder negative Poldichten noch Orientierungsdichten auftreten können und dass Bereiche, in denen die Poldichten Null sind, auch verschwindende Orientierungsdichten zur Folge haben. Die direkten Methoden erfüllen also bereits implizit als Nebenbedingungen die Forderung nach Positivität der Pol- und Orientierungsdichten und von Nullbereichen in der ODF.

Schwierigkeiten bei der Auswertung von unvollständigen experimentellen Polfiguren lassen sich durch Iterationsverfahren umgehen. Dazu kann in einer ersten Näherung eine ODF $f_0(g)$ konstruiert werden, indem man aus allen verfügbaren Polfigurdaten durch numerische Summation für die Elementarvolumina $g + \Delta g$ Mittelwerte der $f_0(g + \Delta g)$ bildet. Mit Hilfe der Ausgangs-ODF $f_0(g)$ werden dann die unvollständigen, experimentellen Polfiguren durch Rücktransformation zu vollständigen Polfiguren ergänzt. Mit diesen werden in den nächsten Iterationen durch Inversion verbesserte Näherungen der ODF berechnet. Man überschreibt sinnvoller Weise in den rückgerechneten Polfiguren jedes Mal die gemessenen Bereiche durch die Messwerte. Kommerziell werden zwei Varianten der diskreten Methode angeboten, die WIMV-Methode (WILLIAMS-IMHOF-MATTHIES-VINEL) [172] nach MATTHIES, VINEL und WENK sowie die ADC-Methode (Arbitrary Defined Cells) nach PAWLICK und POSPIECH [192]. In der ADC-Methode erfolgt die Projektion und Rückprojektion nicht entlang von Linien, sondern entlang von Schläuchen im Orientierungsraum. Auf die Details kann an dieser Stelle nicht eingegangen werden.

Die diskreten Methoden weisen einige Vorteile auf. In den Algorithmus lassen sich auf einfache Weise Zusatzbedingungen einbauen. A priori sind dies bereits die Positivität sowohl der Werte für die Poldichten als auch für die Orientierungsdichten. Kristall- und Probensymmetrien können einfach berücksichtigt werden, denn sie stecken in den Look-up Tabellen für die Hin- und Rücktransformation.

Die diskreten Methoden zeigen aber auch Nachteile. So ist jede Änderung der Winkelauflösung in den Polfiguren oder in der ODF mit einer Neuberechnung der Look-up Tabellen verbunden. Hohe Winkelauflösungen in den Polfiguren und in der ODF erfordern die Lösung von übermäßig anwachsenden Gleichungssystemen. Bei 5° Schrittweite sind bereits rund 120 000 diskrete Werte in der ODF zu berücksichtigen. Die diskreten Verfahren sind numerisch fehleranfällig, insbesondere wenn die experimentellen Daten ungenau oder in sich leicht inkonsistent sind, wie dies bei der Polfigurmessung häufig der Fall ist. Ursachen dafür können ungenügende Absorptions- und Defokussierungskorrekturen bei der Polfigurmessung, aber vor allem Texturen sein, die lateral und/oder in der Tiefe inhomogen sind. Da die experimentellen Polfiguren als Folge der FRIEDELschen Regel stets ein Inversionszentrum zeigen, d. h. $(\bar{h}\,\bar{k}\,\bar{l})$ von $(h\,k\,l)$-Reflexen nicht unterschieden werden können, tritt auch bei den diskreten Methoden das Geisterproblem auf, so dass die ODF grundsätzlich nicht eindeutig bestimmt werden kann. Dieses Problem tritt in den diskreten Methoden aber nicht auffällig in Erscheinung, weil in der Regel bereits eine Nullbereichsbedingung für die ODF implizit berücksichtigt wird. Theoretisch schwer zu beantworten ist die Frage, ob die Iteration mit diskreten Werten in allen Fällen zu einem stabilen Ergebnis konvergiert. Da die Ergebnisse in Form von diskreten Datensätzen für die Polfiguren und die ODF anfallen, sind sie mit einigen hunderttausend Einzelwerten unhandlich und unübersichtlich. Sie werden daher öfters in einer abschließenden Reihenentwicklung der ODF in die effizientere Darstellung nach C-Koeffizienten der harmonischen Methode überführt.

Die harmonische Methode oder Reihenentwicklungsmethode

Eine elegante Lösung der Umkehrung der Fundamentalgleichung der Texturanalyse erhält man, wenn der Integrand durch verallgemeinerte Kugelfunktionen

$$T(g) = T_l^{mn}(\varphi_1,\,\Phi,\,\varphi_2) = \exp\imath(m\varphi_1 + n\varphi_2)\,P_l^{mn}(\cos\Phi) \qquad (11.40)$$

und die Polfiguren durch Kugelflächenfunktionen dargestellt werden, Gleichung 11.41

$$k_l^m(\alpha,\beta) = \frac{1}{\sqrt{2\pi}}\exp\imath(m\beta)P_l^m(\cos\beta) \qquad (11.41)$$

Die P_l^{mn} sind verallgemeinerte und die P_l^m zugeordnete LEGENDRE-Polynome. l, m und n sind ganzzahlige Laufindizes. Kugelflächenfunktionen werden in der Quantenmechanik als Lösung der SCHRÖDINGER-Gleichung für das Wasserstoffatom verwendet, um die Elektronenorbitale zu beschreiben. Sie sind daher in Tabellenwerken und als Bibliotheksfunktionen für verschiedene Compiler bereits verfügbar. Die theoretischen Grundlagen und Einzelheiten der harmonischen Methode wurden sehr ausführlich von BUNGE [53] dargestellt. Daher soll hier nur das Prinzip erläutert werden.

Die verallgemeinerten Kugelfunktionen $T_l^{mn}(g)$ und auch die Kugelflächenfunktionen $k_l^m(\alpha,\beta)$ bilden je ein orthonormiertes Funktionensystem, das als Basis für eine Reihenentwicklung verwendet werden kann. Führt man die Reihenentwicklungen aus, so wird

$$f(\varphi_1,\,\Phi,\,\varphi_2) = \sum_{l=0}^{\infty}\sum_{m=-l}^{l}\sum_{n=-l}^{l}C_l^{mn}T_l^{mn}(\varphi_1,\,\Phi,\,\varphi_2) \qquad \text{und} \qquad (11.42)$$

$$P_h(\alpha,\,\beta) = \sum_{l=0}^{\infty}\sum_{n=-l}^{l}F_l^n(hkl)\,k_l^n(\alpha,\,\beta) \qquad (11.43)$$

Einsetzen in die Fundamentalgleichung 11.37 der Texturanalyse ergibt den Zusammenhang zwischen den Entwicklungskoeffizienten $F_l^n(hkl)$ und C_l^{mn}:

$$F_l^n(hkl) = \frac{4\pi}{2l+1} \sum_{m=-l}^{l} C_l^{mn} k_l^{m^*}(\alpha,\,\beta) \tag{11.44}$$

Da die Kugelflächenfunktionen ein orthogonales Funktionensystem bilden, können die F-Koeffizienten ohne großen Aufwand aus genügend vielen verschiedenen experimentell gemessenen Polfiguren

$$P_h(\alpha,\,\beta) = \sum_{l=0}^{\infty} \sum_{n=-l}^{l} F_l^n(hkl) k_l^n(\alpha,\,\beta) \tag{11.45}$$

durch Integration über alle Richtungen $(\alpha,\,\beta)$ berechnet werden:

$$F_l^n(hkl) = \int_{\beta} \int_{\alpha} P_{hkl}(\alpha,\,\beta) \, k_l^{m^*}(\alpha,\,\beta) \, \sin\alpha \, \mathrm{d}\alpha \, \mathrm{d}\beta \tag{11.46}$$

Wenn die Koeffizienten $F_l^n(hkl)$ bekannt sind, können die Entwicklungskoeffizienten C_l^{mn} durch Auflösen des linearen Gleichungssystems 11.47 berechnet werden:

$$F_l^n(hkl) = \frac{4\pi}{2l+1} \sum_{m=-l}^{l} C_l^{mn} k_l^{m^*}(\alpha,\beta) \tag{11.47}$$

Dann ist die Orientierungsdichtefunktion $f(\varphi_1,\Phi,\varphi_2)$ bestimmt und die Orientierungsdichte kann für jede Orientierung $(\varphi_1,\Phi,\varphi_2)$ angegeben werden. Ebenso kann nach der Fundamentalgleichung 11.37 jede beliebige, auch experimentell nicht gemessene oder nicht messbare, Polfigur aus $f(g)$ berechnet werden.

Die bis jetzt behandelte Reihenentwicklung gilt ganz allgemein. Sie berücksichtigt noch nicht die Symmetriebeziehung, die aus der Kristall- und Probensymmetrie folgt, vgl. Kapitel 11.7.2. Liegt eine Symmetrie vor, so sind die Entwicklungskoeffizienten $F_l^n(hkl)$ und C_l^{mn} nicht mehr linear unabhängig. Die Kristall- und Probensymmetrie kann bereits durch eine Modifikation der Kugelfunktionen in der Reihenentwicklung berücksichtigt werden. Man führt dazu die symmetrisierten Kugelfunktionen $\ddot{T}\,{}_l^{\mu\nu}(\varphi_1,\Phi,\varphi_2)$ ein, wobei der Doppelpunkt die Kristall- und der Punkt die Probensymmetrie, die griechischen Laufindizes μ und ν den Übergang zu den symmetrisierten Funktionen markieren sollen. Die Zahl der linear unabhängigen Entwicklungskoeffizienten $C_l^{\mu\nu}$ und damit der Rechenaufwand reduziert sich durch die Symmetrisierung erheblich. In der Tabelle 11.2 ist die Anzahl der C_l^{mn} im allgemeinen Fall der Anzahl der $C_l^{\mu\nu}$ gegenüber gestellt, die man zur Beschreibung von $f(g)$ bis zum Entwicklungsgrad L_{max} im Falle der kubischen Kristall- und orthorhombischen Probensymmetrie benötigt.

Die Anzahl der m-Indizes im allgemeinen Fall und die der μ-Indizes im Fall kubischer Kristallsymmetrie ist in Bild 11.24 in Abhängigkeit von l angegeben. Sie sind gleich der Anzahl der zu lösenden linearen Gleichungen, 11.47, im System und somit gleich

Tabelle 11.2: Die Anzahl der C-Koeffizienten für triklin-trikline und für kubisch-orthorhombische Symmetrie in Abhängigkeit vom Reihenentwicklungsgrad L_{max}

Reihenentwicklungsgrad L_{max}	triklin-triklin C_l^{mn}	kubisch-orthorhombisch C_l^{mn}
0	1	1
4	165	4
10	1 771	24
16	6 545	79
22	16 215	186

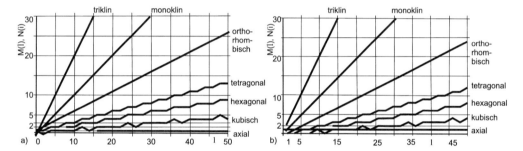

Bild 11.24: Die Zahl $M(l)$ bzw. $N(l)$ der linear unabhängigen Gleichungen als Funktion des Reihenentwicklungsgrades l für verschiedene Kristall- bzw. Probensymmetrien. Sie geben die Anzahl der notwendigen Polfiguren an, die man für die Reihenentwicklung bis zum Grad $L_{\max} = l$ benötigt a) für gerade l, b) für ungerade l)[53]

der Anzahl der notwendigen experimentellen Polfiguren, um die Reihenentwicklung der Funktion $f(g)$ bis zur Ordnung L_{max} durchzuführen.

Da die Anzahl der experimentell verfügbaren Polfiguren stets begrenzt ist, wird die Reihenentwicklung bei L_{max} abgebrochen, man erhält nur eine Näherung für $f(g)$ mit einem entsprechenden Abbruchfehler.

Mit den Texturkoeffizienten $C_l^{\mu\nu}$ können beliebige $(h\,k\,l)$-Polfiguren $P_{hkl}(\alpha, \beta)$ berechnet werden, also auch solche, die nicht gemessen wurden. Ferner können die – unvermeidbaren – experimentellen und die Reihenabbruchfehler abgeschätzt werden, indem man jede experimentelle mit der berechneten Polfigur vergleicht, etwa indem man ihre Differenzpolfigur 11.48 bildet. Im Idealfall sollten die Differenzpolfiguren für alle gemessenen (α, β) Null sein.

$$\Delta P_{hkl}(\alpha, \beta) = P_{hkl}^{\exp}(\alpha, \beta) - P_{hkl}^{berechnet}(\alpha, \beta) \qquad (11.48)$$

Der Abbruch der Reihenentwicklung mit L_{max} hat nicht nur Nachteile zur Folge, sondern kann sich als Rauschfilter sehr positiv auf experimentelle Daten auswirken. Man erhält gute Resultate für die ODF $f(g)$ selbst mit gestörten oder leicht inkonsistenten Eingangsdaten wie z. B. infolge von niedrigen Beugungsintensitäten, verrauschten Signalen oder schlechter Kristallitstatistik, das heißt wenn das Probenvolumen statistisch wenige, große Körner enthält, siehe Kapitel 5.3. Bei der Anwendung der Reihenentwicklungsmethode setzt man stillschweigend voraus, dass die ODF $f(g)$ eine glatte, stetige Funktion ist. Für die Analyse einer Textur, die sich aus sehr wenigen scharfen Vorzugsorientierungen zusammensetzt, ist daher die Reihenentwicklungsmethode weniger gut geeignet.

Röntgenbeugungsdiagramme weisen stets ein Inversionszentrum am Ort des Nullstrahls auf, FRIEDELsche Regel. Daher können $(h\,k\,l)$- nicht von $(\overline{h}\,\overline{k}\,\overline{l})$-Reflexen und insbesondere die linksdrehenden nicht von den rechtsdrehenden Formen enantiomorpher Kristalle unterschieden werden. Deshalb ist die Texturfunktion für die links- und für die rechtsdrehende Variante des Kristallsystems gleich. Wegen der Überlagerung der $(h\,k\,l)$- mit den $(\overline{h}\,\overline{k}\,\overline{l})$-Reflexen werden experimentell nur reduzierte Polfiguren gemessen:

$$\tilde{P}_{(hkl)}(y) = \frac{1}{2}\left[P_{(hkl)}(y) + P_{-(hkl)}(y)\right] \tag{11.49}$$

Daraus erhält man die *reduzierte* ODF $\tilde{f}(g)$, die nur Reihenentwicklungskoeffizienten mit geraden l enthält. Die C-Koeffizienten mit ungeradem l können aus experimentellen Polfiguren nicht direkt bestimmt werden. Die ODF $f(g)$ ist also zunächst um einen additiven Anteil $\tilde{f}^*(g)$ unbestimmt, der durch die C-Koeffizienten mit ungeradem l zu beschreiben wäre:

$$f(g) = \tilde{f}(g) + \tilde{f}^*(g) \geq 1 \tag{11.50}$$

Es sind verschiedene Funktionen $\tilde{f}^*(g)$ denkbar, die zu $\tilde{f}(g)$ addiert dieselben Polfiguren $\tilde{P}_{(hkl)}(y)$ ergeben würden. Die Forderung, dass $f(g)$ stets positiv ist, schränkt jedoch ihre Variationsbreite bereits erheblich ein.

Sowohl der Abbruch der Reihenentwicklung bei einem endlichen L_{max} als auch die Beschränkung auf C-Koeffizienten mit geraden l führt zu einer Verfälschung der berechneten ODF $f(g)$. Es treten kleine Maxima und Minima auf, die Vorzugsorientierungen vortäuschen können, so genannte *Geister*. Die Reihenabbruchfehler sind weniger gravierend. Die Texturmessung erfolgt mit einer relativ großen Primärstrahlapertur, um möglichst alle Kristallite unterschiedlichster Orientierung zu erfassen. Dies führt bereits experimentell zu einer gewisse Verschmierung der Orientierungsverteilung. Man darf sie in Kauf nehmen, da Vorzugsorientierungen sehr selten um weniger als einige Grad um die Maximallage streuen. In diesem Streubereich gehen die Abbruchfehler unter. Anders die Geister infolge der nicht bestimmten ungeraden C-Koeffizienten. Sie können um große Winkel gegenüber den wahren Vorzugsorientierungen verschoben sein und merklich durch positive und negative Dichten ins Gewicht fallen. Für die Berechnung der anisotropen, zentrosymmetrischen Tensoreigenschaften reichen die C-Koeffizienten mit geraden l aus, nicht jedoch für die Ermittlung polarer Eigenschaften (z. B. Materialien mit Piezoeffekt).

Da sowohl Polfiguren als auch die ODF Dichtefunktionen sind, dürfen sie keine negativen Werte aufweisen. Es kann ja keine negativen Volumenanteile von Körnern mit Orientierungen g geben. Wenn sie dennoch auftreten, so handelt es sich entweder um Messfehler oder um numerische Fehler und müssen daher auf positive Werte korrigiert werden. Rechenprogramme zur Polfigurinversion gehen iterativ vor. Im ersten Iterationsschritt wird aus den experimentellen Polfiguren eine grobe Ausgangsnäherung der ODF $f(g)$ berechnet. In der so genannten *Positivitätsmethode* [68] werden nun alle negativen Werte von $f(g)$ auf einen positiven Wert (z. B. gleich Null) gesetzt. Mit dieser korrigierten ODF $f(g)$ werden Näherungen für die experimentellen Polfiguren berechnet. Sie sind nun vollständig, weisen aber eventuell ebenfalls negative Werte auf, die alle wiederum gleich Null (oder auf einen positiven Wert) gesetzt werden. Ferner werden mit den experimentell gemessenen Poldichten die entsprechenden Werte in den rückgerechneten Polfiguren überschrieben, um eine möglichst gute Übereinstimmung mit den gemessenen Polfiguren zu erzwingen. Im nächsten Iterationsschritt wird die ODF $f(g)$ mit den so korrigierten, vollständigen Polfiguren erneut berechnet. Die Berechnung der Polfiguren, ihre Korrektur und Berechnung der ODF unter Berücksichtigung der Positivität wird mehrfach wiederholt. Nach wenigen Iterationen erhält man eine approximierte ODF, die durch C-Koeffizienten sowohl mit geraden als auch ungeraden l beschrieben wird. Sobald die Abweichungen zwischen den experimentellen und den rückgerechneten Polfiguren sowie die Summe der negativen Dichten vorgegebene Schranken unterschreiten, wird die Iteration abgebrochen. Die Übereinstimmung der experimentellen mit den berechneten Polfiguren ist das entscheidende Kriterium für die Güte der erhaltenen ODF $f(g)$.

Diese Vorgehensweise setzt keine vollständigen, experimentellen Polfiguren voraus. Sind die Polfiguren unvollständig gemessen worden, so sollten sie noch ausreichend große mit Messdaten gefüllte Bereiche enthalten, so dass alle möglichen Orientierungen eindeutig erfasst werden [113]. Dann brauchen lediglich im ersten Iterationsschritt die Poldichten in den nicht gemessenen Bereichen auf einen konstanten Wert (z. B. gleich Null) gesetzt zu werden. Die nicht gemessenen Bereiche brauchen selbstverständlich nicht in allen Polfiguren gleich zu sein. Dies ist besonders vorteilhaft bei der Polfigurmessung mit einem Flächendetektor. Dann weisen die $(h\,k\,l)$-Polfiguren aus einer Messreihe in Reflexion unterschiedlich breite, nicht gemessene Ränder und eventuell zusätzlich nicht gemessene Polkappen um $\alpha = 0°$ auf.

Mit der Positivitätsmethode kann der experimentell unbestimmbare Bereich der Texturkoeffizienten $C_l^{\mu\nu}$ wesentlich verkleinert werden. Sie ermöglicht es, mit einem höheren Reihenentwicklungsgrad zu rechnen als es durch den Wert der linear unabhängigen Funktionen und der Zahl der experimentell verfügbaren Polfiguren eigentlich möglich wäre, siehe Bild 11.24. Im Extremfall ist es bei kubischer Kristall- und orthorhombischer Probensymmetrie sogar möglich, mit nur einer vollständigen Polfigur eine relativ gute Näherung für die ODF $f(g)$ zu berechnen.

Für die praktische Berechnung der ODF muss der Reihenentwicklungsgrad unter Beachtung des Tensorranges der interessierenden Materialeigenschaft festgelegt werden. Generell benötigen scharfe Texturen mit hohen und schmalen Profilformen einen höheren Reihenentwicklungsgrad L_{max} als flache Texturen, um auch die feinen Details zu erfassen. Dieses Verhalten kennt man auch von anderen Reihenentwicklungsverfahren in der Mathematik und speziell von FOURIER-Transformationen in der Signal- und Bildverarbeitung.

Einen Hinweis auf die Konvergenz der Reihenentwicklung gibt der Verlauf der gemittelten Absolutwerte der Texturkoeffizienten, Gleichung 11.51, in Abhängigkeit von l. Für zu kleine l weist der Verlauf Sprünge auf. Er flacht ab und wird glatt, wenn L_{max} ausreichend groß gewählt wird.

$$\overline{C_l^{\mu\nu}} = \frac{1}{M(l) \cdot N(l)} \sum_{\mu=1}^{M(l)} \sum_{\nu=1}^{N(l)} |C_l^{\mu\nu}| \tag{11.51}$$

Für kubische Kristallsymmetrie werden die Polfiguren für die ersten drei $(h\,k\,l)$-Reflexe mit großem Strukturfaktor in Schrittweiten von $\Delta\alpha$ und $\Delta\beta$ zwischen 2° und 5° gemessen. Das sind die $(1\,1\,1)$-, $(2\,0\,0)$- und $(2\,2\,0)$-Polfiguren für kubisch flächenzentrierte Materialien und die $(1\,1\,0)$-, $(2\,0\,0)$- und $(2\,1\,1)$-Polfiguren für kubisch raumzentrierte Materialien. Die Reihenentwicklung wird dann meist bis zur Ordnung $L_{max} = 22$ durchgeführt.

Bewertung

Da in der Technik die Walztexturen von Metallen mit kubischer Kristallsymmetrie besonders wichtig sind und eingehend untersucht wurden, hat man für die wichtigsten Komponenten Kurzbezeichnungen eingeführt. Sie geben für kubisch flächenzentrierte Metalle Ideallagen, Tabelle 11.3, und für kubisch raumzentrierte Metalle Fasertexturen oder Orientierungsfasern, Tabelle im Bild 11.25, an. Diese idealisierten Vorzugsorientierungen sind nur grobe Näherungen, um die im Realfall die Textur erheblich streuen kann.

Tabelle 11.3: Die wichtigsten Komponenten der Walztextur von kfz-Metallen

Bezeichnung der Komponente	Indizierung $\{h\,k\,l\}\langle u\,v\,w\rangle$	EULER-Winkel $(\varphi_1,\ \Phi,\ \varphi_2)$
Kupferlage	$\{1\,1\,2\}\langle 1\,1\,1\rangle$	(90° , 35° , 45°)
S-Lage	$\{1\,2\,4\}\langle 2\,1\,1\rangle$	(59° , 29° , 63°)
Messing-Lage	$\{1\,1\,0\}\langle 1\,1\,2\rangle$	(35° , 45° , 0°)
Goss-Lage	$\{1\,1\,0\}\langle 0\,0\,1\rangle$	(90° , 45° , 0°)

Bezeichnung der Faser	Verlauf zwischen den Ideallagen
α	{001}<110> und {111}<1$\bar{1}$0>
γ	{111}<1$\bar{1}$0> und {111}<112>
η	{001}<100> und {011}<100>
ε	{001}<110> und {111}<112>
β	{112}<1$\bar{1}$0> und {$\bar{1}\bar{1}$ 11 $\bar{8}$}<4 4 $\bar{1}\bar{1}$>

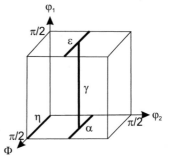

Bild 11.25: Die wichtigsten idealen Faserkomponenten der Walztextur von kubisch raumzentrierten Metallen werden mit griechischen Buchstaben bezeichnet. Sie liegen auf geraden Linien im EULER-Raum

An dieser Stelle muss hervorgehoben werden, dass nicht nur das Vorhandensein und die Stärke gewisser Vorzugsorientierungen für die Beurteilung der Textur wesentlich sind, sondern auch das Fehlen oder die Unterrepräsentanz von Texturkomponenten im Vergleich zu einer regellosen Orientierungsverteilung. Wenn beispielsweise Körner mit Orientierungen im Gefüge fehlen, deren Gleitsysteme günstig zu einer äußeren Beanspruchungsrichtung liegen, so kann die plastische Verformung erheblich behindert sein. Ebenso werden die Rekristallisation und die Gefügeausbildung bei einer Glühbehandlung durch das Fehlen bestimmter Orientierungen im Ausgangsmaterial beeinflusst. Es genügt also in der Regel nicht, die Stärke einiger weniger Vorzugsorientierungen als Charakteristikum der Textur anzugeben. Abgesehen davon ist die Angabe der Stärke von Texturkomponenten als quantitatives Maß schwer nachvollziehbar. Sie hängt unter anderem von den zugrunde gelegten Modellfunktionen (z. B. Kugeln, Rotationsellipsoide im Orientierungsraum), dem Abklingverhalten der Modellfunktionen und dem verwendeten Orientierungsraum ab. So kann die Angabe von Volumenanteilen für die identifizierten Texturkomponenten an der Gesamttextur selbst für dieselbe Probe irreführend sein, wenn die Modellfunktionen nicht an die tatsächlich vorliegenden Formen der einzelnen Komponenten angepasst werden. Die Angabe eines Texturindex als Verhältnis der Intensitäten von Beugungsinterferenzen aus einem $\theta - 2\theta$-Scan kann stärker fehlerbehaftet sein, siehe Kapitel 11.3.

Ein Vorteil der Reihenentwicklungsmethode besteht darin, dass keine speziellen Modellfunktionen für Vorzugsorientierungen verwendet werden und dennoch eine effiziente quantitative Beschreibung, sowohl der Maxima als auch der Minima, der vollständigen Orientierungsdichteverteilung in Form der C-Koeffizienten erzielt wird. Graphisch wird dies durch die Darstellung der (berechneten) Polfiguren und der ODF mittels Linien gleicher Belegungsdichte erreicht, die auf Vielfache der regellosen Orientierungsverteilung normiert werden. Zweckmäßig ist dabei die explizite Markierung des 1-Niveaus, d. h. des Niveaus, das der regellosen Textur entspricht.

Die Reihenentwicklungsmethode hat bisher mit Abstand die weiteste Verbreitung aller Polfigur-Inversionsverfahren gefunden. Sie ermöglicht bereits mit wenigen C-Koeffizienten eine besonders kompakte mathematische Beschreibung der Textur. Die Reihenentwicklungsmethode mit Iteration und Positivitätsbedingung nutzt dieselben Zusatzbedingungen wie die diskreten Methoden aus. Ein weiterer wichtiger Vorteil besteht darin, dass mit Kenntnis der C-Koeffizienten unmittelbar (anisotrope) Tensoreigenschaften des Vielkristalls ausgedrückt werden können.

11.8 Die Orientierungsstereologie

Die Eigenschaften des Gefüges hängen davon ab, wie die anisotropen »Baugruppen« (Kristallite) zusammengefügt sind. Modelle auf der Basis der Textur oder der Stereologie für sich allein reichen nicht zur Beschreibung und Simulation von anisotropen Materialeigenschaften der Vielkristalle aus, man muss sie vielmehr zum allgemeineren Konzept der Orientierungsstereologie zusammenfassen. Sie wird mathematisch durch die Mikrostrukturfunktion (Gefügefunktion; Microstructure Function; Aggregate Function) beschrieben, welche in jedem Volumenelement am Ort r des Materials die Phase i, die Kristallorientierung g und die Kristallgüte D angibt:

$$
G(r) = \begin{cases} i(r) & \text{Phase} \\ g(r) & \text{Orientierung} \\ D(r) & \text{Kristallbaufehler, Eigenspannungen} \end{cases} \text{Mikrostrukturfunktion} \quad (11.52)
$$

Die klassischen mikroskopischen Methoden der Stereologie lassen zwar das Netzwerk der Korngrenzen erkennen, EXNER und HOUGARDY [79], sie geben aber normalerweise keine Auskunft über die Kristallorientierung. Man erhält nur die Koordinaten $r = (x_1, x_2, x_3)$ der Korngrenzen, beschrieben durch die Flächengleichung der Korngrenzen $F(r)$. Die Orientierungsstereologie dagegen enthält beide Informationen gleichzeitig. Textur und Stereologie sind jeweils Projektionen der Orientierungsstereologie. Die Orientierungsstereologie enthält aber ungleich viel mehr Information als Textur und konventionelle Stereologie zusammengenommen. Kennt man die Orientierungsstereologie, so kann man daraus Textur und Stereologie, sowie viele andere Derivatfunktionen ableiten, aber nicht umgekehrt. Einige wichtige Derivatfunktionen werden im folgendem beispielhaft besprochen.

Kennt man die Kristallstruktur als Funktion des Ortes, so kann die konventionelle Stereologie des Gefüges um die Klassifizierung nach der kristallographischen Orientierung und Phase erweitert werden. Die Körner, d. h. die Kristallite, werden dann nicht nur qualitativ etwa durch Grauwerte, die aus dem lichtmikroskopischen Gefügebild abgelesen werden, sondern quantitativ durch die Orientierung ihres Gitters unterschieden. Darauf setzt die *Kornstereologie* auf. Diese weitreichende Zusatzinformation wird in Orientierungsverteilungsbildern, »COM« - Bild 11.1 zum Beispiel durch orientierungsspezifische Farben veranschaulicht. Die in der konventionellen Stereologie eingeführten Gefügekennwerte lassen sich erweitern, indem man sie auf Vorzugsorientierungen oder Orientierungsklassen bezieht. Man erhält so unter anderem

- die *Volumenanteile* von Körnern
- den *Ausrichtungsgrad* von Körnern
- die *Größenverteilung* der Körner
- *Kornform-Parameter*
- die *Konnektivität* (Grad des Zusammenhanges)

in Abhängigkeit sowohl von der Probenstelle, als auch von der Orientierung bzw. dem Orientierungsintervall und der Phase. Beispielsweise lässt sich an der orientierungsabhängigen Kristallitgrößenverteilung das Fortschreiten der Rekristallisation verfolgen.

Einen Schritt weiter geht die *Korngrenzenstereologie*. Eine Korngrenze wird durch die Orientierungsdifferenz Δg zwischen den durch sie getrennten Kristalliten charakterisiert. Die Drehung des einen Gitters in das des zweiten Kristalliten kann durch EULER-Winkel $(\varphi_1, \Phi, \varphi_2)$, eine Drehachse $\vec{r}$ und den entsprechenden Drehwinkel ϖ oder durch die Σ_n-Klassifizierung nach dem Koinzidenzgittermodell beschrieben werden:

$$
\Delta g = g_2 \cdot g_1^{-1} = [\varphi_1, \Phi, \varphi_2] = [\vec{r}, \varpi] \cong \Sigma_n \qquad (11.53)
$$

Σ_n ist der Kehrwert des Anteils der Atome, die sich auf denjenigen Gitterplätzen befinden, welche bei einer (gedachten) Überlagerung der Gitter der beiden benachbarten Kristallite aufeinander fallen würden. $\Sigma = 3$ bedeutet beispielsweise, dass zwei Kristallite in Zwillingslage aneinander stoßen. Jedes dritte Atom passt sowohl zum Gitter des Matrixkristalls als auch zu dem des Zwillings. Das Koinzidenzgittermodell bedeutet eine sehr starke Vergröberung, da der in drei Variablen kontinuierliche Orientierungsraum auf wenige diskrete Σ-Werte reduziert wird. Es muss betont werden, dass die Orientierungsdifferenz Δg keinerlei Aussagen über die räumliche Lage der Korngrenze zulässt. Dazu wären bei einer ebenen Korngrenze zwei weitere Variable notwendig, die die Normalenrichtung der Korngrenze festlegen. Im Koinzidenzgittermodell wird oft stillschweigend vorausgesetzt, dass man sich auf spezielle Korngrenzen beschränkt, bei denen die beiden Gitter symmetrisch um gleiche Winkel gegen die Korngrenze gekippt sind. Dann meint man mit Σ-Korngrenzen eigentlich den Sonderfall von »symmetrischen Σ-Kippkorngrenzen«.

Während in der konventionellen Stereologie nur die *Längenverteilung* von Korngrenzen im zweidimensionalen Gefügebild bzw. die *Flächenanteile* der Korngrenzen im Volumen sowie die *Winkel* zwischen den Korngrenzen (Dihedralwinkel) ermittelt werden, können in der Orientierungsstereologie diese Kenngrößen zusätzlich auf die Missorientierung Δg bezogen werden. Häufig wird der Längenanteil von Σ-Korngrenzen aus der Mikrostrukturfunktion berechnet. Obwohl im Koinzidenzgittermodell nur wenige ausgezeichnete Missorientierungen und diese zudem stark vergröbert berücksichtigt werden, so findet man durchaus eine Korrelation zwischen dem vermehrten Auftreten von ausgezeichneten Σ-Korngrenzen und Materialeigenschaften. So kann bei entsprechender Verteilung von Σ-Korngrenzen ein vermehrtes Korngrenzengleiten die Kriechfestigkeit reduzieren oder eine hohe Diffusionsgeschwindigkeit an Korngrenzen zu verstärkter Korrosion führen.

Aus Sicht der konventionellen Texturanalyse stellt die Orientierungsstereologie eine unmittelbare Erweiterung dar. Während in der konventionellen Definition der ODF $f(g)$ nur die Anteile der Kristallorientierungen ohne Rücksicht auf die gegenseitige Anordnung und Größe der Kristallite eingehen, kann nun die ODF nach Kristallitgrößen selektiert und klassifiziert werden. Das ist ein sehr nützlicher Ansatz für die Erforschung von Rekristallisationsvorgängen. In Analogie zur *Orientierungs-Dichte-Funktion* (ODF) wird ferner die *Missorientierungs-Dichtefunktion* (MODF) eingeführt. Sie gibt den Flächenanteil $dA_{\Delta g}$ von Korngrenzen an, die eine bestimmte Missorientierung Δg aufweisen. Der Ort der einzelnen Korngrenzen im Probenvolumen wird dabei nicht berücksichtigt sondern nur ihr gesamter Flächenanteil. Es handelt sich um eine dreidimensionale Funktion der EULER-Winkel der Missorientierungen und kann ähnlich wie die ODF durch Schnitte im EULER-Raum graphisch dargestellt werden.

$$f_{MODF}(\Delta g) = f_{MODF}(\varphi_1, \Phi, \varphi_2) = \frac{dA_{\Delta g/A}}{d\Delta g} \tag{11.54}$$

Man unterscheidet die Nachbarschafts-MODF, bei der die Missorientierungen zwischen aneinander stoßenden Kristalliten betrachtet werden, von der unkorrelierten MODF, bei der die Missorientierungen zwischen statistisch regellos in der Probe verteilten Punkten herausgegriffen werden. Für sehr viele solcher Bezugspunkte geht die unkorrelierte MODF in die Autokorrelationsfunktion der ODF über. Der Vergleich der Nachbarschafts- mit der unkorrelierten MODF gibt Auskunft darüber, ob benachbarte Körner bevorzugte Missorientierungen bilden oder nicht. Daran lässt sich beispielsweise erkennen, welcher Keimbildungsmechanismus bei der Abscheidung dünner Metallschichten wirksam ist.

Es wurden noch weitere Orientierungskorrelationsfunktionen OCF eingeführt, bei denen die Missorientierungen Δg in bestimmten Abständen r, Richtungen oder Perioden zwischen den Bezugspunkten oder zwischen mehreren Bezugspunkten in definierten Abständen betrachtet werden.

Lokale Inhomogenitäten in der Textur oder Texturgradienten werden durch die Angabe von Texturfeldern beschrieben. Dazu wird die Definition der ODF auf ein kleines Teilvolumen V_r am Ort r vom Ursprung des Probenkoordinatensystems bezogen, wobei das polykristalline Teilvolumen aus statistisch ausreichend vielen Kristalliten bestehen soll – dem *Texturfeld*:

$$\frac{dV_g/V_r}{dg} = f(g, r) \qquad (11.55)$$

Da sowohl der Orientierungsparameter g als auch der Ortsvektor $\vec{r}$ dreidimensional sind, werden Texturfelder durch sechsdimensionale Funktionen beschrieben.

Die ODF kann auch auf Gefügekenngrößen bezogen werden, die aus der Orientierungsstereologie folgen. Naheliegend ist, die ODF getrennt für die einzelnen Phasen oder für Kristallite mit einer bestimmten Kristallitgröße zu berechnen – *korngrößenbezogene ODF*:

$$\frac{dV_g/V_\rho}{dg} = f(g, \rho) \qquad (11.56)$$

Dabei ist V_ρ der Volumenanteil der Körner im Größenintervall $(\rho, \rho + \Delta\rho)$. Diese Funktion spielt eine wichtige Rolle bei der Rekristallisation, dem Kornwachstum und bei Sinterprozessen. Sie ist eine Derivatfunktion der Orientierungsstereologie, weil sie nicht unmittelbar gemessen werden kann, sondern aus der Mikrostrukturfunktion berechnet werden muss.

Besonderes Augenmerk verdient die ODF, die selektiv nur auf Körner mit einer bestimmten Defektdichte D oder Gitterdehnung bezogen wird – *Gitterdefekt-ODF*:

$$\frac{dV_g/V_D}{dg} = f(g, D) \qquad (11.57)$$

V_D ist der gesamte Volumenanteil dieser Körner. $f(g, D)$ kann aus der Mikrostrukturfunktion als Derivatfunktion berechnet werden. Messtechnisch lässt sich die Defektdichte D aus der Schärfe von KIKUCHI-Diagrammen beim Abrastern der Probe im Rasterelektronenmikroskop simultan mit der Kristallorientierung für jeden Messpunkt vollautomatisch ermitteln. Röntgenographisch kann die Gitterdefekt-ODF durch Messung von verallgemeinerten Pol- oder Gitterdehnungs-Polfiguren bestimmt werden. Dabei werden in der Polfigurmessung, günstig mit einem Flächendetektor, sowohl die Intensitäten, als auch die Breiten und Profile der Beugungsinterferenzen ausgewertet. Die Poldichten für Körner mit hoher Defektdichte oder Gitterdehnung erhält man aus den Flankenintensitäten der Beugungsprofile. Mit diesen Intensitätsanteilen werden selektiv Gitterdehnungs-polfiguren und die Gitterdefekt-ODF berechnet. Die Gitterdefekt-ODF gibt für plastisch verformte Proben Auskunft darüber, welchen Anteil Körner unterschiedlicher Orientierung an der Verformung zukommt und sie an Deformationsenergie gespeichert haben. Nach partieller Rekristallisation erkennt man an der Gitterdefekt-ODF, welche Orientierungsverteilung die bereits rekristallisierten und welche die noch verformten Körner haben.

Wenn der funktionale Zusammenhang $P(g)$ zwischen einer Materialeigenschaft P und der Orientierung $g(x)$ bzw. der Missorientierung $\Delta g(r)$ bekannt ist, so können aus den Derivatfunktionen der Orientierungsstereologie orientierungsabhängige Eigenschaftsfunktionen zusätzlich berechnet werden. Dies sind, bezogen auf kleine Teilvolumina V_r, die – *Eigenschaftsfelder*:

$$\overline{P}_{Vr}(r) = P(f(g,r)) \tag{11.58}$$

und einzelkornbezogen an den Orten r die – *Eigenschaftstopographie*:

$$P(r) = P(g(r)) \tag{11.59}$$

P(r) wird in der Regel nicht nur von der Textur, sondern auch von der Stereologie, d. h. der Anordnung, Form und Ausrichtung der Körner in den Volumina V_r abhängen. Eigenschaftsfelder und die Eigenschaftstopographie können ähnlich wie Orientierungsverteilungsbilder, vergleiche Bild 11.1, durch Farbkodierung des Gefügebildes veranschaulicht werden. Der wesentliche Gewinn der Berechnung von Eigenschaftsfeldern und der Eigenschaftstopographie aus der Mikrostrukturfunktion besteht darin, dass auch Materialeigenschaften ermittelt werden können, die direkt entweder überhaupt nicht oder nicht mit einer vergleichbar hohen Ortsauflösung gemessen werden können.

Eigenschaftsfelder und die Eigenschaftstopographie auf regulären Rasterfeldern eignen sich besonders gut für die Kombination mit der Finiten-Elemente-Methode, um das Materialverhalten unter Berücksichtigung der Textur zu simulieren. Die Materialeigenschaft ist durch Einbeziehung der ODF $f(g, r)$ bzw. der Orientierungen $g(r)$ auf das Wesentliche konzentriert und unmittelbar an den Maschenknoten r der Finiten Elemente als weiterer Parameter verfügbar, so dass der Rechenaufwand erheblich reduziert wird.

Die Mikrostrukturfunktion lässt sich heute – zumindest in der Probenoberfläche – mit dem Raster-Elektronenmikroskop vollautomatisch durch Abrastern ermittelt. Es werden in jedem Rasterpunkt Rückstreu-KIKUCHI-Diagramme aufgenommen und nach ihrer Indizierung die Kristallorientierung $g(r)$ berechnet. Die Schärfe der KIKUCHI-Diagramme (Pattern Quality) ist ein Maß für die Kristallgüte $D(r)$. Durch Kombination mit einem Verfahren zur Materialanalyse, beispielsweise EDS oder AUGER-Spektroskopie, können die Elementkonzentrationen bestimmt und zur Phasendiskriminierung mittels der Rückstreu-Kikuchidiagramme verwendet werden. Eine entsprechende röntgenographische Messmethode mittels Röntgen-Raster-Apparatur wurde bisher noch nicht in die Praxis umgesetzt.

11.9 Die Kristalltextur und anisotrope Materialeigenschaften

Viele natürliche Materialien oder technisch hergestellte Werkstoffe werden in kristalliner Form verwendet. Der Wert, mit dem jeder Kristallit (Korn) zu einer richtungsabhängigen Eigenschaft des Vielkristalls beiträgt, hängt von seinem Volumenanteil und von seiner Ausrichtung bezüglich der Richtung ab, in der die Eigenschaftsprüfung erfolgt. Da nicht alle Kristallorientierungen gleich häufig vorzukommen brauchen, kann im Werkstück – auch bei Mittelung über eine sehr große Anzahl von Kristalliten – eine makroskopische Richtungsabhängigkeit technisch wichtiger anisotroper Eigenschaften resultieren. Beispiele sind der Elastizitätsmodul, die Zugfestigkeit, die Fließgrenze, die Härte, die elektrische Leitfähigkeit oder die Magnetisierbarkeit.

Kennt man die funktionale Richtungsabhängigkeit der betrachteten Eigenschaft des Einkristalls und hat man die Orientierungsverteilung der Kristallite ermittelt, so kann man grundsätzlich auch die Richtungsabhängigkeit dieser Eigenschaft des Vielkristalls berechnen. Bei der Berechnung makroskopischer Eigenschaften von vielkristallinen Werkstoffen, in denen die Körner zwar den gleichen kristallinen Aufbau besitzen, aber mit unterschiedlicher Orientierung auftreten, geht man von dem Ansatz aus, dass sich die makroskopischen Eigenschaften als Summe oder Überlagerung der Eigenschaften entsprechend den Volumenanteilen der Kristallite ergeben. Die Ermittlung der Volumenanteile der Kristallite erfolgt durch Berechnung der ODF. Die einfachste Näherung setzt voraus, dass die Anisotropie der Einkristalleigenschaft P durch eine Tensorgröße $\mathbf{P}(g)$ beschrieben werden kann, die durch den Messvorgang selbst nicht geändert wird. Man sieht also beispielsweise von der Verfestigung des Materials im Zugversuch während der Verformung ab. Eine weitere vereinfachende Annahme geht davon aus, dass sich die Kristallite nicht gegenseitig beeinflussen sollen und dass die Wirkung der Korngrenzen auf die Eigenschaft vernachlässigt werden darf. Die Eigenschaft eines Kristalliten, d. h. seine Antwort auf eine Materialprüfung, hängt dann nur von seiner Orientierung zum Referenzsystem, aber nicht von seiner Lage und seiner Nachbarschaft im Gefüge ab. Er soll sich wie ein frei im Raum stehender Einkristall derselben Orientierung verhalten. Die makroskopische, anisotrope Materialeigenschaft des Vielkristalls $\overline{P}(g)$ ergibt sich dann als Mittelwert über alle Eigenschaftswerte der Kristallite, die mit der ODF $f(g)$ zu gewichten sind:

$$\overline{P}(g) = \int P(g)\, f(g)\, dg \tag{11.60}$$

Die ODF $f(g)$ berücksichtigt ja bereits quantitativ sowohl die Orientierungen, als auch die Volumenanteile aller gemessenen Kristallite.

Die Berechnung des Mittelwertes wird einfach, wenn man sowohl die betrachtete Tensoreigenschaft als auch die ODF in harmonische, symmetrieinvariante Reihen entwickelt. Sind $p_l^{\mu\nu}$ die Reihenentwicklungskoeffizienten der Funktion $\mathbf{P}(g)$, dann wird:

$$\overline{P}(g) = \sum_{l=0}^{L} \sum_{\mu=0}^{M(l)} \sum_{\nu=0}^{N(l)} \frac{1}{2l+1}\, p_l^{\mu\nu}\, C_l^{\mu\nu} \tag{11.61}$$

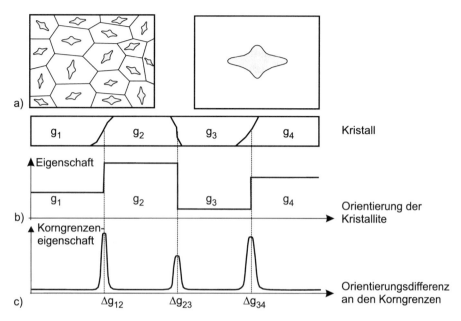

Bild 11.26: Drei Folgen der Kristallanisotropie: a) makroskopische Anisotropie des Materials (rechts) als Mittelung über die mikroskopische Anisotropie der einzelnen Kristallite (links) b) sprunghafte Änderung der Materialeigenschaft an den Korngrenzen c) anisotrope Korngrenzeneigenschaft

Besonders günstig ist, dass für viele wichtige Materialeigenschaften die Reihenentwicklung der Funktion $P(g)$ sehr schnell konvergiert oder aus Symmetriegründen von niedriger Ordnung ist. So reicht im Fall der plastischen Verformung für die meisten Anwendungen eine Entwicklung bis zum Grad $L = 8$ aus, oft genügt sogar $L = 4$. Bei kubischer Kristallsymmetrie, orthorhombischer Probensymmetrie und $L = 4$ vereinfacht sich die Berechnung des makroskopischen Mittelwerts der anisotropen plastischen Eigenschaft zu:

$$\overline{P}(g) = \frac{1}{9} \left(p_4^{11} C_4^{11} + p_4^{12} C_4^{12} + p_4^{13} C_4^{13} \right) \tag{11.62}$$

Sind die Annahmen voneinander unabhängig wirkender Kristallite nicht erfüllt, so müssen kompliziertere Strukturgesetze verwendet werden, welche die Rückwirkung der Kristallite aufeinander, den Einfluss der Korngrenzen und mögliche dynamische Änderungen der konstitutionellen Gesetze berücksichtigen. Was die Textur betrifft, so ist die Orientierungs-Dichte-Funktion (ODF) $f(g)$ durch die Orientierungs-Korrelationsfunktionen (OCF) $f(g, \Delta g, r)$ zu ergänzen. Die ODF und die OCF brauchen nicht stationär, sondern können zeitabhängig und prozessabhängig sein.

Um technologische Prozesse modellieren zu können, ist meistens die Rückkopplung zwischen dem Prozess und den Materialeigenschaften zu berücksichtigen. Bekanntestes Beispiel hierfür ist die Werkstoffumformung, z. B. beim Tiefziehen. Die Werkstoffeigenschaft beeinflusst den Ziehvorgang und dieser wiederum verändert die Werkstoffeigenschaften, und das setzt sich so fort bis zum Endumformungsgrad. So ändert sich die Orientierungsverteilung bei der plastischen Verformung, wenn sich die Kristallite in Orientierungen drehen, die günstiger zur Beanspruchungsrichtung liegen [30]. Zur Simulation dynamisch ablaufender, anisotroper Prozesse eignen sich besonders Finite-Elemente-Methoden, bei denen in den Maschenpunkten als zusätzliche Parameter Texturkomponenten einbezogen werden. Diese Anwendungen der quantitativen Texturanalyse gehen jedoch über die Thematik dieses Lehrbuches hinaus.

Die Richtungsabhängigkeit der Einkristalleigenschaften hat drei wichtige Folgen für die Werkstoffeigenschaften der Vielkristalle, Bild 11.26:

MakroAnisotropie: Der Werkstoff hat unterschiedliche Eigenschaften in verschiedenen Richtungen. Dem kommt eine große werkstofftechnologische Bedeutung zu, z. B. dem richtungsabhängigen Fließverhalten bei der Blechumformung oder der anisotropen Magnetisierbarkeit von Transformatorblechen mit stark reduzierten Ummagnetisierungsverlusten, wenn eine GOSS- oder Würfeltextur erzeugt wurde.

Mikrodiskontinuität: An den inneren Fügestellen, den Korngrenzen, ändert sich mit der Kristallorientierung auch die Stoffeigenschaft sprunghaft. Dies kann die makroskopischen Werkstoffeigenschaften im Guten wie im Schlechten beeinflussen. Häufig liegt darin die Ursache des Werkstoffversagens.

Grenzflächeneigenschaften: Die Fügestellen besitzen vielfach Eigenschaften, die um Größenordnungen von denen des Kristallinneren abweichen. Für zahlreiche Werkstoffeigenschaften ist das der dominierende Einfluss, insbesondere bei sehr kleinen Kristallen und ganz besonders bei Nanowerkstoffen.

Die quantitative Beschreibung der Mikrodiskontinuität und der Grenzflächeneigenschaften setzt zwingend die Kenntnis der Mikrostrukturfunktion voraus, während die Orientierungs-Dichte-Funktion (ODF) bereits in vielen Fällen eine Beschreibung von makroskopischen Eigenschaften in guter Näherung ermöglicht, sofern die Wechselwirkung der Kristallite miteinander und die Gefügestereologie vernachlässigt werden darf.

12 Bestimmung der Kristallorientierung

Mittels der kurzwelligen, in der Größenordnung der Kristallabstände liegenden, Wellenlänge der Röntgenstrahlung ist es möglich, neben der nun schon bekannten Phasenanalyse auch Informationen zur Kristallanordnung und der Kristallitorientierung zu erhalten.

Die Kristallbildung von Stoffen aus der Schmelze erfolgt auf Grund der Energieminimierung des Systems, d. h. der Kristallverband ist der Zustand mit der geringsten freien Energie. Je nach Kristallisationsbedingungen können sich dabei große Kristallbereiche völlig gleichartig anordnen. Es bildet sich ein Einkristall. Bei einigen Kristallarten ist der Habitus der Kristalle im Einklang mit dem Gitter, d. h. anhand der äußeren Form des Kristalls kann auf die Orientierung bestimmter Flächen geschlossen werden. Künstlich hergestellte Einkristalle, die z. B. in der Halbleiterindustrie verwendet werden, weisen im Allgemeinen die Form eines Stabes aus. Die Kristallorientierung der späteren Halbleiterscheiben ist abhängig vom verwendeten Halbleiterimpfkristall und dessen Orientierung in der Schmelze. Aus technologischer Sicht ist es in der Halbleitertechnik üblich (besseres epitaktisches Wachstum an den Kristallitterrassen, Unterdrückung des Channeling-Effektes bei der Ionenimplantation), dass die Oberflächennormale der Halbleiterscheibe nicht vollständig mit der Kristallorientierung übereinstimmt. Man spricht hier von einer Fehlorientierung der Oberfläche.

Bild 12.1 verdeutlicht die geometrischen Verhältnisse eines perfekt zur Oberfläche orientierten und eines fehlorientierten Einkristalls.

12.1 Orientierungsverteilung bei Einkristallen

Kristalline Werkstoffe weichen vom Idealkristall ab. Der Realkristall ist fehlerbehaftet. Die Netzebenennormalen der Kristallite bei Polykristallen sind regellos im Raum verteilt. Im Einkristall sind auch Abweichungen von der Idealform bzw. -ausbildung der Netzebenen feststellbar.

Mit einem Parallelstrahl-Diffraktometer und einem vorgeschalteten (2 2 0)-Ge BARTHEL-Monochromator sind in den Bildern 12.2, 12.3, 12.4 und 12.5 Diffraktogramme

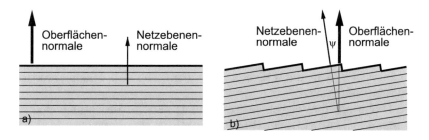

Bild 12.1: a) Idealer und b) fehlorientierter Einkristall

© Springer Fachmedien Wiesbaden GmbH, ein Teil von Springer Nature 2019
L. Spieß et al., *Moderne Röntgenbeugung*,
https://doi.org/10.1007/978-3-8348-8232-5_12

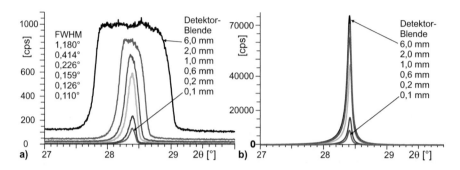

Bild 12.2: BRAGG-BRENTANO-Diffraktogramm (1 1 1)-Interferenz a) Si-Pulver b) Si-Einkristall

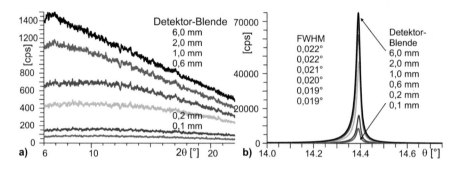

Bild 12.3: Rockingkurve der (1 1 1)-Si-Interferenz a) Si-Pulver b) Si-Einkristall

von (1 1 1)-Silizium-Pulver und von einem (1 1 1)-Silizium-Einkristalls gezeigt. Bei allen Aufnahmen wurden die Detektorblenden mit 0,1; 0,2; 0,6; 1,0; 2,0 und 6,0 mm Öffnungsweite verwendet. Zur Vermeidung von Übersteuerungen des Detektors diente bei der Si-Einkristall-Probe eine Cu-Absorberfolie (Dicke 100 µm → Schwächung $S_G = 120$).

Man erkennt im Bild 12.2, dass beim Pulver die Blendengröße am Detektor einen größeren Einfluss auf die Halbwertsbreite hat.

> Zur Vergleichbarkeit von Messwerten muss immer mit gleicher Diffraktometergeometrie gearbeitet werden.

Im Bild 12.3a ist ersichtlich, dass Rockingkurvenaufnahmen nur für Einkristalle sinnvoll sind. Die regellose Verteilung der Netzebenen ergibt keine Beugungsinterferenz beim Schwenken der Probe um den Detektor in BRAGG-Winkelstellung des Detektors. Die gemessenen Intensitäten in der Pulverprobe entsprechen den Maximalwerten bei der BRAGG-BRENTANO-Messung.

Wird die Probe um ihre eigene Achse gedreht, also in ϕ-Richtung, und die Probe und der Detektor stehen bei einem BRAGG-Winkel für eine Netzebene in Beugungsstellung, dann spricht man von einem ϕ-Scan. Im Bild 12.4a sind keine Beugungsinteferenzen beim Polykristall erkennbar. Die durchschnittlichen Intensitäten entsprechen je nach

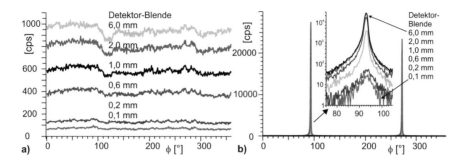

Bild 12.4: Azimutaler ϕ-Scan der $(1\,1\,1)$-Si-Interferenz a) Si-Pulver b) Si-Einkristall

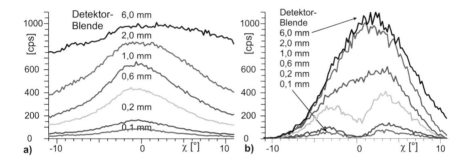

Bild 12.5: χ-Scan der $(1\,1\,1)$-Si-Interferenz a) Si-Pulver b) Si-Einkristall

Detektorblende wieder der Maximalintensität der $(1\,1\,1)$-Si-Pulverinterferenz in Bragg-Brentano-Anordnung. Die beim Si-Einkristall im Bild 12.4b ersichtlichen Beugungs-interferenzen sind typisch für einen fehlorientierten Einkristall. Nur bei zwei um 180° verschobenen Stellungen ist die $(1\,1\,1)$-Netzebene parallel zum Primärstrahl und erfüllt exakt die Beugungsbedingung. In anderen ϕ-Richtungen liegt die Netzebene verkippt zur Oberfläche und erfüllt dann wegen der geringen Winkeldivergenz des hier verwendeten Primärstrahls nicht die Bedingungen aus Bild 5.2b. Aus diesem ϕ-Scan lässt sich ableiten, dass man bei Schichtuntersuchungen auf einkristallinen fehlorientierten Substratkristal-len die »Substratbeugungsinteferenz wegdrehen« kann, d. h. die Probe in eine ϕ-Stellung dreht, die kein Maximum aufweist.

Wird die Probe um die χ-Achse (parallel zur Goniometerebene) verkippt, während der Detektor an der Position des Interferenzmaximums steht, spricht man von einem χ-Scan. Die im Bild 12.5 ersichtlichen unterschiedlichen Verläufe sind wieder durch die verschiede-nen Kristallitausrichtungen bedingt. Die gleichmäßige Verteilung der Kristallorientierung im Si-Pulver führt zu keiner Häufung in einer Richtung. Das scheinbare Maximum bei 0° im Bild 12.5a liegt an der unterschiedlichen »Flächenwahrnehmung« des Detektors bei den verschiedenen Detektorblenden. Je größer die Detektorblende wird, umso gerin-ger wird die Ausbildung dieses scheinbaren Maximums. Anders verhält sich das bei der einkristallinen Probe. Das hier ermittelte Maximum bei einem bestimmten χ-Winkel ent-spricht der Fehlorientierung der Netzebene zur Oberfläche. Die sich hierbei ausbildenden

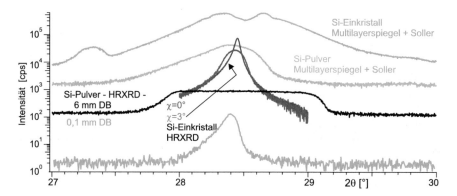

Bild 12.6: Diffraktogramme Si-Pulver und Si-Einkristall in BRAGG-BRENTANO-Anordnung mit verschiedenen Diffraktometerausbaustufen; HRXRD steht für ein Diffraktometer mit (2 2 0) Ge-BARTHEL-Monochromator; Multilayerspiegel und SOLLER-Kollimator für eine Anordnung nach Bild 5.43b; DB steht für Detektorblendenöffnungsweite

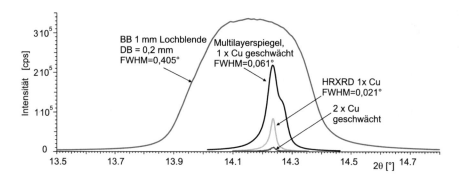

Bild 12.7: Rocking-Kurven vom Si-Einkristall bei verschiedenen Diffraktometern; HRXRD steht für ein Diffraktometer mit Vierfach-(2 2 0) Ge-BARTHEL-Monochromator; Multilayerspiegel als Primärstrahlmonochromator und mit Detektorblende 0,1 mm; BB 1 mm Lochblende steht für BRAGG-BRENTANO-Diffraktometer mit selektivem Ni-Metallfilter als Monochromator und mit Punktfokus

Beugungsinterferenzen sind aber nicht sehr scharf. In den Bildern 12.2b, 12.3b, 12.4b und 12.5b sind alle Intensitäten um den Faktor 120 geschwächt, da eine Cu-Absorberfolie in den Strahlengang eingebracht wurde.

Wird die Diffraktometeranordnung variiert, ergeben sich auf Grund der unterschiedlichen Strahlformen erhebliche Veränderungen im Verlauf der Diffraktogramme. Im Bild 12.6 sind BRAGG-BRENTANO-Diffraktogramme für Si-Pulver und Si-Einkristall dargestellt. Das Diffraktometer mit Multilayerspiegel und SOLLER-Kollimator ist ein Theta-Theta-Diffraktometer, was keine Verkippung in χ-Richtung erlaubt. Auf Grund des SOLLER-Kollimators vor dem Detektor (normalerweise für GID-Untersuchungen notwendig) ist die Detektorfläche hier $20 \times 30 \, \text{mm}^2$ groß. Vom fehlorientierten Einkristall werden aus verschiedenen Richtungen des Detektors beugungsfähige Teilbereiche detektiert, die

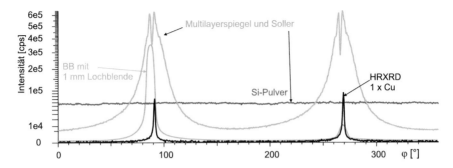

Bild 12.8: ϕ-Scans mit verschiedenen Diffraktometerausbaustufen am Si-Pulver und Si-Einkristall; Diffraktometerbezeichnungen äquivalent wie vorherige Bilder

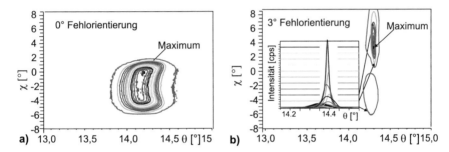

Bild 12.9: $\theta - \chi$-Scans für zwei Vier-Kreis-Diffraktometeranordnungen a) herkömmliche BRAGG-BRENTANO-Anordnung ohne Röntgenoptiken b) Hochaufgelöstes Diffraktometer mit Vierfach-((2 2 0) Ge)-BARTHEL-Monochromator

dann zu einer Doppelinterferenz in BRAGG-BRENTANO-Anordnung führen. In den Strahlengang wurden keine Cu-Absorber eingebracht. Die im Bild 12.6 dargestellten gemessene Maximalintensität von $6 \cdot 10^5$ cps ist die maximal verarbeitbare Intensität des Szintillationsdetektors. Die wirkliche rückgestreute Intensität wird höher sein.

Ähnliche Ergebnisse erhält man mit Rocking-Kurven an Einkristallen und unterschiedlichen Diffraktometern, Bild 12.7. Je schmaler die Divergenz der einfallenden Strahlung, umso kleiner ist die Halbwertsbreite der Interferenz. Bild 12.8 untermauert die Abhängigkeit der Winkellagenlagenbestimmung und des Beugungsprofils bei einem ϕ-Scan.

Um bei Einkristallen die Netzebenennormalenrichtung zu bestimmen, kann man zweidimensionale Intensitätsverteilungen über Rockingkurven und als Funktion der χ-Richtung aufnehmen. Im Bild 12.9 sind mit zwei Diffraktometern mit EULER-Wiege an zwei Si-Einkristallen mit unterschiedlicher Fehlorientierung $\theta-\chi$-Verteilungen mit unterschiedlichen Primärstrahloptiken aufgenommen, dargestellt. Die bei verschiedenen χ-Winkeln aufgenommenen Rockingkurven werden in Höhenintervalle unterteilt und auf eine Ebene projiziert. Die dargestellten Höhenlinien ergeben sich in der Weise, wie im Bild 12.9b dargestellt. Die Halbwertsbreite der Rockingkurven ist bei beiden Diffraktometern unterschiedlich. Die Fehlorientierung kann in diesen Maps sehr gut abgelesen werden, denn sie wird durch das Maximum repräsentiert.

12.2 Orientierungsbestimmung mit Polfiguraufnahme

Im Bild 12.10 sind zwei Diffraktogramme für Kupfer, gemessen in BRAGG-BRENTANO-Anordnung, dargestellt. Die Intensitätsverhältnisse entsprechen nicht denen in der PDF-Datei. Eine Probe zeigt im gesamten Diffraktogramm nur die (220)-Interferenz. Um Gewissheit zu erlangen, ob hier ein Einkristall oder eine texturierte Probe vorliegt, wurden Polfiguren aufgenommen, Bild 12.11. Die {110}-Polfigur weist einen Pol im Zentrum auf, d. h. eine (110)-Ebene existiert *parallel* zur Oberfläche. Die weiteren auftretenden Pole bei größeren χ-Winkeln sind den eingezeichneten Netzebenen aus der {110}-Netzebenenschar zuzuordnen. Bei den {100}- und {111}-Polfiguren tritt kein Mittelpunktspol auf. Dies bedeutet, es gibt keine (100)- und (111)-Netzebenen parallel zur Oberfläche. Nimmt man das in Aufgabe 27 zu bauende Raummodell und schaut auf die (110)-Fläche, dann können dort für die (100)- und (111) Ebene die in Bild 12.11b und c eingezeichneten Ebenen abgelesen werden. Die Fehlorientierung der (110)-Ebene wird aus der Abweichung des Mittelpunktpols der {110}-Ebene bestimmt.

Aufgabe 27:   Erstellung Raummodell

Erstellen Sie ein räumliches Modell für ein kubisches Kristallsystem, bei dem alle Netzebenen aus der {100}-; {110}- und {111}-Netzebenenschar dargestellt sind.

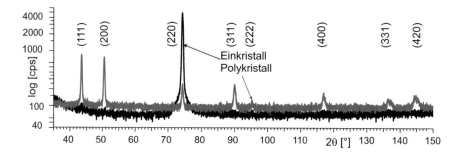

Bild 12.10: Diffraktogramme einer polykristallinen und einer einkristallinen Kupferprobe

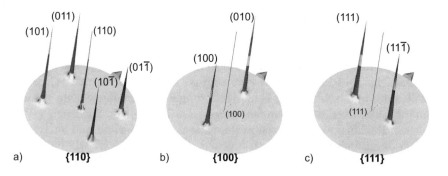

Bild 12.11: Polfiguren einer einkristallinen Kupferprobe und Indizierung der Pole

12.3 Bestimmung der Fehlorientierung

Fehlorientierungsbestimmung über ungekoppelte Diffraktometerbewegungen

Die BRAGGsche Gleichung 3.125 beschreibt den Zusammenhang zwischen Netzebenenabstand d, Beugungswinkel θ (Glanzwinkel), Beugungsordnung n und Wellenlänge λ der Röntgenstrahlung. In BRAGG-BRENTANO-Anordnung wird diese Gleichung nur dann streng erfüllt, wenn die Oberflächennormale (Bezugsrichtung entsprechend auf der Bezugsebene) und die Netzebenennormale (kristallographische Richtung) parallel zu einander stehen.

Um die Fehlorientierung bestimmen zu können, wird in BRAGG-Winkelstellung von Probe und Detektor für die Einkristall-Netzebene ein ϕ-Scan, wie in Bild 12.4b, ausgeführt. Das Minimum zwischen den im ϕ-Scan ersichtlichen zwei Maxima wird bestimmt und die Probe in diese Stellung gedreht. Danach wird eine Rockingkurve aufgenommen und dort das Maximum bestimmt. Die Abweichung des Maximums der gemessenen Rockingkurve vom theoretischen Wert der Netzebene ist der gesuchte Fehlorientierungswinkel.

Die Überprüfung der gefundenen Orientierung erfolgt über einen gekoppelten asymmetrischen Scan. Dazu wird am Diffraktometer die Detektorbewegung der gewählte 2Theta-Bereich eingestellt. Der Beginn der Probenbewegung θ_{Start} ist nicht mehr $2\theta_{Start}/2$ sondern errechnet sich nach Gleichung 12.1.

$$\theta_{Start} = \theta_{MaxRockingkurve} - \frac{2\theta_{InterferenzMaximum} - 2\theta_{Start}}{2} \qquad (12.1)$$

Für die (1 1 1)-Si-Netzebene und Kupferstrahlung beträgt der Beugungswinkel $2\theta = 28{,}440°$. Eine nicht fehlorientierte Probe hätte dann in der Rockingkurve ein Maximum bei $\theta = 14{,}220°$. Bestimmt man dagegen z. B. ein Maximum bei $\theta = 11{,}720°$ dann liegt ein Fehlorientierungswinkel von $+2{,}5°$ vor. Der Überprüfungsscan mit $\Delta 2\theta = 4°$ wird z. B. ausgeführt von $\theta_{Start} = \omega = 10{,}720°$ und $2\theta = 26{,}440°$. In Bild 12.14c sind zwei Scans der Probe in orientierter und nicht orientierter Kristallrichtung gezeigt. Die erheblichen Unterschiede für einen 3° fehlorientierten Einkristall in der Intensität werden deutlich.

Fehlorientierungsbestimmung in Anlehnung nach DIN 50433 [1]

Bei der Einkristalluntersuchung treten im Allgemeinen weniger Interferenzen auf als bei der Beugung an Polykristallen. Bei einer Messanordnung gemäß Bild 12.12 beugen nur Netzebenen, die weitgehend parallel zur Oberfläche liegen. Je nach Strahlengangoptik sind Abweichungen von der Parallelität bis zu 4° möglich. Eine vorliegende Fehlorientierung vermindert die Intensität der abgebeugten Röntgenstrahlung sehr stark.

Bild 12.13 zeigt schematisch eine Probe mit einer Orientierung $\vec{O}$ und den daraus ableitbaren Einzelwinkeln α und β in den Hilfsebenen e_1 und e_2 [1]. Zur Messung der Orientierung und der Fehlorientierung kann ein Vier-Kreis-Goniometer verwendet werden. Bild 12.12 zeigt die schematische Anordnung [1] einschließlich der Probenanordnung und Probendrehung.

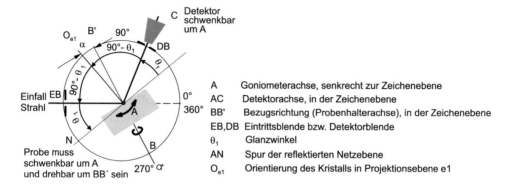

A   Goniometerachse, senkrecht zur Zeichenebene
AC   Detektorachse, in der Zeichenebene
BB'   Bezugsrichtung (Probenhalterachse), in der Zeichenebene
EB,DB   Eintrittsblende bzw. Detektorblende
θ_1 Glanzwinkel
AN   Spur der reflektierten Netzebene
O_{e1} Orientierung des Kristalls in Projektionsebene e1

Bild 12.12: Messanordnung zur Orientierungsbestimmung

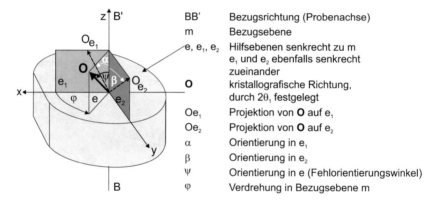

BB'   Bezugsrichtung (Probenachse)
m   Bezugsebene
e, e_1, e_2 Hilfsebenen senkrecht zu m
        e_1 und e_2 ebenfalls senkrecht
        zueinander
O   kristallografische Richtung,
        durch $2\theta_1$ festgelegt
Oe_1 Projektion von O auf e_1
Oe_2 Projektion von O auf e_2
α Orientierung in e_1
β Orientierung in e_2
ψ Orientierung in e (Fehlorientierungswinkel)
φ Verdrehung in Bezugsebene m

Bild 12.13: Räumliche Lage der Hilfs- und Berechnungswinkel nach DIN [1]

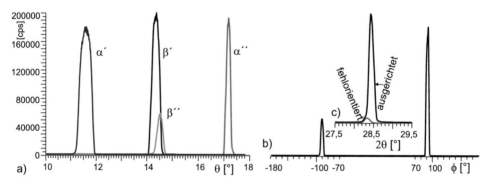

Bild 12.14: a) Rockingkurven für die verschiedenen Drehungen zur Bestimmung der Hilfswinkel α' bis β'' b) ϕ-Scan der schon in ψ-Richtung ausgerichteten Probe
c) BRAGG-BRENTANO-Diffraktogramm fehlorientiert und ausgerichtet

Ein Diffraktogramm in Bragg-Brentano-Geometrie wird über einen Winkelbereich aufgenommen. Im Bild 12.14c ist z. B. eine kleine Beugungsinterferenz erkennbar. Der Detektor ist auf den doppelten Glanzwinkel $2\theta_1$ der zu untersuchenden kristallographischen Richtung einzustellen. Durch Schwenken der Probe um die Goniometerachse A wird die maximale Intensität der reflektierten Strahlung gesucht und der Winkel α' bei dieser Probenstellung bestimmt. Dies ist die gleiche Vorgehensweise wie zur Bestimmung einer Rockingkurve im Kapitel 8.6. Danach wird die Probe um die Probenhalterachse BB' um 90° gedreht (im mathematisch negativen Drehsinn). Durch ein erneutes Schwenken der Probe um die Goniometerachse A wird erneut nach der Maximalintensität gesucht und der Winkel β' bestimmt.

Zur Vermeidung von Nullpunktfehlern wird die Probe danach im gleichen Drehsinn um zwei weitere 90° Schritte um die Probenachse weitergedreht und bei jeder Probenstellung durch Schwenken um die Goniometerachse A die Messwerte α'' und β'' analog zu α' und β' bestimmt. Die vier Rockingkurven sind im Bild 12.14a gezeigt.

Aus den Messwerten α', α'', β' und β'' ergeben sich nach Gleichung 12.2 und 12.3

$$\alpha = \frac{1}{2}(\alpha' - \alpha'') \tag{12.2}$$

$$\beta = \frac{1}{2}(\beta'' - \beta') \tag{12.3}$$

die Hilfswinkel der Orientierung bei den zwei um 90° gedrehten Probenstellungen. α ist der Verkippungswinkel in der Hilfsebene e_1, β der Verkippungswinkel in der Hilfsebene e_2. Die Winkel α und β bedeuten, dass die räumliche Lage der durch den Glanzwinkel $2\theta_1$ eingestellten kristallographischen Richtung von der Bezugsrichtung bei der ersten Messlage um den Winkel α und bei der um 90° gedrehten zweiten Messlage um den Winkel β abweicht.

Aus den erhaltenen Komponenten α und β wird der Polwinkel ψ oder auch oft als χ bezeichnet, nach Gleichung 12.4 berechnet. Im Beispiel im Bild 12.14 beträgt der Fehlorientierungswinkel $\psi = 2{,}82°$.

$$\tan\psi = \sqrt{\tan^2\alpha + \tan^2\beta} \tag{12.4}$$

Der Azimutwinkel ϕ in der Bezugsebene m ergibt sich Vorzeichen getreu nach Gleichung 12.5. Die erste Messlage entspricht dem Winkel $\phi = 0°$.

$$\tan\phi = \frac{\tan\alpha}{\tan\beta} \tag{12.5}$$

Die Berechnung entsprechend der im Jahr 2007 zurückgezogenen DIN 50433 [1] stimmt nicht mit den experimentell ermittelten Winkeln überein. Deshalb sind hier gegenüber der DIN die Gleichungen 12.3 und 12.5 verändert worden.

Mit den gefundenen Werten des Fehlorientierungswinkels ψ und dem für diesen Probeneinbau festgestellten Verdrehungswinkel ϕ wird das Vier-Kreis-Goniometer eingestellt und jetzt mit exakt senkrecht zur Einstrahlrichtung ausgerichteter Netzebene erneut ein BRAGG-BRENTANO-Diffraktogramm aufgenommen. Die jetzt wesentlich erhöhte Beugungsintensität ist im Bild 12.14c mit eingezeichnet (Kurve orientiert). Zum Beweis der gefundenen Werte kann dann noch ein ϕ-Scan durchgeführt werden, Ergebnis im Bild 12.14b. Beim BRAGG-Winkel θ bzw. 2θ und dem gefundenen Fehlorientierungswinkel ψ wird die Probe einmal um 360° gedreht. An diesem Ergebnis wird ein Problem ersichtlich, es treten jetzt zwei Interferenzen auf. Mit dieser Methode kann nicht festgestellt werden, ob die Netzebene nach »rechts« oder »links« ausgerichtet ist. Die Symmetrie einer Netzebene von 180° wird hier praktisch gezeigt.

Untersucht man eine Probe mit einem Fehlorientierungswinkel $\psi > 3°$ und verwendet dabei gut parallelisierte Strahlen, dann kann es passieren, dass bei der ersten Untersuchung in BRAGG-BRENTANO-Kopplung eine anscheinend »röntgenamorphe« Probe vorliegt. Man sollte dann den Scan mit größeren Verkippungswinkeln von z. B. $\psi = 4°$ wiederholen, um den Braggwinkel bestimmen zu können. Eine fehlorientierte einkristalline Probe als röntgenamorph zu deklarieren, kann als »GAU« eines Anwenders gelten.

Zur schnelleren Bestimmung der Orientierung werden zunehmend Aufnahmen aus Flächenzählern eingesetzt, siehe Bild 15.4. YASHIRO [281] beschreibt ein Verfahren, mit dem durch Auswertung von Flächenaufnahmen bei bekannter Detektorstellung und bekannter Einstrahlrichtung die Orientierungsmatrix bestimmt werden kann.

Das klassische Verfahren zur Bestimmung der Orientierung von Einkristallen ist das LAUE-Verfahren, Kapitel 5.9.1, welches in der Halbleiterindustrie nach wie vor zur Produktionskontrolle zum Einsatz kommt [2, 4].

Für Kristalle mit Diamant- bzw. Zinkblendestruktur wird dieses Verfahren in der Norm DIN 50433, Teil 3 [4] näher beschrieben. Zur Orientierungsbestimmung wird die Abweichung des so genannten Symmetriezentrums vom Zentralfleck der Aufnahme ausgewertet. Symmetriezentrum S im Sinne dieser Norm ist die Mitte desjenigen Schwärzungspunktes des LAUE-Musters, der der jeweiligen Bezugsebene ({0 0 1}, {1 1 1} oder {1 1 0}) des Gitters der Probe entspricht und um den die übrigen Punkte des LAUE-Musters in noch erkennbarer Symmetrie entsprechend der vier-, drei- oder zweizähligen Symmetrie angeordnet sind, siehe Bild 5.66.

13 Untersuchungen an dünnen Schichten

Bei der Untersuchung von dünnen Schichten liegt weniger kristallines Material vor als bei der üblichen Pulverdiffraktometrie. So übersteigt die Eindringtiefe der Röntgenstrahlung bei dünnen Schichten deren Schichtdicke um ein Vielfaches. Damit ist das »Angebot an beugungsfähigen Körnern« stark eingeschränkt. Je nach Schichtart, d. h. amorph, polykristallin, einkristallin oder epitaktisch sind jeweils andere Betonungen auf die Untersuchungsanordnung und Messstrategie des Beugungsexperimentes zu legen. Eine Sammlung von Anwendungen und Darstellungen für Schichten sind in [207] zusammengefasst.

Die häufigste Fragestellung betrifft die Schichtstruktur, die -dicke, die -spannung und die sich ausbildende Schichtinterface- bzw. Oberflächenrauheit. Weitere Fragestellungen bei dünnen Schichten sind die noch vorliegenden Phasen, die Höhe der Fehlordnungen in den Schichten und ob es Eigenschaftsgradienten in der Schicht gibt. In Schichten können vielfach wesentlich höhere mechanische Spannungen auftreten, deshalb sind Schichten oft belastbarer als Bulk- bzw. Substratmaterial. Vielfach werden die Schichten als epitaktische Schichten aufgebracht, wobei die dabei sich vollziehenden Verwachsungsprozesse und eventuelle Fehlanpassungen der Kristallstruktur von messtechnischem Interesse sind, da sie die Schichteigenschaften wesentlich beeinflussen. In Bild 13.1 sind diese Problemstellungen schematisch zusammengefasst.

Zur Klärung dieser Fragen haben in den letzten Jahren besonders die Methoden unter Verwendung von Multilayerspiegeln mit streifender Parallelstrahlgeometrie und die hochauflösende Röntgendiffraktometrie (HRXRD) entscheidende Fortschritte beigetragen. Die Fragestellungen in Schichten lassen sich mit der Methode der streifenden Röntgenbeugung (GID), Kapitel 5.5, der Röntgenreflektometrie (X-ray reflection – XRR) und der HRXRD lösen.

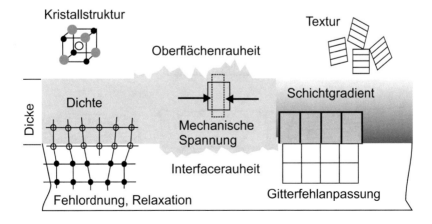

Bild 13.1: Werkstoffwissenschaftliche Probleme bei der Schichtausbildung zum Substrat

© Springer Fachmedien Wiesbaden GmbH, ein Teil von Springer Nature 2019
L. Spieß et al., *Moderne Röntgenbeugung*,
https://doi.org/10.1007/978-3-8348-8232-5_13

In Bild 13.2 sind typische Netzebenenausrichtungen von Schichten schematisch gezeigt. Liegt eine Schicht nach Bild 13.2a, also eine epitaktische einkristalline Schicht mit einer Netzebene parallel zur Oberfläche vor, dann ergeben sich Beugungsdiagramme mit meist nur einem oder mehreren Beugungsinterferenzen höherer Ordnung. Bei einer Fehlorientierung einer epitaktischen Schicht größer 3° zur Oberfläche, Bild 13.2b, kann in BRAGG-BRENTANO-Parallelstrahlanordnung ein vorgetäuschtes röntgenamorphes Beugungsdiagramm gemessen werden. Es gibt keine niedrig indizierte Netzebene, die parallel zur Oberfläche liegt. Damit ist die Beugungsbedingung nicht erfüllt. Wenn mit einem BRAGG-BRENTANO- Diffraktometer ein solches »röntgenamorphes Beugungsdiagramm« gemessen wird, dann sollte man nochmals mittels einer zweidimensionalen Beugungsanalyse oder durch Bestimmung der Fehlorientierung versuchen, ein verbessertes Beugungsdiagramm zu messen. Ebenso ist der Einsatz eines Diffraktometers mit EULER-Wiege zweckmäßig. Mittels einer breiteren Detektorblende und dem Scannen in ψ- und φ-Richtung muss man versuchen, den Netzebenenvektor senkrecht zum einfallenden Strahl zu stellen und so Beugungsinterferenzen zu erhalten. In einer so gefundenen Beugungsrichtung muss bei dieser Schichtausbildung die resultierende Beugungsinterferenz sehr schmal und fast genauso intensitätsreich auftreten, wie in Bild 12.2b schon ausgeführt. Vor allem bei dicken Schichten findet man häufig, dass alle Kristallitorientierungen gleichmäßig verteilt sind, Bild 13.2c. Hier findet man polykristalline Beugungsdiagramme, die den Intensitäten der entsprechenden Phase der PDF-Datei folgen sollten.

Liegen fehlorientierte Stängelkristallite nach Bild 13.2e vor, dann treten genau wie in Bild 13.2b bei senkrechtem Strahleintritt zur Oberfläche keine Beugungsinterferenzen auf. Erst bei einem bestimmten Winkel ψ und über einen breiteren Bereich von φ tritt die Beugungsinterferenz mit weit geringerer Intensität auf. Bei einer Zwillingsausbildung von fehlorientierten Stängelkristalliten, Bild 13.2f, können je nach Zwillingsorientierung diese parallel zur Oberfläche liegen und so in normaler Beugungsanordnung auftreten. In der kfz-Kristallstruktur ist zur $(1\,1\,1)$-Netzebene oftmals die $(5\,1\,1)$-Netzebene eine Zwillingsebene. Die $(3\,3\,3)$-Netzebene ist eine höhere Beugungsordnung zur $(1\,1\,1)$-Netzebene und exakt mit der $(5\,1\,1)$-Interferenz überlagert. Tritt im Beugungsdiagramm nun die $(3\,3\,3)$-

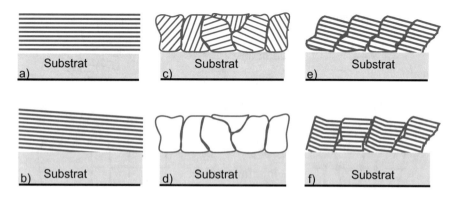

Bild 13.2: Möglichkeiten der Schichtausbildung a) epitaktisch b) epitaktisch fehlorientiert
c) polykristalline Schicht d) rissige amorphe Schicht e) Stängelkristallitausbildung
f) Stängelkristallitausbildung mit Zwillingskorngrenzen

Tabelle 13.1: Materialkonstanten zur Beurteilung des Streuvermögens verschiedener Halbleiter/Halbleiterschichten für Kupferstrahlung

	$3C-SiC$	GaN (kub)	GaAs	Si
Zellparameter [nm]	0,435 89	0,436 4	0,565 33	0,543 088
$(1\,1\,1)$-Beugungswinkel 2θ	35,646°	35,603°	27,309°	28,442°
$\mid F_{111}^2 \mid$	1 658	10 306	24 050	3 551
$\frac{\mid F\mid^2}{\mid F_{Si}\mid^2}$	46,7 %	290,2 %	677,3 %	100 %
Eindringtiefe Strahlung [µm]	22,2	9,4	6,4	17,6
rel. Intensität für 500 nm Schicht	36,9 %	540 %	1 854 %	100 %

bzw. $(5\,1\,1)$-Interferenz, aber keine $(1\,1\,1)$-Interferenz auf, dann wurde die Zwillingsorientierung $[5\,1\,1]$ gemessen. Ebenso liegen Zwillinge vor, wenn die $(3\,3\,3)$-Intensität größer ist als die $(1\,1\,1)$-Intensität. Durch die Zwillingsorientierung ist die Zahl der »beugenden Kristallite« größer als die Zahl der parallelen Netzebenen $(1\,1\,1)$ und $(3\,3\,3)$.

Am Beispiel von Schichtmaterialien der Halbleitertechnik soll ein grundlegendes Problem der Intensitätsausbildung für die BRAGG-BRENTANO-Anordnung erläutert werden. Wendet man Gleichung 3.105 inklusive des Flächenhäufigkeitsfaktors H für Kupferstrahlung und verschiedene interessierende Netzebenen an, Tabelle 13.1, dann erkennt man, dass sich die Strukturfaktoren um Größenordnungen unterscheiden. So wird die Intensität der $(1\,1\,1)$-SiC-Beugungsinterferenz nur ca. 46,7 % der $(1\,1\,1)$-Si-Interferenz betragen. Eine $(1\,1\,1)$-GaAs-Interferenz ist dagegen fast siebenmal so intensitätsreich wie eine Si-Interferenz. Die »schweren« Halbleiter liefern also höhere Intensitäten, können damit empfindlicher gemessen werden. Die Eindringtiefe der Röntgenstrahlung ist jedoch sehr unterschiedlich. Dies ist der nächste Grund für die Schwierigkeiten bei der Messung von z. B. SiC-Schichten. Um die 46,7 % Intensität der Si-Inteferenz überhaupt zu erreichen, müsste die SiC-Schicht 22,2 µm dick sein. Dies wäre aber schon fast kompaktes Material. Deshalb sind überschlagsmäßig noch die relativen Intensitäten für eine 500 nm Schicht zueinander berechnet, Tabelle 13.1. Hierbei muss aber beachtet werden, dass die Intensität der 500 nm Si-Schicht nur ca. 5,7 % des Kompaktmateriales erreicht.

13.1 Untersuchungen an Wolframsilizidschichten

Am Beispiel von Wolframsilizidschichten sollen die im vorangegangenen Kapitel gemachten Aussagen verdeutlicht werden. Wolframsilizide sind metallähnliche, hochschmelzende Verbindungen von Wolfram und Silizium. Im Bild 13.3a ist das Phasendiagramm Wolfram-Silizium aufgeführt. Erkennbar sind dort die Phasen WSi_2 und W_3Si_2. Die PDF-Datei enthält dagegen 11 Einträge, und zwar WSi_2 in tetragonaler, hexagonaler und kubischer Kristallstruktur. Anstatt W_3Si_2 ist in der PDF-Datei die Phase W_5Si_3 und zusätzlich eine Phase $WSi_{0,7}$ aufgeführt. Je nach Schichtherstellungsmethoden und dabei vorherrschenden technologischen Bedingungen bildet sich hexagonales Wolframsilizid, Bild 13.3b und dies schon bei Bedingungen, die weit unterhalb der im Phasendiagramm

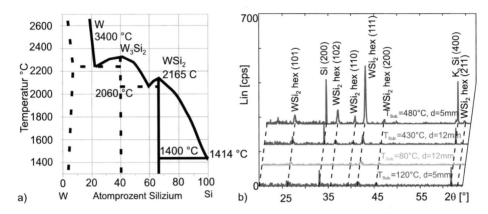

Bild 13.3: a) Phasendiagramm Wolfram-Silizium b) Diffraktogramme von WSi_2 hexagonal, ausgebildete Phase als Funktion der Substrattemperatur und des Abstandes zwischen Sputterquelle und dem Substrat, Cu-Kα-Strahlung

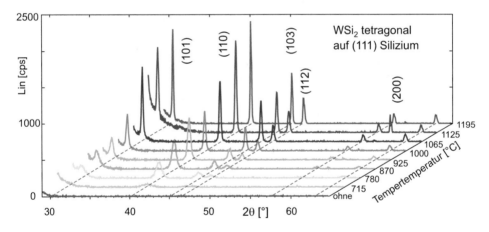

Bild 13.4: Diffraktogramme von WSi_2-Schichten nach verschiedenen Tempertemperaturen, aufgenommen mit Cu-Kα-Strahlung

ausgewiesenen Temperaturen liegen. Die in Röntgendiffraktogrammen eindeutig auftretenden und nicht in ihrer Lage verschobenen Beugungslinien bei 26°, 36° und 45° sind der hexagonalen, instabilen Phase WSi_2 zuzuordnen. Bei dünnen Schichten, aber auch oftmals in nicht wärmebehandelten Schichten nach einer Abscheidung mit »kalten« Verfahren ist der Schichtaufbau röntgenamorph, Bild 13.2d [239, 167]. Im Bild 13.4 sind für gesputterte ca. 300 nm dick Schichten aus Wolframdisilizid, die Beugungsdiagramme aufgetragen. Die abgeschiedene Schicht ist röntgenamorph, da keine Beugungsinteferenzen auftreten. Werden die Schichten dann einer Wärmebehandlung unterzogen, erscheinen nach und nach mehr und auch immer schmaler werdende Beugungsinterferenzen.

Analysiert man die Profilbreiten mittels der Verfahren aus Kapitel 8 und bestimmt mittels der Gleichung 8.3 die Domänengröße sowie die Mikrodehnungen nach Gleichung 8.7

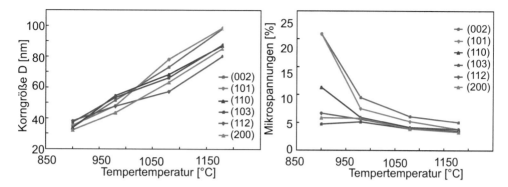

Bild 13.5: Ergebnisse von Profilanalysen an getemperten WSi₂-Schichten a) Domänengröße als Funktion der Tempertemperatur b) Mikrodehnung - Spannung III. Art als Funktion der Tempertemperatur

innerhalb des Kristallites als Maß für die Spannungen III. Art, dann ergeben sich die Verläufe in Bild 13.5. In Bild 13.5a wird deutlich, dass mit steigender Tempertemperatur die Kristallitgröße zunimmt. So wie die Kristallitgröße zunimmt, werden die Verspannungen mit steigender Tempertemperatur kleiner, Bild 13.5b. Hier ist jedoch zu beachten, dass die stärksten Spannungsreduzierungen bei den Interferenzen des Wolframsilizids mit »hohem c-Anteil« auftreten. Es wird daraus geschlossen, dass die bei der Temperung ablaufenden Vorgänge sich besonders auf die c-Achse des tetragonalen Wolframdisilizides auswirken und besonders hier der Spannungsabbau stattfindet. Beim Kornwachstum ist dieses anisotrope Verhalten nicht festzustellen. Im Bild 13.6a sind die Oberflächen von vier Wolframdisilizidschichten nach Temperungen bei unterschiedlichen Temperaturen mittels eines Atomkraftmikroskops hochaufgelöst visualisiert. Aus den Bildern sind Korngrößen an der Oberfläche bestimmt worden. Zum Vergleich sind in Klammern die entsprechend röntgenographisch bestimmten Domänengrößen aufgetragen. Die Abweichungen sind damit erklärbar, dass beim Atomkraftmikroskop die lateralen Abmessungen und beim Röntgenbeugungsverfahren die vertikalen Abmessungen bestimmt werden. Nur bei isotrop ausgebildeten Kornformen sind beide Größen exakt gleich. Schichten haben aber im Allgemeinen eine *anisotrope Kornform*.

Im Bild 13.6b ist als Beispiel das elektrische Widerstandverhalten aufgezeigt. Auch dieses Verhalten kann mit den Röntgenbeugungsergebnissen erklärt werden. Der Anstieg bis 715 °C ist mit Diffusionserscheinungen erklärbar. Das Beugungsdiagramm für diese Temperatur, Bild 13.4, zeigt nur eine schwache, breite Beugungsinterferenz. Der Abfall im Widerstand ist auf die beginnende Silizidbildung und das stetige Kornwachstum zurückzuführen. Im Beugungsdiagramm sind ab 870 °C alle möglichen Netzebenen nachweisbar, bei weiterer Temperaturerhöhung werden die Beugungsinterferenzen schmaler und intensitätsreicher.

Der Vorteil der Beugungsuntersuchungen mit der Methode des streifenden Einfalles wird für dünne Schichten im Bild 13.7 deutlich. Die selbst bei einem Einstrahlwinkel ω von nur 1° noch deutlich höheren Beugungsintensitäten verdeutlichen, dass mit dieser Technik viel sensiver untersucht werden kann. Oftmals störende Beugungsinterfe-

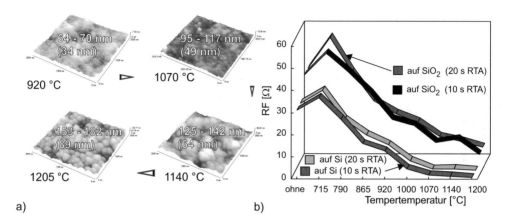

Bild 13.6: a) Atomkraftmikroskopische Oberflächenuntersuchung von WSi$_2$-Schichten und Bestimmung der lateralen Korngrößen (Bestimmung der Domänengröße nach Bild 13.4a) b) Verlauf des elektrischen Flächenwiderstandes als Funktion der Temperbedingungen auf verschiedenen Substraten

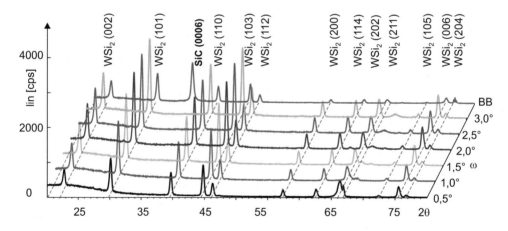

Bild 13.7: Diffraktogramme von WSi$_2$-Schichten auf 6H-SiC Einkristall bei streifendem Einfall

renzen vom einkristallinen Substrat treten nicht auf. Im vorliegenden Beispiel sind die Wolframsilizidschichten auf 6H-SiC aufgebracht. Im Bild 13.7 wird deutlich, dass vom Einkristallsubstrat »wandernde Interferenzen« im Winkelbereich $2\theta = 66 - 70°$ auftreten.

Bild 13.8a zeigt die Diffraktogramme einer 75 nm dicken, gesputterten Wolframschicht auf SiO$_2$ während einer Temperaturbehandlung in einer Hochtemperaturkammer entsprechend Kapitel 4.8. Typisch ist, dass abgeschiedene gesputterte Schichten röntgenamorph sind. Erst nach einer Temperatur von ca. 500 °C sind Beugungsinterferenzen und damit kristalline Bereiche feststellbar. Materialwissenschaftlich bedeutsam ist hier, dass die Kristallbildung bei $0{,}21 \cdot T_S$ (3 695 K), der Schmelztemperatur des kompakten Wolframs einsetzt. Mit weiterer Temperaturerhöhung entsprechend dem Temperatur-Zeitverlauf in

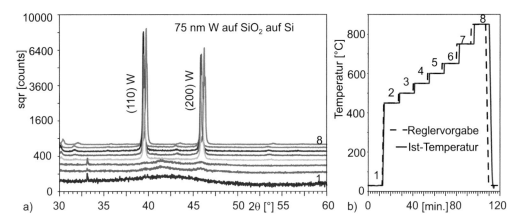

Bild 13.8: Diffraktogramme einer Wolframschicht in einer Hochtemperaturkammer und tempe-
raturabhängige qualitative Phasenuntersuchungen, Cu-Kα-Strahlung

Bild 13.8b ist ein Kornwachstum in der Schicht feststellbar. Eine Domänengröße kleiner
der Schichtdicke ist dabei ebenso feststellbar. Die SiO$_2$-Schicht wirkt als Diffusionsbar-
riere und verhindert die Wolframsilizidbildung. Es treten nur die Beugungsinterferenzen
der reinen Metallphase auf. Mit Hochtemperaturkammern lassen sich relativ leicht und
schnell experimentell Phasenumwandlungen an nur einer Probe verfolgen.

13.2 Reflektometrie – XRR

Im Zeitalter der Anwendung von dünnen Schichten insbesondere in der Halbleiterindustrie wird es immer wichtiger, exakte Kenntnisse der Schichtdicke und der Oberflächen-
und Grenzflächenrauheiten zerstörungsfrei zu erhalten. Die Totalreflexion und das Ein-
dringvermögen der energiereichen Röntgenstrahlung wird zur Schichtdickenbestimmung
ausgenutzt. Die seit ca. 1985 entwickelte Methode der *Röntgenreflektometrie* (X-ray reflection, aber auch manchmal als XRS – X-ray specular reflectivity bezeichnet) erlaubt
es, Schichtdicken d an ebenen Proben (bei dieser Methode ist es unerheblich, ob die
Schicht aus kristallinem oder amorphen Material besteht) im Bereich von $d \approx 2 - 300$ nm
mit einer reproduzierbaren Genauigkeit von $0,1 - 0,3$ nm zerstörungsfrei zu messen. In
der Reflektometrie ist ein Winkelbereich θ von 0° bis ca. 5° interessant. Ausführliche
Arbeiten sind u. a. von PARRATT [189] und von FILIES [83] veröffentlicht worden. Das
Reflexionsverhalten lässt sich mit den FRESNEL-Gleichungen aus der Optik beschreiben.
Die Unterschiede im Brechungsindex und die Winkelbereiche sind entgegen der Lichtop-
tik wesentlich kleiner. Es ist nur notwendig, dass *Brechzahlunterschiede* zwischen Schicht
und Substrat existieren. Oftmals weisen Schichten aus dem gleichen Material wie das
Substrat durch den Schichtherstellungsprozess geringfügige Dichteunterschiede auf. Damit existiert ein Unterschied in der Elektronendichte an den Grenzflächen der Schicht
und in der Brechzahl.

Der Brechungsindex n für Röntgenstrahlen ist immer kleiner eins. Bis zu einem bestimmten materialabhängigen Einfallswinkel, dem kritischen Winkel θ_C, dringt die Rönt-

genstrahlung nicht in die Probe ein und es findet eine äußere Totalreflexion an der Trenn-fläche Luft/Oberfläche Material/Schicht statt. Der Strahl wird wie an einem Spiegel reflektiert. Der Totalreflexionswinkel ist eine Funktion der Elektronenkonzentration und der Dichte in der Schicht. Im Bild 13.9b sind für drei verschiedene Dichten von Kompaktmaterialien die Verläufe der Reflektivität dargestellt. Bei weiterer Vergrößerung des Einfallswinkel dringt der Röntgenstrahl in die Schicht ein. An einem Schicht-Substrat-System wird nur ein Teil der Strahlung reflektiert, der »Rest« dringt in die Schicht ein. Es gibt deshalb zwei Winkel der Totalreflexion an den Grenzflächen Luft/Schicht und an der Grenzfläche Schicht/Substrat. Beide Teilstrahlen interferieren.

Das Reflexionsvermögen wird bei Betrachtung der nachfolgenden Bereiche entsprechend Bild 13.9a beschrieben:

AB   Die Probe steht parallel zum einfallenden Strahl. Wenn $\theta > 0$ wird, wächst die Reflexion linear an.

BC   Die Reflexion bleibt konstant. An der Schichtoberfläche tritt Totalreflexion auf.

CD   Wenn der Einfallswinkel den kritischen Winkel θ_{C1} überschreitet, ist ein starker Abfall der Intensität zu verzeichnen.

DE   Die reflektierte Intensität oszilliert. Kennzeichnend sind das Auftreten von lokalen Maxima und Minima. Die Oszillation kommt dadurch zustande, dass der Oberflächenreflexionsstrahl und der Grenzflächenreflexionsstrahl wegen des entstehenden Phasenunterschieds miteinander interferieren.

EF   Intensitätsabfall nach dem kritischen Winkel θ_{C2}.

FG   Es tritt eine Endserie von Schwingungen unter Beteiligung der von der Unterseite reflektierten Strahlen auf. (Unter der Bedingung, dass das untere Material ebenfalls sehr dünn ist).

Auf die Schärfe des entstehenden Interferenzbildes wirken sich Oberflächenrauheiten und die optischen Dichten von Schicht- und Substratmaterial aus. Die intensivsten und schärfsten Interferenzbilder erhält man, wenn der Brechungsindex des Substratmaterials kleiner ist als der Brechungsindex des Schichtmaterials und Oberfläche und Grenzfläche extrem

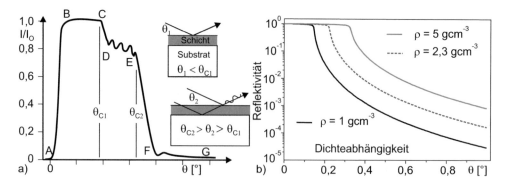

Bild 13.9: a) Prinzip der Reflektometrie b) Totalreflexionswinkel als Funktion der Materialdichte

glatt sind. Der komplexe Brechungsindex für monochromatische Röntgenstrahlung ist nur wenig von eins verschieden, Gleichung 13.1.

$$\tilde{n} = 1 - \sigma + \imath\beta \qquad (13.1)$$

Hierbei ist σ die Dispersion und β die Absorption des Mediums. Für Röntgenstrahlung sind die Größen Dispersion und Absorption in der Größenordnung von 10^{-5} bzw. 10^{-6}. Bei bekannter Materialzusammensetzung wird mittels des SNELLIUSchen Brechungsgesetzes und der Näherung nach Gleichung 13.2 folgender Zusammenhang für den Totalreflexionswinkel θ_C ermittelt, Gleichung 13.3:

$$1 - \sigma = \cos\theta_C \approx 1 - \frac{\theta_C^2}{2} \qquad (13.2)$$

$$\theta_C \approx \sqrt{2\sigma} \qquad (13.3)$$

Der Zusammenhang zwischen Dispersion σ und Dichte ϱ lässt sich über die Betrachtung der Kopplung der Schalenelektronen mit den unvollständigen, hochfrequenten Anregungserscheinungen der Röntgenstrahlung erklären und führt nach [83] zur Gleichung 13.4.

$$\varrho \approx \frac{2\pi \cdot M \cdot \sigma}{r_0 \cdot N_A \cdot Z \cdot \lambda} \qquad (13.4)$$

Materialabhängige Größen sind hier die Dispersion σ, die Molmasse M und die Ordnungszahl Z. Als Konstanten gehen AVOGADRO-Konstante N_A und der BOHRsche Radius r_0 des Schichtmaterials ein.

Nach Überschreiten des Totalreflexionswinkels θ_C dringt der Röntgenstrahl in die Schicht ein, wird an der Grenzfläche reflektiert und bildet mit dem Oberflächenreflexionsstrahl Interferenzen, aus deren Periode die Schichtdicke und aus dem Intensitätsabfall die Grenzflächenrauheit ermittelt werden kann. Die Schichtdicke d lässt sich nach PARRATT [189] bzw. KRUMREY [155] aus dem Abstand der Oszillationsmaxima θ_n je nach θ-Winkelauftrag bestimmen, Gleichung 13.5 bzw. Gleichung 13.6.

$$\theta_n^2 = \frac{(\theta_{n+1}^2 - \theta_{n-1}^2)^2}{(\frac{\lambda}{2d})^2} + \theta_C^2 \quad \text{bei Verwendung } \theta - \text{Auftrag} \qquad (13.5)$$

$$2\theta_n^2 = \frac{(2\theta_{n+1}^2 - 2\theta_{n-1}^2)^2}{16(\frac{\lambda}{2d})^2} + 2\theta_C^2 \quad \text{bei Verwendung } 2\theta - \text{Auftrag} \qquad (13.6)$$

Trägt man graphisch θ_n^2 in Abhängigkeit von $(\theta_{n+1}^2 - \theta_{n-1}^2)^2$ auf, dann wird aus dem Anstieg q die Schichtdicke d errechnet:

$$d = \lambda\sqrt{q} \quad \text{bei } \theta - \text{Auftrag bzw.} \quad d = 2 \cdot \lambda\sqrt{q} \quad \text{bei } 2\theta - \text{Auftrag} \qquad (13.7)$$

Von BLANTON [44] wird eine etwas andere Form der Schichtdickenbestimmung d angegeben, Gleichung 13.8. Mit der Wellenlänge λ und den Winkellagen θ_i der m- bzw. n-ten

Ordnung der Oszillationsmaxima wird die Dicke der Schichten bestimmt.

$$d = \frac{\lambda(m-n)}{2(\sin(\theta_m) - \sin(\theta_n))} \tag{13.8}$$

Im Bild 13.10 sind für ein Einfachschichtsystem Aluminium auf Quarzglas verschiedene Darstellungsweisen gewählt worden. Bild 13.10a stellt den linearen Auftrag dar wo Unterschiede zwischen Messkurve und Simulation im Maximum erkennbar sind. Bild 13.10b zeigt den quadratischen Auftrag, in denen Unterschiede zwischen Messkurve und Simulation kaum erkennbar sind. Bild 13.10c steht für logarithmischen Auftrag mit erkennbaren Unterschieden zwischen Messkurve und Simulation bei niedrigen Intensitäten. Die Röntgenreflektometrie kann auch Aussagen zur Oberflächen- und zur Grenzflächenrauheit liefern. Die Grenzflächenrauheit, also eine »vergrabene« Rauheit, ist somit noch nachträglich messtechnisch zugänglich. An der rauen Ober- bzw. Grenzfläche tritt eine diffuse Reflexion auf, die die reflektierte Intensität schwächt. Die Rauheit wird mit lokalen Dickenschwankungen erklärt [83]. Diese Dickenschwankungen sind mit einer Schwankungsbreite σ_r um die mittlere Schichtdicke d GAUSSförmig verteilt. In den verfügbaren Simulationsprogrammen werden die FRESNEL-Koeffizienten zur Reflexion durch einen Faktor entsprechend der Rauheit korrigiert.

Bild 13.11a zeigt die zu erwartenden Kurven für eine jeweils 35 nm W-, Cu- und Al-Schicht bei sowohl Interface- als auch Oberflächenrauheit $R_A = 0$ nm. Deutlich wird an diesen Kurven, dass der Totalreflexionswinkel θ_C mit der Elektronendichte und damit der elektrischen Leitfähigkeit entsprechend Gleichung 13.4 abhängt. Treten herstellungsbedingt bei der Schichtabscheidung Oberflächen- und Interfacerauheiten auf, dann führt dies zu erheblichen Veränderungen der Kurvenverläufe, wie Bild 13.11b zeigt. Zur besseren Darstellung und Vergleichbarkeit wurden vier Kurven in der Y-Achse verschoben dargestellt. An diesem Bild ist erkennbar, dass bei Oberflächen- bzw. Interfacerauheiten $R_A > 5$ nm das Verfahren mit quantitativen Aussagen versagt. Die Ebenheit und die Oberflächenrauheit der zu untersuchenden Proben muss *Halbleiterqualität*, d. h. eine Rauheit $R_A < 2$ nm, aufweisen.

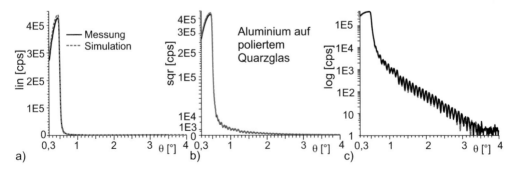

Bild 13.10: Reflektometriemessung einer Al-Schicht (70 nm) auf Quarzglas einschließlich der Simulation bei den verschiedenen Auftragsarten a) lineare Darstellung b) quadratische Darstellung c) logarithmische Darstellung

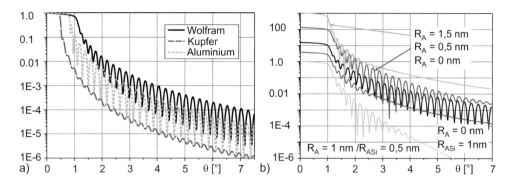

Bild 13.11: Simulation von Reflektometriekurven a) für eine 35 nm Cu-, W- und Al-Schicht
   auf Si bei Rauheit $R_A = 0$ nm b) 35 nm W-Schichten mit unterschiedlichen
   Oberflächen- und Interfacerauheitswerten

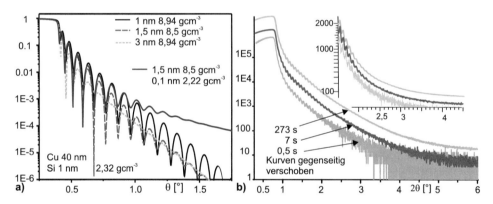

Bild 13.12: a) Simulation von Reflektometriekurven für eine 40 nm Cu-Schicht auf Si bei unterschiedlichen Rauheits- und Dichtewerten b) Messung einer 65 nm dicken Cu-
   Schicht auf einem geschichteten Substrat (200 nm-Si_3N_4 und 8 nm-SiO_2 auf Si) bei
   unterschiedlichen Messzeiten

Mittels Simulationsprogrammen sind für eine 40 nm dicke Kupferschicht auf einem Siliziumsubstrat die Reflexionskurven errechnet worden, Bild 13.12a. Die Dichte des kom-
pakten Kupfers ($\varrho_{Cu} = 8{,}94$ gcm^{-3}) und des Siliziums ($\varrho_{Cu} = 2{,}32$ gcm^{-3}) wurden verwendet. Sowohl für die Grenzfläche Si-Cu als auch für die Oberfläche wurde eine Rauheit
$R_A = 1$ nm angenommen. Diese Parameter sind Idealgrößen, da hier im Ergebnis gleichmäßige Oszillationen bis zu einem Abfall der Intensität auf 10^{-6} auftreten. Wird die
Oberflächenrauheit von 1 nm auf 3 nm erhöht, dann wird die Oszillationsamplitude und
auch die Zahl der Oszillationen verkleinert. Änderungen in der Dichte und auch unterschiedliche Rauheiten zwischen Grenzfläche und Oberfläche führen zu einem Absinken der
Oszillationsamplitude, aber auch zu einem wesentlich geringeren Abfall des Intensitäts-
verlustes (nur noch bis ca. 10^{-4}). Fittet man Messkurven mit dem Simulationsprogramm
an, stellt man relativ schnell Übereinstimmung in den Oszillationsabständen und damit

der Gesamtschichtdicke her. Der Intensitätsabfall läuft oft nicht konform mit der Mess-kurve. »Spaltet« man von der ermittelten Gesamtschichtdicke eine kleine Schicht ab und verwendet jetzt für diese »Teilschicht« eine geringfügig kleinere Dichte, dann lassen sich die Intensitätsdifferenzen zwischen Simulations- und Messkurve minimieren. Dieser An-satz der gradierten Schicht zur Oberfläche entspricht bei Sputterschichten der Realität.

Die Grenzen der erhaltbaren Ergebnisse hängen vom Messsignal ab. Im Kapitel 4.5 ist festgestellt worden, dass Szintillations- und Proportionalzähler bis zu einer zählbaren Impulszahl von $5 \cdot 10^5$ cps eingesetzt werden können. Bei einem Untergrund von ca. 10 cps ist somit eine Nettozählrate von $5 \cdot 10^4$ cps detektierbar. Im Kapitel 4.5.6 wurde weiter festgestellt, dass für eine statistisch gesicherte Detektion wenigstens 4 500 Impulse gezählt werden müssen.

Nach Überschreiten der Totalreflexion nimmt die Impulszahl rapide ab. Im Bild 13.12b sind die Ergebnisse von XRR-Messungen mit unterschiedlich langen Messzeiten pro Schritt der Probe dargestellt. Der Anstieg der Fehlerbreite der Impulsdichtewerte bei kleinen Messzeiten ist ab 2° eindeutig erkennbar. (Zur Darstellung sind die Kurven gegen-einander verschoben. Die Maximalintensitäten beim Totalreflexionswinkel sind ansonsten annähern gleich). Das Anfitten über einen größeren Winkelbereich zur Bestimmung al-ler Parameter wie Schichtdicke, Dichte und Rauheit muss aber mit statistisch gesicher-ten Messwerten erfolgen. Somit sind lange Messzeiten pro Schritt gerechtfertigt. Es gibt Messprogramme, die es gestatten, während der Winkelabtastung die Röhrenleistung zu steigern und dann an der »Schnittstelle« das Reflexionsdiagramm jeweils zwischen den unterschiedlichen Leistungen des Generators zu normieren. Es stellte sich jedoch heraus, dass die Veränderung der Röhrenleistung eine örtliche, geringe Wanderung des Fokus be-wirkt, die Wanderung leider ausreicht, die vormals sehr empfindliche Höhenjustage der Probe ebenso zu verändern. Die damit verbundenen Intensitätssprünge führen zu Reflexi-onskurven, die für die Bestimmung der Dichte und Rauheitswerte unbrauchbar sind. Die Schichtdicke ist jedoch entsprechend den Gleichungen 13.7, 13.5 und 13.6 ermittelbar, sie-he auch die Bilder 13.13. Aus dem Strahlengang herausfahrbare Absorberschichten sind die bessere Alternative, um eine größere Intensitätsdifferenz zu erhalten, siehe Aufgabe 1.

An Siliziumsubstraten, die mit MoSi-Mischschichten unterschiedlicher Dicke (20 − 300 nm) beschichtet wurden, ist diese Methode an einem einfachen BRAGG-BRENTANO-Goniometer erprobt [241] worden. Bild 13.13a zeigt die Interferenzen der dünnsten ge-messenen Schicht und das Reflektogramm für eine 225 nm dicke Schicht. Die Diagramme wurden damals noch linear aufgetragen und ganze Bereiche gestreckt dargestellt. Die Schichtdickenbestimmung war hier das vorrangige Ziel welche mittels der Gleichungen 13.5 bzw. 13.7 ermittelt werden konnte. Die sehr gute Übereinstimmung der zerstörungs-freien Schichtdickenmessung mittels der XRR-Methode und der Interferenzmikroskopie an Kanten oder mittels der RUTHERFORD-Rückstreuspektroskopie zeigt Tabelle 13.2.

Bei Doppelschichten kann mit der XRR-Methode auch die Schichtdicke der unterlie-genden Schicht bestimmt werden, Bild 13.14a. Diese Bestimmung ist mittels der Inter-ferenzmikroskopie nicht möglich. Ergebnisse einer vergrabenen Wolframschicht sind in Tabelle 13.2 mit aufgeführt. Hier muss bemerkt werden, dass die 80 nm dicke Wolfram-schicht unter der Siliziumschicht so detektierbar ist. Wenn die Schicht an der Oberseite liegt, dringt die Röntgenstrahlung bei den flachen Einstrahlwinkeln auf Grund der ho-hen Dichte des Wolfram nicht durch das Wolfram und das Verfahren versagt. Bild 13.14b

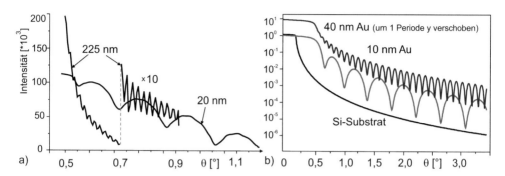

Bild 13.13: a) Gemessene Reflektometriediagramme von MoSi$_2$-Schichten 20 nm Schichtdicke und 225 nm Schichtdicke auf Silizium b) Gemessene Reflektometriediagramme von Goldschichten auf Silizium

Tabelle 13.2: Mit verschiedenen Verfahren ermittelte Schichtdicken von MoSi$_2$-Schichten

Zielvorgabe	Streifende Röntgenbeugung	RUTHERFORD-rückstreuung	optische Interferenzmikroskopie
20 nm MoSi$_2$	20,2 nm	16,3 nm	(22,3; 28,9; 17,3 nm)
70 nm MoSi$_2$	61,5 nm	59,8 nm	64,4 nm
100 nm MoSi$_2$	88,5 nm	94,7 nm	90,1 nm
225 nm MoSi$_2$	220,8 nm	224,3 nm	222,7 nm
110 nm Si	111,4 nm	—	—
80 nm W	82,1 nm	81 nm	—

zeigt eine entsprechende Simulation. Vor einem Experiment mit Schichtmaterialien hoher Dichte ist immer die Eindringtiefe mit Gleichung 3.101 abzuschätzen oder es sind entsprechend Bild 13.14b Simulationen zu erstellen. Nur beim Auftreten von Oszillationen in der Simulation ist eine Messung sinnvoll.

In Bild 13.13b sind drei Diagramme von zwei unterschiedlich dicken Goldschichten auf einem Siliziumsubstrat dargestellt. Das ebene Siliziumsubstrat ohne Schicht selbst zeigt keine Oszillationen.

Die Schichtdickenbestimmung kann mit dieser Methode beim Auftreten von mindestens drei Oszillationen nach dem Totalreflexionswinkel ermittelt werden, d. h. ab $1-3$ nm Schichtdicke, vorausgesetzt es liegen Brechzahlunterschiede vor. Drei Oszillationen sind meist noch detektierbar, wie dies von BLANTON [43] an Platinschichten dieser Größe gezeigt wurde. Die Maximalschichtdicke hängt von der Schrittweite der Messung ab. Bei einer kleinsten reproduzierbaren Schrittweite am Diffraktometer von derzeit $0{,}001°$ sind für eine Oszillation mindestens 3 Schritte notwendig. Daraus sind ca. $300-500$ nm als maximale detektierbare Schichtdicke ableitbar. Als Genauigkeiten werden angegeben:

- Schichtdickenbestimmung von $1-500$ nm mit einer Genauigkeit $< 1\,\%$
- Dichtebestimmung mit einer Genauigkeit von $\pm 0{,}03\,\mathrm{gcm}^{-3}$
- Oberflächen- und Grenzflächenrauheit von $0-5$ nm mit einer Genauigkeit $< \pm 0{,}1$ nm

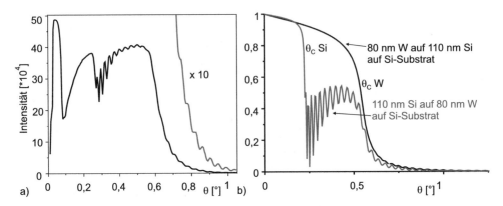

Bild 13.14: a) Gemessenes Reflektometriediagramm einer Doppelschicht aus 110 nm Si und
80 nm W auf Siliziumsubstrat b) Simulationen zu diesem Schichtsystem

Der Einsatz einer Parallelstrahlanordnung mit Multilayerspiegel als Monochromator ermöglicht bessere und klarere Messkurven. Als Diffraktometeranordnung für die Reflektometrie hat sich damit die in Bild 13.15a dargestellte Konfiguration durchgesetzt. Mittels
der auf der Probe aufsetzbaren und der definiert rückstellbaren Schneidblende (KEC) (die
Spaltöffnung ist mit Antrieb über eine Mikrometerschraube und mit der Messuhr definiert
einstellbar) lassen sich so »im fast noch Nulldurchgang« die auf den Detektor fallende
Direktstrahlung verkleinern, ohne dass der reflektierte Strahl bei größeren Winkeln unver-
hältnismäßig geschwächt wird. Der Einsatz eines motorisiert ein- bzw. herausschiebbaren
Absorbers ist eine bessere Lösung zur Erzielung einer höheren Dynamik der messbaren
Intensität. Bei Verwendung eines Multilayerspiegels im Detektorstrahlengang und bei
gleichzeitiger Verwendung von Multilayerspiegeln der Generation 2a, Tabelle 4.6, sind in
den Oszillationen schon beginnende Aufspaltungen der $K\alpha_1$- und $K\alpha_2$-Signale messbar.
In Bild 13.15b ist für einen periodischen Multilayerschichtstapel Ni-C mit jeweils 1,5 nm
Schichtdicke bei 40 Perioden das theoretische Reflexionsdiagramm im Bereich $3 - 3{,}4°$
jeweils für die exakt monochromatischen $K\alpha_1$- als auch die $K\alpha_2$-Strahlung ausgerechnet
worden. Man erkennt, dass die geringen Wellenlängenunterschiede Verschiebungen der
Maxima zur Folge haben. Als Resultierende kann somit sogar eine Auslöschung der Os-
zillationen auftreten. Verwendet man im Primärstrahlengang zusätzlich einen Zweifach-
BARTELS-Monochromator zur Abspaltung der $K\alpha_2$-Strahlung, Diffraktometeraufbau im
Bild 13.15c, dann hat man die derzeit empfindlichste Reflektometrieanordnung. Damit
sind Multilayerschichtstapel mit Perioden kleiner < 1 nm sicher vermessen worden. Die
Messungen an den Oszillationen erfolgen hier aber zwischen den BRAGG-Reflexen des
Gesamtschichtstapels.

Die in Bild 13.16b dargestellte Messkurve und die dazu gehörende Simulation zeigen bis
auf die Oszillationsmaxima keine gute Übereinstimmung. Die Ursache ist der sehr komplizierte Aufbau des Gesamtsystems, Bild 13.16a. Als Substrat ist ein Siliziumsubstrat mit
ca. 7,5 nm SiO_2 und darauf 200 nm Si_3N_4 verwendet worden. Um vergleichbare Resultate
auf wesentlich raueren Stahlsubstraten zu erhalten, wurde eine 300 nm Chromschicht als
Haftvermittlerschicht für Stahl aufgebracht, darauf eine 200 nm Wolframkarbidschicht

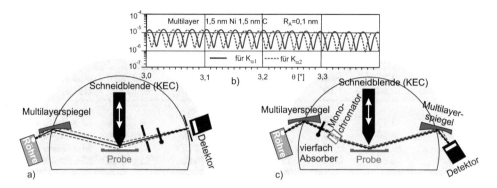

Bild 13.15: a) Diffraktometeranordnung für Reflexionsmessung (XRR) b) Diffraktometeranordnung für Reflexionsmessung mit höchster Auflösung

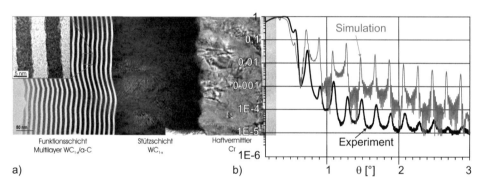

Bild 13.16: a) Multilayerschichten Wolframkarbid-Kohlenstoff auf Wolframkarbidschicht und Chromschicht auf Siliziumnitridschicht auf Siliziumsubstrat (11 nm-WC und 5 nm-C mit ca. 20 Perioden – TEM-Bild) b) XRR-Mess- und Simulationsdiagramm

und schließlich die Multilayerschicht aus ca. 13 Perioden Wolframkarbid und Kohlenstoff. Simulationen zeigen, dass bei diesen Dickenbereichen das Siliziumsubstrat und selbst die Chromschicht nicht mehr detektierbar sind. Die Wolramkarbidschicht wirkt bereits als Substrat. Die in der Simulation auftretenden Oszillationen sind Oszillationen an den C-Einzelschichten, die aber auf Grund der nicht streng monochromatischen Strahlung zum Teil ausgelöscht werden, Begründung siehe Bild 13.15b. Die im TEM-Bild ersichtlichen Rauheiten, die keine Ähnlichkeit mit der sinusförmigen Annahme haben, sind weitere Ursachen, warum die Simulationen nicht vollständig an die Messkurve angepasst werden können. Die besten Resultate lieferte die Annahme, dass als Oberschicht eine Doppelschicht C-WC vorhanden ist, sich daran die Multilayer-Schicht mit zehn Perioden anschließt, die wiederum auf zwei Doppelschichten C-WC aufgebracht erscheint. Die dickere Schicht Wolframkarbid wird das Substrat. Tabelle 13.3 zeigt die Ergebnisse der Simulation für den besten erhaltenen Fit. Es wurde so vorgegangen, dass erst die Dicken variiert wurden, dann die Rauheiten und dann die Dichten. Nach Erhalt dieser Werte sind nur noch einmal alle Größen, aber mit geringen Variationsbreiten, gefittet worden.

Tabelle 13.3: Ergebnis der Anfittung der Messkurve aus Bild 13.16 für eine Multilayer-Schicht

Material	Dicke [nm]	Rauheit [nm]	Dichte [g · cm^{-3}]	Absorption β [× 10^6]	Dispersion δ [× 10^6]	Typ
Kohlenstoff	3,36	0,05	2,920	0,014 18	9,378 79	einfach
Wolframkarbid	10,24	1,10	12,982	2,373 50	31,671 32	einfach
Multilayer		2 Schichten mit 10 Perioden				
Kohlenstoff	8,90	0,09	2,600	0,012 63	8,350 66	Multilayer oben
Kohlenstoff	8,90	0,09	2,600	0,012 63	8,350 66	Multilayer unten
Wolframkarbid	12,80	0,74	12,980	2,373 22	31,667 64	Multilayer oben
Kohlenstoff	12,80	0,74	12,980	2,373 22	31,667 64	Multilayer unten
Kohlenstoff	6,06	0,50	2,600	0,012 63	8,350 66	einfach
Wolframkarbid	11,99	0,50	10,524	1,924 10	25,674 69	einfach
Kohlenstoff	2,06	0,83	2,106	0,010 23	6,764 12	einfach
Wolframkarbid	12,00	0,56	12,800	2,340 31	31,228 49	einfach
Kohlenstoff	4,00	0,66	2,900	0,014 08	9,314 20	einfach
Wolframkarbid		0,08	12,800	2,340 31	31,228 49	Substrat

Mit der XRR-Methode werden die Multilayerschichten für Röntgenoptiken zerstörungs-frei geprüft. Der Einsatz der Halbleiterstreifendetektoren und automatische Absorber helfen dabei, den Dynamikbereich zu erhöhen.

13.3 Texturbestimmung an dünnen Schichten

Bei der Abscheidung von dünnen Schichten wird sehr oft festgestellt, dass diese Schich-ten texturiert aufwachsen. Bei Schichten treten oft Fasertexturen auf, so können z. B. die säulenförmigen Körner in der Schicht so lang wie die Schichtdicke und mit einer gemein-samen kristallographischen Richtung parallel zueinander ausgerichtet sein. Metalle mit kfz-Kristallstruktur wachsen meistens in einer $\langle 1\,1\,1 \rangle$-Fasertextur vorzugsorientiert auf.

Die Textur kann genauso wie im Kapitel 11 beschrieben ermittelt werden. Erschwerend bei der Analyse dünner Schichten kommt hinzu, dass bedingt durch die geringe Schicht-dicke nur »wenige beugungsfähige Körner« vorliegen. Ebenso wird bei kleinem χ-Winkel die Schicht oftmals durchstrahlt. Dadurch sind die üblichen Berechnungsmethoden für die χ-abhängige Intensitätskorrektur hinfällig.

Kann man die ausgebildeten Texturen ermitteln, dann lassen sich mit diesen Ergeb-nissen richtungsabhängige Werkstoff- bzw. Schichteigenschaften berechnen. Die Eigen-schaften texturierter Materialien in Form dünner Schichten weichen oftmals von den Eigenschaften kompakten Materials ab.

Bild 13.17 zeigt die Polfigur in zwei- und dreidimensionaler Darstellung für eine Zirkon-Karbonitrid-Schicht (Zr(C,N)). Dabei wird deutlich, dass die Intensitäten der abgebeug-ten $\{2\,0\,0\}$-Netzebene viel stärker sind als die der $\{1\,1\,1\}$- und $\{2\,2\,0\}$-Netzebenen.

Fasertexturen kann man in erster Näherung qualitativ anhand der normalen Beu-gungsdiffraktogramme in BRAGG-BRENTANO-Anordnung erkennen. Die Intensitäten der Beugungsprofile weichen von den Intensitäten in der PDF-Datei ab.

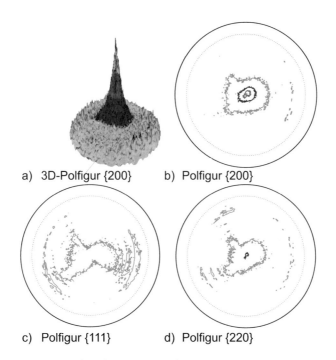

a) 3D-Polfigur {200}   b) Polfigur {200}

c) Polfigur {111}   d) Polfigur {220}

Bild 13.17: Fasertextur von Zr(C,N)-Schichten, a) dreidimensionale Darstellung der {200}-Polfigur, b) zweidimensionale Darstellung der {200}-Polfigur c) {111}-Polfigur d) {220}-Polfigur

Aus den gemessenen Intensitäten lässt sich ein Texturgrad TC_i für eine Netzebene $\{h\,k\,l\}$ an einem Punkt in der Polfigur bestimmen [49], Gleichung 13.9:

$$TC_{i_{\{h\,k\,l\}}} = \frac{\dfrac{I_{\{h\,k\,l\}}}{I^0_{\{h\,k\,l\}}}}{\dfrac{1}{k}\displaystyle\sum_{i=1}^{k}\dfrac{I_{i_{\{h\,k\,l\}}}}{I^0_{i_{\{h\,k\,l\}}}}} \quad \text{mit} \tag{13.9}$$

$I_{\{h\,k\,l\}}$ gemessene Intensität einer Netzebene $\{h\,k\,l\}$
$I^0_{\{h\,k\,l\}}$ Intensität der Netzebene nach der PDF-Datei oder berechnete Intensität oder an einer nicht texturierten Probe unter den gleichen Bedingungen gemessen
k Zahl der gemessenen Interferenzen

Ist $TC_{i_{\{h\,k\,l\}}} \approx 1$ für alle untersuchten Netzebenen, dann ist keine Textur vorhanden. Wird $TC_{i_{\{h\,k\,l\}}} \approx k$, dann liegt eine ausgeprägte (vollständige) Textur in Richtung der Netzebene $\{h\,k\,l\}_i$ vor. Ein Wert $TC_{i_{\{h\,k\,l\}}} < k$ für eine Netzebene bedeutet, dass diese Netzebene bevorzugt orientiert in der Messspur auftritt und auf eine vorliegende Textur geschlossen werden kann. Tritt ein Wert $TC_{i_{\{h\,k\,l\}}} \approx 0$ für eine Netzebene i auf, liegen keine Kristallite bzw. Körner in dieser Richtung in der vom Röntgenstrahl bestrahl-

Tabelle 13.4: Errechnete TC-Werte für eine abgeschiedene und eine sandgestrahlte Zr(C,N)-Schicht, hergestellt durch CVD-Verfahren

Probe	$\{h\,k\,l\}\rightarrow$	$\{111\}$	$\{200\}$	$\{220\}$	$\{311\}$	$\{222\}$	$\{400\}$
ungestrahlt	Intensität [cps]	4 509	7 253	2 199	1 307	318	236
	TC	0,66	1,43	0,89	0,79	0,51	1,72
gestrahlt	Intensität [cps]	1 571	3 006	570	506	105	96
	TC	0,62	1,60	0,62	0,83	0,46	1,88
	relative Intensität [%]	100	74	36	24	9	2

ten Schichtfläche vor. Ist die Netzebenenanzahl zwischen verschiedenen Proben ungleich, dann sind die erhaltenen TC_i-Werte noch auf gleiche k-Anzahl zu normieren.

Für Proben aus Bild 13.17 wurden die TC_i-Werte ermittelt und in Tabelle 13.4 aufgelistet. Die Fasertextur wird hier deutlich, da bei einer durch CVD-Verfahren abgeschiedenen Zr(C,N)-Schicht als auch einer nachträglich sandgestrahlten Schicht sowohl die $\{200\}$- als auch die gleich angeordnete $\{400\}$-Netzebene die größten TC_i-Werte aufweisen. Hier wird eine Zeitersparnis in der Probenuntersuchung deutlich. Eine Texturaufnahme über eine vollständige Polfigur wie in Bild 13.17 dargestellt, in konventioneller Technik am Vier-Kreis-Goniometer mit einer 1 mm Lochblende erfordert eine Aufnahmezeit von ca. drei Stunden, bei drei Polfiguren neun Stunden. Eine Übersichtsaufnahme zur Ermittlung der Werte nach Gleichung 13.9 erfordert nicht mehr als 30 min. Messzeit. Hier muss betont werden, dass man diese Form der Texturbestimmung für eine Probenserie bzw. für die Produktionsüberwachung erst dann so durchführen sollte, wenn man sich sicher ist, welche Texturausbildung vorliegt und man bei Polfigurmessungen Fasertexturen in einer Richtung festgestellt hat.

Verkippt die Fasertextur zwischen den zu messenden Proben, dann ist die Angabe nach Gleichung 13.9 irreführend. Entsprechend den Aussagen in Kapitel 11 wird vor einer unkritischen Anwendung nur nach Gleichung 13.9 gewarnt. Man sollte wegen der möglichen Verkippung der Fasertextur mindestens über die doppelte Halbwertsbreite hinaus einen Bereich auf der Polfigur um die Faserachse messen, um das Zentrum mit dem maximalen Intensitätswert und die Halbwertsbreite des Profils der Faser zu kennen. Die Messzeit eines kleinen Sektors auf der Polfigur ist nur unwesentlich größer als der gesamte $\theta - 2\theta$-Scan.

Die Bestimmung des Texturgrades einer Fasertextur ohne Messung der Polfigur oder ohne Messung von Ausschnitten der Polfigur sollte nur bei sehr großen Probenserien für einfachste Ergebnisse angewendet werden. Treten Widersprüche in den Aussagen aus, dann sind Ausschnitte der Polfigur zu messen.

13.4 Gradientenanalyse an dünnen Schichten

Bereits in Kapitel 5.5 war darauf hingewiesen worden, dass sich die so genannte $1/e$-Eindringtiefe τ der Röntgenstrahlung unter streifenden Beugungsbedingungen deutlich reduzieren und auf wenige Mikrometer begrenzen lässt. Eine Formulierung für τ für den allgemeinen Fall asymmetrischer Beugung, die die in den Gleichungen 10.111 und 10.111 enthaltenen Spezialfälle des Ψ- bzw. ω-Modus, siehe Bild 10.25, mit einschließt, ist gegeben durch [91]:

$$\tau = \frac{\sin^2\theta - \sin^2\psi + \cos^2\theta \cdot \sin^2\psi \cdot \sin^2\eta}{2\mu \cdot \sin\theta \cdot \cos\psi}. \tag{13.10}$$

Darin bezeichnet der Winkel η die Drehung der Probe um den Streuvektor $\vec{s}$, Bild 13.18. Für $\eta = 90°$ und $0°$ liefert Gleichung 13.10 gerade die Grenzfälle der Eindringtiefe für den Ψ- bzw. ω-Modus gemäß Gleichungen 10.111 und 10.112. Unter streifenden Beugungsbedingungen, das heißt für große ψ-Winkel kann η ausgehend von $90°$ nur um kleine Beträge variiert werden, bis eine nahezu parallele Inzidenz des einfallenden Strahls erreicht ist. Wird dabei der kritische Winkel α_C für Totalreflexion, siehe Gleichung 13.3 - dort θ_C, unterschritten, kommt es in der Probe zur Herausbildung einer *evaneszenten Welle*, die sich *parallel* zur Oberfläche ausbreitet und deren Amplitude mit zunehmender Tiefe *exponentiell* abfällt. Mit diesem Effekt, der nur bei sehr glatten Oberflächen beobachtet wird, lässt sich die Eindringtiefe τ auf *wenige Nanometer* begrenzen. Eine allgemeine Formulierung für τ, die den Evaneszenzfall einschließt, wurde in [88] abgeleitet:

$$\tau = \frac{\lambda}{4\pi} \cdot \frac{\sin\beta}{\sin\alpha + \sin\beta}$$

$$\cdot \left(\sqrt{\frac{1}{2}\left(\sqrt{\left(\sin^2\alpha - \sin^2\alpha_C\right)^2 + 4\left(\frac{\lambda\mu}{4\pi}\right)^2} + \sin^2\alpha - \sin^2\alpha_C \right)} \right)^{-1} \tag{13.11}$$

$$\text{mit}\quad \sin\alpha = \sin\theta \cdot \cos\psi - \cos\theta \cdot \sin\psi \cdot \cos\eta, \tag{13.12}$$

$$\sin\beta = \sin\theta \cdot \cos\psi + \cos\theta \cdot \sin\psi \cdot \cos\eta. \tag{13.13}$$

In Bild 13.19a sind die Eindringtiefenverhältnisse für symmetrisch streifende Beugungsbedingungen im Ψ-Modus, siehe Bild 10.25, am Beispiel einer dünnen Siliziumschicht dargestellt. Bis zu einem ψ-Winkel von etwa $88{,}8°$ ist die formal durch Gleichung 13.11 gegebene Strahleindringtiefe größer als die Schichtdicke selbst. In diesem Fall empfiehlt sich eine Auftragung über der so genannten *effektiven* Eindringtiefe τ_{eff}, die berücksichtigt, dass die Integration über das streuende Probenvolumen nur bis zur Schichtdicke D erfolgen darf:

$$\tau_{eff} = \frac{\int_0^D z \cdot \exp\left(-\frac{z}{\tau}\right) \cdot dz}{\int_0^D \exp\left(-\frac{z}{\tau}\right) \cdot dz} = \tau - \frac{D\exp\left(-\frac{D}{\tau}\right)}{1 - \exp\left(-\frac{D}{\tau}\right)} \tag{13.14}$$

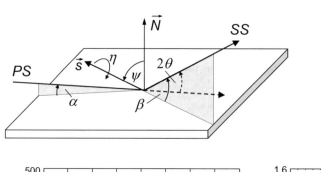

Bild 13.18: Asymmetrische Beugungsgeometrie mit
streifendem Einfall.
η beschreibt die Drehung der Probe um den
Streuvektor $\vec{s}$, α und β
sind die Winkel, die der
einfallende (PS) bzw.
der gebeugte Strahl
(SS) mit der Proben-
oberfläche bilden.

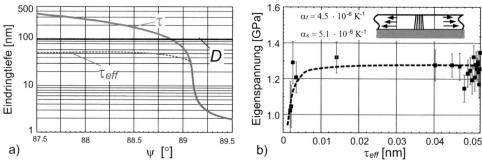

a)   b)

Bild 13.19: a) Eindringtiefe τ nach Gleichung 13.11 von CuKα-Strahlung in Silizium unter
symmetrisch streifenden Bedingungen ((1 0 0)-Reflex, $2\theta = 28{,}3°$). τ_{eff} ist die
effektive Informationstiefe in einer Si-Schicht mit einer Dicke von $D = 110\,\mathrm{nm}$.
b) Eigenspannungstiefenverlauf in einer laserkristallisierten Si-Schicht (Dicke
110 nm) auf Glas. α_f und α_s sind die thermischen Ausdehnungskoeffizienten von
Schicht und Substrat [88].

Es wird deutlich, dass τ_{eff} maximal $D/2$ werden kann, siehe Bild 13.19a. Dieser Wert
entspricht gerade dem geometrischen Schwerpunkt der Schicht, der sich ergibt, wenn
man das exponentielle Strahlschwächungsgesetz in Gleichung 13.14 für sehr kleine Ar-
gumente (Schichtdicken) durch einen linearen Ansatz ersetzt. Wird ψ weiter vergrößert,
unterschreiten Einfalls- und Austrittswinkel α und β den kritischen Totalreflexionswinkel $\alpha_c = 0{,}22°$ und die Eindringtiefe fällt innerhalb eines Bereiches von $\Delta\psi \approx 1°$ um fast
zwei Größenordnungen ab.

Da unterhalb des Totalreflexionswinkels die Wellenfronten innerhalb der Probe *parallel*
zur Oberfläche verlaufen, lassen sich auf diese Weise die Netzebenenabstände $d_{\psi=90°}$ auch
für sehr dünne Schichten tiefenaufgelöst analysieren und daraus nach den in Kapitel 10.9
angegebenen Methoden die Verteilung der in-plane Schichteigenspannungen $\sigma_\parallel$ ermitteln.
Bild 13.19b zeigt den Eigenspannungstiefenverlauf in einer 110 nm dicken, laserrekristal-
lisierten Si-Schicht. Die Differenz in den thermischen Ausdehnungskoeffizienten zwischen
Schicht und Substrat führt zur Ausbildung hoher Zugeigenspannungen in der Schicht, die
erst unmittelbar an der freien Oberfläche relaxieren.

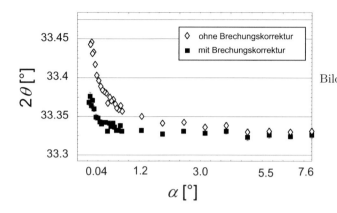

Bild 13.20: Tiefenprofilmessung im Streuvektormodus an einer 110 nm dicken Si-Schicht, Bild 13.19b, $CoK\alpha$-Strahlung, (1 0 0)-Reflex, $\psi = 35{,}4°$. α ist der Winkel zwischen Oberfläche und Primärstrahl [88].

Wird wie im obigen Beispiel unter *symmetrisch streifenden* Bedingungen gemessen, ist eine *Brechungskorrektur nicht erforderlich*, da die Beugungsebene und die Ebenen, in denen sich die primär- und sekundärseitige Brechung abspielt, nahezu senkrecht aufeinander stehen und sich daher kaum beeinflussen. Eine andere Situation liegt vor, wenn die Tiefenprofilanalysen in *asymmetrisch streifender* Anordnung durchgeführt werden, beispielsweise durch eine schrittweise Probendrehung um den Streuvektor, siehe Bild 13.18. In diesen Fällen müssen die ermittelten Linienlagen *unbedingt* auf den Brechungseffekt *korrigiert* werden, da es sonst zu einer erheblichen Verfälschung der Ergebnisse kommen kann. Wie das Beispiel in Bild 13.20 zeigt, ist der Effekt für Einfallswinkel bis etwa $\alpha = 3°$ von Bedeutung. Für eine quantitative Betrachtung der Brechungskorrektur für beliebige Beugungsgeometrien sei auf [88] verwiesen.

13.5 Hochauflösende Röntgendiffraktometrie (Hrxrd)

Die hochauflösende Röntgendiffraktometrie (High-Resolution X-ray Diffraction – Hrxrd) findet ihren Einsatz vor allem bei der Charakterisierung epitaktischer Schichten. Einen Hauptschwerpunkt bilden dabei neben Si und SiGe epitaktische Schichten von Verbindungshalbleitern, wie die III/V-Halbleiter. Dazu gehören die binären Verbindungshalbleiter GaP, GaAs, AlSb und InP sowie die ternären und quartärneren Mischkristalle dieser Halbleiter, z. B. AlGaAs und InGaAsP. Auch andere Halbleiterepitaxieschichten gewinnen immer mehr an Bedeutung, wie z. B. SiC, ZnO, GaN. Die Eigenschaften dieser epitaktischen Schichten werden von der chemischen Zusammensetzung und der Verspannung des Gitters sehr stark beeinflusst. Die chemische Zusammensetzung der o. g. Mischkristalle steht in engem Zusammenhang mit den Zellparametern. Die Zellparameter von Mischkristallen ändern sich stetig mit der chemischen Zusammensetzung und lassen sich, wie bereits mehrfach erwähnt, näherungsweise durch lineare Interpolation der Gitterparameter der Endkomponenten berechnen. Dieser Zusammenhang wurde bereits als Vegardsche Regel eingeführt. Mit der hochauflösenden Röntgendiffraktometrie lassen sich die Zellparameter bzw. die Gitterfehlanpassungen sehr genau bestimmen. Eine umfassendere Zusammenstellung und die Einbeziehung der kinematischen Streutheorie ist bei Pietsch [196] zu finden. Zur Bestimmung dieser Größen kommen in der Regel

folgende Verfahren der Hochauflösungsröntgendiffraktometrie (HRXRD) zum Einsatz:
- die Aufnahme von Rockingkurven
- die Aufnahme reziproker Gitterkarten – »Reciprocal Space Mapping – RSM«

13.5.1 Epitaktische Schichten

Unter Epitaxie versteht man das orientierte Kristallwachstum auf einer kristallinen Unterlage. In der Halbleitertechnologie lässt man einkristallines Material orientiert als dünne Schicht auf einem Substratkristall (z. B. einkristallinem Silizium) aufwachsen. Bild 13.21 zeigt schematisch eine GaN-Schicht und die dazu gehörigen Röntgenbeugungsdiagramme, aufgenommen mit einem BRAGG-BRENTANO-Diffraktometer für polykristallines-, texturiertes- und epitaktisch aufgewachsenes GaN .

Für die Abscheidung epitaktischer Schichten kommen verschiedene Epitaxieverfahren zum Einsatz, wie die Flüssigphasenepitaxie (Liquid Phase Epitaxy – LPE), die chemische Gasphasenabscheidung (Chemical Vapour Deposition – CVD) und die Molekularstrahlepitaxie (Molecular Beam Epitaxy – MBE). Bestehen Schicht und Substrat aus dem gleichen Material, spricht man von Homoepitaxie, andernfalls von Heteroepitaxie. Bei der Heteroepitaxie stimmen die Zellparameter von Substrat a_S und Epitaxieschicht a_L in der Regel nicht exakt überein. Man unterscheidet bei der Heteroepitaxie pseudomorphe und relaxierte Schichten sowie einige Sonderformen des Epitaxiewachstums. Ihre Besonderheiten seien im Folgenden für kubische Materialien dargestellt. Analoge Aussagen können für nicht kubische Materialien getroffen werden.

Pseudomorphe Schichten

Wenn die so genannte relaxierte Gitterfehlanpassung

$$\frac{\Delta a}{a} = \frac{a_L - a_S}{a_S} \tag{13.15}$$

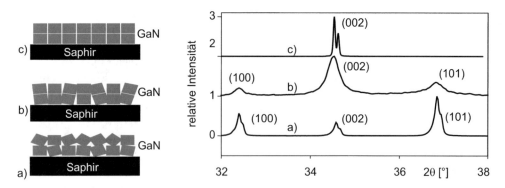

Bild 13.21: Schematische Darstellung von Schichten α-GaN auf c-Achsen orientierten Saphir und zugehörende Diffraktogramme des GaN a) polykristalline Schicht b) texturierte Schicht c) epitaktische Schicht

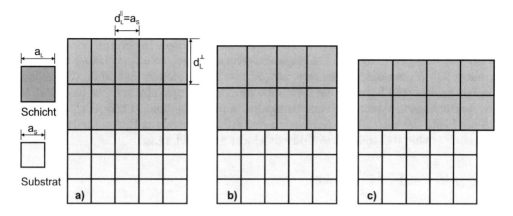

Bild 13.22: a – pseudomorphe, b – teilrelaxierte, c – vollrelaxierte Epitaxieschicht

nicht zu groß und die Schicht nicht zu dick ist, passt sich die Einheitszelle der Schicht lateral an den vom Substrat vorgegebenen Zellparameter a_S an. Unter dem Einfluss der dabei auftretenden elastischen Spannungen wird die kubische Einheitszelle der Schicht in Wachstumsrichtung tetragonal verzerrt, wenn das Wachstum auf einem kubischen $(1\,0\,0)$-orientierten Substrat erfolgt, Bild 13.22. Dieses Wachstum wird als pseudomorphes Wachstum bezeichnet. Für pseudomorphe Epitaxieschichten gilt:

$$\left(\frac{\Delta d}{d}\right)^{\perp} = \frac{d_L^{\perp} - a_S}{a_S} = \frac{1}{P} \cdot \frac{\Delta a}{a} \tag{13.16}$$

$$\left(\frac{\Delta d}{d}\right)^{\parallel} = \frac{d^{\parallel}{}_L - a_S}{a_S} = 0. \tag{13.17}$$

Die aufgeführten Gleichungen gelten für kubisches Material. Für nichtkubisches Material können vergleichbare Beziehungen hergeleitet werden. Der Faktor P lässt sich mit Hilfe der Elastizitätstheorie berechnen. Für kubisches Material mit der Orientierung $(h\,k\,l)$ ergeben sich folgende Werte $P_{(hkl)}$:

$$P_{(001)} = \frac{c_{11}}{c_{11} + 2c_{12}} \tag{13.18}$$

$$P_{(011)} = \frac{c_{11} + 0{,}5(2c_{44} - c_{11} + c_{12})}{c_{11} + 2c_{12}} \tag{13.19}$$

$$P_{(111)} = \frac{c_{11} + 1{,}5(2c_{44} - c_{11} + c_{12})}{c_{11} + 2c_{12}} \tag{13.20}$$

c_{11}, c_{12} und c_{44} sind die elastischen Konstanten in der VOIGT-Notation, siehe auch Kapitel 10.2.2.

Relaxierte und teilrelaxierte Schichten

Eine steigende Schichtdicke führt zu zunehmenden Spannungen in der Epitaxieschicht, bis die Schicht unter Bildung von Fehlanpassungsversetzungen relaxiert. Dabei bilden sich vor allem 60°-Versetzungen, die längs der {1 1 1}-Ebenen gleiten und an der Grenzfläche zwischen Schicht und Substrat ein Netzwerk von Versetzungslinien parallel zu den $\langle 1\,1\,0\rangle$-Richtungen bilden. Wenn die Versetzungsdichte in $[1\,1\,0]$- und $[1\,\bar{1}\,0]$- Richtung gleich groß ist, bleibt die tetragonale Symmetrie der $[0\,0\,1]$-orientierten Einheitszelle im Mittel erhalten. Für eine (teil)relaxierte Epitaxieschicht gilt, Bild 13.22:

$$d_L^{\parallel} \neq a_S \quad \text{und} \quad \left(\frac{\Delta d}{d}\right)^{\parallel} \neq 0 \tag{13.21}$$

Von einer vollständig relaxierten Epitaxieschicht spricht man, wenn die tetragonale Verzerrung aufgehoben ist und die Einheitszelle der Schicht wieder kubische Symmetrie hat. In diesem Fall gilt:

$$d_L^{\perp} = d_L^{\parallel} = a_L \quad \text{und} \quad \left(\frac{\Delta d}{d}\right)^{\perp} = \left(\frac{\Delta d}{d}\right)^{\parallel} = \frac{\Delta a}{a} \tag{13.22}$$

Mit Hilfe der Elastizitätstheorie ist eine Umrechnung zwischen den mit der Röntgendiffraktometrie experimentell bestimmbaren Gitterfehlanpassungen senkrecht und parallel zur Oberfläche und der relaxierten Gitterfehlanpassung möglich. Es gilt:

$$\frac{\Delta a}{a} = P \cdot \left[\left(\frac{\Delta d}{d}\right)^{\perp} - \left(\frac{\Delta d}{d}\right)^{\parallel}\right] + \left(\frac{\Delta d}{d}\right)^{\parallel} \tag{13.23}$$

Zur Quantifizierung der Relaxation wurde der Relaxationsgrad r definiert:

$$r = \left(\frac{\Delta d}{d}\right)^{\parallel} / \left(\frac{\Delta a}{a}\right) \tag{13.24}$$

Bei pseudomorphen Schichten ist $r = 0$ und bei vollständig relaxierten Schichten ist $r = 1$.

Orthorhombisch verzerrte Schicht

Bei der Behandlung relaxierter und teilrelaxierter Schichten wurde vorausgesetzt, dass die Versetzungsdichten in beiden Richtungen $\langle 1\,1\,0\rangle$ gleich groß sind. Wird diese Annahme nicht erfüllt, besitzt die Einheitszelle orthorhombische Symmetrie. Zur vollständigen Charakterisierung dieser Einheitszelle muss sowohl $(\Delta d/d)^{\parallel}_{[1\,1\,0]}$ als auch $(\Delta d/d)^{\perp}_{[1\,\bar{1}\,0]}$ bestimmt werden. Für die relaxierte Gitterfehlanpassung gilt dann:

$$\frac{\Delta a}{a} = P \cdot \left\{ 0{,}5 \left[\left(\frac{\Delta d}{d}\right)^{\perp}_{[1\,1\,0]} + \left(\frac{\Delta d}{d}\right)^{\perp}_{[1\,\bar{1}\,0]}\right] - 0{,}5 \left[\left(\frac{\Delta d}{d}\right)^{\parallel}_{[1\,1\,0]} + \left(\frac{\Delta d}{d}\right)^{\parallel}_{[1\,\bar{1}\,0]}\right]\right\}$$

$$+ 0.5 \left[\left(\frac{\Delta d}{d} \right)^{\parallel}_{[1\,1\,0]} + \left(\frac{\Delta d}{d} \right)^{\parallel}_{[1\,\bar{1}\,0]} \right] \qquad (13.25)$$

Verkipptes Aufwachsen

In den bisherigen Betrachtungen wurde vorausgesetzt, dass die Orientierung von Substrat und Schicht gleich sind (z. B. $(1\,0\,0)_{Substrat} \parallel (1\,0\,0)_{Schicht}$). Diese Ebenen können jedoch gegeneinander verkippt sein.

Sonderfälle der Epitaxie

Neben den bisherigen Orientierungsbeziehungen werden auch folgende Systeme als epitaktisch bezeichnet:
- die Einheitszelle der Schicht ist gegenüber der des Substrats gedreht
- der Strukturtyp von Schicht und Substrat sind verschieden, zeigen jedoch feste Orientierungsbeziehungen, z. B. $\{0\,0\,0\,1\} - ZnO \parallel \{0\,1\,\bar{1}\,2\} - Al_2O_3$ [250]

13.5.2 Hochauflösungs-Diffraktometer – Anforderungen und Aufbau

Die Anforderungen an die Hochauflösungs-Diffraktometer ergeben sich aus den oben erwähnten Problemstellungen. Hauptaufgabe der Hochauflösungs-Diffraktometrie ist die genaue Bestimmung von Gitterfehlanpassungen und damit verbunden die Bestimmung von Schichtverspannungen und der chemischen Zusammensetzung der Schichten. So müssen zur Untersuchung von Schichtverspannungen epitaktischer Schichten Gitterfehlanpassungen senkrecht zur Oberfläche mit einer Auflösung von $(\Delta d/d)^{\perp} = 1.3 \cdot 10^{-4}$ und parallel zur Oberfläche mit einer Auflösung von $(\Delta d/d)^{\parallel} = 5 \cdot 10^{-5}$ bestimmt werden. Um die Zusammensetzung von AlGaAs auf GaAs(001) auf 1 % genau zu bestimmen, muss die Bestimmung der Gitterfehlanpassung mit $2.7 \cdot 10^{-5}$ nm genau erfolgen. Zusammenfassend muss man für die Hochauflösungs-Diffraktometrie eine Winkelauflösung von mindestens $\Delta\omega = 0.001°$ fordern. Weiterhin wird eine Intensitätsdynamik von ca. 6 Dekaden gefordert. Zur Erfüllung dieser Anforderungen benutzt man in der Regel (+n,-n)-Zwei-Kristallanordnungen oder (+n,-n,-n,+n, m)-Fünf-Kristallanordnungen, Bild 13.23b. Drei-Kristallanordnungen (+n,-n,m) sind ebenfalls im Einsatz. Für die Bezeichnung der Mehrfachreflexionen gelten folgende Regeln [48]:
- Die erste Reflexion erhält die Bezeichnung +n.
- Die nächste Reflexion erhält die Bezeichnung n, falls der Netzebenenabstand mit der ersten Reflexion identisch ist bzw. die Bezeichnung m für einen unterschiedlichen Netzebenenabstand.
- Diese nächste Reflexion erhält ein positives Vorzeichen (+), falls der Strahl im gleichen Sinn abgelenkt wird, andernfalls ein negatives Vorzeichen (-).

So erhält der häufig verwendete Channel-Cut-Monochromator mit Zweifachreflexion die Bezeichnung (+n,-n) und der BARTELS-Monochromator die Bezeichnung (+n,-n,-n,+n). Für die Zwei-Kristallanordnung werden die o. g. Forderungen bezüglich der hochauflösenden Röntgendiffraktometrie in der Regel nur dann erfüllt, wenn die BRAGG-Winkel

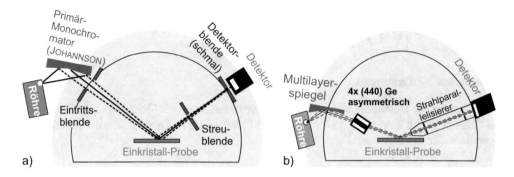

Bild 13.23: a) Zwei-Kristallanordnung b) Fünf-Kristallanordnung

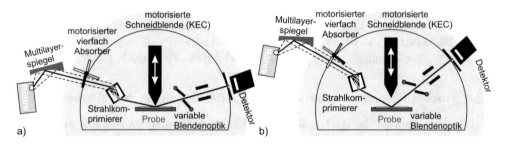

Bild 13.24: a) Diffraktometeranordnung für höchstaufgelöste Reflexionsmessung (XRR)
b) Diffraktometeranordnung für höchstaufgelöste Beugungsuntersuchungen bei dünnen Schichten

von Monochromator- und Probenkristall übereinstimmen. Dagegen lassen sich beim Fünf-Kristalldiffraktometer die o. g. Anforderungen für fast alle Reflexe erfüllen. Erst ab Bragg-Winkeln von > 70° verschlechtert sich die Auflösung. In der Regel wird der Vierfach-Monochromator mit $(2\,2\,0)$ Ge oder $(4\,4\,0)$ Ge-Reflexen und Cu-Kα1-Strahlung mit vorgeschaltetem Multilayerspiegel betrieben.

Insbesondere der Einsatz des Vier-Kristallmonochromators führt zu einer stark sinkenden Primärstrahlintensität, siehe Tabelle 4.5. Durch den Einsatz neuer optischer Komponenten (Multilayerspiegel und Strahlkomprimierer aus Ge) konnte ein Ausweg gefunden werden. Bild 13.24b zeigt einer derartige Anordnung für die Hochauflösungs-Diffraktometrie und die höchstaufgelöste Reflektometrie.

Neben der bereits vorgestellten Differenzierung der Hochauflösungssysteme existiert eine weitere Unterscheidung in:

- zweiachsige Hochauflösungs-Diffraktometer
- dreiachsige Hochauflösungs-Diffraktometer.

Die erste Achse ist die Achse zur Justierung des Strahlkonditionierers (z. B. Monochromator). Die zweite Achse bildet die Scan-Achse der Probe um die Bragg-Winkel. Die dritte Achse justiert die dem Detektor vorgeschaltete Röntgenoptik. Von Fewster [82] wird eine neue Art der Hochauflösungsbeugung vorgestellt. Durch die Kombination von Mikro-fokusröhren mit einem Strahldurchmesser um $40\,\mu m$ und einem positionsempfindlichen Halbleiterdetektor (wegen der hohen dynamischen Zählratenverarbeitung bis 10^9) ist es nach [82] möglich, reziproke Spacemaps und Hochauflösungsdiffraktogramme zu messen. Dabei kann auf eine Diffraktometerbewegung verzichtet werden. Eine umfassende Dar-stellung der Anforderungen an die Komponenten für Hochauflösungsdiffraktometer findet man bei BOWEN und TANNER [48].

13.5.3 Diffraktometrie an epitaktischen Schichten

Aus den Betrachtungen in Kapitel 3.3.3 ist bekannt, dass Beugungserscheinungen beson-ders einfach im reziproken Raum zu erklären sind. Es sollen daher die verschiedenen epitaktischen Systeme im reziproken Raum dargestellt werden. Liegt eine epitaktische Schicht bzw. liegen Schichten auf einem Substrat vor, so kommt es zur Superposition von zwei oder mehreren reziproken Gittern. Im Folgenden soll nur eine epitaktische Schicht betrachtet werden. Für die pseudomorphen und voll relaxierten Schichten erhält man die in Bild 13.25 dargestellten reziproken Gitter. Für eine verkippte Schicht kann das reziproke Gitter ebenfalls sehr einfach konstruiert werden.

Aufgabe 28: Konstruktion des reziproken Gitters einer verkippten Epitaxieschicht

Konstruieren Sie das reziproke Gitter von Substrat und verkippter Schicht (Substrat und Schicht kubisch, z. B. GaAs). Die $(0\,0\,1)$-Ebene der Schicht sei um den Winkel τ gegenüber der $(0\,0\,1)$-Ebene des $(0\,0\,1)$-Substrats verkippt.

Die so dargestellten punktförmigen reziproken Gitter gelten jedoch nur für unendlich ausgedehnte Kristalle. Durch Probeneinflüsse erhalten die reziproken Gitterpunkte bzw. die dazugehörigen Beugungsreflexe eine Struktur, siehe Kapitel 3.2.7. Folgende Proben-einflüsse ändern die Ausdehnung der reziproken Gitterpunkte bzw. die Beugungsreflexe, Bild 13.26 und 13.27:

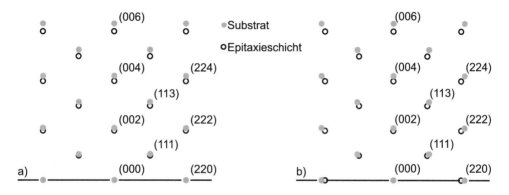

Bild 13.25: reziprokes Gitter Substrat und a) pseudomorphe Schicht b) vollrelaxierte Schicht

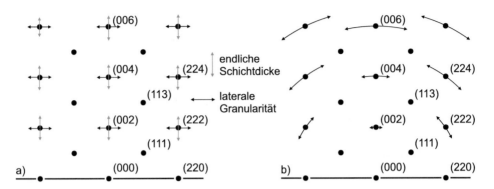

Bild 13.26: reziprokes Gitter der Epitaxieschicht bei a) endlicher Schichtdicke und Granularität b) Mosaizität und Verzwillingung

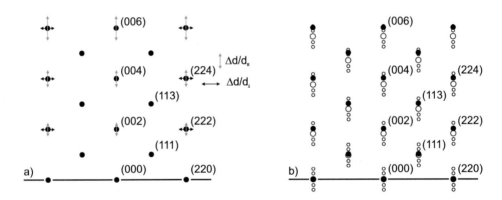

Bild 13.27: reziprokes Gitter bei a) Variation in der Gitterfehlanpassung der Epitaxieschicht
b) Übergitter senkrecht zur Oberfläche

- endliche Dicke der Schicht – Verbreiterung der reziproken Gitterpunkte in Normalenrichtung
- laterale Granularität – Verbreiterung der reziproken Gitterpunkte in Parallelrichtung
- Mosaizität und Verzwillingung – kreisförmige Verbreiterung der reziproken Gitterpunkte, reziproke Gitterpunkte der Zwillinge
- Variationen in der Gitterfehlanpassung senkrecht und parallel zum Substrat – Verbreiterung der reziproken Gitterpunkte in Normalen- bzw. Parallelrichtung. Mit Entfernung vom Nullpunkt des reziproken Gitters $(0\,0\,0)$ nimmt die Verbreiterung zu.
- Übergitter parallel bzw. normal zur Oberfläche – Satelliten des reziproken Gitters
  in Normalen- bzw. Parallelrichtung.

Nach der Vorstellung der reziproken Gitter verschiedener epitaktischer Schichten sollen jetzt die Beugungserscheinungen mit Hilfe der EWALD-Konstruktion diskutiert werden. Mit dieser Konstruktion kann man gleichzeitig Probeneinflüsse und instrumentelle
Einflüsse betrachten. Für die Hochauflösungs-Diffraktometrie nutzt man in der Regel

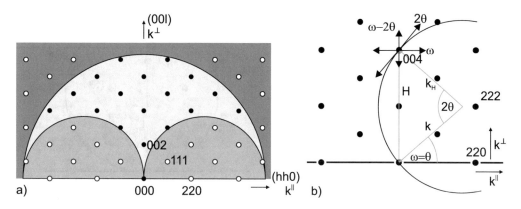

Bild 13.28: a) Messbereich im reziproken Raum b) symmetrischer (004)-Reflex einer (001)-
Oberfläche, Material mit Zinkblendestruktur

Vier-Kreis-Diffraktometer mit EULER-Wiege in Verbindung mit dem Vierfach-Monochromator. Die Bezeichnung der Drehachsen der EULER-Wiege entspricht denen im Kapitel
5.9.3. Die θ-Achse wird auch oft mit ω bezeichnet. Anhand der EWALD-Konstruktion lässt
sich der Bereich des reziproken Raumes angeben, der durch die Messung von BRAGG-
Reflexen insgesamt erfasst werden kann, Bild 13.28a. Die Konstruktion ist dargestellt für
ein kfz-Material mit einem Zellparameter von $a = 0{,}56$ nm und für Cu-$K\alpha_1$-Strahlung. Alle schwarz gezeichneten reziproken Gitterpunkte können mit dem Diffraktometer erfasst
werden. Die anderen Punkte können nicht erfasst werden. Die außerhalb des großen Radius gelegenen reziproken Gitterpunkte können nur bei Übergang zu kleineren Wellenlänge
detektiert werden. Die Punkte innerhalb der kleinen Radien sind nur in Transmission
der Messung zugänglich. Wir betrachten jetzt für ein kubisches Material mit (001)-
Oberfläche (z. B. GaAs) die EWALD-Konstruktion eines symmetrischen (004)-Reflexes,
Bild 13.28b. Ergänzend sind die Scanrichtungen des Diffraktometers im reziproken Raum
eingezeichnet. Ein ω-Scan (Rockingkurve im engeren Sinne) verläuft angular, ein $\omega - 2\theta$-
Scan radial. Bei asymmetrischen Reflexen existieren unter der Voraussetzung, dass der
Nullpunkt der EWALD-Kugel in der betrachteten reziproken Gitterebene verbleibt, zwei
Möglichkeiten, die EWALD-Kugel durch den reziproken Gitterpunkt zu legen:
- Geometrie mit flachem Einfall und steilem Austritt-Reflex $(h\,k\,l)_-$
- Geometrie mit steilem Einfall und flachem Austritt-Reflex $(h\,k\,l)_+$
Bild 13.29 zeigt diese Fälle für den asymmetrischen (224)-Reflex.

13.5.4 Reziproke Spacemaps – RSM

Das »Reciprocal Space Mapping – RSM« gehört zu den Standardmethoden der Analyse
epitaktischer Schichten durch Aufnahme zweidimensionaler Beugungsbilder. Die Aufnahme eines RSM erfolgt in der Regel in der Umgebung eines bekannten reziproken Gitterpunktes des Substrats (z. B. um die reziproken Gitterpunkte (004) oder (224)). Die
Achseneinheit [r.l.u.] steht für *reciprocal lattice units*. In dieser Umgebung werden eine
Vielzahl von ω-2θ-Diffraktogrammen aufgenommen, wobei der Einfallswinkel ω, bei dem
diese Diffraktogramme begonnen werden, schrittweise erhöht wird. Es ist auch möglich,

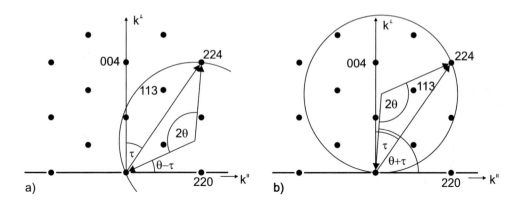

Bild 13.29: a) asymmetrischer $(224)_-$-Reflex b) asymmetrischer $(224)_+$-Reflex

ω-Scans bei unterschiedlichen 2θ-Winkeln zu messen. Bild 13.30a zeigt eine Skizze des kartierten Bereichs für die Umgebung des $(2\,2\,4)$- und $(0\,0\,4)$-Gitterebenenreflexes für ein Material mit Zinkblendestruktur. Die Darstellung der Intensitätsverteilung um den reziproken Gitterpunkt ist das RSM. Die Koordinaten $q_{\parallel}$ und $q_{\perp}$ berechnen sich aus den Diffraktometerwinkeln nach:

$$q_{\parallel} = R_{Ewald}(\cos\omega - \cos(2\theta - \omega)) \tag{13.26}$$

$$q_{\perp} = R_{Ewald}(\sin\omega + sin(2\theta - \omega)) \tag{13.27}$$

Aus der Lage der Schichtreflexe kann ähnlich wie bei der Rockingkurve der Zellparameter relativ zum Substrat bestimmt werden. Die Ausdehnung der reziproken Gitterpunkte gibt Hinweise auf das Schichtwachstum und die Qualität der Epitaxieschicht, Bild 13.30b. Folgende Aussagen zur Reflexverbreiterung können getroffen werden [202]:

- Eine Verbreiterung senkrecht zur Grenzfläche (in Richtung $q_{\perp}$) entsteht durch die endliche Ausdehnung der Schicht.
- eine Verbreiterung parallel zur Grenzfläche (in Richtung $q_{\parallel}$) wird beobachtet, wenn es zu Inselwachstum oder Korngrenzen kommt.
- Eine Verbreiterung in Richtung des Streuvektors ist durch Änderung der Zellparameter bedingt. Die Zellparameteränderung kann durch Verspannung oder Änderungen in der Zusammensetzung der Schicht verursacht sein.
- Eine Verbreiterung senkrecht zum Streuvektor ist Folge der Mosaizität.

Neben den hier vorgestellten Konturdiagrammen im reziproken Raum werden die aufgenommenen Intensitätsverteilungen oft auch in einem Konturdiagramm mit den Achsen ω und 2θ dargestellt. Da die Scanrichtungen ω und 2θ in ein rechtwinkliges Koordinatensystem eingetragen werden, entspricht die eingetragene Intensitätsverteilung nicht der wirklichen Verteilung um einen reziproken Gitterpunkt. Das muss bei der Interpretation der Schichtqualität aus derartigen Konturdiagrammen berücksichtigt werden. Bild 13.31 zeigt dies am Beispiel einer AlN-Schicht auf Saphir. Epitaktische AlN-Schichten sind ein wichtiges Material in der Akustoelektronik.

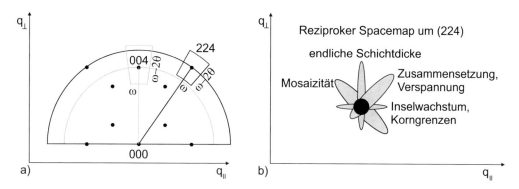

Bild 13.30: a) Skizze RSM eines Materials mit Zinkblendestruktur in der Umgebung (004) und (224) b) Skizze RSM um den (224)-Reflex mit möglichen Verbreiterungen nach [202]

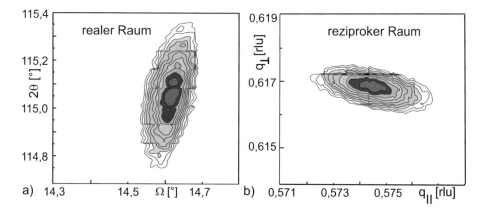

Bild 13.31: Vergleich eines RSM im a) direkten Raum und b) reziproken Raum für eine AlN-Schicht auf Saphir

Bild 13.32a zeigt als praktisches Beispiel der HRXRD die Rockingkurven von SiGe-Schichten mit unterschiedlicher Ge-Konzentration auf Si-Substraten. Die Rockingkurven zeigen die BRAGG-Reflexe der SiGe-Schichten und des Si-Substrats. Aus der Lage der symmetrischen BRAGG-Reflexe der SiGe-Schichten kann ihr Zellparameter $a_\perp$ berechnet werden. Es gilt:

$$2 \cdot a_\perp \sin \theta = \lambda \tag{13.28}$$

Mit den beschriebenen Röntgendiffraktometern ist jedoch eine absolute Messung des BRAGG-Winkels der SiGe-Schicht nicht möglich. Exakt kann nur die Winkeldifferenz $\Delta\omega$ zwischen SiGe- und Substratreflex bestimmt werden. Unter Verwendung des theoretischen BRAGG-Winkels für das Si-Substrat und der Winkeldifferenz $\Delta\omega$ kann jedoch der BRAGG-Winkel der SiGe-Schicht berechnet werden und damit der Zellparameter $a_\perp$. Es

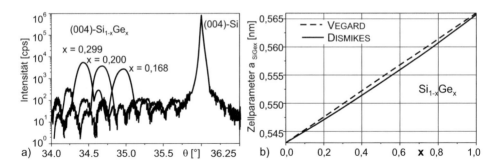

Bild 13.32: a) Rockingkurven von SiGe-Schichten mit unterschiedlicher Ge-Konzentration
b) VEGARDsche Regel für SiGe nach TRUI [261]

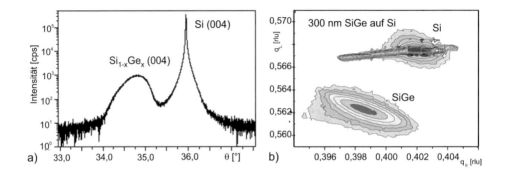

Bild 13.33: a) Rockingkurve einer relaxierten SiGe-Schicht b) RSM einer relaxierten SiGe-
Schicht

zeigt sich, dass die Winkeldifferenz $\Delta\omega$ mit der Ge-Konzentration zunimmt. Aus dem
Zellparameter kann mit Hilfe der VEGARDschen Regel, Bild 13.32b, die im Bild 13.32a
angegebene Schichtzusammensetzung ermittelt werden.

Neben den BRAGG-Reflexen treten am SiGe-Reflex zusätzliche Oszillationen in der Intensität auf. Es handelt sich um so genannte Schichtdickenoszillationen. Aus den Schichtdickenoszillationen der Rockingkurve kann die Schichtdicke berechnet werden. Das geschieht am besten durch Simulation der Rockingkurven. Die Simulation dieser Rockingkurven erfordert den Einsatz der hier nicht näher behandelten dynamischen Beugungstheorie in der Formulierung von TAKAGI-TAUPIN. Eine ausführliche Darstellung dieser
Theorie findet man bei PINSKER [197].

Bild 13.33a zeigt die Rockingkurve einer dicken relaxierten SiGe-Schicht auf einem
Si-Substrat. Die Relaxation erfolgt durch Bildung von Anpassungs- und Durchstoßver-
setzungen. Somit kann auf diese Schichten die dynamische Streutheorie nicht mehr angewendet werden. Die Ungültigkeit der dynamischen Beugungstheorie für diese Schichten
wird am Fehlen der Schichtdickenoszillationen ersichtlich. Der SiGe-Reflex der relaxierten
Schicht ist gegenüber den dünnen Schichten deutlich verbreitert. Bild 13.33b zeigt das
RSM einer relaxierten SiGe-Schicht auf Si.

13.5.5 Supergitter (Superlattice)

Im Kapitel Reflektometrie 13.2 wurde gezeigt, dass unterschiedliche Einzelschichtdicken gemessen werden können. Werden dünne Schichten aus unterschiedlichen Materialien mit Schichtdicken $d_{si} < 3$ nm mehrfach wiederholend übereinander angeordnet, dann können die Abstände zweier Teilschichten aus dem gleichen Material als »Netzebenenabstand« mit einem Beugungswinkel $\theta \approx 0{,}7°$ aufgefasst werden. Diese Schichtenfolge stellt einen *künstlichen Kristall*, als *Supergitter* (superlattice) bezeichnet, dar. Je nach Ausbildung und Schärfe der Grenzflächeneigenschaften unterscheidet man verschiedene Ordnungsgrade dieser Anordnungen, Bild 13.34a. Ersichtlich wird, dass sowohl die kristalline Ausbildung der Zwischenschichten, amorph oder kristallin, aber auch die Gleichmäßigkeit der Einzelschichtdicken den Ordnungsgrad bestimmen. In Bild 13.34b sind Beugungsinterferenzen als Funktion von Einzelschichtdicken schwer mischbarer Eisen- und Magnesiumschichten festgestellt worden. Stellt man jedem Winkelbereich mit einer größtmöglichen Vergrößerung dar, dann sind auch schwache Beugungsinterferenzen noch erkennbar. Aus den Winkellagen lassen sich mit der BRAGGschen Gleichung die »Netzebenenabstände« errechnen. Hier muss man auch Beugungen mit höherer Ordnung, also $n > 1$, in Betracht ziehen, Tabelle 13.5 zum Bild 13.34b. Typisch für Supergitter sind Beugungsinterferenzen bei kleinen Winkeln, da die »Netzebenenabstände - Identitätsabstände« gegenüber realen Kristallen mindestens doppelt bis zehnmal so groß sind.

Im Bild 13.35a ist ein Transmissionselektronenmikroskop (TEM)-Bild eines Multilayers Wolfram-Kohlenstoff mit einer Schichtdickenvorgabe von 2 nm gezeigt. Die bei kleinem Winkel erkennbaren Beugungsreflexe können den im Bild 13.35b eingezeichneten Identitätsabständen zugeordnet werden. Die mit 1,3 nm und 1,0 nm eingezeichneten Abstände sind die Beugungserscheinungen für die gleichen Abstände, aber mit Beugungsordnung $n = 2$. Die in diesem Diffraktogramm nicht sehr scharfen Beugungsinterferenzen verdeutlichen die auftretenden Fehler im hergestellten Multilayersystem. Die Probe kann somit entsprechend Bild 13.34a einem niedrigen Ordnungsgrad zugeordnet werden,

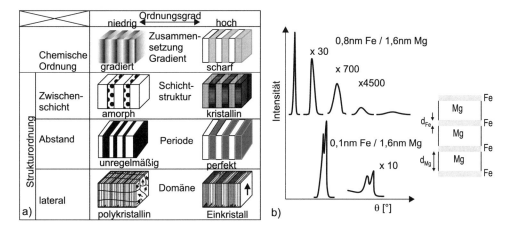

Bild 13.34: a) Ordnungsgrad von Supergittern b) Röntgenbeugungsdiagramme zweier Multilayer-Anordnungen Fe-Mg, konkrete Werte siehe Tabelle 13.5

Tabelle 13.5: Zuordnung der Dicken aus Bild 13.34b zu den gemessenen Winkellagen

	$d_{\text{Mg}} = 1,6\,\text{nm}$		$d_{\text{Fe}} = 0,8\,\text{nm}$	
d [nm]	welche Schicht	n	2θ	Zoomfaktor
2,4	$d_{Fe} + d_{Mg}$	1	3,651°	1
1,6	d_{Mg}	1	5,532°	30
1,2	$d_{Fe} + d_{Mg}$	2	7,393°	700
0,8	$d_{Fe} + d_{Mg}$	1 bzw. 2	11,047°	4500
0,6	$d_{Fe} + d_{Mg}$	3	14,761°	4500
	$d_{\text{Mg}} = 1,6\,\text{nm}$		$d_{\text{Fe}} = 0,1\,\text{nm}$	
1,7	$d_{Fe} + d_{Mg}$	1	5,178°	1
1,6	d_{Mg}	1	5,476°	1
0,9	$d_{Fe} + d_{Mg}$	2	10,351°	10
0,8	d_{Mg}	2	11,047°	10

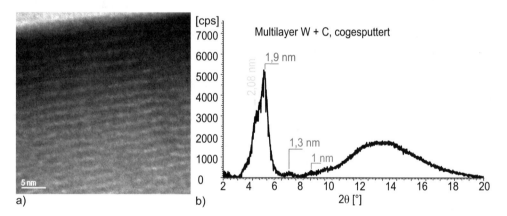

Bild 13.35: a) Transmissionselektronenmikroskop-Abbildung einer Multilayerschicht Wolfram-Kohlenstoff b) Diffraktogramm der Schichtenfolge bei kleinem Winkel beginnend und bestimmte Beugungsinterferenzlagen der Identitätsabstandsschichtdicken

welcher auch im TEM-Bild, 13.35a ersichtlich wird. Das Röntgenbeugungsexperiment ist mit einem wesentlich geringeren Zeitaufwand verbunden als zur Präparation einer TEM-Probe und der Untersuchung notwendig ist. Durch die sachgerechte Auswertung des Diffraktogramms lässt sich somit über Röntgendiffraktogramme mit wesentlich geringeren Aufwand in solche Nanostrukturen »hineinschauen«. Betrachtet man die mögliche Kristallinität und den Ordnungszustand zweier möglicher kristalliner Schichten (mögliche Verhältnisse im Bild 13.36a), dann ergeben sich für die eigentlichen BRAGG-Interferenz der Einzelmaterialien die im Bild 13.36 aufgelisteten Formen. Bei Supergittern treten auch an der eigentlichen BRAGG-Interferenz bei vorherrschender Kristallinität der Einzelschichten Profilveränderungen auf. Werden die Multilayer getempert, sind sowohl Änderungen im niedrigen Winkelbereich vor allem in den Intensitäten sichtbar, aber auch

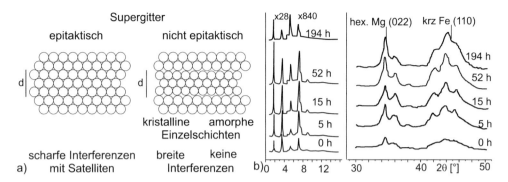

Bild 13.36: a) Einzelschichtausbildung und daraus ableitbare Beugungsprofile bei großen Beugungswinkeln der Einzelmaterialien b) Diffraktogramme von Multilayern Fe-Mg nach unterschiedlichen Temperzeiten

im Bereich der eigentlichen BRAGG-Winkellagen, Bild 13.36b. An diesem Bild zeigt sich, dass um die Einzelinterferenz nach langen Temperzeiten Oszillationen sichtbar werden. Gleichzeitig ist gegenüber den abgeschiedenen Schichten ein Intensitätsgewinn ersichtlich. Dieser Anstieg ist auf eine bessere Kristallinität und infolge der langen Temperzeit auf in der Schicht ablaufende Ordnungsvorgänge zurückzuführen. Eine Diffusion zwischen Magnesium und Eisen findet auch nach 194 h Temperzeit nicht statt, die Abstände im Beugungswinkel bei kleinen Winkeln - die Identitätsabstände der Schichten, bleiben gleich. Ist der Ordnungsgrad zwischen den einzelnen Multilayerschichten sehr hoch, sind bei mehrfach aufgewachsenen dünnen Schichten mit unterschiedlichen Zellparametern bei der BRAGG-Interferenz Oszillationen feststellbar, wie Bild 13.32a zeigt. Mittels der geometrischen Streutheorie sind diese Oszillationen nicht mehr erklärbar. Durch Anwendung der dynamischen Streutheorie, die die Wechselwirkung der Röntgenphononen mit den Valenzelektronen im Kristall berücksichtigt, lassen sich diese Oszillationen simulieren. Aus dem Abstand der Oszillationsmaxima lassen sich dann ähnlich der Reflektometrie die Identitätsabstände der Schichten bestimmen. Man unterscheidet hier noch in symmetrische und asymmetrische Beugungsinterferenzen mit dem Verkippungswinkel τ. Die Dicke d der Einzelschichten im Multilayer ist:

$$d_{sym\ P} = \frac{\lambda}{2\Delta\omega} \qquad d_{asym\ P} = \frac{\lambda \sin(\theta_B + \tau)}{\Delta\omega \sin(2\theta_B)} \qquad (13.29)$$

13.6 Zusammenfassung: Messung an dünnen Schichten

Auf dem Gebiet der Schichtuntersuchungen werden derzeit die meisten Neuentwicklungen der Diffraktometeranordnungen eingesetzt.

Die Messung an dünnen Schichten kann mit verschiedenen Konfigurationen von Diffraktometern erfolgen. Je nach Methode lassen sich unterschiedliche Material- und Eigenschaftsparameter ermitteln:

Reflektometrie (XRR)

- die Dicke kristalliner und amorpher Schichten
- die Schichtzusammensetzung und die Dichte
- Oberflächen- und Grenzflächenbeschaffenheit, hier Rauheit
- die Supergitter/Multilayer-Periode

Hochauflösende Röntgendiffraktometrie (HRXRD)

- die Schichtdicke kristalliner Schichten
- die Stöchiometrie der Schicht
- die vertikale und laterale Gitterfehlanpassung
- die Verzerrung des Gitters
- mögliche Gitterrelaxation
- die Supergitter/Multilayer-Periode
- heterogene Spannungszustände und die Mosaizität

Die Tabelle 13.6 fasst die möglichen erhaltenen Informationen und die dazu notwendigen Konfigurationen der Goniometer zusammen. Je nach Ausbaustufe der Diffraktometer werden für Schichtuntersuchungen die Reflektometrie (XRR) oder die Hochauflösende Röntgendiffraktometrie (HRXRD) verwendet. Es gibt Abgrenzungen zwischen der Reflektometrie und der hochauflösenden Diffraktometrie bezüglich der lösbaren Aufgaben:

Tabelle 13.6: Mögliche Messaufgabe sowie Verwendung der entsprechenden Methode und dafür notwendige Diffraktometeranordnung, (X) steht für die zu erhaltene Information.

Messaufgabe	HRXRD	GID	Textur	XRR
Phase/Kristallinität	X	X	X	X
laterale Struktur	X	X		X
chemische Zusammensetzung	X		X	
Zellparameter	X	X		
Gitterfehlanpassung	X	X		
Verspannung/Relaxation	X	X		
Kristallitgröße	X			
Schichtdicke (amorphe Schicht)				X
Schichtdicke (kristalline Schicht)	X			X
Rauheit				X
Defekte	X			
Substratorientierung			X	
Schichtorientierung		X	X	

14 Spezielle Verfahren

14.1 Energiedispersive Röntgenbeugung

14.1.1 Grundlegende Beziehungen

In ihrem klassischen Experiment im Jahr 1912 hatten LAUE, FRIEDRICH und KNIPPING weiße, also polychromatische Röntgenstrahlung verwendet, um damit an einem Einkristall den Effekt der Beugung kurzwelligen Röntgenlichtes am Kristall nachzuweisen. Da technische Werkstoffe in der Regel nicht als Einkristall, sondern in Form von Polykristallen mit mehr oder weniger regelloser Kristallitorientierung vorliegen, stellt sich die Frage, was passiert wäre, wenn die drei Pioniere der Röntgenbeugung anstelle eines Kupfervitrioleinkristalls eine beliebige pulverförmige Substanz verwendet hätten. Anhand einfacher Überlegungen wird schnell klar, dass das Ergebnis dieses Experimentes weitaus weniger spektakulär ausgefallen wäre. Bei der Behandlung des LAUE-Verfahrens, Kapitel 5.9.1, war gezeigt worden, dass jeder Einkristall entsprechend seiner Orientierung zum einfallenden Strahl ein ganz spezielles Beugungsmuster liefert. Bereits das Vorliegen mehrerer gegeneinander fehlorientierter Kristallite führt jedoch zu erheblichen Schwierigkeiten bei der Indizierung der LAUE-Diagramme, da sich die Anzahl der Beugungsreflexe vervielfacht. Setzt man diesen Gedankengang nun weiter fort und betrachtet eine polykristalline (Pulver-)Probe mit einer sehr großen Anzahl von Kristalliten, die von polychromatischer Strahlung getroffen werden, so gelangt man zu der Schlussfolgerung, dass der gesamte Film eine mehr oder weniger homogene Schwärzung erfahren würde. Mit anderen Worten, vielkristalline Materie wirkt auf einen weißen Röntgenstrahl ähnlich wie ein 4π-Strahler, der den gesamten Raum bzw. die Oberfläche der EWALD-Kugel mit gebeugter Strahlung belegt. Dabei »suchen« sich die Kristallite – entsprechend ihrer lokalen Orientierung – diejenigen Wellenlängen bzw. Photonenenergien »heraus«, die der BRAGGschen Gleichung genügen. Die Energie eines gebeugten Röntgenquants E_{hkl} kann ähnlich dem Gesetz von DUANE-HUNT, Gleichung 2.5, bestimmt werden. Die entsprechende Beziehung wird als energiedispersive (ED) BRAGGsche Gleichung 14.1 bezeichnet [94]:

$$E_{hkl} = n \cdot \frac{h \cdot c}{2 \cdot \sin \theta} \cdot \frac{1}{d_{hkl}} \qquad (14.1)$$

Dabei steht n für die Beugungsordnung, h für die PLANCKsche Konstante, c für die Lichtgeschwindigkeit, d_{hkl} für den Netzebenenabstand und θ für den BRAGG-Winkel. Der Betrag des Vektors $|\vec{s}|$ im reziproken Gitter ist proportional zur Energie E:

$$|\vec{s}| = \frac{1}{d_{hkl}} = \frac{2 \cdot \sin \theta}{h \cdot c} \cdot E \qquad (14.2)$$

Der energiedispersive Detektor steht während der Messung fest und blickt unter einem engen Raumwinkel auf die Probe, Bild 4.32a. Die Situation lässt sich mit Hilfe der

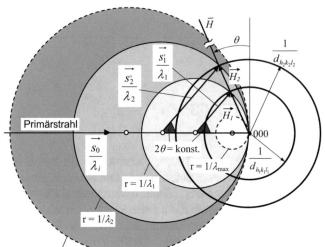

Bild 14.1: EWALD-Konstruktion
für den energiedis-
persiven Fall der
Beugung

EWALD-Konstruktion veranschaulichen, die sich entsprechend dem energiedispersiven Beugungsmodus – polychromatischer Strahl trifft auf vielkristalline Probe – als Kombination aus den in den Bildern 3.25 (LAUE-Verfahren) sowie 3.26 (Pulververfahren) dargestellten Modi ergibt, siehe Bild 14.1. Die Radien der sich im Ursprung des reziproken Gitters berührenden EWALD-Kugeln variieren entsprechend der Breite des *weißen Primärstrahlspektrums* und überdecken einen kontinuierlichen Bereich im reziproken Raum, in Bild 14.1 hellgrau schattiert. Ferner liegen die Endpunkte der zu den einzelnen Netzebenenabständen d_{hkl} gehörenden reziproken Gittervektoren $\vec{H}_i$ auf Kugelschalen mit den Radien $1/d_{hkl}$. Die einzelnen Schalen durchsetzen den gesamten ausgefüllten Bereich der EWALD-Kugeln und liefern folglich in beliebigen Raumrichtungen gebeugte Intensität. Wird nun aber eine bestimmte Messrichtung 2θ und damit die Orientierung eines reziproken Gittervektors $\vec{H}$ bezüglich des Primärstrahls vorgegeben, so erhält man für die entsprechende, *feste Referenzrichtung im Probenkoordinatensystem einen ganzen Satz von Reflexen* $(h\,k\,l)$ diskreter Energien E_{hkl}. Bild 14.1 zeigt dies am Beispiel von zwei Reflexen $(h_1 k_1 l_1)$ und $(h_2 k_2 l_2)$. Da die Richtungen des Primärstrahls $(\vec{s_o})$ und der detektierten, abgebeugten Strahlen $(\vec{s_i'})$ für alle Reflexe gleich sind, ergeben sich die Längen der entsprechenden reziproken Vektoren $\vec{H}_i$ durch einfache Parallelverschiebung von $(\vec{s_i'}/\lambda_i)$ entlang der Geraden $\vec{H}$.

Es soll an dieser Stelle ausdrücklich darauf hingewiesen werden, dass die Winkel θ und 2θ in der energiedispersiven Beugung eine andere Bedeutung haben als im winkeldispersiven Fall. Dort sind der BRAGG- bzw. der Streuwinkel gemeint, die sich *für eine vorgegebene Wellenlänge λ* und *einen Netzebenenabstand d_{hkl} ergeben* und die zur Registrierung eines Interferenzlinienprofils $I(2\theta)$ *schrittweise abgefahren* werden. Im energiedispersiven Fall bezeichnen θ bzw. 2θ *frei wählbare Parameter*, die wie oben beschrieben, während der Messung festgehalten werden und die Lage der Interferenzen E_{hkl} im energiedispersiven Beugungsspektrum festlegen.

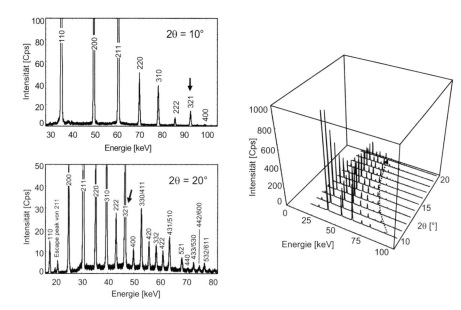

Bild 14.2: Energiedispersive Synchrotronbeugungsspektren einer 16MnCr5 Stahlprobe a) aufgenommen unter zwei verschiedenen Diffraktionswinkeln 2θ, b) sowie nach schritt-
weiser Variation um $\Delta 2\theta = 1°$. Die Verschiebung der einzelnen Interferenzen auf
der Energieskala ist beispielhaft für den $(3\,2\,1)$-Reflex anhand der gepunkteten Linie
verdeutlicht

Nach Gleichung 14.1 bewirkt die Vergrößerung von θ ein »Zusammenschieben« der Interferenzlinien hin zu kleineren Energien, während kleinere θ-Winkel das Spektrum spreizen.
Bild 14.2 verdeutlicht die Situation am Beispiel einer ferritischen Stahlprobe. Die Auswahl geeigneter Beugungsbedingungen hängt stark von der jeweiligen Problemstellung ab,
wie in den folgenden Kapiteln noch gezeigt wird. Bereits aus Bild 14.2 lässt sich ableiten,
warum man in der ED-Beugung in der Regel bei vergleichsweise kleinen Streuwinkeln
$2\theta < 20 - 30°$ arbeitet. Für größere Streuwinkel rücken die Interferenzlinien E_{hkl} so dicht
zusammen, dass sie aufgrund der geringen, absoluten Energieauflösung ΔE nicht mehr
getrennt ausgewertet werden können.

14.1.2 Einflussfaktoren auf das energiedispersive Sekundärspektrum

Das von der Probe gebeugte bzw. gestreute Sekundärspektrum wird von einer ganzen
Reihe Faktoren beeinflusst, deren Kenntnis für das Verständnis des energiedispersiven
Beugungsvorgangs von Bedeutung ist. Bereits im vorangegangenen Abschnitt wurde dar-
auf hingewiesen, dass die Beugungsreflexe E_{hkl} im ED-Spektrum in der Regel eine große
Breite ΔE haben. Diese setzt sich aus der intrinsischen Detektorauflösung und einem
geometrisch bedingten Anteil zusammen:

$$\Delta E = \sqrt{(\Gamma_0^2 + 5.55 \cdot F \cdot \epsilon \cdot E) + (E \cdot \cot \theta \cdot \Delta\theta)^2} \tag{14.3}$$

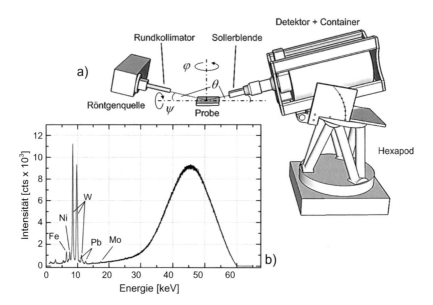

Bild 14.3: a) Elemente eines energiedispersiven Diffraktionsmessplatzes unter Nutzung einer konventionellen Laborröntgenquelle und eines Germanium-Halbleiterdetektors
b) Primärstrahlspektrum einer Wolfram-Anode, aufgenommen unter den Betriebsbedingungen 60 kV/30 mA [90].

Der erste Term in Gleichung 14.3 wird durch die Elektronik des eingesetzten Halbleiterdetektors, siehe Kapitel 4.5.4, bestimmt (Γ_0 - Rauschen (ca. 100 eV), F - FANO-Faktor $(0,1\ldots 0,13)$, ϵ - Energie zur Erzeugung eines Elektron-Loch-Paares (ca. 3,0 eV für Germanium)). Für die in der Hochenergie-Röntgenbeugung eingesetzten Germanium-Halbleiterdetektoren liegt die intrinsische Auflösung für eine Energie von 10 keV bei etwa 160 eV und steigt auf etwa 450 eV für Energien von 100 keV an.

Der geometrisch bedingte Term $E \cdot \cot\theta \cdot \Delta\theta$ ergibt sich direkt durch Differenzieren von Gleichung 14.2 und gestattet einfache Abschätzungen anhand der geometrischen Beugungsverhältnisse. Wird für die Experimente praktisch divergenzfreie Synchrotronstrahlung verwendet, siehe Kapitel 14.1.3, so ergibt sich die äquatoriale, also in der Diffraktionsebene wirksame Divergenz $\Delta\theta$ allein durch die entsprechenden Aperturen der sekundärseitigen Blenden. Für ein Doppelspaltsystem mit Blendenöffnungen von 30 µm, einen Abstand beider Einzelblenden von 360 mm sowie einem BRAGG-Winkel $\theta = 5°$ beträgt die geometrisch bedingte Beugungslinienverbreiterung beispielsweise ΔE [eV] $= 0,95 \cdot E$ [keV] und liegt damit etwa eine Größenordnung unter der detektorintrinsischen Verbreiterung.

Für energiedispersive Diffraktionsexperimente, die im Labor unter Verwendung konventioneller Röntgenquellen durchgeführt werden, spielt die Strahldivergenz hingegen eine wesentlich größere Rolle. Bild 14.3a zeigt den auf die wesentlichen Elemente reduzierten, schematischen Aufbau eines energiedispersiven Labormessplatzes. Aufgrund des im Vergleich zu Synchrotronquellen um mehrere Größenordnungen geringeren Pho-

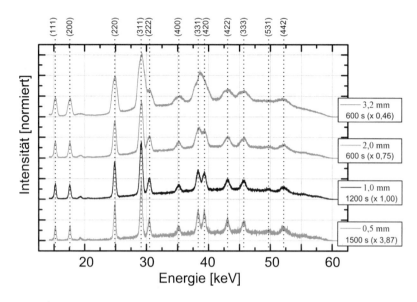

Bild 14.4: Energiedispersive Beugungsspektren von Gold-Pulver, aufgenommen unter Labor-
bedingungen siehe Bild 14.3 für verschiedene Kollimatordurchmesser. Die sekundärseitige Äquatorialdivergenz wurde mit einer Sollerblende auf 0,15° begrenzt, der
Streuwinkel betrug $2\theta = 20°$. Zur besseren Vergleichbarkeit wurden die Spektren auf
die Maximalintensität der (2 0 0)-Interferenzlinie normiert.

tonenflusses muss in diesem Falle mit strahloptischen Elementen gearbeitet werden, die
wesentlich größere Divergenzen zulassen. Primärseitig lassen sich beispielsweise mittels
Rundkollimatoren Werte einstellen, die in der Beugungsebene (Äquatorialdivergenz) und
senkrecht dazu (Axialdivergenz) etwa gleich groß sind. Im gebeugten Strahl schränkt man
oftmals nur die Äquatorialdivergenz ein, wobei aus Intensitätsgründen Sollerspaltblenden
der Vorzug gegenüber einfachen Doppelspaltsystemen zu geben ist.

Das weiße, von der Röntgenröhre emittierte Bremsstrahlspektrum genügt in seiner
Verteilung den in Kapitel 2.2.1 angegebenen Gesetzmäßigkeiten. Hohe Photonenenergien
bis etwa 60 keV können mit Hilfe einer Wolfram-Anode erzielt werden. Wie dem Diagramm in Bild 14.3b zu entnehmen ist, werden bei einer Anregungsspannung von 60 kV
die charakteristischen $K\alpha$-Linien bei 59,6 keV ($K\alpha_1$) und 58 keV ($K\alpha_2$) gerade noch
nicht angeregt, während die $L\alpha$- und $L\beta$-Linien bei 8,4 keV bzw. 9,7 keV im Spektrum
erscheinen. Ferner enthält das Primärspektrum die Eigenstrahlungs-(Fluoreszenz)Linien
von chemischen Elementen, wie Pb, Fe, Ni oder Mo, aus denen die strahlbegrenzenden
Komponenten bestehen bzw. die in ihnen enthalten sind. Bei der Wahl des 2θ-Winkels
sollte daher darauf geachtet werden, dass die interessierenden Beugungslinien in einem
Energiebereich liegen, in dem keine Überlagerungen mit derartigen Fluoreszenzanteilen
zu erwarten sind.

Der maßgebliche Einfluss des geometrischen Terms in Gleichung 14.3 auf die Breite
der Interferenzlinien in ED-Beugungsspektren wird aus Bild 14.4 ersichtlich. Während
für kleine Kollimatordurchmesser, das heißt *geringe Strahldivergenzen* schmale, *gut trenn-*

bare Beugungslinien beobachtet werden, erfahren die Linien mit *zunehmender Kollimatoröffnung* eine *signifikante Verbreiterung*. Dicht benachbarte Linien lassen sich in diesen Fällen nur noch schwer bzw. gar nicht mehr trennen. Gleichwohl wird deutlich, dass die verbesserte Auflösung um den Preis deutlich längerer Zählzeiten erkauft wird. Die Wahl geeigneter experimenteller Parameter stellt daher immer einen Kompromiss zwischen erreichbarer Energieauflösung und vertretbarer Messzeit dar (schwarze Kurve in Bild 14.4).

Bei der Betrachtung der experimentellen Auflösung in der ED-Beugung ist demnach zwischen einer *absoluten Auflösung* nach Gleichung 14.3 zu unterscheiden, die sich durch oben besprochene Linienbreite ergibt und damit die *Trennbarkeit benachbarter Linien* bestimmt, und einer *relativen Auflösung*, die angibt, mit welcher Genauigkeit *Änderungen der Beugungslinienlagen* zu erfassen sind, aus denen sich gemäß

$$\Delta E_{hkl}/E_{hkl} = -\Delta d_{hkl}/d_{hkl} \tag{14.4}$$

Gitterdehnungen ermitteln lassen. Die absolute Verbreiterung ΔE nach Gleichung 14.3 führt auf eine vergleichsweise geringe Auflösung von $\Delta E/E = 5 \cdot 10^{-3} - 10^{-2}$. Sie muss bei einer profilanalytischen Auswertung der ED-Beugungsspektren – und damit der Ermittlung von Eigenspannungen II. und III. Art – berücksichtigt werden. Die Linienlagen E_{hkl} bzw. deren Änderungen ΔE_{hkl} lassen sich dagegen mit einer Genauigkeit von deutlich $< 10\,\mathrm{eV}$ bestimmen. Dies entspricht nach Gleichung 14.4 einer relativen Auflösung von etwa 10^{-4}. Die energiedispersive Methode eignet sich daher für die Ermittlung von Eigenspannungen I. Art sowie deren Tiefenverteilungen unter der Werkstoffoberfläche, siehe Kapitel 10.9.

Neben der bisher besprochenen Beugung, die stets an kristalline Werkstoffe gebunden ist, kann die Primärstrahlung die Probenatome auch zur Röntgenfluoreszenz anregen, so dass im Sekundärspektrum neben den Beugungslinien auch Röntgenfluoreszenzlinien der Probenelemente zu finden sind. Aus deren Lage, die nicht vom BRAGG-Winkel θ abhängt, und ihrer Intensität lassen sich die Zusammensetzung der Probe quantitativ ermitteln (Röntgenfluoreszenzanalyse (RFA)) sowie gegebenenfalls auch Rückschlüsse auf die Tiefenverteilung einzelner Elemente ziehen, siehe auch Bild 14.9.

Im allgemeinsten Fall setzt sich das Sekundärspektrum aus drei verschiedenen Anteilen zusammen:

- aus *breiten Beugungslinien*. Die instrumentellen Ursachen der Verbreiterung wurden bereits diskutiert, Gleichung 14.3. Weitere Gründe für eine Verbreiterung der Interferenzlinien liegen in der Mikrostruktur der untersuchten Werkstoffe selbst und werden in Kapitel 14.1.6 behandelt.
- *Fluoreszenzlinien der Probenelemente*. Die Linienbreiten der K- und L-Serien sind bekanntlich besonders schmal und werden durch die Detektorauflösung begrenzt. Bei sehr hohen Beugungsintensitäten können auch so genannte Escape-Peaks auftreten, siehe Kapitel 4.5.4.
- *einem Untergrund aus gestreuter Primärstrahlung*, der sich aus der Bremsstrahlung und den charakteristischen Linien des Anodenmaterials zusammensetzt. Die charakteristischen Linien entfallen bei Verwendung von Synchrotronstrahlung, siehe Kapitel 14.1.3.

14.1.3 Einsatz von Synchrotronquellen

Bereits bei der Besprechung der Hardware für die Röntgenbeugung, Kapitel 4, war darauf
hingewiesen worden, dass Synchrotronstrahlung gegenüber konventionellen Röntgenquellen viele Vorzüge aufweist. Am wichtigsten sind der um viele Größenordnungen höhere
Photonenfluss, die hohe Strahlparallelität, die gepulste Zeitstruktur sowie der sehr breite
Spektralbereich. Insbesondere die große verfügbare Energiebandbreite bildet die Voraussetzung für energiedispersive Beugungsexperimente. Soll dabei im Hochenergiebereich
bis 100 keV und höher gearbeitet werden, so setzt man als Strahlungsquellen oftmals so
genannte *Wiggler* oder *Undulatoren* ein, siehe Kapitel 4.1.3, mit deren Hilfe sich das
Primärstrahlspektrum zu deutlich kürzeren Wellenlängen, d. h. härtere Strahlung, hin
ausdehnen lässt. Bild 14.5 zeigt das von einem supraleitenden 7 Tesla-Multipolwiggler erzeugte Primärstrahlspektrum. Der Photonenfluss ist über den gesamten Energiebereich
nicht konstant, sondern fällt zu beiden Seiten hin ab. Ihrer Form nach genügt die Verteilung einer BESSEL-Funktion [161]. Der experimentell nutzbare Photonenfluss auf der
hochenergetischen Seite reicht dabei etwa bis zum vierfachen Betrag der so genannten
kritischen Energie, die dadurch definiert ist, dass sie die vom Wiggler abgestrahlte Ge-
samtphotonenleistung in zwei gleich große Teile, d. h. Flächen unter der Kurve, teilt.

Die Intensitätsverteilung im Wigglerspektrum muss bei der Auswertung der Beugungsspektren in Form von Korrekturfunktionen berücksichtigt werden. So ist aus Bild 14.2b
ersichtlich, dass die relativen Intensitätsverhältnisse der einzelnen Beugungslinien E_{hkl}
untereinander nicht nur durch die jeweiligen Strukturfaktoren $F(h\,k\,l)$ sowie die weiteren,
in Kapitel 3.2 beschriebenen Intensitätsfaktoren bestimmt werden, sondern auch durch
das Primärstrahlspektrum selbst. Wird der Streuwinkel 2θ schrittweise vergrößert, so
»schieben« sich die einzelnen Linien über die in Bild 14.5 gezeigte Verteilung und erreichen ihr jeweiliges Maximum für die Energie, die den höchsten Photonenfluss aufweist.

Die korrekte Gewichtung der einzelnen Linien E_{hkl} untereinander ist immer dann von
Bedeutung, wenn die Absolutintensitäten berechnet bzw. miteinander verglichen werden
sollen. Das ist beispielsweise bei der quantitativen Phasenanalyse, Kapitel 6.5 und der
Kristallstrukturanalyse, Kapitel 9, der Fall. In der quantitativen Texturanalyse (ODF-
Rechnung) werden die einzelnen Polfiguren hingegen selbst konsistent normiert. Damit

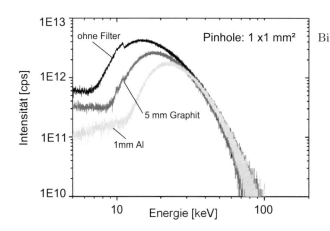

Bild 14.5: Energiespektrum eines
7 TESLA-Multipolwigglers,
aufgenommen 30 m hinter
der Quelle bei einem sehr
niedrigen Ringstrom von
85 pA und anschließend
auf 300 mA hochgerechnet.
Der Einfluss unterschied-
licher Absorbermateriali-
en insbesondere auf die
niederenergetischen Teile
des Spektrums ist deutlich
erkennbar [23]

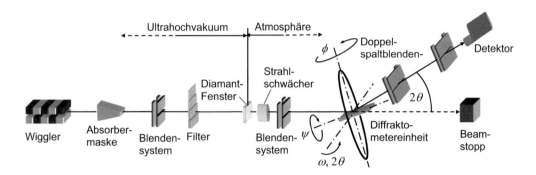

Bild 14.6: Aufbau einer energiedispersiven Synchrotronbeamline

spielt die spektrale Verteilung des Primärstrahls keine große Rolle. Texturauswertungen sollten daher unter Einbeziehung der ODF vorgenommen werden. Ähnliches gilt für die Mikrostrukturanalyse mit Hilfe der RIETVELD-Methode, Kapitel 14.1.6. In diesem Fall interessiert man sich vor allem für die Profilform und die Halbwerts- bzw. Integralbreiten der Interferenzlinien, aus denen sich Informationen über Domänengrößen und Mikrodehnungen sowie deren Verteilungen gewinnen lassen siehe Kapitel 8. Die Absolutintensitäten sind dagegen von untergeordneter Bedeutung und werden oftmals als freie Parameter behandelt.

Aus instrumenteller Sicht besteht der Vorteil eines Weißstrahl-Synchrotronmessplatzes gegenüber einem im monochromatisch/winkeldispersiv betriebenen Strahlrohr darin, dass nur wenige optische Komponenten benötigt werden, siehe Bild 14.6. Dabei handelt es sich primärseitig im Wesentlichen um wassergekühlte Absorbermasken und Blendensysteme zur Formung des gewünschten Strahlquerschnittes sowie um Filter, deren Funktion darin besteht, die niederenergetischen, nicht zur Beugung beitragenden Anteile < 15 keV durch Absorption aus dem Primärstrahlspektrum zu eliminieren. Diese Anteile machen oftmals fast 50 % der gesamten abgestrahlten Leistung aus und würden in der zu untersuchenden Probe infolge der Fotoabsorption zu einer erheblichen Erwärmung und damit einer Verfälschung der Ergebnisse führen. Während die von der Quelle aus gesehen ersten Komponenten bis zu einem Fenster aus Beryllium oder Diamant im Ultrahochvakuum (UHV) betrieben werden, so kann man bezüglich der abschließenden primärseitigen Elemente und des Experimentes selbst darauf verzichten, da Luftabsorption bei Photonenergien von mehr als 20 keV praktisch keine Rolle mehr spielt, siehe Tabelle 2.4.

Besondere Bedeutung bei der Einstellung optimaler experimenteller Bedingungen für das ED-Beugungsexperiment kommt der richtigen Dimensionierung des Strahlschwächers vor der abschließenden Primärstrahlblende zu. Man verwendet hierfür zumeist Graphit- oder Aluminiumblöcke von einigen Millimetern bis Zentimetern Dicke. Sie dienen dazu, den Primärstrahlfluss soweit zu »drosseln«, dass die maximale Totzeit des Detektors ein bestimmtes Maß, etwa 30 bis 40%, nicht übersteigt, siehe Kapitel 4.5.4. Starke Änderungen der Totzeit infolge abnehmender Intensität während eines Messzyklus, wie sie beispielsweise bei einer $\sin^2 \psi$-Messung zur Ermittlung von Eigenspannungen I. Art auftreten, führen zu erheblichen, systematischen Linienverschiebungen, Bild 14.7, die sich

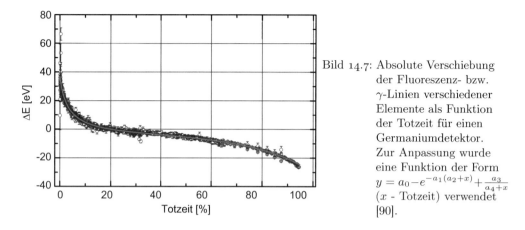

Bild 14.7: Absolute Verschiebung der Fluoreszenz- bzw. γ-Linien verschiedener Elemente als Funktion der Totzeit für einen Germaniumdetektor. Zur Anpassung wurde eine Funktion der Form $y = a_0 - e^{-a_1(a_2+x)} + \frac{a_3}{a_4+x}$ (x - Totzeit) verwendet [90].

den spannungs-/ dehnungsbedingten Effekten überlagern. Es ist daher unbedingt erforderlich, den Zusammenhang zwischen der Totzeit und den Linienverschiebungen für die jeweiligen Detektoreinstellungen zu quantifizieren und in Form von Korrekturfunktionen in der Auswertung zu berücksichtigen. »Silicon Drift Chamber Detektoren« (SDD) lassen extrem hohe Zählraten $> 1 \cdot 10^6$ cps zu, ohne dass sich die Linienlagen verschieben oder die Linien verbreitern. Diese Detektoren sind wegen der relativ geringen Dicke der aktiven Detektorschicht aber nur für Photonenenergien bis etwa 20 keV geeignet.

14.1.4 Anwendungen der energiedispersiven Beugung in der Materialforschung

Die energiedispersive Methode wird zunehmend für die Untersuchung zahlreicher materialwissenschaftlicher Fragestellungen herangezogen, wie die folgenden Beispiele verdeutlichen sollen. Ausgehend von dem in den vorangegangenen Kapiteln beschriebenen Grundprinzip der ED-Beugung hängt die experimentelle/apparative Umsetzung stark von der jeweiligen Problemstellung ab. Mittels der Röntgen-Rasterapparatur, siehe Kapitel 11.6, die einen sehr fein ausgeblendeten Primärstrahl nutzt, ist mit *energiedispersiver Beugung* beispielsweise die Bestimmung *lokaler Gitterdehnungen* und die *Kartographie lokaler Eigenspannungen* [231] möglich.

Da die ED-Beugungsspektren Interferenzlinien *aller* (kristallinen) Gefügephasen des untersuchten Werkstoffes enthalten, stellt die *Phasenanalyse* eines der Hauptanwendungsgebiete für die energiedispersive Beugung dar. Im Bild 14.8a ist das energiedispersive Beugungsspektrum an zwei unterschiedlich wärmebehandelten 100Cr6 Stählen (Austenitisieren bei 900 °C in Argon, Abschrecken in Salzwasser und Anlassen) dargestellt. In den zwei Spektren sind deutliche Unterschiede im Restaustenitgehalt (γ-Phase) zur Matrix (α-Eisen) erkennbar. Der Restaustenitgehalt sinkt nach der Wärmebehandlung bei 350 °C, 60 min. gegenüber 60 °C, 120 min. deutlich ab. Die Intensitäten der Interferenzen $(2\,0\,0)$, $(2\,2\,0)$ und $(3\,1\,1)$ der γ-Phase sind daher stark reduziert. Die teilweise auftretenden Linienasymmetrien, besonders deutlich am $(2\,1\,1)_\alpha$-Reflex zu erkennen, sind auf die unterschiedliche Tetragonalität des Martensits zurückzuführen. Über Zellparameterbestimmungen lassen sich dann quantitativere Aussagen gewinnen und so eine Technologie-

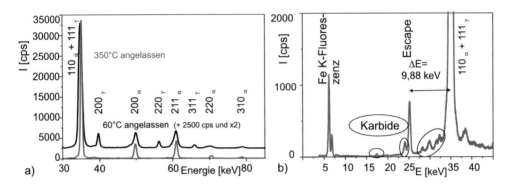

Bild 14.8: a) energiedispersive Beugungsspektren an zwei unterschiedlich wärmebehandelten 100Cr6-Stählen b) Ausschnitt aus dem Beugungsspektrum zu kleineren Energien (Mit freundlicher Genehmigung Dr. K. Pantleon, Technische Universität Dänemark)

kontrolle realisieren. Im Bild 14.8b sind die niederenergetischen Bereiche des gemessenen Spektrums der höher wärmebehandelten Probe stark vergrößert dargestellt. Die Linie bei 25 keV ist der Escape-Peak zu den intensitätsreichsten Interferenzen $(1\,1\,0)_\alpha$- und $(1\,1\,1)_\gamma$. Bei dieser hohen Streckung des Diagramms sind ferner auch kleinere Beugungslinien erkennbar, die den Karbidphasen im Stahl zugeordnet werden können. Für die Interpretation der Wärmebehandlung anhand der Phasenübergänge Austenit-Martensit-Zwischenstufenphasen der Stahlproben sei auf SCHUMANN [226] oder SCHATT [279] verwiesen.

Die hohen Strahlflussdichten der Synchrotronstrahlung machen die energiedispersive Methode zunehmend auch für zeitaufgelöste Analysen attraktiv. Da mit einer feststehenden Beugungsanordnung gearbeitet wird, lässt sich auf diese Weise beispielsweise die Reaktionskinetik während des Wachstums dünner Schichten untersuchen. Bild 14.9 zeigt die Ergebnisse einer entsprechenden Studie zum Herstellungsprozess dünner $CuIn_2$-Schichten für solarenergetische Anwendungen. Bei dem so genannten Rapid Thermal Annealing Process (RTA) wird in einer Reaktionskammer Schwefel verdampft, um metallische Präkursorschichten (im vorliegenden Fall CuIn) zu sulfurisieren. Die beiden Spektren in Bild 14.9a zeigen die Beugungslinien des CuIn-Präkursors vor, sowie diejenigen der $CuInS_2$-Schicht nach der Sulfurisierung. Werden Spektren *während* des Aufheiz- bzw. Sulfurisierprozesses *in kurzen Zeitabständen von wenigen Sekunden* aufgenommen und wie in Bild 14.9b gezeigt, über der Prozesszeit aufgetragen, so lassen sich auch metastabile Zwischenprodukte, die während des Abscheideprozesses entstehen, anhand ihrer charakteristischen Beugungslinien erfassen und bewerten. Zusätzliche Informationen über die chemische Zusammensetzung sind in den Fluoreszenzlinien der am Schichtaufbau beteiligten Elemente enthalten. Bild 14.9a zeigt die Anregung der K-Linien des Molybdäns in der Rückkontaktschicht sowie des Indiums in der Präkursor- bzw. der $CuInS_2$-Schicht. Um auch solche Fluoreszenzlinien mit ausreichender Intensität abzubilden, die bei niedrigeren Energien liegen (beispielsweise $CuK\alpha$ bei 8 keV), sollte aufgrund des Einflusses der Luftabsorption die Strecke zwischen Probe und Detektor zumindest auf Vorvakuumniveau evakuiert werden.

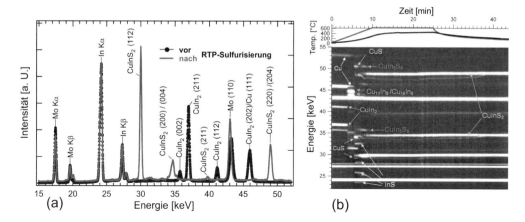

Bild 14.9: (a) ED-Beugungsspektren eines Cu/In-Präkursors auf einem Glas/Molybdän-
Substrat vor und nach dem Sulfurisierungsprozess. (b) 2D−Darstellung einer Serie
von ED-Spektren, die während der Sulfurisierung mit einer Integrationszeit von 6 s
pro Spektrum aufgenommen wurden. Helle Bereiche bedeuten hohe Intensität[209]

Eine weitere Einsatzmöglichkeit für die Weißstrahlbeugung, die ebenfalls die im vorangegangenen Beispiel genannten Vorzüge nutzt, besteht in der Analyse von Kristallisations-
und Reaktionsprozessen in Flüssigkeiten. Bei dem in Bild 14.10 dargestellten Beispiel
wurde der für den BAYER-Prozess zur Herstellung von Aluminium wichtige Schritt der
Kristallisation von Kalziumtitanat $CaTiO_3$ (Perowskit-Struktur) untersucht. Werden die
in getrennten Heizkammern auf Prozesstemperatur gebrachten Reagenzien durch Öffnen
eines Ventil zur Reaktion gebracht, so laufen die in Bild 14.10c angegebenen chemischen
Prozesse ab. Sie lassen sich anhand der Integralintensitäten jeweils charakteristischer
Beugungslinien der beteiligten Phasen quantitativ bewerten. Aus beugungstheoretischer
Sicht ist dabei ohne Bedeutung, dass sich die Kristallite während der Messung in der
Flüssigkeit bewegen, was etwa einer Oszillation zur Verbesserung der Kristallitstatistik
in einer Pulver- bzw. Vielkristallprobe entsprechen würde. Entscheidend für die Aus-
wertbarkeit der Spektren ist hingegen, dass ausreichend viele Kristallite im streuenden
Volumen vorliegen. Bei zu geringer Konzentration der Keime, also in stark verdünnten
Lösungen, würde man lediglich den von der amorphen Flüssigphase stammenden Streuuntergrund beobachten. Es ist daher zu betonen, dass derartige Experimente aufgrund
der dafür notwendigen hohen Photonenflussdichte nur mit Synchrotronstrahlung durchgeführt werden.

Neben zeitaufgelösten Experimenten eignet sich weiße Synchrotronstrahlung auch für
Analysen mit hoher Ortsauflösung, siehe Bild 14.11. Die große Photonenflussdichte und
die praktisch vernachlässigbare Strahldivergenz ermöglichen mittels sehr feiner Blenden
im primären sowie im gebeugten Strahlengang die Ausblendung rautenförmiger Messvo-
lumenelemente von nur wenigen Mikrometern Kantenlänge. Wird die Probe schrittweise
senkrecht zum Volumenelement verschoben, Bild 14.11b, so lassen sich oberflächennahe
Werkstoffbereiche hinsichtlich Eigenschafts- und Strukturgradienten wie Zusammensetzung, Gitterdehnungen und Eigenspannungen tiefenaufgelöst charakterisieren. Die erhal-

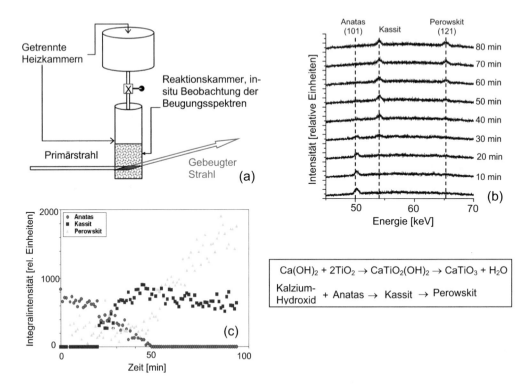

Bild 14.10: ED-Analyse hydrothermaler Reaktionsprozesse bei der Kalziumtitanatkristallisation. (a) Experimenteller Aufbau (stark schematisiert), (b) Diffraktogrammausschnitte, aufgenommen in verschiedenen Prozessstadien, (c) Integralintensitäten der drei in (b) abgebildeten Beugungslinien (Mit freundlicher Genehmigung Dr. D. Croker, Universität Limerick, Irland).

tenen Informationen werden dabei dem jeweiligen geometrischen Schwerpunkt $\langle z \rangle$ des Messvolumenelementes zugeordnet. Der Schwerpunkt muss gegebenenfalls noch mit der exponentiellen Schwächung gewichtet werden.

Das in Bild 14.11 dargestellte Beispiel zeigt, wie sich die tiefenaufgelöste energiedispersive Beugung zur zerstörungsfreien Ermittlung von Schichtdicken einsetzen lässt. Bei der untersuchten Probe handelt es sich um einen ferritischen Stahl, auf dessen Oberfläche durch Nitrieren dünne Schichten aus ϵ-Fe_3N_{1+x} und γ'-Fe_4N_{1-x} aufgewachsen wurden. Beim Durchscannen der Probe durch das laborfeste, durch Blenden definierte Volumenelement einer Dicke von 13 µm »blitzen« die für die einzelnen (Sub-)Schichten charakteristischen Interferenzlinien immer dann auf, wenn die jeweilige Schicht in das Element eintaucht. Sie verschwinden wieder, wenn die Schicht das beugende Volumen vollständig passiert hat, Bild 14.11a. Trägt man die Integralintensitäten der einzelnen Linien für jede Schicht über der Informationstiefe z auf, so ergeben sich Verteilungen wie in Bild 14.11b. Mathematisch handelt es sich dabei um die Faltung, siehe Gleichung 8.8, einer die Schichtdicke beschreibenden Stufenfunktion mit einer der Rautenform entsprechenden

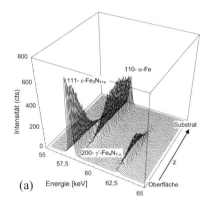
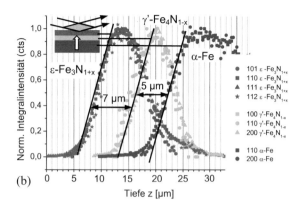

(a)

(b)

Bild 14.11: Ermittlung der Dicke von Nitrierschichten unterschiedlicher Zusammensetzung mittels energiedispersiver Beugung. a) Diffraktogrammausschnitte als Funktion der Eintauchtiefe des Volumenelementes. b) Integralintensitätstiefenverteilungen für die in Teilbild a) abgebildeten sowie weitere Beugungslinien der einzelnen Subschichten bzw. des Substrats [89].

Dreiecksfunktion. Da letztere als bekannt vorausgesetzt bzw. durch Kalibriermessungen (Scannen einer Eichfolie vernachlässigbarer Dicke, z. B. Blattgold) experimentell ermittelt werden kann, lässt sich die Schichtdicke durch Entfaltung numerisch mit Hilfe der FOURIER-Methode bestimmen. Einen anderer Weg, die Dicken der einzelnen Schichten zu ermitteln, zeigt Bild 14.11b. Werden die den Eintauchvorgang in die jeweilige Schicht beschreibenden Anstiegsflanken der normierten Integralintensitätsverteilungen durch zueinander parallele Geraden beschrieben, so lassen sich aus deren Abstand direkt die Dicken der Einzelschichten ablesen. Im vorliegenden Fall ergaben sich für die ϵ-Fe_3N_{1+x}-Oberflächenschicht und die darunter vergrabene γ'-Fe_4N_{1-x}-Schicht Dicken von $7\,\mu m$ bzw. $5\,\mu m$.

14.1.5 Energiedispersive Eigenspannungsanalyse

Im Mittelpunkt der in Kapitel 10 behandelten Methoden zur röntgenographischen Spannungsanalyse stehen winkeldispersive Beugungsverfahren, die auf dem Einsatz monochromatischer Röntgenstrahlung beruhen. Mit der zunehmenden Verfügbarkeit leistungsstarker Synchrotronquellen sowie den apparativ-messtechnischen Entwicklungen auf dem Gebiet der energiedispersiven Beugung gewinnt diese Methode für die Ermittlung von Eigenspannungsverteilungen in technischen Werkstoffen und Bauteilen an Bedeutung. Da auch die energiedispersive Beugung Interferenzlinien bzw. Reflexe liefert, aus denen sich nach den Gleichungen 14.1 und 14.4 Netzebenenabstände und Gitterdehnungen berechnen lassen, unterscheidet sich die Vorgehensweise bei der Spannungsanalyse prinzipiell zunächst nicht von den in Kapitel 10 vorgestellten und auf winkeldispersiver Datenerfassung basierenden Verfahren. Der entscheidende Unterschied liegt vielmehr darin, dass die ED-Methode für jede Messrichtung (φ, ψ) *vollständige Beugungsspektren* liefert. Bei der energiedispersiven Beugung ist der Begriff *Beugungsspektrum* richtig, bei Methoden nach

Kapitel 5 wird keine Energieabhängigkeit dargestellt und da ist der Begriff *Beugungsdia-gramm* bzw. *Diffraktogramm* zu verwenden. Außerdem sind – Synchrotronstrahlung als Quelle vorausgesetzt – die Messzeiten wesentlich kürzer. Vorteilhaft ist weiterhin, dass während der Integration mit einer feststehenden Beugungsanordnung gearbeitet wird.

Insbesondere die Tatsache, dass mit der *Vielzahl simultan gemessener Beugungslini-en* E_{hkl} ein *weiterer Parameter* für die Auswertung zur Verfügung steht, wird genutzt, um die Methoden der winkeldispersiven Spannungsanalyse nicht nur auf den energiedis-persiven Fall zu übertragen, sondern in zweckmäßiger Weise weiterzuentwickeln. Für eine diesbezüglich zusammenfassende Darstellung sei auf [91] verwiesen. Auf welche Art und Weise der zusätzliche Informationsgehalt in die Ermittlung der Spannungsverteilungen eingeht, hängt dabei ganz wesentlich vom gewählten Messmodus ab:

- *Transmissionsmodus*: Für ortsaufgelöste Eigenspannungsanalysen im *Werkstoffvolu-men* wird mit hinreichend fein ausgeblendeten Volumenelementen, siehe Bild 14.11, gearbeitet. Wählt man als Messmethode das $\sin^2 \psi$-Verfahren, so lassen sich aus dem Vergleich der *für jede einzelne Beugungslinie* E_{hkl} erhaltenen $d\left(\sin^2 \psi\right)$-Verteilungen wichtige Rückschlüsse auf die elastische und plastische MaterialAnisotropie sowie die Werkstofftextur im erfassten Messvolumen ziehen.

- *Reflexionsmodus*: Soll die Eigenspannungsverteilung im *oberflächennahen Werkstoff-bereich* ermittelt werden, wendet man in der Regel die $\sin^2 \psi$-Messanordnung im klassischen Ψ-Modus in Reflexion an. Da jede Beugungslinie E_{hkl} eine *andere Ener-gie* besitzt und damit einer *anderen mittleren Eindringtiefe* zuzuordnen ist, enthal-ten die energiedispersiven Messungen somit einen *zusätzlichen Parameter*, der zur tiefenaufgelösten Analyse der Randschichtspannungen genutzt werden kann, siehe Kapitel 10.9.

14.1.6 Energiedispersive Linienprofilanalyse

Die Beispiele in den vorangegangenen Abschnitten haben gezeigt, dass der wesentliche Vorteil der energiedispersiven Beugung darin besteht, unter *festen*, gleichwohl aber *frei wählbaren* Streuwinkeln *vollständige* Spektren mit einer Vielzahl von Interferenz- und ge-gebenenfalls auch Fluoreszenzlinien zu liefern. Aus deren Lage und Intensität lassen sich wichtige Rückschlüsse auf die chemische und Phasenzusammensetzung, die Werkstofftex-tur oder aber auch Eigenspannungen und ihre Verteilung im Material ziehen. Nachteilig wirkt sich dagegen aus, dass die Interferenzen infolge instrumenteller Einflüsse, siehe Gleichung 14.3, eine starke Verbreiterung erfahren, die zu Überlappungen benachbarter Linien führen kann.

Vor dem Hintergrund der Ausführungen in Kapitel 8 zur Röntgenprofilanalyse stellt sich dennoch die Frage, ob sich anhand der Profilform und -breite energiedispersiver Beugungsinterferenzen Aussagen zu Domänengröße und Mikrodehnungen im untersuch-ten Werkstoff gewinnen lassen. Bild 14.12 zeigt das Ergebnis einer in-situ Untersuchung zum Kornwachstum photovoltaischer $CuInS_2$-Schichten, siehe Bild 14.9. Während vor dem Aufheizen ein feinkristallines Gefüge vorliegt, ist nach dem Heizzyklus eine Schicht-mikrostruktur erkennbar, die sich durch Kristallitgrößen im Mikrometerbereich auszeich-net. Die in schneller Abfolge von wenigen Sekunden während des Heizens aufgenommenen Beugungsspektren belegen, dass sich die Rekristallisation des $CuInS_2$-Schichtgefüges in

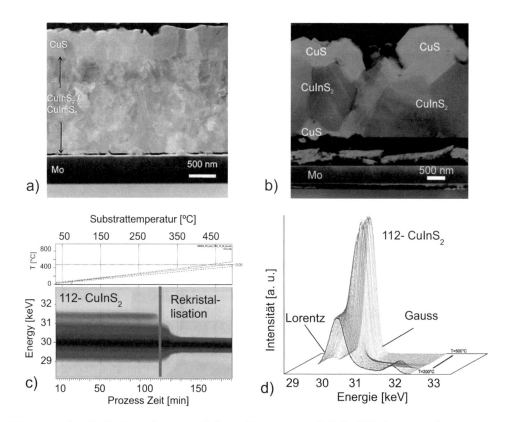

Bild 14.12: In-situ Untersuchung des Rekristallisation von CuInS$_2$-Schichten mittels energiedispersiver Beugung. a) und b) Rasterelektronenmikroskopische Querschnittsauf-
nahmen vor bzw. nach dem Heizzyklus. c) und d) 2D- bzw. 3D-Ansicht der (1 1 2)-
Interferenz während des Aufheizens [210]

einem engen Zeit- und Temperaturintervall abspielt. Aus den unteren Teilbildern von Bild
14.12 wird ersichtlich, dass sich sowohl Breite als auch Form der (1 1 2)-Interferenzlinie
zwischen etwa 275 °C und 350 °C signifikant ändern: Liegen bei niedrigeren Temperaturen breite, LORENTZ-förmige Profile vor, die charakteristisch für eine geringe Größe
der kohärent streuenden Domänen sind, so werden die Linien im Zuge des einsetzenden
Kristallitwachstums schmaler und nehmen die detektorprofiltypische GAUSS-Form an.

Die energiedispersive Beugung ist demnach geeignet, um mikrostrukturelle Gefügeän-
derungen zu detektieren. Für eine *quantitative* Analyse von Domänengrößen und Mikrodehnungen nach den Beziehungen von SCHERRER, Gleichung 8.3 bzw. STOKES/WILSON,
Gleichung 8.7, müssen diese zunächst auf den energiedispersiven Fall übertragen werden.
Unter Benutzung von Gleichung 14.1 ergeben sich folgende Zusammenhänge [92]:

$$IB_S \, [keV] = \frac{K \cdot 0{,}6199}{D_V \, [nm] \cdot \sin\theta}, \tag{14.5}$$

$$IB_D \, (E) = 2 \cdot \epsilon \cdot E. \tag{14.6}$$

Darin stehen IB_S und IB_D für die Integralbreiten, die mit der teilchengröße-($Size$) bzw. mikrodehnungs-($Distorsion$) induzierten Linienverbreiterung korrelieren. K ist die Scherrer-Konstante, D_V und ϵ bezeichnen die volumenanteilmäßig gemittelte Domänengröße sowie die durch Versetzungen, Stapelfehler etc. hervorgerufenen, ungerichteten mittleren Gitterverzerrungen. Da eine Energieabhängigkeit der Linienbreite nur in letzterem Fall (Gleichung 14.6) vorliegt, können im energiedispersiven Beugungsmodus Domänengröße und Mikrodehnung besonders einfach voneinander getrennt werden. Vorteilhaft lassen sich dabei vor allem solche Verfahren einsetzen, die ihren Informationsgehalt aus der Analyse *aller* im Beugungsspektrum enthaltenen Interferenzen E_{hkl} beziehen.

Zu diesen Verfahren zählt auch die Rietveld-Methode, deren Grundprinzip bereits in Kapitel 6.5.2 im Zusammenhang mit der quantitativen Phasenanalyse vorgestellt worden war. Für den energiedispersiven Fall muss Gleichung 6.34, die für winkeldispersive Messungen gilt, entsprechend modifiziert werden [23]:

$$y_{nc} = s \sum_K W\left(E_n\right) \cdot L_K\left(E_n, \theta\right) \cdot H_K \cdot A_K\left(E_n\right) \cdot \left|F_K\right|^2$$

$$\cdot \left(\frac{h \cdot c}{E_K}\right)^3 \cdot \Phi_K\left(E_n - E_K\right) + y_{nb} \tag{14.7}$$

In Gleichung 14.7 haben die jeweiligen Größen dieselbe Bedeutung wie in Gleichung 6.34. Zusätzlich berücksichtigt wird die Energieverteilung $W(E)$ im Primärstrahl, die bei Verwendung von Synchrotronstrahlung beispielsweise durch das Energiespektrum des strahlerzeugenden Undulators oder Multipolwigglers (siehe Bild 14.5) gegeben ist. Einflussgrößen wie der Polarisationsfaktor L_K, der Absorptionsfaktor A_K sowie die Wellenlänge müssen ebenfalls als Funktionen der Energie behandelt werden, während andere Terme, die ausschließlich vom fest vorgegebenen Bragg-Winkel θ abhängen, in den Skalierungsfaktor s eingehen. Wird mit horizontal polarisierter Synchrotronstrahlung in vertikaler Streugeometrie gemessen, so kann der Polarisationsfaktor näherungsweise durch 1 ersetzt werden. Weitere, in Gleichung 6.34 berücksichtigte Werkstoff- bzw. Probeneinflüsse (z. B. Textur, Extinktion) können je nach Problemstellung auf den energiedispersiven Fall übertragen werden.

Zur quantitativen Beschreibung der domänengrößen- und verzerrungsinduzierten Linienverbreiterung sowie des Instrumentenprofils wird im Rahmen der Rietveld-Methode häufig das modifizierte Thompson, Cox & Hastings (TCH) Pseudo-Voigt Modell verwendet [256]. Dabei geht man von der Grundannahme aus, dass *alle* Beiträge zum Beugungsprofil *sowohl* Gauss- *als auch* Lorentz- Charakter tragen können, weshalb die Interferenzen E_{hkl} durch Pseudo-Voigt- Funktionen, siehe Kapitel 8, beschrieben werden. Das Modell stellt damit eine Erweiterung der in Kapitel 6.5.2 eingeführten Zusammenhänge zwischen der Profilhalbwertsbreite FWHM und dem Beugungswinkel θ dar. Man schreibt:

$$(FWHM)^2_{Gauss} = P/\cos^2\theta + U\tan^2\theta + V\tan\theta + W, \tag{14.8}$$

$$(FWHM)_{Lorentz} = X/\cos\theta + Y\tan\theta + Z. \tag{14.9}$$

P, U, V, W, X, Y und Z sind die zu verfeinernden Parameter. P und X stehen gemäß der SCHERRER-Gleichung 8.3 für den Domänengrößeneinfluss, während U und Y nach der STOKES/WILSON-Gleichung 8.7 die Mikrodehnungen widerspiegeln. Die übrigen Parameter V, W und Z beschreiben den instrumentellen Einfluss zur Linienverbreiterung und sind mit Hilfe eines Standards (z. B. LaB$_6$-Pulver), der selbst nur geringe mikrostrukturelle Verbreiterung zeigt, zu ermitteln.

Eine einfache lineare Beziehung zur Beschreibung der instrumentellen Verbreiterung für den energiedispersiven Fall der Beugung lässt sich ableiten, wenn Gleichung 14.3 in eine TAYLOR-Reihe nach der Energie bis zum ersten Glied entwickelt wird, BURAS[56]:

$$(FWHM)^{ED} = V \cdot E + W \tag{14.10}$$

Die der winkeldispersiven Form des TCH-Modells zugrundeliegenden Gleichungen 14.8 und 14.9 können mit Hilfe der Beziehungen 14.5 und 14.6 modifiziert werden. Für die mikrostrukturellen Verbreiterungsbeiträge ergibt sich basierend auf Gleichung 14.10:

$$(FWHM)^2_G = P + U \cdot E^2, \tag{14.11}$$
$$(FWHM)_L = X + Y \cdot E. \tag{14.12}$$

Wurden alle relevanten Parameter sowohl für die zu untersuchende Probe als auch den Standard mittels RIETVELD-Verfeinerung bestimmt, so können die Parameter der gesuchten physikalischen Beugungsprofile ermittelt werden [29]:

$$\Gamma_{Phys} = \Gamma_{Probe} - \Gamma_{Standard} \tag{14.13}$$

Darin steht Γ für die einzelnen Parameter P, X, U und Y. Gleichung 14.13 stellt eine formalisierte Schreibweise für die Beziehungen zwischen den Halbwerts- bzw. Integralbreiten gefalteter Profilfunktionen dar. Die für die GAUSS-Anteile ermittelten Parameter sind daher quadratisch voneinander abzuziehen, während für die Parameter der LORENTZ-Profile ein linearer Zusammenhang gilt. In der RIETVELD-Analyse werden in der Regel Halbwertsbreitenparameter verfeinert, während die Ermittlung der Mikrostruktureinflüsse nach Gleichung 14.5 bzw. Gleichung 14.6 jedoch die Integralbreiten erfordert. Daher müssen diese nach den in Tabelle 8.1 angegebenen Beziehungen für die GAUSS- und die LORENTZ-Funktion berechnet werden. Getrennt nach Domänengrößen (S)- und Mikrodehnungen (D) lassen sich dann die entsprechenden Integralbreiten der Pseudo-VOIGT-Funktion (pV) gewinnen [162]:

$$(IB_{pV})_i = (IB_{Gauss})_i \; \frac{\exp(-k_i)}{1 - \mathrm{erf}(k_i)}; \; k_i = \frac{(IB_{Lorentz})_i}{\sqrt{\pi}\,(IB_{Gauss})_i} \tag{14.14}$$

(der Index i steht für *Size* und *Distorsion*), aus denen sich schließlich mittels Gleichung 14.5 und Gleichung 14.6 die gesuchten Werte für D_V und ϵ ergeben.

Bild 14.13 zeigt das Ergebnis der RIETVELD-Verfeinerung eines energiedispersiven Diffraktionsdatensatzes einer LaB$_6$-Pulverprobe. LaB$_6$ (SRM660b) eignet sich besonders gut als Referenzmaterial zur Ermittlung des Instrumentenprofils, da es in hoher Perfektion vorliegt und daher praktisch keine intrinsische Linienverbreiterung zeigt, siehe Kapitel 8.5.

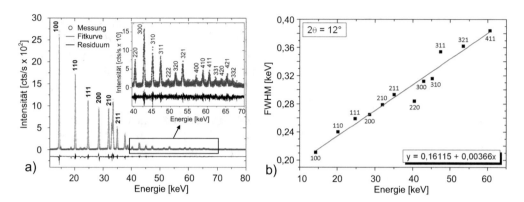

Bild 14.13: a) RIETVELD-Analyse eines energiedispersiven LaB$_6$- Beugungsspektrums, aufgenommen mit Synchrotronstrahlung unter $2\theta = 12°$. Die Maximalintensitäten der Interferenzen wurden alle freie Parameter behandelt und nicht mit verfeinert. b) Auftragung der Halbwertsbreiten über der Energie (nach [23]).

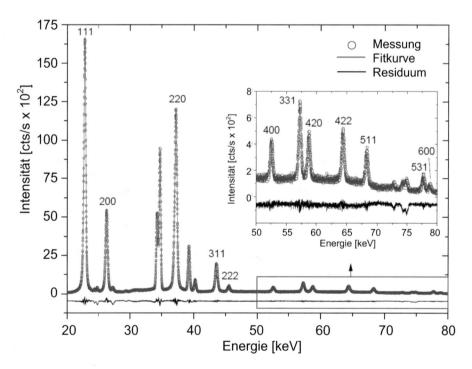

Bild 14.14: RIETVELD-Verfeinerung eines energiedispersiven CeO$_2$- Beugungsspektrums, aufgenommen mit Synchrotronstrahlung unter $2\theta = 10°$, Messzeit 600 s. Neben den Beugungslinien wurden auch die Ce-$K\alpha_{1/2}$ und -$K\beta$ Fluoreszenzlinien bei 34,7 keV und 34,2 keV bzw. 40 keV mitangepasst(nach[23]).

Zudem treten aufgrund der kubisch primitiven Kristallstruktur (Raumgruppe $Pm3m$) keine systematischen Auslöschungen auf, so dass der interessierende Energiebereich sehr dicht mit scharfen Interferenzlinien belegt ist, Bild 14.13a. Die durch Fehlerquadratanpassung von Pseudo-VOIGT-Funktionen ermittelten Halbwertsbreiten in Bild 14.13b liegen betragsmäßig sehr nahe bei den für die Detektorauflösung charakteristischen Werten und bestätigen die in den Beziehungen 14.11 und 14.12 sowie 14.10 gefundenen, lineare Abhängigkeiten der mikrostrukturellen bzw. instrumentellen Linienverbreiterung von der Energie.

Die Parameter der instrumentellen Auflösungsfunktion können im Weiteren als untere Grenzen zur Verfeinerung von Modellen mikrostrukturbehafteter Proben genutzt werden. Ein Beispiel ist in Bild 14.14 dargestellt. Bei dem untersuchten Material handelt es sich um CeO_2-Pulver mit überwiegend domänengrößeninduzierter Linienverbreiterung, das als so genannter »Round Robin« Standard zur Validierung verschiedener Instrumente und Methoden zur diffraktometrischen Linienprofilanalyse genutzt wurde [29]. Die in Bild 14.14 gezeigten Untersuchungen, denen Modelle der Form 14.11 und 14.12 zugrunde liegen, ergaben für die mittlere Domänengröße einen Wert von $D_V = 22{,}6\,\text{nm}\pm3{,}1$ (in [29]: $22{,}1\,\text{nm}\ldots23{,}1\,\text{nm}$), wohingegen die Verzerrungsparameter zu Null verfeinert wurden.

Mit der zunehmenden Verfügbarkeit moderner Synchrotronquellen hat die energiedispersive Beugungsmethode an Bedeutung gewonnen und stellt heute auf vielen Gebieten der Materialforschung eine echte Alternative bzw. Ergänzung zu den etablierten winkeldispersiven Diffraktionsverfahren dar. Unter feststehenden Beugungsbedingungen (Probe, Detektor) werden bei der ED-Methode vollständige Beugungsspektren mit einer Vielzahl von Interferenzlinien registriert. Photonenenergien von 100 keV und mehr ermöglichen in Verbindung mit den hohen Synchrotronstrahlflussdichten sowohl zeit- als auch ortsaufgelöste Experimente in Reflexions- und Transmissionsgeometrie. Die quantitative Auswertung von energiedispersiven Beugungsexperimenten erfordert eine genaue Betrachtung aller instrumentellen Einflussgrößen, insbesondere der Energieverteilung des Primärspektrums, der strahlgeometrischen Verhältnisse und der Detektoreigenschaften.

14.2 Kikuchi - und Channeling-Diagramme

Wenn ein hochenergetischer Elektronenstrahl auf einen Kristall trifft, wird er durch Cou-
lomb-Streuung an den Atomkernen zu einem Bündel von Teilstrahlen weit aufgefächert.
Im Kristall scheint eine punktförmige, in alle Richtungen strahlende Elektronenquelle zu
liegen, Ort S in Bild 14.15a. Die Energieverluste beim Streuvorgang sind gegenüber der
Elektronenenergie vernachlässigbar klein. Daher haben die Teilstrahlen praktisch eine
einheitliche Wellenlänge. Die aus dem Kristall austretenden Elektronen erzeugen einen
kontinuierlichen Untergrund mit keulenförmiger Intensitätsverteilung. Bei Durchstrahlung eines dünnen Kristalls befindet sich das Maximum als Hof um den Primärstrahl, bei
flachem Auftreffwinkel des Strahls auf einen massiven Kristall ist das Maximum etwas in
die Richtung der optischen Reflexion an der Oberfläche verschoben. Jeder der Teilstrahlen des Bündels kann für sich an den Netzebenen des Kristalls gebeugt werden, Orte A
und C in Bild 14.15a, wenn er die Braggsche Gleichung 3.125 erfüllt. λ ist dabei die
Wellenlänge der Elektronen.

Nach dem Braggschen Modell wird der Teilstrahl unter dem Winkel θ nach den
lichtoptischen Gesetzen »reflektiert«, d. h. der Einfallswinkel und der Ausfallswinkel sind
gleich, sie liegen in einer Ebene mit der Normalen auf der Netzebenenschar, Bild 14.15a.
Jene Elektronen, die in Richtung $\vec{SA}$ gestreut worden waren, sollen durch die eingezeichnete $\{h\,k\,l\}$-Netzebene in die Richtung $\vec{AB}$, und jene aus Richtung $\vec{SC}$ in die Richtung
$\vec{CD}$ gebeugt werden. Da der Winkel der Primärstrahlrichtung mit $\vec{SA}$ kleiner ist als der
mit $\vec{SC}$, wurden auch mehr Elektronen aus dem Primärstrahl in Richtung $\vec{SA}$ und Um-

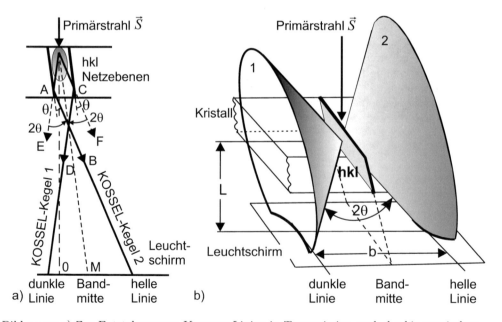

Bild 14.15: a) Zur Entstehung von Kikuchi-Linien in Transmission nach der kinematischen
Theorie b) Kossel-Kegel und Kikuchi-Linien (schematisch)

gebung als in Richtung $\vec{SC}$ gestreut. Folglich werden mehr Elektronen aus der Richtung $\vec{SA}$ herausgebeugt als über $\vec{CD}$ hinein gelangen. In der Summe fehlt in dieser Richtung die Intensität, während in Richtung $\vec{AB}$ ein Intensitätsüberschuss registriert wird. Die BRAGGsche Gleichung 3.125 gilt nicht nur für eine einzige Raumrichtung, sondern gleichzeitig auf einem ganzen Kegelmantel mit dem Öffnungswinkel $90° - \theta$, dessen Achse die Netzebenenormale ist. Gleiches gilt für den reflektierten Strahl. Die Kegelmäntel sind mit ihren Spitzen zueinander zentriert und stehen senkrecht auf der Netzebenenschar, Bild 14.15b. Man nennt diese Kegelmäntel KOSSEL-Kegel. Wo der KOSSEL-Kegel 1 die Registrierebene schneidet, findet man eine dunkle Linie. Ebenso entsteht eine helle Linie für Richtungen $\vec{AB}$, wo der KOSSEL-Kegel 2 mit Öffnungswinkel $90°+\theta$ den Leuchtschirm schneidet. Da der BRAGG-Winkel θ wegen der im Vergleich zum Netzebenenabstand sehr kleinen Elektronenwellenlänge ebenfalls sehr klein ist, können diese Kegelschnitte sehr gut durch Geraden angenähert werden. Man nennt sie »Defekt-« bzw. »Exzess-KIKUCHI-Linien«. Ihr Abstand, d. h. die Breite b des von ihnen eingeschlossenen Bandes, ist im Winkelmaß gleich dem doppelten BRAGG-Winkel. Linien höherer Beugungsordnung n liegen in Abständen von $n \cdot \theta$ parallel zu ihnen. Es gelten die üblichen Auslöschungsregeln, siehe Kapitel 3.2.10. Die Mittellinie des Bandes entspricht der Schnittlinie der verlängert gedachten Netzebenenschar mit der Registrierebene. Die Durchstoßpunkte von Zonenachsen, in denen sich die Bänder kreuzen, nennt man Pole.

Schon mit diesem einfachen Modell wird klar, dass zwei Voraussetzungen für das Auftreten von KIKUCHI-Diagrammen erfüllt sein müssen. Zunächst müssen die primären Elektronen in ihrer Richtung gleichmäßig über einen großen Winkelbereich verteilt sein, damit für die verschieden geneigten Netzebenen die BRAGGsche Bedingung erfüllt werden kann. Dies geschieht durch starke Streuung des einfallenden Elektronenstrahls beim Eintritt in die Probe. Als zweite Voraussetzung muss der Kristall über den ausgeleuchteten Bereich möglichst perfekt sein. Die KIKUCHI-Linien folgen starr jeder lokalen Kippung oder Drehung des Kristalliten, selbst der Durchbiegung in der Umgebung von Versetzungen. Eine hohe Versetzungsdichte führt daher zu einer Verbreiterung der Linien und lässt das KIKUCHI-Diagramm zunehmend diffuser erscheinen. Auf der starren Ankopplung des Diagramms an den Kristalliten und der Schärfe der KIKUCHI-Linien beruht letztlich die Möglichkeit, die Kristallorientierung mit hoher Präzision zu bestimmen. Das röntgenographische Gegenstück zum KIKUCHI-Diagramm heißt KOSSEL-Diagramm.

Die Intensitätsverteilung der KIKUCHI-Bänder kann erst mit der dynamischen Beugungstheorie befriedigend erklärt werden. Unter der vereinfachenden Annahme des Zweistrahlfalls kann man einen Elektronenstrahl, der unter Winkeln nahe dem BRAGG-Winkel zu einer Netzebenenschar in einen Einkristall eindringt, durch die Überlagerung zweier BLOCH-Wellen beschreiben. Sie breiten sich parallel zu diesen Netzebenen aus, d. h. sie werden längs den Netzebenen »kanalisiert«, und haben am Ort der Atomkerne entweder Knoten oder Bäuche. Das bedeutet aber für die lokale Aufenthaltswahrscheinlichkeit der Elektronen im Gitter ein Maximum entweder zwischen den Atomkernen, BLOCH-Wellen des Typs I, oder an den Atomkernen selbst, BLOCH-Wellen des Typs II, Bild 14.16a. Je näher ein Elektron am Atomkern vorbei fliegt, desto größer ist die Wahrscheinlichkeit für Rückstreuung. Daher trägt die BLOCH-Welle I weniger zur Rückstreuung bei als die BLOCH-Welle II. Die dynamische Beugungstheorie zeigt, dass beide BLOCH-Wellen gleich stark angeregt sind, falls der Elektronenstrahl exakt unter dem BRAGG-Winkel einfällt,

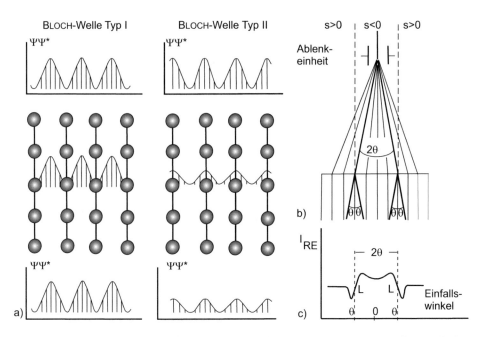

Bild 14.16: Veranschaulichung des Elektronenchannelings mit zwei BLOCH-Wellen nach der dynamischen Beugungstheorie (nach [105]) a) BLOCH-Wellen des Typs I und II und lokale Aufenthaltswahrscheinlichkeit der Elektronen im Kristall b) Änderung des Einfallswinkels zum Gitter beim Abfahren einer Rasterzeile c) Intensitätsprofil über ein Channeling-Band

d. h. der Anregungsfehler $s = 0$ ist. Für $s < 0$, d. h. bei kleineren Einfallswinkeln als dem BRAGG-Winkel, wird bevorzugt die BLOCH-Welle II angeregt, also die mit höherem Beitrag zur Rückstreuung, und für $s > 0$ überwiegt die Anregung der BLOCH-Welle I mit geringerem Beitrag zur Elektronenrückstreuung. In diesem Bild lässt sich das Auftreten von Channeling-Diagrammen sehr anschaulich erklären. Ändert man den Einfallswinkel gegenüber dem Kristall kontinuierlich, Bild 14.16b, so wird die BRAGG-Bedingung nacheinander für die verschiedenen Netzebenenscharen erfüllt.

Bild 14.16c zeigt diese Variation für eine Rasterlinie über eine Netzebenenschar, die parallel zur Richtung des nicht abgelenkten Primärstrahls steht. In diesem Fall würde die kinematische Beugungstheorie keine KIKUCHI-Linien vorhersagen. In den Punkten L soll die BRAGG-Bedingung erfüllt sein. Dazwischen ist der Einfallswinkel kleiner als der BRAGG-Winkel, sodass die Anregung der BLOCH-Welle II mit höherem Beitrag zur Rückstreuung überwiegt. Jenseits von L wird bevorzugt die BLOCH-Welle I mit niedriger Rückstreuung angeregt. Misst man den Strom der vom Kristall rückgestreuten Elektronen, so findet man längs der Rasterlinie in den Bereichen $s > 0$ ein vermindertes und im Bereich $s < 0$ ein verstärktes Signal, Bild 14.16c. Wird der Einfallswinkel in zwei zueinander senkrechten Richtungen gerastert und die Helligkeit des dazu synchron in x- und y-Richtung über den Monitorschirm laufenden Schreibstrahles entsprechend der Signalstärke moduliert, so erhält man ein »Channeling-Diagramm«. Die Winkelbereiche mit $s < 0$, das sind Streifen der Breite $\pm\theta$ um die Spur der Netzebenen, zeichnen sich dabei als helle Bänder ab. Channeling-Diagramme werden im Rasterelektronenmikroskop nicht nur mit rückgestreuten Elektronen beobachtet, sondern auch mit den in der Probe absorbierten Elektronen (Probenstromsignal), den Sekundärelektronen und Röntgenstrahlen, die vom hin- und herkippenden Primärstrahl ausgelöst wurden. Da Channeling-Diagramme den Kikuchi-Diagrammen sehr ähnlich sehen, wurden sie auch »Kikuchi-like Pattern« oder nach ihrem Entdecker »Coates-Pattern« genannt. Der wesentliche Unterschied besteht darin, dass Channeling-Diagramme mit sich bewegender, über dem Kristall hin- und herkippender Primärstrahlsonde und integraler Messung der austretenden Elektronen aufgenommen werden, während Kikuchi-Diagramme von einer feststehenden Elektronensonde erzeugt und als Beugungsbild registriert werden. Die Anisotropie der Ausbeute an Rückstreu- und Sekundärelektronen führt im Flächenraster bei konventionellem Abbildungsbetrieb des Rasterelektronenmikroskops zum Orientierungskontrast.

Kikuchi-Diagramme treten sowohl in Durchstrahlung auf der Rückseite von dünnen Kristallen auf, »Transmissions-Kikuchi-Diagramm, Transmission Kikuchi Pattern = TKP«, als auch in Rückstreuung an kristallinen Festkörperoberflächen, »Rückstreu-Kikuchi-Diagramm, Backscatter Kikuchi Pattern = BKP«, kommerziell häufig auch »Electron Backscatter Pattern = EBSP« oder »Electron Backscatter Diffraction = EBSD« genannt, Bild 14.17b. Beide Diagrammtypen wurden bereits 1928 von S. Kikuchi und Mitarbeitern zum ersten Mal veröffentlicht. Sie werden aber erst seit 1995 in der Werkstoffwissenschaft zur Materialcharakterisierung eingesetzt. Diese Verzögerung liegt daran, dass erst dann ausreichend empfindliche Kameras, schnelle Computer und leistungsfähige Rasterelektronenmikroskope zur Verfügung standen. Da die Elektronenstreuung ihr Intensitätsmaximum in Vorwärtsrichtung nahe um den Primärstrahl hat, wird die Kristalloberfläche für BKP unter einem flachen Einfallswinkel von etwa 30° bis herab zu streifendem Einfall, »Reflexions-Kikuchi-Beugung«, gegen den Primärstrahl geneigt, um eine hohe Intensität zu erhalten. Für senkrechte Einstrahlung oder wenig gekippte Proben reicht die Nachweisempfindlichkeit der heute verfügbaren Kameras nicht für die Registrierung der Rückstreudiagramme aus. Für die Aufnahme von Channelling-Diagrammen braucht die Probe jedoch nicht gekippt zu werden.

14.2.1 Die Elektronenbeugung im Rasterelektronenmikroskop

Der Zusatz für Rückstreu-Kikuchi-Beugung (BKD, EBSP, EBSD) mit einem Rasterelektronenmikroskop (REM) besteht aus den folgenden Komponenten, Bild 14.17a:
- Einem Probentisch mit Kippung der Probe um etwa 70° aus der Horizontalen.
- Einem Durchsicht-Leuchtschirm in der Probenkammer etwa $2-3$ cm vor der Probenoberfläche. Auf ihm wird das Beugungsdiagramm sichtbar. Er steht parallel zur Primärstrahlrichtung und der x-Achse des Probentisches.
- Ein vakuumdichtes Bleiglasfenster mit Blickrichtung auf den Leuchtschirm.
- Eine hochempfindliche (CCD-)Kamera, mit der das Beugungsdiagramm aufgezeichnet und an den Auswerterechner übertragen wird. Leuchtschirm, Fenster und Kamera bilden meist eine mechanische Einheit, die an einen Flansch der Probenkammer montiert wird.

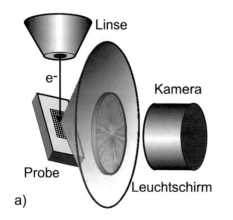

a)   b)

Bild 14.17: a) Anordnung zur Aufnahme von Rückstreu-KIKUCHI-Diagrammen mit
dem Raster-Elektronenmikroskop b) Rückstreu-KIKUCHI-Diagramm von
einem Kadmium-Kristalliten im Rasterelektronenmikroskop bei 20 kV
Beschleunigungsspannung

- Elektronik in Verbindung mit dem REM zur Steuerung der Position und möglichst
  auch des Fokus des Primärstrahls auf der Probe.
- Ein Computer, der die Steuerung von REM und Kamera übernimmt, sowie die
  Diagramme abspeichert bzw. online auswertet.

Für das Auftreten der Bänder gelten die üblichen Auslöschungsregeln von Reflexen in
der Beugung, siehe Kapitel 3.2.10. Die Auslöschungsregeln sind für die Elektronenbeugung gleich. Damit treten also bevorzugt die KIKUCHI-Bänder von niedrig indizierten
Netzebenen in Erscheinung. Sie bilden insgesamt das Transmissions- bzw. das Rückstreu-
KIKUCHI-Diagramm, Bild 14.17b. Es ist charakteristisch für die Struktur und die Orientierung des beugenden Kristalliten, da

- die Bandbreiten nach der Braggschen Gleichung proportional $1/d$ sind.
- die Winkel zwischen den Bandmitten den Winkeln zwischen den zugehörigen Netzebenen entsprechen.
- die Kreuzungspunkte von Bändern die Orte von kristallographische Zonenachsen im
  Diagramm markieren.

EBSD ist eine gnomonische Projektion der KOSSEL-Kegel auf den Leuchtschirm. Die
Bänder können daher mit den MILLERschen Indizes der zugehörigen Netzebenen indiziert werden, indem man die Bandbreiten mit Hilfe der BRAGGschen Gleichung in Netzebenenabstände umrechnet, sowie die Winkel zwischen den Bandmitten ermittelt und
diese Werte mit den Netzebenenabständen und den Winkeln zwischen den Netzebenen
der Kristallstruktur des zu untersuchenden Materials vergleicht. Dazu muss man die
genaue Position der KIKUCHI-Bänder im Diagramm kennen.

Die vollautomatische Messung erfolgt nicht im realen Beugungsdiagramm, sondern
nach einer RADON-Transformation (J. RADON, 1917 [201]) des Grauwert-Bildes $f(x,y)$:

$$R(\rho, \phi) = \int\limits_{-\infty}^{\infty} \int\limits_{-\infty}^{\infty} f(x, y) \cdot \delta(\rho - x \cdot \cos \phi - y \cdot \sin \phi) \mathrm{d}x \ \mathrm{d}y \qquad (14.15)$$

Sie beruht auf der »Hesseschen Normalform« der Geradengleichung 14.16:

$$\rho = x \cdot \cos \phi + y \cdot \sin \phi \qquad (14.16)$$

ρ ist der Abstand der Geraden vom Ursprung, ϕ der Steigungswinkel zur x-Achse, δ die Diracsche Delta-Funktion. Eine Gerade x, y als Bildmotiv wird somit in einen einzigen Punkt (ρ, ϕ) im Radon-Raum mit den kartesischen Koordinatenachsen $\rho - \phi$ abgebildet. Die Kikuchi-Bänder, als Überlagerung der eingeschlossenen und sie kreuzenden Linien, ergeben schmale »schmetterlingsförmige« Intensitätsverteilungen. Diese Radon-Peaks lassen sich wesentlich einfacher lokalisieren als bandartige Motive. Nach der Rücktransformation kennt man sowohl die Breite, die Lage als auch das Intensitätsprofil des betrachteten Kikuchi-Bandes. Sind mindestens drei Bänder eines Diagramms bestimmt, kann die Indizierung erfolgen. In der Praxis sind jedoch wesentlich mehr Bänder erforderlich, um eine eindeutige und zuverlässige Lösung zu erhalten.

Ein einfacher Sonderfall der allgemeinen Radon-Transformation ist die Hough-Transformation, 1962 patentiert [126], die in der Bildverarbeitung fast ausschließlich zur Lokalisierung von scharfen Linien und geraden Kanten in binären Bildern eingesetzt wird. Ein Punkt im Bild wird in den Hough-Raum mit den kartesischen Koordinatenachsen $\rho - \phi$ auf eine sinusähnliche Kurve, nach Gleichung 14.16 abgebildet, welche alle möglichen Geraden durch diesen Bildpunkt repräsentiert. Schließlich werden die sinusähnlichen Kurven aller Bildpunkte überlagert. Für die Punkte auf einer Geraden im Bild schneiden sich diese Kurven im Hough-Raum in einem Punkt. Ihm kommt die aufsummierte Intensität der kolinearen Bildpunkte zu. Ein Band mit rechteckigem Intensitätsprofil im Bild wird in eine schmetterlingsförmige Intensitätsverteilung übergeführt, ganz ähnlich wie mit der Radon-Transformation. Streng genommen ist aber die Hough-Transformation für die Lokalisierung von Kikuchi-Bändern nicht gut geeignet, weil es sich dabei nicht um einzelne scharfe Linien handelt und ferner das Beugungsdiagramm aus Grauwerten und nicht aus binären Schwarz-Weiß-Werten besteht. Dennoch hat sich im englischen Sprachraum für die Transformation von Rückstreu-Kikuchi-Diagrammen die Bezeichnung »modified Hough transform« statt »RADON transform« eingebürgert.

Da Rückstreu-Kikuchi-Diagramme ohne Elektronenlinsen aufgenommen werden und sich daher über einen großen Winkelbereich bis zu 120° Durchmesser erstrecken können, weisen sie mehrere Pole oder Zonenachsen auf. Ihre Lage ist besonders für Kristalle hoher Symmetrie (kubisch, hexagonal) so typisch, dass mit etwas Übung die Indizierung auch ohne Computer unmittelbar durch Vergleich mit theoretischen Diagrammen gelingt.

Ist das Beugungsdiagramm indiziert, so benötigt man noch die exakte Lage des probenfesten Koordinatensystems. Die gesuchte kristallographische Orientierung kann dann bezüglich des Kristallkoordinatensystems berechnet werden. Dazu muss das Messsystem kalibriert werden. Insbesondere wird der Schnittpunkt des Lots vom Auftreffpunkt des Strahls auf die Probe zum Leuchtschirm, das so genannte *Pattern Center*, und der Abstand des Auftreffpunktes vom Schirm, die so genannte *Kameralänge*, benötigt. Von der Systemkalibrierung hängt die Genauigkeit der gesamten Orientierungsmessung ab. Die Kalibrierung ändert sich von Rasterpunkt zu Rasterpunkt auf der stark geneigten Probe. In kommerziellen Systemen wird in der Regel auf die Kalibrierung für jede Probe und Probenstelle verzichtet. Stattdessen muss die Probe auf einen vordefinierten Arbeitsabstand positioniert und der untersuchte Bereich auf ein relativ kleines Rasterfeld beschränkt werden. Der Grund für diese Nachlässigkeit ist, dass diese Systeme ursprünglich nicht für die digitale Strahlrasterung, sondern für eine mechanische Probenrasterung mit einem $x - y$-Translationstisch entwickelt wurden. Im letzteren Fall ändert sich die Beugungsgeometrie von Rasterpunkt zu Rasterpunkt nicht.

Die Auswertung der Beugungsdiagramme erfolgt heute mit Hilfe von Computerprogrammen. Sie berechnen für das Beugungsdiagramm in jedem Rasterpunkt die Indizierung der Bänder um die Kristallorientierung. Sie vergleichen das gemessene mit dem aus der Orientierung rückgerechneten Diagramm, geben eine Vertrauenskenngröße für die gefundene Lösung an, bestimmen bei mehrphasigen Werkstoffen aus einer Auswahl von Kristalldaten das am besten passende Kristallsystem (Phasendiskriminierung), ermitteln aus den RADON-Peaks eine Kenngröße für die Qualität bzw. Schärfe des KIKU-CHI-Diagramms (»Pattern Quality«) und speichern schließlich diese Werte zusammen mit den Ortskoordinaten als Ergebnis auf einem Datenträger ab.

Das kleinste zum Beugungsdiagramm beitragende Probenvolumen hat einen etwas größeren Durchmesser als die auftreffende Elektronensonde, da sie auf der stark geneigten Probe in der Länge gestreckt wird und das Signal - ähnlich wie bei der konventionellen Abbildung mit Rückstreuelektronen - nicht nur aus dem direkt vom Strahl getroffenen Fleck auf der Probenoberfläche, sondern aus einem Teil des Streuvolumens unter der Oberfläche stammt. Die Ortsauflösung liegt bei etwa $50 - 100\,\mathrm{nm}$ im konventionellen REM mit Wolframkathode und bei etwa $30 - 50\,\mathrm{nm}$ im Feldemissions-REM.

Der Bereich unter der Probenoberfläche, aus dem die Beugungsinformation stammt, die Informationstiefe, liegt im Bereich der Lateralauflösung oder etwas darüber. Abschätzungen aus der Dicke von feinkristallinen oder amorphen Aufdampfschichten auf kristallinen Substraten, welche die KIKUCHI-Diagramme des Substrats gerade verschwinden lassen, führen nur zu unteren Schranken für die Austrittstiefe. Reicht der beugende Kristall bis zur Oberfläche, so wird die Austrittstiefe noch durch den Channeling-Effekt erhöht.

Wegen der kleinen Informationstiefe werden hohe Anforderungen an die Präparation der Proben gestellt. Verformungen der Oberfläche bei der Präparation oder Fremdschichten auf der Oberfläche müssen vermieden werden. Die Oberfläche sollte ferner möglichst plan sein, da Unebenheiten bei dem flachen Einfallswinkel des Primärstrahls zu Abschattungen führen würden. Sorgfältig hergestellte Schliffe wie für die Lichtmikroskopie, aber nach nur moderater Ätzung, sind in der Regel gut geeignet.

Die Kristallorientierung lässt sich aus Aufnahmen mit Videokameras auf etwa 0,5°, aus besonders scharfen Diagrammen auf etwa 0,2° bestimmen.

Für Orientierungsverteilungsbilder und statistische Texturanalysen ist eine sehr große Anzahl von gemessenen Kristalliten erforderlich. Mit modernen Systemen können etwa 700 Orientierungen pro Sekunde gemessen werden.

14.2.2 Messstrategien und Charakterisierung des Werkstoffes

Die vollautomatische Einzelorientierungsmessung im REM durch Auswerten von EBSD ist auf dem besten Wege, in vielen Anwendungen die Feinbereichsbeugung im TEM und die röntgenographische Polfigurmessung abzulösen, ohne sie aber ganz ersetzen zu können. So wird die Beugung im TEM ihren Anwendungsbereich trotz aufwändiger Probenpräparation behalten für Untersuchungen, bei denen die Kombination von Beugung mit der hohen Ortsauflösung der TEM-Abbildung gefragt ist, wenn nur sehr kleine Probenmengen zur Verfügung stehen, wenn die interessierenden Probenstellen sehr stark verformt sind, für Schicht-, Gradienten- und Nanowerkstoffe und insbesondere für die BURGERS-Vektor-Analyse. Die Polfigurmessung mittels Röntgenbeugung, siehe Kapitel 11.4, ist als Standard-Präzisionsverfahren nicht zu übertreffen, wenn es sich um hochverformte Proben, mehrphasige und schwer zu präparierende Werkstoffe, empfindliche (d. h. nicht vakuumfeste, nicht leitende oder sich unter dem Elektronenstrahl zersetzende) Materialien oder um Kristallsysteme niedriger Symmetrie handelt.

Die mit der Orientierungskartographie verfügbare Information geht jedoch weit über die Kenntnis hinaus, welche mit den konventionellen, über größere Probenbereiche integrierenden Beugungsverfahren gewonnen werden kann. Da sowohl der Ort der Messung mit hoher Auflösung, als auch die kristallographische Orientierung und die vorliegende Kristallphase bekannt sind sowie die Störstellendichte und die lokale Eigenspannung aus der »Pattern Quality« abgeschätzt werden können, ist eine umfassende Gefügecharakterisierung mittels Orientierungsstereologie möglich.

Je nach Fragestellung werden folgende Messstrategien angewendet:

Punktanalyse

Das Rasterelektronenmikroskop wird auf Punktanalyse (spot mode) geschaltet und der Elektronenstrahl interaktiv auf eine interessierende Stelle auf der Probe gerichtet. Wenn dabei ein Beugungsdiagramm auftritt, ist die Probenstelle kristallin und nicht amorph oder von einer amorphen Fremdschicht bedeckt. Aus der Schärfe des Diagramms kann die Perfektion des Kristalls abgeschätzt werden. Die Phase kann, eventuell in Verbindung mit einer EDS-Materialanalyse, identifiziert und die Kristallitorientierung bestimmt werden. Die Punktanalyse wird ferner bei der Systemkalibrierung eingesetzt.

Orientierungskartographie (»Orientation Microscopy - OM«)

Die »Orientierungsmikroskopie« ist die häufigste Anwendung von EBSD im Rasterelektronenmikroskop. Die interessierende Probenstelle wird vollautomatisch punktweise abgerastert, in jedem Rasterpunkt ein Rückstreu-KIKUCHI-Diagramm aufgenommen, online die Orientierung berechnet und mit den Koordinaten des Messortes abgespeichert. Es können sehr große Probenbereiche automatisch ausgemessen werden soweit es die niedrigste Vergrößerung des REM gestattet. Allerdings muss dann wegen der stark gekippten Probenoberfläche der Elektronenstrahl von Rasterzeile zu Rasterzeile dynamisch nachfokussiert und das BKD-System für das gesamte Rasterfeld kalibriert werden.

Die Orientierungsdaten werden zur Veranschaulichung in Form von Orientierungsverteilungsbildern des Gefüges graphisch dargestellt, indem jedem Rasterpunkt eine für die

Bild 14.18: a) Orientierungskartographie (OM) und b) Pattern-Quality-Verteilungsbild (PQM) einer Nickelmünze.

Orientierung charakteristische Farbe zugeordnet wird, Bild 14.18a. Körner sind zusammenhängende Bereiche mit praktisch derselben Orientierung und demzufolge gleicher Farbe. Bei der Wahl des Probenrasters muss darauf geachtet werden, dass die Rasterpunkte ausreichend dicht liegen, so dass auch auf die kleinsten Körner, die innerhalb der Ortsauflösung des Verfahrens liegen, noch mehrere Messpunkte fallen. Eine zu hohe Rasterdichte ist andererseits nicht vorteilhaft, weil sich die Messung unnötig in die Länge ziehen würde ohne weitere Information zu liefern. Zur Farbcodierung von kristallographischen Richtungen werden meistens ein Farbdreieck dem kristallographischen Standarddreieck des vorliegenden Gitters überlagert und zwei Orientierungskartographien konstruiert. Eine ist für die Probennormalenrichtung (z. B. die Normale auf der Blechebene $\{h\,k\,l\}$) und eine für eine dazu senkrechte Referenzrichtung (z. B. die Walzrichtung $\langle u\,v\,w\rangle$). Auf gleiche Weise werden inverse Polfiguren konstruiert, in dem man diese Farben den einzelnen gemessenen Kristallrichtungen zuordnet und ins Standarddreieck der stereographischen Projektion einträgt. Eine einzige Orientierungskartographie reicht aus, wenn man die Kristallorientierungen farblich nach den EULER-Winkeln codiert. Im Gegensatz zu konventionellen Grauton-Gefügeabbildungen mittels Sekundär- oder Rückstreuelektronen oder lichtmikroskopischen Abbildungen werden in Orientierungskartographien alle Körner, so weit sie erfasst wurden, mit quantitativem Orientierungskontrast wiedergegeben und alle Korngrenzen werden anhand der Farbunterschiede erkannt. Mit Grautonbildern ist dies nicht möglich, Körner unterschiedlicher Orientierung können denselben Grauton zeigen. Aus dem Grauton kann nicht auf die Kristallorientierung geschlossen werden.

Linienraster (Linescan)

Statt ein ganzes Probenfeld abzurastern, kann man sich auch auf eine Linie quer über die Probe beschränken, um darauf den Orientierungsgradienten zu ermitteln. Diese Betriebsart wird nur selten eingesetzt. Dank der hohen Messgeschwindigkeit moderner EBSD-Systeme ist der Aufwand für eine Flächenmessung akzeptabel. Aus der Orientierungskartographie können anschließend nach Bedarf Linien oder Bereiche ausgewählt und die Daten entnommen werden.

Kartographie der Diagrammschärfe (»PQM = Pattern Quality Maps«)

Die Diagrammschärfe hängt von mehreren Faktoren ab:

- der Perfektion des Kristalls, d. h. der Störstellendichte und den lokalen Eigenspannungen,
- Gitterschwingungen (DEBYE-WALLER-Faktor, insbesondere bei hohen Temperaturen oder niedrig schmelzenden Werkstoffen),
- amorphen bis sehr feinkörnigen Fremdschichten auf der Oberfläche und besonders Kontaminationsschichten durch Kohlenwasserstoffe, die unter dem Elektronenstrahl polymerisiert wurden,
- Präparationsartefakten durch Verformung der Oberfläche beim Schleifen und Polieren, Rückstände von Ätzmitteln,
- unzureichender Fokussierung des Primärstrahls oder der Kamera im Detektor.

Wenn die unerwünschten Störungen, siehe obige letzten drei Punkte, ausgeschlossen wurden, dann ermöglicht die Pattern Quality als Gefügekenngröße eine informative Aussage über den lokalen Gefügezustand, wie er mit integrierenden Verfahren, z. B. die Profilanalyse in der Röntgenbeugung, nicht möglich ist.

Die Pattern Quality wird aus dem Profil der RADON-Peaks ermittelt. Bewährt hat sich die schnelle 1D-FOURIER-Analyse in ρ-Richtung des RADON-transformierten Beugungsdiagramms. Kommerzielle EBSD-Systeme beschränken sich meist auf die Ermittlung der Höhe der HOUGH-Peaks unter der nicht zutreffenden Annahme einer einheitlichen Peakform. Die Pattern Quality erfolgt vor der Bandindizierung. Sie kann daher auch für nicht identifizierte Phasen ermittelt werden. Die Gefügedarstellung erfolgt durch Codierung der Pattern Quality in Graustufen, Zuordnung zu den Rasterpunkten und graphische Wiedergabe in Form eines Verteilungsbildes, Bild 14.18b.

Darstellung von Korngrenzen

Da in den einzelnen Rasterpunkten sowohl der Messort als auch die Kristallorientierung bekannt sind, kann auch die Missorientierung zwischen zwei Messorten unmittelbar berechnet werden. Ein Kristallit (Korn) ist nach Definition ein zusammenhängender Volumenbereich im Gefüge, der dasselbe Gitter und praktisch die gleiche Orientierung aufweist. Legt man eine Schranke für die Missorientierung fest, beispielsweise $12°/\Sigma$ (wobei Σ die Kennzahl der Großwinkel-Korngrenze nach dem »Coincidence Site Lattice Model« ist) oder 0,5° für Kleinwinkelkorngrenzen, so können darüber hinausgehende Orientierungssprünge zwischen benachbarten Messpunkten im Verteilungsbild markiert werden. Die Punkte bilden ein Netzwerk, welches die Korngrenzen im Gefüge wiedergibt. Wegen möglicher Messungenauigkeiten müssen die Punkte eventuell noch zu geschlossenen Linien verbunden werden. Da alle Körner erkannt werden, bildet dieses Netzwerk eine optimale Grundlage für die stereologische Gefügeauswertung nach der statistischen Verteilung von Kristallitgröße, -form und -richtung. Die Auswertung von lichtmikroskopischen oder konventionellen Gefügeaufnahmen mit dem Rasterelektronenmikroskop tendiert meist zu größeren Korngrößenverteilungen, weil sich in Grauwertbildern nicht alle Nachbarkörner voneinander abheben.

Statt eine Schranke für die Missorientierung zu setzen, kann auch der Absolutwert, der Σ-Wert oder die Drehachse und der Drehwinkel der Missorientierung zwischen benachbarten Rasterpunkten berechnet, in spezifische Farben codiert und dann zur Gefügedarstellung in einem Verteilungsbild verwendet werden. Beispielsweise lassen sich so $\Sigma3$-Missorientierungen, die an Zwillingskorngrenzen auftreten, in der Gefügedarstellung herausfiltern oder besonders hervorheben.

Die statistische Auswertung der Körner und der Korngrenzen kann mit Hilfe der COM-Messdaten beispielsweise in Form von Histogrammen nach der Anzahl oder nach der Größe von Körnern bestimmter Orientierungen sowie nach der Anzahl oder nach der Länge von Korngrenzen mit den Parametern Σ-Wert, Drehwinkel oder Drehachse erfolgen. Weitere mögliche Parameter sind die Pattern Quality, die Konzentration von bestimmenden Elementen (Leitelement) aus der EDS-Analyse, sowie Korrelationen mit nächsten und übernächsten Nachbarn. Eine breite Palette von denkbaren funktionalen Abhängigkeiten ist so darstellbar.

In der graphischen Darstellungen werden häufig die Verteilungsbilder von Orientierungen, der Pattern Quality, der Korngrenzen oder auch konventionelle Gefügebilder überlagert. Dadurch lassen sich Details hervorheben, die in den einzelnen Verteilungsbildern nur schwer zu erkennen sind. Bei allen graphischen Darstellungen sollte man sich daran erinnern, dass es sich nicht nur um »Illustrationen des Gefüges« handelt, sondern dass hinter jedem Messpunkt ein instruktiver Datensatz steht.

Phasendiskriminierung

Wenn sich im mehrphasigen Werkstoff die Kristallstrukturen der Phasen ausreichend unterscheiden, so können sie im Zuge der Diagrammauswertung auch diskriminiert werden. Dazu wird vom Auswerteprogramm versucht, für jede Phase das Diagramm zu indizieren. Diejenige Phase, welche die beste Anpassung des indizierten rückgerechneten mit dem gemessenen Diagramm ermöglicht, wird als die wahrscheinlichste Phase für diesen Messpunkt markiert. Wenn sich die Phasen zudem durch Leitelemente unterscheiden, so kann eine EDS-Elementanalyse in Zweifelsfällen die Diskriminierung unterstützen oder Phasen diskriminieren helfen, die sich in den Zellparametern zu wenig voneinander unterscheiden.

Die Elementanalyse für sich ist für Phasendiskriminierungen jedoch meist weniger gut geeignet als die Beugungsanalyse, weil technische Werkstoffe sich nicht im thermodynamischen Gleichgewicht befinden, so dass Phasengrenzen nicht mit Konzentrationsgrenzen zusammenfallen müssen. Entscheidend für die Definition einer Phase ist ihre Kristallstruktur. Die Zeit für die Auswertung der Beugungsdiagramme nimmt überproportional mit den in einer Probe zu diskriminierenden Phasen zu.

Nach erfolgter Phasendiskriminierung können Orientierungs-Verteilungsbilder und stereologische Auswertungen nach Phasen getrennt berechnet werden. Ferner können ähnlich wie Korngrenzen- auch Phasengrenzen-Verteilungen graphisch dargestellt und für weitere Berechnungen verwendet werden.

Die Identifizierung *a priori unbekannter* Phasen ist grundsätzlich durch Kombination von Elementanalyse, Vorauswahl möglicher Phasen mittels Kristalldatenbanken und EBSD-Auswertung möglich. Diese Vorgehensweise ist jedoch mit einem erheblichen Mess-

und Rechenaufwand verbunden, so dass die Phasenidentifizierung (noch) nicht im Raster- sondern nur an ausgewählten Stellen im Punktanalysebetrieb erfolgt.

Texturanalysen

Die ursprüngliche Motivation für EBSD mit dem Rasterelektronenmikroskop war der Wunsch, ein weiteres, unabhängiges Verfahren für die Texturanalyse zu haben. Die ge- messenen Einzelorientierungen können dazu verwendet werden, die Orientierungsvertei- lung im gemessenen Probenbereich in Form von Polfiguren, inversen Polfiguren oder ODF-Graphiken darzustellen. Der spezielle Vorteil ist die erreichbare hohe Ortsauflö- sung. Darüber hinaus lässt sich die ODF direkt und im Gegensatz zur Polfigurinversion ohne »Geister« berechnen. Allerdings wurde das Problem der Geisterbildung, verursacht durch die Ununterscheidbarkeit von $(h\,k\,l)$ und $(\bar{h}\,\bar{k}\,\bar{l})$ Reflexen in der Röntgenbeugung in- folge der FRIEDELschen Regel, in den heutigen ODF-Programmen bereits behoben, siehe Seite 457.

Die Orientierungskartographie ermöglicht jedoch eine erhebliche Erweiterung der Tex- turanalyse. Da die Messorte bekannt sind, kann die Textur von sehr genau definierten, kleinen Bereiche berechnet werden, die der Röntgenmessung nicht zugänglich sind. Fer- ner kann die Textur als Funktion der Kristallitgröße, der Kristallitform, der Pattern Quality, der Konzentration von Leitelementen usw. ermittelt werden. Diese Möglichkeit stellt besonders für die Untersuchungen von Rekristallisation und Kornwachstum einen erheblichen Fortschritt dar.

Eine weitere Möglichkeit besteht in der Berechnung von Orientierungskorrelations- funktionen, beispielsweise der Missorientierungs-Dichtefunktion MODF für Missorientie- rungen zwischen benachbarten Körnern und für unkorrelierte Missorientierungen. Eine Anwendung ist die Untersuchung, ob benachbarte Orientierungen das Kristallwachstum beeinflussen, indem man die unkorrelierte mit der Nachbarschafts-MODF vergleicht.

14.2.3 Anwendungen von EBSD im REM in der Werkstoffwissenschaft

Mit den Daten aus der automatischen Einzelorientierungsmessung (OM, EBSD) lässt sich der Werkstoff sehr detailliert charakterisieren:

- Schnelle und bequeme Orientierungsbestimmung mit einer Genauigkeit von $< 0{,}5°$ und mit hoher Ortsauflösung $< 50\,\mathrm{nm}$:
  - Messung der Orientierung beim Kornwachstum und der Orientierung bei epi- taktischen Schichtwachstum,
  - Messung der Orientierungsverteilung (kristallographische Textur),
  - Messung von Orientierungsdifferenzen an Groß- und Kleinwinkelkorngrenzen, Orientierungsbeziehungen bei Phasenumwandlungen.
- Schärfe, Kontrast und Verzerrungen der Diagramme sowie Zahl der erkennbaren hö- heren Beugungsordnungen geben Hinweise auf:
  Versetzungsdichte, innere Spannungen, vorhandene Eigenspannungen, Verformungs- grad im Mikrobereich (z. B. an Bruchspitzen, in Einschlüssen), verbleibende Strah- lenschäden nach Ionenbeschuss.

- Bestimmung des Kristallstrukturtyps unter Verwendung der Auswahlregeln für ausgelöschte Linien und der Diagrammsymmetrie (Phasendiskriminierung und Phasenidentifizierung).

- Berechnung anisotroper Materialeigenschaften mit hoher Ortsauflösung aus den Orientierungsdaten und den entsprechenden anisotropen Eigenschaftskenngrößen des Einkristalls. An dieser Stelle sei auf die ausführliche Einführung in den gegenwärtigen Stand der EBSD-Technik und zahlreiche Anwendungen der Orientierungsmikroskopie in SCHWARTZ et al. [228] hingewiesen.

14.3 KOSSEL - Interferenzen

1934 hat die Gruppe um KOSSEL beim Beschuss eines Kupfer-Einkristalls mit hochenergetischen Elektronen, den sie statt der sonst üblichen polykristallinen Antikathode in eine Röntgenröhre eingesetzt hatten, einen neuen Diagrammtyp auf dem Röntgenfilm entdeckt. Ein Jahr später fand KOSSELs Doktorand BORRMANN gleichartige Beugungsdiagramme beim Beschuss von Einkristallen mit einem Röntgenstrahl aus einer kommerziellen Röhre. Sie nannten die Beugungserscheinung Gitterquellen-Interferenz, später bürgerte sich die Bezeichnung KOSSEL-Technik und KOSSEL-Diagramm ein. Es besteht aus hellen oder dunklen Kreisen und Ellipsen, allgemein aus Kegelschnitten mit dem ebenen Registrierfilm, Bild 14.19. KOSSEL-Interferenzen entstehen sowohl in Durchstrahlung dünner Kristalle als auch in Rückstreuung an massiven Proben.

Die Lage der KOSSEL-Linien in einem KOSSEL-Diagramm lassen sich mit einem einfachen kinematischen Beugungsmodell erklären, ähnlich wie die Lage der sechs Jahre zuvor entdeckten KIKUCHI-Linien. Bei der Bestrahlung des Einkristalls mit Elektronen werden die Atome im Kristall zur Emission charakteristischer Röntgenstrahlung und bei Bestrahlung mit geeigneter Röntgenstrahlung zur Emission von charakteristischer Fluoreszenzstrahlung angeregt. Beides Mal wird also bei kleinen Primärsonden im Kristallinneren eine in alle Richtungen strahlende, im Idealfall punktförmige, monochromatisch strahlende Röntgenquelle erzeugt, Bild 14.20a. Die von ihr ausgehende Strahlung verursacht zusammen mit der kontinuierlichen Bremsstrahlung einen sehr starken, gleichmäßigen Untergrund. Ein Teil der von der Quelle Q ausgehenden Strahlung, die in A unter dem BRAGG-Winkel θ auf eine Netzebene trifft, kann jedoch gebeugt werden. Es bleibt ein transmittierter Teilstrahl $\vec{QC}$ übrig, dazu bildet sich ein abgebeugter Strahl $\vec{AE}$. Dasselbe geschieht in Punkt B, es ergeben sich ein transmittierter Strahl $\vec{QD}$, der parallel zu $\vec{AE}$ verläuft, und ein abgebeugter Strahl $\vec{BF}$ parallel zu $\vec{QC}$. Da die BRAGG-Bedingung für alle Einfallswinkel auf Kegelmänteln mit dem Öffnungswinkel $90° \pm \theta$ gleichzeitig erfüllt ist, liegen in der Summe alle auf diese Weise transmittierten und abgebeugten Strahlen auf einem Doppelkegel – KOSSEL-Kegel, dessen Achse senkrecht auf der zugehörigen Netzebene steht. Dies ist soweit ganz ähnlich wie bei den in Kapitel 14.2 besprochenen KIKUCHI-Linien. Im Gegensatz zur Streuhof-Elektronenquelle strahlt die »Röntgen-Kristallquelle« jedoch *isotrop*, d. h. in alle Richtungen gleich stark. Daher würde sich nach diesem einfachen Bild der Intensitätsverlust, den der Strahl $\vec{QC}$ wegen der Beugung nach $\vec{AE}$ erfährt, durch den Intensitätsgewinn, den der Strahl $\vec{BF}$ bringt, gerade aufheben. Entsprechend ist auch in Richtung $\vec{QD}$ durch $\vec{AE}$ die Intensität ausgeglichen. KOSSEL-Linien wären

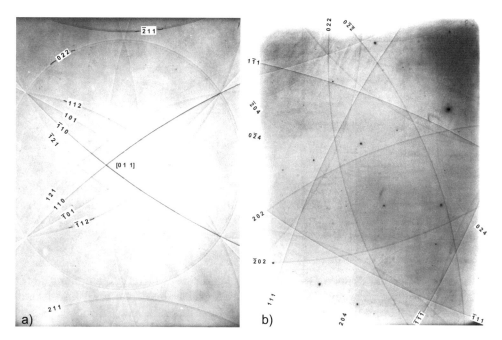

Bild 14.19: a) Kossel-Diagramm an einem Einkristall der intermetallischen Verbindung Fe_3Al symmetrisch zum [0 1 1]-Pol (Elektronenstrahl-Anregung) b) Kossel-Diagramm an einem Cu-Einkristall mit Laue-Reflexen symmetrisch zum [0 0 1]-Pol (Synchrotronstrahl-Anregung) (Beide Aufnahmen mit freundlicher Genehmigung Prof. Dr. H.-J. Ullrich und Mitarbeiter, Technische Universität Dresden)

daher nicht zu erkennen. Es müssen also noch die Laufwege der Teilstrahlen, d. h. die Absorption der Röntgenstrahlung, und die Ausdehnung der Quelle in die Überlegung einbezogen werden. Tatsächlich hängt der Kontrast in Kossel-Diagrammen stark von der Versuchsanordnung, der Lage des betrachteten Kossel-Kegels im Diagramm und von der Probendicke im Fall einer Transmissionsaufnahme ab. Wenn man die Kossel-Linien genauer betrachtet, so sind einige dunkel, andere hell und weisen einen hellen Saum an der konvexen Seite auf. Bereits 1935 gab Laue mit der dynamischen Theorie der Röntgenbeugung eine erste Erklärung des Kontrastverlaufs, in dem er die Absorption und die Polarisation der Röntgenstrahlung berücksichtigte. Die umfangreichen Rechnungen würden jedoch den Rahmen dieser Einführung sprengen.

Für Anwendungen in der Materialwissenschaft gelten die folgenden Charakteristika:

- Das Kossel-Diagramm stellt eine gnomonische Projektion der Kristallgeometrie auf dem ebenen Registrierfilm dar. Die Kossel-Linien, d. h. die Schnittlinien der Kossel-Kegel, können mit den Millerschen Indizes der beugenden Netzebenen bezeichnet werden.

- Die Kossel-Linien sind sehr scharf und durch die natürliche spektrale Breite der charakteristischen Strahlung begrenzt.

- Die Schärfe der Linien hängt ferner von der Perfektion des beugenden Kristallvolu-

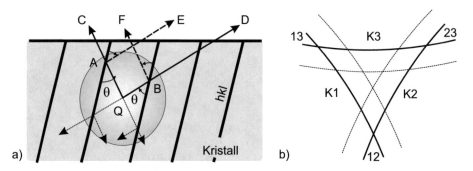

Bild 14.20: a) Entstehung von Kossel-Linien durch Braggsche Beugung von Strahlung aus einer punktförmigen Gitterquelle Q im Rückstreufall b) drei Kossel-Linien K1, K2 und K3 bilden ein konkaves Dreieck in der Registrierebene, sie bewegen sich mit abnehmender Wellenlänge auf einen gemeinsamen Schnittpunkt zu

mens ab. Wenn die Versetzungs- und Störstellendichte des Kristalls abnimmt, werden die Linien immer schärfer. Dies kann so weit gehen, dass sie – etwa bei elektronischer Registrierung mit einer CCD-Kamera über einen Leuchtschirm – nicht mehr aufgelöst werden. Andererseits gehen sie im sehr starken Untergrund unter, wenn die Versetzungsdichte in Bereiche kommt, die für Werkstoffe der Technik typisch sind. In einem begrenzten Bereich sind sie jedoch ein guter Indikator für die Kristallgüte und -perfektion. In technischen Anwendungen von Stählen treten beispielsweise Versetzungsdichten zwischen $10^8 - 10^{12}$ Versetzungen $\cdot$ cm^{-2} häufig auf. Der Bereich bis 10^{10} cm^{-2} kann mit der Kossel-Technik noch gut untersucht werden.

- Da die Wellenlänge der charakteristischen Röntgenstrahlung in der Größenordnung der Zellparameter der meisten Materialien liegt, treten Bragg-Winkel zwischen $10 - 90°$ auf. Daher entarten die Schnittlinien der Kossel-Kegel mit der planen Registrierebene, anders als die Kikuchi-Linien, nicht annähernd zu Geraden, sondern sind stark gekrümmte Kegelschnitte. Eine hohe Messgenauigkeit bezüglich der Zellparameterbestimmung wird durch Auswertung der Reflexe mit großem θ erreicht.

- Das Volumen, in dem Röntgenbeugung stattfindet, hat auch bei sehr feinen Primärstrahlsonden einen Durchmesser von der Größenordnung der Absorptionslänge der Röntgenstrahlung, also etwa 10 µm. Die Kossel-Technik eignet sich daher nur zur Untersuchung von grobkristallinem bis einkristallinem Material.

- Die eigene Kα-Strahlung »passt« nur für Elemente zwischen $Z = 22 - 29$ zum Zellparameter der kristallinen Phase, um die Bragg-Bedingung erfüllen zu können. In den anderen Fällen muss die Röntgenquelle außerhalb der Probe, z. B. in einer Röntgenröhre, in einer separaten Folie über der Probe, in einer Aufdampfschicht oder kleinen Fremdpartikeln auf der Probe oder in kleinen Fremdpartikeln in der Probe erzeugt werden. Dazu verwendet man Material, dessen Kα-Linie zum Gitter der zu untersuchenden Probe passt, wie beispielsweise Nickel für Silizium. Diese Variante heißt *Pseudo-Kossel-Technik*. Durch die Verlagerung der divergent strahlenden Röntgenquelle nach außerhalb der Probe wird allerdings die Ortsauflösung erheblich verschlechtert. Mit der Pseudo-Kossel-Technik kann das Verfahren auf ein weites

Spektrum kristalliner Stoffe erweitert werden. Wenn die Quelle nicht mehr in der Probe erzeugt wird, wird die Wärmebelastung reduziert, die bei direkter Elektronenbestrahlung zur Zerstörung empfindlicher Proben führen könnte.

14.3.1 Einsatzbereiche der Kossel - Technik

Genaue Ermittlung der kristallographischen Orientierung

Die Achsen der Kossel-Kegel liegen parallel zu den Senkrechten auf den beugenden Netzebenen. Die Öffnungswinkel der Kegel sind durch $(90° - \theta)$ bestimmt. Da die Kossel-Linien extrem scharf sind, kann somit aus ihrer Lage im Diagramm die Kristallorientierung mit einer Genauigkeit in der Größenordnung von Bogenminuten berechnet werden. Diese hohe Genauigkeit wird zwar nicht für die Texturanalyse benötigt, sie ermöglicht aber die präzise Untersuchung von Orientierungsdifferenzen zwischen benachbarten Körnern und von Orientierungsbeziehungen bei Phasenumwandlungen.

Genaue Bestimmung von Zellparametern

Die Wellenlänge der charakteristischen Röntgenstrahlung ist mit einer Genauigkeit von $\Delta\lambda/\lambda \approx 10^{-6}$ bekannt und sie kann als innerer Standard bei der Berechnung der Zellparameter des beugenden Kristallitvolumens mit Hilfe der BRAGGschen Gleichung benutzt werden. Eine besonders hohe Genauigkeit erreicht man mit dem *Koinzidenzschnittverfahren* [150]. Es kommt vor, dass sich drei Kossel-Linien für eine ganz bestimmte Wellenlänge λ_{krit} in genau einem Punkt schneiden, so genannte »Dreierschnitte«. Eventuell kann dieser Fall mit der Pseudo-Kossel-Technik approximiert werden, wenn man das Element der Röntgenquelle entsprechend wählt. Wenn sich drei Kossel-Linien nicht exakt in einem Punkt schneiden, ändert sich das von ihnen gebildete Dreieck empfindlich mit kleinen Änderungen der Zellparameter und der Wellenlänge. Die lineare Interpolation auf λ_{krit} wird besonders genau, wenn man die Wellenlängen zweier benachbarter charakteristischen Linien als innere Standards verwendet. In Bild 14.20b markieren $K1$, $K2$ und $K3$ drei Kossel-Linien, die sich für die Wellenlänge λ_a paarweise in den Punkten $(1, 2)$, $(1, 3)$ und $(2, 3)$ schneiden. Für eine etwas kürzere Wellenlänge λ_b werden die BRAGG-Winkel kleiner, die Öffnungswinkel der Kossel-Kegel weiter und die Schnittpunkte wandern aufeinander zu. Falls sie einen gemeinsamen Schnittpunkt noch verfehlen sollten, kann aus der Verschiebung der Linien die »optimale«, in der Natur eventuell nicht verfügbare Wellenlänge λ_{krit} interpoliert werden. Auf diese Weise lassen sich Zellparameter auf bis zu $\Delta a/a \approx 10^{-5}$ genau bestimmen. Eine Anwendung ist die Bestimmung des Homogenitätsbereichs von intermetallischen Phasen bei Diffusionsprozessen.

Untersuchung von Gitterdehnungen und Eigenspannungen

Eng verbunden mit der genauen Ermittlung von Zellparametern ist die Untersuchung von Gitterdehnungen, etwa infolge von Fremdatomen und Elementkonzentrationen in Mischkristallen (VEGARDsche Regel) oder der thermischen Ausdehnung. Da Kossel-Diagramme einen großen Winkelbereich überdecken, kann die Gitterdehnung simultan in mehreren Raumrichtungen ermittelt und daraus mit hoher Genauigkeit der Eigenspannungstensor berechnet werden.

Bestimmung der Kristallsymmetrie und Phasendiskriminierung

Das Muster der KOSSEL-Linien ist charakteristisch für die Kristallsymmetrie. Durch Vergleich mit berechneten Diagrammen, durch Computersimulation, aber mit etwas Erfahrung auch durch bloße Betrachtung ist die vorliegende Kristallsymmetrie direkt zu erkennen. Dank der hohen Schärfe der Diagramme zeichnen sich bereits geringe Symmetrieabweichungen, wie beispielsweise tetragonale Verzerrungen eines kubischen Gitters, klar erkennbar an der Aufspaltung von gemeinsamen Schnittpunkten dreier KOSSEL-Linien oder allgemein an den besonderen geometrischen Lagen der Schnittpunkte von mehreren Linien zueinander ab. Anhand der ermittelten Kristallsymmetrie und der Zellparameter ist somit eine präzise Phasenanalyse im Mikrobereich möglich.

Abschätzung der Versetzungsdichte

Aus der Schärfe der KOSSEL-Linien kann schließlich mittels Referenzmessungen die Versetzungsdichte im Bereich von etwa $10^7 - 10^{10}\,\mathrm{cm}^{-2}$ semi-quantitativ ermittelt werden. Der Einfluss der Versetzungen kann für jede beugende Netzebenenschar und Raumrichtung getrennt abgeschätzt werden.

14.3.2 Geräteausführungen

Für die KOSSEL- und die Pseudo-KOSSEL-Technik werden speziell konzipierte Apparaturen verwendet. Um eine hohe Ortsauflösung mit einer konventionellen Röntgenröhre als Primärquelle zu erzielen, werden Kapillaroptiken, siehe Kapitel 4.4, eingesetzt. Die Probe kann dabei in Atmosphärenumgebung verbleiben. Nichtleitende Proben laden sich nicht auf. Die Registrierung der Diagramme erfolgt wegen der gewünschten hohen Auflösung auf Röntgen-Planfilme oder Bildplatten. Für die schnelle Indizierung und Auswertung mit Rechenprogrammen werden Diagramme auch mit einer hochempfindlichen, rauscharmen CCD-Kamera vom Leuchtschirm in digitaler Form aufgezeichnet. Die Belichtungszeiten liegen bei mehreren Minuten bis zu einer halben Stunde. Synchrotron-Strahlung als Primärstrahlquelle ermöglicht eine hohe Intensität und kurze Belichtungszeiten.

Die KOSSEL- und Pseudo-KOSSEL-Technik lässt sich auch mit Rasterelektronenmikroskopen realisieren, entweder indem eine Elektronen absorbierende dünne Folie vor den Leuchtschirm eines EBSD-Systems gesetzt wird oder das Mikroskop mit einer speziellen KOSSEL-Kamera ausgerüstet wird. Die KOSSEL-Technik im Rasterelektronenmikroskop bietet als besonderen Vorteil die Kombination von hochauflösender Röntgenbeugung mit der konventionellen rasterelektronenmikroskopischen Abbildung der Probenoberfläche und somit eine genaue Lokalisierung der beugenden Probenstelle.

Die Aufnahme der Diagramme ist relativ zeitintensiv im Vergleich zur automatischen Orientierungsmessung mit KIKUCHI-Diagrammen. Wegen des sehr geringen Kontrastes müssen enge Toleranzen für die Belichtungszeit und Entwicklung von Filmen eingehalten oder mehrere Aufnahmen nacheinander hergestellt werden. In Transmission muss die Probe genau die richtige Dicke aufweisen, und generell darf die Versetzungsdichte weder zu hoch noch zu niedrig sein. Es gibt keine kommerziellen KOSSEL-Apparaturen, die KOSSEL-Technik wird nur in wenigen spezialisierten Forschungseinrichtungen angewandt.

14.4 Kleinwinkelstreuung

Die Untersuchung von kleinen, regelmäßigen Strukturen kann in vielen Werkstoffen mittels der Kleinwinkelstreuung (Small Angle X-ray Scattering - SAXS) erfolgen. Hierbei wird eine dünne, durchstrahlbare Probe mit einem fein fokussierten monochromatischen Röntgenstrahl durchstrahlt. Erfolgt die Untersuchung mit streifenden Einfall, wie in Bild 14.21 gezeigt, spricht man von GI-SAXS (*grazing incident SAXS*).

Mit SAXS werden Partikel und Domänen in Nanogröße (im Bereich zwischen 1 nm und 200 nm) analysiert, die bei sehr kleinen Winkeln streuen [166, 247]. Liegen kleine regelmäßige Strukturen vor, so wird der Röntgenstrahl abgelenkt. Die Ablenkwinkel α sind kleiner 5°. Es kommt zu Beugungserscheinungen, da an den Grenzen der Strukturen geringe Unterschiede in der Elektronendichte auftreten, die Beugungsinterferenzen hervorrufen. In Bild 14.22a wird schematisch gezeigt, welche Strukturen gemessen werden können. Es muss betont werden, dass es einzig auf die Größe und Gleichmäßigkeit der Strukturen ankommt wobei sich die Regelmäßigkeit hier auf die Form bezieht. Es ist mit dieser Methode möglich, nichtkristalline Anordnungen zu vermessen. Im Gegensatz dazu liefert die bisher in den anderen Kapiteln beschriebene Röntgenweitwinkelstreuung Streuungsmuster, die Informationen über den Phasenzustand, die Kristallsymmetrie und die Molekularstruktur liefern. Atome und interatomare Distanzen streuen zu großen Winkeln.

Mit SAXS erhält man Informationen über Größe, Gestalt und Dispersivität der untersuchten Materialien. Gegenüber dem Umgebungsmedium betrachtet man diese Strukturen als teilchenförmige Inhomogenitäten. Es ist im Bereich der Kleinwinkelstreuung (SAXS, SANS, SALS) üblich, die Streuwinkel und -richtungen, siehe Bild 14.21b, in q anzugeben. q ist auch als Impulsübertragung bekannt, Gleichung 14.17, und nicht

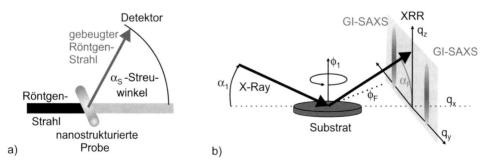

Bild 14.21: a) Schematische Darstellung der Ablenkung von Röntgenstrahlung an kleinen Objekten b) Strahlengang und Beugungsinformationen bei GI-SAXS im Vergleich zur Reflektometrie (XRR) von messbaren Probendimensionen bei Kleinwinkel- und Weitwinkelmessungen b) Aufbau eines modernen Kleinwinkel-Goniometers mit Flächenzähler

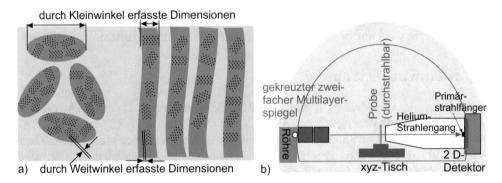

Bild 14.22: a) Schematische Darstellung von messbaren Probendimensionen bei Kleinwinkel-
und Weitwinkelmessungen b) Aufbau eines modernen Kleinwinkel-Goniometers mit
Flächenzähler

als Streuwinkel 2θ, der im Bereich der anderen Kapitel verwendet wird. Mit SAXS-
Untersuchungen können Ergebnisse erzielt werden, die von der Wellenlänge unabhängig sind. Auf diese Weise können Aussagen über die Nanostruktur der Probe gewonnen
werden. Eine theoretische Beschreibung der Streuung an solchen Partikeln muss folglich
sowohl deren endliche Größe berücksichtigen, wie auch dem Umstand gerecht werden,
dass die Teilchen ungeordnet im Raum verteilt sind und keine bevorzugte Orientierung
besitzen.

Partikel können Proteine und Polymere in flüssiger Lösung, Defekte oder amorphe
Strukturen in Festkörpern sein. Diesen Systemen fehlt die Eigenschaft der Ausbildung einer langreichweitigen Ordnung, wie sie für klassische Diffraktometermessungen notwendig
ist. Ferner sind diese Strukturen unorientiert, d. h. es liegt keine bevorzugte Ausrichtung
vor.

$$q = \frac{4 \cdot \pi}{\lambda} \cdot \sin\alpha \qquad (14.17)$$

Zur Abschätzung der Dimensionen kann auch die BRAGGsche Gleichung herangezogen
werden. So ist bei Strukturabmessungen $d \approx 4{,}41\,\mathrm{nm}$ mit Streuwinkeln $\alpha = 1°$ zu rechnen,
bei $\alpha = 5°$ sinkt die Strukturgröße auf $d \approx 0{,}88\,\mathrm{nm}$. Daher werden mit dieser Methode
überwiegend Faserstrukturen in Hölzern, Polymerketten in Kunststoffen und nanoskali-
ge Einlagerungen auf ihre Größe untersucht. Die Profilform bzw. -breite lässt auf ihre
Gleichmäßigkeit schließen.

Entweder wird wie in Bild 14.21b gezeigt mit streifenden Einfall oder wie in Bild
14.22b in Durchstrahlung gearbeitet. Ein gekreuzter Multilayerspiegel liefert den monochromatischen, parallelen und punktförmigen Strahl. Digitale Flächendetektoren erlauben eine Abrasterung über größere Probenbereiche und eine Verarbeitung der Beugungsmuster mit mehrdimensionaler Bildverarbeitung zur Simulation der Partikelgrößen und
-verteilung in allen Streurichtungen.

Im Fall der durchstrahlbaren Probe wird diese auf einem x-y-z-Tisch angeordnet, damit sind die flächenhaften Untersuchungen möglich. Mittels eines 2D-Detektors mit einem zentrischen Strahlfänger lassen sich die Beugungserscheinungen über den gesamten Raumrichtungsbereich simultan messen. Die gestreute Röntgenstrahlung wird in einem mit Helium gefüllten Gefäß geführt. Je größer der Abstand Probe-Detektor, desto größer ist der detektierbare Ablenkungswinkel. Nach den Darlegungen in Kapitel 2.3 zur Schwächung der Röntgenstrahlung und dem Vorteil eines mit Helium gefüllten Strahlwegs, siehe Aufgabe 16, ist dieses Gefäß ein entscheidendes Bauteil. Da jetzt auch Multilayerspiegel und 2D-Detektoren zur Verfügung stehen, wird diese Untersuchungsmethode immer häufiger angewendet.

Mit SAXS lassen sich nachfolgende Materialgrößen bestimmen.
- Form (Bestimmung von Langperioden, Charakterisierung der Hohlraumstruktur)
- Größe (mittlere spezifische innere Oberfläche)
- Innenstruktur
- Kristallinität
- Porosität (Oberfläche pro Volumen, mittleres Porenvolumen, mittlere Porendurchschusslänge)

Anwendung der SAXS sind:
- Charakterisierung der Hohlraumstruktur z. B. von Cellulosefasern
- Ermittlung von Langperioden z. B. von Polypropylen-Bändchen
- Charakterisierung der Hohlraumstruktur in Knochenersatzstoffen
- Delamination von Fasern [259]

Mit einer Apparatur aus Bild 14.22b wurden Polypropylenfasern bzw. gebündelte Fasern mittels Kleinwinkelstreuung untersucht und die in Bild 14.23 dargestellten Intensitätsverteilungen der im Kleinwinkelbereich gestreuten Strahlung erhalten. Die erhaltene Intensitätsverteilung ist eine Abbildung der Dichte der nanoskaligen Objekte.

Im Bild 14.24 sind Diffraktogramme von Polymerschichten (Material P3HT) gezeigt. Zur Bestimmung der Größenverteilung der ca. 1,7 nm ausgedehnten Bereiche wurden Diffraktogramme bei unterschiedlichen Verkippungen χ aufgenommen und, wie in Bild 14.24a dargestellt, Intensitätslevel gebildet. Im Bild 14.24b sind Höhenliniendarstellungen der

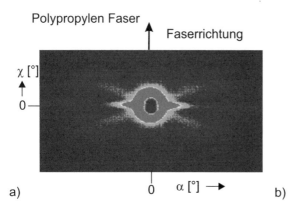
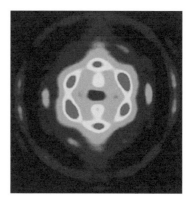

Bild 14.23: a) Messung an einer Polypropylenfaser b) Hexagonale Anordnung von säulenförmigen Domänen

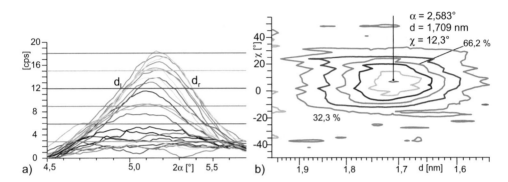

Bild 14.24: a) Diffraktogramme im Kleinwinkelbereich bei P3HT-Polymer b) d-Umrechnung
der Intensitätsverteilung bei Verkippung um χ

linksseitigen und rechtsseitigen Schnittpunkte der Levellinien als Netzebenenabstand dargestellt. Über hier nicht durchgeführte Umrechnungen in der y-Richtung können so die
Ausdehnungen eines der Kleinwinkelobjekte bestimmt werden.

15   Komplexe Anwendung

In diesem Kapitel sollen die Methoden der Röntgenbeugung nochmal an einigen praxisrelevanten Beispielen verglichen werden. Es werden unter anderem Ergebnisse mit einem Halbleiterstreifendetektor und dessen Effizienz in der Untersuchung aufgezeigt. Ebenso werden die bisher besprochenen Verfahren hier mehrfach angewendet und die erhaltenen Aussagen kritisch bewertet. Weitere Beispiele sind in [244] zu finden.

15.1 Polytyp-Bestimmung

Es gibt Aufgaben, die nur schwer oder gar nicht mit der Pulverdiffraktometrie gelöst werden können, wie beispielsweise bei Materialien mit Polytypie, d. h. wenn ein Material in verschiedenen Kristallstrukturen auftritt. Werden dazu noch Einkristalle verwendet, kann es schwierig bzw. in BRAGG-BRENTANO-Anordnung unmöglich sein, den Polytyp exakt zu bestimmen. Siliziumkarbid (SiC) kann in ca. 230 Polytypen auftreten. Die bekanntesten Polytypen sind 3C-SiC, 2H-SiC, 4H-SiC und 6H-SiC. Die Zellparameter, Stapelfolgen, Nichtgleichgewichtsplätze (NGP) und die Raumgruppen sind in Tabelle 15.1 aufgelistet.

Der Nachweis ob in epitaktisch gewachsenen Schichten auf 4H-SiC-Substrat Einschlüsse anderer Polytypen sich nachweisen lassen, erfolgte mit der Strategie nach [212]. In Bild 15.1 sind die in Frage kommenden SiC-Polytypen mit ihren einkristallinen Strukturen schematisch notiert. Für jeden Polytyp sind auch die Stapelfolgen an zwei Elementarzellen mit dargestellt. Der Unterschied der Polytypen ist in dieser Ausrichtung nur an den Stapelfolgen erkennbar. Bei der Epitaxie nutzt man die Vielfachen der c-Achse he-

Tabelle 15.1: Vergleich der Kristallstrukturparameter für die wichtigsten SiC-Polytypen; [1] Umrechnung kubisch in hexagonal über Gleichungen 3.23 bzw. 3.24; NGP – Nichtgleichgewichtsplätze [179]

Eigenschaften	3C-SiC	6H-SiC	4H-SiC	2H-SiC
Zellparameter a [nm]	0,435 89 (0,308 3)[1]	0,307 3	0,307 3	0,308 1
Zellparameter c [nm]	(0,755 1)[1]	1,508	1,005 3	0,503 1
Raumgruppe	$F\bar{4}3m$	$P6_3mc$	$P6_3mc$	$P6_3mc$
PDF-Datei 00-	029-1129	029-1131	022-1317	029-1126
Stapelfolge	ABC	$ABCACB$	$ABAC$	AB
NGP hexagonal	0	1	1	1
NGP kubisch	1	2	1	0

© Springer Fachmedien Wiesbaden GmbH, ein Teil von Springer Nature 2019
L. Spieß et al., *Moderne Röntgenbeugung*,
https://doi.org/10.1007/978-3-8348-8232-5_15

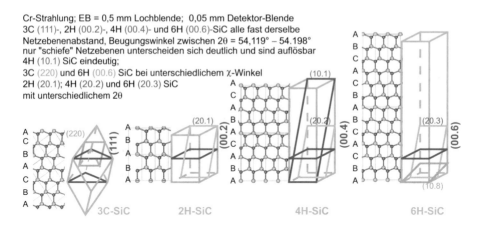

Cr-Strahlung; EB = 0,5 mm Lochblende; 0,05 mm Detektor-Blende
3C (111)-, 2H (00.2)-, 4H (00.4)- und 6H (00.6)-SiC alle fast derselbe
Netzebenenabstand, Beugungswinkel zwischen 2θ = 54,119° – 54.198°
nur "schiefe" Netzebenen unterscheiden sich deutlich und sind auflösbar
4H (10.1) SiC eindeutig;
3C (220) und 6H (00.6) SiC bei unterschiedlichem χ-Winkel
2H (20.1); 4H (20.2) und 6H (20.3) SiC
mit unterschiedlichem 2θ

Bild 15.1: Stapelfolge und Ausrichtung von Netzebenen verschiedener SiC-Polytypen

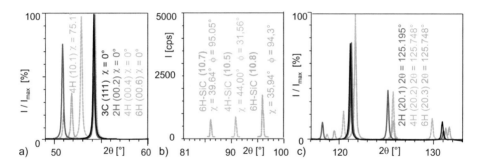

Bild 15.2: Diffraktogramme und Winkellagen von »isoliert auftretenden Nebeninterferenzen«

xagonaler Polytypen und beim kubischen Polytyp die (1 1 1)-Ebene. Damit eine bessere Winkelauflösung realisiert werden kann, wurde mit Cr-Strahlung gearbeitet. Die Netzebenenabstände der (1 1 1)-Ebene des 3C-SiC und die (0 0 l)-Ebenen der unterschiedlichen hexagonalen Polytypen unterscheiden sich nur geringfügig. Für die zum Nachweis in Frage kommenden »dichtest gepackten Netzebenen« gibt es deshalb keinen messbaren Unterschied in den Winkellagen, Bilder 15.1 und 15.2. Unterschiede existieren jedoch in den (1 0 7)-, (1 0 5)- und (1 0 8)-Netzebenen für 6H-SiC und 4H-SiC sowohl bei unterschiedlichem θ- und χ-Winkel. Durch diese Vorgehensweise ist es möglich, gezielt Proben in den entsprechenden Winkelbereichen zu untersuchen und anderweitige Polytypeinschlüsse festzustellen.

Mittels eines Vier-Kreis-Goniometers ist es möglich, schräg zur Oberflächenorientierung liegende Netzebenen bei einem Verkippungswinkel χ entlang des Beugungskreises nachzuweisen, als auch Polfiguren aufnehmen, siehe Kapitel 11.3. Aus der Anzahl der auftretenden Nebenwinkel in der Polfigur ist eine Unterscheidung zwischen kubisch (vier Nebeninterferenzen) und hexagonal (sechs Nebeninterferenzen) möglich, Bild 15.3a. Im Bild 15.3b ist eine solche gemessene Polfigur für die (1 1 1)-Ebene von gewünschten epitak-

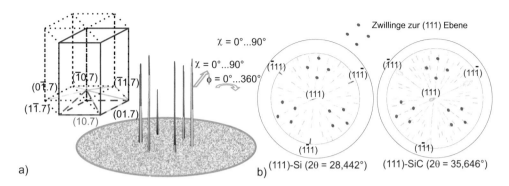

Bild 15.3: a) Differenzierung von kubischem oder hexagonalem Polytyp durch Ausmessen von »schräg gelagerten« beugungsfähigen Netzebenen mittels Polfiguren b) gemessene (1 1 1)-Polfiguren von Si-Substrat und 3C-SiC-Schicht; bei der Schicht ist anhand der Verschiebungen der Pole die Fehlorientierung feststellbar

tischen 3C-SiC-Schichten dargestellt. Die um die $(1\bar{1}1)$-, $(\bar{1}11)$- bzw. $(\bar{1}\bar{1}1)$-Pole symmetrisch gefundenen Nebenpole sind Zwillinge der $(5\,1\,1)$-Ebene, [251]. Die Fehlorientierung des Schichtwachstums ist in den Asymmetrien der $(\bar{1}11)$-Pole bzw. der Verschiebung des $(1\,1\,1)$-Poles vom Zentrum feststellbar und beträgt hier 6,5°.

Im Bild 15.4a ist für 6H-SiC die $\{1\,0\,2\}$-Polfigur mittels 2D-Detektor (GADDS) gemessen dargestellt. Im Bild 15.4b wird der Messfleck mittels Laser auf dem Einkristallsubstrat gezeigt. Bei nur zwei notwendigen Verkippungen in ψ-Richtung lassen sich die Polfiguren mit einer enormen Zeitersparnis gegenüber dem Abrastern aufnehmen und so die Fehlorientierungen und der Polytyp bzw. das Kristallsystem schnell ermitteln. Im Bild 15.4c sind mehrerer Polfiguren aufintegriert und gemeinsam dargestellt. Der geringe Dynamikbereich in den Zählraten des 2D-Drahtdetektors schränkt die Möglichkeiten z. B. der Zwillingsbestimmung ein. Hohe Polintensitäten dürfen nicht ungeschwächt auf den Detektor gelangen. Dann heben sich aber die Zwillinge nicht deutlich aus dem Untergrund ab. Bei den 2D-Detektoren auf Microgap-Basis ist dieser Nachteil beseitigt.

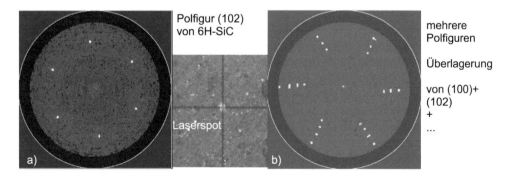

Bild 15.4: a) $(1\,0\,2)$-Polfigur von 6H-SiC-Einkristall, aufgenommen mit 2D-Detektor und Laserspot der beleuchteten Fläche, Raster 10 µm b) Aufsummation mehrerer Polfiguren von 6H-SiC zum Test, ob 3C-SiC-Phasen in der Probe vorkommen

Für viele praktische Anwendungsfälle (z. B. Schleifmittel, Sägemittel in der Halbleiterindustrie) ist die Bestimmung des quantitativen Anteiles der verschiedenen Polytypen im SiC-Pulver (3C-, 2H-, 4H-, 6H-SiC usw.) notwendig. Der Einsatz der RIETVELD-Methode ist dabei ebenfalls erfolgreich. Bild 15.5 zeigt das ausgewertete Beugungsdiagramm eines SiC-Pulvers, wobei auch hier Textureffekte berücksichtigt wurden. Nach PENG [195] lassen sich aus Pulverdiagrammen auch die DEBYE-Temperaturen der Polytype bestimmen.

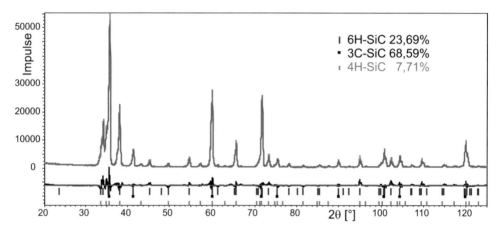

Bild 15.5: RIETVELD-Analyse an einer SiC-Pulverprobe, Bestimmung Anteile der Polytype

15.2 NIST SRM 1976b Korrund

Die BRAGG-BRENTANO-Anordnung und der Einsatz von Halbleiterstreifendetektoren läßt es zu, Winkelbereiche in kleiner 10 min. abzufahren. Bild 15.6 zeigt dies für die NIST SRM 1976b Probe, aufgenommen mit Cu- und Mo-Strahlung. Die Probe wurde zuerst mit Cu-Strahlung im Winkelbereich 20 − 130° mit variablen Blenden und Begrenzung auf 12 mm Probenlänge gemessen. Nach Umbau des Diffraktometers auf Mo-Strahlung wurde mit den gleichen Blendeneinstellungen die Probe im Winkelbereich 10 − 140° gemessen, Bild 15.9. Mit den neuen jetzt zur Verfügung stehenden weiterentwickelten Auswerteprogrammen ist jetzt ein direkter Vergleich der unterschiedlichen Diffraktogramme direkt im Beugungswinkelauftrag möglich. Die mit konstanter Divergenzblende von 10 mm bestrahlte Probenlänge führt zu kleineren Beugungsintensitäten bei kleinen Beugungswinkeln und zu höheren Intensitäten einschließlich Untergrund bei größeren Beugungswinkeln, ersichtlich im Bild 15.6. Diese Messung wird auch für die RIETVELD-Auswertung, Bild 15.8 benutzt. Im Bild 15.6 ist für Mo-Strahlung der Untergrund weitgehend gleichbleibend. Dies ist bei diesem Auftrag eine Täuschung, da im Winkelauftrag mit der Cu-Wellenlänge der Winkelbereich von 136,1 − 180° mit Mo-Strahlung nur einem Winkelbereich von 50,55 − 54,59° entspricht. Hier wurde mit einer Divergenzblendenöffnung von 0,34° gemessen, was dazu führt, dass bei 10° Beugungswinkel mehr als 50 mm Probenlänge bestrahlt wird. Damit wird die Probe in Ihrer Fläche überstrahlt!

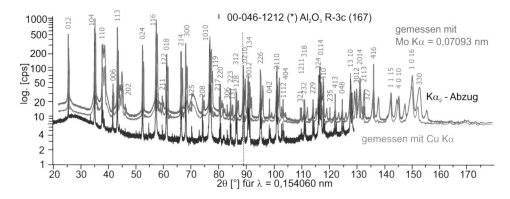

Bild 15.6: Probe Nist SRM 1976b aufgenommen mit Cu-Strahlung und Auftrag der mit Mo-Strahlung aufgenommenen Probe, Bild 15.9 mit Umrechnung in Cu-Strahlung und Indizierung der noch sichtbaren Interferenzen nach der Interferenz $\{0\,2\,10\}$

Tabelle 15.2: Schwächungskoeffizient und Eindringtiefen $t_{63\%}$ in [µm] bei verschiedenen Beugungswinkel 2θ für Al_2O_3

Strahlung	$\mu\ [cm^{-1}]$	$\mu/\varrho\ [cm^2/g]$	$2\theta\ 12°$	$20°$	$50°$	$140°$
Cu	125,6	31,5		6,87	16,7	37,2
Mo	13,0	3,3	40		161,6	359,3

Dieser Auftrag ist vergleichbarer als der d - Auftrag, z. B. in Bild 6.12 oder 1/d-Auftrag von Bild 15.16. Im Bild 15.6 wird die Effizienz des Halbleiterstreifendetektors sichtbar. Es ist kein β-Filter notwendig, der Untergrund ist relativ niedrig. Das Profilmaximum zu Untergrund Verhältnis für die $(1\,0\,4)$-Interferenz ist bei Mo-Strahlung bei 73 und für Cu-Strahlung bei 50. Das bestrahlte Volumen verändert sich wegen der unterschiedlichen Eindringtiefe t der Strahlung beträchtlich, siehe Tabelle 15.2. Die Mo-Strahlung dringt ca. 10 mal tiefer ein. Die Intensitäten der Beugungsinterferenzen sind aber nur ca. 3 mal größer. Dies wird damit erklärbar [42], dass nach Aufgabe 19 bei der Mo-Strahlung der Detektor nur ca. 53,4 % der möglichen Elektronen-Lochpaare und damit ein Detektorsignal von ca. der Hälfte des maximal möglichen Detektorsignals liefert.

Die Ergebnisse der Messung mit Cu-Strahlung und der nachfolgenden Rietveld- bzw. Fundamentalparameteranalyse entsprechend Kapitel 6.5.2 und mit den Zellparametern und Atompositionen nach PDF–Datei 00-046-1212 zeigt Bild 15.8. Eine Störung im Winkelbereich 38° deutet auf Überstrahlung der Probe hin und wird mit Aluminium vom Probenhalter erklärt. Die ermittelte Kristallitgröße beträgt 708 nm.

Mit Mo-Strahlung und konstanter Blende von 0,34° wurde die Probe erneut gemessen, Bild 15.9. Bei $2\theta = 10°$ wird hier eine Probenlänge von 28,5 mm bestrahlt. Bild 15.7 zeigt nochmal die Veränderungen der bestrahlten Längen bzw. der vom Detektor erfassten Bereich in Abhängigkeit vom steigenden Diffraktometerradius. Der Untergrund wird mit steigendem Beugungswinkel kleiner. Die bestrahlte Probenfläche sinkt stärker als die Eindringtiefe steigt, so dass das streuende Volumen sinkt. Dieser Untergrundverlauf ist

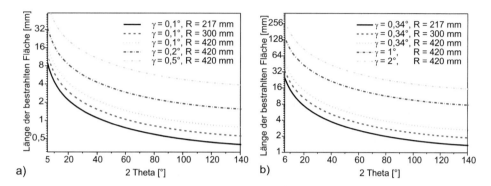

Bild 15.7: Länge der bestrahlten Bereiche bzw. vom Detektor erfasste Bereiche für vorrangig Diffraktometerradius 420 mm

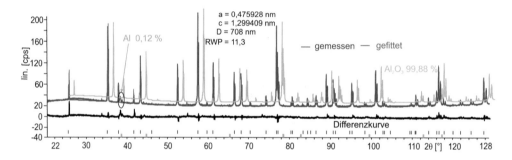

Bild 15.8: RIETVELD-Analyse von Bild 15.6 Korrund, gemessen mit Cu-Strahlung

der, der klassischen BRAGG-BRENTANO-Anordnung. Die PDF-Datei 00-046-1212 liefert nur Beugungsinterferenzen bis zur (0 2 10) Netzebene, Beugungswinkel $2\theta = 37,65°$. Mit den derzeitigen Auswerteprogrammen ist es möglich, die restlichen Beugungsinterferenzen im gemessenen Intervall zu berechnen, Bild 15.9.

Die RIETVELD-Analyse liefert einen schlechteren RWP-Wert von 31,9. Die ermittelte Kristallitgröße beträgt nur 120 nm. Ursache für diese Ergebnisse sind die Messungen bei niedrigen Beugungswinkel, die große Eindringtiefe und damit die größere Verletzung der BRAGG-BRENTANO-Bedingung, siehe Kapitel 5.2. Im Bild 15.6 erscheinen die Interferenzen für die Mo-Strahlung breiter. Dies ist dann konform mit den Aussagen nach der SCHERRER-Gleichung 8.3 zu kleinere Domänengrößen bzw. zeigt die Grenzen der Fundamentalparameteranalyse auf, dass das verwendete Diffraktometer für die zwei unterschiedlichen Strahlungen nicht konform genug beschrieben wurde.

Dieses Beispiel verdeutlicht die Wichtigkeit, erhaltene Resultate immer kritisch zu bewerten bzw. bei Probenserien nicht zwischen den Messverfahren und Anordnungen zu variieren und für Rückschlüsse auf z. B. Technologievariationen nur unter gleichen Bedingungen Relativmessungen zu verwenden.

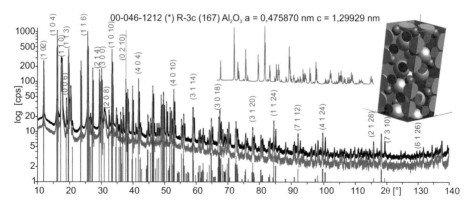

Bild 15.9: Probe NIST SRM 1976b aufgenommen mit Mo-Strahlung, Elementarzelle, vollständige Indizierung und RIETVELD-Analyse im Bereich $2\theta = 10$ bis $65°$, RWP $= 31,9$

15.3 Qualitative Phasenanalyse des Zinn und der Zinnpest

Zinn ist ein polymorphes Metall, d. h. im festen Zustand kann es abhängig von Temperatur und Druck in verschiedenen Kristallmodifikationen als silbrig glänzendes (β-Zinn)
oder graues (α-Zinn) Metall vorliegen, Tabelle 15.3.

Tabelle 15.3: Kristallstrukturdaten von a) β-Zinn, metallisch oder silbrig, stabile Phase
b) α-Zinn, grau, auch Zinnpest genannt, SOF - hier Besetzungsfaktor

raumzentriert tetragonal		I 4_1/a 2/m 2/d			Raumgruppe 141	
a = 0,583 1 nm		c = 0,318 2 nm		Dichte = 7 287 kgm^{-3}		Z = 4
Atom	Nr.	Wykoff	Symmetrie	x	y	z	SOF
Sn	1	4a	$\bar{4}$m2	0,0	1/4	1/8	1,0

kubisch flächenzentriert		F 4_1/d $\bar{3}$ 2/m			Raumgruppe 227	
a = 0,648 9 nm				Dichte = 5 771 kgm^{-3}		Z = 8
Atom	Nr.	Wykoff	Symmetrie	x	y	z	SOF
Sn	1	8a	$\bar{4}$3m	0,125	0,125	0,125	1,0

Bei Temperaturen unterhalb 13,2 °C kann sich das β-Zinn in α-Zinn unter einer 27 %igen
Volumenvergrößerung umwandeln. Dies wird als Zinnpest (eng. tin pest, tin disease, tin
plague, tin decay) bezeichnet. Dabei handelt es sich um keine Korrosion, bzw. keine chemische Reaktion. Es findet eine Kristallumwandlung verbunden mit Gefügeumwandlung
statt. Neben Zinn gibt es derartige Umwandlungsprozesse z. B. auch noch bei Titan, Zink
und Nickel [97]. Es gibt verschiedene Faktoren, die einen Einfluss auf die Umwandlung
des Zinns haben.

- Grad an Verunreinigungen
- Temperatur
- Geometrie des Bauteils, »Stärke der Matrix«, Spannungen [65]
- thermische und mechanische Vorbehandlung [65]

- Diffusion / Löslichkeiten
- Umgebendes Medium (Luft, verschiedene Flüssigkeiten) [65]
- »Der Tatsache, ob das Material während der Umwandlung geschüttelt wird« [65]
- »Zahl der Umwandlungen, welchen das Metall vorher unterworfen war« [65]

Die Umwandlung äußert sich nicht in einer sofortigen Veränderung des Gefüges, sie läuft sehr langsam, teilweise über Jahrzehnte hinweg ab, kann aber auch innerhalb von Stunden auftreten. Durch die Zunahme des Volumens entstehen im Zinn hohe Spannungen, die sich an den betroffenen Stellen zuerst in (oberflächlichen) verzweigten Rissen verbunden mit konvexen Beulen äußern [238]. Das Material verschiebt sich in die Richtung des geringsten Widerstands. Dabei scheint das neu entstandene α-Zinn als Katalysator zu wirken. Schreitet die Umwandlung weiter fort, lockern sich Teile des entstandenen Zinns und fallen heraus. Durch sie (und die damit verbundene Spannung) verändert sich auch die Form des restlichen Materials. Die Umwandlung geht so lange voran, bis das komplette Zinn umgewandelt ist und das Bauteil komplett zerstört wird.

Neben der Temperatur ist der Gehalt an Fremdelementen/Verunreinigungen ein Entscheidungskriterium dafür, ob an der Probe (in absehbarer Zeit) überhaupt Zinnpest auftreten kann. Entscheidend dafür, ob eine Umwandlung stattfindet, ist die Löslichkeit verschiedener Elemente. Manche Elemente mit einer guten Löslichkeit in Zinn wie Blei, Bismut und Antimon verlangsamen / verhindern Umwandlung. Elemente mit schlechterer Löslichkeit hingegen haben den gegenteiligen Effekt. Dazu gehören Zink, Aluminium, Magnesium und Mangan sowie Germanium. Weiterhin scheint Silber eine schwache bis mittelmäßig unterdrückende Wirkung zu haben, Kupfer hingegen keine bis schwache. Von Bismut sind weniger als 1 % von Blei allerdings schon 5 % nötig, um eine Umwandlung zu unterdrücken. Seit Einführung der RHOS-Richtlinien im Jahr 2004 und des Bleiverbotes sind verstärkt diese Probleme mit der Zinnpest wieder aufgetreten.

Werden die Kristallstrukturdaten aus Tabelle 15.3 in ein Kristallographie- oder RIET-VELD-Programm eingeben, erhält man mit den Atompositionen, Tabelle 15.4 die Ele-

Tabelle 15.4: Atompositionen innerhalb der Elementarzelle von a) β-Zinn b) α-Zinn

a)	Nr	Atom	x	y	z
	1	Sn	0	1/4	3/8
	2	Sn	0	3/4	5/8
	3	Sn	1/2	3/4	7/8
	4	Sn	1/2	1/4	1/8

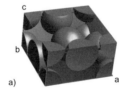

b)	Nr	Atom	x	y	z
	1	Sn	1/8	1/8	1/8
	2	Sn	7/8	7/8	7/8
	3	Sn	7/8	3/8	3/8
	4	Sn	3/8	7/8	3/8
	5	Sn	3/8	3/8	7/8
	6	Sn	1/8	5/8	5/8
	7	Sn	5/8	1/8	5/8
	8	Sn	5/8	5/8	1/8

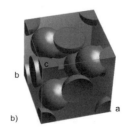

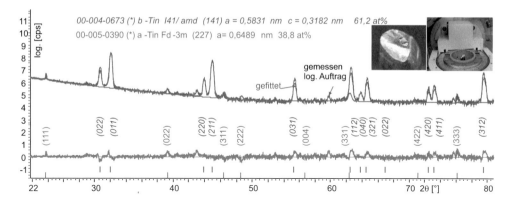

Bild 15.10: a) Bestimmung der Menge (39,3 %) an gebildetem α-Zinn nach Auslagerung der Probe bei $-45\,°C$ und 70 h; RWP $= 15,5$

mentarzelle und daraus lassen sich nach den Gleichungen 6.1 bzw. 6.35 die Intensitäten der einzelnen Beugungslinien und deren Winkellagen errechnen. Damit sind dann in Bild 15.10 der Anteil der α-Zinnphase bestimmt worden. Hier ist auch die Probe mit abgebildet. Ohne Multilayerspiegel und Parallelstrahlanordnung wäre eine solche Diffraktometeraufnahme nicht möglich. Für die einzelnen Zinnphasen werden mittlere Domänengrößen von 191 nm für die β-Phase und von 53 nm für die α-Phase bestimmt.

15.4 Ferrit, Restaustenit, Bainit und Zementit

Im Maschinenbau und der sonstigen Ingenieurtechnik werden nach wie vor sehr viele Eisenwerkstoffe verwendet. In Eisen, Stahl oder Gusseisen treten verschiedene Phasen auf. Die gezielte Phasen- und Gefügeumwandlung verbessert die Gebrauchseigenschaften dieser Werkstoffe [226]. In der Technik werden derzeit bei dem Leichtbau u.a. hochfeste Stähle gefordert. Es gibt die Entwicklung der Duplex-Stähle (Ferrit und Austenit) [258] bis zu den TRIP-Stählen *(TRansformation Induced Plasticity)* [70]. Dabei werden höhere Festigkeiten bei noch vertretbaren Dehnungen gefordert. Die verschiedenen Phasen im TRIP-Stahl sind dabei Ferrit, karbidfreier Bainit und Restaustenit, der sich in Martensit umwandelt.

15.4.1 Restaustenitbestimmung

Die metastabile Austenitphase beeinflusst maßgebend die Stahleigenschaften. Die quantitative Phasenanalyse der völlig aus gleichen Elementen aufgebauten Fe-Phasen ist zerstörungsfrei nur mit der Röntgendiffraktometrie möglich, weil hier die unterschiedlichen Beugungsinformationen aus den unterschiedlichen Kristallstrukturen ausgenutzt werden. Bild 15.11 zeigt ein Diffraktogramm einer Zahnradflanke und die Indizierung der einzelnen Beugungsinterferenzen. Für die Identifizierung der Beugungsinterferenzen des Austenits können die PDF-Dateien 03-065-4150 und 00-023-0298 (D), ebenso 00-033-0397, ein

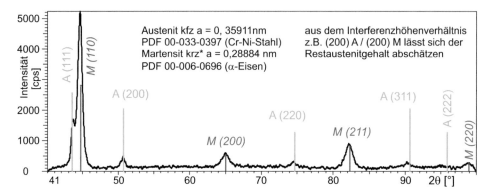

Bild 15.11: Indiziertes Diffraktogramm einer Restaustenitprobe, gemessen mit Kupferstrahlung und Multilayerspiegel im Primärstrahlengang, Restaustenitgehalt 12,6 %

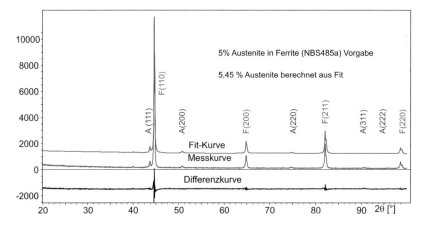

Bild 15.12: RIETVELD-Verfahren zur Restaustenitbestimmung - Messkurve, Fitkurve,
Differenzkurve

CrNi-Stahl, herangezogen werden. Für den Martensit wird ungeachtet dessen tetragonaler Streckung in c-Richtung um 1 % die α-Eisenphase, PDF-Nr. 00-006-0696 verwendet.
In der praktischen Durchführung solcher Messungen zeigt sich, dass die Profilintensitäten
besonders bei starker Martensitbildung sich nur wenig vom Untergrund abheben.

Bild 15.12 zeigt die Restaustenitbestimmung an einer Standardprobe (NIST485a – 5 %-
Austenit). Unter Verwendung des Fundamentalparameteransatzes, Kapitel 8.5, wurde ein
Austenitgehalt von 5,45 % bestimmt. Aus dem Vergleich der Bilder 15.11 und 15.12 sieht
man deutlich, dass das Profilhöhenverhältnis und damit wie gezeigt, der Restaustenitgehalt unterschiedlich ist. Aber auch die Profilbreiten sind von Probe zu Probe unterschiedlich. Aus den Profilbreiten kann zusätzlich noch die Verspannung und die Kristallitgröße
der Probe bestimmt werden. Es gilt wie schon in Kapitel 8 beschrieben, dass große Profilbreiten hohe Mikrodehnungen und sehr kleine Domänengrößen bewirken.

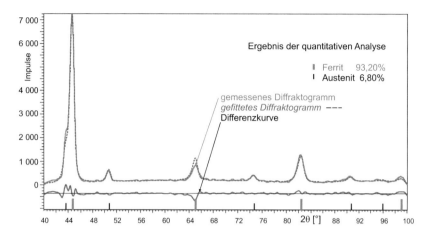

Bild 15.13: RIETVELD-Analyse an praktischer Restaustenitprobe ohne Texturkorrektur

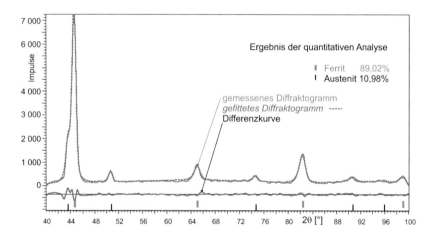

Bild 15.14: RIETVELD-Analyse an praktischer Restaustenitprobe mit Texturkorrektur

Das sehr große mögliche Fehlerintervall bei nicht sorgsamer und unkritischer Auswertung der Diffraktogramme verdeutlicht das nachfolgende Beispiel. Bild 15.13 zeigt die Restaustenitbestimmung an einer weiteren realen Probe. In einem ersten Schritt wurde eine mögliche Textur nicht berücksichtigt. Die auf den ersten Blick recht gut erscheinende Fitkurve führt doch zu falschen quantitativen Ergebnissen. Die geringen Abweichungen zwischen gemessener und gefitteter Kurve sind am deutlichsten bei der (200)-Ferrit-Interferenz. Diese Abweichung ist auf eine Textur zurückzuführen [8]. Erst nach Berücksichtigung der Probentextur mit Hilfe der MARCH-DOLLASE-Funktion wurden realistische Werte für den Restaustenitgehalt erhalten, Bild 15.14. Das bestätigt die Verbesserung des R_{Wp}-Wertes von 15,8 auf 11,2.

15.4.2 Bainit und Zementit

Das Zwischenstufengefüge Bainit wird derzeit immer häufiger eingesetzt. Der sichere Nachweis ist sowohl metallographisch als auch röntgenographisch sehr schwer [39, 58].

Diffraktogramme der Referenzprobe NIST SRM-493-Fe$_3$C-Fe - inzwischen zurückgezogen, laut Datenblatt ein Gemisch aus 14,23 vol% Fe$_3$C, Rest Fe sind im Bild 15.15 gezeigt. Dieses auch oft als Bainit bezeichnete Gefüge, ist ein Kristallgemisch aus fein verteiltem Ferrit und Zementit Fe$_3$C. Wegen der hohen Fluoreszenzstrahlung des Eisens und bei Verwendung von Detektoren mit geringer Energieauflösung müssen solche Proben mit anderer Röntgenstrahlung als Kupfer, siehe Bild 2.11, untersucht werden. Mit der Molybdänstrahlung kann wegen der sehr kleinen Wellenlänge ein sehr großer Winkelbereich mit Erfüllung der Beugungsbedingungen aufgenommen werden. In der PDF-Datei 00-006-0696 für Ferrit ist die (2 2 2) Interferenz der größte aufgeführte MILLERsche Indizes. Die restlichen Indizes im Bild 15.15 der deutlich erkennbaren weiteren Interferenzen lassen sich in heutigen Auswerteprogrammen nach Eingabe der Zellparameter und Raumgruppe errechnen. Deutlich wird auch der Unterschied in dem Diffraktogramm mit Filterung. Mit Zr-Filter sind die Intensitäten um 50 % niedriger. Mit ungefilterter Strahlung entstehen nur von den intensitätsreichen Beugungsintensitäten zusätzliche K_β-Interferenzen. Die hohe Fluoreszenzstrahlung unterdrückt die Zementitinterferenzen.

Im Bild 15.16a sind die Lagen der Interferenzen für das orthorhombische Zementit eingezeichnet. Der im Bainit eigentlich noch vorhandene Zementit kann bisher nicht eindeutig nachgewiesen werden [118, 148]. Im Bild 15.16b ist eine Probe Bainit, metallographisch nachgewiesen, mit einer Reineisenprobe verglichen. In der Differenzkurve treten deutlich ersichtlich Unterschiede in den Interferenzprofilen als auch in den Intensitäten auf. Damit liegen Unterschiede in der Domänengröße als auch bei den Mikrodehnungen und in der Ausrichtung der Kristallite - Textur vor. Gelingt es mit Kupferstrahlung in Anlehnung an FENG [81] und KOPP [148] diese Unterschiede zu quantifizieren?

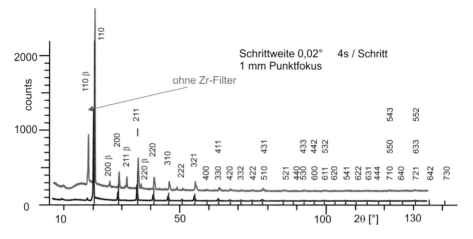

Bild 15.15: Diffraktogramme von Bainit, aber nur Indizierung von Ferrit, gemessen mit Molybdänstrahlung und Zr-Filtereinfluss und Szintillationsdetektor, Messzeit je 7,5 h

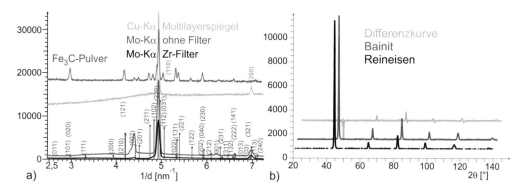

Bild 15.16: a) Diffraktogramme von Bainit mit Mo- und Cu-Strahlung und Indizierung Zementit und Ferrit b) Vergleich Diffraktogramme Bainit und Reineisen (Ferrit)

Tabelle 15.5: Daten für die Metalle Al, Fe und Cu und die Verbindung Zementit

	Aluminium	Ferrit	Zementit	Kupfer
PDF2 00-	004-0787	006-0696	035-0772	004-0836
Raumgruppe	225 (Fm-3m)	229 (Im-3m)	62 (Pnma)	225 (Fm-3m)
a [nm]	0,40494	0,28664	0,5091	0,3615
b [nm]			0,67434	
c [nm]			0,4526	
D_x [gcm^{-3}]	2,699	7,875	7,675	8,935
100 % Interferenz	(1 1 1)	(1 1 0)	(0 3 1)	(1 1 1)
Zahl Atome / EZ	4	2	12 Fe; 4 C	4
H	8	12	4	8
F_{hkl}	35,8	36,9	76,57	88,3
F_{hkl}^2	1283	1365	5863	7798
2θ [°] Cu	38,473	44,674	44,993	43,298
2θ [°] Mo	17,450	20,155	20,293	19,558
μ [cm^{-1}] Cu	129,8	286,4	171,1	456,2
μ [cm^{-1}] Mo	13,1	2483	1486	431,6
μ/ρ [$cm^2 g^{-1}$] Cu	48,09	36,37	22,29	51,06
μ/ρ [$cm^2 g^{-1}$] Mo	4,86	315,3	193,62	48,3
t_{63} [μm] Cu	12,62	0,761	1,28	4,01
t_{63} [μm] Mo	57,4	3,036	5,116	1,956
$F_{hkl}^2 \cdot H/\mu$ Cu	79,08	57,19	137,07	136,75
$F_{hkl}^2 \cdot H/\mu$ Mo	1705,13	11,08	80,07	353,37

Im Bild 15.17 ist die Vermessung des NIST Standards SRM 493-Fe$_3$C-Fe, ein Kristallgemisch aus Eisen mit (14,23 ± 0,30 vol%) nadeligen Zementit, gezeigt. Die (0 3 1) Ebene, die 100 %-Intensität des Zementits, fällt mit der stärksten Interferenz des (1 1 0)-α-Ferrits fast zusammen. Normiert man die gemessenen Diffraktogramme aus Bild 15.17a wie in Bild 15.17b dargestellt, fällt auf, das Fe$_3$C-Pulver bei gleichen experimentellen Größen

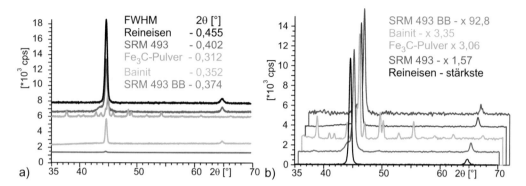

Bild 15.17: Diffraktogramme von Reineisen, NIST SRM 493-Fe₃C-Fe, Fe₃C-Pulver und Probe Bainit, Halbwertsbreite von (1 1 0) Fe Interferenz a) Vergleich zwischen Diffraktometeranordnung mit Multilayerspiegel und nur BRAGG-BRENTANO-Anordnung, Kupferstrahlung b) alle Diffraktogramme Untergrundabzug und Normierung auf stärkste Interferenz

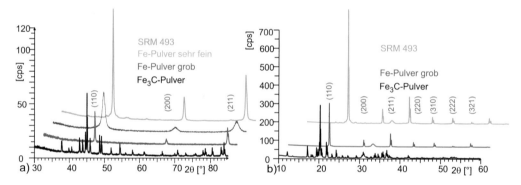

Bild 15.18: Diffraktogramme von Fe₃C-Pulver, Reineisenpulver z.T. zwei Mahlgrade und NIST SRM 493-Fe₃C-Fe, kein Untergrundabzug und nur Verschiebung gemessen mit Halbleiterstreifendetektor a) für Cu-Strahlung b) für Mo-Strahlung

theoretisch nur 32,6 % der Intensität der stärksten $(0\,3\,1)$-Interferenz gegenüber der $(1\,1\,0)$-Interferenz des Reineisens erreicht. Lediglich bei $2\theta \approx 36{,}7°$ und $2\theta \approx 48{,}1°$ erheben sich die $(1\,2\,1)$ und $(2\,1\,0)$ bzw. $(1\,3\,1)$ und $(2\,2\,1)$-Interferenzen des Zementits schwach aus dem Untergrund. Bild 15.17 verdeutlicht aber noch mal den Intensitätsgewinn im gesamten Diffraktogramm bei Anwendung eines Multilayer-Spiegels. Das Diffraktogramm der Probe SRM 493-BB ist mit einem Diffraktometer ohne Spiegel und mit Punktfokus für Spannungsmessungen aufgenommen worden. Verkleinerung der bestrahlten Fläche und der Nickel-Metallfilter ergeben dann nur 1,07 % der Intensität. Bei Normierung ist im dann stärker verrauschten Untergrund kein sicherer Nachweis der hier gesuchten Zementitphase möglich, Bild 15.17b.

Die gute Übereinstimmung der Interferenzlagen an einer gemessenen Fe_3C-Pulverprobe zeigt Bild 15.17a. Zementit läßt sich entsprechend Tabelle 15.5 nachweisen. Aber im Bild 15.16b zeigt die Differenzkurve zwischen den Diffraktogrammen einer Bainit- und einer Reineisenprobe nur bei den Ferritinterferenzen Unterschiede. Auch die Molybdänstrahlung ermöglicht trotz geringerer Fluoreszenzstrahlung keinen sicheren Zementitnachweis. Dies sind alles Messungen mit einem Szintallitionsdetektor mit einer relativ breiten/schlechten Energieauflösung nach Bild 4.32.

Bainit wird als ein sehr feinkörniges, nadeliges Gefüge beschrieben [39]. Die gemessenen Profilbreiten stehen damit im Widerspruch. Es werden für die Bainitprobe kleinere Breiten, damit nach SCHERRER Gleichung 8.3 größere Domänengrößen bestimmt als für Reineisen.

Wird mit einem Halbleiterstreifendetektor mit einer Energieauflösung von 380 eV gemessen, dann ist die Messung mit Kupferstrahlung ohne Nickelfilter möglich. Damit hat man sofort 50 % mehr Intensität und die Eisen-Fluoreszenzstrahlung wird unterdrückt. Die um den Faktor 420 erhöhte messbare Intensität pro Schritt zeigt sich jetzt im Bild 15.19 wo jetzt eindeutig die Zementitphase, PDF-Datei 00-034-0001, nachweisbar ist. Die Untersuchung der Proben SRM493 Fe_3C-Pulver und Reineisen mit dem Halbleiterstreifendetektor sowohl mit Cu- als auch Mo-Strahlung zeigt den Fortschritt und die neuen Möglichkeiten der Untersuchungsverfahren, Bild 15.18. In Bild 15.18 sind die mit Halbleiterstreifendetektor aufgenommenen Diffraktogramme verglichen. Die Unterschiede in den gemessenen Intensitäten kommen bei gleicher bestrahlter Fläche von den verschiedenen Eindringtiefen der Strahlung. Bei Cu- und Mo-Strahlung und jeweils Beugungswinkel $2\theta = 50°$ sind es für Eisen nur 0,89 μm bzw. 7,15 μm, weitere Werte in Tabelle 15.5.

Die Ergebnisse der RIETVELD-Auswertung sind in Tabelle 15.6 und Bild 15.20, Diffraktogramme gemessen mit Cu-Strahlung und Halbleiterstreifendetektor, aufgeführt.

Ein derzeit typischer bainitischer Stahl 100Cr6 wurde mit verschiedenen Verfahren wärmebehandelt. Dabei bildete sich je nach Abkühlregime Martensit, Austenit oder Bainit. In Bild 15.21 sind die Diffraktogramme gezeigt. Die Probe 1 *Martensit unangelassen*

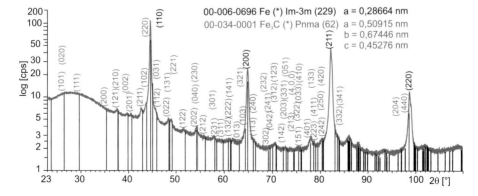

Bild 15.19: Ausschnitt Diffraktogramme von Bainit mit Indizierung der zusätzlichen Interferenzen von Zementit, aufgenommen mit Halbleiterstreifendetektor und Kupferstrahlung ohne Ni-Filter, Messzeit 0,5 h

Tabelle 15.6: Ergebnisse der RIETVELD Untersuchungen der Diffraktogramme aus Bild 15.18

Cu-Strahlung	RWP	Fe [wt%]	a-Fe [nm]	KG-Fe [nm]	[wt%]	KG [nm]	Fe₃C a [nm]	b [nm]	c [nm]
Fe Pulver grob	18.7	100	0.28675	75.8					
Fe Pulver fein	11.2	100	0.28718	10.3					
Fe₃C Pulver	11.6	3.4	0.28600	5	96.6	175	0.5089	0.6745	0.4523
SRM493	13.8	89.4	0.28688	48.8	10.6	20.8	0.5095	0.6745	0.4529
Mo-Strahlung									
Fe Pulver grob	32.1	100	0.28659	93.3					
Fe₃C Pulver	34.2	0.4	0.28640	26.4	99.6	117	0.5093	0.6746	0.4528
SRM493	18.8	61.2	0.28667	96.2	38.8	7.6	0.5089	0.6746	0.4524

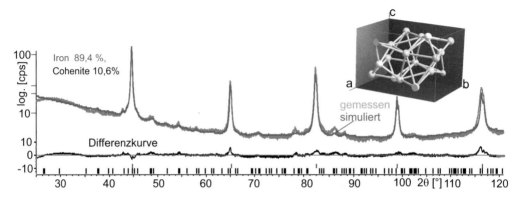

Bild 15.20: RIETVELD-Auswertung von Probe SRM493, Kristallgemisch Fe - Fe₃C und Kristallstruktur von Zementit (Mineralname Cohenite)

zeigt neben den sehr breiten und flachen Beugungsprofilen auch noch Restaustenit. Dies
ist ersichtlich an den deutlich erkennbaren Interferenzen bei den Beugungswinkel für
die Austenitephase ebenso wie an der linkseitigen Schulter bei der (1 1 0)-Fe-Interferenz.
Diese Schulter ist nach dem Anlassen bei Probe 2 *Martensit angelassen*, zurückgebildet.
Der Restaustenit hat sich umgewandelt. Die schmalere Profilform, Verkleinerung FWHM
(1 1 0)-α-Eisen von 0,873° auf 0,517° bei Probe 2 ist ein Zeichen für ein Wachstum der
Domänen von 19 nm auf 37 nm und eine Verringung der Verzerrungen im Martensit.

Bei Probe 3 *Bainit Anlieferungszustand* sind sehr deutlich die Zementit-Interferenzen
links von der (1 1 0) α-Eisen Interferenz zu sehen. Es kann kein Austenit festgestellt
werden. Die festgestellte Erhöhung der Halbwertsbreite bei wärmebehandelten Bainit,
Probe 4 von 0,504° auf 0,567° ist mit einer Domänenverkleinerung von 38 nm auf 33 nm
verbunden. Die Zementitphase ist bei Probe 4 zurückgebildet.

Mit diesen Untersuchungsmöglichkeiten könnte es möglich werden, Bainit an Hand
der Domänengröße und der Mikrodehnungen in einem dritten Nachweisverfahren neben
der Metallographie und Wirbelstrommessverfahren [33] an ebenen Proben mit Kupferstrahlung nachzuweisen. Auf Grund der geringen Eindringtiefe von Kupferstrahlung in
Eisenproben sind dies Informationen aus einem ca. 700 nm oberflächennahen Bereich.

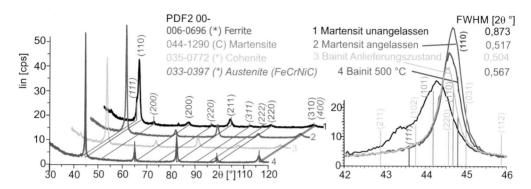

Bild 15.21: Diffraktogramme von 100Cr6 Stählen nach unterschiedlichen Wärmebehandlungen mit Indizierung Netzebenen a) Martensit unangelassen und angelassen, Bainit Anlieferungszustand und Wärmebehandlung 19 min, 500° b) Profilform von (1 1 0) Fe und Bestimmung Halbwertsbreite

15.5 GID, Textur und Kristallitgröße an NiO/Pt-Schichten auf Aluminiumoxid

Metalloxidschichten werden als Sensorschichten seit langem verwendet. Vielfach werden diese Schichten auf Siliziumsubstrat bzw. Siliziumdioxidschichten aufgebracht [122]. Die Metalloxidschicht benötigt eine bestimmte Fläche. Verwendet man vollständig isolierendes, aber auch sehr raues Substratmaterial, werden die Sensoreigenschaften besser. Durch die raue Oberfläche wird die reale Schichtfläche größer. Entsprechend den bekannten veränderten Eigenschaften von Werkstoffen im Nano-Bereich ergeben dünnere Nickeloxidschichten einen größeren Gradienten in der Widerstandsänderung als dickere Schichten.

50 nm und 100 nm dicke Nickeloxidschichten werden auf Aluminiumoxidsubstraten durch Magnetron-Sputtern aufgebracht. Zwei Probenserien werden mit einer Pt-Zwischenschicht hergestellt. Die Schichten werden in BB und GID -Anordnung mit Cu-$K\alpha$-Strahlung untersucht, Bild 15.22a. Alle auftretenden Interferenzen können als rhomboedrisches Aluminiumoxid - Korund (PDF 00-046-1212), kubisches NiO - Bunsenite (PDF 00-047-1049) und kubisches Platin (PDF 00-004-0802) identifiziert werden.

Bei beiden Messgeometrien tritt nach Bild 15.22a die (1 1 1)-Pt Interferenz als stärkste Linie auf. Die (2 0 0)-Pt Interferenz mit 53 % tritt vermindert, die (2 2 0)- bzw. (3 1 1)-Interferenzen mit theoretisch 31 % bzw. 33 % Intensität treten fast gar nicht auf. In BRAGG-BRENTANO-Geometrie ist dies mit Stengelkristallwachstum in [1 1 1]-Richtung erklärbar und führt zu texturierten Schichten. Errechnet man den Texturgrad mit der Gleichung 13.9, dann lässt sich entsprechend Seite 498 folgendes ableiten:

- jede Netzebene erhält einen Zahlenwert
- wenn jeder Wert ≈ 1 $\rightarrow$ ideal polykristalliner Werkstoff
- wenn Einzelwert > 1 $\rightarrow$ in diese Ebene / Richtung ist die Probe texturiert
- wenn Einzelwert ≈ 0 $\rightarrow$ in diese Ebene / Richtung liegen keine ausgerichteten Kristallite vor, die Probe ist texturiert

Tabelle 15.7: Texturgrad TC nach Gleichung 13.3 für BB und GID Beugungsanordnung

$(h\,k\,l)$	TC für BB	TC für GID
(1 1 1)	5,39	4,16
(2 0 0)	0,28	0,53
(2 2 0)	0,07	0,55
(3 1 1)	0,13	0,59
(2 2 2)	0,08	0,09
(4 0 0)	0,05	0,08

Führt man diese Berechnungen für die Pt-Schichten aus, ergeben sich Werte nach Tabelle 15.7. Bei ebenen Proben und mit der vorliegenden [1 1 1]-Textur hätten sich erhöhte Intensitäten bei den (2 0 0), (2 2 0) oder (3 1 1) Interferenzen in der GID Anordnung ergeben müssen, da diese Netzebenen dann in »Schräglage« gehäufter auftreten und die Intensität der (1 1 1) Netzebene kleiner werden muss. Die experimentellen Ergebnisse der GID-Messungen zeigen aber wiederum eine scheinbare Ausrichtung der Pt-Körner in [1 1 1]-Richtung.

Wertet man die Beugungsinterferenzen des Platins auf ihre Breite hin aus und bestimmt daraus die Domänengröße nach Kapitel 8 bzw. Gleichung 8.3, so ergeben sich bei dieser Probenserie unabhängig von einer Tempernachbehandlung beim Platin ca. 40 nm. Dies ist zu klein für 250 nm Schichtdicke und Stengelkristallwachstum in [1 1 1]-Richtung. Bei texturierten Schichten müsste die kohärente Streulänge annähernd gleich der Schichtdicke sein.

Da diese widersprüchlichen Ergebnisse auftreten, wurden an Proben Focused-Ion-Beam (FIB)-Schnitte durchgeführt, Bild 15.22b. Aus dem FIB-Querschnitt lässt sich sofort erkennen, dass das gesputterte Platin sehr porig in Stengelform aufwächst. Die Stengel weisen selten die Gesamtschichtdicke auf, damit ist der Wert der Domänengröße von nur ca. 40 nm erklärt.

Aus Bild 15.22b wird deutlich, dass bei Vorliegen der [1 1 1]-texturierten Pt-Schicht nicht genügend Körner vorliegen, in denen z. B. die um 29,5° schräg zur (1 1 1)-Netzebene liegende (3 1 1)-Netzebene auftritt und dazu noch die (1 1 1)-Netzebene parallel zur Mess-

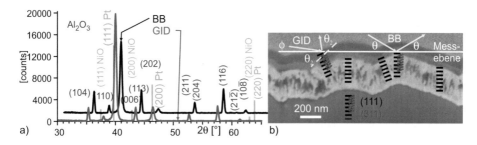

Bild 15.22: a) Röntgenbeugungsdiagramm BB vs. GID von Pt-Schichten auf Aluminiumoxid
b) FIB-Querschnittsaufnahme des Schichtsystems und schematische Netzebenen- und Messgeometriedarstellung bei der Röntgenbeugung

ebene liegt. Wäre das Substrat eben, würde die (3 1 1)-Netzebene in der GID-Messung beim Winkel θ_2, siehe Bild 15.22b, als Interferenz auftreten. Durch das raue Aluminiumoxidsubstrat liegen aber auch viele (1 1 1)-Körner gerade so, dass bei streifendem Einfall die Beugungsbedingung auch für die (1 1 1)-Interferenz deutlich mehr erfüllt ist als z. B. für die (3 1 1)-Netzebene. Diese Stengelkristallite weisen aber beim Wachstum auf dem rauen Substrat auch Beugungsrichtungen auf, die nicht parallel zur Oberfläche verlaufen. Durch Sichtbarmachung der Kristallitgefüge im Querschnitt sind die errechneten ca. gleichen Texturgrade aus den Röntgenbeugungsuntersuchungen in BB- und GID-Anordnung nun erklärbar [124, 125].

Dies ist ein eindrucksvolles Beispiel für die Notwendigkeit von Komplexuntersuchungen zur Aufklärung der Eigenschaften von Schichten und Werkstoffen

15.6 Fehlerhafte Messing-Proben

An Messing-Verschraubungen für Heizungsverteilungen traten nach dem Einbau verstärkt Undichtigkeiten auf. Es zeigte sich, dass dabei trotz gleicher Anzugsmomente an den Verschraubungen mal Risse auftraten (Schlechtteil - n.i.O) und an anderen Bauteilen nicht (Gutteil - i.O.). Es wurden von Schadens- und Gutteilen metallografische Schliffe erstellt und im Schadensteil eindeutig Risse festgestellt. Ebenso treten Unterschiede im Gefügebild auf. Röntgenfluoreszenzmessungen (RFA) an den Dichtflächen und am Schliff zeigen Unterschiede im Zink-Kupfergehalt, die gerade im Übergangsgebiet der α- und β-Messingphase liegen, siehe Phasen- und Eigenschaftsdiagramm aus Bild 15.23. Die unterschiedlichen chemischen Zusammensetzungen bewirken die Ausbildung unterschiedlicher Phasen, Bild 15.26, und damit treten auch Härteunterschiede auf, Tabelle 15.8. Dies lässt so indirekt auf eine andere Konzentration der spröderen und härteren β-Messingphase schließen.

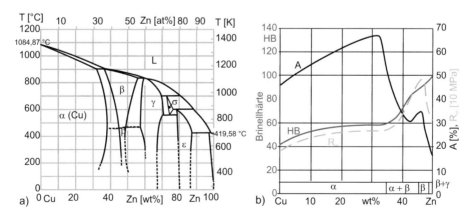

Bild 15.23: a) Phasendiagramm Messing b) Eigenschaftsdiagramm (A - Dehnung; R_m Zugfestigkeit und HB Brinellhärte) als Funktion der Cu-Zn Zusammensetzung bzw. des Phasengemischs [49]

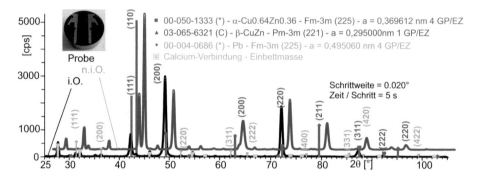

Bild 15.24: Beugungsdiagramm und identifizierte Phasen von Gut- (i.O.) und Schlechtteil (n.i.O) aus Messing

In Bild 15.24 sind zwei Beugungsdiagramme am Querschliff gezeigt, die sich bezüglich auftretender Phasen unterscheiden. Im Schadensteil tritt zusätzlich die β-Messingphase auf. In Tabelle 15.9a sind die aus den Diffraktogrammen bestimmten Phasenanteile aufgeführt. Der schon durch RFA festgestellte höhere Zinkgehalt im Schadensteil bewirkt die verstärkte Ausbildung der intermetallischen β-Messingphase und ist somit die Ursache für die mögliche Rissanfälligkeit [77].

Misst man bei verschiedenen Verkippungswinkeln ψ jeweils eine Beugungsinterferenz, z. B. (2 1 1) β-Messing, bestimmt die Profillage und trägt die erhaltenen Werte über $\sin^2 \psi$ auf, dann lassen sich mit den elastischen Konstanten der einzelnen Phasen die Eigenspannungen I. und II. Art ermitteln, Bild 15.25. Bei untexturierten Proben wird die Profilintensität mit zunehmendem Verkippungswinkel kleiner, bei texturierten Proben ergeben sich höhere Profilintensitäten bei $\psi > 0°$ als bei $\psi = 0°$.

In Tabelle 15.9b sind die ermittelten Spannungswerte aufgeführt. Dem fast spannungsfreien Zustand im Gutteil stehen Zugspannungen - positive Werte - im Schadensteil entgegen. Zugspannungen vermindern die Festigkeit bei einer Belastung - z. B. beim Anpressen von Schläuchen. Die Empfindlichkeit der Spannungsmessung zeigen die unterschiedlichen Werte der Messung an der Dichtungsseite. Die Dichtungsseite wurde plangedreht. Beim Drehen entstehen meist Druckspannungen, die nachgewiesen wurden.

Druckspannungen müssen bei Belastung überwunden werden um zu Rissen, d. h. zu Bauteilversagen zu führen. Die Dichtfläche wird bei der Herstellung mechanisch bearbeitet, meistens geschliffen. Entfernt man durch metallographisches Präparieren diese Bearbeitungszone und misst erneut die Spannung, treten kleinere Beträge an Druck-

Tabelle 15.8: Ergebnisse der RFA-Analyse in [wt%] an Messingbauteilen und Härte HV1

	Cu	Zn	Pb	HV1
Gutteil - Dichtfläche	61,9	37,1	1,0	143
Schadensteil - Dichtfläche	57,7	40,3	2,0	195
Gutteil - Schliff	61,2	36,9	1,9	108
Schadensteil - Schliff	57,8	39,5	2,6	147

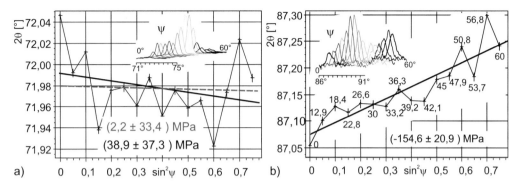

Bild 15.25: Beugungsinterferenzen bei verschiedenen Verkippungswinkeln und Auftrag Profil-
positionen über $\sin^2 \psi$ zur Bestimmung der Spannung - positive Spannungswerte
entsprechen Zugspannungen, negative Werte Druckspannungen

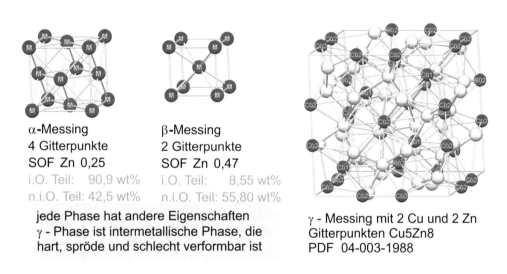

α-Messing
4 Gitterpunkte
SOF Zn 0,25
i.O. Teil: 90,9 wt%
n.i.O. Teil: 42,5 wt%

β-Messing
2 Gitterpunkte
SOF Zn 0,47
i.O. Teil: 8,55 wt%
n.i.O. Teil: 55,80 wt%

jede Phase hat andere Eigenschaften
γ - Phase ist intermetallische Phase, die
hart, spröde und schlecht verformbar ist

γ - Messing mit 2 Cu und 2 Zn
Gitterpunkten Cu5Zn8
PDF 04-003-1988

Bild 15.26: Kristallstruktur von α, β und γ-Messing und ermittelte Anteile in den Messproben

spannungen auf. Eine Aussage zur Bewertbarkeit der erhaltenen Spannungswerte ermöglicht immer deren Schwankung, ermittelt aus der Abweichung der Regressionsgeraden
beim Auftrag über $\sin^2 \psi$ zu den gemessenen BRAGG-Winkeln bei entsprechender Verkippung. Ist dieser Wert kleiner 20 % des Messwertes, dann liegt eine sichere Messung
vor. Schwankt der Messwert zwischen −50 und 50 MPa, dann wird Spannungsfreiheit
angenommen. Bei Schwankungen von größer 20 % bei größeren Messwerten sind sehr
oft Texturen vorhanden. Der Auftrag über $\sin^2 \psi$, siehe Bild 15.25b ist bei starken Texturen nicht linear sondern eher S-förmig. Bei starken Texturen ist die Anwendung der
$\sin^2 \psi$-Methode nur eingeschränkt möglich, siehe Seite 358.

Tabelle 15.9: a) Bestimmung Phasenanteile [wt%] mit Rietveld Methode b) Bestimmung der röntgenografischen Spannung [MPa] an verschiedenen Phasen und Interferenzen

a) Phasenanteil [wt%]	α-Messing	β-Messing	Blei	RWP-FIT	Tiefenbereich
Gutteil (i.O.)	90,90 %	8,55 %	0,55 %	14,35	9 µm - BB
Schadensteil (n.i.O.)	42,54 %	55,8 %	1,66 %	14,89	9 µm - BB
Gutteil (i.O.)	98,28 %	0,95 %	0,77 %	16,26	2,3 µm - GID
Schadensteil (n.i.O.)	71,75 %	27,79 %	0,45 %	10,37	2,3 µm - GID

b) Spannung [MPa]	α -(2 0 0)	α -(2 2 0)	α -(3 1 1)	β -(2 1 1)	Messing
(i.O.)	-402 ± 25	-142 ± 21	-195 ± 22	nicht	texturiert
Dichtfläche	-386 ± 27	-174 ± 28	-233 ± 29	vorhanden	
(n.i.O.)	-540 ± 34	-304 ± 25	-367 ± 37	-573 ± 81	normal
Dichtfläche	-513 ± 18	-374 ± 82	-405 ± 62	-235 ± 53	
(i.O.) - Dicht-	-42 ± 25	39 ± 37	-68 ± 16	nicht	texturiert
fläche geschl.	-71 ± 31	7 ± 88	-85 ± 35	vorhanden	
(n.i.O.) - Dicht-	-98 ± 24	423 ± 118	-96 ± 35	-23 ± 177	texturiert
fläche geschl.	-117 ± 30	-13 ± 38	-16 ± 21	84 ± 157	
(i.O.) - Schliff	26 ± 20	-6 ± 20	-20 ± 22	nicht vorhanden	texturiert
(n.i.O.) - Schliff	202 ± 23	110 ± 16	49 ± 16	89 ± 26	normal

15.7 Aufklärung historischer Herstellungsverfahren

Im Bestand des Angermuseums Erfurt, das Kunstmuseum der Landeshauptstadt von Thüringen, befindet sich ein Pferdemaulkorb, datiert aus dem Jahr 1597. Er besteht aus mit Zinn überzogenem Schmiedeeisen und Messing. Das Grundgerüst ist ähnlich einem Korb aufgebaut, Bild 15.27a. Die Korbbestandteile bestehen aus verschiedenen tierischen Abbildungen, wie Adler, Löwe und Hirsch, Bild 15.27b und c. Alle Stahlteile sind im Feuer erwärmt und geschmiedet. Für das Messingblech nahm der Hersteller vermutlich ein handelsübliches Halbzeug. Die zentrale Frage der Untersuchung war, ob das verwendete Halbzeug gewalzt oder gehämmert wurde [243]. In Zeichnungen aus dem Jahr 1495 von da Vinci (1452 − 1519) und von Dürer (1471 − 1528) werden schon Handwalzwerke beschrieben. Ebenso wird die Nutzung von Wasserkraft für Walzwerke vermehrt seit 1600 erwähnt.

Als Unterscheidungsmerkmal zwischen Walzen und Hämmern ist u. a. die Textur anzusehen [226]. Gewalzte Halbzeuge weisen eine Textur, eine Vorzugsrichtung der Orientierung Körner/Kristallite auf. Beim Hämmern werden geringere Kräfte/Energien übertragen als beim Walzen. Die Ausprägung einer Textur wird bei gehämmertem Material nicht so stark sein.

Bei einem solchen kulturhistorisch wertvollen Stück müssen alle Untersuchungen zerstörungsfrei vorgenommen werden. Eine Probenentnahme ist ausgeschlossen. Die mit RFA ermittelte Zusammensetzung entspricht einem α-Messing und in dieser Konzentration dem Gelb(Gold)tombak (Messing mit bis zu 72 wt% Cu). Dies ist eine typische

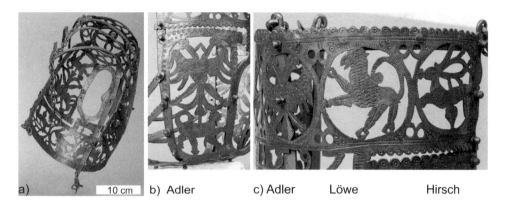

a)   10 cm   b) Adler   c) Adler   Löwe   Hirsch

Bild 15.27: Abbildung des Pferdemaulkorbs und Detailvergrößerung

Zusammensetzung, Ersterwähnung von ARISTOTELES (384-322 v. Chr.), von Material für historisches Kunstgewerbe und teilweise Schmuck. Bild 15.23a zeigt das Phasendiagramm für Messing.

In einem polykristallinen Material sind alle Kristallite (Körner) gleichverteilt ausgerichtet. Das Walzen überträgt solch große Kräfte (Energien), dass die Körner plastisch verformt werden und sich in bevorzugte Lage ausrichten. Die Gleichverteilung der Ausrichtung wird aufgehoben und es gibt nach dem Walzen eine Vorzugsrichtung der Kornorientierung, oft in Richtung dicht besetzter Netzebenen.

Zur Verifizierung der gesuchten Aussagen, gehämmert oder gewalzt, wurden zum Vergleich Proben aus handelsüblichem Kaltwalzblech, wie nachfolgend beschrieben, angefertigt, teilweise geglüht und in Wasser abgeschreckt. Das Material wird durch Glühen rekristallisiert und wird damit dem Gießen als Blech nachempfunden.

Probe	Arbeitsschritte Reihenfolge, Beschreibung		
P1, P4	gewalzt	Material »alt« Herstellung um Jahr 2000, Oberfläche matt	
P2, P5	gewalzt	gehämmert	
P3, P6	gewalzt	gehämmert	geglüht
P7	gewalzt	geglüht	gehämmert
P8	gewalzt	geglüht	
P9	gewalzt	neues Material aus dem Jahr 2011, Oberfläche glänzend	

Die Proben jeder Behandlungsart wurden an vier Netzebenen einer vollständigen Texturanalyse unterzogen. Die Darstellung der Intensitäten in einer Polfigur ist der Anzahl der Körner proportional, die bei einem χ- und ϕ-Winkel ausgerichtet sind. Entstehen in dieser Polfigur Muster, dann liegt eine Textur vor, bei einem Aussehen der Muster wie Bild 15.28, für die Netzebene (2 2 0) ist die Intensitätsverteilung typisch für eine Walztextur. Wird die Probe nach dem Walzen geglüht, dann ist keine Walztextur feststellbar, Bild 15.29a. Die gleiche Behandlung liegt vor, wenn die Probe aus der Schmelze als Halbzeug gegossen wird. Diese Verteilung der Beugungsintensitäten wurde auch bei der Vergleichsprobe P7-gehämmert weitgehend festgestellt, Bild 15.29b.

Der Pferdemaulkorb war allerdings für die Untersuchung im Texturgoniometer zu groß. Ebenso war ausgeschlossen, dass Einzelbleche durch Lösen von Nieten gemessen werden

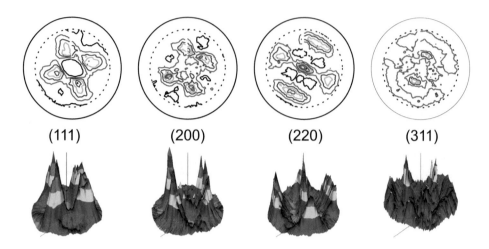

Bild 15.28: Polfiguren Vergleichsprobe gewalztes Messingblech, Probe P1

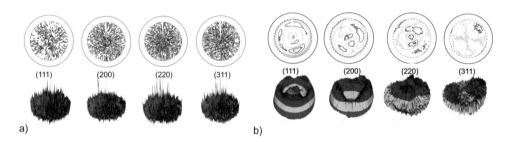

Bild 15.29: Polfiguren a) gewalztes und geglühtes Messingblech, Probe P8 b) gewalzt, geglüht
und dann gehämmertes Messingblech, Probe P7

können. Der Pferdemaulkorb konnte nur insgesamt gemessen werden. Deshalb wurden alle Vergleichsproben in einem Theta-Theta Röntgendiffraktometer gemessen. Dieses Goniometer ist durch den Multilayerspiegel und den langen Sollerkollimator im Detektorkreis ein Diffraktometer mit vollständiger Parallelstrahlanordnung. Abweichungen von bis zu 2 mm der Probenhöhe vom Fokussierkreis bewirken kaum eine Verschiebung der Profilwinkellage als auch der Profilintensitäten, siehe Kapitel 5.6. Mit einer Messuhr, wie in Bild 15.30a gezeigt, konnte so der Pferdemaulkorb in Messposition ausgerichtet werden. An verschiedenen Stellen am Pferdemaulkorb, Bezeichnung der Positionen siehe Bild 15.27, wurden BRAGG-BRENTANO-Messungen, z. T. Mehrfachmessungen, durchgeführt. Bild 15.31a zeigt die Diffraktogramme der Vergleichsproben P1 und P8. Deutlich werden die Unterschiede in den Profilintensitäten. Die bei Probe P7 messbaren Profilintensitäten stimmen mit denen der α-Messingphase sehr gut überein und bestätigen damit die schon nach Bild 15.29 gefundene Aussage, keine Walztextur in geglühten Proben. Die viel größere Profilintensität bei der (2 2 0)-Netzebene für Probe P1 bestätigt dagegen die Aussage nach Bild 15.28, dass bei Probe P1 eine Walztextur vorliegt.

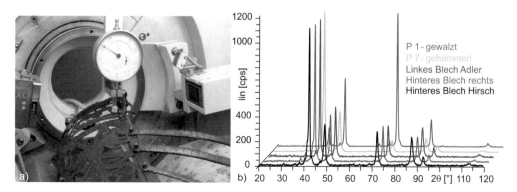

Bild 15.30: a) Pferdemaulkorb im Theta-Theta-Goniometer b) Diffraktogramme an verschiedenen Stellen des Maulkorbes und die zwei Vergleichsproben P1 und P7

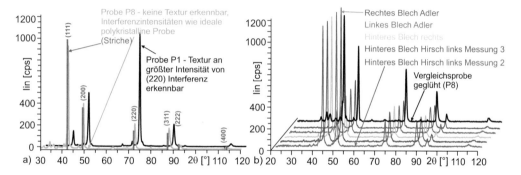

Bild 15.31: a) Diffraktogramme Vergleichsproben mit stark unterschiedlicher Textur b) Difraktogramme an verschiedenen Stellen des Maulkorbes und Vergleich zur nicht texturierten Probe P8

Mit dieser Anordnung wurden an allen drei Messingblechen des Pferdemaulkorbs mehre
Beugungsaufnahmen angefertigt, Bild 15.31b. Es ist kein Unterschied in den Profilintensitäten zu der untexturierten Vergleichsprobe P8 festzustellen. Damit kann rein formal
gezeigt werden, dass die größte Übereinstimmung der Beugungsdiagramme zum untexturierten Material vorliegt und damit gehämmertes Material beim Pferdemaulkorb verwendet wurde. Der Texturgrad wurde mit der Gleichung 13.9 ausgerechnet und wie schon
auf Seite 497 bzw. 573 beschrieben, nachfolgend interpretiert.

Bei Probe P1 sind $TC_{(220)} = 3{,}52$, $TC_{(111)} = 0{,}09$ und $TC_{(222)} = 0{,}08$ bestimmt
worden. Bei Probe P8 sind die TC Werte für die gleichen Netzebenen im Bereich $0{,}92 -
1{,}14$. Für alle Messungen am Pferdemaulkorb sind die errechneten TC-Werte im Bereich
$0{,}67 - 1{,}37$. Damit ist auch rechnerisch nachgewiesen, dass keine ausgeprägte Textur bei
den Blechen des Pferdemaulkorbes vorliegt.

Die Profilbreite einer Röntgenbeugungsintensität enthält die Domänengröße und die
Mikrodehnungen bzw. die Versetzungsdichte. Vergleicht man die Profilbreiten der Vergleichsproben und die Profilbreiten der Diagramme des Pferdemaulkorbes, so sind ein-

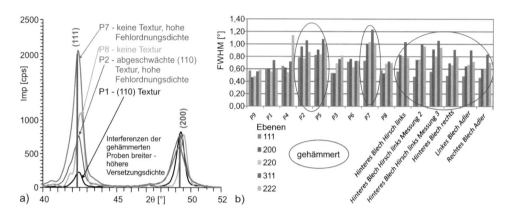

Bild 15.32: Profilbreiten von Vergleichsproben und von Diffraktogrammen vom
           Pferdemaulkorb

deutig die gehämmerten Vergleichsproben breiter als die gewalzten oder im Endzustand
geglühten Proben, Bild 15.32. Die Profilbreiten am Pferdemaulkorb sind denen der gehäm-
merten Proben näher, wie Bild 15.32 zeigt. Der metallographische Schliff von Vergleichsprobe P1, Bild 15.33a zeigt das typische α-Messing - Kupfergefüge mit scharfkantigen
Könnern und Zwillingen, teilweise ausgerichtet, was der Walztextur entspricht [243]. Die
Vergleichsprobe P7 zeigt eine gehäufte Anzahl an Versetzungslinien innerhalb des Korns,
Bild 15.33b. Diese lokalen Störungen im Korn sind Gitterverzerrungen, die die breiteren
Interferenzen im Beugungsdiagramm hervorrufen. Diese gehäufte Versetzungszahl tritt
nur bei den gehämmerten Proben auf. Damit konnte mit der Profilbreitenanalyse ein zwei-
ter Beweis zerstörungsfrei erbracht werden, dass der Pferdemaulkorb trotz Fertigungszeit
im Jahr 1597 noch aus gehämmertem Blech hergestellt wurde.

Wird das gesamte Diffraktogramm mit einem RIETVELD-Programm simuliert und eine
Kristallitgröße von 2 μm angenommen, werden auch hierbei viel höhere Mikrodehnungen
in den gehämmerten Proben nachgewiesen.

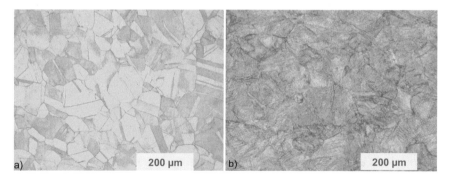

Bild 15.33: Gefüge der Vergleichsproben P1 - gewalzt, hier facettierte Körner und Zwillinge
           b) Vergleichsprobe P7-gehämmert, Streifung in den Körnern deutet auf erhöhte
           Fehlordnungsdichte und homogenere Kornmorphologie hin

16   Zusammenfassung

Die Röntgenbeugung mit allen den hier vorgestellten Verfahren ist ein mächtiges Werkzeug in der Strukturaufklärung geworden. Grundlage jeglicher Strukturaufklärung sind die Beugungserscheinungen an Kristallen. Mit der relativ einfachen BRAGGschen-Gleichung lassen sich in der Praxis faktisch alle Methoden und Beugungsanordnungen ausreichend erklären.

$$n \cdot \lambda \, = \, 2 \cdot d_{hkl} \cdot \sin \, \theta$$

Ebenso beinhaltet diese Gleichung die wichtigsten in diesem Buch besprochenen Komponenten und werden hier noch einmal zusammengefasst.

Mit der Wellenlänge λ sind die Entstehung, Messung, Variationen und Eigenschaften der Röntgenstrahlung verbunden. Dies wurde ausführlich in den Kapiteln 2 und 4 behandelt. Der Netzebenenabstand d_{hkl} ist kennzeichnend für das Material und die sich ausgebildete Kristallstruktur. In einem Kristall gibt es nur eine bestimmte Anzahl sich ausbildender Netzebenen und die einzelnen Abstände sind meist diskret. Die für den Kristall notwendigen Beschreibungen wurden im Kapitel 3 vorgestellt. In diesem Kapitel sind auch die Grundlagen der Beugungserscheinungen behandelt worden. Durch die diskreten Netzebenenabstände gibt es dann auch diskrete Beugungsinterferenzen bei Verwendung monochromatischer Strahlung und Anwendung der BRAGGschen Gleichung.

Die Möglichkeiten, die neue Strahloptiken wie Multilayerspiegel, ebene Monochromatoren, Strahlformer und der Einsatz der neuen Detektoren bieten, werden in dem Kapitel 4 ausführlich beschrieben. Ausgehend von der klassischen BRAGG-BRENTANO-Anordnung und der Möglichkeit der Beugungsexperimente einschließlich der ausführlichen Fehlerbetrachtungen werden Schlussfolgerungen für mögliche Verbesserungen der Beugungsanordnungen im Kapitel 5 abgeleitet. Aber auch andere Verfahren, wie das Röntgenfluoreszenzverfahren nutzen die neuen Röntgenoptiken wie die Multilayerspiegel. In Kombination mit den Multilayerspiegeln werden von CHEN [62] energiedispersive Untersuchungsspektren vorgestellt. Es sollen damit Femtogramm bzw. ppb-Analysen (part per billion) möglich werden.

Alle weiteren Kapitel sind den Anwendungen und den Variationen der verschiedenen Beugungsanordnungen unter Verwendung der neuen verfügbaren Hardware gewidmet. Hier sind die Neuentwicklungen konsequent eingebunden.

Ziel der gesamten Ausführungen sollte sein, mit diesem Lehrbuch eine sich abzeichnende Neuausrichtung der Röntgendiffraktometrie in der Materialwissenschaft und die langsame Herausbildung als Kontrollverfahren in der Produktion zu begleiten.

Viele ältere Aussagen, wie die Verwendung bestimmter Strahlungsarten bei Eisenwerkstoffen sind beim zusätzlichen Einsatz von Multilayerspiegeln nicht mehr richtig. Es wurde versucht, eine »Entrümpelung« veralteter Lehrmeinungen vorzunehmen.

Die Durchdringung der gesamten Röntgenbeugung mit immer neueren und leistungsfähigeren Programmen nimmt aber dem Nutzer nicht das bewusste Denken ab. Aufgrund

© Springer Fachmedien Wiesbaden GmbH, ein Teil von Springer Nature 2019
L. Spieß et al., *Moderne Röntgenbeugung*,
https://doi.org/10.1007/978-3-8348-8232-5_16

der rasanten Weiterentwicklung der gesamten Soft- und Hardware wurden so weit wie möglich keine Abbildungen von realen Geräten und auch keine Kopien von Programmausdrucken oder Bedienungsfenstern eingefügt. Die größten Fehler und Fehlinterpretationen können gemacht werden, wenn ohne Hintergrundwissen »nur ein Programm« genutzt und der Ausgabe des Computers blind vertraut wird. Der Leser soll wieder lernen, Zusammenhänge zu erkennen und auch verschiedene Betrachtungsweisen eines Problems zu akzeptieren.

Gerade in der Röntgenbeugung fließen viele Wissenschaftszweige mit ein, die es lohnt auch in den Grundzügen zu verstehen, weshalb hier eine Bedeutung für das Beugungsexperiment besteht. So konnte nicht oft genug auf die Bedeutung der Beugungsbedingung, der Kristallitstatistik und der Zählstatistik hingewiesen werden. Beherzigt man für jedes Teilproblem die Gleichung 3.125 bzw. das Bild 3.23b und »stellt« es um, dann lassen sich viele Fragestellungen eigenständig lösen. Aus diesem Grund sind auch die umfangreichen und für den Neueinsteiger schweren Spezialfälle der röntgenographischen Spannungs- und Texturanalyse in zwei sehr ausführlichen Kapiteln eingefügt worden. Diese zwei Kapitel sind Beispiele für sehr komplexe Anwendungen der Einzelbeugungsexperimente. Auch hier gilt wieder: Es gibt nicht nur eine Lösung, sondern nur Lösungen zu Teilproblemen, die dann zum Fortschritt im Erkenntnisgewinn zum Gesamtsystem beitragen.

Es sollte dem Leser verständlich geworden sein, dass Beugungsexperimente mit unterschiedlichen Anordnungen mit dem Ziel durchgeführt werden, mehr Information vom untersuchten Material und mehr Erkenntnisse zu dem für jeden Materialwissenschaftler wichtigen und grundlegenden Zusammenhang über

Struktur – Gefüge – Eigenschaften

zu erhalten, um daraus Beiträge für die Ingenieurwissenschaft, Physik oder Chemie ableiten zu können.

Dem Neueinsteiger wird die Röntgenbeugung zunächst als schwer zu verstehende Methode vorkommen. Einflüsse aus der Physik, der Werkstoffwissenschaft, der Chemie und der Ingenieurwissenschaft treten im komplexen Verbund auf. Ebenso erhält man viele Ergebnisse nur nach aufwändigen Simulationen oder der Bearbeitung komplizierter mathematischer Beschreibungen.

Löst man diese Probleme, dann ist die Röntgenbeugung ein wichtiges Untersuchungsverfahren in der Natur- und Ingenieurwissenschaft. Das Verfahren liefert Aussagen, die mit keiner anderen Untersuchungsmethode gewonnen werden können, bzw. deren Präzision im Nanometer-Bereich unerreicht ist.

17 Lösung der Aufgaben

Lösung 1: Schwächungsverhalten von Kupferfolien

Man nutzt Gleichung 2.18. Auf konsistente Maßeinheitenverwendung ist zu achten!

d [µm]	50	100	102	105	200	48,08	96,14	130,03	144,53	192,28
$1/S_G$	11	120	132	153	14 474	10	100	500	1 000	10 000

Lösung 2: Schwächungsverhalten von Nickel für Kupferstrahlung

Die Gleichungen 2.18, 2.5 und 2.6 werden zur Lösung verwendet.
Dicke d_{Ni} für den Ni-Filter für eine Schwächung der $K\alpha$-Strahlung:

$$0,5 = \exp\left(-46,4 \cdot 8,907 \cdot d_{Ni}\right) \rightarrow d_{Ni} = 0,001\,7\,\text{mm}$$

Schwächung $1/S$ für $K\beta$-Strahlung:

$$1/S = \exp\left(-279 \cdot 8,907 \cdot 0.00017\right) = 0,014\,9 \rightarrow S = 98,51\,\%$$

Die Grenzwellenlänge bzw. das Maximum der Bremsstrahlung betragen:

$$\lambda_{min} = 1,238/40 = 0,030\,95\,\text{nm} \qquad \lambda_{max} = 1,5 \cdot \lambda_{min} = 0,046\,4\,\text{nm}$$

Aus [199] erhält man für $\lambda = 0,043\,33$ nm interpoliert den Massenschwächungskoeffizient von $13,5\,\text{cm}^2\text{g}^{-1}$. Dies ergibt eine Schwächung der intensitätsärmeren Maximalintensität von nur:

$$1/S = \exp\left(-13,5 \cdot 8,907 \cdot 0.00017\right) = 0,979\,76 \rightarrow S = 2,024\,\%$$

Bei Nutzung der charakteristischen Strahlung sind die Ausführungen um Bild 2.8 unbedingt zu beachten!

Lösung 3: Zusammenstellung Grenzwerte Strahlendosen

Tabelle 17.1: Grenzwerte strahlenexponierte Personen Kategorien A und B und Bevölkerung [18, 19]

effektive Dosis E_{grenz} (Zur Begrenzung des summarischen Gesamtrisikos stochastischer Strahlenschäden)		Organ-Äquivalentdosis $H_{T,\,grenz}$ (zum Ausschluss deterministischer Strahlenwirkungen in den Organen und Körperteilen)	
Grenzwerte für strahlenexponierte Personen - Kategorie A			
20 mSv/a	(Basisgrenzwert)	20 mSv/a	Augenlinse
50 mSv/a	(Kann Behörde im Einzelfall zulassen, wobei 100 mSv/5a nicht überschritten werden dürfen)	500 mSv/a	Extremitäten, Haut
		Für Auszubildende < 18 Jahre und Schwangere	
400 mSv/a	(Lebenszeitdosis)	spezielle, niedrigere Grenzwerte §78 StrSchG [18]	
Kategoriewerte für strahlenexponierte Personen der Kategorie B bezogen auf Kategorie A - **3/10**			
Grenzwerte für die Bevölkerung			
1 mSv/a		15 mSv/a	Augenlinse
		50 mSv/a	Haut

© Springer Fachmedien Wiesbaden GmbH, ein Teil von Springer Nature 2019
L. Spieß et al., *Moderne Röntgenbeugung*,
https://doi.org/10.1007/978-3-8348-8232-5_17

Lösung 4:   Energieübertragung bei einer tödlichen Dosis

Annahme dass tödliche Energie E_{letal} der Energiedosis D gleichmäßig als Wärmeenergie im Körper umgesetzt wird.

Notwendige Konstanten	Wert
Körpertemperatur	37 °C
spezifische Wärmekapazität von Wasser	$1\,\text{kcal} \cdot \text{kg}^{-1} \cdot \text{K}^{-1} = 4\,186{,}8\,\text{J} \cdot \text{kg}^{-1} \cdot \text{K}^{-1}$

Mit der Grundgleichung der Wärmelehre ergeben sich:

$$D = \frac{\Delta E_{letal}}{\Delta m} \quad \rightarrow \Delta E_{letal} = D \cdot m \tag{17.1}$$

$$\Delta E_T = \Delta T \cdot c \cdot m = \Delta E_{letal} = D \cdot m \tag{17.2}$$

$$\Delta T = \frac{D}{c} = \frac{7\,[J \cdot kg^{-1}]}{4186{,}8\,[J \cdot kg^{-1} \cdot K^{-1}]} = 0{,}001\,67\,\text{K} \tag{17.3}$$

Dieser Überschlag verdeutlicht, dass es unmöglich ist, über eine Temperaturmessung die exponierte Strahlendosis auf biologisches Gewebe zu messen. Die durch Stoffwechsel hervorgerufene Temperaturschwankungen übertreffen bei weiten die hier ausgerechnete Temperaturänderung ΔT. Es ist zu beachten, dass 7 Gy schon eine sehr große Energiedosis darstellt. Die Dosen für die Belange des Strahlenschutzes sind um mindestens drei bis vier Größenordnungen kleiner.

Lösung 5:   Veränderung der Betriebsbedingungen und Berechnung der Dicke von Strahlenschutzwänden

Eine Anlage ist immer für die höchste mögliche Strahlenexposition auszulegen. Die vor der Strahlenschutzwand auftretende Energiedosisleistung kann für Feinstrukturröhren aus der DIN 54113-3, hier auszugsweise aus Tabelle 2.7 für 60 kV und mit Gleichung 2.30 bzw. mit der LINDELL-Formel 2.29 ausgerechnet werden.
60 kV und 3 000 W Verlustleistung → maximaler Anodenstrom 50 mA
Aus Tabelle 2.7 für 60 kV und Wolframanode

$$\dot{D}_N(a, i_A) = \frac{8{,}84\,[\text{Gy} \cdot \text{m}^2 \cdot \text{mA}^{-1} \cdot \text{h}^{-1}] \cdot 50\,[\text{mA}]}{0{,}7^2\,[m^2]} = 902\,\text{Gyh}^{-1} \tag{17.4}$$

bzw. mit der LINDELL-Formel 2.29:

$$\dot{D} = \frac{30 \cdot 60\,[\text{kV}] \cdot 50\,[\text{mA}]}{70^2\,[\text{cm}^2]} = 18{,}36\,\text{Gy} \cdot \text{min}^{-1} \rightarrow \text{in Stunden} \quad 1\,102\,\text{Gy} \cdot \text{h}^{-1}$$

Die LINDELL-Formel ergibt die etwas konservativere, höhere Energiedosisleistung und ist damit zu verwenden (worst case). Diese hohe Dosisleistung muss abgeschwächt werden. Die Strahlenschutzverordnung [19] schreibt maximal $3\,\mu\text{Sv} \cdot \text{h}^{-1}$ in 10 cm Entfernung als zulässige Ortsdosisleistung vor. Unter Vernachlässigung des Abstandes von der Oberfläche ergibt sich ein reziproker Schwächungsfaktor nach Gleichung 2.31 von:

$$\frac{1}{S_G} = \frac{3 \cdot 10^{-6}}{1102} = 2{,}7 \cdot 10^{-9}$$

Aus Bild 2.18a für Blei gibt es keine Kurve für 60 kV. Die nächste Kurve wäre die für 75 kV. Dort kann man bei 2 mm Bleidicke einen reziproken Schwächungskoeffizienten von $2 \cdot 10^{-6}$ ablesen. Es sind noch $7 \cdot 10^{-4}$ »übrig«. In Bild 2.18b für Eisen können jetzt noch eine notwendige Dicke für Eisen von 4 mm an der dortigen 70 kV Linie abgelesen werden.

Die eben berechneten Abschirmdicken erfüllen auch die Bedingungen bei den Betriebsbedingungen für die Kupferanode, die Abschirmbedingungen sind somit erfüllt.

Würde man die Werte der Kupferanode als maximale Betriebswerte annehmen, ergäben sich folgende Änderungen. Für die maximale Energiedosisleistung ist die Beachtung der Anodenabhängigkeit ($\rightarrow$ Multiplikation mit 29/74) notwendig.

$$\dot{D} = \frac{30 \cdot 40 \cdot 37{,}5}{70^2} \cdot \frac{29}{74} \cdot 60 = 215{,}9 \, \text{Gy} \cdot \text{h}^{-1} \tag{17.5}$$

Reziproker Schwächungskoeffizient gleich $1{,}3 \cdot 10^{-8}$, abgelesen in den Diagrammen aus Bild 2.18b für Kurve 40 kV mit $1/S_G = 1 \cdot 10^{-5}$ führt zu 2 mm Eisen. Es verbleiben $1/S_G = 3 \cdot 10^{-4}$ Schwächungskoeffizient. In Bild 2.18a kann eine zusätzliche Bleidicke von 0,15 mm an Kurve 40 kV abgelesen werden. Wird jetzt eine Anlage mit diesen Abschirmdicken gebaut, dann ist der Einsatz einer Molybdän- oder Wolframröhre mit gleichen Betriebsparametern nicht erlaubt, ebenso darf kein anderer Generator mit höherer Verlustleistung als 1 500 W eingesetzt werden.

Lösung 6:   Anwendung der Zonengleichung

Einsetzen der Ebenen- und Gitterindizes in Gleichung 3.12 führt zu:

$$2 \cdot 1 + 1 \cdot (-2) + 3 \cdot 0 = 0 \quad \text{bzw.} \quad 1 \cdot 2 + (-2) \cdot 1 + 2 \cdot 1 = 2 \tag{17.6}$$

Die Ebene (2 1 3) und die Gerade [1 $\bar{2}$ 0] sind parallel, dagegen verlaufen die Ebene (1 $\bar{2}$ 2) und die Gerade [2 1 1] windschief zu einander und schneiden sich.

Die gesuchte Netzebene $(h\,k\,l)$, die aus zwei Gittergeraden aufgespannt wird, muss für jede Gerade die Zonengleichung erfüllen.

$$\begin{aligned} h \cdot u_1 &+ k \cdot v_1 &+ l \cdot w_2 &= 0 \\ h \cdot u_2 &+ k \cdot v_2 &+ l \cdot w_2 &= 0 \end{aligned} \tag{17.7}$$

Die Lösung des Gleichungssystems 17.7 erfolgt über das Determinantenschema mit den zwei möglichen Lösungen für $(h\,k\,l)$, Gleichung 17.8 bzw. für $(\bar{h}\,\bar{k}\,\bar{l})$, Gleichung 17.9.

$$h : k : l = \begin{vmatrix} v_1 & w_1 \\ v_2 & w_2 \end{vmatrix} : \begin{vmatrix} w_1 & u_1 \\ w_2 & u_2 \end{vmatrix} : \begin{vmatrix} u_1 & v_1 \\ u_2 & v_2 \end{vmatrix} \tag{17.8}$$

$$\bar{h} : \bar{k} : \bar{l} = \begin{vmatrix} v_2 & w_2 \\ v_1 & w_1 \end{vmatrix} : \begin{vmatrix} w_2 & u_2 \\ w_1 & u_1 \end{vmatrix} : \begin{vmatrix} u_2 & v_2 \\ u_1 & v_1 \end{vmatrix} \tag{17.9}$$

Die Lösung kann vereinfacht über das nachfolgende Schema erfolgen:

$$\begin{array}{c|cccc|c} u_1 & v_1 & w_1 & u_1 & v_1 & w_1 \\ & \diagdown\!\!\!\!\diagup & \diagdown\!\!\!\!\diagup & \diagdown\!\!\!\!\diagup & & \\ u_2 & v_2 & w_2 & u_2 & v_2 & w_2 \\ & (h & k & l) & & \end{array} \tag{17.10}$$

Für die Kombination [1 0 1] und [1 2 0] bzw. [$\bar{1}$ 0 $\bar{1}$] und [$\bar{1}$ $\bar{2}$ 0] ergibt sich als Netzebene ($\bar{2}$ 1 2); für die Kombination [1 2 0] und [1 0 1] bzw. [$\bar{1}$ $\bar{2}$ 0] und [$\bar{1}$ 0 $\bar{1}$] ergibt sich als Netzebene (2 $\bar{1}$ $\bar{2}$).

In der gleichen Weise kann eine Schnittgerade $[u\,v\,w]$ für zwei Netzebenen 1 und 2 ausgerechnet werden. Es gibt hier immer zwei Lösungen – die Richtungen der Schnittgeraden. Je nach Wahl, welche Netzebene als erste gesetzt wird, ergibt sich dann die Richtung.

$$\begin{array}{c|cccc|c} 2 & \bar{1} & 0 & 2 & \bar{1} & 0 \\ 1 & 1 & 1 & 1 & 1 & 1 \end{array} \rightarrow [\bar{1}\,\bar{2}\,3] \qquad \begin{array}{c|cccc|c} 1 & 1 & 1 & 1 & 1 & 1 \\ 2 & \bar{1} & 0 & 2 & \bar{1} & 0 \end{array} \rightarrow [1\,2\,\bar{3}]$$

Lösung 7:   Symmetrieoperationen

In der a–b Ebene eines Kristalls soll der Punkt P_1 auf die Position P_2 um den Winkel ω gedreht werden, Bild 17.1. Eine Rotation eines Vektors $\vec{r}_1$ zu der neuen Position $\vec{r}_2$ kann mittels der Drehmatrix $\boldsymbol{M}$ ausgedrückt werden $\vec{r}_2 = \boldsymbol{M} \cdot \vec{r}_1$. $\boldsymbol{M}$ wird z. B. für die a–b Ebene nachfolgend beschrieben. In den

Tabellen 17.2 bzw. 17.3 sind die analogen Operationen zusammengefasst. Die Koordinaten von P_1 und P_2 sind:

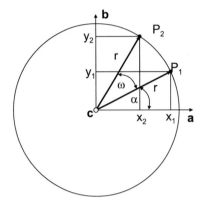

Bild 17.1: Drehung von Punkt P_1 zu Punkt P_2 in der a-b Ebene

$$x_1 = r_1 \cdot \cos\alpha \qquad y_1 = r_1 \cdot \sin\alpha \tag{17.11}$$

$$x_2 = r_2 \cdot \cos(\alpha + \omega) \qquad y_2 = r_2 \cdot \sin(\alpha + \omega) \qquad \text{mit} \tag{17.12}$$

$$\sin(\alpha + \omega) = \sin\alpha \cdot \cos\omega + \cos\alpha \cdot \cos\omega \quad \text{bzw.} \quad \cos(\alpha + \omega) = \cos\alpha \cdot \cos\omega - \sin\alpha \cdot \sin\omega \tag{17.13}$$

Durch Einsetzen in Gleichung 17.12 und bei $|\vec{r}_1| = |\vec{r}_2|$ folgt:

$$
\begin{aligned}
x_2 &= x_1 \cdot \cos\omega & - y_1 \cdot \sin\omega & + 0 \cdot z_1 \\
y_2 &= x_1 \cdot \sin\omega & + y_1 \cdot \cos\omega & + 0 \cdot z_1 \\
z_2 &= 0 \cdot x_1 & + 0 \cdot y_1 & + 1
\end{aligned}
\tag{17.14}
$$

Daraus folgt die allgemeine Rotationsmatrix M in der a–b Ebene zu:

$$
M = \begin{pmatrix} \cos\omega & -\sin\omega & 0 \\ \sin\omega & \cos\omega & 0 \\ 0 & 0 & 1 \end{pmatrix}
\tag{17.15}
$$

Eine dreizählige Drehmatrix um die c-Achse bedeutet Drehung $\omega = 120°$. Einsetzen von $\sin 120° = \sqrt{3}/2$ und $\cos 120° = -1/2$ in Gleichung 17.15 ergibt:

$$
\begin{pmatrix} \cos\omega & -\sin\omega & 0 \\ \sin\omega & \cos\omega & 0 \\ 0 & 0 & 1 \end{pmatrix} \rightarrow \begin{pmatrix} -1/2 & -\sqrt{3}/2 & 0 \\ \sqrt{3}/2 & -1/2 & 0 \\ 0 & 0 & 1 \end{pmatrix}
\tag{17.16}
$$

Tabelle 17.2: Matrizen zur Darstellung kristallographischer Symmetrieoperationen – Drehung

1 $\begin{pmatrix} 1 & 0 & 0 \\ 0 & 1 & 0 \\ 0 & 0 & 1 \end{pmatrix}$ Einheitsmatrix		
m_x (100) $\begin{pmatrix} \bar{1} & 0 & 0 \\ 0 & 1 & 0 \\ 0 & 0 & 1 \end{pmatrix}$	m_y (010) $\begin{pmatrix} 1 & 0 & 0 \\ 0 & \bar{1} & 0 \\ 0 & 0 & 1 \end{pmatrix}$	

m_x^h $(2\bar{1}\bar{1}0)$	$\begin{pmatrix}\bar{1}&1&0\\0&1&0\\0&0&1\end{pmatrix}$	m_y^h $(\bar{1}2\bar{1}0)$	$\begin{pmatrix}1&0&0\\1&\bar{1}&0\\0&0&1\end{pmatrix}$
2_x $[100]$	$\begin{pmatrix}\bar{1}&0&0\\0&\bar{1}&0\\0&0&\bar{1}\end{pmatrix}$	2_y $[010]$	$\begin{pmatrix}\bar{1}&0&0\\0&1&0\\0&0&\bar{1}\end{pmatrix}$
2_x^h $[10.0]$	$\begin{pmatrix}1&\bar{1}&0\\0&\bar{1}&0\\0&0&1\end{pmatrix}$	2_y^h $[01.0]$	$\begin{pmatrix}\bar{1}&0&0\\\bar{1}&1&0\\0&0&\bar{1}\end{pmatrix}$
3_z $[00.1]$	$\begin{pmatrix}0&\bar{1}&0\\1&\bar{1}&0\\0&0&1\end{pmatrix}$	3_z^0 $[001]$	$\begin{pmatrix}-\frac{1}{2}&-\sqrt{\frac{3}{2}}&0\\\sqrt{\frac{3}{2}}&\frac{-1}{2}&0\\0&0&1\end{pmatrix}$
3_z^h $[00.1]$	$\begin{pmatrix}0&1&0\\\bar{1}&1&0\\0&0&\bar{1}\end{pmatrix}$	$\bar{3}_z^0$ $[001]$	$\begin{pmatrix}\frac{1}{2}&\sqrt{\frac{3}{2}}&0\\\sqrt{\frac{3}{2}}&\frac{1}{2}&0\\0&0&1\end{pmatrix}$
2_x $[100]$	$\begin{pmatrix}\bar{1}&0&0\\0&\bar{1}&0\\0&0&\bar{1}\end{pmatrix}$	2_y $[010]$	$\begin{pmatrix}\bar{1}&0&0\\0&1&0\\0&0&\bar{1}\end{pmatrix}$
4_x $[100]$	$\begin{pmatrix}1&0&0\\0&0&\bar{1}\\0&\bar{1}&0\end{pmatrix}$	4_z $[001]$	$\begin{pmatrix}0&\bar{1}&0\\1&0&0\\0&0&1\end{pmatrix}$
6_z^h $[00.1]$	$\begin{pmatrix}1&\bar{1}&0\\1&0&0\\0&0&1\end{pmatrix}$	6_z^0 $[001]$	$\begin{pmatrix}\frac{1}{2}&-\sqrt{\frac{3}{2}}&0\\\sqrt{\frac{3}{2}}&\frac{1}{2}&0\\0&0&1\end{pmatrix}$

Tabelle 17.3: Matrizen zur Darstellung kristallographischer Symmetrieoperationen – Inversion

$\bar{1}$	$\begin{pmatrix}\bar{1}&0&0\\0&\bar{1}&0\\0&0&\bar{1}\end{pmatrix}$ Inversion		
m_z (001)	$\begin{pmatrix}1&0&0\\0&1&0\\0&0&\bar{1}\end{pmatrix}$	m_{xy} (110)	$\begin{pmatrix}0&\bar{1}&0\\\bar{1}&0&0\\0&0&1\end{pmatrix}$
m_{2xy}^h $(10\bar{1}0)$	$\begin{pmatrix}\bar{1}&0&0\\\bar{1}&1&0\\0&0&1\end{pmatrix}$	m_{x2y}^h $(01\bar{1}0)$	$\begin{pmatrix}1&\bar{1}&0\\0&\bar{1}&0\\0&0&1\end{pmatrix}$
2_z $[001]$	$\begin{pmatrix}\bar{1}&0&0\\0&\bar{1}&0\\0&0&1\end{pmatrix}$	2_{xy} $[110]$	$\begin{pmatrix}0&1&0\\1&0&0\\0&0&\bar{1}\end{pmatrix}$
2_{2xy}^h $[21.0]$	$\begin{pmatrix}1&0&0\\1&\bar{1}&0\\0&0&\bar{1}\end{pmatrix}$	2_{x2y}^h $[12.0]$	$\begin{pmatrix}\bar{1}&1&0\\0&1&0\\0&0&\bar{1}\end{pmatrix}$

3_{xyz} [111]	$\begin{pmatrix} 0 & 0 & 1 \\ 1 & 0 & 0 \\ 0 & 1 & 0 \end{pmatrix}$		$2_{x\bar{y}z}$ [1$\bar{1}$1]	$\begin{pmatrix} 0 & \bar{1} & 0 \\ 0 & 0 & \bar{1} \\ 1 & 0 & 0 \end{pmatrix}$	
$\bar{3}_{xyz}$ [111]	$\begin{pmatrix} 0 & 0 & \bar{1} \\ 1 & 0 & 0 \\ 0 & \bar{1} & 0 \end{pmatrix}$		$\bar{3}^{h}_{x\bar{y}z}$ [1$\bar{1}$1]	$\begin{pmatrix} 0 & 1 & 0 \\ 0 & 0 & 1 \\ \bar{1} & 0 & 0 \end{pmatrix}$	
2_{z} [001]	$\begin{pmatrix} \bar{1} & 0 & 0 \\ 0 & \bar{1} & 0 \\ 0 & 0 & 1 \end{pmatrix}$		2_{xy} [110]	$\begin{pmatrix} 0 & 1 & 0 \\ 1 & 0 & 0 \\ 0 & 0 & \bar{1} \end{pmatrix}$	
$\bar{4}_{x}$ [100]	$\begin{pmatrix} \bar{1} & 0 & 0 \\ 0 & 0 & 1 \\ 0 & \bar{1} & 0 \end{pmatrix}$		$\bar{4}_{z}$ [001]	$\begin{pmatrix} 0 & 1 & 0 \\ \bar{1} & 0 & 0 \\ 0 & 0 & \bar{1} \end{pmatrix}$	
$\bar{6}^{h}_{z}$ [00.1]	$\begin{pmatrix} \bar{1} & 1 & 0 \\ \bar{1} & 0 & 0 \\ 0 & 0 & \bar{1} \end{pmatrix}$		$\bar{6}^{0}_{z}$ [001]	$\begin{pmatrix} -\frac{1}{2} & \sqrt{\frac{3}{2}} & 0 \\ -\sqrt{\frac{3}{2}} & -\frac{1}{2} & 0 \\ 0 & 0 & \bar{1} \end{pmatrix}$	

Für die nachfolgenden Aufgaben wird eine weitere mögliche Bezeichnung der Zellparameter verwendet. Diese Schreibweise wird dann immer verwendet, wenn man keine Matrixschreibweise benötigt.

$$a_1 = a \qquad a_2 = b \qquad a_3 = c \qquad\qquad (17.17)$$

Lösung 8:   Indizes im hexagonalen System

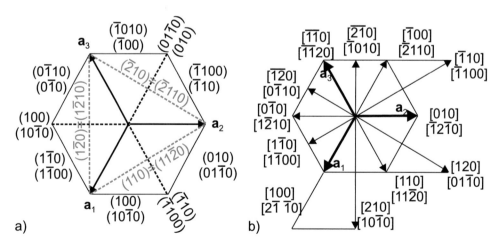

Bild 17.2: a) Netzebenenschar {100} und {110} b) Netzebenennormale zum Teilbild a)

Zur Netzebenenschar {100} im hexagonalen System gehören die Ebenen (100), (010), ($\bar{1}$10), ($\bar{1}$00), (0$\bar{1}$0) und (1$\bar{1}$0). Bei Verwendung des vierten Indizes i, siehe Bild 17.2a, sind auch die Ebenen ($\bar{1}$10) und (1$\bar{1}$0) eindeutig zur Schar {100} zugehörend. Zur Netzebenenschar {110} gehören die Netzebenen (110), ($\bar{2}$10) und (1$\bar{2}$0) sowie die Netzebenen ($\bar{1}$10), (100) und (1$\bar{1}$0).

Lösung 9: Netzebenenabstände

- *triklines Kristallsystem*; $(a \neq b \neq c; \quad \alpha \neq \beta \neq \gamma \neq 90°)$

$$\frac{1}{d_{hkl}^2} = \frac{Q}{a^2 b^2 c^2 (1 - \cos^2 \alpha - \cos^2 \beta - \cos^2 \gamma + 2\cos\alpha\cos\beta\cos\gamma)} \tag{17.18}$$

$$Q = b^2 c^2 h^2 \sin^2 \alpha + c^2 a^2 k^2 \sin^2 \beta + a^2 b^2 l^2 \sin^2 \gamma + 2abc^2 hk(\cos\alpha\cos\beta - \cos\gamma)$$
$$+ 2ab^2 chl(\cos\alpha\cos\gamma - \cos\beta) + 2a^2 bckl(\cos\beta\cos\gamma - \cos\alpha)$$

- *monoklines Kristallsystem*; $(a \neq b \neq c; \quad \alpha = \gamma = 90°; \quad \beta \neq 90°)$

$$\frac{1}{d_{hkl}^2} = \frac{h^2}{a^2 \sin^2 \beta} + \frac{k^2}{b^2} + \frac{l^2}{c^2 \sin^2 \beta} - \frac{2hl\cos\beta}{ac\sin^2\beta} \tag{17.19}$$

- *trigonales/rhomboedrisches Kristallsystem*; $(a = b = c; \quad \alpha = \beta = \gamma \neq 90°)$

$$\frac{1}{d_{hkl}^2} = \frac{(h^2 + k^2 + l^2)\sin^2\alpha + 2(kl + lh + hk)(\cos^2\alpha - \cos\alpha)}{a^2(1 - 3\cos^2\alpha + 2\cos^3\alpha)} \tag{17.20}$$

- *hexagonales Kristallsystem*; $(a = b \neq c; \quad \alpha = \beta = 90°, \gamma = 120°)$

$$\frac{1}{d_{hkl}^2} = \frac{4}{3} \cdot \frac{h^2 + k^2 + hk}{a^2} + \frac{l^2}{c^2} \tag{17.21}$$

- *orthorhombisches Kristallsystem*; $(a \neq b \neq c; \quad \alpha = \beta = \gamma = 90°)$

$$\frac{1}{d_{hkl}^2} = \frac{h^2}{a^2} + \frac{k^2}{b^2} + \frac{l^2}{c^2} \tag{17.22}$$

- *tetragonales Kristallsystem*; $(a = b \neq c; \quad \alpha = \beta = \gamma = 90°)$

$$\frac{1}{d_{hkl}^2} = \frac{h^2 + k^2}{a^2} + \frac{l^2}{c^2} \tag{17.23}$$

- *kubisches Kristallsystem*; $(a = b = c; \quad \alpha = \beta = \gamma = 90°)$

$$\frac{1}{d_{hkl}^2} = \frac{h^2 + k^2 + l^2}{a^2} \tag{17.24}$$

oder

$$d_{hkl} = \frac{a}{\sqrt{h^2 + k^2 + l^2}} \tag{17.25}$$

Lösung 10: Packungsdichte

Als erstes ist die Zahl der Atome pro Elementarzelle (EZ) zu bestimmen.
- primitive Elementarzelle: $8 \cdot (1/8) = 1$ Atom/EZ
- raumzentrierte Elementarzelle: $8 \cdot (1/8) + 1 = 2$ Atome/EZ
- flächenzentrierte Elementarzelle: $8 \cdot (1/8) + 6 \cdot (1/2) = 4$ Atome/EZ
- hexagonal primitive Elementarzelle: 2 Atome im Inneren der Elementarzelle, Bild 17.4a

Packungsdichte (Atomausfüllung pro Elementarzelle):
Annahme, die Atome sind Kugeln. Die Atome berühren sich im Würfel mit dem Volumen $V_{Zelle} = a_0^3$ bzw. in der hexagonalen Elementarzelle bei Verschiebung des Elementarzellenursprungs nach Bild 17.4a.

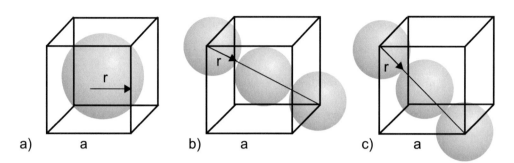

Bild 17.3: Dichteste Anordnung der Atome a) primitive Elementarzelle b) raumzentrierte Elementarzelle c) flächenzentrierte Elementarzelle

- primitives Gitter
  Radien der Eckatome berühren sich, bzw. 1 Kugel mit dem Radius $r = a_o/2$ füllt den Würfel aus, Bild 17.3a. Das Volumen der Kugel mit dem Radius $a_0/2$ ist:

$$V_{Atom} = \frac{4 \cdot \pi}{3} \cdot \frac{a_0^3}{8} \tag{17.26}$$

$$\frac{V_{Atom}}{V_{Zelle}} = \frac{\pi}{6} = 54\,\% \tag{17.27}$$

- raumzentriertes Gitter
  2 Atome (Kugeln) mit einem Radius von einem Viertel der Raumdiagonale füllen den Würfel aus. Die Raumdiagonale hat eine Länge von $a_0 \cdot \sqrt{3}$, siehe Bild 17.3b

$$V_{Atom} = \frac{2 \cdot 4 \cdot \pi}{3} \cdot r^3 = \frac{2 \cdot 4 \cdot \pi}{3} \cdot \frac{3 \cdot \sqrt{3} a_0^3}{4 \cdot 4 \cdot 4} \tag{17.28}$$

$$\frac{V_{Atom}}{V_{Zelle}} = \frac{\sqrt{3} \cdot \pi}{8} = 68\,\% \tag{17.29}$$

- flächenzentriertes Gitter
  4 Atome (Kugeln) mit einem Radius von einem Viertel der Flächendiagonale füllen den Würfel aus. Die Flächendiagonale hat eine Länge von $a_0 \cdot \sqrt{2}$, Bild 17.3c

$$V_{Atom} = \frac{4 \cdot 4 \cdot \pi}{3} \cdot r^3 = \frac{4 \cdot 4 \cdot \pi}{3} \cdot \frac{2 \cdot \sqrt{2} a_0^3}{4 \cdot 4 \cdot 4} \tag{17.30}$$

$$\frac{V_{Atom}}{V_{Zelle}} = \frac{\sqrt{2} \cdot \pi}{6} = 74\,\% \tag{17.31}$$

- hexagonales Gitter
  2 Atome (Kugeln) mit einem Radius von der Hälfte des Zellparameters a, Bild 17.4a und b. Volumen der Elementarzelle nach Tabelle 3.1.

$$V_{Atom} = \frac{2 \cdot 4 \cdot \pi}{3} \cdot r^3 = \frac{\pi \cdot a_0^3}{6} \tag{17.32}$$

$$\frac{V_{Atom}}{V_{Zelle}} = \frac{2 \cdot \pi \cdot a}{3 \cdot \sqrt{3} \cdot c} = 1{,}209 \frac{a}{c} \tag{17.33}$$

Das Verhältnis a/c lässt sich entsprechend Bild 17.4e wie folgt ausrechnen. 4 Atome bilden einen Tetraeder mit der Seitenlänge a. Die Projektion des Mittelpunkts der zweiten Atomreihe liegt im Zentrum eines gleichseitigen Dreieckes mit dem Flächeninhalt der halben Elementarzellengrundfläche. Die Seitenlängen l_1 bzw. l_2 der Projektion der Tetraederflächen verhalten sich wie:

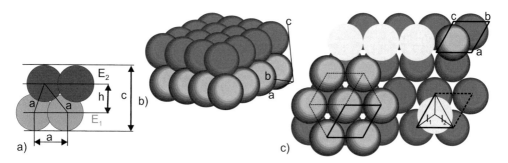

Bild 17.4: Dichteste Anordnung der Atome a) Projektion auf $(1\,0\,0)$-Ebene b) 4x4 Anordnung von hexagonalen Elementarzellen c) Projektion auf $(0\,0\,1)$-Ebene und zwei mögliche Lagen der Elementarzelle, Projektion des Tetraeders zur Ermittlung des Abstandes h für die zwei Atom-
ebenen E_1 und E_2

$$\frac{a}{\sin 120} = \frac{l_1}{\sin 30} = \frac{l_2}{\sin 30} \quad \rightarrow \quad l_1 = \frac{a}{\sqrt{3}} \tag{17.34}$$

Die doppelte Höhe h des Tetraeder ist gleich dem Zellparameter c, Bild 17.4a bzw. c.

$$h = \sqrt{a^2 - l_1^2} = a\sqrt{\frac{2}{3}} \quad \rightarrow \quad c = 2 \cdot a\sqrt{\frac{2}{3}} = 1{,}63 \cdot a \tag{17.35}$$

Mit dem Verhältnis a/c ergibt sich damit eine Packungsdichte von

$$\frac{V_{Atom}}{V_{Zelle}} = \frac{\pi}{3 \cdot \sqrt{2}} = 74\,\% \tag{17.36}$$

Lösung 11: Umrechnung verschiedener Winkelmaßeinheiten

Ein Winkel von 180° hat ein Bogenmaß von $1 \cdot \pi$ gleich $\approx 3{,}14$ rad. Als Maßeinheit des Bogenmaßes
wird Radiant [rad] angegeben. Die SI-Einheiten konformen Vorsätze wie z. B. Milli [m] sind erlaubt.
Umrechnung z° in Bogenmaß x über:

$$x\,[\text{rad}] = \frac{z\,[°]}{180\,[°]} \cdot \pi \tag{17.37}$$

Ein Grad sind 60 Minuten (60') bzw. 3 600 Sekunden (3 600''). Eine Minute hat 60 Sekunden.

Tabelle 17.4: Umrechnungstafel ausgewählter Werte in verschiedene Winkeleinheiten

mrad	Grad	Grad	mrad	Minute	Sekunde	Grad	mrad
0,1	0,005 730	0,001	0,017 45	60	3 600	1,000	17,453
0,2	0,011 46	0,002	0,034 91	30	1 800	0,500	8,727
0,5	0,028 65	0,005	0,087 27	10	600	0,167	2,909
0,8	0,045 84	0,01	0,174 53	9	540	0,150	2,618
1	0,057 30	0,02	0,349 07	8	480	0,133	2,327
2	0,114 6	0,05	0,872 66	7	420	0,117	2,036
5	0,286 5	0,07	1,222	6	360	0,100	1,745
8	0,458 4	0,09	1,571	5	300	0,083 3	1,454
10	0,573 0	0,1	1,745	4	240	0,066 7	1,164
20	1,146	0,2	3,491	3	180	0,050 0	0,872 7

mrad	Grad	Grad	mrad	Minute	Sekunde	Grad	mrad
30	1,719	0,3	5,236	2	120	0,033 3	0,581 8
40	2,292	0,4	6,981	1	60	0,016 7	0,290 9
50	2,865	0,5	8,727		30	0,008 3	0,145 4
80	4,584	0,7	12,217		10	0,002 8	0,048 48
90	5,157	0,9	15,708		9	0,002 50	0,043 63
100	5,730	1	17,453		8	0,002 22	0,038 79
200	11,459	2	34,907		7	0,001 94	0,033 94
500	28,648	5	87,266		6	0,001 67	0,029 09
800	45,837	10	174,533		5	0,001 39	0,024 24
1 000	57,296	15	261,799		4	0,001 111	0,019 39
2 000	114,592	20	349,066		3	0,000 833	0,014 54
3 000	171,887	45	785,398		2	0,000 556	0,009 696
					1	0,000 278	0,004 848

Lösung 12:   Flächenhäufigkeitsfaktor

Der Würfel bzw. der Hexaeder hat sechs gleiche Seitenflächen der Größe a^2, da die Beträge der drei Basisvektoren alle gleich a sind. Beim Tetraeder haben die Deckelflächen die Größe a^2 und es gibt nur zwei. Die Seitenflächen beim Tetraeder haben die Größe $a \cdot c$. Es bleiben nur noch vier übrig.
Im kubischen System ist der Netzebenenabstand $d_{hkl} = a/\sqrt{h^2 + k^2 + l^2}$, Gleichung 17.25.
Für $(4\,3\,0)$ ergibt sich $d_{430} = a/5$, für $(5\,0\,0)$ ergibt sich genauso $d_{500} = a/5$.

Lösung 13:   Strukturfaktor

Die Funktion $e^{\pi i}$ ist eine periodische Funktion und hat bei geradzahligen Exponenten den Wert $e^0 = e^{2n\pi i} = 1$; bei ungeradzahligen Exponenten $e^{(2n+1)\pi i} = -1$!
Sowohl die Diamantstruktur als auch die Zinkblendestruktur besitzen als BRAVAIS-Gitter ein kubisch flächenzentriertes Gitter. In beiden Fällen besteht die Basis aus zwei Atomen mit den gleichen Atomkoordinaten. Die beiden Strukturen unterscheiden sich dadurch, dass im Falle der Diamantstruktur die Basis aus den gleichen Atomen besteht (z. B. C beim Diamant) und im Falle der Zinkblendestruktur die Basis aus zwei verschiedenen Atomen besteht (z. B. Zn und S). Aus diesem Grund unterscheiden sich die Raumgruppen der beiden Strukturen. Die Diamantstruktur gehört zur Raumgruppe $Fd3m$ und die Zinkblendestruktur zur Raumgruppe $F\bar{4}3m$. Die beiden Strukturen werden durch folgende Atomkoordinaten in der Elementarzelle beschrieben:

- Diamantstruktur: A : $0\,0\,0$; $\frac{1}{2}\,\frac{1}{2}\,0$; $\frac{1}{2}\,0\,\frac{1}{2}$; $0\,\frac{1}{2}\,\frac{1}{2}$; $\frac{1}{4}\,\frac{1}{4}\,\frac{1}{4}$; $\frac{3}{4}\,\frac{3}{4}\,\frac{1}{4}$; $\frac{3}{4}\,\frac{1}{4}\,\frac{3}{4}$; $\frac{1}{4}\,\frac{3}{4}\,\frac{3}{4}$

- Zinkblendestruktur: A : $0\,0\,0$; $\frac{1}{2}\,\frac{1}{2}\,0$; $\frac{1}{2}\,0\,\frac{1}{2}$; $0\,\frac{1}{2}\,\frac{1}{2}$ B : $\frac{1}{4}\,\frac{1}{4}\,\frac{1}{4}$; $\frac{3}{4}\,\frac{3}{4}\,\frac{1}{4}$; $\frac{3}{4}\,\frac{1}{4}\,\frac{3}{4}$; $\frac{1}{4}\,\frac{3}{4}\,\frac{3}{4}$

Die Diamantstruktur und die Zinkblendestruktur kann man somit als die Überlagerung von zwei kfz-Gittern, welche um $1/4$ der Raumdiagonalen verschoben sind, beschreiben. Für die Diamantstruktur erhält man nach Einsetzen der Atomkoordinaten in die allgemeine Gleichung für den Strukturfaktor folgende Beziehung:

$$F_{hkl} = f_A[e^{2\pi i(h\cdot 0 + k\cdot 0 + l\cdot 0)} + e^{2\pi i(h\cdot 0 + k\cdot \frac{1}{2} + l\cdot \frac{1}{2})} + e^{2\pi i(h\cdot \frac{1}{2} + k\cdot 0 + l\cdot \frac{1}{2})} + e^{2\pi i(h\cdot \frac{1}{2} + k\cdot \frac{1}{2} + l\cdot 0)} + \qquad (17.38)$$
$$e^{2\pi i(h\cdot \frac{1}{4} + k\cdot \frac{1}{4} + l\cdot \frac{1}{4})} + e^{2\pi i(h\cdot \frac{3}{4} + k\cdot \frac{3}{4} + l\cdot \frac{1}{4})} + e^{2\pi i(h\cdot \frac{3}{4} + k\cdot \frac{1}{4} + l\cdot \frac{3}{4})} + e^{2\pi i(h\cdot \frac{1}{4} + k\cdot \frac{3}{4} + l\cdot \frac{3}{4})}]$$

Umformen dieser Gleichung führt zu:

$$F_{hkl} = f_A[1 + e^{\frac{1}{2}\pi i(h+k+l)}] \cdot [1 + e^{\pi i(k+l)} + e^{\pi i(h+l)} + e^{\pi i(h+k)}] \qquad (17.39)$$

Diese Gleichung kann man als Faltung des BRAVAIS-Gitters mit der atomaren Basis verstehen. Eine

Auswertung der Beziehung liefert unter Berücksichtigung der Zusammenhänge für $e^{\pi i n}$, $e^0 = e^{2n\pi i} = 1$; bei ungeradzahligen Exponenten $e^{(2n+1)\pi i} = -1$:

- $F_{hkl} = 8f_A$ für h, k, l gerade und $h + k + l = 4n$
- $F_{hkl} = 0$ für h, k, l gerade und $h + k + l = 4n + 2$
- $F_{hkl} = 4f_A(1 + i)$ für h, k, l ungerade

bzw.

- $|F_{hkl}|^2 = 64f_A{}^2$ für h, k, l gerade und $h + k + l = 4n$
- $|F_{hkl}|^2 = 0$ für h, k, l gerade und $h + k + l = 4n + 2$
- $|F_{hkl}|^2 = 32f_A{}^2$ für h, k, l ungerade

Für die Zinkblendestruktur erhält man nach Einsetzen der Atomkoordinaten für die Atome A und B sowie Umformung analog zur Diamantstruktur:

$$F_{hkl} = [f_A + f_B e^{\frac{\pi i}{2}(h+k+l)}] \cdot [1 + e^{\pi i(k+l)} + e^{\pi i(h+l)} + e^{\pi i(h+k)}] \qquad (17.40)$$

Auswertung der Gleichung liefert:

- $F_{hkl} = 4(f_A \pm f_B)$ für h, k, l gerade
- $F_{hkl} = 4(f_A \pm i f_B)$ für h, k, l ungerade
- $F_{hkl} = 0$ für gemischte h, k, l

Lösung 14: Winkel zwischen zwei Netzebenen

Der Winkel Φ ist der Winkel zwischen den Normalen auf den Netzebenen $(h\,k\,l)_1$ bzw. $(h\,k\,l)_2$.
kubisches Kristallsystem:

$$\cos\Phi = \frac{h_1 h_2 + k_1 k_2 + l_1 l_2}{\sqrt{[(h_1^2 + k_1^2 + l_1^2)(h_2^2 + k_2^2 + l_2^2)]}} \qquad (17.41)$$

triklines Kristallsystem

$$\cos\Phi = \frac{d_{h_1 k_1 l_1} \cdot d_{h_2 k_2 l_2}}{V^2} \cdot A_A$$
$$A_A = [s_{11} h_1 h_2 + s_{22} k_1 k_2 + s_{33} l_1 l_2 + s_{23}(k_1 l_2 + k_2 l_1) + s_{13}(l_1 h_2 + l_2 h_1) + s_{12}(h_1 k_2 + h_2 k_1)]$$

mit

$$
\begin{array}{ll}
s_{11} = b^2 c^2 \sin^2\alpha & s_{12} = abc^2(\cos\alpha\cos\beta - \cos\gamma) \\
s_{22} = a^2 c^2 \sin^2\beta & s_{23} = a^2 bc(\cos\beta\cos\gamma - \cos\alpha) \\
s_{33} = a^2 b^2 \sin^2\gamma & s_{13} = ab^2 c(\cos\gamma\cos\alpha - \cos\beta)
\end{array}
$$

Für V^2 ist Gleichung 3.10 zu verwenden.

Lösung 15: Wellenlängenbestimmung für Texturen in Schichten

Dünne freitragende Schichten sind durchstrahlbar, abhängig von der Strahlenergie und des Massenschwächungskoeffizienten der Probe. Schichten wachsen oftmals texturiert auf, wobei Schichten mit kfz (bcc)-Struktur meist $(1\,1\,1)$ texturiert vorliegen. Diese Ebene liegt dann näherungsweise parallel zur Oberfläche vor. Legt man dazu senkrecht nach Bild 17.5a eine Kraft an, kommt es zu keiner signifikanten Änderung des Netzebenenabstandes. Bei Messungen an Beugungsinterferenzen und Verkippungen in ψ Richtung würde die Beugungsinterferenz verschwinden und somit für Spannungsmessungen nicht verfügbar sein. Diese $(1\,1\,1)$-Netzebene bildet aber laut Polfigur noch »schräge Netzebenen« mit den Richtungen $[\bar{1}\,1\,1]$; $[1\,\bar{1}\,1]$ und $[1\,1\,\bar{1}]$, Bild 17.5c (Nur im kubischen System stehen alle Richtung und die zugehörige Netzebene senkrecht aufeinander!). In texturierten, polykristallinen Schichten sind die Azimutalausrichtungen der Körner regellos um den zentralen $(1\,1\,1)$-Reflex ausgebildet. Die weiteren $\{1\,1\,1\}$-Reflexe bilden dann einen Kreis bei Polwinkeln von 70,53°. Bei Belastung in Kraftrichtung werden die Netzebenenabstände senkrecht zur Zugrichtung sich verändern. Der sich ausbildende Beugungskreis wird zur Ellipse verformt. Aus den Abweichungen von der Kreisform lassen sich die richtungsabhängigen Spannungen über die

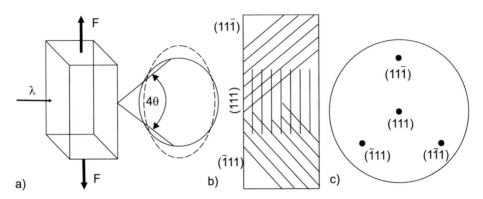

Bild 17.5: Dünne durchstrahlbare texturierte Probe a) Beugungsanordnung und in-situ Belastung zur Bestimmung der Eigenspannungen b) schematische Darstellung der {1 1 1}-Netzebenenschar c) Polfigur der {1 1 1}-Netzebenen eines Einkristalls in ⟨1 1 1⟩-Lage

Netzebenenabstandsänderungen bestimmen. Nach Gleichung 17.41 ergibt sich für den Winkel zwischen einer (1 1 1)- und einer ($\bar{1}$ 1 1)-Ebene $\cos\Phi = 1/3 = 70{,}529°$. Ein senkrecht zur Oberfläche einfallender Strahl und die ($\bar{1}$ 1 1)-Ebene bilden einen Beugungswinkel von $\theta = 90° - 70{,}529° = 19{,}471°$. Anwendung BRAGGsche Gleichung mit d_{111}:

Gold $a = 0{,}407\,89\,\text{nm} \rightarrow$ $d_{111} = 0{,}235\,5\,\text{nm} \rightarrow$ $\lambda = 0{,}156\,99\,\text{nm}$
Kupfer $a = 0{,}361\,5\,\text{nm} \rightarrow$ $d_{111} = 0{,}208\,8\,\text{nm} \rightarrow$ $\lambda = 0{,}139\,19\,\text{nm}$

Diese Wellenlängen lassen sich z. B. mit einen Synchrotron einstellen.

Lösung 16:   Schwächungsverhalten in einer Monokapillare

Für Luft wurde der lineare Schwächungskoeffizient für Kupferstrahlung Kα in Tabelle 2.4 zu $\mu\,(20\,°\text{C}) = 0{,}011\,8\,\text{cm}^{-1}$ bestimmt. Mit Gleichung 2.18 ergeben sich für 15 cm Wegstrecke in Luft eine Schwächung von:

$I = I_0 \cdot e^{-\mu \cdot d} = I_0 \cdot e^{-0{,}011\,8 \cdot 15} = I_0 \cdot 0{,}836\,6$

Beryllium: Dichte $= 1\,848\,\text{kg} \cdot \text{m}^{-3}$; Massenschwächungskoeffizient nach [127] $1{,}50\,\text{g} \cdot \text{cm}^{-2}$;
$\rightarrow$ Linearer Schwächungskoeffizient $\left(\frac{\mu}{\varrho}\right) \cdot \varrho = 1{,}50 \cdot 1{,}848 = 2{,}772\,\text{cm}^{-1}$

Zwei Verschlussfolien von je 100 μm aus Beryllium ergeben eine Schwächung von:

$I = I_0 \cdot e^{-\mu \cdot d} = I_0 \cdot e^{-2{,}772 \cdot 0{,}02} = I_0 \cdot 0{,}946\,1$

Helium: Dichte $= 0{,}166\,\text{kg} \cdot \text{m}^{-3}$; Massenschwächungskoeffizient nach [127] $0{,}293\,\text{g} \cdot \text{cm}^{-2}$,
$\rightarrow$ Linearer Schwächungskoeffizient $\left(\frac{\mu}{\varrho}\right) \cdot \varrho = 0{,}293 \cdot 1{,}66 \cdot 10^{-4} = 4{,}877\,6 \cdot 10^{-5}\,\text{cm}^{-1}$

$I = I_0 \cdot e^{-\mu \cdot d} = I_0 \cdot e^{-4{,}877\,6 \cdot 10^{-5} \cdot 15} = I_0 \cdot 0{,}999\,3$

Gesamtschwächung von Helium und Beryllium aus Multiplikation der Einzelschwächungen $\rightarrow$ 0,945 4. Die mit Helium gefüllte und mit einer Berylliumfolie auf beiden Seiten verschlossene Glaskapillare schwächt die Kupferstrahlung um ca. 5,5 %, die unverschlossene Kapillare dagegen um ca. 17,5 %.

Lösung 17:   Energiebereich für energiedispersive Beugung

Die Bremsstrahlung aus einer Cu-Röhre, die bei $30 - 40\,\text{keV}$ betrieben wird, ist für alle Einstellungen gut geeignet. Im Rückstrahl- bis symmetrischen Beugung ist die Überlagerung mit den CuKα-Peak von 8,047 keV durch leichte Anpassung der Braggwinkel möglich.

Um Überlagerungen mit charakteristischen Peaks zu vermeiden, ist eine Mo-Röhre eine gute Wahl (Mo L 2,294 keV; MoKα 17,478 keV).

Für die energiedispersive Beugung eignen sich sowohl Si(Li)- als auch SDD-Detektoren.

Tabelle 17.5: Notwendiger Energiebereich für energiedispersive Beugung

Interferenz	(111)	(200)	(220)	(311)
d_{hkl} $[nm]$	0,23	0,200	0,141	0,121
1. Rückstrahlbeugung $2\theta = 40°, h \cdot f$ $[keV]$	7,847	9,064	12,856	14,981
2. symmetrisch $\theta_1 = \theta_2 = 45°, h \cdot f$ $[keV]$	3,796	4,384	6,289	7,246
3. Vorwärtsbeugung $2\theta = 140°, h \cdot f$ $[keV]$	2,856	3,299	4,679	5,453

Lösung 18: Auswertung von Beugungsdiagrammen unter Berücksichtigung des Probenträgers

Knetmasse besteht häufig aus Kalziumkarbonat, $CaCO_3$. Dies tritt in zwei kristallographischen Formen auf, Calcit und Vaterit. Mittels eines Such-Programms stellt man fest, dass hier die Phase Calcit vorliegt. Die theoretischen Linienlagen und Intensitäten der PDF-Datei 00-005-0586 für Calcit sind in Bild 4.44b eingezeichnet. Die fehlenden Beugungsinterferenzen des Calcits in Bild 4.44b für eine Fokustie-

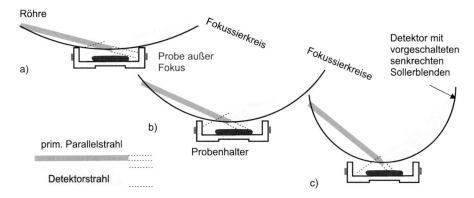

Bild 17.6: Probenträger mit Knetmasse gefüllt und Oberfläche unterhalb der Ebene des Fokussierkreises, Parallelstrahl als primärer Strahl und Detektor mit langem SOLLER-Kollimator für Dünnschichtuntersuchungen, Goniometer aber in BRAGG-BRENTANO-Anordnung für verschiedene Beugungswinkel a) sehr kleiner b) mittlerer und c) großer Beugungswinkel

fe von -6 mm sind erklärbar mit Bild 17.6. Der primäre Parallelstrahl erreicht die Probe überhaupt nicht. Es treten bei allen Beugungswinkeln Verhältnisse wie im Bild 17.6a auf, der Primärstrahl und der Detektorstrahl verfehlen sich. Die Fokushöhe von $-4,5$ mm würde zutreffen auf Bild 17.6a für kleine Beugungswinkel – keine Interferenzen erkennbar. Erst bei höheren Beugungswinkeln wie z. B. in Bild 17.6b ist eine teilweise Überlappung von Primär- und Detektorstrahl zu erkennen. Die Überlappung wird bei hohen Beugungswinkeln größer, Bild 17.6c. Es tritt aber keine nennenswerte Lageverschiebung der Interferenzen auf. Dies liegt an der Parallelstrahlanordnung und dem detektorseitigen SOLLER-Kollimator mit seiner großen Öffnungsfläche. Stellt man sich jetzt die Probe in den Fokussierkreis hineinragend angeordnet vor, wie für das Diffraktogramm bei einem Probenfokus von 1,5 mm ausgeführt, dann treten wieder keine Beugungsinterferenzen bei kleinen Beugungswinkeln auf. Der Röntgenstrahl wird in die Probe hineingeschossen und kommt nicht mehr heraus, wird also nicht vom Detektorstrahl erfasst. Erst bei höheren Beugungswinkeln wie in Bild 17.6c kann man sich vorstellen, dass wieder Strahlüberlappung auftritt und damit Beugungsinterferenzen sichtbar werden. Diese Aussage ist aber auch indirekt der Beweis dafür, dass man mit einem Multilayerspiegel und damit mit einer Parallelstrahlanordnung einen ca. 1 mm breiten Parallelstrahl erhält. Weiterhin kann man feststellen, dass genau diese modifizierte Diffraktometeranordnung mit eingangsseitigem Parallelstrahl und detektorseitigem langen SOLLER-Kollimator die Anordnung für eine modifizierte BRAGG-BRENTANO-Anordnung ist, die den Höhenfehler bei ungleichmäßig geformten Proben eliminiert.

Lösung 19:   Auswirkungen Dickenerhöhung Mikrostreifendetektor

Mit der Energie der Cu- und Mo-K$_\alpha$-Strahlung und mit Gleichung 2.18 lässt sich das Verhältnis I/I_0 für die Eindringtiefe gleich Halbleiterdicke bestimmen. Im Silizium geht man davon aus, dass zur Bildung eines Elektron-Lochpaares e-h 3,6 eV benötigt werden.

Tabelle 17.6: Ergebnisse zur Erzeugung von Elektronen-Lochpaaren e-h für Cu- und Kupferstrahlung

	Kupfer		Molybdän	
Energie	8 048 eV		17 480 eV	
linearer Schwächungskoeffizient	147,2 cm^{-1}		15,29 cm^{-1}	
	I/I_0	Anzahl e-h	I/I_0	Anzahl e-h
350 µm	99,42	2 223	41,44	2 012
500 µm	99,94	2 234	53,44	2 595
vollständige Absorption	100	2 226	100	4 856

Lösung 20:   Bestimmung der Strahldivergenz eines Justierspaltes

Der Glasspalt ist ein Doppelspalt entsprechend Bild 4.15b. Der Öffnungswinkel γ kann analog nach Gleichung 4.15 für $b_1 = b_2$ ebenso wie nach Gleichung 4.16 bestimmt werden.
$b_1 = b_2 = 100\,\mu m$; $e = 45$ mm (gleiche Längeneinheiten!)

$$\gamma = 2 \cdot \arctan \frac{b}{e} = 2 \cdot \arctan \frac{0{,}1}{45} = 0{,}244\,6° = 14'41''$$

Lösung 21:   Auswertung einer DEBYE-SCHERRER-Aufnahme

Man geht zweckmäßiger Weise nach folgendem Schema vor.

1. Bestimmung der Durchmesser D_i der Interferenzringe in mm.
   (Es ist besonders darauf zu achten, dass die Durchstrahl- und die Rückstreurichtung richtig zugeordnet wird. Erkennbar ist dies daran, dass im Rückstrahlbereich eine höhere Schleierschwärzung des Untergrund und Doppellinien auftreten, da bei hohen Beugungswinkeln die $K\alpha_1$ und die $K\alpha_2$ Linie aufspalten).

2. Berechnung der Beugungswinkel θ entsprechend:
   Durchstrahlbereich: $\theta_i = \dfrac{D_i}{2}$

   Rückstrahlbereich: $\theta_i = 90° - \dfrac{D_i}{2}$

3. Berechnung eines Längenmaßes zu jedem Winkel θ_i: $500 \cdot \lg(\sin(\theta_i))$.

4. Auftragen dieser Werte auf einer Skala in Millimeter ausgehend von einem gewählten Nullpunkt. Die Werte aus Punkt 3 sind negativ, deshalb nach *links* auftragen.

5. Der im gleichen Maßstab hergestellte Schiebestreifen nach Bild 5.29 muss gegen den Messstreifen so lange verschoben werden, bis alle ermittelten Messwerte der Beugungswinkel θ_i mit möglichen

Netzebenenindizierungen hkl_i in Übereinstimmung gebracht werden. Dabei werden zunächst die Nullpunkte übereinander gebracht. Durch eine Linksverschiebung des Messstreifens soll die Übereinstimmung der zwei »Skalen« aller Messpunkte mit Linien auf dem Schiebestreifen erreicht werden. Entsprechend der möglichen Netzebenen mit $F_{hkl} \neq 0$ gibt es Unterschiede in den BRAVAIS-Gittern des kubischen Kristallsystems. Es dürfen nur die Linien ausgewählt werden, die *einem* BRAVAIS-Typ entsprechen (meist durch farbliche Kennzeichnung ermöglicht).

6. Bei gefundener Übereinstimmung können die MILLERschen Indizes $h_i k_i l_i$ zu jedem Winkel abgelesen werden.

7. Misst man den Abstand der Nullpunkte zwischen Messstreifen und Schiebestreifen, dann kann den Zellparameter des zu ermittelten Stoffes über die Differenzlänge in Millimeter der Nullpunkte als negative Zahl, danach Quotientenbildung mit Maßstabsfaktor und dann durch Entlogarithmierung ermittelt werden, siehe auch Bild 5.29.

8. Der Zellparameter für das kubische Material kann entsprechend der BRAGGschen Gleichung 3.125 und den gegenseitigen Abhängigkeiten von Zellparameter, Netzebenenabstand und Netzebenenindizierung hkl_i, Gleichung 17.25 errechnet werden. Hier ist als Wellenlänge die gewichtete mittlere Wellenlänge, z. B. für Cu-Strahlung, einzusetzen.

$\lambda_{K\alpha} = (2 * \lambda_{K\alpha 1} + \lambda_{K\alpha 2})/3$

$\lambda_{K\alpha 1} = 0{,}154\,051\,\mathrm{nm}$

$\lambda_{K\alpha 2} = 0{,}154\,433\,\mathrm{nm}$

Da die Wellenlänge hier mit sechs Dezimalstellen gegeben ist, sind auch alle Rechnungen zu den Netzebenenabständen und die nachfolgende Zellparameterbestimmungen mit dieser Genauigkeit durchzuführen.

9. Die ermittelten Zellparameter für jeden gemessenen Beugungswinkel werden als Funktion der NELSON-RILEY-Funktion (NR in Tabelle 17.7) graphisch dargestellt und in diesem Diagramm eine lineare Regression entsprechend Kapitel 7.2.1 durchgeführt.

10. Ermittlung der Extrapolationsgerade: Der Wert für den Schnittpunkt mit der y-Achse ist der gesuchte Zellparameter a_o.

11. Das Ergebnis der Zellparameterbestimmung mittels der Schiebestreifenmethode und das Ergebnis aus der linearen Regression sind zu vergleichen.

Tabelle 17.7: Vollständige Auswertung einer DEBYE-SCHERRER-Aufnahme

$2b$ bzw. $2b^|$	θ [°]	$\lg \sin(\theta)$	$\times 500$ mm	$(h\,k\,l)$	d_{hkl} [nm]	a_{hkl} [nm]	NR
			Durchstrahlbereich				
39,0	19,50	−0,476 50	−238,3	(1 1 1)	0,230 952 6	0,400 021 6	2,636 4
45,0	22,50	−0,417 16	−208,6	(2 0 0)	0,201 455 2	0,402 910 3	2,202 0
65,5	32,75	−0,266 82	−133,4	(2 2 0)	0,142 508 7	0,403 075 4	1,272 5
78,5	39,25	−0,198 80	−99,4	(3 1 1)	0,121 847 5	0,404 122 4	0,911 6
82,7	41,35	−0,180 02	−90,0	(2 2 2)	0,116 692 3	0,404 233 8	0,816 9
			Rückstrahlbereich				
17,5	81,25	−0,005 08	−2,5($K_{\alpha 1}$)	(3 3 3)	0,077 936 7	0,404 971 0	0,019 9
15,5	82,25	−0,003 99	−2,0($K_{\alpha 2}$)	(3 3 3)	0,077 933 2	0,404 952 9	0,015 5
42,0	69,00	−0,029 85	−14,9	(4 2 2)	0,082 578 4	0,404 549 8	0,122 1
63,0	58,50	−0,069 23	−34,6	(4 2 0)	0,090 417 5	0,404 359 2	0,293 8
67,5	56,25	−0,080 15	−40,1	(3 3 1)	0,092 719 6	0,404 155 5	0,342 8
80,7	49,65	−0,117 99	−59,0	(4 0 0)	0,101 158 9	0,404 635 6	0,516 9

In Tabelle 17.7 ist dies für eine Drahtprobe ausgeführt. Aus der Folge der Netzebenen und im Vergleich zu Tabelle 7.1 wird ersichtlich, dass die vorliegende Probe vom BRAVAIS-Typ kfz (bcc) ist. Der mit der linearen Regression, Bild 7.4b, ermittelte Zellparameter von $a = 0{,}405\,044$ nm passt auf das Element Aluminium.

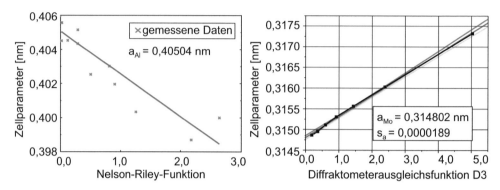

Bild 17.7: Endergebnisse für die Zellparameterbestimmung a) für Aluminium aus DEBYE-SCHERRER-Aufnahme b) für Molybdän aus Diffraktometermessung

Lösung 22:   Bestimmung des Wechselwirkungsvolumens, Bild 5.44

Die bestrahlte Fläche beträgt jeweils unter Verwendung von Gleichung 5.14 mit $EB = 0,6\,\mathrm{mm}$ und mit 12 mm Fokuslänge:

Einstrahlwinkel	$\omega = 0,8°$	$\omega = 0,8°$	$\theta = 7,5°$	$\theta = 60°$
Beugungswinkel	$\theta = 7,5°$	$\theta = 60°$	$\theta = 7,5°$	$\theta = 60°$
Fläche in $[10^7\,\mu\mathrm{m}^2]$	51,57	51,57	5,52	0,83
Eindringtiefe-Kompakt $[\mu\mathrm{m}]$	0,113	0,117	0,56	3,70
Volumen-Kompakt $[10^7\,\mu\mathrm{m}^3]$	5,83	6,03	3,08	3,07
Eindringtiefe-Schicht $[\mu\mathrm{m}]$	0,113	0,117	0,120	0,120
Volumen-Schicht $[10^7\,\mu\mathrm{m}^3]$	5,83	6,03	0,66	0,10

Lösung 23:   Indizierung und Zellparameterbestimmung

Die Werte der ermittelten Beugungswinkel werden in die Tabelle 17.8 eingetragen und die entsprechenden Werte berechnet. Die eingerahmten Werte repräsentieren die $\sin^2 \theta_{(100)}$-Werte. Aus der Quotientenbildung, Tabelle 17.8, 3. Spalte, werden die MILLERschen Indizes gebildet. Dieser Wert ist die Summe der Quadrate der MILLERschen Indizes, in Tabelle 7.1 Spalte $\sum$. Die der Beugungsinterferenz entsprechende Netzebene kann nun abgelesen werden. Die eingetragenen MILLERschen Indizes für die Diffraktogramme sind in Bild 17.8 ersichtlich. Für jeden Beugungswinkel wird die Diffraktometerausgleichsfunktion (DAF) nach Tabelle 7.2 dort die Funktion D3 und ebenfalls ein Zellparameter berechnet. Der Auftrag beider Spalten und die Ergebnisse der linearen Regression sind in Bild 17.9 gezeigt.

Aus der linearen Regression des Zellparameters über der Diffraktometerausgleichskurve ergibt sich nach Gleichung 7.13 der Endwert der Zellparameterbestimmung. Wie aus den Bildern 17.9 ersichtlich, gibt es Abweichungen der einzelnen Messpunkte zur Regressionsgeraden. Aus diesen Abweichungen lassen sich die Fehler s_a nach Gleichung 7.14 bestimmen. Der relative Fehler für die Zellparameterbestimmung nach Gleichung 7.17 beträgt für Blei mit 10 Messwerten (8 Freiheitsgrade) 0,055 % und für Wolfram mit 6 Messwerten (4 Freiheitsgrade) 0,085 %.

Nach dem gleichem Verfahren werden die ermittelten Winkel des Schwerpunktes für die Substanz LaB$_6$ behandelt. Der einzige Unterschied zu den zwei vorhergegangenen Auswertungen ist die Bildung bzw. die Suche des Wertes für $\sin^2 \theta_{(100)}$. Beim kubisch primitiven Kristallsystem wird der gleiche Wert ab $1 \cdot A$ gesucht, siehe Tabelle 17.9b. Mittels der Regressionsanalyse ergibt sich ein Zellparameter von $a_{\mathrm{LaB}_6} = 0,415\,570 \pm 0,000\,033\,\mathrm{nm}$.

Tabelle 17.8: a) Auswertung Diffraktogramm Bild 7.6a, Indizierung und Zellparameterverfeinerung, b) Diffraktogramm Bild 7.6b c) Tabelle zur Ermittlung des Wertes $\sin^2\theta_{(100)}$

2θ [°]	$\sin^2\theta$	$\dfrac{\sin^2\theta}{\sin^2\theta_{(100)}}$	$(h\,k\,l)$	d [nm]	DAF D_3	a [nm]
31,161	0,0721	2,99	(111)	0,28679055	8,16	0,49673580
36,147	0,0962	4,00	(200)	0,24829309	6,15	0,49658619
52,154	0,1932	8,02	(220)	0,17523519	3,01	0,49563997
62,071	0,2658	11,04	(311)	0,14940704	2,09	0,49552709
65,163	0,2900	12,04	(222)	0,14304518	1,88	0,49552303
76,883	0,3865	16,05	(400)	0,12389860	1,29	0,49559439
85,381	0,4597	19,09	(331)	0,11360671	0,99	0,49520019
88,127	0,4837	20,08	(420)	0,11076148	0,91	0,49534042
99,263	0,5805	24,10	(422)	0,10110277	0,64	0,49530041
107,897	0,6537	27,14	(333)	0,09527614	0,48	0,49506934

2θ [°]	$\sin^2\theta$	$\dfrac{\sin^2\theta}{\sin^2\theta_{(100)}}$	$(h\,k\,l)$	d [nm]	DAF D_3	a [nm]
40,324	0,1188	2,00	(110)	0,22348442	4,99	0,31605470
58,305	0,2373	4,00	(200)	0,15812766	2,39	0,31625533
73,218	0,3556	5,99	(211)	0,12916831	1,45	0,31639645
87,066	0,4744	8,00	(220)	0,11183617	0,94	0,31632045
100,678	0,5926	9,99	(310)	0,10006005	0,61	0,31641767
115,069	0,7119	12,00	(222)	0,09129820	0,37	0,31626625

	für Werte Bild 7.6a				für Werte Bild 7.6b		
G	$\dfrac{\sin^2\theta_1}{G}$	$\dfrac{\sin^2\theta_2}{G}$	$\dfrac{\sin^2\theta_3}{G}$	G	$\dfrac{\sin^2\theta_1}{G}$	$\dfrac{\sin^2\theta_2}{G}$	$\dfrac{\sin^2\theta_3}{G}$
1	0,07214	0,09625	0,19323	1	0,11880	0,23730	0,35563
2	0,03607	0,04812	0,09661	2	0,05940	0,11865	0,17782
3	0,02405	0,03208	0,06441	3	0,03960	0,07910	0,11854
4	0,01804	0,02406	0,04831	4	0,02970	0,05933	0,08891
5	0,01443	0,01925	0,03865	5	0,02376	0,04746	0,07113
6	0,01202	0,01604	0,03220	6	0,01980	0,03955	0,05927
7	0,01031	0,01375	0,02760	7	0,01697	0,03390	0,05080
8	0,00902	0,01203	0,02415	8	0,01485	0,02966	0,04445
9	0,00802	0,01069	0,02147	9	0,01320	0,02637	0,03951
10	0,00721	0,00962	0,01932	10	0,01188	0,02373	0,03556

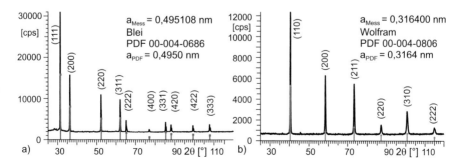

Bild 17.8: Indizierung und Zellparameterbestimmung an a) kfz-Blei b) krz-Wolfram

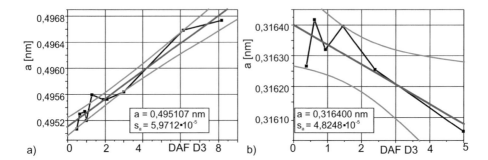

Bild 17.9: Lineare Regression einschließlich 95 % Konfidenzintervall a) Blei b) Wolfram

Tabelle 17.9: Auswertung des Diffraktogramms von LaB_6 zur Indizierung und Zellparameterverfeinerung, in Spalte Δa Differenz Zellparameter aus Schwerpunkt- zu Maximumwinkel

2θ [°]	$\sin^2\theta$	$\dfrac{\sin^2\theta}{\sin^2\theta_{(100)}}$	$(h\,k\,l)$	d [nm]	DAF D3	a [nm]	Δa
21,107	0,0335	0,99	(1 0 0)	0,420 574 12	17,04	0,420 574 12	0,002 642 49
30,234	0,0680	2,01	(1 1 0)	0,295 369 32	8,64	0,417 715 29	0,001 264 46
37,319	0,1024	3,02	(1 1 1)	0,240 760 26	5,79	0,417 009 00	0,000 559 57
43,394	0,1367	4,03	(2 0 0)	0,208 358 24	4,33	0,416 716 48	0,000 447 32
48,875	0,1711	5,05	(2 1 0)	0,186 196 70	3,42	0,416 348 49	0,000 175 82
53,910	0,2055	6,06	(2 1 1)	0,169 934 37	2,81	0,416 252 50	0,000 278 37
63,146	0,2741	8,09	(2 2 0)	0,147 119 81	2,02	0,416 117 65	0,000 271 60
67,493	0,3086	9,11	(3 0 0)	0,138 662 38	1,74	0,415 987 14	0,000 114 07
71,699	0,3430	10,12	(3 1 0)	0,131 526 63	1,52	0,415 923 74	0,000 065 29
75,778	0,3772	11,13	(3 1 1)	0,125 428 14	1,33	0,415 998 08	0,000 177 18
79,793	0,4114	12,14	(2 2 2)	0,120 095 60	1,17	0,416 023 35	0,000 251 66
83,763	0,4457	13,15	(3 2 0)	0,115 384 28	1,04	0,416 023 95	0,000 202 31
87,759	0,4804	14,18	(3 2 1)	0,111 130 80	0,92	0,415 813 39	0,000 022 64
95,611	0,5489	16,20	(4 0 0)	0,103 972 01	0,72	0,415 888 04	0,000 092 09
99,567	0,5831	17,21	(4 1 0)	0,100 875 62	0,63	0,415 920 85	0,000 162 55
103,645	0,6180	18,23	(4 1 1)	0,097 989 67	0,55	0,415 734 96	0,000 017 11
107,715	0,6521	19,24	(3 3 1)	0,095 386 54	0,48	0,415 780 28	0,000 015 90
111,977	0,6871	20,27	(4 2 0)	0,092 927 13	0,42	0,415 582 74	−0,000 186 17
116,261	0,7212	21,28	(4 2 1)	0,090 702 84	0,36	0,415 652 63	−0,000 056 39
120,710	0,7553	22,29	(3 3 2)	0,088 630 83	0,30	0,415 715 43	0,000 008 26
130,435	0,8243	24,32	(4 2 2)	0,084 843 24	0,20	0,415 645 29	−0,000 063 67
135,838	0,8587	25,34	(5 0 0)	0,083 126 71	0,16	0,415 633 57	−0,000 035 33

G	$\dfrac{\sin^2\theta_1}{G}$	$\dfrac{\sin^2\theta_2}{G}$	$\dfrac{\sin^2\theta_3}{G}$
1	0,033 55	0,068 01	0,102 36
2	0,016 77	0,034 01	0,051 18
3	0,011 18	0,022 67	0,034 12
4	0,008 39	0,017 00	0,025 59
5	0,006 71	0,013 60	0,020 47

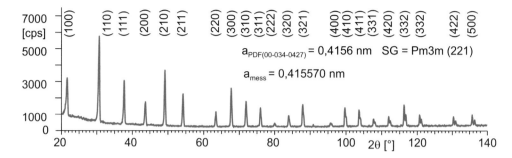

Bild 17.10: Indizierung und Zellparameterbestimmung an LaB$_6$

Lösung 24:   Spannungsauswertung

Die Messrichtungen und die ermittelten d-Werte können aus dem rechten Diagramm in Bild 10.16 abgelesen werden. Sie sind in Tabelle 17.10 aufgelistet. Aus den in den Messrichtungen $+\psi$ und $-\psi$ bestimmten Werten werden die Mittelwerte d^+ und Differenzen d^- nach Gleichung 10.74 gebildet, siehe Tabelle 17.11, und, wie in Bild 17.11 gezeigt, über $\sin^2\psi$ bzw. $\sin(2\psi)$ aufgetragen.

Die Steigungen dieser Abhängigkeiten werden dann zusammen mit den Materialdaten $d_0 = 0{,}286\,8$ nm und $\frac{1}{2}s_2(2\,0\,0) = 7{,}7\cdot 10^{-6}$ MPa^{-1} in Gleichung 10.76 eingesetzt. Man erhält folgende Spannungen:

$$\sigma_{11} - \sigma_{33} = \frac{1}{d_0}\,\frac{1}{\frac{1}{2}s_2}\,\frac{\partial d^+(\varphi = 0°, \psi)}{\partial \sin^2\psi} = -140\,\text{MPa}$$

$$\sigma_{13} = \frac{1}{d_0}\,\frac{1}{\frac{1}{2}s_2}\,\frac{\partial d^-(\varphi = 0°, \psi)}{\partial \sin 2\psi} = -90\,\text{MPa}$$

Tabelle 17.10: Netzebenenabstände der $(2\,0\,0)$-Ebene, gemessen in den angegebenen Messrichtungen $(\varphi = 0°, \psi)$. Die Richtung $(\varphi = 0°,\ 90°)$ ist die Richtung der Schleifbearbeitung

ψ [°]	$\sin^2\psi$	d [nm]	ψ [°]	$\sin^2\psi$	d [nm]	ψ [°]	$\sin^2\psi$	d [nm]
$-71{,}565$	0,9	0,286 803	$-26{,}565$	0,2	0,287 032	39,232	0,4	0,286 624
$-63{,}435$	0,8	0,286 850	$-18{,}435$	0,1	0,287 044	45,000	0,5	0,286 589
$-56{,}789$	0,7	0,286 916	0,000	0,0	0,286 955	50,768	0,6	0,286 548
$-50{,}768$	0,6	0,286 940	18,435	0,1	0,286 797	56,789	0,7	0,286 534
$-45{,}000$	0,5	0,286 978	26,565	0,2	0,286 728	63,435	0,8	0,286 548
$-39{,}232$	0,4	0,286 987	33,211	0,3	0,286 662	71,565	0,9	0,286 588
$-33{,}211$	0,3	0,287 045						

Tabelle 17.11: Mittelwerte d^+ und halbe Differenzen d^- der in den Richtungen $(\psi = 0°, \psi)$ und $(\psi = 0°, -\psi)$ gemessenen Werte, nach Gleichung 10.74

$\sin^2\psi$	d^+ [nm]	$\sin 2\psi$	d^- [nm]	$\sin^2\psi$	d^+ [nm]	$\sin 2\psi$	d^- [nm]
0	0,286 955	0	0	0,1	0,286 921	0,60	$-0{,}000\,124$
0,2	0,286 880	0,80	$-0{,}000\,152$	0,3	0,286 854	0,92	$-0{,}000\,192$
0,4	0,286 806	0,98	$-0{,}000\,182$	0,5	0,286 784	1,00	$-0{,}000\,195$
0,6	0,286 744	0,98	$-0{,}000\,196$	0,7	0,286 725	0,92	$-0{,}000\,191$
0,8	0,286 699	0,80	$-0{,}000\,151$	0,9	0,286 696	0,60	$-0{,}000\,108$

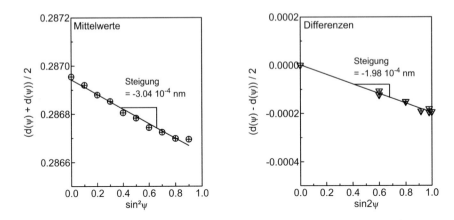

Bild 17.11: Zur Auswertung der $d(\sin^2\psi)$-Verteilung

Die Ergebnisse sind auf glatte Werte gerundet, da auch bei guten Messungen der Fehler im Bereich von $5-10\,\mathrm{MPa}$ liegt.

Lösung 25:   REK-Auswertung

Die an der Zugprobe anliegenden Kräfte müssen durch den Probenquerschnitt $12\,\mathrm{mm}^2$ geteilt werden, um die jeweiligen Lastspannungen zu erhalten. Die Steigungen und die Achsenabschnitte können aus Bild 10.20 näherungsweise abgelesen werden. Die genauen Werte sind in Tabelle 17.12 aufgelistet.

Die REK $s_1(2\,1\,1)$ berechnet sich nach Gleichung 10.92. Dazu trägt man die Achsenabschnitte wie in Bild 17.12 über der Lastspannung auf und berechnet bzw. zeichnet die Regressionsgerade durch diese Punkte. Aus der Steigung dieser Geraden bekommt man

$$s_1(211) = -1{,}2 \cdot 10^{-6}\,\mathrm{MPa}^{-1}$$

Entsprechend wertet man nach Gleichung 10.93 die Auftragung der Steigungen über der Lastspannung aus. Aus der Steigung der Regressionsgeraden durch diese Punkte ergibt sich die REK $\frac{1}{2}s_2$ zu

$$\frac{1}{2}s_2(hkl) = 5{,}4 \cdot 10^{-6}\,\mathrm{MPa}^{-1}$$

Tabelle 17.12: Laststufen sowie Steigungen und Achsenabschnitte der Regressionsgeraden durch die linearen $d(\sin^2\psi)$-Verteilungen der $(2\,1\,1)$-Ebene des Stahls Ck15. Die Zugprobe hat einen Querschnitt von $12\,\mathrm{mm}^2$.

Last [N]	Lastspannung [MPa]	Steigung über $\sin^2\psi$ [nm]	Achsenabschnitt [nm]
4 228	352	$5{,}43 \cdot 10^{-4}$	0,286 573
3 335	278	$4{,}40 \cdot 10^{-4}$	0,286 599
2 354	196	$3{,}22 \cdot 10^{-4}$	0,286 622
1 270	106	$1{,}81 \cdot 10^{-4}$	0,286 654
294	25	$0{,}39 \cdot 10^{-4}$	0,286 680

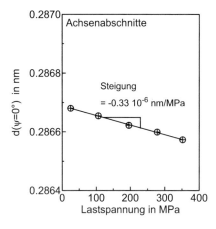
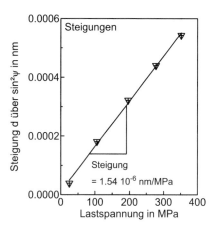

Bild 17.12: Auftragung der Achsenabschnitte und Steigungen der $d(\sin^2 \psi)$-Verteilung über der aufgebrachten Lastspannung

Lösung 26:   Gitterdehnung in einem Niet

Der Nietbolzen wurde zunächst vorsichtig bis zur Mittenebene geschliffen und planpoliert. Um die während der mechanischen Präparation möglicherweise eingebrachten Verformungen zu beseitigen, wurde der Schliff anschließend elektrochemisch endpoliert. Die signifikanten Texturkomponenten wurden durch Polfigurmessungen im Kopf und Schaft des Niets ermittelt. Eine ausgeprägte Fasertextur wurde im Schaft festgestellt, Bild 11.17. Aus der $(2\,2\,0)$-Beugungsinterferenz P ($\theta = 20,1°$; $E_{220} = 12,62\,\mathrm{keV}$; $\alpha = 35°$ und $\beta = 83°$) wurde simultan die Textur- und die Gitterdehnungs-Verteilung ermittelt.

Die Verteilungsbilder zeigen eine starke Inhomogenität sowohl der Textur, Bild 11.18a, als auch der Gitterdehnung, Bild 11.18b, c. Zwei fast parallele Streifen hoher Poldichte liegen parallel zur Schaftachse. Wegen der Rotationssymmetrie des Umformprozesses bei der Herstellung darf angenommen werden, dass sie räumlich gesehen einen schlauchförmigen Bereich von etwa 1/3 des Schaftdurchmessers markieren.

Der Nietkopf weist eine wesentlich niedrigere Poldichte auf. Bemerkenswert ist das tellerförmige Minimum der $(2\,2\,0)$-Poldichte und das Maximum der lokalen Druckspannung. Die Gitterdehnung nimmt vom Nietkopf ausgehend längs des Nietschaftes ab. Im Innenbereich des dunklen Texturschlauchs ist das Gitter komprimiert (Druckspannung), während es im Außenbereich des Nietschaft s gedehnt ist. Um die Messstatistik zu verbessern, wurden die Lageverschiebungen längs des Nietschaftes gemittelt und in Bild 11.18d als radiale Verteilung der Gitterdehnung im Schaft aufgetragen. Das Verteilungsbild der Gitterdehnung weist auf eine starke Inhomogenität der Eigenspannungen im Niet hin, die nach dem Drahtziehen zurückbleibt.

Anmerkung:
Die Verteilungsbilder geben die relative Linienverschiebung entlang *einer* Messrichtung wider. Die Richtung der Linienverschiebung ist für die Spannungsart – Druck- oder Zugspannung – maßgebend. Die richtige Vorzeichenwahl ist für die Art der Spannung wichtig und eine häufige Fehlerquelle. Hier ist äußerst sorgsam zu arbeiten und gegebenenfalls sind Verteilungsbilder der Gitterdehnung aufzustellen, wie in Bild 11.18c.

Lösung 27:   Erstellung Raummodell

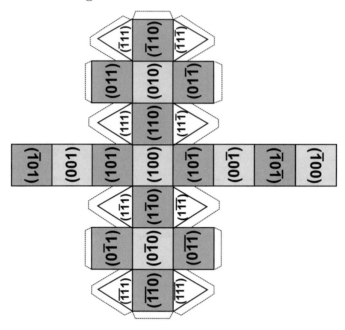

Lösung 28:   Konstruktion reziprokes Gitter verkippte Epitaxieschicht

Im ersten Schritt wird das reziproke Gitter des Substrats konstruiert, Bild 17.13a. Die Verkippung der Schicht gegenüber dem Substrat um den Winkel τ führt dazu, dass der reziproke Gittervektor $\vec{r}^*(001)$ um den Winkel τ um den Ursprung des reziproken Gitters verdreht ist. Damit folgt für die Kombination von Schicht und Substrat das in Bild 17.13b dargestellte reziproke Gitter.

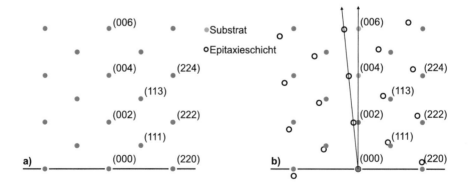

Bild 17.13: Konstruktion reziprokes Gitter für eine verkippte Epitaxieschicht

Literaturverzeichnis

[1] *Bestimmung der Orientierung von Einkristallen mit einem Röntgengoniometer.* Deutsche Norm DIN 50433-1, Seiten 1–3, 1976 - zurückgezogen 2007.

[2] *Bestimmung der Orientierung von Einkristallen nach der Lichtfigurenmethode.* Deutsche Norm DIN 50433-2, Seiten 1–4, 1976 - zurückgezogen 2007.

[3] *Low-energy X-Ray interaction coefficients: photoabsorption, scattering and reflection* $E = 100 - 2,000\,eV\ Z = 1 - 94$. Atomic Data and Nuclear Data Tables, 27(1):1–144, 1982.

[4] *Bestimmung der Orientierung von Einkristallen mittels Laue-Rückstrahlverfahren.* Deutsche Norm DIN 50433-3, Seiten 1–8, 1982 - zurückgezogen 2007.

[5] *BGMN - a new fundamental parameters based Rietveld program for laboratory X-Ray sources, its use in quantitative analysis and structure investigations.* IUCr CPD Newsletters, 20:5–8, 1998.

[6] *Röntgendiffraktometrie von polykristallinen und amorphen Materialien - Teil 1: Allgemeine Grundlagen.* Deutsche Norm EN 13925-1, Seiten 1–14, 2003.

[7] *Röntgendiffraktometrie von polykristallinen und amorphen Materialien - Teil 2: Verfahrensabläufe.* Deutsche Norm EN 13925-2, Seiten 1–25, 2003.

[8] *Standard Practice for X-Ray Determination of Tetained Austenite in Steel with Near Random Crystallographic Orientation.* ASTM E975-03, Seiten 801–807, 2003.

[9] *Röntgendiffraktometrie von polykristallinen und amorphen Materialien - Teil 3: Geräte.* Deutsche Norm EN 13925-3, Seiten 1–43, 2005.

[10] *Röntgendiffraktometrie von polykristallinen und amorphen Materialien - Teil 4: Referenzmaterialien.* prEN (WI 00138070), Seiten 1–24, 2005.

[11] *Zerstörungsfreie Prüfung - Strahlenschutzregeln für technische Anwendung von Röntgeneinrichtungen bis 1MV - Teil 1: Allgemeine sicherheitstechnische Anforderungen.* Deutsche Norm DIN 54113-1, Seiten 1–12, 2005.

[12] *Zerstörungsfreie Prüfung - Strahlenschutzregeln für technische Anwendungen von Röntgeneinrichtungen bis 1 MV - Teil 2: Sicherheitstechnische Anforderungen und Prüfung für Herstellung, Errichtung und Betrieb.* Deutsche Norm DIN 54113-2, Seiten 1–9, 2005.

[13] *Zerstörungsfreie Prüfung - Strahlenschutzregeln für technische Anwendungen von Röntgeneinrichtungen bis 1 MV - Teil 3: Formeln und Diagramme für Strahlenschutzberechnungen für Röntgeneinrichtungen bis zu einer Röhrenspannung von 450 kV.* Deutsche Norm DIN 54113-3, Seiten 1–24, 2005.

© Springer Fachmedien Wiesbaden GmbH, ein Teil von Springer Nature 2019
L. Spieß et al., *Moderne Röntgenbeugung*,
https://doi.org/10.1007/978-3-8348-8232-5

[14] *Zerstörungsfreie Prüfung - Röntgendiffraktometrisches Prüfverfahren zur Ermittlung der Eigenspannungen.* Deutsche Norm DIN EN 15305, Seiten 1–88, 2008.

[15] *Dreizehntes Gesetz zur Änderung des Atomgesetzes.* Bundesgesetzblatt, 1(43):1704–1705, 2011.

[16] *Verordnung zur Änderung strahlenschutzrechtlicher Verordnungen - Änderung der Strahlenschutz- (StrSchV) und der Röntgenverordnung (RÖV).* Bundesgesetzblatt, 1(51):2000–2047, 2011.

[17] *Verordnung über den Schutz vor Schäden durch Röntgenstrahlung (Röntgenverordnung - RÖV - Änderung 2011).* Bundesgesetzblatt, 1(51):2048–2055, 2011.

[18] *Gesetz zum Schutz vor der schädlichen Wirkung ionisierender Strahlung (Strahlenschutzgesetz - StrSchG).* Bundesgesetzblatt, 1(42):1966–2067, 2017.

[19] *Verordnung zum Schutz der schädlichen Wirkung ionisierender Strahlung (Strahlenschutzverordnung StrSchV).* Bundesgesetzblatt, 1(41):2034–2208, 2018.

[20] Allen, S., N. R. Warmingham, R. K. B. Gover und J. S. O. Evans: *Synthesis, structure and thermal contraction of a new low-temperature polymorph of $ZrMo_2O_8$.* Chem. Mater., 15(18):3406–3410, 2003.

[21] Allmann, R. und A. Kern: *Röntgenpulverdiffraktometrie.* Springer, Nachdruck 2013, 2. Auflage, 2002, ISBN 978-3540439677.

[22] Als-Nielsen, J. und D. McMorrow: *Elements of Modern X-Ray Physics.* Wiley, 2. Auflage, 2011, ISBN 978-0470973943.

[23] Apel, D., M. Klaus, Ch. Genzel und D. Balzar: *Rietveld refinement of energy-dispersive synchrotron measurements.* Z. Kristallogr., 262:934–943, 2011.

[24] Arnold, E., D. M. Himmel und M. G. Rossmann: *Volume F: Crystallography of Biological Macromolecules.* International Tables for Crystallography. IUCR Journals online, 2. Auflage, 2012, ISBN 978-0-470-66078-2.

[25] Aroyo, M. I.: *Volume A: Space-group symmetry.* International Tables for Crystallography. IUCR Journals online, 2. Auflage, 2016, ISBN 978-0-470-97423-0.

[26] Aslanov, L. A., G. V. Fetisov und J. A. K. Howard: *Crystallographic Instrumentation.* Oxford Univ. Press, 1998, ISBN 0-19-855927-5.

[27] Authier, A.: *Volume D - Physical Properties of Crystals.* International Tables for Crystallography. IUCR Journals online, 2. Auflage, 2013, ISBN 978-1-118-76229-5.

[28] Ayers, J.: *Measurement of threading dislocation densities in semiconductor crystals by XRD.* J. Cryst. Growth, 135:71–77, 1994.

[29] Balzar, D., N. Audebrand, M. R. Daymond, A. Fitch, A. Hewat, J. I. Langford, A. Le Bail, D. Louer, O. Masson, C. N. McCowan, N. C. Popa, P. W. Stephens und B. H. Toby: *Size-Strain Line Broadening Analysis of the Ceria Round Robin Sample.* J. Appl. Cryst., 37:911–924, 2004.

[30] Banabic, D.: *Multiscale Modelling in Sheet Metal Forming.* Springer International Publishing Switzerland, 1. Auflage, 2016, ISBN 978-3-319-44068-2.

[31] Barrett, C. S. und L. H. Levenson: *The structure of Aluminium after compression.* Trans. Metall. Soc. AIME, 137:112–127, 1940.

[32] Bartels, W.: *Characterization of thin layers on perfect crystals with a multipurpose high resolution X-Ray diffractometer.* J. Vac. Sci. Technol. B, 1:338–345, 1983.

[33] Barton, S., O. Bruchwald, W. Frackowiak, B. Bongartz, W. Reimche und D. Zaremba: *Entwicklung einer Bainit-Sensortechnik zur Charakterisierung gradierter Gefügeausbildungen in der Bauteil-Rand-und Kernzone DGZFP-Jahrestagung 2018.* Tagungsband DGZFP-Jahrestagung, Leipzig, 2018.

[34] Bearden, J. A.: *X-Ray Wavelengths and X-Ray Atomic Energy Levels.* National Standard Reference Data Series NSRDS, 14:66, 1967.

[35] Behnken, H.: *Mikrospannungen in vielkristallinen und heterogenen Werkstoffen.* Shaker, 1. Auflage, 2003, ISBN 3-8322-1384-8.

[36] Bellazini, R., A. Brez und L. Latronico: *Substrate-less, spark-free micro-strip gas counters.* Nucl. Instrum. Methods Phys. Res. A, 409:14–19, 1998.

[37] Benediktovich, A., I. Feranchuk und A. Ulyanenkov: *Theoretical Concepts of X-Ray Nanoscale Analysis.* Springer, 1. Auflage, 2014, ISBN 978-3-642-38176-8.

[38] Berger, H.: *Study of the Kα emission spectrum of copper.* X-Ray Spectrometry, 15:241–243, 1986.

[39] Bhadeshia, H. K. D. H.: *Bainite in steels: Transformations, microstructure and properties*, Band 735 der Reihe *Book / Institute of Materials.* IOM Communications, London, 2. ed. Auflage, 2001, ISBN 978-1861251121.

[40] Birkholz, M.: *Thin Film Analysis by X-Ray Scattering.* Wiley-VCH, 1. Auflage, 2006, ISBN 3-527-31052-5.

[41] Bish, D. L. und S. A. Howard: *Quantitative phase analysis using the Rietveld Method.* J. Appl. Cryst., 21:86–91, 1988.

[42] Black, D. R., D. Windover, M.H. Mendenhall, A. Henins, J. Filliben und J. P. Cline: *Certification of Standard Reference Material 1976B.* Powder Diffraction, 30(3):199–204, 2015.

[43] Blanton, T. N.: *X-ray film as a two-dimensional detector for X-ray diffraction analysis.* Powder Diffraction, 18(2):91–98, 2003.

[44] Blanton, T. N. und C.R Hoople: *X-ray diffraction analysis of ultrathin Platinum Silicide films deposited on* (100) *Silicon.* Powder Diffraction, 17(1):7–9, 2002.

[45] Bonarski, J. T., H. J. Bunge, L. Wcislak und K. Pawlik: *Investigations of inhomogeneous surface textures with constant information depths. Part 1: Fundamentals.* Textures and Microstructures, 31:21–41, 1998.

[46] Borchard-Ott, W.: *Kristallographie.* Springer, 9. Auflage, 2018, ISBN 978-3662568156.

[47] Boudias, C. und D. Monceau: *Program Carine*, 1998.

[48] Bowen, D. K. und B. K. Tanner: *High Resolution X-Ray Diffractometry and Topography*. Taylor and Francis, 1998, ISBN 0-8506-6758-5.

[49] Brandes, E. A. und G. B. Brook: *Smithells Metals Reference Book*. Butterworth-Heinemann Ltd., 8. Auflage, 2004, ISBN 978-8181474483.

[50] Bruce, D. W, D. O'Hare und R. I. Walton: *Local Structural Characterisation*. Wiley, 2014, ISBN 9781119953203.

[51] Bruce, D. W, D. O'Hare und R. I. Walton: *Structure from Diffraction Methods*. Wiley, 2014, ISBN 9781119953227.

[52] Bunge, H. J.: *Mathematische Methoden der Texturanalyse*. Akademie-Verlag, 1969.

[53] Bunge, H. J.: *Texture Analysis in Materials Science - Mathematical Methods*. Butterworths London, 1982 and reprint: Cuvillier-Verlag, 1993, ISBN 3-928815-81-4.

[54] Bunge, H. J.: *Texture and microstructure analysis with high-energy Synchrotron radiation*. Powder Diffraction, 19(1):60–64, 2004.

[55] Bunge, H. J., L. Wcislak, H. Klein, U. Garbe und J. R. Schneider: *Texture and microstructure analysis with high-energy synchrotron radiation*. Adv. Engineering Mat., 4:300–305, 2002.

[56] Buras, B., L. Geward, A. M. Glazer, M. Hidika und J. S. Olsen: *Quantitative structural studies by means of the energy-dispersive method with X-ray from a storage ring*. J. Appl. Cryst., 12:531–536, 1979.

[57] Bühler, H. E. und H. P. Hougardy: *Atlas of Interference Layer Microscopy*. Dt. Ges. Metallkunde Oberursel, 1980, ISBN 3-88355-016-7.

[58] Caballero, F. G., H. Roelofs, St Hasler, C. Capdevila, J. Chao, J. Cornide und C. Garcia-Mateo: *Influence of bainite morphology on impact toughness of continuously cooled cementite free bainitic steels*. Materials Science and Technology, 28(1):95–102, 2013, ISSN 0267-0836.

[59] Cheary, R. und A. Coelho: *A fundamental parameters approach to X-ray line profile fitting*. J. Appl. Cryst., 25:109–121, 1992.

[60] Cheary, R. W.: *Fundamental Parameters Line Profile Fitting in Laboratory Diffractometers*. J. Res. Natl. Inst. Stand. Technol., 109:1–25, 2004.

[61] Cheary, R. W., A. A. Coelho und J. P. Cline: *Accuracy in Powder Diffraction*. NIST, 1. Auflage, 2002.

[62] Chen, Z. und W. M. Gibson: *Doubly curved crystal (DCC) X-ray optics and applications*. Powder Diffraction, 17(2):99–103, 2002.

[63] Chung, F. H.: *Industrial Applications of X-Ray Diffraction*. Marcel Dekker Company, 1. Auflage, 2000, ISBN 0-8247-1992-1.

[64] Clark, G. L.: *Applied X-Rays*. Mc Gray Hill Company, 4. Auflage, 1955.

[65] Cohen, E. und A. K. W. A. van Lieshout: *Die Geschwindigkeit polymorpher Umwandlungen. Neue Untersuchungen über die Zinnpest.* Zeitschrift für physikalische Chemie, 173, 1935.

[66] Cressey, G. und P. F. Schofield: *Rapid whole-pattern profile-stripping methods for the quantification of multiphase samples.* Powder Diffraction, 11:35–39, 1996.

[67] Dabrowski, W., J. Fink, T. Fiutowski, H.-G. Kraneb und P. Wiacek: *One dimensional detector for X-ray diffraction with superior energy resolution based on silicon strip detector technology.* IOP FOR SISSA MEDIALAB; doi:10.1088/1748-0221/7/03/P03002, 1–19, 2012.

[68] Dahms, M. und H.J. Bunge: *The iterative series expansion method for quantitative texture analysis.* J. Appl. Cryst., 22:439–447, 1989.

[69] Deslattes, R.D., E.G. Kessler Jr., P. Indelicato, L. de Billy, E. Lindroth, J. Anton, J.S. Coursey, D.J. Schwab, C. Chang, R. Sukumar, K. Olsen und R.A. Dragoset: *X-ray Transition Energies (version 1.2).* National Institute of Standards and Technology, 2005.

[70] Detroy, S.: *Charakterisierung und Entwicklung von bainitischen Multiphasen-Stählen.* Shaker Media Verlag, 1. Auflage, 2007, ISBN 978-3-8322-6815-2.

[71] Dinnebier, R. E. und S.J. Billinge: *Powder Diffraction: Theory and Practice.* Royal Soc. of Chemistry, 1. Auflage, 2008, ISBN 978-0854042319.

[72] Dinnebier, R. E. und S.J. Billinge: *Rietveld Refinement - Practical Powder Diffraction Pattern Analysis using TOPAS.* De Gruyter, 1. Auflage, 2018, ISBN 978-3-11-045621-9.

[73] Dollase, W. A.: *Correction of Intensities for Preferred Orientation in Powder Diffractometry: Application of the March Model.* J. Appl. Cryst., 19:267–272, 1986.

[74] Dong, C., H. Chen und F. Wu: *A new Cu $K_{\alpha 2}$-elimination algorithm.* J. Appl. Cryst., 32:168–173, 1999.

[75] Durst, R.D., Y Diawara, D. Khazins, Medved, S., B. Becker und T. Thorson: *Novel photon counting X-ray detectors.* Powder Diffraction, 18(2):103–105, 2003.

[76] Elias, J. A. und A. J. Heckler: *Complete pole figure determination by composite sampling techniques.* Trans. Metall. Soc. AIME, 239:1237 – 1241, 1967.

[77] Erning, J. W., A. Zunkel und U. Klein: *Untersuchungen zu Prüfvorschriften zur Spannungsrisskorrosion an Messinglegierungen, VDI-Berichte Nr. 1985, 2007, S 151-163.* VDI-Berichte, 1985:151–163, 2007.

[78] Espes, E., T. Andersson, F. Björnsson, C. Gratorp, B.A.M. Hansson und et al.: *Liquid-metal-jet X-ray tube technology and tomography applications.* Proc. SPIE 9212, Developments in X-Ray Tomography IX, 2014.

[79] Exner, H. E. und H. P. Hougardy: *Einführung in die quantitative Gefügeanalyse.* Dt. Ges. Metallkunde Oberursel, 1986, ISBN 3-88355-016-7.

[80] Falta, J. und T. Möller: *Forschung mit Synchrotronstrahlung.* Vieweg+Teubner, 2010, ISBN 978-3519003571.

[81] Feng, J. und M. Wettlaufer: *Characterization of lower bainite formed below MS.* HTM Journal of Heat Treatment and Materials, 73(2):57–67, 2018, ISSN 1867-2493.

[82] Fewster, P. F.: *A »static« high-resolution X-ray diffractometer.* J. Appl. Cryst., 38:62–68, 2005.

[83] Filies, O.: *Röntgenreflektometrie zur Analyse von Dünnschichtsytemen.* Dissertation, Westfälische Wilhelms Universität Münster, 1997.

[84] Fischer, A. H. und R. A. Schwarzer: *Mapping of local residual strain with an X-Ray scanning apparatus.* Mat. Sci. Forum, 273-275:673–677, 1998.

[85] Fischer, A. H. und R. A. Schwarzer: *X-ray pole figure measurement and texture mapping of selected areas using an X-ray scanning apparatus.* Mat. Sci. Forum, 273-275:255–262, 1998.

[86] Flügge, S.: *Handbuch der Physik: Röntgenstrahlen*, Band 30. Springer, 1. Auflage, 1957.

[87] Genzel, Ch.: *Entwicklung eines Mess- und Auswerteverfahrens zur röntgenografischen Analyse des Eigenspannungszustandes im Oberflächenbereich vielkristalliner Werkstoffe.* Berichte aus dem Zentrum für Eigenspannungsanalyse. Hahn-Meitner-Institut, Berlin, 1. Auflage, 2000, ISBN 0936-0891.

[88] Genzel, Ch.: *X-ray residual stress analysis in thin films under grazing incidence - basic aspects and applications.* Mat. Sci. Techn., 21(1):10–18, 2005.

[89] Genzel, Ch., I. A. Denks, J. Gibmeier, M. Klaus und G. Wagener: *The materials science synchrotron beamline EDDI for energy-dispersive diffraction analysis.* Nucl. Instrum. Meth. A, 578(1):23–33, 2007.

[90] Genzel, Ch., S. Krahmer, M. Klaus und I. A. Denks: *Energy-dispersive diffraction stress analysis under laboratory and synchrotron conditions: a comparative study.* J. Appl. Cryst., 44:1–12, 2011.

[91] Genzel, Ch., C. Stock und R. Reimers: *Application of energy-dispersive diffraction to the analysis of multiaxial residual stress fields in the intermediate zone between surface and volume.* Mater. Sci. Eng. A, 372:28–43, 2004.

[92] Geward, L., S. Morup und H. Topsoe: *Particle size and strain broadening in energy-dispersive X-ray powder patterns.* J. Appl. Phys., 47:822–825, 1976.

[93] Giacovazzo, C.: *Fundamentals of Crystallography.* Oxford Univ. Press, 3. Auflage, 2011, ISBN 978-0199573660.

[94] Giesen, B. C. und G. E. Gordon: *X-ray diffraction: New high-speed technique based on X-ray spectrography.* Science, 159:973–975, 1968.

[95] Gilmore, C. J., J.A. Kaduk und H. Schenk: *Volume H: Powder Diffraction.* International Tables for Crystallography. IUCR Journals online, 1. Auflage, 2018, ISBN 978-1-118-41628-0.

[96] Glocker, R.: *Materialprüfung mit Röntgenstrahlen.* Springer, 5. Auflage, 1985, ISBN 0-387-13981-8.

[97] Gmelin, L.: *Gmelins Handbuch der anorganischen Chemie - Zinn Teil B Element.* Gmelin Institut, 8. Auflage, 1971.

[98] Grazulis, S., D. Chateigner, R. T. Downs, A. F. T. Yokochi, M. Quiros, L. Lutterotti, E. Manakova, J. Butkus, P. Moeck und A. L. Bail: *Crystallography Open Database - an open-acess collection of crystal structures.* J. Appl. Cryst., 42:726–729, 2009.

[99] Grazulis, S., A. Daskevic, A. Merkys, D. Chateigner, L. Lutterotti, M. Quiros, N. R. Nadezhda R. Serebryanaya, P. Moeck, R. T. Downs und A. Le Bail: *Crystallography Open Database (COD): an open-access collection of crystal structures and platform for world-wide collaboration.* Nucleic Acids Research, 40:D420 – D427, 2012.

[100] Göbel, H.: *Röntgen-Analysegerät.* DE Patent: 4407278 vom 04.03.1994, Seiten 1–16.

[101] Günter, F. und H. Oettel: *Röntgenfeinstrukturanalyse*, Band 1-4 der Reihe *Lehrbriefe für das Hochschulfernstudium.* Bergakademie Freiberg, 1. Auflage, 1972.

[102] Hahn, T.: *Space-Group Symmetry Brief Teaching Edition of Volume A.* International Tables for Crystallography. Wiley-Blackwell, Dordrecht, 6. rev. edition Auflage, 2013, ISBN 978-0470974216.

[103] Hall, S. R. und B. McMahon: *Volume G - Definition and Exchange of Crystallographic Data.* International Tables for Crystallography. IUCR Journals online, 1. Auflage, 2006, ISBN 978-1-4020-3138-0.

[104] Hanke, E. und K. Nitzsche: *Zerstörungsfreie Prüfverfahren.* Dt. Verlag für Grundstoffindustrie, 2. Auflage, 1960.

[105] Hashimoto, H. A., A. Howie und M. J. Whelan: *Anomalous electron absorption in metal foils: Theory and comparison with Experiment.* Proc. Roy. Soc. London A, 269:80 – 103, 1962.

[106] Hauk, V.: *Structural and Residual Stress Analysis by Nondestructive Methods.* Elsevier, 1. Auflage, 1997, ISBN 0-444-82476-6.

[107] Hauk, V. und H.-J. Nikolin: *The evaluation of the distribution of residual stresses of the 1. kind (RS I) and of the 2. kind (RS II) in textured materials.* Textures and Microstructures, 89:693–716, 1988.

[108] He, B. B.: *Introduction to two-dimensional X-ray diffraction.* Powder Diffraction, 18(2):71–85, 2003.

[109] He, B. B.: *Microdiffraction using two-dimensional detectors.* Powder Diffraction, 19(2):110–118, 2004.

[110] He, B. B.: *Two-Dimensional X-Ray Diffraction.* Wiley, 2 Auflage, 2018, ISBN 978-1119356103.

[111] He, Z.: *Review of the Shockley–Ramo theorem and its application in semiconductor gamma-ray detectors.* Nucl. Instr. a. Methods in Physics Research A, 463:250–267, 2001.

[112] Heine, B.: *Werkstoffprüfung: Ermittlung der Werkstoffeigenschaften.* Carl Hanser, 3. Auflage, 2015, ISBN 978-3446444553.

[113] Helming, K.: *Minimal pole figure ranges for quantitative texture analysis.* Textures and Microstructures, 19:45–54, 1992.

[114] Helming, K.: *Texturapproximation durch Modellkomponenten.* Dissertation TU Clausthal und Cuvillier Verlag, 1996.

[115] Hemberg, O., M. Otendal und H. M. Hertz: *Liquid-metal-jet anode electron-impact X-ray source.* Appl. Phys. Lett., 83(7):1483–1485, 2003.

[116] Henry, N. F. M., H. Lipson und W. A. Wosster: *The Interpretation of X-Ray Diffraction Photographs.* Macmillan & Co Ltn., 1. Auflage, 1961.

[117] Heuck, F. H. W. und E. Macherauch: *Forschung mit Röntgenstrahlen: Bilanz eines Jahrhunderts (1895-1995).* Springer, 1. Auflage, 1995, ISBN 3-540-57718-1.

[118] Heuer, V., K. Löser und J. Ruppel: *Dry bainitizing - a new process for bainitic Microstructure.* HTM J., 64:28–33, 2009.

[119] Hill, R. J. und C. J. Howard: *Quantitative phase analysis from neutron powder diffraction data using the Rietveld method.* J. Appl. Cryst., 20:467–474, 1987.

[120] Hofmann, F.: *Faszination Kristalle und Symmetrie - Einführung in die Kristallographie.* Springer Spectrum, 1. Auflage, 2016, ISBN 978-3-658-09580-2.

[121] Holzmann, G., H. J. Dreyer und H. Faiss: *Technische Mechanik Festigkeitslehre: Teil 3.* Springer Vieweg, 13. Auflage, 2018, ISBN 978-3658228538.

[122] Hotovy, I., J. Huran, P. Siciliano, S. Capone, L. Spiess und V. Rehacek: *Enhancement of H_2 sensing properties of NiO-based thin films with Pt surface modification.* Sensors and Actuators, B 103:300 – 311, 2004.

[123] Hotovy, I., J. Huran und L. Spiess: *Characterization of sputtered NiO films using XRD and AFM.* J. Materials Sci., 39:2609–2612, 2004.

[124] Hotovy, I., L. Spiess, M. Predanocy, V. Rehacek und J. Racko: *Sputtered nanocrystalline NiO thin films for very low ethanol detection.* Vacuum, 107:129 – 131, 2014, ISSN 0042-207X.

[125] Hotovy, I., L. Spiess, M. Sojkova, I. Kostic, M. Mikolasek, M. Predanocy, H. Romanus, M. Hulman und V. Rehacek: *Structural and optical properties of WS_2 prepared using sulfurization of different thick sputtered tungsten films.* Applied Surface Science, 461:133 – 138, 2018, ISSN 0169-4332.

[126] Hough, P. V. C.: *A method and means for regonizing complex patterns.* US Patent 3.069.654, 1962.

[127] Hubbel, J. H. und S. M. Seltzer: *Tables of X-Ray Mass Attenuation Coefficients and Mass Energy-Absorption Coefficients.* http://physics.nist.gov/xaamdi [2012, Mai,17. National Institute of Standards and Technology, Gaithersburg, MD., vers. 1.4, 2004.

[128] Hunger, H. J.: *Werkstoffanalytische Verfahren: eine Auswahl.* Wiley, 2. Auflage, 2007, ISBN 978-3527309283.

[129] Härtwig, J., G. Hölzer, E. Förster, K. Goetz, K. Wokulska und J. Wolf: *Remeasurement of Characteristic X-Ray Emission Lines and Their Application to Line Profile Analysis and Lattice Parameter Determination.* Physica Status Solidi A, 143:23 –34, 1994.

[130] Hölzer, G., M. Fritsch, J. Deutsch M. Härtwig und E. Förster: $K_{\alpha1,2}$ *and* $K_{\beta1,3}$ *X-Ray emission lines of the 3d transition metals.* Phys. Rev. A, 56:4554–4568, 1997.

[131] Ice, G. E. und B.C. Larson: *3D X-Ray crystal microscope.* Adv. Engineering Mat., 2(10):643–646, 2000.

[132] Ida, T. und H. Toraya: *Deconvolution of the instrumental functions in powder X-Ray diffractometry.* J. Appl. Cryst., 35:58–68, 2002.

[133] Ivers-Tiffee, E. und W. von Münch: *Werkstoffe der Elektrotechnik.* Vieweg+Teubner, 10. Auflage, 2007, ISBN 978-3835100527.

[134] Jenkins, R. und W. N. Schreiner: *Considerations in design of goniometers for use in X-ray powder diffractometers.* Powder Diffraction, 1:305–319, 1986.

[135] Jiang, J., Z. Al-Mosheky und N. Grupido: *Basic principle and performance characteristics of multilayer beam conditioning optics.* Powder Diffraction, 17(2):81–93, 2002.

[136] Jost, K. H.: *Röntgenbeugung an Kristallen.* Akademie-Verlag, 1. Auflage, 1975.

[137] Kane, S., J. May, J. Miyamoto und I. Shipsey: *A study of a MICROMEGAS detector with a new readout scheme.* Nucl. Instrum. Methods Phys. Res. A, 505:215–218, 2003.

[138] Keijser, Th. H. De, J. I. Langford, E. J. Mittemeijer und A. B. P. Vogels: *Use of the Voigt function in a single-line method for the analysis of X-Ray diffraction line broadening.* J. Appl. Cryst., 15:308–314, 1982.

[139] Kern, A.: *Convolution Based Profile Fitting - Principles and Applications of Powder Diffraction.* Blackwell Publishers; DOI: 10.1002/9781444305487.ch4, 2008.

[140] Kern, A. und A. Coelho: *A New Fundamental Parameters Approach in Profile Analysis of Powder Data.* Allied Publishers Ltd. 1998, ISBN 81-7023-881-1.

[141] Kern, A., A. Coelho und R. W. Cheary: *Convolution Based Profile Fitting. - Diffraction Analysis of the Microstructure of Materials.* Materials Science. Springer, 1. Auflage, 2004, ISBN 3-540-40510-4.

[142] Kern, A., I.C. Madsen und N. Scarlett: *Quantifing amorphous phases - Uniting Electron Crystallography and Powder Diffraction.* Springer, 2012, ISBN 978-94-007-5585-7.

[143] Khazins, D. M., B. L. Becker, Y. Diawara, R. D. Durst, B. B. He, S. A. Medved, V. Sedov und T. A. Thorson: *A parallel-plate resistive-anode gaseous detector for X-ray imaging.* IEEE Trans. Nucl. Sci., 51(3):943–947, 2004.

[144] Kittel, Ch.: *Einführung in die Festkörperphysik.* Oldenbourg Wissenschaftsverlag, 15. Auflage, 2013, ISBN 978-3486597554.

[145] Kleber, W., H. J. Bautsch, J. Bohm und D. Klimm: *Einführung in die Kristallographie.* De Gryter, 20. Auflage, 2019, ISBN 978-3110460230.

[146] Klug, H. P. und L. E. Alexander: *X-Ray Diffraction Procedures for Polycrystalline and Amorphous Materials.* Wiley, 2. Auflage, 1974, ISBN 0-471-49369-4.

[147] Kocks, U. F., C. N. Tome und H. R. Wenk: *Texture and Anisotropy: Preferred Orientations in Polycrystals and their Effect on Materials Properties.* Cambridge Univ. Press, 1. Auflage, 1998, ISBN 0-521-46516-8.

[148] Kopp, A., T. Bernthaler, D. Schmid, G. Ketzer-Raichle und G. Schneider: *In-situ Investigation of Bainite Formation with fast X-Ray Diffraction (iXRD).* HTM Journal of Heat Treatment and Materials, 72(6):355–364, 2017, ISSN 1867-2493.

[149] Kopsky, V. und D. B. Litvin: *Volume E - Subperiodic Groups.* International Tables for Crystallography. IUCR Journals online, 2. Auflage, 2010, ISBN 978-0-470-68672-0.

[150] Kossel, W.: *Messungen am vollständigen Reflexsystem eines Kristallgitters.* Annalen der Physik, 26:533–553, 1936.

[151] Krieger, H.: *Strahlungsmessung und Dosimetrie.* Vieweg+Teubner, 1. Auflage, 2011, ISBN 978-3834815460.

[152] Krieger, H.: *Grundlagen der Strahlenphysik und des Strahlenschutzes.* Springer Spektrum, 4. Auflage, 2012, ISBN 978-3834818157.

[153] Krieger, H.: *Strahlungsquellen für Technik und Medizin.* Springer Spectrum, 2. Auflage, 2013, ISBN 978-3658005894.

[154] Krischner, H.: *Röntgenstrukturanalyse und Rietveldmethode: eine Einführung.* Vieweg, 5. Auflage, 1994, ISBN 3-528-48324-5.

[155] Krumrey, M., M. Hoffmann und M. Kolbe: *Schichtdickenbestimmung mit Röntgenreflektometrie.* PTB-Mitteilungen, 115(3):38–40, 2005.

[156] Kröner, E.: *Berechnung der elastischen Konstanten des Vielkristalls aus den Konstanten des Einkristalls.* Z. Physik, Seiten 504–518, 1958.

[157] Krüger, B.: *Accuracy of Stress Evaluation, the Errors.* In: V. Hauk: Structural and Residual Stress Analysis by Nondestructive Methods. Elsevier, 1. Auflage, 1997, ISBN 0-444-82476-6.

[158] Krüger, B.: *Bewertung der Festigkeitseigenschaften mehrphasiger Werkstoffe mittels Röntgenbeugung.* Technischer Bericht, 44. Arbeitstagung Zahnrad- und Getriebeuntersuchungen. Laboratorium für Werkszeugmaschinen und Betriebslehre (WZL) Aachen, 2003.

[159] Krüger, H. und R. X. Fischer: *Divergence-slit intensity corrections for Bragg-Brentano diffractometers with circular sample surfaces and known beam intensity distribution.* J. Appl. Cryst., 37:472–476, 2004.

[160] Kugler, W.: *X-Ray diffraction analysis in the forensic science: The last resort in many criminal cases.* Adv. X-Ray Anal., 46:1–16, 2002.

[161] Kwang-Je, K.: *X-Ray Data Booklet.* Lawrence Berkeley National Laboratory, 2. Auflage, 2001.

[162] Langford, J. I.: *A rapid method for analysing the breadths diffraction and spectral lines using the VOIGT function*. J. Appl. Cryst., 11:10–14, 1978.

[163] Lebrun, J. L. und K. Inal: *Second order stresses in single phase and multiphase materials - examples of experimental and modeling approaches*. Proc. X-Ray Denver Conf., 1996.

[164] Leoni, M., U. Welzel und P. Scardi: *Polycapillary Optics for Materials Science Studies: Instrumental Effects and Their Corrections*. J. Res. Natl. Inst. Stand. Technol., 109:27–48, 2004.

[165] Lindell, B.: *Ocupational Hazards in X-ray Analytical Work*. Health Physics, 15:481–486, 1968.

[166] Lindner, P. und Th. Zemb: *Neutrons, X-Rays and Light: Scattering Methods Applied to Soft Condensed Matter*. Elsevier, 1. Auflage, 2002, ISBN 978-0444511225.

[167] Lippert, G., M.Procop, W. Borchard, L. Spieß und P. Urwank: *Sputtering of Mo-Si layers from composite targets*. Thin Sol. Films, 149:211–218, 1987.

[168] MacDonald, C. A.: *Focusing Polycapillary Optics and Their Applications*. X-Ray Optics a. Instrum., 2010:1–17, 2010.

[169] Macherauch, E. und K. H. Kloos: *Origin, Measurement and Evaluation of Residual Stresses*, Band 1 der Reihe *Residual Stresses in Science and Technology*. DGM Informationsgesellschaft Verlag, 1987.

[170] March, A.: *Mathematische Theorie der Regelung nach der Korngestalt bei affiner Deformation*. Z. Kristallographie, 81:285–297, 1932.

[171] Massa, W.: *Kristallstrukturbestimmung*. Springer Spectrum, 8. Auflage, 2015, ISBN 978-3658094119.

[172] Matthies, S. und G. W. Vinel: *On the reproduction of the orientation distribution function of textured samples from reduced pole figures using the concept of conditional ghost correction*. Phys. Stat. Sol. B, 112:K111–114, 1982.

[173] Meissner, E., C. Reimann, M. Trempa und T. Lehmann: *A new method for the fast detection of surface orientation of grains in multi crystalline silicon based on Laue x-ray diffraction*. Solar Energy Materials & Solar Cells, 2012.

[174] Meyers, M. A. und K. K Chawla: *Mechanical Behavior of Materials*. Prentice-Hall Inc., 1. Auflage, 1999, ISBN 0-13-262817-1.

[175] Mitsunaga, T., M. Saigo und G. Fujinawa: *High-precison parallel-beam X-ray system for high-temperature diffraction studies*. Powder Diffraction, 17(3):173–177, 2002.

[176] Mittemeijer, E. J. und P. Scardi: *Diffraction Analysis of the Microstructure of Materials*. Springer, 1. Auflage, 2004, ISBN 3-540-40519-4.

[177] Mittemeijer, E. J. und U. Welzel: *Modern Diffraction Methods*. Wiley, 1. Auflage, 2011, ISBN 978-3527322794.

[178] Mittenmeijer, E. J. und U. Welzel: *The »state of the art« of the diffraction analysis of crystallite size and lattice strain.* Z. Kristallogr., 223:552–560, 2008.

[179] Morkoc, H., S. Strite, G. B. Gao, M.E. Lin, B. Sverdlov und M. Burns: *Large-band-gap SiC, III − V nitride, and II − VI ZnSe-based semiconductor device technologies.* J. Appl. Phys., 76(3):1363–1397, 1994.

[180] Müller, A., T. Gnäupel-Herold und W. Reimers: *Phase-specific strain and stress distribution in a monocrystalline Nickel-based superalloy after high temperature deformation.* 4th European Conference on Residual Stresses, 1996.

[181] Müller, U.: *Anorganische Strukturchemie.* Vieweg+Teubner, 6. Auflage, 2008, ISBN 978-3834806260.

[182] Neff, H.: *Grundlagen und Anwendung der Röntgenfeinstrukturanalyse.* Oldenbourg, 2. Auflage, 1962.

[183] Nikl, M.: *Scintillation detectors for X-rays.* Meas. Sci. Technol., 17:R37–R54, 2006.

[184] Nitzsche, K.: *Schichtmeßtechnik.* Vogel Buch -Verlag, 1. Auflage, 1996, ISBN 3-8083-1530-8.

[185] Nolze, G.: *Program POWDERCELL.* 2002.

[186] Noyan, I. C. und J. B. Cohen: *Residual Stress.* Springer, 1. Auflage, 1987, ISBN 0-387-96378-2.

[187] Nye, J.F.: *Physical Properties of Crystals.* Oxford University Press, 1. Auflage, 1985, ISBN 0-19-851165-5.

[188] Oettel, H.: *Struktur und Gefügeanalyse metallischer Werkstoffe - Röntgenfeinstruktur-analyse*, Band 3-4 der Reihe *Lehrbriefe für das Hochschulfernstudium*. Bergakademie Freiberg, 1. Auflage, 1982.

[189] Parratt, L. G.: *Surface studies of solids by total reflection of X-rays.* Phys. Rev., 95(2):359–369, 1954.

[190] Patterson, A. L.: *The Scherrer formula for X-Ray particle size determination.* Phys. Rev., 56:978–982, 1939.

[191] Paufler, P.: *Physikalische Kristallographie.* Akademie-Verlag, 1. Auflage, 1986.

[192] Pawlik, K. und J. Pospiech: *The ODF approximation from pole figures with the aid of ADC method.* Proc. 9th Intern. Conf. on Textures and Microstructures (ICOTOM−9): Textures and Microstructures, 14-18:25–30, 1991.

[193] Pecharsky, V. K. und P. Y. Zavalij: *Fundamentals of Powder Diffraction and Structural Characterization of Materials.* Springer, 2. Auflage, 2008, ISBN 978-0387095783.

[194] Peiter, A.: *Handbuch Spannungsmeßpraxis.* Vieweg, 1. Auflage, 1992, ISBN 3-528-06428-5.

[195] Peng, T. H., Y. F. Lou, S. F. Jin, W. Y. Wang, W. J. Wang, G. Wang und X. L. Chen: *Debye temperature of 4H − SiC dtermined by X-ray powder diffraction.* Powder Diffraction, 24(4):311–314, 2009.

[196] Pietsch, U., V. Holy und T. Baumbach: *High-Resolution X-Ray Scattering - From Thin Films to Lateral Nanostructures*. Springer, 2. Auflage, 2004, ISBN 0-387-40092-3.

[197] Pinsker, Z. G.: *Dynamical Scattering of X-Rays in Crystals*. Springer Series in Solid-State Sciences 3. Springer, 1978.

[198] Pohlers, A.: *Möglichkeiten und Probleme der energiedispersiven Röntgendiffraktometrie*. Experimentelle Technik der Physik, 36:97–103, 1988.

[199] Prince, E.: *Volume C - Mathematical, physical and chemical tables*. International Tables for Crystallography. IUCR Journals online, 1. Auflage, 2006, ISBN 978-1-4020-1900-5.

[200] Raaz, F. und H. Tertsch: *Geometrische Kristallographie und Kristalloptik*. Springer, 2. Auflage, 1951.

[201] Radon, J.: *Über die Bestimmung von Funktionen durch ihre Integralwerte längs gewisser Mannigfaltigkeiten*. Ber. Sächsische Akademie d. Wissenschaft zu Leipzig, Mathematisch-Physikalische Klasse, (69):262–277, 1917.

[202] Rega, N.: *Photolumineszenz epitaktischer* $Cu(In, Ga)Se_2$-*Schichten*. Dissertation, Freie Universität Berlin, 2004.

[203] Reuss, A.: *Berechnung der Fließgrenze von Mischkristallen auf Grund der Plastizitätsbedingung für Einkristalle*. Z. Angew. Math. u. Mech., 9:49–58, 1929.

[204] Riello, P. und G. Fagherazzi: *X-ray RIETVELD analysis with a physically based background*. J. Appl. Cryst., 28:115–120, 1995.

[205] Rietveld, H.M.: *Line profiles of neutron powder-diffraction peaks for structure refinement*. Acta Cryst., 22:151 – 152, 1967.

[206] Rietveld, H.M.: *A Profile Refinement Method for Nuclear and Magnetic Structures*. J. Appl. Cryst., 2:65 – 71, 1969.

[207] Ritter, G., C. Matthai und O. Takai: *Recent Developments in Thin Film Research: Epitaxial Growth and Nanostructures, Electron Microscopy and X-Ray Diffraction*. Elsevier, 1. Auflage, 1997, ISBN 0-444-20513-6.

[208] Roddeck, W.: *Einführung in die Mechatronik*. Springer Vieweg, 5. Auflage, 2016, ISBN 978-3658158439.

[209] Rodriguez-Alverez, H., I. M. Kötschau und H.-W. Schock: *Pressure-dependent real-time investigations on the rapid thermal sulfurization of Cu-In thin films*. J. Cryst. Growth, 310:3638 – 3644, 2008.

[210] Rodriguez-Alverez, H., R.Mainz, B. Marsen, D. Abou-Ras und H.-W. Schock: *Recrystallization of Cu-In-S thin films studied in-situ by energy-dispersive X-ray diffraction*. J. Appl. Cryst., 43:1053 – 1061, 2010.

[211] Rohrbach, Ch.: *Handbuch für experimentelle Spannungsanalyse*. VDI-Verlag, 1989.

[212] Romanus, H., G. Teichert und L. Spieß: *Investigation of polymorphism and estimation of lattice constants of SiC epilayers by four circle X-ray diffraction.* Mater. Sci. Forum, 264-268(pt.1):437–440, 1998.

[213] Ruppersberg, H., I. Detemple und J. Krier: *Evaluation of strongly non-linear surface-stress fields $\sigma_{xx}(z)$ and $\sigma_{yy}(z)$ from diffraction experiments.* Phys. Stat. Sol. A, 116(2):681–687, 1989.

[214] Rösler, J., H. Harders und M. Bäker: *Mechanisches Verhalten der Werkstoffe.* Springer Vieweg, 5. Auflage, 2016, ISBN 978-3835102408.

[215] Sagel, K.: *Tabellen zur Röntgenstrukturanalyse.* Springer, 1. Auflage, 1958.

[216] Scardi, P., M. Leoni und R. Delhez: *Line broadening analysis using integral breadth methods: a critical review.* J. Appl. Cryst., 37:381–390, 2004.

[217] Scherrer, P.: *Bestimmung der Größe und der inneren Struktur von Kolloidteilchen mittels Röntgenstrahlen.* Göttinger Nachrichten, (2):98–100, 1918.

[218] Schield, P.J., I.Y. Ponomarev und N. Gao: *Comparison of diffraction intensity using a monocapillary optic and pinhole collimators in a microdiffractometer with a curved image-plate.* Powder Diffraction, 17(2):94–96, 2002.

[219] Schields, P. J., D. M. Gibson, W. M. Gibson, N. Gao, H. Huang und Y. Ponomarev: *Overview of polycapillary X-ray optics.* Powder Diffraction, 17:70–80, 2002.

[220] Schneider, E.: *Ultrasonic Techniques.* In: V. Hauk: Structural and Residual Stress Analysis by Nondestructive Methods. Elsevier, 1. Auflage, 1997 S. 522-563, ISBN 0-444-82476-6.

[221] Scholtes, B.: *Eigenspannungen in mechanisch randschichtverformten Werkstoffzustän-den, Ursachen, Ermittlung und Bewertung.* DGM Informationsgesellschaft Verlag, 1991.

[222] Scholtes, B., H.-U. Baron, H. Behnken, B. Eigenmann, J. Gibmeier, Th. Hirsch und W. Pfeifer: *Röntgenographische Ermittlung von Spannungen - Ermittlung und Bewertung homogener Spannungszustände in kristallinen, makroskopisch isotropen Werkstoffen.* AWT e.V., Fachausschuß FA13, Seiten 1–55, 2000.

[223] Schpolski, E. W.: *Atomphysik I. Einführung in die Atomphysik.* Wiley-VCH, 19. Auflage, 1999, ISBN 978-3527402649.

[224] Schrufer, E., L. M. Reindl und B. Zagar: *Elektrische Messtechnik.* Hanser, 12. Auflage, 2018, ISBN 978-3446456549.

[225] Schulz, L. G.: *A direct method of deterdetermining prefered orientation of flat transmission sample using a Geiger counter X-ray spectrometer.* J. Appl. Phys., 20:1030 – 1033, 1949.

[226] Schumann, H. und H. Oettel: *Metallografie.* Wiley-VCH, 15. Auflage, 2011, ISBN 978-3527322572.

[227] Schuster, M. und H. Göbel: *Parallel-beam coupling into channel-cut monochromators using curved graded multilayers.* J. Phys. D: Appl. Phys., 28:A270–A275, 1995.

[228] Schwartz, A. J., M. Kumar, B. L. Adams und D. P. Field: *Electron Backscatter Diffraction in Materials Science*. Springer, 2. Auflage, 2009, ISBN 978-0387881355.

[229] Schwarzenbach, D.: *Kristallographie*. Springer, 1. Auflage, 2001, ISBN 3-540-67114-5.

[230] Schwarzer, R. A.: *The study of crystal texture by electron diffraction on a grain-specific scale*. Microscopy and Analysis, 45:35–37, 1997.

[231] Schwarzer, R. A.: *Local crystal textures: Experimental techniques and future trends*. Fresenius J. Anal. Chem., 361:522–526, 1998.

[232] Schäfer, B.: *ODF computer program for high-resolution texture analysis of low symmetry materials*. Mat. Sci. Forum, 273-275:113–118, 1998.

[233] Shmueli, U.: *Volume B - Reciprocal Space*. International Tables for Crystallography. IUCR Journals online, 2. Auflage, 2010, ISBN 978-1-4020-8205-4.

[234] Siegbahn, M.: *Relations between the K and L Series of the High-Frequency Spectra*. Nature, 96:676ff, 1916.

[235] Smith, D. K., G. G. Jr. Johnson, A. Scheible, A. M. Wims, J. L. Johnson und G. Ullmann: *Quantitative X-ray powder diffraction method using the full diffraction pattern*. Powder Diffraction, 2:73–77, 1987.

[236] Smith, D.K.: *Particle statistics and whole-pattern methods in quantitative X-ray powder diffraction analysis*. Adv. X-Ray Anal., 35:1–15, 1992.

[237] Snyder, R. L., J. Fiala und H. J. Bunge: *Defect and Microstructure Analysis by Diffraction*. Oxford Univ. Press Inc., 2000, ISBN 978-0198501893.

[238] Sobich, M., M. Wohlschlögel, U. Welzel, E. J. Mittenmeijer, W. Hügel, A. Seekamp, W. Liu und G. E. Ice: *Local, submicron, strain gradients as the cause of Sn whisker growth*. Appl. Phys. Lett., 94:221901 1–3, 2009.

[239] Spieß, L.: *Zur Silizidproblematik in Metallisierungssystemen für integrierte Schaltkreise der VLSI-Technik*. Dissertation, Technische Hochschule Ilmenau, 1985.

[240] Spieß, L.: *Rechnerunterstützte komplexe Festkörperanalytik für Mikroelektronikwerkstoffe, insbesondere von Siliciden zur Metallisierung von höchstintegrierten Schaltkreisen*. Dissertation zum Dr. sc. techn., Technische Hochschule Ilmenau, 1990.

[241] Spieß, L., J. Schawohl, T. Straßburger und A. Rode: *Röntgendiffraktometrische Sonderverfahren an dünnen Schichten*. Int. Wiss. Kolloq. - TU Ilmenau, 37th, B2:198–203, 1992.

[242] Spieß, L., T. Stürzel, D. Rosenberg, A. Kais, S. Schiermeyer und G. Teichert: *Bearbeitungszustände sind zerstörungsfrei mit der Röntgendiffraktometrie analysierbar*. Tagungsband DGZFP Jahrestagung, Leipzig, 2018.

[243] Spieß, L., U. Weidauer, A. Kais und G. Teichert: *Zerstörungsfreie Materialuntersuchungen an einem Pferdemaulkorb aus dem Jahr 1597 aus dem Angermuseum Erfurt*. Tagungsband DGZFP-Jahrestagung, Graz, 2012.

[244] Spieß, Lothar; Oltmanns, Sabine; Schiermeyer Susanne; Kups Thomas; Kais Anke; Rossberg Diana; Hamann Bernd;: *Sensor technologies for enhanced safety and security of buildings and its occupants (SafeSens) : Teilprojekt: Strukturanalytik und Demonstrator an Metalloxiden für die Gasanalyse (SADMOX)*. Technischer Bericht, Technische Universität Ilmenau;, 01.07.2014-31.03.2017.

[245] Stickforth, J.: *Über den Zusammenhang zwischen röntgenographischer Gitterdehnung und makroskopischen elastischen Spannungen*. Techn. Mitt. Krupp Forsch. Ber., 24:89–102, 1966.

[246] Storm, R.: *Wahrscheinlichkeitsrechnung, mathematische Statistik und statistische Qualitätskontrolle*. Carl Hanser, 12. Auflage, 2007.

[247] Stribeck, N.: *X-Ray Scattering of Soft Matter*. Springer, 1. Auflage, 2007, ISBN 978-3540698555.

[248] Stürzel, Th.: *Maßnahmen zur Verbesserung der mechanischen Eigenschaften von Recycling Al-Druckgusslegierungen für Powertrain-Anwendungen*. Dissertation, Technische Universität Ilmenau, 2018.

[249] Taylor, J. C. und C. E. Matulis: *Absorption Contrast Effects in the Quantitative XRD Analysis of Powder by Full Multiphase Profile Refinement*. J. Appl. Cryst., 24:14–17, 1991.

[250] Teichert, G.: *Herstellung und Charakterisierung hochohmiger, heteroepitaktischer Zinkoxidschichten*. Dissertation, Technische Hochschule Ilmenau, 1986.

[251] Teichert, G., J. Pezoldt, V. Cimalla, O. Nennewitz und L. Spieß: *Analysis of reflection high energy electron diffraction pattern in Silicon Carbide grown on Silicon*. MRS Symp. Proc., 399:17–22, 1995.

[252] Tenckhoff, E.: *Defocusing for the Schulz technique of determining preferred orientation*. J. Appl. Phys., 41:3944 –3948, 1970.

[253] Tendeloo, G., D. V. Dyk und J. Pennycook: *Handbook of nanoscopy, Volume 1*. Wiley-VCH, 2009, ISBN 978-3-527-32017-2.

[254] Tendeloo, G., D. V. Dyk und J. Pennycook: *Handbook of nanoscopy, Volume 2*. Wiley-VCH, 2009, ISBN 978-3-527-32017-2.

[255] Theiner, W. A.: *Micromagnetic Techniques*. In: V. Hauk: Structural and Residual Stress Analysis by Nondestructive Methods. Elsevier, 1. Auflage, 1997 S. 564-589, ISBN 0-444-82476-6.

[256] Thompson, P., E. D. Cox und J. B. Hastings: *RIETVELD refinement of DEBYE-SCHERRER synchrotron X-ray data from* Al_2O_3. J. Appl. Cryst., 20:79–83, 1987.

[257] Tissot, R. G.: *Microdiffraction applications utilizing a two-dimensional proportional detector*. Powder Diffraction, 18(2):86–90, 2003.

[258] TMR Stainless, Pittsburg (Herausgeber): *Practical Guidelines for the Fabrication of Duplex Stainless Steel*. International Molybdenum Association (IMOA), London, 3 Auflage, 2014, ISBN 978-1-907470-09-7.

[259] Trappe, V., S. Günzel und J. Goebbels: *Zerstörungsfreie Charakterisierung des Schädigungszustandes von Kurzglasfaserverstärkten Thermoplasten mit Röntgenverfahren.* Tagungsband DGZFP-Jahrestagung, Graz, 2012.

[260] Trey, F. und W. Legat: *Einführung in die Untersuchung der Kristallgitter mit Röntgenstrahlen.* Springer, 1. Auflage, 1954.

[261] Trui, B.: *Untersuchung von CMOS-kompatiblen Bauelementen mit SiGe/Si-Heterostrukturen auf SIMOX-Substraten.* Dissertation, Gehard-Mercator-Universität-Gesamthochschule Duisburg, 2000.

[262] Underwood, F. A.: *Textures in metal sheets.* Macdonald & Co. Ltd, London, 1961.

[263] Ungar, T., J. Gubicza, G. Ribarik und A. Borbély: *Crystallite size distribution and dislocation structure determined by diffraction profile analysis: principles and practical application to cubic and hexagonal crystals.* J. Appl. Cryst., 34(3):298–310, 2001.

[264] Ungar, T., H. Mughrabi und M. Wilkens: *Asymmetric X-Ray line broadening, an indication of microscopic long-range internal stresses.* DGM Informationsgesellschaft Verlag, 1. Auflage, 1993 S. 743-752.

[265] Vardoulakis, I.: *Cosserat Continuum Mechanics - With Applications to Granular Media.* Lecture Notes in Applied and Computational Mechanics 87, Springer Nature N.Y. Springer International Publishing, 2019, ISBN 978-3-319-95155-3.

[266] Vogt, H. G. und H. Schultz: *Grundzüge des praktischen Strahlenschutzes.* Carl Hanser, 6. Auflage, 2011, ISBN 978-3446425934.

[267] Voigt, W.: *Lehrbuch der Kristallphysik.* B. G. Teubner, Nachdruck der 1. Auflage, 1928.

[268] Warren, B. E.: *X-Ray Diffraction.* Dover Publications Inc., Nachdruck Original 1969, 1990, ISBN 0-486-66317-5.

[269] Wassermann, G. und J. Grewen: *Texturen metallischer Werkstoffe.* Springer, 2. Auflage, 1962.

[270] Wcislak, L., H. Klein, H. J. Bunge, U. Garbe, T. Tschentscher und J. R. Schneider: *Texture analysis with high-energy synchrotron radiation.* J. Appl. Cryst., 35:82–5, 2002.

[271] Weibrecht, R.: *Der Szintillationszähler in der kerntechnischen Praxis.* Kleine Bibliothek der Kerntechnik. Dt. Verlag für Grundstoffindustrie, 1. Auflage, 1961.

[272] Weißmantel, Ch. und C. Hamann: *Grundlagen der Festkörperphysik.* Wiley-VCH, 4. Auflage, 1995, ISBN 3-335-00421-3.

[273] Welzel, U. und M. Leoni: *Use of polycapillary X-ray lenses in the X-ray diffraction measurement of texture.* J. Appl. Cryst., 35:196–206, 2002.

[274] Wever, F.: *Über die Walzstruktur kubisch kristallisierter Metalle.* Z. Phys., 28:69–90, 1924.

[275] Wiedemann, E., J. Unnam und R. K. Clark: *Deconvolution of powder diffraction spectra.* Powder Diffraction, 2(3):130–136, 1987.

[276] Wohlschlögel, M., T. U. Schülli, B. Lantz und U. Welzel: *Application of a single-reflection collimating multilayer optic for X-ray diffracion experiments employing parallel-beam geometry*. J. Appl. Cryst., 41:124–133, 2008.

[277] Wohlschlögel, M., U. Welzel und E. J. Mittenmeijer: *Residual stress and strain-free lattice-parameter depth profiles in a $\gamma' - Fe_4N_{1-x}$ layer on an $\alpha - Fe$ substrate measured by X-ray diffraction stress analysis at constant information depht*. J. Mater. Res., 24:1342–1352, 2009.

[278] Wondratschek, H. und U. Müller: *Volume A1: Symmetry Relations between Space Groups*. International Tables for Crystallography. IUCR Journals online, 2. Auflage, 2011, ISBN 978-0-470-66079-9.

[279] Worch, H., W. Pompe und W. Schatt: *Werkstoffwissenschaft*. Wiley-VCH, 10. Auflage, 2011, ISBN 978-3527323234.

[280] Wölfel, E. R.: *Theorie und Praxis der Röntgenstrukturanalyse: Eine Einführung für Naturwissenschaftler*. Vieweg, 1. Auflage, 1987, ISBN 3-528-28349-1.

[281] Yashiro, W., S. Kusano und K. Miki: *Determination of crystal orientation by an area-detector image for surface X-ray diffraction*. J. Appl. Cryst., 38:319–323, 2005.

[282] Young, R. A.: *The Rietveld Method*. Oxford University Press, 1. Auflage, 1993.

[283] Yue, G. Z., Q. Qiu, B. Gao, Y. Cheng, J. Zhang, H. Shimoda, S. Chang, J. P. Lu und O. Zhou: *Generation of continuous and pulsed diagnostic imaging X-ray radiation using a Carbon-nanotube-based field-emission cathod*. Appl. Phys. Lett., 81:355–357, 2002.

[284] Zachariasen, W. H.: *Theory of X-Ray Diffraction in Crystals*. Wiley, reprint, 1994, ISBN 0-486-68363-X.

[285] Zevin, L. S. und G. Kimmel: *Quantitative X-Ray Diffractometry*. Springer, 1995, ISBN 0-387-94541-5.

[286] Zhang, Y. B., S. P. Lau und L. Huang: *Carbon nanotubes synthesized by biased thermal chemical vapor deposition as an electron source in an X-ray tube*. Appl. Phys. Lett., 86:123115–123117, 2005.

Formelzeichenverzeichnis

Skalare

A	Absorptionsfaktor o. Querschnittsfläche, auch Dehnung		anordnungen
A_A	Anzahl Atome/Baueienheiten pro Elementarzelle	e	Elementarladung $= 1{,}602 \cdot 10^{-19}$ As
A(t)	tiefenabhängiger Absorptionsteil	ϵ	Dehnungsstensor
$A(\vec{r^*})$	Amplitude der gestreuten Welle	ϵ	lokale Gitterverzerrung (strain), Mikrodehnung
A_n; B_n	FOURIER-Koeffizienten gemessenes Profil	ϵ_{ij}	Komponenten des Dehnungstensors
a_n; a_n	FOURIER-Koeffizienten Geräteprofil	E	Energie oder Elastizitätsmodul
α_n; β_n	FOURIER-Koeffizienten physikal. Profil	E	effektive Dosis zur Minimierung stochastischer Strahlenschäden
a	Abmessung, Breite, Länge		
a	Länge, Breite oder Abstand, aber auch Jahr oder Anisotropie	EX	Extinktionsfaktor
		$(\varphi_1, \Phi, \varphi_2)$	EULER-Winkel, BUNGE Notation
a_1; a_2; a_3	Zellparameter einer Elementarzelle	F(hkl)	Strukturfaktor
a; b; c	auch Bezeichnung für Zellparameter	$|F_{hkl}|^2$	Strukturamplitude
a_{11}; a_{12}; a_{13}	Komponenten der Zellparameter a_1 im rechtwinkligen Koordinatensystem	FWHM	Halbwertsbreite
		F_{ij}	Spannungsfaktoren
a_{21}; a_{22}; a_{23}	Komponenten der Zellparameter a_2 im rechtwinkligen Koordinatensystem	**f**	Tensor der Übertragungsfaktoren
		f_j	Atomformamplitude
a_{31}; a_{32}; a_{33}	Komponenten der Zellparameter a_3 im rechtwinkligen Koordinatensystem	**G**	Matrix der Zellparameterkomponenten
α; β; γ	Winkel der Basisvektoren zueinander	G	Schubmodul
B	Breite eines Röntgenprofils	G	geometrischer Faktor – Intensitätsgleichung
b	Breite bzw. Dicke von Abstandsstücken	$G(\vec{r^*})$	Gitterfaktor
b	Abmessung, Länge, Breite	$G(\alpha, \beta)$	Geometriefaktor
c_1; c_2; c_3	Ortskoordinaten des Basisvektors $\vec{c}$ im rechtwinkligen Koordinatensystem	$G(x)$; $G(\theta)$	Geräteprofil
		$G = (\omega, \chi, \varphi)$	Drehwinkel, Orientierung Probe im ortsfesten Koordinatensystem
c	Tensor der Elastizitätsmoduln		
c	Lichtgeschwindigkeit $= 2{,}99792 \cdot 10^8$ ms^{-1}	$g = (\Psi, \theta_R, \Phi_R)$	ROE-Notation
		γ	Öffnungswinkel von Blenden und SOLLER-Kollimatoren
c_{ijkl}	Elastizitätsmodul, Tensorkomponenten		
c_{mn}	Elastizitätsmodul, VOIGTsche Notation	H	Flächenhäufigkeitsfaktor
χ	Verkippungswinkel der Probe zum Strahl – z. T. anderer Beginn als ψ	H_{hkl}	Flächenhäufigkeitsfaktor
		$\dot{H}'(0{,}07)$	Umgebungs-Äquivalentdosis in 70 µm Tiefe
D_{hkl}	Länge der kohärent streuenden Bereiche; Kristallitgröße oder Domänengröße	$\dot{H}^*(10)$	Umgebungs-Äquivalentdosis in 10 mm Tiefe
$D_{T,R}$	Organenergiedosis für eine bestimmte Strahlungsart R	$\dot{H}_P(0{,}07)$	Personen-Äquivalentdosis in 70 µm Tiefe
D_X	röntgenografische Dichte	$\dot{H}_P(10)$	Personen-Äquivalentdosis in 10 mm Tiefe
d	Dicke	H_T	Organ-Äquivalentdosis
d_0	Netzebenenabstand des dehnungsfreien Zustandes	HB	Halbwertsbreite
		HV o. HB	Härte nach VICKERS o. BRINELL
d_{hkl}	Netzebenenabstand Netzebene $(h\,k\,l)$	h	PLANCKsches Wirkungsquantum $= 6{,}626 \cdot 10^{-34}$ Js
δ_{ik}	KRONECKER-Symbol		
d^-	halbe Differenz der d-Werte für $+\psi$ und $-\psi$	$(h\,k\,l)$	die Netzebene
d^+	Mittelwert der d-Werte für $+\psi$ und $-\psi$	$\{h\,k\,l\}$	die Netzebenenschar
e	Längenmaß bei Diffraktometer-		

© Springer Fachmedien Wiesbaden GmbH, ein Teil von Springer Nature 2019
L. Spieß et al., *Moderne Röntgenbeugung*,
https://doi.org/10.1007/978-3-8348-8232-5

i_A	Anodenstrom z. B. in einer Röntgenröhre		R	Index der Profilübereinstimmung
I	Einheitstensor 4. Stufe		R	RYDBERG-Konstante $R = 3{,}288 \cdot 10^{15}\,\text{s}^{-1}$
IB	Integralbreite		REK	röntgenographische Elastizitätskonstanten
I_0	Intensität der einfallenden Strahlung		S	Übereinstimmungsfaktor

i_A Anodenstrom z. B. in einer Röntgenröhre
I   Einheitstensor 4. Stufe
IB   Integralbreite
I_0 Intensität der einfallenden Strahlung
I_{hkl} Intensität eines Beugungsreflexes
$\imath$ imaginäre Einheit mit $\imath^2 = -1$
K Kompressionsmodul, Konstante
K_A Probenkoordinatensystem
K_B Kristallkoordinatensystem
κ Winkel
L   Entwicklungsintervall, Laborsystem
$L(\theta)$ LORENTZ-Faktor
l Wegstrecke
l, m, n elastische Konstanten 3. Ordnung
λ Wellenlänge, aber auch Drehwinkel um die Messrichtung
M_V zweiter Parameter einer VOIGT-Funktion
M_{PVII} zweiter Parameter einer PEARSON-VII-Funktion
m_{0e} Ruhemasse Elektron $9{,}109\,38 \cdot 10^{-31}\,\text{kg}$
μ linearer Schwächungskoeffizient
Ω Rotationsmatrix
ω Transformationsmatrix
ω Einstrahlwinkel; Winkel zwischen Primärstrahl und Probenoberfläche
ω Geschwindigkeit der Drehbewegung
p Impuls
P Verbreiterungsfaktor
p^α Volumenanteil der Phase α
P_{hkl} Poldichtefunktion, auch Parameter bei der Indizierung
P_{LA} Zusammenfassung des Polarisations-, LORENTZ- und Absorptionsfaktors
PMU   Profilmaximum zu Untergrund-Verhältnis
ϕ azimutaler Drehwinkel der Probe
(φ, ψ) Azimut- und Polwinkel der Messrichtung
ψ Verkippungswinkel der Probe zum Strahl
Ψ, Ω, κ Bezeichnungen der Diffraktometergeometrien
$P(\theta)$ Polarisationsfaktor
Q Querschnittsfläche
ν Querkontraktionszahl

R   Index der Profilübereinstimmung
R   RYDBERG-Konstante $R = 3{,}288 \cdot 10^{15}\,\text{s}^{-1}$
REK   röntgenographische Elastizitätskonstanten
S   Übereinstimmungsfaktor
S_G Schwächungsfaktor, manchmal auch F
SOF   Besetzungsfaktor
$S(x)$; $S(\theta)$ Physikalisches Profil
s   Tensor der Elastizitätskoeffizienten
s zurückgelegte Strecke, Dicke
$s_1(hkl)$, $\frac{1}{2}s_2(hkl)$ REK der Netzebenenschar $\{h\,k\,l\}$
s_0 $s_0 = s_{11} - s_{12} - \frac{1}{2}s_{44}$
s_{ijlk} Elastizitätskoeffizienten, Tensorkomponenten
s_{mn} Elastizitätskoeffizienten, VOIGTsche Notation
$\boldsymbol{\sigma}$ Spannungstensor
$\sigma^I, \sigma^{II}, \sigma^{III}$ Eigenspannungen I., II. bzw. III. Art
σ_0 von den Makrospannungen unabhängiger Anteil der Mikrospannungen
σ^M Makrospannungen
σ^L Lastspannungen
$\hat{\sigma}(\tau)$ Mittelwert der Spannung über die Eindringtiefe
σ_{ij} Komponenten des Spannungstensors
t; τ Eindringtiefe der Strahlung
θ BRAGG-Winkel; Beugungs- oder Glanzwinkel
U_A Anodenspannung
u_i Komponenten des Verschiebungsvektors
[uvw]   die Richtung einer Netzebene
$<$uvw$>$ die Richtungsschar einer Netzebene
v_{ij} Schallgeschwindigkeit
$W(\theta)$ Winkelfaktor, auch Emissionsprofil
$W(x)$ Emissionsprofil
$W(\alpha, \beta, \alpha_0, \beta_0)$ Transparenzfunktion
w_R Strahlenwichtungsfaktor
w_T Gewebewichtungsfaktor
XRD   Röntgen-Diffraktometrie (X-ray Diffraction)
$Y(x)$; $Y(\theta)$ gemessenes Profil
Z   Ordnungszahl eines chemischen Elementes
λ, μ LAMÉ-Konstanten, nur Kapitel 10

Vektoren

$\vec{a_1}$; $\vec{a_2}$; $\vec{a_3}$ Basisvektoren einer Einheitselementarzelle
$\vec{E}$ elektrischer Feldvektor
$\vec{H}$ o. $\vec{r^*}$ reziproker Gittervektor
$\vec{k}$ 2π-facher Gittervektor
$\vec{R}$ Gittervektor

$\vec{R} = g(\vartheta, \psi, \varpi)$ Rodrigesvektor
$\vec{r}$ Vektor
$\vec{s}$ Streuvektor
$\vec{s_0}$ Vektor der einfallenden Strahlung
$\vec{t}$ Translationsvektor
$\vec{X_L}$; $\vec{Y_L}$; $\vec{Z_L}$ Laborsystemvektor

Stichwortverzeichnis

© Springer Fachmedien Wiesbaden GmbH, ein Teil von Springer Nature 2019

L. Spieß et al., *Moderne Röntgenbeugung*,

https://doi.org/10.1007/978-3-8348-8232-5

Printed in the United States
By Bookmasters